北京安全生产年鉴

2012

北京市安全生产监督管理局
北京煤矿安全监察局 编

中国环境科学出版社·北京

图书在版编目（CIP）数据

北京安全生产年鉴. 2012/北京市安全生产监督管理局，北京煤矿安全监察局编. —北京：中国环境科学出版社，2012.12

ISBN 978-7-5111-1226-2

Ⅰ．①北…　Ⅱ．①北…　②北…　Ⅲ．①安全生产—北京市—2012—年鉴　Ⅳ．①X931-54

中国版本图书馆 CIP 数据核字（2012）第 298454 号

出 版 人　王新程
责任编辑　丁莞歆
责任校对　唐丽虹
封面设计　金　喆

出版发行　中国环境科学出版社
　　　　　（100062　北京市东城区广渠门内大街 16 号）
　　　　　网　　址：http://www.cesp.com.cn
　　　　　电子邮箱：bjgl@cesp.com.cn
　　　　　联系电话：010-67112765（编辑管理部）
　　　　　　　　　　010-67175507（科技标准图书出版中心）
　　　　　发行热线：010-67125803，010-67113405（传真）
　　　　　印装质量热线：010-67113404
印　　刷　北京盛通印刷股份有限公司
经　　销　各地新华书店
版　　次　2012 年 12 月第 1 版
印　　次　2012 年 12 月第 1 次印刷
开　　本　787×1092　1/16
印　　张　46
字　　数　820 千字
定　　价　230.00 元

6月12日，全国人大副委员长司马义·铁力瓦尔地（左起七）出席2011年全国安全生产月宣传咨询日活动。

国家安全监管总局局长骆琳（右起一）表扬北京市人民满意的公务员高士虎是个对工作认真的局长。

10月26—27日，全国安全隐患排查治理现场会在北京市顺义区召开。北京市市委副书记、市长郭金龙出席会议并致辞。

■ 10月21日，国家安全监管总局副局长杨元元（右起二）等领导听取关于安全生产应急装备的汇报。

◣ 10月21日，国家安全监管总局副局长杨元元（右）和北京市副市长苟仲文为北京市安全生产执法监察总队成立揭牌。

■ 1月20日，国家安全监管总局副局长王德学（右起二）检查北京地铁运营公司安全生产工作。

■ 7月12日，国家安全监管总局副局长孙华山（右起一）到顺义区调研。

◥ 1月30日，北京市副市长苟仲文带队夜查烟花爆竹销售网点安全。

■ 北京市副市长苟仲文（右起二）带队检查烟花爆竹。

■ 北京市安全监管局局长张家明（左起三）专题调研燃气经营使用安全监管工作。

■ 4月27日，北京市安全监管局局长张家明（左起二）检查丰台区安全生产工作。

■ 北京市安全监管局局长张家明（左起
二）检查全国"两会"代表驻地周边生
产经营单位安全生产情况。

◣ 北京市安全监管局局长张家明（左起二）带队检查在建工地安全生产工作。

■ 12月22日，北京市安全监管局局长张家明主持召开电视会议，部署"打击非法违法生产经营建设行为"专项行动工作。

■ 6月1日，北京市安全委办公室副主任、市安全监管局副局长蔡淑敏（左起一）带队到顺义区督察"打非治违"工作。

■ 2月17日，北京市安全监管局副局长蔡淑敏（左）带队检查烟花爆竹销售网点安全。

■ 12月13日，北京市安全监管局副局长陈清（右）带队检查高铁运行安全。

■ 北京市安全监管局副局长贾太保（左起二）带队到密云县非煤矿山检查安全生产工作。

■ 10月2日，北京市安全监管局副局长汪卫国（右起二）带队检查朝阳区人员密集场所安全。

■ 北京市安全监管局副局长唐明明
（左起二）带队检查危险化学品
企业安全生产。

◣ 5月5日，北京市安全监管局副
局长常纪文（右起二）夜查有
限空间作业安全。

■ 北京市安全监管局副巡视员刘岩
（左起二）检查京东方"八代
线"安全生产。

◤ 8月16日，新修订的《北京市安全生产条例》大型宣传活动现场。

◣ 国家安全监管总局在顺义区召开自查自报现场会。

◤ 11月29日，第五届北京市安全文化论坛现场。

7月28日，北京市安全生产委员会工作会议。

北京市公路建设安全生产联合执法检查工作现场经验交流会。

6月23日，安全生产大型公开课活动首场讲座。

北京市安全生产执法监察总队检查电影院安全。

10月20日，安全生产监管队伍阅兵式。

7月25日，北京市安全监管局对地下有限空间作业安全监管。

■ 3月31日，北京市安全监管局举办形势政策专题辅导讲座。

■ 北京市安全监管局聘任BTV节目主持人王业、徐春妮为北京市安全生产形象大使。

■ 11月1日，北京市安全监管局在北京电视台演播大厅举办安全生产知识竞赛。

3 月 25 日，2011 年北京市安全生产执法工作会议召开。

北京市安全监管局对人员密集场所进行专项执法检查。

北京市安全监管局对危险化学品储存设施进行专项执法检查。

北京市安全监管局对重点建设工程进行专项执法检查。

◼ 北京市安全监管局对大型活动临建设施进行安全生产督察。

◼ 《北京安全生产年鉴》2011 版获得第六届
全国年鉴编校质量检查评比二等奖。

◼ 北京市安全社区创建工作培训班开班。

◥ 北京市安全监管局对烟花爆竹销售网点安全进行专项执法检查。

◥ 北京市安全监管局日夜连查有限空间安全生产工作。

◥ 北京市安全监管局对非煤矿山企业进行专项执法监察。

◣ 北京市安全监管局检查"清华大学百年校庆"活动临建设施安全生产工作。

◣ 北京市"打非治违"专项行动中拆除违法建筑现场。

◣ 北京市安全监管局有关部门审阅举报查处案卷资料。

◥ 中国职业安全健康协会有关负责人到北京市调研水泥行业职业卫生工作。

◥ 9月20日，宁夏回族自治区安全监管局有关领导和人员对北京市安全监管局职业危害专项治理工作进行互查。

◥ 10月28日，北京市安全监管局指导北京市光环电信集团有限空间大比武活动。

■ 2011年"京西煤矿安全生产保障行动启动仪式"在京煤集团举行。

■ 北京市安全监管局召开"北京市第四届安全生产专家聘任大会"。

■ 11月10日，北京市安全文化活动展演暨安全生产月总结表彰大会。

■ 全国安全生产监管人员执法资格考试北京考场。

《北京安全生产年鉴》编纂委员会

主　任　张家明

副主任　蔡淑敏　陈　清　贾太保　汪卫国

　　　　唐明明　常纪文　刘　岩　丁镇宽

委　员（以姓氏笔画为序）

丁大鹏　于庭满　马存金　王忠东

王保树　王树琦　王浩文　王勇缘

吕海光　刘振林　李东洲　李玉祥

李延国　李振龙　李振林　杨庆三

何多云　陈国红　杨文明　杨春雪

张志永　张震国　周德运　孟庆武

金东彪　赵　霜　赵新跃　赵鹏锦

段纪伟　贾兴华　贾克成　钱　山

高士虎　曹柏成　曹树常　董文同

董铁铮　路　韬　薛国强　魏丽萍

编 辑 说 明

一、《北京安全生产年鉴 2012》由北京市安全生产监督管理局、北京煤矿安全监察局编制，是一部记载北京市安全生产工作信息的高度密集的大型工具书和资料性年刊。本书通过翔实的资料和数据，客观真实地记录了北京市 2011 年安全生产监督管理工作的发展变化。对于全面、系统地了解和掌握北京市安全生产工作取得的成就，研究北京市安全生产监管监察的发展变化及其规律有较大的参考价值。

二、本年鉴 2009 年版在参加全国地方志、年鉴评比活动中被评为三等奖；2010 年版和 2011 年版在第五届、第六届全国年鉴编校质量检查评比活动中，分别被评为三等奖和二等奖。

三、本年鉴 2012 年版以邓小平理论和"三个代表"重要思想为指导，深入贯彻落实科学发展观，遵循实事求是的原则，客观真实地记录和反映了北京市安全生产工作的实际情况。

四、本年鉴 2012 年版在整体框架设计上，保持相对稳定并有所创新。为了突出重点，增加了"北京市安全生产委员会办公室工作"，类目上增加了"安全社区创建"，进一步彰显出年鉴纲目的特色和亮点。

五、本年鉴 2012 年版采用文章体与条目体相结合，以条目体为主的形式。栏目上设有"特载"、"安全生产大事记"、"安全生产监督管理"、"安全生产统计资料"、"安全生产事故案例"、"纪检监察"、"机关建设"、"人物"、"附录"、"索引"。其中"安全生产监督管理"栏目占全书内容的 60% 以上，设有"综述"、"北京市安全生产委员会办公室工作"、"北京市安全生产监督管理局、北京煤矿安全监察局安全监管监察"、"区县安全监管监察"、"企事业单位、社会团体安全生产工作"四个板块，下设"安全生产综合监管监察"、"危险化学品安全监管监察"、"烟花爆竹安全监管监察"、"矿山安全监管监察"、"安全生产事故隐患排查治理"、"安全生产应急救援"、"安全生产执法监察"、"职业安全健康"、"安全生产宣传培训"、"安全生产法制建设"、"安全生产科技创安"、"安全生产标准化建设"、"安全社区建设"13 大类。

六、本年鉴所载内容，均由北京市安全监督管理局各部门、区县安全监督管理局和相关企事业单位提供，并经各单位领导审核，由年鉴编辑部审读修改，总纂形成初稿报年鉴编委会审查批准后刊发。资料真实、可靠。

七、本年鉴自 2008 年创刊（合刊 2003 年至 2007 年），此后逐年出版，已连续出版 5 期，跨 9 个年度。2012 年版选用资料的时间为 2011 年 1 月 1 日至 12 月 31 日，为保证年度资料的完整性，2012 年年初有关 2011 年北京市安全生产工作的总结和 2012 年工作部署也选刊在此版。

《北京安全生产年鉴》编辑部

2012 年 12 月

目　录

安全生产统计资料

安全生产事故案例

纪检监察

机关建设

人 物

附 录

索 引

特　载

【文　选】

在顺义区举行的全国安全隐患排查治理现场会上的致辞摘录

北京市人民政府市长　郭金龙

2011 年 10 月 27 日

　　安全生产事关人民群众的生命财产安全，事关科学发展、社会和谐，责任重于泰山。北京市委、市政府高度重视安全生产工作，认真贯彻落实中央一系列重大决策部署，坚持把安全生产放在首要位置，纳入经济发展和社会管理创新的重要内容，经过多年的探索和努力，安全生产法规体系逐步健全，长效机制逐步建立，全市安全生产形势总体上稳定向好，为履行"四个服务"职能，促进经济社会平稳较快发展，提供了有力支撑。今后，我们将深入贯彻落实科学发展观，在国家安全监管总局的指导帮助下，进一步加大安全生产工作力度，有效防范和遏制重特大事故，促进安全生产状况稳定好转，为建设和谐社会首善之区，建设中国特色世界城市提供重要保障。

在全市安全生产投诉举报工作会议上的讲话

北京市人民政府副市长、北京市安全生产委员会主任　苟仲文

2011 年 12 月 26 日

　　今天我们在这里召开北京市安全生产投诉举报工作会议，主要是总结回顾"12350"安全生产举报投诉电话开通以来举报投诉工作的开展情况，交流经验体会，研究部署下一步工作任务。刚才，张家明同志做了"12350"安全生产举报投诉电话开通两年来工作情况的报告，市消防局、市住建委和朝阳区分别做了发言。薄钢同志的讲话，把整个工作讲得很透彻，我非常同意。希望大家在今后的工作中再接再

厉，取得更好的成绩。

2011 年以来，北京市安全生产、消防安全、交通安全各项工作基本取得了预期的效果，除了发生"4·25"大兴旧宫的这场大火之外，其他各项指标都呈两位数下降。一是安全生产死亡人数下降 10.7%，事故总数下降 11.2%。生产安全事故下降了 22.7%，全市未发生生产安全的天数增加了 26 天。二是消防方面，全市全年火灾起数下降了 22.2%，死亡人数下降 18.5%。特别是进入 10 月、11 月以来，火灾起数连续下降 45%以上。从以上这些数据可以看出，目前，全市安全生产总体情况是平稳的，各项工作效果也是显著的。

这些成绩的取得，是在市委、市政府的正确领导下，是在社会各界、各行业积极参与和努力之下取得的。同时，也是我们搭建的各种隐患排查治理的服务平台发挥作用的一个结果。

下面，我讲三点意见。

一、安全生产投诉举报工作是发动、动员、调动群众参与隐患排查工作的重要渠道

（一）安全生产投诉举报是密切人民政府同人民群众联系、调动广大市民参与安全生产工作的重要渠道

目前，北京市安全生产形势总体稳定，但部分行业和领域依然存在大量的安全生产隐患，安全生产的形势依然严峻。首都的特殊地位决定了安全生产工作关系重大、影响重大、责任重大，这就更需要动员全社会的力量加强对安全生产工作的监督。据统计分析，现在发生的一些安全生产、消防安全、交通安全事故大都是在一些住宅区、宿舍区、小的经营场所和一些人员密集活动多的场所。不管是生产安全还是消防安全，发生事故的起因和形态大都是因用电、用火引起的。"4·25"火灾

就是因为电动三轮车蓄电池电源线短路引燃周围可燃物引发的火灾。这样一些隐患，这样一些事故形态，都是发生在群众自己身边的，最后伤及的还是广大百姓。所以，我们发动群众，通过群众来举报、监督，这既有利于政府工作取得更好的成效，也有利于保护群众自身安全。我们建立各种平台，部署各项专项行动，其目的都是要调动群众参与到隐患排查工作中来。今天的电视电话会开到最基层，其目的就是要进一步调动各界，调动各个方面的力量来参与安全生产工作。我们的抓手、我们的平台就是"12350"，就是"96119"。近年来，我们一直把举报投诉工作放到社会管理的一项内容来抓，这是我们从中获得实效的一个实实在在的成果。

（二）安全生产投诉举报是加强安全生产工作的重要途径

目前，北京市安全生产形势总体稳定，但部分行业和领域依然存在大量的安全生产隐患。加强举报投诉工作，一方面将从更广、更深的层面发动社会力量参与安全生产监督；另一方面将通过对举报投诉信息的科学统计、分析，为查处安全生产违法行为提供决策依据，提高了处置安全生产突发事件的效率。从举报投诉统计上，加大了排查力度。2011 年上半年，我们相继对一些连锁超市、连锁经营店，以及违规使用液化气、天然气等场所的查处，就是基于投诉举报呈上升趋势这样一个态势做出的决定。

（三）安全生产投诉举报工作是发动公众参与、发挥社会监督的重要渠道和平台

随着首都经济和社会建设的快速发展，安全生产工作越来越受到广大市民的关注。"12350"、"96119"就是解决人民群众对安全生产工作的诉求、关注民生的一个平台。在投诉举报这项工作上，我们就

是希望充分调动群众、依靠群众积极参与举报投诉非法违法生产经营建设行为，及时发现、举报、查处隐患，做到生产安全事故、重大隐患和非法违法生产经营建设等问题早发现、早报告、早研判、早处置。可以说，安全生产投诉工作的过程，就是发动、动员、调动群众参与隐患排查工作的过程，这个平台是与群众的参与紧密结合的。

二、在社会各方面的共同努力下，安全生产投诉举报工作取得明显成效

（一）投诉举报工作机制基本确立

投诉举报电话开通两年来，建立健全了工作体系和工作制度，形成了以部门职责为切入点，以发挥区县、部门监管作用为主旨的联动、协作、负责的运行机制。一是按照地域管辖和部门职责分工，完善了投诉举报线索的梳理分派工作；二是各部门认真查办投诉举报，及时反馈了进展情况和处理结果。

（二）各级领导高度重视，给予大力支持

我举几个例子。第一，2010 年大兴区的魏善庄有一个非法存储危险化学品的案例，在大兴区委、区政府的坚强支持下，在几天内就把涉及 5 200 立方米的 12 个储存罐拆除，涉及金额 2 000 多万元。这个决心和力度是非常大的，是得到了大兴区委、区政府的支持和坚强有力的领导才做到的。

第二，顺义区 2011 年 4 月接到举报，反映私人家中储存、销售乙炔、氧气等瓶装危险化学品之后，顺义区领导协调顺义区工商局、属地政府和安监局经查实坚决予以取缔，端掉了这个黑窝点，查封违法储存的乙炔、氧气瓶化学品共 97 瓶，涉及金额 100 万元。

第三，丰台区群众举报莲花世纪写字楼顶层违章建筑。受理举报后，丰台区安监局会同区打非办、拆委办、消防支队、卢沟桥街道办事处、卢沟桥街道城管分队等部门对举报投诉情况进行了实地调查，并召开了现场协调会，确认存在违章建设。对此，北京立业世纪物业管理有限公司只是自行拆除了其中的 31.5 平方米，对剩余的 365.7 平方米的违章建筑，自建单位仍想保留，不予配合，拆除难度非常大。为此，丰台区委、区政府高度重视，召开专题会议，研究部署"打非治违"工作，经过细致的工作和各部门的共同努力，到 12 月 8 日上午，该公司自行拆除了全部剩余的 365.7 平方米违章建筑，彻底消除了这一安全隐患。这充分说明在查处市民举报的安全隐患方面，丰台区委、区政府给予了高度重视，下了狠心，出了重拳。

这几个例子再次说明各级领导对于举报投诉工作的重视和支持，说明我们在工作中获得了一些成果。

（三）社会公众参与安全生产工作的积极性明显增强

安全生产是一项系统工程，各行业部门、生产经营单位在落实责任的同时，必须依靠社会各方面力量参与，构建起齐抓共管的局面。通过举报投诉制度的建立，动员了社会各方面力量，安全生产工作在全社会的影响力不断深化。据统计，截至 2011 年 11 月底，北京市共受理举报事项 2 177 件，同比增长了 1 274 件，增幅141.09%，增幅还是比较大的。举报的增多，表明市民参与安全生产的意识不断提高，参与安全生产工作的积极性明显增强，安全生产工作的社会氛围越来越浓厚。

（四）有力打击了非法违法生产经营建设行为

在北京市开展的集中整治非法违法生产经营建设行为活动中，举报投诉发挥了重要作用。在 2011 年查处的非法违法建设行为中，通过举报投诉立案 367 件，拆除违章建筑约 60 万平方米。据了解，仅 4 月 28 日开展集中整治非法违法生产经营建设行为当天，"12350"共接到 300 多个投诉举报电话，这也是"12350"开通以来单日接听电话数量之最，为有效查处非法违法生产经营建设行为提供了重要线索。今后，在查处非法违法经营建设行为上，还要充分挖掘"12350"投诉举报的潜能，在城乡接合部等易滋生非法违法行为的地区加强宣传，成为打非治违的一把利剑。

三、进一步加强安全生产举报投诉工作，构建社会安全保障体系

（一）要进一步加强投诉举报工作机制建设

健全完善举报投诉内部工作体制机制，是有效开展工作的关键。一是要加大案件的处理力度，进一步调动群众参与举报投诉的积极性。二是要把"12350"和"96119"平台互通，做到协调、联动，形成合力。三是要健全完善形势分析制度，使举报投诉平台能够进行分析、预判，从中找出近期或一段时间内北京市在安全隐患方面、生产隐患方面都有哪些突出的问题，有针对性地开展专项整治。四是要健全完善回访检查制度，不能举报了、布置了、整改了就完了，还要进行回访，要查实整改处理情况。五要建立完善的举报投诉保密工作，要切实保护好举报人的合法权益不受侵害。

（二）要进一步加强投诉举报案件查处力度

加强投诉举报案件查处力度是提高群众举报投诉工作办事效率、及时消除安全隐患、遏制事故发生的重要措施。目前的查处力度还不够。下一步，要在依法依规的基础上，对查处的隐患进行分类，按照类别，该停业的必须停业，该关闭的必须关闭。在处理过程中，要以事故来对待，比事故处理还要严。只有这样，制造隐患的企业才会重视这项工作。要加强部门协作，要与相关部门建立信息共享和联合办案机制，对举报信息加强交流，保障跨部门案件依法得到及时办理。要加强对"12350"举报投诉承办部门的日常考核和定期考核，对工作成绩突出的单位和个人要予以通报表彰，对重视不够、工作落实不好的单位和个人予以通报批评。

（三）要进一步扩大投放举报电话的社会影响

"12350"举报投诉电话开通时间不长，不少群众对举报投诉电话的作用还不是十分了解，影响力有限，还要加大宣传力度。要通过各种形式，切实加强对投诉举报电话的社会宣传，将"12350"、"96199"电话宣传工作做实做响，要让更多的老百姓参与到这项工作中来，让更多的老百姓帮我们把隐患排查工作做好，要做到最底层，做到各个角落。要积极开展咨询服务，让群众能够方便、及时、全面地了解安全监管的方针政策、法律法规和工作职能，取得他们更多的理解、关心和支持，自觉接受人民群众的监督。

同志们，做好安全生产举报投诉工作，意义重大。各单位、各部门要进一步增强做好新形势下安全生产群众监督工作的责任感和使命感，充分发挥人民群众参与加强安全管理的作用，调动好、发挥好、依靠好各个方面的积极性，充分了解民情、尊重民意，集中群众的智慧和力量，建立自我完善、持续改进的安全生产长效机制，不断加强和创新安全管理，坚决有力地保障人民群众的生命财产安全。

强化责任　狠抓落实
全面促进首都安全生产形势持续稳定好转

北京市人民政府副市长、北京市安全生产委员会主任　苟仲文

2012 年 2 月 17 日

今天召开全市安全生产大会，主要任务是认真贯彻落实全国安全生产电视电话会议和市委十届十次全会、市人大十三届五次会议精神，总结回顾 2011 年安全生产工作情况，深刻分析新的一年安全生产面临的新形势、新挑战，全面部署 2012 年工作任务。

下面，我讲三点意见。

一、2011 年北京市安全生产工作取得积极进展，安全生产形势持续好转

2011 年是"十二五"开局之年。按照国务院关于进一步深化"安全生产年"活动的重要部署，市委、市政府采取了一系列重大举措加强和改进安全生产工作。市委《关于加强和创新社会管理，全面推进社会建设的意见》，明确提出了健全以预防为主的安全生产长效机制的任务。市委、市政府印发了《关于进一步加强首都安全生产工作的实施意见》（京发[2011]20 号），强调要坚持安全发展、科学发展，完善安全监管监察体制机制，有效防范和坚决遏制重特大事故，这是指导当前和今后一个时期首都安全生产工作的重要文件。市政府召开 10 余次常务会、电视电话会、专题会分析安全生产形势，制定了一系列政策措施。"春节"、"十一"长假和重要时期，刘淇书记和郭金龙市长及各位副市长都亲自带队指导、检查安全生产工作。各区县、各单位认真落实市委、市政府的决策部署，进一步落实属地监管责任和行业监管

责任，深化安全生产专项整治，推动安全保障能力建设，扎实开展安全生产宣传教育培训，各项工作取得了积极进展和明显成效。

（一）安全生产委员会统筹调度、组织推动的作用得到充分发挥

市安全生产委员会是在市政府的领导下，对本行政区内的安全生产工作实施综合协调、组织推动、督促考核。一年来，运行顺畅、工作高效，全年组织召开各类会议 22 次，及时通报安全生产形势、研究解决重点难点问题、推动部署工作。

一是部署推动了一系列重大行动。一年来，在市安委会层面，研究部署了京沪高铁、京津城际铁路沿线、废品回收站点、燃气等安全生产专项整治行动，改善了这些领域的安全生产状况，减少了事故发生的概率；按照国务院和市政府部署要求，组织在交通运输、工程建设、煤矿和非煤矿山、危险化学品、市政设施、人员密集场所等生产经营单位，全面组织开展安全隐患排查治理攻坚战。2011 年排查治理隐患企业 19.2 万家，排查出一般隐患 20 万项，整改 19.6 万项，整改率达 98%。排查出重大隐患 35 项，整改销账 31 项，整改率达 88.6%；组织开展安全生产"护航"联合行动，为"两节"、"两会"创造良好的安全生产环境，各区县、各行业、各部门积极响应，加强对重要时点、重点环节、关键部位的监管，超额完成"护航"执法任务。

春节期间，商场、超市、旅游景区、交通枢纽等人员密集场所，以及地铁、电梯、水、电、气、热等领域安全平稳有序，全市各重点领域安全生产形势稳定，未发生生产安全事故。

二是及时总结推广安全生产工作中的好经验、好做法。近年来，各区县、各单位结合实际，创造性地开展工作，积累了许多好经验，市安委会及时总结推广，促进了本市安全生产监管工作水平的提高。顺义区在信息化建设中大胆创新、率先突破，研制开发了隐患自查自报系统，该系统荣获2011年国家安全监管总局首届安全生产创新一等奖。市安委会及时总结，专门下发文件决定在全市推广顺义区隐患自查自报系统。之后，国家安全监管总局在顺义区专门召开全国现场会，推广顺义区经验，国家安全监管总局局长骆琳和市长郭金龙到会并作重要讲话。这不但是对顺义区工作的肯定，更是对北京市安全生产工作的肯定。2011年年底，市安委会及时总结本市煤矿企业取得"零死亡"的一些好做法，刘淇书记和郭金龙市长明确批示，要表扬并推广。

三是严格实施安全生产综合考核，督促落实安全生产责任。从2009年开始，市安委会启动了对区县政府履行安全生产监管职责情况的综合考核，通过近两年来各部门的共同努力，考核机制运行逐步顺畅，综合考核实实在在地反映了各区县的安全生产工作情况，进一步推动了属地责任的落实。2011年，在深化对区县政府综合考核的同时，首次开展了对市政府有关部门的综合考核，并将考核结果与评优评先挂钩，有力地推动了各项安全生产任务的落实。这次会议上，对考核为优秀的区县和单位进行了表彰，希望再接再厉，在安全生产工作上取得更好的成绩。考核是促进

工作的重要手段，希望各区县、各单位继续努力，不断加强和改进安全生产工作，在2012年的考核中取得好成绩。

（二）严厉打击非法违法生产经营建设专项行动取得显著成效，铲除了一批危及城市运行安全的"毒瘤"

贯彻落实国务院安委会和市政府的工作部署，北京市开展了为期半年的严厉打击非法违法生产经营建设专项行动。各区县、各单位、各部门坚决贯彻市委、市政府的决策部署，建立健全"打非"工作机制，明确细化工作责任，行动坚决、部署严密、措施得力、成效明显。全市累计拆除违法建筑约465万平方米，依法关停非法违法生产经营单位3.71万家，罚款4 023余万元，处理相关人员17 941名。"打非"对于2011年本市安全生产死亡事故起数和死亡人数实现"双下降"起到了积极作用。

一是各级党委、政府高度重视。刘淇书记、郭金龙市长等市领导分别对"打非"工作做出了重要批示，要求坚决制止和清除非法建筑，坚决制止非法经营活动。在市委召开的区县委书记会上，郭金龙市长代表市委市政府与各区县"一把手"签订责任书。各区县领导高度重视，成立专项行动领导小组，明确打非目标，细化打非任务。

二是措施得力。各级安委会充分发挥统筹调度、综合协调作用，建立了信息上报、调度例会、检查督导、举报投诉5项制度，有力地保证了"打非"专项行动扎实推进。

三是齐抓共"打"。各行业部门结合本行业（领域）特点和工作实际，全面梳理非法违法生产经营建设活动种类，细化实施方案，明确重点打击内容和打击标准，积极开展联合执法活动，形成"打非"工作合力。公安消防系统开展火灾隐患排查整治"亮剑"专项行动，北京市政市容系

统启动燃气安全隐患排查治理百日行动，城管系统开展百日整治"春风行动"，安监、消防等部门对如家连锁酒店、北京美廉美连锁超市、汉庭连锁酒店等连锁经营单位开展联合整治，建委系统重点对建设工程、普通地下室开展"打非"行动，交通系统确定重点地区，严厉打击非法客运、非法运输危险货物和擅自改装客货运营车辆等行为。各区县政府作为坚决制止违法建设和非法生产经营的责任主体，认真履职，层层动员，疏堵结合，逐一明确"打非"重点，一批违法建设和非法窝点得到根治。

（三）安全生产举报投诉成为发动群众、依靠群众的重要手段

安全生产投诉举报是密切人民政府同人民群众联系，调动广大市民参与安全生产工作的重要渠道。近年来，通过健全完善安全生产投诉举报工作机制，"12350"和"96119"已经成为发现隐患、打击非法违法，促进安全生产工作的一项重要手段。

一是举报投诉工作机制基本确立。为保证"12350"、"96119"举报投诉电话的有效运转，安监部门和消防部门认真研究，着力建立健全工作体系和工作制度，目前，已经形成了以部门职责为切入点，以发挥各区县、各部门作用为主旨的联动、协作、负责的运行机制。完善了举报投诉线索的梳理分派工作，各部门积极配合，认真查办投诉举报，及时反馈办理的进展情况和处理结果，得到了广大市民的赞扬。

二是社会公众参与的积极性明显增强。"12350"接收举报投诉线索6 771余件，查证属实3 724件，1 713家单位被立案处罚，消除各类安全生产隐患17 000余项。"96119"开通以来，共收集举报投诉线索1.4万余件，督促整改1.2万余件。

三是有力打击了非法违法生产经营建设行为。在北京市开展的严厉打击非法违法生产经营建设专项行动中，举报投诉发挥了重要作用。2011年仅4月28日开展集中整治非法违法生产经营建设行为当天，"12350"共接到300多个投诉举报电话，打非期间，"12350"接到各类非法违法生产经营建设举报事项945件，通过严肃查处，拆除违法建筑近60万平方米，关闭取缔非法违法生产经营单位108家，依法停业整顿88家，罚款近200万元，行政追责人员297人，追究刑事责任11人。

通过各地区、各部门和各单位的不懈努力，2011年北京市安全生产状况保持了持续向好的发展态势。与2008年奥运会举办之年相比，一是事故起数和死亡人数实现了双下降。2011年全市发生各类安全生产死亡事故977起，死亡1 089人，与2008年同比分别减少83起、90人，下降了7.8%和7.6%。二是反映安全发展水平的各项主要指标明显趋好。其中亿元GDP生产安全事故死亡率由2008年的0.13降为0.068，降幅达47.6%；工矿商贸十万就业人员事故死亡率由1.37下降到1.04，下降了24%，道路交通万车死亡率由2.81下降到1.85，降幅为34%。三是重点行业领域安全生产状况普遍改善。工矿商贸死亡人数下降了18.5%，其中，矿山、危险化学品、烟花爆竹领域2011年未发生生产安全死亡事故。道路交通死亡人数下降了6.2%。铁路交通下降了17.5%。

这些成绩的取得，是北京市委、市政府正确领导、各方面共同努力的结果。一年来，广大干部职工认真贯彻落实党和国家安全生产方针政策，发扬"爱国、创新、包容、厚德"的北京精神，切实推动首都经济社会发展，忠于职守、埋头苦干、勤于事业，付出了艰辛努力，作出了应有的贡献。这里，我代表市委、市政府向全市安全生产工作战线上的同志们表示衷心的

感谢和崇高的敬意！

二、充分认清当前安全生产工作面临的问题和挑战，增强做好安全生产工作的主动性和积极性

2011 年，安全生产工作虽然取得了积极进展和明显成效，但必须清醒地认识到，首都滋生各类事故的土壤还依然存在，发生"4·25"重大火灾等类似事故的可能性依然没有完全消除，安全生产形势"喜忧参半"，安全生产形势依然严峻。

2012 年 1 月 13 日，在全国安全生产电视电话会议上，张德江副总理指出，目前安全生产形势严峻的原因主要是安全发展理念尚未牢固树立，没有做到发展以安全为前提和基础；隐患治理整顿和应急处置不力；职业危害防治相对薄弱等。张德江副总理的分析符合实际，切中要害，在北京市也不同程度地存在，一定要引起我们的高度重视，并在下一步工作中切实加以解决。同时，还要看到，首都经济社会发展对安全生产工作提出了新的更高的要求和标准。

一是安全生产监管工作还需进一步加强。当前，一些区县监管机制还不健全，对重点行业领域的监督检查还不到位，大部分乡镇街道还没有相应的机构设置和人员配备；部分行业还没有构建起与行业安全生产状况相适应的监管工作体系，还存在监管的薄弱点和盲区，小餐馆等"六小"、批发市场、废品收购站、群租等问题，需要相关行业部门主动作为；监管的方式方法还有待改进，部分专项行动不结合区县情况，没有分类指导，眉毛胡子一把抓。各区县区情县情不一样，东城、西城是首都功能核心区，密云、延庆等是生态涵养发展区，朝阳、海淀等是城市功能拓展区，不同的功能区，区县产业业态存在很大差别，安全生产状况也不完全一样，工作必须要结合区域特点。

二是经济社会转型给安全生产工作带来较大压力。目前，我国正处于经济社会转型的关键时期，人口流动等情况给安全生产工作带来新的压力。北京市常住人口达到 1 961.2 万人，其中户籍人口 1 257.8 万人，居住半年以上的外来人口 704.7 万人，农民工等群体迁徙流动性较大，安全意识薄弱，安全培训教育不到位。在人口流动大潮中，出现频繁更换工作场所、岗位等情况，易滋生新的隐患。

三是保障城市安全运行面临诸多挑战。城市安全生产是城市有序运行的重要保障。城市安全生产的对象庞杂，风险种类多，从事生产经营活动的人员庞大、人员构成结构复杂，使得城市安全生产监管的任务重、难度大，对监管手段、监管技术提出了更高的要求。商业、文化、娱乐、体育、旅游、学校、医院等人员密集场所增多，人员流动频繁。全市地铁已开通线路 15 条，里程达到 372 公里，日均客流量 600.8 万人，最高峰达 757.8 万人。这些场所的风险因素是人员密集、流动性大、涉及空间范围广、运营环境复杂，运营中出现故障容易产生次生、衍生影响，一旦发生火灾等紧急情况，人员疏散困难，容易发生窒息、踩踏等群死群伤的恶性事故。城市运行中呈现出的风险和隐患因素多，给安全生产工作带来了较大难度。

四是全民安全意识有待提高。一些地区、行业还没有真正树立起安全发展理念，不能正确处理安全与速度、质量、效益的关系，盲目上项目、抢速度、赶工期，有的项目安全设施"三同时"制度执行不严，安全防护措施不落实。一些企业安全意识淡薄，重经济效益，轻安全投入，隐患排查不深入，基础工作不扎实，安全生产培训教育流于形式，新进员工不培训便上岗等情况时有发生。部分民众安全知识掌握不够，缺乏安全生产常识，不具备突发事件的应急处置能力，自救互救能力不强。

对于存在的问题和挑战，我们要有清醒的认识，安全生产工作任重道远。只要我们坚定不移地贯彻落实党中央、国务院和市委、市政府关于加强安全生产工作的重大决策部署，紧紧依靠各地区、各部门和各单位的共同努力，充分发挥积极性、主动性和创造性，就一定能够取得新进展。一要有主动作为的意识，敢于担当、敢于碰硬。各级干部要进一步转变作风，下先手棋、打主动仗，迎难而上，敢于碰硬较真，勇于突破困难瓶颈，强化措施，狠抓落实。二要有持续作战的准备，突出重点、严密防范。安全生产工作只有起点，没有终点，不能有丝毫松懈，必须持之以恒。要注重超前防范、源头治理，抓住企业主体责任这个关键，要注重形成工作合力，齐抓共管，扎实有效地把安全生产工作推向前进。三要有措施得当的方案，标本兼治、重在治本。安全生产工作涉及面广，需要协调解决的问题多，必须统筹兼顾、稳中求进，要从制度建设入手，细化各项工作措施，不断夯实基层基础，强化制度约束和政策引导，建立安全生产长效机制。

三、着力推动安全发展城市建设，以安全生产的新成效迎接党的十八大胜利召开

2012 年是实施"十二五"规划承上启下的重要一年，也是坚持科学发展、安全发展、促进首都安全生产形势实现根本性好转的关键之年。

国务院 1 月 13 日召开全国安全生产电视电话会议，明确了 2012 年安全生产工作的总体要求：全面贯彻落实党的十七大和十七届三中、四中、五中、六中全会和中央经济工作会议精神，以邓小平理论和"三个代表"重要思想为指导，深入贯彻落实科学发展观，认真贯彻落实国务院《意见》，坚持以人为本，以科学发展、安全发展为总要求，以深入扎实开展"安全生产年"活动为载体，以预防为主、落实责任、依法治理、应急处置、科技支撑、基础建设为主要措施，以进一步减少事故总量、有效防范坚决遏制重特大事故为目标，加大落实力度，把各项责任落到实处，把各项政策措施落到实处，全力以赴做好安全生产各项工作，促进全国安全生产形势的持续稳定好转。

贯彻落实国务院和市委、市政府的决策部署，结合本市安全生产工作实际，2012 年本市安全生产工作的总体要求是：以邓小平理论和"三个代表"重要思想为指导，全面贯彻落实全国安全生产电视电话会议、市委十届十次全会精神，深入贯彻落实科学发展观，坚持以人为本，以科学发展、安全发展为总要求，以推动安全发展城市建设为总目标，以强化企业安全生产主体责任落实为主线，加大各项法规制度和政策措施落实力度，加强企业安全生产管理基础和安全保障能力建设，依法治理、提升水平，全力控制事故总量，有效防范、坚决遏制重特大事故，促进全市安全生产形势持续稳定好转，以安全生产工作的新成效迎接党的十八大的胜利召开。

重点工作概括起来就是："一坚持"、"四推广"、"一强化"。

（一）坚持科学发展、安全发展的理念，推动实施首都安全发展战略

一是认真贯彻国务院 2011 年 40 号文件。要扎实做好国发 40 号文件的宣传贯彻，使全社会充分认识科学发展、安全发展的重要性和紧迫性，使科学发展、安全发展在全社会成为凝聚共识、汇集力量，推动安全生产工作的文化源泉和思想动力。要

推动首都安全发展战略，深入推进安全文化建设和安全校园、安全社区等创建活动，大力营造"关爱生命、安全发展"的社会氛围，进一步提高全社会安全意识，切实把科学发展、安全发展理念落实到每个地区、每个部门和每项工作中，落实到基层，落实到岗位，使之成为衡量各地区、各行业领域、各生产经营单位各项工作的根本标准。要搞好换届改选后区县政府分管领导和安委会成员单位主要领导干部的安全培训，使之成为践行科学发展、安全发展理念和实施首都安全发展战略的带头人。

二是抓好市委、市政府 2011 年 20 号文件贯彻落实工作。市委、市政府《关于进一步加强首都安全生产工作的实施意见》是今后一个时期做好本市安全生产工作的重要指导性文件，各地区、各部门、各单位要认真抓好市委、市政府 20 号文件的学习和贯彻落实工作。2012 年 6 月，市委常委会将专门听取贯彻落实情况的汇报，市安全生产委员会将作出具体部署，要求各成员单位、各区县政府把贯彻落实市委、市政府 20 号文件摆在 2012 年工作重要议事日程，按照文件提出的各项制度措施，抓紧健全完善本部门、本区县安全生产"一岗双责"制度，积极推动强化企业主体责任各项措施的落实。下一步，由市安委会办公室牵头，市委督察室、市政府督察室参加，开展对成员单位和区县政府贯彻落实市委、市政府 20 号文件的专项督察，为向市委常委会议汇报作好充分准备。

三是着力推动重要法规文件的贯彻实施。围绕新修订的《北京市安全生产条例》、《北京市消防条例》和安全生产"十二五"规划等重要文件，加快配套规章、标准和规范性文件的修订和制定，重点要在特种作业人员管理、建设项目安全设施"三同时"监管、生产经营单位安全培训等方面，抓紧开展政府规章立法调研和立项论证，进一步健全完善本市安全生产法规标准体系，为依法行政奠定坚实的基础。

（二）推广顺义区隐患自查自报工作经验，切实推进安全生产标准化工作上新台阶

目前，全市正稳步推进顺义区隐患自查自报经验，顺义区又被国家安全监管总局确定为全国安全生产标准化示范试点地区。下一步，要进一步推广顺义区经验，全面推进安全生产标准化建设。安全生产标准化工作要做好在全市推进的顶层设计，明确总体目标、方法步骤、政策措施、工作机制、职责任务，规范全市标准化达到标准；要按照试点先行、重点突破、分步实施的工作思路，积累经验，为全面推广奠定基础。

（三）推广烟花爆竹领域安全生产责任保险经验，督促企业加强风险管理

按照郭金龙市长 2011 年主持召开的专题会议精神，2012 年要开展安全生产责任保险试点工作。一是选择好试点领域。首先在危险化学品、烟花爆竹、煤矿、非煤矿山、轨道交通运营、高处悬吊作业、有限空间作业、影剧院、燃气供应等行业的生产经营单位及大型群众性活动承办单位，开展安全生产责任保险试点。二是要建立健全各种制度。要研究制定下发建立安全生产责任保险制度的试点意见和安全生产责任保险制度试点实施管理办法，规范试点工作。三是要建立协调推进机制。在市安委会的领导下，建立推进协调机制。各区县也要在区县安委会的领导下开展此项工作。四是要做好宣传动员。要向企业讲清楚这项制度的好处，使企业能够自觉自愿地投保安全生产责任保险。

（四）推广"12350"、"96119"经验，充分发动群众、依靠群众、组织群众广泛参与安全生产管理

近年来，随着宣传教育培训等工作的不断深入，广大人民群众参与安全生产工作的意识不断提高。"12350"、"96119"开通以来，共接到1.9万余个电话（"12350"是2009年年底开通，"96119"是2011年年底开通），充分体现了"12350"、"96119"这两个工作平台在发动社会力量方面发挥的重要作用。

一是要进一步加强投诉举报工作机制建设。要让"12350"和"96119"平台互通，做到协调、联动，形成合力。健全完善形势分析制度，使举报投诉平台能够进行分析、预判，从中找出近期或一段时间内本市在安全生产方面都有哪些突出的问题，有针对性地开展专项整治。要健全完善回访检查制度，举报投诉工作不能说举报了、布置了、整改了就完了，还要进行回访，要查实整改处理情况。

二要进一步加强投诉举报案件查处力度。要在依法依规的基础上，对查处的隐患进行分类，按照类别，该停业的必须停业，该关闭的必须关闭。在处理过程中，要以事故来对待，比事故处理还要严。只有这样，隐患制造方、隐患创造方才会重视这项工作。要加强部门协作，要与相关部门建立信息共享和联合办案机制，对举报信息加强交流，保障跨部门案件依法得到及时办理。

三要进一步扩大举报投诉电话的社会影响。"12350"、"96119"举报投诉电话开通时间不长，不少群众对举报投诉电话的作用还不十分了解，影响力有限，还要加大宣传力度。要通过各种形式，切实加强对投诉举报电话的社会宣传，将"12350"、"96199"电话宣传工作做实做响，要让更

多的老百姓参与到这项工作中来，让更多的老百姓帮我们把隐患排查工作做好，切实构建起群防群治的工作格局。

（五）推广京西煤矿"安全生产保障行动"工作经验，全力压减各类事故的发生

一是全市各有关部门、各企业要认真研究"京西煤矿保障行动"的好做法，结合本部门、本行业、本企业安全生产监管和管理工作实际，发扬敢于创新、敢于担当、敢于碰硬的精神，推进"科技兴安、装备强安、文化创安"措施，加强安全监管和安全管理，全面排查隐患，有效推动全市安全生产监管水平的提高，全面增强全市各企业安全生产保障能力。

二是要严格执法，督促企业落实安全生产主体责任。要切实抓好日常执法、重点执法和跟踪执法，依法强化停产整顿、关闭取缔、从重处罚和问责等措施。要依法查处每一起事故，及时公布调查进展和查处结果，强化事故警示教育作用。要深入推进打击非法违法生产经营建设行为，发现一起，打掉一起，要严防死灰复燃。

三是要组织开展专项整治。深入开展道路交通安全整治。制定全面加强道路交通安全工作的政策措施，加强对运输企业的安全监管，推动长途客运、危险化学品运输、校车等车辆全面安装使用卫星定位装置。严厉整治超速、超载、超员、酒后驾驶、非营运车辆载人等非法违法行为。认真开展危险化学品专项整治。突出抓好全市液氨重点监管品种、重点危险工艺、重大危险源的安全监管，开展好专项整治。加强建筑施工专项整治。认真整治借用资质和挂靠、违法分包转包、以包代管，以及严重忽视安全生产、赶工期、抢进度等建筑施工领域的突出问题。加大城市运行领域安全整治。要以"零容忍"的态度，全面排查地铁建设和运营、地下管网运

行、地下空间使用、高层建筑、商市场、影剧院、娱乐场所、大型群众性活动等行业和领域以及重点单位的安全生产事故隐患。

（六）继续强化"护航"联合行动，为党的十八大胜利召开构建起安全生产坚强保障

2011年年底开展的安全生产"护航"联合行动，是2012年安全生产专项整治的第一战役。从"两会"之后，要打响安全生产"护航"行动第二战役，为党的十八大的胜利召开保驾护航。"护航"行动第二战役，要突出开展废品收购、电梯安全、地铁安全、液化气使用、批发市场、出租房屋、危化企业、铁路和铁路沿线8个方面的安全生产执法检查活动，消除安全隐患。抓好这8个方面，要注意做好以下几点：

一要认真落实全市安全生产重点执法计划。2012年的执法计划，采取市安委会办公室和各行业监管部门分别组织实施的方式，重点包括十八大安全生产保障等内容。各部门、各单位要根据执法计划的任务设定，认真研究制订本部门实施方案，各区县也要根据本次会议精神，制订本地区的执法计划。要不断完善联合执法、跟踪查处机制，全面推进执法检查工作，有效提升执法工作水平。

二要强化对企业上下游安全责任的监管。要对生产经营建设上下游环节、产供销链条安全责任的落实情况，加强执法检查。生产经营建设项目的发包和承包、生产经营场所及设备的出租和承租、生产经营活动中原材料的采购和产品的销售以及货物运输，都必须依法依规进行，不能为非法违法生产经营活动提供任何机会。在检查中如果发现承发包、购销过程中存在的违法行为，要加强责任倒查，追究相关利益方的责任。

三要严格落实目标考核和问责制。不断推动安全生产综合考核工作向科学化、规范化迈进，要通过强力的技术支撑和信息化手段，对各区县政府、市政府有关部门安全生产日常工作实施动态化测控，全过程评比，将综合考核工作作为推动全市各区县、各部门做好安全生产工作的新动力。实行每月安全生产事故情况通报考核制度，对同比超过事故控制进度的区县，要进行约谈；对于发生有影响的生产安全事故和火灾事故的企业，企业主要负责人要向监管部门汇报事故原因和整改情况；要执行《关于实行党政领导干部问责的暂行规定》，对安全生产工作失职渎职、管理监督不力的，无论涉及哪个部门、哪级干部，都要严肃追究，绝不姑息。

四要依法严肃查处每一起事故。市安委会要对有影响的事故实行挂牌督办制度，对每一起事故按照"四不放过"和"科学严谨、依法依规、实事求是、注重实效"的原则和要求严肃查处，主动公开事故调查有关事项，自觉接受社会监督。

同志们，2012年安全生产工作任务艰巨繁重，安全发展任重而道远。我们要在市委、市政府的坚强领导下，坚持科学发展、安全发展，齐心协力、顽强拼搏，扎实工作、锐意进取，有效防范和坚决遏制重特大事故，进一步减少事故总量，全力促进首都安全生产形势持续稳定好转，以优异成绩迎接党的十八大胜利召开。

在 2011 年全市执法工作会上的讲话

北京市安全生产委员会副主任、北京市安全生产监督管理局局长　张家明
2011 年 3 月 25 日

2010 年，北京市执法监察工作取得了很好的成绩，为安全生产形势的稳定作出了巨大的贡献。再次证明，安监系统的执法队伍是一支能战斗，可信赖，有作为的队伍。在这里，对大家的辛勤工作和不懈付出表示衷心感谢。结合 2011 年的监管形势和全市中心任务，我讲三点意见。

一、正确认识执法监察在安全生产监管中的地位和作用，以执法监察牵引各项监管工作

安全生产执法监察是落实安全监管责任最为重要的手段，执法监察权力就是开展安全监管的有力武器，是确保各项工作有效落实的保障。要逐步将执法监察引向安全监管工作的核心地位，发挥主导作用。

一是要通过强有力的执法监察推动首都安全生产形势在"十二五"期间实现根本好转。2011 年是"十二五"规划的开局之年，经济建设和社会发展将进一步加快，各项事业将实现跨越式提升。北京作为首都，在"十二五"期间将加快实施人文北京、科技北京、绿色北京战略和中国特色世界城市建设，市委今年又提出"五都"建设，一系列战略构想的实施必然对安全生产工作提出更高的要求和标准。我们已经承诺要在"十二五"末实现北京市安全生产形势的根本好转。这需要安全监管部门以更为扎实的工作，采取更为有效的手段，制定更为有力的措施来开展监管工作。执法监察工作应首当其责，进一步加大执法监察力度，提高执法监察能力水平，不断消除安全隐患，推动企业落实主体责任，

规范安全生产秩序，促进长效机制的形成。

二是以强有力的执法监察保证安全生产法律法规执行到位，监管措施落实到位。生产安全事故的频发，安全隐患的大量存在，其最为重要的原因就是安全生产法律法规没有得到很好的贯彻执行，各项监管措施不能在基层得到很好的落实。而不能得到落实的重要原因就是监管部门监督的不够，检查的不够，问题发现的不够，处理措施的严格程度不够。所以，必须要通过最为有力的执法监察，严肃打击违法违规行为，以强制手段警醒企业不折不扣地执行法律法规，落实各项工作措施，否则就要付出代价，就要承担责任，就要遭到损失，让企业做到敬畏法律、敬畏监管。

三是以强有力的执法监察形成常态化监管环境中的高压态势。自 2008 年以来，北京市先后经历了奥运会、新中国成立 60 周年庆祝活动等大型政治活动，各级政府及全社会高度重视，各个领域均采取了超常规措施来落实安全工作。尽管任务繁重，压力很大，但给安全监管工作创造了前所未有的良好的环境和氛围，对我们的工作是有利的。2010 年以后，安全监管工作恢复到常态化，对安全工作的重视程度和认识水平回归到常态水平，就需要借助执法手段，以更高的检查频次、更严格的处理措施继续营造这种高压态势，让企业不敢放松管理，不敢存在麻痹思想和侥幸心理，不敢贸然违法违规。所以，执法监察要在常态化监管环境中发挥更为重要的作用。

四是以强有力的执法监察解决人民群

众的安全诉求，维护劳动者的安全利益。"12350"举报投诉热线开通以来，接到了大量的安全生产举报投诉，说明人民群众还有大量的安全诉求需要解决，一线劳动者的安全利益还需要维护。同时，投诉举报也为执法监察提供了线索和目标，是发现隐患、查处违法行为的"眼睛"。必须要以强有力的执法监察一件一件地去解决问题，一个一个地消除隐患，实实在在为人民群众解决安全诉求，为劳动者创造安全的作业环境。从这个意义上讲，执法监察到位了，安全监管工作就到位了；执法监察得到认可了，安全监管工作就得到认可了。

二、全面提高执法监察力度，以严格的检查、严肃的姿态、严厉的手段推动企业落实安全生产主体责任

执法务必从严，不严格的执法不如不执法。尽管近年来全市的执法力度在不断提高，但距北京市安全生产总体形势的需要还有差距，距市委、市政府对我们的要求还有差距，距专业化执法能力水平的高度还有差距。从区县执法情况看，各区县的执法力度也不均衡。朝阳区、通州区、房山区、海淀区的执法力度较大，检查数量、立案起数和处罚金额已经走在全市前列，而还有很多区县全年的处罚很少，还存在不愿处罚、不敢处罚，甚至不会处罚的现象，有一定的畏难情绪。尽管区县经济发展不均衡，企业数量和行业分布等情况存在差异，部分区县实施处罚存在客观难度，但目前区县之间差距过大，已不单纯是客观因素造成的。因此，各区县一定要在提高执法力度上下工夫、想办法，务必要解决执法力度不高的问题。2011年，市局将向全市17个区县下达安全生产执法检查考核指标，既要明确检查的任务量，还要明确执法文书的下达数量和立案处罚

的数量，就是要给区县以压力和紧迫感，把全市的执法力度提上来。

一方面要继续加强对重点行业领域的执法监察。要按照市安委会制订的全年执法检查计划，以"10+1"行动为核心，深入开展对危险化学品、固体矿山、工业企业的执法，要督促企业保持安全生产许可条件，保证许可单位的安全生产；要积极组织配合各行业部门加强对各类人员密集场所、液化石油气灌装企业、建筑施工企业的执法检查，发挥综合监管作用，推动这些重点领域的整治工作不断持续和深化；要尝试开展对高处悬吊作业、城市运行维护作业等新的领域的执法检查，在城市运行保障方面发挥积极作用。

另一方面要高度关注投诉举报案件的查处工作，提高举报案件的查处力度和解决速度，要充分利用好"12350"热线的"眼线"作用，提高执法检查的针对性和打击违法行为的精准度。对问题属实、隐患确凿的要坚决进行处理。能处罚的必须要进行处罚，能停业整顿的必须要停业整顿。对隐患反复出现、多次被举报的，要坚持实施高限处罚，切实做到有举必查，查实必究，究其必严。

三、进一步规范安全生产执法监察行为，严格执法检查程序，确保做到规范执法和文明执法

执法监察是展示安全监管部门形象的窗口，就必须要做到规范执法和文明执法，这是对执法工作的最基本要求。近年来，市安全监管局及部分区县就规范执法工作做了一些努力，也初步形成了一些好的经验和做法，但缺乏全市统一的标准，不能做到一致性、流程化和模式化。安全生产执法监察队伍的整体形象尚未完全树立。还需要下大力气夯实基础工作，拿出一整套的规范、程序和标准，进行整体推进。

一是要制定好指导性文件。市安全监管局执法队已经起草了《安全生产行政执法程序》的讨论稿，今天也作为会议材料下发了，各区县要认真学习研讨，多提宝贵意见，帮助我们进一步完善，成熟后将下发全市执行。同时，市局还将就现场检查流程、联合执法机制、执法行为规范等内容制定相应的文件，作为执法程序的配套文件一并贯彻实施。

二是要做好执法人员的培训工作。培训工作是全市 2011 年的重点工作之一，市局已制订了培训工作方案。其中，执法人员的培训是整个培训工作的重要内容，2011 年要实现执法人员的全员培训，以切实提高执法人员的专业素质和执法能力，力促执法监察工作上水平、上台阶。另外，市局正在酝酿执法人员达标工作，通过制定执法人员必须要达到的基本标准，以执法竞赛等形式进行达标考核，检验培训的效果。

三是推进执法信息化工作。执法信息化工作既能够提高执法效率，又是从技术层面规范执法行为和执法程序的手段。在开展执法信息化系统试点的同时，还要将执法程序、现场检查流程等程序化内容嵌入系统，由系统来规范执法检查工作，减少执法的随意性和盲目性，杜绝人为因素导致的程序违法。

另外，市局正在加紧进行执法服装的配发工作，刚才已经就服装的样式进行了展示，下一步将就具体配发工作制订方案。统一执法服装对于统一安全生产执法监察形象具有重要意义，也是区县多年来的诉求。2011 年，全市将完成此项工作。

安全生产执法监察工作任重道远，还需要市区县安全监管部门的共同努力，需要在座各位同志的辛勤付出与不懈奋斗，再次对大家的工作表示感谢。

强化企业主体责任落实
不断提高安全生产工作水平

北京市安全生产委员会副主任、北京市安全生产监督管理局局长　张家明
2012 年 2 月 17 日

召开系统年度工作会议，主要是认真学习贯彻全国安全生产电视电话会议和全市安全生产大会精神，全面总结 2011 年工作情况，分析研判面临形势和任务，研究部署 2012 年工作，把思想认识统一到坚持科学发展、安全发展理念上来，把实际行动体现在狠抓各项工作措施落实上来，以安全生产工作新成效迎接党的十八大胜利召开。

一、2011 年各项工作取得积极进展和明显成效

2011 年，市委、市政府采取了一系列重大举措，加强和改进安全生产工作。市委《关于加强和创新社会管理，全面推进社会建设的意见》明确提出了健全安全生产长效工作机制的任务。市委、市政府印发《关于进一步加强首都安全生产工作的实施意见》，要求全市各级党委、政府充分认识加强安全生产工作的极端重要性，突出首都特色，坚持首善标准，树立忧患意识，下先手棋，打主动仗，全面加强安全生产工作。

2011 年，市政府召开 10 余次常务会、

专题会议研究部署安全生产工作，市安委会召开22次会议分析研判安全生产形势、研究解决安全生产重大疑难问题、协调部署落实各项工作任务和要求。每逢重大活动和重要节日，刘淇书记、郭金龙市长等各位市领导都率队检查指导安全生产各项措施落实情况，各区县党委、政府把安全生产工作摆上重要议事日程，结合属地实际，创造性地开展工作。

一年来，全市安全监管监察系统在各级党委、政府的正确领导下，发扬敢于创新、敢于担当、敢于碰硬的精神，扎实工作，锐意进取，圆满完成了年初确定的各项工作任务，监管监察水平稳步提高，安全生产保障能力不断增强，安全生产形势持续向好，实现了"十二五"安全生产工作的良好开局。2011年全市发生各类安全生产死亡事故977起，死亡1 089人，同比2010年事故起数减少85起，下降8.5%，死亡人数减少87人，下降7.4%，各类事故死亡总人数占全年控制指标的85.8%。发生生产安全事故88起，死亡101人，同比减少31起、35人，下降26.1%和25.7%，特别是煤矿企业首次实现生产安全事故"零死亡"。

2011年工作取得的积极进展和明显成效在各单位总结的基础上，归纳为以下六个方面：

（一）突出城市运行安全保障，大力加强法规制度建设，加大宣传教育力度

《北京市安全生产条例》的修订和颁布顺利完成。新《条例》在立法理念、重要制度设计、重大措施设定等方面均有突破和创新。新《条例》体现"以人为本"的科学发展观，明确"建立健全以生命安全为核心的安全生产责任体系和物质技术保障体系"，确立了安全生产在保障城市运行安全，促进首都安全发展的重要地位。

编制了本市安全生产发展规划。在各方面的共同努力下，《北京市"十二五"时期安全生产规划》编制完成并正式发布。《规划》提出了"十二五"末全市安全生产形势实现根本性好转的奋斗目标，明确了主要任务、重大举措，是今后5年全市安全生产工作的行动纲领。

一系列重大政策措施经市委或市政府同意印发。贯彻落实国务院第165次常务会议精神，以市委、市政府名义起草并经市委常委会审议通过，印发《关于进一步加强首都安全生产工作的实施意见》，明确了多项落实企业主体责任和政府监管责任的任务措施；市政府办公厅印发《关于贯彻落实市政府2010年40号文件重点任务分工方案》，为督促各有关部门和区县政府落实40号文件提供了依据；市政府专题会研究同意借助保险的风险防控和经济补偿作用，在本市高危行业和重点领域开展安全生产责任保险制度试点。

各区县贯彻市委、市政府要求，结合本地监管实际，出台了有针对性的政策措施。东城区印发了《关于进一步加强安全生产工作的实施意见》，通州区委、区政府下发了贯彻市委、市政府20号文件的通知，西城区和密云县重新修订了《安全生产职责规定》。

结合监管需要出台标准和规范。研究出台了《烟花爆竹零售网点设置管理要求》、《危险化学品储罐安全技术要求》、《有限空间作业安全技术规范》、《城轨电动列车司机安全操作规范》4个地方标准以及9个行政规范性文件。

开展有针对性的宣传教育工作。第10个"安全生产月"活动充分发动各行业、各区县、各单位围绕新《条例》、"十二五"规划和"打非"等重点工作，开展了丰富多彩的宣传教育活动。北京市经济技术开

发区承办全国安全生产宣传咨询日，组织周密，效果突出。通州区、昌平区、密云县被国家安全监管总局评为 2011 年全国安全生产月活动优秀单位。成功举办以"城市·运行·安全"为主题的第五届安全文化论坛。2011 年全年组织召开新闻发布会 13 次，组织新闻媒体参与执法检查 129 次，刊播新闻稿件近 4 000 余篇，开通了安全生产官方微博。

（二）深化重点行业（领域）安全专项整治，年度重点执法计划全面完成

矿山安全监管监察迈上新台阶。向京煤集团派驻安全督察工作组，开展"京西煤矿安全生产保障行动"，各矿井 5 大系统建设基本完成，2011 年全年煤炭产量 870 万吨，未发生生产安全死亡事故，首次实现"零死亡"。刘淇书记批示："2011 年煤矿安全生产登上了新台阶，实现零死亡，市安全监管局和企业做了大量工作，值得总结和表扬。"印发《关于进一步深化金属非金属矿山专项整治工作的通知》，持续推进非煤矿山整合关闭，淘汰了一批安全生产条件差的非煤矿山企业，确定了非煤矿山"安全·和谐"示范矿山建设思路。

危险化学品和烟花爆竹安全监管科学化、精细化水平得到新的提升。以提高准入门槛，突出动态管理，强化现场审核为重点，修订了危险化学品生产经营许可办法，对 1 413 家危险化学品生产经营单位集中开展专项整治和执法检查。在烟花爆竹安全管理中积极创新，零售网点实施视频监控、批发仓库运用物联网技术对产品进行流向监控，建立并推行烟花爆竹安责险制度，烟花爆竹安全监管水平不断提高。

有限空间监管取得突破。发布《关于扩大有限空间作业现场监护人员特种作业范围的通告》，将特种作业管理范围扩大至全部城市运行地下有限空间；举办有限空间作业大比武活动，提升有限空间作业人员的安全意识和安全技能。2011 年全市有限空间作业发生死亡事故 3 起，死亡 8 人，为历年来有限空间作业事故发生最少，死亡人数最少。

职业卫生监管进一步深化。制发《职业健康管理员监督管理办法（试行）》，完善职业卫生管理员制度，全市所有存在职业危害因素的企业均配备了职业健康管理员。继续深化家具、印刷、金属非金属矿山 3 个重点行业职业卫生监督执法和行政处罚力度，督促企业完善职业危害防护设备和设施。

重点执法检查计划任务圆满完成。通过制订并组织实施安全生产重点执法检查计划，以计划统筹引领安全生产执法工作的新格局初步形成。一年来，市安全监管局和各区县按照各自的执法计划开展工作，参与执法的市属部门单位达 30 个，检查范围涉及危险化学品、建筑施工、人员密集场所等 10 多个行业领域，2011 年，全市安全监管监察系统检查各类生产经营单位 68 000 个（不含煤矿），下达责令限期整改指令书 36 608 份，强制措施决定书 569 份，立案处罚 3 346 起，经济罚款 2 063.79 万元。检查企业数同比增长 49%，下达责令限期整改指令书同比增长 40.6%，立案处罚数同比增长 42.4%，处罚金额同比增长 18%。

各区县结合本地实际，创新安全生产执法机制：朝阳区建立了"队科合一"的执法模式，行政处罚数额居全市第一；昌平区在街道（乡镇）建立了安监站，有效落实了属地监管责任；大兴区委托执法工作成效明显，实现了"四个突破"。

隐患排查治理扎实有效。2011 年，在交通运输、工程建设、煤矿和非煤矿山、危险化学品、市政设施、人员密集场所和

废品回收站点等生产经营单位，全面组织开展了安全隐患排查治理攻坚战。全年排查治理隐患企业 19.2 万家，排查出一般隐患 20 万项，整改 19.6 万项，整改率达 98%。排查出重大隐患 35 项，整改销账 31 项，整改率达 88.6%。

安全生产"护航"联合行动效果突出。2011 年年底，组织开展了为期 3 个月的安全生产"护航"联合行动，截至 2012 年 1 月底，各区县、各部门、各单位共检查生产经营单位 26 653 家次，完成任务指标的 253%，下达各类执法文书 16 202 份，文书下达率 60.8%，责令 306 家生产经营单位停产停业整顿，关闭取缔单位 42 家。

依法严肃追究事故责任。市、区（县）共查处生产安全事故 88 件，结案 76 起，共计向司法机关移送追究刑事责任 57 人，给予党政纪处分 66 人，行政罚款 1 404 万元。特别是市政府授权市安全监管局牵头调查处理了朝阳区"4·11"燃气爆燃和大兴区"4·25"重大火灾 2 起社会影响重大的非生产安全事故，及时向社会发布事故调查处理情况，得到了市委、市政府和国家安全监管总局以及社会公众的肯定。

（三）"打非"专项行动取得显著成效，铲除了一批危及城市运行安全的"毒瘤"

贯彻落实国务院安委会和市政府工作部署，开展了为期半年的严厉打击非法违法生产经营建设专项行动。市委、市政府与各区县主要领导签订"打非"责任书，在各级党委政府的坚强领导下，全市安监系统思想统一，行动坚决，措施得力，以安委会为依托，勇于担当，具体承担了"打非"的组织领导，"打非"专项行动卓有成效。全市累计拆除违法建筑约 465 万平方米，依法关停非法违法生产经营单位 3.71 万家，罚款 4 023 余万元，处理相关人员 17 941 名。"打非"对于安全生产死亡事故

起数和死亡人数实现"双下降"，起到了积极作用。

大兴区成立"打非"行动总指挥部，设立了举报投诉电话，在全区范围内开展"拉网式、无盲区、零容忍"的大检查、大整改活动。朝阳区建立政府统一领导，相关部门共同参与的打非行动联合工作机制，分片、分块、分阶段开展"打非"。石景山区按照"六个结合"的要求，强化属地和行业安全监管职责。门头沟区、房山区将打击非法盗采煤矿资源作为重中之重，建立了综合检查站，斩断非法盗采利益链条。东城区依托网格化管理平台，建立五级防控网络，对非法违法生产经营行为和事故隐患进行"精确打击"。西城区、怀柔区按照"属地负责、行业协同、联合检查、综合治理"的原则，对排查出的违法建设坚决予以拆除。丰台区通过建立"一本总账"，完善 9 个类别台账，全面开展"打非"专项行动，攻克了一批难点，使一些多年没有取缔的痼疾顽症在这次专项行动中得到了彻底根治。海淀区委区政府与各单位党政"一把手"签订责任书，明确"打非"任务主责单位及协办单位，确保责任落实到位。平谷区按照"二查处、十打击"的行动要求，逐步、逐项落实"打非"工作。延庆县充分利用新闻媒体作用，大力宣传"打非"动态，营造良好的社会氛围。

（四）首都安全生产综合监管工作格局不断完善

近年来，市安全监管局和各区县局通过积极探索创新，安全生产综合监管的方式方法和手段途径更加科学、更加有效。在坚持和巩固综合监管成熟做法的基础上，进一步强化了安委会的综合调度和指导监督作用，研究制定了安全生产综合监管工作指导意见，进一步明确了综合监管的基本要素、工作模式和责任体系，完善

了 12 项综合监管工作制度。在深化对区县政府综合考核的同时，首次开展了对市政府有关部门的综合考核，并将考核结果与评优评先挂钩，有力地推动了各行业监管（管理）职责的落实，为全市安全生产形成齐抓共管的工作格局奠定了基础。相继开展了管道燃气、京港地铁和商品市场等行业领域的安全管理调查评估工作，一方面找出政府安全监管层面存在的问题，另一方面针对监管空白明确了相关领域安全监管职责以及监管重点和措施，逐步破解影响首都城市运行安全的监管难题。

（五）安全生产基层基础工作进一步加强

安全生产信息化建设取得积极进展。通过近 3 年的努力工作，信息化"京安"工程取得了阶段性成果，安全生产信息化体系基本建成。依托全市电子政务专网等信息化基础设施，构建起了 3 级网络、4 级平台，实现了与行业、属地、企业的互联互通。隐患自查自报、执法检查、投诉举报、综合指标、风险源管理 5 大核心业务系统基本建成，涵盖了 43 项重点业务工作，业务覆盖率达 75%；安全生产信息资源库基本建成，储存各类业务数据 621.32 万条，动态掌握了 17 万家企业的基础台账；危险化学品和烟花爆竹行政许可信息系统已正式上线运行，实现了行政许可的网上申请和审批；结合监管实际，制定了一整套安全生产信息化建设和管理的标准、规范和制度，保证了信息化建设和应用的有序开展；物联网试点在烟花爆竹监管上取得重大突破，应急指挥中心已经成为全市安全生产工作指挥调度的枢纽和平台。

顺义区在信息化建设中大胆创新、率先突破，研制开发了隐患自查自报系统，该系统荣获 2011 年国家安全监管总局首届安全生产创新奖实践应用类一等奖。国家安全监管总局在顺义区召开全国现场会推广顺义区经验，国家安全监管总局局长骆琳和北京市市长郭金龙到会并作重要讲话。这不仅是对顺义区工作的肯定，也是对本市安全生产工作的肯定。大兴区全面应用行政执法检查信息系统，提高了安全生产执法效率。朝阳区结合实际，创造性地开展工作，安全生产信息化建设扎实推进。

安全生产标准化达标创建活动稳步推进。研究制定了《"十二五"期间安全生产标准化工作规划》，建立了全市安全生产标准化考评体系，全市已有 805 家企业通过达标。危险化学品安全生产标准化工作已全面展开，2012 年将全部达到 3 级以上标准。

安全生产应急救援管理工作逐步规范。制定了《生产经营单位生产安全事故应急预案管理实施办法》和《生产经营单位应对生产安全事故应急储备管理规定》，组织完成了矿山、危险化学品市级专项预案和烟花爆竹、尾矿库部门预案的编制修订。完成了本市危险化学品重大危险源备案，摸清了重大危险源底数，为下一步建立动态监控系统打下了基础。

安全生产培训考核不断规范。根据特种作业考核管理的现状，认真调研，深入研究，进一步调整改进了本市特种作业培训考核管理工作机制。全面推行特种作业理论计算机考试，提高考试的科学性。制定京外特种作业操作证登记管理办法和特种作业人员违章行为登记管理办法，规范特种作业培训、考核和持证后监管。2011年完成各级各类人员安全培训近 27 万人次，完成了 8 397 名高危行业主要负责人和安全生产管理人员安全培训；组织特种作业人员安全技术考试 22 期，考试合格 17.8 万人。

"12350"举报投诉已成为发动并组织

群众参与安全生产工作的重要平台。举报投诉中心运转良好，举报投诉制度体系基本完善。"12350"开通运行以来，受理 3 542 件举报，转办安监系统 1 769 件，办结率达到 96%，消除各项安全隐患 6 742 项。在"打非"专项行动中，"12350"发挥了突出的作用，已成为"打非治违"的一把利剑。2011 年接到各类非法违法生产经营建设举报事项 945 件，通过严肃查处，拆除违法建筑近 60 万平方米，关闭取缔非法违法生产经营单位 108 家，依法停业整顿 88 家，罚款近 200 万元，行政追责人员 297 人，追究刑事责任 11 人。

（六）大力推进安监队伍建设，深化创先争优活动

以"争做安全发展忠诚卫士，创建为民务实清廉安监机构"为主题，开展创先争优和建党 90 周年等系列活动，树立先进典型，弘扬安监正气。顺义区安监局、吕海光分别被人力资源和社会保障部与国家安全监管总局评为全国安全生产监管监察系统先进集体和先进工作者，市安全监管局事故调查处、密云县安监局、延庆县安监局被国家安全监管总局评为安全生产监管监察先进单位，贾兴华等 29 名同志被评为安全生产监管监察先进个人，执法监察队党支部被评为北京市直机关系统先进基层党组织，市安全监管局宣教中心被评为北京市"五五"普法先进单位，高云飞同志被评为优秀共产党员，段纪伟同志被评为优秀党务工作者。

继续加强安全监管队伍建设。组建了市执法监察总队。市安全监管局预防中心、信息中心、举报投诉中心纳入规范管理。为市、区两级 1 100 余名安监执法干部配发执法服装，对市区县 512 名监管干部分 3 期进行军训。加大干部交流培训力度，市安全监管局安排 17 名机关干部开展双向交流挂职锻炼。全系统共有 829 人参加了不同层面的培训。组织开展了第二个反腐倡廉"警示教育周"活动，健全完善了反腐倡廉教育长效机制。

一年来，通过我们的共同努力，实现了"十二五"安全生产工作的良好开局。2011 年工作成绩的取得，是市委、市政府高度重视的结果，是各区县、各部门共同努力的结果，是我们全体工作人员努力工作的结果。我代表市安全监管局党组向同志们一年来的辛勤工作表示衷心的感谢和崇高的敬意！

回顾总结一个时期以来的工作实践，有 5 点体会。第一，必须正确把握安全生产工作的方向。随着本市产业结构调整的深化和城乡一体化进程的加快，传统安全生产内容发生很大变化，城市安全生产特征更加明显。安全生产工作的重心逐步向城市运行领域转移，保障城市运行安全成为安全监管工作的主题。我们要正确把握前进方向，坚定不移地推进安全发展城市建设。第二，必须树立和强化创新意识。要用改革的思路研究安全生产面临的新情况新问题，用创新的勇气破解安全生产工作中的难题，不断推进安全生产的理论创新、制度创新、工作创新和方法创新，提高安全监管工作科学化和精细化水平。第三，必须不断巩固和加强综合监管工作。首都安全生产特点决定了加强综合监管具有特殊重要的意义。要进一步发挥综合监管的牵头作用，完善综合管理、综合协调和综合考核的工作机制，强化综合监管手段，巩固齐抓共管的工作格局。第四，必须发扬敢于担当、敢于碰硬的精神。近几年来，我们安监系统在"打非"行动中，在执法检查中，在重大活动保障中，不推责、不懈怠，勇于承担、勇于负责，得到了市委、市政府领导的充分肯定，得到了各个部门的一

致认可，得到了人民群众的广泛认同。在今后工作中，要让这种安监精神继续发扬光大。第五，必须保持工作措施的稳定性和连续性。经过几年来的探索，我们已经形成了一整套加强安全生产的政策措施和工作方法，这些都体现在新修订的条例、市政府2010年40号文件、"十二五"安全生产规划和2010年市委、市政府的《实施意见》以及这几年来出台的一系列规章、标准和规范中，下一步关键是要抓落实、促深化，持之以恒地推进长效机制建立。

二、2012年安全生产工作面临的形势和挑战

2012年是实施"十二五"规划承上启下重要的一年，我们要认真分析安全生产面临的形势，充分做好应对各种困难和考验的准备。

（一）从首都工作大局上把握形势

2012年，我们将迎来党的十八大，北京市委也将换届。市委十届十次全会对今年工作进行了全面部署，明确提出要大力践行"北京精神"，牢牢把握"稳中求进"的总基调，加快转变经济发展方式，全力推进科技创新和文化创新"双轮驱动"，稳增长、调结构、控物价，切实保障和改善民生，以首都科学发展、社会和谐稳定的优异成绩迎接党的十八大胜利召开。安全生产工作必须紧紧围绕大局，突出为党的十八大胜利召开保驾护航这条主线，全系统要认真学习贯彻市委十届十次全会精神，切实增强政治意识、大局意识、责任意识，以安全生产的新成绩迎接党的十八大胜利召开。

（二）从国务院、市政府和市安委会对安全生产工作部署上把握形势

张德江副总理在全国安全生产电视电话会议上的讲话强调，要牢固把握以"科学发展、安全发展"为主题的"安全生产年"活动这条主线，重点抓好"一树立、三坚持、三强化"；做好安全监管监察工作，要认真践行"一个信念"、"三个理念"、"三个能力"和"一条底线"，即：坚定走中国特色社会主义道路的信念，指导和加强安全监管监察工作；树立科学发展、安全发展，立党为公、执政为民，以人为本、预防为主的理念；提高监管监察、事故处置、宣传教育的能力；坚持清正廉洁、干净干事。

2012年年初召开的市人大十三届五次会议上，市长郭金龙在《政府工作报告》明确要求，要"完善安全监管长效机制，建立安全生产责任可追溯制度和责任保险制度，全面推行安全生产标准化，大力开展企业职工安全培训，加强特种设备安全监察管理，严厉打击非法违法生产经营建设行为，切实维护人民群众生命财产安全"。

刚刚召开的全市安全生产大会上，副市长苟仲文对全年工作进行了全面部署，2012年的重点工作是"一个坚持、四个推广、一个强化"：要坚持科学发展安全发展理念，推动实施首都安全发展战略；要推广顺义区隐患自查自报工作经验，切实推进安全生产标准化工作上新台阶；要推广烟花爆竹领域安全生产责任保险经验，督促企业加强风险管理；要推广"12350"、"96119"经验，充分发动群众、依靠群众、组织群众广泛参与安全生产管理；要推广京西煤矿"零死亡"工作经验，全力压减各类事故的发生；要继续强化"护航"保障行动，为党的十八大胜利召开构建起安全生产坚强保障。

（三）从面临的困难和考验上把握形势

一是压减事故总量的任务十分艰巨。通过努力，2011年本市各类事故取得了较大幅度的下降，为历史最好水平，但我们不能因此而盲目乐观。一方面，较大以上

事故和社会影响较大的事故还没有根本杜绝，发生"4·25"重大火灾等类似事故的可能性依然没有完全消除；另一方面，非法违法生产经营建设行为依然存在，"三违"现象依然突出，这些是滋生各类事故的土壤。据统计，2011年全市由于"三违"现象引发的事故47起，死亡60人，分别占全市事故总起数和死亡总人数的53.4%和59.4%。再者，从历年事故总量变化的情况看，有下降的年份，也有反弹上升的年份，说明遏制事故发生的基础仍不牢固。因此，控制和压减事故总量的任务仍然十分艰巨。

二是强化企业主体责任落实的任务十分艰巨。企业是安全生产的内因。实现安全生产形势根本好转，归根到底取决于企业安全生产主体责任得到全面落实。从总体上看，本市企业的安全生产状况在不断改善，安全保障能力得到了增强。但是，仍有相当一部分企业不重视安全生产，安全生产责任制不落实，安全投入无保障，安全培训不到位，诱发事故的隐患风险和"三违"现象仍然比较普遍，强化企业主体责任落实的任务还很艰巨。

三是城市建设和运行领域安全生产监管任务十分繁重。部分行业还没有构建起与行业安全生产状况相适应的监管工作体系，还存在监管的薄弱点和盲区，小餐馆等"六小"、批发市场、废品回收站、群租房等问题，需要相关行业部门主动作为。人口流动等情况给安全生产工作带来新的压力，北京市流动人口达693.6多万人，农民工等群体迁徙流动性较大，农民工的安全培训教育不到位，安全意识薄弱。随着经济转型、产业升级、人口流动、城市化进程，安全隐患不断产生或者转移，切实消除事故隐患也是我们面临的重点和难点。商业、文化、娱乐、体育、旅游、学校、医院等人员密集场所增多，人员流动频繁。地铁运营、地铁建设、城市建设的监管难度和任务量不断加大，全市地铁已开通线路15条，里程达到372公里，日均客流量650万人，最高峰达757万人。2012年本市在建地铁里程将达216公里，8条线路同时开工。机动车突破500万辆，建筑计划开复工面积达1.6亿平方米等，城市生命线系统愈加复杂，城市运行中呈现出的风险和隐患因素不断增多，相互作用、相互叠加，安全生产监管面临极大的挑战。

四是进一步提高监管监察能力是一项现实而迫切的任务。几年来，北京市安全生产监管监察队伍建设取得了一定进展，监管机构逐步完善，监管装备不断充实，监管人员素质稳步提高，但目前的建设水平和能力现状与首都标准、建设世界城市要求、监管实际需求相比，依然存在一定的差距，还存在着执行力不够强、监管装备科技含量不够高、基层机构建设不统一以及工作作风不够扎实等问题。安监人员的法律意识、专业能力还需要进一步提高，打造一支作风扎实、业务精通、严格执法、廉洁奉公的安全监管监察队伍的任务还十分艰巨。

我们要充分认识当前安全生产面临的形势，准确把握国务院、国家安全监管总局和北京市政府以及市安委会的工作部署和要求，扎实抓好各项工作。

三、2012年安全生产工作思路和主要任务

2012年，全市安全生产工作总体要求是：以邓小平理论和"三个代表"重要思想为指导，深入贯彻落实科学发展观，全面贯彻落实全国安全生产电视电话会议、全国安全生产工作会议精神和市委十届十次全会精神，坚持以人为本，以科学发展、安全发展为总要求，以推动安全发展城市建设为总目标，以强化企业安全生产主体责任落实为主线，加大各项法规制度和政策措施落实力度，加强企业安全生产管理基础和安全监管监察队伍自身建设，依法治理、提升水平，全力控制事故总量，有效防范坚决遏制重特大事故，促进全市安全生产形势持续稳定好转，以安全生产工作的新成效迎接党的十八大胜利召开。

2012 年全市安全生产工作要紧紧围绕"一个树立、三个强化、三个坚持"来进行，在加大各项责任和政策措施落实力度上狠下工夫，突出抓好以下重点工作：

（一）牢固树立科学发展、安全发展理念，凝聚共识、狠抓落实，推动实施首都安全发展战略

一要深入学习、认真贯彻国务院 2011 年 40 号文件。紧紧抓住坚持科学发展、安全发展这个主题和基本精神，更加自觉地用科学发展观统领安全生产工作全局，更加旗帜鲜明地坚持安全发展、唱响安全发展，研究推进建设安全发展城市的实施意见。要以调查研究为抓手，认真总结经验，把握安全生产工作的主动权，不断推动实践创新和理论创新，把安全监管监察工作提升到新水平。

二要着力推动重要法规文件的贯彻实施。围绕新修订的《北京市安全生产条例》和市委、市政府出台的 20 号文件、安全生产"十二五"规划，加快各项制度措施的建立和完善，加快规章、标准和规范性文件的制定和修订，重点在建设项目安全设施"三同时"监管、特种作业人员管理、生产经营单位安全培训、危险化学品安全管理等方面，抓紧开展政府规章立法调研和立项论证。

三要大力营造科学发展、安全发展的社会环境。精心准备，组织开展好第 11 个"安全生产月"系列活动；加大对首都

安全监管系统先进个人、先进单位以及安全生产工作先进企业的宣传，树立典型；以提高从业人员安全意识、推动企业落实安全生产主体责任为重点开展新闻宣传工作，积极探索开展安全生产公益宣传；继续推进安全社区、安全文化示范企业建设。要抓好换届改选后区县政府、乡镇（街道办事处）分管领导和安监系统主要领导干部的安全培训，使之成为践行科学发展安全发展理念、实施首都安全发展战略的带头人。

（二）强化企业安全生产管理基础建设

一是全面推进安全生产标准化建设。2012 年是标准化工作推进的基础建设年，要重点抓好以下几项工作。第一，做好全市安全生产标准化工作顶层设计，制订出台本市《开展安全生产标准化工作推进方案》，明确"十二五"期间标准化总体目标、方法步骤、政策措施、工作机制、职责任务等。第二，要深入研究开展标准化工作的相关问题，清晰界定标准是什么、工作程序是什么、各有关部门的职责任务是什么等问题。按照《企业安全生产标准化基本规范》的基本要求和框架，全面吸收融合顺义区隐患自查自报标准，制定全市统一的三级标准化企业评审标准，修订重点行业二级标准化企业评审标准，研究制定微型企业规范化标准。第三，要按照试点先行、重点突破、分步实施的工作思路，在朝阳区、海淀区、顺义区进行先期试点，积累经验、查找问题，为全面推开奠定基础。在机械、冶金、建材、人员密集场所、建筑施工、交通运输等重点行业的每个行业、每个区县抓 5～10 家企业（工地），开展标准化示范企业建设。第四，进一步完善标准化建设技术支撑体系。建立完善北京市安全生产标准建设专家委员会，聘请一批专家在制定标准、评审咨询等方面提供支持。出台安全生产标准化评审工作指

导意见，规范标准化企业达标创建工作流程，规范评审机构和评审组织单位的认定和管理，完善考评管理工作。建立标准化建设信息化管理平台，加强实时管理，及时掌握动态信息，提高考评工作效率和服务水平。第五，积极协调有关部门研究制定有关安全生产标准化建设的激励政策措施，将安全生产标准化与政府采购、银行信用等级、评优评先等涉及企业利益和企业主要负责人荣誉的事项挂钩。

二是全面实施安全生产全员大培训工程。第一，完善安全生产培训政策制度。要研究制定《安全生产培训管理规定》、《安全生产培训机构建设示范项目实施细则》、《安全生产培训机构教师管理规定》和《安全生产培训考试及发证管理规定》、《特种作业人员安全技术培训考核管理办法》等文件。第二，建立完善培训考核工作机制。要构建政府推动、部门负责、企业落实、执法监督的培训工作机制，明确各相关部门和企业在培训中的职责任务，培训目标，方法要求等。要立足当前，谋划长远，制定2012—2015年安全生产培训规划，做好培训工作的顶层设计。第三，按照突出重点、试点先行的工作思路，扎实抓好2012年的安全生产培训工作。要抓好高危行业"三项岗位"人员、班组长和农民工为重点的全员安全培训考核。做好安全培训示范学校、示范企业建设，推广培训工作经验。要强化特种作业培训过程及师资考官队伍管理，全面修订培训教材和考试题库，实施实操考点认定，组织安全操作技能大比武活动，启动城市轨道列车司机、危险化学品安全作业等新项目的培训考核工作，建立特种作业行业部门联席会议制度。要选择1～2个行业开展全员培训试点。

三是积极稳妥开展安全生产责任保险试点。按照"政府推动、市场化运作"的方式，采用试点先行、重点突破、分步实施的思路，在全市逐步建立起责任保险与安全生产工作相结合的良性互动机制，充分发挥责任保险事故预防和风险控制功能，为促进本市安全生产形势实现根本性好转提供政策支持。通过试点，建立健全安全生产责任保险产品、服务体系、扶持政策、风险防控体系，力争试点期间企业投保率达到80%。试点先期确定在广电、市政市容、交通、矿山、危险化学品、烟花爆竹等行业以及部分危险性作业中进行。具体是全市范围内的煤矿、非煤矿山、危险化学品、烟花爆竹、轨道交通、影（剧）院、网吧、燃气供应等行业领域的生产经营单位，从事高处悬吊作业和有限空间作业的生产经营单位，大型群众性活动的承办单位。鼓励其他行业投保安全生产责任保险。同时，决定在顺义区进行全行业试点，要制定下发在本市建立安责险制度试点工作实施意见和安责险试点管理办法。建立安全生产责任保险制度协调推进机制，即联席会议，由市领导挂帅，市安全监管局牵头，主要是负责研究指导和协调解决推进安全生产责任保险制度试点期间的重大政策和疑难问题。各区县要在区县安委会领导下，建立协调推进机制，由区县安全监管局牵头，局主要领导负总责。各区县局要与负责本地区市场化运作的安责险服务团队密切合作，具体负责本地区试点行业安责险推进工作。

（三）强化监管监察和专项治理

一是要以执法计划为牵引，加大安全生产行政执法力度。认真落实2012年重点执法计划任务和各项指标要求，2012年的执法计划采取北京市安委会办公室和各行业监管部门分别组织实施的方式，重点包括全国"两会"安全生产保障、十八大安全生产保障等内容。各区县要根据执法计划的任务设定，认真研究制订本地区的执法计划。2012 年，安全生产执法要在认真执行执法计划的基础上，进一步研究安监执法、行业执法、属地执法和专项执法的关系，完善和深化部门联合、市区互动的全市执法工作机制。要加强安全生产日常执法、重点执法和跟踪执法，强化与司法机关的联合执法，确保执法实效。要继续依法严厉打击各类非法违法生产经营建设行为，切实落实停产整顿、关闭取缔、严格问责的惩治措施。

二是加大重点行业领域安全整治力度。持续深化"京西煤矿保障行动"，以对隐患"零容忍"的工作原则，督察落实十项重点工作，使煤矿"三大示范"工程取得新成效。深化非煤矿山专项整治，持续推动"安全·健康·绿色·和谐"矿山建设，深化地采矿山、采掘施工、油气长输企业的安全监管工作；要统筹规划北京市危险化学品的安全管理，全力推进危险化学品管理体系建设工作，形成与首都功能定位相适应的管理模式。开展全市液氨单位、"两重点、一重大"落实情况专项整治。切实抓好烟花爆竹经营、储存等各环节的隐患治理。着手制定《地下有限空间作业检测及通风技术要求》地方标准，加强对有限空间非重点行业，如农业、工矿商贸行业、旅游业有限空间作业安全监管，继续抓好有限空间作业大比武。要认真做好安全生产"护航"行动第二战役的各项工作，重点在废品收购、电梯安全、地铁安全、液化气使用、批发市场、出租房屋、危化企业、铁路和高铁沿线 8 个领域开展隐患治理排查专项行动。

三是健全完善事故查处机制。要严格按照"四不放过"和"科学严谨、依法依规、实事求是、注重实效"的原则依法严格查处每一起事故，强化事故调查处理与事故预防的有机结合机制。要认真梳理事故调查处理过程中存在的问题，加强政策研究和指导服务，继续推动事故调查处理的标准化、规范化。要加大重伤事故的查处工作力度，全力推进重伤事故的调查处理，加强重伤事故的统计分析。市安全监管局将建立与卫生和劳动保障部门事故医疗和工伤认定等信息沟通机制，严肃查处重伤和亡人事故的瞒报行为。要认真落实事故查处分级挂牌督办、跟踪督办、警示通报、诫勉约谈和现场分析制度，深刻吸取事故教训，查找安全漏洞，完善相关管理措施，切实改进安全生产工作。

四是要健全完善举报投诉工作机制。要贯彻落实 2011 年 12 月 26 日全市举报投诉电视电话会议精神，研究出台《安全生产举报投诉管理办法》，进一步健全完善举报投诉工作机制，进一步明确举报投诉案件查处、统计、分析工作流程。各级要以对群众高度负责的精神，严肃举报投诉案件的查处，按照"查实必究、究其必严"的原则，不断加大对经查属实的群众举报事项的问责和查处力度。要进一步加大"12350"宣传力度，扩大社会知晓率，鼓励群众积极发挥社会监督作用。

（四）强化职业卫生监管体系建设

一是理顺和完善职业卫生监管体制。按照新修订的《职业病防治法》中有关职业卫生监管职责分工的规定，积极向北京市政府汇报，同时与北京市编办、卫生、人力社保等部门沟通，认真做好职业卫生职能划转工作，建立上下一致、运转有效的职业卫生监管体系。

二是制定完善职业卫生相关法规。依据新修订的《职业病防治法》和国家安全监管总局新发布的职业卫生规章，制定《北京市建设项目职业卫生"三同时"监督管理办法》、《北京市职业健康监护管理办法》

等规范性文件。

三是建设职业卫生技术支撑体系。整合利用北京市现有的职业卫生技术服务机构，逐步建立市区两级职业卫生技术支撑体系，为职业卫生监管工作提供有力的技术支撑和保障。

四是加大执法力度，提高企业职业卫生管理水平。根据新修订的《职业病防治法》，加大职业卫生监督执法检查力度，继续开展重点行业职业危害治理工作，提高企业职业危害申报率、现场职业危害因素检测合格率。

（五）坚持并巩固综合监管工作机制

一是不断建立和完善安委会运行机制。强化安全生产委员会决策部署、组织推动、指挥调度、督促检查和考核奖惩功能。充分利用好安委会平台，研究解决安全生产工作重要问题，部署并做好决定事项的督促落实工作；组织开展重要节日和重大活动期间安全生产工作以及专项整治工作，加强安全生产检查和专项督察工作；完善考核工作程序，积极探讨并推动安全生产考核指标体系和评价体系建设，通过强有力的技术支撑和信息化手段，实现对区县政府、市政府有关部门安全生产日常工作实施动态化测控，全过程评比。

二是继续强化综合监管工作机制落实。充分运用调查评估等工作手段，研究并解决影响城市运行的瓶颈问题，认真做好物业管理的调查评估工作；跟踪督促配合调查评估意见的落实，明确并细化行业管理任务分工，完善安全管理政策标准，拓展安全管理手段，推进人员密集场所、交通运输、建设工程领域、城市运行等行业领域的安全生产工作上台阶；狠抓安全生产综合考核工作，进一步完善2012年综合考核工作，一方面使各项安全生产综合监管工作科学化、法制化、规范化；另一

方面使区县政府和市政府部门更加自觉地落实安全生产监管职责。

三是要督促行业部门切实履行安全生产管理和监督职责。进一步健全完善安全生产综合监管与行业监管相结合的工作机制，强化安全生产监管部门对安全生产的综合监管，全面落实行业主管部门的专业监管、行业管理和指导职责。要不断探索创新与经济运行、社会管理相适应的安全监管模式，建立健全与企业信誉、项目核准、用地审批、证券融资、银行贷款等方面相挂钩的安全生产约束机制。

（六）坚持并深化安全保障能力建设

一是实施科技兴安方略，着力推广先进适用技术，全面提升安全保障能力。要指导企业结合安全生产实际，选择急需的、实用的安全科技成果着力进行推广。继续开展矿山、危险化学品、职业危害、烟花爆竹等重点行业领域有效预防和遏制生产安全事故的共性、关键技术研究，积极推广物联网技术，提高监管工作的实效性。要研究制定安全生产技术推广的扶持政策措施。

二是全面提升应急管理工作水平。要着力研究企业现场应急处置方案和管理办法，完善第一时间处置措施。企业生产现场带班人员、班组长和调度人员在遇到险情时，要按照预案规定，立即组织停产撤人；要研究重大危险源网络化监管技术规范，推进企业落实重大危险源监控主体责任；要研究加强专业应急救援队伍和兼职应急救援队伍建设和管理工作。

三是切实提高安全生产技术支撑能力建设。系统规划安全监管监察和职业卫生监管的技术支撑工作，确定技术支撑的职能定位、发展方向、工作内容、建设目标和实现途径；在取得省级专业实验室认定资格的基础上，加强实验室能力建设，力

争在 2012 年将实验室的检测项目扩展到 52 项，基本满足安全生产事故和职业卫生监督管理、检查执法和事故调查处理的技术支撑要求。

四是安全生产信息化建设京安工程基本完成。2012 年 6 月底前，基本完成京安工程，核心业务覆盖率达到 80%；顺义区"隐患自查自报系统"和行政执法系统的推广应用在 2012 年年底前完成；全面推进 3 级网络、4 级平台各项功能的应用，建立应用考核评估制度，结合应用发现的问题对系统不断进行功能扩展和优化升级。建立全市特种作业考试远程监控系统和特种作业综合管理信息平台。全面实施物联网应用示范工程，推动"智慧安监"建设。

（七）坚持并推进安全监管监察队伍建设

一是要以执法总队建设为契机，进一步理顺执法总队与市局业务处室及区县执法部门的关系，规范区县执法机构设置，研究提出加强区县安全生产执法监察队伍建设的指导意见。

二是要健全执法监督体系，加强执法检查监督制度和监督机制建设，研究完善执法工作程序、执法检查分析和执法监督考评机制，充分发挥全系统法制机构的执法监督职能，研究执法差异，分析执法成果，规范执法行为，考评执法效能，推动全系统安全生产执法能力的提升，确保各项执法工作依法依规开展。

三是要加强本系统的业务培训。重点抓好各级监管干部的各类培训班的组织，提高培训质量，提高干部监管能力，2012 年计划安排干部培训 20 期，其中包括全市安全监管监察系统干部军训。

四是要加强干部作风建设，建立干部工作实绩分析制度，激发干部干事创业的内在动力，强化考核结果运用，把干部考核与重要工作完成情况相结合，以此作为干部选拔任用的重要依据。要把激励干部干事创业与崇尚实干用人导向并重。一方面严格要求干部保持求真务实、真抓实干的作风，做到言必责实、行必责实、功必责实，努力为党和人民建功立业。另一方面，真正选用那些人品正、干实事的干部，在干部管理上形成干事者受关注、成事者受重用、败事者受惩罚的良好氛围。

五是要真正关心爱护干部。要研究建立监管执法干部人身意外保险制度，保证干部心无旁骛地开展工作。要在全系统开展积极向上、生动活泼的各种文体活动，把各类兴趣活动继续抓好，让更多的职工参与进来，将活动的机制长效化、制度化，活跃文化生活、提高士气、凝聚人心。

六是各处室要创造性开展工作。市局专业处室要发扬改革创新的精神，深化业务管理，加强与机关各处室及区县局相关科室企业的联系，不断改进工作。市局机关各综合处室、区县各综合科室，要发挥综合枢纽作用，对上，要和各业务主管部门加强联系，经常汇报工作，争取政策支持。对下，要听取意见建议，向有关领导及时汇报，解决问题。对内，要和各有关部门加强联系，研究工作，把各项工作落到实处。

七是要继续深入开展"争做安全发展忠诚卫士，创建为民务实清廉安监机构"为主题的创先争优活动，在本系统要大力弘扬先进，表彰先进，学习先进。要大力开展反腐倡廉教育，用有效的制度保证我们的干部不犯错误。

同志们，新的一年，让我们在市委、市政府的坚强领导下，深入贯彻落实科学发展观，坚定信心、振奋精神，继续保持和发扬肯于奉献、勇于担当、善于创新、敢打硬仗、能打硬仗的作风，埋头苦干，扎实工作，共同谱写首都安全生产工作的新篇章，以优异成绩迎接党的十八大胜利召开！

【法律法规选载】

北京市第十三届人民代表大会常务委员会公告
第 16 号

《北京市安全生产条例》已由北京市第十三届人民代表大会常务委员会第二十五次会议于 2011 年 5 月 27 日修订，现予公布，自 2011 年 9 月 1 日起施行。

北京市第十三届人民代表大会常务委员会
2011 年 5 月 27 日

北京市安全生产条例

（2004 年 7 月 29 日北京市第十二届人民代表大会常务委员会第十三次会议通过 2011 年 5 月 27 日北京市第十三届人民代表大会常务委员会第二十五次会议修订）

第一章　总　则

第一条　为了加强安全生产监督管理，防止生产安全事故，保障人民群众生命和财产安全，促进经济和社会协调发展，根据《中华人民共和国安全生产法》，结合本市实际情况，制定本条例。

第二条　在本市行政区域内从事生产经营活动的单位（以下统称生产经营单位）应当遵守《中华人民共和国安全生产法》和本条例。

有关法律、法规对消防安全和道路交通安全、铁路交通安全、水上交通安全、民用航空安全另有规定的，适用其规定。

第三条　本市安全生产管理应当以人为本，坚持安全第一、预防为主的方针，建立健全以生命安全为核心的安全生产责任体系和物质技术保障体系，保障城市安全运行，促进首都安全发展。

第四条　生产经营单位应当根据本单位生产经营活动的特点，加强安全生产管理，建立健全安全生产责任制度，完善安全生产条件，确保安全生产，保障从业人员和社会公众的安全健康。

第五条　生产经营单位的主要负责人对本单位的安全生产工作全面负责。

第六条　工会依法组织职工参加本单位安全生产工作的民主管理和民主监督，维护职工在安全生产方面的合法权益，对单位执行安全生产法律、法规的情况进行监督。

第七条　各级人民政府应当加强对安全生产工作的领导，将安全生产工作纳入国民经济和社会发展计划，合理调整产业结构，加大安全生产投入，将安全生产专项工作所需经费列入本级政府预算，支持、督促各有关部门依法履行安全生产监督管理职责，及时协调、解决安全生产监督管理中的重大问题。

第八条　各级人民政府的主要领导人和政府有关部门的正职负责人对本行政区

域和本部门的安全生产工作负全面领导责任；各级人民政府的其他领导人和政府有关部门的其他负责人对分管范围内的安全生产工作负领导责任。

第九条　市和区、县安全生产监督管理部门对本行政区域内安全生产工作实施综合监督管理，指导、协调和监督政府有关部门履行安全生产监督和管理职责，依法对生产经营单位的安全生产工作实施监督检查。

公安、住房和城乡建设、质量技术监督、国土资源、煤炭、电力、国防科技工业等负有安全生产监督管理职责的政府有关部门，按照有关法律、法规的规定，分别对消防、道路交通、建筑施工、特种设备、矿山、电力、民用爆破器材生产等方面的安全生产工作实施监督管理。

商务、文化、教育、卫生、旅游、交通、市政市容、农业、民防等政府有关部门，按照法律、法规、规章的规定和市人民政府确定的职责，负责有关行业或者领域的安全生产管理工作。

第十条　各级人民政府及其有关部门应当采取多种形式，加强对有关安全生产的法律、法规和安全生产知识的宣传，组织开展安全生产教育和培训，推进安全文化建设，增强全社会的安全生产意识和安全防范能力。

第十一条　各级人民政府及其有关部门应当鼓励安全生产科学技术研究，支持安全生产先进适用技术、装备、工艺的推广应用，提高安全生产信息化水平，推进安全生产产业发展。

第十二条　本市推进安全生产社会化服务体系建设，支持、指导、规范有关社会服务机构依法开展评价、认证、检测、检验、咨询、宣传和技术培训等安全生产服务活动。

有关社会服务机构应当按照法律、法规规定和合同约定从事安全生产服务活动，保障所提供的报告、信息真实准确，并对其作出的安全评价、认证、检测、检验的结果负责。

第十三条　安全生产协会和其他相关行业协会应当加强行业自律，对生产经营单位的安全生产工作进行指导，提供安全生产管理和技术咨询等服务。

本市鼓励安全生产协会和其他相关行业协会参与安全生产标准的制定。

第十四条　市和区、县人民政府对在改善安全生产条件、推进安全文化建设、防止生产安全事故、参加抢险救护、安全生产科学技术研究和推广应用、安全生产监督管理等方面取得显著成绩的单位和个人，给予表彰和奖励。

第二章　生产经营单位的安全生产保障

第十五条　生产经营单位应当具备下列安全生产条件：

（一）生产经营场所和设备、设施符合有关安全生产法律、法规的规定和国家标准或者行业标准的要求；

（二）矿山、建筑施工单位和危险化学品、烟花爆竹、民用爆破器材生产单位依法取得安全生产许可证；

（三）建立健全安全生产责任制，制定安全生产规章制度和相关操作规程；

（四）依法设置安全生产管理机构或者配备安全生产管理人员；

（五）从业人员配备符合国家标准或者行业标准的劳动防护用品；

（六）主要负责人和安全生产管理人员具备与生产经营活动相适应的安全生产知识和管理能力，危险物品的生产、经营、储存单位及矿山、建筑施工单位的主要负责人和安全生产管理人员，依法经安全生产知识和管理能力考核合格；

（七）从业人员经安全生产教育和培训合格，特种作业人员按照国家和本市的有关规定，经专门的安全作业培训并考核合格，取得特种作业操作资格证书；

（八）法律、法规和国家标准或者行业标准、地方标准规定的其他安全生产条件。

不具备安全生产条件的单位不得从事生产经营活动。

第十六条　生产经营单位的主要负责人对本单位安全生产工作负有下列职责：

（一）建立健全并督促落实安全生产责任制；

（二）组织制定并督促落实安全生产规章制度和操作规程；

（三）保证安全生产投入；

（四）定期研究安全生产问题；

（五）督促、检查安全生产工作，及时消除生产安全事故隐患；

（六）组织实施本单位从业人员的职业健康工作；

（七）组织制定并实施生产安全事故应急救援预案；

（八）及时、如实报告生产安全事故。

生产经营单位的主要负责人应当每年向职工代表大会或者职工大会报告本单位的安全生产情况。

第十七条　生产经营单位的安全生产责任制应当明确各岗位的责任人员、责任内容和考核要求，形成包括全体人员和全部生产经营活动的责任体系。

第十八条　生产经营单位应当制定下列安全生产规章制度：

（一）安全生产教育和培训制度；

（二）安全生产检查制度；

（三）生产安全事故隐患排查治理制度；

（四）具有较大危险因素的生产经营场所、设备和设施的安全管理制度；

（五）危险作业管理制度；

（六）特种作业人员管理制度；

（七）劳动防护用品配备和管理制度；

（八）安全生产奖励和惩罚制度；

（九）生产安全事故报告和调查处理制度；

（十）其他保障安全生产的规章制度。

第十九条　生产经营单位应当具备的安全生产条件所必需的资金投入，由生产经营单位的决策机构、主要负责人或者个人经营的投资人予以保证，并对由于安全生产所必需的资金投入不足导致的后果承担责任。

矿山、建筑施工单位和危险化学品、烟花爆竹、民用爆破器材生产单位实行提取安全费用制度。具体办法由市人民政府制定。

第二十条　生产经营单位的安全生产资金投入或者安全费用，应当专项用于下列安全生产事项：

（一）安全技术措施工程建设；

（二）安全设备、设施的更新和维护；

（三）安全生产宣传、教育和培训；

（四）劳动防护用品配备；

（五）重大危险源监控；

（六）生产安全事故应急救援演练；

（七）应急救援队伍建设或者救援服务；

（八）其他保障安全生产的事项。

第二十一条　生产经营单位应当对从业人员进行安全生产教育和培训，并建立考核制度。未经安全生产教育和培训合格的人员不得上岗作业。生产经营单位应当对安全生产教育、培训和考核情况进行记录，并按照规定的期限保存。

第二十二条　生产经营单位的主要负责人和安全生产管理人员应当接受相应的安全生产知识和管理能力的培训，具体培训和考核办法按照国家有关规定执行。

危险物品的生产、经营、储存单位从事危险作业的人员应当按照国家有关规定参加专门的安全作业培训，经培训合格方可上岗。

第二十三条 以劳务派遣形式用工的，劳务派遣单位应当对劳务派遣人员进行必要的安全生产教育和培训；用工单位应当对劳务派遣人员进行岗位安全操作规程和安全操作技能的教育和培训。

用工单位与劳务派遣单位应当在劳务派遣协议中明确各自承担的教育和培训的职责和具体内容。

第二十四条 安全生产的教育和培训主要包括下列内容：

（一）安全生产法律、法规和规章；

（二）安全生产规章制度和操作规程；

（三）岗位安全操作技能；

（四）安全设备、设施、工具、劳动防护用品的使用、维护和保管知识；

（五）生产安全事故的防范意识和应急措施、自救互救知识；

（六）生产安全事故案例。

第二十五条 生产经营单位主要负责人、安全生产管理人员和从业人员每年接受的在岗安全生产教育和培训时间不得少于 8 学时。

新招用的从业人员上岗前接受安全生产教育和培训的时间不得少于 24 学时；换岗的，离岗 6 个月以上的，以及生产经营单位采用新工艺、新技术、新材料或者使用新设备的，均不得少于 4 学时。

法律、法规对安全生产教育和培训的时间另有规定的，从其规定。

第二十六条 矿山、建筑施工单位，城市轨道交通运营单位，危险物品的生产、经营、储存单位及从业人员超过 300 人的其他生产经营单位，应当设置安全生产管理机构或者配备专职安全生产管理人员。

专职安全生产管理人员的配备按照国家或者本市有关规定执行。

前款规定以外的生产经营单位，应当配备专职或者兼职的安全生产管理人员，或者委托具有国家规定的相关专业技术资格的工程技术人员提供安全生产管理服务。

第二十七条 安全生产管理机构和安全生产管理人员履行下列职责：

（一）提出安全生产工作计划并组织实施；

（二）组织开展安全生产检查，督促消除生产安全事故隐患；

（三）组织实施生产安全事故应急演练；

（四）督促本单位各部门履行安全生产职责，组织安全生产考核，提出奖惩意见；

（五）依法组织本单位生产安全事故调查处理。

第二十八条 生产经营单位新建、改建、扩建工程项目（以下统称建设项目）的安全设施，应当与主体工程同时设计、同时施工、同时投入生产和使用。

建设项目投入生产或者使用前，建设单位应当根据有关规定对建设项目的安全设施组织验收，验收合格后方可投入生产使用，并将验收报告向安全生产监督管理部门备案。

本市逐步在工业建设项目、城市基础设施建设项目、城市公共交通建设项目等领域推行安全评价制度，具体办法由市人民政府另行规定。

第二十九条 矿山建设项目和用于生产、储存危险物品的建设项目的安全设施设计应当按照国家有关规定报政府有关部门审查。

生产经营单位申请安全设施设计审查，应当提交下列文件：

（一）设计审查申请表；

（二）建设项目可行性研究报告安全专篇；

（三）安全评价报告；

（四）有关安全设施的设计文件及设计单位资质证明。

经审查批准的安全设施设计需要变更的，应当经原审查部门审查同意。

第三十条　矿山建设项目和用于生产、储存危险物品的建设项目竣工投入生产或者使用前，应当按照法律、行政法规的规定对安全设施进行验收；验收合格后方可投入生产和使用。

生产经营单位申请安全设施验收，应当提交下列文件：

（一）安全设施验收申请表；

（二）建设项目安全设施的综合报告；

（三）安全生产规章制度和操作规程。

第三十一条　生产经营单位安全设备的设计、制造、安装、使用、检测、维修、改造和报废，应当符合国家标准、行业标准。

生产经营单位应当对安全设备进行经常性维护、保养，并定期检测，保证正常运转。维护、保养、检测应当作好记录，并由有关人员签字。维护、保养、检测记录应当包括安全设备的名称和维护、保养、检测的时间、人员等内容。

第三十二条　生产经营单位应当在有较大危险因素的生产经营场所和有关设备、设施上，设置符合国家标准或者行业标准的安全警示标志。

安全警示标志应当明显、保持完好、便于从业人员和社会公众识别。

第三十三条　生产经营单位对重大危险源应当登记建档，进行定期检测、评估、监控，制订应急预案，告知从业人员和相关人员在紧急情况下应当采取的应急措施。

登记建档应当包括重大危险源的名称、地点、性质和可能造成的危害等内容。

第三十四条　生产经营单位应当按照国家有关规定将本单位重大危险源及有关安全措施、应急措施报安全生产监督管理部门和政府其他有关部门备案。

第三十五条　生产经营单位的生产区域、生活区域、储存区域之间应当保持规定的安全距离。

生产、经营、储存、使用危险物品的车间、商店和仓库周边的安全防护应当符合国家有关规定，不得与员工宿舍在同一座建筑物内，并与员工宿舍保持规定的安全距离。

生产经营场所和员工宿舍应当设有符合紧急疏散要求、标志明显、保持畅通的出口。任何单位或者个人不得以任何理由和任何方式封闭生产经营场所或者堵塞员工宿舍的出口。

第三十六条　生产经营单位应当按照国家有关规定，明确本单位各岗位从业人员配备劳动防护用品的种类和型号，为从业人员无偿提供符合国家标准或者行业标准的劳动防护用品，不得以货币形式或者其他物品替代。购买和发放劳动防护用品的情况应当记录在案。

第三十七条　生产经营单位应当根据本单位生产经营活动的特点，对安全生产状况进行经常性检查。检查情况应当记录在案，并按照规定的期限保存。

生产经营单位对本单位存在的生产安全事故隐患的治理负全部责任，发现事故隐患的，应当立即采取措施，予以消除；对非本单位原因造成的事故隐患，不能及时消除或者难以消除的，应当采取必要的安全措施，并及时向所在地的安全生产监督管理部门或者政府其他有关部门报告。

第三十八条　生产经营单位设置户外广告、牌匾，应当遵守有关户外设施的安全技术标准和管理规范，并进行经常性检查和维护，确保安全、牢固；发现生产安全事故隐患的，应当及时予以消除。

第三十九条　生产经营单位进行爆破、吊装、悬吊、挖掘、建设工程拆除等危险作业，邻近高压输电线路作业，以及在有限空间内作业，应当执行本单位的危险作业管理制度，安排负责现场安全管理的专门人员，落实下列现场安全管理措施：

（一）确认现场作业条件符合安全作业要求；

（二）确认作业人员的上岗资质、身体状况及配备的劳动防护用品符合安全作业要求；

（三）就危险因素、作业安全要求和应急措施向作业人员详细说明；

（四）发现直接危及人身安全的紧急情况时，采取应急措施，停止作业或者撤出作业人员。

根据危险作业生产安全事故发生情况，市安全生产监督管理部门可以制定专项管理措施，生产经营单位应当执行。

第四十条　生产经营单位不得将生产经营项目、场所、设备，发包、出租给不具备国家规定的安全生产条件或者相应资质的单位和个人从事生产经营活动。

生产经营单位将生产经营项目、场所、设备发包或者出租的，应当与承包单位、承租单位签订专门的安全生产管理协议，或者在承包、租赁合同中约定各自的安全生产管理职责。

同一建筑物内的多个生产经营单位共同委托物业服务企业或者其他管理人进行管理的，由物业服务企业或者其他管理人依照委托协议承担其管理范围内的安全生产管理职责。

第四十一条　危险化学品生产单位不得向未取得危险化学品经营许可证的经营单位或者个人销售危险化学品。

危险化学品经营单位不得从未取得危险化学品生产许可证或者危险化学品经营许可证的单位采购危险化学品。

危险化学品应当储存在专用仓库、专用场地或者专用储存室内，储存方式、方法和数量应当符合国家标准、地方标准，并由专人管理。

第四十二条　供水、排水、污水处理、供电、供气、供热、环卫等市政基础设施管理单位和轨道交通运营单位、传输管线施工和运营单位，应当加强设备、设施日常维护和施工现场安全管理，定期开展运行安全评价，及时排除生产安全事故隐患，保障基础设施的安全运行。

第四十三条　歌舞厅、影剧院、体育场（馆）、宾馆、饭店、商（市）场、旅游区（点）、网吧等公众聚集的经营场所，其生产经营单位应当遵守下列规定：

（一）不得改变经营场所建筑的主体和承重结构；

（二）在经营场所设置标志明显的安全出口和符合疏散要求的疏散通道并确保畅通；

（三）按照有关规定在经营场所配备应急广播和指挥系统、应急照明设施、消防器材，安装必要的安全监控系统，并确保完好、有效；

（四）制定可靠的安全措施和生产安全事故应急救援预案，配备应急救援人员；

（五）有关负责人能够熟练使用应急广播和指挥系统，掌握应急救援预案的全部内容；

（六）从业人员能够熟练使用消防器材，了解安全出口和疏散通道的位置及本岗位的应急救援职责；

（七）经营场所实际容纳的人员不超过规定的容纳人数。

前款规定的场所设在同一建筑物内

的，生产经营单位应当按照国家标准、地方标准和有关技术规范设置安全出口和疏散通道并保持畅通。

第四十四条　生产经营单位承办大型群众性活动的，应当制订符合规定要求的活动方案和突发事件的应急预案，并按照国家和本市有关规定履行审批手续。

活动举办期间，承办单位应当落实各项安全措施，保证活动场所的设备、设施安全运转，配备足够的工作人员维持现场秩序，必要时可以申请公安机关协助。在人员相对聚集时，承办单位应当采取控制和疏散措施，确保参加活动的人数在安全条件允许的范围内。

第三章　从业人员的权利和义务

第四十五条　生产经营单位的从业人员享有《中华人民共和国安全生产法》规定的权利，履行相应义务。

第四十六条　生产经营单位与从业人员订立的劳动合同中应当载明有关保障从业人员劳动安全、防止职业危害，以及为从业人员办理工伤保险和其他依法应当办理的安全生产强制性保险等事项。

生产经营单位不得以任何形式与从业人员订立协议，免除或者减轻其对从业人员因生产安全事故伤亡依法应当承担的责任。

第四十七条　从业人员有权向生产经营单位了解下列事项：

（一）作业场所和工作岗位存在的危险因素；

（二）已采取的防范生产安全事故和职业危害的技术措施和管理措施；

（三）发生直接危及人身安全的紧急情况时的应急措施。

生产经营单位应当通过作业场所公示、书面告知、答复、教育培训等方式，将前款所列事项告知从业人员，保障从业人员的知情权。

第四十八条　从业人员有权对本单位安全生产工作和有关职业安全健康问题提出批评、检举、控告；有权拒绝违章指挥和强令冒险作业。

生产经营单位不得因从业人员对本单位安全生产工作提出批评、检举、控告或者拒绝违章指挥、强令冒险作业而降低其工资、福利等待遇或者解除与其订立的劳动合同。

第四十九条　从业人员有权要求生产经营单位依法参加工伤保险和其他安全生产保险。

生产经营单位未依法参加前款规定的保险，从业人员因生产安全事故受到损害的，生产经营单位应当按照相关保险规定的待遇项目和标准支付费用，从业人员依照有关民事法律尚有获得赔偿权利的，有权提出赔偿要求。

第五十条　从业人员应当履行下列义务：

（一）遵守本单位安全生产规章制度和岗位操作规程、施工作业规程；

（二）接受安全生产教育和培训，参加应急演练；

（三）报告生产安全事故隐患或者不安全因素；

（四）发生生产安全事故紧急撤离时，服从现场统一指挥；

（五）配合事故调查，如实提供有关情况；

（六）从事特种作业的，经过专门培训并取得特种作业资格。

第四章　安全生产的监督管理

第五十一条　安全生产监督管理实行属地原则，由生产经营活动所在地的政府及其有关部门实施。

第五十二条　市和区、县人民政府应当建立安全生产控制指标体系，对安全生产工作实行目标管理；每季度至少召开一次会议，专题研究本地区安全生产工作，组织、协调重大生产安全事故隐患治理。

乡镇人民政府和街道办事处根据本地区安全生产工作的需要，设立或者明确负责安全生产工作的机构，配备或者聘请人员，监督、检查本地区安全生产工作，发现安全生产违法行为或者生产安全事故隐患的，应当责令生产经营单位改正或者排除，并及时向安全生产监督管理部门和政府其他有关部门报告。

第五十三条　安全生产监督管理部门履行下列职责：

（一）综合分析本地区安全生产形势，定期向本级人民政府报告安全生产工作，提出安全生产工作的意见和建议，发布安全生产信息；

（二）指导协调、监督检查本级人民政府有关部门和下级人民政府履行安全生产监督管理职责，提出意见和建议；

（三）负责组织对本级人民政府有关部门和下级人民政府的安全生产工作进行综合考核；

（四）法律、法规、规章和市人民政府规定的其他职责。

第五十四条　市人民政府对所属有关部门和区、县人民政府安全生产工作进行综合考核；区、县人民政府对所属有关部门和乡镇人民政府、街道办事处安全生产工作进行综合考核。考核结果纳入绩效考核内容。

第五十五条　市和区、县人民政府应当加强安全生产基础研究、应用研究和安全生产先进技术的推广；完善安全生产技术支撑体系，支持生产经营单位安全技术改造；保障安全生产基础设施建设资金的投入；推进安全生产重点领域、重点单位的物联网建设；监督管理国家安排的安全

生产专项资金，确保专款专用，并安排配套资金予以保障。

第五十六条　市人民政府有关部门应当加强对有关行业或者领域安全生产工作的指导，定期统计生产安全事故、从业人员伤亡和职业危害情况，组织制定有关行业或者领域的安全生产标准、管理规范并督促落实。

市质量技术监督部门应当加强规划、组织、指导有关安全生产地方标准的制定，及时协调和处理标准化工作中的问题。

第五十七条　在本市举办重要会议或者重大活动期间，市安全生产监督管理部门可以根据市人民政府的要求，制定专项安全生产管理措施，生产经营单位应当执行。

第五十八条　安全生产监督管理部门和政府其他有关部门应当建立健全重大危险源备案工作制度，加强对重大危险源的监督管理工作。

第五十九条　生产经营单位销售重点监管的化学品，应当如实记录购买者和所购买化学品的相关信息，并将相关证明材料存档备查。重点监管的化学品目录由市安全生产监督管理部门会同公安机关制定并向社会公布。

第六十条　在重大危险源、高压输电线路和输油、输气管道等场所和设施的安全距离范围内，城乡规划主管部门不得批准建设建筑物、构筑物。

对不符合规定安全距离要求的建筑物、构筑物，应当依法予以拆除或者采取其他保障安全的措施。

第六十一条　安全生产监督管理部门根据工作需要，配备安全生产监督检查人员。

安全生产监督检查人员执行监督检查任务时，应当出示有效的监督执法证件，并将检查的时间、地点、内容、发现的问

题及其处理情况，作出书面记录，由检查人员和被检查单位的负责人签字。

第六十二条　安全生产监督管理部门应当制订安全生产监督检查计划，有关部门应当按照计划对生产经营单位的安全生产状况进行联合检查；需要分别检查的，应当相互协调，避免重复检查。

负有安全生产监督管理职责的部门在检查中发现安全问题应当及时处理；应当由其他部门处理的，及时移送有关部门并形成记录备查，接受移送的部门应当及时处理。

第六十三条　任何单位或者个人对生产安全事故隐患或者安全生产违法行为，均有权向安全生产监督管理部门和政府其他有关部门报告或者举报。查证属实的，由有关部门按照规定给予奖励。

安全生产监督管理部门和政府其他有关部门应当公开举报电话、通信地址或者电子邮件地址，受理有关安全生产的举报；受理的举报事项经调查核实后，应当形成书面材料；需要落实整改措施的，报经有关负责人签字并督促落实。

第六十四条　居民委员会、村民委员会发现所在区域的生产经营单位存在生产安全事故隐患或者安全生产违法行为的，应当向所在地人民政府或者安全生产监督管理部门、其他有关部门报告。

第六十五条　区、县安全生产监督管理部门或者政府其他有关部门接到生产安全事故隐患报告的，应当及时调查、了解有关情况，组织协调消除事故隐患；属于重大生产安全事故隐患的，应当及时报请区、县人民政府采取治理措施；对于超出本级人民政府管理权限的，有关区、县人民政府应当及时报告市人民政府。

区、县人民政府应当将治理重大安全事故隐患的有关情况，向市安全生产监督管理部门通报。

第六十六条　安全生产监督管理部门和政府其他有关部门在检查过程中发现生产安全事故隐患的，应当责令生产经营单位采取措施立即消除；不能立即消除的，应当责令限期消除，并督促落实。在限期消除期间，安全生产监督管理部门或者政府其他有关部门可以在生产经营场所的明显位置设置事故隐患提示标志。

重大生产安全事故隐患消除前或者消除过程中无法保证安全的，安全生产监督管理部门和政府其他有关部门可以责令生产经营单位全部或者部分停产停业，或者采取其他限制措施；隐患消除后，经审查同意，方可恢复生产经营活动。

第六十七条　安全生产监督管理部门在监督检查过程中有根据认为生产经营单位的设备、设施和器材不符合保障安全生产国家标准或者行业标准的，可以予以查封或者扣押，但应当在15日内依法作出处理决定。

第六十八条　市和区、县人民政府有关部门应当对生产经营单位承办的大型群众性活动安全措施的落实、活动场所设备设施的安全运转及维护现场秩序工作人员的配备等情况进行检查，督促承办单位落实相关安全措施和应急预案。

第六十九条　生产经营单位发生一次死亡3人以上责任事故或者年度内发生两起死亡责任事故的，政府有关部门可以依法降低其相应的生产经营资质，限制其一年内参加政府投资、政府融资建设项目和政府采购项目的投标及该年度政府奖项的评奖，并将有关情况记入本市企业信用信息系统。

前款规定的生产经营单位应当委托具有相应资质的安全生产评价机构进行安全评价，并落实有关安全措施。

第七十条　矿山、道路交通运输、建筑施工、危险化学品、烟花爆竹等领域的生产经营单位按照国家有关规定实行安全生产风险抵押金制度。生产经营单位发生生产安全事故时，安全生产风险抵押金转作事故抢险救灾和善后处理资金。

本市建立安全生产责任保险制度，并在各行业或者领域逐步实施。前款规定的生产经营单位参加安全生产责任保险的，不再存缴安全生产风险抵押金。

第七十一条　市安全生产监督管理部门应当定期向社会公布全市安全生产状况和生产安全事故情况，并及时公开严重安全生产违法行为的情况和重大、特大生产安全事故的有关信息。

市安全生产监督管理部门应当建立安全生产违法行为记录系统，记载生产经营单位及其主要负责人、个人经营的投资人、有关中介机构等安全生产活动当事人的违法行为、责任事故及处理结果。任何单位和个人有权查询相关记录。

第七十二条　本市建立安全生产信息网络平台，及时提供安全生产法律、法规、标准、政策、措施等信息服务。

政府有关部门应当建立健全安全生产信息沟通制度，互相通报有关安全生产的政策和执法监督信息。

区、县人民政府及其有关部门应当采取多种形式，及时将有关安全生产的政策和措施告知生产经营单位，并提供相关信息服务。

行业协会应当配合政府有关部门做好有关安全生产信息的宣传工作。

第七十三条　新闻、出版、广播、电视等单位应当对违反安全生产法律、法规的行为进行舆论监督，通过开设公益性专题栏目等形式，对社会公众进行安全意识教育和自救互救知识宣传。

第五章　生产安全事故的应急救援与调查处理

第七十四条　市和区、县人民政府应当组织有关部门制定本地区特大生产安全事故应急救援预案，建立应急救援体系。

第七十五条　特大生产安全事故应急救援预案主要包括下列内容：

（一）应急救援的指挥和协调机构；

（二）有关部门在应急救援中的职责和分工；

（三）危险目标的确定和潜在危险性评估；

（四）应急救援组织及其人员、装备；

（五）紧急处置、人员疏散、工程抢险、医疗急救等措施方案；

（六）社会支持救助方案；

（七）应急救援组织的训练和演习；

（八）应急救援物资储备；

（九）经费保障。

第七十六条　生产经营单位应当根据本单位生产经营的特点，制定生产安全事故应急救援预案，对生产经营活动中容易发生生产安全事故的领域和环节进行监控，建立应急救援组织或者配备应急救援人员，储备必要的应急救援设备、器材，按照国家有关规定在作业区域设置救生舱等紧急避险救生设施。

规模较小的生产经营单位可以委托专业应急救援机构提供救援服务。规模较大的生产经营单位可以组建专业应急救援队伍，受市和区、县人民政府委托执行应急救援任务，市和区、县人民政府应当给予必要的支持。

第七十七条　生产经营单位制定的生产安全事故应急救援预案主要包括下列内容：

（一）应急救援组织及其职责；

（二）危险目标的确定和潜在危险性

评估；

（三）应急救援预案启动程序；

（四）紧急处置措施方案；

（五）应急救援组织的训练和演习；

（六）应急救援设备器材的储备；

（七）经费保障。

生产经营单位应当定期演练生产安全事故应急救援预案，每年不得少于一次。

第七十八条　生产经营单位发生生产安全事故的，事故现场有关人员应当立即报告本单位负责人。

单位负责人接到事故报告应当迅速启动应急救援预案，采取有效措施组织抢救，防止事故扩大、减少人员伤亡和财产损失，并按照国家有关规定及时、如实报告安全生产监督管理部门或者政府其他有关部门。单位负责人对事故情况不得隐瞒不报、谎报或者拖延报告。

生产经营单位应当保护事故现场；需要移动现场物品时，应当作出标记和书面记录，妥善保管有关证物。生产经营单位不得故意破坏事故现场、毁灭有关证据。

第七十九条　发生生产安全事故造成人员伤害需要抢救的，发生事故的生产经营单位应当及时将受伤人员送到医疗机构，并垫付医疗费用。

第八十条　事故调查处理应当按照实事求是、尊重科学的原则，及时、准确地查清事故原因，查明事故性质和责任，总结事故教训、提出整改措施，并对事故责任者提出处理意见。

事故调查和处理的具体办法，按照国家和本市有关规定执行。

第八十一条　任何单位和个人不得阻挠和干涉对事故的依法调查、对事故责任的认定及对事故责任人员的处理。

第八十二条　市和区、县人民政府有关部门应当定期统计分析本系统生产安全事故情况，并将有关情况报告同级安全生产监督管理部门。

第六章　法律责任

第八十三条　法律、法规对违反本条例行为的法律责任有规定的，适用其规定；法律、法规没有规定的，适用本条例的规定。

第八十四条　各级人民政府、安全生产监督管理部门或者政府其他有关部门的工作人员，有下列情形之一的，依法给予行政处分；构成犯罪的，依法追究刑事责任：

（一）未按照规定的权限、条件和程序作出行政许可决定或者因其他失职、渎职行为，造成重大生产安全事故隐患的；

（二）未按照规定履行安全生产监督管理责任的；

（三）发生生产安全事故，未按照规定组织救援或者玩忽职守致使人员伤亡或者财产损失扩大的；

（四）对生产安全事故隐瞒不报、谎报或者拖延报告的；

（五）阻挠、干涉生产安全事故调查处理或者生产安全事故责任追究的。

特大生产安全事故行政责任的追究，依照国家有关规定执行。

第八十五条　生产经营单位的主要负责人未履行本条例规定的安全生产管理职责的，责令限期改正；逾期未改正的，责令生产经营单位停产停业整顿。

生产经营单位的主要负责人未履行本条例规定的安全生产管理职责，导致发生生产安全事故，构成犯罪的，依法追究刑事责任；尚不够刑事处罚的，给予撤职处分或者处2万元以上20万元以下罚款。

生产经营单位的主要负责人依照前款规定受刑事处罚或者撤职处分的，自刑罚执行完毕或者受处分之日起，5年内不得担任任何生产经营单位的主要负责人。

第八十六条　生产经营单位有下列行为之一的，责令限期改正；逾期未改正的，责令停产停业整顿，可以并处 2 万元以下罚款：

（一）违反第十五条第七项，特种作业人员未按照规定经专门的安全作业培训并取得特种作业操作资格证书上岗作业的；

（二）未按照本条例第二十一条、第二十二条和第二十五条规定对从业人员进行安全生产教育和培训的；

（三）未按照本条例第二十六条第一款规定设置安全生产管理机构或者配备专职安全生产管理人员的；

（四）未按照本条例第五十九条规定如实记录相关信息的。

第八十七条　生产经营单位违反本条例第二十八条规定，有下列行为之一的，责令限期改正；逾期未改正的，责令停止建设或者停产停业整顿：

（一）建设项目没有安全设施设计的；

（二）建设项目安全设施未与主体工程同时设计、同时施工、同时投入生产和使用的。

第八十八条　生产经营单位违反本条例第三十六条规定，未提供劳动防护用品的，或者未提供符合规定要求的劳动防护用品的，或者以货币形式、其他物品替代的，责令限期改正；逾期未改正的，责令停产停业整顿，可以并处 5 万元以下罚款。

第八十九条　生产经营单位违反本条例第三十九条规定，未安排专门人员，落实现场安全管理措施的，责令改正；拒不改正的，责令停产停业整顿，可以并处 2 万元以上 10 万元以下罚款。

第九十条　生产经营单位违反本条例第四十条第一款规定，将生产经营项目、场所、设备发包或者出租给不具备安全生产条件或者相应资质的单位或者个人的，责令限期改正，没收违法所得；违法所得 5 万元以上的，并处违法所得 1 倍以上 5 倍以下的罚款；没有违法所得或者违法所得不足 5 万元的，单处或者并处 1 万元以上 5 万元以下的罚款；导致发生生产安全事故给他人造成损害的，与承包方、承租方承担连带赔偿责任。

第九十一条　生产经营单位违反本条例第四十一条规定，有下列行为之一的，处 2 万元以上 20 万元以下罚款：

（一）向未取得危险化学品经营许可证的经营单位销售危险化学品的；

（二）从未取得危险化学品生产许可证或者危险化学品经营许可证的单位采购危险化学品的。

第九十二条　生产经营单位违反本条例第四十七条规定，不履行对从业人员告知义务的，责令限期改正；逾期未改正的，依法追究生产经营单位主要负责人的责任。

第九十三条　生产经营单位违反本条例第五十七条规定，在本市举办重要会议或者重大活动期间，未执行专项安全生产管理措施的，责令限期改正；拒绝执行的，责令停止生产经营活动。

第九十四条　矿山、道路交通运输、建筑施工、危险化学品、烟花爆竹等领域的生产经营单位违反本条例第七十条规定，未存缴安全生产风险抵押金或者未参加安全生产责任保险的，责令限期改正，可以并处 1 万元以上 10 万元以下罚款。

第九十五条　生产经营单位不具备本条例规定的安全生产条件，经停产停业整顿仍不具备条件的，予以关闭；有关部门应当依法吊销其有关证照。

歌舞厅、影剧院、体育场（馆）、宾馆、饭店、商（市）场、旅游区（点）、网吧等公众聚集经营场所的生产经营单位不具备本条例规定的安全生产条件的，责令限期改正；逾期未改正的，依照前款规定处理。

第九十六条　生产经营单位违反规定，对生产安全事故情况隐瞒不报、谎报或者拖延报告，导致对发生事故的过错无法查明的，生产安全事故认定为生产经营单位的责任事故。

第九十七条　本条例规定的行政处罚，由安全生产监督管理部门决定；予以关闭的行政处罚由安全生产监督管理部门报请市或者区、县人民政府按照国务院规定的权限决定。有关法律、法规对行政处罚的决定机关另有规定的，适用其规定。

第七章　附　则

第九十八条　本条例自 2011 年 9 月 1 日起施行。

北京市"十二五"时期安全生产规划
（2011—2015 年）

前　言

安全生产关系千家万户幸福安康，关系首都城市安全发展和社会和谐稳定。"十二五"时期，本市进入到推动科学发展、加快经济发展方式转变、实施"人文北京、科技北京、绿色北京"战略、建设中国特色世界城市的新阶段。《北京市国民经济和社会发展第十二个五年规划纲要》，明确了首都未来五年的发展目标、重点任务和行动路径。加强安全生产工作，确保城市安全运行和社会稳定，对于实现本市国民经济和社会发展目标具有重要作用。

本规划是本市"十二五"时期的综合专项规划，规划编制依据《北京市安全生产条例》、《北京城市总体规划（2004—2020年）》、《国务院关于进一步加强企业安全生产工作的通知》（国发[2010]23 号）、《北京市国民经济和社会发展第十二个五年规划纲要》和《北京市人民政府关于进一步加强企业安全生产工作的通知》（京政发[2010]40号）等法规、文件，结合本市安全生产工作实际，提出 2011—2015 年本市安全生产的指导思想、工作目标、主要任务、重点工程和保障措施。本规划是各级政府依法履行安全生产监管职责、制订实施年度工作计划和各项政策措施的重要依据，是今后五年本市安全生产工作的行动纲领。

本规划中凡涉及负有安全生产监督管理职责政府部门的内容，由有关部门负责组织实施。重点工程要编制工程专项论证报告，提出建设目标、建设内容、进度安排，落实资金筹措方案，确保北京市"十二五"时期安全生产规划目标的实现。

一、现状和面临的形势

（一）全市安全生产状况持续稳定全面好转

"十一五"时期，本市的安全生产工作在市委、市政府的坚强领导下，以邓小平理论和"三个代表"重要思想为指导，深入贯彻落实科学发展观，坚持安全发展理念，坚持安全生产方针，采取了一系列重大举措，全面加强安全生产工作。经过各方面共同努力奋斗，事故总量稳步下降，安全生产环境明显改善，全市安全生产状况持续稳定全面好转，有力地保障了 2008 年北京奥运会的成功举办和新中国成立 60 周年庆祝活动的顺利进行，为首都经济社会发展和城市运行营造了良好的安全生产环境。

1. 安全生产总体水平显著提高

全市各地区、各有关部门和单位以实

现"平安奥运"和"平安国庆"为目标，扎实开展安全生产"三项行动"（执法行动、治理行动、宣传教育行动）、"三项建设"（法制体制机制建设、安全生产保障能力建设、安全生产监管监察队伍建设），深入推进安全生产各项工作，强化企业安全生产主体责任落实，事故总量大幅下降，有效地遏制了重特大事故的发生。本市亿元地区生产总值生产安全事故死亡率由2005年的0.26人/亿元GDP下降到2010年的0.085人/亿元GDP，下降了67.3%；工矿商贸从业人员十万人生产安全事故死亡率由2005年的2.21人/10万人下降到2010年的1.45人/10万人，下降了34%。

北京市"十一五"时期安全生产规划主要指标完成情况

序号	指标名称	2005 年	"十一五"规划目标	2010 年	完成情况
1	亿元国内生产总值生产安全事故死亡率/（人/亿元）	0.26	0.24	0.085	√
2	工矿商贸从业人员十万人生产安全事故死亡率/（人/10 万人）	2.21	2.1	1.45	√
3	煤矿百万吨死亡率/（人/兆吨）	3.12	2	0.499	√
4	金属非金属矿山事故死亡人数/人	7	6	0	√
5	危险化学品事故死亡人数/人	3	2	0	√
6	烟花爆竹事故死亡人数/人	0	0	0	√
7	建筑施工事故死亡人数/人	93	84	60	√
8	特种设备万台事故死亡率/（人/万台）	—	0.8	0.11	√
9	道路交通万车死亡率/（人/万车）	5.86	6	2.03	√

2．安全生产法规体系逐步健全

贯彻《全面推进依法行政实施纲要》，积极推进安全生产依法行政，结合本市实际，制定完善相关行业（领域）安全生产管理制度。颁布实施了商业零售经营单位、餐饮经营单位、文化娱乐经营场所、星级宾馆饭店、体育运动项目经营场所安全生产管理规定，在危险化学品、烟花爆竹、建筑施工、地下空间、地下管线、轨道交通运营等一些重点行业（领域），颁布实施了与安全生产相关的政府规章和规范性文件，结合城市运行安全生产特点，颁布实施了相应的安全生产地方标准和管理规范，初步形成了具有本市特色的安全生产法规标准体系。启动《北京市安全生产条例》修订工作，着手建立与世界城市接轨的安全生产管理制度体系。

3．安全生产监管体系趋于完善

着力推动改革创新，大力加强制度建设，夯实安全生产基层基础，构建安全生产长效机制。结合机构改革，进一步明确了政府有关部门的安全生产监督管理职责，综合监管和行业监管相结合的安全生产监管体系基本形成。各级安全生产委员会得到充实加强，议事协调、综合调度作用不断强化，建立了安全生产综合考核制度，对区县政府和行业主管部门履行职责情况进行考核。积极落实属地安全生产监管责任，到"十一五"末，全市各乡镇街道健全完善了安全生产监管机构，配备安全检查人员2 251名。

4．安全生产保障能力得到提升

企业负责人安全生产意识逐步增强，企业安全生产责任体系进一步健全，安全生产培训教育进一步加强，从业人员的安全意识和安全技能不断提高，违章指挥、违规作业、违反劳动纪律的现象逐步减少，作业场所职业卫生条件得到改善，非法违法生产经营活动得到明显遏制。一些企业积极开展安全生产标准化活动，加大安全投入，采用先进的管理模式和信息化等科技手段，不断提升安全生产管理水平，改善安全生产条件，企业生产安全事故应急处置能力不断增强。

5. 城市运行安全保障得到加强

加强安全生产综合监管，落实"一岗双责"制度，交通运输、人员密集场所、消防、特种设备、城市公共设施、城市维护保养作业、地下空间经营场所、地铁建设与运营、地下管线等与城市运行密切相关的重点行业（领域）安全生产不断加强。以安全生产应急指挥平台建设为重点，安全生产信息化建设与应用取得了阶段性成果。建立了高效的安全生产应急管理工作机制，安全生产专业应急救援队伍建设不断规范。

6. 从业人员和社会公众安全意识明显增强

以普遍提升社会公众安全意识为目标，通过持续开展安全生产月、"安康杯"竞赛、安全文化论坛、大型公开课、安全巡回演讲等多种形式的宣传教育活动，弘扬"以人为本、安全发展"的理念，加强安全文化建设，树立安全文化示范企业创建典型。开通安全生产举报投诉电话，鼓励支持社会公众检举安全生产违法违规行为和事故隐患，充分发挥新闻媒体的舆论监督作用，有利于安全生产工作的社会环境逐步形成。积极推动安全社区创建活动，"十一五"期间，全市创建"国际安全社区"11 个，"全国安全社区"25 个。加强安全生产培训教育，累计培训企业主要负责人、安全管理人员和特种作业人员 73.5 万人次，积极探索农民工培训教育新模式，累计培训农民工 1 万余人次。

（二）机遇和挑战

"十二五"时期，是本市在新的起点上全面建设小康社会的关键时期，是深化改革开放、深入推进经济发展方式加快转变的攻坚时期。安全生产是首都经济社会发展的重要保障，是加强社会管理、建设首善之区的重要内容，面临着新的发展机遇。"以人为本"的安全发展理念深入人心，安全生产的社会氛围更加浓厚；加快经济发展方式转变，为从源头上解决安全生产问题创造了有利条件；综合经济实力和科技创新能力不断增强，为提升政府监管能力和企业安全保障能力提供了坚实的物质基础。

与此同时，本市安全生产工作还存在薄弱环节，面临新的挑战。一是安全生产主体责任落实不到位的问题依然存在，企业安全生产保障能力依然不足；二是生产安全事故由传统行业（领域）向城市建设和运行领域转移，城市建设和运行管理中的安全生产问题日益突出；三是安全生产监管法制体制机制还需要进一步完善，监管能力还需要进一步提升；四是安全文化建设尚处于初级阶段，与社会公众日益增长的安全需求仍有差距。

总之，做好本市"十二五"时期安全生产工作，必须牢固树立机遇意识、责任意识、忧患意识，不断增强推动首都安全生产科学发展的责任感、紧迫感和使命感，深刻把握发展趋势和特点规律，充分利用一切有利条件，积极解决突出矛盾和问题，在新的起点上推动首都安全生产的科学发展。

二、指导思想与规划目标

（一）指导思想

以邓小平理论和"三个代表"重要思想为指导，深入贯彻落实科学发展观，牢固树立"以人为本、安全发展"的理念，牢牢把握保障首都城市运行安全这条主线，坚持"安全第一，预防为主，综合治理"的方针，更加注重依法治安，更加注重科技创安，更加注重精细监管，着力加强基层基础建设，全面提升企业安全保障能力，全力降低事故总量和伤亡人数，有效防范和坚决遏制重特大事故，持续改善作业场所职业卫生环境，切实维护人民群众生命财产安全，为首都经济社会发展和城市安全运行提供有力保障，促进全市安全生产形势实现根本好转。

（二）规划目标

综合考虑现实基础和未来发展条件，在"十一五"安全生产形势持续稳定全面好转的基础上，到"十二五"末，本市安全生产形势实现根本好转。

1. 事故总量显著下降

重点行业（领域）安全生产状况持续改善，城市运行安全生产保障水平明显提高，重特大事故得到有效遏制，一般和较大事故总量明显下降，亿元国内总值死亡率、工矿商贸从业人员10万人死亡率等指标达到或接近世界中等发达国家水平。

北京市"十二五"时期安全生产规划指标

序号	指标名称	"十一五"平均值	2010 年	"十二五"目标
1	亿元国内生产总值生产安全事故死亡率/（人/亿元 GDP）	0.14	0.085	下降38%以上
2	工矿商贸就业人员十万人生产安全事故死亡率/（人/10 万人）	1.75	1.45	下降21%以上
3	煤矿百万吨死亡率/（人/兆吨）	1.6	1.6	下降68%以上
4	道路交通万车死亡率/（人/万车）	3.17	2.03	控制在 1.7 以内
5	火灾（消防）十万人口死亡率/（人/10 万人）	0.35	—	控制在 0.35 以内
6	特种设备万台事故死亡率/（人/万台）	—	0.40	控制在 0.38 以内
7	较大事故起数/起	20	24	下降15%以上

2. 企业安全生产水平普遍提高

企业安全发展理念牢固树立，安全生产责任体系普遍建立，安全生产制度得到全面落实，安全投入明显增加，安全科技水平大幅提高，风险防控和事故救援能力明显增强，职业危害得到有效治理，从业人员安全素质全面提升，各个行业、各种类型的企业，100%实现安全生产标准化。

3. 政府监管和社会监督水平显著提高

建立并不断完善保障特大型城市运行和生产安全的政府监管体系、政策法规标准体系、宣传教育培训体系、风险预警预测和应急救援体系、职业卫生监管体系。政府监管方式在创新中不断改善，实现科学化、精细化监管，为企业安全生产服务的水平明显提高。安全生产社会化、市场化体系基本形成，

社会监督和舆论监督进一步加强，"12350"安全生产举报投诉查处率达到100%，安全生产群防群治的格局进一步形成。

4. 安全生产社会环境基本形成

企业安全文化普遍建立，从业人员安全健康权益得到充分保障。全社会安全意识普遍增强，安全社区建设深入推进，安全生产志愿者队伍不断壮大，社会公众防灾、减灾意识和能力显著提高，生产安全、出行安全、居家安全的社会环境得到进一步改善。

三、主要任务

（一）突出城市运行安全监管，深化重点行业（领域）专项整治

1. 城市公共设施

加强对保障城市运行的水、电、气、

热及通信等企业的安全监管，完善保障城市公共设施安全运行的制度措施。加强城市公共设施的保护力度，进一步完善地下管线保护协调配合工作机制，加强地下管线规划设计、施工、掘路占道、竣工测量、档案归档、运行管理、信息共享应用等监督管理，严厉打击各类破坏地下管线非法违法施工行为。依托现有城市地下管线综合管理信息系统，整合各专业管线信息资源，建立地下管线信息资源共享服务平台，完善地下管线应急管理和安全监管长效机制。高标准建设天然气、热力管网全网数字化采集与运行监控调度系统，搭建城市电网智能运行监控平台，建立供排水管网信息化监控体系，提高对公共设施安全运行的预测预警能力。

专栏 1　城市公共设施重点监管领域和重点工程

重点监管领域：供水、排水、供电、供气、供热、通信线路。

重点工程：城市地下管线安全生产综合管理信息平台（主责部门：市市政市容委）。

---

2. 城市交通

（1）轨道交通：建立健全轨道交通安全运营法规标准，经常性开展动态风险评估和隐患排查，改善轨道交通运营安全条件，完善高峰限流措施，提高安检水平和安检人员素质，开展各种形式的应急演练，加强信号工、轨道交通司机等从事特种作业人员的专业化培训。

（2）道路交通：严格道路检查执法，加大对交通事故肇事人、严重违法行为人的处罚力度。完善机动车辆运行安全技术条件，提高公交、出租、租赁、旅游、货

运等行业机动车辆安全准入条件。全市危险化学品、烟花爆竹、民用爆炸物品等道路运输专用车辆，旅游包车和三类以上班线客车，以及重型载货汽车、半挂牵引车等运输车辆全部安装使用具有行驶记录功能的卫星定位装置。轻质燃油、成品油、液化石油气汽车运输罐车安装阻隔防爆装置。加强对远郊区县道路交通、外埠运输车辆和专业运输企业的安全监管力度。加强对交通流量大、事故多发、违法频率高等路段的视频监控系统建设，实现道路交通信息化管理和资源共享。建设危险化学品道路运输全程联网监管信息系统。建立新建、改建、扩建公路和城市道路安全设施"三同时"制度。

（3）铁路交通：加快实施铁路道口与公路平交道口改造工程，开展路外安全宣传教育入户活动，重点提升铁路沿线群众安全意识。实施更为严格的铁路施工安全管理，集中整治铁路行车设备隐患，强化现场作业控制，深化铁路货运安全专项整治。研究加强调整铁路安全监管的对策措施，制定相关规范。

专栏 2　交通运输重点监管领域和重点工程

重点监管领域：轨道交通、道路交通、铁路交通。

重点工程：

（1）轨道交通运营线路安全改造工程（主责部门：市交通委）；

（2）运输车辆安装卫星定位系统（主责部门：市交通委）；

（3）运输车辆安装阻隔防爆装置（主责部门：市交通委）；

（4）铁路道口"平改立"工程（主责部门：市交通委、北京铁路局）。

3．危险化学品

强化危险化学品源头管理，建立健全事故风险防控体系。实行危险化学品生产、储存企业进入化工园区制度，推进化工园区或化工集中区建设，对不满足城市规划要求的企业要限期搬迁或者关闭。安全合理布局，积极推动集存储、配送、物流、销售和商品展示为一体的危险化学品交易市场建设。指导并实施危险化工工艺生产装置自动化控制改造，推动危险化学品生产企业提高装置本质安全水平。落实化学品危险性登记制度和剧毒化学品管理制度，加强大量使用危险化学品企业以及大量使用易燃易爆物品特别是使用液氨、液氯企业的安全监管。加大民爆行业产业整合力度，提高行业安全生产水平。

加强全市烟花爆竹运输、储存、销售环节的安全监管，严控超量运输储存。烟花爆竹储存仓库安装监测监控系统，建立烟花爆竹出库、运输、零售网点流向登记管理系统。

专栏 3　危险化学品安全监管重点工程

（1）危险化学品交易市场建设（主责部门：北京市安全监管局）；

（2）烟花爆竹流向动态监管系统建设（主责部门：北京市安全监管局）。

4．建筑施工

强化工程招投标、资质审批、施工许可、现场作业等环节的安全监管，及时淘汰不符合安全生产条件的建筑企业和施工工艺、技术及装备。推进建设工程安全管理标准化建设，督促企业开展标准化达标活动。严格落实建设单位、建设工程参建各方的安全生产主体责任。健全施工企业和从业人员安全生产信用体系和失信惩戒制度。加强对铁路、地铁、水利、桥梁、隧道等危险性较大工程项目的监督管理，建立设计、施工阶段安全风险评估制度，实施防范高处坠落、施工坍塌专项治理行动。完善建筑施工领域监管体系，各有关部门按照职责分工加强水利工程、公路建设、园林建设施工安全监管，加强农村地区住房改造建设、旧房拆除的安全管理。

专栏 4　建筑施工安全监管重点工程

（1）危险性较大建设工程综合治理工程（主责部门：市住房和城乡建设委）；

（2）落坡岭水库大坝泄洪闸门改造工程（主责部门：市发展改革委）；

（3）珠窝水库大坝泄洪闸门改造工程（主责部门：市发展改革委）。

5．消防安全

完善社会化消防工作体系，推进社会单位"四个能力"建设。深化火灾隐患排查，建立火灾风险评价预警机制，夯实社区和农村消防工作基础。创新城乡接合部、待拆迁地区消防管理机制。严格高层建筑火灾防控。加强消防产品监督管理。大力开展消防宣传，深化消防安全素质教育。建设立体化火灾扑救体系，加快公共消防设施建设步伐，强化消防装备建设、加快消防水源建设，推进多种形式消防队伍建设，提升轨道交通灭火救援水平。建立综合应急救援体系，建立公安消防综合应急力量增长机制，建立北京市综合应急救援保障体系，建立综合应急救援响应机制，加大综合应急救援财政投入。建立全方位保证体系，加快消防安全工作信息化基础设施和应用平台建设，推广消防物联网技术应用，推动信息化警务机制创新，围绕火灾防控开展消防科学技术应用研究，建立北京市消防标准体系，落实市、区两级消防业务经费保障、建立消防员职业保障制度。

专栏5　消防安全重点整治地区和重点工程

重点整治地区：人员密集场所、地下空间、高层建筑、城乡接合部、"三合一"和"多合一"场所。

重点工程：消防安全防范体系建设工程（主责部门：市公安局消防局）。

6．特种设备

完善落实地方政府、监管部门、技术机构和企业各方监管责任的机制与措施。开展风险评估，推进特种设备分类分级监管。健全完善特种设备安全标准体系。加强特种设备动态监察信息化网络和组织网络建设。实施起重机械、压力管道元件、气瓶、危险化学品承压罐车、大型游乐设施等事故隐患专项整治，建立重大隐患治理与重点设备动态监控机制。应用物联网技术，加强重大隐患治理、重点设备动态监控，构建电梯、气瓶等特种设备安全监管系统。加强特种设备检验检测能力和检测机构建设。

7．煤矿

建设京西复杂地质条件下示范煤矿，全面提升煤矿安全生产条件。建设煤矿隐患排查信息管理系统，提高隐患排查的信息化、精细化水平。推进使用先进采煤技术，改进采煤方法，进一步提高机械化开采水平。所有煤矿安装监测监控系统、井下人员定位系统、紧急避险系统、压风自救系统、供水施救系统和通信联络系统。强化班组建设，培养一批"白国周式"班组长。严格执行煤矿"三项监察"计划，严肃查处伤亡事故。落实相关支持政策，做好小煤矿关闭的后续工作。实施采空区综合治理。

8．非煤矿山

提高非煤矿山企业办矿标准，分矿种明确最小开采规模，完成小型矿山关闭整合，彻底改变非煤矿山企业"小、散、差"局面。加快先进实用技术的推广应用和安全质量标准化建设步伐，改善非煤矿山企业安全生产条件，不断提高本质安全水平。在地下矿山建设监测监控、井下人员定位、紧急避险、压风自救、供水施救和通信联络六大系统。加快对重点企业、重点区域和尾矿库的实时动态监控平台建设。积极推进矿山、尾矿库等废弃物综合再利用。消除露天矿山高陡边坡，逐步实现矿山和尾矿库"零"排放。

专栏6　矿山安全重点治理地区和重点工程

重点治理地区：门头沟、房山、密云。

重点工程：

（1）大型采空区综合治理工程（主责部门：市国土局）；

（2）高陡边坡隐患治理工程（主责部门：市安全监管局）；

（3）尾矿库安全监管与隐患治理（主责部门：市安全监管局）。

9．人员密集场所

贯彻落实人员密集场所安全生产管理规定和消防安全管理标准，加强日常安全检查，坚决防止发生群死群伤事故。完善人员密集场所安全设备设施配备标准，建立人员密集场所运行安全评估制度。企业要加强职工安全培训教育，制定切实可行的应急预案，积极开展应急演练，提高应急和人员疏散能力。综合性楼宇要落实产权单位、使用单位和物业服务单位的安全管理责任。

10．农业机械

以基层监管队伍建设为重点，健全市、区县、乡镇、村四级农机安全管理网络。完善农业机械安全监督管理法规体系，制定落实农机事故处理、报废更新、实地检验、安全操作等规范性文件。加大农机监理装备投入，强化农业机械安全技术检验。深入开展"平安农机"创建活动，有效防范农机生产安全事故的发生。

（二）提高企业本质安全水平和事故防范能力

1．实施安全生产标准化达标工程

安全生产标准化，是企业实现本质安全的重要标志，是推进企业落实安全生产主体责任的重要途径。要在各类企业中，广泛深入开展以"企业达标升级"为主要内容的安全生产标准化创建活动。各级政府、各有关部门充分做好组织领导和政策引导工作，分行业（领域）制订安全生产标准化建设实施方案，完善达标标准和考评办法，建立健全激励约束机制，营造有利于企业争先创建达标的政策环境，有计划、分行业、按步骤实施安全生产标准化达标工程。2011 年年底前，本市煤矿、金属非金属矿山、运行尾矿库、冶金、有色企业全部达标。机械、建材、电子、轻工等行业规模以企业（年产值 2 000 万元）20% 以上实现达标。2012 年年底前，危险化学品生产企业、有储存设施的危险化学品经营企业全部达标。2013 年年底前，机械、建材、电子、轻工等行业规模以上企业全部达标，上述行业规模以下企业、人员密集场所、建筑施工、交通运输和其他

服务行业企业实现 50% 达标。到 2015 年，本市各类企业全部实现安全生产标准化。

2．实施科技防控事故风险工程

企业要充分运用信息化和物联网等技术手段，实现对重要场所、重点部位、关键设备设施的动态管理，全面提升安全生产监控、预警和应急处置能力。2013 年年底前，煤矿、非煤矿山、危险化学品、烟花爆竹、冶金等行业（领域）企业，完成对重点设备设施、重点工艺环节、危险区域、重要岗位以及影响生产作业安全的环境状态的监控和预警处置。市政公用、人防工程使用、轨道交通建设及运营等企业，要利用信息化和物联网技术，建设并完善视频监控、远程监测、自动报警、智能识别等安全防护系统。

3．实施企业安全生产诚信体系建设工程

制定本市安全生产诚信企业分级标准，定期对企业安全生产标准化工作进行分级考核评价，作为企业信用评级的重要参考，并建立与企业贷款、融资、保险等挂钩制度。完善安全生产违法企业"黑名单"制度，定期向社会公告发生较大以上安全生产事故、造成恶劣影响的安全生产事故以及存在重大隐患整改不力的企业名单，在项目核准、用地审批、证券融资、银行贷款等方面予以必要限制。

4．实施企业职工全员培训工程

政府有关部门要加强监督检查和指导服务，督促企业依法落实安全生产培训责任。要继续强化高危行业企业主要负责人、安全生产管理人员培训和考核，继续强化对特种作业人员培训考核，以上三类人员持证上岗率达到 100%。要充分依托安全生产培训机构，开展对企业主要负责人、安全生产管理人员安全生产知识和管理能力的培训。各类企业都要根据生产经营特点，

坚持开展全员安全培训，重点加强对班组长、危险作业岗位人员的安全培训，强化对农民工的安全技能培训，严格执行职工必须经过安全培训合格后上岗制度。

5．实施企业应急处置能力建设工程

企业要建立完善安全生产动态监控及预警预报体系，每月进行一次风险分析，及时发布预警信息，落实防范和应急处置措施。企业要不断完善以现场处置为主的应急预案，与所在区县、乡镇（街道）应急预案保持衔接，并定期进行演练。矿山、危险化学品企业普遍建立专职或兼职应急救援队伍，小型企业全部与邻近建有专职应急救援队伍的企业签订救援协议。

（三）健全体制机制，大力加强职业卫生工作

1．健全职业卫生监管体制

加强职业卫生监管机构建设，推进职业危害防治一体化监管和分工协作的监管模式。逐步完善职业卫生监管配套规章制度，制定不同行业的职业卫生管理规范，推进职业卫生管理的标准化、规范化、达标化。制定企业职业卫生市场准入标准，完善职业卫生分级分类管理模式，建立完善职业技能鉴定、特殊工种准入、使用有毒物品职业卫生安全许可、职业卫生培训、企业职业健康管理员等制度。推行职业卫生健康管理体系认证，落实职业危害因素治理措施。

2．加大重点行业（领域）职业危害治理力度

建立重点行业（领域）职业危害检测基础数据库，加强化工、电子、家具、石材加工等重点行业（领域）职业危害监管，实施重点行业（领域）尘毒危害防治示范工程。推进企业职业卫生管理标准化工作，加强企业职业危害项目申报、建设项目预评价和"三同时"监管，到2015年，新建、改建、扩建建设项目和技术改造、技术引进项目职业卫生"三同时"审查率达到70%以上，用人单位职业危害申报率达95%以上，作业场所职业危害告知、警示标志设置率达到100%，重大职业危害事件得到控制。鼓励有条件的科研院所、企业等社会力量参与职业卫生技术服务工作。

3．加强企业职业卫生基础工作

健全企业职业卫生管理机构和管理制度。加强职业危害因素定期检测和日常监测，完善职业危害防护设施，确保作业场所职业危害因素的强度和浓度符合国家标准。做好接触职业危害从业人员的职业健康监护工作，为从业人员配备符合标准的职业危害防护用品，并督促从业人员正确佩戴和使用。到2015年，接触职业危害作业人员职业健康体检率达到70%以上。重点行业（领域）规模以上企业全部配备职业健康管理员。紧密围绕产业结构调整，督促企业优先采用防治职业危害的新技术、新工艺和新材料，改善作业场所的环境和条件。

专栏8　职业危害防治重点工程

（1）职业卫生监管体系建设（主责部门：市安全监管局）；

（2）作业场所职业危害治理工程（主责部门：市安全监管局）。

（四）进一步提高监管执法效能和群防群治能力

1．全面落实政府安全监管职责

各级安全生产监督管理部门要进一步拓宽综合监管思路，不断创新综合监管方式，积极履行指导协调、监督检查职责。政府各有关行业主管部门要依照职责，加强对企业安全生产的监督、指导和管理，组织开展安全生产宣传教育，组织制定行业（领域）安全标准，指导督促企业贯彻落实。进一步发挥各级安全生产委员会统筹协调、

议事决策和监督考核功能，健全完善安全生产综合数据统计分析制度，切实增强安全生产事故预防、形势分析、预警预测能力。

2. 提高监管执法效能

加强执法监察队伍建设，完善执法统筹协调机制，健全执法部门信息互通共享制度。坚持并不断改进安全生产执法计划管理制度，科学编制年度执法计划，统筹调度、协同配合、步调一致地开展安全生产执法工作。创新监管执法方式，积极推进安全生产执法信息化管理系统建设，不断完善使用功能。开展行政执法评议考核，严格落实行政执法责任追究制度，加强执法人员业务技能培训，努力提高安全生产执法水平和执法效能。

3. 加强基层安全监管力量建设

继续推进乡镇、街道安全生产监管机构和执法队伍建设，改善基层监管执法机构办公条件，制定乡镇、街道办公业务用房、装备配备等标准，充实配备检查车辆及其他技术装备。建立基层执法检查人员岗位津贴和工作补贴制度，稳定一线执法检查队伍。

专栏9　基层安全监管执法能力建设工程

　　街道（乡镇）基层安全监管机构基础设施建设，配备执法交通专用工具、现场监督检测、听证取证等现场监管执法装备。到2015年，市、区县、街道（乡镇）三级安全监管部门基础设施建设达标率分别为100%、80%和70%。

---

4. 加大社会监督和舆论监督力度

继续发挥"12350"安全生产举报投诉电话的社会监督作用，健全完善举报投诉受理和查办工作机制，鼓励社会公众积极举报投诉各类安全生产事故、隐患和违法违规生产经营建设活动，更好地调动和保护人民群众关注、支持和参与安全生产工作的积极性。各级安全生产执法部门要认真查办投诉举报案件，加大对违法违规行为的惩处力度，公开查处结果，接受社会监督。充分发挥工会、共青团、妇联组织的作用，依法维护和落实企业职工对安全生产的参与权与监督权。充分发挥新闻媒体的监督作用，对舆论反映的客观问题，深查原因，及时整改。健全新闻发布制度，及时向社会发布安全生产信息，曝光安全生产事故、隐患和违法违规行为。

5. 进一步完善应急救援体系

加强制度建设，制定并完善重大危险源监管、应急队伍建设和应急演练等管理办法。整合全市安全生产应急资源，建立以公安消防为主要力量，以专业应急救援队伍为补充的安全生产应急救援体系。建立健全应急协调联动工作机制，加强区域性应急救援联动机制建设，形成协调有序、运转高效的工作机制。推进应急救援物资储备库建设，统筹应急救援物资管理。

推进安全生产应急信息平台建设与应用，实现与安全监管总局、北京市应急指挥中心、北京市属有关部门、各区县、有关单位以及重点企业的互联互通、资源共享，实现数据交换、图像传输、视频会议和指挥调度等功能，提高突发生产安全事件的应急救援决策指挥能力。

制定完善重大危险源（风险源）安全管理办法，深入开展生产经营单位重大危险源备案工作，掌握、分析本市重大危险源的安全管理总体情况，制定科学的管理措施，督促生产经营单位落实重大危险源检测、评估、监控工作措施，建立完善安全生产动态监控及预警预报体系，定期开展安全生产风险分析与评估。编制重大危险源"一对一"应急救援预案。组织开展各级应急协调指挥人员和救援人员的培训与演练。

专栏 10　安全生产专业应急救援队伍建设工程

依托国有重点企业，建设危险化学品、轨道交通、城市公共设施、高层建筑防火等行业（领域）市级专业应急救援队伍（主责部门：市安全监管局、市住房和城乡建设委、市发展改革委、市公安局消防局）。

（五）进一步提高企业技术装备安全保障能力和政府监管执法科技水平

1．加强安全生产科技研发与成果转化

继续实施"科技兴安"战略，健全安全生产科技支持政策和投入机制。依托首都资源优势，鼓励企业、科研院所和社会技术服务机构，围绕安全生产科技需求，组织研发一批提升本市重点行业（领域）安全生产保障能力的关键技术和装备。建设本市安全生产技术转化平台，发挥企业在科技成果转化和推广应用中的主体作用。通过政策引导、立法强制、监督检查等手段，引导企业采用新技术、新工艺、新装备，改造提升现有生产工艺装置，改善安全生产条件。鼓励和支持矿山、危险化学品、交通运输、城市公共设施和工业制造等行业（领域）企业进行安全生产技术改造，强制推广应用一批安全生产先进适用装备和技术，切实提高整体安全生产保障能力。

专栏 11　科技创新工程

关键技术研发：城市安全生产综合监管技术；事故预防预警及隐患排查技术研究；矿山、工业领域本质安全技术研究；职业安全健康关键技术研究；城市公共设施安全生产技术研究；事故应急处置关键技术研究。

专栏 12　先进适用技术装备推广与成果转化应用工程

先进适用科研成果"50 推"；新型实用安全科技产品"50 推"；"安全科技"中小型企业"十佳"的遴选推广活动。

2．推进安全生产信息化建设和应用

实施"京安"工程，形成统筹规划、统一标准、共同建设、分级使用的信息化工作格局，各类安全生产监管监察业务全面实现信息化。完善市、区县、街道（乡镇）三级信息网络平台，实现信息共享和业务协同，推进核心业务全流程信息化管理，提高监管和执法效能。实施物联网应用示范工程，在矿山、危险化学品、烟花爆竹、工业制造等重点行业（领域）以及重大危险源监管推广应用物联网技术，提高安全生产日常监管、风险管理、预测预警和应急处置能力。

专栏 13　安全生产信息化建设重点工程

（1）"京安"工程：建成覆盖市、区县、街道（乡镇）的三级安全生产信息综合服务平台，集成趋势预警分析、研判决策、应急指挥、监管执法、协同办公、公共服务等多种功能（主责部门：市安全监管局）；

（2）安全生产物联网应用示范工程：在矿山、危险化学品、烟花爆竹、工业制造业等重点行业（领域）应用物联网技术，建立市区两级预警调度平台，形成多级报警、多级处置的安全生产监管体系（主责部门：市安全监管局）。

3．建设安全生产技术支撑平台

依托市安全监管局直属单位以及首都高校、科研院所、企业等社会优势资源，建设完善覆盖市、区两级的安全生产技术支撑平台，为全市安全生产工作提供科技研发、事故分析鉴定、检测检验、职业危害监测、安全评价、教育培训、认证与咨询等技术服务。建设北京市安全生产技术支撑中心，重点加强职业危害检测与鉴定、非矿山安全与重大危险源监控、矿山安全三个市级专业中心实验室建设。规划建设区县安全生产技术支撑机构，形成市、区两级分工协作的安全生产技术支撑体系。

专栏 14　市安全生产技术支撑体系专业中心建设工程

（1）市级安全生产技术支撑中心建设（主责部门：市安全监管局）；

（2）区县级职业危害因素检测与鉴定实验室、非矿山安全与重大危险源监控实验室（主责部门：市安全监管局、相关区县政府）。

4．大力培育发展安全产业

研究制定安全产业发展规划，积极争取国家及地方政策和资金支持，建设北京国家安全产业示范基地（园区），重点培育安全装备、安全检测监控、安全避险、安全防护、特种安全设施及应急救援等安全生产专用装备的研发和生产。探索建立支持社会力量参与安全生产科技研发应用和推广的政策措施。大力发展安全装备融资租赁业务，促进高危行业企业加快提升安全装备水平。

（六）大力营造安全发展的社会环境

1．扎实开展安全生产新闻宣传

充分利用广播、电视、报刊、图书、网络、展览等各种形式加强宣传，鼓励和支持编制、出版安全科普读物和音像制品，扶持、引导和发展安全文化产业。加强与主流媒体、重要网站的联系沟通，扩大安全生产公益性宣传。持续开展"安全生产月"、"安全生产万里行"、安全生产法宣传周、"保护生命、安全出行"、"安康杯"竞赛、"青年安全示范岗"、创建"安全文化示范企业"等宣传教育活动，大力宣扬安全发展理念，宣传安全生产政策法规，普及安全常识及自我保护、紧急救助知识，提高社会公众的安全意识，增强市民安全防范和紧急避险的能力，营造"关爱生命、关注安全"的社会舆论氛围。

2．健全完善培训教育网络

整合各类社会培训资源，建设安全生产培训考核基地，加强特种作业人员培训考核机构建设，大力发展以从业人员为主要培训对象的三、四级培训机构，加强安全生产培训教师队伍建设，形成安全生产培训教育网络。将安全防范知识纳入国民教育范畴，实施安全知识"进学校、进农村、进企业、进社区、进家庭"活动。对学生进行交通安全、防火防爆、防触电、防中毒和各类事故、自然灾害的自救互救知识的普及和宣传教育。

专栏 15　安全生产教育培训工程

（1）建立面向行业的安全生产培训体系（主责部门：市属相关部门）；

（2）建设安全生产培训考核基地（主责部门：市安全监管局）；

（3）依托农民工夜校、"首都职工素质教育工程"等，帮助和指导企业加强职工日常教育培训（主责部门：市住房和城乡建设委、市总工会、市安全监管局）。

3．培育和规范安全生产专业服务机构发展

发挥首都高校、科研院所、专业人才集中优势，培育、支持和规范安全评价、安全培训、检验检测、注册安全工程师事务所、安全生产标准化咨询复评等专业服务机构发展，积极为专业服务机构参与企业安全生产工作和辅助政府监管创造条件。对专业服务机构严格准入条件审查、严格资质管理、严格日常监管，建立退出机制，保证专业服务机构从业行为的专业性、独立性和客观性。发挥行业自律作用，推动安全生产专业服务机构诚信体系建设。进一步扩充安全生产专家队伍数量，加强高层次专业人才队伍建设，充分发挥专家的智囊作用。

4. 大力弘扬安全文化

把安全文化纳入首都精神文明建设之中，作为提升社会公众整体素质的重要内容。研究制定促进安全文化产品创新的政策措施，着力鼓励支持原创，激发企事业单位和个人的创造力，在图书、影视、动漫、音乐、戏剧等领域，创造出更多群众喜闻乐见的具有教育意义的安全文化产品。大力发展安全文化产业，打造安全文艺精品工程，推进安全生产文艺创作、文艺演出与群众性文艺活动，建设安全文化主题公园，促进安全文化市场繁荣发展。充分借助首都丰富的社会科学研究资源，深入开展安全文化理论对策研究，构建安全文化理论基础。全面推进企业安全文化建设，持续开展安全文化示范企业创建活动。

专栏 16　安全文化宣传教育工程

（1）开展以安全生产为主题的"安全生产月"、"安康杯"竞赛、"青年安全监督示范岗"、创建"安全社区"等大型安全生产宣传活动（主责部门：市委宣传部、市安全监管局、市总工会）；

（2）大力推动安全宣传进学校、进农村、进企业、进社区、进家庭的"五进"工作（主责部门：市委宣传部、市安全监管局）；

（3）推进安全生产文艺创作、文艺演出与群众性文艺活动，建设安全文化主题公园（主责部门：市委宣传部、市安全监管局、市文化局）。

5. 继续开展创建安全社区活动

依据安全社区建设标准，加强城市安全社区建设，扩大安全社区创建覆盖面。加大"国际安全社区"、"全国安全社区"和"北京市安全社区"建设力度，积极探索和推进企业主导型安全社区和农村安全社区建设。

专栏 17　安全社区创建工程

建立 5 个国际安全社区、10 个全国安全社区、30 个市级安全社区。

四、保障措施

（一）坚持经济社会发展与安全生产同步推进

本市各级人民政府要把安全生产纳入经济社会发展的总体布局，坚持把实现安全发展与经济社会发展各项工作同步规划、同步部署、同步推进，总体规划和专项规划要同步明确安全生产目标。依照法律法规的规定，把安全生产控制指标纳入经济社会发展统计指标体系，把安全生产重大工程项目纳入经济社会发展年度计划和政府投资计划，统筹安全生产与经济和社会的协调发展，建立安全生产与经济和社会发展的综合决策机制。

（二）健全安全生产法规标准体系

以修订颁布的《北京市安全生产条例》为基础，借鉴"世界城市"先进的管理经验和制度设计，继续健全符合首都城市特点的安全生产法规标准体系。围绕城市建设和运行管理突出的安全生产问题，制定出台专项政府规章和规范性文件，形成保障城市运行安全、层级衔接的安全生产法规体系。完善行业（领域）安全生产管理规则和技术依据，推进地方标准制定，逐步形成具有本市特色的安全生产标准体系。

（三）加强安全生产综合考核与责任追究

强化行政首长负责制，把安全生产作为领导干部政绩考核的重要内容之一，纳入各级领导干部政绩考核指标体系。严格执行对区县政府和有关部门安全生产综合考核制度，将《规划》的执行情况纳入综合考核内容，实施严格考核，考核结果与年度绩效、评先评优挂钩，并作为干部任用的重要参考。区县政府要进一步完善考核制度，对本地区安全生产工作实施严格考核。严格执行安全生产事故责任追究制度，认真查处生产安全事故，严肃追究有关责任人员的责任。

（四）严格落实安全生产监管制度

加强建设项目安全管理，强化项目安全设施核准审批和建设项目的安全监管，严格落实建设、设计、施工、监理、监管等各方安全责任。对高危行业企业准入，实行严格的安全标准核准制度。严格从业人员安全资格考核，加强作业现场人员持证上岗监管。坚持重大隐患治理实行逐级挂牌督办、公告、整改评估制度。

（五）健全完善安全生产投入机制

各级政府要将安全生产专项工作所需经费列入本级政府预算，对执法检查、科技研究、技术支撑体系建设、事故隐患治理、公共安全基础设施建设、重大危险源监控、信息化建设、宣传教育培训和应急救援体系建设等安全生产方面的资金需求予以保障。

各有关部门要加强对安全投入的政策扶持，完善和落实国家有关财政、金融、税收等有利于安全生产的经济政策。发挥市场配置资源的基础性作用，拓宽安全生产投入渠道，形成以企业投入为主、政府投入引导、金融和保险参与的多元化安全生产投融资体系，吸引和引导各种社会资金参与安全生产设备更新改造和技术创新，改善安全生产条件。

制定工伤保险预防费的提取、使用和管理监督办法，加大年度工伤保险基金中事故预防费用提取比例。建立安全生产责任保险制度，在高危行业和重点领域逐步推行安全生产责任保险，充分发挥保险在风险管理和事故预防中的作用。

（六）加强安全生产人才培养

依据国家和本市人才中长期发展纲要，加大政策扶持力度，积极拓宽渠道，依托高等院校、科研院所，加快培养安全生产急需的安全管理、安全技术、公共安全、职业健康等各类专业人才，建立一支结构合理、人员精干的安全生产监管、管理、执法和科研队伍。大力发展安全生产职业技术教育，鼓励和支持企业办好技工学校，加快培养高危行业专业人才和生产一线急需技能型人才。建立国内外交流合作机制，加强高层次安全专业人才队伍建设，提高对安全生产的智力支持。

（七）加强组织领导，严格实施考核

实施本规划，是首都各界共同的义务，是各级政府的重要责任。市和区、县人民政府应将《规划》内容纳入年度工作计划和折子工程，明确责任和《规划》实施进度要求，确保本规划确定的各项任务落实。各部门按照职责分工，认真落实好《规划》中的相关工作。市安全生产委员会办公室要建立《规划》实施评估考核机制，加强对《规划》执行情况的监督检查，对有关单位的《规划》实施情况、所采取的措施和任务完成情况等内容进行评估，评估结果作为市政府考核各部门绩效的重要依据之一。各责任单位每年度要组织开展《规划》实施情况的自评自查活动，市安全生产委员会办公室对年度评估活动负责指导，并对评估活动进行检查。根据本规划重点工作任务，分中期和末期两个阶段进行《规划》评估考核。

中共北京市委　北京市人民政府
贯彻落实国务院关于安全生产工作部署
进一步加强首都安全生产工作的实施意见

安全生产事关人民群众生命财产安全，事关改革开放发展稳定大局，事关党和政府形象和声誉。本市安全生产形势总体保持稳定，但事故总量仍然偏大，一些行业（领域）事故隐患依然突出，安全生产形势依然严峻。根据国务院第 165 次常务会议关于安全生产工作部署和要求，现就进一步加强首都安全生产工作提出如下意见。

一、牢固树立科学发展、安全发展理念

各级党委、政府要从实现"人文北京、科技北京、绿色北京"发展目标和推进中国特色世界城市建设的战略高度，充分认识加强安全生产工作的极端重要性。本市正处在经济社会和城市建设快速发展的重要阶段，发展机遇期和矛盾凸显期并存。切实做好安全生产工作，是深入贯彻落实科学发展观、构建社会主义和谐社会首善之区的必然要求，是转变经济发展方式、推进首都经济社会全面协调可持续发展的重要任务，是维护城市运行安全、促进首都安全发展的重要保障。在谋划发展思路时，必须尊重发展规律，坚持速度、质量、效益与安全的有机统一；在制定发展目标时，要充分考虑安全生产因素，不以牺牲安全谋求发展；在推进发展进程中，要始终强调安全这一发展前提。各级党委、政府要牢固树立忧患意识，如临深渊、如履薄冰，突出首都特色，坚持首善标准，下先手棋、打主动仗，切实抓紧抓好安全生产工作。

二、进一步加强对安全生产工作的领导

各级党委、政府要从促进首都经济社会发展和保障城市运行安全的大局出发，切实把安全生产纳入党委工作的重要议事日程和政府工作的重中之重，落实领导责任和监管责任。市委常委会每年听取一次安全生产工作汇报，研究决定安全生产重大问题；市政府坚持每季度分析安全生产形势，研究部署安全生产工作。强化各级政府安全生产行政首长负责制，区（县）政府由主要负责人担任安全生产委员会主任，健全乡镇政府（街道办事处）安全生产委员会。各级政府及其所属部门要健全"一岗双责"制度，领导班子成员按照分工同时承担相应的安全管理责任。

三、深入推动安全生产、消防地方性法规的贯彻实施

各级党委、政府要高度重视新修订的《北京市安全生产条例》和《北京市消防条例》宣传和贯彻实施工作。要把两个《条例》纳入各级理论中心组学习的内容；各级宣传部门要集中组织好两个《条例》的宣传，发动新闻媒体营造舆论氛围；各级

政府及其所属部门要采取多种形式，将两个《条例》广泛宣传到社区村庄、企事业单位、一线员工和广大市民，加强对两个《条例》的培训教育。

四、进一步强化落实企业安全生产主体责任

各类企业必须严格遵守安全生产法律法规规章和标准，认真贯彻落实《国务院关于进一步加强企业安全生产工作的通知》（国发[2010]23号）以及《北京市人民政府关于进一步加强企业安全生产工作的通知》（京政发[2010]40号），严格落实安全生产责任。强化企业法定代表人、实际控制人安全生产第一责任人的责任，认真落实企业负责人现场带班制度，严防违章指挥、违章作业和违反劳动纪律现象，及时在现场解决安全生产问题，真正做到不安全不生产。企业发生生产安全死亡事故以及对重大、突出的事故隐患整改不到位的，对其法定代表人、实际控制人要依法严厉处罚。强化安全生产承诺、约谈、事故企业"黑名单"等制度，建立事故责任和重大隐患责任可追溯制度。深入推进安全生产标准化建设，切实加强全员、全方位、全过程的精细化管理，把安全责任层层落实到每个环节、每个岗位和每个职工，确保安全投入、安全管理、技术装备、教育培训和职业危害治理等措施落实到位。各企业要进一步规范生产经营建设上下游环节、产供销链条的安全责任，生产经营建设项目的发包和承包、生产经营场所及设备的出租和承租、生产经营活动中原材料的采购和产品的销售以及货物运输，都必须依法依规进行，绝不能为不具备安全生产条件和相应资质的单位及个人从事非法违法生产经营建设活动提供任何机会。

五、进一步完善安全监管体制机制

进一步提升安全生产委员会的地位和作用，强化安全生产委员会决策部署、组织推动、指挥调度、督促检查和考核奖惩功能。市政府对所属部门以及区县政府安全生产工作的考核，由市安全生产委员会统一组织实施，考核结果与年度绩效、评先评优挂钩，并作为干部任用的重要参考。

巩固完善综合监管与行业监管、专项监管相结合的工作机制。强化安全生产监督管理部门综合监管职责，进一步梳理、明确行业主管部门安全监管和管理职责，充分发挥行业主管部门的专业优势，坚持联席会议、调查评估、约谈函告等协调工作机制，巩固和发展安全生产齐抓共管的工作局面。

各级政府部门要正确把握行业发展、行业管理和安全管理的关系，延伸安全管理责任，抓紧制定和不断完善行业安全标准，提高行业准入条件，严格安全生产准入。

六、着力提升城市运行安全保障能力

规划、建设城市基础设施和重大工程项目，必须充分进行安全条件论证，在设计、施工和竣工验收各环节，确保安全设施与主体工程同时设计、同时施工、同时投入生产和使用。要建立城市运行安全风险监控机制，综合协调管理城市运行安全工作，完善城市生产安全、消防应急救援体系。

推动科技创安，大力运用信息化、物联网、城市网格化等先进管理手段，提高城市运行安全保障水平。积极发展安全生产产业化，鼓励企业研发和推广应用安全生产新产品、新装备和新技术，提升安全生产保障能力。

各类企业要进一步增强风险防控意识，提高风险防控能力。在高危行业和保障城市运行的重点行业（领域）企业，积极稳妥推进安全生产责任保险制度。

七、全面排查治理安全生产事故隐患

各区县、各部门、各单位要发扬敢于担当、敢于碰硬、敢于创新的精神，以"零容忍"的态度，全面排查治理安全生产事故隐患。坚持隐患排查治理工作机制，严格执行企业隐患自查自报制度，严格执行重大隐患分级督办制度。要以涉及人的生命安全、预防群死群伤事故为重点，切实加强对地铁建设和运营、地下管网运行、地下空间经营、危险化学品、道路交通、建筑施工、高层建筑、商市场、影剧院、娱乐场所、大型群众性活动、学校等行业和领域以及重点单位的风险预测和安全防控，定期开展安全评价，全面彻底排查治理隐患，坚决遏制重特大事故的发生。

八、以持续严厉打击非法违法行为为重点，进一步强化行政执法

有步骤、分阶段，深入开展"打非"工作。各区县政府要严格落实"坚决制止违法建设和非法生产经营消除安全隐患"责任书，进一步加大"打非"力度，巩固和扩大"打非"成果。各区县、各部门要坚持属地负责、行业协同、联合执法、综合治理的原则，研究建立"打非"长效机制，落实组织机构，解决重大疑难问题。清理整顿市属部门以及企业权属用地范围内存在的非法违法生产经营建设问题，积极消除事故隐患。

加强行政监督，严格执法检查。负有安全生产监督管理职责的部门以及相关行业主管部门，要依法严格履行安全监管和行业管理职责，按照各级安全生产委员会制订的年度执法计划，认真开展安全生产执法检查，严厉打击非法违法行为。

九、切实加强安全监管能力建设

加强安全生产监督管理部门执法能力建设，扩充市级安全生产执法监察队伍，充实区（县）安全生产执法监察力量，形成以安全生产综合执法牵头、带动行业执法的行政执法格局。统筹研究、着力解决相关政府部门、乡镇政府和街道办事处安全生产管理机构、人员配备和经费保障等问题。强化乡镇政府和街道办事处安全管理职责，研究设立安监站（所）、实行委托执法等基层执法工作模式。把安全生产工作延伸到社区、村，在社区、村配备安全检查人员。

继续改善安全生产执法检查条件，充实配备办公用房、检查车辆和其他技术装备，积极推进执法检查信息化建设。建立基层执法检查人员岗位津贴和工作补贴制度，稳定一线执法监察队伍。

十、加强宣传培训，强化社会监督

加大安全生产宣传力度。大力开展安全生产、消防、应急避险和职业健康知识进企业、进学校、进乡村社区、进家庭活动，增强全社会的安全生产意识。努力建设以人为本、关注安全、关爱生命的安全文化，积极推进安全文化示范企业创建活动，积极稳妥地推进安全社区建设。

强化培训考核。加大对企业法定代表人、实际控制人安全生产培训和考核力度，落实持证上岗制度。健全完善特种作业人员安全培训和资格考核工作机制，加强对特种作业人员的监督管理，加强对高危行业从业人员、危险岗位作业人员的培训和考核，未经培训和考核合格的人员不得上岗。

强化社会监督和群防群治。充分发挥工会、共青团、妇联等群团组织的作用，依法维护和落实企业职工对安全生产的参与权和监督权，加强新闻媒体的舆论监督。充分发挥安全生产举报投诉电话作用，发动基层、一线员工、广大市民检举安全生产违法行为和事故隐患，坚持"有举必查、查实必纠、纠其必严"，完善查办机制，各

受理举报事项的部门必须负责任地处理举报投诉事项，自觉接受人民群众监督。

各地区、各部门、各单位的领导要牢固树立"以人为本、安全发展"的理念，始终坚定不移、绝不松懈地抓好安全生产工作，突出城市运行安全保障，进一步强化综合预防措施，完善规范标准和工作机制，严格落实安全生产责任，坚持安全生产制度，创新安全生产工作手段，严格监督考核和责任追究，切实维护人民群众生命健康权益，保障城市运行安全，为首都经济社会发展和建设中国特色世界城市创造良好的安全生产环境。

2011 年制定的有关北京市安全生产法规、规章目录

北京市安全生产条例

北京市实施《中华人民共和国突发事件应对法》办法（市人大常委会公告第 1 号）

北京市燃气管理条例（市人大常委会公告第 50 号）

北京市烟花爆竹安全管理规定（市人大常委会公告第 39 号）

北京市实施《中华人民共和国矿山安全法》办法

北京市人民防空工程和普通地下室安全使用管理办法（市政府令第 236 号）

北京市房屋建筑使用安全管理办法（市政府令第 229 号）

北京市禁止违法建设若干规定（市政府令第 228 号）

北京市生产安全事故报告和调查处理办法（市政府令第 217 号）

北京市城市轨道交通安全运营管理办法（市政府令第 213 号）

北京市电梯安全监督管理办法（市政府令第 205 号）

北京市文化娱乐场所经营单位安全生产规定（市政府令第 180 号）

北京市体育运动项目经营单位安全生产规定（市政府令第 179 号）

北京市星级饭店安全生产规定（市政府令第 178 号）

北京市餐饮经营单位安全生产规定（市政府令第 177 号）

北京市商业零售经营单位安全生产规定（市政府令第 176 号）

北京市关于重大安全事故行政责任追究的规定（市政府令第 76 号）

安全生产大事记

1月

1月5日 市安全监管局副局长贾太保带领监察一室人员到京煤集团长沟峪煤矿督察，京煤集团、昊华公司有关领导参加了座谈。

同日 市安全监管局副局长常纪文带队到开发区调研职业卫生工作，北京市劳动保护科学研究所有关人员陪同调研。

同日 副局长常纪文率队到中国安全生产科学研究院职业危害研究所进行了调研。

1月6日 市安全监管局组织召开顺义区隐患自查自报系统全市应用推广第一次培训工作会，副局长陈清到会并讲话。市局协调处、信息中心，各区县安全监管局局长、分管副局长、科室负责人、具体工作人员和技术支撑单位相关负责人参加会议。

1月7日 市安全监管局副局长常纪文率队赴丰台区进行职业卫生安全生产工作调研。

1月10日 市安全监管局副局长贾太保主持召开2010年度公务员述职会，市局矿山处有关人员列席会议。市局党组成员、纪检组长郑晓伟参加会议。

同日 市安全监管局组织相关培训机构主要负责人及其部门负责人就有限空间特种作业培训考核工作进行座谈。副局长汪卫国、常纪文，市局科技处、职安处、法制处、预防中心有关负责人一同参加了座谈会。

1月10—11日 市安全监管局局长张家明听取人教处、机关党委、科技处、执法监察队、"12350"举报投诉中心关于2011年度本部门重点工作的汇报。副局长蔡淑敏出席并对相关工作作出部署。研究室负责人参加汇报。

1月11日 国家安全监管总局规划科技司副司长施卫祖带队到市安全监管局调研安全生产产业发展。市安全监管局副局长蔡淑敏、常纪文及科技处、职安处、研究室、信息中心、市科委社发处及有关单位负责人陪同调研。

同日 市安全监管局副巡视员唐明明主持召开本市落实国家安全监管总局危险化学品安全监管工作会的视频会议。市安全监管局监管三处的有关人员、各区县安全监管局分管负责人和危险化学品监管人员及重点危化企业负责人参加了会议。

1月12日 市安全监管局（北京煤监分局）副局长贾太保在京煤集团大安山煤矿组织召开标准化样板煤矿建设工作座谈会。煤监分局监察一室及京煤集团、昊华公司有关领导一同参加了座谈。

1月13日 石景山区召开安全社区建设动员部署大会。市安全监管局副局长蔡淑敏出席会议并讲话。石景山区教委、民政局、卫生局、社会建设工作办公室、公安消防支队、公安交通支队 7 个部门的主要领导，各街道办事处及 133 个社区居委会的负责人及相关工作人员 200 余人参加会议。

同日　市安全监管局副局长常纪文主持召开研讨会。国家安全监管总局、中国安全生产科学研究院、中国疾控中心、北京大学、首都经贸大学、中国职业健康协会、北京市劳保所有关专家以及北京城市系统工程研究中心有关人员参加了研讨。

同日　市安全监管局巡视员刘岩副带队组成检查组，再次对京东方八代线施工现场的安全管理情况进行检查。

1 月 14 日　市轨道交通建设指挥部召开 2011 年第一季度轨道交通建设安全形势分析会，会议由市政府副秘书长徐波主持，市轨道交通建设指挥部安全工作委员会相关成员单位和轨道交通建设相关单位负责人参加了会议。市安全监管局副局长陈清及监督二处参加了会议。

1 月 17 日　市安全监管局局长张家明主持召开专题会议，听取 2011 年春节烟花爆竹安全监管物联网系统建设工作进展情况的汇报。监管三处、信息中心及天之华公司、京仪集团远东仪表公司、中电华通公司、歌华有线等技术支撑单位相关负责人参加了会议。

1 月 18 日　为加强"两会"及春节期间安全生产工作，市安全监管局局长张家明带队检查大兴区重点行业和领域的安全管理情况。

同日　市安全监管局会同市监察局赴怀柔区政府通报"11·3"事故调查处理情况。副局长陈清、副巡视员唐明明出席了本次会议。怀柔区区长池维生，副区长祝自河、吴群刚以及怀柔区监察局、安全监管局、住建委、水务局、工务局、政府办

的相关负责人参加了本次通报会议。

1 月 19 日　市安全监管局局长张家明带队检查通州区重点行业和领域的安全管理情况，重点检查了古船食品公司、东方华冠化工有限公司和北京烟花鞭炮有限公司通州分库三家生产经营单位。

同日　事故调查组在木城涧煤矿召开了大安山煤矿"10·24"事故和木城涧煤矿"11·8"事故通报会，会议由事故调查组组长、市安全监管局（北京煤监分局）副局长贾太保主持。市安全监管局、北京煤监分局、市发展改革委、市国资委、市公安局内保局和京煤集团及昊华公司、木城涧煤矿、大安山煤矿、长沟峪煤矿等有关人员参加了会议。

1 月 20 日　市安全监管局副局长陈清带领监督一处、监督三处、应急处和有关专家到首钢总公司督导钢铁主流程安全停产工作，在听取首钢总公司关于近期安全停产情况及 241 个风险点的处置情况汇报后，现场检查了焦化厂精苯生产系统和动力厂二加压站转炉煤气柜处置情况。石景山区安全监管局有关领导参加了督导活动。

1 月 21 日　国家安全监管总局召开加强危险化学品、烟花爆竹和消防安全监管工作视频会议，贯彻落实国务院第五次全体会议、全国安全生产电视电话会议和中办、国办《关于做好 2011 年元旦、春节期间有关工作的通知》精神，部署春节和"两会"期间危险化学品和烟花爆竹安全生产和火灾防范工作。市安全监管局副巡视员唐明明率监管二处、监管三处有关人员在市安全监管局分会场参加会议。

同日　国家安全监管总局副局长王德学到房山区检查油库安全生产工作，并慰问区安全监管局全体职工。

1 月 24 日　北京市安全生产监管监察

系统2011年新春联欢会在北京军区联勤部礼堂隆重举行。局机关全体职工以及各区县、亦庄开发区安全监管局领导班子成员约310余人欢聚一堂，辞旧迎新，共庆新春佳节。

同日　市安全监管局就利用物联网技术强化烟花爆竹储存销售安全监管工作的有关问题召开新闻发布会。副局长蔡淑敏进行了新闻发布，唐明明副巡视员及人教处、监管三处、信息中心、宣教中心等负责人一同参加发布会。新华社北京分社、《中国安全生产报》、《北京日报》、《北京晚报》、《北京青年报》、《北京晨报》、北京电视台、北京城市服务管理广播、交通广播、《新京报》、《京华时报》、《法制晚报》、《现代职业安全杂志》、千龙网等14家新闻媒体参加了发布会。

1月25日　副市长苟仲文、市安全监管局局长张家明带队对危化品生产经营单位和超市进行安全检查。

同日　市安全监管局副巡视员唐明明组织应急工作处、信息中心和燕山石化应急救援队，在燕山石化公司开展了应急移动指挥通信系统应急演练。

1月27日　市安全监管局副局长陈清率队对房山区春节前消防安全工作进行督导检查。市安全监管局、市公安局消防局有关处室负责人参加了督察。

1月28日　市安全监管局副局长常纪文带领局举报投诉中心人员在东城区安全监管局执法队的配合下，对市民多次举报的东城区北京华海金宝房地产开发有限公司励骏酒店进行了现场检查。

1月29日　市安全监管局局长张家明带队对烟花爆竹批发企业和零售网点进行夜查。先后检查了西城区、东城区的2个零售网点，通州区、顺义区的批发仓库。局办公室、执法队、宣教中心、信息中心、

有关媒体参加了检查活动。

1月30日　国务院安委会办公室副主任、国家安全监管总局副局长孙华山带队，代表国务院安委会办公室对本市烟花爆竹安全工作进行了检查。检查组成员包括国家安监总局、公安部、工商总局和质检总局。市政府副秘书长、市烟花办主任周正宇、市安全监管局局长张家明、副局长丁镇宽、副巡视员唐明明以及市烟花办、市公安局、市工商局、市质监局等单位领导陪同参加检查。

同日　副市长苟仲文带队对烟花爆竹批发企业和零售网点进行了夜查，共检查了海淀区、石景山区、门头沟区的6个零售网点。市安全监管局副局长蔡淑敏、副巡视员唐明明、局监管三处、执法队、宣教中心、信息中心及有关媒体参加了检查活动。

同日　市安全监管局（北京煤监分局）副局长贾太保带队对矿山企业防火安全工作进行了检查。矿山处对密云县冶金矿山公司建昌铁矿进行了检查，监察一室对京煤集团大台煤矿进行了检查。密云县常务副县长、县安监局长及矿山处、监察一室有关人员分别参加了检查。

同日　市安全监管局组织各区县安全监管局主管副局长和科室负责人召开紧急视频会议。会上，副巡视员唐明明对春节前危险化学品及烟花爆竹安全监管工作进行了部署。会议传达了1月25日全市烟花爆竹安全工作会议及全市消防安全工作会会议精神，通报了1月29日市安全监管局张家明局长带队夜查的有关情况。

1月30—31日　市安全监管局副巡视员刘岩带领执法监察队第四检查组对海淀区烟花爆竹零售单位开展了安全生产执法检查。

1月31日　市安全监管局副局长丁镇

宽带队对位于东城区的国药集团化学试剂北京有限公司进行安全检查。监管三处处长李东洲和有关人员一起参加了检查。

同日　市安全监管局副局长常纪文率队到白菜湾社区居委会看望了信访群众杨岳宇，并与居委会负责人进行了座谈。办公室、职安处有关人员陪同看望。

同日　市安全监管局副巡视员唐明明召开会议，部署局机关2011年春节期间值守应急工作。局办公室、应急工作处、监管二处、监管三处、执法监察队、信息中心、举报投诉中心负责人及春节期间值守人员参加了会议。

2月

2月1日　市安全监管局局长张家明带队，对大兴区危险化学品企业和烟花爆竹销售点安全管理状况进行检查。副巡视员刘岩，局监管三处、应急处、执法队、办公室、宣教中心有关人员陪同参加检查。

2月2日　市安全监管局局长张家明带队，检查房山区化工企业安全生产管理情况，慰问燕山石化公司应急救援队伍，并沿途检查烟花爆竹销售网点。副巡视员刘岩、唐明明，局执法队、应急处、办公室、宣教中心有关人员陪同参加。

2月3日　市安全监管局副局长蔡淑敏带队对西城区春节期间庙会、烟花爆竹零售网点进行了安全检查。局执法监察队及西城区安全监管局、国资委、文委一同参加了检查。

2月4日　市安全监管局副局长陈清带队对丰台区地下空间人员密集场所和烟花爆竹零售点进行了安全生产检查。局监管二处和丰台区安全监管局负责人随同参加了检查。

同日　市安全监管局副巡视员唐明明陪同市政府副秘书长周正宇赴顺义、怀柔区检查烟花爆竹零售网点。

2月5日　市安全监管局（北京煤监分局）副局长贾太保带队检查了房山区烟花爆竹的安全工作。房山区安全监管局周德运等领导、北京煤监分局监察一室和综合办公室有关人员随同参加了检查。

2月6日　市安全监管局副局长丁镇宽在参加紧急部署烟花爆竹安全生产管理工作视频会议后，立即率执法监察队驱车前往延庆县，检查该地区春节期间烟花爆竹安全生产管理情况。延庆县安全监管局的领导一同参与检查。

同日　市安全监管局副局长汪卫国带领法制处、执法队对昌平区烟花爆竹批发单位和零售网点进行了执法检查。

2月7日上午及夜间　市安全监管局副局长蔡淑敏带队对石景山区、朝阳区和通州区烟花爆竹零售网点进行了执法检查。局执法队、科技处、宣教中心及北京电视台参加了检查活动。

同日　市安全监管局副局长陈清带领协调处、监管一处、执法队组成检查组，对大兴区烟花爆竹零售网点进行了执法检查。

同日　市安全监管局副局长贾太保带领矿山处和执法监察队，对东城区烟花爆竹零售网点安全生产管理情况进行检查。

同日　市安全监管局副局长常纪文带领职安处和执法队对平谷区烟花爆竹安全生产工作进行检查。平谷区副区长魏玉瑞和安全监管局相关人员陪同了检查。

同日　市安全监管局副巡视员刘岩带队对海淀区烟花爆竹零售网点进行执法检查。

2月8日　市安全监管局副巡视员唐明明率事故调查处和执法队相关人员到密云县检查烟花爆竹安全生产工作。事故调查处曹百成副处长、执法队副队长王俊玲以及密云县安全监管局局长于庭满等人陪同检查。

2月9日 市安全监管局副局长丁镇宽率监管三处会同房山区安全监管局，对熊猫烟花公司罗家峪仓库进行了安全检查。丁镇宽听取了熊猫烟花公司近期安全生产工作情况的汇报，并就目前公司各岗位负责人分工、人员值守、烟花爆竹出入库管理等情况进行了询问。

2月10日 市安全监管局副巡视员刘岩带队对京东方八代线工地进行执法检查。

2月11日 市安全监管局副局长常纪文主持召开专题会，对2011年职业卫生工作进行了研究，职安处全体人员参加了会议。

同日 市安全监管局（北京煤监分局）副局长贾太保带领监察三室相关人员检查了长沟峪煤矿领导下井带班工作。昊华公司总经理张伟、副总经理常宝才等人陪同检查。

同日 市安全监管局（北京煤监分局）副局长贾太保主持召开专题会议，对昊华公司大安山煤矿标准化样板示范矿井实施方案进行了研讨。煤监分局各室主任、大安山煤矿矿长等人员参加了会议。

2月14日 市安全监管局副局长蔡淑敏主持召开区县安全监管系统视频会议，部署了元宵节期间烟花爆竹安全监管工作。副巡视员唐明明、监管三处、执法队负责人及各区县安全监管局主管副局长及危化科、执法队负责人参加了会议。

2月15日 市安全监管局（北京煤监分局）组织市发改委、市国资委，并邀请安科院党委书记何学秋、国家煤监局监察司司长刘志军和国家煤监局行管司有关领导召开专题会议，对大安山煤矿标准化示范矿井的实施方案进行了进一步的研讨。

会议由市安全监管局（北京煤监分局）副局长贾太保主持。科技处、监察一室、监察三室、京煤集团、昊华公司和各煤矿有关人员参加了会议。

2月16日 市安全监管局局长张家明主持召开2011年第一次工作会议。会议审议了《2011年北京市安全生产工作指导意见》、《2011年度安全生产执法计划》，通报了安全生产有关工作。副市长苟仲文出席会议并讲话。市安委会成员单位、各区县安委会主管领导参加了会议。

同日 市安全监管局局长张家明带队分别对海淀区、朝阳区和东城区烟花爆竹零售网点进行了突击执法检查。此次检查共涉及3个区的7家烟花爆竹零售点。经检查，销售网点均能够执行各项安全制度，管理到位，现场库存数量符合要求，货物码放规范，警示标志清晰明显，此次检查未发现重大安全生产隐患。

同日 市安全监管局局长张家明主持召开会议，研究北京市安全生产应急指挥大厅搬迁建设相关工作。副局长陈清、副巡视员唐明明出席会议，市应急办、局办公室、监察处、应急处、信息中心有关负责人、项目评审单位、装修设计单位等相关负责人参加了会议。

同日 市安全监管局副局长丁镇宽带队对丰台区烟花爆竹储存和零售单位进行了检查。

同日 市安全监管局副局长常纪文带领职安处和执法队对昌平区烟花爆竹安全生产工作进行了检查。昌平区安全监管局的相关同志陪同了检查。

同日 市安全监管局副局长汪卫国带领法制处、执法队对朝阳区烟花爆竹零售网点进行执法检查。

2月17日 市安全监管局局长张家明、副局长唐明明陪同市领导坐镇市消防局"119"指挥中心,全面指挥烟花爆竹的回收工作。

同日 市安全监管局副局长蔡淑敏带队,对大兴区烟花爆竹安全生产工作进行了检查。局执法队、科技处、宣教中心,大兴区安全监管局,北京电视台一同参加了检查。

同日 市安全监管局(北京煤监分局)副局长贾太保带领煤监一室和执法队对门头沟区元宵节期间烟花爆竹安全生产工作进行了检查。门头沟区安全监管局有关领导陪同检查。

2月18日 市安委会印发《2011年北京市安全生产工作指导意见》,提出"十二五"时期安全生产目标任务和2011年安全生产重点工作。

2月18—28日 市人大常委会副主任柳纪纲将带领市人大常委会立法调研组在本市开展系列立法调研活动。18日的立法调研主题是城市综合楼宇的安全管理,市人大常委会法制办主任张引、法制委员会委员刘鹏庆、法制办副主任王德林、财经办副主任程晓君等,市安全监管局局长张家明、副局长汪卫国及市住房和城乡建设委、市市政市容委、市公安局消防局等部门负责人参加调研。

2月19日 市安委会召开2011年北京市安全生产工作会议,学习贯彻中央领导和市委、市政府领导关于加强安全生产工作的指示精神,总结2010年及"十一五"时期安全生产工作,通报表彰安全生产综合考核先进单位,全面部署2011年工作。副市长苟仲文出席会议并讲话。

2月21日 北京市安全监管监察系统2011年党风廉政建设大会在中环办公楼新闻发布厅召开。会议的主要任务是深入学习贯彻中央纪委十七届六次全会、市纪委十届七次全会暨全市党风廉政建设工作会议的精神,研究部署2011年市局党风廉政建设和反腐败工作。

同日 市人大常委会副主任柳纪纲率《北京市安全生产条例》立法调研组专题调研了有限空间安全管理工作。市安全监管局、市住房和城乡建设委、市市政市容委、市水务局等相关部门负责人一同参加调研。

2月22日 市安全监管局副巡视员唐明明率队检查了位于大兴区和房山区的4家烟花爆竹批发企业的回收入库工作。监管三处、大兴区和房山区安全监管局分别陪同检查。

2月23日 市人大调研组到首钢技师学院,与市安全监管局、市住房和城乡建设委、市质量技术监督局及部分区县安全监管局、培训机构和企业相关负责人一起座谈讨论《北京市安全生产条例》修订工作。围绕进一步加强和规范特种作业培训考核管理工作,更加适应北京市安全生产特点等议题进行了座谈交流。

同日 市安全监管局副巡视员唐明明主持召开会议,对局内应急预案修订和风险管理工作进行阶段总结和研究、部署。监管一处、监管三处、矿山处、煤监二室和应急处负责人参加了会议。

同日 市安委会印发了《关于表彰2010年度安全生产综合考核先进单位的决定》,决定东城区、西城区、朝阳区等14个区县为2010年度安全生产工作先进区县,予以表彰。鉴于顺义区工作成效显著,决定给予安全生产特别嘉奖。

2月28日 市人大常委会副主任柳纪纲率《北京市安全生产条例》立法调研组到中国安全生产科学研究院开展立法调研工作。市安全监管局、安科院专家组等相关部门负责人一同参加调研。座谈会由市安全监管局局长张家明主持,副局长汪卫国、常纪文参加。法制处、科技处、办公室、宣教中心有关负责人参加了座谈。

同日　市安全监管局副局长陈清主持召开安全生产应急指挥中心工程建设第一次专题会议。办公室、纪检监察处、监管三处、事故处、应急处、分局综合办、举报投诉中心、信息中心负责人参加了会议。会议通过了安全生产应急指挥中心工程建设组织方案，并就建设需求进行了充分讨论。

同日　市安全监管局、市安委会办公室组织市商务委、市市政市容委、市旅游局、市体育局、市文化局、市广电局6个行业监管部门，召开了全国"两会"本市重点行业安全生产工作协调会。

同日　市安全监管局副局长丁镇宽带队，对顺义区3家危险化学品经营单位管控化学品和易制毒化学品的经营管理情况进行督导。

3月

3月1日　市安全监管局副巡视员唐明明组织召开会议，会议研究安全生产应急指挥中心建设功能需求工作。

3月2日　市安全监管局局长张家明召开专题会议，听取职安处汇报有限空间安全监管工作。副局长常纪文、办公室、职安处有关人员参加会议。

同日　市安全监管局副局长蔡淑敏带队到西城区和北京经济技术开发区，对2011年全国安全生产月宣传咨询日活动主会场进行实地考察。西城区和开发区安全监管局有关领导陪同考察。宣教中心有关负责人陪同考察。

同日　市安全监管局副巡视员刘岩带队，组成两个检查组分别对3个驻地周边的4家餐饮企业、2家商业零售单位进行了重点抽查。

3月3日　市安全监管局局长张家明带队对朝阳区全国"两会"驻地周边的北京古玩城、吉利加油站和圣洁明左安路加气站3家单位进行了重点抽查。

同日　重庆市安全监管局副局长陈勇率队到市安全监管局调研职业卫生监管工作。

同日　市安全监管局副局长汪卫国主持召开会议，研究贯彻实施国家安全监管总局36号令，做好本市建设项目安全设施"三同时"监管工作。

3月4日　市安全监管局局长张家明组织专题会议研究危险化学品重大危险源安全管理工作。

3月8日　市安全监管局副局长贾太保、常纪文带领煤监一室、煤监三室、科技处和信息中心有关人员到木城涧煤矿，就物联网和信息化在煤矿安全生产工作中的应用进行了调研。京煤集团有关人员陪同进行了调研。

同日　市安全监管局副巡视员唐明明率领监管三处到平谷区检查剧毒危险化学品储存和油库安全管理工作。平谷区安监局有关人员陪同进行了检查。

3月10日　国家安全监管总局宣教中心主任裴文田、副主任李建国等领导，来京对全国安全生产生产月宣传咨询日活动主会场进行实地考察。市安全监管局副局长蔡淑敏，北京经济技术开发区管委会副主任赵昕昕陪同考察。局宣教中心、西城区安全监管局及开发区安监局有关负责人陪同参加了考察。

3月15日　市安全监管局局长张家明主持召开专题会议，研究2011年安全生产宣传教育重点工作。副局长蔡淑敏、办公室、宣教中心相关人员参加了会议。

同日　市安全监管局局长张家明主持召开专题会议，研究行政执法管理系统推广应用工作。

3月17日　国家煤监局局长赵铁锤专题听取了本市示范煤矿建设工作汇报。会上，市安全监管局、北京煤监分局局长张家明就如何落实赵铁锤局长关于建设示范煤矿工作情况进行了汇报。副局长贾太保汇报了示范煤矿重点建设复杂地质条件下以"科技兴安、装备强安、文化创安"三大示范工程为核心内容的工作方案。国家煤监局副局长彭建勋，煤监局办公室、监察司、行管司有关领导，京煤集团及昊华公司主要领导等参加了会议。

3月21日　国务院安委会办公室召开深入贯彻落实中央领导近期重要指示精神，坚决防范和遏制重特大事故专题视频会议。市政府分会场设在市安全监管局应急指挥大厅，各区县政府在区县安全监管局设立了分会场。市政府副秘书长戴卫在市政府分会场参加会议。

同日　市安全监管局研究室组织召开《北京安全生产年鉴》编纂工作会议，副局长汪卫国出席会议并讲话。各区县安全监管局、局（分局）各处室、局属事业单位有关人员参加了会议。

3月22日　市安全监管局副局长蔡淑敏带队赴《北京日报》社召开新闻宣传座谈会，与报社总编郑京湘，副主任李学梅、赵中鹏等报社领导，就2011年本市安全生产新闻宣传报道选题，以及在《北京日报》开设专栏、专版工作进行座谈交流。

同日　市安全监管局（北京煤监分局）组织京煤集团、昊华公司及所属煤矿有关负责人召开专题会议，贯彻落实3月21日国务院安委会办公室视频会议精神。

同日　市安全监管局副局长汪卫国率相关处室负责人赴市住房和城乡建设委进行了行政审批工作专题调研。

同日　市安全监管局执法队与顺义区安全监管局会同相关安全生产专家联合对地铁15号线六标段、七标段施工现场进行安全生产专项执法检查。

3月23日　市安全监管局局长张家明做客城市服务管理广播"新五年，新规划，新期待，市民对话一把手"访谈节目，就本市安全生产工作与市民进行零距离的沟通交流。副局长蔡淑敏和有关处室陪同参加节目录制。

同日　市安委会办公室印发《北京市安全生产委员会关于举办全市有限空间作业大比武活动的通知》，决定在全市举行有限空间作业大比武活动。

同日　市安全监管局副巡视员唐明明在北京市会议中心主持召开北京市生产安全事故调查处理和应急管理工作会议，并作重要讲话。各区县、开发区主管副局长、科长及市局事故处、应急处有关人员参加了会议。

3月23—25日　国家安监总局召开全国工贸行业安全监管工作会暨安全生产标准化现场会。总局副局长孙华山出席会议并讲话。市安全监管局局副局长陈清及监督一处有关人员，各省、自治区、直辖市安全监管局相关负责人，有关中央企业和部分地方企业安全管理部门负责人参加了会议。

同日　市安全监管局副局长贾太保带队赴山东省新汶矿业集团和新泰市调研煤矿质量标准化、信息化和安全文化建设工作。北京煤监分局一室、二室，京煤集团，昊华公司及各煤矿有关负责人参加了调研。

3月24日　北京市首届安全社区创建工作培训班开班。来自各区县安全监管局和街道、乡镇的共计80余名安全社区工作负责人，成为第一批学员接受培训。市安全监管局副局长蔡淑敏出席开班仪式并讲话。

同日 广东省安全监管局带领广州、中山、东莞、惠州等市安全监管局领导一行 10 人，来北京市安全监管局就职业危害预防信息系统建设、职业卫生技术服务机构管理及运行模式、重点行业（领域）企业职业健康管理员队伍建设等内容进行调研。

同日 市安全监管局监管三处组织各区县、开发区安监局危险化学品主管副局长和科长，在北京会议中心召开了北京市危险化学品安全监管工作年度会议。

3 月 25 日 市安全监管局副局长常纪文主持召开全市有限空间监管工作动员部署会。市安全监管局、市市政市容委、市住房城乡建设委、市发展改革委、市水务局、市广电局有关领导，市燃气、排水、热力、环卫、市政路桥养护等单位，以及北京电视台、《北京青年报》、现代职业安全杂志等新闻媒体参加了会议。

同日 市安委会办公室印发《关于做好 2011 年北京市安全生产控制指标分解工作的通知》，要求市交通委、市公安局公安交通管理局、市公安局消防局、市农业局、北京铁路局按照国务院安委会《关于下达 2011 年全国安全生产控制指标的通知》要求和市领导的批示精神，研究提出安全生产控制指标分解意见，分解落实到各区县。

同日 为期两天的北京市安全社区创建工作培训组在北京市经济管理干部学院结束。

同日 召开全市安全生产执法工作会议，市安委会副主任、市安全监管局局长张家明讲话。

同日 市安全监管局召开全市职业卫生工作会。各区县、开发区安全监管局参加会议。会上，朝阳、海淀等区分别汇报 2011 年职业卫生思路，并就工作中存在的问题提出了意见和建议。

3 月 28 日 市安委会召开安全生产电视电话会议，传达贯彻中央领导关于加强安全生产工作的重要指示和国务院安委办专题视频会议精神，副市长苟仲文、副秘书长戴卫出席会议，市安委会成员单位、各区县政府及有关单位负责人分别在市政府主会场和区县政府分会场参加会议。会上，市安全监管局局长张家明传达国务院安委会办公室视频会议精神，分析当前安全生产形势，部署全市安全生产工作。

3 月 29 日 市安全监管局副巡视员刘岩主持召开安全生产宣传工作会议，部署 2011 年全市安全生产宣传教育工作，重点部署市政府 40 号文件宣传贯彻、安全文化示范企业创建、安全生产通讯员队伍建设等工作。国家安监总局宣教中心副主任李建国，市委宣传部副巡视员韦小玉，市安全监管局局长张家明、副局长蔡淑敏出席会议并讲话。市安委会成员单位、市属大中型企业安全生产宣传部门负责人、各区县委宣传部门有关领导、区县安全监管局分管宣传工作领导及新闻通讯员、部分新闻单位的记者 100 余人参加了会议。

3 月 31 日 市安全监管局副局长蔡淑敏主持举办第一次形势政策专题报告会，邀请国家发展和改革委员会宏观经济研究院副院长马晓河，就"'十二五'时期的结构调整与优化发展思路"的有关内容，为市安全监管局机关干部和局属事业单位的处级领导进行了专题辅导。

同日 市安全监管局派专人赴在京举行的"科技部与北京市政府签字仪式暨第一次工作会议"活动现场，对临建设施的安全生产保障进行监督检查。检查出的问题连夜整改完毕。

4 月

4 月 1 日 中共中央政治局委员、北京市市委书记刘淇，北京市市长郭金龙，全国政协副主席、科技部部长万钢将出席"科技部与北京市政府签字仪式暨第一次工作会议"并讲话。

同日 市安委会办公室《转发国务院安委会办公室关于认真贯彻落实中央领导重要指示精神 高度重视并切实做好当前安全生产工作的通知》（京安办发[2011]9号），要求各区县安委会和市安委会各成员单位按照3月28日全市安全生产电视电话会议要求并结合工作实际，认真贯彻落实中央领导关于加强安全生产工作的重要指示。

同日 市安全监管局召开新闻发布会。新闻发言人、副局长蔡淑敏对三项危化品地方标准进行了新闻发布，监管三处负责人回答了媒体的提问。《中国安全生产报》、《北京日报》、《北京晚报》、《北京青年报》、《北京晨报》、北京电视台、北京新闻广播、《京华时报》、《法制晚报》、千龙网10家新闻媒体参加了发布会。

同日 市安全监管局副巡视员唐明明主持召开2011年度烟花爆竹安全管理工作技术支撑单位座谈会，对2011年春节烟花爆竹安全管理系统建设和相关技术进行总结，并对下一步工作进行了研讨。

同日 市安全监管局针对危险化学品储存安全和三个地方标准相关问题召开新闻发布会。

4月2日 汪卫国副局长主持召开会议，研究"十二五"规划任务落实有关指标事宜，监管一处、二处、三处和科技处、矿山处、协调处、应急处、执法队相关人员参加会议。

同日 市安全监管局副巡视员唐明明组织召开北京市"七省市危化品道路运输安全监管联控会议"准备会，结合本市危化品道路运输安全监管工作实际情况，专题研讨如何落实第一次会议纪要要求和联控机制协议精神。市交通委运输管理局、市公安局交通管理局，局监管三处、科技处，房山区、通州区、昌平区安全监管局相关人员参加了会议。

4月7日 市安全监管局会同市发改委、市国资委就督查工作方案中的八项重点工作进展情况召开督查工作月度通报会，会议由副局长贾太保主持。监察一室等和京煤集团、昊华公司主要领导参加了通报会。

同日 市安全监管局副巡视员唐明明主持召开专题会，研究物联网应用示范工程建设工作。有关处室负责人参加了会议。

同日 市安全监管局执法人员赴"北京同仁堂现代化产业园暨重点项目奠基仪式"现场，对活动临建设施进行安全生产保障。

4月7—8日 国家安全监管总局在山东枣庄矿业集团召开全国安全生产宣传工作会议暨安全文化示范企业创建现场会。总局党组成员、副局长杨元元出席会议并讲话，总局党组成员、总工程师黄毅主持会议并作总结。市安全监管局副局长蔡淑敏及宣教中心有关负责人参加了会议。

4月8日 市安全监管局副局长陈清主持召开2011年北京市安全监管监察系统第一次形势分析会。局领导班子全体成员和有关处室、中心及各区县安全监管局局长参加会议。

4月11日 朝阳区和平东街12区3号楼一居民家中发生燃气泄漏爆燃事故，导致该楼东侧二层楼房坍塌。事故发生后市委书记刘淇、市长郭金龙、副书记王安顺等赶赴现场进行指挥部署，并召开现场会。当日16时，市政府召开安全生产紧急电视电话会议，通报"4·11"事故情况，分析安全生产形势，部署全市安全生产工作。

4月12日 市安全监管局副局长常纪文在中国矿业大学参加国家煤矿安全监察总局组织的万名总工程师培训启动会后，带队到徐州市进行安全生产产业调研。市煤监分局三室和京煤集团有关人员参加了调研。

4月14日 市安全监管局局长张家明带队到大兴区，对安全生产行政执法管理系统应用情况进行调研。

同日 市安全监管局副局长陈清主持召开安全生产行政执法管理系统试点单位推广应用动员部署会。局长张家明、副局长蔡淑敏出席会议并讲话，局法制处、研究室、执法队、信息中心、宣教中心主要负责人，大兴、朝阳、顺义、海淀区安全监管局局长等及北京电视台、新京报记者参加了此次活动。

4月15日 市安全监管局副巡视员刘岩、市广电局副巡视员宋春华参加了按照市政府办公厅《第一届北京国际电影季服务保障工作方案》要求召开的电影季临建设施搭建工作会。会上重申临建承办方与搭建单位安全生产主体责任，要求承办方牵头进行安全生产检查和验收，确保临建设施安全。

4月15—16日 市安全监管局副局长陈清主持召开本市行业领域安全生产监管工作会议，市发改委、市教委、市住房城乡建设委等25个政府部门有关处室负责人以及局监管二处、协调处、执法队、事故处有关负责人参加了会议。

4月16日 市安全监管局局长张家明带队赴"清华大学百年校庆"活动现场，对临建设施进行安全生产执法检查。

同日 市安全监管局局长张家明带队检查"清华大学百年校庆"活动临建施工现场安全生产保障工作。副巡视员刘岩及有关部门陪同检查。

4月18日 副市长苟仲文到京煤集团木城涧煤矿就"京西煤矿安全生产保障行动"开展情况进行调研，调研座谈会议由市安全监管局局长张家明主持，副局长贾太保进行工作汇报。市安全监管局、北京煤监分局有关人员，京煤集团、昊华能源公司有关领导，以及各煤矿矿长、安监站长、总工参加了调研。

4月19日 市安全监管局局长张家明主持召开专题会议，研究近期安全生产宣传教育重点工作。蔡淑敏副局长、办公室、宣教中心有关人员参加了会议。

同日 市安全监管局副局长汪卫国为全面了解街道乡镇执法队伍建设情况到朝阳区望京街道进行调研。局法制处、朝阳区安全监管局、望京街道及金盏乡安监队（科）的有关领导参加了调研。

同日 市安全监管局副巡视员刘岩组织召开由清华大学、市供电公司、临建承办单位、活动现场供电单位相关负责人参加的"清华大学百年校庆"活动用电安全生产保障工作会议。

4月20日 市安委会办公室转发《国务院安委会办公室关于工程建设领域建筑施工专项整治有关文件的通知》（京安办发[2011]11号）。

同日 市科委主任闫傲霜带队到市安全监管局调研安全生产科技工作、安全生产产业发展思路及信息化建设和应用情况。局长张家明主持座谈会，副局长贾太保、常纪文参加座谈，局有关处室负责人、市科委副主任伍健民参加调研。

同日 市安全监管局召开第四次新闻发布会。新闻发言人、副局长蔡淑敏根据全市第一季度安全生产情况进行了新闻发布。

同日 市安全监管局针对第一季度安

全生产情况，第二季度按照国务院办公厅关于继续深化"安全生产年"活动"三深化"、"三推进"的工作要求和市委市政府部署的安全生产各项工作召开新闻发布会，发布会上通报第一季度安全生产控制考核指标死亡情况和"12350"举报投诉情况。

4月21日 市安全监管局副巡视员唐明明率队就存储于大兴区安定镇的北京化工集团大兴化工园区的二号甲类化学品仓库的偶氮二异丁腈产品储存安全状况、销售管理情况和有关安全管理制度落实情况等进行了检查。北京化工集团副总经理孙绍刚、北京化工集团大兴化工园区以及国药集团化学试剂北京有限公司的有关负责人陪同参加了检查。

4月22日 市安全监管局局长张家明主持召开专题会议，听取预防中心重点工作汇报。

4月23日 市安全监管局副巡视员刘岩会同市广电局副巡视员宋春华，对开幕式舞台、LED大屏幕和红地毯项目以及洽商、藏品展、论坛等临建设施进行了检查。

4月25日 市安全监管局召开机关正处级干部人选民主推荐动员部署会。局领导、局机关全体干部和直属事业单位主要负责人共90人参加会议。会议由副局长蔡淑敏主持，局长张家明作动员讲话。与会人员对研究室主任、事故调查处处长、职业安全健康监督管理处处长3个正处级领导职位进行了民主推荐。

同日 应京煤集团、昊华公司的邀请，市安全监管局副局长贾太保带领监察三室有关人员参加了昊华公司2011年度班组建设推进会。昊华公司高管及班组建设领导小组成员，各矿党、政、工领导，安监站站长，获奖优秀班组代表，群众性小改小革优秀项目主要设计发明人，2011年度首席员工，部分生产段队代表参加了会议。

同日 北京市安全监管局负责"深圳第26届世界大学生夏季运动会"火种采集仪式临建设施安全保障工作。第26届世界大学生夏季运动会火种从北京清华大学采集。中共中央政治局委员、广东省委书记汪洋，教育部部长、第26届大运会组委会执行主席黄华华，北京市市长郭金龙等参加了火种采集活动。

4月26日 由国家安全监管总局、全国总工会、国家煤矿安监局共同组织的全国煤矿班组安全建设先进事迹巡回报告启动仪式及首场报告会在京煤集团隆重举行。来自平煤七矿的白国周、开滦赵各庄矿的王进东等作了首场报告。国家煤矿安监局有关司局领导、市安全监管局（北京煤监分局）贾太保副局长、煤监分局有关人员、京煤集团董事长付合年等领导，中央及北京市新闻媒体共记600余人参加了首场报告会。

同日 国家煤矿安全监察局副局长彭建勋带队，到京煤集团木城涧煤矿进行调研。国家煤监局行管司司长曹安雅、市安全监管局（北京煤监分局）副局长贾太保陪同调研。

同日 "京西煤矿安全生产保障行动"动员大会暨启动仪式在京煤集团举行，会议由市安全监管局（北京煤监分局）贾太保副局长主持，国家煤矿安监局副局长彭建勋出席并讲话。国家煤矿安监局行管司司长曹安雅，京煤集团董事长付合年、总工程师何孔翔，昊华公司董事长耿养谋、总经理张伟以及京煤集团、昊华公司有关部室负责人，各煤矿矿长等100余人参加了会议。

4月26—27日 市安全监管局副局长蔡淑敏带队参加国家安全监管总局在重庆召开的安委会办公室工作暨安全监管执法机构建设工作现场会议。

4月27日　市安全监管局蔡淑敏副局长亲自指导"12350"投诉举报电话工作。

4月28日　市安全监管局局长张家明带领局执法队、监管三处对丰台区辛普劳有限公司和北京建科兴达科技企业孵化器有限责任公司进行了安全检查。丰台区副区长高鹏、区安全监管局参加了上述检查活动。市安全监管局宣教中心负责宣传报道工作。

同日　市安全监管局局长张家明带队开展五一前安全生产检查。

4月29日　市安委会召开研究《北京市开展严厉打击非法违法生产经营建设行为专项行动方案》、《液化石油气公共服务加装安全辅助设备设施消除安全隐患活动推广工作实施方案》，部署当前及五一期间安全生产工作。会议由市政府副秘书长戴卫主持，副市长苟仲文出席会议并讲话，市安全监管局局长张家明、副局长蔡淑敏、副局长陈清，市安委会成员单位和有关单位负责人，各区县政府主管领导及各区县安委会办公室负责人参加了会议。

同日　市安全监管局副局长蔡淑敏主持召开局党组中心组第2次学习扩大会。局党组成员、局机关干部和局属事业单位的部分人员参加了会议。市安全监管局邀请北京市高级人民法院党组副书记、副院长，一级高级法官，北京市法学会副会长，北京市政府专家顾问团顾问王振清作了依法行政的专题辅导。

同日　市安全监管局召开2011年市区两级安全监管局机关干部双向交流锻炼工作座谈会。副局长蔡淑敏出席座谈会并讲话。

4月30日　市安全监管局副局长陈清带队对大兴区安全生产工作进行了五一节日期间安全检查。局监管二处、三处、执法队及大兴区安全监管局、属地政府参加了检查。

5月

5月1日　市安全监管局副局长贾太保带队对门头沟区安全生产工作进行了五一节日期间安全检查。局执法队、煤监分局综合办以及门头沟区安全监管局参加了检查。

5月2日　市安全监管局副局长汪卫国带领法制处、研究室及西城区安全监管局有关人员，对西城区北京钻石大酒楼、长安商场、复兴商业城等三处人员密集场所进行安全检查。

5月3日　市安全监管局副局长汪卫国主持召开座谈会，与市发展改革委、市经信委、市规划委、市国土局、市公安局消防局等部门就《北京市建设项目安全设施"三同时"监督管理实施办法（讨论稿）》进行座谈，局法制处，监管一处、二处、三处，矿山处参加了会议。

5月4日　国家安全监管总局副局长杨元元专题听取北京市关于全国安全生产月宣传咨询日筹备工作汇报。国家安监总局政策法规司司长支同祥、副司长曹宗礼，总局宣教中心主任裴文田、副主任李建国，市安全监管局副局长蔡淑敏，北京经济技术开发区副主任赵昕昕参加了会议。

同日　市物联网应用建设领导小组办公室到市安全监管局调研物联网应用示范工程建设工作开展情况并召开座谈会。市安全监管局副局长陈清出席会议。

同日　市安全监管局副局长常纪文带队开展有限空间安全生产专项检查。检查组采取随机检查的方式，分两组对西城、东城、海淀、朝阳、丰台、石景山等区进行抽查。

同日　市安全监管局负责第26届大运会火炬点燃暨火炬传递活动启动仪式的临

建设施安全生产保障工作。启动仪式在北京大学举行。中共中央政治局常委、国务院副总理李克强,中共中央政治局委员、北京市市委书记刘淇,北京市市长郭金龙出席火炬传递活动启动仪式。按照市政府办公厅要求,市安全监管局抽调专人对临建设施进行安全生产执法检查,对检查的问题立即要求整改,确保临建设施使用安全。

5月4—5日 市安全监管局副局长贾太保率应急工作处、矿山处、石景山区安全监管局,并邀请北京昊华矿山救护队专家,赴河北迁安对首钢矿业公司矿山救护队四级资质认定工作进行现场检查。

5月4—6日 市安全监管局副局长贾太保带领石景山安监局、矿山处有关人员和专家对首钢矿业公司安全生产工作进行了督察。首钢总公司安全处、首钢矿业公司有关负责人参加了督察。

5月5日 国务院安委会办公室召开深入开展打击非法违法生产经营建设行为专项行动视频会议。市安全监管局蔡淑敏、陈清、贾太保副局长、刘岩副巡视员及监管一处、二处、三处、矿山处、执法队、协调处、煤监二室、宣教中心,举报投诉中心负责人参加了会议。

同日 市安全监管局副局长常纪文率有关处室和投诉举报中心相关人员对东城区、西城区、海淀区、朝阳区、丰台区继续开展有限空间作业现场专项执法检查行动。

5月8—13日 市安全监管局副局长汪卫国参加了赴美国安全生产立法考察团,对美国进行了为期5天的访问。考察了美国华盛顿、纽约及波士顿地区的安全生产管理情况,拜访了美国职业安全与卫生管理局,会见了美国职业安全与卫生管理局地区主管米切尔·肯特女士和地区副主管罗伯特·哈珀尔先生等有关人士。

5月10日 国家安全监管总局副局长杨元元带队调研北京市地铁安全文化建设工作,市政府副秘书长周正宇,国家安全监管总局有关司局领导,市安全监管局副局长蔡淑敏,局监管二处、宣教中心有关负责人陪同调研。

同日 市安全监管局危险化学品监管人员培训班(第一期)在北京安全生产教育培训基地开班。副巡视员唐明明出席开班仪式并作动员,会议由监管三处处长李东洲主持。国家安全监管总局三司司长王浩水围绕"落实政府监管责任,加强危化品安全生产监督管理"的问题,给参训学员讲授了第一课。

5月11日 市安全监管局副局长陈清做客城市服务管理广播"城市零距离"直播访谈节目,就近期本市开展"打非"专项行动有关情况,与主持人进行交流,并现场接听市民电话,回答市民关注的问题。

同日 市安委会办公室召开专题会议,就打击非法违法生产经营建设行为专项行动信息报送工作进行部署。市安全监管局副局长陈清、各区县安委会办公室有关负责人参加会议。

同日 市安全监管局副局长贾太保带领煤监分局监察三室人员到京煤集团大安山煤矿,就安全生产标准化和班组建设工作情况组织召开座谈会。昊华公司总经理张伟,京煤集团安监部、昊华公司及煤矿矿长、总工程师、安全副矿长,段队长、班组长共20余人参加了座谈会。

5月12日 市安全监管局副局长陈清主持召开隐患自查自报系统推广应用专题会,总结研究现阶段工作经验和问题,部署下阶段重点工作任务。东城区、朝阳区、房山区、顺义区等9个区县分两批参加会议,市局协调处、信息中心有关负责人参加会议。

同日 北京市市政市容系统第一届有

限空间作业大比武在市市政管委培训中心举行。市安全监管局副局长常纪文出席了开幕式，并作动员讲话。北京市市政市容委委员蒋志辉、环境卫生管理处、固体废弃物管理处、安全应急工作处、各区县市政市容委参加了会议。

5月12—13日　市安全监管局副巡视员刘岩主持召开全市特种作业考核管理工作会议，总结近年来特种作业考核管理工作，查找工作中存在的问题，部署下一阶段工作。法制处、科技处、宣教中心负责人，各区县安全监管局主管特种作业考核管理工作的副局长以及63家特种作业考试承担机构负责人，共计120人参加了会议。北京电视台、《北京日报》等8家媒体记者应邀参会。

5月13日　市安全监管局副巡视员刘岩主持召开全市第一次安全生产举报投诉工作会议，副局长蔡淑敏讲话。市安委会37个成员单位、各区县安委会办公室、举报投诉工作联络员等共110余人参加了会议。

同日　由市安全监管局副局长陈清主持，会同市旅游委、市公安局消防局相关部门和领导，就5月11日由市安全监管局、市消防局联合组织的对城6区内79家如家连锁酒店开展的联合执法行动中发现19家酒店存在严重的消防安全等问题，约谈了该连锁酒店北京区的4名负责人及首旅集团负责人。

5月16日　副市长苟仲文组织召开紧急会议，研究部署本市火灾防控及"打非"专项行动工作。会议由市安全监管局副局长蔡淑敏主持，市安全监管局副局长陈清、市公安局消防局政委张高潮及市住房城乡建设委、市商务委、市经信委、市工商局等部门主管领导，东城、西城、朝阳、海淀、丰台、石景山、昌平、通州、大兴等

区县政府主管领导参加了会议。

5月17日　市政府副秘书长戴卫主持召开2011年"安全生产月"活动动员部署电视电话会议，对全市"安全生产月"各项工作的开展进行部署。副市长苟仲文、市安全监管局副局长蔡淑敏出席会议并讲话。市"安全生产月"活动组委会成员单位、各有关部门负责人，部分中央在京企业、市属企业集团负责人参加主会场会议。16区县、北京经济技术开发区设立了会议分会场。

同日　全国安全生产月活动组委会会议在国家安全监管总局召开。北京市政府副市长苟仲文出席会议，市安全监管局蔡淑敏副局长陪同参加，会议由国家安全监管总局副局长杨元元主持。全国安全生产月活动组委会成员单位、各有关部门及部分新闻媒体参加会议。

同日　市安全监管局副巡视员唐明明带队赴市质监局，座谈调研本市特种设备生产安全事故风险管理工作，并就《北京市生产安全事故风险管理办法》征求市质监局意见。应急工作处随同参加了调研。

5月18日　市安全监管局副局长常纪文带队到中关村国家自主创新示范园区管委会调研高新科技产业发展情况，并就北京市安全生产产业示范园区建设意向进行了研讨。市安全监管局、市科委、市劳保所、房山区安全监管局、房山区经济信息化委有关部门负责人陪同调研。中关村管委会产业发展促进处和规划建设协调处的有关负责人参加了座谈。

同日　市安全监管局副巡视员刘岩带队赴市住房城乡建设委调研京外特种作业操作证备案工作。市住房城乡建设委副主任孙乾、北京市建筑业管理服务中心主要负责人及预防中心有关人员参加了调研。

同日　市安全监管局副巡视员唐明明

率领监管三处到朝阳区检查液氯、液氨危险化学品使用单位的安全管理工作。朝阳区安监局有关人员陪同进行了检查。

5月19日 国务院安委会办公室副主任、国家安监总局副局长王德学主持召开会议，专题研究北京市火灾防控工作。国家安监总局二司司长苏洁、副司长黄智全，市安全监管局局长张家明、副局长陈清，市公安局消防局副局长骆原及各部门处室负责人参加了会议。

5月20日 全市安全生产监管监察系统深入开展创先争优活动工作部署大会召开。市安全监管局副局长蔡淑敏出席会议并讲话，局各处室主要领导，以及各区县安全监管局相关负责人出席会议。

同日 市安全监管局副局长常纪文主持召开有限空间特种作业工作研讨会，市发展改革委、市市政市容委、市住房城乡建设委、市水务局、市广电局、市通信管理局6家行业主管部门，市劳保所、市排水集团培训学校、市政管委培训中心、市政路桥养护集团4家有限空间特种作业培训机构，以及市局职安处、法制处、科技处、举报投诉中心等相关处室参加了会议。

同日 市安全监管局副局长常纪文主持召开了有限空间非法违法生产经营情况通报会。市发展改革委、市市政市容委、市住房城乡建设委、市水务局、市广电局、市通信管理局，市局职安处、法制处、驻局纪检监察处、举报投诉中心参加了会议。

同日 市安全监管局副巡视员刘岩主持召开北京市特种作业违章记录登记工作研讨会，专题研究违章记录登记工作涉及的法律法规依据、登记内容、工作程序、实施方式、信息系统建设等问题。国家安监总局政法司法规处副处长兰群足，市安全监管局法制处、科技处、执法队、信息中心、部分区县安全监管局负责执法和特种作业考核管理工作有关人员、特种作业专家以及预防中心有关人员参加了会议。

5月23—29日 市安全监管局副局长常纪文带队分别对特种作业理论和实操考试现场进行巡查。此次巡查采取了集中和分散的方式，集中巡查分3组进行，巡查范围覆盖西城、海淀、丰台、昌平、门头沟、石景山6个区，共计17个考试点，其中特种作业实操考点9个，理论考点8个。

5月24日 市安全监管局（北京煤监分局）联合市发改委、市国资委召开煤矿安全生产专题会议，会议由副局长贾太保主持。京煤集团、昊华公司有关负责人，各煤矿矿长、总工程师、安监站长等参加了专题会议。

同日 市安全监管局副局长常纪文主持召开安全生产产业示范园区建设研讨会。房山区政府及有关部门、市科委、市经济信息化委、市劳保所有关负责人共同研讨了安全生产产业示范园区落户房山区的对接工作。局科技处、房山区安全监管局、发展改革委、科委、经济信息化委有关部门的负责人参加了会议。

5月25日 市安委会办公室印发《关于调整市安委会成员单位的通知》，调整后的成员单位共46个。

5月26日 市安全监管局副局长陈清带队对大兴区天堂河农场、团河农场、南郊农场"打非"专项行动开展情况进行调研督导。会上，陈清副局长传达了市委市政府关于坚决制止和清除非法建筑、坚决制止非法生产经营活动、坚决维护城市安全稳定的总体要求，对大兴区"打非"专项行动所取得的效果给予肯定。

同日 副市长苟仲文对本市丰台区大红门服装商贸城、东城区百荣世贸商城进行了安全检查和调研。市安全监管局副局长陈清、市公安局消防局局长张高潮，丰台区区委书记李超钢、副区长高朋，东城区副区长毛炯及相关部门负责人陪同调研。苟仲文对大红门服装商贸城、百荣世贸商城的经营场所检查期间，仔细查看了租赁摊位营业场所安全状况、电气使用情况、从业人员安全培训情况及消防器材使用操作情况，询问了服装进货渠道、经营状况，查看了仓库、中控室安全管理情况等。其中，在对大红门服装商贸城进行现场查看后，就其安全管理工作进行了座谈。

同日 市安全监管局副局长蔡淑敏出席 2011 年安全生产月活动启动大会并讲话。电控公司董事长王岩、副总裁赵炳弟等领导，以及下属公司总经理、工会主席、主管安全生产和保卫工作的领导及部门负责人参加会议。

同日 市安全监管局副局长陈清带领市国资委、市司法局、市监狱管理局、市劳教局、首创集团、首农集团等单位有关负责人，对大兴区"打非"专项行动开展情况进行调研督导。督导组深入天堂河农场、团河农场、南郊农场等地区，了解基层"打非"工作开展情况，实地查看拆除违法建设进展情况。

5 月 27 日 市安全监管局副局长蔡淑敏在海淀区安全监管局主持召开了行政执法管理系统试点工作调度会。局法制处、执法监察队、信息中心及朝阳、海淀、大兴、顺义区安全监管局的领导和负责人参加了会议。

5 月 30 日 副市长苟仲文出席安全生产月开幕式并宣布北京市安全生产月活动启动。市安全监管局副局长蔡淑敏以及市安全生产月活动组委会成员单位领导出席活动。开幕式由市政府副秘书长戴卫主持。蔡淑敏代表市安全生产月活动组委会，对 2011 年的安全生产月活动进行了动员部署。

同日 市安全监管局副局长贾太保主持召开本市安监系统汛期安全生产工作视频会。贾太保传达了市防汛抗旱指挥部第一次全体会议精神，并提出要求。

同日 以"落实企业主体责任、保障城市运行安全"为主题的 2011 年北京市安全生产月开幕式，在海淀区海淀剧场举行。副市长苟仲文，国家安全监管总局副局长、总工程师黄毅，总局宣教中心主任裴文田，市安全监管局副局长蔡淑敏以及市安全生产组委会成员单位领导出席开幕式。

5 月 31 日 市安全监管局（北京煤监分局）副局长贾太保主持，北京煤监分局、市公安局内保局、市发改委、市国资委的有关负责人以及京煤集团、昊华公司相关负责人参加了大安山煤矿"5·14"事故分析会。贾太保在肯定京煤集团、昊华公司日后安全管理工作的同时，提出了要求。

6 月

6 月 1 日 市长郭金龙、世界贸易组织副总干事及世界贸易组织成员国代表参加了第三届世界中国服务贸易大会开幕式。按照市政府的要求，市安全监管局对涉及大会开幕式舞台及 23 个展览板块临建设施搭建过程开展安全检查。

同日 市安全监管局副局长蔡淑敏带队赴顺义区督导"打非"工作。

6 月 2 日 市安全监管局（北京煤监分局）副局长贾太保到京煤集团大台煤矿就煤矿安全文化建设工作进行调研，分局监察一、二室，以及宣教中心有关人员陪同进行了调研。

同日 市安全监管局副巡视员唐明明率领监管三处到北京经济技术开发区就制药企业安全生产情况进行调研。唐明明副巡视员一行先后对拜耳医药保健有限公司、茂森（天津）化工品有限责任公司研发中心、康龙化成（北京）新药技术有限公司3家不同类型的制药企业进行了调研。

6月3日 市安全监管局副巡视员唐明明主持召开矿山事故综合应急演练协调会。门头沟安全监管局，昊华能源公司，市局矿山处、科技处、煤监二室、信息中心、宣教中心负责人及相关人员参加了会议。

同日 市安全监管局副巡视员唐明明组织召开调度会，督促危险化学品重大危险源安全管理系统建设工作。应急工作处、信息中心及紫光软件系统有限公司负责人参加了会议。

6月7日 市安全监管局副局长蔡淑敏专程到国家安全监管总局，同总局党组成员、总工程师黄毅一同接受北京城市服务管理广播《城市零距离》栏目专访。蔡淑敏就北京安全生产月期间开展的11项活动、"打非"行动开展以来的阶段性成果以及6月12日当天的宣传咨询日活动与主持人进行了答复和交流。同时，她也在访谈中多次呼吁市民通过"12350"安全生产举报投诉电话参与到安全生产的活动当中。

同日 市安全监管局副局长常纪文就如何建立安全生产长效机制、"打非"专项行动、有限空间作业日常监管、直接监管与综合监管的关系、科技装备，以及高处悬吊日常监管等方面工作与东城区安全监管局进行了交流和研讨。

6月8日 国家安全监管总局副局长杨元元到北京经济技术开发区，实地考察全国安全生产月宣传咨询日活动筹备情况。副市长苟仲文陪同考察，市安全监管局副局长蔡淑敏、副巡视员刘岩参加考察。国家安全监管总局办公厅副主任郭云涛、汪崇鲜，总局宣教中心主任裴文田、副主任李建国、王月云，开发区管委会主任张伯旭、副主任赵昕昕，以及北京市安全监管局宣教中心和开发区有关部门负责人陪

同参加了考察。

6月9日 市安全监管局副局长常纪文带队赴延庆县安全监管局，听取关于开展"打非"行动和"安全生产月"工作的情况汇报，并实地调研延庆县安全生产培训机构和职业安全监管情况。市安全监管局科技处和职安处负责人陪同调研。

同日 市安全监管局针对2011年5月27日市人大常务会公布的自2011年9月1日起施行新修订的《北京市安全生产条例》有关问题，召开新闻发布会。

同日 市安全监管局副局长蔡淑敏向新闻媒体介绍了新修订的《北京市安全生产条例》（以下简称《条例》）。蔡淑敏介绍，新修订的《条例》于2011年5月27日由北京市第十三届人民代表大会常务委员会正式公布，自2011年9月1日起施行。修订后的《条例》共7章98条，比原《条例》增加21条，同时增加了"从业人员的权利和义务"专章。副局长汪卫国、副巡视员唐明明等回答了记者的提问。发布会邀请了中央及市属新闻单位、境外常驻京记者（含港澳台）等30余家新闻媒体，千龙网、首都之窗直播了新闻发布会实况。

同日 市安全监管局、工商局、消防局、城管执法局组成的市安委会第五督导组，对怀柔区"打非治违"工作进行督导检查。

6月10日 市安全监管局副局长陈清率调研组对大兴区天堂河农场、天宫院农场、南郊农场3个地区的出租用地及非法违法生产经营建设情况进行专题调研。

同日 市安全监管局副巡视员刘岩主持市第四期特种作业考试情况通报会。会上，副局长常纪文在讲话中强调，要深刻吸取上海"11·15"大火事故教训，进一步提高对特种作业重要性的认识，以严格考核促培训质量提高，切实把特种作业考

试环节抓严抓实，坚决杜绝弄虚作假行为，尽最大可能消除安全生产隐患。

6月12日 全国安全生产月宣传咨询日在北京经济技术开发区博大公园举行。围绕"安全责任、重在落实"这一主题，活动由中宣部、国家安全监管总局、公安部、国家广电总局、全国总工会、共青团中央、全国妇联和北京市政府共同主办，国家安全监管总局宣教中心、北京市安全监管局和北京经济技术开发区管委会、北京东方科技集团股份有限公司承办。活动由国家安全监管总局副局长杨元元主持，局长骆琳和北京市副市长苟仲文分别致辞，全国人大常委会副委员长司马义·铁力瓦尔地宣布2011年全国安全生产月宣传咨询日开幕。

同日 市安全监管局副局长蔡淑敏参加的安全生产月特别节目——"落实企业主体责任，保障城市运行安全"于8:45—9:30在北京城市服务管理广播和首都之窗网站播出。

6月13日 市安全监管局副局长贾太保带队对怀柔区打击非法违法专项行动开展情况进行督导，市工商局、市公安消防局、市城管执法局相关业务负责人陪同参加。

6月13—17日 市安全监管局副局长刘岩带队赴重庆市、四川省安全监管局调研特种作业培训考核管理工作机制，中国安全生产科学研究院、预防中心、房山区和顺义区安全监管局有关人员参加了调研。

6月14日 市安全监管局副局长蔡淑敏带市政府督察室、市监察局等7个部门相关人员参加了对房山区开展的为期3天的安全生产集中执法督察。

同日 市政府召开北京市安全生产"打非治违"领导小组扩大会议。副市长苟仲文在会上讲话，各区县政府和开发区管委会和市政府委办局主要负责人参加会议。

6月14—15日 市安全监管局副局长贾太保到房山区对打击非法盗采工作情况进行了调研。贾太保副局长听取了房山区安监局和南窖乡、史家营乡政府关于打击非法盗采情况的汇报，并到史家营乡进行了现场巡查。

6月15日 市安全监管局副局长常纪文带领市科委、市经信委，房山区发改委、科委、经济信息化委、安全监管局有关负责人，赴市发展改革委开展北京市安全生产产业发展及产业园区建设的调研。

同日 市安全监管局副局长蔡淑敏出席顺义区安全生产月宣传咨询日活动并讲话。蔡淑敏和顺义区副区长林向阳分别致辞。

6月16日 市安全监管局副局长蔡淑敏主持了矿山事故综合应急演练，副局长贾太保任现场总指挥。国家安全生产应急救援指挥中心、市应急办、部分区县安全监管局、京煤集团、昊华能源公司以及4支安全生产应急救援队伍等单位领导在现场观摩了演练。

同日 副市长苟仲文召开安委会专题会议，研究部署本市废品回收站点安全隐患专项整治工作。会议由市政府副秘书长戴卫主持，苟仲文讲话。市安全监管局等有关委办局、各区县主管领导及北京电力公司等单位负责人参加了会议。

同日 市安全监管局副局长蔡淑敏做客首都之窗政风行风热线"走进直播间"直播访谈栏目，就现阶段全市严厉打击非法违法生产经营建设行为专项行动、新修订的《北京市安全生产条例》以及"安全生产月"活动有关情况展开谈话。

同日 市安委会召开研究部署本市废

品回收站点安全隐患专项整治工作会。会议由市政府副秘书长戴卫主持，副市长苟仲文出席会议并讲话。市安全监管局、市商务委、市住房城乡建设委、市规划委、市市政市容委、市工商局、市环保局、市水务局、市消防局、市城管执法局有关负责人参加会议。

6月22日　市安全监管局副局长汪卫国做客北京城市服务管理广播《城市零距离》栏目直播间，就新修订的《北京市安全生产条例》有关情况与主持人进行交流，并现场回答了社会公众对于新条例关心的几个问题。

同日　市安全监管局副局长蔡淑敏宣布有限空间作业大比武活动开幕，国家安全监管总局安全生产应急指挥中心副主任李万春出席开幕式并讲话。开幕式由市安全监管局副局长常纪文主持，大兴区副区长谢冠超，市发展改革委、市住房城乡建设委、市市政市容委、市交通委、市水务局、市通信管理局、市广电局7个部门相关领导，市安全监管局办公室、职安处、驻局纪检组监察处、预防中心、"12350"举报投诉中心，各区县安全监管局以及中央电视台、北京电视台、现代职业安全等新闻媒体参加了开幕式。

6月23日　市安全监管局副局长陈清、副巡视员唐明明，以及全市物联网应用示范项目联审组成员出席安全生产领域物联网应用示范项目联审会。

同日　副市长苟仲文在北京市委党校，以"贯彻落实国务院23号文件，落实企业安全生产主体责任"为主要内容，为全市500余家企业的800余名负责人上了一堂安全生产公开课，届时拉开了本市集中开展安全生产大型公开课的活动。

6月24日　副市长苟仲文担任主讲安全生产公开课程，市安全监管局副局长蔡

淑敏主持，市委党校常务副校长王江渝出席活动。苟仲文和参会人员观看了事故案例影片。随后，苟仲文开始了以"贯彻落实国务院23号文件，落实企业安全生产主体责任"为题的授课。

同日　市安全监管局副局长贾太保出席本市尾矿库安全工作会议。贾太保对汛期尾矿库安全工作提出了要求。

同日　市安全监管局副局长常纪文主持北京市首届有限空间作业大比武。副局长蔡淑敏讲话并宣布有限空间作业大比武活动开幕。

同日　市安全监管局副局长陈清带队对昌平区"打非"专项行动开展情况进行督导，市规划委、市住建委、市国土局、市工商局相关负责人参加。

同日　市安全监管局副局长常纪文主持北京市首届有限空间作业大比武活动闭幕式及颁奖仪式。

同日　市安全监管局副局长常纪文带市科委、市经信委，房山区经信委、安全监管局有关部门负责人，赴市科学技术研究院开展北京市安全生产产业发展及产业园区建设调研。市科学技术研究院院长丁辉、副书记苗立峰、副院长邵锦文及市劳保所所长张斌、副所长汪彤出席座谈会。中国安全生产科学研究院副书记陈江参加了调研。

同日　北京市首届有限空间作业大比武活动圆满结束。北京环卫集团二清分公司、排水集团管网分公司、北京雁栖诚泰热力中心被评为一等奖，其他参赛队分别被评为二、三等奖。

6月27日　副市长苟仲文十分关注"12350"工作，2011年以来共在12期《举报投诉工作日报》上批示15次。根据批示内容分为三类：事项跟踪、直查专报、总结经验。

同日　市安全监管局副局长蔡淑敏宣布2011年"安全在我身边"巡回演讲活动启动,北京市总工会副主席时纯利、东城区副区长毛炯分别致辞。来自东城区机关、各街道办事处共500人聆听了演讲。

6月28日　市安全监管局副局长常纪文再次率队对有限空间作业进行了突击夜查。市安全监管局职安处、执法队、宣教中心、"12350"举报投诉中心以及北京电视台参加了本次行动。

6月29日　市安全监管局副局长常纪文率职安处到怀柔区调研安全生产工作并听取了情况汇报,对职业安全管理制度建设和防护设备设施配备情况进行了现场调研。

同日　市安全监管局调研组对怀柔区职业安全健康及有限空间安全生产工作进行调研。

6月30日　市安全监管局副巡视员唐明明出席了朝阳区2011年度成品油零售单位大型综合演练活动。朝阳区副区长阎军任演练总指挥,朝阳区政府应急办、公安、环保、卫生、消防等部门参加了此次演练。

同日　市安全监管局局长张家明参加了庆祝中国共产党成立90周年暨表彰总结大会。会上,张家明向新党员赠送了党章。张家明结合2011年上半年全市安全生产工作情况,就如何深入推进创先争优、如何充分发挥机关党组织和共产党员在首都安全生产保障工作中的战斗堡垒和先锋模范作用等问题,给全局党员群众上了一堂别开生面的党课。

7月

7月4日　市安全监管局副局长常纪文率队再次对有限空间作业进行了夜查,局职安处、朝阳区安全监管局有关人员参加了本次检查。检查人员分别对朝阳区安

贞、小关、望京、小营、亚运村、团结湖、和平街、大屯等地区进行了巡查。

7月5日9时36分　地铁4号线动物园站A口上行电扶梯发生设备故障,造成29名乘客受伤,其中,1人死亡、2人重伤、26人轻伤。事故发生后,副市长苟仲文立即赶往医院慰问伤者,要求卫生部门对伤者进行全力救治,并主持召开会议部署事故处置工作。市政府副秘书长周正宇、市交通委主任刘小明、市安全监管局局长张家明及市应急办、市交通委、市安全监管局、市质监局、西城区政府、市公安局公交保卫总队等单位主要领导、分管领导和相关部门负责人陪同慰问并参加了会议。

7月6日　市安全监管局副局长蔡淑敏带队赴西城区督导"打非"工作。督导组一行在听取天桥街道办事处打非拆违情况的工作汇报后,实地查看了天桥地区香厂路、留学路拆除现场,以及永内西街北里社区的待拆除情况。

同日　市安全监管局、煤监分局副局长贾太保带队,对京煤集团、昊华能源公司安全生产责任制建立和落实情况和2010年煤矿事故整改措施的落实等情况进行了督察。督察组集中听取了京煤集团、昊华能源公司的工作情况汇报,并分为3个小组开展了检查。此次督察共发现问题和隐患13处,针对发现的安全生产岗位责任制内容不完善、落实不到位,以及2010年煤矿事故整改措施落实不到位等问题下达了责令立即整改的现场处理决定书。

同日　针对7月5日地铁4号线伤亡事故情况,市安全监管局迅速召开人员密集场所安全生产紧急会议部署安全生产工作。市交通委、市商务委、市旅游委、市质监局、市文化局、市体育局、市广电局、市地铁运营公司、市京港地铁公司等单位主管安全生产工作的部门负责人参加了会议。

同日　市安全监管局副巡视员刘岩带队赴上海市安全监管局调研特种作业培训考核管理工作机制，预防中心、中国安全生产科学研究院、昌平区安全监管局有关人员参加了调研。

同日　市安全监管局副局长蔡淑敏会同市安委会有关成员单位向房山区政府反馈6月份集中执法督察暨"打非"督导调研情况。

7月8日　市安全监管局副局长常纪文率职安处到丰台区和房山区调研有限空间安全生产工作。调研组先后到房山区燕山威立雅水务有限责任公司和丰台区北京六必居食品有限公司天源酱园公司进行了调研。对两家企业安全生产工作给予了肯定。

同日　市安全监管局副局长常纪文率职安处对北京歌华有线电视网络股份有限公司和移动北京分公司负责人进行了约谈，指出了两家单位有限空间管理工作中存在的问题，并传达了国家安全监管总局近期下发的《中毒窒息较大事故警示通报》（安监总警示通报[2011]39号）的文件精神。

同日　市安全监管局局长张家明带领局协调处、办公室、研究室和宣教中心有关人员前往丰台区对"打非"专项行动的开展情况进行专题调研。与区安监、工商、消防等部门，就专项行动中存在的问题和原因、面临的形势和下一步工作措施和建议进行了深入的讨论。

同日　北京市政府副秘书长戴卫主持召开专题会议，对京沪高铁沿线（北京段）"打非"工作进行再次调度，会议由市安委会办公室副主任、市安全监管局副局长陈清主持，涉及京沪高铁沿线北京段的丰台区、大兴区政府有关领导参加了会议。

7月10日　副市长苟仲文带队到密云县检查非煤矿山企业汛期安全生产工作，检查组首先对首云矿业公司尾矿库进行了现场检查，查看了首云尾矿库尾砂再利用车间，了解了尾矿库在线监测系统的建设、运行情况，随后在密云县政府听取了密云矿山公司、密云县政府和市安全生产监督管理局防汛工作汇报。市安全监管局副局长蔡淑敏、贾太保以及密云县县长王海等一同参加了检查。

7月11日　市安全监管局副巡视员唐明明主持召开2012年春节烟花爆竹工作筹备会，针对2011年春节烟花爆竹安全管理工作中在物联网建设、视频监控、流向管理等方面存在的问题，研究讨论进一步改进和完善措施。

同日　市安全监管局副巡视员刘岩主持召开全市第五期特种作业考试情况通报会。局科技处、预防中心有关负责人，各区县安全监管局主管特种作业考核管理工作的副局长、科长以及66家特种作业考试承担机构负责人参加了会议。

7月12日　国家安全监管总局副局长孙华山及中国安科院、中国安全生产协会一行12人到顺义区调研安全生产分类分级和隐患自查自报工作。

7月13日　市安全监管局副局长常纪文率职安处、执法队、驻局纪检组监察处、宣教中心对昌平区和通州区有限空间安全生产情况进行检查。此次检查共分为两个组，采取随机巡查和重点行业检查的方式进行，检查组分别对昌平区北京韩建集团一公司、昌平一建建筑有限责任公司、通州区城镇水务所、瑞通天强管道清洗公司、亚太花园酒店等9家单位安全生产情况进行了检查。

同日　市安全监管局副巡视员刘岩带领预防中心、中国安全生产科学研究院有关人员赴天津市安全监管局调研特种作业培训考核管理工作机制。天津市安全监管局局长张时善及人事教育处、安全生产技术研究中心相关负责人参加了座谈会。

同日　市安全监管局和国家安科院工作人员到房山区调研危险化学品重大危险源的安全监管工作。

7月14日上午　市安全监管局召开新闻发布会，对大兴"7·5"二氧化硫脲挥发事故进行通报，并结合本市夏季的气候特点，提出下一步工作要求。市安全监管局新闻发言人、副局长蔡淑敏进行了新闻发布。监管三处、事故处、宣教中心有关负责人陪同出席发布会。

同日夜　北京城区下大到暴雨，市安全监管局副局长常纪文率相关执法人员分为3个组，对东城区、西城区、海淀区、丰台区等主要街道有限空间进行了夜间巡查，共检查了光环电信集团第七、第八分公司、中国移动北京分公司瀚星威蓝公司、北京电话工程公司、排水集团抢险大队共10家有限空间作业单位。

同日　市安全监管局针对大兴区"7·5"二氧化硫挥发事故召开新闻发布会。

7月15日　市安全监管局会同市发展改革委、市国资委、市公安局内保局、市总工会、市监察局、市环保局等单位召开联合执法检查和大安山煤矿"5·14"事故调查处理情况通报会。副局长贾太保参加会议并讲话。

同日　市安全监管局党组副书记、副局长蔡淑敏组织召开市安全监管监察系统民主评议基层站所工作动员部署会。市纠风办督导组领导参加会议并讲话。

7月15—16日　针对近期市区两级安全监管局有限空间夜查发现的问题，市安全监管局副局长常纪文分别对电话工程公司、燃气集团、排水集团、光环电信集团主要负责人进行了约谈。

7月18日　北京市安全生产知识竞赛启动。以"落实企业安全生产责任、强化从业人员安全生产意识"为主题，以企业一线从业人员为对象采用现场竞赛和公众参与相结合的形势，分为三个阶段：预赛、复赛、决赛。8月17日竞赛活动结束，9月9日进入复赛，11月1日决赛，最后顺义区代表队被评为一等奖；怀柔区、密云县代表队被评为二等奖；通州、丰台、房山区被评为三等奖。

7月19日　市安全监管局与市旅游委共同组织召开了全市酒店业有限空间安全管理工作会。副局长常纪文、市旅游委副主任安金明出席会议，市安全监管局职安处、市旅游委监督管理处、16区县旅游局、64家星级饭店组长单位共100余人参加了会议。

同日下午　市安全监管局副巡视员唐明明率监管三处有关同志赴通州区，就规划手续不全的危险化学品生产企业的退出工作进行了调研。

同日　市安全监管局副局长陈清率队对丰台、大兴两区京沪高铁"打非"专项行动工作落实情况进行实地调研督导。陈清副局长深入丰台区纪家庙、黄土岗和大兴区黄村、王力庄、西芦城村等京沪高铁北京段沿线"打非"专项行动重点整治地区，认真检查督导安全隐患整改落实情况。

7月20日上午　市政府绩效管理工作专项检查组第二组到市安全监管局进行2011年绩效管理工作半年专项检查，检查组一行8人，由市监察局副局长刘东波带队。

7月21日上午　市安全监管局副局长汪卫国应邀接受《中国安全生产杂志》、《中国安全生产报》、《现代职业安全杂志》、《安全杂志》4家行业专业媒体的专访，就新修订的《北京市安全生产条例》有关情况，结合本市安全生产工作定位与发展方向，与记者们进行了广泛深入的交流，并现场回答了媒体关心的多个问题。

7月21日下午　市安全监管局副巡视员唐明明率监管三处对北京市自来水集团有限责任公司第九水厂和北京市密云清源净水剂厂的液氯使用和储存安全工作进行检查。密云县安全监管局陪同检查。检查组对这两家单位的各项安全管理制度、岗位责任制的落实、从业人员培训教育、应急预案编制及演练和液氯使用、储存场所的安全设备设施设置及运行情况、应急物资储备等方面进行了严格检查。

7月22日　市安全监管局召开新闻发布会，就"有限空间安全监管工作"有关情况向媒体进行了通报。新闻发言人、副局长蔡淑敏从本市有限空间安全监管总体情况、扩大有限空间特种作业管理的范围、下一步重点工作、重要安全提示四个方面进行了通报。副局长常纪文与职安处就媒体关心的有限空间特种作业管理覆盖率、地方标准制定、分级分类管理、大比武活动、执法检查等情况进行了解答。

同日　市安全监管局针对本市有限空间的安全生产监管工作召开新闻发布会。决定自9月1日起，把本市地下有限空间作业现场监护人员特种作业管理范围由原来的污水井、化粪池扩展至电力电缆井、燃气井、热力井、自来水井、有线电视及通信井等地下有限空间的运行、保养、维护作业活动。

7月25日下午　市安全监管局副巡视员唐明明主持召开全市安全监管系统危险化学品和烟花爆竹安全监管工作例会，对危险化学品企业标准化工作、烟花爆竹安全管理、危险化学品反恐防范、新《危险化学品安全管理条例》宣贯、危险化学品网上许可等工作进行沟通和协调。监管三处、各区县及北京经济技术开发区安全监管局、标准化咨询评审机构参加了会议。

7月26日　市安全监管局副局长常纪文对北京歌华有线电视网络股份有限公司负责人进行了第二次约谈。市安全监管局职安处和歌华有线公司主管安全的副总、安全部、网络建设部负责人参加了约谈。

同日　市安全监管局一行14人到怀柔区前安岭铁矿和京冀公司尾矿库开展汛期安全生产检查。

同日　市安全监管局副局长贾太保率矿山处、执法队赴怀柔区检查尾矿库汛期安全生产工作，对北京京冀工贸有限公司、北京怀柔前安岭铁矿有限公司尾矿库进行了实地检查。怀柔区安全监管局局长李振林等参加检查。

7月26—27日　市安全监管局组织召开全市安全监管系统《北京市安全生产条例》宣传贯彻暨2011年中期法制工作会。各区县、经济技术开发区法制工作分管局领导和科室负责人参加会议。副局长汪卫国参加了讨论。

7月26日晚、7月28日早　市安全监管局副局长常纪文对本市部分地区有限空间作业进行了巡查，并发现2起违规井下铺设电缆作业。经查，作业者均为个体人员，承揽的都是北京北大方正宽带网络科技有限公司有限空间作业。常纪文副局长当场责令停止作业，并要求发包单位北大方正负责人进行约谈。

7月26—28日　市安全监管局举办处级干部培训班，38名来自市局（分局）、各区县及北京经济技术开发区安全监管局处级干部和局直属事业单位处级领导参加了培训。

7月27日　市安全监管局副巡视员唐明明带队对大兴区的危险化学品生产企业进行实地调研，听取了大兴区安全监管局关于危险化学品生产企业基本情况及《安全生产许可证》换证工作的汇报。

7月28日　市安全监管局局长张家明主持召开专题会议，研究特种作业培训考核管理工作机制，副局长汪卫国、常纪文、副巡视员刘岩及科技处、法制处、研究室、办公室、预防中心有关负责人参加了会议。

同日　市安委会召开工作会议，通报2011年全市安全生产工作情况，部署2011年下半年安全生产工作。副市长苟仲文出席会议并讲话。会议由市安委会副主任、市安全监管局局长张家明主持，市安委会成员单位和各区县政府主管领导参加了会议。

7月28日下午　市安全监管局副局长常纪文率职安处与北大方正宽带网络科技有限公司负责人进行了约谈。常纪文副局长介绍了近期本市有限空间安全生产形势，并要求北大方正高度重视有限空间作业安全：一是要针对存在的问题立即进行整改，按时将整改方案报市安全监管局；二是要尽快组织所有承揽有限空间作业的人员进行培训，确保9月1日前现场监护人员持证上岗；三是要强化承发包管理，在合同中明确规定有限空间作业内容；四是要根据实际情况，配备必要、适用的安全设备实施。

7月29日　市安全监管局副局长常纪文率职安处到市安全生产协会调研。协会会长丁镇宽介绍了安全生产协会人员编制及目前工作开展的情况。

8月

8月2日　由市安全监管局副局长常纪文带队，市安全监管局、市住房城乡建设委、市市政市容委、市水务局、市通信管理局等相关部门组成督察组，对东城区有限空间安全生产工作进行了专项督察。

8月2—3日　市安全监管局组织召开了北京市危险化学品事故应急预案、北京市矿山事故应急预案2个市级专项应急预案和北京市烟花爆竹事故应急预案、北京市尾矿库事故应急预案2个市级部门应急预案专家评审会。专家评审会由市安全监管局应急工作处组织，国家安全监管总局一司王立忠、国家安全生产应急指挥中心张明、市应急办单青生、郑军岭及市安全监管局副局长贾太保、副巡视员唐明明出席了评审会。

8月2—11日　由市安全监管局副局长常纪文带队，市安全监管局、市发展改革委、市住房城乡建设委、市市政市容委、市水务局、市广电局、市通信管理局共7个部门组成督察组，对东城区、西城区、石景山区、大兴区、门头沟区、顺义区共6个区县进行了有限空间安全生产专项督察。

8月3日上午　市安全监管局召开新闻发布会，向媒体通报了本市2011年上半年全市安全生产形势，以及第二季度全市生产安全事故、执法检查等方面的情况。新闻发言人、副局长蔡淑敏进行了新闻发布；协调处、执法队、事故处、宣教中心及举报投诉中心的负责人参加了发布会，并解答了记者的提问。

同日　受市应急办委托，市安全监管局组织召开了《北京市矿山事故应急预案》专家评审会。评审会由应急处、矿山处和煤监二室共同组织，邀请了采矿、爆破、防治水、安全管理等方面的专家对预案进行了评审，副局长贾太保出席了评审会。国家安全监管总局和市应急办有关领导到会对预案修订编制工作进行了指导，局应急处、矿山处、煤监分局各监察室有关人员参加了会议。

同日　市安全监管局针对上半年全市安全生产形势以及第二季度全市安全生产事故执法检查情况召开新闻发布会。

同日　中铁建设集团有限公司市政工程分公司承建了西三旗建材城危改项目、市政道路及雨污水工程工地，作业人员对已建成的雨污水管线第25号检查井试清理作业过程中，发生一起缺氧窒息事故，造成2名作业人员死亡。事故发生后，邻近工地的1名作业人员在自发下井施救过程中遇难，遇难者已被海淀区民政局认定为见义勇为行为。

8月4日　市安委会办公室组织召开2011年全市安全生产重点执法检查计划推进情况调度会。市安委会办公室副主任、市安全监管局党组副书记、副局长蔡淑敏出席会议并讲话。市安全监管局、市监察局、市旅游发展委、市市政市容委、市文化局、市体育局、市工商局、市质监局、市公安局消防局、市文化执法总队和北京铁路局等15个部门相关负责人参加了本次调度会。

同日　市安全监管局副局长常纪文主持召开会议，研究部署市区安监干部执法服装配发工作，并对开展第四届安全生产专家聘任及做好安全生产科技成果、装备展览会筹备工作提出要求。各区县安全监管局主管领导参加会议。

8月5日　市安全监管局副局长常纪文率职安处到丰台区和房山区调研有限空间安全生产工作。先后到房山区燕山威立雅水务有限责任公司和丰台区北京六必居食品有限公司天源酱园公司进行了调研。

同日　市安全监管局局长张家明带领局协调处、办公室、研究室和宣教中心有关人员前往丰台区，对"打非"专项行动的开展情况进行专题调研。与区安监、工商、消防等部门就专项行动中存在的问题和原因，面临的形势和下一步工作措施和建议，进行了深入的讨论。会上，传达了市委市政府关于坚决制止和清除非法建筑、坚决制止非法生产经营活动、坚决维护城市安全稳定的总体要求。

同日　市经济信息化委在中环办公楼新闻发布厅召开"市民主页工作推进部署暨2010年信息北京十大应用成果"工作会，会议对电子政务工作优秀单位进行了表彰，市安全监管局荣获"2010年度电子政务专项应用突出单位"。会上，副市长苟仲文对各表彰单位在2010年中的工作表示肯定，并要求全市各级部门以"市民主页"工作为契机，不断提高公共服务水平，做好2011年电子政务工作。

同日　市安全生产委员会办公室在中环办公楼二层新闻发布厅召开了第二次举报投诉专题工作会议，市安委会成员单位和各区县安监局主管领导和联络员参加了会议，会议由市安全监管局副局长常纪文主持，市住房城乡建设委、市质监局、朝阳区安监局、昌平区安监局在会议上分别作了典型发言，市安委会办公室副主任、市安全监管局副局长蔡淑敏发表了重要讲话。

8月9日上午　市安全监管局副局长陈清率有关人员前往市质监局，就进一步加强本市电梯等特种设备安全监管工作，与市质监局有关领导进行了专题研究。

同日　市安全监管局副局长贾太保带领矿山处有关人员到密云县对密云矿业公司威克铁矿尾矿库及矿山采场汛期安全生产工作进行检查。

8月10日　市安全监管局（北京煤监分局）在京煤集团召开煤矿安全生产工作暨安全督察工作总结会。市发展改革委、市国资委有关负责人参加会议，会议由副局长贾太保主持，局长张家明出席会议并讲话。

8月11日　市安委会督察组，由市安全监管局副局长常纪文带队，市市政市容委、市住房城乡建设委、市通信管理局、市广电局等一行11人，对顺义区有限空间安全监管工作进行现场督导检查。

同日 市安全监管局副局长贾太保带队赴天津市安全监管局调研非煤矿山安全生产许可工作。天津市局所有各类许可工作全程由专门的行政许可办公室完成。

8月11—12日 按照市地下空间综合整治工作协调小组的总体工作部署，市安全监管局副局长陈清带领市安全监管局、市民防局、市住房和城乡建设委、市公安局治安总队、市公安局消防局组成的第三督导组，对海淀、延庆、石景山、门头沟四个区县政府开展地下空间综合整治第一阶段工作情况进行了督导。

8月12日 市安全监管局副局长常纪文约谈排水集团职业技能培训学校、北京市市政工程管理处、市市政管理委员会培训中心、市劳动保护科学研究所4家有限空间特种作业培训机构负责人。

8月16日下午 市安全监管局法制处、科技处、职安处组成联合检查组到北京排水集团培训中心就有限空间特种作业培训考核工作进行检查。北京排水集团及培训中心有关负责人在检查中参加了座谈。在座谈会上，检查组就特种作业的教学和考试、持证上岗等有关情况与排水集团有关负责人交换了意见。

同日 北京煤监分局组织京煤集团、昊华公司及所属煤矿有关人员召开座谈研讨会，会议由副局长贾太保主持。京煤集团总工程师何孔翔、昊华公司总经理张伟参加会议，并表示将扎实推进"京煤保障行动"，全面提高煤矿安全生产标准化水平。京煤集团安监部部长，昊华公司总工程师、安监部部长，煤矿矿长等参加了会议。

8月18日 国家安监总局监管四司司长欧广、副司长马锐带领有关人员到海淀区八里庄街道办事处调研安全生产标准化工作和信息化工作。市安全监管局副局长陈清陪同调研。

8月19日 国家安监总局副局长、国家煤监局局长赵铁锤带队到北京市烟草物流中心调研信息化管理和物联网应用工作。北京市副市长苟仲文，市安全监管局局长张家明、副局长陈清、贾太保陪同调研。

8月21—22日 副市长苟仲文分别在市轨道交通指挥中心召开京港地铁、北京地铁运营公司地铁安全运行工作会议，分别听取地铁运行安全工作情况汇报，研究地铁运行安全工作，市安全监管局副局长陈清参加会议。

8月23—25日 市安委会办公室副主任、市安全监管局党组副书记、副局长蔡淑敏带队，市政府督察室、市总工会、市住房城乡建设委、市商务委、市文化局、市民防局、市公安局消防局、市文化执法总队和市安全监管局9个单位相关参加，对东城区开展为期3天的安全生产集中执法督察及"打非"督导调研。东城区副区长毛炯出席了执法督察暨督导调研工作会。

8月24日 市安全监管局组织召开人员密集场所安全生产工作会，听取了"7·5"地铁4号线动物园站扶梯事故后人员密集场所安全专项检查工作开展情况，并就开展人员密集场所安全标准化工作进行部署。

8月26日 市安委会召开北京市安全生产工作电视电话会议，传达贯彻市委常委会、市政府专题会精神，部署贯彻落实国务院第165次常务会议精神的工作措施及近期全市安全生产重点工作。副市长苟仲文出席会议并讲话。会上，市安全生产委员会副主任、市安全监管局局长张家明传达了市委常委会、市政府专题会精神，市安委会办公室副主任、市安全监管局副局长陈清通报市委市政府贯彻落实国务院关于安全生产工作部署进一步加强首都安全生产工作实施意见的主要内容，对近期全市安全生产重点工作进行了部署。

同日　市安全监管局副局长蔡淑敏主持召开了有限空间安全生产督察汇报会，市住房城乡建设委、市市政市容委、市水务局、市广电局，市通信管理局和职安处、执法队参加了会议。

8月27日　北京市将首次实行特种作业理论计算机考试，实现考试方式从纸制笔试向计算机考试的彻底转变。为确保全市特种作业理论计算机考试顺利进行，8月25日，市安全监管局副巡视员刘岩带队赴西城区职业技术学校、海淀区职业技术学校，检查特种作业理论计算机考点考务准备工作。西城区安全监管局、人力社保局和海淀区安全监管局有关负责人及预防中心有关人员参加了检查。

8月27—28日　市安全监管局副巡视员刘岩带队巡视了首钢迁安矿业公司计算机考点的考试情况。

8月30日　市安全监管局副局长汪卫国带队赴海淀区八里庄街道办事处，与区安监局、八里庄街道办事处、曙光街道办事处负责人就基层安全生产工作进行了座谈。市局研究室、法制处负责人参加调研。座谈会围绕街道安全生产工作情况，机构设置、人员配备、经费保障以及加强基层安全生产工作的建议几个议题展开。

8月31日上午　市安全监管局在昌平区北京福田汽车集团设立主会场，隆重举行《北京市安全生产条例》宣传咨询日活动。副局长蔡淑敏出席活动，昌平区副区长赵阳、福田汽车集团常务副总经理张夕勇、市安全监管局宣教中心以及昌平区有关部门和福田汽车集团有关人员参加咨询活动。

8月31日—9月5日　国家煤矿安监局组织的煤矿安全质量标准化检查组来本市进行检查。检查组由重庆煤矿安监局（重庆市煤炭工业局）副局长张继勇带队，成员由重庆煤矿安监局、云南省安全监管局有关领导及煤矿行业专家组成。市安全监管局（北京煤监分局）副局长贾太保，煤监分局监察一室、二室、三室，市发展改革委及京煤集团、昊华公司有关人员陪同检查。

9月

9月1日上午　市安全监管局召开新闻发布会，按照及时发现、及时公布的原则，第一次向新闻媒体通报了本市安全生产违法行为企业进行警示的名单。新闻发言人、副局长蔡淑敏进行了新闻发布；监管一处、宣教中心有关人员参加了发布会，并解答了记者的提问；人教处钱山同志主持了会议。《北京日报》、北京电视台、北京人民广播电台、《新京报》等13家新闻媒体出席了发布会。

9月2—7日　市安全监管局副局长蔡淑敏带队赴西藏慰问援藏干部，并调研了拉萨市安全生产工作。会后，蔡淑敏接受了拉萨电视台"新闻现场"的采访，9月7日《拉萨日报》也以"北京市安全监管局慰问拉萨市安全监管局"为题进行了报道。

9月5—16日　按照《2011年危险化学品生产经营单位执法检查实施方案》的安排，专项执法检查采取市区联动的方式，由市安全监管局重点检查、区县互查两个层级组成，对全市危险化学品生产经营单位实施全覆盖检查。市局分为4个检查组，由局长张家明，副局长蔡淑敏、陈清、唐明明分别带队，对全市危险化学品生产企业和三级以上储存油库进行执法检查。

9月6—8日　北京煤监分局副局长贾太保到房山区史家营乡、南窑乡和门头沟区清水镇，就小煤矿关闭后的"打非"工作、相关政策落实和产业调整进行了调研。

9月7日　市安全监管局局长张家明带队对昌平区危险化学品生产经营单位进行了专项检查。针对检查中发现的原料库货物码放不符合安全要求、未分区储存、缺少相关安全技术说明书和标签等问题，执法人员下达了责令限期整改指令书。北京电视台、北京城市服务管理广播、现代职业安全杂志等新闻媒体参加了检查活动。

同日　市安全监管局预防中心组织召开特种作业培训考核管理工作机制调研报告专家评审会，中国安全生产协会副理事长刘铁民、国家安全监管总局政策法规司副司长邬燕云、国家安全监管总局培训中心处长董喜明、中国安全生产科学研究院总工程师张兴凯作为专家组成员应邀参加，市安全监管局副局长刘岩、科技处、预防中心有关人员参加。

同日　市"打非治违"第四联合检查组督导昌平区"打非治违"工作。

9月8日　市安全监管局副巡视员唐明明带队对海淀区危险化学品生产经营单位进行了专项检查。检查发现，北京飞驰绿能电源技术有限责任公司存在严重安全隐患，其生产车间与周边在建民用建筑安全距离不符合要求。针对这些问题，执法人员下达了强制措施决定书，责令其立即停产停业整顿，并暂扣该单位安全生产许可证。

同日　市安全监管局专项执法检查组对怀柔区庙城218油库的安全生产进行检查。

9月14日　市安全监管局局长张家明、副巡视员唐明明分别带队对房山区危险化学品生产经营单位进行了专项检查。

在检查北京润福通商贸中心储油区时，发现该单位存在配电室未设置应急照明设备、消防中控室违规设置床铺、值班人员未经培训上岗、值班记录不健全等问题，针对以上问题执法人员实施了行政处罚。

同日　市安全监管局法制处召开座谈会，对市局2012年地方法规规章项目建议和安全生产地方性法规规章立法规划（2011—2015年）进行研究座谈。副局长汪卫国主持座谈会，局机关各处（室、队）、局属事业单位，分局各监察室主要负责人及有关人员参加会议。

同日　市安全监管局局长张家明带队到房山区危险化学品生产经营单位进行专项检查。

同日　市安全监管局监管一处组织相关行业管理部门召开"警示名单"通报会，副局长陈清主持会议。市经济和信息化委、财政局、国土局、规划委、住房城乡建设委、工商局、交通委、消防局、质监局、金融局、银监会、证监会等单位的有关负责人参加了会议。

同日上午　为认真落实副市长苟仲文在《关于解决京津城际铁路沿线安全隐患问题的请示》批示，市安全监管局副局长陈清组织召开专题会议与北京铁路局专题研究"打非"专项行动工作。北京铁路局副局长、铁路安全环境专项整治办公室主任（兼）王庆及铁路安全环境专项整治办公室有关负责人参加会议。

9月15—16日　市安全监管局副局长蔡淑敏带队参加在兰州召开的2011年全国"安全生产月"活动总结交流会议。各省、自治区、直辖市及新疆生产建设兵团"安全生产月"活动组织机构有关负责人、国务院有关部门、中央管理企业的有关负责人和受表彰单位代表260多人参加了会议。全国"安全生产月"活动组委会副主任、国家安监总局副局长杨元元出席会议并讲话。

9月17日 市安全监管局抽调专人负责完成"第十三届北京国际旅游节"临建设施安全保障工作。对临建设施搭建过程开展现场安全生产检查，防止发生各类安全问题，确保活动顺利进行。中共中央政治局委员、北京市市委书记刘淇，北京市市长郭金龙等市领导及14个国家的驻华使馆官员出席开幕式。20多个国家和地区的近1 500名演员参加演出。

9月19日 市安全生产监管监察系统全员军训工作在北京军区启动。来自市、区县两级安监部门的152名行政执法人员参加了第一期军训。市安全监管局副局长蔡淑敏出席并讲话。

9月21日 市安全监管局局长张家明带队到昌平区检查"打非治违"工作开展情况。

9月22日 市安全监管局副局长蔡淑敏带领市安委会办公室督察组赴东城区反馈集中执法督察意见。市政府督察室、监察局、总工会、住房城乡建设委、商务委、文化局、民防局、消防局、文化执法总队等督察组成员单位及东城区各有关单位参加了会议。

同日 市安全监管局副局长常纪文带队对排水集团职业技能培训学校有限空间特种作业培训整改情况进行了检查。检查组听取了培训学校有限空间特种作业培训工作自查整改情况工作汇报。排水集团根据"有限空间培训机构专题会"会议要求，认真开展了自查整改工作。

同日上午 市安全监管局局长张家明主持召开座谈会，专题研究本市部分商品交易市场安全生产调查评估工作。副局长陈清及局监管二处、协调处、法制处、事故处、执法队、办公室等处室的有关负责

人参加了座谈会。

9月23日下午 市安全监管局召开2011年挂职锻炼干部座谈会，副局长蔡淑敏出席座谈会并讲话。市委组织部安排的区县挂职锻炼干部、市区两级安全监管局双向交流锻炼干部、市局机关到街道（乡镇）挂职锻炼干部及办公室、人教处、机关党委相关负责人参加座谈会。

同日下午 市政府副秘书长戴卫召开专题会议，部署京津城际铁路安全隐患整治工作。会议由市安委会办公室副主任、市安全监管局副局长陈清主持。东城区、朝阳区、通州区政府主管领导，首都综治办、市住房和城乡建设委、市市政市容委等有关部门以及北京铁路局、京津城际公司主管领导参加了会议。

9月23—26日 西藏自治区安全监管局检查组代表国家安全监管总局对本市的安全生产行政执法工作开展省际互查。检查组由西藏自治区安全监管局副局长付远志带队，以开展座谈、查阅文件、实地检查等形式，对北京市、县区、乡镇（街道）安全生产监管行政执法和队伍建设情况进行检查，市安全监管局局长张家明，副局长汪卫国、贾太保等先后陪同检查，国家安全监管总局政策法规司副司长邬燕云对检查工作进行了指导。

9月24日上午 全市安全生产监督监察系统第一期军训成果展示及总结表彰大会在军训驻地隆重举行。

9月25日 全市安全生产监督监察系统第二期军训正式启动。来自市、区（县）两级安监部门的168名行政执法人员参加第二期军事训练。市安全监管局副局长常纪文作了军训动员。

9月26日 市安委会办公室副主任、市安全监管局副局长蔡淑敏带队对海淀区政府查处群众举报非法违法生产经营建设

情况进行调研。海淀区副区长穆鹏，区安全监管局局长陈国启、副局长孙茂山和区政府办、区查违办、区规划分局等部门负责人参加了调研。

9月27日下午 市安全监管局副巡视员唐明明专题听取了危险化学品重大危险源安全管理系统建设工作情况汇报。应急工作处、信息中心负责人及相关人员参加了会议。

同日 市安委会召开全市国庆安全生产保障工作会议，部署国庆节期间全市生产工作，副市长苟仲文出席会议并讲话。会议由市安委会副主任、市安全监管局局长张家明主持，市安委会部分成员单位和各区县、主管领导参加会议。

9月28日下午 市安全监管局副局长常纪文主持召开了有限空间安全监管会议。市安全监管局职安处、科技处，大兴区、丰台区、海淀区、通州区安全监管局，中国铁建、北京电力公司有关人员 4 家有限空间特种作业培训机构负责人参加了会议。

9月28日 市安全监管局副巡视员唐明明带队到位于大兴区的北京石油化工学院就进一步加强危险化学品培训教育工作进行了专题调研。市安全监管局监管三处处长李东洲、科技处处长李玉祥、监察处处长张志永及有关人员和大兴区安全监管局有关人员参加了调研。

同日 市安全监管局（北京煤监分局）组织京煤集团、昊华公司及所属煤矿召开专题会，部署国庆期间及节后煤矿安全生产工作。会议由副局长贾太保主持。

9月29日上午 市安全监管局副局长陈清带领监管二处有关同志对北京地铁国庆节期间运营保障工作进行督导检查，市交通委有关处室负责人、市交通委运输局主管领导及相关处室负责人参加了检查。

10月

10月1日 天安门广场举行向人民英雄纪念碑敬献花篮仪式悼念活动，市安全监管局按照任务分工，抽调专人对活动现场记者台搭建、临时用电及周边生产经营单位的安全生产工作进行全面检查。胡锦涛总书记等中央领导和首都各界 5 000 多名代表参加了敬献花篮仪式。

10月3日 市安全监管局副巡视员唐明明带队检查慰问了东方石化公司安全生产应急救援队。

10月4日 市安全监管局（北京煤监分局）副局长贾太保带队就木城涧煤矿国庆期间煤矿安全生产工作和应急值守工作进行了检查。京煤集团昊华公司总经理张伟及相关负责人、监察二室有关人员陪同了检查。

10月5日 市安全监管局副局长常纪文带队到东城区对人员密集场所进行了安全检查。局职安处、东城区安全监管局相关人员陪同参加了检查。

10月9日 北京煤监局邀请北京福缘安技术服务有限公司有关工程技术人员就《煤矿安全风险预控管理体系规范》（AQ/T 1093—2011）有关内容，进行了专题讲解。副局长贾太保，煤监局综合办、一室、二室、三室及矿山处全体人员，京煤集团、昊华公司及煤矿有关人员参加了专题讲座。

同日 市安全监管局按照市政府"9·30"会议精神，成立了以局长张家明为组长的安全生产保障工作领导小组，制定了《党的十七届六中全会安全生产保障工作方案》。10月13日市安全监管局副局长蔡淑敏带队对西城区、海淀区进行安全生产保障工作的落实情况进行了检查。针对检查中发现的问题责令相关部门立即消除，保障了全会的顺利进行。

同日 市安全监管局召集西城区、海淀区安全监管局，对中共十七届六中全会安全生产保障工作进行专题研究，明确了任务，落实了责任。为加强保障工作有效实施，10月13日，副局长蔡淑敏带队对西城、海淀两区安全保障的落实情况进行了检查，并实地抽查了京西宾馆、人民大会堂周边的4家生产经营单位，发现问题和隐患12项，下达限期整改指令书2份。

10月10日 北京煤监分局副局长贾太保带队就京煤集团长沟峪煤矿节后复工的安全工作进行了调研检查。京煤集团、昊华公司和监察一室、二室有关人员参加检查。

10月11日下午 市安全监管局副巡视员唐明明主持召开危化品道路运输安全管理工作会，针对北京市即将承办的第二次七省市危化品道路运输安全管理联控会议，专题讨论危化品交易平台与危化品运输的对接、七省市间危化品道路运输安全监管的衔接与配合等工作。监管三处、监管二处、信息中心，市交通委运输管理局、市公安交通管理局，以及北京石油交易所、天之华软件系统开发有限公司等参加了会议。

同日 市燃气集团召开燃气安全隐患排查治理专项行动总结表彰大会，市安全监管局副巡视员刘岩应邀参加了会议。

10月11—13日 国家安全监管总局监管四司司长欧广带队赴顺义区督导全国安全生产隐患排查治理现场会议的筹备情况。北京市安全监管局副局长陈清、顺义区政府副区长林向阳及市区两级安全监管局的有关人员全程陪同督导工作。

10月13日下午 市安全监管局副巡视员唐明明到北京市劳动保护科学研究所就危险化学品安全管理科研工作与开展合作事项进行调研。局监管三处陪同调研，北京市科学技术研究院书记苗立峰，市劳保所所长张斌、书记张志航等参加了调研座谈会。

10月14日 市安全监管局监督二处会同市交通委及其路政局，在通州区宋郎路项目施工工地隆重召开北京市公路建设安全生产联合执法检查工作现场经验交流会。市安全监管局副局长陈清，市交通委党组副书记、副主任张树森，通州区副区长肖志刚，路政局局长孙中阁等领导出席了会议。

10月17日 市安全监管局副局长常纪文对市通信管理局、北京联通公司、昌平联通公司有关负责人进行了约谈。市局职安处、昌平区安全监管局有关人员参加了约谈。

10月13日上午 市安全监管局宣教中心组织召开《北京市"十二五"安全文化建设纲要》研讨会议，听取了中国地质大学（北京）安全研究中心关于《北京市"十二五"安全文化建设纲要》编制情况的汇报。副局长蔡淑敏出席会议并对下一步工作提出要求。

10月19日 市安全监管局（北京煤监分局）组织召开了如何发挥煤矿安全生产管理机构综合监管职责的专题研讨会，会议由副局长贾太保主持。

10月20日 市安全监管局副局长贾太保带领矿山处有关人员，对房山区开采红砂岩、汉白玉的两家企业的整合提高工作进行调研，分别听取了两个矿山企业整合的总体规划的汇报，设计单位就两座矿山整合后的开采设计进行了详细说明，与会人员就开采设计中安全设施设计及风险防控措施进行了讨论，提出了修改完善意见。

同日　市安全监管局副巡视员刘岩主持召开全市特种作业考核管理工作会，通报全市第七期特种作业考试情况，总结2011年特种作业考核管理工作，部署第四季度重点工作，并组织参会代表进行专题研讨。各区县安全监管局主管特种作业考核管理工作的副局长、科长和68家特种作业考试承担机构负责人及部分实操考官代表，共计130人参加了会议。

10月21日　在北京卫戍区一师教导大队院内，北京市安全生产执法监察总队成立暨行政执法服装配发仪式隆重举行。仪式开始前，市安全监管局局长张家明陪同国家安全监管总局副局长杨元元、副市长苟仲文、国家安全监管总局政策法规司司长支同祥等参观了北京市安全生产执法、救援车辆及装备。共有52辆安全生产执法车辆，10辆应急救援车辆参加展示和演示。

10月22日上午　市发改委牵头组织召开了国家城市轨道交通安全检查迎检工作汇报会，市发改委、市住房城乡建设委、市交通委、市重大办、市消防局以及轨道交通建设单位、运营单位分别做出了汇报。市安全监管局副局长陈清从安全生产综合监管角度，介绍了近两年来在轨道交通建设和运营安全生产监督管理工作方面的主要工作情况。

10月25日　国家安全监管总局局长骆琳及有关司局负责人员一行到顺义区调研安全生产事故隐患排查治理自查自报及全国安全生产隐患排查治理工作现场会准备情况。

10月25—27日　市安委会办公室副主任、市安全监管局副局长蔡淑敏带队，市政府督察室、市监察局、市总工会、市住房城乡建设委、市交通委、市市政市容委、市商务委、市公安局消防局和市安全监管局9个部门有关人员参加，对昌平区开展为期3天的安全生产集中执法督察。

10月26日　市安全监管局副局长常纪文率职安处、驻局纪检监察处到西城区检查职业卫生交叉检查工作。此次区县职业卫生交叉检查工作于10月20日开始，采取交叉检查形式，重点对企业职业危害防治制度建立情况、职业危害申报情况、作业场所警示标志设置情况等进行现场检查。

10月26—27日　全国安全隐患排查治理现场会在本市顺义区召开。国家安全监管总局局长骆琳出席会议并讲话，北京市市长郭金龙出席会议并致辞，副市长苟仲文出席会议。国家安全监管总局副局长孙华山、付建华，煤矿安监局副局长王树鹤、李万疆出席会议。市安全监管局局长张家明代表北京市作了经验介绍。会议期间，与会代表观看了顺义区安全隐患排查治理专题片，实地参观考察了牛栏山镇、仁和镇、江河幕墙股份公司、顺鑫农业股份公司、中石油昆仑燃气液化气分公司、中北华宇建筑工程公司等属地政府和企业的安全隐患排查治理工作情况。会上，山西省、天津市安全监管局，安徽煤矿安监局，北京市顺义区政府，辽宁省沈阳市、广东省珠海市安全监管局，中国建材集团等单位作了经验介绍。

10月27日—11月2日　国家安全监管总局派出的复审专家组对本市7家一级、二级安全培训机构进行资质复审，市安全监管局科技处根据《国家安全监管总局办公厅关于开展2011年一、二级安全培训机构资质复审工作的通知》要求，认真做好复审工作的专家接待、组织协调工作，为此次复审工作圆满完成提供有力保障。副局长常纪文全程陪同参加了此次复审工作。

10月28日 国家安全监管总局复函，北京市顺义区继广州市、沈阳市、宁波市、诸城市后，被列为全国安全生产标准化建设示范试点。

11月

11月1日下午 由市安全监管局、市总工会主办，北京青年报社集团承办的2011年北京市安全生产知识竞赛决赛在北信传媒艺术中心演播大厅隆重举行。国家安监总局宣教中心副主任王月云、市安全监管局副局长蔡淑敏，北京青年报社副社长李小兵等到现场观看比赛，并为获奖选手颁奖。

11月1—20日 市安全监管局顺利完成全市烟花爆竹经营单位相关人员考试组织工作。

11月3日下午 国家安全监管总局监管三司司长王浩水主持召开了危险化学品企业安全生产标准化工作专题视频会议。市安全监管局副巡视员唐明明、监管三处、法制处及本市21家安全生产评价机构相关负责人在视频会议分会场参加了会议，并组织了各区县安全监管局主管副局长和科室负责人在各局分会场参加了会议。

同日 北京市安全生产歌曲"学、唱、传"活动决赛在大兴区文化馆小剧场隆重举行，来自全市17个单位的300多名参赛者角逐比赛。国家安监总局宣教中心主任裴文田、市安全监管局副局长蔡淑敏出席活动。

11月5日 市安全监管局副局长常纪文带队对有限空间的安全生产情况进行抽查。

11月9—11日 市安全监管局、市质监局联合检查组对怀柔区工业企业安全生产专项执法检查工作进行督察。

11月9日 市国资委在北一机床厂召开市属国有企业安全生产标准化现场会，市安全监管局副局长陈清出席会议并讲话。市属国有企业有关负责人共计180人参加了会议。

同日 第二期木质家具企业主要负责人和职业健康管理员培训班在北京军区招待所开班，市安全监管局副局长常纪文出席了开班仪式并做动员。

11月10日 2011年北京市安全文化活动展演暨安全生产月总结表彰大会在北京经济技术开发区举行。国家安全监管总局宣教中心副主任王月云、市安全监管局局长张家明及市安全生产月活动组委员会成员单位领导出席会议。

同日下午 在经济技术开发区宣教中心组织召开了2011年北京市安全文化活动展演暨安全生产月总结表彰大会，国家安全监管总局宣教中心副主任王月云，市安全监管局局长张家明、副局长蔡淑敏以及市"安全生产月"活动组委会成员单位有关领导出席会议。

11月11日上午 市安全监管局召开了新闻发布会。新闻发言人、副局长蔡淑敏针对安全生产规划的编制和市政府的批复有关事宜进行了新闻发布；市发改委，市安全监管局研究室、科技处、协调处、宣教中心的负责人参加了发布会；研究室、协调处等负责人解答了记者的提问。

同日 由市农委、市安全监管局、市农业局组成的市督察组赴昌平区督察畜禽养殖环节和沼气工程安全生产管理。

11月14日 市安全监管局副局长常纪文带领科技处有关同志到北京石油化工学院和中国建筑一局集团培训中心就安全生产培训工作进行了调研。

11月15日 市安全监管局副局长贾太保带队到木城涧煤矿调研矿压防治和监测工作。

同日 市安全监管局副巡视员唐明明主持召开了烟花爆竹安全生产工作协调调度会，监管三处等有关处室和宣传教育中心、举报投诉中心等参加会议。

同日 市安全监管局副巡视员唐明明主持召开了北京市危险化学品道路运输安全监管联控协调会，监管三处、北京市交通委运输管理局、北京市公安交通管理局以及北京石油交易所有关负责人参加了会议。

11月16日上午 市安全监管局副巡视员唐明明主持召开2012年烟花爆竹物联网建设工作协调会，对春节期间烟花爆竹综合管理物联网应用建设工作进行研讨。市政府办公厅副巡视员卞杰成，市应急办技术通信处处长徐懿及相关负责人，市安全监管局监管三处、信息中心负责人参加了会议。

11月17日 市政府新闻办举办"北京微博发布厅"上线仪式，包括市安全监管局、市政府新闻办公室、首都文明办、市发改委、市教委及西城区政府新闻办在内的21个政府机构正式开通官方微博。与此同时，市安全监管局、市政府新闻办、市科委、市商委、市旅游委、市质监局六部门的新闻发言人开通个人微博。市安全监管局副局长蔡淑敏出席仪式，并现场通过微博回答网友的提问。

11月18日 市安委会办公室副主任、市安全监管局副局长陈清主持会议，针对外省市发生燃气爆炸事故情况，专题研究近期本市燃气安全生产专项治理工作。

同日 市安全监管局举行了竞争上岗笔试和面试。共有14人通过资格审查参加了当天的考试。14人中，4人为副调研员，10人为主任科员。其中9人具有硕士学位或研究生学历，平均年龄为41岁。

11月20日 市安全监管局预防中心完成烟花爆竹零售单位主要负责人安全资格考试组织工作。此次考试报考1 134人，实考1 032人，合格871人，合格率84.4%。市安全监管局副局长常纪文巡视了海淀区职业技术学校和北京劳动保障职业学院考点，共有10家新闻媒体对本次考试进行了集中采访和报道。

11月21日下午 全市安全监管系统2012年春节烟花爆竹安全管理工作动员部署视频会议召开。市安全监管局副局长唐明明出席会议并讲话，监管三处、信息中心以及视频监控技术支持单位京仪集团远东仪表有限公司、时代凌宇科技有限公司在主会场参加会议；各区县安全监管局主管副局长和科长以及相应的技术支撑单位在分会场参加会议。

11月23日 第五次全国安全社区建设工作会议在北京召开。国家安全监管总局副局长杨元元出席会议并讲话，中国职业安全健康协会理事长张宝明作工作报告，会议由国家煤矿安监局副局长李万疆主持。市安全监管局局长张家明出席会议并致辞，副局长蔡淑敏、北京市安全生产协会会长丁镇宽参加会议。

同日下午 市安全监管局副局长唐明明率监管三处赴市政府烟花办针对2012年春节烟花爆竹安全管理工作再次沟通交换意见，在愉快友好的气氛中，双方对烟花爆竹销售配送、共同打击非法等工作进行了讨论。

11月24日上午 市安全监管局副局长陈清召开专题会议，对2011年度市政府有关部门和区县政府安全生产综合考核工作进行了部署。市监察局、市总工会等22个部门处室负责人参加了会议。

11月26日 由国家安全监管总局、中华全国总工会和国家广电总局的相关司局联合主办的第二届中国安全生产电视作品大赛圆满结束，本市两部作品获得一等奖、两部作品获得二等奖、两部作品获得三等奖，市安全监管局获得优秀组织奖。国家安全监管总局副局长杨元元、总工程师黄毅，市安全监管局副局长蔡淑敏等领导参加了颁奖晚会。

11月27日 市安全监管局执法监察总队执法人员及专业技术人员对"北京新机场建设和空军南苑机场搬迁框架协议签字仪式"活动现场临建设施搭建工作进行安全生产监督检查。11月28日，中共中央政治局委员、北京市市委书记刘淇，北京市市长郭金龙、副市长王安顺等参加签字仪式。

11月28日下午 市安全监管局组织召开全市安全监管系统视频会议，贯彻学习两项地方标准。副局长唐明明出席会议并讲话，监管三处、执法监察总队、宣传教育中心和举报投诉中心在市局主会场参加会议，各区县安全监管局分管烟花爆竹工作的科长及主要工作人员在分会场参加会议。

11月29日 由市安全监管局、中国石油大学（北京）和北京市科学技术研究院主办，中国安全生产科学研究院、北京市朝阳区人民政府、清华大学公共安全研究院协办的以"城市运行安全"为主题的第五届北京安全文化论坛在国家会议中心隆重举行。国家安全监管总局副局长杨元元，副市长苟仲文出席论坛并讲话。中国石油大学（北京）校长张来斌，国家安全监管总局政策法规司司长支同祥、宣教中心主任裴文田，中国安全生产科学研究院院长吴宗之出席论坛。会议由市安全监管局局长张家明主持，北京市科学技术研究院院长丁辉，市安全监管局副局长蔡淑敏、陈清、唐明明、常纪文、副巡视员刘岩，朝阳区副区长阎军，北京市科学技术研究院

副总工程师王立，中国石油大学（北京）副校长庞雄奇出席此次论坛。上海市安全监管局局长齐峻、天津市安全监管局局长张时善、重庆市安全监管局局长肖健康应邀出席了本届论坛。

12月

12月1—2日 为进一步加强与市安委会相关单位、各区县安监局"12350"联络员的工作联系，提高联络员的工作水平，市安全监管局举报中心组织了全市"12350"联络员培训班。培训内容包括：全国"12350"运行管理情况和完善"12350"使用管理工作的总体思路，群体性事件认知与应对，《行政强制法》解读与应用。市安委会办公室副主任蔡淑敏进行了培训动员。

12月2日 市安全生产监管局、市国土局、市环保局在北京会议中心联合召开非煤矿山专项整治暨建设"安全·和谐"示范矿山动员会，市安全监管局副局长贾太保出席并讲话。

12月5日 市安全监管局副局长唐明明再次调度烟花爆竹安全生产工作，监管三处、执法监察队、法制处、安全生产宣传教育中心、举报投诉中心、信息中心等处室负责人参加了会议。

12月8日 市安全监管局（北京煤监分局）副局长贾太保带领专家及矿山处有关人员到密云县深入井下对首云铁矿地下生产系统进行了安全检查，并就"安全和谐"地开采矿山建设工作进行了座谈研讨。

12月9日下午 市安全监管局副局长唐明明主持召开危化品道路运输安全管理工作会，会议就如何做好危化品道路运输七省市安全联控工作，特别是针对北京市危化品交易平台建设的有关工作进行了研讨，监管三处、监管二处、市交通委

运输管理局，以及北京石油交易所等参加了会议。

12月12—14日 "中央经济工作会议"在北京举行。按照北京市政府要求市安全监管局成立了领导小组，制订了工作方案，抽调专人，会同海淀区安全监管局对会场和代表驻地周边200米范围安全生产经营单位开展安全生产检查工作。为会议的顺利召开提供了安全保障。胡锦涛总书记、吴邦国委员长、温家宝总理等中央领导出席会议。

12月13日 市安全监管局副局长唐明明约谈了北京东方锐波化工厂负责人。监管三处处长李东洲及有关人员、丰台区安全监管局和化工集团负责人及有关专家一同参加了约谈。

12月14日上午 市安全监管局人教处、法制处共同组织了《中华人民共和国行政强制法》培训，邀请市政府法制办处长鲁安东为大家作专题学习辅导。会议由市安全监管局副局长蔡淑敏主持。局长张家明，副局长陈清、贾太保、常纪文出席会议，局机关全体干部和直属事业单位处级干部共100余人参加学习。

12月14日 市安全监管局职安处组织召开了四方职业卫生工作联席会，市卫生局、市人力社保局和市总工会相关处室负责人参加了会议。副局长常纪文参加并讲话。

12月15日 市安全监管局（北京煤监分局）副局长贾太保带领矿山处有关人员到昌平区对北京市昌平牛蹄岭石米厂、北京市兴寿海字石材加工厂等非煤矿山进行了安全检查。

12月15—18日 "中国—东盟北京经济论坛"在北京召开。按照市政府要求，市安全监管局执法总队会同朝阳区安全监管局，对会场和代表驻地周边200米范围

生产经营单位开展安全生产检查，确保会议的顺利召开。

12月16日上午 市安全监管局局长张家明主持召开专题会议，听取举报投诉中心汇报举报投诉工作会议筹备情况及举报投诉工作进展情况。副局长蔡淑敏和办公室、研究室、执法队、信息中心有关人员参加会议。

12月19日 市安全监管局副局长唐明明主持召开全市安全监管系统烟花爆竹安全管理工作视频会议，对各区县烟花爆竹零售网点视频监控、安全生产责任险推进和零售经营许可工作进行再次调度。监管三处、信息中心和技术支撑京仪集团远东仪表有限公司在市局主会场参加会议，各区县安全监管局主管副局长和科长，以及技术支撑单位在分会场参加会议。

12月19—23日 市安全监管局会同市发展改革委聘请了5名专家，对京煤集团、昊华公司所属4个煤矿2011年度安全质量标准化矿井达标工作检查考评。市安全监管局（北京煤监分局）副局长贾太保参加了对大台煤矿和长沟峪煤矿的现场审核考评工作。

12月20日 市质量技术监督局组织召开了标准审查会。市安全监管局组织制定的《地下有限空间作业安全技术要求》顺利通过专家审查。会议邀请了国家安全生产标准化技术委员会、国家总局职业安全卫生研究所等单位的7位专家组成专家评审组，对标准进行了审查。市安全监管局副局长常纪文和职安处、法制处有关人员参加了会议。

12月21日 按照市纪委、市委组织部的统一部署，中共北京市安全生产监督管理局党组、中共北京煤矿安全监察局党组召开了以"坚持以人为本执政为民理念，发扬密切联系群众优良作风"为主题的

2011 年度民主生活会。会议由局党组书记、局长张家明主持。蔡淑敏等党组成员出席会议，局办公室、人教处、机关党委、驻局监察处、煤监局综合办负责人列席会议。

12 月 21—22 日 "两岸四地中国戏曲艺术传承与发展·北京论坛"活动在北京召开。按照市政府要求，市安全监管局成立了安全生产检查工作领导小组，制订了工作方案，对全国政协礼堂等活动场所周边 200 米范围生产经营单位进行抽查，确保达到安全使用条件。

12 月 22 日 市安全监管局召开全市安全监管系统电视电话会议，对安全生产"护航"联合行动有关工作进行再部署，局长张家明出席会议并讲话，副局长陈清、唐明明分别对安全生产"护航"行动，元旦春节期间烟花爆竹安全监管及应急值守工作做了具体安排。

12 月 23 日 市安委会办公室召开会议专题研究部署安全生产"护航"联合行动新闻发布和媒体宣传工作。市安委会办公室副主任、市安全监管局副局长陈清同志出席会议，市交通委、市市政市容委、市商务委、市质监局、市民防局有关单位参加会议。

同日上午 全国安全生产监管人员执法资格考试（北京考场）在市安全监管局举行，科技处与人教处合作完成了本次考试的考务工作。市安全监管局机关 30 人、内蒙古安全监管局 6 人、中海油公司 5 人，共计 41 人参加了考试。局长张家明和副局长常纪文到考试现场对考场安排、考试纪律和考场组织工作进行指导，并向参考学员和考务人员了解了对改革后的培训考试方式、效果和安排的建议和意见。

12 月 26 日上午 副市长苟仲文主持召开全市安全生产举报投诉工作电视电话专题会议。市安全监管局局长张家明同志做了《关于"12350"安全生产举报投诉两年工作情况》的报告。市公安消防局、市住建委和朝阳区政府分别作了典型经验发言。市政府副秘书长、市信访办主任薄钢出席会议并讲话，苟仲文发表重要讲话。会议由市安办副主任蔡淑敏主持。

12 月 26 日 市安全监管局召开了新闻发布会。新闻发言人、副局长蔡淑敏对安全生产举报投诉组织架构建立"12350"举报投诉特服电话有关事宜进行了新闻发布；执法队、举报投诉中心、宣教中心的负责人参加了发布会，并回答了媒体的提问。

同日 市安全监管局就"12350"安全生产举报投诉热线开通两周年的工作情况召开新闻发布会。通报两年来，共接收涉及安全生产工作的电话 10 847 个，咨询电话 7 305 个，接收 3 542 件举报，转办给安监系统 1 769 件，转办给市安委会成员单位 1 074 件，区县政府 699 件，办结率 96%，消除各项安全隐患 6 742 项。

12 月 27 日 市安委会考核组对平谷区年度安全生产工作进行考核。

同日 按照市安全生产委员会综合考核工作安排，市安全监管局副局长陈清带领第二考核组对房山区年度安全生产工作进行了综合考核。

12 月 28 日 市安全监管局，针对全市安全生产"护航"联合行动召开新闻发布会，新闻发言人、副局长蔡淑敏通报市安委会决定：从 2011 年 12 月至 2012 年 2 月，全市范围内集中开展为期 3 个月的安全生产"护航"联合行动，为元旦、春节和全国人大、政协"两会"以及区县政府换届，创造良好的安全生产环境。

同日 市安全监管局局长张家明率队对房山区危化行业和烟花爆竹仓库进行专项检查。检查组分别对北京广众源气体有限公司、北京燕宾顺时达运输有限公司、北京市熊猫烟花爆竹有限公司（储存仓库）进行了检查。市交通委、市工商局、市质监局、市消防局等部门参加了检查。

同日 市安全监管局会同市市政市容委、市交通委、市商务委、市质监局、市民防局等部门召开新闻发布会，通报安全生产"护航"联合行动有关工作情况。新华社北京分社、《中国安全生产报》、《北京日报》、北京电视台、《北京青年报》、《北京晨报》、北京新闻广播、《新京报》、《京华时报》、千龙网、《劳动保护杂志》、《现代职业安全杂志》12 家新闻媒体出席了发布会。市安委会办公室副主任、市安全监管局新闻发言人、副局长蔡淑敏通报了"护航"联合行动的工作方案，各部门分别就媒体关注的内容进行了交流。

同日 由市安全监管局、市交通委、市民防委、市农委组成的市安委会第五综合考核组，对怀柔区年度安全生产工作进行综合考核。

12 月 29 日 副市长苟仲文带队，到西城区、丰台区督察安全生产"护航"联合行动开展情况。市安全监管局、市市政市容委、市商务委、市质量技术监督局、市公安局消防局、市城管执法局等有关部门主管领导及部分新闻媒体参加了督察活动。

同日 副市长苟仲文带队，到西城区、丰台区督察安全生产"护航"联合行动开展情况。市安全监管局、市市政市容委、市商务委、市质量技术监督局、市公安局消防局、市城管执法局等有关部门主管领导及部分新闻媒体参加了督察活动。

12 月 30 日 市安全监管局召开了第四届安全生产专家聘任大会，70 名各条战线上的精英成为新一届安全生产专家。副局长常纪文为专家颁发聘书并讲话，两名专家代表在会上进行了发言。

同日 按照《北京煤监局 2011 年度公务员考核工作方案》的具体部署，煤监局组织召开 2011 年度处级及以下干部考述职考核会，主要进行煤监局处级及以下干部述职和对处级领导干部进行民主测评，并民主推荐煤监局年度考核优秀人选。

12 月 31 日 副市长苟仲文带队，前往昌平区回龙观，就如何做好"北四村"等城乡接合部安全生产工作，确保消除安全隐患、预防安全生产事故的发生进行调研。市安全监管局、市规划委、市工商局、市公安局消防局、市城管执法局等有关部门负责人陪同调研。

安全生产监督管理

综　述

2011 年，全市安全监管监察系统认真贯彻落实市委、市政府的决策部署，夯实基层基础工作，完善法制体制机制，不断提升安全生产保障能力，安全监管监察水平稳步提高，安全生产形势持续向好，实现了"十二五"安全生产工作的良好开局。全年共发生各类安全生产死亡事故977起，死亡1 089人，同比2010年，事故起数减少85起，下降8.5%，死亡人数减少87人，下降7.4%，各项指标均未超过国务院安委会下达的年度控制考核指标。

一、大力加强法规制度建设

《北京市安全生产条例》的修订和颁布顺利完成。《北京市"十二五"时期安全生产规划》编制完成并正式发布。贯彻落实国务院第165次常务会议精神，以市委、市政府名义起草并经市委常委会审议通过，印发了《关于进一步加强首都安全生产工作的实施意见》。市政府办公厅印发《关于贯彻落实〈北京市人民政府关于进一步加强企业安全生产工作的通知〉重点任务分工方案》。研究出台了《烟花爆竹零售网点设置管理要求》、《危险化学品储罐安全技术要求》、《有限空间作业安全技术规范》、《城轨电动列车司机安全操作规范》4个地方标准以及9个行政规范性文件。

二、深化重点行业（领域）安全专项整治

矿山安全监管方面，开展"京西煤矿安全生产保障行动"，向京煤集团派驻安全督察工作组，煤矿全年未发生生产安全死亡事故。持续推进非煤矿山整合关闭，淘汰了一批安全生产条件差的非煤矿山企业，确定了非煤矿山"安全·和谐"的示范矿山建设思路。危险化学品和烟花爆竹安全监管方面，以提高准入门槛，突出动态管理，强化现场审核为重点，修订了危险化学品生产经营许可办法，对1 413家危险化学品生产经营单位集中开展专项整治和执法检查。在烟花爆竹零售网点实施视频监控、批发仓库运用物联网技术对产品进行流向监控，建立并推行烟花爆竹安责险制度。有限空间监管方面，将特种作业管理范围扩大至全部城市运行地下有限空间，举办有限空间作业大比武活动。职业卫生监管方面，完善职业卫生管理员制度，全市所有存在职业危害因素的企业均配备了职业健康管理员。隐患排查治理扎实有效，在交通运输、工程建设、煤矿和非煤矿山、危险化学品、市政设施、人员密集场所和废品回收站点等生产经营单位，全面组织开展了安全隐患排查治理攻坚战。全年排查治理隐患企业19.2万家，排查出

一般隐患 20 万项，整改 19.6 万项，整改率达 98%。完成年度重点执法检查计划任务，通过制订并组织实施安全生产重点执法检查计划，以计划统筹引领安全生产执法工作的新格局初步形成。

三、深入开展"打击非法违法生产经营建设"专项行动

贯彻落实国务院安委会和市政府工作部署，开展了为期半年的严厉打击非法违法生产经营建设专项行动。市委、市政府与各区县主要领导签订"打非"责任书。全市累计拆除违法建筑约 465 万平方米，依法关停非法违法生产经营单位 3.71 万家，罚款 4 023 余万元，处理相关人员 17 941 名。

四、不断完善首都安全生产综合监管工作格局

研究制定了安全生产综合监管工作指导意见，完善了 12 项综合监管工作制度。在深化对区县政府综合考核的同时，首次开展了对北京市政府有关部门的综合考核，并将考核结果与评优评先挂钩，有力地推动了各行业监管（管理）职责的落实。相继开展了管道燃气、京港地铁和商品市场等行业领域的安全管理调查评估工作，找出政府安全监管层面存在的问题，并针对监管空白明确了相关领域安全监管职责以及监管重点和措施，逐步破解影响首都城市运行安全的监管难题。

五、加强安全生产基层基础工作

通信信息化"京安"工程取得了阶段性成果，安全生产信息化体系基本建成。依托全市电子政务专网等信息化基础设施，构建起了 3 级网络、4 级平台，实现了与行业、属地、企业的互联互通。隐患自查自报、执法检查、投诉举报、综合指标、风险源管理 5 大核心业务系统基本建成。危险化学品和烟花爆竹行政许可信息系统已正式上线运行，实现了行政许可的网上申请和审批。安全生产标准化达标创建活动稳步推进，全市已有 805 家企业通过达标。安全生产应急救援管理工作逐步规范，制定了《生产经营单位生产安全事故应急预案管理实施办法》和《生产经营单位应对生产安全事故应急储备管理规定》。全面推行特种作业理论计算机考试，制定京外特种作业操作证登记管理办法和特种作业人员违章行为登记管理办法。举报投诉中心运转良好，举报投诉制度体系基本完善。依法严肃追究事故责任，市、区（县）共查处生产安全事故 88 件，结案 76 起，共计向司法机关移送追究刑事责任 57 人，给予党政纪处分 66 人，行政罚款 1 404 万元。牵头调查处理了朝阳区"4·11"燃气爆燃和大兴区"4·25"重大火灾 2 起社会影响重大的非生产安全事故。

六、大力推进安监队伍建设

以"争做安全发展忠诚卫士，创建为民务实清廉安监机构"为主题，开展创先争优和建党 90 周年等系列活动。顺义区安监局、吕海光分别被人力社保部和安全监管总局评为全国安全生产监管监察系统先进集体和先进工作者，事故调查处、密云县安监局、延庆县安监局被安全监管总局评为安全生产监管监察先进单位，贾兴华等 29 名同志被评为安全生产监管监察先进个人。组建了北京市执法监察总队。为市、区两级 1 100 余名安监执法干部配发执法服装，对市区县 512 名监管干部分 3 期进行军训。加大干部交流培训力度，安排 17 名机关干部开展双向交流挂职锻炼。市局预防中心、信息中心、举报投诉中心纳入规范管理。组织开展了第二个反腐倡廉"警示教育周"活动，健全完善了反腐倡廉教育长效机制。

七、不断加强安全生产宣传教育工作

第 10 个"安全生产月"活动期间，开展了丰富多彩的宣传教育活动。举办以"城市·运行·安全"为主题的第五届安全文化论坛。全年组织召开新闻发布会 13 次，组织新闻媒体参与执法检查 129 次，刊播新闻稿件近 4 000 余篇，开通了安全生产官方微博。

北京市安全生产委员会办公室工作

【全市安全生产控制考核指标构成】
2011 年，全市安全生产控制考核指标体系，由总体控制考核指标、重点行业（领域）控制考核指标、相对控制考核指标和较大事故起数控制考核指标 4 类 12 个指标构成。

总体控制考核指标：全市各类事故（工矿商贸、道路交通、火灾、铁路交通、农业机械）死亡总人数控制在 1 270 人以内。

重点行业（领域）控制考核指标：工矿商贸（生产安全）事故死亡人数控制在 160 人以内（含特种设备事故），其中建筑事故死亡人数控制在 100 人以内；道路交通事故死亡人数控制在 1 049 人以内，其中生产经营性道路交通事故死亡人数控制在 350 人以内；火灾事故死亡人数控制在 27 人以内；铁路交通事故死亡人数控制在 32 人以内；农业机械事故死亡人数控制在 2 人以内。

相对控制考核指标：亿元国内生产总值生产安全事故死亡率 0.085 人/亿元；工矿商贸就业人员 10 万人生产安全事故死亡率 1.67 人/10 万人；煤矿百万吨死亡率 2.6 人/兆吨；道路交通万车死亡率 2.0 人/万车；特种设备万台死亡率 0.45。

较大事故起数控制考核指标：全市工矿商贸（生产安全）、道路交通、火灾、铁路交通、农业机械较大事故控制在 24 起以内。

（王晓杰）

【安全生产控制指标的分解落实工作】
与国务院安委会办公室请示沟通，以使下达指标符合本市实际情况。及时召开由交管、消防、铁路、农机、住建委等部门参加的会议，推动指标的分解实施工作，确保以市安委会名义，如期下达全市安全生产控制指标的通知，并定期通报安全生产控制考核指标进展情况，在市政府主要信息刊物上刊登指标数据及分析，进一步加强对安全生产控制考核指标的动态管理。

（王晓杰）

【协调有关部门开展控制指标分解工作】
3 月 25 日，市安委会办公室印发《关于做好 2011 年北京市安全生产控制指标分解工作的通知》，要求市交通委、市公安局公安交通管理局、市公安局消防局、市农业局、北京铁路局按照国务院安委会《关于下达 2011 年全国安全生产控制指标的通知》（安委[2011]2 号）要求和市领导的批示精神，研究提出安全生产控制指标分解意见，分解落实到各区县。市公安局公安交通管理局会同市交通委提出道路交通（含生产经营性道路交通和其他道路交通）控制指标分解意见，市公安局消防局提出火灾控制指标分解意见，北京铁路局商首都综治办提出交通控制指标分解意见，市农业局提出农业机械控制指标分解意见，并按时限要求报送市安委会办公室。

（王晓杰）

【分解下达控制指标】
为了全面做好 2011 年安全生产控制考核指标实施工作，根据国务院安委会《关于下达 2011 年全国安全生产控制指标的通知》（安委[2011]2号）和《关于补充下达2011年全国安全生产控制指标的通知》（安委[2011]3号）文件精神，经市政府批准，市安委会于5月25日印发《关于下达2011年全市安全生产控制考核指标的通知》（京安发[2011]7号），将2011年全市安全生产控制考核指标予以下达至各区、县人民政府，市政府有关委、办、局及有关单位。

（王晓杰）

【控制考核指标分解】 各区县政府控制考核指标包括总体控制考核指标、工矿商贸（生产安全）控制考核指标、道路交通控制考核指标、火灾控制考核指标、铁路控制考核指标5项。

重点行业（领域）控制考核指标：市安全监管局、市住房城乡建设委等有关部门、市质监局分别负责工矿商贸（生产安全）、亿元国内生产总值生产安全事故死亡率、工矿商贸就业人员10万人生产安全事故死亡率、煤矿百万吨死亡率、特种设备万台死亡率控制考核指标的管理工作；市公安局交管局、市交通委负责道路交通（含生产经营性道路交通）、道路交通万车死亡率控制考核指标的管理工作；市公安局消防局负责火灾控制考核指标的管理工作；北京铁路局会同市有关部门负责铁路交通控制考核指标的管理工作；市农业局负责农业机械控制考核指标的管理工作。

（王晓杰）

【制定实施年度安全生产工作指导意见】 2月18日，市安全生产委员会印发《2011年北京市安全生产工作指导意见》（京安发[2011]2号），根据全国安全生产电视电话会议提出的"十二五"时期安全生产目标任务和2011年安全生产重点工作，结合本市实际，重点实施安全生产"依法治安、监管促安、达标创安、消隐保安、

科技兴安、保障助安"六大工程建设。

（靳玉光）

【安全生产工作会议】 2011年，组织全市安全生产工作大会、市安委会专题会和安全生产形势分析会共23次，及时通报全市安全生产形势、研究部署安全生产工作，研究、协调安全生产重大问题。每个季度在市政府常务会、市政府专题会上，汇报安全生产重点工作情况，分析预测安全生产形势，及时反映市政府各委办局、各区县政府开展安全生产工作的情况。

（张玉红）

【表彰安全生产综合考核先进单位】 2月19日，市安委会召开"2011年北京市安全生产大会"，学习贯彻国务院领导和市委、市政府领导关于加强安全生产工作的指示精神，总结2010年及"十一五"时期安全生产工作，通报表彰安全生产综合考核先进单位，全面部署2011年工作。2月24日，印发了市安委会《关于表彰2010年度安全生产综合考核先进单位的决定》（京安发[2011]3号），通过对各区县政府进行安全生产综合考核，决定东城区、西城区、朝阳区、海淀区、丰台区、石景山区、门头沟区、房山区、顺义区、通州区、大兴区、平谷区、密云县、延庆县为2010年度安全生产工作先进区县，予以表彰。鉴于顺义区工作成效显著，考核成绩优异，决定给予安全生产特别嘉奖。

（多化龙）

【严格实施综合考核工作】 在认真总结2010年安全生产综合考核的基础上，起草了2011年区县政府安全生产综合考核工作细则，制订了2011年安全生产综合考核工作方案。采取对日常工作考核和赴区县集中考核的方式，从11月中旬起组织开展对区县安全生产综合考核工作。组织协调23个市安委会成员单位组成7个考核组，

对区县政府安全生产工作进行综合考核和评价。从 2009 年开始，启动了对区县政府的综合考核，通过近两年来各部门的共同努力，考核机制运行更加顺畅，通过考核工作实实在在地反映了各区县的安全生产工作情况，推动了属地责任的落实。

（多化龙）

【对区县政府的安全生产集中考核】
按照 2011 年安全生产综合考核工作方案和有关工作安排，市安全生产委员会办公室组织 23 个市安委会成员单位组成 7 个综合考核组，于 2011 年 12 月下旬至 2012 年 1 月上旬集中对各区县政府进行安全生产综合考核。

（多化龙）

【拨付经费嘉奖先进】　2 月 23 日，市安委会印发《关于拨付安全生产工作经费的通知》，对获得先进的区县政府拨付 10 万元安全生产工作经费，对获得特别嘉奖的顺义区政府拨付 50 万元安全生产工作经费，并要求安全生产工作经费主要用于安全生产事故隐患排查治理、安全生产宣传教育培训等工作，不得以任何名义发放个人，各区县对上述经费应做到专款专用，并接受财务、审计等有关部门监督。

（多化龙）

【印发综合考核细则】　9 月 27 日，市安委会办公室印发《关于 2011 年各区（县）政府安全生产综合考核细则的通知》（京安办发[2011]47 号），该细则包括组织领导、重点工作、隐患治理、应急管理、事故查处、控制指标六个考核项目。

（多化龙）

【坚持开展安全生产形势分析工作】
按照月统计、季度分析的原则，完成季度安全生产形势分析报告，并召开由区县、部门参加的安全生产形势分析会，指导区县安全生产形势分析工作，为领导决策提

供全面、翔实的依据。每月统计全市安全生产重点数据，及时上报国家安全监管总局、市统计局、市发改委等部门，并编制《安全生产综合指标数据统计手册》、《安全生产数据季报》等，为局领导和相关部门提供安全生产数据材料。

（王晓杰、何明明）

【召开分析安全生产形势会议】　4 月 6 日，市安全监管局召开 2011 年全市安全监管系统第一次形势分析会，总结第一季度安全生产工作，通报生产安全事故情况，通过认真分析，预测第二季度安全生产形势，提出相应工作建议和对策措施。参加会议的有市安全监管局局长张家明和局领导班子成员，各区县安全监管局主要负责人，以及市安全监管局有关处室负责人。会议通报第一季度安全生产工作情况，分析安全生产形势，提出下一步工作措施。会上，海淀区、通州区、大兴区安全监管局局长发言，分析本地区安全生产形势，就加强重点行业领域安全监管工作、推进安全生产标准化和信息化建设，提出具体措施和建议。最后，北京市安全监管局局长张家明对下一阶段安全生产工作进行部署，提出工作要求。

（王晓杰）

【做好安全生产简报的编辑工作】　截至 2011 年 12 月底，市安委会办公室、市安全监管局共编辑刊发简报 28 期，及时传达国务院安委会、市委市政府有关安全生产工作的主要精神，反映全市各区县、各行业安全生产动态，交流安全生产主要做法，通报安全生产形势。

（张玉红）

【重新核定区县安委会组成人员】
2011 年 4 月 20 日，针对部分区县安委会主任及区县安委会办公室组成人员发生变动的情况，为保证安委会工作的顺利开展，

市安委会办公室印发《关于核定各区县安全生产委员会组成人员的通知》（京安办函[2011]25号），要求各区县重新核定安委会领导及安委会办公室主任等组成人员相关信息，并按时限要求将统计表反馈市安委会办公室。

（多化龙）

【调整市安委会成员单位】　5月25日，市安委会办公室印发《关于调整市安委会成员单位的通知》（京安办发[2011]27号），根据北京市安全生产工作需要和人员变动情况，经2011年市安全生产委员会第一次会议研究，决定对市安全生产委员会成员单位和组成人员作相应调整，调整后的成员单位共46个。

（多化龙）

【安全生产控制指标的分解落实工作】与国务院安委会办公室请示沟通，以使下达指标符合本市实际情况。及时召开由交管、消防、铁路、农机、住建委等部门参加的会议，推动指标的分解实施工作，确保以市安委会名义如期下达全市安全生产控制指标的通知，并定期通报安全生产控制考核指标进展情况，在市政府主要信息刊物上刊登指标数据及分析，进一步加强对安全生产控制考核指标的动态管理。

（王晓杰）

【协调有关部门开展控制指标分解工作】　3月25日，市安委会办公室印发《关于做好2011年北京市安全生产控制指标分解工作的通知》，要求市交通委、市公安局公安交通管理局、市公安局消防局、市农业局、北京铁路局按照国务院安委会《关于下达2011年全国安全生产控制指标的通知》（安委[2011]2号）要求和市领导的批示精神，研究提出安全生产控制指标分解意见，分解落实到各区县。市公安局公安交通管理局会同市交通委提出道路交通

（含生产经营性道路交通和其他道路交通）控制指标分解意见，市公安局消防局提出火灾控制指标分解意见，北京铁路局商首都综治办提出交通控制指标分解意见，市农业局提出农业机械控制指标分解意见，并按时限要求报送市安委会办公室。

（王晓杰）

【分解下达控制指标】　为了全面做好2011年安全生产控制考核指标实施工作，根据国务院安委会《关于下达2011年全国安全生产控制指标的通知》（安委[2011]2号）和《关于补充下达2011年全国安全生产控制指标的通知》（安委[2011]3号）文件精神，经市政府批准，市安委会于5月25日印发《关于下达2011年全市安全生产控制考核指标的通知》（京安发[2011]7号），将2011年全市安全生产控制考核指标予以下达至各区、县人民政府，市政府有关委、办、局及有关单位。

（王晓杰）

【安全生产控制考核指标的有关工作要求和实施措施】　各区县、各部门、各单位要认真贯彻中央精神，深入贯彻落实科学发展观，牢固树立以人为本、安全发展的理念，以落实国务院23号文件和市政府40号文件精神为核心，以"三深化"和"三推进"为抓手，继续深入开展"安全生产年"活动，全力压减各类事故，坚决遏制重、特大事故，推进全市安全生产状况的持续稳定好转，为首都经济平稳较快发展提供强有力保障。各区县政府对本地区各项控制考核指标实施属地管理，市政府有关部门根据安全监管（管理）职责，对本系统控制考核指标实施监督管理。各区县、各部门要迅速分解落实安全生产控制考核指标，层层落实安全生产目标和任务，强化和落实企业安全生产主体责任、部门监管责任和属地管理责任。要建立完善安

全生产激励约束机制，把安全生产控制考核指标的落实情况纳入各级领导干部和企业负责人政绩、业绩的考核内容。市安生产委员会办公室负责组织实施全市安全生产控制考核指标工作，督促、检查各区县政府和各有关部门安全生产控制考核指标的落实情况，定期通报并向社会公布各项指标的进展和落实情况，并严格实施考核。市政府有关部门要将归口管理和监管的控制考核指标落实情况定期报送市安全生产委员会办公室。

（王晓杰、何明明）

【召开研究部署全市安全生产工作会议】 2月16日，市安委会召开2011年第一次工作会议，审议了《2011年北京市安全生产工作指导意见》、《2011年度安全生产执法计划》，通报了安全生产有关工作。副市长苟仲文出席会议并讲话。

会上，市安委会办公室副主任、市安全监管局副局长陈清对《2011年北京市安全生产工作指导意见》进行说明，通报2010年区县政府安全生产综合考核工作情况、市安委会成员单位调整意见和全市安全生产工作大会筹备情况。市安委会办公室副主任、市安全监管局副局长蔡淑敏对《2011年北京市安全生产重点执法检查计划》进行了说明。与会单位，就《2011年北京市安全生产工作指导意见》和《2011年度安全生产执法计划》进行了认真的讨论，并提出了意见和建议。市公安局消防局局长赵子新传达了春节以来中央领导同志关于加强安全生产工作的批示精神，对全市消防安全工作特别是"元宵节"、全国"两会"等重点时段的消防安全工作进行了部署。

副市长苟仲文在讲话中指出，要勇于创新，实现首都安全生产工作的长治久安。一是不断创新安委会工作体制机制，不断强化指导、协调、服务职能，在加强安委会体制建设、创新安委会工作机制和强化督察考核工作上下工夫；二是建立全民参与、群防群治的工作格局，充分发挥"12350"投诉举报电话的作用，加快推进安全社区的创建工作；三是明确目标任务，务求实效，有针对性地开展安全生产工作；四是扎实做好当前安全生产工作，努力实现"十二五"开局良好。

苟仲文强调，市政府发布通告，进一步细化了燃放烟花爆竹的管控措施和禁放范围。各区县、各部门要认真吸取事故教训，结合实际，迅速抓好落实。采取有效措施，抓好攻坚整治，强化值守应急、确保元宵节消防安全形势稳定，坚决遏制重特大火灾事故的发生。会议由市安委会副主任、市安全监管局局长张家明主持。市安委会成员单位、各区县安委会主管领导参加了这次会议。

（靳玉光、张玉红）

【召开全市安全生产动员部署大会】 2月19日，在市安委会召开的2011年北京市安全生产工作会议中，市政府副秘书长徐波传达了国务院副总理张德江、市委书记刘淇、市长郭金龙近期关于安全生产工作的一系列重要指示精神，市安委会副主任、市安全监管局局长张家明总结了2010年及"十一五"时期安全生产工作，明确了2011年全市安全生产工作的指导思想，部署了2011年重点工作；市防火委副主任、市公安局消防局局长赵子新部署了2011年全市消防安全工作；顺义区政府、市住房城乡建设委、北京金隅集团领导就高标准做好2011年安全生产工作作了大会发言；市人力社保局副局长程静宣读了市安全生产委员会关于2010年安全生产综合考核先进单位的表彰决定。会上还对荣获2010年度安全生产先进单位的顺义区等14个区县颁发了奖牌。

副市长苟仲文讲话指出，在各方面的共同努力下，全市安全生产工作取得了显著成效，安全生产总体水平显著提高，安全生产法规体系基本确立，安全生产监管体系趋于完善，安全生产保障能力快速提升，城市运行安全保障切实加强，社会公众安全意识明显增强。特别是在首都特大型城市保障压力较大、政治任务重、建设项目大量增加、人流物流更加频繁的严峻形势下，保持了全市安全生产总体稳定、趋于好转的发展态势，实现"三个显著下降"，实现了"十一五"安全生产规划设定的各项目标。苟仲文强调，企业主体责任落实不到位、安全发展理念树立不牢固等长期制约安全生产形势好转的问题还没从根本上解决，建设世界城市的目标对安全生产工作提出了更高的要求和标准，首都产业结构的优化升级对安全生产工作提出了新的要求，保障城市安全稳定运行面临诸多压力，加强非公经济体的安全生产工作面临巨大挑战。我们必须要深刻认识本市安全生产形势的严峻性，始终保持清醒头脑，下先手棋，打主动仗，未雨绸缪，积极工作。要在加强重点行业和领域的安全监管、进一步落实好企业主体责任、有针对性地做好预防工作、强化安全生产基础基层工作、深入开展打非治违专项行动等工作上狠下工夫。要以高度的政治责任感和紧迫感，切实抓好安全生产工作，确保首都安全生产状况的持续稳定好转，为全面推进"人文北京、科技北京、绿色北京"建设作出新的贡献。

会议由市政府副秘书长徐波主持。市安委会、市防火委、市监察局、市人力社保局和市政府督察室领导同志，市安委会各成员单位主管领导及联络员，各区县政府、北京经济技术开发区管委会主管领导、区县有关部门和乡镇、街道及重点企业主要负责人，部分市属企业集团（总公司）和中央在京企业主要负责人，市级安全生产应急救援队伍，部分科研机构、协会负责人和安全生产专家，以及首都部分新闻单位的同志参加了这次会议。

（靳玉光、张玉红）

【召开安全生产电视电话会议】　3月28日，市安委会召开安全生产电视电话会议，传达贯彻中央领导同志关于加强安全生产工作的重要指示和国务院安委办专题视频会议精神，市政府副市长苟仲文，副秘书长戴卫出席会议，市安委会成员单位主管负责人、各区县政府主管领导及有关单位负责人分别在市政府主会场和区县政府分会场参加会议。会上，市安委会副主任、市安全监管局局长张家明传达国务院安委会办公室视频会议精神，分析当前安全生产形势，部署全市安全生产工作。市公安局消防局副局长骆原同志通报当前火灾事故情况，部署全市消防安全工作。

副市长苟仲文在讲话中要求，各区县、各部门、各单位要准确把握、深刻领会中央领导同志重要指示的精神实质，深化安全生产在社会管理中重要作用的认识，牢固树立"抓安全生产也是政绩"的科学政绩观，坚定信心，找准方向，严厉查处违法违规行为，有效遏制重特大事故的发生。苟仲文强调，要深化重点行业和领域的安全专项整治和隐患治理，切实加强城市运行领域的检查力度。认真做好国务院23号文件及市政府40号文件的贯彻落实工作，加强安全生产的宣传教育培训工作，全力做好"清明"、"五一"期间安全生产监管工作。

（靳玉光、张玉红）

【转发贯彻落实中央领导重要批示精神】　4月1日，市安委会办公室《转发国务院安委会办公室关于认真贯彻落实中央领导重要指示精神高度重视并切实做好当前安全生产工作的通知》（京安办发[2011]9号），要求各区县安委会和市安委会各成员单位按照3月28日全市安全生产电视电话会议要求并结合工作实际，认真贯彻落实中央领导关于加强安全生产工作的重要指示，进一步增强做好安全生产工作的责任感、使命感和紧迫感，继续深化"安全生产年"活动，努力推动全市安全生产形势持续稳定好转。

（张玉红）

【部署建筑施工专项整治工作】 4月20日，市安委会办公室《转发国务院安委会办公室关于工程建设领域建筑施工专项整治有关文件的通知》（京安办发[2011]11号），将《国务院安委会办公室关于印发〈工程建设领域建筑施工预防坍塌事故专项整治工作方案〉的通知》（安委办函[2011]19号）转发至市住房城乡建设委、市交通委、北京铁路局、市水务局、华北电监局、市南水北调办，并提出工作要求：一是加强领导，落实责任；二是突出重点，全面推进；三是强化统筹协调和信息报送。

（靳玉光、张玉红）

【召开紧急会议通报重大事故情况】
4月25日，市安委会召开紧急会议，传达落实刘淇书记、郭金龙市长重要指示，通报大兴区旧宫镇"4·25"重大火灾情况，部署当前安全生产工作，全力遏制重特大事故的发生。会议由市安委会副主任、市政府副秘书长戴卫主持，苟仲文副市长出席会议并讲话。市安委会各成员单位、各区县政府主要领导及主管安全生产和消防工作的分管领导，各区县消防支队长出席会议。

市公安局消防局副局长骆原通报大兴区旧宫镇"4·25"重大火灾情况。4月25日凌晨1时13分，大兴区旧宫镇一座四层楼房发生火灾，凌晨2时火被扑灭。经初步核实，过火面积300平方米，17人死亡，24人受伤，伤者已送医院救治。事故发生后，市委、市政府高度重视，中共中央政治局委员、北京市市委书记刘淇，市委副书记、市长郭金龙赶到现场，要求全力抢救伤员，妥善做好善后工作，迅速查明事故原因。通过对火灾现场的初步勘察和调查，这起火灾暴露出的主要问题：一是该建筑属于村民违法违章建设，未经政府部门审批同意；二是擅自违章经营；三是现场没有安全防护措施，楼层窗户被护栏封死，人员无法从窗户逃离；四是现场安全条件不完善；五是人员安全意识不高，逃生意识薄弱。

副市长苟仲文就加强安全生产工作做出重要部署。他指出：这起火灾造成了重大人员伤亡和财产损失，对建设世界城市和推进"两个率先"带来极为不利影响。受刘淇书记、郭金龙市长委托召开紧急会议，就是要进一步加强领导，落实责任，警钟长鸣，全力遏制重特大事故发生。按照刘淇书记要求，要把"安全第一"的要求落实到工作的各个环节上去，将"安全第一"摆在工作的重中之重去布置、去抓，将"安全第一"的意识，落实到乡镇、街道和每一个市民身上。

对于加强消防安全工作，苟仲文提出三点要求。一是各行业、各区县要全面开展消防隐患的排查治理。特别是要对人员密集场所、出租场所、高层建筑、地下空间、建设工程施工现场等消防安全隐患加大排查整治力度，重点加以检查督察。二是全面开展严厉打击非法违法生产经营建设行为。要根据国务院安委会《关于开展严厉打击非法违法生产经营建设行为专项行动的通知》要求，开展严厉打击各类非法违法生产经营建设行为的专项行动，坚决停产整顿、关闭取缔一批非法违法生产经营建设单位和场所，依法严惩非法违法行为，规范安全生产法制秩序，有效防范和坚决遏制重特大事故发生。要把人员密集场所、城乡接合部地区、农村非法违法自建房、建筑非法违法拆除工程等行为作为重中之重予以严厉打击。三是全力拆除非法违法建筑。各区县政府要广泛发动辖区内乡镇街道、社区，深入开展非法违法建筑专项大检查，明确任务、落实责任，严厉打击非法违法建设行为。发现违法建筑内从事生产、经营、出租、住人的行为，要立即责令停止，立即采取相应的强制措施。在治理利用违法建筑从事生产经营活动的过程中，要切实加大工作力度，加强协同配合。各区县要组织专门力量，对辖区内违法建设依法从快予以拆除和制止。

（靳玉光、张玉红）

【传达市委市政府领导重要指示精神部署安全生产专项行动】 4月29日下午3时，市安委会召开第六次会议，深入贯彻落实市委书记刘淇和市长郭金龙的重要讲话精神，通报安全生产举报投诉和执法检查等情况，研究部署打击非法违法生产经营建设行为专项行动、液化石油气安全治理和火灾隐患排查整治专项行动及"五一"期间安全生产工作。

副市长苟仲文出席会议并讲话。他指出：各区县、各部门、各单位要深刻领会刘淇书记、郭金龙市长重要讲话精神，认真吸取大兴"4·25"重大火灾教训，痛定思痛，举一反三，充分认清当前安全生产面临的严峻形势，增强忧患意识和做好安全生产工作的紧迫感，采取有效措施，坚决刹住非法违法生产经营建设行为，全力压减安全生产事故，有效遏制重特大事故。他强调：首先，各单位要主动工作，不推诿不回避，正确履行职责，综合运用经济、法律和行政等手段，全面开展安全生产监管工作。要结合地区和行业特点，迅速开展"打非"专项行动，深化专项整治，将"三地"和非法建设、拆除等作为"打非治违"的重中之重。第二，要真正掌握安全生产存在的问题，有针对性地实施监管，解决问题，消除隐患。要充分发挥新闻媒体和投诉举报的作用，形成全社会关注安全生产的良好氛围。第三，要动员各行业和企业全面排查事故隐患，安全整治不能有死角。要深刻吸取教训，警示后人，强化安全生产责任意识。第四，要通过签订责任状，迅速行动，将安全责任落实到区县乡镇，落实到企业班组。要细化工作措施，制订实施方案，进一步落实市安委的工作部署。

会议由市政府副秘书长戴卫主持。市安委会成员单位和有关单位负责人、各区县政府主管领导，以及各区县安委会办公室负责人参加了会议。

（靳玉光、张玉红）

【推广液化石油气公共服务用户加装安全辅助设施工作】 5月31日，市安委会印发《关于液化石油气公共服务用户加装安全辅助设备设施消除安全隐患活动推广工作实施方案的通知》（京安发[2011]8号），指出为进一步推进北京市液化石油气专项治理行动的开展，深入推广液化石油气公共服务用户加装安全辅助设备设施、消除安全隐患活动，市市政市容委制订了《液化石油气公共服务用户加装安全辅助设备设施消除安全隐患活动推广工作实施方案》。经市安委会讨论通过并经市政府同意，将该方案印发至各区县政府，和市安委会有关成员单位，并要求认真贯彻落实。

（张玉红）

【传达贯彻中央领导重要指示】 7月6日，市安委会办公室《转发国务院安委会办公室关于认真贯彻落实张德江副总理重要讲话有关文件的通知》（京安办发[2011]33号），要求各区县安委会、市安委会成员单位认真学习贯彻张德江副总理的重要指示精神，进一步增强做好安全生产工作的责任感、紧迫感和使命感，扎实推进安全生产各项工作，有效防范和坚决遏制重特大事故，促进全市安全生产形势持续稳定好转。

（张玉红）

【部署夏季安全生产工作】 7月23日，市安委会办公室《转发国务院安委会办公室关于认真贯彻落实中央领导重要指示和国务院安委会全体会议精神有效防范和坚决遏制重特大事故的通知》（京安办发[2011]37号），要求各区县、各部门、各单位认真学习、深刻领会、全面贯彻中央领导重要指示和国务院安委会全体会议精神，以对党和人民高度负责的精神，切实加强安全生产各项工作。要深刻吸取以往发生事故的惨痛教训，继续深化重点行业（领域）安全生产专项整治和"打非"专项行动，深入排查治理事故隐患，进一步强化安全监管监察工作，坚决遏制重特大事故的发生，确保首都的安全和稳定。通知指出，正值夏季高温季节是事故的高发期，安全生产形势十分严峻，对此，各有关部门，特别是交通运输、建筑施工、市政市容、国土资源、商业旅游、公安消防等部门要采取有效措施，开展有针对性的安全生产监督检查工作，进一步加大执法力度，强化安全监管，有效防控各类事故的发生。

（张玉红）

【通报和部署"打非"工作】 7月28日，市安委会召开工作会议，通报2011年以来全市安全生产工作情况，部署安排下半年安全生产工作。副市长苟仲文出席会议并作重要讲话。会上，市安委会办公室

通报上半年全市安全生产情况，严厉打击非法违法生产经营建设行为专项行动开展情况，市区（县）所属单位清理整顿非法违法生产经营建设行为的工作方案，《北京市安全生产重点执法检查计划》（"10+1"行动）执法检查和"12350"举报投诉工作情况，部署新修订《北京市安全生产条例》宣传贯彻工作；市公安局消防局、公安局交管局分别通报了全市消防和道路交通安全情况，部署下一步重点工作；市住房城乡建设委、市商务委分别通报重点建设领域和人员密集场所（商场、超市）执法检查情况。与会人员就加强安全生产工作和深入开展"打非"等专项治理行动进行研究讨论。

副市长苟仲文讲话中要求，近期部分地区安全生产事故多发，各单位深刻吸取事故教训，举一反三查找安全生产工作中存在的问题，继续以"安全生产年"为主线，全面深入开展"打非"专项行动，确保全市安全生产持续稳定好转的态势；要清醒认识近期重特大事故多发的严峻形势，进一步增强做好安全生产工作的责任感、紧迫感和使命感，务必保持清醒的认识，全面贯彻中央领导重要指示和国务院安委会全体会议精神，切实加强安全生产各项工作，有效防范和坚决遏制重特大事故的发生。特别要在隐患治理和"打非"工作上下先手棋，打主动仗。苟仲文强调，各区县、各部门、各有关单位，要把安全生产当做检验党和政府执政能力的重要内容，切实抓紧抓实抓出成效，要坚持走科学发展的道路，坚持以人为本，处理好速度质量效益的关系，把生命高于一切的理念落实到生产、经营、管理的全过程。下半年，全市安全生产工作要以交通运输、矿山、建筑施工、危险化学品等行业领域为重点，深入开展"打非"专项行动，全

面加强安全生产。同时，要完善相关部门协调配合和应急联动机制，确保主汛期安全生产。

会议由市安委会副主任、市安全监管局局长张家明主持，市安委会成员单位和各区县政府主管领导参加了会议。

（靳玉光、张玉红）

【紧急部署安全生产工作】 7月28日，市安全生产委员会印发《关于切实加强安全生产工作有效防范和坚决遏制重特大事故的紧急通知》（京安发[2011]11号），指出年初以来，全市安全生产状况总体稳定，事故总量与去年同比有所下降。但是，部分行业（领域）安全生产事故多发，特别是发生了大兴区"4·25"火灾事故等重大恶性事故，造成严重的社会影响。针对夏季各类事故易发的情况，为了认真贯彻落实《国务院安委会办公室关于认真贯彻落实中央领导同志重要指示和国务院安委会全体会议精神有效防范和坚决遏制重特大事故的通知》（安委办明电[2011]36号）精神和市委、市政府工作部署、切实加强安全生产工作，有效防范和坚决遏制重特大事故发生，要求各区县安委会和市安委会各成员单位做好四项工作：一是提高思想认识，加强组织领导，进一步增强做好安全生产工作的责任感、紧迫感和使命感；二是突出重点，迅速行动，强化安全监管监察工作；三是深化专项整治，严厉打击各类非法违法生产经营建设行为；四是深入开展宣传教育工作，进一步形成安全生产良好氛围，并按时限要求将落实情况反馈市安委会办公室。

（张玉红）

【贯彻市委、市政府专题会议精神　部署安全生产重点工作】 8月26日，市安委会召开北京市安全生产工作电视电话会议，传达贯彻市委常委会、市政府专题会

精神，部署贯彻落实国务院第165次常务会议精神的工作措施及近期全市安全生产重点工作。副市长苟仲文出席会议并讲话。

会上，市安全生产委员会副主任、市安全监管局局长张家明传达了市委常委会、市政府专题会精神，市安全生产委员会办公室副主任、市安全监管局副局长陈清通报市委市政府贯彻落实国务院关于安全生产工作部署进一步加强首都安全生产工作实施意见的主要内容，对近期全市安全生产重点工作进行了部署。苟仲文讲话中，深刻分析了本市安全生产工作面临的严峻形势，指出安全生产工作中存在的安全责任落实不到位、安全监管不到位、执法力度不均衡等问题。他要求，各区县、各部门、各单位要认真学习、深刻领会、坚决贯彻国务院第165次常务会议和市委常委会关于安全生产工作的部署、要求，以"零容忍"的态度全面排查治理安全生产事故隐患。要进一步健全安全生产领导体制和工作机制，完善责任体系，强化管理措施，落实各项责任，不断把安全生产工作推向深入，有效防范和坚决遏制重特大事故，促进安全生产形势持续稳定好转。苟仲文强调，要扎实抓好新修订的《北京市安全生产条例》和《北京市消防条例》贯彻实施工作，进一步强化"打非"专项行动，不断强化安全生产领导责任和监管责任，持续开展安全生产隐患排查整治。会议要求，各地区、各单位，要以深入贯彻落实国务院第165次常务会议精神和市委、市政府工作部署为契机，认真落实各级安全责任，全力抓好各项工作的落实，牢固树立首都意识和首善标准，发扬敢于担当、敢于碰硬、敢于创新的"三敢"精神，以对党和人民高度负责的态度，坚持不懈地做好安全生产工作，切实维护人民群众的生命健康权益，坚决防范和遏制重

大事故的发生，为首都经济社会发展和城市运行安全提供坚强保障。

会议在市政府设主会场，各区县政府设立分会场，由市安全生产委员会副主任、市安全监管局局长张家明主持。市安全生产委员会各成员单位主管领导、部分中央在京企业和市属企业集团（总公司）主要负责人在主会场参加会议；区县政府主管领导、区县安全生产委员会成员单位、乡镇政府、街道办事处负责人，及部分区属重点生产经营单位主要负责人在分会场参加会议。

（靳玉光、张玉红）

【传达"8·26"会议精神】 8月30日，市安委会办公室印发《关于市领导同志在全市安全生产电视电话会议上的讲话和近期全市安全生产重点工作安排等有关材料的通知》（京安办发[2011]41号），将副市长苟仲文在2011年8月26日在全市安全生产工作电视电话会议上的讲话和关于全市安全生产重点工作安排印发至各区县、市安委会各成员单位，要求认真组织学习，切实做好贯彻落实工作。

（张玉红）

【落实液化石油气公共服务用户加装安全辅助设备设施工作】 9月5日，市安委会办公室召开会议，研究指导液化石油气公共服务用户选购和加装可燃气体浓度报警器、紧急事故自动切断阀和防爆轴流风机等安全辅助设备等工作。会上，市市政市容委对编制的《液化石油气公共服务用户加装安全辅助设备设施工作有关技术要点》《液化石油气公服用户供气系统安全隐患排查整改技术要点》的主要内容进行了介绍，与会单位结合行业标准、工作实际及可操作性等进行了充分地讨论，提出了许多修改意见和建议。会议要求：加装安全辅助设施工作意义重大，各单位要

以高度负责的精神，对"两个技术要点"进行认真的分析研究，以书面意见的形式反馈市政市容委燃气办，力争使"两个技术要点"更加科学、更具指导性和可操作性。公共服务用户加装安全辅助设备设施工作涉及面很广，市住房城乡建设委、市质监局、市消防局、市市政市容委等部门要通力合作、密切配合，协调一致，确保加装工作的顺利完成。市住房城乡建设委、市质监局、市消防局、市市政市容委四个部门业务处室负责人、市燃气公司领导及丰台区等加装试点区县的有关负责人参加了会议。

（张玉红）

【贯彻国务院文件精神】 12月30日，市安委会办公室印发《关于认真学习贯彻国务院关于坚持科学发展安全发展促进安全生产形势持续稳定好转的意见的通知》（京安办发[2011]55号），要求各区县、各部门按照国务院安委会办公室安委办[2011]48号文件要求，抓好《国务院关于坚持科学发展安全发展促进安全生产形势持续稳定好转的意见》（国发[2011]40号）的学习、宣传和贯彻落实工作，并做好以下几点：一是充分认识《意见》的重大意义，进一步增强坚持科学发展、安全发展的自觉性和坚定性；二是全面把握《意见》的丰富内涵和对安全生产工作的创新发展；三是加强领导、认真组织，切实抓好《意见》的学习宣传和贯彻落实。

（张玉红）

【印发通知部署"安全生产年"活动】 4月11日，市安委会办公室印发《关于贯彻落实国务院办公厅关于继续深化"安全生产年"活动的通知》（京安办发[2011]10号），指出3月2日国务院办公厅下发的《关于继续深化"安全生产年"活动的通知》（国办发[2011]11号），是党中央、国务院对"十

二五”开局之年安全生产工作做出的新部署、新要求，也是继《国务院关于进一步加强企业安全生产工作的通知》（国发[2010]23号）之后的又一重要政策性文件，是对全年工作的重要部署。根据《国务院安委会办公室关于认真学习和贯彻落实〈国务院办公厅关于继续深化“安全生产年”活动的通知〉的通知》（安委办[2011]6号）文件精神，要求各区县、各部门做好如下工作。一是提高认识，准确把握《国办通知》基本内容和精神实质；二是广泛宣传，形成贯彻落实《国办通知》的浓厚氛围；三是统筹协调，扎实推进继续深化“安全生产年”活动各项工作；四是加强检查督察，完善信息报送制度，并按时报送有关工作方案和工作总结。

（张玉红）

【继续推进“安全生产年”活动】　根据国务院办公厅《关于继续深化“安全生产年”活动的通知》（国办发[2011]11号）的文件精神和国家安全监管总局的工作要求，经市政府同意，市安委会办公室印发了《关于贯彻落实国务院办公厅继续深化“安全生产年”活动的通知》（京安办发[2011]10号），对继续深化“安全生产年”活动的有关工作进行周密部署，保证“安全生产年”活动各项工作扎实推进。

（张玉红）

【部署春节“两会”安全生产工作】　1月27日，市安委会办公室《转发国务院安委会办公室关于切实加强当前安全生产工作有关文件的通知》（京安办发[2011]2号），传达《国务院安委会办公室关于认真贯彻落实国务院第五次全体会议和全国安全生产电视电话会议精神切实加强当前安全生产工作的紧急通知》（安委办明电[2011]4号）精神，并就加强2011年全市春节和“两会”期间安全生产工作提出要求。一是加强组织领导、全面落实安全生产责任制；二是开展专项检查、加强重点行业和领域安全监管工作，其中包括开展以消防隐患排查为重点的人员密集场所安全生产工作，切实加强烟花爆竹和危险化学品安全监管，突出抓好交通运输和供气、供热设备设施的安全监管工作，全面加强建筑施工、煤矿和非煤矿山安全监管及确保春节假日旅游安全有序；三是强化应急值守、认真落实值班工作制度。

（张玉红）

【召开“两会”安全生产保障工作会议】　为迎接十一届全国人大四次会议和十一届全国政协四次会议在京召开，2011年3月1日，市安委会召开“两会”安全生产保障工作会议，要求各区县、各部门、各单位振奋精神，精心组织，确保安全，以一流的工作业绩、高效优质的工作，全力做好“两会”各项安全生产保障工作。副市长苟仲文出席会议并讲话。会上，市安全监管局、市公安局消防局通报了2011年1—2月全市生产安全、火灾事故情况，分析事故原因，并就“两会”保障工作提出了具体工作措施。

苟仲文指出，做好全国“两会”安全生产保障工作，是目前本市最重要的政治任务。各区县、各部门、各单位要根据市委市政府的部署，进一步加强对安全生产工作的组织领导，切实落实安全生产责任。主要领导要对安全生产工作负总责，要亲自研究、部署、检查、落实，做到守土有责。要以“两会”代表驻地、会场、行车路线及周边地区为重点，开展拉网式检查。对排查出的安全隐患，要立即消除。对隐患严重、不符合基本安全生产条件的生产经营场所，要坚决予以关停。要采取有力措施，强化消防、危险化学品、矿山、建筑施工、交通运输等行业领域的安全监管。

加强全国"两会"期间安全生产应急管理和值班值守。要启动重大活动应急值守预案，严格执行 24 小时值班和领导干部带班制度，尽职尽责，确保安全生产信息畅通，保障全国"两会"顺利进行。

（张玉红）

【印发国庆期间安全生产工作通知】
9 月 26 日，市安全生产委员会办公室印发《关于做好国庆节期间安全生产工作的通知》（京安办发[2011]46 号），要求各区县、各部门进一步加强安全生产工作，以预防为主、加强监管、落实责任为重点，有效防范和坚决遏制重特大事故的发生，保证节日期间安全生产形势稳定，确保全市人民群众过一个平安、欢乐、祥和的节日，并做好以下工作：一是加强组织领导，落实安全责任；二是加强监督检查，消除事故隐患；三是落实值班制度，加强值守应急。

（张玉红）

【部署国庆期间全市安全生产工作】
9 月 27 日，市安委会召开全市国庆安全生产保障工作会议，部署国庆节期间全市生产工作，副市长苟仲文出席会议并讲话。会上，市安委会办公室、市防火委办公室、市交通安委会办公室、市商务委、市旅游委就加强国庆期间重点行业安全生产工作进行了部署安排，提出具体保障措施和工作要求。苟仲文讲话中指出，各区县、各部门、各单位要充分认清当前的安全生产形势，牢牢绷紧安全生产这根弦，不能有丝毫的麻痹松懈思想，扎扎实实做好国庆期间全市安全生产工作。苟仲文副市长强调，要切实抓好各项措施的落实，一是要加强组织领导、落实安全责任；二是要加强监督检查、消除事故隐患；三是要加强宣传教育、营造安全氛围。会议要求，各级各部门主要领导要亲自研究、部署节日

期间安全生产工作，层层落实安全责任，抓好各项安全生产措施的落实，做到任务明确、责任到人，严密防范各类安全事故。要做好应急救援准备工作，有效应对各类突发事件，确保国庆期间安全稳定，确保全市人民群众过一个喜庆、欢乐、祥和的节日。会议由市安委会副主任、市安全监管局局长张家明主持，市安委会部分成员单位和各区县、北京经济技术开发区的主管领导参加会议。

（张玉红）

【部署安全生产"护航"联合行动工作】
12 月 5 日，市安委会召开工作会议，通报市、区县所属单位清理整顿违规生产经营建设行为专项行动工作情况，明确下一步的工作措施。同时，重点研究部署安全生产"护航联合行动"，为元旦春节"两节"、"两会"和区县政府换届创造良好的安全生产环境。

副市长苟仲文指出，各区县、各单位"一把手"要高度重视此次市、区县所属单位清理整顿违规生产经营建设专项行动，要形成责任倒查机制，对由此引发事故的，必定要严肃追究相关部门和领导的责任。苟仲文副市长强调，要切实把"护航"联合行动落到实处，要以危险化学品等领域的专项执法检查为重点，进一步加大高危行业领域的安全监管力度。要突出做好人员密集场所、特种设备隐患排查和监督检查，加强应急管理，有效防范和坚决遏制重大恶性事故的发生。要进一步加大"打非"工作力度，始终保持高压态势，依法依规严厉打击，并采取切实措施严防死灰复燃。同时，要扎实做好 2011 年度工作的收尾和 2012 年安全生产工作的谋划布局。

会议由市政府副秘书长戴卫主持。市安委会各成员单位的主管领导，各区县政

府主管领导，市属企业集团（总公司）主要负责人参加了会议。

（张玉红）

【印发部署安全生产"护航"联合行动通知】　12月16日，市安委会印发《关于开展北京市安全生产"护航"联合行动的通知》（京安发[2011]14号），决定自2011年12月至2012年2月，在全市范围内集中时间、集中力量、集中精力，开展为期3个月的安全生产"护航"联合行动，全力消除安全隐患，为首都安全稳定保驾护航。通知将《北京市安全生产"护航"联合行动方案》（以下简称《行动方案》）印发至各区县政府，市安委会有关成员单位，并要求各区县、各有关部门认真贯彻落实，同时按照《行动方案》的要求，及时报送有关工作情况。

（张玉红）

【部署安全生产"护航"联合行动新闻宣传工作】　12月23日，市安委会办公室召开会议专题研究部署安全生产"护航"联合行动新闻发布和媒体宣传工作。市安委会办公室副主任、市安全监管局副局长陈清出席会议。会上，有关负责人员就开展"护航"联合行动宣传方案和新闻发布会等有关工作情况进行了说明。陈清指出，各牵头部门要发扬"三敢"精神，通过严格执法，曝光一批、处罚一批、停业一批、关闭取缔一批违法违规生产经营单位。要加大对"护航"联合行动的宣传曝光力度，提高"护航"联合行动的社会影响力，同时为行动开展营造良好的社会氛围。要建立"护航"联合行动例会制度，每半月召开一次会议，研究解决存在的问题，并对下一步工作进行安排。要充分发挥安委会平台作用，各部门要加强沟通，密切配合，共同做好安全生产工作。

市交通委、市市政市容委、市商务委、市质监局、市民防局有关负责人参加了会议。

（靳玉光）

【国务院安委会督察组督导检查北京市安全生产工作】　12月12—13日，国务院安委会办公室副主任、国家安全监管总局副局长付建华率国务院安委会第十五督察组来京检查督察，重点检查党中央、国务院重要指示精神的落实情况，2011年安全生产重点工作完成情况和隐患排查治理等情况。

12月12日，督察组听取了市安委会及市安全监管局关于北京市安全生产工作情况的汇报，并就谋划好2012年的工作思路，扎实推动科学发展、安全发展，实现安全生产状况的持续稳定好转，进行了深入的座谈讨论。付建华在讲话中指出，北京市安全生产工作成效显著，思路清楚，措施切实可行。北京市应当不断总结经验和改进工作，围绕城市安全运行，进一步采取有效措施，全面贯彻落实党中央、国务院对安全生产工作的重要部署，全面推进安全生产工作。同时，要抓好2011年后20天和2012年"两节"、"两会"的安全生产工作。

12月13日，督察组到北京铁路局进行检查，全面听取北京铁路局关于安全生产工作的汇报，并专题对北京高铁建设、运营、管理中存在的安全隐患和问题的整改情况进行检查督察。

市安委会副主任、市安全监管局局长张家明以及市安委会办公室相关领导、北京铁路局主要领导和有关部门负责人参加了此次督察。

（靳玉光）

【北京市副市长苟仲文督察安全生产"护航"联合行动】　12月29日，由北京市副市长苟仲文带队，到西城区、丰台区督察安全生产"护航"联合行动开展情况。市安全生产监督管理局、市市政市容委、市商务委、市质量技术监督局、市公安局消防局、市城管执法局等有关部门主管领导及部分新闻媒体的有关人员参加了督察活动。

督察组先后检查了丰台区方庄乔外婆、香辣蟹加装使用液化石油气安全辅助设施的餐饮企业及中石化方庄加油站和西城区长安商场等单位安全生产状况，听取了市安全监管局、市市政市容委、市商务委以及丰台区、西城区开展"护航"联合行动的工作情况汇报。

苟仲文对各单位、各部门开展安全生产"护航"联合行动情况给予充分肯定。他强调指出，市区两级认真贯彻落实市委、市政府关于安全生产工作的各项工作部署，安全生产"护航"联合行动迅速，措施有力，取得较好效果。苟仲文要求：元旦、春节临近，各区县、各行业要高度重视，全力以赴做好安全生产工作。一是要高度重视节前、节日期间的安全生产工作，加强值班，确保首都安全稳定；二是要认真落实安全生产"护航"联合行动和消防"平安2号行动"的各项工作部署，切实把各项要求落实到基层，落实到班组，贯穿于工作、生产、经营的方方面面；三是要进一步加大监督执法力度，防止厌战情绪，扎实做好各项安全生产工作。

（靳玉光）

【北京市副市长苟仲文调研昌平北四村安全管理工作】　12月31日，北京市副市长苟仲文带队，前往昌平区回龙观就如何做好"北四村"等城乡接合部安全生产工作、确保消除安全隐患、预防安全生产事故的发生进行调研。市安全监管局、市规划委、市工商局、市公安局消防局、市城管执法局等有关部门负责人陪同调研。

苟仲文首先实地走访了"北四村"小旅馆出租情况，查看了"北四村"消防应急和安全管理情况。昌平区政府全面汇报了"北四村"打击非法违法生产经营建设情况、安全隐患整治工作情况以及采取的综合整治措施。针对下一步工作，苟仲文要求，一是高度重视安全生产工作，在整体推进搬迁整治过程中做到死看死守，坚决防范群死群伤事故发生；二是各项防范措施要突出"以人文本"，紧密围绕防范事故的发生开展工作；三是用硬措施做好安全保障，坚决杜绝"三合一"问题，杜绝消防通道占用问题，要加强逃生通道的建设和消防报警措施的落实，确保安全生产。

（靳玉光）

【印发通知部署"打非"工作】　4月29日，市安委会印发《关于开展严厉打击非法违法生产经营建设行为专项行动的通知》（京安发[2011]5号），根据国务院安委会《关于开展严厉打击非法违法生产经营建设行为专项行动的通知》（安委明电[2011]7号）和市政府常务会议精神，市安委会决定从2011年4—7月，在全市开展严厉打击非法违法生产经营建设行为专项行动。通知要求各区、县政府，北京经济技术开发区管委会，以及市安全生产委员会成员单位按照《北京市开展严厉打击非法违法生产经营建设行为专项行动工作方案》的规定，认真贯彻落实，按时限要求将本地区、本部门、本单位负责此项工作的主管领导及联络人员姓名、联系方式等报市安委会办公室，并及时报送有关情况。

（靳玉光）

【召开"打非"专项行动调度会议】　5月5日，国务院安委会办公室严厉打击非法违法生产经营建设行为专项行动视频会议后，本市立即召开电视电话会议传达贯彻国务院安委会办公室视频会议精神，研究部署"打非"各项工作。会上，通州区、顺义区首先通报了本地区"打非"工作开展情况。市安全监管局副局长蔡淑敏对下一步工作提出工作要求。一是抓紧制订上报本行业（领域）"打非"专项行动实施方案。要求各部门、各单位依据职责划分和"一岗双责"的要求，结合本行业（领域）特点和工作实际，全面梳理打击非法违法生产、经营、建设活动种类，确定工作内容和标准，抓紧上报专项行动的实施方案。二是认真落实各区县，特别是街道乡镇工作责任。要求各区县及乡镇街道进一步统一思想认识，加大工作力度，下狠心坚决刹住非法违法建设，坚决刹住非法违法生产经营，坚决停产整顿存在重大安全隐患的生产经营活动。三是建立健全工作机制，有效推动"打非"专项行动的顺利开展。市安委会办公室建立六项工作制度——调度会议制度，每周调度工作进展情况；信息通报制度；"12350"举报投诉分析制度；新闻宣传制度；联合执法检查制度；考核制度，将本次"打非"专项行动纳入对各区县政府和市有关部门的综合考核内容。

（靳玉光、张玉红）

【印发"打非"专项行动检查督导工作方案】 5月18日，市安委会办公室印发《关于严厉打击非法违法生产经营建设行为专项行动检查督导工作方案的通知》（京安办发[2011]26号），指出根据国务院安委会《关于开展严厉打击非法违法生产经营建设行为专项行动的通知》（安委明电[2011]7号）文件精神，按照市委、市政府工作部署，市安委会决定组织5个督导组对重点行业（领域）"打非"工作开展检查督导。通知将《严厉打击非法违法生产经营建设行为专项行动检查督导工作方案》印发至各区、县政府，北京经济技术开发区管委会，及市安委会成员单位。要求各督导组牵头单位制订具体工作方案，做好统筹协调，深入区县和基层单位，督促、指导"打非"专项行动的开展，并认真汇总督导情况。要求市安委会各有关成员单位积极配合做好相关督导工作，同时要结合各自行业（领域）特点和工作实际，按照市安委会《关于开展严厉打击非法违法生产经营建设行为专项行动的通知》（京安发[2011]5号）文件要求，切实做好检查督导工作。要求各区县政府及相关部门认真配合市安委会督导组开展工作，做好督导相关工作准备，查找薄弱环节，及时研究解决存在的问题，确保"打非"专项行动各项工作取得实效。

（靳玉光、张玉红）

【召开研究落实"打非"专项行动督导工作会议】 5月19日，市安委会办公室召开"打非"专项行动督导工作会，贯彻《国务院安委会关于开展严厉打击非法违法生产经营建设行为专项行动的通知》（安委明电[2011]7号）文件精神，研究落实市政府领导关于开展检查督导工作的指示要求。市规划委、市市政管委、市工商局、市安全监管局、市消防局等督导组牵头单位分别介绍了实施方案的制订情况，并就开展督导工作进行研究讨论。会议确定，以市安委会名义组织督导组，各督导组牵头单位要做好统筹协调，每组由局级领导带队，相关部门配合，每周检查督导一次。要结合行业（领域）"打非"重点，有针对性地深入区县和基层单位督促、指导"打非"专项行动的开展，并认真汇总报告督导情况。各区县政府及相关部门要认真配合市安委会督导组开展工作，做好督导相关准备工作，查找薄弱环节，及时研究解决存在的问题，确保"打非"专项行动各项工作取得实效。

（靳玉光）

【认真开展"打非"工作】 2011年，贯彻落实国务院安委会和市政府的工作部署，制止违法建设、取缔非法违法生产经营活动，依法严惩非法违法行为。深刻吸取事故教训，深入开展"打非"专项行动。严厉打击非法违法生产、经营、建设行为，特别要把违法建设，非法违法生产、经营活动，非法盗采矿产资源和建筑非法违法拆除工程等作为重中之重予以严厉打击。

（靳玉光、张玉红）

【加强检查督导"打非"工作】 市安委会组成5个督导组，对区县政府"打非"专项工作进行检查督导。各督导组由市安委会成员单位局级领导带队，每周检查督导一次。对非法生产经营建设和经停产整顿仍未达到要求的，一律关闭取缔；对非法违法生产经营建设的有关单位和责任人，一律按规定上限予以处罚；对存在违法生产经营建设的单位，一律责令停产整顿，并严格落实监管措施；对触犯法律的有关单位和人员，一律依法严格追究法律责任。

（靳玉光、张玉红）

【建立"打非"工作调度会议制度】 调度会议原则上每周召开一次，及时听取各区县、各有关部门专项行动开展情况，研究解决重大疑难问题。会议包括两种组织形式：首先是全体会议，市安委会各成员单位和各区县政府有关负责人出席会议；其次是基层调度会议，市安全监管局组织有关部门深入各区县、各乡镇街道听取有关情况，实地查看相关记录，全面深入调查了解专项行动开展情况。

（靳玉光、张玉红）

【加强"打非"工作信息通报】 5月11日，市安委会办公室印发《关于加强打击非法违法生产经营建设行为专项行动统计报表和信息报送工作的通知》（京安办发[2011]16号），对有关信息报送工作提出了明确要求。同日，市安委会办公室召开专题会议，就"打非"专项行动信息报送工作进行部署，各区县安委会办公室有关负责人参加会议。会议要求区县按照市委市政府领导的指示精神，建立健全统计报送工作机制，明确专人负责数据统计和信息上报工作，严格落实报送责任，及时、客观、真实地报送统计数据。从2011年5月13日起，各区县于每日（休息日除外）16时前，将该统计报表报送达市安全生产委员会办公室。市安委会办公室对有关信息和数据进行汇总分析，定期印发"打非"行动专刊、"打非"快报、"打非"动态分析等信息刊物截止。截至2011年9月30日，共编辑印发"打非"行动专刊18期，"打非"行动快报24期，并根据"打非"工作进展情况适时进行"打非"动态分析，为领导决策提供参考依据。

（靳玉光、张玉红）

【组织开展"打非"调研活动】 6月份，市安全监管局会同首都经济贸易大学、中国社会科学院地理资源研究所的专家、学者组成专题调研组，在市司法局、市国资委、市劳教局、市监狱管理局和大兴区安全监管局的支持配合下，对大兴区天堂河农场、团河农场、南郊农场（以下简称"三场"）出租用地情况，以及非法违法生产、经营、建设情况进行了专门的调查研究。调研组先后走访了大兴区内各有关市属单位、大兴区工商、国土、建设、规划、安监等职能部门和观音寺、天宫院等街道办事处，以及部分存在非法违法生产经营建设行为的生产经营单位，召开座谈会7场，下发调查问卷340余份，实地走访居民、承租户230余人，获得了重要的第一手材料。一是通过对"三场"土地出租以及非法违法生产经营建设情况的全面了解，对造成现状的原因进行系统的分析，提出了初步的对策和措施，形成调研报告。二是按照市领导指示，会同有关处室于2011年6月10日组成调研组，赴浙江省义乌市江东街道办事处实地调研了解拆除违章建设情况。对违章建设形成过程、存在的主要问题、义乌有关部门的主要做法进行了介绍和分析，结合本市实际提出了"打非"工作建议。

（靳玉光、张玉红）

【开展市区（县）所属单位清理整顿违规生产经营建设行为工作】 结合实际情况，市安全监管局起草了《关于在市区（县）所属单位清理整顿违规生产经营建设行为的工作方案》经反复修改完善，于2011年8月26日经全市安全生产工作电视电话会议审议通过。通过开展此项清理整顿工作，摸清市区（县）所属单位土地、房屋出租及生产经营建设状况，逐级建立工作台账，杜绝新的违规建设，限期整改或拆除既有违规建设，坚决制止违规生产经营行为。为使清理整顿工作取得实效，按照全市统一部署，大力推动市及区县所属单位清理

整顿督察及信息报送工作。根据《中共市委办公厅、市政府办公厅印发关于在市及区县所属单位清理整顿违规生产经营建设行为工作方案的通知》（京办字[2011]17号）精神，印发《关于做好市及区县所属单位清理整顿督察及信息报送工作的函》（京安监函[2011]362号），要求市政府各委办局、各区县政府、各有关单位按照市安全监管局制订的《市及区县所属单位清理整顿违规生产经营建设行为检查督察工作方案》的规定，做好清理整顿工作和督察的各项准备工作，按时报送清理工作情况及统计报表。计划在12月组织开展清理整顿督察工作。

（靳玉光、张玉红）

【"打非"专项行动效果显著】 4月26日至9月30日，"打非"专项行动取得显著效果，各区县、各部门、各单位累计拆除违法建筑约465万平方米，依法关停非法违法生产经营单位37 142家，其中依法关闭取缔非法违法单位26 838家，停产停业整顿10 304家，出动执法检查人员482 460人（次），下达执法文书86 791份，罚款4 023余万元，处理人员17 941名。

（靳玉光、张玉红）

北京市安全生产监督管理局、北京煤矿安全监察局安全监管监察

安全生产综合监管监察

【安全生产控制考核指标完成情况】 2011年，全市安全生产状况继续保持了持续好转的发展态势。一是事故总量和死亡人数实现了双下降。2011年全市发生各类死亡事故977起，死亡1 089人，同比分别

下降减少85起87人，下降了8%和7.4%。生产安全事故降幅明显，发生生产安全事故88起，死亡人数101人，同比减少31起35人，下降26.1%和25.7%。二是反映安全发展水平的各项主要指标进一步趋好。其中亿元GDP生产安全事故死亡率由2010年的0.085降为0.068，降幅达20%；工矿商贸十万就业人员事故死亡率由1.67

下降到 1.04, 降幅 38%, 道路交通万车死亡率由 2.03 下降到 1.85, 降幅为 9%。三是重点行业领域安全生产状况普遍改善。工矿商贸死亡人数为 101, 下降了 26%, 其中煤矿企业实现"零死亡", 建筑施工下降了 23%。道路交通死亡人数为 924, 下降了 5%。四是大部分地区安全生产形势平稳有序。全市 16 个区县和经济技术开发区, 有 10 个区县事故起数和死亡人数双下降, 有 7 个区县没有发生 3 人以上的安全生产较大事故。

（何明明）

【紧急部署安全工作】 1 月 31 日, 市安全监督局印发《关于贯彻落实"1·31"全市公共安全电视电话会议精神的紧急通知》（京安监发[2011]8 号）对各区县提出工作要求。1 月 31 日, 市政府召开全市公共安全电视电话会议, 贯彻落实中央领导同志重要指示精神, 部署全市火灾隐患排查整治、安全生产和应急工作, 郭金龙市长作了重要讲话。为认真贯彻落实会议精神, 切实做好当前安全生产工作, 确保城市安全运行, 确保全市人民过一个安全、欢乐、祥和的春节, 做好以下工作。一、提高认识, 加强组织领导, 认真履行安全监管职责, 按照全市的统一部署, 集中开展消防安全、安全生产"大排查、大整治、大宣传、大培训、大练兵、大建设", 督促企业落实安全生产主体责任, 坚决防范和遏制各类事故尤其是重特大事故的发生。二、突出重点, 排查消除隐患, 重点围绕以消防安全为主的煤矿、非煤矿山、危险化学品、烟花爆竹、工业企业等重点行业（领域）安全生产大排查、大整治, 做到日巡查、周检查、月督察。三、加强值守, 提高应急能力, 高度重视春节期间值班值守工作, 严格执行领导干部到岗带班和关键岗位 24 小时值班制度, 强化信息报送工作, 同时重视举报投诉工作。

（靳玉光、张玉红）

【召开防范和遏制重特大事故专题视频会议】 3 月 21 日, 国务院安委会办公室召开深入贯彻落实中央领导近期重要指示精神, 坚决防范和遏制重特大事故专题视频会议。市政府分会场设在市安全监管局应急指挥大厅, 各区县政府在区县安全监管局设立了分会场。市政府副秘书长戴卫在市政府分会场参加会议。

会议传达了中央领导近期关于加强安全生产工作的重要指示精神, 通报了近期煤矿、交通、消防等高危重点行业领域发生的重特大事故情况, 总结分析了 2011 年以来安全生产形势, 就进一步深入贯彻落实年初全国安全生产电视电话会议和《国务院关于进一步加强企业安全生产工作的通知》（国发[2010]23 号）、《国务院办公厅关于继续深化"安全生产年"活动的通知》（国办发[2011]11 号）精神, 深刻吸取近期重大事故教训, 有效防范和坚决遏制重特大事故发生, 切实做好当前安全生产工作等进行了部署, 提出了明确的要求。

会后, 副秘书长戴卫主持召开了全市电视电话会议, 就贯彻落实会议精神提出了明确要求, 要求市安委会办公室迅速制定具体措施, 确保会议精神得到有效的贯彻落实。他强调, 各区县和各行业主管部门要切实做好安全生产工作, 深刻吸取近期重大事故教训, 有效防范和坚决遏制重特大事故发生, 努力促进全市安全生产形势持续稳定好转。市发展改革委、市经济信息化委、市国土局、市住房城乡建设委、市市政市容委、市交通委、市农委、市水务局、市商务委、市国资委、市质监局、市安全监管局、市旅游局、市民防局、市公安局消防局、市公安局公安交通管理局等部门主管领导在市政府会场参加了会议。各区县安委会、北京经济技术开发区管委会负责人（主管区县长）以及安委会成员单位负责人在区县分会场参加了会议。

（靳玉光、张玉红）

【部署夏季防暑降温工作】 7月18日，市安全监管局转发《国家安全监管总局办公厅等4部门关于进一步做好夏季防暑降温工作的通知》（京安监办发[2011]44号），要求各区县、北京经济技术开发区安全监管局按照《国家安全监管总局办公厅、卫生部办公厅、人力社保部办公厅、全国总工会办公厅关于进一步做好夏季防暑降温工作的通知》（安监总厅安健[2011]141号）的规定，根据夏季安全生产工作的特点，按照国家安监总局办公厅等4部门通知要求和有关规定，加强组织领导，做好协调配合，采取有效措施，开展监督检查，切实做好高温天气防暑降温工作，有效预防和控制高温中暑及高温作业引发的各类事故。

（张玉红）

【贯彻落实国务院165次常务会精神】 市安全监管局起草了关于贯彻国务院第165次常务会议精神的具体工作措施的方案。2011年7月29日，召开的市政府专题会议研究部署了贯彻国务院第165次常务会议精神的具体工作措施。《关于贯彻落实国务院关于安全生产工作部署进一步加强首都安全生产工作的实施意见》，在2011年8月17日召开的市委常委会上获得通过。该《实施意见》按照党中央、国务院对于安全生产工作的一贯要求和最新部署，提出了加强首都安全生产工作的一系列重大举措。8月26日，市安委会组织召开的全市安全生产工作电视电话会议，传达贯彻了市委常委会、市政府专题会精神，部署贯彻落实国务院第165次常务会议精神的工作措施及全市安全生产重点工作。

（张玉红）

【研究落实市政府专题会议精神】 10月21日，市委副书记、市长郭金龙主持召开市政府专题会议，听取并审议了市安全监管局关于2011年前三季度安全形势分析的汇报。郭金龙对加强首都安全生产工作，特别是从源头上做好安全生产管理工作，抓好制度建设，加强职工安全生产培训工作，做出了重要指示。

会后，市安全监管局领导班子立即研究落实市政府专题会议精神和郭金龙重要指示，明确抓好以下三个方面的工作。一是迅速在全系统开展学习领会、贯彻落实市政府专题会精神的工作。二是认真贯彻落实国务院第165次会议精神，按照市委、市政府《关于贯彻落实国务院关于安全生产工作部署进一步加强首都安全生产工作的实施意见》的要求，狠抓源头，强基固本，确保首都安全稳定，其中包括加强法规制度建设、实施精细化管理、强化执法监察工作、深化重点行业（领域）安全专项整治以及创新宣传教育五方面内容。三是全面做好第四季度安全生产工作，即：要全面深入开展安全生产大检查，查隐患、促整改、强基础、防事故；要加大对非法违法生产经营建设行为的打击力度，严格"四个一律"打击措施；要加强交通运输、建设施工、危化品和烟花爆竹、煤矿和非煤矿山、市政设施、人员密集场所等重点行业领域安全生产工作，强化监管监察，严格事故调查处理和责任追究。

（张玉红）

【部署第四季度安全生产工作】 11月7日，根据《国务院安委会关于深入开展安全大检查切实做好第四季度安全生产工作的通知》（安委明电[2011]9号）精神，市安全生产委员会印发《关于深入开展安全大检查全面做好第四季度安全生产工作的通知》（京安发[2011]13号），针对第四季度全市生产经营、交通运输和基础设施建设处于繁忙时期，以及受季节因素影响等情况，防止一些企业因赶任务、抢工期、抢进度引发生产安全事故，决定从即日起在全市范围内全面开展安全大检查。通知要求市安全生产委员会有关成员单位和各区县安全生产委员会贯彻落实《国务院安委会关于认真贯彻落实国务院第 165 次常务会议精神进一步加强安全生产工作的通知》（安委明电[2011]8 号）、《中共北京市委北京市人民政府关于贯彻落实国务院安全生产工作部署进一步加强首都安全生产工作的实施意见》（京发[2011]20 号），采取有力措施，坚决遏制重特大事故发生，确保第四季度安全生产形势稳定，为本市换届选举工作营造良好的安全环境。通知同时对检查内容、检查安排、工作要求进行了明确规定。

（张玉红）

【安全生产"护航"联合行动稳步推进】从 2011 年 12 月至 2012 年 2 月，"护航"联合行动由市安全监管局牵头，各相关部门、各区县开展的联合行动，重点是对容易发生事故和城市运行安全相关的重点行业进行专项整治。市长郭金龙和常务副市长吉林对此次联合行动作了重要批示。截至 2012 年 1 月底，各区县、各部门、各单位共检查生产经营单位 26 653 家次，完成全市检查任务指标的 253%，超额完成执法任务。通过严格执法，共发现各类安全隐患 12 301 个，其中已整改 10 451 个，整改率 85%。春节期间，全市未发生生产安全事故，交通肇事死亡事故同比下降 22%，涉及烟花爆竹火警同比下降 12.6%，1 429 个烟花爆竹销售点经营安全，因燃放烟花爆竹致伤和死亡人数同比分别下降 47.7% 和 50%。商场、超市、旅游景区等人员密集场所，以及地铁、电梯、水、电、气、

热等领域城市运行平稳有序。

（张玉红）

【督导首钢安全停产工作】 1 月 20 日，市安全监管局副局长陈清带领监管一处、监管三处、应急处和有关专家到首钢总公司督导钢铁主流程安全停产工作，听取首钢总公司关于近期安全停产情况及 241 个风险点的处置情况汇报，并现场检查了焦化厂精苯生产系统和动力厂二加压站转炉煤气柜处置情况。陈清强调，首钢总公司在钢铁主流程停产过程中，确保了各类设备设施的安全顺利停产，取得了阶段性成效。在做好停产后续工作过程中，首钢总公司要针对职工队伍可能出现的因心态情绪变化造成管理操作松懈的问题，进一步加强对人的管理，加强检查抽查和岗位值守，有效防范不安全行为。同时，要突出重点，强化风险管控和安全保卫工作，防范人为破坏导致安全事故，设备拆除期间一定要使用有相应资质的施工队伍，特种作业人员必须持证上岗。石景山区安全监管局有关领导参加了督导活动。

（赵昕）

【机械冶金行业重大工业项目安全审计】 为进一步加强重大项目安全监管工作，深入了解重大项目安全管理状况，完善工业制造业建设项目安全生产监管工作机制，推动建设单位、施工单位、监理单位安全生产监管责任的落实，按照局领导指示要求和工作进度安排，市安全监管局分阶段对开发区、昌平区和顺义区的 10 家工业企业在建重大项目开展安全评估。目前，审计方案的制订、审计程序的梳理以及工业制造业企业用电标准的起草工作初步完成，对开发区京运通科技公司、金风科创公司及京东方八代线 3 家企业的安全审计已经完成，同时查找出一批有代表性的突出问题，初步掌握了开发区重大工业

项目现状。下一步，市安全监管局将适时召开建委、消防及属地等有关部门情况通报会，加强行业、属地监管，督促建设单位、施工单位、监理单位落实安全生产主体责任，预计 3 月底可完成对昌平和顺义两区的重大工业项目审计工作。

（赵昕）

【检查通州区节前工业企业安全生产】
2 月 1 日，市安全监管局检查组赴通州区对部分工业企业节前安全生产工作进行了检查。通州区安全监管局有关领导一同参加了检查。在北京元创镁业公司，检查人员简要听取了企业安全生产工作情况及春节期间应急值守安排情况，查阅了企业安全生产管理制度、应急预案演练记录等管理资料，现场检查了生产车间、中控室、库房等场所安全状况及应急物资储备情况。在中科印刷有限责任公司，现场检查了印刷车间及成品库房安全生产情况，并与企业负责人就加强安全生产工作交换了意见。检查组强调，各企业要进一步提高安全生产意识，强化职工的安全教育培训，加强日常安全检查，积极消除各类安全隐患，确保安全生产。春节期间，要针对烟花爆竹燃放问题，加强领导带班值班工作，及时清理各类可燃物，加强厂区的安全巡视，全力防范火灾事故。

（赵昕）

【首钢安全停产督导会】　2 月 11 日，为切实做好首钢停产期间的安全监管工作，确保安全、顺利停产，市安全监管局各有关处室在首钢总公司组织召开安全督导协调会，研究分析首钢停产期间下一阶段工作任务。市经济信息化委、市国资委、市环保局、市质监局、市公安局内保局有关处室负责人及石景山区安全监管局、区经济信息化委、区消防支队等部门负责人参加了会议。会上，首钢总公司汇报了停产及风险点消除工作进展情况，各部门就做好下一步工作提出了意见和建议。截至 2011 年 2 月 10 日，首钢北京厂区 241 个停产风险点（包括大型容器 15 台、大型锅炉 10 台、危险化学品设备设施 154 个、放射源 62 枚）已全部退出运行使用，170 个停产风险点已处置完成，其他 71 个风险点（主要集中在焦化厂）正在处置之中。会议要求，市、区各部门和单位要重视首钢停产下一阶段的安全工作，按照督导方案明确的工作职责进一步加强检查指导，督促企业健全完善工作方案和事故应急预案，强化现场管理，同时要结合节日安全特点及做好全国"两会"安保工作的要求，加强日常安全检查，确保安全生产。

（赵昕）

【开发区重大工业项目安全审计通报会】　2 月 25 日，市安全监管局召开亦庄开发区京运通科技公司、金风科创公司及京东方八代线 3 家企业的工业在建项目安全审计情况进行通报会。市住建委、市消防局、开发区建设局、区安全监管局有关负责人和项目安全审计专家及有关企业参会。会上，项目审计专家对开发区 3 家工业企业在建项目情况、存在问题及建议措施等安全审计情况进行了通报，市、区两级主管部门也提出了整改意见和下一步工作安排。会议要求：全力做好"两会"期间安全生产保障工作，对存在的问题和隐患立即排查整改，切实落实企业主体责任。相关部门在各自职责范围内进行检查，对存在的问题依法严肃处理，确保问题整改落实到位。

（赵昕）

【机械冶金行业安全生产监管信息系统意见征求会】　3 月 4 日，市安全监管局召开北京市机械冶金等行业安全生产监管信息系统意见征求会。朝阳区、海淀区、顺义区安全监管局及辖区街道（乡镇）有关负责人，一轻、京城机电等企业部门负责人及市局有关专家参加了会议。会议介绍了本市机械冶金等行业安全生产监管信息系统的基本框架和系统功能，各参会单位则就下一步信息系统内容和业务功能的完善工作提出了意见和建议。会议决定，市局将在依法行政的基础上，对上述意见建议进行认真汇总分析，逐步完善主要内容和基本功能。另一方面，将在上述区县、街道（乡镇）和企业中选取 10 家不同行业、规模的单位进行系统试运行。同时，市安全监管局将对开展系统试运行的单位进行培训，以满足监管信息系统建设的需要。

（赵昕）

【机械冶金行业重大工业项目安全审计阶段性通报会】　2 月 28 日，市安全监管局召开会议，对开发区、昌平、顺义等区县 8 家企业的工业在建项目安全审计情况进行总结通报。有关区县安全监管局负责人及项目安全审计专家组参会。会议对开发区 8 家工业企业在建项目情况、存在问题及建议措施等安全审计情况进行了通报，与会各方也就工业企业监管机制、"三同时"工作及重大项目安全审计等主题展开研讨交流。会议要求，审计组要认真梳理审计情况，尽快起草审计报告，为政府决策提供参考；有关区县要针对专家所提问题建议，积极协调建设、消防等相关部门，在各自职责范围内对存在的问题和隐患立即排查整改，依法严肃处理，切实落实企业主体责任。

（赵昕）

【再次督导首钢停产安全】　3 月 18 日，市安全监管局对首钢总公司安全停产工作进行了督导，研究部署 67 个风险点安全处置及已停用设备、设施及建筑物的拆除工作。石景山区安全监管局参加了督导活动。

督导检查人员听取了首钢总公司安全停产风险点的处置和拆除工作安排部署情况，并对焦化厂精苯、焦油处置现场进行了检查。首钢安全停产 241 个风险点已处置完成 174 个，剩余的 67 个风险点全部集中在焦化厂。首钢总公司针对下一步拆除工作，制订了拆除工作方案，成立了领导小组和专项工作小组，全力做好安全拆除工作。督导检查人员要求，首钢总公司及所属各相关单位要高度重视 67 个风险点的安全处置和设备、设施及建筑物的拆除工作，强化从业人员安全教育培训，加强作业现场有毒有害气体监测和施工现场安全监护，认真落实各项安全技术措施，严格执行动火审批制度，加强日常安全检查，在拆除期间，严禁使用无资质队伍，确保安全施工。

（赵昕）

【机械冶金行业安全生产工作会】　3 月 30 日，全市机械冶金等行业 2011 年安全生产工作会在北京会议中心召开。会议传达了国家安全监管总局 3 月 24 日全国工贸行业安全生产会议精神，全面总结了 2010 年北京市机械冶金等行业工作情况，并结合国家总局工贸行业 2011 年七项重点工作，部署了北京市机械、冶金等行业 2011 年的安全生产重点工作。会上，各区县安全监管局和市属工业企业集团交流了安全生产标准化工作思路，并提出了工作建议。会议要求：一是认真贯彻落实"国务院 23 号文件"和国家安全监管总局、市委市政府部署要求，细化方案、强化措施，狠抓各项工作的落实，督促企业切实落实安全生产主体责任；二是全面推进安全生产标准化达标工作，冶金、有色等重点行业企业年底前全部达标，机械、建材、轻纺等其他重点工业企业在 3 年内全面达标；三是加快推进信息化建设和物联网技术应用工作，建立北京市工业制造业安全生产信息化监管系统，大力推进重点企业部位的物联网建设工作；四是加强监督检查工作，深入开展冶金、有色行业专项整治，全力做好首钢安全停产工作；五是进一步夯实基础工作，结合信息化建设工作，进一步建立健全企业状况台账。有关市行业行政管理部门在各自职责内提出了相应的要求。市经济信息化委、市质监局、市国资委、市消防局有关负责人、各区县安全监管局主管副局长、市属工业企业集团安全处（部）长参加了会议。

（赵昕）

【研究企业生产经营建设安全生产指导意见的起草工作】　4 月 12 日，北京市安全监管局召开会议，专题研究加强企业生产经营建设上下游环节安全生产工作指导意见的起草工作。会议由市安全监管局副局长陈清主持，市局监管一处、研究室和有关专家参加了会议。会上，市安全监管局研究室介绍了指导意见的前期起草情况及局长张家明的指示要求，市局监管一处介绍了下一步文件起草的初步想法，有关专家就起草工作进行了研讨并提出建设性意见。

会议强调，加强企业生产经营建设上下游环节的安全生产工作是全局的一项重要工作，在文件起草过程中一定要贯彻副市长苟仲文和局长张家明的指示精神，做到重点突出，便于落实。同时，起草过程中要注重五个方面的内容：一是要与"国务院 23 号文件"、"市政府 40 号文件"相结合；二是要覆盖本市辖区内国有、私营、合资等各类生产经营单位；三是内容要实，具有操作性，要与行政许可、"三同时"、标准化、科技创安等工作相结合；四是要从市场准入、采购销售上下游、诚信体系、事故处理等方面确保企业全环节保持安全

生产标准；五是先起草企业落实主体责任的若干意见初稿，再征求各方面的修改意见和建议，并予以完善。

（赵昕）

【研究机械冶金行业安全生产监管信息系统建设工作】　4 月 12 日，北京市安全监管局召开会议，研究修改北京市机械冶金等行业安全生产监管信息系统有关内容。市安全监管局监管一处、信息中心及紫光公司有关人员参加了会议。信息中心详细介绍了系统的基本框架和功能，市安全监管局监管一处全体干部也就信息系统内容和业务需求工作提出了意见和建议。会议就下一步修改及试点培训部署工作达成一致意见。拟上报局领导审阅，并尽快上线试运行。

（赵昕）

【工业企业物联网试点建设现场会】　4 月 22 日，北京市安全监管局在红星酿酒股份有限公司召开工业企业物联网试点建设现场会。市安全监管局监管一处、信息中心、市劳保所负责人及朝阳、房山、顺义、通州、大兴、昌平、怀柔、开发区等区县安全监管局主管科长参加了会议。会上，红星酿酒股份有限公司介绍了本单位物联网建设的具体情况，特别是通过物联网在强化和提高本企业安全管理过程中的重要作用。市安全监管局介绍了全市工业企业物联网试点建设总体部署情况，传达了市政府和市安全监管局局领导有关物联网试点建设的指示要求，并就下一步工作提出要求。会议强调，各区县、各试点企业一要高度重视物联网建设工作，从实现企业科学管理、规范岗位操作、实现过程监管的层面正确认识物联网建设的意义；二要加强领导，明确目标，积极推动、落实责任，做到物联网建设有人抓、有人管；三要继续明确、落实好试点单位，

学习借鉴红星酿酒股份公司物联网经验，针对试点企业初步建设方案会同企业进一步沟通、核实、确认，确保企业建设方案的科学、实用、可行；四要按照市局时间节点要求，积极开展工作，市劳保所要做好技术保障支持，尽快完成各试点企业建设方案。会后，与会人员还参观了红星酿酒股份有限公司应急监管平台物联网运行情况。

（赵昕）

【企业生产经营建设安全生产指导意见起草研讨会】 4 月 26 日，市安全监管局再次组织召开会议，研究企业主体责任特别是企业与上下游企业之间购销环节方面安全管理责任的相关内容。市政府法制办及有关区县安全监管局、企业、专家参加了会议。会上，与会人员就《北京市政府关于在购销环节加强企业安全生产主体责任的若干意见（初稿）》进行了研讨。初稿共 18 条，重点对企业在产品购销环节主体责任的内涵、上下游供应链之间安全管理责任、第三方代理商安全责任、企业对合作方的安全管理责任以及因违法违规生产经营造成安全事故的责任追究等方面提出了相应要求。与会人员认为，关于企业上下游供应链之间的安全管理责任重点应放在企业在采购中对上游供应企业的要求方面，要求上游企业应具备相应的资质和安全生产条件，对下游企业则应以技术服务、安全培训等售后服务为主，销售危险化学品应按照国家规定予以销售，并做好备案工作。

（赵昕）

【重大工业项目安全审计工作】 2011 年，为进一步加强重大项目安全监管工作，深入了解重大项目安全管理状况，完善工业制造业建设项目安全生产监管工作机制，推动企业主体责任的落实，市安全监管局按照工作进度安排，分阶段对开发区、昌平区和顺义区有关企业的在建重大项目开展安全审计。已完成对亦庄开发区京运通科技公司等全部 10 家工业企业建设单位、施工单位、监理单位的审计工作，审计程序的梳理和工业制造业企业用电标准的起草工作已结束，审计报告正在汇总中。此次安全审计查找出一批有代表性的突出问题，总结出工业项目在建过程中的典型经验和做法，初步掌握了本市重大工业项目安全生产现状。

（赵昕）

【对丰台区工业企业开展"直击安全现场"检查工作】 6 月 15 日，根据全市安全生产月"直击安全现场"活动统一部署，市安全监管局对位于丰台区的亚新科天纬油泵油嘴分厂和北京第二机床厂两家单位展开安全检查。亚新科天纬油泵油嘴分厂和第二机床厂重视安全生产标准化创建活动，并按照标准化要求不断进行厂房改造和设备更新换代，生产条件得到了极大改善。目前两家企业均已获得"区级标准化企业"称号，正在争创"市级标准化企业"。经现场检查，两家企业安全生产整体情况较好，但也暴露出个别问题，如：亚新科天纬油泵油嘴分厂生产车间油雾味道较重，需要加强通风；变电站内配有暖气，不符合现行有关规定要求。检查人员要求企业有关人员强化安全检查，对有关问题进行整改，并通过全面推进安全生产标准化活动进一步提升企业安全水平。市安全监管局宣教中心、北京电视台参与了此次检查。

（赵昕）

【部署机械轻工建材行业专项隐患排查治理工作】 7 月 22 日，按照北京市副市长苟仲文关于江苏泰兴高分子材料厂爆炸事故批示要求，市安全监管局召开各区县局工作会，部署全市机械轻工建材等行业专项隐患排查和整治工作。会议通报了江苏泰兴高分子材料厂爆炸事故情况，要求自即日起在全市范围内开展为期 1 个月的安全隐患排查整治工作，在充分依托区县、街乡安全监管力量的基础上，结合"打非"专项行动，对辖区内机械、轻工、建材等行业企业的涂装车间、喷漆房以及危化品存储场所的排风情况进行重点检查。会议强调，各区县要高度重视此项工作，通过此次排查和整治工作对北京市有关行业企业生产情况进行摸底和汇总，进一步细化企业台账，强化安全生产监管工作。会议还对全市安全生产标准化和机械冶金等行业安全监管信息化的下半年工作进行了部署。

（赵昕）

【国家安全监管总局领导到市烟草物流中心调研】　8 月 19 日，国家安监总局副局长、国家煤监局局长赵铁锤带队到北京市烟草物流中心调研信息化管理和物联网应用工作。北京市副市长苟仲文，市安全监管局局长张家明、副局长陈清、贾太保陪同调研。调研组一行人先后参观了北京烟草物流中心分拣线、高架立体库、指挥中心和电话订货中心，赵铁锤详细询问了物流中心的物联网系统、运行维护系统和人员定位系统。随后调研组与陪同人员举行了座谈会，进行深入细致的交流。座谈会上，北京市烟草专卖局、北京烟草物流中心分别介绍了情况，苟仲文介绍了北京市近期安全生产形势和安全生产主要工作。赵铁锤指出此次调研的主要任务是了解情况、学习经验、推动工作。他充分肯定了北京市烟草物流中心的安全生产工作，通报了全国安全生产形势，并对今后工作提出三点要求：一是要牢固树立"安全生产工作从零开始"的理念；二要始终

坚持做到速度、质量、效益与安全相统一的原则；三要始终坚持科学发展、安全发展的道路。

（赵昕）

【第一批安全生产违法行为企业"警示名单"】　9 月 1 日，北京市第一批安全生产违法行为企业警示名单在北京市安全生产门户网站上公布，市安全监管局就名单公布有关情况召开新闻发布会。为了进一步落实企业安全生产主体责任，加强企业单位安全生产信用建设，督促企业增强信用观念，根据国家有关法律法规，结合安全生产工作实际，北京市 2010 年 11 月出台了《北京市企业安全生产违法行为警示办法》（以下简称《办法》）。《办法》第一次将诚信管理引入安全生产监管领域，规定了企业在一个年度周期内有 10 类安全生产违法行为之一的将被纳入"警示名单"进行曝光并实施一系列重点监管措施。《办法》自颁布以来，受到社会广泛关注，市、区县安全监管部门严格执行，每月实行"零报告"制度。

（赵昕）

【安全生产违法行为企业"警示名单"通报会】　9 月 14 日，北京市安全监管局组织有关行业管理部门召开"警示名单"通报会，会议由市安全监管局副局长陈清主持召开。市经济和信息化委、市财政局、市国土局、市规划委、市住房城乡建设委、市工商局、市交通委、市消防局、市质监局、市金融局、北京市银监会、北京市证监会等单位的有关负责人参加了会议。会议通报了北京市首批"安全生产违法行为警示名单"，各部门就对列入"警示名单"的企业如何实施重点监管措施、依法加强监管进行了充分的讨论。各部门一致表示，将严格《北京市安全生产委员会关于印发〈北京市企业安全生产违法行为警示办法〉

的通知》（京安发[2010]15号）的有关要求，依法采取措施、对警示名单企业实施重点监管。陈清参加讨论并提出三点要求：一是形成共识，实施《北京市企业安全生产违法行为警示办法》、对安全生产违法企业进行警示曝光是落实企业主体责任的需要，是强化政府监管的需要；二是密切配合，各部门要按照各自的职责加强沟通和合作，形成政府有效联动；三是加强宣传，各部门要通过各种形式宣传《北京市企业安全生产违法行为警示办法》，并将警示名单企业通告所管行业和企业，切实督促企业落实主体责任。

（赵昕）

【启动市政府有关部门安全生产综合考核工作】 2011年，根据市政府第78次常务会议审议通过的《市政府有关部门安全生产考核实施意见》的要求，在认真总结2010年综合考核工作的基础上，通过广泛征求意见、专题研究讨论等多种形式，市安全监管局制订了《2011年度市政府有关部门安全生产综合考核工作方案》（以下简称《工作方案》）。《工作方案》中明确了考核工作的指导思想及目标、组织领导等7个方面的内容，设置了组织领导、基础工作等9类共24项考核内容及评分标准。2011年综合考核工作体现了新的特点和变化。一是在考核领导小组成员构成方面，考核方案中明确了市政府督察室、市人力社保局、市财政局、市监察局为综合考核工作领导小组。将市公安局消防局、市公安局交管局纳入综合考核领导小组成员单位，进一步增强考核工作的全面性。二是在综合考核的形式方面，2011年度综合考核在部门自评（占总成绩的20%）、市安办评议（占总成绩的60%）的基础上，将区县安委会对部门的评议纳入综合考核工作并赋予20%的分值比例。通过考核进一步

加强区县与市级部门之间的工作互动，以及市级部门对区县工作的指导服务，提高考核工作的全面性，使考核工作更加科学合理。三是在市安办评议的方法上，根据被考核部门日常报送或抄送相关文件、工作信息等材料情况来进行。同时，适时选择进行抽查。四是在综合考核内容及评分标准方面，将国务院23号文件以及市政府40号相关内容及要求纳入考核范围，进一步突出考核的指向性和引导性；对责任落实、监督管理、基础工作、应急管理等项目中的具体内容进行了适当调整，增强了考核工作的可操作性；在重点工作及工作创新两项目中，增加了科技兴安、安全生产标准化等考核内容，突出了考核重点。

（张聪）

【第一季度轨道交通建设安全形势分析会】 1月14日上午，市政府副秘书长、市轨道交通建设安委会主任徐波主持召开了2011年第一季度轨道交通建设安全形势分析会，市轨道交通建设安委会副主任、市安全监管局副局长陈清及市轨道交通建设指挥部安全工作委员会相关成员单位、轨道交通建设相关单位负责人参加了会议。会上，市轨道建设管理公司、东直门快轨公司分别汇报了当前安全形势分析及主要工作措施；市住房城乡建设委、市规划委、市市政市容委、市公安局治安保卫办、市公安消防局分别汇报了当前轨道交通建设安全形势分析报告及主要对策措施。陈清通报了2010年本市安全生产工作形势，对加强轨道交通建设安全生产工作提出了四点建议：一是进一步落实企业安全生产主体责任；二是进一步落实轨道交通建设工程监督管理责任；三是拓展手段，突出重点环节，开展有针对性的专项检查；四是做好春节及"两会"期间的安全生产工作。

（张聪）

【公路工程建设安全生产管理调查评估反馈意见专题会】 1月25日上午，市安全监管局召开北京市公路工程建设安全生产管理调查评估反馈意见专题会，市住房城乡建设委、市交通委路政局的有关负责人参加了会议。会上，市安全监管局通报了公路工程建设安全生产管理调查评估工作开展情况，充分肯定本市公路工程建设取得的突出成效及安全生产管理方面做出的工作，指出了目前公路工程建设安全生产监管方面存在的问题，并从安全生产行业管理、综合监管方面提出了意见和建议。会上，参会人员就调查评估反馈意见进行了认真讨论。会议明确三点意见：一是高度重视，参会人员要将调查评估反馈意见向本部门主要领导做专题汇报，对反馈意见内容进行深入研究，正式提出修改意见；二是细化措施，针对反馈意见要制订工作措施和实施计划，并进行组织落实；三是加强联动，交通、建设、安监部门要进一步强化公路工程建设安全生产监管的联动机制，强化公路工程建设安全生产基础工作，全力压减本市生产安全事故。市安全监管局将研究制定加强本市公路建设安全生产工作的意见。同时，将跟踪落实公路工程建设安全生产管理调查评估意见作为2011年安全生产综合监管重点工作。

（张聪）

【反馈水利工程建设安全生产管理调查评估意见】 1月25日下午，市安全监管局召开了本市水利工程建设安全生产管理调查评估工作反馈意见专题会，市水务局、市住房城乡建设委有关负责人参加了会议。会上，市安全监管局通报了水利工程建设安全生产管理调查评估工作开展情况，从安全生产法规政策、行政许可、监督检查等方面全面分析水利工程建设安全生产现状，指出了本市水利工程建设安全生产管理方面存在的突出问题和薄弱环节，分别向水务部门和建设部门反馈了加强水利工程建设安全生产监管工作的意见和建议。会上，参会人员就调查评估反馈意见进行了认真讨论，研究提出了修改意见。会议强调：一是参会人员要将调查评估意见向本部门主要领导做专题汇报，并进行深入研究，正式向市安全监管局提出反馈修改意见；二是针对提出的意见要制订工作措施和计划，并组织认真落实；三是水务、建设、安监部门要进一步强化水利工程建设安全生产监管的联动机制，各司其职，各履其责，加强企业安全生产动态监管，强化水利工程建设安全生产基础工作，全力遏制水利工程建设生产安全事故。市安全监管局将在进一步修改完善水利工程调查评估反馈意见的基础上，研究制定加强本市水利工程建设安全生产工作的意见。同时，将跟踪落实水利工程建设安全生产管理调查评估意见作为2011年安全生产综合监管重点工作。

（张聪）

【对房山区春节前消防安全工作督导检查】 1月27日，市冬春季火灾防控专项行动领导小组副组长、市安全监管局副局长陈清率队对房山区春节前消防安全工作进行督导检查。市安全监管局、市公安局消防局有关处室负责人参加了督察。会上，房山区副区长马继业及房山区安全监管局、公安消防支队、长阳镇政府等部门负责人分别介绍了该区春节前消防安全工作开展情况。其间，双方还专门就如何进一步加强消防安全及安全生产工作进行了交流和沟通。会后，督察组前往房山区长阳镇鹏亚加油站、加州水郡社区进行了实地检查。督察组充分肯定了房山区的安全生产及消防安全工作，指出房山区对安全生产和消防安全工作高度重视，响应及时，措施到位，成效明显。同时，针对当前安全生产和消防安全形势严峻的状况，结合房山区危化企业多、烟花爆竹储存仓库规模大、工程项目建设点多量大等特点，陈清传达了党中央、国务院领导及市委、市政府领导对消防安全工作的重要批示精神，并提出四点具体工作意见：一是进一步强化工作落实，对照全市统一部署，组织力量深入开展火灾隐患排查整治，真正落实"日巡查、周检查、月督察"的工作要求；二是进一步强化执法检查，加强节日期间特别是烟花燃放期间的安全检查，督促主责单位落实节日火灾防控措施；三是进一步强化宣传教育，加大力度在各类媒体广泛宣传消防法规和烟花爆竹安全燃放常识，提高公众消防安全意识和自觉性；四是进一步强化应急值守，加强节日期间应急值班制度，落实值班工作责任制，做到任务到岗、责任到人、领导到位，确保节日期间安全稳定。

（张聪）

【研究燃气管道终端用户使用安全管理工作】　2月11日上午，市安全监管局组织召开专题会议，具体研究本市燃气管道终端用户使用安全管理及有关防范措施制定落实工作情况。市市政市容委应急安全处、燃气办和市燃气集团的有关负责人参加了会议。会上，市安全监管局通报了2011年"1·17"吉林省吉林市燃气爆炸事故造成2人死亡、29人受伤的情况，传达了市领导的批示要求，并指出了本市在燃气管道终端用户有关燃气爆燃事故情况及普遍存在的问题。市市政市容委燃气办、市燃气集团的相关负责人介绍了目前本市燃气管网运行及燃气使用用户的安全监督管理开展情况以及燃气安全管理工作存在的难点问题。市安全监管局就加强本市燃气管道终端用户使用安全管理工作提出了

以下工作意见。一是由市政市容委牵头、市安全监管局配合就本市燃气管道终端用户、特别是自管户的安全管理工作研究提出明确的意见，明确分工，落实责任，并上报市政府。同时，针对燃气管道终端用户使用安全管理中存在的突出问题提出有关建议，共同督促有关部门组织完善法规、规章和标准，切实加强燃气管道终端用户使用的安全管理工作，有效防范燃气事故的发生。二是市燃气集团要进一步采取措施，加大工作力度，加强与房屋中介机构、居民社区的物业服务单位的联系与沟通，建立工作机制，提高对居民用户入户巡检的覆盖率，及时消除事故隐患。三是充分发动社会力量，通过公告（通告）、安全提示、给居民的一封信等多种方式，向社会公众广泛宣传燃气安全使用的基本常识，提高全社会燃气安全使用的意识和素质。

（张聪）

【部署工程建设安全监督管理专项治理第三阶段工作】　2011年，按照市治理工程建设领域突出问题工作领导小组办公室《关于加快本市工程建设领域突出问题专项治理第三阶段项目自查、排查和整改工作的通知》（京治工办发[2011]1号）文件要求，市安全监管局安排开展第三阶段项目排查工作。市安全监管局对第三阶段的1 022项建设项目逐一进行梳理归类，与相关行业管理部门多次沟通，最终明确由12个行业管理部门分别负责各领域的建设项目排查工作。在此基础上，分别向市相关行业部门和区县安全监管局印发文件，明确排查工作任务，提出工作要求。

（张聪）

【北京市行业领域安全生产监管工作会议】　4月15—16日，市安全监管局副局长陈清主持召开本市行业领域安全生产监管工作会议，市发改委、市教委、市住

房城乡建设委等25个政府部门有关处室负责人参加了会议。会上，市安全监管局通报了2010年安全生产综合监管工作情况及市政府有关部门安全生产综合考核工作情况，提出了2011年安全生产监管工作重点；通报了安全生产控制指标的实施情况、近期事故情况及2011年安全生产执法行动的有关开展情况。市城乡住房建设委、市民防局和北京铁路局介绍了各自行业安全生产监管工作的主要做法和体会，并对做好2011年安全生产工作提出了很好的意见和建议。陈清提出三点工作意见。一是认清形势，坚定信心。要求各部门认真落实党中央和市委、市政府领导重要指示精神，进一步强化机遇意识，坚定信息，增强工作的使命感、责任感。二是抓住重点，落实责任。要求各部门深入贯彻落实国务院23号文、市政府40号文和国办《通知》要求，进一步落实企业主体责任；有关部门要认真开展深基坑、运输单位、地下空间、燃气使用等专项治理活动，深入推进行业领域安全生产标准化、打击非法违法等工作，并结合本单位安全监管工作中的新情况和难点问题，深入研究，采取新措施，解决新问题，确保工作取得实效。三是协调配合，主动工作。要求各部门在深入分析的基础上，不断总结成功经验，提升安全生产监管工作水平。在安全生产形势分析上下工夫，找准问题，查清原因，持续改进工作；在本行业防范事故上下工夫，针对隐患部位采取有效防范措施，做到真查、真管、真改。

（张聪）

【加强建设工程临建房屋安全管理及建筑物拆除工程安全生产工作的通知】 2011年，为强化安全生产监督管理工作，切实汲取建设工程施工现场临建房屋及建筑物拆除工程中发生的各类事故教训，市安全监管局联合市住房城乡建设委、市公安局消防局印发了《关于加强建设工程施工现场临建房屋安全管理及建筑物拆除工程安全生产工作的通知》（京安办发[2011]6号），强化本市建设工程施工现场临建房屋安装使用及建筑物拆除工程安全生产工作。通知要求各有关部门、各区县要督促企业严格落实《建设工程临建房屋应用技术标准》、《北京市建设工程施工现场保卫消防标准》、《北京市建设工程施工现场消防安全管理规定》及有关要求，全面加强临建房屋设计、制作、安装、验收、使用和拆除的安全管理。同时，进一步明确了施工总承包企业要对建筑施工现场临建房屋的安全管理负总责，提出施工单位采购或租赁的临建房屋的具体要求、临建房屋使用管理的消防安全要求。通知强调，各类拆除工程必须由具有相应资质的施工单位承接，必须办理相关手续，制订并落实拆除施工方案和各项安全技术措施等。

（张聪）

【召开紧急会议研究部署火灾防控及"打非"专项行动工作】 5月16日上午，北京市副市长苟仲文组织召开紧急会议，研究部署本市火灾防控及"打非"专项行动工作。会议由市安全监管局副局长蔡淑敏主持，市安全监管局副局长陈清、市公安局消防局政委张高潮及市住房城乡建设委、市商务委、市经信委、市工商局等部门主管领导，东城、西城、朝阳、海淀、丰台、石景山、昌平、通州、大兴等区县政府主管领导参加了会议。苟仲文在会上作了重要讲话。会议围绕近期连续发生的多起火灾事故情况，通报了近期全市火灾防控情况及"打非"专项行动工作开展情况，分析了火灾防控形势，就下一步火灾防控及"打非"专项行动工作进行了部署。陈清通报了本市"打非"专项行动工作开展情况，重点通报了对城六区如家连锁酒店存在用彩钢板搭建设施等违规行为、海淀区田村地段永定河引水渠西岸废品收购点存在的重大安全隐患、丰台区北京兴达科技企业孵化器有限责任公司物业管理违规等典型的非法违法生产经营建设行为的执法检查处理情况。同时，结合"打非"专项行动督导检查工作方案对下一步"打非"专项行动做出重要部署。苟仲文在讲话中指出，一是充分认清形势，完善监管模式。要认真研判城乡一体化进程加快给政府社会管理带来的新变化，认清火灾防控和安全生产工作面临的新形势、新特点，要迅速研究对策，采取有力措施，尽可能消除监管薄弱环节和安全隐患，全力压减火灾等事故的发生。二是巩固日常监管机制，突出加强重点整治。要在坚持和巩固常规的、日常的工作基础上，重点针对安全问题多、事故多发的领域，采取措施，集中力量，强化手段，加大监管力度，对问题和隐患进行治理，打击和规范并重。特别是要对事故突出、问题较多的各类商品市场、废品回收站等全力进行整治，消除火灾等安全隐患。三是突出抓好打击非法违法生产经营建设专项行动。要定期召开调度会议，掌握各区县、各部门"打非"工作开展情况，研究解决重大疑难问题；要加强信息通报，总结工作成果，推广典型经验，分析工作特点，为领导决策提供依据；要认真开展督导检查，进一步确保各项工作部署落实到位。四是突出抓好火灾隐患攻坚整治"亮剑"行动。要进一步督促各区县、各部门、各单位加强组织领导，实施火灾隐患排查整治全覆盖；继续按照"七个严查"、"七个一律"的要求，彻底整治火灾隐患，坚决做到不漏一处、不留一患；依法通过采取行政拘留、停产整顿、媒体曝光等措施，加大惩治力度。

五是发挥综治优势，建立完善防火和安全生产综合治理工作机制。要充分发挥综治领导责任制体系的优势，加大对防火和安全生产工作的综合考核力度，把防火和安全生产工作全面纳入综治工作范畴和工作体系。要依托社区（村）自治组织和社区综治组织、农村综治工作站等，进一步延伸综治、防火和安全生产监管的工作触角。六是深入开展安全生产宣传教育活动，提高全民安全生产意识。要以全国第十个"安全生产月"活动为契机，创新宣传教育手段，形成强大的社会舆论氛围。

（张聪）

【国家安全监管总局召开专题会议研究北京市火灾防控工作】 5月19日下午，国务院安委会办公室副主任、国家安全监管总局副局长王德学主持召开会议，专题研究北京市火灾防控工作。国家安全监管总局二司司长苏洁、副司长黄智全，市安全监管局局长张家明、副局长陈清，市公安局消防局副局长骆原及各部门处室负责人参加了会议。会议围绕近期本市连续发生的火灾事故情况，结合全国的火灾防控形势，认真分析本市火灾多发的深层次原因，进一步理清思路，深入研究针对性对策措施。会上，首先由陈清就目前安全生产领域特别是消防安全领域存在的突出问题、针对突出问题所采取的有效措施及下一步重点工作进行了详细汇报。骆原从火灾形势、防控工作中存在的问题及《北京市消防条例》修订等方面作了补充发言。张家明在发言中指出，近年来，北京市安全监管部门以保障城市运行安全为切入点，正在逐步实现安全监管从运动式、被动式的模式向法制化、制度化、长效化的模式转变，从粗放式、经验型的模式向科学化、精细化的模式转变。大兴"4·25"重大火灾事故充分暴露出，在城乡接合部地区一些低端产业的恶性自身循环和非法违法生产经营建设行为是引发安全生产、交通、治安等一系列问题的根源所在。下一步，针对暴露出的重点突出问题，结合北京实际，认真分析研究对策措施，强化城乡接合部地区和重点领域的安全监管，夯实基层基础工作，建立长效机制，促进安全生产责任真正落实到位。最后，王德学讲话中指出：一是落实基层责任，强化事故问责。要抓好近期几起火灾事故的调查处理，强化事故问责；进一步细化完善安全生产责任体系网络，真正解决责任落实不到位问题。二是发挥社会治安综合治理机制的优势，把安全生产和防火工作全面纳入综治工作范畴和工作体系，大力推动平安创建活动。要真正把群众发动起来，实现基层安全生产群防群治。三是下大力气"打非治理"，抓重点治理"小乱差"。特别是要突出对"三合一"、"多合一"经营场所，城乡接合部地区、城中村、商品市场等重点地区、重点领域进行综合整治。四是深入细致、持之以恒地坚持开展隐患的排查治理，抓源头、抓死角，标本兼治。要出台具体办法推动隐患排查治理工作法制化、常态化。五是加快转变发展方式，推动产业升级，淘汰退出落后产能和低端产业。六是把安全监管纳入社会管理的大格局中，创新安全监管体制、机制、手段和方法。要进一步理清安全生产与社会管理的本质关系，加强对外来流动人口的管理，加大对社会从业人员的管理和培训教育。七是强化建筑消防安全工作，特别是高层建筑的消防安全工作。针对新情况、新问题，加强形势研判和工作研究，采取有效措施，进一步遏制重特大事故发生。

（张聪）

【研究制定《加强盾构机安全管理的规定》】 5月14日，市安全监管局会同市住房城乡建设委、市质监局专题研究加强本市盾构机设备安全管理的工作，北京市设备协会盾构机专业委员会、城建集团、建工集团、市政控股集团、住总集团等单位的专业人员参加了会议。会议针对北京市人民代表大会第十三届四次会议代表建议、批评和意见第0630号《关于加强北京盾构设备管理的建议》进行了讨论，充分认同代表所反映的盾构机使用安全管理存在的问题，并认为采取有力措施加强盾构机安全管理是十分必要的。会议就市住房城乡建设委提出的《加强盾构机安全管理的规定（讨论稿）》进行了讨论，分别提出了修改和调整的建议。市住房和城乡建设委表示将迅速修改完善印发《加强盾构机安全管理的规定》，加大盾构机安全管理，规范盾构机选用、安装、维护和整机验收，以及操作人员安全管理等方面的工作，严防盾构机所引发的各类事故。

（张聪）

【公路、水利建设施工领域安全生产管理调查评估反馈意见跟踪落实专题会议】 5月25日下午，市安全监管局召开本市公路、水利建设施工领域安全生产管理调查评估反馈意见跟踪落实专题会议，市住房和城乡建设委、市交通委（路政局）、市水务局有关负责人参加了会议。会上，市安全监管局向与会部门通报了公路、水利建设施工领域安全生产管理调查评估反馈意见，对调查评估意见逐项进行了沟通，共同研究，细化落实任务，并具体说明了下阶段跟踪落实反馈意见的工作安排。市住房城乡建设委、市交通委（路政局）、市水务局有关负责人分别就本单位落实反馈意见开展的相关工作进行了详细汇报，同时提出了工作难点和工作意见。市安全监管局表示将积极推进并配合调查评估反馈意见落实工作的开展，分阶段地进行工作总结，及时上报市政府。

（张聪）

【专题研究农村房屋建设安全生产工作】 5月25日下午，市安全监管局赴市住房城乡建设委，研究本市农村房屋建设安全生产工作。会上，市安全监管局反馈了2010年北京市农村房屋建设安全生产调研工作意见。市住房城乡建设委介绍了近年来村镇建设工作开展的主要情况，特别是2011年会同规划、土地、农村工作四部门印发了《北京市村庄规划建设管理指导意见（试行）》，从村庄规划制定、乡村建设工程管理、村庄规划建设监督检查以及加强服务保障等方面做了具体的规定，并且明确了政府有关部门和乡镇政府的职责，有效地指导了北京市村庄规划建设管理工作。会议就农村房屋建设调研报告的具体内容进行了研讨，就如何健全安全监管体制机制，制止农村违法建设行为，落实属地管理责任，加强政府部门联动等问题达成共识。市安全监管局表示将积极推进农村房屋建设安全监管工作，与市住房城乡建设委共同研究制定加强农村房屋建设安全监管方面的工作意见和措施。

（张聪）

【副市长苟仲文调研大红门地区商品交易市场安全管理工作】 5月26日上午，副市长苟仲文对丰台区大红门服装商贸城、东城区百荣世贸商城的安全管理工作进行了调研。丰台区区委书记李超钢、市公安局消防局局长张高潮、市安全监管局副局长陈清、丰台区副区长高朋、东城区副区长毛炯及相关部门负责人参加调研。苟仲文对大红门服装商贸城、百荣世贸商城的经营场所检查期间，仔细查看了租赁摊位营业场所安全状况、电气使用情况、从业人员安全培训情况及消防器材使用操作情况，询问了服装进货渠道、经营状况，

查看了仓库、中控室安全管理情况等。在座谈会上，苟仲文提出了四点要求：一是大红门服装商贸城自身还存在一定的安全问题，如一些摊位内服装货物堆放超量，经营场地狭窄，不利于人员疏散和消防救援；二是安全责任需进一步明确，发现安全隐患或问题应该迅速消除或解决，对于难以有效制止的，应及时报告，如果在安全问题上开后门、讲情面，最终酿成事故的，必将追究相应的责任；三是结合当前胡锦涛总书记关于社会管理的指示精神及首都建设中国特色世界城市的目标，应加紧研究大红门地区市场经营向高端产业转型的问题，促进区域经济协调发展和良性循环；四是要抓好企业主体责任的落实，大红门地区要带头制止、打击非法违法生产经营行为，斩断非法生产、违法经营的链条。对于发生事故的，要依法追究非法加工人员的责任。

（张聪）

【召开地铁9号线05标安全工作通报会】 6月2日，市安全监管局会同市重大项目办、市住房城乡建设委、市市政市容委、市卫生局、市公安局消防局等部门召开地铁9号线05标安全工作通报会，北京市轨道交通建设管理公司9号线项目中心安全主管领导，中铁十四局集团安全主管领导，赛瑞斯监理公司主管领导、项目经理、项目总监等参加了会议。会上，地铁9号线05标中铁十四局项目负责人，对5月25日北京市重大办组织的联合检查中提出的安全生产管理、现场施工安全、消防安全、管线保护、食品卫生、危险源管理等16项问题进行了整改情况汇报。中铁十四局集团公司负责人对该标段在安全管理工作中存在的问题进行了深刻的分析，并就将采取的措施进行了介绍。工程建设单位北京市轨道交通建设管理公司项目中心安

全主管领导、赛瑞斯工程监理公司主管领导分别就该标段存在的问题和整改情况，以及下一步如何更好地做好安全生产工作进行了发言。各相关委办局分别就中铁十四局集团做好安全管理工作提出了具体的工作要求。市安全监管局提出以下工作意见：一要进一步加强对工程监理人员、总包项目管理人员的法律法规和业务知识的教育培训工作；二要加强特种作业人员的管理工作；三要做好应急预案的编制、培训和演练工作；四要对存在的问题举一反三，认真做好隐患排查和整改工作。

（张聪）

【调研轨道交通建设视频监控和安全生产标准化工作】　6月2日下午，市安全监管局赴北京市轨道交通建设管理有限公司，开展北京市轨道交通建设视频监控和安全生产标准化工作调研工作。北京市轨道交通建设管理有限公司、北京东直门机场快速轨道有限公司相关处室负责人参加了调研。会上，北京市轨道交通建设管理有限公司、北京东直门机场快速轨道有限公司分别介绍了视频监控系统和远程监控信息系统相关情况和各公司安全生产标准化工作开展情况。与会人员就提高监控系统的功能、图像信息传递和硬件支撑等技术方面进行了充分的座谈讨论。市安全监管局传达了《国务院安委会关于深入开展企业安全生产标准化建设的指导意见》（安委[2011]4号）的要求，结合本市轨道交通建设安全生产标准化工作开展的情况，提出以下工作建议：一是整理安全生产标准化工作的总体思路，确定工作目标和任务；二是研究进一步推动安全生产标准化工作的措施，制订标准化工作计划，确定各阶段重点任务；三是完善标准化工作激励、惩处制度，通过典型引路，以点带面，稳步推进轨道交通建设安全生产标准化工作

深入开展；四是积极创建安全生产标准化示范企业，大力宣传和推广企业安全生产的先进经验和做法，促进企业安全生产主体责任落实到位。

（张聪）

【部署京沪高铁沿线（北京段）"打非"专项行动】　6月10日下午，市安全监管局组织召开协调会，专题研究部署京沪高铁沿线（北京段）"打非"专项行动的协调联动工作。北京铁路局副局长廖文及安全监管处等有关处室负责人参加了会议。

会上，北京铁路局介绍了京沪高铁试运行有关工作情况，并就京沪高铁联调联试和运行试验中发现的涉及北京区域内的安全隐患问题进行了详细通报。市安全监管局重点介绍了北京市安委会办公室关于开展严厉打击京沪高铁沿线（北京段）危害铁路运输安全非法违法行为专项行动工作方案。其间，与会人员结合京沪高铁沿线安全隐患问题，就专项行动重点打击范围和内容、实施步骤、职责分工等方面进行了认真研讨，并就建立健全高铁运输安全定期信息通报制度和长效协调联动机制达成一致。市安全监管局将按照国务院安委会的统一部署，结合本市行政区域内京沪高铁沿线安全环境实际，以安委会办公室的名义印发京沪高铁沿线（北京段）"打非"专项行动工作方案，并进行统一部署和推进。同时，将进一步加强与市有关部门及北京铁路安全监督管理办公室的协调联动，形成合力，依法严厉打击，确保京沪高铁沿线（北京段）"打非"专项行动取得实效。

（张聪）

【部署废品回收站点安全专项整治工作】　6月16日下午，市安全生产委员会召开专题会议，研究部署本市废品回收站点安全隐患专项整治工作。会议由市政府

副秘书长戴卫主持，副市长苟仲文出席会议并作重要讲话。市安全监管局、市商务委、市住房城乡建设委、市规划委、市市政市容委、市工商局、市环保局、市水务局、市公安局消防局、市城管执法局等有关部门负责人、各区县主管区县长及北京电力公司等单位负责人参加了会议。会议首先由市安全监管局副局长汪卫国介绍了本市废品回收站点安全隐患专项整治工作方案。市公安局消防局和丰台区政府分别通报了2011年以来废品回收站点火灾情况和整治工作意见及丰台区废品回收站点安全管理工作开展情况。苟仲文在会上指出，此次由市安委会牵头在全市范围内组织开展废品回收站点安全专项整治工作绝不是"小题大做"，就是要通过专项整治取缔一批非法经营站点，切实消除一批安全隐患，规范合法经营行为，促进全市废品回收领域安全状况明显好转。

对于做好下一步工作，苟仲文提出了五点要求。一是要高度重视，加强领导。各区县、各部门要认识到位，主要领导亲自抓；要周密组织，细化工作计划。二是要明确任务，落实责任。各相关部门要坚持"管生产必须管安全"的原则，认真履行各项职责。各区县要坚持"非法站点坚决取缔，合法站点加强规范"的原则，全力抓好清理整治。三是要建立机制，强化管理。要提早规划设置废品回收周转"安置点"，避免回潮现象；要加快推进本市再生资源回收龙头企业和基地建设，实现从单一经营向回收利用、综合处理、多层次开发利用转变；要完善再生资源回收网点布局，编制网点设立标准和作业操作规程。四是要加大力度，扎实推进。各区县、各部门要密切沟通，形成合力，建立联合执法机制，加大打击力度，对废品回收领域存在的非法违法生产经营建设行为要依法

严肃处理。五是要部门带头，从严落实。市政府有关部门要首先在本部门范围内及其所属单位开展排查整治工作，对于违规将土地房屋出租、出借给非法违法废品回收站点从事经营活动造成安全事故的，要"查主体、查主责、查主管"，从严查处。

（张聪）

【启动市交通行业平安工地安全生产标准化创建活动】 7月4日，市安全监管局会同市交通委在密云县石城镇密关路白河大桥施工现场，联合举办"北京市交通行业平安工地安全生产标准化创建活动启动仪式暨安全文化进工地活动"。密云县政府、市路政局、路政局各分局、10个远郊区县安全监管局、市首发集团、市公联公司、市市政路桥控股集团、相关施工单位、监理单位、设计单位等单位有关负责人参加了此项活动。本市公路建设开展"平安工地"创建示范工作以密云白河大桥、京包高速公路、八达岭过境线改建工程及青龙桥隧道四个项目作为市级示范项目，结合本市公路建设特点，以"点"带动"局部"，以"局部"带动"全面"，重点建立"平安工地"创建长效机制。新开工的高速公路和投资3 000万元以上的公路新改建项目在安全管理中将执行本市公路建设"平安工地"达标细则。"平安工地"建设工作要求将作为招投标文件的一项重要内容纳入工程招投标文件及合同文本，推进本市交通路政行业安全管理水平。通过开展"平安工地"建设活动，全面夯实本市公路建设工程安全监管工作基础，进一步强化公路施工现场安全防护标准化、场容场貌规范化、安全管理制度化的建设。

（张聪）

【专题调研区县商品交易市场安全管理工作】 7月8日上午，市安全监管局组织召开座谈会，专题调研区县商品交易市

场安全管理工作。朝阳、海淀、丰台、顺义、昌平、通州、大兴等区县安全监管局及朝阳区十八里店乡、海淀区田村街道办、丰台区南苑乡、顺义区仁和镇、昌平区城北街道办、大兴区黄村镇等街乡安监科的有关负责人参加了座谈会。会议首先由区县安监局及所属街乡相关负责人分别介绍了本区域商品交易市场基本概况、安全管理状况、工作模式、存在的难点问题及工作建议等。座谈中，与会人员结合"5·1"顺义区建材城火灾、"5·8"海淀区天下城商品市场火灾等事故案例，对基层安全监管工作中存在的力量不足、"权责分离"、"执法难、监管软"等难点问题进行了深入交流。最后，市安全监管局有关负责人对基层商品交易市场的安全管理工作进行了严密细致的分析，强调了安全生产综合监管在商品交易市场安全管理工作中的重要作用，并对今后区县相关工作的开展提出了指导性意见。

（张聪）

【专题研究电梯等特种设备安全监管工作】　8月9日上午，市安全监管局副局长陈清率队前往市质监局，就进一步加强本市电梯等特种设备安全监管工作，与市质监局有关负责人进行了专题研究座谈。市质监局副局长张巨明等相关负责人参加了会议。座谈会上，市质监局有关负责人首先介绍了"7·5"地铁4号线动物园站扶梯事故调查处理进展情况及本系统电梯等特种设备安全监察工作开展情况。市安全监管局充分肯定了市质监局在安全生产方面所做的大量工作，分析了本市电梯等特种设备安全生产面临的形势，提出了关于加强电梯等特种设备安全监管工作的意见。针对下一步工作，陈清提出以下几点工作意见：一是建议安监、质监、交通、消防等部门研究制定针对人员密集场所电

梯安全使用规范并进行联合部署；二是质监部门应运用试点示范的方式积极推动人员密集场所特种设备安全生产标准化达标创建活动；三是针对目前特种设备安全管理难题，市安全监管局将充分发挥市安委会办公室作用，按轻重缓急原则组织协调相关部门逐类开展专项整治；四是立足长远，建议安监、质监、建设、交通、消防等部门应针对地铁电梯安全监管全过程，研究出台统一标准或规范，加强部门联动，形成监管合力，切实做好电梯等特种设备安全管理的行业监管和综合监管工作，提升电梯等特种设备安全生产管理水平。

（张聪）

【组织召开人员密集场所安全生产工作会议】　8月24日上午，市安全监管局组织召开人员密集场所安全生产工作会议，听取了"7·5"地铁4号线动物园站电扶梯事故后人员密集场所安全专项检查工作开展情况，并就开展人员密集场所安全生产标准化工作进行了研究部署。市交通委、市商务委、市旅游委、市文化局、市广电局、市体育局、市质监局、市公安局消防局及市安全监管局相关处室负责人参加了会议。市安全监管局从安全生产综合监管的角度，向参会各部门传达了国务院165次常委会精神、市委常委会会议精神和《国务院安委会办公室关于认真贯彻落实中央领导重要指示和国务院安委会全体会议精神有效防范和坚决遏制重特大事故的通知》精神，并就贯彻落实提出要求。同时，针对在人员密集场所试点推行《特种设备使用安全管理规范》标准化达标工作，提出了工作意见。意见要求市质监局要将试点工作方案修改后，书面征求各有关部门意见，并牵头推动此项工作；人员密集场所各有关部门要积极配合做好《特种设备使用安全管理规范》标准化达标试

点工作，并按照"统筹规划、典型示范、分级分类、分步实施"的基本思路，在本行业领域逐步开展安全生产标准化工作。

（张聪）

【部分商品交易市场安全生产调查评估工作】 2011年，市安全监管局牵头会同市工商局、市商务委、市公安局消防局联合开展本市部分商品交易市场安全生产管理调查评估工作。其间，以家居建材、服装鞋帽、电子通信、日用百货4类市场为重点，以调查评估市场的安全生产管理状况为切入点，组织开展对商品市场的安全生产集中执法检查，进行全市商品交易市场基本情况摸底调查，分析研究相关法律法规和商品市场典型事故情况，梳理政府职责。通过集中检查、重点调查、评估分析、座谈研讨、法规政策研究及外省市比较研究等工作，全面了解本市商品交易市场安全生产管理现状，认真查找问题，深刻分析原因，研究提出改进和加强商品交易市场安全管理的对策和措施，形成了本市部分商品交易市场安全生产调查评估报告。

（张聪）

【公路建设安全生产联合执法检查工作现场经验交流会】 10月14日，市安全监管局会同市交通委在通州宋郎路项目施工工地，召开北京市公路建设安全生产联合执法检查工作现场经验交流会。市安全监管局副局长陈清，市交通委党组副书记、副主任张树森，通州区副区长肖志刚、路政局局长孙中阁等出席了会议。

会上北京市路桥建设集团鑫畅公司介绍了安全生产管理工作经验；通州公路分局介绍了"平安工地"创建情况；通州区安全监管局介绍了通州区公路建设安全生产联合执法检查工作经验。市交通委、市交通委路政局、通州区政府有关负责人先

后做了工作指示。陈清在会上对2011年6月以来市、区两级安全监管部门、交通部门开展的全市38个公路工程联合检查工作成效给予了充分肯定，并提出了三点工作意见。一是充分认清形势，全面强化安全生产监管工作。要求各部门、各单位都要保持清醒的认识，自觉增强做好安全生产工作的责任感，勇于创新，努力开拓，完善机制，强化手段，加大监管力度，督促企业自觉落实主体责任。二是采取有效措施，落实企业安全生产主体责任。要求建设单位要进一步加大对整体工程管理协调的力度，加强公路建设全过程的安全管理。要求施工、监理单位要全面履行安全管理的责任，切实把安全生产责任落实每一个岗位，同时各大集团公司要发挥集团统一领导、总体协调的优势，切实发挥其职能作用。三是强化监管手段，完善安全生产监管长效机制。

（张聪）

【召开区县安全生产综合监管工作会议】 11月22日，市安全监管局召开区县安全生产综合监管工作会议，专题研究部署2011年度安全生产综合考核及综合监管工作。会上，市安全监管局介绍了本市安全生产综合监管工作开展情况，并就2011年度市政府有关部门安全生产综合考核工作做出安排部署。随后，部署了2011年度区县政府安全生产综合考核工作。其间，与会人员结合工作实际对《关于进一步加强本市安全生产综合监管工作的意见》（征求意见稿）进行了深入交流，并提出针对性建议。最后，会议对安全生产综合考核工作和下一步综合监管工作提出明确要求。一是要针对当前本市安全生产出现的新情况、新问题，进一步提高思想认识，增强做好安全生产工作的使命感。要积极探索，勇于创新，敢于担当，切实做好安

全生产综合监管工作。二是各区县要高度重视安全生产综合考核工作，要认真研究，精心组织，召开会议，全面落实。要本着"对己负责、对人负责"的态度，组织对市有关部门安全生产监管工作进行打分评定，同时认真总结全年安全生产工作开展情况，做好迎检工作。三是认真贯彻落实近期国家及本市安全生产一系列重要文件精神，采取有力措施，将工作做细做深。坚持安全生产综合考核与综合监管工作两手抓两手都要硬，以良好的工作状态和突出的工作成效，进一步推动本市安全生产综合监管工作得到落实、深化和发展。

（张聪）

【调度京津城际铁路安全隐患整治专项行动】　2月7日，市安全监管局会同北京铁路局赴通州区现场调度京津城际铁路安全隐患整治专项行动工作。市安全监管局和北京铁路局有关工作人员现场查看了京津城际沿线安全隐患状况。通过前期通州区安委会办公室牵头展开的专项整治行动工作，确定辖区内存在安全隐患共10项，问题主要集中在高架桥下停放车辆、堆放物料建筑材料以及在铁路保护区内堆放木材等易燃物和新建非法构筑物建筑物。针对上述问题，通州区安委会办公室对安全隐患的现状、整改内容和工作标准建立了工作台账，并按照市安委会办公室工作部署加紧进行整改落实。在随后召开的专项行动推进落实工作会议上，市安全监管局针对专项整治行动工作进展情况提出了工作要求。一是对于沿线红线范围内存在的高架桥下停放车辆、堆放物料建筑材料情况，要在提前进行公告的基础上，对安全隐患问题立即进行整改，铁路部门要迅速进行封闭管理，确保红线范围内安全隐患有效消除。二是对于铁路红线范围外铁路保护区内存在的木材等易燃物立即进行清

理整治，严防发生火灾事故。同时，对于该范围内存在的非法违法建筑物、构筑物进行清理整治，认真落实市有关领导提出的"对于因非法违法原因产生的安全隐患一律无条件进行整改"的工作要求。三是对于保护区内存在的合法建设经营场所，要收集整理相关规划、建设及经营审批许可等材料，及时报送铁路部门，争取相关政策支持。

（张聪）

【驻京军工企业安全生产工作会】　5月24日，市安全监管局会同市国防科工办联合召开驻京军工企业安全生产工作会议。会议总结讲评了驻京军工企业安全生产工作情况，对2011年"安全生产月"活动进行了部署动员，同时，聘请有关军工方面的专家对新近出台的《国防科研生产安全事故报告和调查处理办法》（工信部第18号令）以及《国防科技工业安全生产监管规定》（科工安密1740号）进行了专题培训。驻京十大军工企业负责安全生产工作的部门领导参加了会议。会上，市安全监管局结合当前全市安全生产工作的整体情况，对驻京军工企业安全生产管理工作提出了有关要求。一是充分认清当前安全生产工作的严峻形势，进一步认真落实企业安全生产主体责任。二是狠抓企业日常安全生产管理工作。结合国务院23号文件、北京市政府40号文件，认真落实国家及北京市关于加强企业安全生产工作的指示和要求，进一步完善安全生产管理规章制度建设，强化企业基层基础工作。同时，以《办法》和《规定》的出台为契机，进一步加强学习和工作的贯彻落实。三是认真组织好2011年的"安全生产月"活动，要在创新方式和提高效果上下工夫。四是进一步加强与属地监管部门的工作沟通和联系，及时反映安全生产工作中存在的困难

和问题。

（张聪）

【召开春运超员载客违法单位现场执法会】 1月25日，市安全监管局会同市公安局交管局、市交通委运管局在莲花池长途客运站召开春运超员载客违法单位现场执法会。会上，市公安局交管局介绍了本市春运道路交通安全工作情况，通报了北京高客长途客运有限责任公司一省际长途车辆站外揽客、超员营运的有关情况，大兴支队向该单位下达了《责令限期正通知书》，市公安局交管局、市安全监管局、市交通委运管局向违法单位颁发了"重大交通安全隐患单位"警示牌。市安全监管局要求省际客运场站及春运道路运输单位要进一步加强春运工作的组织领导。一是针对此次运营违法行为进行全面的安全管理宣传教育，在通报违法行为及相关处理决定的基础上，进一步强调确保春运安全的重要性和紧迫性。二是全面落实有关道路运输安全管理的法律法规及有关规章制度，严格落实安全管理责任制，严肃处理违法运营车辆的当事人及企业安全负责人的管理责任。三是全面开展安全隐患排查治理工作，认真查找春运安全管理的薄弱环节，有效消除安全隐患，确保春运道路交通运营安全。

（张聪）

【协调解决威胁民航通信设施安全隐患】 1月，市安全监管局接到民航华北地区空中交通管理局《关于侵占民航通信设施构筑房屋情况的函》（民航华北空函[2010]33号），反映北京蟹岛种植养殖集团有限公司在其交通管理局4座天线塔下违法搭建房屋，对航空交通指挥天线构成威胁。市安全监管局要求朝阳区政府及有关部门积极协调解决违法建筑的拆除工作，及时消除安全隐患问题。其间原违建房屋已被拆除，威胁航空交通指挥天线安全隐患得到消除。民航华北地区空中交通管理局对市安全监管局给予的帮助、支持表示感谢。

（张聪）

【对工程建设领域突出问题开展安全监管专项治理工作】 2011年，市安全监管局会同相关部门按照市治理办公室关于开展专项治理第三阶段项目排查、整改工作的统一部署，认真组织完成了全年安全专项治理工作。一是认真安排部署。根据市治理办文件要求，认真研究，制订方案，印发了《北京市工程建设安全监督管理专项治理工作组关于开展第三批工程建设项目安全生产排查工作的通知》等文件，并召开会议进行动员部署安排。二是全面排查整改。市安全监管局分别对第三批1 014项以及全部三批共7 569项工程进行全面梳理，确定了各部门任务分工，组织进行"对照摸底、自查自纠、整改落实、填表上报"工作。三是突出重点检查。其间，市安全监管局对朝阳区北小营燃煤锅炉改造工程、东北三环热力改造等工程进行抽查，针对存在问题的企业下发了隐患整改指令书，并责令企业局部停止作业，同时对检查情况在主要新闻媒体上进行了曝光，在建设施工单位中起到警示作用。四是建立长效机制。市安全监管局会同相关部门组织开展了相关建设施工领域安全生产管理调查评估工作，提出了调查评估意见，并跟踪督促配合相关部门共同做好交通、公路、农村房屋建设安全监管工作，进一步规范了建设工程领域安全生产监督管理工作。

（张聪）

【部署京津城际铁路北京段沿线安全隐患整治专项行动】 9月23日，市政府副秘书长戴卫召开专题会议，部署京津城际铁路安全隐患整治工作。会议由市安委会办公室副主任、市安全监管局副局长陈清主持。东城区、朝阳区、通州区政府主管领导，首都综治办、市住建委、市市政市容委等有关部门以及北京铁路局、京津城际公司主管领导参加了会议。会上，北京铁路局通报了京津城际铁路北京段沿线存在的安全隐患情况。经铁路局前期排查，共发现涉及本市东城区、朝阳区、通州区内存在安全隐患共计77项，其中，东城区1项、朝阳区68项、通州区8项。这些隐患的存在对京津城际铁路安全运行构成威胁，北京铁路局表示将积极配合属地做好专项"打非"工作。市安全监管局通报了《关于消除京津城际铁路北京段沿线安全隐患专项行动工作方案》。方案中明确，从9月开始，利用3个月时间，通过动员部署、排查整改、督察总结3个阶段，认真开展此次专项整治行动。戴卫对专项整治行动提出工作要求：一是对于因非法违法原因产生的安全隐患一律无条件进行整改，因工作不力造成安全事故的要追究领导责任；二是要迅速全面排查，对于因征地、补偿未到位等原因使安全隐患难以解决的，属地政府要积极与铁路部门进行沟通，妥善加以解决；三是要在消除安全隐患的同时，加强现场的安全监管并健全路地联合保障高铁运输安全的长效机制。

（张聪）

【研究制定进一步加强北京市安全生产综合监管工作的意见】 2011年，为了进一步完善本市安全生产综合监管体制机制建设，更好地总结这些年来安全生产综合监管方面的实践经验，加大对区县安全监管局的指导服务力度，市安全监管局结合新修订的《北京市安全生产条例》的要求，研究制定《关于进一步加强安全生产综合监管工作的意见》（以下简称《意见》）。《意见》共分为工作含义、工作体制、监管

模式、监管手段4个部分。其中，在"监管模式"部分，根据目前各行业（领域）的不同情况，提出对行业（领域）的安全生产监管工作进行分类指导，探索建立了安全生产综合监管模式。同时，将已有综合监管10项工作制度进一步补充完善，制定了12项安全生产综合监管工作制度。

（张聪）

【组织开展北京市管道燃气安全管理状况调研工作】 4月下旬至5月初，为认真吸取"4·11"朝阳区和平东街燃气爆燃事故教训，有效防范管道燃气爆燃事故，进一步加强本市管道燃气安全生产监督管理工作，市安全监管局组织开展了本市管道燃气安全管理状况调研工作。其间，分别召开不同层面的座谈会，深入燃气公司基层单位了解情况，深入分析管道燃气建设、运行、使用中政府监管和专业化管理方面存在的问题，提出加强和改进燃气管线管理工作的建议，形成《关于进一步加强本市管道燃气运行使用安全管理工作的报告》，并及时向市政府做出了汇报，并将意见反馈至有关主管部门。

（张聪）

【组织开展京港地铁运营安全管理调研工作】 2011年，为认真吸取"7·5"京港地铁4号线电梯事故教训，市安全监管局牵头组织开展了京港地铁安全生产管理调研工作。通过调研，分析了目前京港地铁安全管理现状，指出了存在的问题，并提出对策建议形成了调研报告。在此基础上，向市政府进行了汇报，并向京港地铁及有关部门进行反馈，督促落实地铁运营政府监管和企业管理责任。

（张聪）

【组织开展道路客运隐患整治专项行动】 2011年，按照国家安全监管总局等三部委的统一安排，市安全监管局牵头联

合市交通委等相关部门，以省际客运、旅游客运、公交客运、城市轨道交通客运、中小学校车和山区道路客运为重点，集中开展了全市道路客运隐患整治专项行动。其间，共检查了客运场站、混凝土搅拌企业等12家企业，组织开展了京港地铁、北京地铁运营公司的安全检查，有力地规范了企业的安全生产工作，震慑了道路运输安全生产违法行为。

（张聪）

【组织开展废品回收站点安全专项整治行动】 6月中旬至7月下旬，市安全监管局牵头组织开展了废品回收站点安全专项整治行动。其间，市商务、工商、城管、消防等部门开展重点检查或联合检查，集中取缔了一批非法废品收购点，规范了一批有审批手续的回收站点，消除了一批安全隐患。通过专项整治，有效改善了安全环境秩序，推进了废品回收站点规划管理长效机制建设。

（张聪）

【组织开展临建房屋与拆除工程安全专项治理】 2011年，针对施工临建房和拆除事故多发的情况，市安全监管局牵头会同市住房城乡建设委、市公安局消防局认真研讨，联合印发了《关于加强建设工程施工现场临建房屋安全管理及建筑物拆除工程安全生产工作的通知》，对临建房屋设计、制作、安装、验收、使用和拆除工程安全工作提出具体要求。同时，召开施工安全大会，宣传贯彻通知精神，督促各建设施工单位加强临建房屋安全管理及拆除工程安全生产工作。此项工作得到国家安全监管总局的充分认可并向全国转发了该文件。

（张聪）

【配合开展消防平安行动及地下空间综合整治行动】 2011年，市安全监管局

以矿山、危险化学品、烟花爆竹、工业企业等为重点，督促企业强化消防安全工作，配合开展高层建筑和地下空间火灾隐患排查整治消防平安1号行动、"清剿火患"战役暨消防平安二号行动。同时，认真按照市委、市政府关于开展地下空间综合整治行动的统一部署，指导安监部门认真做好地下空间综合整治工作，强化地下空间人员密集场所的安全检查。

（张聪）

【约谈大族环球临建板房坍塌事故单位】 1月18日，为切实吸取2010年9月11日北京经济开发区"大族环境基地"工程临建板房坍塌事故教训，严防类似事故重复发生，市安全监管局会同市住房城乡建设委、市质监局联合组织召开了安全生产约谈会，约请事故单位北京大本营集成房屋有限公司负责人，就吸取事故教训、进一步加强安全生产工作进行谈话。会上，市安全监管局针对近年来建筑工地临建板房事故情况，分析了临建板房使用存在的突出问题和安全监管工作的薄弱环节，并对下一步加强临建板房安全生产工作提出了意见：一是北京大本营集成房屋有限公司要增强首都大局意识，坚决避免麻痹思想和侥幸心理，自觉落实临建板房安全生产标准，全面落实企业安全生产主体责任；二是要深刻汲取此次事故教训，深入查找事故原因，从原材料使用、加工生产、安装等环节强化管理，严防事故重复发生；三是要结合事故教训，全面梳理企业的安全生产责任制、安全生产操作规程，督促各岗位人员自觉落实安全生产责任，加强各环节的监督管理。会议还提出要进一步加强临建板房加工和使用的安全监管工作，相关部门将联合发文规范临建板房加工、安装、使用的安全管理，采取多种措施，加大《建设工程临建房屋应用技术标

准》的宣传贯彻力度；同时还将依法对事故单位进行严厉查处，通过采取有力措施，切实强化本市临建板房的安全监管工作。

（张聪）

【约谈 19 家存在安全隐患的如家连锁酒店北京区负责人】 5 月 13 日，针对 5 月 11 日对城 6 区 79 家如家连锁酒店联合检查时发现的严重安全问题，市安全监管局会同市旅游委、市公安局消防局召开安全生产联合约谈会。会议由市安全监管局副局长陈清主持，约谈了该连锁酒店北京区的 4 名负责人及首旅集团负责人。市安全监管局、市公安局消防局分别通报了 5 月 11 日对城 6 区 79 家如家连锁酒店联合检查时发现的安全问题，特别是对其中 19 家酒店存在用彩钢板搭建设施、地下经营区域存在违规行为、安全生产管理制度普遍未建立健全等问题，提出了严厉的批评。陈清指出：如家连锁酒店是全国旅游行业规模较大的一个企业，在这次联合检查中发现多家酒店存在严重的安全问题，说明企业管理者不注重安全主体责任的落实、忽视对企业安全生产的管理是造成今天诸多安全问题存在的根本原因。陈清副局长要求：一是各相关区县的安全监管部门要加大对企业的监督检查力度，对问题整改不到位的单位要依法严肃处理；二是要举一反三，针对连锁酒店行业的特点，对全市类似的企业开展全面的安全检查；三是吸取大兴区"4·25"和北京近期发生的几起火灾教训，建议如家连锁酒店对存在严重违规行为的 19 家酒店停业整顿，在企业内部进行全面的安全隐患排查活动，防止期间发生各类安全问题。

（张聪）

【约谈立垡村仓储基地油罐爆炸相关事故单位】 5 月 26 日，为全面做好打击非法违法生产经营建设行为专项整治工作，切实吸取 4 月 16 日大兴区立垡村仓储基地油罐爆炸事故教训，严防类似事故重复发生，市安全监管局会同市国资委组织召开了安全生产约谈会，约请事故相关单位即北京市政路桥建设控股（集团）有限公司及其下属北京市市政房屋管理公司主管负责人，就吸取事故教训、进一步加强安全生产工作进行谈话。会上，市安全监管局指出了近年来安全生产非法违法事故突出的情况，分析了事故原因，特别是针对"4·16"仓储基地油罐爆炸事故原因进行了剖析。指出该起事故是典型的非法违法施工造成的，非法经营者利用"厂中厂"、"村中厂"的隐蔽性逃避政府监管。约谈中指出，作为国有单位，北京市市政房屋管理公司将经营场所违法出租给不具备安全生产条件资质的个人，违反了《安全生产法》第四十一条的规定。该公司及其上级市政路桥建设控股（集团）有限公司应该深刻认识自身存在的问题，全面加强集团的安全管理通报事故情况，举一反三，全面深入排查，认真清理整治。发现有非法违法出租行为的要督促承租方拆除违法建设、停止非法经营活动，纠正违法行为，坚决防止安全生产非法违法事故重复发生。

（张聪）

【北京市副市长专题研究地铁安全运行工作】 8 月 21 日、22 日，副市长苟仲文在市轨道交通指挥中心召开京港地铁、北京地铁运营公司地铁安全运行工作会议，听取了地铁运行安全工作情况汇报，研究了地铁运行安全工作，市安全监管局副局长陈清参加了会议。京港地铁、北京地铁运营公司分别汇报了地铁安全运营重点工作、存在的问题，提出了意见和建议。北京地铁公司研究提出了"车辆不超载，站台不超员，通道不拥挤，电梯不满荷"的建议标准和缓解客流压力采取的措施。参加会议的市交通委及运输局、市安全监管局、市质监局、市消防局对地铁运营工作分别提出了意见。苟仲文强调，地铁运营公司和相关部门要在服务至上、安全首要上下工夫，要开拓思路，勇于创新，合理调整运力，综合协调地面和地下的关系，解决大客流矛盾。要将安全责任真正落实到班组，加强车站、站区的力量和人员培训工作。要认真研究地铁"四不"的落实意见，请专家进行充分论证和评估。市交通委要牵头加强地铁站外环境管理，研究制定相关办法，建立站外环境管理长效机制。

（张聪）

【对石景山区、大兴区安全生产工作考核】 12月27—28日，市安全监管局考核组会同市发展改革委、市水务局、市总工会等安委会成员单位，对石景山区、大兴区2011年度安全生产工作进行了考核。石景山区把安全生产工作纳入全区国民经济和社会发展规划、纳入政府折子工程并落实"主要负责人亲自抓、负总责"的要求，围绕"安全生产年"主线，以实施安全生产"六安工程"为目标，以开展"打非"专项行动和隐患排查治理为重点，狠抓企业主体责任落实，坚持依法监管，严格责任追究，夯实安全基础，不断加大执法检查力度，各项工作稳步推进，安全生产事故亡人指标得到有效控制，全区安全生产工作保持了平稳有序发展的良好态势。随着市政府城南行动的实施，大兴区进入大发展、大建设的特殊时期，重点建设工程多、拆迁工程多、中小企业多、流动人口多。全区以"打非"行动为重点，采取积极有效措施，按照"属地负责、行业协同、联合执法、综合治理"的原则，综合运用法律、经济和行政手段，进一步强化执法责任，完善执法措施和办法。区政府所有

领导分别包片负责，靠前指挥，各镇街和各执法部门层层动员部署，强力推进"打非"行动，全面实现了"减少存量、严控增量、台账清零"的总体目标。

（李玉祥、刘曦、张德武、罗旋）

危险化学品安全监管监察

【安全生产许可证核发】 截至12月31日，全市取得安全生产许可证的危险化学品生产企业共76家，比2010年减少5家，同比减少6.2%。2011年，市安全监管局共受理安全生产许可证申请企业38家。其中首次申请企业1家（北京燕山石化橡塑化工有限责任公司），变更申请企业7家，延期申请企业24家，申请注销企业6家。

（魏志钢）

【经营许可证核发】 截至12月31日，全市取得危险化学品经营许可证的单位共2 340家，比2010年减少88家，同比减少3.6%。其中，其中持有甲证（经营剧毒或成品油）的单位1 237家，持有乙证（经营除剧毒和成品油以外的其他危险化学品）的单位1 103家。2010年，市安全监管局共受理危险化学品经营许可证（甲证）申请单位527家。其中首次申请单位27家，变更申请单位104家，延期换证申请单位396家。

（魏志钢）

【建设项目安全许可】 2011年，市安全监管局共审查危险化学品建设项目18项，比2010年增加9项。其中，设立安全审查项目8项，安全设施设计审查项目8项，安全设施竣工验收项目2项。建设单位主要包括中国石油化工股份有限公司北京燕山分公司、中国石油化工股份有限公司北京石油分公司、北京东方石油化工有限公司、北京首钢氧气厂、联华林德气体

（北京）有限公司、北京东进世美肯科技有限公司等。

（魏志钢）

【易制毒化学品许可】　截至 12 月 31 日，全市取得一类非药品类易制毒化学品经营许可证的企业共 3 家，与 2010 年持平；取得二类、三类非药品类易制毒化学品生产备案证明的企业 10 家，比 2010 年减少 4 家；取得二类、三类非药品类易制毒化学品经营备案证明的企业 325 家，比 2010 年减少 75 家。

（魏志钢）

【启用行政许可信息系统】　8 月 1 日起，市安全监管局正式启用了危险化学品行政许可信息系统，实现了危险化学品行政许可的网上申请、审批和证书打印，同时具有查询统计、通知公告、短信提醒等日常管理的功能。为保障系统安全和有效运行，市安全监管局印发了《关于使用危险化学品行政许可信息系统的通知》（京安监发[2011]62 号），并制定《危险化学品行政许可信息系统使用管理办法（试行）》。

（魏志钢）

【塑料加工企业专项整治】　2011 年，市安全监管局组织开展了塑料加工企业的调研和全面检查工作。一是组织各区县开展规模以上塑料制品企业的调研摸底。经查，全市共有规模以上塑料制品生产企业 272 家。重点分布在大兴区、通州区、顺义区、房山区、昌平区等郊区。其中关停并转 23 家，实际生产企业 249 家。以甲苯二异氰酸酯（TDI）为原料的聚氨酯泡沫生产企业 2 家（顺义区、怀柔区各 1 家），其余厂家多为生产塑料型材、编织袋、塑料薄膜等成品的企业。二是依托各乡镇、街道办事处对所有规模以上塑料加工企业进行了全覆盖检查。共计出动 550 人次、车辆 158 台次，检查企业 302 家，发现隐患 385 条，下达检查记录文书 280 份，责令整改指令书 88 份，行政处罚 5 家企业，处罚金额 6.5 万元。对企业存在的危险化学品未专库储存、库房物料未按标准码放、职业危害防治制度建立得不够健全、配备的个人防护用品不符合国家标准和行业标准、对企业员工的培训记录不够完善等问题进行了全面整改，切实消除事故隐患。三是研究建立了塑料加工企业安全管理的长效机制。印发了《关于加强塑料加工企业安全管理工作的通知》，从加强重点危险化工工艺过程的自动化控制，提升本质安全；发挥塑料制品行业自律作用，指导塑料加工企业充分利用北京市安全生产监管信息平台，及时掌握相关政策法规、安全标准、安全知识等，增强自身安全管理能力；加大宣传培训力度，鼓励企业专职职业健康管理人员参加培训获得资质；畅通企业职业危害因素检测、职业健康检查渠道等方面提出了工作要求和措施，使全市塑料加工企业的安全管理水平得到了有效提升。

（魏志钢）

【液氨安全管理调研】　2011 年，市安全监管局组织开展了液氨单位安全管理情况调研。经调研，全市共有 148 家涉氨单位，分布在除东城区、西城区和门头沟区外的 13 个区县和开发区。其中，使用单位 140 家，经营单位 8 家。使用单位中以冷库居多（91 家）。这些单位存在安全间距不符合规范要求、安全管理制度不健全、从业人员素质差、设备设施陈旧老化、自动化控制程度低、重点部位安全设施不完善等问题。问题存在的主要原因是相关规范规程缺失、行政监管力度差和企业忽视安全管理等。针对这些问题，市安全监管局从提高从业人员准入门槛、完善企业制度管理、明确应急防护器具要求、强制安装氨报警仪复检、提高消防安全水平、应用先进适用技术及装备、运用物联网技术提高管理精细化水平等方面提出了工作对策措施，并以此为基础形成了《北京市液氨使用（储存）安全管理规范》。

（魏志钢）

【制药企业调研】 2011年，市安全监管局在全市范围内组织开展了制药企业安全生产情况调查研究工作。经调研，全市共有制药企业227家，其中化学药品的生产企业9家，其他企业218家，涉及危险化学品从业人员4 500人；涉及使用危险化学品的企业共170家，其中剧毒化学品使用单位36家，其他危险化学品使用单位134家；涉及储存危险化学品的企业158家，共储存危险化学品3 900吨。经调查发现企业主要存在安全意识不高、制度预案落实不够、安全培训不到位、现场管理有待提高等问题。针对存在的问题，市安全监管局提出了如下措施：一是完善企业安全管理制度；二是对于应纳入危险化学品使用许可范围的制药企业，将依据国家有关规定实施行政许可；三是对于使用和储存危险化学品但不需办理使用许可的制药企业，通过标准规范约束，进一步提高企业的危险化学品管理水平，切实加强对制药企业的安全监管。

（魏志钢）

【撬装式加油站调研】 2011年，针对撬装式加油站安全管理工作不规范、市民十分关注的情况，市安全监管局从撬装站的特点、推广依据、使用情况和存在的问题等方面，组织开展了撬装式加油站安全管理情况的调研。据调研，目前北京市在用撬装式加油站305座，分别是由上海华篷防爆科技有限公司（华安天泰）、优孚尔科技有限公司和江苏安普特防爆技术科技有限公司生产。其中中国石油天然气股份有限公司北京销售分公司、中国石油化工股份有限公司北京石油分公司、北京中油公交石油销售有限公司、中油潞安石油销售有限公司、北京龙禹石油化工股份有限公司5家为撬装站的最大用户，共有撬装站279座，其他撬装站26座。从撬装站的管理情况来看，存在从业人员素质低、现场管理不严格、视频监控不完善、无证经营及部分撬装站未经阻隔防爆技术改造等问题。针对这些问题，市安全监管局将着手制定撬装站管理办法，从撬装站建站原则、建设备案、验收程序，资质管理，应急措施等方面提升撬装站的安全管理水平。

（魏志钢）

【生产企业规划情况调研】 2011年，为做好本市危险化学品生产企业安全生产许可证延期换证工作，市安全监管局到房山、通州、大兴等区县对规划行政许可手续不全或不符合用地规划的危险化学品生产企业有关情况进行了深入调查调研。经调查，全市规划手续不全或不符合现行用地规划的企业共30家，其中：大兴区11家、房山区8家、通州区7家、昌平区2家，朝阳区、丰台区各1家。30家企业中规划用地性质为工业的企业9家，准备搬迁或补办规划手续的企业6家，准备停止危险化学品生产的企业3家，其他规划手续不全的企业12家。根据有关危险化学品生产企业实际情况，结合有关区县政府意见，本着"尊重历史、正视现实"的原则，综合考虑地方社会稳定、经济发展、职工就业等因素，市安全监管局研究提出，对于符合规划用地要求或具有部分规划许可手续的，企业承诺完善规划手续，将予以办理延期手续；对于不符合现行规划用地要求的，区县政府协助企业在规定时限内完成搬迁，市安全监管局发放临时安全生产许可证；对于区县政府不同意保留的企业，将不再办理许可证延期手续，由区县政府按照《北京市人民政府关于进一步加强淘汰落后产能工作的实施意见》的有关工作要求，将其列入淘汰落后产能范围，并按照相关安置补偿办法和标准进行补偿安置，确保企业平稳退出。

（魏志钢）

【危险化学品交易市场建设】 2011年，市安全监管局主动协调市国资委，组织北京石油交易所、北京化工集团、北京祥龙集团三家参建主体就市场建设问题进行研究，按照"一个平台、分建市场、优化仓储、集中配送"的总体架构和"依传统优势起步、依后发优势拓展"的总体思路，以北京石油交易所现有交易平台为基础，积极推动以危险化学品"集中交易、专业储存、统一配送"为模式的全市危险化学品交易市场建设工作。

（魏志钢）

【修订应急救援预案】 2011年，按照市应急办的统一要求，市安全监管局组织开展了《北京市危险化学品事故应急救援预案》的修订工作。本次预案修订以现行法律法规为依据，本着规范性、科学性和可操作性的原则，对框架进行了调整；对职责和预警级别划分进行了明确；规定了企业、基层政府在事故第一时间的应急响应；明确了救援物资保障的措施；细化了资金保障的具体部门与保障方式等，使修订后的预案职责更明确，程序更简化，内容更清晰，可操作性更强。与此同时，充分征求了消防、质监、环保、公安、运管等市政府相关部门和各区县政府的意见，并邀请公安部、国家安全监管总局、全国消防协会专家对《预案》进行了深入论证。

（魏志钢）

【学习贯彻国家安全监管总局危化工作会议】 1月11日，国家安全监管总局召开了危险化学品安全监管工作视频会

议。会上，监管三司对国家安全监管总局、工业和信息化部联合印发的《关于危险化学品企业贯彻落实〈国务院关于进一步加强企业安全生产工作的通知〉的实施意见》进行了解读，并就有关工作进行了部署。国家安全监管总局副局长孙华山作了重要讲话，并就如何贯彻落实《实施意见》提出了具体要求。国家安全监管总局会议结束后，市安全监管局主持召开了本市落实总局危险化学品安全监管工作会的视频会议。会议要求各单位要高度重视《实施意见》的贯彻落实工作，各危险化学品企业要认真对照《实施意见》逐条落实，加以制度化、常态化，各区县要将《实施意见》发至每个危险化学品企业，并依据《实施意见》加强监督检查，确保企业落实到位。会议还结合《实施意见》的贯彻落实对全年危险化学品安全监管重点工作进行了具体部署。

（魏志钢）

【检查反恐基础防范工作】 为督促危险化学品经营单位做好春节期间反恐怖基础防范工作，1月31日，市安全监管局副局长丁镇宽带队对国药集团化学试剂北京有限公司进行了安全检查。检查组听取了该公司安全生产工作情况的汇报，并询问了该公司春节期间值班和销售管理的有关情况。该公司具有完善的安全生产和危险化学品销售管理制度，并对节日期间安全工作进行了安排。春节期间该公司将停止危险化学品经营活动，经营场所不存放危险化学品，并严格实行24小时值班制度。检查组对该公司的安全生产管理工作给予了充分肯定，并要求该公司进一步高度重视危险化学品安全经营工作，要继续按照奥运会期间的管理模式，加强剧毒化学品和易制毒化学品销售的实名制管理，严格流向监控，做好危险化学品反恐怖安全防

范工作，确保节日期间的安全稳定。

（魏志钢）

【检查平谷区危化经营单位】 按照市政府办公厅《关于集中开展"消防平安行动"实施方案的通知》精神及市反恐办有关"两会"反恐怖基础防范工作的要求，结合市安全监管局"两会"期间安全生产保障工作方案，3月8日市安全监管局副巡视员唐明明带队到平谷区检查剧毒危险化学品储存和油库安全管理工作。检查组首先对北京天育通达商贸有限公司剧毒品管理制度的落实、剧毒品仓库的安全管理工作、剧毒品流向登记、人机犬联防制度、春季防火以及"两会"期间人员值班等情况进行了认真检查，并对该单位在安全生产管理方面提出了要求。一是要加强人员的安全教育和培训工作，不断增强仓库管理人员的安全防范和安全责任意识，克服麻痹大意思想。二是要做好剧毒品的流向登记工作，把剧毒品的安全管理和反恐工作紧密结合起来，坚决防止不法分子乘虚而入。三是做好"两会"期间和重大节假日期间的领导值班和安全检查工作，认真落实市政府办公厅《关于集中开展"消防平安行动"实施方案的通知》精神，要对仓库及周边的干草、树叶等易燃物品进行清理，防止火灾事故发生。随后，检查组对北京龙禹石油化工公司油库的消防设施、监控平台、油气着火报警装置、储罐、装卸油栈桥、油泵房、油品化验室、油库周边以及应急演练等情况进行了检查。检查组对该油库的防火、防雷、防静电、反恐以及"两会"期间的安全管理工作给予了肯定并对今后的安全管理工作提出了要求。

（魏志钢）

【部署全年危化重点工作】 3月24日，市安全监管局组织全市各区县安全监管局召开北京市危险化学品安全监管工作年度会议。会议对2010年全市危险化学品监管工作进行了总结，并对2011年重点工作进行了部署。会议详细介绍了《危险化学品重大危险源监管工作方案》、危险化学品标准化工作方案、标准化咨询评审机构管理办法及危险化学品储存专项整治方案以及修订后的危险化学品生产企业安全生产许可证管理办法、危险化学品经营许可证管理办法及危险化学品建设项目安全许可实施细则（征求意见稿）等重点工作内容。会议结合2011年重点工作提出以下要求：一是要高度重视危险化学品安全监管工作，切实加强领导，发扬"严、细、实"的工作作风，着力解决本市危险化学品行业存在的"中小企业多、人员素质不高、库房设备简陋"等问题；二是要加强学习，科学缜密做好各项工作，做到"检查有计划、检查有重点、检查必复查"，严格督促企业落实各项安全管理措施，及时排除安全生产隐患；三是要在做好重点工作的同时，切实做好安全监管基础工作，利用"物联网"平台和开展网上许可进一步提升本市危险化学品安全监管水平。

（魏志钢）

【三项危险化学品安全生产地方标准实施】 自4月1日起，由市安全监管局起草制定的三项危险化学品安全生产地方标准——《石油储罐机械化清洗施工安全规范》（DB 11/754—2010）、《危险化学品仓库建设及储存安全规范》（DB 11/755—2010）和《储罐阻隔防爆技术改造工程及阻隔防爆撬装式加油（气）装置安装工程验收规范》（DB 11/T 756—2010），开始正式实施。三项标准的实施，对加强本市危险化学品的安全管理具有重要意义。

（魏志钢）

【七省市危化品运输安全监管】 为了

落实国务院安委会办公室《关于印发北京等七省市（区）危险化学品道路运输安全监管省际联席会议第一次会议纪要的通知》要求和"京、津、冀、晋、蒙、辽、鲁七省（自治区、直辖市）危险化学品道路运输安全监管联控机制协议"精神，2011年4月2日，市安全监管局组织召开了本市"七省市危化品道路运输安全监管联控会议"准备会，结合本市危化品道路运输安全监管工作实际情况，专题研讨如何落实第一次会议纪要要求和联控机制协议精神。市交通委运输管理局、市公安局交通管理局及房山区、通州区、昌平区安全监管局相关人员参加了会议。会议提出如下工作建议：一是七省市所有的危险化学品运输车辆均应加装GPS车载终端系统，实现七省市的联控管理；二是七省市所有的危险化学品运输车辆均应加装HAN阻隔防爆系统，有效减少危险化学品运输车辆的爆炸、爆燃事故发生；三是七省市应做好各自辖区内危险化学品运输企业和相关从业人员的资质管理，让真正达到相关安全要求的企业和人员从事危化品道路运输工作；四是七省市在处理危险化学品道路运输事故时，应加强协调配合工作，建立事故抄告机制，及时在七省市间对事故情况进行通报，事故发生地和运营企业所在地应及时做好事故调查的追查工作；五是各省市应加强危险化学品运输企业的司机和押运员的培训教育工作，严禁司机押运员勾结进行私自倒卖、装卸油料等危险行为；六是七省市间应加强交流，建立磋商机制，互相学习先进管理经验，共同促进七省市危险化学品道路运输安全工作；七是七省市应尽快确定合适的危险化学品生产、储存企业作为同类危险化学品应急处置暂存和卸载的备选点，做好事故应急处置工作；八是本市应建立联合执法检查机制，共同做好重点时段（全国"两会"、重大活动等）、重点地段（重要进京通道、路口）的危险化学品运输车辆检查工作。

（魏志钢）

【检查偶氮二异丁腈储存安全】　为汲取黑龙江大庆市富鑫化工厂非法生产偶氮二异丁腈过程中发生爆炸事故教训，加强本市偶氮二异丁腈储存安全管理，4月13日，市安全监管局副巡视员唐明明带队对存储于大兴区安定镇的北京化工集团大兴化工园区的二号甲类化学品仓库的偶氮二异丁腈产品储存安全状况、销售管理情况和有关安全管理制度落实情况等进行了检查。该产品的储存状况符合危险化学品储存要求，且账物相符、出入库手续齐全完整，产品储存管理处于安全状态。检查组在对该库的安全管理状况给予了充分肯定的同时提出如下要求：一是要提高认识、加强管理，借助科技手段，特别是物联网技术，不断提高仓库安全管理水平；二是要居安思危、引以为鉴，深刻吸取黑龙江大庆"4·13"事故教训，研究制定有针对性的安全防范措施；三是要强化教育、提高技能，不断丰富完善安全教育培训形式，切实提高员工安全意识和安全技能。同时，也针对其库内少数产品缺少中文标签和技术说明书、物品混存等具体问题提出了整改要求。

（魏志钢）

【检查京东方液氯储存使用场所】　5月4日，市安全监管局对京东方8.5代线建设工地的液氯储存、使用场所现场液氯安全管理情况进行了检查。经查，该液氯储存和使用场所安全设备设施基本齐全，储存库房建筑符合相关规范，库房内按照有毒气体的防护要求设置了监测和报警装置，并实施24小时不间断值守。液氯储存、使用场所均安装了有毒气体分析仪，现场配备了必需的应急防护用品，氯气使用场所有强制抽风设施，并设有专门的碱吸收装置对泄漏气体进行处理。针对检查中存在的一些问题，检查组提出了如下整改工作要求：一是液氯储存、使用场所氯气浓度分析仪取样口目前距离地面过高，应降低取样口高度，将其保持在距地面20厘米以下；二是应对液氯储存、使用场所的大门做密闭处理，以减少事故状态下对周边环境的影响；三是控制好液氯储存、使用场所的环境排风系统，以确保事故状态下可以自动切断环境排风系统与大气的联系，并将其导入碱液吸收装置；四是在厂区的醒目位置设立风向标，提醒员工在发生事故时选择正确的逃生方向；五是确定厂区的紧急避难场所，并对员工及现场施工人员进行应急避难演练；六是因1号楼顶设有酸、碱废气处理塔及酸、碱罐等配套设备设施，所以厂房顶部应进行防腐、防渗漏处理，同时采取相应的防流洒措施。

（魏志钢）

【检查朝阳区液氯液氨使用企业】　5月18日，市安全监管局副巡视员唐明明带队到朝阳区检查液氯、液氨危险化学品使用单位的安全管理工作。检查组首先来到北京市自来水集团公司第九水厂详细了解了该单位的液氯管理流程、液氯储存和使用情况、液氯来源和运输情况以及应急处置和演练情况，并现场检查了液氯储存库房和使用情况。第九水厂在液氯使用管理方面严格按照剧毒品安全管理规范要求，在液氯的运输、储存、使用、应急处置等各方面做了大量细致的工作，检查组给予了充分的肯定，同时要求该单位液氯使用管理应与反恐工作紧密结合起来，防止事故发生。随后，检查组来到了北京荷美尔食品有限公司，检查了该单位液氨使用情况，询问了液氨在使用过程中易发生的问

题及其事故应急处置对策，并对该企业安全生产工作提出了更高要求。

（魏志钢）

【调研公交加气站安全】　6月8日，市安全监管局组织市市政市容委、市交通委、中石油北京销售分公司、市公交集团和市燃气集团等单位召开了加气站安全管理研讨会。会议首先通报了哈尔滨"5·25"公交加气站爆炸事故，并就北京市汽车加气站的管理情况进行研讨。会议提出如下意见：一是企业要认真落实主体责任，加强汽车加气站的监督管理，严格落实责任制，强化日常安全管理，防止因管理松懈发生安全事故；二是企业要立即组织开展安全隐患排查工作，对存在的安全隐患做到及时发现、及时消除，坚决杜绝重大安全事故的发生；三是相关行业主管部门要认真做好宣教工作，提高从业人员安全意识，营造安全用气的良好氛围，同时要加大执法检查力度，对存在安全隐患的要责令整改。

（魏志钢）

【检查液氯使用企业】　7月21日，市安全监管局对北京市自来水集团有限责任公司第九水厂和北京市密云清源净水剂厂的液氯使用和储存安全工作进行检查。检查组对这两家单位的各项安全管理制度、岗位责任制的落实、从业人员培训教育、应急预案编制及演练和液氯使用、储存场所的安全设备设施设置及运行情况、应急物资储备等方面进行了严格检查。其中，北京市自来水集团有限责任公司第九水厂的整体安全生产状况良好，人员培训教育和值（交）班记录完整，各种设备运行正常；北京市密云清源净水剂厂存在一些安全隐患，如存在安全管理制度不健全且未有效执行、人员培训及演练流于形式、液氯日常储存量超过本市地方标准的限量、

常备的抢修器材和防护用品配备不齐全、应急设备设施不完善且未有效维护等问题。检查组对被检企业提出要求：一是认真开展自查工作，积极整改安全隐患；二是进一步加强对从业人员的有针对性的安全教育和培训，积极防范各类安全事故的发生；三是认真做好日常巡查，加强剧毒品库管理，有针对性地开展事故应急救援演练并做好应急值守工作。

（魏志钢）

【部署 2011 年下半年重点工作】 7月25日，市安全监管局召开全市安全监管系统危险化学安全监管工作会，对下半年重点工作进行部署。会议首先对危险化学品企业标准化工作进行了调度，根据《国家安全监管总局关于印发危险化学品从业单位安全生产标准化评审标准的通知》（安监总管三[2011]93 号）要求，对本市危险化学品企业标准化的工作目标、达标评级、评审标准、开放要素等内容亦进行了相应的调整。随后，会议对下半年重点工作安排进行了部署：一是通报了市反恐办关于新疆和田市"7·18"恐怖袭击事件情况，并对下一步执法检查工作进行了部署；二是对危险化学品生产、经营许可及建设项目审查等实行网上办理工作进行了部署；三是对即将于 12 月 1 日正式实施的《危险化学品安全管理条例》的贯彻工作进行了部署。会议提出如下要求：一是危险化学品标准化工作要充分考虑到各辖区内产业发展形势，要结合"一书两证"淘汰一批产能落后、污染严重的小化工企业；二是要加强对新《危险化学品安全管理条例》的学习和掌握，要充分领会新条例对安全监管部门职责的新要求，要积极做好贯彻实施新条例的准备工作；三是积极落实国务院安委办通知要求和 7 月 25 日全国安全监管系统视频会议要求，重点加强本市液氯、液氨等重点危险化学品的监管工作及输油管线的管理，扎实做好危险化学品安全监管工作；四是要积极做好危险化学品网上许可试运行工作，为正式实施网上许可做好充分准备；五是要高度重视雨季高温高湿不利条件下对危险化学品企业的安全检查工作，帮助企业排查事故隐患，落实企业主体责任，切实做好危险化学品安全生产工作。

（魏志钢）

【调研危化品培训工作】 9 月 28 日，市安全监管局副巡视员唐明明带队到位于大兴区的北京石油化工学院就进一步加强危险化学品培训教育工作进行了专题调研。调研组听取了北京石油化工学院关于学校的基本情况和危险化学品安全培训教育工作设想的介绍，参观了该学校的光机电装备技术实验室、油气储运和回收实验室、化工实验室及健身食宿等场所。调研组指出，为全面提升本市危险化学品安全监管工作能力和从业人员素质，不断提高危险化学品安全管理水平，市安全监管局希望和高等院校、科研院所等单位合作，以进一步加强对安全监管人员的培训教育，加强对危险化学品安全管理理论的研究，特别是加强对危险化学品安全科技、安全产业、技术标准和物联网技术等的研究，为本市危险化学品安全监管提供良好的理论支撑。

（魏志钢）

【调研安全生产科研工作】 10 月 13日，市安全监管局副巡视员唐明明带队到北京市劳动保护科学研究所就危险化学品安全管理科研工作与开展合作事项进行调研。调研组听取了劳保所关于危险化学品的研究成果和"十二五"期间的重点研究工作汇报，并对部分研究成果进行了深入细致的了解。调研组对劳保所的科研工作给予积极评价，希望双方在将安全管理工作需求与科研机构研究需求紧密结合的基础上开展良好的合作，并在安全信息化、技术标准体系、危险化学品鉴定等八方面提出了初步合作需求。

（魏志钢）

【制定危化品储罐安全标准】 2011年，市安全监管局按照市质监局《关于进一步加强北京市地方标准管理工作的通知》的统一工作安排，制定完成了《危险化学品地上储罐区安全要求》。该标准基于北京市危险化学品地上储罐安全管理实际情况，从硬件设施、安全管理等方面制定了新的安全管理标准，具有先进性、科学性和可实施性，对于提升北京市危险化学品地上储罐区的安全管理具有重要意义。

（魏志钢）

【出台液氨安全管理规定】 2011年，在充分调研的基础上，市安全监管局制定了《北京市液氨使用（储存）安全管理规定》。《管理规定》从平面布置、安全管理、应急管理、安全监控方面提出了液氨使用（储存）的一般要求，同时对氨制冷系统（场所）、储罐（区）、氨瓶储存（区）、充装（场所）等重点场所分别提出安全要求。针对北京市液氨单位的管理实际，《管理规定》创新性地设置了从业人员资质门槛，完善了企业制度管理，明确了应急防护器具，强制氨报警仪复检，提高了消防安全水平，推广应用先进适用技术及装备，同时满足安全监管物联网需求，对全面提升涉氨单位的安全管理水平必将起到极大的推动作用。

（魏志钢）

【加强危化品评价监管】 11月3日，市安全监管局组织本市21家安全生产评价机构负责人召开会议，针对市安全监管局

在日常工作中发现的北京达飞安评顾问管理有限公司、北京国信安科技有限公司、北京维科尔安全技术咨询有限公司等单位在危险化学品安全评价工作中存在的安全评价报告与实际情况不符、工作存在重大疏漏、评价报告撰写不规范等问题，对参会的评审机构提出了工作要求，指出各安全评价机构要以维护首都安全稳定的高标准做好自身工作。一是要严格按照有关法律法规、相关制度及工作程序开展安全生产评价、评审工作，做到依法执业；二是要正确处理好经济效益与企业安全稳定的关系，做到严格自律；三是在评价、评审工作中，要以服务企业安全生产工作为己任，积极帮助企业发现和消除事故隐患，提高安全管理水平，做到主动服务；四是在工作过程中发现企业重大问题要及时向有关管理部门进行反映，做到及时沟通。

（魏志钢）

【约谈东方锐波化工厂负责人】 为进一步提升北京东方锐波化工厂的安全生产条件和管理水平，加强危险化学品生产企业安全管理，12月13日，市安全监管局约谈了北京东方锐波化工厂负责人。市安全监管局听取了北京东方锐波化工厂安全生产状况和目前隐患整改情况的汇报，并对企业下一步安全管理提出了明确要求：一是要高度重视安全生产工作，明确安全生产责任，积极按照国家安全监管总局《关于公布首批重点监管的危险化学品名录的通知》和《关于印发首批重点监管的危险化学品安全措施和应急处置原则的通知》的要求对存在的问题进行整改，提升企业安全生产条件；二是要认真学习国家有关安全生产的法律、法规和标准规范，并贯彻落实好有关规定，不断提高安全管理水平；三是要根据北京市产业政策和区域发展规划，结合企业实际情况研究提出企业

自身发展的意见；四是企业要进行危险化学品生产必须符合现行有关标准规范，必须符合国家安全监管总局的有关安全管理规定，并重新取得安全生产许可证；五是企业在整改完成前不得储存液氯，不得进行生产活动。

（魏志钢）

【约谈北京化工集团公司负责人】 为进一步督促企业落实 12 月 13 日北京东方锐波化工厂安全隐患整改工作专题会议要求，推动企业安全生产管理工作，12 月 20 日，市安全监管局约谈了北京化工集团有限责任公司负责人。北化集团汇报了专题会提出的有关工作要求的落实情况：一是认真学习了国家安全监管总局《关于公布首批重点监管的危险化学品名录的通知》和《关于印发首批重点监管的危险化学品安全措施和应急处置原则的通知》等文件，并对如何落实有关工作要求进行了研究部署；二是立即下发通知责令北京东方锐波化工厂停止危险化学品生产活动，并做好现场安全管理工作；三是同意北京东方锐波化工厂不再使用液氯从事危险化学品生产活动，并督促北京东方锐波化工厂召开会议进行研究落实，积极稳妥做好各项后续工作。市安全监管局要求北化集团将有关工作情况和工作意见形成正式文件并上报，同时建议北化集团进一步研究加强企业发展规划和安全管理工作，积极为首都的安全稳定作出应有的贡献。

（魏志钢）

【推进安全标准化工作】 2011 年，为贯彻落实《国务院关于进一步加强企业安全生产工作的通知》（国发[2010]23 号）要求，市安全监管局全面推进危险化学品从业单位安全标准化工作。一是及时印发《北京市危险化学品企业安全生产标准化工作方案》，明确了工作目标、组织职责、时间

安排和工作程序，明确要求提出本市所有危险化学品生产、经营企业（无储存设施的经营企业除外）要在 2012 年年底前全部达到标准化三级水平；二是按照《北京市危险化学品企业安全生产标准化三级咨询评审机构管理办法》，对咨询评审机构应具备的条件和咨询评审的基本要求及监督管理提出了明确要求，确定了首批 20 家咨询评审机构，并在市安全监管局政府网站进行了公告；三是对安全标准化三级咨询评审人员进行培训及考核，实现了相关人员持证上岗；四是定期组织区县安全监管局和咨询评审机构召开安全标准化工作调度会议，保证标准化工作有条不紊地进行；五是按照国家安全监管总局有关文件并结合本市标准化工作实际，及时印发了《关于调整危险化学品安全生产标准化工作有关事项的通知》，对本市安全生产标准化工作的时间节点和工作要求进行了调整和明确。截至 12 月 31 日，本市所有参加标准化达标工作的企业已经全部完成咨询工作，按要求由企业主要负责人签发了发布令，标准化正式进入运行阶段。

（魏志钢）

【危险化学品重大危险源安全管理】 3 月 4 日，市安全监管局召开会议，专题研究危险化学品重大危险源安全管理工作。会议对危险化学品重大危险源安全管理工作方案及系统建设两方面工作进行了总结，局长张家明指出，下一步工作要着力于工作方案的细化与信息化系统的建设开发，从市区两级安全监管与企业主体责任落实两方面入手，掌握全市重大危险源分布情况，做好日常监管工作，进而实现对重大危险源事故的智能化处置，达到有效指挥、有效救援的目标。张家明特别强调要加强对重大危险源安全管理工作的研究，从监管对象和技术标准两方面下工夫，

进一步推动重大危险源监管工作深入开展。一方面本着"不求全但求有"的原则，争取先将市安全监管局许可对象、20家物联网示范工业企业纳入重大危险源监管范围；另一方面要争取推动出台重大危险源监控方面的地方标准，让企业建立重大危险源监控平台，运用物联网技术对重大危险源进行监控，落实企业主体责任。

（封光）

【重大危险源网络监控地方标准编制】

4月13日，市安全监管局召开会议，研究危险化学品重大危险源网络化监控地方标准编制工作，会议对本市危险化学品重大危险源企业监控系统现状进行了分析，对推进企业建设基于物联网技术应用的重大危险源安全监控系统进行了研究。确定标准的名称为《北京市危险化学品重大危险源网络化监控与监管系统建设技术规范》，标准的内容包括系统功能设计、系统组成、信号数据标准、编码规则、设备配置、软件开发、安装使用等。

（封光）

【市安全监管局检查房山重大危险源管理工作】

12月15日，市安全监管局检查房山区危险化学品重大危险源安全管理工作。检查人员听取了中石油北京销售分公司石楼油库和北京燕房石化服务有限公司负责人关于本单位重大危险源安全管理工作情况的汇报，检查了2家企业重大危险源登记建档、安全评估、申请备案和应急预案的实施、演练等工作，实地查看了企业重大危险源液位监控检测系统运行、油气回收系统、危化品运输车辆图像监控系统和GPS监控系统运行情况等。检查人员对2家企业存在的重大危险源安全管理档案不完善、安全评估内容不完整提出了整改要求。

（封光）

【召开危化企业执法检查行动部署会】

为贯彻落实《国务院安委会办公室关于全面排查整治危险化学品和烟花爆竹企业安全隐患的通知》（安委办[2011]26号）要求，结合市安委会《2011年北京市安全生产重点执法检查计划》安排，市安全监管局定于9月份组织开展全市危险化学品生产经营单位专项执法行动。8月31日，市安全监管局副局长蔡淑敏主持召开全市危险化学品生产经营单位专项执法检查部署会，全市16个区县及北京经济技术开发区安全监管局负责人参加会议。会上，市安全监管局执法监察队通报了本次专项检查实施方案，并就市区分工、区县互查、任务要求、时间安排等具体事项作了进一步说明和解读，这次专项行动也是对全市危险化学品行业的一次大摸底、大排查，各区县要认真组织开展，做好汇总分析工作。监管三处就检查重点进行了细致说明，并结合国务院安委会办公室26号文件等内容提出了相关检查要求。

（张国宁）

烟花爆竹安全监管监察

【烟花爆竹安全工作宣传】

1月，为确保春节期间本市烟花炮竹销售安全，市安全监管局协调相关媒体，加大烟花爆竹安全工作的宣传力度，为烟花爆竹安全监管工作营造了良好氛围。北京电视台《北京新闻》播发了国家安全监管总局、北京市政府和市安全监管局领导带队检查烟花爆竹安全工作的消息。1月31日，在北京电视台《北京新闻》中以全字幕的形式播发了市安全监管局"安全燃放烟花爆竹安全生产提示"。从1月31日至正月十五，在北京电视台的各档节目和《天气预报》中播出市安委会发布的有关消防的提示。1

月31日和2月1日连续两天在《北京日报》头版刊登了春节安全生产提示和烟花爆竹安全零售提示，并配发了插图。《北京青年报》和《北京晚报》在主要版面大面积刊发了副市长苟仲文、市安全监管局局长张家明带队夜查烟花爆竹零售点的文字和图片新闻。北京新闻广播、交通广播和城市零距离的安全新干线栏目中，循环播放春节安全生产提示、烟花爆竹安全零售提示。向各区县下发了宣传品，其中烟花爆竹安全零售安全主题宣传画3 000张，"12350"安全生产举报投诉电话主题宣传画30 000张，北京市人民政府关于加强企业安全生产工作通知的宣传画30 000张，并要求各区县张贴至烟花爆竹零售点、加油站和仓库等显要位置。

（王宇）

【经营许可证核发】 2011年，市安全监管局完成2家烟花爆竹批发单位换证许可工作。全市共有12家批发单位，34栋库房，库房总面积29 459平方米，限制存药量339.8吨。2012年，全市16个区县共许可烟花爆竹零售网点1 429个，比2010年的1 837个网点减少22.2%。其中五环路内533个，比2010年的597个网点减少10.7%。

（李怀峰）

【协调零售网点视频监控系统线路接入工作】 1月13日，市安全监管局与市政府管理办共同召开烟花爆竹零售网点视频监控系统线路接入工作协调会。市安全监管局向市政府管理办介绍了烟花爆竹零售网点视频监控系统总体方案安排及进展情况，对进入中环办公楼安装设备线路的工作需求进行了说明。管理办表示全力支持和配合此项工作，并提出了有关施工人员进场需办理的有关手续和安全要求。

（李怀峰）

【烟花爆竹安全监管物联网系统建设汇报会】 1月17日，市安全监管局局长张家明主持召开专题会议，听取2011年春节烟花爆竹安全监管物联网系统建设工作进展情况汇报。市安全监管局烟花爆竹安全监管物联网系统平台建设工作已基本完成，初步实现与全市烟花爆竹管理平台网络和数据对接。系统可以远程调取烟花爆竹批发仓库基本情况数据、各仓库的温湿度记录、红外防入侵系统报警记录、视频监控图像、出入库数据等信息，可在线观看烟花爆竹零售网点视频监控图像。五环路以内烟花爆竹零售网点视频监控设备的安装调试工作将于1月18日开始，按照总体工作进度计划的安排，1月22日前后完成视频系统联合调试及运行工作，确保1月26日全市安全生产烟花爆竹物联网监管系统整体投入使用。

（李怀峰）

【检查大兴区烟花爆竹安全管理工作】 1月18日，市安全监管局局长张家明带队检查大兴区重点行业和领域的安全管理情况。检查组前往北京市烟花鞭炮有限公司魏善庄仓库，对仓库、消防中控室等进行了抽查。张家明局长要求企业加强"两会"及春节期间的安全管理工作，尤其在春节前，烟花爆竹配送量大、时间紧，要做好装卸、运输等安全防范工作，要加强重点区域的检查管控。

（李怀峰）

【零售网点视频监控系统建设已进入实地安装阶段】 1月18日，五环路内烟花爆竹零售网点视频监控系统建设工作已经进入实地安装阶段。西城区（南区）、丰台区、石景山区共有50个零售网点完成了安装调试工作，共安装摄像头200个。此外，各区县临时零售网店销售棚的搭建工作也正在紧张而有序地开展，其中，西城区南区、丰台区、石景山区已完成全部搭建工作，朝阳区、海淀区在 1 月 22 日前全部完成，各郊区县搭建工作也正按计划进行。

（李怀峰）

【部署春节和"两会"期间烟花爆竹安全管理工作】　1 月 21 日上午，国家安全监管总局召开加强危险化学品、烟花爆竹和消防安全监管工作视频会议，贯彻落实国务院第五次全体会议、全国安全生产电视电话会议和中办、国办《关于做好 2011 年元旦、春节期间有关工作的通知》精神，部署春节和"两会"期间危险化学品和烟花爆竹安全生产和火灾防范工作。会后，市安全监管局召开全市安全监管系统视频会议，对贯彻落实视频会议讲话精神提出了要求。

（李怀峰）

【开展烟花爆竹执法检查】　市安全监管局执法监察队会同区县安全监管局开展 2011 年烟花爆竹储存单位和销售网点安全生产执法检查。为做好这次执法检查工作，市安全监管局执法监察队进行了安排布置：一是向各区县下发了《关于进一步加强 2011 年春节烟花爆竹安全监督管理工作的意见》和《北京市安全生产监督管理局关于印发〈2011 年春节期间安全生产执法检查工作方案〉的通知》；二是制订了《2011 年春节期间烟花爆竹销售储存单位安全生产执法检查工作方案》（以下简称《方案》），确定了执法检查的组织机构、检查内容、时间进度、阶段安排和工作要求；三是梳理了《北京市烟花爆竹批发企业安全生产违法违规行为处罚依据》和《北京市烟花爆竹零售点安全生产违法违规行为处罚依据》。市安全监管局执法监察队根据《方案》要求分成 4 个小组，每组 4 人，检查对象覆盖 10 个远郊区县批发仓库和 6 个城区的销售网点。

（张国宁）

【对烟花爆竹存储单位执法检查】　1 月 25—28 日，市安全监管局执法监察队对大兴、房山、昌平等 10 个区县的烟花爆竹储存单位开展安全生产执法检查，共检查储存单位 12 个，下达强制措施 3 份，限期整改指令书 2 份。经查，大部分储存单位许可条件保持较好，能合理确定烟花爆竹存储量，并指派专人加强日常进出库的管理工作，但在检查北京市熊猫烟花有限公司和北京市逗逗烟花爆竹有限公司时发现，上述两家单位均存在未落实北京市烟花爆竹流向登记通用规则（AQ 410—2008），未将烟花爆竹出入库流向数据上传市安全监管局烟花爆竹流向监管平台的问题，责令其暂时停止烟花爆竹的出库配送。同时，北京市熊猫烟花有限公司 5 号库未经审批擅自存放烟花爆竹，依法责令其立即清理 5 号库的烟花爆竹，禁止 5 号库储存烟花爆竹。同时，部分储存单位存在未穿戴防静电工作服、烟花爆竹码放超高、码放不整齐等问题，依法下达指令书责令其限期整改。

（张国宁）

【对石景山区烟花爆竹零售单位执法检查】　1 月 28 日，市安全监管局执法监察队第二检查组对石景山区烟花爆竹零售单位开展了安全生产执法检查。检查组在简要听取石景山区安全监管局关于开展烟花爆竹安全管理工作情况的汇报后，实地抽查了 8 家烟花爆竹零售单位的安全管理情况。检查发现存在的主要问题：一是货物码放过高；二是个别网点的有关制度、营业证的粘贴、悬挂不到位；三是销售人员未按照规定佩戴上岗证；四是个别网点存在电线防护不到位的问题。针对上述问题，检查组下达 2 份责令限期整改指令书。

检查人员要求各零售单位在销售期间要做到：一是应急预案制定要到位；二是各项制度落实要到位；三是安全意识强化要到位；四是周边可燃物清理要到位；五是安全责任落实要到位。通过此次检查，提高了烟花爆竹销售人员的安全意识，为烟花爆竹零售单位顺利开业经营、确保安全运行打下了坚实的基础。

（张国宁）

【对丰台区烟花爆竹零售单位执法检查】 1月28日，市安全监管局执法监察队第三检查组对丰台区5家烟花爆竹零售单位进行了抽查。其中北京市熊猫烟花有限公司丰台区第四销售点和第七销售点存在超量储存、储存与销售区域未按规定有效分隔、备用消防水结冰等问题，执法检查人员依法下达了限期整改指令书，责令其立即消除安全隐患。五环内烟花爆竹零售单位于1月29日进入销售期，目前抽查的5家单位已配货到位，视频监控系统完备，值守人员均佩戴上岗证件。针对零售单位即将开始销售的情况，执法检查人员要求各单位对存在问题立即整改，及时做好填写烟花爆竹销量和自查记录的准备工作；要牢固树立安全意识，认真做好安全自查，安全措施要保障到位。

（张国宁）

【市安全监管局局长带队夜查烟花爆竹仓库和销售网点】 1月29日，市安全监管局局长张家明带队对烟花爆竹批发企业和零售网点进行了夜查。先后检查了西城区、东城区的2个零售网点和通州区、顺义区的批发仓库。检查发现，通州区批发仓库库存数量符合要求，现场人员值守到位，商品码放规范，各类商品均粘贴了监管信息标签，经抽检，标签信息准确，内容翔实。顺义区批发仓库内储存的烟花爆竹均未粘贴"烟花爆竹安全监管"的信

息标签，部分商品粘贴的是2009年的蓝色标签，识别设备不能进行扫描。针对检查发现的问题，检查组责成顺义区安全监管局就有关情况进一步进行核实。张家明要求各批发仓库、各零售网点要加强管理，严格执行带班制度，认真排查安全隐患，销售符合北京市要求的烟花爆竹，确保销售期间的生产安全。

（张国宁）

【对西城区烟花爆竹零售单位执法检查】 1月30日，市安全监管局执法监察队第二检查组对西城区烟花爆竹零售单位开展了安全生产执法检查。检查组实地抽查了5家烟花爆竹零售单位安全管理情况。检查发现零售单位库存数量符合要求，现场在岗人员按规定佩戴上岗证，商品码放规范，相关制度、证照悬挂到位。存在的问题：一是少量熊猫、逗逗批发的烟花爆竹流向登记信息标签设备不能进行扫描识别；二是个别零售网点销售人员太少，忙于经营，日常安全检查记录不到位；三是一个零售单位在棚外经营。针对上述问题，检查组下达一份强制措施决定书，由区安全监管局现场收回烟花爆竹经营许可证。检查人员在检查过程中反复要求，各零售单位在销售期间要加强管理，严格执行带班制度，认真排查安全隐患，自觉执行北京市有关烟花爆竹存储等的要求，确保经营期间的生产安全。

（张国宁）

【北京市副市长带队夜查烟花爆竹批发和零售网点】 1月30日，副市长苟仲文带队对烟花爆竹批发企业和零售网点进行了夜查。共检查了海淀区、石景山区、门头沟区的6个零售网点。检查发现，各零售网点库存数量符合要求，现场人员值守到位，商品码放规范，各类商品均粘贴了监管信息标签，经抽检，标签信息准确，

内容翔实。苟仲文副市长对各网点的安全管理给予了肯定，要求各网点要进一步加强管理，特别是要关注细节，加强网点周边巡查，及时清理可燃物，配备完备的灭火器材，并摆放在明显位置。同时，要加强对购买者的安全宣传，做到时时提醒，确保销售期间的生产安全。市安全监管局副局长蔡淑敏、副巡视员唐明明、监管三处、执法监察队、宣教中心、信息中心及有关媒体参加了检查活动。

（张国宁）

【对海淀区烟花爆竹零售单位执法检查】 1月30—31日，市安全监管局副巡视员刘岩带领执执法监察队第四检查组对海淀区烟花爆竹零售单位开展了安全生产执法检查。检查组抽查了11家烟花爆竹零售单位安全管理情况。检查发现，大部分销售单位库存数量符合规定要求，现场工作人员按规定佩戴证件，商品码放较规范，相关制度、证照悬挂上墙。存在的问题是：部分销售点货物码放过高、货架距内墙距离不达标、缺少安全检查记录、周边存放可燃物等。针对上述问题，执法检查人员要求各零售单位在销售期间要加强管理：一是要求各单位进行现场整改，消除隐患；二是依法下达了执法文书，要求相关单位对存在问题限期整改；三是要求各零售网点负责人要提高安全意识，加强自查巡检，严格落实各项安全制度，认真执行各项安全措施，切实做好节日期间烟花爆竹销售工作，防止发生安全问题。

（张国宁）

【国务院安委办检查北京市烟花爆竹工作】 1月30日上午，国务院安委会办公室副主任、国家安全监管总局副局长孙华山率领国务院安委办检查组检查北京市烟花爆竹安全工作。市政府副秘书长、市烟花办主任周正宇等陪同检查。检查组听

取了北京市烟花爆竹工作汇报，并检查了菜市口枫华豪景西侧烟花爆竹零售点（北京市逗逗烟花爆竹有限公司西城区第14零售点）和开阳桥东北角烟花爆竹零售点（北京市熊猫烟花有限公司西城第11零售点）。孙华山对北京市烟花爆竹安全监管工作提出更高的希望和要求。孙华山指出，北京市烟花爆竹安全管理水平每年都有新的提高，措施每年都有创新，烟花爆竹安全管理工作实现了科学化、规范化和信息化；烟花爆竹宣传工作到位，氛围浓厚，老百姓的安全意识不断提高；烟花爆竹区域之间合作机制取得实效，北京与湖南、江西等烟花爆竹原产地和河北省之间联合执法工作效果显著。孙华山提出三点希望：一是2011年气候异常，要不断提高烟花爆竹事故防范水平；二是建立烟花爆竹"打非"长效机制，采取疏堵结合、联合执法、区域联动、信息共享、事故协查等措施，从源头上斩断烟花爆竹非法生产经营链条；三是充分发挥北京烟花爆竹安全管理的示范带头作用，对北京好的经验和做法要在全国推广。

（李怀峰）

【紧急部署节前烟花爆竹安全监管工作】 1月30日下午，市安全监管局组织召开全市安全监管系统紧急视频会议。副巡视员唐明明对春节前危险化学品及烟花爆竹安全监管工作进行了部署。会议传达了1月25日全市烟花爆竹安全工作会议及全市消防安全工作会会议精神，通报了1月29日市安全监管局局长张家明带队夜查的有关情况，并对下一步工作提出要求。

（李怀峰）

【紧急部署烟花爆竹物联网管理工作】 1月31日下午17时，市安全监管局副巡视员唐明明主持召开烟花爆竹物联网管理保障工作紧急部署会，对春节期间尤其是除

夕、初五及元宵节三个重要时段的物联网保障工作进行了再次部署。会议强调做好烟花爆竹流向监控、批发仓库视频监控、零售网点视频监控、烟花爆竹日常管理等工作。

（李怀峰）

【对东城区烟花爆竹零售单位执法检查】　1月31日，市安全监管局执法监察队第二检查组对东城区烟花爆竹零售单位开展了安全生产执法检查。在检查中了解到，东城区安全监管局近日组织开展了烟花爆竹执法检查，在做好白天执法监察的同时，重点加强了对烟花爆竹零售单位安全管理情况的夜间巡查，督促零售单位在销售期间确保安全管理有序进行。检查组实地抽查了东城区 5 家烟花爆竹零售单位安全管理情况，其中南区 3 家为临时销售大棚，其材质用铁板防火阻燃材料搭建，北区 2 家为固定房屋。从检查的总体情况看，零售单位现场在岗人员按规定佩戴上岗证，销售区域商品码放规范，相关制度、证照悬挂到位。主要存在的问题：一是两个烟花爆竹零售单位超量存储；二是个别零售单位未按照区里要求自行设置开放式销售；三是一个零售单位销售和储存区间的硬隔离物采用木制柜等。针对上述问题，检查组下达 4 份"责令限期整改指令书"。

（张国宁）

【检查大兴区烟花爆竹零售网点】　2月 1 日下午，市安全监管局局长张家明带队对大兴区烟花爆竹销售点安全管理状况进行检查。检查组检查了位于大兴区黄村镇政府东侧的一家烟花爆竹销售网点和黄村镇兴业大街西侧的一家熊猫烟花公司销售网点。检查发现销售点能够按照规定储存销售符合要求的烟花爆竹，但是在摊点安全距离和消防设备配备上存在缺陷。

（李怀峰）

【贯彻落实全市紧急视频会议精神】　2月3日20时，市政府烟花办紧急召开全市烟花爆竹紧急视频会议，通报了沈阳市皇朝万鑫酒店大火及顺义区、平谷区两起燃放超标、非法烟花爆竹致人死亡事故情况。会后，全市安全监管系统立即在第一时间紧急行动起来，采取有效措施，连夜开展针对全市批发仓库和零售网点的全覆盖夜查，积极消除事故隐患。2月3日22时30分，立即召开全市安全监管系统紧急视频会议，周密部署连夜执法检查工作。2月3日23时15分，紧急约谈烟花爆竹批发企业主要负责人，对有关情况进行了解，部署下一步工作，并要求三家批发单位签订承诺书，对相关事项做出郑重承诺。全市安全监管系统连夜开展全覆盖执法检查。2月4日凌晨2点，市安全监管局副巡视员唐明明率队连夜检查了北京市熊猫烟花有限公司和北京市逗逗烟花爆竹有限公司的仓库。市局办公室、监管三处，以及房山区安全监管局陪同检查。此外，根据市烟花办和市安全监管局紧急通知要求，从 2 月 3 日晚 10 时起至 2 月 4 日凌晨 6 时，各区县安全监管、公安等部门对烟花爆竹储存仓库和零售网点开展了拉网式安全检查。各区县共出动检查人员 1 800 余人，经检查，全市 12 家烟花爆竹批发单位仓库未发现 A、B 级产品。顺义区发现 1 家烟花爆竹零售网点销售非法烟花爆竹，共查获烟花 154 个；平谷区发现 2 家烟花爆竹零售网点储存非本市规定品种的烟花爆竹（儿童玩的吱花），两家共计 30 公斤，执法人员当场予以收缴。

（李怀峰）

【对丰台区春节期间烟花爆竹进行安全检查】　2月4日，市安全监管局副局长陈清带队对丰台区地下空间人员密集场所和烟花爆竹零售点进行了安全生产检查。检查组分别抽查了丰台区方庄购物中心股份有限公司地下小吃城和贵友大厦地下超市的安全生产工作。针对不同单位的经营特点，对燃气安全使用、烟道清理、应急演练、员工安全教育、值班巡视等情况进行了询问，对安全疏散通道、消防报警装置、消防器材的配备、电器线路的安装、疏散指示标志的设置等情况进行了实际检查。检查组还对熊猫烟花有限公司丰台区第59、60、62，豆豆烟花爆竹有限公司第 21 号和北京烟花鞭炮有限公司第 7 号等 5 个烟花爆竹零售点进行了检查，重点检查了烟花爆竹储存情况、消防器材配备、监控探头、人员值守情况及烟花爆竹监管信息等情况。检查情况总体较好，但也存在一些问题，如：贵友大厦地下超市存在疏散通道内放有销售柜台和冰柜等杂物、摊位变动后地面疏散指示标志未及时更换、北京烟花鞭炮有限公司丰台第 7 零售点内货架顶层烟花码放过高等问题。检查组要求被检查单位对存在的问题进行举一反三，全面整改，并要求丰台安监局及时进行复查，督促企业及时消除事故隐患。

（张聪）

【检查延庆县烟花爆竹安全管理工作】
2 月 6 日下午，市安全监管局副局长丁镇宽在参加紧急部署烟花爆竹安全生产管理工作视频会议后，立即率执法监察队驱车前往延庆县，检查该地区春节期间烟花爆竹安全生产管理情况。检查组首先检查了市安全监管局许可的延庆县烟花爆竹批发企业储存仓库，现场库房仅存少量储烟花爆竹产品，该单位领导及工作人员在岗值守，消防应急措施到位。在抽查的 4 个延庆县烟花爆竹零售网点中，发现网点现场烟花爆竹存量非常少，有 3 个零售单位存货不超过 5 箱，均是燕龙产品，销售接近尾声。

未发现销售非法烟花爆竹情况。

（李怀峰）

【检查昌平区烟花爆竹工作】 2 月 6 日，市安全监管局副局长汪卫国带领法制处、执法队对昌平区烟花爆竹批发单位和零售网点进行了执法检查。检查组听取了昌平区安全监管局关于春节期间烟花爆竹监管措施落实情况及执法检查情况的汇报，查阅了有关文件。随后，检查组检查了昌平区烟花爆竹批发仓库，并随机抽查了 5 个零售网点。经查，批发仓库和各网点均未发现违规烟花，库存数量符合要求，烟花码放规范，现场标志清晰，人员值守到位，未发现明显隐患。但检查也发现，个别烟花爆竹电子标签显示内容与内装商品不符，在粘贴环节存在纰漏。

（李怀峰）

【对海淀区烟花爆竹零售网点进行执法检查】 2 月 7 日，市安全监管局副巡视员刘岩带队对海淀区烟花爆竹零售网点进行了执法检查。检查组听取了海淀区安全监管局关于春节期间烟花爆竹监管措施的落实及执法检查情况的汇报。海淀区各级领导高度重视烟花爆竹安全监管工作，区四套班子分别带队开展安全生产大检查，市委常委、区委书记赵凤桐大年三十带队进行检查。海淀区安全监管局按照视频会议要求，开展了"三个一遍"的安全检查活动（三家烟花公司要对网点自查一遍，所在乡镇要普查一遍，区安全监管局要全覆盖检查一遍）。区安全监管局在京人员已全部停休，组成 9 个检查组，重点对烟花爆竹销售品种、储存、消防设施配备、视频监控运行等情况进行检查。共出动执法人员 81 人次，检查烟花爆竹经营点 307 家次，发现并督察整改隐患 61 项。随后，检查组对 5 家烟花爆竹网点进行了认真细致的检查。从抽查情况看，5 家零售网点安全警示标志齐全、防火措施到位、视频监控运行正常，库存数量符合要求，人员值守到位，未发现明显隐患和违规烟花。但检查中也发现，个别烟花爆竹电子标签显示内容与内装商品及等级不符。刘岩要求各网点销售人员，要严格遵守法律法规，加强现场管理和值班值守，主动提醒顾客关注安全。同时强调，海淀区安全监管局要继续加大烟花爆竹监督检查力度，对发现的问题和隐患要督促立即整改，对不能保证安全的网点要坚决予以关闭，绝不姑息。

（张国宁）

【对大兴区烟花爆竹零售网点执法检查】 2月7日，市安全监管局副局长陈清带检查组对大兴区烟花爆竹零售网点进行了执法检查。检查组听取了大兴区安全监管局关于春节期间烟花爆竹监管工作情况及执法检查情况的汇报。随后，随机抽查了5个零售网点。经查，各网点库存数量均符合要求，货物码放规范，安全警示标志清晰齐全，人员值守到位。检查中未发现明显安全问题隐患，未发现违规烟花。陈清要求各网点销售人员，必须遵守相关法律法规，要从正规渠道进货，特别要加强现场管理和夜间值守。对于大兴区烟花爆竹安全监管工作，他强调：一是严格检查，及时发现并消除安全隐患；二是细致检查，重点对非法销售违规烟花爆竹进行检查，认真检查可能存放违规烟花的场所；三是严格查办，对存在严重违法行为的零售网点，执法人员要立即采取措施，依法严肃处理。

（张国宁）

【日夜连查区县烟花爆竹零售网点】 2月7日上午及夜间，市安全监管局副局长蔡淑敏带队对石景山区、朝阳区和通州区烟花爆竹零售网点进行了执法检查。检查组听取了3个区安全监管局的工作汇报，各区县均按照2月6日视频会议精神，向各销售网点转发了通知，在原有执法安排的基础上增派人力，重点对违法销售违规烟花爆竹的行为进行巡查。通州区还结合辖区特点，制定了"十禁止"制度、百分考核记录、由网点向顾客发放安全燃放须知等10项监管措施，完善监管手段。检查组全天共检查3个区的12家烟花爆竹零售网点。经查，大部分网点能够执行各项安全制度，落实值班值守工作，现场库存数量符合要求，货物码放规范，警示标志清晰明显，经营秩序平稳正常。但检查也发现，个别网点存在电气线路敷设不规范、电闸箱破损、储存区堆放可燃物等问题。其中，朝阳区北京翠鑫昌龙商贸中心未在指定地点存放烟花爆竹，问题较为严重，检查组责成朝阳区安全监管局下达整改指令书，责令该单位立即进行整改。蔡淑敏要求各区县安全监管局要继续加大执法检查力度，严查违规销售行为，做到严看死守。各网点要严格遵守法律法规，从正规渠道进货，加强日常自查和值班值守，确保销售期间的生产安全。

（张国宁）

【检查平谷区烟花爆竹安全管理工作】 2月7日，市安全监管局副局长常纪文带领职安处和执法队对平谷区烟花爆竹安全生产工作进行了检查。检查组共对4家烟花爆竹零售点和1家烟花爆竹存储仓库进行了现场检查。从检查情况来看，烟花爆竹零售网点和存储仓库人员均佩戴胸卡上岗，安全警示标志齐全、货物码放规范，防火措施到位、库存数量符合要求，未发现安全隐患和违规烟花。

（李怀峰）

【检查大兴区烟花爆竹零售网点】 2月7日，市安全监管局副局长陈清带领协调处、监管一处、执法队对大兴区烟花爆竹零售网点进行了执法检查。检查组听取了大兴区安全监管局关于春节期间烟花爆竹监管工作情况及执法检查情况的汇报。随后，检查组随机抽查了 5 个零售网点。经查，各网点库存数量均符合要求，货物码放规范，安全警示标志清晰齐全，人员值守到位。检查未发现明显安全问题隐患，未发现违规烟花。

（李怀峰）

【检查东城区烟花爆竹零售网点】 2 月 7 日上午，市安全监管局副局长贾太保带领矿山处和执法监察队的同志，对东城区烟花爆竹零售网点安全生产管理情况进行了检查。检查组共检查了东城区 6 个烟花爆竹零售网点，其中南区、北区各 3 个，均为直销网点（燕龙 3 个，逗逗 2 个，熊猫 1 个）。对东城区燕龙第 15 直销网点进行检查时发现存在库房存货超量且货物码放不规范等问题，区安全监管局立即下发责令整改通知书。

（李怀峰）

【检查密云县烟花爆竹工作】 2 月 8 日上午，市安全监管局副巡视员唐明明率事故调查处和执法队相关同志到密云县检查烟花爆竹安全生产工作。检查组随机抽取检查了 3 家烟花爆竹零售摊点。在突击抽查乡镇烟花爆竹摊点时，发现北京市顺平陆综合商店零售摊点仍然在销售非法鞭炮。检查组立即暂扣了该摊点的销售许可证，与当地公安部门联系收缴了该摊点缴获的非法鞭炮。

（李怀峰）

【检查熊猫烟花仓库】 2 月 9 日，市安全监管局副局长丁镇宽率监管三处会同房山区安全监管局，对熊猫烟花公司罗家峪仓库进行了安全检查。丁镇宽副局长听取了熊猫烟花公司近期安全生产工作情况的汇报，并就目前公司各岗位负责人分工、人员值守、烟花爆竹出入库管理等情况进行了询问。丁镇宽要求：一是要严格落实有关法律法规的规定，克服麻痹大意思想和侥幸心理，认真抓好烟花爆竹储存销售的安全管理工作；二是要进一步明确各岗位负责人员及工作职责，确保各项工作积极有序开展；三是要切实落实应急防范工作，合理安排值守力量；四是要严格安全用火用电；五是积极做好烟花爆竹回收的准备工作，确保回收工作顺利完成。

（李怀峰）

【对石景山、门头沟区烟花爆竹零售单位执法检查】 2 月 10 日，市安全监管局执法监察队第二检查组冒雪对石景山、门头沟区烟花爆竹零售单位开展了安全生产执法检查。检查组在两个区实地抽查了 9 家烟花爆竹零售单位安全管理情况，其中检查石景山区 5 家，有 1 家已清仓停业并挂出告示；检查门头沟 4 家，有 1 家正在清仓。检查发现零售单位库存数量符合要求，现场人员在岗位按规定佩戴上岗证，相关制度、证照悬挂到位。存在的主要问题：一是门头沟区被查的 4 家零售单位有 3 家存在小品种烟花爆竹过期销售情况；二是个别临时销售大棚雪天防潮措施不到位；三是少数零售单位储存区货物码放比较混乱等。针对上述问题，检查组要求零售单位对过期烟花爆竹立即下架、停止销售；对雪后融化要采取措施做好防潮工作，确保烟花爆竹质量；在销售后期要继续做好日常安全管理，对储存的烟花爆竹要按规定码放整齐。检查人员在检查过程中反复强调，各零售单位要销售符合北京市要求的烟花爆竹产品，继续做好烟花爆竹销售后期的各项安全生产管理工作，保持高度警惕，确保销售安全。检查组对春节期间群众向"12350"投诉举报中心反映石景山区金顶北街 1 家零售单位销售非法烟花的情况进行了实地复核，现场没有发现销售非法烟花爆竹。

（张国宁）

【对顺义区、平谷区烟花爆竹仓库执法检查】　　2月10日，市安全监管局执法监察人员对顺义、平谷两个区县的烟花爆竹仓库进行了检查。从检查情况看，两库管理情况较好，剩余库存量分别为528箱和1200箱，货物码放整齐，做到分类分垛码放，安全距离符合规定要求，安全检查记录、交接班记录及温湿度记录等齐全。同时根据"2·6"视频会议的要求，企业加强了自查。顺义区益利农土杂品有限公司在自查中共计发现58箱6种烟花产品存在外包装与箱内检验合格证不符的现象。经查看，其外包装注明为C级烟花，而开箱后发现产品合格证上标明为B级烟花。该公司已将此部分烟花封存并与生产厂家取得联系。对此情况，执法人员要求该单位对此部分产品立即予以返厂处理，同时要继续加强自查，坚决杜绝此类产品流入市场。此次检查是对全市烟花爆竹仓库进行第三次全面检查，检查为期5天，重点对10个远郊区县的12个烟花爆竹仓库的储存、销售及安全生产工作落实情况进行检查。

（张国宁）

【对房山区、西城区烟花爆竹零售单位执法检查】　　2月11日，市安全监管局执法监察队第二检查组对房山区、西城区烟花爆竹零售单位开展了安全生产执法检查。检查组上午在房山区抽查了5家烟花爆竹零售单位，对3家存在擅自拆掉销售区与储存区硬隔离设施、未在规定地点销售和货物码放混乱等问题下达3份责令限期改正指定书；对1家零售单位存在储存区内设置双人床、使用电暖气等问题下达了强制措施决定书，暂时停业，待整改完

毕复查合格后再恢复其经营；对2家零售单位存在销售过期小品种烟花爆竹的情况，检查人员责成零售单位立即将过期产品下架封存，确保销售安全。在房山区检查结束后，检查组带队领导与房山区安全监管局主要领导通报了抽查情况，要求该局进一步加大执法力度，结合查处的问题举一反三，认真检查，确保节日后期烟花爆竹零售安全有序。检查组下午在西城区抽查了5家烟花爆竹零售单位安全管理情况，通过查阅现场检查记录发现，西城区安全监管局能够坚持每天对零售单位进行一次检查；利用手机短信及时将全区最新通知和工作要求等内容发到零售单位负责人手机上，不得删除，能够随时查阅；销售人员在岗位按规定佩戴上岗证，熟悉相关制度和要求、证照悬挂到位。检查组抽查两个区的10家烟花爆竹零售单位，其中有3家是春节期间群众对"12350"举报投诉反映有销售非法烟花爆竹等问题的，现场核查没有发现零售单位存在举报中所反映的问题。

（张国宁）

【部署烟花爆竹回收和零售网点视频监控设备拆卸有关工作】　　2月12日，市安全监管局副巡视员唐明明主持召开会议，专题部署和协调烟花爆竹回收和零售网点视频监控设备拆卸有关工作。

（李怀峰）

【召开视频会议部署元宵节期间烟花爆竹安全监管工作】　　2月14日，市安全监管局副局长蔡淑敏主持召开安全监管系统视频会议，部署了元宵节期间烟花爆竹安全监管工作。副巡视员唐明明传达了2月11日市政府关于做好元宵节期间烟花爆竹安全工作会议精神，传达了副市长刘敬民讲话要求。会议还通报了春节期间全市烟花爆竹执法检查情况，并部署了元宵节

期间执法检查工作。部署了烟花爆竹回收工作，提出了工作要求。唐明明对元宵节期间烟花爆竹工作提出四点要求：一是落实安全监管责任，确保批发单位和零售网点不销售非法烟花爆竹；二是对烟花爆竹批发单位和零售网点进行再动员、再部署，落实企业安全生产主体责任；三是确保烟花爆竹网点回收和视频监控设备拆除工作安全有序；四是加强对批发单位安全监管，保证烟花爆竹产品回库和储存安全。

（李怀峰）

【检查昌平区烟花爆竹工作】 2月16日，市安全监管局副局长常纪文带领职安处和执法队对昌平区烟花爆竹安全生产工作进行了检查。发现1家烟花爆竹零售单位存在货物码放超高、现场存有杂物的情况，针对检查存在的问题，检查组责令该单位立即进行了整改。

（李怀峰）

【对朝阳区烟花爆竹零售网点执法检查】 2月16日，按照2011年元宵节期间烟花爆竹零售网点执法检查工作安排，市安全监管局副局长汪卫国带领法制处、执法监察队对朝阳区烟花爆竹零售网点进行执法检查。检查组先听取了朝阳区安全监管局春节期间烟花爆竹监管措施落实情况及执法检查情况的汇报。随后，检查组随机抽查了4家烟花爆竹零售网点。经查，各零售网点库存数量符合要求；抽取部分烟花爆竹开箱检查，未发现违规产品；烟花爆竹码放规范；现场警示标志清晰齐全；人员值守到位，未发现明显隐患。但检查也发现，个别烟花爆竹电子标签信息无法通过信息库查询，标签信息登记存在问题。汪卫国要各网点销售人员必须遵守法律法规，加强现场管理和值班值守，确保不发生各类安全事故，同时强调区安全监管局要继续高度重视，严格执法，确保烟花爆

竹回收工作的顺利进行。

（张国宁）

【夜查元宵节前烟花爆竹零售网点安全工作】 2月16日夜间，市安全监管局局长张家明带队对海淀区、朝阳区和东城区烟花爆竹零售网点进行了突击执法检查。此次检查共涉及3个区的7家烟花爆竹零售点，其中包括海淀区芙蓉里销售点1家、海淀区上地销售点1家、海淀区清河销售点4家、朝阳区民族园销售点1家、东城区皇城北街销售点1家。

（李怀峰）

【检查大兴区烟花爆竹工作】 2月17日元宵节当天，市安全监管局副局长蔡淑敏带队，对大兴区烟花爆竹安全生产工作进行了检查。在听取大兴区简要汇报后，检查组实地检查了烟花爆竹两个零售单位，检查发现，零售单位的销售大棚均采用硬质阻燃材料，规格制式统一，销售区与储存区使用硬质阻燃材料分隔；销售人员按规定持证上岗，对各级政府要求及应急预案熟悉，各种证照按规定悬挂。针对一家零售单位存在货物码放过高、销售货架不牢等问题，下发责令限期整改指令书。

（李怀峰）

【检查门头沟区烟花爆竹工作】 2月17日，市安全监管局副局长贾太保带领北京煤监分局一室和执法队对门头沟区元宵节期间烟花爆竹安全生产工作进行了检查。检查组听取了门头沟区安全监管局春节期间烟花爆竹检查情况，以及元宵节烟花爆竹检查安排情况的汇报，并随机抽查了3家烟花爆竹零售网点和1家烟花爆竹储存仓库。

（李怀峰）

【检查房山区烟花爆竹工作】 2月17日，市安全监管局检查组对房山区元宵节期间烟花爆竹安全生产工作进行了检查。

检查组听取了房山区安全监管局春节期间烟花爆竹监管措施落实情况及元宵节烟花爆竹监管的汇报，并随机抽查了北京汇源北路工贸有限公司、北京东东聚源超市、北京市安泰通讯器材商店、北京昊文宾馆4家烟花爆竹零售网点。经查，各零售网点库存数量符合要求，抽取部分烟花爆竹开箱检查，未发现违规产品，烟花爆竹码放规范，现场警示标志清晰齐全，人员值守到位，未发现明显隐患。

（李怀峰）

【检查烟花爆竹批发仓库回收入库工作】　为了全面加强"两会"期间北京市烟花爆竹批发企业安全生产工作，2月22日、24日，市安全监管局副巡视员唐明明率队检查了位于大兴区和房山区的4家烟花爆竹批发企业的回收入库工作。目前，全市烟花爆竹批发企业共回收烟花爆竹产品5.7万箱。在对4家烟花爆竹批发企业检查中发现，除北京市熊猫烟花有限公司尚未完成回收产品的分类入库工作之外，其他3家企业均已完成回收入库工作，其中隶属房山区供销社的北京汇源北路工贸有限责任公司将剩余的近2 000箱烟花爆竹运往市供销社魏善庄仓库进行统一集中储存。

（李怀峰）

【烟花爆竹技术支撑单位座谈会】　4月1日下午，市安全监管局副巡视员唐明明主持召开2011年度烟花爆竹安全管理工作技术支撑单位座谈会，对春节烟花爆竹安全管理系统建设和相关技术进行总结，并对下一步工作进行了研讨。综合各单位发言情况，存在的主要问题集中于：一是视频监控设备的安装和链路数量等缺乏统一的标准；二是由于多家单位共同参与数据传输业务，数据的交换格式、传输途径和互连互通方面未达成统一或兼容；三是

批发企业烟花爆竹流向监控数据信息不能及时准确上报；四是库存超限报警的设置及处置尚待进一步完善；五是网络传输信号不稳定，造成监控数据时有时无；六是缺乏误报数据处理机制。参会单位积极献言献策，认为应从以下几点采取改进措施：统一视频监控的相关技术及安装规范；各参与企业加强协调配合，确保数据、信息的统一和兼容；进一步完善烟花爆竹流向管理系统和烟花爆竹物联网管理系统两个系统。

（李怀峰）

【烟花爆竹地方标准初稿研讨会召开】　5月16日下午，市安全监管局召开《北京市烟花爆竹零售网点设置安全标准》地方标准初稿研讨会，对由兵器工业安全技术研究所制定完成的地方标准初稿进行集中讨论和研究。副巡视员唐明明出席会议并讲话。

（李怀峰）

【春节烟花爆竹工作筹备会】　7月11日下午，市安全监管局副巡视员唐明明主持召开2012年春节烟花爆竹工作筹备会，针对2011年春节烟花爆竹安全管理工作中在物联网建设、视频监控、流向管理等方面存在的问题研究讨论进一步改进和完善措施。

（李怀峰）

【供销社体系烟花爆竹批发单位安全管理工作会议召开】　7月20日下午，市安全监管局在北京市烟花鞭炮有限公司魏善庄仓库组织召开全市供销社体系烟花爆竹批发单位安全管理工作会议，会议主要围绕烟花爆竹批发仓库物联网建设和烟花爆竹流向监控管理工作展开。会议要求：一是各企业要进一步完善和提升烟花爆竹物联网管理和流向监控管理工作，全面提升烟花爆竹安全管理水平；二是针对当前

批发仓库物联网管理系统存在的温湿度信息及图像信息无法显示和传输的问题，市安全监管局将积极协调尽快解决；三是各批发单位要高度重视雨季高温高湿条件下的仓库安全管理工作，要积极排查隐患，做好通风降温降湿工作。

（李怀峰）

【与市烟花办针对烟花爆竹有关工作交换意见】 按照市安全监管局局长张家明指示要求，10月26日，市安全监管局与市政府烟花办展开专题会谈，针对市政府烟花办印发的《北京市2012年元旦春节烟花爆竹安全管理工作意见》（征求意见稿）和《北京市2012年春节烟花爆竹零售网点统一规划设置指导意见》（征求意见稿）与市安全监管局职责分工存在的分歧，进行了充分交换意见。双方对本次专题会谈交换意见的模式表示肯定，均表示以后继续加强沟通，搞好配合，共同做好烟花爆竹安全管理工作。

（李怀峰）

【地方标准通过专家评审】 11月2日，由市安全监管局提出并归口管理的两项地方标准《危险化学品地上储罐区安全要求》和《烟花爆竹零售网点设置与安全管理要求》通过专家评审会审查。

（李怀峰）

【完成烟花爆竹批发单位考试工作】 11月9日，市安全监管局预防中心组织完成烟花爆竹批发单位考试工作，并于11月11日完成试卷评分，此次考试报考126人，缺考2人，合格103人，合格率83.1%。

（李怀峰）

【烟花爆竹安全生产工作调度会召开】 11月15日，市安全监管局副巡视员唐明明主持召开烟花爆竹安全生产工作协调调度会。会议通报了目前烟花爆竹各项工作进展情况，提出了烟花爆竹工作的最新要求，并对局内各处室队所承担的烟花爆竹工作任务进行确定。

（李怀峰）

【烟花爆竹物联网建设工作协调会】 11月16日上午，市安全监管局副巡视员唐明明主持召开2012年烟花爆竹物联网建设工作协调会，对春节期间烟花爆竹综合管理物联网应用建设工作进行研讨。市政府办公厅副巡视员卞杰成率市应急办相关工作人员，以及市安全监管局监管三处、信息中心负责人参加了会议。烟花爆竹安全生产物联网管理建设工作正在进行市区两级系统和网络对接调试。

（李怀峰）

【春节烟花爆竹安全管理工作动员部署视频会议】 11月21日下午，全市安全监管系统2012年春节烟花爆竹安全管理工作动员部署视频会议召开。市安全监管局副局长唐明明出席会议并讲话，会议传达了11月11日副市长刘敬民、苟仲文召开的北京市2012年元旦春节烟花爆竹安全管理工作动员部署会精神，并按照指导思想、组织领导、职责分工、工作目标、工作措施、工作步骤和工作要求等对2012年春节烟花爆竹销售、储存安全管理工作进行了部署。会议还通报了烟花爆竹零售网点视频监控系统市局和区县局平台对接情况。各区县汇报了烟花爆竹工作进展情况，重点汇报了视频监控工作开展情况。

（李怀峰）

【贯彻学习烟花爆竹两项地方标准】 11月28日下午，市安全监管局局组织召开全市安全监管系统视频会议，贯彻学习两项地方标准。市安全监管局副局长唐明明出席会议并讲话。两项地方标准的主要起草人分别从标准的来源、制修订过程、标准的技术内容和依据等方面对标准进行了详细的讲解。

（李怀峰）

【结合行政许可工作开展批发仓库备货入库前检查工作】 11月29日，结合烟花爆竹批发企业换证许可工作，市安全监管局副局长唐明明率队检查密云县和房山区烟花爆竹批发仓库备货入库前安全管理工作。检查组分别检查了北京檀州烟花鞭炮有限公司、北京市逗逗烟花爆竹有限公司和北京市熊猫烟花有限公司，在上一许可有效期内批发仓库均未实施改、扩建工程，库房情况良好，库存的烟花爆竹产品均按照垛距、墙距等要求进行码放。

（李怀峰）

【召开烟花爆竹批发经营安全管理工作会议】 11月30日下午，市安全监管局副局长唐明明主持召开烟花爆竹批发经营安全管理工作会议，对春节期间烟花爆竹有关工作进行部署。全市12家烟花爆竹批发企业的主要负责人，以及京仪集团远东仪表有限公司、天之华软件开发科技有限公司、亚太安讯科技有限公司、时代凌宇科技有限公司等技术支撑单位参加会议。

（李怀峰）

【再次调度烟花爆竹安全管理工作】 12月19日，市安全监管局副局长唐明明主持召开全市安全监管系统烟花爆竹安全管理工作视频会议，对各区县烟花爆竹零售网点视频监控、安全生产责任险推进和零售经营许可工作进行再次调度。

（李怀峰）

【烟花爆竹批发经营筹备工作稳步推进】 12月27日上午，市安全监管局召开烟花爆竹批发企业安全管理工作会，再次对2012年烟花爆竹批发仓库物联网管理、烟花爆竹流向监控、烟花爆竹备货、库存的内筒型组合烟花安全管理等工作进行调度。

（李怀峰）

矿山安全监管监察

【督导长沟峪煤矿】 1月18—19日，北京煤监分局对北京昊华能源股份有限公司长沟峪煤矿安全生产情况进行督导检查。监察人员对长沟峪煤矿采煤一段值派班等情况进行了检查，并参加了长沟峪煤矿19日的安全生产分析会。针对检查中发现的15槽壁式工作面主上方只有一道风门、上顺槽端头上隅角瓦斯传感器安装位置不对等问题，与煤矿有关部门交换了意见，下达了责令立即整改的查处理决定书，并提出了整改要求。

（贾宏）

【核查煤矿安全生产标准化矿井达标工作】 1月25—27日，为进一步加强煤矿安全生产基础工作，按照《关于深入开展煤矿安全生产标准化活动的通知》要求，市安全监管局（北京煤监分局）会同市发展改革委，与聘请的两名专家核查北京昊华能源股份有限公司大台煤矿和大安山煤矿的安全生产标准化矿井达标年度考评工作。按照《关于深入开展煤矿安全生产标准化活动的通知》（京安监发[116]号文件）的要求，京煤集团建立了昊华公司、煤矿（矿井）、科段、班组（岗位）四级安全生产标准化考评标准。核查矿井达标的年度考评工作采取查阅相关资料、现场抽查考核的方式进行。通过检查，两个煤矿能够按照《关于印发北京市煤矿安全生产标准化标准及考评办法的通知》（京安监发[117]号）文件要求，认真开展自评工作，但现场核查中仍发现一些问题：安全生产标准化机构设置不合理，没有形成体系；安全生产标准化考核评分不规范，存在随意性等问题，针对存在的问题与矿有关部门交换了意见。同时要求煤矿要提高对安全生产标准化工作的认识，加强领导，明确责任，全面推动安全生产标准化工作的深入开展，切实使安全生产标准化工作的责任真正落实到实处。

（贾宏）

【检查长沟峪煤矿领导带班下井】 2月11日，北京煤监分局检查北京昊华能源股份有限公司长沟峪煤矿矿领导带班下井工作。监察人员在井口检查了矿领导带班记录情况，对当班副矿长就矿领导带班的有关情况进行了询问，查看了班组的收施工会过程、岩石掘进工作面的安全生产情况。监察人员对长沟峪煤矿的矿领导下井带班、班组收施工会等方面的工作给予了肯定。

（贾宏）

【专题研究标准化示范矿井实施方案】 2月15日，北京煤监分局组织市发改委、市国资委，并邀请安科院党委书记何学秋、国家煤监局监察司司长刘志军和国家煤监局行管司有关领导召开专题会议，对大安山煤矿标准化示范矿井的建设思路和总体框架实施方案进行了研讨。

（贾宏）

【调研木城涧煤矿信息化建设】 3月8日，市安全监管局副局长贾太保、副局长常纪文到北京昊华能源股份有限公司木城涧煤矿，调研物联网和信息化在煤矿安全生产工作中的应用情况。木城涧煤矿的信息化在安全生产中的应用包括生产调度指挥系统、监测监控系统、综合管理系统等几个方面，涵盖了水泵、风机等的自动运行，运输集中控制，重点岗位、重要岗点和工作面的视频监控，安全监测监控，顶板离层监测，隐患排查治理系统等。信息化已应用到了安全生产和安全管理的各个领域，为适应建设信息化矿山的需要，该矿已配置了30余名专职信息化工作人员。

调研人员一致认为，木城涧煤矿的物联网和信息化技术应用基础扎实，针对性和实用性强，通过进一步的系统优化一定能实现感知矿山和数字矿山。

（贾宏）

【督导煤矿作业场所职业危害申报工作】 3月23—25日，为进一步加强煤矿职业安全健康工作，保护煤矿从业人员的身体健康，做好煤矿作业场所职业危害申报工作，北京煤监分局分别到北京昊华能源股份有限公司大安山煤矿、木城涧煤矿、长沟峪煤矿督导检查作业场所职业危害申报工作的进展情况。京煤集团昊华公司各矿对申报工作非常重视，指定专人负责此项工作，申报工作按期进行。监察人员听取了各矿职业危害申报工作进展情况汇报，认真查看了有关申报材料，仔细解答申报中存在的疑难之处。

（贾宏）

【参加京煤集团昊华公司班组建设推进会】 4月25日，市安全监管局（北京煤监分局）副局长贾太保参加昊华公司2011年度班组建设推进会。2010年以来，昊华公司积极开展学习推广"白国周班组管理法"活动，通过举办"白国周班组管理法现场报告会"和大张旗鼓的宣传，"白国周班组管理法"在各矿已得到了广泛的应用推广，激发了班组活力，班组建设取得了显著成效。员工职业化训练水平不断提高，班组的凝聚力和战斗力显著增强，班组长的综合管理水平进一步提升，涌现出了一大批先进班组、先进个人和小改小革技术创新先进人物。推进会上，表彰了"四优班组"竞赛中取得优异成绩的优秀班组和白国周式班组长，公布了2010年度群众性小改小革技术创新优秀项目评选结果。贾太保及昊华公司领导为优秀班组、白国周式班组长和2011年度首席员工颁发了奖状和聘书。贾太保在讲话中充分肯定了昊华公司在煤矿班组建设工作中取得的成绩。

（贾宏）

【全国煤矿班组安全建设先进事迹报告】 4月26日，市安全监管局（北京煤监分局）副局长贾太保参加了在京煤集团举行的全国煤矿班组安全建设先进事迹巡回报告启动仪式及首场报告会。来自平煤七矿的白国周、开滦赵各庄矿的王进东等6人作了首场报告。国家煤矿安监局副局长彭建勋参加会议并讲话。彭建勋在讲话中指出，开展煤矿班组安全建设先进事迹巡回报告活动，就是深入贯彻落实全国煤矿班组安全建设推进会和张德江副总理在会上的重要讲话精神的具体举措之一，就是牢固树立以人为本、安全发展的理念，把加强煤矿安全生产工作的重心下移至现场，关口前移至班组，通过班组平安带动企业安全，抓好"五落实"，教育和引导广大职工群众创先争优、比学赶超，在全国煤炭系统掀起班组安全建设的新热潮，促进全国煤矿安全生产形势进一步稳定好转。报告团成员是从2010年全国煤矿班组安全建设推进会上受到表彰的"十佳"班组、班组长和群众安全监督员中精心选拔出来的，是全国优秀煤矿班组、班组长和群众安全监督员的杰出代表。

（贾宏）

【参加京煤集团安全办公例会】 4月27日，市安全监管局（北京煤监分局）副局长贾太保参加京煤集团4月份安全办公例会，例会由京煤集团董事长付合年主持。会上，昊华公司主要负责人汇报了1—4月份的安全情况，重点从开展质量标准化竞赛、现场研讨解决工作面实际问题、"八项工作"进展情况、如何扎实开展"京西煤矿安全生产保障行动"、五一期间安全保障

和应急值守等方面进行了汇报。总经理阚兴和董事长付合年对近期集团安全工作提出明确要求，特别强调集团各级领导和权属单位要认真吸取大兴区旧宫镇"4·25"火灾事故的惨痛教训，认真开展安全大检查活动，彻底消除事故隐患。要以"京西煤矿安全生产保障行动"为契机，认真扎实开展各项工作，不走形势、不摆花架子。贾太保充分肯定了京煤集团2011年以来的安全生产工作，通报了北京市近期的严峻安全形势，并对京煤集团提出要加大对人员密集场所、有限空间、宾馆、饭店的隐患排查力度，要从安全通道、消防器材、综合楼宇的监控等方面认真排查，及时消除隐患；要扎实开展"京西煤矿安全生产保障行动"，工作一定要严、细、实，要以"三大示范工程"为基础，不断总结深化和推进此项工作。

（贾宏）

【召开煤矿安全生产标准化和班组建设座谈会】 5月11日，市安全监管局（北京煤监分局）副局长贾太保在北京昊华能源股份有限公司大安山煤矿召开煤矿安全生产标准化和班组建设工作座谈会。参会人员就如何开展安全生产标准化建设、规范企业和员工安全生产行为、加强安全生产基础管理工作，如何推进煤矿班组安全建设、将安全生产工作的重心下移至现场、关口前移至班组、通过班组人人平安实现煤矿安全生产等方面进行了座谈。贾太保在座谈会上提出，班组长要不断提高完善和充实自我，要善于学习，不断提高自己的文化水平和业务知识，要重视职业危害防治，保持健康的身体；昊华公司和煤矿要高度重视新生代农民工的稳定工作，要认识到新生代农民工与老一代农民工的需求不一样，他们需要的待遇不只是工资的多少。

（贾宏）

【调研安全生产标准化和班组建设工作】 7月21—22日，北京煤监分局到北京昊华能源股份有限公司木城涧煤矿和长沟峪煤矿，对煤矿安全生产标准化和班组建设工作情况进行调研。监察人员首先听取了煤矿上半年安全生产标准化和班组建设工作开展情况的汇报，并组织召开了班组长以上管理人员参加的座谈会。参会人员就如何开展科段、班组、岗位安全生产标准化建设，规范企业和员工安全生产行为，加强安全生产基础管理工作；如何推进煤矿班组安全建设，将安全生产工作的重心下移至现场、关口前移至班组，通过班组人人平安，实现煤矿安全生产等方面进行了座谈。

（贾宏）

【国家煤监局检查本市煤矿安全质量标准化工作】 8月31日至9月5日，国家煤矿安全监察局为深入贯彻落实《国务院关于进一步加强企业安全生产工作的通知》（国发[2010]23号）和《国务院安委会关于认真贯彻落实国务院第165次常务会议精神进一步加强安全生产工作的通知》（安委明电[2011]8号）文件精神，组织煤矿安全质量标准化检查组来本市进行检查。检查组由重庆煤矿安监局（重庆市煤炭工业局）副局长张继勇带队，成员由重庆煤矿安监局、云南省安全监管局有关领导及煤矿行业专家组成。检查了北京昊华能源股份有限公司大安山煤矿和木城涧煤矿，检查组分5个小组重点检查了煤矿贯彻落实国家有关煤矿安全质量标准化达标要求情况、2011年底前煤矿达标计划落实情况、开展安全质量标准化工作的主要措施及做法、煤矿现场管理存在的安全隐患及问题等方面。

（贾宏）

【组织学习煤矿安全风险预控管理体系】 10月9日，北京煤监分局邀请北京福缘安技术服务有限公司有关工程技术人员就《煤矿安全风险预控管理体系规范》（AQ/T 1093—2011）有关内容，进行专题讲解。为推行煤矿安全生产风险预控管理体系，加强全员、全过程、全方位安全管理，国家安全监管总局于2011年7月12日发布，自12月1日起实施。这套管理体系以危险源辨识和风险评估为基础，以风险预控为核心，以不安全行为管控为重点，通过制定针对性的管控标准和措施，达到"人、机、环、管"的最佳匹配，从而实现煤矿安全生产。

（贾宏）

【开展煤矿安全质量标准化专项监察】 9月29日，北京煤监分局到北京昊华能源股份有限公司长沟峪煤矿，对煤矿安全质量标准化工作开展情况进行专项监察。监察人员听取了煤矿安全质量标准化工作开展情况的汇报。长沟峪煤矿成立了以矿长为组长的安全质量标准化领导小组，确保安全质量标准化工作的有序开展；以落实"强双基、提素质、精管理、促发展"为工作主题，扎实开展安全质量标准化基础工作；在安全质量标准化建设中提出了一季度贯标、二季度推进、三季度提升、四季度达标分步走的工作方案；制定了安全质量标准化考核措施，把安全标准化工作作为各级管理人员主要的绩效考核内容，与工资收入直接挂钩；提出了2011年年底前达到煤矿安全质量标准化二级标准。监察人员查看了安全质量标准化考评办法，每月、季度安全质量标准化考评记录，开展安全质量标准化工作的主要措施和做法。针对检查中发现的对段队达标考评周期过长等问题，提出了整改建议。

（贾宏）

【开展煤矿职业危害防治工作专项监察】 10月25日至11月2日，为进一步加强煤矿职业危害防治工作，保护煤矿从业人员身体健康，做好煤矿作业场所职业危害防治工作，北京煤监分局分别到北京昊华能源股份有限公司大安山煤矿、长沟峪煤矿和木城涧煤矿对作业场所职业危害防治工作开展情况进行了专项监察。监察人员听取了各矿职业危害防治工作开展情况汇报，认真查看了有关材料记录，并对井下作业场所设置职业危害警示标识情况进行了检查。监察人员针对检查中发现的未按时进行粉尘分散度检测等问题提出了整改意见。

（贾宏）

【开展井下设备安标管理情况专项监察】　10月25日至11月2日，为进一步推动煤矿加强技术管理、淘汰落后设备，落实《国家安全监管总局办公厅、国家煤矿安监局办公室关于开展煤矿井下部分重要安标设备专项检查的通知》要求，北京煤监分局分别到北京昊华能源股份有限公司大安山煤矿、长沟峪煤矿和木城涧煤矿对井下部分重要安标设备（电缆和输送带）管理情况进行了专项监察。监察人员听取了各矿井下部分重要安标设备管理情况汇报，认真查看了有关材料记录，并对电缆吊挂、标识情况进行了检查。针对检查中发现的问题，下达了立即整改的监察指令并提出了整改意见。

（贾宏）

【2011年度煤矿安全质量标准化考评】12月19—23日，按照《国家煤矿安监局办公室关于进一步做好煤矿安全质量标准化有关工作的通知》（煤安监司办[2011]25号）文件要求，北京煤监局会同市发展改革委，并聘请了5名专家，对京煤集团昊华公司所属4个煤矿2011年度安全质量标准化矿井达标工作进行检查考评。京煤集团昊华公司所属4个煤矿均申报了北京市二级标

准化矿井的申请材料。考评工作分成安全管理、采煤、掘进、机运和一通三防共5个专业组，采取听取汇报、查阅相关资料和井下现场抽查考核的方式进行。通过对各矿每月的打分原始记录、安全管理工作、工作面现场管理情况检查，考评组认为，2011年度昊华公司4个煤矿按照《关于印发北京市煤矿安全生产标准化标准及考评办法的通知》的文件要求，认真开展了自评工作，有专门的机构负责考评打分，4个煤矿"六证"齐全有效、年度内未突破安全考核目标、采掘关系正常、监测监控系统可靠有效、按规定建立了防治水、防灭火、防尘系统、未使用国家明令淘汰的采煤工艺和支护方式、无超层越界开采等违法违规行为。经检查考评，核准北京昊华能源股份有限公司大安山煤矿、木城涧煤矿、大台煤矿和长沟峪煤矿4个煤矿为2011年度安全质量标准化二级矿井。

（贾宏）

【非煤矿山的行政许可审查】　2011年，北京市有金属非金属矿山33家，地勘企业49家。全年共受理行政许可申请25件，按许可类别分，其中采掘施工类4件、矿山类18件、地质勘探类3件；按许可形式分，初次申请的4件，延期申请的12件，变更申请的9件。经过审查，同意许可的25件。针对许可工作共组织现场审查30余次，出动工作人员及专家近150人次。

（陈震西）

【赴天津市调研非煤矿山安全许可工作】　8月11日，市安全监管局赴天津市安全生产监督管理局调研非煤矿山安全生产许可工作。双方共同讨论了金属非金属矿山、地质勘探、采掘施工的安全许可问题，特别是就石油天然气技术服务单位安全许可的范围、种类、许可条件、日常安

全监管等问题进行了深入探讨。北京市朝阳区安全监管局有关人员参加了调研。

（陈震西）

【检查密云冶金矿山公司春季消防工作】 3月30—31日，按照《北京市金属非金属矿山行业消防平安行动工作方案》的要求，市安全监管局组织赴密云县对密云冶金矿山公司所属威克铁矿、建昌铁矿、云冶铁矿春季消防工作进行了检查。主要查验消防预案、消防措施、消防安全培训记录等资料，现场检查企业内部成品油库及爆炸物品仓库、临时存储点、采场消防安全距离是否符合要求、消防器材配备是否符合标准及灭火器是否完好等情况。通过检查，发现企业均重视春季消防工作，对作业人员进行了防灭火及避险知识培训，配备了消防器材，定期开展了消防检查，但也存在一些问题，如个别灭火器过期、火灾避灾路线标志缺失等。针对问题，检查人员要求矿山企业立即进行整改，确保矿山安全生产。

（陈震西）

【全市非煤矿山安全监管工作会议】 4月6日，市安全监管局组织召开本市非煤矿山安全监管工作会议。会上，对《北京市金属非金属矿山安全标准化考评办法》、《北京市非煤矿矿山企业安全生产许可证实施办法》等文件进行了宣讲解读，并从落实安全生产主体责任、监测监控系统建设等8个方面对2011年重点工作进行部署。随后，各区县安全监管局参会人员汇报了近期本区县非煤矿山安全生产工作情况，并对2011年全市非煤矿山重点工作提出了各自的意见和建议。最后，提出了工作要求。房山区、门头沟区、昌平区、顺义区、怀柔区、密云县、石景山区7个区县安全监管局的主管领导参加了会议。

（陈震西）

【地质勘探安全生产工作会】 5月13日下午，市安全监管局组织召开地质勘探企业安全生产工作座谈会。会上，对全市地质勘探企业项目施工及备案摸底调查情况进行了通报，组织学习了国家安全监管总局和市安全监管局关于地质勘探企业安全生产工作的文件，听取了与会区县安全监管局以及企业代表的工作情况汇报，并就地质勘探企业备案制度落实情况以及日常监管工作进行了座谈，提出了地质勘探企业监管工作的要求。朝阳区、丰台区、西城区安全监管局相关科室负责人和6家地勘企业参加了会议。

（陈震西）

【汛期安全生产工作视频会】 5月30日，市安全监管局召开本市安监系统汛期安全生产工作视频会。会上，首钢矿业公司、京煤集团木城涧煤矿就汛期安全生产工作作了发言，随后市安全监管局传达了市防汛抗旱指挥部第一次全体会议精神，并提出汛期工作要求。区县安全监管局分管局长、相关科室负责人以及首钢总公司、金隅集团、京煤集团相关负责人参加了会议。

（陈震西）

【地勘单位安全监管工作会议】 6月22日，市安全监管局组织召开全市地质勘探单位安全监管工作会议，通报全市地质勘探单位基本情况，解读新出台政策法规，并结合具体工作开展情况进行了讨论，最后对地质勘探单位安全监管工作进行了部署。

（陈震西）

【组织召开尾矿库安全工作会议】 6月24日，市安全监管局组织召开全市尾矿库安全工作会议。会议通报了2010年本市尾矿库调查评估工作情况，对《尾矿库安全监督管理规定》（总局38号令）以及《北京市安全生产委员会办公室关于进一步加强尾矿库安全生产工作的意见》（京安办发[2011]28 号）的文件精神进行了宣讲解读，听取了区县局尾矿库安全工作情况并部署汛期有关工作，对汛期尾矿库安全工作提出了要求。

（陈震西）

【举办矿山开采专题讲座】　为推进"安全健康、绿色和谐"矿山建设进程，市安全监管局于 2011 年 11 月 2 日组织举办了石灰石矿山开采专题讲座。讲座邀请中国中材国际工程股份有限公司天津分公司矿山工程设计研究所所长黄东方结合本市非煤矿山实际情况，对矿山开采工艺流程的各个环节及矿山的安全要点进行了系统阐述，分析了矿山主要安全风险因素，详细介绍了目前国内外矿山开采的新技术与新装备。有关区县安全监管局分管局长、科长及有关人员，有关乡镇安全机构负责人，各非煤矿山企业负责人及安全、技术管理人员等 60 余人参加了讲座。

（陈震西）

【非煤矿山整治暨"安全·和谐"示范矿山动员会】　12 月 2 日，市安全监管局会同市国土局、市环保局在北京会议中心联合召开非煤矿山专项整治暨建设"安全·和谐"示范矿山动员会，传达《关于进一步深化金属非金属矿山专项工作的通知》文件精神，市国土局、环保局分别就各自系统的工作重点做了讲解，并向企业和区县部门提出了具体要求。有关区县安全监管、国土、环保部门分管负责人和所有金属非金属矿山企业主要负责人近百人参加了会议。

（陈震西）

【检查地采矿山安全生产工作】　12 月 8 日，市安全监管局组织专家赴密云县深入井下对首云铁矿地下生产系统进行了安全检查，并就"安全·和谐"地采矿山建设工作进行了座谈研讨。密云县安全监管局局长一同参加检查。

（陈震西）

【检查昌平区非煤矿山安全生产工作】　12 月 15 日，市安全监管局对昌平区的北京市昌平牛蹄岭石米厂、北京市兴寿海字石材加工厂等非煤矿山进行了安全检查，针对采场现状提出了整改建议。昌平区安全监管局局长参加了检查。

（陈震西）

【对密云县、丰台区安全生产工作进行综合考核】　12 月 27—28 日，按照市安全生产委员会安全生产综合考核统一安排，市安全监管局第三考核组对密云县、丰台区 2011 年度安全生产工作进行综合考核，市国土、工商、园林等部门参加了考核工作。丰台区区长、分管副区长、丰台区安全监管局及安委会成员单位相关负责人、密云县副县长、密云县安全监管局及安委会成员单位相关负责人分别参加了本区县考核汇报。

（陈震西）

【非煤矿山整合提高】　2 月 18 日，市安全监管局组织本市非煤矿山整合提高工作座谈会。会上，与会人员对《北京市金属非金属矿山整合提高工作指导意见》（初稿）进行了认真的讨论，各部门结合各自职责，就整合提高的指导思想、目标、工作思路、基本条件和关闭标准以及保证措施提出了修改意见和建议。市政府法制办、市经信委、市国土局、市环保局及房山、顺义、昌平、怀柔等区县安全监管局有关人员参加了座谈会。

（陈震西）

【非煤矿山整合提高】　3 月 24 日，为推进本市金属非金属示范矿山建设工作，市安全监管局赴昌平区凤山矿就示范矿井试点建设工作进行现场调研，并与区安全监管局、金隅集团相关负责人进行座谈。重点是共同研究了示范矿山建设思路、建设标准、实施步骤，探讨示范矿山试点建设的途径和方法。昌平区安全监管局相关负责人参加了调研。

（陈震西）

【考察京煤集团安全质量标准化工作】
5月份，为学习借鉴煤矿安全质量标准化工作经验，推进本市非煤矿山安全标准化工作。市安全监管局分别组织密云县安监局、密云冶金矿业公司和所属地下矿山企业、金隅集团和所属石灰石矿山企业有关负责人前往京煤集团木城涧煤矿学习考察。

（陈震西）

【督导调研凤山矿示范矿山建设工作】
6月9日，为推进本市石灰石矿山示范建设工作，市安全监管局对北京金隅集团所属北京水泥厂凤山矿开展督导调研，听取凤山矿示范矿山建设进展情况及下一步工作计划和安排的情况汇报，并实地查看了示范矿山建设进展情况。凤山矿正按照示范矿山建设方案，开展上山道路整治硬化、植被绿化等一期工程。

（陈震西）

【调研房山区非煤矿山整合提高工作】
10月20日，市安全监管局对房山区开采红砂岩、汉白玉的两家企业的整合提高工作进行调研，分别听取了 2 个矿山企业整合的总体规划的汇报，设计单位就两座矿山整合后的开采设计进行了详细说明，并就开采设计中安全设施设计及风险防控措施进行了讨论，提出了修改完善意见。

（陈震西）

【石灰石矿山三个地方标准编制工作座谈会】 为确保《北京市石灰石矿山建设生产安全规范》等 3 个非煤矿山地方标准（草案）的科学性和可操作性，11 月 14

日下午，市安全监管局组织召开了座谈会，听取相关部门意见，并对草案内容进行了研讨。市国土局、市环保局、起草单位相关负责人参加了会议。

（陈震西）

【督察非煤矿山领导带班下井制度落实情况】 4 月 14 日，为贯彻落实《金属非金属地下矿山企业领导带班下井及监督检查暂行规定》精神，强化领导责任，市安全监管局赴密云县对首云铁矿在建地下开采系统领导带班下井情况进行了督察，重点检查企业领导带班下井月度计划、每个工作班次带班下井的领导名单和下井及升井的时间、领导带班下井公示、下井的交接班记录等。督察人员还深入井下总配电硐室、破碎硐室等场所对当班领导干部带班情况进行了现场核查，并检查了井下施工安全生产工作。随后与密云县安全监管局、矿山企业相关负责人及有关专家就地下示范矿山建设工作进行座谈研讨。

（陈震西）

【督察首钢矿业公司安全生产工作】
为督促企业切实做好隐患整改和汛期安全生产工作，5 月 4—6 日，市安全监管局组织石景山区安全监管局、专家对首钢矿业公司安全生产工作进行了督察。督察过程中听取了首钢矿业公司安全生产工作情况汇报，并深入杏山铁矿井下检查了巷道掘进、主立井提升设备安装、通风机运行情况；检查了水厂铁矿生产指挥中心，听取了尾矿库、排土场在线监测等系统的建设情况；实地检查了尹庄尾矿库和西排土场的安全情况。针对检查情况，检查组分别对尾矿库的在线监测、外坡比设计、接续规划、综合利用、排土场隐患治理、地下矿山通风、有害气体检测等方面提出了意见和措施。

（陈震西）

【尾矿库汛前安全检查】 5月25—26日，市安全监管局组织专家对密云县 5 座在运行尾矿库和 2 座停用尾矿库进行了汛前安全检查。重点检查尾矿库的各项数据指标，企业汛期特殊管理措施的制定落实情况、防汛物资的储备情况以及汛前应急演练的开展情况。针对检查发现的问题，检查组要求企业分析原因，制定整改措施，及时整改，确保尾矿库安全度汛。

（陈震西）

【检查顺义区非煤矿山企业汛期安全生产工作】 6月10日，市安全监管局对顺义区非煤矿山企业汛期安全生产工作开展检查，并重点检查了已重新取得采矿许可证的北京大段石灰厂、庞山采石场、北京玉林石灰厂 3 家矿山企业的安全现状。检查发现，顺义区安全监管局、各矿山企业均成立了汛期安全生产领导小组，制定了防汛措施，明确了责任人和预警联络方式。

（陈震西）

【参加全市安全迎汛检查】 6月14日，按照市防汛指挥部的统一部署，市安全监管局参加了市防汛抗旱指挥部办公室对平谷区和密云县安全迎汛工作检查。检查过程中，听取了平谷区、密云县防汛分指挥部关于 2011 年防汛准备工作的汇报，并对平谷区境内的黄松峪和杨家台水库、镇罗营镇牛角峪村小塘坝、玻璃台泥石流村，密云县境内的庄户峪和沙厂水库、张庄子泥石流村、首云尾矿库进行了现场检查，并提出了汛期工作要求。市农委、市发改委、市财政局、市国土局一同参加了检查。

（陈震西）

【非煤矿山企业"直击安全现场"检查】 6月20日，市安全监管局对位于昌平区的北京昌平牛蹄岭石米厂和北京水泥厂凤山矿 2 家单位开展安全生产月"直击安全现场"活动。北京市安全生产宣教中心、北京电视台、《中国安全生产报》、职业安全健康、劳动保护杂志社等 7 家媒体参与了此次检查。

（陈震西）

【检查密云县非煤矿山企业汛期安全生产工作】 6月29日，市安全监管局赴密云县检查非煤矿山企业汛期安全生产工作。检查人员听取了密云冶金矿山公司关于矿山企业汛期安全生产工作的汇报，随后对密云县放马峪铁矿的尾矿库、露天采场、尾矿砂再利用设备设施进行了实地检查。

（陈震西）

【北京市副市长检查密云县非煤矿山汛期安全生产工作】 7月10日，副市长苟仲文到密云县检查非煤矿山企业汛期安全生产工作，检查组首先对首云矿业公司尾矿库进行了现场检查，查看了首云尾矿库尾砂再利用车间，了解了尾矿库在线监测系统的建设、运行情况，随后在密云县政府听取了密云矿山公司、密云县政府和市安全监管局防汛工作汇报。市安全监管局副局长蔡淑敏、贾太保以及密云县县长王海臣、分管副县长等一同参加了检查。

（陈震西）

【检查怀柔区尾矿库汛期安全生产工作】 7月26日，市安全监管局赴怀柔区检查尾矿库汛期安全生产工作，对北京京冀工贸有限公司、北京怀柔前安岭铁矿有限公司尾矿库进行了实地检查，并就做好汛期尾矿库安全生产工作提出要求。

（陈震西）

【检查首钢矿业公司汛期安全生产工作】 8月3—4日，市安全监管局赴河北迁安，对首钢矿业公司大石河铁矿大采尾矿库、水厂铁矿尹庄尾矿库、水厂铁矿河西排土场、水厂铁矿采场、杏山地下铁矿进行了现场检查，并对企业做好汛期安全生产工作提出工作要求。

（陈震西）

【检查密云县尾矿库防汛工作】 8月9日，市安全监管局赴密云县，对密云矿业公司威克铁矿尾矿库及矿山采场汛期安全生产工作进行检查，详细了解了7月24日强降雨对尾矿库、矿山采场影响情况，以及企业应对强降雨各项措施落实以及各级领导带班值守、检查情况，同时就做好下一步防汛工作，提出工作要求。

（陈震西）

【检查海淀区地质勘探企业安全生产工作】 11月17日，市安全监管局赴海淀区检查地质勘探企业安全生产工作。听取海淀区安全监管局安全监管工作开展情况，同时对其辖区内的北京奥瑞安能源技术开发有限公司开展检查。

（陈震西）

安全生产事故隐患排查治理

【吸取事故教训紧急部署安全生产工作】 4月11日8时，北京市位于朝阳区和平东街12区3号楼一居民家中发生燃气泄漏爆燃事故，导致该楼东侧二层楼房坍塌。事故发生后，市委书记刘淇、市长郭金龙、副书记王安顺赶赴现场进行指挥部署，并召开现场会，听取相关工作汇报，要求尽一切力量搜寻可能被压人员，全力抢救伤员；做好伤亡人员和受影响群众的安置与善后事宜，维护社会稳定；及时发布搜救工作进展情况信息。市有关部门和单位到现场开展相关处置、救援工作。当日16时，市政府召开安全生产紧急电视电话会议，市政府有关部门通报"4·11"事故情况，分析安全生产形势，部署全市安全生产工作。副市长苟仲文要求全市各区

县、各部门、各单位深刻吸取事故教训，充分认清当前安全生产严峻形势，迅速开展安全生产大检查，增强广大职工和群众安全生产意识，全力遏制各类事故的发生。会议还强调：要加强高层建筑、地下空间、建设工程施工现场、人员密集场所安全生产专项治理，对老旧楼房进行拉网式排查，加大对违法生产经营建设行为的查处力度，消除安全隐患。

（何明明）

【专题研究北京市燃气安全生产专项治理工作】 11月18日，市安委会办公室副主任、市安全监管局副局长陈清主持会议，针对外省市发生燃气爆炸事故情况，专题研究近期北京市燃气安全生产专项治理工作。会议通报了陕西西安燃气爆炸事故等重大事故情况和北京市近期安全生产形势，与会各单位就做好燃气事故防范工作进行了座谈讨论，提出了对策措施和工作建议。会议要求，各单位要举一反三，认真吸取以往事故教训，研究制订工作方案和治理标准，通过属地负责、部门联动、综合治理、联合执法的方式，有针对性地开展燃气安全隐患排查治理，坚决防范和有效遏制燃气事故的发生，确保首都的安全稳定。市市政市容委、市商务委、市质监局、市运输管理局、市公安局消防局主管领导和分管处长参加了这次会议。

为进一步推进液化石油气公共服务用户加装安全辅助设备设施、消除安全隐患活动的深入开展，市安委会办公室组织相关部门制定了《瓶装液化石油气公共服务用户供气系统安全隐患排查整改技术管理要求》和《瓶装液化石油气公共服务用户供气系统加装安全辅助设备设施技术管理要求》，12月9日，市安委会办公室印发《关于瓶装液化石油气公共服务用户供气系统安全隐患排查整改技术管理要求和供气系

统加装安全辅助设备设施技术管理要求的通知》（京安办发[2011]52 号），要求各区县政府，市政府有关委、办、局认真贯彻落实。同时各区县要将通知精神传达到本辖区各液化石油气公共服务用户，督促用户按要求先期进行安全隐患排查整改，积极推进实施加装安全辅助设备设施工作。

（何明明）

【全市隐患排查治理情况】 据统计，截至 12 月底，全市共排查治理隐患企业单位 21.1 万家，排查一般隐患 22.4 万项，已整改 22 万项，整改率达 98.2%，排查治理重大隐患 35 项，其中已整改销账 33 项，整改率达 94.3%，列入治理计划的重大隐患 2 项，均已实现治理目标任务、治理经费物资、治理机构人员、治理时间要求、安全措施应急预案的"五落实"，开展安全生产执法行动 81 588 起（处）。

（何明明）

【开展隐患排查安全生产大检查】 根据《国务院安委会关于深入开展安全大检查切实做好第四季度安全生产工作的通知》（安委明电[2011]9 号）精神，印发《关于深入开展安全大检查全面做好第四季度安全生产工作的通知》（京安发[2011]13 号），针对第四季度工作特点，要求在全市范围内全面开展安全大检查，以交通运输、建筑施工、危险化学品、市政设施、人员密集场所为检查重点，进一步开展安全隐患排查治理，深化重点行业（领域）安全专项整治，坚持把"打非"作为有效防范和遏制事故的重要手段。此次安全大检查，在 10 月下旬至 12 月中旬分动员部署、检查实施、督察总结三个阶段实施。此次安全生产大检查成效显著，全市组成检查组 17 874 个，监督检查生产经营单位 105 602 个，下达行政执法文书 52 626 份，发现隐患 42 951 个，其中已整改隐患 40 972 个，

处罚金额 5 287 万元，依法停业整顿企业 716 家。

（何明明）

【印发隐患自查自报管理办法】 6 月 27 日，市安全监管局北京煤矿安全监察分局印发《关于北京市生产经营单位安全生产事故隐患自查自报管理办法（试行）的通知》（京安监发[2011]66 号），《北京市生产经营单位安全生产事故隐患自查自报管理办法（试行）》，指出经市安全监管局（分局）2011 年第 18 次局务会研究通过，要求各区县、北京经济技术开发区安全监管局结合本地区实际情况，认真贯彻执行，执行中遇有问题，及时报市安全监管局（分局）。

（何明明）

【部署全市隐患排查治理工作】 9 月 2 日，市安委会办公室印发《关于深入开展安全隐患排查治理工作的通知》，要求各区县、各部门、各单位在全面开展和持续推进安全隐患排查治理工作的基础上，要采取有力措施，强化交通运输、建筑施工、危险化学品、地下管线与燃气设施、煤矿和非煤矿山、人员密集场所等重点行业（领域）隐患排查治理和专项整治。并提出四项工作要求：一是加强组织领导，坚持部门牵头，属地落实的原则；二是抓好组织实施，分阶段、有步骤地督促生产经营单位认真、全面、系统地开展自查自纠，组织对重点行业、重点区域进行专项检查；三是做到"四个结合"，即隐患排查治理与深化"打非"工作相结合，隐患排查治理攻坚战与市区（县）所属单位清理整顿相结合，隐患排查治理攻坚战与规范企业上下游安全管理相结合，隐患排查治理攻坚战与推广运用隐患自查自报信息化系统相结合；四是加强调度统计和督促检查，做好隐患排查治理日常信息报送工作。

（何明明）

【抓好市级挂账重大隐患治理工作】

2011年，完成2010年4项市级挂账隐患验收备案工作。协调北京市财政局、市监察局、市政府督察室，审定2011年度的4项市级挂账重大隐患，并作为市级财政资金支持项目给予一定比例资金支持。对群众关心、领导关注、社会面聚焦的朝阳区潘家园沼气化粪池等隐患项做到了工作力量、工作精力重点倾斜，协调市区两级财政落实资金1 200万元，使历时近3年的重大隐患进入实质性治理阶段。

（何明明）

【协调属地政府推进隐患治理工作】

3月18日，市安委会办公室向昌平区政府印发《关于协调解决兵器装备集团二〇八所外部安全间距隐患的函》，通报有关昌平区南口镇部分居民在二〇八所危险库区及压药工房外部安全间距范围内违规新建砖混结构房屋的情况，要求区政府严格落实属地责任，调查隐患形成原因，抓紧制订治理方案，妥善解决该项隐患，确保重大隐患治理效果不反弹，并按时限要求报送有关治理情况和工作措施。

（何明明）

【调度市级挂账隐患财政评审情况】

5月16日，为进一步加大朝阳区沼气化粪池市级挂账隐患治理力度，市安全监管局召开专题调度会议，研究部署隐患预算评审工作。市安全监管局协调处、市财政局投资评审中心、朝阳区安全监管局、首开集团等单位参加了会议。会议首先由市财政局投资评审中心通报了项目评审初步情况，各与会单位对预算项目逐项进行了研究比对，并就下一步需要补充完善的评审资料和有关落实工作形成了一致意见。会议要求：一是抓紧补充完善项目评审资料。关于工程费审减部分涉及的技术措施费用、土石运费、风机设备费用等，由首开集团负责提供；关于拆除工程部分涉及的拆除工程量、工程技术方案等由首开集团负责；关于小区道路、绿化、自行车棚恢复、施工扰民费等，由朝阳区安全监管局负责。二是进一步加强沟通，及时研究解决评审中遇到的问题。三是定期召开调度会议，进一步督促落实各单位工作职责，加快评审进度。对于会议确定的需补充完善的资料，于5月25日前完成并再次进行审查。

（何明明）

【开展隐患自查自报信息化系统培训】

1月6日，市安全监管局组织召开顺义区隐患自查自报系统全市应用推广第一次培训工作会，副局长陈清到会并讲话。市安全监管局协调处、信息中心，各区县安全监管局局长、分管副局长、科室负责人、具体工作人员和技术支撑单位相关负责人参加会议。会上，顺义区安全监管局详细介绍了顺义区推进隐患自查自报系统目的、推进过程以及取得的主要成效，随后演示了系统流程和各项功能。大兴区、通州区安全监管局介绍了生产经营单位调查摸底工作经验。领导小组办公室通报了各区县推广实施方案上报情况，并对全市生产经营单位调查摸底和系统部署工作进行了安排。

最后，陈清指出，各区县要充分认清推广应用工作隐患自查自报管理系统当做落实企业安全生产主体责任的重要途径，是加强政府安全监管监察工作的重要手段，是提高监管效能的有效途径。各区县要紧密结合安全生产工作实际，扎实有效地推进企业摸底调查、系统部署、应用培训等各项工作。要精心组织，充分依托乡镇街道、行业监管部门等各方力量推动工作，切实做好调查摸底工作。

（何明明）

【印发推进隐患自查自报信息化系统通知】 6月3日，市安全监管局印发《关于进一步加快推进事故隐患自查自报系统应用工作的通知》（京安监发[2011]56号），要求各区县加快推进企业调查摸底工作进度，认真组织完成系统正式使用前的准备工作，组织好辖区内属地、行业监管部门和生产经营单位的培训工作，制订隐患自查自报系统推广应用工作倒排计划，并加强信息报送工作。

（何明明）

【印发第四季度隐患自查自报系统工作通知】 12月22日，市安全监管局印发《关于做好第四季度安全生产事故隐患自查自报系统工作的通知》（京安监函[2011]434号），要求各区县加强领导，高度重视隐患自查自报工作，多管齐下，全力做好第四季度隐患填报工作，谋划长远，同步抓好各项基础工作。

（何明明）

【全面推行隐患自查自报信息化系统】
6月，隐患自查自报信息化系统上线运行后，市安全监管局会同信息中心，组织召开系统推广动员会，按照统筹安排、分级培训的原则，组织开展全面培训。隐患自查自报系统覆盖全市230个街道乡镇，涵盖煤矿、非煤矿山、危险化学品、烟花爆竹、建筑、冶金、轻工等行业企业。为推动隐患自查自报工作规范化，制定了《北京市生产经营单位安全生产隐患自查自报管理办法（试行）》，进一步明确了生产经营单位隐患自查的频率、形式，自查数据上报的时限、内容和形式，重申了生产经营单位不履行隐患自查自报义务的法律责任。10月，国家安全监管总局将企业隐患自查自报系统作为北京市创新性工作经验面向全国推广。

（何明明）

【督促顺义区加强隐患治理工作】 6月24日，市安全监管局向顺义区安全监管局发《关于加快推进龙苑别墅区隐患治理工作的函》（京安监函[2011]208号），要求督促区有关部门和单位切实加强龙苑别墅区燃气管网属地监管工作，确保建党90周年期间安全稳定。

（何明明）

【燃气安全隐患排查治理专项行动】
自5月4日全市燃气安全隐患排查治理专项行动开展以来，市安委会办公室、市市政市容委组织、协调市各相关部门、各区县和各燃气供应企业，狠抓入户安全巡检、老旧管线及设施隐患排查治理、燃气安全宣传和对燃气违法行为综合执法等重点工作，取得了阶段性成果。截至8月底，全市已经完成老旧小区居民用户入户巡检49.028 2万户，入户率为77%。检查各类燃气管线1.63万公里，完成98%；闸井14 520座，完成83%；调压箱15 813座，完成96%；调压站1 174座，完成99.6%。组织燃气供应企业建立隐患档案，并制订了整改计划，同时对隐患部位加强运行监护。全市共开展各类燃气安全宣传活动625场次，发放宣传材料300余万份；责令96家违规企业停业整改，依法取缔非法经营窝点118处。

（何明明）

【市长听取安全生产工作汇报】 10月21日，北京市市委副书记、市长郭金龙主持召开市政府专题会议。会议听取了市安全监管局关于2011年前三季度安全生产工作情况的汇报。2011年以来，全市安全生产工作在市委、市政府的高度重视和正确领导下，深刻吸取"4·25"重大火灾事故教训，全面贯彻落实国务院23号文件和市政府40号文件精神，深化专项整治，严厉打击非法违法生产经营建设行为，保证了安全生产形势的基本稳定。前三季度，安全生产状况总体平稳，生产安全事故呈下降态势，道路交通事故稳中有降。会议强调，北京作为首都，安全生产工作非常重要。各区县、各部门、各单位要高度重视安全生产工作，深刻吸取事故教训，积极主动改进工作，全面开展安全生产检查，及时消除各类事故隐患。郭金龙指出：一要从源头上抓好安全生产管理工作。要持续开展打击非法违法生产经营建设行为专项行动，严格规范管理，营造良好环境，树立首都形象。二要抓好安全生产制度建设，严格落实责任。相关部门要进一步加大安全生产制度建设，明确安全生产主体特别是企业主体责任，加强重点行业和重点领域的安全监管监察，加大安全生产执法力度。三要加强职工安全生产培训工作，进一步增强职工安全生产意识，把安全生产工作落实到每一个人。

（何明明）

安全生产应急救援

【移动指挥通信系统应急演练】 1 月 25 日，市安全监管局副巡视员唐明明在燕山石化公司，指导燕山石化公司开展了应急移动指挥通信系统应急演练。演练中，燕山石化应急救援队展示了接警后的着装集合、紧急出动等救援程序，市安全监管局应急移动指挥车现场将演练视频图像传输回应急指挥大厅，并逐项检验了卫星通信、视频会议、CDMA 和海事卫星电话等系统功能。演练中各参演单位密切配合，顺利完成了各项演练科目，达到了预期效果，并有力地促进了应急救援队伍落实春节期间应急准备工作。副巡视员唐明明对演练效果给予了肯定。

（封光）

【部署春节值守应急】 1 月 31 日，市安全监管局副巡视员唐明明召开会议，部署市安全监管局春节期间值守应急工作。会议对春节期间信息报送工作明确了具体要求，唐明明强调：一是要高度重视春节期间值守应急工作，进一步增强责任意识和大局意识，按照国家总局和市委、市政府相关工作要求，认真做好春节期间值守应急和信息报送工作；二是所有值班人员要自觉遵守值班管理制度，认真履行工作职责，严守工作纪律，坚守工作岗位，熟练掌握并严格执行值班信息的接收和处置程序，做好交接班工作；三是各级值班人员要保持通信畅通，严格请销假制度。春节期间有执法检查的部门要妥善安排好机关值班和执法检查工作。

（封光）

【安全生产指挥中心建设】 3 月 1 日，市安全监管局召开会议，专题研究安全生产应急指挥中心建设工作，副巡视员唐明明强调指出，应急指挥中心的建设工作非常重要，指挥中心的功能既要满足应急管理的需求，又要满足日常监管工作的需求。要按照"资源整合，平战结合"的原则，充分结合全市安全发展规划及本处室业务工作和发展现状与长远需求相结合，把常态管理和非常态管理相结合，把物联网技术应用相结合，并结合区县局和综合监管工作的需要，认真组织研究，明确安全生产应急指挥中心建设需求。

（封光）

【物联网示范工程建设会议】 4 月 7 日，市安全监管局召开会议，专题会议研究物联网示范工程建设工作，会议介绍了安全监管局物联网示范工程建设的总体方案，研究讨论了《生产安全事故风险管理办法》，传达了局长张家明关于物联网示范工程建设要按照"顶层设计，整体把握，既要满足日常安全监管的需要，又要满足应急管理需要"的指示精神。副巡视员唐明明强调指出要高度重视示范工程建设工作，以建立重大危险源安全管理系统为主线，充分考虑市、区（县）、乡镇和企业等不同层面的管理需求，建立完善管理系统功能和相应技术标准，结合生产安全事故风险管理工作，规范和引导企业安全监控预警系统的设计和建设，制定网络化监管系统标准，实现数据资源共享，实时掌握企业安全生产情况，为安全生产领域事故预防和应急管理提供服务。

（封光）

【首云矿山救护队资质认定检查】　4月14日，市安全监管局对首云矿业公司矿山救护队资质认定工作进行现场检查，检查人员按照矿山救护队资质认定条件，对组织机构、队伍素质、救护装备、基础设施和综合管理等逐项进行了检查。检查组对首云矿业公司救护队建设工作给予了充分肯定，并明确近期由市安全监管局协调国家安全监管总局，尽快完成救护队队长资质培训工作，指出密云县安全监管局要继续指导、支持救护队建设工作，要求首云矿业公司进一步加强救援队建设、管理工作，配备先进的救援装备，完善相关管理制度，提高救援实战能力，在符合建设条件后立即向市安全监管局提出资质申请。

（封光）

【"5·12"防灾减灾主题宣传活动】　5月12日，市安全监管局参加"5·12"防灾减灾日主题宣传活动。根据市应急办统一安排，市安全监管局组织以北京昊华矿山救护队为骨干的20名北京市安全生产应急志愿者方队参加了本次活动，展现了应急志愿服务队风采，圆满完成了活动的展示任务。

（封光）

【风险管理调研】　5月17日，市安全监管局开展风险管理调研工作。副巡视员唐明明带队赴质监局开展调研工作，双方围绕《北京市生产安全事故风险管理办法》中涉及特种设备风险管理工作的内容、标准、范围、物联网应用等方面进行了深入研究和探讨，形成了共识。唐明明指出，加强风险管理是建设世界城市、保障城市安全运行的需要，也是安监、质监等政府职能部门工作的需要。要以《北京市生产安全事故风险管理办法》制定出台为抓手，进一步落实企业主体责任，加强全市生产安全领域风险管理工作。同时，积极推进物联网技术应用，研究制定风险管理相关标准，不断提高生产安全事故风险管理科技含量和监管水平。

（封光）

【应急志愿者注册培训工作】　6月3日，市安全监管局开展安全生产应急志愿者注册培训工作。市安全监管局邀请团市委工作人员对市安全生产应急志愿者服务队注册工作进行指导，并对负责注册的工作人员进行培训。

（封光）

【矿山事故综合应急演练】　6月16日，市安全监管局组织开展了矿山事故综合应急演练。本次演练模拟矿井发生塌冒并造成电缆短路引发火灾事故，当班在井下作业的5名矿工有2人在火灾发生后升井脱险，3名矿工被困井下，市安全监管局接到报告后，启动了局生产安全事故和突发事件应急相应程序，调动北京昊华公司矿山救护队参加救援。矿山救护队接到通知后，立即启动处理井下火灾事故应急救援预案，组织实施救援。演练采取了实战形式，主要包括接警出动、决策指挥、井下侦察、火灾扑救、抢救被困人员、恢复通风等阶段。通过演练重点检验市级安全生产应急队伍在事发、事中、事后的各项应急救援措施是否科学有效，同时检验了市生产安全事故救援移动应急通信指挥系统。演练结束后，出席和观摩演练的领导对演练进行了总结点评，一致认为演练安排周密、组织到位、实施有序，参演人员配合默契，完成了预定的演练科目，取得了圆满成功！

（封光）

【应急预案专家评审会】 8月2—3日，市安全监管局组织召开应急预案专家评审会。会议听取了各应急预案编制修订工作情况汇报，编制单位重点介绍了应急预案主要内容和修改补充的部分，各专家组分别对市级专项、部门预案的内容进行了详细的评审，形成了一致意见。一是编制依据充分，符合编制要求；二是预案内容较为全面，应急要素齐全、应急过程具体；三是符合相关法律、法规和标准规范的要求；四是预警和响应程序定位准确，具有较强的针对性和可操作性。同时，建议进一步明确和细化相关部门职责，注重与相关预案的衔接，完善预案体系。最后，经专家组评审，一致同意"北京市危险化学品事故应急预案"、"北京市矿山事故应急预案"、"北京市烟花爆竹事故应急预案"、"北京市尾矿库事故应急预案"通过评审。

（封光）

【应急救援能力评价专题研讨】 8月25日，市安全监管局会同国家安全生产应急救援指挥中心综合部赴燕山石化公司开展安全生产应急救援能力评价专题调研。调研组与燕化公司围绕企业安全生产应急体制、机制建设和应急预案管理工作情况等进行了广泛交流与座谈。调研组还参观了燕山石化公司安全生产应急指挥平台，中国化信BMRC应急评价中心演示了应急管理与救援能力评价软件，并对系统的功能进行了介绍。调研组对燕山石化公司现有应急组织和应急救援人员、救援车辆、应急物资等方面的应急管理工作给予了充分肯定，并结合应急管理与救援能力评价系统功能研发提出了建设性意见。

（封光）

【检查慰问国庆期间应急救援队】 10月3日，为加强国庆期间值守应急工作，做好突发生产安全事件的应急准备，市安全监管局副巡视员唐明明带队检查慰问了东方石化公司安全生产应急救援队。首先检查了队伍紧急集合情况，实地检查了应急物资库、应急车辆及和值班室、培训室、宿舍等，询问了队伍的管理、食宿情况，对队伍各项应急准备工作给予了充分肯定，向坚守一线的全体值班备勤队员表示了亲切慰问，并赠送了慰问品。在检查中，唐明明对救援队提出了三点要求：一是提高认识，增强国庆期间的应急保障工作责任感和使命感；二是要发扬优良的作风，克服自满、麻痹情绪，全力保障全市人民过一个安全祥和的国庆节；三是切实做好应急处置准备工作，要熟练掌握应急预案，确保设备和物资完好，随时应对突发事件。

（封光）

【总局检查组验收矿山救援队标准化】 11月28—30日，市安全监管局陪同国家安全监管总局矿山救援指挥中心检查组对北京昊华能源公司矿山救护队进行了年度质量标准化达标验收。检查组采取听汇报、查资料、现场检查考核验收、召开座谈会等方式开展工作，并严格按照《矿山救护队质量标准化考核规范》的要求，严格逐项核查，严查救护装备资料、日常训练记录，对救护队装备建设、基础设施、救援训练、业务技术操作、队列军事化队容风纪、医疗急救包扎、闻警出动及综合管理等进行了综合考核评定，达到矿山救护队质量标准化一级水平，顺利通过验收。

（封光）

【朝阳区危化事故应急演练】 12 月 14 日，市安全监管局参加朝阳区危险化学品事故应急演练。演练中，企业负责人组织启动本单位应急救援预案，组织自救，并分别向"119"、"120"、"110"及当地政府、应急管理部门、安监部门报告事故情况，请求应急力量支援；朝阳区政府接警后启动了本区危险化学品事故应急救援预案，成立了现场指挥部，组织相关政府部门和应急力量实施应急救援。本次演练检验了朝阳区各部门应急救援职责和相关专业队伍的抢险救援技能，促进了各成员单位应对危险化学品事故能力的全面提高，达到了演练的预期目的。

（封光）

【部署节日值守应急工作】 12 月 31 日，市安全监管局部署全市节日期间值守应急工作。市安全监管局向各区县、开发区安监系统下发通知，要求严格落实 2012 年元旦、春节期间值守应急工作。一是严格落实岗位责任制，单位领导要 24 小时有人轮流在岗带班；二是切实做好一线值班工作，每天安排 2 人以上值班，严格落实 24 小时值班制度；三是认真落实各项应急处置措施，确保指挥统一、反应灵敏、协调有力、运转高效；四是严格执行外出请销假制度；五是加强对值班工作的督促检查。

（封光）

【召开安全生产应急管理工作会】 3 月份，市安全监管局组织召开各区县安全监管局安全生产应急工作会议，就安全生产应急管理整体工作进行了研究部署。会上明确了推进重大危险源安全管理工作、开展应急预案编制、修订工作、加强应急救援队伍建设管理等 9 项重点工作；副巡视员唐明明就落实各项工作任务进行了动员，各区县安全监管局就工作中的难点、热点问题展开了深入研讨。通过会议，市安全监管局与各区县局就工作目标、工作思路和实施方法等形成了共识，有力推进了年度整体工作的开展。

（封光）

【完成突发事件应急救援工作】 2011 年，在朝阳区"4·11"燃气爆炸、大兴区"4·25"重大火灾、大兴区"10·18"汽油泄漏等事故现场应急救援工作中，市安全监管局迅速组织开展现场救援工作，一是及时调动应急救援力量赴现场开展救援工作；二是通知属地安全监管局做好应急物资的调动准备，随时支援现场救援工作；三是及时、连续将现场工作信息报送市应急办。

（封光）

【推进应急指挥信息平台升级改造工程建设】 2011 年，市安全监管局通过整合原有系统，拟建成包括应急值守、应急指挥、应急管理和应急数据库 4 个子系统，以及重大危险源监管、视频监控、应急队伍管理、应急救援辅助决策等 55 项功能模块的新平台系统。新系统将实现与国家总局、市应急办和各区县局、市级应急救援队伍、企业间信息的互联互通，并运用物联网技术实现企业现场视频监控和预警信息的接入，满足突发事件应急救援实际需要和应急管理日常监管需要，确保安全生产应急平台建设的规范性、一致性和各节点的联通性。

（封光）

安全生产执法监察

【督察京东方八代线项目工地安全】 1 月 13 日，市安全监管局副巡视员刘岩带队对京东方八代线施工现场的安全管理情况进行检查。本次检查分 5 个组，重点检查现场在施的 1 号楼、2 号楼、3 号楼、堆料加工区施工现场及生活区。检查人员针对检查中发现的临时用电不规范、易燃品没有放置专用区域、电气设施带电体明露等 38 项安全隐患，对中建三局建设工程股份有限公司、中国电子系统工程第二、第四建设有限公司、北京城建集团有限公司 4 家责任单位依法下达了限期整改指令书，同时对 1 号楼存在"低压变电器一、二次侧无保险、吊篮配重支撑架受力集中，钢管变形"的严重隐患，依法下达了强制措施决定书，责令其暂时停止使用。检查结束后，市安全监管局立即组织市住建委、市经信委、市消防局、开发区安全监管局等部门，召开了现场办公会。会上，检查组通报了当日检查情况，刘岩对下一步安全工作提出要求：一是要求各参建单位，要严格落实市领导关于"京东方八代线"安全工作的重要指示，举一反三，认真整改存在的安全问题。要针对确定的风险点及制定的防范措施，抓好责任落实，把责任落实到每一个点、每一个人，不留死角。二是对那些玩忽职守，把安全工作当儿戏，违章指挥，违章操作的行为要严厉惩戒。全力遏制各类安全事故的发生。

（张国宁）

【检查大兴区安全生产工作】 1 月 18 日，为加强"两会"及春节期间安全生产工作，市安全监管局局长张家明带队检查大兴区重点行业和领域的安全管理情况。检查组对"12350"安全生产举报投诉电话受理的"非法储存销售化工原料油"隐患整改情况进行了检查。经查，大兴区安全监管局接举报后进行认真查实，该储存点位于大兴区魏永路魏善庄道口铁道南侧，属于非法储存销售原料油，举报属实。因

该单位无任何经营执照，已依法移交区工商管理部门处理。张家明要求区、镇政府要切实加强安全监管，对非法经营活动坚决取缔，严格监督落实油料储罐的拆除工作，彻底消除安全隐患。随后，检查组前往北京市烟花鞭炮有限公司和北京义利食品有限公司，对爆竹仓库、消防中控室和面包生产线进行了抽查。张家明局长要求企业加强"两会"及春节期间的安全管理工作，尤其在春节前，烟花爆竹配送量大，时间紧，要做好装卸、运输等安全防范工作，加强重点区域的检查管控。

（张国宁）

【检查通州区安全生产工作】 1 月 19 日，市安全监管局局长张家明带队检查通州区重点行业和领域的安全管理情况，重点检查了古船食品公司、东方华冠化工有限公司和北京烟花鞭炮有限公司通州分库三家生产经营单位。张家明听取了古船食品公司第一制造分部有关工作情况的汇报，详细地询问了降低生产车间粉尘浓度的重点措施和相关技术，并对企业提出进一步要求：一要加强重点岗位人员的教育培训工作，加大重点部位的监管力度；二要适时更新安全管理设备设施，做到万无一失。随后，张家明对"12350"安全生产举报投诉电话受理的"东方华冠化工有限公司违法储存危化品"隐患整改情况进行了检查。经查，通州区安全监管局已依法对该单位进行了查处。企业违规储存的丁酯已清除，并接受了行政处罚，隐患已整改完毕。

（张国宁）

【电影放映场所安全检查】 1 月 19 日，市安全监管局会同市广电局、市质监局、市公安局消防局、市公安局治安管理总队组成联合检查组，按照各自职责，对首都华融影院、北京市电影公司影联东环电影

城、北京市紫光影城安全生产工作情况进行了抽查。从抽查的情况看，首都华融影院、北京市紫光影城总体状况较好，配备了安全管理人员，制定了安全生产管理制度和安全生产责任制，特种作业人员能够持有效证件上岗作业，组织开展了对员工的安全生产教育、培训、考核工作，编制了相应的应急预案。北京市电影公司影联东环影城存在的问题较大，主要是缺乏安全管理人员，安全管理职责不清，缺乏必要的安全生产管理制度，与物业管理单位职责分工不明确，未签订安全生产管理协议，缺乏对员工的安全培训，安全设备设施存在缺陷，缺乏与物业部门的应急联动机制等。针对北京市电影公司影联东环电影城存在的问题，市安全监管局对该单位下达了强制措施决定书，责令其立即停业整改，经整改验收合格后，方可恢复营业。

（张聪）

【南水北调工程施工现场进行安全生产检查】 1月26日，市安全监管局会同市南水北调建设委员会办公室对南水北调市内配套工程南干渠和大宁调蓄水库施工现场进行了安全联合检查。检查组重点对施工现场、员工食堂等进行了检查，检查组要求受检单位在节日期间加强领导带班值守工作，加强对施工现场的检查巡视，要加强对施工现场烟花爆竹燃放的管理，禁止在施工现场周边燃放烟花爆竹，要张贴安全告知和警示标志。要加强对所使用的液化石油气罐管理，切实做好各项安全生产工作。

（张聪）

【人员密集场所"春节"安全生产联合检查】 1月30日，按照市假日旅游领导小组安全保障组的工作部署，市安全监管局会同市商务委、市文化局、市公安局消防局等部门组成联合检查组，对朝阳公园、北京华联精品超市有限公司朝阳公园路店等单位在"春节"黄金周期间的安全工作情况进行了检查。从检查的总体情况看，朝阳公园对安全工作比较重视；北京华联精品超市有限公司朝阳公园路店电磁式安全出口无法正常打开，以及工作人员对消防设施操作使用不熟练等问题。针对安全出口问题，检查组责令该店立即进行整改，并监督其整改完毕。

（张聪）

【检查西城区春节期间安全生产工作】 2月3日（正月初一），市安全监管局副局长蔡淑敏带队对西城区春节期间庙会、烟花爆竹零售网点进行了安全检查。检查组首先检查了第十六届大观园"红楼庙会"的安全生产工作，详细询问了大观园应急措施的制定和落实情况、客流控制措施、消防设施配备和人员教育培训情况，细致查看了安全疏散通道、庙会表演区域和应急值守情况等；随后，检查组随机抽查了北京市熊猫烟花有限公司西城区第三零售点等3个烟花爆竹零售网点，重点检查了烟花爆竹储存情况、消防器材配备、监控探头、人员值守情况及烟花爆竹监管信息等情况。从检查情况看，西城区春节庙会及烟花爆竹零售网点安全生产总体状况较好。检查结束后，蔡淑敏针对春节期间安全生产工作特点特别强调：一是春节期间庙会活动人员密集，要严格落实各项应急工作方案，加强对从业人员的安全培训，力争实现全员掌握消防灭火基本技能，一旦出现紧急情况，及时予以处置；二是烟花爆竹零售网点要强化夜间值守工作，保证网点及其周边安全巡视到位，及时排查销售期间的安全隐患；三是要认真落实属地监管职责，保障一线检查力量，确保节日期间安全监管到位。

（张国宁）

【中欧青年交流年中方开幕式安全生产保障】 2月23日，"中欧青年交流年"开幕式活动在首都博物馆隆重举行。国务院总理温家宝、欧盟国家驻华使节同500多名中欧青年代表共同出席。交流年中方组委会主席、共青团中央书记处第一书记陆昊及欧方代表等分别致辞，中欧青年艺术家表演了精彩的节目，开幕式在热烈友好的气氛中落下帷幕。为保障开幕式的顺利进行，2月22日晚，市安全监管局执法监察队赴首都博物馆对开幕式现场的临建设施进行安全检查。经查，现场存在舞台桁架、LED屏配重不足，LED屏支撑架下脚整体稳定性不够等问题。市安全监管局立即要求搭建单位（北京视觉元素文化发展有限公司）进行整改，经搭建单位连夜整改，2月23日上午，再次到现场进行复查，问题已经消除。

（张国宁）

【全国"两会"重点行业安全生产工作协调会】 为进一步加强全国"两会"期间重点区域的安全生产综合监管工作，协调行业部门强化对会场、驻地周边企业的监督检查，2月28日，市安委会办公室组织市商务委、市市政市容委、市旅游局、市体育局、市文化局、市广电局6个行业监管部门，召开了全国"两会"北京市重点行业安全生产工作协调会。会上，市安全监管局首先通报了全国"两会"25处驻地宾馆、会场周边200米范围内，涉及6个行业部门的监管单位分布情况，实现安全监管信息共享。其中，规模以上商业零售企业30家；规模以上餐饮企业59家；民用液化气站2家；宾馆住宿行业79家；体育运动项目经营单位5家；歌舞厅5家；网吧1家；影院2家；总计183家。随后，市安全监管局对照安监系统前期执法检查情况，从安全生产综合监管的角度，对人员密集场所安全监管的难点及薄弱环节进行了分析，向行业部门提出了监管意见，建议各部门进一步强化行业监管力度，督促本行业涉及"两会"重点区域的企业切实加强安全管理，落实主体责任。最后，市安全监管局刘岩副巡视员代表市安委会办公室要求各行业部门：一是全面动员，组织开展本行业的监督检查工作，认真履行行业监管职责，发挥行业监管作用；二是督促企业落实重要时期应急值守工作，实现企业领导带班与员工值班双到位，做好应急处置准备工作；三是通过监督检查，推动企业进一步重视"两会"期间安全保障工作，促使全员提高岗位安全意识，层层落实责任制；四是各部门要加强沟通协作，形成行业监管、综合监管的合力，实现安全生产综合治理的局面，以实际行动保障北京市"两会"期间重点区域的生产安全。

（张国宁）

【检查"两会"驻地周边生产经营单位】 2月28日上午，市安全监管局副巡视员刘岩带队对全国"两会"代表驻地周边生产经营单位进行检查。为掌握驻地周边生产经营单位安全生产情况，此次检查未通知相关城区和企业，采取随机抽查方式。检查人员首先来到长安商场，对"两会"期间企业安全自查情况、值班应急情况和地下超市安全状况进行了检查。检查中发现该超市2处存在电动滚梯安全提示标识被遮挡、通向安全门的疏散通道被柜台堵占、通道宽度不足等问题。针对发现的问题，检查人员下达了责令限期整改指令书，要求其限期整改。刘岩要求企业负责人立即动员部署，明确职责，责任到人，对所有的设备设施、电气线路、安全通道、指示标识进行一次细致排查，举一反三，绝对不能走过场。随后，检查组来到复兴商业城进行检查，这个商场已于 2 月 26 日召开了专门会议，对安全自查工作进行了布置，制定了 3 级值班制度。刘岩要求商场加强自查力度，确保问题隐患能够及时得到发现和彻底整改；加强巡视和应急处置，确保突发情况能够得到及时消除。

（张国宁）

【"两会"会场驻地周边单位抽查】　为贯彻市委、市政府关于做好全国"两会"服务保障工作会议精神，进一步强化会场、驻地周边生产经营单位的安全生产监督检查，市安全监管局执法队于 3 月 1 日会同西城区安全监管局对西城区"两会"安全生产保障工作进行了重点抽查。检查涉及西城区"两会"驻地周边生产经营单位共计 6 家，包括民用液化石油气站 1 家，加油站 1 家，人员密集场所 4 家，共发现安全隐患 7 项。针对北京千岛湖餐饮有限公司、北京京味楼餐饮管理有限公司 2 家单位存在的外挂疏散楼梯转角处缺少应急照明、低压配电柜缺少防水措施、低压配电柜未定期维护清理、电闸缺少标识、缺少漏电地接跨界等问题，检查人员依法下达了责令限期整改指令书，并将相关情况通报市商务委。

（张国宁）

【局长检查"两会"安全生产保障】　3 月 3 日，市安全监管局局长张家明带队对朝阳区全国"两会"驻地周边的北京古玩城、吉利加油站和圣洁明左安路加气站 3 家单位进行了重点抽查。从整体上看，3 家单位的安全生产情况较好，针对"两会"期间的安全保障工作进行了全员部署，制定了"两会"期间领导带班制度和应急值守排班表。现场安全警示标识齐全；防火等应急物资器材配备到位；日常安全检查、应急预案及演练等记录翔实，没有发现明显安全生产隐患。但是在检查中也发现了安全教育学时不足、安全培训内容不完善等问题。针对上述问题，张家明要求：一是被查单位要高度重视全国"两会"期间的安全管理工作，认真做好自查，检查要全面，整改要彻底；二是值守人员要提高警惕，加强巡视，确保在第一时间发现问题，及时排除突发事件；三是朝阳区安全监管局对存在问题的单位，要进行复查，确保全国"两会"期间驻地周边生产经营单位的生产安全。

（张国宁）

【检查朝阳区"两会"安全生产保障工作】　3 月 4 日，市安全监管局执法监察队对朝阳区涉及"两会"的重点企业进行执法检查。共抽查 2 个驻地周边的 2 处加油站、3 家人员密集场所。从总体情况看，各单位较为重视全国"两会"期间的企业安全管理工作，日常自查巡视比较到位，并针对重要时期应急工作要求，制定了每日值守排班表，生产经营作业现场管理情况总体有序。但检查组在抽查过程中，也发现个别餐饮企业尚存在疏散楼梯间缺少应急照明、未实现全员安全教育培训、配电箱未定期维护等问题。对存在问题的单位，检查组对其主要负责人进行了批评教育，并依法对企业下达责令整改指令书，要求朝阳区安全监管局派专人督促其做好下一步的整改落实工作。

（张国宁）

【检查东城区"两会"安全生产保障工作】　3 月 7 日，市安全监管局执法监察队对东城区涉及"两会"的驻地及会场周边重点企业开展监督检查。会同东城区安全监管局抽查了 1 个驻地宾馆周边的 3 家重点企业，包括 1 家印刷厂、2 家人员密集场所。经查，印刷厂作业场所存在通风情况不良，夜间值守未建立安全巡视记录的情况，被检查组责令立即进行整改；2 家人员密集场所中，体育健身经营单位日常安全管理比较到位，疏散通道、指示标识、人员值守情况较好；餐饮经营单位存在应急处置演练未建立记录、员工安全教育培训不规范等 5 项问题。抽查工作结束后，检查组要求：存在问题的单位务必提高对全国"两会"期间安全生产工作的重视程度，组织全员认真落实安全培训教育制度，并加强应急演练，做好演练记录，保障经营期间的生产安全；同时，东城区安全监管局还要进一步加大日常执法检查的频次和力度，强化属地监管工作。

（张国宁）

【检查海淀区"两会"安全生产保障工作】　3 月 9 日，市安全监管局执法监察队对海淀区涉及的"两会"驻地周边重点企业的安全生产工作进行执法检查。共抽查 2 个驻地周边的 6 家重点企业，包括 2 家加油站、3 家人员密集场所、1 家物业管理公司。从检查情况看，加油站安全管理比较到位，安全设施设备维护状况良好，人员安全教育培训符合要求。通过检查，也发现个别综合楼宇的物业管理企业尚未认真落实安全管理主体责任，存在公共疏散通道缺少应急照明，高压配电室未实现双人值班，个别电工未持证上岗作业等问题。针对上述薄弱环节，执法监察人员在检查结束后，立即约谈了隐患单位的法定代表人，通报了存在的问题，对其未履行主要负责人安全管理职责的情况进行了批评教育，责令其加强安全生产法律法规的学习，立即安排专人落实整改措施，强化日常安全管理，切实提升管理水平。同时，要求区安全监管局做好对企业的监督指导工作。

（张国宁）

【对非法储存危化品储罐拆除跟踪督察】　3 月 9 日，市安全监管局执法监察队赴大兴区魏善庄镇非法储存危险化学品的储罐拆除情况进行跟踪督察。检查人员首先听取了大兴区安全监管局关于储罐拆除情况的报告。2 月 24 日，大兴区安全监管局会同魏善庄镇政府、储罐经营者和负责拆除的公司召开了协调会，会议确定了拆除计划、拆除方案、避险措施和监管措施。大兴区安全监管局每周赴现场进行 2—3 次检查，魏善庄镇安全科在拆除过程中，每日派专人在现场进行值守。随后我队实地进行了检查。经查，该仓库的拆除正按照拆除方案有序进行，12 个储罐已有 6 个拆除完毕，1 个正在拆除，现场未发现明显安全隐患。检查组要求大兴区安全监管局继续派专人进行盯守，在全国"两会"召开的敏感时期，必须确保拆除工作万无一失。

（张国宁）

【开展批零市场安全生产执法行动】　3 月 23—28 日，市安全监管局会同市工商局、市公安局消防局开展本市批零市场安全生产执法行动。检查组共检查东城区、西城区、朝阳区、海淀区、丰台区批零市场 23 家，其中家具建材 7 家、服装 6 家、小商品（综合类）6 家、电子 4 家，市安全监管局发现问题和隐患 76 项，下达执法文书 17 份，占被检单位的 74%。本次执法检查中，一部分大型建材家具和综合类市场采用商场或市场超市化的经营管理模式，安全管理制度比较健全，经营场所通道畅通、安全指示标志明显。从整体情况来看，北京市批零市场安全问题隐患突出，主要反映在以下几个方面：一是安全生产责任制、安全生产管理制度不健全。如：缺乏安全生产培训教育制度、劳动防护用品管理制度，应急救援预案内容缺乏针对性和实操性等；二是配电室等重要部位、设施管理松懈；三是经营场所动态监管不到位。

安全出口、疏散通道、安全指示标志等方面存在的问题，尤其摊位挤占消防通道现象比较普遍；四是批发市场尚无主管部门，又不在相关人员密集场所规定调整范围之内，批零市场由于自身经营特点，形成了一些历史遗留隐患，安全监管难度较大。结合本次执法检查情况，市安全监管局要求有关企业进行了整改，并及时进行复查，对复查不合格的企业，依法采取有效措施，进行了集中约谈。

（张聪）

【人员密集场所安全生产执法检查工作协调会】　3月30日，市安全监管局召开了执法检查工作协调会议。市住房城乡建设委、市体育局、市旅游局、市体育局、市广电局、市文化局、市质监局、市园林绿化局、市文化执法总队、市公安消防局等10个单位的相关部门负责人参加了会议。会上，市旅游局、市体育局、市文化局、市广电局、市园林绿化局5个牵头单位分别对专项执法检查的工作分工、起止时间、检查标准、检查内容等具体要求进行了说明。各参加单位均表示将积极配合牵头单位工作，按照各自的职责开展执法检查，确保执法效果的实现。会议要求各牵头单位细化检查方案和流程，保证检查工作有章可循；专项检查活动开展前召开准备会，布置具体工作，统一执法标准和要求；检查结束后各单位要做好总结工作，分析检查中发现的问题，提出处理措施和工作建议，达到执法的预期效果。

（张国宁）

【科技部、北京市政府部市会商签字仪式安全生产保障】　4月1日上午，科技部与市政府部市会商签字仪式暨第一次工作会议举行。中共中央政治局委员、北京市市委书记刘淇，全国政协副主席、科技部部长万钢，北京市委副书记、市长郭金龙

出席签字仪式和工作会议并讲话。为贯彻落实市委、市政府的指示精神，做好本次大会的安全生产保障工作，3月31日，市安全监管局执法监察队抽调专人，会同专业技术人员赶赴会议现场开展监督检查工作。检查人员主要对现场背景板搭建情况进行了监督检查，发现背支撑未按安全标准设置、横向支撑强度不足，压仓配重数量不足，存在较为明显的问题及隐患。为保障施工及活动期间的安全稳定性，执法人员责令搭建单位立即采取措施进行整改。经3月31日夜间现场复查，问题和隐患已全部整改完毕，保障了活动的顺利举办。

（张国宁）

【联合收购耐世特签字仪式安全生产保障】　4月8日，中国航空汽车工业控股有限公司、北京亦庄国际投资发展有限公司、耐世特汽车系统公司在北京举行"中航工业汽车、北京亦庄国际联合收购耐世特汽车系统公司暨中国区总部落户北京经济技术开发区签字仪式"。中共中央政治局委员、北京市市委书记刘淇，中共北京市委副书记、市长郭金龙出席仪式。为确保签约仪式临建设施的安全，按照市委办公厅的通知要求，4月7日下午，市安全监管局执法监察队有关人员赶赴北京兴基铂尔曼饭店，对签约仪式背景板、灯光架等临建设施进行了安全检查。针对高大背景板稳定性不够的问题，市安全监管局现场要求搭建单位采取重物压仓、增设横向拉接等措施提高临建设施的稳定性。截至当晚21时，上述问题已全部整改，确保了签约仪式的安全进行。

（张国宁）

【中药现代化产业园重点项目奠基仪式安全生产保障】　4月8日，北京同仁堂中药现代化产业园暨重点项目奠基仪式在

中关村科技园区大兴生物医药产业基地隆重举行。中共中央政治局委员、市委书记刘淇出席奠基仪式，市委副书记、市长郭金龙现场讲话，市委常委、常务副市长苟仲文主持仪式。按照市委办公厅紧急电话通知要求，4月7日下午，市安全监管局执法监察队抽调专人，立即赶赴现场进行安全生产检查。经查，现场背景板、活动棚等临建设施安全稳固，满足设计要求，符合安全规范有关规定。检查人员强调，仪式活动前，承办单位要组织施工方对现场临建设施开展全面自查工作，并加强活动举办期间的安全巡视，落实抗风防倾覆措施，保障活动顺利举办。8日上午，奠基仪式圆满结束。

（张国宁）

【亚太旅游协会成立 60 周年庆典开幕式安全生产保障】 由国家旅游局、市人民政府主办，市旅游发展委承办的"亚太旅游协会成立 60 周年庆典"活动，于 4 月 8—13 日在京举行。遵照市政府的批示要求，市安全监管局在活动期间配合市旅游发展委，对活动期间临时搭建设施开展安全生产监督检查。4 月 6 日，市安全监管局会同场地提供单位中国大饭店、国贸大酒店及搭建单位兴旅集团，召开施工安全协调会，对临建设施的施工安全进行部署，要求搭建单位参照建筑施工标准认真做好施工组织工作；场地提供单位的工程部门，要抽调专人做好施工安全的现场监督。4 月 9 日及 10 日夜间，市安全监管局按照施工进度节点，与市旅游发展委对施工现场进行了联合检查，针对主舞台背景板背部斜支撑未按规范要求支搭，悬吊灯光桁架衔接部位缺少防脱扣措施，落地式灯光架缺少钢丝绳拉拽，防倾倒措施不足，市安全监管局责令搭建单位立即进行整改，加强临建安全防护。11 日晨，市安全

监管局再次组织专人赶赴搭建现场，复查结果表明，各项整改措施已落实到位，为活动的举办提供了安全保障。4 月 11 日上午 9 点，"亚太旅游协会成立 60 周年庆典"开幕式如期在中国大饭店隆重举行，中共中央政治局委员、国务院副总理王岐山，北京市市长郭金龙出席会议并致辞，亚太旅游协会成员国代表、驻华使节参加了开幕式活动。

（张国宁）

【清华大学百年校庆活动安全生产保障】 4 月 15 日上午，为落实市委市政府关于做好清华大学百年校庆活动服务保障工作的指示，市安全监管局副巡视员刘岩带队赴清华大学，对清华大学科研展、百年校庆文艺演出等活动区域内的临建设施进行了安全检查。针对室内中央展架稳定性差、文艺演出中央舞台背景灯光架缺少揽风绳等问题，刘岩提出工作建议，要求施工单位对存在的问题认真整改，防止各类安全问题的发生。

（张国宁）

【局长检查"清华大学百年校庆"安全生产保障】 4 月 16 日上午，市安全监管局长局张家明带队检查"清华大学百年校庆"活动临建施工现场安全生产保障工作。清华大学党委常务副书记陈旭向介绍了校庆活动的基本情况，并对涉及临建设施开展的安全生产保障工作给予高度的评价。随后，检查组分别检查了"清华大学科研成就展"和"清华百年校庆文艺演出"等活动场所临建设施搭建情况，对施工安全工作表示了肯定。针对施工现场存在施工人员吸烟、不按规定佩戴安全帽的现象进行了严厉的批评。张家明要求：一是校庆活动开幕在即，时间紧、任务重，各单位要严格按照市委、市政府关于全力保障"清华大学百年校庆"活动的指示精神，高度

重视临建设施安全的重要性，确保施工安全质量；二是各搭建单位要严格按照设计方案进行施工，保证设施结构的稳定；三是组织专家对设计方案再次进行安全论证，对施工现场再次进行认真的检查，确保临建设施的稳定性，防止发生各类安全问题。

（张国宁）

【清华大学百年校庆舞台及灯光施工方案进行复核】　4月18日，市安全监管局执法监察队组织魏铁山等五名安全技术专家，对清华大学百年校庆舞台及灯光台架工程进行安全专项施工方案复核。专家组听取了施工单位对工程总体情况及技术要点的简要汇报，审核了施工方案及现场搭设情况，对整体倾覆、乐队挑空部分悬空桁架强度及变形等主要危险点进行了安全专项技术论证，认为该工程强度、变形、稳定性基本可行，并提出背景灯架坐车部分斜撑应连续到顶部、乐队挑空部分悬空桁架跨中结点底部应采取加强措施等修改建议。市安全监管局执法监察队强调，施工单位要按照专家论证报告提出的要求尽快落实整改，切实保障清华大学百年校庆活动安全顺利地进行。

（张国宁）

【"清华大学百年校庆"用电安全生产保障会议】　4月19日下午，市安全监管局副巡视员刘岩组织召开由清华大学、市供电公司、临建承办单位、活动现场供电单位相关负责人参加的"清华大学百年校庆"活动用电安全生产保障工作会议。各单位分别汇报了近期清华大学百年校庆工作开展情况和对前期市安全监管局提出工作建议的落实情况。活动涉及临时用电准备工作已就绪，通过为期3天的现场带电负荷实验，活动现场用电设施设备运行基本正常。针对演出活动的一对一备份发电

设备，在4月23日进场就位开展供电应急保障工作。检查组要求：一是校庆活动开幕在即，各单位要严格按照市委、市政府关于全力保障"清华大学百年校庆"活动的指示精神，切实重视安全工作，防止麻痹大意，确保校庆活动用电安全；二是要将用电应急保障工作纳入整体保障方案之中，以应对供电系统突发情况的发生；三是各单位要建立安全巡查制度，并做好工作记录，各部门要指定专人负责安全工作，责任到人，坚守岗位，防止发生各类安全问题。

（张国宁）

【北京国际电影季临建设施安全生产保障会议】　按照市政府办公厅《第一届北京国际电影季服务保障工作方案》要求，为做好第一届北京国际电影季的安全生产保障工作，4月15日，市安全监管局会同市广电局，召开了电影季临建设施搭建工作会。市安全监管局刘岩副巡视员、市广电局宋春华副巡视员参加了会议。会上重申了临建设施的承办方、搭建单位的责任，要求承办方牵头进行检查和验收，确保临建设施的安全。同时还对临建设施，从方案的设计、搭建的注意事项等方面进行了详细的询问，回忆强调：一是要高度重视，承办方、搭建方要站在政治的高度，增强搭建的责任感；二是承办方要认真把关，确保各项临建设施施工方案齐全，履行手续完备；三是各临建设施要有施工方案，承重结构要有计算书；三是要合理安排工期，避免疲劳施工，现场要有安全人员进行巡视检查，确保搭建按照方案进行施工，确保搭建过程安全。

（张国宁）

【电影季开幕式临建设施开展监督检查】　4月20—23日，市安全监管局联合市广电局对第一届北京国际电影季开幕

式、洽商、藏品展、论坛活动场地等临建设施开展了监督检查。针对检查发现的LED大屏幕拉结不符合要求，红地毯背景墙结构不稳定等问题，责令搭建单位立即进行整改。截至 23 日下午，开幕式舞台、LED大屏、红地毯背景墙的隐患已整改完毕。

（张国宁）

【世界大学生运动会火种采集仪式临建设施安全保障】 4 月 25 日上午，深圳第 26 届世界大学生夏季运动会火种在北京清华大学成功采集。中共中央政治局委员、广东省委书记汪洋，教育部部长、第 26 届大运会组委会主席袁贵仁，广东省委副书记、省长、第 26 届大运会组委会执行主席黄华华，北京市委副书记、市长郭金龙，副市长刘敬民出席火种采集仪式。按照市政府办公厅的要求，市安全监管局负责火种采集仪式临建设施安全的监督检查。在检查时发现，负责搭建设施的北京歌华中体文化体育发展有限公司，没有严格按照设计方案进行施工，所用材料缺乏稳定性。为确保活动的万无一失，采取以下措施：一是立即拆除存在隐患的舞台设施，按照原设计方案，立即调运符合要求的材料进行搭建；二是单位负责人坚守岗位，督促施工人员进行整改；三是过程控制。在问题整改过程中，市安全监管局检查人员随时进行监督检查。至 25 日零时 30 分，存在问题整改完毕。

（张国宁）

【局长带队开展五一节前安全检查】
4 月 28 日，市安全监管局局长张家明带领局执法监察队、监管三处对丰台区辛普劳有限公司和北京建科兴达科技企业孵化器有限责任公司进行了安全检查。经查，丰台区辛普劳有限公司存在部分压力设备检测检查记录无结论意见，液氨使用车间无喷淋的问题。针对这个公司曾于 4 月 17 日

发生一起液氨泄漏事故的情况，张家明提出建立安全管理机构、全面开展安全评价和组织以应急演练为主的人员培训三项要求。同时，责成丰台区安全监管局督促落实。在检查北京建科兴达科技企业孵化器有限责任公司时，检查组发现，该公司负责管理的楼宇出租给各类企业用作办公、科研和仓储使用。存在疏散楼梯未设置疏散指示标识、疏散通道挤占、地下室宿舍设置上下铺等问题，检查组责令其限期整改。而北京依凯诺医药技术开发有限公司设在该座大厦 2 层的实验室使用易挥发和易燃危险化学品，实验室内未设置防爆电气设备；液氮钢瓶未专门储存；现场无警示标志，存在隐患严重，被当场责令停业整顿。丰台区副区长高鹏、丰台区安全监管局参加了检查活动。

（张国宁）

【对大兴区"五一"节日安全检查】 4 月 30 日，市安全监管局副局长陈清带队对大兴区"五一"节日期间安全生产工作进行检查。检查组首先针对"12350"近期投诉举报查处情况进行了检查，其中检查了魏善庄非法储存危险化学品原料油罐的拆除情况和北京宏昌达业工贸公司非法加工生产危险化学品的整改情况。随后对黄村镇立垡村私营沙石加工场"4·16"油罐爆炸事故现场整改情况进行了检查。检查组要求：一是对油罐拆除后一些材料未及时清除运走、加工生产停止后部分设备未拆除等问题，要采取坚决措施，该清走的材料要及时清走，该拆除的设备要彻底拆除，防止非法经营行为死灰复燃；二是要认真吸取"4·25"事故教训，举一反三，全面开展严厉打击非法违法生产经营建设行为；三是要针对油罐爆炸事故的发生，认真分析和查找事故发生的深层次原因，采取有效措施，预防类似事故的再

次发生。

（张聪）

【大学生运动会火炬点燃传递启动仪式安全生产保障】　5月4日，深圳第26届世界大学生夏季运动会火炬点燃暨火炬传递活动启动仪式在北京大学举行。中共中央政治局常委、国务院副总理李克强，中共中央政治局委员、北京市市委书记刘淇，北京市委副书记、市长郭金龙出席了火炬传递仪式。按照市政府办公厅的要求，市安全监管局执法监察队抽调专人，对启动仪式现场临建设施进行安全生产检查。针对检查时发现的媒体工作台缺少临边防护、舞台前后背景板之间缺少水平连接等问题，要求搭建单位立即整改，确保临建设施搭建与使用安全，保障活动的顺利进行。

（张国宁）

【组织召开专项执法行动协调会】　5月6日，按照市安委会《2011年北京市安全生产重点执法检查计划》要求，市安全监管局组织召开了执法行动协调会。市交通委和市公安局消防局的负责人参加了此次会议。会上，初步确定了专项执法行动的任务分工、涉及区县、检查单位、起止时间和检查内容等问题。参会部门表示将积极配合，按照各自的职责开展执法检查工作，确保执法行动取得预期成效。最后，会议要求市交通委作为牵头部门，要细化执法行动的方案和流程，保证执法行动的有序进行；执法行动结束后各部门要做好总结工作，分析检查中发现的问题，提出处理措施和工作建议，形成书面材料，报送安委会办公室。

（张国宁）

【约谈如家连锁酒店北京区负责人】　5月13日，市安全监管局副局长陈清会同市旅游委、市公安局消防局相关部门和领导，就5月11日由市安全监管局、市消防局联合组织的对城6区内79家如家连锁酒店开展的联合执法行动中，发现19家酒店存在严重的消防安全等问题，约谈了该连锁酒店北京区的4名负责人及首旅集团负责人。市消防局、市安全监管局分别通报了5月11日对城6区79家如家连锁酒店联合检查时发现的安全问题，特别是对其中19家酒店存在用彩钢板搭建设施、地下经营区域存在违规行为、安全生产管理制度普遍未建立健全等问题，提出了严厉的批评。如家连锁酒店管理公司决定：从即日起，对存在严重违规行为的19家酒店"停业整顿"，关闭各预定通道，营业整改时间为3～5天。

（张国宁）

【联合消防部门开展集中执法行动】　5月18日，按照市区两级部门联动的工作方式，市区安全监管局执法队与消防部门组建了8个联合执法检查组，对9个区的35家美廉美连锁超市门店进行了集中检查。检查当天共出动执法人员40余人次，出动检查车辆15车次，发现疏散通道堵占、安全指示标志设置错误或被遮挡、库房货物码放不符合安全要求、配电室内堆放杂物、缺少应急照明、特种作业人员未按规定配备劳动防护用品，以及违规使用彩钢板等问题和隐患100项，下达责令限期整改指令书24份，2家门店被责令暂时停业整顿，安监部门拟对4家单位实施行政处罚。

（张国宁）

【开展轨道交通安全生产执法检查专项行动】　5月18日，市安全监管局会同市交通委、市公安局消防局对北京地铁运营公司和京港地铁公司安全生产工作进行了专项执法检查。其间，联合检查组重点检查了京港地铁所属4号线宣武门、西单车站和北京地铁运营公司所属地铁 13 号线、2 号线西直门车站。通过实地检查，联合检查组认为两运营企业安全管理制度比较健全，安全管理较为严格，应对高峰大客流冲击和防范火灾防事故所采取的对策措施比较得力。但在检查过程中也发现京港地铁 4 号线宣武门站乘务人员对所属岗位职责、应急安全处置要点不清楚；北京地铁运营公司所属 2 号线西直门站配电室存在劳动防护用品配备不齐和过期未进行年检，高压配电室防鼠板及应急照明有缺失，配电室内有员工淋浴设施等问题。对此，市安全监管局要求京港地铁公司要迅速开展有针对性的安全教育培训工作，强化员工安全意识，提高岗位管理技能。同时，责成北京地铁运营公司对 2 号线西直门站配电室安全隐患立即进行整改，并在全路网开展配电室安全隐患排查和集中整治。

（张聪）

【约谈美廉美集团总部负责人】 5 月 18 日，市安全监管局执法队组织相关区县安全监管局与消防部门联合对美廉美连锁超市开展了集中执法检查。为进一步督促美廉美集团全面落实整改工作，6 月 1 日，市安全监管局执法队对美廉美集团总部安全负责人进行了约谈。会上，首先通报了检查情况：全市共检查美廉美连锁超市门店 35 家，发现问题和隐患 100 项，下达责令限期整改指令书 24 份，2 家门店被责令暂时停业整顿，对 4 家单位实施行政处罚。同时指出，美廉美集团主要存在动态安全问题反复出现，违规使用彩钢板的现象，违反安全规定作业等主要问题。要求美廉美集团制订整改计划，举一反三，全面开展隐患排查整改工作，隐患严重的门店要停业整改。美廉美集团负责人表示，要严格按照市安全监管局的要求，加大人力、

物力和财力的投入，全面开展隐患自查自改工作，重点落实彩钢板的拆除工作。下一步，市安全监管局执法队将对美廉美各门店的整改工作进行复查验收，同时，结合安全生产月直击现场活动，对其进行暗查，凡是发现问题出现反弹的，一律从重处理。

（张国宁）

【开展交通运输企业专项执法行动】 5 月 17—23 日，按照市安委会《2011 年北京市安全生产重点执法检查计划》工作安排，市安全监管局会同市交通委运管局、市公安局消防局及市公安局交管局等部门组成联合督导检查组，以严厉打击非法违法生产经营行为为主线，以企业日常安全管理为重点，以有效防范重特大道路交通运输事故发生为目标，对公交场站、轨道交通车站、危化运输企业及混凝土搅拌站运输企业开展安全生产联合执法检查行动。通过实地检查，联合督导组认为有关企业对安全生产工作的重视程度较高，日常安全管理工作比较规范，保证运营安全的措施比较得力。但在检查过程中发现北京南站公交枢纽工作交接班记录存在漏填、动物园公交枢纽配电室从业人员安全管理台账不规范的情况。针对存在的问题，市安全监管局责成企业立即进行整改。

（张聪）

【组织召开城六区执法检查形势分析会】 5 月 23 日，市安全监管局组织 6 城区安全监管局召开了执法检查形势分析会。会上，6 城区安全监管局介绍了本辖区的区情区貌，重点行业企业的分布情况，结合辖区特点总结了安全生产监管规律和特点。大家一致认为，人员密集场所、城市运行作业、地下空间、建筑施工企业已经成为城区安全生产执法监察的重点行

业；城乡结合地区、商业园区或商业聚集区、重点工程建设区域已经成为执法检查的重点区域；安全生产非法违法行为、综合监管领域的安全问题隐患已经成为执法检查的重点内容。同时，各区局也深入剖析了存在的问题和难点，如市场等行业领域的监管主体不明确的问题；执法队伍承担任务多重性和繁琐性，冲击日常执法任务的问题；联合执法机制的效能低下，作用得不到有效发挥问题；执法人员和车辆不足问题等。结合各区局的发言，市安全监管局执法监察队书记钱山要求：一是市安全监管局执法队进一步对各区局总结的情况和提出的问题进行梳理，归纳全市城区安全生产执法检查的基本特点和规律，为下一步工作奠定基础；二是各区局要在日常工作中不断加强总结，与市安全监管局执法队保持联系和沟通，建立起联动机制；三是根据本次会议总结的有关情况和"打非"工作的要求，下一步在全市继续开展市区联合的集中执法检查行动，完成"打非"工作任务。东城区、西城区、朝阳区、海淀区、丰台区、石景山区安全监管局分管执法的副局长、执法队长参加了会议。

（张国宁）

【对轨道交通建设施工安全工作进行联合检查】　5月24—25日，按照市重大项目建设指挥部关于开展《北京市轨道交通建设工程"安全优胜杯"2011年度检查工作方案》的工作要求，市安全监管局、市重大项目办、市住房城乡建设委、市市政市容委、市卫生局、市公安局消防局、市铁路工程公安局七部门组成联合检查组，按照各自职责，对北京市轨道建设工程9号线03标、04标、05标、06标施工单位安全工作情况进行检查。从检查的总体情况看，各单位均设置了安全生产管理机构，制定了安全生产管理制度和安全生产责任制，与工程分包单位、劳务施工队伍签订了安全生产管理协议，组织开展了安全生产教育、培训、考核工作，编制了相应的应急预案。但是，在检查的北京市政路桥控股集团、中铁一局、中铁十四局、市城建集团四家施工单位普遍存在特种作业人员档案管理混乱，不同程度地存在特种作业人员证件过期未审问题，编制的应急预案缺乏相应的演练记录等问题。针对这些问题，市安全监管局检查人员对存在问题的施工单位下发了现场检查记录，要求其立即进行整改。

（张聪）

【中国服务贸易大会开幕式临建设施安全生产保障】　6月1日上午9时，第三届世界中国服务贸易大会在中国国际贸易中心开幕。商务部部长陈德铭，北京市委副书记、市长郭金龙、世界贸易组织副总干事及世界贸易组织成员国代表参加了开幕式。按照市政府的要求，市安全监管局对涉及大会开幕式舞台及23个展览板块临建设施搭建过程，开展安全检查。针对检查时发现的问题，检查人员要求存在问题的6家搭建单位进行认真整改，防止安全问题的发生。负责搭建开幕式舞台设施的北京顺盈时代广告有限公司，没有严格按照设计方案进行施工，舞台底部支撑缺乏稳定性，存在安全隐患。为确保活动的万无一失，采取以下措施：一是立即对舞台整体结构进行加固，严格按照原设计方案进行施工；二是单位负责人坚守岗位，督促施工人员进行整改。截至6月31日23点，以上存在问题整改完毕。

（张国宁）

【督导顺义区"打非"工作】　6月1日，市安委会办公室副主任、市安全监管局副局长蔡淑敏带队赴顺义区督导"打非"

工作。督导组一行先后实地查看了后沙峪镇广顺峪达旧货市场拆除现场，赴仁和镇政府重点听取了该镇对鑫粤顺、兴德、建美顺三家非法建材城拆除工作的汇报。此后，在顺义区召开督导会议，分别听取了顺义区政府及区工商、国土、规划、建设、城管等部门"打非"工作进展情况的汇报，并查阅了相关台账和档案。督导组对顺义区委、区政府高度重视"打非"工作，思想认识统一，组织措施到位，阶段性成效显著。突出表现在"真重视、出真招，动真格"给予肯定。蔡淑敏指出，顺义区在"打非"工作中形成的一些好的经验和做法很值得全市借鉴，市安委会办公室要及时总结归纳，在全市推广。顺义区委书记张延昆在讲话中说，"隐患不除，永无宁日"。顺义区委、区政府高度重视"打非"工作，主要源于非法建设、生产、经营，严重影响着城市形象，社会秩序甚至人民的心灵。如果任由非法违法泛滥，不加以整治，"灰色经济"就会产生"黑色经济"，"黑色经济"极容易导致黑恶势力，对社会安全构成严重的影响。因此，"打非"工作是"一把手"工程，首先要把干部管好，落实责任，不拆违建就拆"椅子"。其次是搭建信息平台，部门相互协调，攻坚克难，把"打非"工作推向深入。最后是动员发挥社会力量，形成强大合力，让非法违法者无处藏身。顺义区委常委、常务副区长李友生，区委常委、副局长林向阳，市安全监管局协调处、监管二处、执法监察队、宣教中心、举报投诉中心相关负责人员参加了督导。

（张国宁）

【对汉庭酒店开展联合执法】 6 月 3 日，市安全监管局执法队联合城区安全监管局执法监察队对全市汉庭酒店开展了联合执法检查。本次，主要针对培训教育情况、特种作业管理情况、应急疏散条件保持情况及是否违规使用彩钢板情况进行检查。当天，共检查汉庭酒店门店 46 家，发现问题隐患 119 项，下达限期整改通知书 29 份，1 家单位被局部停业整顿。经查，有 29 家汉庭门店存在疏散通道不畅、安全出口锁闭、疏散指示标识设置不明显等影响疏散的问题；有 17 家门店存在违规使用彩钢板的问题。下一步，市安全监管局执法队将集中对汉庭各部门整改情况进行复查，同时，针对本次检查的情况，对汉庭总部进行约谈，督促其举一反三，全面落实整改。

（张国宁）

【开展"直击安全现场"执法检查】 按照市安全监管局安全生产月"直击安全现场"活动安排，6 月 14 日，市局执法监察队对苏宁电器（紫竹桥店）、海底捞（紫竹桥店）两家单位开展了执法检查。经查，苏宁电器（紫竹桥店）整体检查情况良好；海底捞（紫竹桥店）因存在通道被堵塞、配电室堆放杂物、劳动防护用品老化破损、电工未按操作规程进行作业等问题，被责令暂时停业整顿。市安全监管局宣教中心、北京电视台一同参加了本次检查。

（张国宁）

【对房山区开展安全生产集中执法督察】 按照市安委会《2011 年北京市安全生产重点执法检查计划》（京安发[2011]1 号）安排，6 月 14 日，市安委会办公室副主任、市安全监管局党组副书记、副局长蔡淑敏带队，副局长贾太保参加，市政府督察室、市监察局、市总工会、市住房城乡建设委、市旅游发展委、市国土局、市环保局、市公安局消防局 8 个部门相关人员参加，对房山区开展为期 3 天的安全生产集中执法督察。督察组首先听取了房山区安全生产工作情况和"打非"进展情况汇报，以及房山区查违办、工商分局、规划分局、城管监察大队、国土分局和消防支队六个部门和单位的"打非"工作情况介绍。14日下午，督察组分成综合组和4个专业执法监察组，分别负责督察政府及相关行业部门落实安全生产相关工作情况，抽查危险化学品生产经营、非煤矿山、建筑企业和在施工地、人员密集的社会旅馆四个行业（领域）的生产经营单位。督察组对房山区人民政府履行安全生产职责和开展安全生产工作情况进行了督察，并查阅了相关文件资料和档案，实地检查了3家危化企业、4家非煤矿山、3个施工工地、10家宾馆饭店。检查发现，施工工地和宾馆饭店安全生产问题比较集中，主要存在防护、报警设备不到位，缺少安全标识，管理不严格，特种作业人员无证上岗等问题；危化企业安全生产状况较好；4家非煤矿山企业因许可过期，已全部按要求停止了生产经营活动。督察组联合属地监管部门下达11份责令整改指令书，立案处罚1起。15日、16日，督察组将按照集中执法督察方案，深入基层，对乡镇和街道的安全生产工作开展督察，并继续对高危行业、重点领域企业进行执法检查。

（张国宁）

【扶贫开发成就展临建设施安全生产保障】　6月10—15日，"新世纪中国农村扶贫开发成就展"在农展馆举行。展览期间，党和国家领导人及市委市政府领导参观了展览。按照《北京市政府服务保障"新世纪中国农村扶贫开发成就展"工作方案》的要求，市安全监管局执法队抽调专人，会同成就展承办单位，对专题展览板块、32个省市展览板块共3 000平方米展厅的临建设施搭建过程，开展安全保障服务工作。临建设施搭建期间，市安全监管局多次组织人员对现场临建设施进行安全检查。6月8日检查发现，馆内大部分展板缺少支撑和配重，展厅广场临时搭建的舞台结构不稳固，存在安全隐患。检查人员要求搭建单位北京广角视野展览有限公司立即进行整改，增设展板支撑，增加相应配重，拆除临时舞台重新进行搭建，确保不发生安全问题，保证展览顺利进行。

（张国宁）

【建党90周年展安全生产保障】　按照市委和市纪念建党90周年展览筹备工作领导小组办公室的要求，市安全监管局执法队抽调专人，会同展览承办单位，于6月15日，对设在中华世纪坛展览大厅的展览现场临建设施进行安全检查。针对现场搭建情况，检查人员要求承办单位——北京歌华文化中心有限公司：一是要对展板进行检查，确保其稳定性；二是对场内电气进行电检，并在展期内定期进行安全监测；三是被遮挡的安全指示标志处增加指示标志，防止展览期间发生各类安全问题。

（张国宁）

【重庆市"唱读讲传"晋京演出安全生产保障】　按照市委的要求，从6月9日开始，市安全监管局执法队会同区县安全监管局，对由市委宣传部在中央党校、政协礼堂、民族文化宫等场地举办的6场重庆市"唱读讲传"晋京演出活动，开展安全生产保障工作，6月14日演出活动顺利结束。针对每个演出现场临建设施搭建情况，检查人员都认真审验搭建单位资质，仔细查找存在的问题，严格督促落实整改，确保演出临建设施不发生安全问题，保证了重庆市"唱读讲传"晋京演出活动顺利进行。

（张国宁）

【对商品交易市场开展"直击安全现场"安全检查】　6月16日，按照安全生产月

"直击安全现场"活动工作统一部署，市安全监管局对朝阳区平安聚源建材市场、北京鑫天雄物资回收市场有限公司进行安全检查。检查发现，朝阳区平安聚源建材市场存在营业区域内部分疏散指示标志被遮挡；配电室管理不规范，没有设置应急照明灯和防鼠板、室内堆放杂物、没有管理制度；特种作业人员违章作业，电工没有穿绝缘鞋；部分商户货物储存超高等问题。朝阳区北京鑫天雄物资回收市场有限公司存在易燃易爆品安全管理不规范；特种作业人员安全管理不规范；营业区域内存在经营、加工、住宿、明火做饭现象；未建立健全各项安全生产规章制度及各类应急救援预案；配电室安全管理不规范等问题。对此，市安全监管局对上述单位依法下达了强制措施决定书，责令其立即停业整顿，按要求完善安全生产条件，经验收合格后方可营业。

（张聪）

【对市政工程开展"直击安全现场"安全检查】　6月21日，按照安全生产月"直击安全现场"活动工作统一部署，市安全监管局对朝阳区北小营燃煤锅炉改造接入城市热网工程、东北三环21号和22号热力改造工程进行安全检查。通过查阅相关资料和实地检查，发现存在以下问题：一是施工总包单位对分包单位管理混乱，相关安全管理资料缺失；二是安全生产规章制度和安全责任制没有建立健全；三是施工现场临时用电、脚手架搭设、消防设施、特种作业人员管理不到位。针对存在的安全问题，市安全监管局对该单位依法下达了隐患改正指令书，责令其立即整改，按要求完善安全生产条件，完善相关制度和加强人员安全培训教育工作。

（张聪）

【建筑领域"安全月"直击现场执法检查】　6月23日，市安全监管局执法监察队对建筑施工行业进行了执法检查。检查组检查了河北建设集团有限公司承建的运通博远办公楼项目，该项目存在作业面缺少安全通道，外架防护低于作业面，洞口、临边防护不到位，电焊工无证上岗，未按规定穿戴劳动防护用品，现场物料码放混乱等问题，检查组依法下达执法文书，责令该项目暂时停工整顿。届时，市安全监管局将对该项目进行跟踪检查，确保隐患整改到位。北京经济技术开发区安全监管局、北京电视台、北京城市服务管理广播等新闻媒体一同参加了检查。

（张国宁）

【手拉手尾货市场被责令限期整改】　按照安全生产月直击现场活动的安排，6月28日，市安全监管局执法队对丰台区手拉手尾货市场、方仕通手机市场进行了执法检查。经查，手拉手尾货市场存在部分安全出口锁闭，遮挡疏散指示标识，堵占安全疏散通道、缺少疏散指示标识、防火卷帘门下方堆放物品等5项问题，安全隐患较为突出。执法人员当场下达了限期整改通知书，要求该单位在一天内落实隐患整改工作。方仕通手机市场经过多次安全改造升级，目前，各项安全设备设施齐全，运行良好，现场安全出口、疏散通道畅通，标识明显，人员值守到位，安全生产状况良好。市局宣教中心和北京电视台、北京电台、《新京报》等媒体参加了检查。

（张国宁）

【联合夜查地下管线施工单位】　6月28日晚11点30分至29日凌晨2点，市安全监管局会同市市政市容委、市规划委、市住房城乡建设委、市交通委、市公安局交管局、市城管执法局等部门组成联合执法组，按照各自职责，对地下管线施工单位夜间施工情况进行了检查。联合检查组随机检查了由北京光环电信集团在秀水北街施工的通信管线架空入地施工工程、北京禹通市政第一项目部在南磨房路施工的南磨房路 DN600 中水工程和由厦门纵横集团开发有限公司在华威南路施工的通信管线架空入地施工工程。从检查的 3 家施工单位的情况看，3 家施工单位的特种作业人员基本上能够做到持证上岗，对人员进行了教育并有教育记录，对施工人员进行了安全技术交底。通过联合检查组的几次夜间联合执法检查，进一步震慑了进行违章作业的地下管线施工作业单位，促进全市地下管线施工作业单位提高自身安全管理水平，教育帮助从业人员提高对地下管线施工危险性认识和自我保护意识。

（张聪）

【夜查投诉举报案件】 按照副市长苟仲文在《投诉举报工作日报》第 544 期上的批示要求，6 月 28 日晚 21 点，市安全监管局执法队会同西城区安全监管局就西绒线胡同社区菜市场对面小区进行了执法检查。执法人员针对群众举报该小区地下室租户使用大功率电器、夜间人为隔断疏散通道两项问题进行了核实。经查，该小区由北京和平精典物业管理有限责任公司负责管理，共有 8 栋楼房，均为住宅，其地下室散租给个人居住。现场检查未发现使用大功率电器问题，也未发现隔断疏散通道问题。执法人员要求物业公司和有关管理方要继续加强管理，落实巡查责任，确保安全。同时责成西城区安全监管局会同西城区消防部门就其消防审批情况进行进一步的调查核实。

（张国宁）

【专题研究部署"重点建设工程专项执法行动"】 6 月 29 日上午，市安全监管局执法监察队邀请市住房城乡建设委、市水务局、市重大项目办、市公安局消防局、北京铁路局等行业主管部门，在中环办公楼召开专门会议，研究开展"重点建设工程专项执法行动"有关工作。会上，"重点建设工程专项执法行动"牵头单位，市住房城乡建设委和北京铁路局的相关处室分别介绍了实施方案的具体安排，包括时间节点、重点任务及分工、重点检查内容和工作要求。并提出了需要安监和消防部门配合支持的具体需求。各单位对实施方案进行了研讨，并提出工作建议。市安全监管局执法监察队队长王保树对各单位前期在安全生产工作上的支持表示感谢，并希望牵头单位：一是再次细化方案，吸收合理化建议；二是早准备、早动手，尽快在本系统内下发通知，明确要求，发动相关区县开展专项检查；三是梳理汇总检查情况，分析原因、提出工作建议，形成总结报告，及时上报；四是各单位之间要加强协作，密切配合，圆满完成此次重点建设工程专项执法检查。

（张国宁）

【开展公路建设项目安全生产联合检查】 6—8 月，市安全监管局会同市交通委组织开展公路建设项目安全生产联合检查工作，并印发了《关于开展高速公路、一般公路建设项目安全生产联合执法检查的通知》（京交安全发[2011]219 号），强化北京市公路建设项目安全生产管理工作。通知要求从 6 月中旬至 8 月底开展公路建设项目的联合执法检查工作，检查共分 3 个阶段进行：第一阶段为企业自查阶段，要求各施工企业全面开展企业自查并及时整改发现的问题；第二阶段为全面检查阶段，由各区县公路分局和安全监管局组成联合检查组织进行全面检查；第三阶段为重点抽查阶段，由市安全监管局和市交通委进行重抽查。

（张聪）

【对重点建设工程开展安全生产联合执法检查】 7月1日，北京市住房和城乡建设委员会印发了《2011年度重点建设工程专项执法行动工作反方案》（京建发[2011]319号）。方案明确了检查重点和任务分工，同时成立了重点建设工程专项执法行动领导小组。组长由市住房和城乡建设委副主任王刚担任，市安全监管局、市消防局、市重大项目办为成员单位。按照方案要求，从7月5日开始，联合检查组先后对昌平区、房山区、丰台区、通州区的重大在建工程进行了检查。市安全监管局执法队派专人参加了检查，共检查项目17个，在施项目建筑面积约91万平方米。针对发现的问题，检查组按照各自职责依法下达了执法文书，提出了整改要求。

（张国宁）

【对西城区"打非"工作督导】 7月5日，市安委会办公室副主任、市安全监管局副局长蔡淑敏带队赴西城区督导"打非"工作。督导组一行在听取天桥街道办事处打非拆违情况的工作汇报后，实地查看了天桥地区香厂路、留学路拆除现场，以及永内西街北里社区的待拆除情况。此后，在西城区召开的督导会议上，分别听取了西城区政府及建设、商务、民防等部门"打非"工作进展情况的汇报，并查阅了相关台账和档案。督导组肯定西城区委、区政府高度重视"打非"工作，思想认识统一，根据西城区区域特点，制定了有针对性的措施：一是区委区政府"一把手"亲自挂帅，各分管副区长组成领导小组，为全区"打非"工作提供了组织保障；制订了工作方案，坚持"主管部门牵头，属地街道落实"的工作机制，为全区"打非"工作提供了机制保障。二是坚持了"三个结合"的工作模式。结合辖区安全监管的实际情况，将"打非"工作与"亮剑"行动相结合，与燃气安全隐患排查治理百日行动相结合，与私房违规翻建专项整治工作相结合。既扩大了"打非"工作的覆盖领域，又通过"打非"工作促进了专项治理行动的开展，取得了多赢的效果。三是成效较为显著。自4月26日起至6月29日，全区共拆除违法建设12 711.847平方米，关闭取缔非法违法生产经营165处，停产（业）整顿39处。蔡淑敏说，西城区在"打非"工作中形成的一些好的经验和做法应及时总结和归纳，但对存在的问题和不足更应及时发现、及时解决，特别是各行业部门和属地街道应加大隐患排查的力度，力争做到隐患不遗漏，同时，行业部门应提高对问题的研究能力，提出切实可行的解决措施和办法，形成打击非法违法生产经营建设行为的长效机制，实现区域内经济与安全的协调发展。西城区副区长苏东在讲话中说，西城区经济发展速度快，受关注程度高，在首都经济发展中具有重要地位和作用。但经济发展的同时也带来了很多社会管理问题，西城区一是各部门要通力配合，全面排查安全隐患，找准地区打非拆违的突破口，创建文明城区；二是在打击非法违法建设经营的同时，要着重研究城市管理的疑难问题，为西城区的进一步发展创造良好的社会环境；三是疏堵结合，做好维护社会和谐、稳定工作，在整治的同时，为群众提供生活便利，解决群众实际困难，疏导与抑制相结合，确保"打非"工作取得实效。市住房城乡建设委，市商务委，市民防局，市安全监管局协调处、监督二处、执法队、宣教中心，西城区各街道办事处负责人，以及北京电视台，北京人民广播电台新闻广播、城市广播，《北京日报》，《中国安全生产报》，《现代职业安全》6家媒体的记者参加了本次督导活动。

（张国宁）

【对华联、京客隆两大连锁企业进行抽查】 按照市领导批示，7月5—6日，市安全监管局联合公安消防部门及商务部门对全市华联、京客隆两大企业进行了抽查。根据前期召开的安全形势分析会工作部署，两大连锁企业自上而下发起了系统内部的安全大检查行动，并用一周时间进行了自查自纠。本次共抽查两大企业规模以上门店36家，抽查比例占总数的30%。检查共发现60余项问题，主要问题为安全出口及疏散通道被挤占、缺少应急照明、安全指示标识设置不符合要求、配电室堆放杂物等。执法人员下达了21份限期整改指令书，拟对6家门店进行立案处罚。市安全监管局执法队、宣教中心和相关区安全监管局有关人员，以及北京电视台、城市广播和现代职业安全等新闻媒体参加了本次抽查。

（张国宁）

【对室外游泳场安全管理情况进行抽查】 7月23—24日，市安全监管局会同市体育局、市卫生局、市公安局等部门组成联合检查组，对海淀区柳浪游泳场、红山口游泳场、中国科学院中关村游泳场、北京交通大学游泳场、朝阳区团结湖公园游泳场、朝阳公园游泳场等部分室外游泳场安全管理情况进行了抽查。从检查情况看，6家单位不同程度地存在未按照《北京市安全生产条例》的要求，建立健全安全生产规章制度，从业人员教育培训考核工作存在不到位的问题，化学危险药品管理不到位，缺乏专人管理，药品未单独存放的问题，特种作业人员电工配备不足等问题。针对以上问题，市安全监管局要求被检单位按照安全生产法律法规的要求，建立健全安全生产规章制度，认真落实各级安全生产责任制和各类应急预案，加强员工的安全教育考核工作，加强对化学危险药品的管理，切实把安全生产的各项措施落到实处，确保不发生各类安全事故。

（张聪）

【对重点行业领域开展执法检查】 为贯彻落实副市长苟仲文"7·25"紧急会议讲话精神，7月26—28日，市安全监管局执法队会同矿山处、监管三处对非煤矿山、危险化学品、交通运输等重点行业领域的6家单位开展了执法检查。7月26日，副局长贾太保率矿山处、执法队赴怀柔检查尾矿库汛期安全生产工作，对北京京冀工贸有限公司、北京怀柔前安岭铁矿有限公司尾矿库进行了实地检查。检查发现，2家单位的尾矿库受停产影响，长时间未排放尾矿，整改后库内已无蓄水，尾矿坝坝体轮廓完整，防汛物资储备齐全，各项排洪设施运转良好。同时，2家单位坚持24小时值班制度，为应对强降雨增派了值班和巡查人员力量，加大了检查频次。7月27日，市安全监管局监管三处、执法队对北京东方化工厂及北京市化学通县仓库等2家单位进行了检查。经查，北京东方化工厂安全生产运行情况总体良好，未发现重大安全隐患。北京市化学通县仓库因存在危险化学品未分区存放、未设置人体防静电装置、未安装可燃气体报警仪、缺少安全警示标识以及产品标签缺少中文说明等问题，被责令限期进行整改。7月28日，市安全监管局执法队对北京浩达交通发展公司六里桥客运主枢纽进行了执法检查。通过对配电室、中控室等重点部位以及应急预案、安全教育培训等制度及记录进行检查，情况表明，该单位安全生产基础工作扎实，一是对运输车辆、从业人员和设备设施实行了信息化管理，建立了翔实的技术档案；二是为加强暑运安全工作，缩短了安全生产检查的周期，以便及时发现和解决安全问题；三是加强对全体职工安全生产知识的培训教育，提高了职工的应变能力和自保意识。该单位在安全生产管理工作方面基本到位。丰台、怀柔、通州等区安全监管局以及北京电视台、《北京日报》、《新京报》、《现代职业安全》等新闻媒体参与了本次行动。

（张国宁）

【召开执法检查计划推进情况调度会】

8 月 4 日，市安委会办公室组织召开 2011 年全市安全生产重点执法检查计划推进情况调度会。市安委会办公室副主任、市安全监管局党组副书记、副局长蔡淑敏出席会议并讲话。会议通报了全市安全生产重点执法检查计划的推进情况。在各部门共同努力下，烟花爆竹储存销售、批发零售市场、人员密集场所、交通运输企业、煤矿及非煤矿山企业、重点建设工程 6 项专项执法行动已圆满完成；2011 年 6 月，市安办组织开展了对房山区的执法督察。据统计，各专项执法行动共检查各类生产经营单位 12 553 家次，查处各类问题和隐患 3 214 项，下达各类执法文书 1 010 份，行政处罚企业 56 家。从总体情况看，全市安全生产重点执法计划得到了有序推进和深入实施，全市安全生产执法检查形成了以安全生产重点执法检查计划为主线，以重点专项执法行动为依托，各部门主动融入，各区县积极配合的工作局面。市监察局、市旅游发展委、市市政市容委、市文化局、市体育局、市工商局、市质监局、市公安局消防局、市文化执法总队和北京铁路局等 15 个部门单位相关负责人参加了本次调度会，市安全监管局监管一处、监管二处、监管三处、协调处、职安处、矿山处以及执法监察队有关人员参加了会议。

（张国宁）

【完成地下空间综合整治第一阶段督察工作】

按照市地下空间综合整治工作协调小组办公室印发的实施计划，8 月 9—12 日，市安全监管局执法监察队参加了由市公安局、市民防局、市住房和城乡建设委牵头组成的 3 个地下空间督导组，分别对东城、西城、朝阳、丰台、房山、通州、顺义、昌平、大兴、平谷 10 个区地下空间综合整治第一阶段工作情况进行了督察。从督察的情况看，各被检区县能够按照第一阶段地下空间综合整治工作部署，制订了综合整治工作方案，并对辖区内地下空间使用情况进行了摸底调查和数据录入，做到了底数清、情况明、数字准。东城、朝阳 2 个试点单位，不等、不靠，积极推进综合整治工作，成立专门机构，规范了工作流程，提出了"四步工作法"即：宣传告知、教育疏导、综合执法、法律诉讼。同时，加大资金投入，运用科技手段，设立视屏监控系统，以保证地下空间在使用和经营方面的安全运行。

（张国宁）

【督导区县政府开展地下空间综合整治工作】

8 月 11—12 日，按照市地下空间综合整治工作协调小组的总体工作部署，由市安全监管局副局长陈清带队，市民防局、市住房城乡建设委、市公安局治安总队、市公安局消防局组成的第三督导组，对海淀、延庆、石景山、门头沟四个区县政府开展地下空间综合整治第一阶段工作情况进行了督导检查。督导组在听取各区县政府和相关部门关于开展地下空间综合整治工作情况后，查看了工作方案等有关材料，并实地对延庆县沃尔玛超市、儒林街道办事处民防应急指挥宣教中心、海淀区世纪金源大酒店地下商业街、北京科域旅馆、石景山万豪集团员工地下宿舍、门头沟大鸭梨饭店地下员工宿舍等处地下空间经营单位和住人工程进行了安全检查。督察组对实地检查中发现的安全指示标志不足、疏散通道被挤占等情况，提出了立即整改的工作要求。

（张聪）

【对东城区"打非"集中执法督察】 8月23—25日，市安委会办公室副主任、市安全监管局副局长蔡淑敏带队，市政府督察室、市总工会、市住房城乡建设委、市商务委、市文化局、市民防局、市公安局消防局、市文化执法总队和市安全监管局等9个单位相关同志参加，对东城区开展为期3天的安全生产集中执法督察及"打非"督导调研。东城区副区长毛炯出席了执法督察暨督导调研工作会。督察组听取了东城区安全生产工作和"打非"情况汇报，并分成1个综合督察小组和4个专业执法检查组，分别对区政府及相关部门安全生产工作情况和部分重点行业领域企业安全生产状况进行检查。督察组查阅了区政府及相关部门安全生产的相关文件资料，实地调研了交道口和天坛南里2个街道的安全生产工作情况，查阅了有关"打非"台账，实地检查了建筑施工、商业零售、文化娱乐和地下空间4个行业（领域）共40家生产经营单位的安全生产状况，共查处各类安全隐患88项，下达各类执法文书16份，暂停施工1家，拟立案处罚1起。

（张国宁）

【开展公路建设项目安全生产联合检查工作】 8月30日，为认真落实公路工程建设安全生产管理调查评估意见，市安全监管局会同市交通委路政局对京包（五环路—六环路段）项目3A标段现场进行了公路建设项目安全生产联合检查。经检查，该工程施工现场安全管理整体受控。但是，安全管理工作仍存在一些不足，与平安工地标准还存在一定差距，主要是部分施工作业面临边防护、高处作业人员个人安全防护措施不到位，一些临时用电配电箱防

砸防雨措施、接线固定不规范，有的特种作业人员证件过期，安全交底缺乏针对性等。针对存在的问题，检查人员责令企业迅速整改。检查组对各参建单位提出以下要求：一是各参建单位要切实加强安全管理，高度重视检查发现的问题，认真梳理，举一反三，全面整改，坚决防止隐患引发为事故。特别是对关键部位、关键环节、关键工序和危险性较大的分部、分项工程，要逐级落实安全管理责任，促进安全生产管理工作标准化、制度化、规范化，有效防范工程安全生产事故的发生。二是要加强与周边既有线路的安全保护联动工作。三是加强公路建设项目安全生产"三同时"管理工作。

（张聪）

【北京国际旅游节临建设施安全生产保障】 9月17日，"第十三届北京国际旅游节"在前门大街商业步行街隆重举行。按照市政府的要求，市安全监管局执法队抽调专人，对活动现场的临建设施搭建过程开展安全保障服务工作。临建设施搭建期间，检查人员多次赴现场进行安全检查。针对检查发现的展板缺少配重、舞台结构不稳固等问题，检查人员要求搭建单位一是对展板增加配重，确保其稳定性；二是对舞台进行加固，防止发生各类安全问题，确保活动顺利开展。中共中央政治局委员、北京市市委书记刘淇，国家旅游局局长邵琪伟，北京市市长郭金龙，市领导吉林、李士祥、鲁炜、吴世雄、熊大新等领导以及14个国家的驻华使馆官员出席了开幕式。全球20多个国家和地区的近1 500名中外演员参加了演出。

（张国宁）

【国家网球中心临建设施安全生产检查】 2011年中国网球公开赛10月份在奥林匹克森林公园国家网球中心举行。遵照

市领导要求，为保证临建设施安全，9月28日市安全监管局副巡视员刘岩带队会同市区两级消防、体育等部门对网球馆VIP餐饮大棚进行了安全检查。该餐饮大棚为两层临时建筑，总建筑面积6 600平方米。检查发现：该建筑二层存在木板（大芯板）铺设不密实、不稳定等问题；施工单位未能提供搭建设计方案，也未能提供工程验收和安全评估报告。对此，依法下达了执法文书，提出了整改要求和整改时限。针对检查情况，刘岩召集市体育局、组委会安保交通部、竞赛管理部、场地运行管理部和施工单位召开现场会议。要求各单位要认真落实市领导指示精神，克服麻痹思想、加强协调配合、强化整改措施，按期做好工程验收和安全评估。严格按照《北京市大型群众性活动安全管理条例》确定的"谁承办、谁负责"原则，切实落实安全责任，为2011年中国网球公开赛顺利举办做好服务保障工作。

（张国宁）

【对公园景区国庆安全保障工作进行检查】　9月28—29日，按照市假日旅游领导小组的工作部署，市安全监管局会同市旅游委、市质监局、市文物局、市公安局治安总队、市公安局消防局等部门组成联合检查组，对故宫、北海公园、朝阳公园、北京植物园、香山公园、北京海洋馆等单位在"十一"黄金周期间的安全工作布置情况进行了检查。从检查的总体情况看，各单位对"十一"黄金周期间安全工作比较重视，各单位成立了"十一"黄金周工作领导小组，由"一把手"任组长，明确了各部门的工作任务和职责。并制定了《国庆节假日安全保卫工作方案》、《应急保障工作预案》、《人员聚集拥挤疏散处置预案》等。各单位在假日前期，召开了专题会议对相关工作进行了部署，并对重点部位进

行了检查。检查组要求被检单位进一步完善、细化"十一"黄金周安全生产工作方案，落实各级安全生产责任制和各类应急预案，加强员工的安全教育，严格值班和领导带班制度，切实把安全生产的各项措施落到实处，确保不发生各类安全事故。

（张聪）

【对北京地铁国庆节安全生产保障工作进行督导检查】　9月29日，为落实市安委会国庆节安全生产保障工作要求，强化对轨道交通运营安全监管工作，确保国庆节期间地铁运行安全，市安全监管局副局长陈清带队对北京地铁国庆节期间运营保障工作进行督导检查，市交通委、市交通委运输局主管领导及相关处室负责人参加了检查。督导组听取了地铁运营公司国庆节期间运营安全生产保障工作情况，深入地铁西直门、四惠等车站，详细了解车站综合控制室车辆调度控制情况，并对行车自动控制系统出现故障时，应急调度程序及重点注意事项进行了检查。检查组要求地铁运营公司认真吸取上海地铁"9·27"车辆追尾事故教训，全面细致开展隐患排查整改工作，切实消除威胁车辆运行的安全隐患，提高"人、机、环、管"等方面的安全可靠度，全力以赴认真做好国庆节期间的运营组织保障工作。

（张聪）

【"向人民英雄纪念碑敬献花篮仪式"安全保障】　为庆祝中华人民共和国成立62周年，10月1日，在天安门广场举行了向人民英雄纪念碑敬献花篮仪式纪念活动。胡锦涛等中央领导人和首都各界5 000多名代表参加了敬献花篮仪式。根据市委、市政府的工作要求，为保证活动的顺利进行，市安全监管局按照任务分工进行专题研究，制订工作方案，抽调专人对活动现场记者台搭建、临时用电及周边生产经营

单位的安全工作进行了全面检查。一是对负责搭建记者台的北京建工集团和负责现场临时用电的市电力集团、北奥集团，从安全施工及安全用电等方面提出具体要求；二是会同东城区、西城区安全监管局对天安门广场周边生产经营单位进行安全检查。

（张国宁）

【联合开展节日安全检查】　按照"十一"期间安全检查的统一安排，10月6日，市安全监管局执法队和监管三处联合对海淀区进行节日期间安全检查。检查组共检查了1家加油站和1家商业零售企业。经查，北京祥发汽车服务有限公司万泉庄加油站在节日期间安排了领导值班，增加了人员备勤，进行了不间断的安全检查，并对安全设备设施进行了全面检修，现场安全秩序良好，工作运行有序。在检查北京当代商城时，检查人员发现，该单位节日期间主要领导均在岗值守，安排专职人员向顾客免费发放应急包，包括毛巾、手电、药盒、哨子等应急逃生自救物品和载有逃生避险知识的宣传卡片，受到广大顾客欢迎和有关部门的认可。但检查也发现存在部分安全出口未设置标志，部分通道缺少疏散指示标志等问题，执法人员依法下达了《责令限期整改指令书》，要求限期整改。海淀区安全监管局、市局宣教中心、北京电视台等参加了检查活动。

（张国宁）

【检查人员密集场所节日安全生产工作】　10月7日上午，由市安全监管局副巡视员刘岩率队，分别对北京沃尔玛百货公司宣武门分店、北京国瑞兴业商业有限责任公司、乐天玛特超市三家商业企业节日期间的安全生产工作进行了检查。刘岩对企业在节日期间所做的工作给予了充分肯定，针对检查中发现乐天玛特超市存在

疏散指示标识被遮挡、部分通道被临时设置的货摊堵占、个别出口被挤占等问题进行了严厉的批评并要求限期整改；同时要求：一是加强企业安全工作的管理，切实落实企业主体责任，确保节日期间的安全；二是要高度重视职工安全培训教育，增强广大职工的安全理念；三是对检查发现的问题要举一反三，克服麻痹思想，防止各类安全问题的发生。据统计，10月1—7日，全市安监系统共检查生产经营单位915家，发现各类安全隐患476项，下达限期整改指令书105份。

（张国宁）

【十七届六中全会安全生产保障】　中共十七届六中全会已于2011年10月18日胜利闭幕。为全面做好会议期间的安全生产保障工作，市安全监管局按照市政府"9·30"会议精神，成立了以局长张家明为组长的安全生产保障工作领导小组，制定了《党的十七届六中全会安全生产保障工作方案》。10月9日，召集西城、海淀2个区安全监管局，对十七届六中全会安全生产保障工作进行专题研究，明确了任务，落实了责任。为加强保障工作有效实施，10月13日，市安全监管局副局长蔡淑敏带队对西城区、海淀区安全生产监督管理局安全保障工作的落实情况进行了检查，并实地抽查了京西宾馆、人民大会堂周边的4家生产经营单位，发现问题和隐患12项，下达限期整改指令书2份。会议期间，西城区、海淀区安全监管局会同属地街道，对京西宾馆、人民大会堂周边200米范围内生产经营单位开展全面检查，2区共检查生产经营单位113家次，发现问题和隐患70余项，下达限期整改指令书8份。针对检查中发现的问题责令相关部门和单位立即消除，保障了党的十七届六中全会的顺利进行。

（张国宁）

【对公交行业进行安全生产联合执法检查】 10月12日，为进一步强化道路交通安全生产综合监管工作，市安全监管局会同市交通委运输局、市公安局交管局对市公交集团所属的北京北旅时代旅游客运分公司、北京公交集团第六客运分公司进行安全生产联合执法检查。检查发现，以上2家单位在安全管理方面存在安全生产责任制内容不明确，各级管理人员及各岗位人员安全责任内容雷同，缺乏针对性；安全生产管理规章制度不健全，缺乏隐患排查治理工作制度、奖惩制度等；部分安全检查记录流于形式，登记记录不完善没有形成发现问题和整改落实的闭环管理；教育培训计划和考核内容缺乏安全生产工作内容；应急预案编制缺乏实质性内容并且针对性不强，应急救援演练相关登记记录不完善等问题。针对检查发现的问题，检查组要求市公交集团要对近期发生的事故要进一步全面深刻查找原因，紧抓事故不放，查找管理方面的漏洞，认真吸取事故教训，避免事故的发生。同时要求公交集团进一步采取交通安全动态监控措施，利用现代科技手段，强化安全管理，提升本质安全水平。

（张聪）

【对昌平区进行安全生产集中执法督察】 10月25—27日，市安委会办公室副主任、市安全监管副局长蔡淑敏带队，市政府督察室、市监察局、市总工会、市住房城乡建设委、市交通委、市市政市容委、市商务委、市公安局消防局和市安全监管局9个部门有关人员参加，对昌平区开展为期3天的安全生产集中执法督察。25日上午，督察组一行首先听取了昌平区安全生产工作情况汇报；下午，督察组分成综合督察组和4个专业执法监察组，分别负责督察政府及相关行业部门落实安全生产相关工作情况，抽查建筑施工、交通运输、餐饮服务、工业企业及非煤矿山5个行业（领域）的生产经营单位。督察组对昌平区政府贯彻落实国务院和市委市政府工作部署情况、安全生产监管职责履行情况、重点行业安全专项整治及"打非"专项行动情况等进行督察，查阅了相关文件资料和档案台账，实地检查了13家企业，其中汽车维修企业4家、施工工地3个、餐饮服务企业3家、工业企业2家及1家非煤矿山。检查共发现安全隐患66项，下达责令限期整改指令书9份。总体来看，汽车维修企业和建筑施工工地安全生产问题比较突出，汽车维修企业主要存在安全基础工作不扎实、规章制度不健全、配电室管理不规范等问题；建筑施工工地主要有邻边防护不到位、脚手架搭设不规范、临时用电管理不到位、特种作业人员无证上岗等问题；餐饮服务企业存在安全标识不足、劳动防护用品佩戴、特种作业人员管理等问题。

（张国宁）

【新机场建设和空军南苑机场搬迁签字仪式安全生产保障】 11月28日上午11时，由中国民用航空局、中国人民解放军空军、北京市人民政府组织的"北京新机场建设和空军南苑机场搬迁框架协议签字仪式"在北京饭店举行。中共中央政治局委员，中共北京市委书记刘淇、市长郭金龙、市委副书记王安顺等人参加了签字仪式。按照市政府的指示精神，市安全监管局负责现场临建设施的安全生产保障工作。11月27日晚，市安全监管局执法监察总队执法人员及专业技术人员，会同承办方（市发改委）对活动现场临建设施搭建工作进行了安全生产监督检查。对检查中发现的背景板支撑角度不够、稳定性差等问题，要求施工单位：北京天晓公司，连夜对存在的问题进行整改，确保活动期间临建设施安全稳固。

（张国宁）

【"中央经济工作会议"安全生产保障】

12月12—14日，"中央经济工作会议"在北京举行。中共中央总书记、国家主席、中央军委主席胡锦涛，全国人大常委会委员长吴邦国，中共中央政治局常委、国务院总理温家宝等中央领导出席了会议。按照市政府办公厅的要求，市安全监管局成立了领导小组并制订工作方案，抽调专人，会同海淀安全监管局对会场和代表驻地周边200米范围生产经营单位，开展安全生产检查工作。一是在会前对会场和代表驻地周边企业进行排查摸底，建立台账；二是组织人员对企业进行安全检查，督促企业对存在的问题进行整改；三是在召开会议期间，对周边企业进行抽查，防止问题出现反弹。截至14日，共出动检查人员40余人次，检查出各类安全问题17项，下达执法文书9份。有效地防止各类安全问题的发生，为会议的顺利召开提供了安全保障。

（张国宁）

【对全市滑雪场所运营安全执法检查】

12月14—20日，市安全监管局会同市体育局、市公安局消防局、市质监局和市公安局治安总队组成联合检查小组，按照各自职责，对北京市八达岭滑雪场、石京龙滑雪场、云佛山滑雪场、南山滑雪场、怀北滑雪场、渔阳滑雪场、莲花山滑雪场、温都水城滑雪场、军都山滑雪场、雪世界滑雪场进行了安全执法检查。通过检查发现，多数滑雪场所对安全生产认识有所增强，安全生产工作力度明显加大，但仍有个别滑雪场所安全生产制度不落实。有的滑雪场所安全生产规章制度照抄，流于形式，没有真正结合自身特点，制定切实可行的安全生产制度；个别滑雪场所的教练员无证上岗；个别区县体育局开展执法检查工作不细致，对滑雪场所督促、指导、检查的力度不够，导致有的滑雪场所安全生产工作不落实，安全生产制度流于形式。针对以上存在问题，检查组要求各区县体育局和滑雪场所要进一步提高对安全生产工作的重视，加大对辖区内滑雪场所的安全检查力度，各滑雪场所要结合自身特点，积极开展安全生产隐患排查，加大对安全生产工作的投入，切实消除安全隐患。

（张聪）

【对文化娱乐场所冬季安全生产工作联合检查】 12月15—16日，市安全监管局会同市文化局、市公安局消防局、市政府烟花爆竹办、首都综治办、市文化执法总队等部门组成联合检查组，对石景山区、延庆县部分文化娱乐场所的冬季安全生产工作进行了检查。检查组实地检查了石景山区佰乐迪量贩式KTV、忠义合网吧、延庆县电梦园网吧、乐唯乐斯电子娱乐有限公司、星光之都KTV等场所。检查组重点检查了场所安全生产责任制的制定和落实情况、突发事件应急预案的制定和落实情况、冬春季安全保障措施的落实情况、经营作业场所设备设施的安全状况、员工安全教育培训情况、应急演练及紧急状况处置情况等。检查中发现，部分场所安全生产制度建设不健全、岗位责任制落实不到位、消防器材设施摆放不规范、用电管理不规范、疏散通道被挤占等问题。检查组当即责成存在问题的场所立即整改，并要求单位负责人加强安全生产各项制度建设，强化员工安全培训，完善应急疏散预案，落实消防安全防范措施，严防火灾等事故发生。

（张聪）

【"中国—东盟北京经济论坛"安全生产保障】 "中国—东盟北京经济论坛"

于 12 月 15—18 日在北京召开。按照市政府的工作要求，市安全监管局执法总队会同朝阳区安全生产监督局，对会场、驻地（华彬中心、华彬中心费尔蒙酒店、东长安饭店）周边 200 米范围内的生产经营单位开展了安全生产检查。执法总队高度重视，详细制订了专项保障工作方案。同时，下发通知，要求朝阳区安全监管局组织力量，对辖区内所涉及的生产经营单位开展安全检查。朝阳区安全监管局按照通知要求，成立了相应的领导机构，明确了职责，细化了分工，对周边企业进行了重点排查，并联合建外街道安监科，做好基础台账的摸排工作。在会议召开期间，每天出动两个执法小组，联合街道对 33 家生产经营单位进行了全覆盖式的检查，督促企业对存在的问题进行整改，确保了会议的顺利召开。

（张国宁）

【戏曲传承发展论坛安全生产保障】
"两岸四地中国戏曲艺术传承与发展·北京论坛"活动于 2011 年 12 月 21—22 日在北京召开。按照市政府的工作要求，市安全监管局成立了安全生产检查工作领导小组，制订了专项保障工作方案，对全国政协礼堂、全国政协专委楼和全国政协机关会议楼，以及丽思卡尔顿酒店周边 200 米范围内的生产经营单位进行抽查，确保其达到安全使用条件。同时，下发通知，要求西城区、朝阳区安全生产监督管理局开展安全检查。属地安全监管部门成立了相应的领导机构，制订了周密的检查计划，对周边企业进行了重点排查，确定了重点监管单位及一般监管单位。对检查发现的问题责令生产经营单位立即进行整改，严格落实各项防控措施，确保了会议的圆满完成。

（张国宁）

【全国环境保护大会安全生产保障】
12 月 21 日，第七次全国环境保护大会在北京圆满闭幕。会议由国务院副秘书长丁学东主持，中共中央政治局常委、国务院副总理李克强出席了会议并讲话。按照市政府的工作要求，市安全监管局成立了安全生产检查工作领导小组，制订了专项保障工作方案，并下发通知，要求海淀区安全监管局对辖区内所涉及的生产经营单位开展全面检查。会议期间，安全生产监管部门成立专项检查组，对京西宾馆以及铁道大厦周边 200 米范围内的 20 家生产经营单位进行了无缝隙式的检查，督促企业对存在的问题及时进行整改，确保了会议的顺利召开。

（张国宁）

【参加京津城际铁路安全隐患整治联合执法行动】　12 月 29 日，为进一步强化京津城际铁路安全隐患专项整治行动效果，确保铁路运输安全和"两节""两会"安全稳定，市安全监管局会同通州区政府对京津城际铁路高架桥下安全隐患问题进行了联合集中执法。此次联合集中执法行动出动执法人员 40 余人，施工作业人员 20 余人，动用执法及工具车辆 10 余台，清理堆物及易燃物品 10 余处，清理违法停放车辆 20 余台。

（张聪）

职业安全健康

【对开发区开展职业卫生调研】　1 月 5 日，市安全监管局分别对开发区、中国安全生产科学研究院职业危害研究所进行了调研。了解了开发区职业卫生工作开展情况和生产经营单位职业危害情况，听取了中国安科院职业危害研究所职业卫生工作现有基础与发展思路说明，介绍了北京职业卫生工作开展情况，并就生产经营单位职业卫生分类分级管理、高毒物品使用许可等问题与开发区进行了座谈，就职业病防治宣传、职业卫生安全许可、职业危害风险控制等问题与职业危害研究所进行了交流。调研组还实地参观了职业危害研究所呼吸防护检测室、足部防护检测室、化学检测室、作业环境监控模拟分析、安全人机工效等实验室。

（刘卫坤）

【对丰台区职业卫生调研】 1月7日，市安全监管局对丰台区职业卫生工作进行了调研，听取了丰台区安全监管局2010年职业卫生工作及工作思路的汇报，介绍了北京2011年职业卫生重点工作，并就职业危害自查自报情况、职业卫生标准化建设、职业卫生安全许可等问题进行了研讨。市安全监管局还实地调研了北京京石丰田汽车销售服务有限公司，查看了该公司机修车间的调漆室、烤漆房以及抛光、打磨、中涂等工位，询问了职业危害防治情况，并查阅了公司职业卫生有关资料。

（刘卫坤）

【对电子行业专项调研治理】 11月23日，市安全监管局到北京经济技术开发区调研职业卫生工作。听取了开发区关于职业健康管理员培训、电子行业职业危害专项调研治理、开展从业人员"听力保护计划"和"毒物保护计划"试点等职业卫生工作汇报，并对三箭和众鼎电子有限公司进行了现场调研，查看了生产车间作业现场，针对企业职业卫生管理中存在的问题，提出了切实可行的整改意见和建议。

（刘卫坤）

【举办职业健康管理员培训班】 1月7日，全市2010年度职业健康管理员培训工作结束。培训分为5批，重点行业和规模企业职业健康管理员800余人参加。培训班邀请了国家安全监管总局职业安全卫生研究所、国家疾病预防控制中心、中国安全生产科学研究院、北京市疾病预防控制中心、3M公司等不同领域职业健康专家进行了授课，主要对粉尘、化学毒物和物理因素危害识别与控制，劳动防护用品的选择和使用进行了讲解。市安全监管局就北京市职业卫生形势，职业健康管理员工作进展情况、职业健康管理员监督管理办法等内容进行了介绍，重点对职业健康管理员主要职责进行了详细讲解。培训结束后，对所有参加培训的职业健康管理员进行了考试，并对考试合格的职业健康管理员发放了《职业健康管理员培训合格证》。

（刘卫坤）

【职业卫生标准发展规划研讨会】 1月13日，为做好"十二五"职业卫生标准编制工作，市安全监管局召开了职业卫生标准发展规划研讨会。国家安全监管总局、中国安全生产科学研究院、中国疾控中心、北京大学、首都经济贸易大学、中国职业安全健康协会、北京市劳动保护科学研究所有关专家以及北京城市系统工程研究中心有关人员参加了研讨。北京城市系统工程研究中心介绍了北京市"十二五"职业卫生标准编制情况。与会专家就国家职业卫生标准体系发展概况以及北京市职业卫生标准制定的现状与问题、体系框架、范围领域、发展方向、"十二五"期间急需制定的标准等问题进行了充分研讨。

（刘卫坤）

【看望职业卫生信访群众】 1月31日，为更好更及时地了解职业卫生信访群众基本情况及有关诉求，市安全监管局到白菜湾社区居委会看望了信访群众杨岳宇，并与居委会负责人进行了座谈。9月28日，市安全监管局再次到白菜湾社区看望、慰问了信访群众杨岳宇及其家人，详细了解杨岳宇的近期思想状况、生活情况、存在困难，鼓励其正确反映合理诉求及处理好家庭关系，并引导其利用合法途径争取自己的正当权益。

（刘卫坤）

【召开职业卫生工作专题研究会】　2月11日，市安全监管局召开专题会，对2011年有限空间作业安全监管、职业健康管理员岗位建设、职业卫生职能划转、开展重点行业专项治理等工作的实施方案、时间进度、责任分工等情况进行了研究。

（刘卫坤）

【横向交流与沟通职业安全健康管理工作】　3月3日、24日，重庆市安全监管局、广东省及广州、中山、东莞、惠州等市安全监管局到北京市安全监管局调研职业卫生监管工作。市安全监管局介绍了北京市职业卫生监管体制机制的建立，职业危害申报的监管、职业卫生法律法规体系建设、职业卫生监管队伍管理、职业健康管理员岗位建设等工作开展情况，并对职业卫生职能划转后，如何完善监管体制机制、强化技术服务支持体系建设、整合职业卫生资源、加强监督执法、提升用人单位管理水平等问题进行了深入的交流和研讨。

（刘卫坤）

【召开全市职业卫生工作会】　3月25日，市安全监管局召开全市职业卫生工作会，各区县、开发区安全监管局参加了会议。会上，朝阳、海淀、丰台、石景山、房山、通州、顺义、昌平、怀柔、开发区安全监管局分别汇报了2011年职业卫生工作思路，并就工作中存在问题提出了意见和建议。北京市安全监管局围绕职业健康管理员队伍建设、职业危害申报、专项执法整治、监管干部培训、有限空间监管5项重点工作进行了安排部署。

（刘卫坤）

【举办职业健康管理员培训班】　5月10—13日，市安全监管局在北京市经济管理干部学院举办了两期职业健康管理员培训班，共对全市重点行业和规模企业400余名职业健康管理员进行了培训。培训班分别邀请了国家安全监管总局职业卫生研究所、国家疾病预防控制中心、北京市疾病预防控制中心、3M有限公司等不同领域职业卫生专家进行了授课，主要对粉尘、化学毒物和物理因素危害识别与控制，劳动防护用品的选择和使用进行了讲解。市安全监管局就北京市职业卫生形势，《职业健康管理员监督管理办法》等内容进行了介绍，重点对职业健康管理员如何建立职业卫生管理制度、进行职业危害申报、开展作业场所职业危害检查等主要职责进行了详细讲解。培训结束后，对参加培训的职业健康管理员进行了考试，并对考试合格的职业健康管理员发放了《职业健康管理员培训合格证》。

（刘卫坤）

【举办职业卫生监管干部培训班】　5月26—27日，市安全监管局在北京经济管理干部学院举办了职业卫生监管专题培训班，来自全市16个区县及经济技术开发区的62名职业卫生监管干部参加了培训。培训班邀请了国家安监总局职安司副司长周永平，国家安科院、北京疾控中心有关专家分别就职业卫生形势和法律法规体系、劳动防护用品的选择和使用、化学毒物与物理因素的识别与控制等方面内容进行了讲解。市安全监管局就2011年职业安全健康重点工作进行了说明。

（刘卫坤）

【职业危害申报系统数据与总局对接】　7月29日，北京市职业危害申报系统数据成功实现了与国家安监总局的对接。市安全监管局于2007年12月，建立了北京市职业危害管理信息系统（职业危害申报系统），承担着企业网上职业危害申报，乡镇街道和区县两级政府管理部门网上审核、统计、上报、分类查询及统计分析等功能。国家安监总局于 2010 年，建立了全国职业危害申报系统。由于数据格式不统一等技术原因，北京市职业危害申报系统数据一直未能实现与国家安监总局的对接，即国家安监总局职业危害申报系统中没有北京市企业的职业危害申报数据。市安全监管局与中国安全生产科学研究院（国家职业危害申报系统开发单位）反复协商与沟通，在克服了一系列技术问题后，将北京市职业危害申报系统数据实现了与国家总局的对接。下一步，北京市职业危害申报系统还将与国家安全生产信息系统（"金安"工程）二期实现对接。

（刘卫坤）

【职业危害专项治理省际互查】 按照国家安全监管总局下发的《关于开展重点行业职业危害专项治理省际互查工作通知》（安监总厅安健[2011]159 号）的文件要求，9 月 6—9 日，市安全监管局会同通州区、怀柔区安全监管局对宁夏自治区木质家具企业职业危害专项治理工作进行了检查。检查组听取了宁夏自治区职业危害专项治理工作开展情况工作介绍，并对企业职业卫生管理工作进行了现场检查。9 月 19—22 日，宁夏安全监管局、银川市安全监管局、贺兰县安全监管局一行 4 人对北京市职业危害专项治理工作进行了检查。检查采取听取汇报和现场检查企业的方式进行。市安全监管局对职业健康体制机制的建立、职业健康管理员设立、职业健康法规体系建设、北京市职业危害专项治理工作开展情况进行了介绍。同时宁夏检查组对北京市家具制造企业职业卫生管理情况进行了现场检查。

（刘卫坤）

【甲级技术服务机构年检、换证现场审核】 根据国家安全监管总局办公厅下发的《关于开展职业卫生技术服务机构开展年检续展及换证工作的通知》（安监总厅安健[2011]187 号），由各省级安全监管局负责对职业卫生技术服务机构（甲级）年检续展及换证工作进行初审。9 月 27 日，市安全监管局完成对全市 9 家职业卫生技术服务机构（甲级）年检续展及换证申请材料的审查工作。10 月 9—17 日，市安全监管局会同相关专家，完成了全市甲级职业卫生技术服务机构现场审核工作，并将审核结果报送至国家安全监管总局。审核采取了听取汇报、查阅资料、现场检查的方式，对位于北京市的中国安全生产科学研究院、中国疾病预防控制中心、中国石油集团安全环保研究院、北京市疾病预防控制中心等 9 家甲级职业卫生技术服务机构进行了现场审核。从审核结果来看，9 家机构专业人员配备、技术和质量负责人的职称及工作经历均符合要求；仪器设备的种类、数量能满足工作要求；质量管理体系运行情况符合要求。同时，审核组也发现部分职业卫生技术服务机构实验室原始记录不完整，质量管理手册部分法律法规、标准等未及时更新，未使用的仪器设备未粘贴停用标志等问题。针对存在的问题，已责令其现场进行整改。

（刘卫坤）

【完成区县间职业健康交叉检查工作】 10 月 20—30 日，市安全监管局在全市组织开展了区县间职业健康交叉检查工作。全市共出动执法人员 170 余人次，检查各类企业 244 家，查处各类隐患和问题 180 项，下达执法文书 186 份，行政处罚 3 起。交叉检查采取听取介绍、现场检查、查阅资料等形式，重点检查了企业的职业危害制度建设等 7 项内容。检查发现，大部分企业十分重视职业健康管理工作，按照规定建立健全了职业危害防治制度，进行了作业现场检测、设置了职业健康管理员并充分发挥其作用。但部分企业仍存在企业作业现场检测率、警示标识设置率较低，未建立健全职业危害防治制度、防护设施不符合要求等问题。

（刘卫坤）

【举办木质家具制造企业负责人培训班】 根据国家安全监管总局下发的《关于开展职业健康"百千万"培训工程的通知》（安监总厅安健[2011]156号）的要求，11月7—25日，市安全监管局举办了全市木质家具企业主要负责人和职业健康管理员培训班。大兴、通州、顺义等12个区县的401家企业共566人参加了培训。培训主要围绕北京市职业健康形势、职业健康法规体系、职业健康日常管理、职业危害识别与控制、职业健康监护等方面内容，采用典型案例分析、实际操作、理论讲解相结合方式，具有图文并茂、内容翔实、切合工作实际等特点。组织参加培训人员进行了考试，并对考试合格人员发放了由国家安全监管总局印制的《企业主要负责人职业健康培训合格证书》和《企业职业健康管理人员培训合格证书》。

（刘卫坤）

【会同市卫生局开展职业健康状况调查工作】 7月27日，市卫生局、市安全监管局等9个部门按照卫生部、国家安全监管总局等9个部委联合印发的《关于开展职业健康状况调查工作的通知》要求，围绕北京市职业病危害基本情况调查、职业健康状况重点调查和近10年职业病报告统计分析等内容，全面开展了北京市职业健康状况调查工作。调查工作分为基本情况调查和重点调查2个部分，整体工作将于2012年5月结束，其中大兴区和海淀区为重点调查区县。为确保调查工作的顺利进行，市卫生局、市安全监管局等部门联合召开了北京市职业健康状况调查工作启动暨培训工作会议，印发了市职业健康状况调查工作工作方案和实施方案，并对各区县调查人员进行了相关培训。11月3日，市安全监管局会同市卫生局，对海淀区职业健康状况调查工作进行了督察。11月11日，市安全监管局会同市卫生局召开了全市职业健康状况调查工作推进会，提出了工作要求，进一步指导和推进了职业健康状况调查及其质量控制工作。市总工会、市疾控中心及各区县卫生局、安监局、疾控中心相关负责人参加了会议。12月2日，16个区县基本上完成了基本情况调查工作，为确保调查工作质量和进度，保证调查数据的真实可靠，12月2—12日，市安全监管局会同市卫生局、市职业健康状况调查工作技术指导组，从大兴区和海淀区各随机抽取20家企业，进行了现场核查。12月5日，市安全监管局参加了由市职业健康状况调查工作领导小组召开的职业健康状况调查工作会。

（刘卫坤）

【召开四方职业卫生工作联席会】 12月14日，市安全监管局组织召开了四方职业卫生工作联席会，市卫生局、市人力社保局和市总工会参加了会议。联席会议确定事项：一是根据国家安全监管总局、卫生部、人力社保部和全国总工会联合下发的《关于开展职业病防治工作督察的通知》（安监总厅[2011]244号）要求，四部门联合开展自查，并对2～3个区县进行督察；二是改进四方联席会议机制，每1～2个月召开一次联席会议，互通信息，共商全市职业卫生工作；三是研究建立"全市职业危害从业人员职业健康监护信息系统"的必要性、可行性和实施途径；四是充分发挥四方联席会议的作用，加强 4 部门之间的协作配合，共同研究解决北京市职业卫生工作中的重点和难点问题，逐步建立多部门职业病防治长效机制。

（刘卫坤）

【参加健康北京建设工作大会】 12 月 22 日，市安全监管局参加了由北京市爱国卫生运动委员会、北京市健康促进委员会联合举办的主题为"做健康北京人、创建健康北京城"的健康北京建设工作大会。卫生部、市政府各相关委办局、各区县政府、各街乡（镇）及各级卫生系统共 400 余人参加了会议。按照《健康北京"十二五"发展建设规划》要求，健康北京建设共有 35 项主要指标，其中第 35 项指标为："亿元 GDP 生产安全事故死亡率累计降低（%）＞38"。该项指标的责任分解中牵头部门为市安全监管局，协作部门为市公安局公安交管局、市消防局和市农业局；第 34 项指标为："年万车交通事故死亡率（1/万）＜1.7"，该项指标的责任分解中牵头部门为市公安局公安交管局，协作部门为市交通委、市安全监管局。

（刘卫坤）

【市人大常委会副主任调研有限空间安全立法】 2 月 21 日，市人大常委会副主任柳纪纲率《条例》立法调研组专题调研了有限空间安全管理工作。市安全监管局、市住房城乡建设委、市市政市容委、市水务局等相关部门负责人参加调研。

调研组首先听取了市安全监管局、市水务局、市市政市容委和市住房城乡建设委关于各自监管领域有限空间作业安全管理情况的简要汇报。随后，与会人员就有限空间概念界定、排水、环卫行业有限空间作业实行资质化管理的可行性等问题进行了交流。会上，柳纪纲表示，此次调研非常重要，对更好地研究、探索本市有限

空间作业安全管理工作的特点规律，建立健全长效监管机制，推动有限空间作业专业化、规范化发展有很大的帮助。他强调指出，一是有限空间安全管理意义重大、责任重大，不仅影响整个城市的顺利运行，还涉及作业人员的生命安全；二是有限空间专业化、资质化和规范化管理是立法过程中需要重点研究的几个方面，在立法中要有体现；三是认真研究总结有关部门现有的有限空间制度规定，为立法提供参考；四是要进一步明确相关部门责任，并协调处理好与相关法律法规的关系；五是要将有限空间安全管理作为考察研究的主要内容，充分借鉴发达国家大都市的成功经验，在立法中制定出既体现高标准和国际化水平，又具有可操作性的制度。为了解掌握有限空间作业程序及安全要求，调研组先后听取了市排水集团和石景山区环卫中心对一线作业班组的安全管理情况汇报，并实地察看了市排水集团和石景山区环卫中心作业队的有限空间现场作业演练。石景山区有关部门，《中国安全生产报》、北京电视台、北京人民广播电台等相关媒体参与了调研。

（刘卫坤）

【有限空间安全监管工作专题会】 3 月 2 日，市安全监管局局长张家明主持召开有限空间安全监管工作专题会，听取了北京市 2010 年有限空间安全生产事故情况、有限空间地标制定、扩大特种作业管理范围、推进资质化管理、召开动员部署会、开展"大比武"活动、进行专项执法行动、强化宣传教育等 2010 年监管工作措施的汇报。张家明指出，2010 年有限空间事故起数及死亡人数显著下降，完成了死亡人数比 2009 年减少 30% 的工作目标，取得了一定成效。但 2011 年监管形势依然不容乐观，不能麻痹松懈，要进一步采取有

效措施，防止事故反弹。一是要高度重视在建工程领域发生的有限空间事故，进一步加强监管；二是要紧密结合北京市实际，完成《有限空间作业安全规程》地方标准的制定，为监管执法提供依据；三是以《北京市安全生产条例》为契机，争取将有限空间作业单位资质化管理纳入《条例》；四是要认真组织有限空间动员会，周密部署有关工作，保证相关要求落实到企业；五是要扎实开展有限空间作业"大比武"活动和联合执法行动，促进有限空间安全作业。

（刘卫坤）

【召开全市有限空间监管工作动员部署会】 为进一步加强北京市有限空间安全生产工作，有效预防控制有限空间中毒窒息事故的发生，3月25日，市安委会办公室组织召开全市有限空间监管工作动员部署会。市安全监管局、市市政市容委、市住房城乡建设委、市发展改革委、市水务局、市广电局有关领导，市燃气、排水、热力、环卫、市政路桥养护，市电力、中国电信北京公司、中国移动北京分公司、中国联通北京分公司、中国铁通北京分公司、歌华有线等集团、公司主管领导及负责人，各区县相关部门、企业的负责人，以及北京电视台、《北京青年报》、《现代职业安全杂志》等新闻媒体参加了会议。会上，市安全监管局播放了有限空间安全生产典型事故案例，通报了2010年有限空间安全生产事故情况。市水务局、市市政市容委、市住房城乡建设委分别对本行业有限空间监管工作提出要求。市电力公司、北方物业开发有限公司、石景山环卫中心3家先进单位介绍有限空间作业安全管理经验。最后，市安全监管局围绕组织有限空间作业大比武活动、开展"直击安全现场"专项执法行动、强化有限空间宣传教育等

方面内容对2011年工作进行了安排部署。会议要求，各部门、各单位，一是及时召开动员部署会；二是制订工作方案；三是完善协调机制。会议统一了思想，提高了认识，明确了目标，为进一步做好北京市有限空间安全监管工作奠定了基础。

（刘卫坤）

【开展有限空间作业安全日夜连查】 5月4日下午及夜间，市安全监管局开展了有限空间安全生产专项检查。检查组采取随机检查的方式，分别对西城、东城、海淀、朝阳、丰台、石景山等地进行了检查。分别抽查了北京市自来水集团禹通市政有限公司的闸井维修作业、北京成亿时代网络技术公司的电缆井作业、北京华阳市政建筑工程有限公司的热力井作业，共发现安全生产隐患10余项。针对作业单位的违章行为，检查组当场下达了强制措施决定书，责令其立即停止作业，并将依法进行处理。5月5日，检查组对2家生产经营单位负责人进行约谈。

5月5日下午及夜间，市安全监管局采取随机抽查和巡查的方式，分别对东城区、西城区、海淀区、朝阳区、丰台区继续开展有限空间作业现场专项执法检查行动。抽查了北京电话工程公司、歌华有线公司、北京电力公司、伟时嘉业公司、金隅嘉华大厦物业管理公司、四季青环境治理服务中心。针对存在的问题，检查组当场下达了强制措施决定书，责令立即停止作业，并将检查结果反馈给相关的行业部门，要求各行业部门进一步加强对有限空间作业的安全管理。

6月27日22时30分至次日凌晨1时，市安全监管局再次对有限空间作业进行了突击夜查，分别检查了市排水集团管网设施管理分公司及北京市特欣市政公用工程有限公司有限空间作业情况。北京电视台

参加了检查行动。针对有限空间作业存在问题。市安全监管局当即依法责令停止作业，立即整改，并对作业单位负责人进行了约谈。

7月2日（周六）20点至次日零点，市安全监管局第5次对有限空间作业进行了夜查。检查人员分别对朝阳区安贞、小关、望京、小营、亚运村、团结湖、和平街、大屯等地区进行了巡查。巡查中发现大部分有限空间作业现场管理较为规范，同时仍发现2家作业单位未能规范作业。

7月14日夜，北京城区下大到暴雨，市安全监管局及东城区、西城区、海淀区、丰台区安全监管局，分为3个组，采取现场随机巡查的方式，冒雨共同开展了2011年第6次有限空间作业安全夜查行动，分别对东城区、西城区、海淀区、丰台区等主要街道进行了巡查，共检查了光环电信集团第七、第八分公司，中国移动北京分公司瀚星威蓝公司，北京电话工程公司，排水集团抢险大队等10家有限空间作业单位。检查中发现部分作业单位未设置警示标识、无气体检测设备等问题。针对存在的问题，检查组当场下达执法文书，并于7月15日对北京电话工程公司负责人进行了约谈。

（刘卫坤）

【调研市二商集团有限空间管理工作】
5月5日，市安全监管局调研了市二商集团长新大厦特种作业与有限空间管理情况。实地查看了长新大厦监控室、消防中控室、电话机室、冷冻机房、配电室、锅炉房、污水井等，并与市二商集团有关人员进行了座谈。市二商集团围绕主导产业构成、特种作业人员结构、特种设备设施、有限空间安全监管等情况进行了介绍。调研组还就大厦的制度公示公告、警示标识设置、应急防护设施配备、特种作业管理、规范

承发包等方面提出了意见和建议。

（刘卫坤）

【指导各系统有限空间作业大比武活动】 按照市安委会办公室关于开展全市有限空间作业大比武活动的总体部署，市安全监管局全程指导了各系统的大比武活动。

5月12日，市安全监管局出席指导了北京市市政市容系统第一届有限空间作业大比武活动。市政市容系统有限空间作业大比武活动分为3天进行，共有来自环卫、燃气、供热三大行业的53支代表队、265名一线作业人员参加。比赛针对环卫行业有限空间作业容易发生的缺氧窒息、中毒、燃爆等危险因素设置了理论知识竞赛和实际操作比赛2个环节。理论竞赛包括22项内容，实际操作部分重点比赛从有限空间模拟器内取出预设物的作业过程。整个过程涉及8个环节，30余个项目，时间为30分钟以内。《中国安全生产报》、北京电台城管广播等新闻媒体深入现场进行了采访报道。

5月17日，市安全监管局到市政路桥管理养护集团指导有限空间作业大比武活动，听取了市政路桥管理养护集团有限空间大比武筹备、有限空间安全管理及特种作业培训情况，现场观看指导了养护集团有限空间作业参赛队伍比赛情况。养护集团有限空间作业大比武活动共有6支参赛队伍，由来自不同部门的一线作业人员组成。

5月19日，市安全监管局到市排水集团高碑店污水处理厂对市排水集团组织的系统内部有限空间作业大比武初赛活动进行指导。听取了市排水集团总体安全生产情况介绍、有限空间大比武筹备情况、有限空间作业安全管理及特种作业培训情况。现场观看指导了3支参赛队伍的比赛，

点评了比赛队伍的比武情况。排水集团共有 10 支参赛队伍，均由来自不同部门的一线作业人员组成。

6 月 3 日，市安全监管局对市交通委路政行业有限空间大比武活动进行了指导。市交通委路政行业组织的大比武活动共有 7 支参赛队伍，分别来自养护集团、市政路桥、首发集团、地铁运营公司等单位。大比武邀请了市劳保所 3 名专家担任裁判。北京电视台等新闻媒体对活动进行了报道。

10 月 28 日，市安全监管局对光环电信集团有限空间作业演练活动进行了指导。光环电信集团共有八支一线作业队伍参加，考核内容主要为：各参赛队伍防护设备设施配备情况、作业人员基础知识口试、现场模拟作业 3 个环节。

（刘卫坤）

【召开有限空间地方标准制订工作调度会】 5 月 18 日，市安全监管局召开了《地下有限空间作业安全技术规程》地方标准制订工作调度会，就地标编制时间安排、地标框架、有限空间定义以及分级分类管理等内容进行了讨论。标准制订承办单位北京市劳动保护科学研究所有关人员参加了会议。

（刘卫坤）

【有限空间地方标准制订调研】 4 月 8 日，市安全监管局会同市劳保所赴市市政市容委就有限空间地方标准的制订进行了调研座谈。市市政市容委就市政市容系统环卫、燃气、热力行业有限空间的类型和数量、从业人员构成、管理方式及存在问题进行了介绍，并提出了实行行业准入和资质化管理的需求与意见。双方围绕有限空间定义、分级管理模式、特种作业管理范围等问题进行了探讨。

（刘卫坤）

【召开有限空间地方标准征求意见会】 为使《地下有限空间作业安全技术规程》更具科学性、针对性和可操作性，7 月 20 日，市安全监管局组织召开了《规程》征求意见会。来自电力、热力、燃气、排水、通信、路桥养护、广播电视等 9 个行业的 10 名专家围绕有限空间定义、作业分级、作业审批、监护人员职责、承发包管理、管理单位与作业单位安全职责等内容进行了深入探讨，对进一步完善标准内容提出了建设性意见和建议。

（刘卫坤）

【召开有限空间特种作业工作研讨会】 5 月 20 日，市安全监管局召开有限空间特种作业工作研讨会。市发展改革委、市市政市容委、市住房城乡建设委、市水务局、市广电局、市通信管理局 6 家行业主管部门，市劳动保护科学研究所、市排水集团培训学校、市政管委培训中心、市政路桥养护集团 4 家有限空间特种作业培训机构参加了会议。市劳保所就有限空间调研工作、特种作业试点工作实施情况、存在问题及扩大管理范围建议等内容进行了详细说明。市安全监管局对有限空间特种作业试点工作开展近一年来的情况及取得的成效进行了总结，并说明了扩大特种作业管理范围的思路及其实施依据。各部门就扩大有限空间特种作业管理范围的必要性和可行性进行研讨后，一致支持将有限空间特种作业范围扩大到电力、燃气、热力、通信等行业，并对工作实施提出了意见和建议。

（刘卫坤）

【召开有限空间非法违法生产经营情况通报会】 5 月 20 日，市安全监管局召开有限空间非法违法生产经营情况通报会。市发展改革委、市市政市容委、市住房城乡建设委、市水务局、市广电局、市通信管理局参加了会议。会上，市安全监管局图文并茂地通报了有限空间执法检查情况，对检查中发现的部分作业单位防护用品配备不齐全、现场管理松懈、承发包管理不严格等问题进行了分析，并从行政效能角度对相关行业部门提出了加强有限空间安全监管的意见和建议。

（刘卫坤）

【加强有限空间作业承发包安全管理】
6月10日，市安委会办公室向安委会各成员单位印发了《加强有限空间作业承发包安全管理的通知》，对有限空间作业承发包环节进行了规范。《通知》针对有限空间作业的承发包管理普遍存在的安全责任划分不清、承包单位安全条件不符合要求、发包单位未实现有效安全监管等问题，从严格审查承包单位安全条件、签订协议明确双方安全责任、强化有限空间作业现场管理、加强对发包行为的监督检查等方面就加强有限空间作业承发包管理提出了要求。

（刘卫坤）

【扩大有限空间特种作业管理范围】
为加强北京市地下有限空间作业安全监管，保障城市安全运行，提高作业人员的安全意识和操作技能，预防生产安全事故发生，市安全监管局在认真总结化粪池、污水井特种作业试点管理经验，组织相关行业部门反复论证基础上，6月15日，印发了《关于扩大地下有限空间作业现场监护人员特种作业范围的通告》，将北京市地下有限空间作业现场监护人员特种作业管理范围，自9月1日起，由化粪池、污水井扩展至电力电缆井、燃气井、热力井、自来水井、有线电视及通信井等地下有限空间运行、保养、维护作业活动。

（刘卫坤）

【印发举办全市有限空间作业大比武的通知】　　3月23日，市安委会办公室印发了《北京市安全生产委员会办公室关于举办全市有限空间作业大比武活动的通知》，决定在全市举办有限空间作业大比武活动，并对大比武活动的组织机构、工作内容、工作安排、工作要求等进行了规定。大比武活动在全国尚属首次，主要目的是提高作业人员安全意识，规范有限空间作业安全生产行为，在全市打造一批高技能、高素质的有限空间作业队伍，保障城市安全运行。大比武活动采取理论比赛与现场实操相结合方式，理论比赛采用标准化试题、闭卷方式进行，内容以有限空间作业安全基础知识为主；实际操作以考评作业人员操作能力为目的，主要对比武单位作业过程规范性、仪器设备使用正确性、检测结果准确性、个人防护用品佩戴适合性等方面进行考核。

（刘卫坤）

【有限空间作业大比武实操比赛评分研讨会】　　5月25日，市安全监管局组织召开了有限空间作业大比武实操比赛评分细则研讨会。市劳保所、市排水集团、市政市容委培训中心、市政路桥养护集团等单位有关专家参加了会议。会上，专家们围绕评分标准和作业审批单进行了认真的研究和讨论，并对评比项目、操作要点、评分细则等内容进行了细致的调整与修改，重新设置了评分点与分数。

（刘卫坤）

【完成有限空间作业大比武理论考试】
6月14日，全市有限空间作业大比武理论考试在市政管理委员会培训中心顺利完成。"大比武"理论考试采取闭卷方式进行，内容主要涉及有限空间基本知识，危害因素的识别，作业操作程序等相关内容。来自市发展改革委、市住房城乡建设委、市市政市容委、市交通委、市水务局、市广电局、市通信管理局等单位的21支队伍，共计 105 人参加了考试。

（刘卫坤）

【有限空间作业大比武复赛及决赛】
6 月 22—24 日，市安委会办公室成功组织举办了北京市首届有限空间作业大比武复赛及决赛。6 月 22 日，北京市首届有限空间作业大比武决赛活动开幕，市安委会办公室副主任、市安全监管局副局长蔡淑敏、国家安全监管总局安全生产应急指挥中心副主任李万春出席了开幕式并讲话。市安全监管局副局长常纪文、大兴区副区长谢冠超、市发展改革委、市住房城乡建设委、市市政市容委、市交通委、市水务局、市通信管理局、市广电局 7 个部门相关领导，以及中央电视台、北京电视台、《现代职业安全》等新闻媒体参加了开幕式。来自电力、物业、环卫、燃气、热力、路政、水务、广电、通信 9 个行业的 103 支有限空间作业队伍经过预赛角逐后，共有 21 支队伍进入了复赛和决赛。大比武复赛及决赛裁判组由北京市劳动保护科学研究所担任。

6 月 24 日，北京市首届有限空间作业大比武活动圆满结束。北京环卫集团二清分公司、排水集团管网分公司、北京雁栖诚泰热力中心获得了此次大比武活动一等奖，其他参赛队伍分别获得了二等奖、三等奖和优胜奖，同时比武活动组织工作有力的相关行业部门获得了优秀组织奖。

（刘卫坤）

【调研有限空间安全生产工作】　为贯彻落实国家安全监管总局下发的《中毒窒息较大事故警示通报》（安监总警示通报[2011]39 号）文件要求，7 月 7 日，市安全监管局先后对房山区燕山威立雅水务有限责任公司和丰台区北京六必居食品有限公司天源酱园公司有限空间安全生产工作进行了调研，听取了两家企业安全生产工作管理情况汇报，并对两家企业生产车间安全生产情况公司进行了现场查看。

（刘卫坤）

【约谈有限空间违规作业相关单位负责人】　为切实落实生产经营单位有限空间作业安全管理主体责任，预防和控制有限空间作业安全生产事故，保障人民群众的生命财产安全，针对有限空间作业安全生产日夜执法检查中发现的问题，市安全监管局对有限空间违规作业相关单位负责人开展了一系列警示约谈工作。7 月 8 日，市安全监管局对北京歌华有线电视网络股份有限公司和中国移动北京分公司负责人进行了约谈。指出了 2 家单位有限空间管理工作存在的问题，并传达了国家安全监管总局下发的《中毒窒息较大事故警示通报》（安监总警示通报[2011]39 号）的文件精神，同时对 2 家单位提出了具体整改措施和管理要求；7 月 15—16 日，市安全监管局分别对北京电话工程公司、市燃气集团、市排水集团、光环电信集团主要负责人进行了约谈，指出了 4 家企业集团下属施工单位有限空间作业单位存在的问题，并提出了明确要求；7 月 26 日，市安全监管局对北京歌华有线电视网络股份有限公司负责人进行了第二次约谈。歌华有线围绕有限空间作业类型、人员队伍、承发包管理等情况进行了汇报。市安全监管局结合国家安全监管总局有限空间事故通报，介绍了全国及北京市有限空间安全生产形势，提出了工作要求。7 月 28 日下午，市安全监管局对北大方正宽带网络科技有限公司负责人进行了约谈，介绍了北京市有限空间安全生产形势，并要求北大方正高度重视有限空间作业安全；10 月 17 日，市安全监管局对市通信管理局、北京联通公司、昌平联通公司有关负责人进行了约谈，通报了联通公司有限空间作业存在的问题，提出了整改要求。北京联通就该公司有限空间管理使用、安全管理、施工作业、承发包管理等情况进行了汇报。

约谈会要求有限空间作业单位：一是要大力开展有限空间作业安全培训，提高作业人员安全意识；二是加大检查力度，切实贯彻落实有限空间安全管理有关文件精神；三是强化承发包管理，严格审核承包单位有限空间作业安全资质；四是要针对存在的问题，认真进行整改。被约谈单位均表示，通过参加约谈进一步认识到有限空间违规作业的危险性，提高了安全意识，接受了深刻的安全教育；针对存在的问题，按照约谈组提出的整改意见立即进行整改，并将整改结果以书面形式及时上报市安全监管局。

（刘卫坤）

【有限空间安全生产检查】 7月13日，市安全监管局对昌平区和通州区有限空间安全生产情况进行检查。检查分为2组，采取随机巡查和重点行业检查的方式，分别对昌平区北京韩建集团一公司、昌平一建建筑有限责任公司、通州区城镇水务所、瑞通天强管道清洗公司、亚太花园酒店等9家单位安全生产情况进行了检查。检查发现大部分有限空间作业单位都制定了较为详尽的管理制度和操作规程，配备了齐全的防护用品和设备设施，对一线作业人员开展了专项培训。同时也发现城镇水务所施工队现场作业未设置警示标识、从业人员未佩戴安全绳，2家就酒店存在承发包管理合同不规范，未签订专门的安全生产协议，焊工特种作业证过期等安全隐患，针对检查存在的问题检查组已责令相关单位立即整改。

7月25日，市安全监管局对北京市有限空间作业进行了年度第8次安全检查。北京电视台参加了检查活动。执法人员在槐柏树街北里小区，检查了市热力集团进行的热力管道检修。该施工队有限空间作业规范，能够按照有关规定在作业现场设置警示标识和围挡、作业过程中进行了持续通风和检测，并为下井人员配备了有效的防护器具、安排了持证上岗的现场监护人和作业负责人。现场检查工作结束后，市安全监管局通过北京电视台向全市有限空间作业单位提出了三项要求：一是各作业单位要继续高度重视暑期有限空间作业安全，充分认识有限空间作业危险性，切不可麻痹大意，存在侥幸心理，违规、违章、冒险进入有限空间作业。二是各作业单位作业时，必须严格按照《北京市有限空间作业安全规范》的要求，遵循"先检测先通风，后作业"的原则，确认作业现场符合安全条件后，作业人员佩戴好各种安全防护用品方可下井作业。同时，井上必须配备现场监护人员，对作业过程进行实时监控。三是一旦井下作业人员发生中毒窒息等事故，井上人员要立即报警并进行科学施救。禁止在未采取可靠安全防护措施的情况下盲目进行施救，防止事故进一步扩大。

（刘卫坤）

【联合市旅游委召开酒店业有限空间安全管理工作会】 7月19日，市安全监管局与市旅游委共同组织召开了全市酒店业有限空间安全管理工作会，16区县旅游局、64家星级饭店组长单位共100余人参加了会议。会上，市安全监管局播放了近年来北京市有限空间典型事故警示案例，介绍了北京市有限空间安全生产面临的形势和采取的监管措施，并重点就规范有限空间承发包管理提出了要求。会后，全体与会人员现场观摩了全市首届有限空间大比武获奖的北京市政路桥养护集团标准化作业，参观了大型专业冲洗车等有限空间作业设备，通过车载视频监控系统观看了"管道机器人"（管道内窥镜）井下检测，并就有关问题进行了交流。

（刘卫坤）

【检查东城区国庆安全生产工作】 10月5日，市安全监管局对东城区新东安商场和乐天银泰百货商场等人员密集场所进行了安全检查，听取了新东安商场负责人节日期间安全保障和应急处置措施等情况的工作汇报，实地对商场的人员疏散通道、安全标志、消防设备设施、餐饮用电设施、中控室双语应急广播及节日期间领导带班情况进行了检查。在乐天银泰百货商场，检查组当场要求企业对防火卷帘、消防栓等消防设备进行了实际操作，要求职工对防毒面具进行了佩戴操练。针对检查中发现的安全标志偏小、灭火毯配备不足及双语应急广播过于简单等问题，责令企业立即进行整改。

（刘卫坤）

【督察六区有限空间安全生产工作】 8月2—11日，市安全监管局、市发展改革委、市住房城乡建设委、市市政市容委、市水务局、市广电局、市通信管理局7个部门组成督察组，对东城区、西城区、石景山区、大兴区、门头沟区、顺义区6个区县进行了有限空间安全生产专项督察。督察采取听取各相关行业部门工作开展情况汇报、查阅相关文件资料，深入一线生产经营单位现场检查，督察结果集中反馈的形式，分别对排水、环卫、燃气、热力、市政工程、物业单位、电力通信、广电等共64家有限空间生产经营单位进行了检查。6区县各相关部门高度有限空间安全生产工作，采取多种有力措施，保证了有限空间作业安全生产形势的稳定。督察共发现安全隐患32处，针对存在的问题督察组已责成区安全监管局和相关行业部门进行

复查，督促整改到位。

（刘卫坤）

【约谈有限空间特种作业培训机构负责人】 8月12日，针对有限空间安全生产督察中发现的特种作业培训存在的问题，市安全监管局约谈了排水集团职业技能培训学校、市市政工程管理处、市市政管理委员会培训中心、市劳动保护科学研究所4家有限空间特种作业培训机构负责人。会议要求4家培训机构，一是要高度重视有限空间特种作业培训工作，切实加强责任心与责任感。二是要全面自查培训考核中存在的问题，立即进行整改，并形成自查报告。存在问题较多的排水集团职业技能培训学校，要形成整改报告。三是严格按照有限空间特种作业培训大纲、教材及学时要求进行培训，确保培训质量。9月22日，市安全监管局对市排水集团职业技能培训学校有限空间特种作业培训整改情况进行了检查，听取了培训学校有限空间特种作业培训工作自查整改情况工作汇报，并对培训学校有限空间设备设施配备、培训教师资质、培训学时安排和学员考勤情况进行了检查。

（刘卫坤）

【召开有限空间安全监管会】 9月28日，市安全监管局召开了有限空间安全监管会议。大兴区、丰台区、海淀区、通州区安全监管局，中国铁建、北京电力公司，北京市劳保所、市排水集团培训学校等4家有限空间特种作业培训机构负责人参加了会议。4家有限空间特种作业培训机构汇报了培训情况；海淀、通州、大兴安全监管局分别汇报了工作情况；中铁建、北京电力公司分别就各自开展的培训员工、查找隐患、购置设备、完善管理制度、设置机构人员等工作进行了汇报。

（刘卫坤）

【召开有限空间及职业卫生监管工作务虚会】　10月27日，市安全监管局召开有限空间及职业卫生监管工作务虚会，丰台区、西城区、朝阳区、海淀区等10个区县参加了会议。市安全监管局总结了2011年职业卫生和有限空间重点工作开展情况。参会人员对如何强化职业卫生基础工作、提升职业卫生技术服务机构服务能力、推进职业健康管理员管理及2012年重点工作等问题进行了研讨。

（刘卫坤）

【抽查有限空间一线作业单位安全生产工作】　11月5日，市安全监管局采取巡查和现场检查的方式，对有限空间一线作业单位安全生产情况进行了抽查。共检查3支电信有限空间作业队伍。检查发现，作业队伍均能严格按照《有限空间作业安全生产规范》的要求进行作业。

（刘卫坤）

【"两气工程"有限空间作业安全生产督察】　为深刻吸取通州区漷县镇众鑫昌盛农业科技有限公司商品猪养殖基地"8·31"中毒窒息事故教训，按照市委、市政府关于全面排查全市畜禽养殖企业和新农村"两气工程"（秸秆制气和沼气集中供气工程）有限空间安全隐患的要求，11月9—11日，市安全监管局会同市新农办、市农业局组成联合督察组，对通州、大兴、昌平3个区畜禽养殖企业和新农村"两气工程"的有限空间安全生产进行专项督察。通州区、大兴区、昌平区3个区的新农办、安全监管局、农业局等有关单位陪同检查。

督察采取听取汇报和实地检查的方式，分别听取了3个区新农办、农业局等有关单位关于畜禽养殖与新农村"两气工程"有限空间隐患排查、宣传教育培训、项目安全管理、制度和机制建设等情况的汇报。同时深入实地，围绕有限空间制度

规程落实、应急预案建立、防护用品配备、警示标识设置、安全教育培训、承发包管理等情况，对3个区的9家新农村"两气工程"站点及3家畜禽养殖企业进行了重点检查。"8·31"中毒窒息事故后，各单位提高了有限空间安全生产认识，采取了措施加强安全管理，取得了一定成效。但仍有部分单位存在应急预案和制度规程不健全、设备设施和警示标识缺失、防护用品配备不符合要求、安全教育培训不到位、承发包管理不规范等问题。针对发现的问题，督察组提出了整改要求。

（刘卫坤）

【参加北京市卫生与人群健康状况白皮书工作会】　为有效推进2011年"北京市卫生与人群健康状况白皮书"编写工作，11月10日，市健康促进工作委员会办公室召开了2011年度白皮书工作会议。市卫生局、市安全监管局等24个有关单位负责人参加了会议。根据北京市政府"健康北京人——全民健康促进十年行动规划"要求，市政府每年公布一次"北京市卫生与人群健康状况白皮书"，对北京市人口基本情况、慢性疾病发病情况、传染病发病情况、残疾人口状况、精神疾病情况、儿童青少年健康状况、医疗卫生服务、健康环境状况、职业危害情况等进行详细的数据统计和分析。

（刘卫坤）

【有限空间作业安全技术规程通过专家审查会】　12月20日，市安全监管局组织制定的《地下有限空间作业安全技术规程》顺利通过了市质量技术监督局组织召开的标准审查会。由国家安全生产标准化技术委员会、国家总局职业安全卫生研究所等单位的7位专家组成的专家评审组对《地下有限空间作业安全技术规程》给予了充分肯定和高度评价：一是标准对地下有

限空间作业及管理提出了科学、合理的安全要求，对加强地下有限空间作业安全管理、规范作业行为、预防事故发生、保障城市安全运行具有重要意义；二是标准制定过程中进行了大量的调研工作，分析了国内外的相关技术和标准，并广泛征求了各方面的意见，具有较强的针对性、实用性及可操作性；三是标准紧密结合作业实际，在全国首次提出了地下有限空间作业环境分级指标和相应的安全要求，具有创新性。地下有限空间分级管理模式达到国内领先水平；四是标准制定过程符合规定的程序，形成的文本符合 GB/T 1.1—2009 的要求以及北京市地方标准管理的有关规定。

（刘卫坤）

【参加卫生行业综治工作协调委员会办公室成员工作会议】 12 月 1 日，市安全监管局参加了首都综治委卫生行业综治工作协调委员会办公室成员工作会议。会议通报了 2011 年卫生行业综治主要工作情况，并对下一步重点工作进行了部署。首都综治委卫生行业综治工作协调委员会办公室主要职责是整治扰乱正常医疗秩序的医托、医闹、号贩子等违法行为，维护医护人员合法权益，处置医疗纠纷，化解医患矛盾，维护医疗卫生机构治安秩序和医疗秩序。市公安局、市维稳办、市信访办、市高法、市安全监管局等 15 个委办局为办公室成员。

（刘卫坤）

安全生产宣传培训

【北京市安全生产月开幕式】 5 月 30 日，以"落实企业主体责任，保障城市运行安全"为主题的 2011 年北京市"安全生产月"活动开幕式在海淀剧院隆重举行。副市长苟仲文、国家安全监管总局党组成员、总工程师、副局长黄毅，国家安全监管总局宣教中心主任裴文田，市安全监管局副局长蔡淑敏，以及市安全生产月活动组委会成员单位领导出席开幕式活动。开幕式上，首先放映了安全生产题材影片《金牌班长》。随后由蔡淑敏代表市安全生产月活动组委会，对 2011 年的安全生产月活动进行了动员部署，黄毅等领导分别讲话。最后，黄毅和苟仲文为北京电视台的著名节目主持人王业和春妮颁发了聘书，聘请王业和春妮为北京市安全生产公益宣传形象大使，王业和春妮现场为大家朗诵了诗歌《热爱生命》。另外，与会领导还为北京市安全生产讲师团和北京市安全生产演讲团颁发了聘书。各区县安全监管局主管领导、海淀区乡镇街道有关负责人和属地企业职工约 600 人参加了开幕式。

（王宇）

【全国安全生产月宣传咨询日在北京举行】 6 月 12 日上午，围绕"安全责任、重在落实"这一主题，2011 年全国"安全生产月"宣传咨询日活动在北京经济技术开发区博大公园隆重举行。活动由中宣部、国家安全监管总局、公安部、国家广电总局、全国总工会、共青团中央、全国妇联和北京市政府共同主办，国家安全监管总局宣教中心、北京市安全监管局和北京经济技术开发区管委会、京东方科技集团股份有限公司承办。活动由国家安全监管总局副局长杨元元主持，安全监管总局局长骆琳和北京市人民政府副市长苟仲文分别致辞，全国人大常委会副委员长司马义·铁力瓦尔地宣布 2011 年全国"安全生产月"宣传咨询日活动开幕。仪式上，中华全国总工会副主席张鸣起宣读了全国"五一劳动奖状"和"工人先锋号"表彰决定，出席活动的领导为获奖企业代表颁发了"五一劳动奖状"和"工人先锋号"奖牌。京东方科技集团股份有限公司领导代表企业在会上向全社会发出了"落实企业主体责任"的倡议。随后，司马义·铁力瓦尔地副委员长和有关部委的领导与广大职工群众一起参加了宣传咨询活动，详尽参观了安全法规、安全科普知识宣传展板。司马义·铁力瓦尔地、骆琳、苟仲文还为坐落在博大公园内的北京市安全文化主题公园剪彩，并与首都各界代表一道观看了安全生产专题文艺演出。国家和北京市安全生产月活动组委会有关领导，市安全监管局领导和市有关部门以及各区县安全监管局负责人出席活动。此外，活动当天，全市各区县都设立了咨询日分会场，各乡镇、街道办事处设立宣传咨询一条街，高危行业和重点领域企业设立宣传站。重点宣传"安全责任、重在落实"理念、安全生产法律法规、安全科普知识、应急救援知识、职业安全健康知识、安全生产先进典型等。

（王宇）

【安全生产知识竞赛】　7月18日，北京市安全生产知识竞赛由市安全监管局、市总工会联合主办，北京青年报社集团具体承办。以"落实企业安全生产责任、强化从业人员安全意识"为主题，以企业一线从业人员为对象，采用现场竞赛和公众参与相结合形式。其中，现场竞赛分为乡镇选拔、区县预赛、市级决赛3个阶段。竞赛以《安全生产法》《职业病防治法》等安全生产法律法规；新修订的《北京市安全生产条例》；国务院23号文件和市政府40号文件以及安全科普知识为主要内容。全市各区县动员乡镇街道及大中型企业层层进行选拔，通过现场竞赛的形式选出一支优胜队参加北京市总决赛。公众参与竞赛主要借助《北京青年报》的宣传优势，面向公众开展安全生产竞赛有奖答卷活动，以进一步扩大竞赛活动的社会影响，

吸引更多公众参与到竞赛活动中来。

8月17日，北京市安全生产知识竞赛公众参与竞赛活动圆满结束。通过各类媒体大范围的宣传，得到了全市各区县、各行业、各企业以及社会各界的高度重视，广大公众和企业从业人员迅速响应、积极参与。据统计，已通过邮寄方式收到竞赛答卷7 000余份。

9月9日，北京市安全生产知识竞赛市级复赛在北京青年报大厦顺利举行。全市17支区县代表队通过3轮激烈角逐，最后通州区、怀柔区、密云县、顺义区、丰台区、房山区6支代表队成功晋级全市总决赛。

11月1日下午，北京市安全生产知识竞赛决赛在北信传媒艺术中心演播大厅隆重举行。国家安监总局宣教中心副主任王月云、市安全监管局副局长蔡淑敏，北京青年报社副社长李小兵等有关领导到现场观看比赛，并为获奖选手颁奖。决赛期间，6支区县代表队通过必答题、抢答题、团体必答题、风险题4个环节展开激烈角逐。台上选手竞答精彩纷呈，台下观众掌声此起彼伏，现场气氛十分热烈。经过2个多小时的紧张比赛，最终顺义区代表队荣获竞赛一等奖，怀柔区、密云县两支代表队荣获竞赛二等奖，通州区、丰台区、房山区3支代表队荣获竞赛三等奖，东城区等8个区县获得竞赛优秀组织奖。比赛结束后，与会领导为获奖参赛队颁奖。市安全监管局副局长蔡淑敏在最后的讲话中对竞赛活动进行了简要总结，并对获奖区县代表队表示热烈祝贺，对竞赛组织工作给予充分肯定。

（王宇）

【第五届北京安全文化论坛】　11月29日，以"城市运行安全"为主题的第五届北京安全文化论坛在国家会议中心隆重

举行。此次论坛由市安全监管局、中国石油大学（北京）和北京市科学技术研究院联合主办，中国安全生产科学研究院、北京市朝阳区人民政府、清华大学公共安全研究院共同协办。会议由市安全监管局局长张家明主持，国家安全监管总局副局长杨元元，副市长苟仲文出席论坛并讲话。中国石油大学（北京）校长张来斌、国家安全监管总局政策法规司司长支同祥、宣教中心主任裴文田、中国安全生产科学研究院院长吴宗之、市安全监管局副局长蔡淑敏等领导出席此次论坛。

本届论坛论坛设开幕式、主论坛、高层研讨会，论坛历时一天。主要围绕当前安全生产工作新形势，着眼于有效保障城市运行安全角度，以"城市·运行·安全"为主题，紧密结合当前安全生产工作实际，探讨特大型城市的安全生产治理之策，研究如何有效保障城市运行安全之略，共同研讨如何推进和谐安全的国际化大都市建设。主论坛上，中国安全生产科学研究院院长吴宗之、澳大利亚科廷大学教授杰弗里·史辟盖、清华大学土木水利管理学院教授方东平、美国北得克萨斯大学公共管理系教授苏达·阿丽卡蒂、北京市科学技术研究院院长丁辉、北京市安全监管局副局长常纪文、南开大学教授刘茂、美国国家职业健康安全研究员博士陈光厢、北京交通大学原副校长宋守信、美国阿拉巴马州立大学教授蒂姆卢·格伟兹、中国人民大学公共管理学院副教授王宏伟、国家安全监管总局安全研究中心副主任汪卫国等专家学者进行了精彩的演讲，与现场观众分享了他们的研究成果，并回答了听众的提问。北京、上海、天津、重庆四个直辖市的领导在"高层研讨会"上就城市安全运行方面的问题进行交流探讨，相互借鉴经验。

北京市安委会相关成员单位领导，各区县、北京经济技术开发区安全监管局、行业主管部门以及区属企业的负责人，市属企业集团（总公司）主管领导以及二级企业负责人；国内外安全生产领域的专家、学者，注册报名的来自山西、河北、黑龙江、内蒙古等地区高等院校、科研院所、企业单位的代表，以及中央和市属新闻媒体，共800余人参加了论坛。

（王宇）

【开展安全生产大型公开课活动】 6月23日上午，副市长苟仲文来到北京市委党校报告厅，以"贯彻落实国务院23号文件，落实企业安全生产主体责任"为主要内容，为全市500余家企业的800余名企业负责人上了一堂生动的安全公开课，届时拉开了北京市大型公开课活动序幕。6—10月，市安全监管局组织在北京市集中开展安全生产大型公开课活动，邀请来自各研究机构、高等院校、企业安全管理一线，以及国家机关单位的专家学者，深入各企业、各社区开展安全生产知识的专门授课。据统计，2011年共组织完成安全生产大型公开课48场，受众人数近万人。

（王宇）

【安全生产演讲团巡回演讲】 2011年，首都安全生产演讲团"安全在我身边"巡回演讲活动，采用演讲和现场知识问答的形式进行。演讲内容包括：《北京市安全生产条例》、国务院23号文件及市政府40号文件相关内容，交通安全、消防安全、施工安全相关内容，以及企业安全管理先进经验介绍为主要内容。在全市范围内共组织开展了安全生产巡回演讲50场，听众达2.3万余人。

1月7日上午，宣传贯彻《国务院关于进一步加强企业安全生产工作的通知》精神巡回演讲活动在中建市政宋庄项目部举行，演讲将《通知》中的"三个坚持"、"八个重点"等有关精神内核；企业主体责任落实，严格安全监管、严肃责任追究的有力措施；《通知》相关条款知识问答和"12350"热线向大家普及。

6月27日，"首都安全生产演讲团"在东城区进行演讲，拉开了2011年全市安全生产巡回演讲的序幕。来自东城区机关、各街道办事处共500人聆听了演讲。

（王宇）

【安全生产歌曲"学、唱、传"活动】
北京市安全生产歌曲"学、唱、传"活动是2011年安全月期间的一项重要活动，由市安全监管局和北京市文化局联合主办。活动自7月启动以来，面向全市各区县及企业层层进行部署。组委会录制、下发安全生产歌曲光盘300余套，并在政府网站首页上进行链接宣传。活动得到全市各区县及企业的广泛响应，广大职工、居民积极参与其中来。自从全市安全生产歌曲"学、唱、传"活动启动以来，全市各区县及企业组织共形式多样的歌咏比赛达30多场，共有上千支队伍近万人直接参与其中，对弘扬安全文化，启发和教育从业人员起到积极作用。此次比赛推荐的21首歌曲，全部唱响安全生产主旋律。《平安北京》、《光荣安监人》、《安全监督员之歌》是北京市从基层甄选出的歌曲。另外17首是国家"生命之歌"组委会推荐的歌曲，音乐曲风多样，涉及安全生产的方方面面。

11月3日，北京市安全生产歌曲"学、唱、传"活动决赛在大兴区文化馆小剧场隆重举行，来自全市17个单位的300多名参赛者角逐比赛。国家安监总局宣教中心主任裴文田、北京市安全监管局副局长蔡淑敏出席此次活动。比赛共评出优秀奖7名、三等奖5名、二等奖3名、一等奖2名。

（王宇）

【安全生产影视片展映】 市安全监管局从6月初开始，在全市范围内开展安全生产宣传影片集中展映活动，由市安全监管局购买《金牌班长》播放版权，并和市广播电影电视局在国家数字影院中心片库中精心挑选了《中小学生地震与自救》、《地震应急避险与自救》、《突发事件应急与自救》3部安全生产题材影片，组织奔小康数字院线借助广电系统基层的数字电影厅和流动放映设施，在全市各区县、企业、街道、乡镇、社区巡回放映安全生产影视片。据统计，安全生产影视片共播放10 138场，观影人数达300余万人。

（王宇）

【新修订的《北京市安全生产条例》宣传咨询日活动】 8月31日上午，《条例》宣传咨询日活动在昌平区北京福田汽车集团隆重举行。市安全监管局副局长蔡淑敏出席活动并讲话，昌平区副区长赵阳，福田汽车集团常务副总经理张夕勇，以及昌平有关部门和福田汽车集团负责人参加活动。活动中，昌平区副区长赵阳首先代表昌平区政府致辞，对昌平区开展好《条例》的宣传贯彻工作提出了明确要求。随后，参会领导为北京市《条例》基层宣讲员代表发放聘书，为企业职工代表赠送了安全生产书籍。福田汽车集团代表宣读了倡议书，号召全市各企业单位积极开展《条例》的宣传贯彻和落实工作。来自福田汽车集团的500余名一线职工参加了主会场的现场咨询活动。截至31日下午，北京市各区县纷纷以不同形式，在辖区主要街乡，重点广场、道口，重点企业组织开展了面向普通市民和企业从业人员的安全生产宣传咨询活动，对《条例》的主要内容进行了广泛的宣传。

（王宇）

【开展安全生产宣传教育志愿者队伍】
2011年，市安全监管局以开展安全生产宣传教育志愿服务活动为载体,实现北京安全生产宣传教育志愿者队伍的经常化储备、规范化管理、社会化运作、项目化配置、品牌化培育、信息化支撑的工作目标。2月23日上午,市安全监管局在北京西站、北京站、六里桥长途客运站等北京市客流密集的交通枢纽,组织开展了面向外来务工人员的安全生产宣传咨询活动。来自丰台区、大兴区的100余名安全生产宣传教育志愿者走上站台,为外来务工的人员进行安全生产常识知识的宣传,发放安全生产宣传资料。活动中,市安全监管局工作人员和志愿者热情地向外来务工人员解释北京市安全生产政策,介绍特种作业安全等务工人员关心的安全从业常识,介绍安全生产举报投诉渠道等,帮助外来务工人员了解维护自身安全生产权益的有效途径。与2010年相比,2011年的宣传咨询活动咨询点设置更多,咨询服务也更加专业和有针对性,特别是针对特种作业等近年来外来务工人员普遍关心的行业,工作人员给予了更为具体的建议和服务。据统计,有将近2万名外来务工人员直接参加到了宣传咨询活动中。

(王宇)

【北京市安全文化活动展演暨安全生产月总结表彰大会】 11月10日下午北京市安全文化活动展演暨安全生产月总结表彰大会在经济技术开发区隆重举行,国家安全监管总局宣教中心副主任王月云,市安全监管局局长张家明,副局长蔡淑敏以及市"安全生产月"活动组委会成员单位有关领导出席会议。会上蔡淑敏宣读表彰决定,王月云、张家明、市"安全生产月"活动组委会成员单位及开发区相关领导为"安全生产月"活动获奖单位颁奖。2011年北京市"安全生产月"活动取得了较好的效果,全市有6个单位得到了全国"安全

生产月"活动组委会的表彰。经过全市各单位推荐和市"安全生产月"活动组委会审定,市住房和城乡建设委等98家单位获得"2011年北京市安全生产月活动优秀组织奖",北京市商务委"安全生产百人大课堂"活动等95项活动获得"2011年北京市安全生产月活动最佳实践活动奖",北京城市服务管理广播等19家新闻单位获得"2011年北京市安全生产月活动优秀新闻报道奖"。会上展演的节目合唱《缘结平安》、小合唱《安全心曲》、演讲《安全一个永恒的话题》、相声《安博士》、快板《老安全话条例》等节目就是近年来全市安全文化活动的成果。部分市行业主管部门、市属企业、16个区县和北京经济技术开发区"安全生产月"活动组委会成员单位等领导以及开发区部分企业职工约450人参加了会议。

(王宇)

【安全文化建设示范企业创建工作】 2011年,市安全监管局推动全市安全文化建设示范企业的创建工作,制定印发了《关于开展安全文化建设示范企业创建活动的指导意见》以及《北京市企业安全文化建设标准》,组织召开了北京市安全文化建设示范企业创建工作现场暨经验交流会议。各区县和各企业积极推动安全文化示范企业的创建工作,共有46家企业申报北京市安全文化示范企业,组织专家对经过认真筛选,12家企业被评为2011年北京市安全文化建设示范企业。在此基础上,推荐5家优秀企业参加全国安全文化建设示范企业评选。

4月25日,北京市安全文化建设示范企业创建工作现场暨经验交流会议在北京经济技术开发区召开,此次会议是北京市首次安全文化建设示范企业创建工作现场和经验交流会。部分市属企业集团、总公

司，各区县安全监管局分管安全文化建设示范企业创建工作的负责人，各区县辖区内 2 家创建企业的负责人近 70 人参加了会议。会议邀请有关专家就如何开展安全文化建设示范企业创建工作及有关创建标准进行了讲解，由获得全国安全文化建设示范企业称号的航卫通用电气医疗系统有限公司介绍了本企业安全文化建设情况。会后全体参会人员还实地参观了航卫通用电气医疗系统有限公司安全文化建设，就企业安全文化建设与航卫通用电气医疗系统有限公司有关人员进行了现场交流。通过此次现场暨经验交流会使大家对企业安全文化建设有了较为全面的了解，对下一步开展本单位的安全文化建设示范企业的创建工作起着积极的促进作用。

（王宇）

【电视宣传安全生产工作报道】 2011年，市安全监管局以新闻发布会、专题参访栏目、重点会议活动跟踪报道等方式与北京电视台通力合作，加强北京市安全生产电视宣传力度。利用北京电视台"直击安全现场"专题栏目，对生产经营单位违反安全生产法律法规的行为和发生重特大事故的单位进行曝光，并对事故查处情况及"12350"举报投诉情况进行报道；在《北京新闻》对执法检查情况、安全生产月等重点工作进行宣传报道；在《北京您早》栏目发布国庆节期间安全生产提示，同时以滚动字幕的形式在《都市晚高峰》、《晚间新闻报道》、《特别关注》等新闻栏目持续发布该提示；在北京电视台、北广传媒城市电视、移动电视、楼宇电视等平台，播出由北京电视台主持人王业、春妮两位安全生产公益宣传形象大使录制的《条例》公益宣传片。宣传片在北京电视台各频道黄金时段累计播出 50 次，北广传媒平台将累计滚动播出 300 余次。市安全监管局通过与媒体共同搭建的安全生产工作视窗，让从业人员及广大群众通过多种形式、多种渠道了解安全生产工作及相关知识，从而关注安全生产工作，增强安全生产意识，认识安全生产重要性。

（王宇）

【安全生产广播宣传报道】 2011年，市安全监管局继续与北京城市服务管理广播和北京交通广播通力合作，通过新闻资讯、案例分析、热点评述、直播访谈、栏目访谈等形式，对安全工作进行多维度的宣传。

3 月 23 日上午，市安全监管局局长张家明做客城市服务管理广播"新五年，新规划，新期待，市民对话一把手"访谈节目，就北京市安全生产工作与市民进行零距离的沟通和交流。访谈中，张家明围绕城市地下管网施工和运营安全，地铁建设安全管理工作，以及人员密集场所、有限空间安全管理等市民关心关注的安全生产问题，进行了详细介绍，并回答了市民的提问。张家明还对"十二五"时期北京市安全生产工作任务进行了展望。

5 月 11 日上午，市安全监管局副局长陈清做客城市服务管理广播"城市零距离"直播访谈节目，就近期北京市开展"打非"专项行动有关情况，与主持人进行交流，并现场接听市民电话，回答市民关注的问题。访谈中，陈清围绕北京市"打非"专项行动有关部署，工作重点，以及目前专项行动进展情况等问题进行了详细介绍，同时就非法违法生产经营建设行为的界定，可能产生的危害，以及市民身边可能接触到的一些违法经营建设行为类型进行了说明，帮助市民了解"打非"专项行动的重要意义，发现、识别身边存在安全隐患。陈清副局长还结合实际案例，就市民关心关注的地下施工建设的安全工作，燃气安全等问题与主持人进行了交流。

5月26日开始，朝阳、海淀、丰台、顺义、平谷、怀柔、密云、延庆8个区县安全监管局领导陆续走进直播间，参加北京人民广播电台城市服务管理广播《安全新干线》"直播访谈"专题系列节目。在节目中围绕区县开展的重点工作，突出首都城市运行过程中的安全生产工作特点，全面、专业、深入、贴近、生动地介绍各自开展的安全生产工作，宣传政策措施，反映安全监管工作实际，讲解百姓身边安全问题。

6月7日下午，市安全监管局副局长蔡淑敏专程来到国家安全监管总局，同国家安全监管总局党组成员、总工程师黄毅一同接受北京城市服务管理广播《城市零距离》栏目专访。访谈中，黄毅总工程师就2011年以来的全国安全生产形势、全国第十个安全生产月的相关活动安排及总体部署，安全文化发展建设对于安全生产工作的重要意义以及"十二五"时期全国安全生产发展方向进行了总体介绍和展望。蔡淑敏重点介绍了北京市安全生产月期间的各项活动安排及主题寓意。并就"打非"行动的阶段性成果进行了总体介绍。访谈中，蔡淑敏还就北京安全生产月期间开展的11项活动，"打非"行动开展以来的阶段性成果以及6月12日当天的宣传咨询日活动与主持人进行了答复和交流。同时，蔡淑敏也在访谈中多次呼吁市民通过"12350"安全生产举报投诉电话参与到安全生产的活动当中。

6月16日下午，市安全监管局副局长蔡淑敏做客首都之窗政风行风热线"走进直播间"访谈栏目，就现阶段全市严厉打击非法违法生产经营建设行为专项行动，新修订的《北京市安全生产条例》，以及"安全生产月"活动有关情况展开谈话。

6月22日上午，市安全监管局副局长汪卫国，做客北京城市服务管理广播《城市零距离》栏目直播间，就新修订的《北京市安全生产条例》有关情况，与主持人进行交流，并现场回答了社会公众对于新条例关心的几个问题。访谈中，汪卫国副局长首先介绍了北京市2011年上半年的安全生产形势及"十二五"时期的安全生产工作目标。还从安全生产责任保险的实施对象、费率计划、企业投入等多个方面对安全生产责任保险制度进行了详细解读。节目录制近1小时，有效帮助了社会公众特别是从业人员了解"新《北京市安全生产条例》"的相关内容及法规精神。

11月17日下午，市安全监管局预防中心主任贾秋霞做客北京城市服务管理广播《安全新干线》栏目，就即将出台的《北京市京外特种作业操作证登记管理办法》和《北京市特种作业人员违章行为登记管理办法》有关情况，与主持人进行交流。访谈中，贾秋霞首先介绍了特种作业所涉及的主要工种和目前北京市特种作业的人员数量以及分布情况。贾秋霞还详细解答了北京市对于特种作业的相关安全管理规定，并向广大特种作业从业人员发布了冬季操作安全提示。

11月30日上午，市安全监管局举报投诉中心副主任段纪伟做客北京城市服务管理广播《城市零距离》栏目，就"12350"热线开通2年来发展的情况、取得的成果以及今后的计划，与主持人进行了交流，并对市民的现场提问进行了回答。

据统计，2011年市安全监管局共发布广播信息900余条，使广大群众"听安全""重安全""报安全"。

（王宇）

【报刊宣传报道安全生产工作】 2011年，市安全监管局不断加强报刊媒体宣传，努力形成多角度、深层次的宣传报道。一方面，与《中国安全生产报》继续办好"首都安全"专版，充分发挥驻北京记者站作用，深入区县、乡镇街道和企业进行采访，共刊发首都安全专版 24 期；另一方面，继续加大新闻宣传力度，积极与主流新闻媒体沟通，8 月份，在《北京日报》开办了安全生产视点专栏，9 月份，在《北京晚报》开设 "12350" 百姓安全身边事专栏。截至 12 月底，《北京日报》共刊发专版 11 期，《北京晚报》刊发专版 8 期。全年在《北京日报》、《北京晚报》、《北京青年报》等多家媒体，对安全生产执法检查、隐患治理等重点工作、重大活动广泛进行宣传报道，共刊登安全生产新闻稿件 400 余篇。

（王宇）

【微博宣传安全生产工作】 按照全市统一要求，市安全监管局官方微博和新闻发言人副局长蔡淑敏的个人微博于 11 月 15 日正式开通，目前运转情况良好。截至 12 月 31 日，市安全监管局官方微博粉丝数达 16 673 人，市安全监管局新闻发言人个人微博粉丝数达 13 520 人，共发布微博 100 余条。

（王宇）

【网络宣传报道安全生产工作】 2011 年，市安全监管局利用首都之窗、千龙网、市安全监管局等网站对全市安全生产工作进行宣传报道，全年累计在网站刊登信息 5 937 条。市安全监管局网站先后开辟和更新了 2011 年安全生产月、市安全生产监管监察系统军训、新修订的《北京市安全生产条例》等 20 多个专题栏目，并对新重点工作、公文公告等内容及时更新。

（王宇）

【舆情监控】 2011 年，市安全监管局做好新闻舆情监测工作，在《安全生产每日舆情》的基础上，创刊《安全生产舆情专报》、《安全生产每月舆情分析》。一方面，加强突发安全生产事件的舆情监测，对重点事故的媒体报道进行跟踪监测，及时了解掌握事故报道情况，为领导决策提供服务。另一方面，加大对新闻报道的分析统计工作，每月对媒体报道情况进行系统分析，有效把握舆论关注的安全生产重大事件，从中查找安全监管工作的薄弱环节。据统计，全年共刊发《安全生产每日舆情》365 期，《安全生产每月舆情分析》11 期，《安全生产舆情专报》10 期，为及时洞悉媒体宣传导向，做好新闻舆论引导，辅助领导决策起到了很好的作用。

（王宇）

【安全生产宣传品制作】 紧密围绕国务院 23 号文件和市政府 40 号文件、新修订的《北京市安全生产条例》、北京市 "十二五" 时期安全生产规划、"打非" 专项行动、安全生产月、"12350" 投诉举报等重点工作。市安全监管局设计印制了 "安全生产月" 主题海报、王业代言的安全生产公益宣传形象大使海报、认真贯彻落实新修订的《北京市安全生产条例》海报、严厉打击非法违法生产经营建设海报、40 号文件及解读单行本、新修订的《北京市安全生产条例》单行本、高处悬吊作业案例警示片等共计 30 余万件宣传品。

（王宇）

【安全生产电视片制作】 2011 年，市安全监管局策划设计脚本，拍摄照片、录像等素材，编辑制作了《有限空间作业安全警示片》、《高处悬吊作业警示片》等 4 部电视片，并在全市区县、企业进行发放。生动形象地展现安全生产重要性，对预防事故的发生起到至关重要的作用，更好地发挥电视宣传优势。

（王宇）

【第一次新闻发布会】 2011 年，1 月

24 日上午，市安全监管局就利用物联网技术强化烟花爆竹储存销售安全监管工作的有关问题召开新闻发布会。新闻发言人、副局长蔡淑敏进行了新闻发布，副巡视员唐明明及人教处、监管三处、信息中心、宣教中心等负责人参加发布会。唐明明重点解答了媒体的提问，信息中心对物联网有关知识进行了简要介绍。

蔡淑敏从 4 个方面，对市安全监管局利用信息化手段实现对烟花爆竹储存销售安全监管的具体内容和作用，向媒体进行了认真的介绍：一是实现了对烟花爆竹流向的登记管理；二是实现了利用物联网技术加强批发单位的安全监管；三是实现了对五环路以内零售单位实行视频监控；四是实现了对市场所售烟花爆竹的移动执法检查。就近期全市烟花爆竹的基本情况，也向媒体进行了简要的介绍。

新华社北京分社、《中国安全生产报》、《北京日报》、《北京晚报》、《北京青年报》、《北京晨报》、北京电视台、北京城市服务管理广播、交通广播、《新京报》、《京华时报》、《法制晚报》、《现代职业安全杂志》、千龙网 14 家新闻媒体参加了发布会。

（钱山、孙建军）

【第二次新闻发布会】 4 月 1 日上午，市安全监管局针对 3 项危险化学品的地方标准相关问题召开新闻发布会。新闻发言人、副局长蔡淑敏进行了新闻发布，监管三处负责人回答了媒体的提问。

在发布会上，蔡淑敏对 3 项危险化学品地方标准的含义、现实作用和 3 项危险化学品地方标准的内容分别进行了介绍和说明，并通报了市安全监管局的贯彻实施意见。市安全监管局制定了《北京市危险化学品储存专项整治方案》，将从 2011 年 5 月 4 日开始至 2012 年 4 月 30 日，针对危险化学品储存的安全，分 4 个阶段开展大规模的专项整治工作。为推动本市危险化学品企业开展标准化工作，市安全监管局将从 2011 年 4 月开始至 12 月，按照《北京市危险化学品企业安全生产标准化工作方案》，分 3 个阶段，在全市范围内开展危险化学品安全生产标准化工作，在 2011 年年底前达到标准化三级水平。

《中国安全生产报》、《北京日报》、《北京晚报》、《北京青年报》、《北京晨报》、北京电视台、北京新闻广播、《京华时报》、《法制晚报》、千龙网 10 家新闻媒体参加了发布会。

（钱山、孙建军）

【第三次新闻发布会】 4 月 20 日上午，市安全监管局针对全市安全生产情况召开新闻发布会。新闻发言人、副局长蔡淑敏进行了新闻发布。局协调处、执法队、事故处、人教处、宣教中心、举报中心的负责人参加了会议，有关人员回答了媒体的提问。在发布会上，蔡淑敏首先对 2011 年第一季度全市安全生产情况进行了通报：全市第一季度共发生道路交通、生产安全、火灾、铁路交通、农业机械死亡事故 195 起，死亡 218 人，同比事故起数增加 1 起，上升 0.5%，死亡人数减少 7 人，下降 3.1%，安全生产形势总体平稳。

第二季度市安全监管局将按照国务院办公厅关于继续深化"安全生产年"活动"三深化"、"三推进"的工作要求和市委市政府工作部署，重点做好以下工作：一是以强化企业安全生产主体责任为重点，加大宣传教育培训工作力度，深入开展"安全生产年"活动。二是抓好《2011 年北京市安全生产工作指导意见》、《安全生产重点执法检查计划》的实施。三是紧密结合季节特点和事故暴露出的问题，加强重点行业领域安全生产监督管理。四是认真落实属地监管责任，全面推进安全生产工作。

切实落实属地监管责任，把安全生产作为加强社会管理、保障改善民生的重要内容，进一步强化辖区内各类生产经营单位的监管。五是发挥宣传教育和培训工作的作用，加大对违法行为曝光和投诉举报查处力度，动员和组织群众参与安全生产，形成强大的社会舆论氛围。

蔡淑敏对第一季度全市安全生产检查执法情况进行了通报：第一季度全市共检查各类生产经营单位 18 655 个（不含煤矿），下达执法文书 8 253 份，发现问题隐患 26 249 项，行政处罚 297 起，处罚金额 165.45 万元。在通报中，蔡淑敏就执法检查的总量、执法文书下达情况、行政处罚情况、存在的主要问题和第二季度执法工作主要任务分别进行了介绍。

蔡淑敏就第一季度市工商委生产安全事故及处理情况进行了通报：第一季度全市共发生生产安全事故 10 起，死亡 11 人。主要集中在坍塌、高处坠落和起重伤害方面，涉及建筑业和制造业 2 个行业；事故发生区域主要在东城区、朝阳区、海淀区、丰台区、通州区、怀柔区、密云县 7 个区县，发生事故主要是因违反操作规程或劳动纪律、劳动组织不合理等原因导致的事故多发（共计发生 6 起，造成 7 人死亡）。

在第一季度发生的 10 起事故中，相关区县政府已批复结案的有 5 起，共计行政处罚 90 万元，追究刑事责任 4 人，给予行政警告 3 人、行政记过 1 人、行政撤职 5 人。其余 5 起正在形成事故调查报告，待相关区县政府批复结案后，履行相应的处罚程序。

发布会的第 4 个内容是对第一季度"12350"举报投诉情况的通报：第一季度，共受理举报投诉线索 285 件，其中：电话 178 件、网络 100 件、传真 2 件、信件 5 件。目前已办结 192 件，办结率 73.8%，属

实 80 件，属实率 41.7%。责令停产停业整顿 7 家次，行政处罚 10 家次，责令整改 73 家次，共消除事故隐患近 500 项。受理咨询电话 2 627 个，涉及市安全监管局职责电话 783 个，咨询数量较多的是特种作业类，烟花爆竹类，危险化学品类。第一季度市安全监管局为 100 人次发放了奖励金，共计 3 万多元。

蔡淑敏还就为进一步畅通交流渠道、倾听市民心声，向媒体通报了将在市安全监管局网站开通"局长信箱"的情况：该信箱的开通，主要是接受广大市民对安全生产监管工作的业务咨询、举报事故和安全隐患、对安全生产监管工作提出建议和意见，并就安全生产监管工作的创新发展问题进行交流互动，并承诺：对来信反映的重要问题，市安全监管局将在 10 个工作日内予以答复。

《中国安全生产报》、《北京日报》、《北京晚报》、《北京青年报》、《北京晨报》、北京电视台、北京新闻广播、《京华时报》、《法制晚报》、千龙网等 13 家新闻媒体参加了发布会。

（钱山、孙建军）

【第四次新闻发布会】　6 月 9 日，市安全监管局在市政府新闻办新闻发布厅，召开新闻发布会，新闻发言人副局长蔡淑敏向新闻媒体介绍了新修订的《北京市安全生产条例》（以下简称《条例》）。市人大财经委办公室副主任程晓君，市安全监管局副局长汪卫国、副巡视员唐明明等领导和相关负责人回答了记者提问。

蔡淑敏介绍，新修订的《条例》于 2011 年 5 月 27 日由北京市第十三届人民代表大会常务委员会正式公布，自 2011 年 9 月 1 日起施行。修订后的《条例》共七章 98 条，比原《条例》增加 21 条，同时增加了"从业人员的权利和义务"专章。新《条例》

进一步强化了企业的安全生产主体责任，同时对政府有关部门的安全生产管理职责有了更加清晰的划分，明确了市场化、社会化参与安全生产工作的方向，提升了科技手段支撑和地方标准在安全生产管理工作中的地位。新《条例》对于从业人员的权利义务、企业的安全生产条件、安全评价制度、危险作业管理、危险化学品交易、生产经营场所出租或发包、综合楼宇安全责任划分、企业负责人和安全管理人员培训以及北京市基础设施的安全运行等方面的规定更为具体，完善了法律责任，使北京市安全生产管理体制更加清晰，企业安全生产主体责任更为明确。

副局长汪卫国在回答记者提问时介绍，新《条例》的一个亮点是将推出"事前预防、事中救援、事后补偿"的安全生产责任保险制度，并力争 7 月在烟花爆竹等危化品行业启动试点。企业投保安责险，将获得投保机构提供的事故经济责任补偿和应急救援费用，保证企业减少损失并能够承担起对伤亡人员的赔偿责任。安责险收费标准低于一般商业保险，费率与企业的事故情况和风险状况挂钩。

发布会邀请了中央及市属新闻单位、境外常驻京记者和港澳台等 30 余家新闻媒体，千龙网、首都之窗直播了新闻发布会实况。

（钱山、孙建军）

【第五次新闻发布会】 7 月 14 日上午，市安全监管局召开新闻发布会，新闻发言人、副局长蔡淑敏对大兴"7·5"二氧化硫脲挥发事故进行通报。监管三处、事故处、宣教中心有关负责人陪同出席。

蔡淑敏介绍，7 月 5 日，大兴区西红门镇北京翰波伟业科技发展有限公司发生二氧化硫脲挥发事故，导致周边 50 多名群众疏散，事故虽未造成人员伤亡，但造成不良社会影响。经调查，该企业储存的 5 吨二氧化硫脲，存放于单位前后两间共约 200 平方米的库房内，由于库房通风不良，且天气炎热潮湿，二氧化硫脲受潮发生分解产生二氧化硫气体引发事故。蔡淑敏强调，夏季是化学品事故高发期，高温、多雨、雷电等特定气象条件和大风、暴雨、冰雹等灾害天气以及雷击、内涝等自然灾害，极易引发化学品事故。市安全监管局提示各企业和从业人员，要切实加强夏季高温高湿天气下的安全管理工作，杜绝事故发生。

北京电视台、北京人民广播电台、《中国安全生产报》、《北京日报》等 10 家重点新闻媒体出席发布会。

（钱山、孙建军、吴爽）

【第六次新闻发布会】 7 月 22 日，市安全生产监管局召开新闻发布会，新闻发言人、副局长蔡淑敏进行了新闻发布。职安处、宣教中心有关负责人陪同出席发布会，副局长常纪文和职安处处长丁大鹏回答了媒体的有关问题。

蔡淑敏首先对北京市有限空间的安全监管工作进行了简要回顾，充分肯定了市安全监管局在有限空间安全监管工作上所采取的措施和取得的成效，尤其是 2011 年以来北京市没有发生有限空间生产安全事故。通报了为适应形势的需要和保障城市运行安全，北京市将有限空间特种作业管理范围进一步进行扩大，决定自 9 月 1 日起，把地下有限空间作业现场监护人员特种作业管理范围将由原来的污水井、化粪池，扩展至电力电缆井、燃气井、热力井、自来水井、有线电视及通信井等地下有限空间运行、保养、维护作业活动。对下一步重点工作进行了通报：组织制定《有限空间作业安全规程》地方标准；加大对《关于扩大地下有限空间作业现场监护人员特种作业范围的通告》的宣传贯彻力度；加强监督执法检查，采取不定期巡查、突击检查等方式，以现场执法为重点，以规范作业程序为目的的专项执法行动，对违章单位坚决予以查处，并进行曝光和通报。对9月1日以后仍继续使用无证人员上岗作业的生产经营单位，依照安全生产法律法规规定给予行政处罚。

《北京日报》、北京电视台、北京人民广播电台、《中国安全生产报》等11家重点新闻媒体出席了发布会。

（钱山、孙建军）

【第七次新闻发布会】　8月3日上午，市安全监管局召开新闻发布会，新闻发言人、副局长蔡淑敏向媒体通报了北京市2011年上半年全市安全生产形势以及第二季度全市生产安全事故、执法检查等方面的情况。协调处、执法队、事故处、宣教中心及举报投诉中心的负责人参加了发布会，并解答了记者的提问。《北京日报》、北京电视台、北京人民广播电台、《新京报》等11家新闻媒体出席了发布会。

蔡淑敏首先通报了北京市安全生产状况为总体稳定，1—6月，全市共发生道路交通、生产安全、火灾、铁路交通、农业机械死亡事故411起，死亡470人，同比事故起数减少41起，死亡人数减少43人，分别下降9.1%和8.4%。发生一次死亡3人以上事故9起，死亡46人，同比减少7起2人，分别下降43.8%和4.2%。全市2011年上半年事故总量降至2004年以来同期最低水平。与此同时，发生了朝阳区和平东街"4·11"燃气爆燃、大兴区旧宫镇南街三村"4·25"重大火灾事故，2起事故共计造成24人死亡、25人受伤，在社会上造成较大影响。

第二季度，全市共发生工商贸生产安全事故（不含煤矿生产安全事故）23起，

死亡24人。与2010年同期相比，事故总起数减少3起，死亡总人数减少5人，分别下降11.5%和17.2%。但6月份事故高发，共计发生13起、死亡13人，占第二季度事故总起数和死亡总人数的56.5%和54.2%。事故的特点为建筑业事故占居首位；作业人员违章违规操作引发事故的情况较为突出；高处坠落事故多发。

蔡淑敏对第二季度全市安全生产执法检查情况向媒体进行了通报和说明。第二季度全市共检查生产经营单位13 166个（不含煤矿），其中，检查危险化学品单位1 695家，烟花爆竹零售（存储）单位14家、非煤矿山149家，工业企业2 155家、建筑工地1 414个，人员密集场所3 863个，其他行业企业3 876家。对直接监管行业进行了全覆盖的检查；发现各类问题和隐患26 816项，其中，危险化学品单位2 256项，烟花爆竹零售（储存）单位15项，非煤矿山225项，工业企业5 846项，建筑工地3 965项，人员密集场所6 379项，其他行业企业8 130项；下达执法文书8 662份，其中责令限期整改指令书8 310份，强制措施决定书352份；行政处罚974起，罚款912.87万元。

（钱山、孙建军）

【第八次新闻发布会】　9月1日上午，市安全监管局召开新闻发布会，新闻发言人、副局长蔡淑敏按照及时发现、及时公布的原则，第一次向新闻媒体通报了对北京市安全生产违法行为企业进行警示的名单。监管一处、宣教中心的负责人参加了发布会，并解答了记者的提问。

蔡淑敏首先通报了市安全监管局在调查核实的基础上，报经市安委会批准，对北京圣鼎天城置业有限公司、北京日月通达建筑工程有限公司、北京宇辰鑫发建筑设备安装有限公司3家企业进行警示通报；

对其警示公布的时间从 2011 年 9 月 1 日起至 2012 年 8 月 31 日止。

发布会上，蔡淑敏提出了下一步工作及要求：一是在召开新闻发布会进行通报的同时，在市安全监管局外网开辟专栏，对"安全生产违法警示名单"进行及时公布，有效期为一年；二是将安全生产违法警示名单向投资、财政、国土、建设、工商、金融等有关部门进行通报，督促其对纳入"警示名单"企业实施监管措施；三是各区县安全监管力量要根据行业和区域特点，加大执法检查力度，对公布的"警示名单"企业进行重点监管，督促企业切实落实安全生产主体责任；四是认真执行《北京市企业安全生产违法行为警示办法》，严格按照程序归集安全生产违法行为企业名单，真诚地欢迎社会各界关心北京市的安全生产工作。

《北京日报》、北京电视台、北京人民广播电台、《新京报》等 13 家新闻媒体出席了发布会。

（钱山、孙建军）

【第九次新闻发布会】 11 月 11 日，市安全监管局召开了新闻发布会。新闻发言人、副局长蔡淑敏进行了新闻发布，市发改委、市安全监管局、科技处、协调处、宣教中心的负责人参加了发布会；研究室、协调处等相关人员解答了记者的提问。

发布会上，蔡淑敏首先通报了《北京市安全生产"十二五"规划》编制的背景和指导思想，重点对《规划》的主要内容进行了介绍：《规划》的编制，既体现了北京城市特色，也吸收了世界其他国际化大都市的安全管理经验，既有制度完善，也有制度创新，进一步强化了企业的安全生产主体责任。突出城市运行安全监管、突出高危行业安全监管、突出提高企业本质安全水平和事故防范能力、突出职业危害防治、突出科技在安全生产工作中的应用。

最后，蔡淑敏强调指出，市政府批复的《规划》，既为北京市的安全生产工作提供了重大机遇，又是对北京市安全生产"十二五"的严峻考验。

《中国安全生产报》、《北京日报》、北京电视台、《北京青年报》、《北京晨报》、《北京晚报》、北京城市管理广播、北京新闻广播、《法制晚报》、《新京报》、《京华时报》、《现代职业安全杂志》12 家新闻媒体出席了发布会。

（钱山、孙建军）

【第十次新闻发布会】 12 月 26 日下午，市安全监管局就"12350"安全生产举报投诉热线开通 2 周年的工作情况召开新闻发布会。新闻发言人、副局长蔡淑敏进行了新闻发布，执法队、举报投诉中心、宣教中心的负责人参加了发布会，并回答了媒体的提问。局长张家明还专门接受了中央电视台、新华社记者的采访。

在发布会上，蔡淑敏首先从 4 个方面对"12350"举报投诉热线开通 2 周年以来的工作情况进行了回顾：一是安全生产举报投诉组织架构基本建立。"12350"安全生产举报投诉特服电话开通后，经市编办同意，成立了北京市"12350"安全生产举报投诉中心，负责统一受理北京市安全生产领域举报投诉事项，确定了专人负责受理、转办、督办、反馈和统计汇总的工作模式。二是安全生产举报投诉运行机制运行顺畅。2 年来，经过不断的探索和磨合，按照"统一管理、归口处理、分级负责"和"谁主管，谁负责，谁回复"的原则，不断优化安全生产举报投诉运行机制。受理、立案、转办、查处、反馈、统计分析的工作流程初步形成。三是安全生产举报投诉制度体系基本完善。举报投诉中心自特服电话开通以来，根据工作特点和要求，不断完善工作制度，规范举报投诉工作。先后研究建立了安全生产举报投诉信息分类分级管理办法、举报投诉事项办结、催办督办、奖励等制度。四是齐抓共管工作格局基本形成。明确了把部门职责作为切入点，以发挥部门监管作用为主旨的联动、协作、负责的安全生产举报投诉工作机制，奠定了举报投诉工作基础。经过 2 年的建设，形成了政府主导、部门负责、民众参与、社会监督的举报投诉格局基本建立。2 年来，共接收涉及安全生产工作的电话 10 847 个，咨询电话 7 305 个，接收了 3 542 件举报，转办给安监系统 1 769 件，转办给市安委会成员单位 1 074 件，区县政府 699 件，办结率达到 96%，消除各项安全隐患 6 742 项。

发布会上，蔡淑敏重点对"12350"发挥的作用进行了通报："12350"的社会认知度、群众满意度不断提升，已成为连接政府和民众的一个高效、顺畅的桥梁纽带，成为民众反映安全生产诉求的一个有效窗口，产生了巨大的社会效益、政治效益和经济效益，主要体现在：

一是"12350"举报投诉为严厉打击非法违法生产建设经营行为提供了有力支撑。二是已成为发动公众广泛参与安全生产，反映安全生产诉求的有效窗口。三是已成为落实"预防为主"安全生产工作原则电话的重要途径。四是已成为维护社会秩序、化解社会矛盾的重要渠道。五是已成为保障和改善民生的通道，社会影响力不断扩大。

蔡淑敏对"12350"举报投诉电话下一步工作提出要求：一是要切实抓好法规制度建设；二是要依法严肃查处举报投诉事项；三是要广泛宣传，形成声势。

中央电视台、新华社北京分社、新华网、《中国安全生产报》、《北京日报》、北京电视台、《北京青年报》、《北京晨报》、《法制晚报》、北京新闻广播、北京城市服务管理广播、《法制晚报》、《新京报》、《京华时报》、千龙网、首都之窗、《劳动保护杂志》、《中国安全生产杂志》、《现代职业安全杂志》19 家新闻媒体出席了发布会。

（钱山、孙建军）

【第十一次新闻发布会】 12 月 28 日下午，市安全监管局召开新闻发布会，新闻发言人市安委会办公室副主任、市安全监管局副局长蔡淑敏同志对全市安全生产"护航"联合行动进行通报，市安委会的部分成员单位市市政市容委、市交通委、市商务委、市质监局、市民防局等负责人及市安全监管局的协调处、执法总队、宣教中心等参加了新闻发布会。发布会上，市交通委和市质监局的负责人还回答了媒体的提问。

蔡淑敏首先明确了市安全生产委员会决定：从 2011 年 12 月至 2012 年 2 月，在全市范围内集中开展为期 3 个月的安全生产"护航"联合行动，按照"属地负责、部门联动、综合执法、强化监督、务求实效"的工作原则，通过严格执法，发挥属地监管、行业监管、专业监管和综合监管职责，严格执法，严惩非法违法行为，有效防范和坚决遏制重特大事故的发生，为元旦、春节"两节"和人大、政协"两会"以及区县政府换届，创造良好的安全生产环境。

蔡淑敏向媒体介绍了"护航"联合行动的实施步骤。一是部署阶段（2011 年 12 月）。市安全生产委员会成立"护航"联合行动领导小组，制订下发总体工作方案，召开会议对"护航"联合行动进行动员部署。各牵头责任单位和区县要根据要求，制订本系统、本地区具体实施方案，明确工作任务、组织机构、执法指标、实施步骤等，逐级动员部署。二是全面排查整治阶段（2011 年 12 月—2012 年 2 月下旬）。各区县、各部门、各单位将严格落实"两节"、"两会"各项安全生产保障措施，严格落实属地管理的各项要求。在全面开展安全大检查和专项整治工作的基础上，根据联合行动工作方案、工作任务和执法指标，重点对燃气使用、危险化学品和烟花爆竹、地下空间专项检查、商场超市、轨道交通运营和电梯安全进行专项执法检查。对检查中发现的问题和隐患，依法责令整改直至停产停业，做到查有效果、惩有触动、改有提高。三是巩固阶段（2012年 2 月底）。各区县、各部门、各单位根据前一阶段排查整治情况，对治理难度大或隐患反复出现的企业组织进行回查回访，集中采取措施予以解决。对于仍未解决或存在重大隐患的单位，进行挂账督办。同时，对联合行动开展情况进行总结，分析存在的问题，研究提出对策措施。

蔡淑敏还向媒体通报了"护航"联合行动的重点任务及职责分工情况；并请市市政市容委、市安全生产监管局、市交通委、市商务委、市质监局、市民防局等负责人，对本部门在安全生产"护航"联合行动所承担任务的具体工作内容分别进行了介绍。

新华社北京分社、《中国安全生产报》、《北京日报》、北京电视台、《北京青年报》、《北京晨报》、北京新闻广播、《新京报》、《京华时报》、千龙网、《劳动保护杂志》、《现代职业安全杂志》12 家新闻媒体出席了发布会。

（钱山、孙建军）

【强化培训考核，促进有限空间作业安全管理】 1 月 10 日，为进一步推进北京市有限空间特种作业培训考核工作深入开展，促进企业加强有限空间作业安全管理，

市安全监管局组织相关培训机构主要负责人及其部门负责人就有限空间特种作业培训考核工作进行了座谈。北京市有 4 家培训机构具有有限空间特种作业培训资格，自 2010 年 6 月开展培训考核以来，市安全监管局已审批发放有限空间特种作业操作证 2 273 个。会议就培训工作中的突出问题进行了研究，制定了下一步工作的相应措施：一是认真研究有限空间作业人员范围问题，确保有限空间作业人员应培尽培，扩大持证上岗覆盖面；二是加大宣传和执法力度，提高社会和企业对有限空间作业安全的认识，督促企业进一步加强特种作业管理工作；三是结合实际及时修订培训教材内容和考试题库内容，保证有限空间作业人员学得好、用得上。

（李玉祥、刘曦、张德武）

【市人大针对加强特种作业培训考核安全管理开展立法调研】 2 月 23 日，市人大调研组到首钢技师学院，与市安全监管局、市住房城乡建设委、市质量技术监督局以及部分区县安全监管局、培训机构和企业相关负责人一起座谈讨论《北京市安全生产条例》修订工作。围绕进一步加强和规范特种作业培训考核管理工作，更加适应北京市安全生产特点等议题进行了座谈交流。北京市共有 3 个部门负责特种作业、特种设备作业安全操作证审批许可工作，市安全监管局负责电工、电焊工、高处作业、制冷与空调作业等 12 个类别 45 个操作项目；市质监局负责锅炉、压力容器、电梯、起重机械、场（厂）内机动车等 9 个类别；市住房城乡建设委负责建筑电工、建筑架子工、建筑起重机械司机等 6 个类别的特种作业考核发证工作。在实际监管过程中，存在着部门间特种作业考核发证范围重叠，对非本部门核发的特种作业证不认可，个别培训机构不按大纲培训，

不严格考试，以及对持外地特种作业证人员难以管理等问题。会议建议，在《条例》修订过程中设立条款，对持外地特种作业证件人员实行备案制度，建立管理档案，使其符合北京市安全生产管理更高标准、更严要求的实际。此外，要体现地方特点，根据北京市安全生产实际，将特种作业考核管理范围进行调整，将更多危险性大、易发生事故的工种纳入特种作业考核管理范围或增加相应的工种目录。同时，加大对有规模、有资质的培训机构宣传力度，充分发挥特种作业培训资源，为全社会安全生产培训服务。

（李玉祥、刘曦、张德武）

【"安全生产培训日"宣传咨询活动】3月5日，是北京市第二个生产经营单位从业人员"安全生产培训日"。市安委会办公室下发通知，号召全市在安全生产培训日活动中，以发放安全生产宣传材料、现场咨询、集中开展安全生产培训讲座等形式广泛开展安全生产培训宣传和教育活动，向广大市民特别是从业人员宣传安全知识，讲授安全操作技能，传送安全生产应急常识等。市安全监管局在京煤集团木城涧煤矿开展"安全生产培训日"现场宣传、咨询活动。来自生产一线近500名从业人员到现场参加活动。另据统计，全市各区县、有关部门及生产经营单位近7万人参加了现场宣传、咨询活动或集中培训，有关新闻媒体作了相关报道。

（李玉祥、刘曦、刘自杰）

【组织2010年3月注册安全工程师集中受理工作】 3月10—20日，根据《注册安全工程师管理规定》、《北京市安全生产监督管理局关于开展注册安全工程师注册管理信息系统使用试点工作的通告》（京安监发[2010]138号）规定，市安全监管局对北京市申请注册安全工程师初始注册、

重新注册、延续注册和变更注册人员的申请材料进行了受理。全市共有616人提交了申请材料，其中，初始注册339人，重新注册57人，变更注册37人，延续注册197人。

（刘曦）

【部署年度安全生产培训工作】 3月30日，根据全市安监系统工作会议精神及全年重点工作责任分工安排，市安全监管局部署2011年度培训重点工作。一是组织开展专项安全培训班。市安全监管局将分别针对新上岗安全监管干部、职业安全监管干部、危险化学品监管干部、执法队干部等类别人员，举办12期培训班。二是开展三、四级培训机构优化整合工作。按照总量控制、合理布局、发挥优势、突出特色的原则，综合考虑培训任务总量、专业化程度和市场可替代性，推进三、四级安全培训机构优化整合。三是开展"三项岗位"人员持证上岗专项检查。按照安全生产相关法律、法规、政策文件要求，市安全监管局牵头，市、区相关部门联动，分别开展高危行业企业主要负责人、安全生产管理人员以及特种作业人员持证上岗专项执法检查活动，持续推进"三项岗位"人员持证上岗，推动企业健全对持证上岗人员的档案管理。四是督促指导重点企业开展班组长和农民工安全培训。督促指导煤矿、非煤矿山、危险化学品、冶金等生产经营单位开展重点岗位班组长安全培训班和农民工安全培训班，推动企业扎实抓好全员安全培训。市安全监管局将选择2个行业，帮助企业开展示范培训。五是继续抓好培训教师队伍建设。按照结构合理、专兼结合、动态管理的原则，加强培养安全培训教师和特种作业实操考核员。市安全监管局要推进全市安全培训师资库建设，充分发挥现有大专院校、生产经营单

位及安全生产监管系统专家的作用，使全市安全培训机构资源共享，为安全培训教学工作提供强有力的人才保障。六是召开安全培训先进经验做法推广会。对区县安全监管局、相关行业部门、培训机构、企业开展安全培训的先进经验做法进行总结推广，促进单位之间相互学习借鉴。七是开展指纹识别技术在培训考核中的试点应用工作。八是做好培训考核管理信息化建设基础工作。按照国家安全监管总局推进网络教育培训平台建设的有关要求，结合全市安全培训实际，构建教育培训信息化管理平台，实现培训管理、考核发证、证书查询等信息化建设做好相关基础工作。

（李玉祥、张德武、刘曦）

【督导大兴区安全培训工作】 4月6日，市安全监管局督导大兴区安全生产培训工作。市安全监管局指出，2011年是"十二五"开局之年，扎实抓好安全生产各项基础工作，对于实现"十二五"时期安全生产根本好转具有重要推动作用。"十一五"时期，全市安全生产呈现总体稳定好转态势，实现了"三个显著下降"。特别是开展"安全生产年"活动两年多来，全市以开展"三项行动"，加强"三项建设"为重点，扎实推进安全生产各项工作深入落实。但全市安全生产形势不容乐观，与建设中国特色世界城市要求还有很大差距。全市安全生产监管工作要紧密结合首都安全生产特点不断深化，由对生产经营单位的安全生产实施监督管理，不断扩大到对城市安全运行的服务与保障。市安全监管局要求，在认真学习贯彻国务院、北京市政府关于进一步加强企业安全生产工作精神的过程中，大兴区安全监管局要认真抓好各级、各类人员的安全培训，扩大培训试点工作成果应用，积极组织、协调相关部门，发挥行业部门优势，调动培训机构

积极性，推进企业落实安全培训主体责任；要结合全区安全生产工作重点，规范培训内容，创新培训方式，使各镇、街道安全生产检查员学到实用的知识，提高安全生产执法检查能力，为更好地发挥属地监管作用奠定基础。据介绍，大兴区安全监管局将连续组织3期安全生产检查员培训班，预计培训400余人。

（李玉祥、刘曦）

【特种作业培训考核行政审批创新研讨会】 4月19日，市安全监管局组织召开特种作业培训考核、行政审批创新工作思路研讨会。按照方便申请人需求的原则，市安全监管局将通过加强和改进内部管理流程、改善工作环节等途径，认真履行部门职责，切实为广大从业人员或企业提供便捷服务。北京市特种作业培训考核管理及行政审批相关工作涉及多个部门，虽有分工但相互紧密配合。市安全监管局统筹考虑特种作业培训考核管理及行政审批总体工作，按照便民、高效、严谨的原则，研究制定了相应的管理办法，并提出建设"北京市安全生产培训考核综合管理办公系统"工作思路。通过该系统整体安排培训、考核、审批流程，实现"网上申报"、"一次审核"、"自由择校"、"随机派考"、"状态查询"、"模拟训练"、"远程监管"、"公示公告"等多项服务功能。会议认为，实施特种作业培训考核及行政审批网上流程化管理是改进工作方式，提高工作效率，为民办实事的重要举措，但基于目前现状，需要各部门做好配合和工作衔接，对于涉及部门职责调整的要服从于改进工作要求，目标是通过继承和创新，实现网上全流程办理，为广大从业人员需求提供方便。

（李玉祥、刘曦、张德武）

【创新安全培训跨行业交流】 5月10日，市安全监管局组织北京二商集团及所

属企业安全副总到京煤集团大安山煤矿进行考察，座谈交流了安全生产培训教育及现场管理经验。加强企业间相互学习交流，是提升企业管理水平的重要途径，市安全监管局将积极发挥协调、服务作用，为企业创造更多学习交流机会，并不断推广基层先进经验，促进全市安全生产稳定发展。

（李玉祥、刘曦）

【巡视特种作业考试现场】 5月23—29日，市安全监管局组织第4期特种作业人员安全技术考试。据统计，报名参加此次特种作业考试人员共51 799人，其中参加理论考试26 213人，实操考试25 586人，按工种划分，全市共设1 126个考场。为严肃特种作业考试纪律，严格特种作业从业人员的资格许可，市安全监管局分别对特种作业理论和实操考试现场进行巡查。此次巡查采取了集中和分散方式，集中巡查分3组进行，巡查范围覆盖西城区、海淀区、丰台区、昌平区、门头沟区、石景山区6个区，共计17个考试点，其中特种作业实操考点9个，理论考点8个。巡查期间，要求参加巡查人员关闭手机，事先不通知区县安全监管局和考试机构，随机选取考点。北京电视台等新闻媒体对此次集中巡查进行了报道。

（李玉祥、刘曦、张德武）

【调研"打非"和"安全生产月"工作】 6月9日，市安全监管局赴延庆县展开调研，听取了关于开展"打非"行动和"安全生产月"工作的情况汇报，并实地调研了延庆县安全生产培训机构和职业安全监管情况。延庆县按照《北京市开展严厉打击非法违法生产经营建设行为专项行动工作方案》要求，县各职能部门、各乡镇，分别结合行业、属地特点，排查摸底、集中打击、联合执法，对非法生产经营建设和经停产整顿仍未达到要求的采取按规定

上限予以处罚、停产整顿、关闭取缔、依法追究法律责任等一系列措施，不断加大工作力度，切实开展"打非"专项整治行动。为深入开展"安全生产月"活动，延庆县安委会各成员单位、乡镇街道成立活动组织机构，保障活动资金，在组织好本部门、本系统"安全生产月"活动基础上，加强协调沟通，加大监督执法和曝光力度，及时消除安全隐患。按照总体活动安排，通过开展"安全生产月"宣传咨询日、"安全教育进企业、进工地、进社区、进学校"和旅游行业"四个能力"建设等活动，确保"安全生产月"活动取得实实在在效果。

（李玉祥、刘曦）

【特种作业考试通报会】 6月10日，全市第4期特种作业考试情况通报会在北京会议中心召开，会议通报了第4期特种作业考试情况。报名参加此次特种作业考试总数26 727人，包括初次申请取证和复审的特种作业人员。其中电工类16 200人，约占总数的61%，电焊工6 387人，约占总数的24%。经过理论和实操考试，通过率约76%。市安全监管局已连续召开特种作业培训考核相关工作会议，旨在进一步加强特种作业培训、考核、行政审批等各项管理工作。为严肃特种作业考试纪律，有关部门相互协调配合，下大力气狠抓考试环节，严格流程和细节管理。经过市安全监管局此次专项巡查，考试合格率下降10.7%。针对巡查过程中发现的问题，此次会议详细进行了通报，并对违规违纪的培训机构分别作出限期整改、通报批评和停考的处理。

（李玉祥、刘曦、张德武）

【巡查特种作业安全技术理论考试】 6月25日，市安全监管局组织开展了第5期特种作业人员安全技术理论考试。据统计，报名参加此次特种作业理论考试人员共22 587人，全市共设963个考场。为严

肃特种作业考试纪律，检查各区县贯彻落实6月10日全市第4期特种作业考试情况通报会的会议精神和整改情况，市安全监管局对部分区县特种作业理论考试现场进行巡查，所在区县安全监管局有关负责人参加。此次巡查分4组进行，分别检查了房山区、海淀区、石景山区、门头沟区等共计8个理论考试点的考试管理情况。同时，组织开展了区县局交叉巡查工作，各区县安全监管局到非本辖区内的特种作业理论考点进行巡查，加强对考试纪律的监管力度，推动特种作业理论考场进一步规范有序。巡查中了解到，多数考场能够按照通报会要求，认真查找考试管理中存在的问题，并向监考人员提出加强考务管理、认真履行监考职责的新要求，针对存在问题积极落实整改。巡查人员在个别考场仍然发现考生桌椅摆放距离过近；考生未按规定放置考试参考资料；监考人员未按要求规范填写、放置缺考考生的试卷和答题卡等问题。此外，巡查人员对发现的考场作弊考生进行了处理。下一步，将继续采取重点抽查和交叉巡查相结合的方式加强对考场的监管。同时，与各相关部门紧密配合，做好考务管理机制改革，大力推进考培分离的实施，进一步探索特种作业网上许可全流程管理机制，规范从业人员报名、培训、考试、取证工作。

（李玉祥、刘曦、张德武）

【组织2011年7月注册安全工程师集中受理工作】　7月10—20日，根据《注册安全工程师管理规定》、《北京市安全生产监督管理局关于开展注册安全工程师注册管理信息系统使用试点工作的通告》（京安监发[2010]138号）规定，市安全监管局对北京市申请注册安全工程师初始注册、重新注册、延续注册和变更注册人员的申请材料进行了受理。全市共有622人提交了申请材料，其中，初始注册247人，变更注册69人，延续注册170人，重新注册136人。

（刘曦）

【对顺义区有限空间特种作业人员持证上岗情况进行复查】　8月16日，市安全监管局到顺义区检查有限空间特种作业人员持证上岗工作的落实情况。首先，检查组听取了顺义区安全监管局就有限空间特种作业人员持证上岗工作情况的汇报。随后，检查组以约谈形式对中国联通公司顺义分公司、顺义城市排水设施维修中心2名负责人以及3名有限空间特种作业操作人员进行了询问。最后，检查组对加强有限空间特种作业人员持证上岗提出新要求。

（李玉祥、刘曦、张德武）

【做好国家职业分类大典修订工作】　9月1—10日，市安全监管局先后到北京市劳动保护科学研究所和京煤集团，与来自企业、机构的从业人员代表座谈，共同研讨如何做好职业分类大典修订工作。国家职业分类大典是中国第一部关于职业分类的大型、权威工具书，在信息统计、职业教育和人力资源开发与利用等领域发挥了重要作用。在安全生产方面，安全工程技术人员、安全评价师和注册安全工程师列入此次职业分类大典修订的范围。更好地对职业分类进行描述，可以帮助安全生产类从业人员根据工作性质和技能水平与其他职业区分，形成本职业独特的发展道路，同时将更有利于提高安全生产相关从业人员的社会认知度，促进安全生产人才的培养。通过修订工作了解到，安全评价师和注册安全工程师等安全类资格认证的培训、考核和继续教育等程序相对于社会上其他行业的资格认证仍然处于起步阶段，培训内容缺乏与生产实际的结合；报考选择没有适应生产领域的分类分级标准；继续教育的内容和形式不能满足生产技术的进步和法律法规的更新等。下一步市安全监管局将通过加强改进工作方式，创新工作思路，通过加强对北京市安全生产从业人员的培训管理，向国家安全监管总局提出建议，制定安全评价师和注册安全工程师等人员有关政策法规，认真做好国家职业分类大典的修订，科学规范对安全生产从业人员的执业管理。

（李玉祥、刘曦、罗旋）

【市安全生产执法监察总队成立暨行政执法服装配发仪式】 10月21日，北京市安全生产执法监察总队成立暨行政执法服装配发仪式隆重举行。市安全监管局局长张家明陪同国家安全监管总局副局长杨元元、市政府副市长苟仲文、国家安全监管总局政策法规司司长支同祥等参观了北京市安全生产执法、救援车辆及装备。共有52辆安全生产执法车辆，10辆应急救援车辆参加展示和演示。在仪式上，张家明对北京市安全生产执法监察队伍建设进行了回顾和总结；杨元元副局长、苟仲文副市长为北京市安全生产执法监察总队揭牌，并为行政执法人员代表配发服装；北京市安全生产行政执法人员代表王保树作了发言。随后，全体与会人员观看了北京市安全生产执法人员和燕山石化、东方石化应急救援队员的分列式表演。这次活动是北京市安全生产执法规范化建设成果一次大检阅。仪式由市安全监管局副局长蔡淑敏主持，市安全监管局分管领导、各区县主管安全生产工作的区（县）长、机关各处室、事业单位负责人及各区县安全监管局负责人参加了会议。

（李玉祥、何川、刘曦、罗旋）

【配合国家总局对北京市一级、二级安全培训机构资质复审工作】 10月27日至

11月2日，国家安全监管总局派出的复审专家组对北京市7家一级、二级安全培训机构进行资质复审，市安全监管局认真做好复审工作的专家接待、组织协调工作，为此次复审工作圆满完成提供有力保障。复审专家组每天进行一家培训机构的资质复审，首先听取各家培训机构的工作汇报，然后严格按照《一、二级安全培训机构认定标准》要求和复审程序对培训机构的自查报告、教学条件、管理制度、培训工作的相关档案及文件资料等进行认真审查，最后召开复审专家内部会议，形成复审意见并当场反馈给各培训机构。专家组对各家机构安全培训存在的问题进行深刻剖析，同时对未来安全培训工作的进一步改进和提升提出了宝贵的建议。此次复审工作还特别邀请市安全监管局纪检监察处对复审的各个环节进行监督，确保复审工作公平、公正，这一举措得到总局复审专家组和安全培训机构的高度赞扬。总局评审专家组对市安全监管局在复审工作中给予的大力支持与配合表示衷心的感谢。

（何川、刘曦）

【组织2011年11月注册安全工程师集中受理工作】 11月10—20日，根据《注册安全工程师管理规定》、《北京市安全生产监督管理局关于开展注册安全工程师注册管理信息系统使用试点工作的通告》（京安监发[2010]138号）规定，市安全监管局对北京市申请注册安全工程师初始注册、重新注册、延续注册和变更注册人员的申请材料进行了受理。全市共有303人提交了申请材料，其中，初始注册129人，变更注册30人，延续注册39人，重新注册105人。

（刘曦）

【区县安全培训工作座谈会】 11月11日，市安全监管局组织召开了区县安全培

训工作座谈会。会议首先就安全培训工作在安全监管工作中的地位以及2012年全市安全培训工作方向进行了通报。各区县安全监管局的负责人畅谈了本辖区在安全培训工作中的具体做法和实践经验，从机构、教师、教材、费用、职责等角度分析了安全培训工作的现状、存在问题及有关工作建议。各区县在做好本辖区安全培训工作的同时，也对全市的安全培训管理工作提出了更高的要求和期待。市安全监管局将根据此次会议收集整理的内容，认真梳理安全培训工作的现状和存在问题，做好全市的安全培训工作的研究和规划，采取有针对性的措施，切实提高全市安全培训工作水平。

（李玉祥、刘曦、张德武）

【调研部分行业所属的安全培训机构】11月14—22日，市安全监管局到部分行业所属的安全培训机构，就安全生产培训工作进行了调研。调研对象为：北京石油化工学院、中国建筑一局集团培训中心、北京金隅科技学院和北京市市政管理委员会培训中心。调研内容为：如何发挥重点行业（领域）内优秀培训机构在安全生产培训工作中的龙头作用。各培训机构详细汇报了近年来的安全培训工作开展情况，调研组与培训机构负责人就安全培训的硬件建设、管理提升、师资培育、质量控制、未来规划等问题进行深入交流。调研组还实地参观培训机构的电工、电焊工、智能楼宇控制、有限空间作业等富有特色的实训基地。市安全监管局对培训机构在能力建设方面取得的成绩以及培训模式上的探索与创新予以充分肯定，同时提出三点期望。一是高度重视，凝聚共识。要认真贯彻落实市委市政府关于安全培训工作的最新指示，深刻认识安全培训工作在安全生产中的基础性作用。二是注重质量，务求

实效。通过强化培训的过程管理、加强师资建设、重视教材开发、创新培训方式不断提升安全培训的质量，通过培训塑造更多"本质安全型"的从业人员。三是积极创新，服务大局。培训机构要积极探索更加便捷、高效的培训模式，更好地为政府、企业及广大从业人员提供优质的培训服务。

（李玉祥、刘曦、张德武）

【全国安全生产监管人员执法资格考试顺利举行】12月23日，全国安全生产监管人员执法资格考试（北京考场）在市安全监管局举行。北京市安全监管局30人、内蒙古安全监管局6人、中海油公司5人，共计41人参加了考试。本次执法资格考试是国家安全监管总局在2011年安全监管人员执法资格培训和考试方式改革后的首次考试，由原来全国统一集中培训、集中考试的传统方式转变为全员网上培训、各省设立分考场的新方式，使安监系统人员可以灵活安排学习计划，大幅度提高培训效率，更好地处理了工学矛盾。本次考试全国共设置11个分考场，约500多名安监人员同时参加考试。试卷由总局巡考人员在考试当天密封送达考场并现场启封，考试结束后密封送回总局阅卷，保证了考试的严肃性。在市安全监管局的考场上，所有参加考试人员都将手机关闭后进行了集中存放。市安全监管局局长张家明、副局长常纪文到现场对考场安排、考试纪律和考场组织工作进行指导，并向参考学员和考务人员了解对改革后的培训考试方式、效果和安排的建议和意见。

（李玉祥、刘曦、张德武、罗旋）

【特种作业高危行业相关人员安全资格考试】2011年度，市安全监管局组织完成特种作业人员安全技术考试22期，高危行业主要负责人安全管理人员安全资格考试7期。其中：特种作业人员操作资格

总报名人数 235 713 人，合格人数 173 706 人，合格人员中，电工作业类 106 661 人，金属焊接切割作业类 40 097 人，企业内机动车辆驾驶类 14 880 人，高处作业类 3 198 人，制冷作业类 2 125 人，矿山排水作业类 23 人，有限空间作业类 4 336 人，煤矿类 2 386 人。高危行业主要负责人安全管理人员安全资格考试报名 8 397 人，实考 7 517 人，合格 4 942 人。合格人数中，危险化学品类 2 985 人，煤矿类 131 人；燃气类 527 人；非煤矿山类 175 人；矿泉水、地热、地勘类 146 人；烟花爆竹类 978 人。

（张德武、刘曦）

安全生产法制建设

【条例修订工作圆满完成】 《北京市安全生产条例》（以下简称《条例》）修订调研工作自 2008 年启动，整个修订过程历时近 3 年，成立了由副市长苟仲文担任组长的《条例》修订工作领导小组，先后组织召开国家安全监管总局、市政府有关委办局、基层执法人员、各类生产经营单位、从业人员、安全生产专家、法律专家参加的 19 个专题论证会，通过专题会及书面征求意见等方式认真收集了来自全市各区县安全监管局的意见和建议，在充分听取和吸收了各方面意见和建议的基础上，对修订草案进行了反复修改。市第十三届人民代表大会常委会分别于 2011 年 3 月 31 日、5 月 27 日对《条例》修订草案进行了第二、第三次审议，经市第十三届人民代表大会常务委员会第二十五次会议审议通过，于 5 月 27 日正式公布，自 9 月 1 日起施行。新修订的《条例》共 7 章 98 条，比原《条例》新增 21 条，修订的内容既体现了北京城市特色，也吸收了世界其他国际化大都市的安全管理经验，既有制度完善，也有制度创新。作为北京市地方性法规，《条例》紧密结合首都城市特点和几年来的安全生产执法实践，是北京市安全监管系统智慧的结晶。《条例》的颁布实施，对全市安全生产监管工作具有重要意义。

（胡乃涵）

【召开条例贯彻实施新闻发布会】 6 月 9 日上午，市安全监管局配合市政府新闻办公室，在北京市政府新闻办新闻发布厅组织召开《北京市安全生产条例》（以下简称《条例》）贯彻实施新闻发布会，由市安全监管局向新闻媒体通报新修订的《条例》有关情况，市人大财经委、市人大法制办、市政府法制办等有关领导出席发布会。发布会由市政府新闻发言人王慧主持，市安全监管副局长蔡淑敏详细介绍了条例修订过程、修改的核心内容等有关情况，市安全监管局副局长蔡淑敏、汪卫国，市安全监管局法制处处长杨春雪，市政府法制办一处处长林志炜，市人大财经委办公室副主任程晓君等回答了记者提问。

（胡乃涵）

【组织宣传贯彻条例】 为全面宣传、贯彻新修订的《北京市安全生产条例》（以下简称《条例》），市安全监管局印发了《〈北京市安全生产条例〉宣传贯彻工作方案》，要求全市安全监管监察系统以高度的责任感和使命感，从维护和促进首都安全发展大局出发，紧密结合自身工作实际，认真学习《条例》，深入领会法规精神。按照方案要求，市安全监管局成立了由局长张家明任组长、市安全监管局其他局领导任副组长的《条例》宣传、贯彻工作领导小组，通过多种方式开展《条例》的宣贯工作。6 月 9 日，市安全监管局配合市政府新闻办公室组织召开《条例》贯彻实施新闻发布会，就《条例》修订工作面向媒体进行新闻发布。6 月 20 日，组织召开全市安全监管监察系统《条例》宣贯工作动员部署会，下发《条例》宣传工作方案，营造全市安全监管系统学习宣传贯彻新《条例》的氛围。将《条例》内容纳入干部培训计划，对全市安全监管监察系统、基层执法人员和街道、乡镇安全生产检查人员进行分批次、分阶段全员培训；督促各类型生产经营单位将《条例》学习纳入主要负责人、安全生产管理人员和从业人员培训内容。与城市服务管理广播《城市零距离》合作策划《条例》宣传专题访谈节目，邀请市安全监管局领导做客城管广播，就《条例》修订进行解读，回答市民提出的安全生产问题。在《首都之窗》政风行风热线专题访谈节目策划工作，全面解析新修订的《条例》内容，解答网友提出的问题。组织《北京日报》、《中国安全生产报》等平面媒体，专题采访市安全监管局领导，深度解析《条例》精神。将《条例》宣贯与第十个"安全生产月"活动紧密结合起来，把《条例》作为公开课、巡回演讲、咨询日、竞赛等市级活动重点宣传内容，印制《安全生产条例单行本》2万册，《条例》宣贯主题宣传画3万张，及时发放至区县、行业部门及重点大型企业。通过形式多样的宣贯活动，新《条例》在广大从业人员中的认知度逐步提高，在全市企业中掀起了学习新《条例》的热潮，取得了良好的宣传效果。

（胡乃涵）

【加强和改善行政执法工作】 2011年，市安全监管局根据《北京市人民政府关于进一步加强和改善行政执法工作的意见》要求，成立了加强和改善行政执法工作领导小组，制定了《贯彻落实市政府关于进一步加强和改善行政执法工作意见的实施方案》，在方案中提出了"牢固树立依法行政、执法为民的理念，紧紧围绕人文北京、科技北京、绿色北京发展战略和首

都改革、发展、稳定的总任务，转变执法理念，创新体制机制，规范执法行为，提高执法效率"的工作目标。探索制订安全生产执法计划，推动安全生产执法协调机制，解决了重复执法、交叉执法等安全生产行政执法老大难问题，取得了良好的执法效果。选取了大兴区和通州区安全监管局进行委托执法试点和调研，规范基层执法人员的行为，使委托执法规范化、标准化，充分调动了基层街道乡镇的积极性，提高了执法检查的覆盖面，加强了街道乡镇安全生产监管工作。在全系统积极推动落实自由裁量权的相关规定，通过全面培训，使全市安全监管执法人员掌握实施行政处罚的规则和标准，合法、适当地使用自由裁量权。继续深入推进行政执法电子信息化工作，召开了全系统推广安全生产执法系统工作会，建立系统推广工作机制，对试点工作进行了部署。强化法制学习和教育培训，努力提高依法行政的能力。全面启动行政审批体制改革工作，成立了以市安全监管局局长张家明为组长的行政审批改革小组，全面梳理行政许可事项，规范行政许可程序，对市安全监管局行政许可窗口办事大厅进行了调整，进一步修改和完善了各项许可的流程、服务范围、服务事项、收费标准、办理时限等。

（胡乃涵）

【省际互查工作顺利开展】 按照国家安全监管总局《关于开展安全监管行政执法省际互查的通知》要求，9月23—26日，西藏自治区安全监管局检查组代表国家安全监管总局对北京市安全监管局行政执法工作开展省际互查。检查组由西藏自治区安全监管局副局长付远志带队，以开展座谈、查阅文件、实地检查等形式，对北京市、县（区）、乡镇（街道）安全生产监管行政执法和队伍建设情况进行了深入、细

致的检查，市安全监管局局长张家明、副局长汪卫国、贾太保等先后陪同检查，国家安全监管总局政策法规司副司长邬燕云对检查工作进行了指导。23日上午，检查组在市安全监管局召开座谈会，听取了北京市安全生产行政执法工作的情况汇报，检查组介绍了西藏自治区安全生产监管工作的开展情况，并与参会的市安全监管局各处室（队）交流安全生产管理工作经验。26日，检查组分别赴朝阳区金盏地区办事处和西城区安全监管局进行检查，以座谈、查阅资料、实地检查等形式考察北京市安全生产执法重心下移和乡镇基层安全生产监管队伍建设情况。朝阳区安全监管局书记赵新跃、朝阳区金盏乡乡长孙玉辉、副乡长林成、西城区副区长、区安委会主任苏东、西城区安全监管局局长陈国红，展览路街道副主任王中峰先后陪同检查。为迎接此次省级互查，市安全监管局主动开展自查，认真准备材料，细致安排行程，相关区县安全监管局和街道、乡镇高度重视，积极配合，检查组对北京市安全生产监管监察工作给予了高度评价。

（胡乃涵）

【严格执法资格管理】 2011年，市安全监管局进一步加强安全生产执法队伍建设，严格行政执法监察检查人员监管，将执法资格证件发放工作与人员素质、培训考核、普法宣传相结合，并体现服务职能。2011年，为区县的61位执法人员发放了安全生产执法监察证，为129位执法人员办理了证件复审；为乡镇街道的278位执法人员发放了检查员证，为46位执法人员办理了证件复审。全市具有安全生产监管监察执法资格的区县人员达到908人，乡镇街道人员达到1981人，安全生产执法队伍建设进一步强化。

（胡乃涵）

【启动社会满意度调查工作】 2011年，引入社会公众参与政府执法检查工作，有助于社会公众了解、监督、参与政府的工作，评测政府部门执法检查工作效果，帮助全市安全生产监管监察系统执法人员提高执法水平，提升人民群众对政府依法行政的满意度。2011年，市安全监管局印发了《行政执法效果评估社会满意度调查工作方案》，通过抽选有代表性的社会执法监督员参与现场执法，了解政府执法人员执法监督状况，收集管理相对人的意见，发现安全生产行政执法中的不足，提高安全生产行政执法水平。聘请了61位社会执法监督员并为其颁发了证书，首批监督员中包括人大代表、政协委员、相关领域专家、管理相对人等。

（胡乃涵）

安全生产科技创安

【总局调研安全生产产业情况】 1月11日，国家安全监管总局规划科技司到市安全监管局调研安全生产产业发展。市安全监管局汇报了安全生产科技工作概况和趋势情况，与出席座谈的各单位代表就安全生产产业发展面临的问题深入交换了意见。会议提出，安全生产科技应遵循"两个服务于"宗旨，即服务于安全生产执法监察，服务于全力降低生产安全事故。深入贯彻国务院23号文件关于科技工作的4项要求，积极开展科技攻关，强制推广先进适用装备，淘汰落后产能，大力推进安全生产产业建设。在"十二五"期间，要努力将科研单位和高校等研发力量向安全科技方向集结，嫁接转化科技成果；树立安全科技学科带头人，形成科学家制度，加强人才队伍建设；完善安全科技创新体系，以安全产业园区为引导，调动科技资源及上下游产业链，鼓励多方面联合攻关，培育科技成果孵化器，分门别类建设产业转化平台和技术推广示范工程，走产、学、研相结合的道路。与会代表建议，北京市应继续发挥自身优势，联合专业科研院所和高校充实安全科技人才队伍，利用在劳动防护用品、检测检验机构、应急救援和监控装备等方面已经形成的产业基础，坚持自主创新，兼顾引进与培育，以应用牵引市场导向，重点建设产业平台和示范项目。在巩固研发和生产的同时，扩展和加强安全科技的服务功能，引入部分先进适用的军转民技术，以优惠的政策和多渠道的融资环境吸引多方面力量，来共同努力，全面提升安全生产保障能力。

（李玉祥、刘曦、罗旋）

【2 个实验室通过省级验收】 1 月 27 日，市安全监管局完成了对北京市安全生产技术支撑体系专业中心职业危害检测与鉴定、非矿山与重大危险源监控 2 个实验室的省级验收工作。验收组按照《国家安全监管总局办公厅关于印发安全生产技术支撑体系专业中心建设项目竣工验收管理办法的通知》（安监总厅规划[2009]196 号）有关规定，逐项对实验室建设情况进行验收，听取了竣工验收总结报告，查阅了相关材料，现场核查了实验室仪器设备并就有关情况进行了质询。验收组认为职业危害检测与鉴定、非矿山与重大危险源监控两个实验室建设项目总体完成情况、建设资金到位及使用情况、实验室运行情况、实验室管理情况、财务决算审计和初步验收情况基本符合有关文件规定，一致同意 2 个实验室通过验收。下一步，实验室发挥技术作用，将积极为全市安全生产提供技术支撑。

（李玉祥、刘自杰、刘曦）

【市局赴浙江、安徽调研安全产业发展情况】 3 月 9—12 日，市安全监管局赴浙江省、安徽省调研安全生产产业发展及职业安全监管工作。浙江省安全产业较为集中，近年来取得了较快发展，已经自发形成了具有地方特色的传统安全产业区块，其中部分产品在国内已占有较大市场份额，在行业内享有良好声誉。浙江省培育成长了一批高科技龙头企业，努力提升科技含量，加强自主创新能力，在检测仪器、自动化安全控制系统等方面已具备国际竞争力。同时，在安全服务领域，一批专业安全服务机构不断拓展行业发展，在安全保障方面发挥了重要的技术支撑作用。浙江省安全监管局正在从摸底数、树典型、引人才、出政策、建协会等方面入手，进一步探索推进安全生产产业发展。安徽省注重安全科技科研成果的转化和产业发展，重点扶持一批具有自主研发能力，并能够将安全科技成果推向市场的创新型企业。其中以事故预防管理、驾驶员检测设备等领域为典型，其成果和产品已经占据国内绝大部分市场。安徽省安全监管部门帮助安全科技企业申请国家、省级科技立项，推进研发过程，支持协助企业制定相关行业标准，将安全生产产业从根本上推入正规化发展轨道。调研组围绕安全生产培训、特种作业管理、物联网建设和职业安全管理等内容与浙江省、安徽省安全监管局有关负责人进行了座谈交流，并实地考察了相关企业。此次调研为北京市进一步丰富完善安全生产产业发展整体调研工作方案、明确调研工作思路提供了帮助。

（李玉祥、刘曦、罗旋）

【市局部署安全生产科技工作】 3 月 30 日，根据全市安监系统工作会议精神及 2011 年全年重点工作责任分工安排，市安全监管局部署了科技重点工作。

（李玉祥、刘曦）

【开展安全生产产业现状调研】 贯彻

落实国务院《通知》"关于培育和发展安全产业"有关要求，市安全监管局面向全市开展安全生产产业现状调查。以发放调查表、召开座谈会、聘请专家研讨等方式，对北京市安全生产产业概况，即安全生产产业总体发展情况，包括企业数、产值、从业人数、利税等；安全生产产品基本情况，包括安全技术与装备，监测监控、应急救援技术、社区安防、消防安全、个体防护等技术、产品与装备等；安全生产服务基本情况，包括面向各级政府、各类工程项目和企业的安全规划，安全评价、安全培训、安全技术科研、安全技术与管理咨询、安全宣传教育服务等进行统计、汇总和分析。征集对安全生产产业发展建议，以及对产业范围界定建议，产业发展预测等；研究提出北京市发展安全生产产业总体工作思路。

（李玉祥、刘曦）

【开展先进适用科研成果推广应用遴选工作】　按照国家安全监管总局开展安全生产"百项"先进适用技术推广遴选工作的要求，针对煤矿、非煤矿山、危险化学品、烟花爆竹、职业健康、应急救援等重点行业（领域），突出灾害监测监控、安全避险、安全保护、个体防护、特种安全设施、应急救援、安全生产管理软件等安全生产专用设备所需的安全生产先进技术，在全市范围内开展科研成果推广应用遴选工作。按照申报程序和原则、标准，市安全监管局积极向国家安全监管总局进行推荐。

（李玉祥、刘曦）

【继续开展安全科技需求调研和科研立项】　结合安全监管监察实际，引导大专院校、安全生产科研机构、专家，针对北京市安全生产工作中急需解决的问题，筛选安全科技重点研究项目，积极向市科委或国家安全监管总局申报立项，争取政策和资金支持。鼓励有条件的企业开展安全科技项目研发，以科技手段促进生产工艺改造、提升安全管理水平。

（李玉祥、刘曦）

【推进安全生产监管领域物联网技术应用】　按照"科技北京"行动计划 2011年度折子工程计划任务，选择 4 个煤矿、5个尾矿库、15 家重点危险化学品生产经营企业、600 家加油站和 3 级以上油库、20家工业企业、12 家烟花爆竹批发单位等开展物联网应用示范建设，建立企业物联网监控系统；建设市区两级预警调度平台，将上述生产经营单位物联网报警数据接入市区两级安全监管部门，进行汇聚、智能研判、预警和应急处置，重点实现危险化学品重大危险源监控；建设配套的法规标准体系、安全保障体系、第三方运营服务体系和运行维护体系。

（李玉祥、刘曦）

【举办第一届安全生产科技成果及装备展览会】　总结"十一五"时期全市安全生产科技研究成果和科技成果应用所取得的成就，推进科技成果和技术创新成就的转化和应用。以展览会形式，采用多种方式突出展现在完善安全监管体系、提高首都整体安全监管水平，加强安全生产服务保障等方面的工作成效。

（李玉祥、刘曦）

【推进安全监管监察装备配备工作】按照《关于北京市安全监管装备配备工作的实施意见》（京安监发[2010]93 号），结合北京市安全监管工作实际，分级、分步骤推进各级安监部门基础设施和装备标准化建设。市安全监管局将推进全市安全监管干部配置执法工装工作，并争取资金配置必要的现场快速检测设备等装备。

（李玉祥、刘曦）

【组织召开第四届安全生产专家聘任大会】 认真总结历届安全生产专家所发挥的支撑作用，进一步完善专家管理办法，创新工作方法，发挥专家在安全科技研究方向、企业安全生产标准化建设、完善安全生产风险评估体系、加快安全生产人才培养等方面的智囊作用，促进安全生产监管工作取得新发展。

（李玉祥、刘曦）

【加强科普能力建设和科普宣传】 采取专家讲座、大讲堂、举办科技论坛等形式，充分利用全国"科技周"、"安全生产月"、"安全生产万里行"等活动契机，推动安全科普知识进企业、进社区、进基层工作。充分发挥安全生产科普培训基地作用，开展安全科普工作者培训。

（李玉祥、刘曦）

【重大危险源监控系统建设应用汇报会】 4月7日，根据关于组织开展安全生产"百项"先进适用技术推广遴选工作精神，为推广应用先进适用科研成果，结合北京市实际情况，市安全监管局组织召开了基于物联网应用的北京市重大危险源监控系统建设应用情况汇报会。会上，《北京市重大危险源全方位、无障碍安全监测及防范技术研究》课题技术研究单位汇报了近几年围绕安全生产关键技术研究的相关课题及研究成果情况，重点汇报了基于物联网应用的北京市重大危险源监控系统建设情况、可实现的功能以及在朝阳区、顺义区、房山区安全监管局等单位的应用情况。市安全监管局有关处室负责人介绍了下一步在应用物联网技术推进重大危险源监管工作的思路，并就实际监管工作中遇到的问题与研究单位进行了交流，希望研究单位对北京市重大危险源监管相关工作多多提出建设性意见。

（李玉祥、刘自杰、刘曦）

【组织召开科普统计工作培训会】 4月12日，为了贯彻落实国家科技部《关于开展 2010 年度全国科普统计的通知》（国科发政[2011]87 号）精神，配合做好北京市科普统计工作，市安全监管局组织召开科普统计工作培训会。市安全监管局相关部门负责人介绍了科普统计工作的背景、意义和组织实施程序，介绍了科普统计调查表相关内容及填报要求。强调科普统计是贯彻《中华人民共和国科学技术进步法》和《中华人民共和国科学技术普及法》的重要举措，是政府部门了解和掌握全国科普状况的重要基础数据，是科技统计的重要组成部分。结合北京市安全科普工作实际，提出了各相关部门按时、高质地完成科普统计表填报工作的希望。

（李玉祥、刘自杰、刘曦）

【到徐州进行安全产业发展调研】 4月12日，市安全监管局安全生产产业化调研组赴徐州市进行安全生产产业调研。在调研中，调研组和徐州市安全生产监督管理部门、徐州市经济开发区、徐州市铜山区政府和徐州安全生产产业园区管理机构座谈，详细了解该区的发展历史、发展基础、发展特色和园区规划。之后到徐州安全生产产业园一期园区进行了实地考察，与企业座谈，调研安全生产产业的产业发展主体、产业基础、产业结构、产业链条、市场运作和市场销售情况。

（李玉祥、罗旋）

【市科委调研安全生产科技工作】 4月20日，市科委主任闫傲霜带队到市安全监管局调研安全生产科技工作、安全生产产业发展思路及信息化建设和应用情况。市安全监管局对近年来获得市科委支持、指导的安全生产科技成果、项目，进行了总结汇报。市科委提出了今后的工作重点：一是要在解决各领域科研难点的同时推动相关产业发展，从根本上解决本质问题；二是要更全面地听取监管部门的实际需求，切实满足各行业紧迫的科技要求；三是明确企业、机构的主体责任，使政府部门的作用向政策引导、对接服务和认证推广方面倾斜。市安全监管局表示，将进一步完善安全生产科技工作体系，使立项研发与推广应用同步实施，安全监管部门要与科委联合，充分调动首都人才和智力资源优势，联合提出需求、联合筛选立项、联合推广应用，建立更加高效的安全科技工作机制。同时，从安全产业发展入手，鼓励研发、推广先进适用技术，强制淘汰落后装备和工艺，使北京市安全生产科技创新和保障能力全面提高，促进全市安全生产形势进一步好转。

（李玉祥、刘自杰、刘曦）

【《外埠进京危化品运输车辆监控技术研究示范》课题通过市科委验收】 5月5日，市科委召开"外埠进京危化品运输车辆监控技术研究示范"课题验收会。市安全监管局、市劳动保护科学研究所、长城金点定位测控（北京）有限公司、北京北大千方科技有限公司参加了验收会。市劳动保护科学研究所代表课题组作了《外埠进京危化品运输车辆监控技术研究示范》课题完成情况工作报告，长城金点定位测控（北京）有限公司代表课题组作了在亦庄开发区和燕山石化分公司开展示范工程技术报告。中国安全生产科学研究院、北京科技大学、经济技术开发区安全监管局、北京烽火联拓科技有限公司、市计算中心的专家听取了课题承担单位的汇报，审查了研究报告等相关技术材料，并就有关问题进行了质询。专家一致认为：该课题结合外埠进京危险化学品车辆运输的特点，选取燕山石化厂区、经济技术开发区为示范区，经过充分调研和分析，运用 RFID 技术，研发建立了外埠进京危险化学品运输车辆监控系统，实现了对外埠进京危险化学品运输车辆实时监控，并通过示范应用，为有关部门对外埠进京危险化学品运输车辆监管提供了有效的技术支撑；该课题采用 RFID 技术，将有源 RFID 和无源 RFID 结合，并融合 RFID 技术、CDMA 通信技术和 WEBGIS 技术，实现了 RFID 的远距离识别和数据读写，从而实现了对外埠进京危险化学品运输车辆的实时监控管理；该课题在示范应用过程中配套起草了《外埠进京危险化学品运输车辆监控信息标准（送审稿）》和《外埠进京危险化学品运输车辆安全管理办法（送审稿）》，为实现外埠进京危险化学品运输车辆监管提供了技术基础；达到了课题任务书规定的考核指标要求，该课题成果具有实用性和创新性。同意通过验收。市科委表示，专家高度评价了课题研究成果，该课题为北京市对外埠进京危险化学品运输车辆监管探索了新思路，积累了有益的经验，提供了有力的技术支撑。希望课题承担单位在现有示范应用基础上，进一步完善系统，并推广应用。

（李玉祥、刘自杰、刘曦）

【筹备"第十四届中国北京国际科技产业博览会""科技兴安"主题参展项目】 5月9日，市安全监管局组织召开"第十四届中国北京国际科技产业博览会""科技兴安"主题参展项目筹备会。在前期推荐筛选基础上，对参展单位提出要求，要高度重视，认真组织，抓紧准备，确保展出质量；参展项目要以实物、模型、图板等，通过灯光、电视播放、多媒体演示等多种形式进行展出，并进行现场演示、互动。

（李玉祥、刘自杰、刘曦）

【赴中关村调研安全产业化】 5月18日，市安全监管局到中关村国家自主创新示范园区管委会调研高新科技产业发展情况，并就北京市安全生产产业示范园区建设意向进行了研讨。调研发现，北京市发展安全生产产业符合首都经济社会发展要求，能够发挥北京市地缘优势、人才优势、科学技术优势和市场优势，对安全生产科技成果和先进技术装备的发展是强有力的推动。首都安全生产产业发展必须结合北京现有的产业优势，侧重发展高端制造、软件开发、高端服务、培训教育及国际会展等方面。同时，要结合实施强制淘汰落后工艺和装备，将先进适用技术、装备加以推广应用，推动安全产业发展。属地政府和有关部门要提高认识，充分发挥各部门职能，做好属地对接方案的规划和设计，加快首都安全生产产业示范园区建设步伐。中关村科技园区将继续从产业园区建设和产业扶持政策等方面积极支持，并在下一步中关村园区扩张规划和产业资源扩充发展上结合北京市安全生产产业需求，开展更加深入的交流与合作。

（李玉祥、刘曦、罗旋）

【"科技兴安"参加"科博会"展览】 5月17—22日，市安全监管局牵头组织的"科技兴安"展示板块首次参加"科博会"。重点回顾、展示和推广了近年来首都安全生产科技领域，联合区县安全监管局、科研机构、高校和企业共同培育、推出的一批先进适用技术、装备以及科学的监管手段，集中体现了安全生产监管监察系统在创新监管手段、提高保障能力和提升企业本质安全水平的工作成果。展会期间，市政府、市科委、中关村管委会、市贸促会的有关领导来到"科技兴安"主题展区参观交流，对安全生产科技研发、技术应用和产品推广工作给予了高度评价，并对科研成果进一步推广应用和形成产业化提出了意见和建议。

（李玉祥、刘自杰、刘曦）

【赴高科技园区企业调研】 5月20日，市安全监管局到高科技园区企业北京凌天世纪自动化技术有限公司参观并调研指导工作。对在产检测检验设备提出了改进建议，参观了红外热成像仪、钢筋速断器、组合式破拆工具、气动凿岩机等演示操作。同时，要求企业认真准备申报材料，积极参加2011年度"百项"先进适用技术推广工作。

（李玉祥、刘曦、罗旋）

【召开研讨安全产业园区建设工作会议】 5月24日，市安全监管局在房山区召开了安全生产产业示范园区建设研讨会。房山区政府及有关部门、市科委、市经济信息化委、市劳保所有关负责人共同研讨了安全生产产业示范园区落户房山区的对接工作。为全面做好首都安全生产产业示范园区的建设筹备工作，由市安全监管局牵头，市科委、市经济信息化委、市发展改革委等部门积极参与支持，经过前期调研，初步理出了思路，先后向国家安全监管总局和市政府领导进行了汇报，领导作了重要批示。根据批示要求，规划将首都安全生产示范园区建设在房山区，并与中关村国家自主创新示范园区在全市各区的扩张建设有机结合起来。房山区政府将划拨900亩土地用于安全产业示范园区建设。下一步将由房山区发展改革委和经济信息化委共同筹备，做好建设规划、前期搬迁和基础设施建设等对接方案的起草工作，同时向市政府有关部门积极争取建设项目、启动资金和招商引资方面的支持，为全面做好园区建设对接工作打好基础。

（李玉祥、罗旋）

【安全产业发展及产业园区建设调研】 6月15日，市科委、市经信委，房山区发改委、科委、经济信息化委、安全监管局有关负责人，赴市发展改革委开展北京市安全生产产业发展及产业园区建设的调研。由市安全监管局牵头，市科委、市经济信息化委等部门参与，经过一系列调研工作，通过向国家安全监管总局和市政府汇报，首都安全生产产业园区筹建工作已取得初步进展。市发展改革委高技术产业处有关负责人表示，北京市发展安全生产产业符合首都经济社会发展总体方向，是落实国务院和北京市政府转变发展经济发展方式，促进工业转型的有力措施，能够深入发掘北京市在科研、人才、高端制造及相关产业方面的有利条件。市发展改革委将会同房山区发展改革委和相关部门，共同做好产业园区建设的支持工作，将产业园区土地一级开发和前期配套基础设施规划同步落实，扎实做好园区的筹备工作。同时建议，市安全监管局进一步做好北京市安全生产产业相关资源的梳理工作，筛选符合国家战略性新兴产业方向，通过引进龙头骨干企业和科研单位优先入驻园区，拉动园区招商引资顺利进行。

（李玉祥、刘曦、罗旋）

【赴市科学技术研究院调研安全产业化】　6月23日，市安全监管局联合市科委、市经信委，房山区经信委、安全监管局有关部门，赴市科学技术研究院开展北京市安全生产产业发展及产业园区建设调研。调研组认真听取了市科学技术研究院领导对北京市发展安全生产产业的意见、建议，并了解到该研究院在实施北京市安全生产科技研究的实际需求。院领导表示，研究院将积极支持北京市发展安全生产产业，并在科研、人才、高端制造及相关产业方面提供支持。

（李玉祥、刘曦、罗旋）

【征集专家对科技产业化项目意见】
7月21日，市安全监管局召开会议征集专家对科技产业化项目的意见。在概括总结

近年来北京市安全生产科技工作取得成果基础上，结合新时期首都安全保障需求和安全发展新要求，市安全监管局请专家研究提出促进安全发展的科技产业重大项目，以不断满足"科技兴安"战略的实施。专家建议，要加强对一些关键问题研究，有利于实现安全生产的根本好转，如何认知环境中的新型危害因素；如何通过多元传感设备对动态环境下的综合危害因素进行识别；如何建立动态安全风险分析模型；如何根据个性化要求向不同对象发布不同密度的信息来实现预警和应急处置，以达到降低危害因素造成损失的目的。

（李玉祥、刘曦、刘自杰）

【赴首云铁矿调研安全生产科技需求】
11月18日，市安全监管局与市科委冒雨赴首云铁矿调研安全生产科技需求。调研组听取了首云铁矿公司有关负责人关于矿山生产和安全管理方面的情况汇报。首云铁矿正在进行由地上开采向地下开采的转变过程，因生产工艺和生产环境改变带来了新的安全生产问题，同时，尾矿砂的无害化处理以及数字化矿山建设等课题，也急需利用科技手段攻关解决。随后，调研组到尾矿库、尾矿砂处理车间和矿山地上开采区进行实地查看并了解情况。市科委表示：要继续加大对全市安全生产领域的科技力量投入，通过了解掌握重点企业在安全管理方面的科技需求，更有针对性地推广先进技术、推动装备研发、进行科技课题攻关，从而引导行业领域更好地利用科技手段解决安全管理问题。

（李玉祥、刘曦、刘自杰）

【高危行业重大科技项目研讨会】　12月26日，市安全监管局组织召开高危行业安全生产重大科技项目研究专题会研讨会。为认真贯彻实施北京市安全生产"十二五"规划，切实提高北京市安全生产监

管监察能力，做好 2012 年重大科技项目申报工作，结合实际工作和监管监察工作中遇到的问题，各参会单位提出了当前监管监察工作中重点问题和急需依靠科技手段解决的难题。北京市劳动保护科学研究所、北京亚思顿科技发展有限公司有关负责人参加了研讨会，并结合处室负责人提出的问题，初步提出利用科技手段解决相关问题的设想。大家认为，当前和今后一个时期，安全生产科技工作要在矿山精细化管理、尾矿库再利用、职业危害预防、危险化学品监控、人员密集场所预警、应急处置能力提高等方面做深入研究，把已有的成果进行推广应用，逐步形成产业，促进安全生产步入良性循环。

（李玉祥、刘曦、刘自杰）

【安全生产专家聘任大会召开】 12月30日，市安全监管局召开了第 4 届安全生产专家聘任大会，此次调整和补充后的专家库，在上届基础上扩增到 13 个专业组，增设了有限空间类。调整后的专家共有 70 名，其中包含矿山、机械、化工等众多重点行业的 40 多名专业技术人才。会议总结了第 3 届专家聘任以来的工作情况，就下一步专家工作提出思路。市安全监管局指出："十二五"时期，北京进入了建设中国特色世界城市的新阶段，构建首善之区、建设"三个北京"，提高全市安全生产监管监察能力、增强城市安全运行保障和事故防范能力，还需要包括广大专家在内的安全生产工作者共同奋斗、不懈努力。要进一步发挥专家的专业优势，围绕建立安全生产长效机制，积极推进安全生产标准化工作的深入开展，广大专家要在职业安全健康这个领域多进行有益的探索和研究，用科技的力量预防、控制职业危害，通过实施有效的职业安全健康管理，帮助企业系统化、规范化地提升职业安全健康

管理水平。要进一步建立完善专家业绩评价体系，为更好地发挥专家作用优化工作水平，要以能力为导向，以业绩为基础，兼顾实际参与经历和公众评论，为科学合理地使用专家提供客观依据，让安全生产专家组成为首都安全生产监管监察工作的坚实基础。

（李玉祥、刘曦、刘自杰）

安全生产标准化建设

【确定全市标准化工作基本模式】 2011 年，为落实国家和北京市关于开展企业安全生产标准化工作的要求，为全面推进北京市标准化达标创建工作，北京市安全监管局在加强调研的基础上，认真研究标准化工作的顶层设计思路，以解决全市标准化工作目标"干什么、怎么干、谁来干"的问题。通过多次研究，形成了标准化工作的总体思路和工作模式，同时，起草了《北京市安全生产委员会关于进一步推动企业安全生产标准化建设工作的指导意见》、《北京市安全生产委员会关于进一步规范本市安全生产标准化评审工作的指导意见》和《北京市机械冶金等行业安全生产标准化评审单位管理办法》3 个指导性文件，发至各区县及市属行业主管部门。

（时会佳）

【建立并完善安全生产标准化建设信息化管理体系】 市安全监管局依托安全生产监管信息平台，建立安全生产标准化建设工作信息化管理系统，预计 2012 年年底完成。该系统充分利用信息化管理工具，加强对工作进展的实时管理，及时掌握安全生产标准化建设工作的动态信息，提高考评工作效率和服务水平。

安全生产标准化建设工作信息化管理

系统实施后将实现 4 个功能：一是信息上报功能。实现企业标准化建设组织机构、标准化体系文件资料、企业自评标准及自评信息、评审机构信息、评审结果信息、贯标培训信息以及达标持续性信息的上报管理。二是审核管理功能。实现监管部门对企业标准化信息的审核审批，数据分级上报管理、企业标准化监督检查等。三是综合统计分析功能。实现企业标准化综合统计分析，包括行业类型分布分析、达标企业分析、分级别标准化企业分析等综合分析功能。四是实现企业标准化建设工作日常动态监管功能。同企业建立标准化建设互动管理渠道，动态掌握企业标准化建设工作开展情况，对企业标准化工作进行审核和监管。依托系统综合统计分析，全面掌握各行业标准化工作开展情况。

（时会佳）

【全面推进北京市安全生产标准化进程】　为贯彻落实国务院安委会《关于深入开展企业安全生产标准化建设的指导意见》（安委[2011]4 号）、国务院安委会办公室《关于深入开展全国冶金等工贸企业安全生产标准化建设的实施意见（2011-5-18）》（安委办[2011]18 号）和《北京市人民政府关于进一步加强企业安全工作的通知》及市领导有关要求，推进北京市企业安全生产标准化达标工作，进一步落实企业主体责任，北京市安全监管局起草了《北京市政府关于进一步推进安全生产标准化工作的实施意见》、《北京市安全生产标准化建设"十二五"规划》、《北京市安全生产委员会办公室关于进一步规范全市标准化评审工作指导意见》。这 3 个文件是落实国家、北京市有关要求，推进全市标准化创建工作进一步深入开展的重要举措；对促进全市建立标准化工作机制、构建标准化工作格局、实现全市各行业五年达标具有重要意义。

截至 2011 年年底，全市达标企业已达 904 家，其中国家级企业 15 家，市级企业 123 家，区县级企业 766 家。企业参与安全生产标准化达标活动认识逐步提高，全市标准化工作氛围日益浓厚。

（时会佳）

【5 家企业获得"北京市安全生产标准化企业"称号】　中煤北京煤矿机械有限责任公司、北京建筑材料科学研究总院有限公司、北京开拓热力中心、北京华德液压工业集团有限责任公司液压阀分公司、北京华德液压工业集团有限责任公司液压泵分公司在自评的基础上，于 3 月 16 日通过了北京市安全生产标准化复评机构组织的专家评审，取得了"北京市安全生产标准化企业"称号。

（赵昕）

【部署冶金有色专项整治及安全生产标准化达标工作】　5 月 25 日，市安全监管局召开会议，安排部署冶金、有色行业安全专项整治及标准化达标工作。丰台区、石景山区、通州区、顺义区、大兴区、昌平区、平谷区、怀柔区 8 个区县安全监管局有关负责参加了会议。会议传达了国家安全监管总局关于进一步做好冶金、有色行业安全专项整治及加强冶金等工商贸企业粉尘爆炸事故防范工作的通知精神，结合北京市实际，就做好专项整治及企业标准化达标工作提出了具体要求。会上，与会人员针对目前工作进展情况、存在的问题及下一步工作设想，进行了积极、坦诚的交流。通过此次会议，各区县安全监管局对冶金、有色行业安全专项整治的范围及重点内容有了更清晰的了解，对企业安全标准化达标创建工作形成了共识。

（赵昕）

【推进北京市安全生产标准化建设】　6 月 2 日，市安全监管局组织有关处室专题研究标准化工作，要求近期做好 6 个方面的工作：

一是进一步明确推进北京市标准化工作的总体思路，制定标准化工作 5 年规划，逐步健全完善工作机制。二是为落实国务院安全生产委员会 4 号文件，草拟《北京市安全生产标准化工作方案》（2011—2015年），并上报市政府同意后，报国务院安全生产委员会办公室。三是加强配套建设，完善安全生产标准化"四个体系"。四是起草《北京市安全生产委员会关于进一步推进 2011 年安全生产标准化工作的指导意见》，明确 2011 年标准化工作目标、行业范围以及区县和行业部门的工作任务。五是进一步规范安全生产标准化评审管理。制定《北京市安全生产委员会办公室关于进一步规范全市安全生产标准化评审工作的指导意见》，明确全市标准化等级、达标标准、评审程序、评审单位资格、达标企业管理等问题。六是筹备召开全市标准化工作启动部署大会，全面启动部署全市各行业达标工作。

（赵昕）

【安全生产标准化达标工作研讨会】 8 月 1 日，市安全监管局组织有关区县安全监管局、市安全生产协会相关人员及专家召开了标准化专项工作研讨会。会议围绕如何建立全市标准化工作机制特别是标准问题进行了深入研讨。顺义区安全监管局介绍了分级分类和隐患自查自报系统，重点介绍了 47 类标准的制定和实施情况。与会人员就标准化专家委员会的职能，以及指导全市行业管理部门和区县制定、修订达标评审标准提出了建设性的看法和建议。同时对《北京市安全生产委员会关于进一步推进安全生产标准化工作的实施意见》、《北京市安全生产标准化建设"十二五"规划》、《北京市安全生产标准化建设办公

室关于进一步规范全市安全生产标准化评审工作的指导意见》3 个征求意见稿进行讨论，并提出了修改建议。

（赵昕）

【国家安全监管总局有关部门赴海淀区调研安全生产标准化达标工作】 8 月 18 日，国家安全监管总局监管四司司长欧广、副司长马锐到海淀区八里庄街道办事处调研安全生产标准化工作和信息化工作。市安全监管局副局长陈清陪同调研。欧广、马锐听取了海淀区及八里庄街道办事处和北京东陶机器有限公司有关标准化、信息化工作汇报，并与有关行业进行了深入细致的交流。欧广充分肯定了北京及海淀区八里庄街道等单位在标准化创建工作中取得的成绩，通报了近一时期全国安全生产工作的重点任务，对北京市进一步推进安全生产标准化、信息工作提出了新的要求。

（赵昕）

【丰台区安全生产标准化活动优秀单位】 2011 年，华电（北京）热点有限公司、北京京桥热点有限责任公司、北京京丰燃气发电有限责任公司、北京合欣机电有限责任公司等共 31 个单位。

（丰台）

【丰台区工业企业安全生产标准化活动合格单位】 2011 年，丰台区辖区的北京二七房丰机械有限责任公司、北京中大蓝天玻璃有限公司等 12 个单位。

（丰台）

【房山区举办安全生产标准化专业培训】 5 月 23—31 日，房山区安全监管局对全区 25 个乡镇安全管理人员、危险化学品从业单位负责人举办 3 期安全生产标准化专业培训，300 多人参加培训。

（房山）

【石景山区召开安全生产标准化建设动员部署会】 6 月 3 日，石景山区安全监

管局召开安全生产标准化建设会议，区质监、人力社保、卫生、环保、消防、总工会和60多个企业负责人、安全管理人员和班组长200余人参加。会议确定了43家工业企业为首批开展标准化工作对象。督促企业通过安全生产标准化活动落实措施、责任、资金、时限和预案"五到位"。

（石景山）

【平谷区继续推行"十百千"工程】 继2010年开展"十百千"工程以来，针对"十百千"工程进展缓慢的属地政府和生产经营单位，平谷区安全监管局召开安全生产"十百千"工程培训会议，进一步明确"十百千"工程工作标准和要求，对安全生产"十百千"工程自复评报告填写规范进行培训，并明确了各单位的完成时限。

（平谷）

【怀柔区安全生产标准化工作情况】2011年，怀柔区安全监管局指定并下发《北京市怀柔区危险化学品经营单位安全生产标准化工作方案》，对35家参加标准化的危险化学品单位主要负责人和安全管理人员进行了培训，10月底，35家开展安全生产标准化的单位全部完成了体系并签署了运行发布令进入运行阶段。

（怀柔）

【海淀区深入推进工业企业安全生产标准化活动】 7月27日，海淀区安全监管局召开全区第3批安全生产标准化活动动员部署大会，全区各街乡镇安办主任和第3批开展标准化活动的97家工业企业安全负责人参加会议。会上，中安质环技术评价中心专家对安全生产标准化建设工作内容、基本条款、通用考评条款进行了辅导。

（海淀）

【密云县交通、危化、矿山标准化活动】7月14日，北京市交通行业平安工地安全生产标准化活动仪式暨安全文化进工地活动在密关路白河大标迁工程工地隆重举行。市交通委副书记、副主任张树森，密云县副县长出席。5月20日，密云县安全监管局召开了51家危险化学品安全生产标准化工作会议。10月底，51家危险化学品生产经营单位完成了安全生产标准化体系建设备案工作。6月，5家非煤矿山经安全监管局验收，全部通过标准专家评审，通过北京市三级安全生产标准化审查，达到国家三级安全生产标准化水平。

（密云）

【大兴区危险化学品安全生产标准化工作】 2011年，大兴区安全监管局制定了《大兴区危险化学品企业安全生产标准化工作方案》。对全区154家带有储存设施的危险化学品企业主要负责人及具体工作人员进行培训。共有143家进行了标准化咨询，10月31日前已转入运行阶段。

（大兴）

【顺义区推行安全生产标准化建设】4月14日，顺义区安全监管局组织属地34家冶金、有色金属、汽车制造及配套企业，部署安全生产标准化工作。4月30日，区安全监管局组织辖区危险化学品生产、经营、储存单位培训，解读安全生产标准化有关内容，《危险化学品企业安全生产标准化三级评审标准》、《危险化学品企业安全生产标准化通用规范》、传达《市安委会关于推进安全生产标准化工作的实施意见》。

（顺义）

【顺义区被列为全国安全生产标准化建设示范点】 10月28日，国家安全监管总局正式批复，北京市顺义区继广州市、沈阳市、宁波市、诸城市，被列为全国安全生产标准化建设示范点城市。

（顺义）

【昌平区安全生产标准化部署与初评工作】　1月6—7日，昌平区安全监管局召开第一批工业企业安全生产标准化工作培训会议，63个工业企业负责人及安全生产管理人员与会。培训会上下发《昌平区企业安全生产标准化考评标准》和《昌平区工业企业安全生产标准化达标项目实施办法》。3月，昌平区安全生产标准化初评组，对辖区内北京富雷实业有限公司、北京昌建正通建材有限公司昌建时代建材厂等几个工业企业进行了初评。

（昌平）

【朝阳区创建安全生产标准化企业】2011年，朝阳区工业企业安全生产标准化工作继续遵循"提倡达标、力争合格、辅助提高、消除一般"的工作思路，稳步推进复评工作。截至2011年年底，共复评294家，其中区级达标18家，合格40家。另有国家一级企业1家，市级企业2家，达到行业标准的有2家。

（朝阳）

【门头沟区举行达标启动会和市级标准化评审】　7月7日，门头沟区安全监管局召开安全生产标准化达标创建启动大会，17家企业参加，会上中介机构专家对安全标准化相关政策进行了解读。12月7日，区安全监管局会同评审专家就新东方源非织造布有限公司的安全生产标准化市级达标工作进行初审。

（门头沟）

【西城区召开安全生产标准化研讨会】2011年，西城区安全生产监管局与市劳保所召开安全生产标准化建设和应急管理工作研讨会。会上研究的主要内容，建立针对重点行业的安全生产标准化，并结合实施效果修改制订其他行业安全生产标准化等有关内容。

（西城）

安全社区建设

【社区】　社区是指按照一定社会关系聚居在一定地域范围内工作、居住、休息、娱乐的人们所组成的社会群体和社会组织，是社会的基本构成单位。

（王素琴）

【安全社区】　安全社区是指建立了跨部门合作的组织机构和程序，联络社区内相关单位和个人共同参与事故与伤害预防和安全促进工作，持续改进地实现安全目标的社区。

（王素琴）

【安全社区由来】　1975年，瑞典Lidkoping推行社区安全计划，1982年，瑞典Falkopng安全社区计划开展，1989年在瑞典斯德哥尔摩举行第一届预防事故和伤害世界大会。会议通过的决议《安全社区宣言》提出："任何人都平等享有健康和安全的权利"。1989年，第一个安全社区Lidkoping诞生。

（王素琴）

【安全社区的理念与运作】　安全社区的原则是人人都享受安全，人人都享受健康；安全社区的运作方式是资源整合，全员参与；安全社区内容涵盖诸多领域；安全社区运行的模式是持续改进。

（王素琴）

【国际安全社区标准】　世界卫生组织社区安全促进合作中心为了推广安全社区的理念，提出了安全社区的6条准则：一是有一个负责安全促进的跨部门合作的组织机构；二是有长期、持续、能覆盖不同的性别、年龄的人员和各种环境及状况的伤害预防计划；三是有针对高风险人员、高风险环境，以及提高脆弱群体的安全水平的预防项目；四是有记录伤害发生的频率及其原因的制度；五是有安全促进项目、工作过程、变化效果的评价方法；六是积极参与本地区安全社区网络的有关活动。近年来，在总结安全社区建设和发展经验的基础上，世界卫生组织社区安全促进中心在上述 6 条准则的基础上，又在交通安全、体育运动安全、家居安全、老年人安全、工作场所安全、公共场所安全、涉水安全、儿童安全和学校安全 9 个方面分别提出了 7 项具体指标。

（王素琴）

【安全社区基本要素】 2006 年国家安全监管总局发布了 AQ/T 2006—2006《安全社区建设基本要求》，提出了 12 个安全社区基本要素：1．安全社区创建机构与职责；2．信息交流和全员参与；3．事故与伤害风险辨识及其评价；4．事故与伤害预防目标及计划；5．安全促进项目；6．宣传教育与培训；7．应急预案和响应；8．监测与监督；9．事故与伤害记录；10．安全社区创建档案；11．预防与纠正措施；12．评审与持续改进。

（王素琴）

【北京市市级安全社区评定指标】 建立安全社区创建工作的组织机构；建立健全各项社区安全管理制度；建立健全安全社区创建档案；落实安全社区创建的保障措施；信息交流与全员参与；事故与伤害风险辨识、评价及其预防目标和计划；事故与伤害记录、检测和监督；安全促进项目；预防与纠正措施；应急预案和响应；宣传教育与培训；评审与持续改进。

（王素琴）

【北京首批安全社区创建试点】 北京市朝阳、西城等区进行创建"安全社区"试点，2004 年 10 月以来，朝阳区望京街道、麦子店街道、亚运村街道、建外街道、西城区月坛街道、金融街街道等，按照安全

社区建设基本要求；开展安全社区创建，实施安全社区促进项目。朝阳区望京、麦子店、亚运村、建外 4 个街道于 2007 年 8 月获得"国际安全社区"认证，同年被国家安全监管总局、中国职业安全健康协会命名为全国安全社区，同时还有西城金融街街道、月坛街道获得全国安全社区命名，西城区金融街、月坛 2 个街道于 2008 年获得"国际安全社区"认证。

（王素琴）

【全市启动安全社区建设工作】 2010 年 11 月 10 日，召开了全市安全社区建设动员部署大会，并下发了京安监发[2010]140 号"关于开展安全社区建设工作的实施意见"，《北京市市级安全社区评定管理办法》和《北京市市级安全社区基本条件》，成立了市安全社区建设促进委员会，下设办公室，办公室设在北京市安全生产宣传教育中心，北京市安全生产协会为办公室成员单位。北京市安全生产宣传教育中心负责联系市安全社区建设促进委员会成员单位，组织协调安全社区建设有关工作；北京市安全生产协会负责安全社区建设标准制定、申请受理、现场评定、证后管理、业务培训及其他日常工作。

（王素琴）

【安全社区建设工作研讨会】 2011 年 2 月 23 日，市安全社区建设促进委员会办公室成员单位会议在市安全生产协会会议室召开，根据北京市安全社区创建工作现状，如何全面推进北京市安全社区创建工作进行了研讨，并确定了 2011 年上半年安全社区建设工作计划。

（王素琴）

【安全社区建设专题会】 市安全生产协会根据京安监发[2010]140 号《关于开展安全社区建设工作的实施意见》，3 月 2 日在本部召开安全社区专题工作会，会议决

定由咨询部专门负责安全社区建设工作，根据北京市安全社区创建情况，首先开展安全社区创建工作调研活动，摸清北京市安全社区创建情况，建立北京市安全社区创建工作档案，并组织专家编写安全社区建设工作指导手册，同时开展安全社区创建方法培训、咨询与交流活动等。

（王素琴）

【北京市安全社区建设情况调查】 3月初，根据市安全社区建设促进办公室工作计划，向各区县安全监管局下发安全社区建设情况调查表，统计北京市各区县安全社区建设促进机构情况、拟申报创建试点情况及联系方式等基本信息，市安全生产协会负责收集、整理、统计数据信息，并建立安全社区建设情况基本信息库及联系网络。

（王素琴）

【确定《安全社区建设工作指导手册》框架】 3月14日，市安全社区建设促进委员会办公室，在市安全生产协会讨论了北京市安全社区建设指导手册的框架结构，经过讨论，确定了指导手册的基本框架内容。

（王素琴）

【安全社区建设工作培训】 3月25日，为期2天的北京市安全社区创建工作培训班在北京市经济管理干部学院圆满结束。市安全监管局副局长蔡淑敏出席并讲话，市社会工委委员、副巡视员王智玲，市安全生产协会，全国安全社区北京支持中心负责人参加了开班仪式，来自各区县安全监管局，街道、乡镇共计90名安全社区工作负责人接受了培训。培训班采取专家授课和实地参观的形式进行，培训内容包括安全社区建设标准解读，安全社区建设方法及安全促进项目策划与实施等内容。通过专家授课使学员学习和了解了安全社区

的由来与发展，目前全国以及北京市安全社区创建工作的进展情况、典型经验和做法，安全社区的基本要素、建设标准、创建项目、全国安全社区和市安全社区申请评定程序等内容。为使学员进一步学习和掌握安全社区创建项目的具体运作形式，25日下午，组织学员集体参观了国际安全社区望京街道、全国安全社区展览路街道、减灾教育基地等安全社区创建项目。2011年，市安全监管局共收到各区县申报的市级安全社区材料52份，评选国家级安全社区29个，国际安全社区16个。

（王宇）

【《安全社区建设工作指导手册》研讨会】 3月31日，市安全社区建设促进委员会办公室在市安全生产协会会议室，专门讨论了安全社区建设工作指导手册的编写框架内容，市安全生产协会详细介绍了编写指导手册的基本思路和基本框架内容，征求大家意见，经过充分讨论，认为应该增加安全社区建设中需要注意的问题，避免创建安全社区形式化和走入误区，使手册具有可操作性和实用性。

（王素琴）

【安全社区创建工作交流】 4月2日，市安全社区建设促进委员会办公室有关人员到北京城市系统研究中心社区研究室，针对北京市安全社区创建进行了工作交流，并请社区研究室主任马英楠对《安全社区建设工作指导手册》内容提出修改意见。

（王素琴）

【安全社区建设基本情况统计】 4月末，市安全社区建设促进办公室收到16个区县上报的统计资料，并成立了安全社区建设促进机构，全市共有52个街道乡镇准备启动安全社区创建工作，目前，北京已有国际安全社区12个、全国安全社区

28 个。

（王素琴）

【安全社区创建工作档案】 4 月，市安全社区建设促进委员会办公室，汇总了 16 个区县安全社区创建促进机构信息数据，建立北京市安全社区创建工作档案及联系网络。

（王素琴）

【征集安全社区创建实例】 4 月，市安全社区建设促进委员会办公室，为使安全社区指导手册更具有操作性、实用性，更好地指导北京市安全社区创建工作，决定在北京市启动安全社区建设工作比较早的朝阳、西城等区征集安全社区创建经验材料，先后收到朝阳区麦子店街道、西城区展览路街道、新街口街道安全社区创建实例 5 个典型经验材料。

（王素琴）

【朝阳区麦子店安全社区创建实例】 朝阳区麦子店街道是北京市朝阳区安全社区创建 4 个试点单位之一，自 2004 年 10 月以来，坚持按照世界卫生组织（WHO）"五有一参与"的标准，开展安全社区创建工作，2007 年 10 月被世界卫生组织社区安全促进合作中心命名为全球第 121 名国际安全社区网络成员，同年被国家安全监管总局、中国职业安全健康协会命名为全国安全社区。麦子店街道，始终坚持安全社区创建原则，持续不断地在社区中开展减少伤害工作，把安全社区创建与日常安全工作相结合，有效开展安全促进活动，以"五个一"工程为载体，加强火灾预防，深化社区安全。针对辖区火灾频发，街道办事处结合实际，提出以"拍好一部片子、唱响一首歌曲、观赏一部影片、搞好一个宣传、参加一次活动"为主要内容的防灾减灾"五个一"工程，有效地推动了辖区消防安全工作，取得了良好的社会效益。

（王素琴）

【《安全社区建设工作指导手册》征求意见】 5 月 3 日，《手册》初稿完成，广泛征求有关专家意见建议后，进行了修改，调整了有关内容，确定为 6 个部分：安全社区概述；如何建设安全社区；安全社区创建过程中应注意的问题；安全社区创建实例；有关安全社区建设的领导讲话；安全社区的有关文件。

（王素琴）

【安全社区建设工作指南定稿】 5 月 19 日，市安全社区建设促进委员会办公室对安全社区指导手册内容给予肯定，书名确定为《北京市安全社区建设工作指南》，同意定稿，并着手设计封面，最后确定能较好地体现安全、健康、和谐的社区环境为主题的封面。

（王素琴）

【第三届亚洲安全社区工作会议】 5 月 25—28 日，第三届亚洲安全社区工作会议暨国际安全社区命名大会在上海召开，市安全社区建设促进委员会办公室派员参加了此次会议，会议由中国职业安全健康协会组织，会上命名了一批"国际安全社区"，北京朝阳区香河园、潘家园、大屯、三里屯、左家庄 5 个街道被命名为"国际安全社区"，批准为国际安全社区网络成员。

（王素琴）

【安全社区建设项目资金获批】 9 月 27 日，安全社区建设项目资金，经市安全监管局第 30 次局务会通过，同意拨付给北京市安全社区建设项目资金 21.76 万元，用于开展安全社区工作调研、安全社区技术咨询及服务、推进北京市安全社区创建工作。资金已于 12 月 8 日到位。

（王素琴）

【转发国务院安全社区建设通知】 国

务院安委办[2011]38 号"国务院安委会办公室关于进一步深入推进安全社区建设的通知",通知指出:"安全社区建设是在全国范围内推进的一项旨在提高安全意识,加强安全生产基层基础建设,减少各类事故与伤害的主要举措。……进一步深入推进安全社区建设,提高全民安全意识和安全行为能力,最大限度地减少各类事故与人员伤亡。"一要立足促进安全发展、创新社会管理,推进安全社区建设;二要明确安全社区建设的指导思想、工作思路和工作目标;三要加强安全社区建设的组织领导,建立健全安全社区推进工作机制;四要推进实施安全社区建设工程;五要规范安全社区建设,提高社区安全绩效。2011年11月2日,市安全社区建设促进委员会办公室将此文转发到区县安全监管局,进行学习和贯彻文件精神。

(王素琴)

【大兴区启动安全社区创建试点】 11月11日,大兴区安全监管局召开了安全社区建设试点工作部署会,西红门镇、庞各庄镇、兴丰街道办事处为大兴区安全社区建设试点单位。中国职业安全健康协会、北京市安全生产宣传教育中心、北京市安全生产协会、北京城市系统工程研究中心的领导出席会议,大兴区副区长沈洁到会并讲话。

(王素琴)

【朝阳区双井街道安全社区评定】 11月14—15日,市安全社区建设办公室派员随中国职业安全健康协会派出的专家组到北京朝阳区双井街道,参加了双井街道安全社区现场评定工作,观摩了双井街道评定工作的全过程,了解了安全社区评定工作程序。

(王素琴)

【朝阳区劲松街道安全社区评定】 11月16—17日,中国职业安全健康协会专家组到劲松街道进行安全社区现场评定工作,市安全社区建设促进委员会办公室及市社工委安全社区办公室派员全程观摩,学习专家对社区安全促进项目的实施情况进行查验的方法,了解安全社区评定的基本流程。

(王素琴)

【朝阳区垡头街道安全社区评定】 11月18—19日,中国职业安全健康协会安全社区评定专家组到朝阳区垡头街道进行现场评定,市安全社区建设促进委员会及市社工委安全社区办派员观摩学习安全社区现场评定工作标准及评定方法,为开展市级安全社区评定工作积累经验。

(王素琴)

【全国安全社区工作会议在京召开】 11月23日,中国职业安全健康协会在北京西郊宾馆召开了2011年全国安全社区工作会议,来自全国20多个省市自治区安全社区工作的代表约500人参会。市安全监管局局长张家明出席并致辞,市安全监管局副局长蔡淑敏、市安全生产宣传教育中心主任孟庆武、市安全生产协会会长丁镇宽及有关人员参加了会议。会议由中国职业安全健康协会理事长张宝明作报告,会上新命名了62个街道乡镇为全国安全社区,其中有北京东城区东华门、房山区燕山2个街道。会上表彰了19个全国安全社区建设先进单位,其中有北京西城区月坛街道办事处、北京市海淀区学院路街道办事处、北京市朝阳区小关街道办事处、北京燕山石化公司生活社区服务管理中心4个单位;表彰了45名全国安全社区建设先进个人,其中有北京市东城区东华门街道党工委书记汤钦飞、北京市西城区安全生产监督管理局局长陈国红、北京市朝阳区麦子店街道综治办主任刘家红、北京市朝阳区团结湖街道党工委书记张志国、北京市朝阳区社会建设工作办公室科长马凯、北京市西城区德胜街道党工委书记马小鹏、北京市海淀区学院路街道副主任张之放；并邀请其中 8 个街道介绍了安全社区创建经验。

（王素琴）

【拆迁区域安全社区创建工作调研】11 月 25 日，市安全社区建设办公室负责人随中国职业安全健康协会安全社区评审专家到双井街道垂东社区进行拆迁区域安全社区创建工作调研，该辖区共有老旧楼房 89 栋，涉及拆迁的楼房 79 栋，在拆迁区域如何开展安全社区创建工作，如何化解因拆迁带来的不安全、不稳定因素及矛盾，垂东社区党支部书记带领辖区党支部，发挥支部先锋和模范作用，广泛发动群众，调动辖区各方力量，发挥党员绿丝藤志愿者的作用，积极、稳妥地解决了房屋拆迁腾、空、走的问题，开展安全隐患排查与伤害干预工作，整合辖区资源，有力化解了群众中的突出矛盾，收到明显效果，营造了安全、稳定、和谐、健康的社区环境。

（王素琴）

【《北京市安全社区建设工作指南》出版】12 月 14 日，安全社区建设工作指南印刷完成，该书作为指导北京市安全社区创建单位进行安全社区创建工作的参考书，从安全社区建设理念到如何建设安全社区，在安全社区创建过程中应注意的问题，并汇集了北京市朝阳区、西城区创建安全社区的实际经验和典型做法，收集了北京市安全社区建设的领导讲话及安全社区的有关文件，以指导北京市各区县开展安全社区创建工作。

（王素琴）

【安全社区创建工作交流】12 月 28 日，市安全社区建设办公室有关人员到北京系统工程研究中心，与社区研究室主任马英楠、副主任朱伟，就推进北京市安全社区创建，有序开展安全社区评定工作进行了工作交流，城市系统中心表示，全力支持开展安全社区创建技术指导及现场评定工作。

（王素琴）

【安全社区建设成果】北京市截至 12 月，获得国际安全社区 16 个，即：朝阳区 12 个、西城区 3 个、东城区 1 个。获得全国安全社区 36 个，其中朝阳区 23 个、西城区 8 个、海淀区 2 个、东城区 2 个、房山区 1 个。2011 年，新命名的国际安全社区 5 个，即：朝阳区香河园、潘家园、大屯、三里屯、左家庄街道；全国安全社区 11 个街道，即：朝阳区酒仙桥、六里屯、呼家楼、朝外、首都机场、东湖、双井、劲松、垡头，东城区东华门、房山区燕山街道。

（王素琴）

■ 4月26日，东城区副区长朴学东（右起四）带队检查"五一"节前人员密集场所安全生产工作。

■ 6月12日，东城区举行2011年安全生产月宣传咨询日活动。

■ 6月27日，2011年"安全在我身边"巡回演讲活动启动仪式在东城区举行。

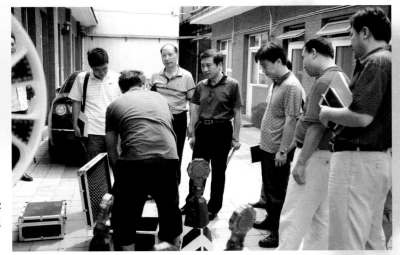

8月2日，市安委会办公室督察组对东城区有限空间作业安全生产工作进行督察。

2011年东城区安全生产委员会第六次全体会议

8月31日，东城区区长牛青山（左起四）主持召开2011年区安委会第六次全体会议。

12月30日，东城区开展加油站事故应急救援演练活动。

5月18日，西城区安全监管局局长陈国红、副局长曹长春带队检查安全生产工作。

9月28日，西城区现任区长王少峰（右起一）带领区领导班子检查安全生产工作。

12月29日，市政府有关领导到西城区督察安全生产"护航行动"。

◥ 西城区安全监管局局长陈国红带队检查马
连道供热厂煤改气工程施工现场。

◢ 西城区安委会组织街道安全员培训。

◥ 西城区区长苏东（右起三）带队检查安德路
77 号住宅施工现场，区安全监管局局长陈国
红陪同。

■ 4月29日，朝阳区区委书记陈刚（左起一）和区长程连元（右起二）检查"五一"期间安全生产工作。

■ 5月27日，朝阳区"安全生产月"动员部署会。

■ 6月12日，朝阳区"安全生产月"宣传咨询日活动。

◤ 8月17日，朝阳区潘家园沼气池市级挂账隐患整治调度会。

◤ 8月18日，朝阳区安全监管局局长张仲凯调研安全生产标准化工作。

◤ 9月8日，朝阳区安全监管局党组书记赵新跃检查铁路道口安全。

◤ 9月20日，甘肃省安全监管局有关领导和人员到朝阳区调研安全生产工作。

1月30日晚，副市长苟仲文（右起一）带领检查组到海淀区检查烟花爆竹销售安全工作。

5月26—27日，海淀区安全监管局召开海淀区危险化学品企业安全生产标准化工作动员部署大会。

8月8日，海淀区举办推广应用安全生产事故隐患自查自报系统行业部门培训班。

10月3日，海淀区举办工业企业安全生产标准化活动第三批培训班。

海淀区

◤ 11月16日，海淀区安全监管局
对小月河沿线生产经营单位进行
安全生产检查。

◣ 12月1日，海淀区副区长穆鹏（右起二）带
队检查小月河沿线生产经营单位安全生产。

◤ 12月1日，海淀区安全监管局在法制
宣传日活动展示宣传安全生产相关法
律法规。

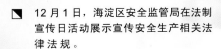

1月25日，北京市安全监管局有关领
导陪同副市长苟仲文（左起二）视察
丰台区安全生产工作。

3月1日，丰台区2011年安全生产工作会。

3月1日，丰台区区长崔鹏（左起一）
检查安全生产工作。

4月20日，丰台区2011年工业企业
安全生产标准化培训班。

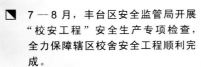 5月16日，丰台区区委书记李超纲（左起二）对"打非"工作进行实地调研。

7月26日，丰台区安全监管局依法对三晋农副产品批发市场进行整治，拆除非法违规建筑。

7—8月，丰台区安全监管局开展"校安工程"安全生产专项检查，全力保障辖区校舍安全工程顺利完成。

8月11日，丰台区副区长高鹏（左起三）到"水魔方"检查安全生产工作。

石景山区召开2011年企业安全生产标准化建设动员部署会。

4月29日，石景山区安全监管局对首钢"五一"节前安全生产进行检查。

■ 6月12日，石景山区安全生产月咨询日活动现场。

1月31日，门头沟区副区长付兆庚（左起二）带队检查加油站安全。

4月26日，职业病防治法宣传进厂矿活动现场。

6月28日，门头沟区举办地下有限空间应急救援演练。

8月11日，门头沟区安全监管局对尾矿库进行联合执法检查。

6月，门头沟区人民政府封堵废弃矿硐。

1月6日，门头沟区区长王洪钟（右起二）带队检查人员密集场所安全。

门头沟区副区长姚忠阳（右起一）带队到城子职业高中检查安全。

门头沟区安全生产月咨询日活动现场。

■ 1月21日，国家安全监管总局副局长王德学（左起二）到房山区检查危险化学品企业安全生产工作。

■ 2月2日，北京市安全监管局局长张家明（右起二）到房山区检查危险化学品企业安全生产工作。

■ 2月19日，房山区被评为北京市安全生产先进区县。

■ 3月15日，房山区召开2011年安全生产工作会。

■ 4月19日，房山区安全监管局检查施工现场安全生产工作。

■ 4月27日，房山区区长祁红（左起二）带队检查违法建设和安全生产工作。

■ 7月26日，房山区安全监管局对高温天气加油站安全进行专项检查。

通州区举办2011年企业主要负责人和安全生产管理人员培训班。

6月，通州区召开"安全生产月"活动动员大会。

6月12日，通州区举办安全生产咨询日活动。

通州区安全监管局检查楼房拆除工作现场。

■ 通州区安全监管局检查企业安全生产制度。

■ 通州区安全监管局召开"金安企业"暨安全生产工作表彰会。

■ 通州区领导检查"开展安全生产集中整治行动"工作。

■ 通州区安全监管局检查烟花爆竹销售网点安全。

■ 6月1日，北京市"打击非法违法生产经营建设专题行动"办公室第五督察组到顺义区督察安全生产工作。

■ 6月10日，顺义区"中北华宇"杯"唱响安全发展 建设平安顺义"文艺比赛现场。

■ 6月15日，顺义区组织安全生产月"安全责任 重在落实"宣传咨询日活动。

■ 8月20日，顺义区区委书记张延昆（右起二）到金街施工现场进行安全生产检查。

8月28日，顺义区安全监管局组织特种作业理论考试。

9月14日，顺义区组织开展新修订的《北京市安全生产条例》主题宣传日活动。

9月24日，顺义区安全监管局组织属地安全生产业务培训。

10月26—27日，全国安全生产事故隐患排查治理现场会在顺义区召开。

1月18日，市安全监管局局长张家明（右起二）带队督察大兴区烟花爆竹储存仓库。

1月27日，大兴区安全生产监管局局长李延国带队检查烟花爆竹销售网点。

1月28日，大兴区副区长常红岩（左起一）检查烟花爆竹管理工作。

■ 4月15日，大兴区召开2011年度第一次安全生产形势分析会。

■ 6月28日，大兴区安全监管局组织
2011年大兴区危险化学品事故应急救
援培训班。

■ 7月1日，大兴区安全监管局副局长丁开
明带队检查施工工地安全生产情况。

■ 6 月 10 日，昌平区组织有限空间知识竞赛活动。

■ 4 月 13 日，昌平区副区长金晖（左起一）、区安全生产监管局局长金东彪带队检查鑫隆小商品市场安全。

■ 1 月 30 日，昌平区区委书记侯君舒（右起二）带队检查建筑施工工地安全。

■ 6月15日，昌平区安全监管局联合区
住建委在地铁八号线二期04标段霍营
车站施工现场组织防汛演练。

■ 12月27日，市安全监管局副局长贾太
保（左起二）带队检查昌平区非煤矿
山安全。

■ 12月31日，昌平区副区长周云帆（左
起二）带队检查人员密集场所。

■ 12月31日，副市长苟仲文（右起
二）到昌平区调研回龙观"北四
村"安全生产工作。

◤ 1月31日，平谷区区长张吉福（左起一）带队检查烟花爆竹销售网点安全。

◤ 1月31日，平谷区区长张吉福（左起三）带队检查商场安全。

◤ 7月27日，平谷区政协主席王春辉（左起三）等一行到区安全监管局
调研安全生产工作。

◥ 11 月 14 日上午，平谷区区委常委、组织部长高飞（左起二），副区长魏玉瑞（左起三）等到区安全监管局调研，区安全监管局主要领导参加了座谈会。

■ 平谷区安全监管局组织党员收看区委书记讲党课。

◥ 平谷区副区长魏玉瑞（左起一）检查"音乐季活动"现场临建设施的搭建安全。

5 月 9 日，怀柔区召开打击非法违法生产经营建设行为专项行动动员会。

1 月 30 日，怀柔区区长池维生（右起一）带队检查春节期间市场安全生产工作。

5 月 2 日，怀柔区区长齐静（右起一）带队检查节日期间安全生产。

■ 6月12日，怀柔区在雁栖镇光织谷小区隆重举行怀柔区2011年"安全生产月"宣传咨询日活动。

■ 8月31日，怀柔区在北京红星股份有限公司举办《北京市安全生产条例》宣传咨询日活动。

■ 5月11日，怀柔区安全监管局、区水务局联合在北京市京怀水质净化厂举行了有限空间安全作业演练观摩会。

■ 11月1日，怀柔区在北京市安全生产知识竞赛决赛中被评为二等奖。

■ 1月20日，密云县召开安全生产大会，副县长王稳东（右）与各部门代表签订《安全生产责任书》。

■ 3月3日，密云县召开安全生产事故隐患自查自报工作动员部署会议。

■ 5月7日，密云县召开"制止违法建设和非法生产经营暨'泰山'专项行动部署大会"。

7月14日，密云县举办安全生产大型公开课暨《北京市安全生产条例》专题宣讲活动。

11月2日，在北京市安全生产知识竞赛活动中，密云县被评为二等奖。

6月12日，密云县安全生产月咨询日活动现场。

■ 1月28日，延庆县副县长刘兵（左起二）春节前检查安全生产工作。

■ 4月27日，"五一"前延庆县领导带队检查安全生产工作。

延庆县危险化学品行业安全生产标准化动员部署工作会

■ 5月18日，延庆县召开危险化学品行业安全生产标准化动员部署工作会。

◥ 1月31日，延庆县安全监管局夜查烟花爆竹网点安全。

◢ 1月18日，延庆县召开康庄油库改造工程专家评审会。

◥ 8月31日，延庆县安全监管局举办深入贯彻新修订的《北京市安全生产条例》活动现场。

区县安全监管监察

东城区

概　述

2011 年，东城区安全生产工作坚持以科学发展观和"十二五"规划为指导，始终立足"科学发展、安全发展、和谐发展"理念，坚持"安全第一、预防为主、标本兼治、综合治理"的工作方针，积极落实市、区政府安全生产工作部署，以"减少一般事故、遏制较大事故、杜绝重大事故"为目标，以强化安全执法检查为主线，紧密围绕"平安北京"和"安全生产年"活动主线，结合全区实际，周密部署，精心组织，深入开展安全生产执法、治理和宣传教育行动，不断探索安全生产综合监管新模式，创建公共安全监管新体系，夯实安全生产基层基础工作，构建安全生产长效工作机制，政府监管责任和企业主体责任进一步明确和落实，全年安全生产总体形势基本呈现稳定良好态势。各项安全生产工作扎实、有效开展，全区未发生较大以上安全事故，各类事故死亡人数均控制在市政府下达的控制考核指标以内，安全形势总体平稳。

区委、区政府高度重视安全生产工作，召开区常委会，审议通过了《东城区安全生产综合考核办法》，设立 100 万元安全生产综合考核专项资金。召开区政府常务会，全面部署安全生产工作，并且决定 2011 年新一届的安委会主任由区长亲自担任。

东城区先后获得了 2011 年北京市安全生产月活动"优秀组织奖"等七个奖项，并在国家安全监管总局、全国总工会举办的"落实企业安全生产主体责任知识竞赛"活动中被评为优胜奖。

（孟庆喜）

安全生产综合监管

【安全生产控制考核指标完成情况】
2011 年，市安委会下达东城区的安全生产事故死亡控制考核指标总数是 21 人，其中生产安全事故 8 人，道路交通事故 11 人，铁路交通事故 1 人，火灾事故 1 人。指标总数比 2010 年减少了 5 人。截至 2 月 31 日，全区共发生安全亡人事故 16 起，死亡 16 人，占全年总控制指标的 76.2%，其中：发生生产安全亡人事故 6 起，死亡 6 人；发生道路交通亡人事故 8 起，死亡 8 人；发生火灾亡人事故 1 起，死亡 1 人；发生铁路交通亡人事故 1 起，死亡 1 人。

（孟庆喜）

【区安委会召开第一次全会】　1 月 12 日下午，国务院和北京市分别召开了安全生产电视电话会议。东城区在电视电话会后立即召开了区安委会第一次全体会议，贯彻落实国务院和北京市电视电话会议精神。区安委会主任、主管副区长及区安委会 65 家成员单位的主要领导出席了会议。会议总结了东城区 2010 年度安全生产工作，部署了 2011 年安全生产任务；审议并通过了新调整的区安委会组成人员和《东城区安全生产"高压线"管理实施意见》；部署了 2011 年春节和全国"两会"期间安全生产保障工作；区住建委介绍了建筑行业 2010 年安全监管工作经验；安委会主任、主管副区长与安委会成员单位主要领导签订了 2011 年度《安全生产责任书》。

（孟庆喜）

【区安委会召开第二次全会】 4 月 7 日上午，东城区召开了安委会第二次全体会议，区安委会主任、主管副区长及安委会 65 家成员单位负责人出席了会议。会议通报了第一季度生产安全、消防安全和道路交通安全工作情况，分析了当前安全生产形势，全面部署了第二季度生产、消防和道路交通安全重点工作。尤其是对 2011 年重点执法检查工作、隐患自查自报和应急救援体系建设进行了再部署、再落实。

（孟庆喜）

【区安委会召开第三次全会】 5 月 23 日下午，东城区召开安委会第三次全体会议，对安全生产重点工作进行部署和督办。区安委会主任、主管副区长及区安委会成员单位主管领导 70 人参加了会议。会议通报了 2011 年以来全区生产安全事故情况；部署了"安全生产月"活动、安全生产专项整治行动和防汛安全工作；并对"打非"专项行动、"安全生产年"活动进行了再动员、再部署。

（孟庆喜）

【区安委会召开第四次全会】 6 月 17 日下午，东城区召开了安全生产工作紧急会议，区安委会主任、主管副区长及安委会 64 家成员单位的主管领导出席了会议。会议通报了近日连续发生的 2 起生产安全事故情况，分析了当前安全生产形势，部署了东城区百日安全生产专项整治

行动。

（孟庆喜）

【安委会召开第五次全会】 7 月 28 日上午，东城区召开安委会第五次全体会议，区安委会主任、主管副区长及安委会 65 家成员单位负责人出席了会议。会议传达了 7 月 25 日市安委会视频会议精神，通报了 2011 年上半年生产安全、消防安全和道路交通安全工作情况，分析了当前安全生产形势，全面部署了 2011 年下半年生产、消防和道路交通安全重点工作，通报了公共安全监管新体系暨事故隐患自查自报系统的建设运行情况。

（孟庆喜）

【安委会召开第六次全会】 8 月 31 日上午，东城区召开安委会第六次全体会议，区安委会主任、区长牛青山，区安委会常务副主任、主管副区长，区安委会副主任、副区长朴学东、王中华及安委会 70 家成员单位主要领导出席了会议。会议传达了国务院第 165 次常务会及 8 月 26 日市安委会视频会议精神；宣读了新组建的东城区安委会成员名单及《中共东城区委、东城区人民政府关于进一步加强安全生产工作的实施意见》；区安委会常务副主任、副区长毛炯分析了全区安全生产形势，部署了 2011 年年底前全区安全生产重点工作，并提出具体工作要求。

（孟庆喜）

【安委会召开第七次全会】 9 月 23 日上午，东城区召开了国庆节期间安全生产工作部署会议，区安委会副主任、主管副区长及安委会 70 家成员单位的主管领导出席了会议。会议通报了市安委会督察组对东城区安全生产工作的督察情况；区防火、交通和安全生产 3 个安委会办公室分别部署了国庆节期间防火安全、交通安全、生产安全工作，并对企业事故隐患自查自报

工作提出了要求。

（孟庆喜）

【安委会召开第八次全体会】 11月2日下午，东城区召开安委会第八次全体会议，区安委会常务副主任、主管副区长及安委会70家成员单位负责人出席了会议。会议由区安办、防火办、交通办分别通报了全区第三季度生产安全、消防安全和道路交通安全工作情况，分析了当前安全生产形势，全面部署了年底前生产、消防和道路交通安全重点工作。

（孟庆喜）

【全国"两会"安全保障工作专题部署会】 2月22日下午，东城区安委会办公室召开了"两会"安全保障工作专题部署会，对"两会"安保工作进行再动员、再部署、再落实。区住建委、区商务委、区文化委、东城消防支队、区质监局、前门大街管委会、王府井建管办、北京站地区管理处、东二环建管办、前门街道办事处、天坛街道办事处、交道口街道办事处、东直门街道办事处、建国门街道办事处、东华门街道办事处、北新桥街道办事处等单位的主管领导参加了会议。会议传达了市、区政府等有关领导就做好全国"两会"安全保卫工作的指示精神，就全国"两会"期间安全保卫工作进行了部署。

（孟庆喜）

【再次召开全国"两会"安全保障工作专题会议】 3月2日下午，东城区再次召开全国"两会"安全保障工作专题会议，对全国"两会"期间安全保障工作进行了再动员、再部署、再落实。区安委会主任、主管副区长及区安委会、区防火安委会、区交通安委会共76家成员单位的主管领导出席了会议。会上，区安委会、区防火安委会、区交通安委会分别通报了前阶段全国"两会"安全保障工作落实情况，

并对"两会"期间安全保障工作进行了再部署。

（孟庆喜）

【召开安全生产调度会】 3月21日下午，国务院安委会视频会议后，东城区安委会立即召开会议贯彻落实，并对近期安全生产重点工作进行了调度。区安委会主任、主管副区长采取现场提问消防、建筑施工、商务、文化娱乐、卫生、特种设备、园林绿化、体育、地下空间、有限空间等行业部门主管领导的方式，就当前安全监管工作中存在的突出问题和应对措施进行了工作调度，并就突出问题做出了重要指示。

（孟庆喜）

【召开安全生产综合工作会议】 11月10日下午，东城区召开安全生产综合工作会议，对2011年度安全生产综合考核工作、2012年烟花爆竹经营许可工作和企业事故隐患自查自报工作进行了全面部署，区安委会44家成员单位负责人参加了会议。区安委会办公室对2011年年底前安全生产重点工作提出了3点意见：一是加强领导，统筹安排，周密组织好安全生产综合考核工作；二是依法依规，严格程序，全力做好烟花爆竹经营许可工作；三是突出重点，强化责任，认真抓好企业事故隐患自查自报工作。并强调要立足平时，严管重罚，强力执法，严格落实政府监管责任，全力以赴做实2011年年底前各项安全生产工作，确保不突破市政府下达的安全生产事故控制指标，努力维护全区平稳的安全生产环境。

（孟庆喜）

【召开安全生产"护航"联合行动部署会】 12月8日上午，东城区召开安全生产"护航"联合行动部署会，区公安、消防及7家牵头单位领导参加了会议。区安

全监管局在会上部署了《东城区安全生产"护航"联合行动工作方案》。

（孟庆喜）

【国家安全监管总局督导组督察东城区安全生产工作】 1月21日下午，国家安全监管总局副局长、国家安全生产应急救援指挥中心主任王德学带队，由国务院安委会成员组成的安全督导组一行8人，在市安全监管局局长张家明、副局长陈清及市住建委副主任王钢、市商务委等市领导陪同下，督察了东城区节前安全生产工作。东城区安委会主任、主管副区长及区安全监管局、商务委、住建委、消防一支队等部门主要领导一同参加了迎检。督导组首先督察了银河SOHO中心建筑施工工地，分别听取了建设方安全生产情况汇报和市、区建筑领域安全生产整体形势情况介绍，对建筑工地进行了现场检查。随后对北京新东安广场进行了安全督察，现场检查商场的应急疏散通道、防火卷帘门的灵敏性等情况，检查了消防中控室，查看了值班制度、值班记录、安全设施的装配等情况。

（孟庆喜）

【市安委会办公室督察组对东城区有限空间作业进行督察】 8月2日，由市安委会办公室副主任、市安全监管局副局长常纪文带队，市市政市容委、市住房城乡建设委、市发展改革委、市水务局、市通信管理局、市广电局、物业指导中心等单位参加的有限空间督察组一行13人，对东城区有限空间安全监管工作进行现场督察。主管副区长及区安全监管局、区发改委、区城管委、区文化委、区房管局主管领导和执法人员陪同。督察组首先听取区政府以及区发改委、区城管委、区文化委、区房管局有限空间工作情况汇报，查阅了各部门有限空间档案材料和基础台账。随

后，督察组分为3个督察小组，对东城区排水、市政、电力、物业管理、广电等行业12家有限空间单位安全生产情况进行了现场检查，各督察小组通过听汇报、查资料、询问作业人员、抽检有限空间设备和防护用品等方式，详细检查各单位有限空间有关制度、措施落实情况。市督察组对东城区有限空间安全监管工作给予了肯定。

（孟庆喜）

【市综合考核组考核东城区安全生产工作】 12月28日，市安全监管局副局长陈清带领由市安全监管、商务、公安、质监等部门组成的安全生产综合考核组一行8人，对东城区2011年度安全生产工作进行了综合考核。市考核组集中听取了东城区安全生产工作情况汇报，现场检查了安全生产档案资料，并实地考核了2个街道办事处安全生产工作开展情况。

（孟庆喜）

【全面开展安全生产综合考核工作】 12月8—12日，东城区安委会办公室成立由区安全监管局、区政府督察室、区监察局、交通支队、消防一支队和二支队等部门组成的安全生产综合考核组，利用3天时间分别对区住建委、区文化委、体育馆路街道和东四街道4家单位安全生产工作进行了综合抽检。考核组分别听取了各单位年度安全生产工作汇报，查阅了相关档案资料和台账，检查了各单位安全生产管理机构落实情况，并就检查中发现的问题与被考核单位交换了意见。综合考核组对各单位2011年安全生产工作给予肯定并提出3点建议：一是落实责任，压减指标。努力克服人员少、任务重的困难，继续在日常管理、安全培训、宣传教育、联合执法等工作中有所突破和创新，采取有效措施预防和遏制各类事故，为2012年全区安

全形势平稳作出贡献。二是动态监管，常抓不懈。高度重视企业事故隐患自查自报和信息采集工作，充分发挥公共安全信息管理平台作用，全面推动企业自查、行业监管的常态化，加强对各类重点风险源的掌控，强化"两个主体"责任落实，为全区公共安全新体系运行打下坚实基础。三是及时总结，筹划未来。按照考核组意见认真梳理工作思路和存在的问题，进一步细化、完善汇报材料和档案资料，突出亮点，加强整改，提早筹划 2012 年工作，全力做好市级安全生产考核迎检准备工作。

（孟庆喜）

危险化学品安全监管监察

【危险化学品行政许可】　2011 年，东城区安全监管局共办理危险化学品行政许可事项 33 件，其中：危险化学品乙证新办证 13 件，换证 6 件，危险化学品甲证初审 12 件，易制毒化学品经营备案换证、变更审批 2 件。

（孟庆喜）

【加油站自助加油机专项检查】　5 月中旬，东城区安全监管局对辖区内 13 家加油站进行了全面检查，特别是对自助加油业务进行了检查，检查内容主要包括三个方面：一是加油站自助加油机分布情况；二是自助加油机目前使用情况；三是自助加油机安全管理情况。通过检查，摸清了全区自助加油机设置底数，建立了台账，整理了自助加油机位置平面图，掌握了第一手资料。

（孟庆喜）

【危险化学品安全生产标准化动员部署会】　6 月 17 日，东城区安全监管局组织召开了全区危险化学品安全生产标准化工作动员部署会。全区 13 家加油站的主要负责人以及中石油、中石化主管片区经理参加了会议。会议宣传贯彻了《东城区危险化学品企业安全生产标准化工作方案》，结合《北京市危险化学品企业安全生产标准化三级评审标准》向各站负责人培训了标准化工作主要内容、程序和要求，同时听取了中石化、中石油加油站上级主管片区经理关于现阶段安全标准化工作进展情况的汇报。

（孟庆喜）

【推进危险化学品安全标准化工作】　9 月 2 日，东城区安全监管局组织召开了安全生产标准化工作会。全区中石油、中石化加油站上级主管片区经理及北汽加油站、北邮加油站负责人参加了会议。会议宣传贯彻了市安全监管局《关于调整危险化学品安全生产标准化工作有关事项的通知》精神，向各站负责人明确了安全标准化新的评审标准和工作进度要求，即各加油站应在 10 月 31 日前完成安全生产标准化体系建设并开始运行；安全生产标准化启用国家安全监管总局评审标准，原北京市三级评审标准废止。同时结合新评审标准对重大危险源、职业健康检测、开放要素设定等重点项目进行了讲解。会议还向各站部署了《2011 年危险化学品生产经营单位执法检查实施方案》，要求各站高度重视，切实落实主体责任，全力自查消除问题和隐患，确保企业安全经营。

（孟庆喜）

烟花爆竹安全监管监察

【现场宣传烟花爆竹安全】　根据《烟花爆竹安全管理条例》、《北京市烟花爆竹安全管理规定》有关要求，1 月 27 日下午，东城区安全监管局出动工作人员在辖区部分烟花爆竹点张贴市安全监管局印制的

《烟花爆竹零售点安全管理要求》以及区政府烟花办印制的《禁止燃放烟花爆竹地点提示》等宣传海报，对烟花爆竹安全进行了现场宣传。

（孟庆喜）

【开展烟花爆竹从业人员安全培训工作】　1月24日，东城区安全监管局牵头组织3家烟花爆竹公司分别对在区42个烟花爆竹零售网点的从业人员270余人进行安全知识教育培训，有针对性地学习有关烟花爆竹管理法律法规、安全管理基础知识；烟花爆竹事故预防和应急救援的安全管理技能；以及对烟花爆竹安全的新要求、新规定和烟花爆竹典型事故案例分析等内容。

（孟庆喜）

【烟花爆竹销售许可颁证大会】　1月27日，东城区安全监管局召开烟花爆竹销售许可颁证大会。辖区烟花爆竹销售网点主要负责人及3家烟花爆竹批发单位的负责人参加了会议。会议贯彻市安全监管局《关于加强春节期间烟花爆竹零售单位安全生产工作的通知》，与各销售网点主要负责人签订了《烟花爆竹经营单位安全生产承诺书》，并向烟花爆竹销售点颁发了销售许可证、销售标识牌、安全要求张贴画等材料。

（孟庆喜）

【成功处置一起烟花爆竹运送车卡桥事件】　2月18日11时30分，在东城区雍和宫桥下有一辆车牌号为京AF6549的烟花爆竹运输车因拐弯角度不合理被卡在桥下，车内装有回收后的烟花爆竹83箱。接报后，东城区烟花办会同区安全监管局、公安分局、交通局、消防队等相关部门立刻赶到事故现场，对现场进行了紧急疏散、封闭，东城区政府、区公安分局立即启动了应急系统。市局治安管理总队副总队长唐云利、危管支队支队长谭权也赶到现场指挥。通过各部门积极配合、通力合作，经过两个多小时的全力抢险，终于在13时40分成功完成此次排险救援工作，车辆及肇事司机由东城交通支队扣押处理。

（孟庆喜）

【烟花爆竹安全监管收尾工作完成】　2月16日，东城区安全监管局制定了"烟花爆竹回收清理阶段安全生产工作安排"，下发到每个烟花爆竹销售点，同时组织3家批发单位、视频设备安装公司召开烟花爆竹回收工作部署会，部署烟花爆竹回收、视频设备拆除及大棚清理工作。督促各单位优化回收拆除方案，统筹安排运输路线，有效减少运输次数，确保回收拆除工作安全快速高效地完成。

元宵节当天，除白天继续出动2组进行日常检查外，夜间由区安全监管局领导陪同区委区政府有关领导分2路进行夜查。另由2名副局长带领我局执法人员出动2个检查组对全部销售点进行不间断的夜查工作。在3家批发单位及各销售点的积极配合下，元宵节当晚42个烟花爆竹销售点共回收烟花爆竹3 263箱。

2011年春节东城区烟花爆竹销售点共计销售烟花爆竹13 997箱、563万元，未发生因烟花爆竹经营引发的安全生产事故。

（孟庆喜）

安全生产事故隐患排查治理

【年度隐患排查治理情况】　2011年，东城区"安全生产年"活动共开展各行业（领域）执法检查4.6万余人次，排查治理隐患企业、单位4.7万余家次，行政处罚427起，罚款662.19万元，处理责任人206人。

（孟庆喜）

【隐患排查治理专项行动】 从6月下旬到12月底，东城区委、区政府作出部署，连续开展了隐患排查治理专项行动和"百日"安全生产专项整治行动。2次行动均做了精心准备和筹划。全区各部门、各单位，以中小企业、建筑施工、人员密集场所、有限空间、危险化学品和道路交通运输等单位、行业（领域）为安全监管重点，充分发挥综合执法和网格化管理优势，加大重大危险源监控力度，加强应急管理工作，督促企业严格落实安全生产主体责任。通过专项整治行动，消除了一大批安全隐患，有效地遏制了生产安全事故的发生。行动期间，全区共出动检查组9 134个次，出动执法人员1.8万余人次，监督检查生产经营单位1.2万余家次，排查整治隐患6 137处，罚款294.35万元，专项行动达到了预期效果。

（孟庆喜）

【夏季"百日"安全生产专项整治】 东城区安委会针对6月份连续发生亡人事故的严峻形势，在全区范围内组织开展了夏季"百日"安全生产专项整治行动，在继续加强对建筑、人员密集场所、危化、文化娱乐场所等重点行业领域安全监管的同时，进一步强化对小建设、小装修等城市服务作业和高处悬吊、有限空间作业的安全监管监察。各部门、各单位按照《东城区夏季"百日"安全生产专项整治行动工作方案》要求，结合夏季安全生产工作特点和6月份以来生产安全事故多发的实际，发挥了各单位强力执法、各街道综合执法和网格化管理的优势，有力地遏制了事故多发、高发的势头。

（孟庆喜）

【全面深入开展"打非拆违"专项行动】 2011年，东城区各行业、专业、属地监管部门坚持"维稳第一、民生最大、法律至上、网格管理、宣教在先、综合治理、服务群众"的原则，按照"六个一律"工作要求，实现了"五个清楚"工作标准，把"打非拆违"行动全面推向深入，全区各行业、专业、属地和综合监管部门思想统一，认识到位，认真履职，措施得力，部门之间相互联动，密切配合，全力投入"打非拆违"行动中，形成了有力的"拳头"。出台了《东城区禁止违法建设实施办法》，建立了"打非"工作长效机制，同时全区建立了五级防控网络，各属地部门依托网格化管理平台和建立社区"防违"检查小组，采取"现场不过夜、约见不隔天、文书不逾周、违建不长留"的工作机制，有效抑制和严查辖区新生违建，效果明显。"打非"专项行动开展以来，共拘留违法人员176人，传唤146人，"三停"企业62家，临时查封违法违规单位99个，媒体曝光6起，行政处罚354起，罚款345.75万元，拆除违章建筑257处、共22 640.65平方米，非法违法建设和经营行为得到了有效遏制。

（孟庆喜）

【相关行业和领域专项整治行动】 2011年，东城区安全监管部门对各行业和领域进行专项整治行动。一是加强危化企业专项治理。以危险化学品实物经营单位为重点，加大对加油站、剧毒、易制毒经营单位上下游企业、油漆店门市等危化经营单位执法检查力度，提升危化企业安全运营水平。二是加强燃气安全专项治理。汲取朝阳区"4·11"燃气爆炸亡人事故教训，开展了为期3个月的燃气安全隐患排查治理百日行动，重点加强液化石油气供应、储存和居民户燃气管道安全检查，全力消除潜在燃气安全隐患。三是加强有限空间作业专项治理。按照"先检测、后作业"和6个"凡是"的原则，于5月份对全区市政、环卫、电力、物业等领域的21

家有限空间单位开展专项执法检查，全力消除有限空间各类安全隐患。四是加强职业卫生企业安全隐患专项治理。突出对全区36家有作业场所的职业卫生企业的执法检查，以有毒有害因素检测和防护为重点，强化作业现场安全管理，加强职业危害防治制度建设，并利用交叉检查、开会、学习等契机，加强与其他区县的交流沟通，促进东城区职业卫生监管工作的科学发展。五是加强废品回收站点专项治理。制订《东城区废品回收站点安全隐患专项整治工作方案》，组织协调有关部门用1个月时间，排查、登记废品回收站点407家并建立了台账，依法取缔和规范无照经营、违规经营站点，废品回收市场得到了优化。

（孟庆喜）

【两次开展安全生产大检查工作】　根据市安委会电视电话会议精神、东城区领导指示及《东城区安全生产大检查工作方案》要求，于1月1日—2月28日、11月1—30日在全区范围内开展了2次为期近90天的安全生产大检查工作，区安委会各成员单位按照各自安全生产监管职责，开展对道路交通运输、建筑施工、消防、危险化学品、市政保障设施、工商贸、人员密集场所等行业和领域的安全执法大检查。期间，全区各监管部门共组成检查组1901个，检查生产经营单位9218家次，发现隐患2877处，下达执法文书1460份，罚款229.6万元，依法停业整顿5家，隐患整改率为100%。

（孟庆喜）

安全生产应急救援

【防化应急分队集训工作部署会议】3月17日，东城区防化应急分队在区安全监管局召开了集训工作部署会。相关街道

办事处、地区管理处选派的人员参加了会议。会议部署了关于集训人员的政治审查工作和训练工作的有关内容。

（孟庆喜）

【加油站事故应急救援演练活动】　12月30日，东城区在中国石油天然气股份有限公司北京安燕加油站进行了加油站危险化学品事故应急演练活动，演练现场模拟一车辆正在加油机旁加油，加油机忽然冒烟起火。各小组应急救援人员迅速进入应急响应，整个演练过程中指挥得力、组织严密、分工明确、配合默契、通信畅通，完成了应急处置规范动作。区应急办、区安全监管局、区消防支队有关领导到现场进行了检查和指导，区13家加油站负责人到现场观摩。

（孟庆喜）

安全生产执法监察

【五一节前检查市场、宾馆安全生产】4月26日下午，东城区副区长朴学东带领由区安全监管局、区商务委、区国资委、区旅游局、区质监局、东城消防一支队和平里街道办事处等单位领导和执法人员组成的联合执法检查组，对美廉美和平新城超市、国林宾馆、苏宁电器安贞桥东店、七彩云南安贞分公司4家人员密集场所进行了"五一"节前安全检查。检查组简要听取了各单位安全生产工作汇报，现场检查了各单位消防中控室、配电室值守、应急广播系统运行、疏散通道、消防卷帘门应急开启、特种设备运行、电气设备安全、安全生产责任制、安全管理制度及突发事件应急救援预案等情况。区领导现场对在岗员工应急跑位、消防安全知识和设备使用进行了抽查。

（孟庆喜）

【国庆节前区领导带队检查安全生产】
9月19—30日，常务副区长徐熙、副区长朴学东、毛桂芬、周永明、宋甘澍、王中华等分别带队，由24个政府职能部门和各街道办事处的主管领导和执法人员，组成6个安全生产执法检查组，对建筑施工、文化娱乐场所、商（市）场、餐饮企业、宾馆饭店、经营性人防工程、危化企业、旅游景点等28家生产经营单位进行了安全执法检查。针对检查中发现的36处安全隐患，各执法部门分别下达了执法文书。

（孟庆喜）

【新年前领导带队检查地下空间和消防】　12月28日，东城区副区长颜华带领由区民防局、安全监管局、公安分局、消防支队、住建委、商务委等部门组成的区安全检查队，对新怡家园、西花市南里顺天府超市、新景家园小区等地下空间人员密集场所和消防重点控制场所进行突击检查，依据市安委会"护航"联合行动要求，重点检查使用单位消防设备设施及相关措施的落实情况，对发现的问题现场发出整改通知，明确整改标准和要求。

（孟庆喜）

【全国"两会"期间安全生产检查】　2月25日—3月10日，全国"两会"期间东城区安全监管局执法人员组成检查组，对全区13家规模以上工业企业和全部9家地热使用单位进行了安全生产检查。检查组采取查档案资料、问相关人员应知应会以及现场安全检查等方式，重点检查了各单位全国"两会"安全保障落实情况、重点部位及设施安全情况、事故隐患排查整改情况、应急预案及演练情况、应急值守情况等。经查，各单位对安全生产工作比较重视，特别是航星、宇翔等大型国企的安全生产日常工作比较到位，诺基亚、博士伦等外企的管理模式比较先进；但个别单

位存在动态隐患问题，如配电开关被货物遮挡、安全通道临时堆放货物等，检查组指导相关企业当场进行了整改。

（孟庆喜）

【人员密集场所联合执法检查】　4月11—14日，东城区安全监管局配合市安委会及区旅游局、区民防局等相关部门对辖区内31家地下人员密集场所开展了为期4天的安全生产执法检查。此次执法检查是落实《市安委会2011年北京市安全生产重点执法检查计划》的工作安排。检查组对地下人员密集场所的安全管理、应急疏散、消防安全等各方面进行了全面细致的检查。检查中，绝大部分单位能够按照要求落实安全生产责任制，建立健全安全生产管理制度，制定事故应急预案，落实各项安全管理措施。在检查中也发现部分单位存在一些安全隐患，对在检查中发现安全疏散通道被堵占、部分消防器材缺失损坏、安全生产责任制未健全等问题，执法部门下达了责令改正指令书，责令其立即整改。

（孟庆喜）

【对3家美廉美超市进行专项检查】　5月18日，东城区安全监管局会同市安全监管局、区消防支队对东城区3家美廉美超市进行联合检查，检查组对3家超市的安全管理、应急疏散、消防安全等方面进行了全面细致的检查。检查中，绝大部分单位能够按照要求落实安全生产责任制，建立健全安全生产管理制度，制定事故应急预案，落实各项安全管理措施。检查中，发现少数单位主要存在库房货物码放不符合规定，货物码放过高；安全疏散通道指示标识不足；安全疏散通道内堆放杂物；外包单位安全管理欠缺，安全管理职责不明等问题。针对上述问题，执法人员下达了责令改正指令书，要求立即整改，并针对各单位存在的安全管理漏洞和安全隐患提出了要求，希望各单位

提高安全意识，确保不发生安全事故。

（孟庆喜）

【加强对地下空间安全监督检查】 8月15日，东城区安全监管局会同区房管局、消防二支队、东花市街道办事处、东花市街道派出所等单位对广渠家园地下空间进行检查。检查中发现广渠家园一地下空间的部分房间内住人且房间内电气线路混乱，房间无通风设施，有的人员住在配电间内，存在严重的安全隐患。检查组当即要求该小区的物业管理部门立即整改，消除安全隐患。

（孟庆喜）

【市民防局检查东城区地下空间安全管理】 12月29日，依据市安委会"护航"联合行动要求，市民防局领导带领市联合督察组到东城区检查地下空间安全管理情况，听取区民防局工作情况汇报，实地查看东四危改小区地下人防车库和防空地下室。检查组对东城区地下空间使用安全管理工作取得的成效给予肯定。指出，当前要认真按照市安委会关于做好"护航"联合行动的有关要求，积极履行地下空间综合管理职能，切实把地下空间使用安全管理工作放在头等重要位置抓紧抓好，结合全市地下空间清理整顿专项活动，不断加强地下空间安全管理工作，确保地下空间安全受控，确保地下空间特别是公用民防工程安全。

（孟庆喜）

安全生产宣传培训

【组织安全从业人员培训】 组织开展了"安全生产月"活动培训会，安全生产月期间，东城区安全监管局辖区70余家规模以上商业零售和餐饮经营单位安全生产负责人在会上举行了安全生产倡议仪式，

突出防火工作落实，全力杜绝生产安全事故。同时精心组织特种作业培训、考试工作。全年，区内7家特种作业培训机构共培训电工、焊工、制冷、登高作业、场内车辆驾驶等工种特种作业人员19 383名，合格率为71%，从源头上严把持证上岗作业关。

（孟庆喜）

【特种作业培训考核工作责任书签订会议】 4月12日，东城区安全监管局召开特种作业培训、考核工作责任书签订会，与辖区7家特种作业培训机构签订了工作责任书。为进一步贯彻市安全监管局关于进一步加强北京市安全生产培训机构监督管理工作的通知要求，区安全监管局制定了《特种作业培训、考核工作责任书》，对考生报名、培训教育以及考务工作进行了明确，为进一步规范东城区特种作业人员培训、考核工作，提高各培训机构培训质量和日常管理水平提供了制度保障。

（孟庆喜）

【电影放映场所设置安全提示座谈会】 为加强对辖区电影放映场所安全工作的监管，前移安全生产管理工作关口，4月27日下午，东城区文委、区安全监管局在东城区图书馆3层会议室，联合召开了电影放映场所设置安全提示座谈会。会议由区文委副主任李志成主持，区安全监管局主管副局长、区文委市场科、行政执法队一分队及14家营业的电影放映场所负责人参加了会议。

（孟庆喜）

【安全生产月宣传咨询日活动】 6月12日，东城区在区图书馆举行了以"落实企业主题责任，保障城市运行安全"为主题的2011年安全生产月宣传咨询日活动。区人大副主任生敏、副区长毛炯、区政协副主席刘忠胜、市安全监管局办有关人员

以及区安全生产月活动组委会、区安委会成员单位有关人员出席了此次活动。在活动中，区安全监管局领导就安全生产月工作进行了动员和部署，北京吴裕泰茶业有限公司副总经理和中石化北京分公司东城片区经理分别作为企业代表进行了发言，随后，参会领导向一线企业职工赠送了由区安全监管局编印的《安全生产常用法律法规汇编》，主管副区长讲要求区政府各专业、行业、系统和属地监管部门要在开展丰富多彩的宣传教育活动的同时，切实履行安全监管职责，督促企业加强自查整改，消除事故隐患，全力压减生产安全事故，各生产经营单位作为安全生产责任主体，要在安全生产月期间积极开展形式多样的活动，进而提高从业人员安全意识和安全技能，加快创建本质安全型企业步伐。最后，播放了安全生产专题电影《金牌班长》。在活动中，区安委会成员单位摆放了宣传展板，内容涉及安全生产、消防安全、交通安全、燃气安全等方面，广泛宣传了安全知识、安全常识。同时，全区各街道办事处、地区管理处纷纷设立安全生产月活动分站点，共同掀起了东城区安全生产月宣传活动的高潮。2011 年东城区安全生产月宣传咨询日活动共设主会场 1 个，分会场 20 个，发放宣传材料 12 万余份，参加受教育群众 10 万余人。

（孟庆喜）

【"安全在我身边"巡回演讲启动仪式在东城区举行】 6 月 27 日上午，由市安全监管局和市总工会共同组织的 2011 年"安全在我身边"巡回演讲活动启动仪式在东城区举行。市总工会副主席时纯志、东城区主管副区长出席活动并讲话，市安全监管局党组副书记、副局长蔡淑敏讲话并宣布"安全在我身边"巡回演讲活动正式启动。演讲团的 6 名演讲员，紧密围绕《北京市安全生产条例》、国务院 23 号文件及市政府 40 号文件等相关内容，结合身边发生的各类安全真实事例，用生动的语言讲述了安全生产的重要性，宣传了安全生产知识，普及了安全生产理念，涉及了交通安全、消防安全、施工安全等领域，使听众们聆听了一堂生动的安全生产教育课。辖区重点企业、建筑施工单位负责人、安全管理人员以及社区居民共计 400 余人观看了演讲。

（孟庆喜）

【举办安全生产知识竞赛】 7 月 29 日，东城区安全监管局、总工会联合举办了东城区安全生产知识竞赛。辖区内安定门、朝阳门、永外等 17 个街道办事处选派的代表队，参加了在东直门街道举办的 3 场区级复赛和 1 场决赛。竞赛以个人必答题、抢答题、团体必答题、风险题及现场观众互动 5 种形式进行，知识竞赛现场气氛热烈、答题踊跃、各队都是有备而来，志在第一。经过激烈的角逐安定门街道代表队以总分第一获得一等奖；朝阳门、永外街道代表队获得二等奖；建国门、天坛、交道口街道代表队获得三等奖。

（孟庆喜）

【"安全生产条例"宣传咨询日】 8 月 31 日上午，东城区安全监管局在国子监街举办了新修订的《北京市安全生产条例》宣传咨询日活动，在活动期间发放宣传材料 300 余份，向公众宣传了安全生产法律法规，普及了安全生产知识。全区各街道也分别设立分会场，并发放宣传品 2 500 余份。

（孟庆喜）

【执法人员参加《行政强制法》考试】 按照市、区全面贯彻落实《中华人民共和国行政强制法》的工作部署，东城区安全监管局包括局领导班子全体成员在内的 37

名执法人员，于 12 月 27 日，参加了区法制办、人力社保局组织的《行政强制法》考试。东城区安全监管局领导班子高度重视《行政强制法》的学习、宣传、贯彻工作，按照《东城区人民政府贯彻落实〈中华人民共和国行政强制法〉工作方案》（东政发[2011]50 号）要求，专门召开全局大会进行动员部署，将学习材料发放到每一名行政执法人员手中，局领导班子成员带头，对《行政强制法》进行了深入细致的学习研讨。

（孟庆喜）

安全生产科技创安

【探索安全生产网格化管理新模式】

2011 年，充分利用东城区万米网格化管理优势，尝试将安全生产日常执法检查、隐患排查治理、发现补强等纳入网格化管理，提升全员、全方位、全过程的安全生产精细化管理水平，强化事前防范能力，对各类事故隐患实行发现—立案—派遣—结案闭环管理，精确打击安全生产各类非法违法行为，努力实现安全生产工作的敏捷、精确和高效。

（孟庆喜）

【将安全生产纳入公共安全监管新体系】

2011 年，东城区安全监管局出版了《东城区公共安全监管标准体系》文件汇编，内容涵盖了制度规范、企业安全自查、风险源监管 3 大类 87 小项标准，每项标准基本明确了涉及公共安全、生产安全等安全监管工作的具体控制措施、监管事项等内容，为各行业（领域）的安全监管工作提供了统一、规范的原则性指导标准。

（孟庆喜）

【全面推进事故隐患自查自报工作】

2011 年，东城区安全监管局依托公共安全信息管理平台，建立完善了安全生产事故隐患"动态分类排查、动态评审挂账、动态整改销账"长效机制。并严格贯彻落实市安委会指示精神，开展事故隐患自查自报工作，制发了实施方案和自查自报工作管理办法，对区公共安全信息管理平台系统进行了升级改造，实现了与市安全监管局安全监管系统的对接。同时，按照"凡是有营业执照、有固定经营场所、有正常经营活动"的企业都要纳入系统监管的要求，有步骤地推进生产经营单位信息采集和事故隐患自查自报工作，并完成了对行业、属地部门和企业系统管理人员的业务培训。全区已完成企业信息采集 10 252 家，事故隐患自查自报工作基本实现稳步、有序推进。

（孟庆喜）

【强化安全生产信息沟通机制】

2011 年，东城区安全监管局坚持重点时期日通报，日常工作周汇总，月、季、半年有分析预测的安全生产信息工作机制，努力抓好《安全生产简报》的创办，及时、准确通报全区安全生产形势，预测和分析全区安全生产工作总体趋势，为区领导正确决策和安委会各成员单位了解、掌握全区安全生产工作动态提供有力支持。2011 年，区安委会办公室共编发《安全生产简报》47 期。

（孟庆喜）

西城区

概　述

2011 年是西城区区划合并之后的第 1 年，认真贯彻"安全第一、预防为主、综合治理"的工作方针，以强化企业安全生产主体责任落实为重点，加强组织领导，强化宣传教育，加大安全监管和应急管理力度，严厉打击非法违法生产经营建设行为，集中整治安全生产事故隐患，全力压减事故；强化体制机制建设，突出完善监管体系建设，加快信息化建设步伐；强化专项整治和日常监管、从严查处安全隐患、广泛开展宣传教育等重点工作，有效推动了安全生产"两个主体"责任的落实，区域安全生产形势保持持续稳定的良好态势。2011 年，西城区安全监管局重点开展以下 8 个方面工作：一是周密谋划、有效组织全年各项工作，督促全局按照计划狠抓工作落实。截至 12 月 31 日，执法检查生产经营单位 2 547 户次，下达责令改正文书 977 份，复查率 100%；立案 84 起，行政处罚 57.2 万元；在市法制办案卷评查中取得优异成绩（99.5 分）；全区 5 262 家生产经营单位登录到区局隐患自查自报系统，其中 1 918 家进行了数据填报；处理各类投诉举报 145 件次，结案率 100%；组织特种作业考试 11 次，参加考试总人数 36 965 人，合格人数 31 250 人，通过率 84.5%；在安全生产宣传月咨询日上发放宣传页 3 万张、安全宣传袋 4 500 个、扑克牌 3 000 副、挂图 60 套、光盘 30 张；组织消防、公安、卫生、教育、环保等部门举行了危险化学品事故应急演练救援及

学校应急疏散演练；全年对外宣传投稿 401 篇，获市级媒体登载 27 篇，区级媒体登载 136 篇。二是抓住规律、加强重点行业综合执法，结合打非治违、严格举报投诉查处、加强区街 2 级联动机制等措施做好重点行业领域安全保障。经统计，打非期间，全区各部门、各街道共出动执法检查人员 2.2 万人次，累积拆除违法建设面积 3.39 万平方米，关闭取缔非法违法生产经营单位 286 家，停业整顿 121 家，罚款 569 万元，行政拘留 113 人。三是深入探索、夯实直管领域安全监管，严把危化、烟花爆竹、职业卫生等领域管控。全区共批准 51 家烟花爆竹经营网点，西城区安全监管局圆满完成全区 17 家加油站对新修订《危险化学品安全管理条例》的宣贯工作，重点讲解了《北京市危险化学品企业安全生产标准化工作方案》、《北京市危险化学品企业安全生产标准化三级评审标准》、《通用规范》及创建安全标准化企业的方法。四是注重创新、从严排查隐患压减事故，开展调研，运用信息化等手段跟踪安全隐患，做好排查。截至 12 月 31 日，西城区登录隐患自查自报平台系统的生产经营单位有 5 262 家，利用系统报送隐患的生产经营单位有 1 918 家。五是未雨绸缪、强化应急管理安全意识，大力加强应急队伍建设和制度建设工作，做好应急救援演练。应急演练周里，西城区安全监管局、区应急办联合举行危险化学品事故应急救援综合演练活动，西城区各部门、各街道共组织各类应急演练 28 次。六是加强宣传、做好安全生产培训教育，加强街道工作人员和从业人员安全培训，做好安全

社区创建。安全生产月宣传咨询日活动，区安全监管局组织全区各部门、各街道321 人次参加，接待咨询 7 102 人，摆放展板 135 块，发放宣传材料 16 215 份。七是明确职责、落实行业属地监管责任，借助区划调整，重新拟定安委会各成员单位工作职责，发挥安委会指导协调作用。区安全监管局对 62 家安委会成员单位进行调整，重新研究制定了各部门安全生产工作职责，代拟并制发了《北京市西城区人民政府关于进一步加强安全生产工作的意见》。八是夯实基础、加强安全生产监管队伍建设。区安全监管局领导班子始终认真贯彻执行加强民主集中制的有关规定和要求，制定完善了"三重一大"等 11 项内部管理制度，2011 年，市安委会组织的安全生产工作综合考核中被评为"先进区县"，全区安全生产工作整体水平有了进一步提高，持续保持了安全稳定的局面，为构建社会主义和谐社会首善之区发挥积极作用。

总结 2011 年各项工作，区安全监管局将继续巩固"十二五"规划开局之年全区安全生产工作取得的成果，以推动街道安全监管机构落实、完善综合监管考核体系等工作为重点，一是进一步加强安全生产体制机制建设，加强区安委会组织机构建设，充分发挥安委会统筹协调、议事决策和监督考核的作用，借力推动安全生产各项工作；二是进一步强化企业安全生产主体责任落实，及时总结经验，健全完善隐患自查自报系统，继续开展安全质量标准化活动；三是进一步深化重点行业领域的安全监管，提高综合执法质量，探索部门联席会议机制；四是进一步加大宣传教育培训力度，做好安全生产月主题宣传活动，抓好从业人员培训等重点工作；五是进一步提高科技创安水平，完善安全生产信息网络平台，实现互联互通、信息共享和业务协同，加强安全生产科技研发与成果转化。发挥西城区区域资源优势，推动科技创新，加强安全监管，弘扬安全文化，强化企业主体责任，深入推进安全生产各项工作全面发展，为全区经济社会发展和城市运行营造良好的安全生产环境。

（李丽）

安全生产综合监督管理

【安全生产控制考核指标完成情况】2011 年，北京市政府下达给西城区的安全生产控制指标总数为 26 人，其中道路交通 15 人，火灾 1 人，生产安全 9 人，铁路交通 1 人。截至 12 月 31 日，全区实际发生道路交通死亡、火灾、生产安全、铁路交通事故共 179 起，死亡 19 人，未突破总体指标。其中：道路交通死亡事故 13 起，死亡 13 人；生产安全事故 7 起，死亡 6 人；火灾 159 起，无死亡；未发生铁路交通事故。各项事故死亡人数均未超过控制指标。

（李丽）

【区街两级安全监管联动机制】　1—10 月，西城区安全监管局先后与西城区德胜街道、金融街街道、大栅栏街道、展览路街道、天桥街道、广内街道、陶然亭街道、椿树街道、白纸坊街道、牛街街道和广外街道开展 11 次安全执法周行动。期间，区安全监管局执法人员与各街道安办有关人员共同交流执法经验、研讨监管措施，促进了西城区街两级安全监管联动模式的巩固。2011 年，西城区街两级安全监管联动机制开展联合检查涉及各类生产经营单位百余家，提升了西城区区域安全生产监管总体水平。

（李丽）

【明确职责落实行业属地监管责任】

2011 年，是西城区划调整后第一个工作年。针对全区机构、人员变动较大的实际情况，区安全监管局进一步明确、细化区安委会成员单位工作职责，充分发挥专业、行业、属地监管部门的作用，落实政府监管责任。一是加强制度建设，区安全监管局对 62 家安委会成员单位进行调整，重新研究制定了各部门安全生产工作职责，代拟并制发了《北京市西城区人民政府关于进一步加强安全生产工作的意见》。二是坚持安委会例会制度，年初召开安全生产工作大会，每季度召开安全生产例会，研究部署安全生产工作。三是坚持形势分析制度，每月、季、年统计发布全区安全生产形势分析报告，及时研究解决了安全生产监督管理中的各类问题。四是坚持安委会联席会议制度，开展联合执法周活动，每月定期召开街道安全生产联席会议，进一步加强属地安全监管工作的指导和协调配合。

（李丽）

【区领导带队开展春节前检查】 为保障春节期间西城区安全生产形势稳定、人员及财产安全，1 月 26 日，由副区长苏东带队，区安全监管局、应急办、消防支队参加对什刹海、大栅栏地区的平房院内可燃物清理情况进行了春节前联合专项执法检查，此举重在针对春节期间燃放烟花爆竹的安全保障工作。检查组对什刹海街道兴华社区、大栅栏街道西河沿社区进行了安全隐患排查工作，检查情况良好：什刹海街道成立应急小组加强日常巡视和夜间巡查，以社区为单位、干部包片负责，重点监控空院、工地，切实做好防控工作。大栅栏街道针对拆迁工程重点部位，积极开展"从胡同到院"的清理工作，形成"两节期间安全管理工作情况登记"及"网络监督中队问题反馈"的检查机制，重点检查包括防火、防煤气中毒、烟花爆竹等在内的重点安全问题，切实排查隐患，积极处理，确保地区安全。苏东副区长对 2 个街道的清理工作予以了肯定，强调做好节日期间安全监管工作要抓好"两个环节"：预防为主、积极应对。同时对进一步开展好工作提出了具体要求。

（李丽）

【召开安全生产表彰大会】 3 月 10 日，西城区安委会召开年度安全生产工作大会。会议总结回顾 2010 年及"十一五"期间安全生产工作成果，安排部署 2011 年工作。同时，会议对安全生产先进典型进行了表彰，表彰对象包括西长安街街道等 6 个特别奖、区发展改革委等 54 个监管机构先进单位、姜立光等 86 名监管机构先进个人、北京市新街口百货有限公司等 150 个生产经营单位先进单位、郭志远等 149 名生产经营单位先进个人、西城区德胜街道马甸社区居委会等 75 个安全生产先进社区、张士发等 57 名优秀信息员。市安全监管局副局长汪卫国，区安委会主任、副区长苏东出席会议并作重要讲话，西城区安委会成员单位主管领导，先进单位和先进个人代表共 310 余人参加了此次大会。会上，汪卫国对西城区近年来的安全生产工作给予充分肯定，传达了北京市委市政府、市安委会关于 2011 年安全生产工作要求，并就做好西城区今后的安全生产工作进行了指导。西城区安委会主任、苏东就做好 2011 年西城区安全生产工作提出了希望和要求。

（李丽）

【市局领导带队检查特种作业工作】 5 月，市安全监管局副局长常纪文带队，携新闻媒体对西城区公交集团培训学校、自来水集团培训学校、中德模具技术培训学心、供电公司培训学校 4 家特种作业理论和实际操作考场进行检查。区安全监管局主管领导陪同市局领导检查了本辖区内的特种作业考场。

（李丽）

【区人大代表视察安全生产工作】　6月，西城区人大副主任吴元增带队对棉花片区危改项目、首都时代广场等地的安全生产工作进行了视察。参加检查的人大代表对区安全生产监管工作表示肯定，并针对加强高危行业监管、人员密集场所综合监管、总结安全生产事故经验教训等方面工作提出意见和建议。检查中吴元增提出了 5 点要求：一是要增强安全生产监管工作使命感，把保障人民群众生命财产安全作为首要任务；二是要借助两区融合的契机，将原宣武区、西城区的工作特点相结合，取长补短，改进安全生产监管模式；三是要完善安全生产监管体系，增强安全监管队伍建设；四是要大力推进新的生产技术，新的监管技术，利用科技手段最大限度地降低安全生产事故，特别是死亡事故的发生；五是要增加应急演练的频次和精细度，全面强化生产经营单位的自救能力。

（李丽）

【区政府常务会听取安全生产工作汇报】　8月，西城区政府召开第 22 次常务会议，会议听取了全区上半年安全生产工作情况的汇报，并对下半年安全生产工作进行部署。区长王少峰对全区上半年安全生产工作表示肯定，并就做好下半年工作提出 5 点要求：一是各部门、各街道要高度重视，充分认清当前全国及北京市的安全生产严峻形势；二是要加快街道基层安全生产机构建设，推动属地监管责任落实；三是要齐抓共管，加强协调配合，做好安全生产专项活动，加强对重点行业领域的安全监管，有效治理事故隐患；四是要深化安全生产宣传教育，强化社会舆论监督，

增强全民安全责任意识；五是要严肃责任追究，从严查处安全生产事故。

（李丽）

【市安委会对西城区有限空间工作进行督察】　8月，市安全监管局副局长常纪文带队组成市安委员会督察组对西城区有限空间安全生产工作进行了督察。检查组听取了区安全监管局、区市政市容委、区发展改革委、区房管局分别就各自行业有限空间安全生产工作情况的专题汇报。督察中，督察组分 3 组对西城区市政、电力、物业行业的有限空间作业单位进行了现场检查。结合汇报和现场检查，市安全监管局督察组充分肯定了西城区有限空间安全生产工作，认为西城区对有限空间安全生产工作高度重视，辖区内生产经营单位有限空间安全生产工作水平不断提高，相关先进经验值得在全市范围推广，并对下一步的有限空间安全生产工作提出了具体的要求：一是要认真落实督察组提出的整改建议，举一反三，切实提高地区有限空间安全生产工作；二是要进一步提高认识，结合区域特点考虑有限空间安全问题，避免出现麻痹思想；三是建议结合安全社区建设工作将西城区有限空间安全生产工作做出新意，做出特色；四是希望西城区安委会各相关单位密切配合，利用 8 月份有限空间作业高峰期，有针对性地开展联合检查，严厉打击非法违法作业行为；五是要结合有限空间作业实际，研究新情况、新问题，探索从发包方入手加强对有限空间作业队伍的管理；六是要积极宣传有限空间安全知识，督促生产经营单位按要求做好特种作业培训。

（李丽）

【区委书记部署下半年安全生产工作】　9月，西城区安委会副主任、区安全监管局局长陈国红在西城区委常委会上通报了上

半年安全生产事故情况，并对上半年开展的主要工作及下半年工作安排进行汇报。会上，区委书记王宁对上半年安全生产工作给予肯定，并就下一步安全生产工作提出 4 点要求：一是要关口前移，狠抓下半年安全生产工作，确保监管到位；二是要加强重点行业、重点领域、重点部位安全监管，强化 2 个主体责任落实，严控责任事故；三是严格责任追究，加大处罚力度，严厉打击安全生产非法违法行为；四是要强化宣传教育，开展应急演练，提高安全生产意识。

（李丽）

【西藏自治区省际互查组到西城区开展交流】 9 月，市安全监管局副局长贾太保、西藏自治区安全监管局副局长付远志带队携安全监管行政执法省际互查工作组到西城区开展交流，西城区区委常委、副区长苏东代表西城区政府欢迎检查组交流。区安全监管局向检查组汇报了西城区区域特点、安全生产形势、当前的重点工作，展览路街道介绍了基础安全生产工作开展的情况及取得的成效，双方就安全生产法规、政策、形势进行了交流。研讨会后，检查组实地检查了展览路街道 2 家重点企业。付远志对西城区安全生产工作成效给予高度赞赏。

（李丽）

【国庆节前四套班子领导检查安全生产】 国庆前夕，为落实市政府关于做好国庆节期间安全生产工作的指示精神和工作部署，西城区委区政府 4 套班子领导带队协同区安全监管局、消防支队、公安分局、商务局、住建委、街道办事处等相关单位对辖区内的加油站、人员密集场所、大型娱乐场所、建筑施工等高危行业生产经营单位进行了安全生产联合检查。从检查情况来看，大部分单位对安全生产责任制的落实采取了强有力措施，把安全责任落实到每个环节、每个岗位和每个职工。最后，检查组要求各生产经营单位要严格执行有关安全生产法律法规和规章标准，以及领导干部到岗带班和关键岗位 24 小时值班制度，坚决杜绝各类生产安全事故的发生，及时消除事故隐患，确保节日期间首都中心城区的安全生产工作有序进行。

（李丽）

【国庆节前安委会主任带队检查安全生产】 2011 年"十一"国庆节前夕，西城区安委会主任、副区长苏东，带领区安全监管局、商务委、消防一支队、住建委、新街口街道、德胜街道对物美超市新街口店、安德路 77 号住宅楼施工现场就安全生产管理措施落实情况开展国庆节前安全生产大检查。检查总体情况良好，但仍存在以下安全隐患：部分安全疏散指示标识悬挂不正确，防火卷帘门内设置柜台，部分疏散通道被货架堵占等。针对以上问题，检查组要求生产经营者严格执行各项安全生产操作规程，把整改措施落实到位。

（李丽）

【清理整顿违规生产经营建设行为工作督导】 10 月，根据《西城区清理整顿违规生产经营建设行为工作方案》部署，西城区安委会召开协调会对区国资委清理整顿违规生产经营建设行为工作进行督导，区政府办、区安全监管局、区监察局参加了督察。会议听取了区国资委关于清理整顿区属单位违规生产经营建设行为工作汇报，北京华天饮食集团公司、北京宣房投资管理公司分别就企业安全生产自查自改情况进行了汇报。督导组对此次清理整顿各项工作表示肯定，并对进一步推动工作提出了意见和建议，要求区国资委要全面加强对区属企业安全生产情况的统计汇总，将餐饮单位纳入西城区生产经营单位安全生产事故隐患自查自报系统，加大监管力度，各区属企业要建立健全基础信息台账，加强隐患自查，及时消除违规生产经营建设行为，杜绝安全生产事故的发生。

（李丽）

【重新研究拟定区安委会成员单位职责】　为有力推进安全生产政府监管主体责任落实，确保区划调整后西城区安全生产工作的顺利开展，区安委会办公室在原宣武区和原西城区各单位职责基础上，重新研究拟定各成员单位在安全生产方面的职责。此次职责拟定涉及 62 家区委区政府有关工作部门和街道办事处，依据《安全生产法》、《北京市安全生产条例》等法律法规，以及国务院安委会成员单位安全生产工作职责和市政府工作部门安全监管职责。旨在通过成员单位的职责重新拟定，调整充实区安委会成员单位组成，调整扩大安全生产监管范围，增加各单位的安全生产监管新职责，减少监管盲区。2011年，区安全监管局已将职责重新拟定，经区政府法制办初审，并再次征求各成员单位意见。

（李丽）

【广州市安全监管局考察组调研西城区安全社区工作】　11 月，为加强改进安全社区创建工作，提升城市安全管理水平，广州市安全监管局副局长方少华带队组成广州市安全监管局考察组到西城区学习调研安全社区创建工作，西城区安全监管局局长陈国红陪同调研。考察组主要对德胜街道办事处民防宣教中心参观学习。考察中，播放了以"守护安全共筑和谐之基，以人为本同护安居家园"为主题的西城区安全社区创建和促进工作纪实片，向考察组介绍了西城区安全社区创建工作的总体情况。德胜街道作了安全社区创建经验发言，德胜街道青年志愿者讲解了地震及自救相关知识。考察组亲身体验由声、光、电高科技模拟的 7～8 级地震、烟雾逃生、震后房屋倾斜感受，观看了 4D 电影《灾难警示录》。西城区安全监管局与考察组就安全社区工作进行了交流。

（李丽）

危险化学品安全监管监察

【危化品生产经营单位安全监管】　3月，西城区安全监管局按照市安全监管局关于做好危险化学品生产经营单位安全生产工作的紧急通知，迅速将市安全监管局精神传达到各加油站和危化企业，并组织执法人员组成检查小组对西城区内危险化学品生产经营单位开展安全隐患排查工作。检查小组检查了加油站加油机、加油枪、卸油口等重点部位，以及加油站的安全生产管理制度、现场安全管理、员工安全生产培训教育、生产安全事故应急救援预案及演练等几个方面，从检查情况看，各加油站的安全管理状况总体良好。

（李丽）

【危险化学品储存专项整治工作】　2011 年，西城区安全监管局依据《危险化学品仓库建设及储存安全规范》，在全区范围内开展危险化学品储存专项整治工作。西城区安全监管局执法人员对辖区内危险化学品经营单位进行了抽查，重点检查了 9家涉危企业的安全生产管理制度、应急救援预案及现场作业条件，检查中发现个别企业存在法人证照不符等问题，检查人员当场提出了整改意见，并下达了《责令整改指令书》。

（李丽）

【危化品专项整治工作】　2011 年，西城区安全监管局 2 个方面强化监管，着力加强危化品专项监管工作：一方面深入推进危化品专项整治工作。西城区现有危化经营单位 81 家。区安全监管局重点开展对危险化学品经营单位的执法治理，突出对销售剧毒、易制毒及 121 种管控化学品的日常检查、监管。另一方面深化危化品安全生产标准化工作。西城区在全区 17 家加油站开展培训、宣传、咨询和自评，重点讲解了《北京市危险化学品企业安全生产标准化工作方案》、《北京市危险化学品企业安全生产标准化三级评审标准》、《通用规范》及创建安全标准化企业的方法，圆满完成对新修订《危险化学品安全管理条例》的宣贯工作。截至 10 月，西城区 17 家加油站已按照有关法律法规及安全标准化的评审标准全部完成安全生产标准化体系建设并开始运行。

（李丽）

烟花爆竹安全监管监察

【严把 4 关，做好烟花爆竹安全监管】

2011 年，西城区安全监管局综合采取 4 项措施做好烟花爆竹安全监管：一是严把行政许可关。本着"统一规划、保障安全、合理布局、总量控制"的总体要求，共批准 51 家烟花爆竹经营网点。二是严把培训教育关，组织召开烟花爆竹零售单位主要负责人安全生产知识培训，确保所有从业人员培训后持证上岗。三是严把安全监管关，烟花爆竹销售期间，西城区安全监管局采取日常检查、夜查及与相关部门联合检查等监管形式多管齐下进行检查，通过各项检查加强安全监管，确保西城区烟花爆竹经营网点的安全。四是严把回收、撤点关。2011 年春节，西城区安全监管局严控时间点，做好烟花爆竹经营点回收、撤点全程监管，保障烟花爆竹监管工作到最后阶段不出问题。

（李丽）

【烟花爆竹安全保障工作】

1—2 月烟花爆竹销售期间，西城区安全监管局采取日常检查与夜间抽查和相关部门联合检查等多种监管形式力保烟花爆竹销售工作安全、有序。一是领导重视。为加强辖区内烟花爆竹安全保证，西城区领导多次带队开展烟花爆竹安全检查。二是重点区域重点排查。烟花爆竹销售期间，西城区安全监管局每日出动 5 组执法人员进行不间断拉网排查，腊月三十、正月初五及正月十五当天，西城区安全监管局领导带队，携局内 10 个检查组对全区烟花爆竹销售（储存）单位进行巡查。2011 年 1—2 月西城区共出动 1 106 人次、366 车次、日常检查 1 836 户次、夜查 362 户次，下达《责令整改指令书》46 份，查出并监督整改安全隐患 68 处。

（李丽）

【2012 年烟花爆竹销售安全监管工作部署】

2011 年，为全面做好 2012 年春节烟花爆竹销售（储存）安全管理工作，确保人民生命财产安全，11 月 2 日，西城区安全监管局组织区应急办、区委宣传部、区监察局、公安分局治安支队、区工商分局、区消防一支队、消防二支队、区交通支队、区质监局、区城管大队及各街道等部门召开西城区 2012 年烟花爆竹销售（储存）工作会，全面部署西城区 2012 年烟花爆竹安全监管工作。一是继续实行烟花爆竹零售经营企业提取风险抵押金制度，切实提高烟花爆竹经营防范事故和抵御风险的能力。二是督促烟花爆竹零售经营企业为全体从业人员上意外伤害保险和公众责任保险，将安全生产责任保险投保证明作为行政许可的必要条件。三是烟花爆竹零售经营企业签订《烟花爆竹零售经营安全生产承诺书》。四是进一步完善烟花爆竹批发仓库物联网建设和烟花爆竹流向登记管理。五是加强烟花爆竹零售经营企业视频监控管理。六是建立投诉举报制度，强化舆论监督，结合市安全监管局"12350"安全生产举报投诉电话，积极引导公众广泛关注，参与烟花爆竹安全生产工作。

（李丽）

安全生产事故隐患排查治理

【举报投诉排查治理】　2011 年，西城区安全监管局高度重视各类投诉举报事项，重新修订了投诉举报办理流程，强化时间节点意识，提高办理质量。区安全监管局指定专人对市安全监管局"12350"、区政府转办的投诉批件及来人、来电信访线索逐一进行登记。区安全监管局领导大力督办，局长对信访记录进行批复，督促业务科室全力落实，力求举报投诉工作做到件件有着落，事事有回音，畅通安全生产隐患、非法违法生产行为的举报渠道，保护市民参与安全生产的热情，维护政府在群众心目中的形象。截至 12 月 31 日，区安全监管局及时受理各类投诉举报 145 件，其中包含市安全监管局"12350"平台转来 76 件、西城区政府转来有关违章建筑举报件 46 件，其他来电来访 23 件，投诉处理合格率达到 100%。

（李丽）

【安全隐患排查重点措施】　2011 年，西城区安全监管局多措并举，全力排查安全隐患：一是按照"动态分类排查、动态评审挂账、动态整改销账""三动态"工作机制，2011 年年初制定了开展安全生产隐患排查工作方案，明确工作要求；二是制定安全隐患受理条件和工作流程；三是对重点隐患单位挂账督办。主要包括：庄胜崇光百货消防通道被占用隐患、海格商务酒店配电间隐患、地安门西大街 157 号安全隐患、四平小区线路安全隐患、小区用电安全隐患、宣武精神病医院消防隐患、广外医院锅炉老旧安全隐患的整改。

（李丽）

【安全生产隐患排查工作部署】　2011 年，西城区安全监管局继续开展"安全生产年"活动，深入排查安全生产隐患，力促全区安全生产形势的总体平稳。结合企业自查上报、执法检查、投诉举报，1—2 月，区安全监管局排查各类安全隐患及问题 7 项。针对已排查出的安全隐患及问题，西城区安全监管局组织相关单位召开了现场协调会，坚持"谁主管、谁负责、谁治理"的隐患管理原则，明确隐患管理机构和人员及其职责，制定了开展安全生产隐患排查工作方案，要求各单位定期向区安全监管局上报整改情况。

（李丽）

【从严查处压减事故】　2011 年，西城区安全监管局规范程序，从严查处，全力压减事故：一是依法加强全区生产安全事故应急工作，制定了《西城区燃气生产安全事故调查处理工作程序》，明确了有关部门工作职责。二是依照"四不放过"原则，依法严肃事故处理，严格责任追究制度，做好事故处理意见的落实工作。2011 年，区安全监管局狠抓落实，完成了"10·21"、"3·22"毛家饭店等生产安全事故，对责任人进行了处罚。三是积极参与协调全区各类突发事故，完成"6·1"何映国死亡事故等 13 起非生产安全事故调查，积极稳妥做好"8·23"地铁鼓楼大街站死亡事故和"9·25"一般燃气事故 2 起涉及维稳的善后工作。四是严格按照依申请公开程序做好证据的提供，积极配合市、区法制办做好行政复议的准备工作。

（李丽）

【联合执法打击违法建设】　5 月，按

照市安全监管局统一部署，西城区安全监管局与东城消防局对辖区内 17 家如家快捷酒店开展联合执法行动，其中，北京锦绣山泉宾馆有限公司西直门店、如家和美酒店管理（北京）有限公司、如家快捷南菜园酒店、北京美丽嘉快捷酒店有限公司、北京盛城如家酒店管理有限公司第一分公司、北京首都旅游国际酒店集团有限公司宣武门酒店，人员住宿、库房、机房使用彩钢板材料搭建且无审批手续，存在安全隐患，西城区安全生产监管局会同北京市安全监管局采取停业整改措施责令限期整改。之后针对存在安全隐患的 5 家酒店，西城区安全监管局局长陈国红带队进行监督整改，5 家酒店均已整改完毕。执法活动中，西城区安全监管局强化监管力度，从严从重打击非法违规行为，坚决制止新增非法违法建设行为，旨在切实消除事故隐患，维护辖区安全生产形势持续稳定。

（李丽）

【区领导检查什刹海地区私房翻建工程】 6 月，西城区安委会主任、副区长苏东组织召开千竿胡同 5 号院私房违建重大隐患专题会。会上，苏东副区长听取各部门汇报辖区私房违规翻建排查情况、整治计划及遇到的问题，各部门根据职责汇报了下一阶段整治工作安排。针对什刹海千竿胡同 5 号院私房违章建设存在的重大安全隐患，苏东带队检查提出 4 点要求：一是要求区城管监察大队介入调查，及时对施工现场进行查封处理，避免私房翻建施工过程中的生产安全事故；二是相关部门要依职责采取强制措施，责令私房业主对深基坑进行回填，切实消除安全隐患；三是召开紧急协调会，针对整治私房违规翻建过程中存在的突出性问题，有关部门和属地负责人要加强协调与配合；四是街道要成立联合检查组对辖区内存在隐患的私房违建工程逐户进行整治，规范私房翻建行为，切实保障翻建工程安全和周边居民的良好生活秩序。区安全监管局、区市政市容委、区规划分局、区住建委、区城管监察大队、什刹海街道办事处及厂桥派出所等相关部门领导参加会议。

（李丽）

【安全生产事故隐患自查自报系统】 6 月，根据北京市安委会工作要求，为进一步推动生产经营单位安全生产主体责任落实，建立隐患排查治理动态工作机制，西城区在全区范围正式推广实施生产经营单位安全生产事故隐患自查自报系统。6 月 2 日，西城区安委会召开隐患自查自报系统推广培训会议，副区长苏东、区安委会 30 个主要成员单位的主管领导和具体操作人员参加会议。会议宣读了隐患自查自报系统推广实施方案和管理办法，并就系统的操作使用进行了培训。为确保系统的顺利推广实施，苏东提出要提高对实施隐患自查自报系统的重要性、作用和难度的认识，要给予高度重视，采取有力措施，全面组织实施；要加强组织领导，各单位要制订工作方案，成立工作领导小组，强化落实；要强化监管，加大对生产经营单位开展隐患自查自报工作情况的检查指导力度；要加强沟通协调，及时总结不足，推动隐患自查自报系统的逐步完善。

（李丽）

【夏季安全生产隐患排查圆满完成】 6—8 月，西城区安全监管局深入开展夏季安全生产隐患排查工作，进一步落实企业安全生产主体责任和政府安全监管责任，严厉打击非法违法建设、生产、经营行为，推动企业进一步健全并落实安全管理各项规章制度，严格执行安全生产技术规程和标准，彻底排查治理事故隐患，防范和遏制生产安全事故的发生。检查过程中，区安全监管局重点针对建筑工地、人员密集场所、有限空间等高危行业和领域，查处事故瞒报、谎报行为，全力开展汛期应急救援队伍和防汛物资储备情况排查。同时，针对安全生产责任制落实情况、安全生产法律法规、标准规程执行情况以及隐患排查整改和重大危险源监控情况进行排查，对个别单位的安全教育培训及特种作业人员持证上岗情况进行排查。6—8月检查活动过程中，西城区安全监管局共排查隐患和问题463条，整改442条，隐患整改率达95.46%。

（李丽）

【有限空间安全监管工作部署】 第一季度，按照北京市有限空间安全监管工作动员部署会的重要指示精神，西城区安全监管局结合地区实际采取多项措施狠抓安全监管责任落实。一是西城区安委会下发《关于进一步加强有限空间作业安全生产工作的通知》，明确西城区有限空间监管工作重点及各行业、属地监管部门的工作职责；二是区安全监管局协助开展有限空间相关政策法规的宣传工作，将相关信息迅速传达到管理最基层、作业第一线；三是开展重点行业监管部门沟通，协商全年有限空间安全培训工作的具体安排，促进全区有限空间安全生产水平的不断提升；四是将联合区政府督察室对行业、属地部门落实有限空间监管工作的情况进行督察，督促行业、属地部门落实监管责任；五是调研区属有限空间作业单位安全生产工作情况，通过调研对其作业流程的各环节进行全面指导，全力避免有限空间事故的发生。

（李丽）

【高效服务严把安全证明关】 2011年，西城区辖区内公司因增发股票向区安全监管局申请出具安全生产相关证明材料，这是区安全监管局首次接触此类申请。为做好申请回复，高效服务辖区内企业，这类申请在区安全监管局业务办理中尚属首次，西城区安全监管局要按照依法行政的原则，从监管与服务并重的角度出发，协助企业办理好相关法律服务业务。针对这类申请区安全监管局特召开专题会对出具相关证明材料的程序、条件、法律依据以及是否属于本部门管辖范围进行了深入研究。经研究，区安全监管局对申请企业提出了具体的办理要求：一是要求申请企业提供申请安全监管部门出具安全生产证明材料的相关法律依据；二是要求申请企业明确安全生产证明材料的具体证明期限，必须在安全监管部门的可证明范围之内。

（李丽）

安全生产应急救援

【应急队伍及制度建设】 2011年，西城区安全监管局与北京市预备役防化团协调，依靠专业部门的资源加强首都核心区危险化学品应急队伍的建设，成立了危险化学品侦测连，并组织各街道安全生产办公室工作人员到大兴防化团基地脱产培训。结合西城区应急队伍建设工作，根据《北京市突发事件应急预案管理办法》（京应急委发[2010]10号）的要求，区安全监管局重新修订了《北京市西城区危险化学品事故应急救援预案》，强化了危险化学品应急救援指导工作。

（李丽）

【应急救援演练活动】 4月，西城区年度安全生产月应急演练筹备工作正式启动，2011年度演练围绕学校实验室使用危险化学品发生火灾事故进行，内容涉及在校师生的应急自救、应急疏散及政府相关部门的专业救援等环节，旨在进一步加强学校安全管理，全面提高学校应对突发事件的应急处置能力，提高在校师生的安全防范意识，切实保护师生的生命安全。同时通过演练活动的开展，全面检验学校应急处置能力及相关政府部门现有应急救援队伍和应急救援装备的充分性、合理性，进一步明确有关部门在应急救援工作中的任务，提高各部门在应急救援中的相互配合能力，提高各专业队伍协调作战的能力。

（李丽）

【电梯故障应急演练】 7月，西城区安全监管局会同区质监局、区商务委、金融街街道办事处等单位在西单新一代商城举行了乘人电梯故障应急演练。此次演练由新一代商城管理单位主办，电梯维保公司参加，针对乘人电梯突然发生故障，人员被困于非平层位置、电梯进水的情况设置，分别模拟了预警、指挥与协调、应急处置等科目，旨在提高企业单位应对突发事件的能力，完善应急环境下各部门配合，预防和减少此类突发事件造成的损害，保障公众生命财产安全。区安全监管局结合北京地铁4号线动物园站电梯事故及本次演练活动指出要加大对人员密集场所设备、设施的安全监管力度：一是加强对特种设备的定期维护保养和检查制度；二是进一步完善生产经营单位的安全生产应急预案；三是要与相关政府部门建立快捷有效的联动机制。

（李丽）

安全生产执法监察

【重大节日和"两会"安全生产保障】 元旦、春节、"五一"、"十一"、中秋等重大节日期间，西城区安全监管局着重加强高危行业、敏感地区周边、沿线的安全生产执法检查工作，排查隐患、压减事故。

全国"两会"期间，区安全监管局制订了保障方案，补充更新了《西城区"两会"会场及代表驻地周边生产经营单位基础信息台账》、《西城区"两会"代表行车路线周边生产经营单位基础信息台账》，组织开展了"两会"期间的专项执法检查，确保"两会"期间的安全稳定。

（李丽）

【全力保障"两会"安全稳定】 2月21日，对全国"两会"代表驻地及周边200米范围内的生产经营单位、重点行业开展专项执法检查。检查共出动执法人员68人次，执法车辆1台次，检查生产经营单位34家，下达现场检查记录34份、整改指令书5份。检查总体情况较好，但仍有少数生产经营单位存在安全生产问题。针对存在问题，检查组要求经营者要认真落实各项安全生产工作，全力确保"两会"期间人员密集场所的秩序稳定、经营安全，同时做好应急演练工作，以高度的政治责任感和严谨的工作态度完成全国"两会"期间安全生产保障任务。

（李丽）

【"打非治违"专项行动开展情况】 2011年，西城区安全监管局牵头制订了"打非"工作方案，成立领导小组，明确工作目标，与相关部门、街道建立了调度会议制度、信息通报制度、举报投诉制度等6项工作制度，突出对重点行业、重点区域的安全监管，全面开展打击非法违法生产经营建设行为专项行动，按照"四个一律"的要求，对排查发现的违法建设依法予以拆除。经统计，"打非"期间，西城区各部门、各街道共出动执法检查人员2.2万人次，累计拆除违法建设面积3.39万平方米，关闭取缔非法违法生产经营单位286家，停业整顿121家，罚款569万元，行政拘留113人。

（李丽）

【批零市场安全生产专项执法行动】

4月，为进一步加强西城区批零市场安全生产监管力度，西城区安全监管局联合各街道安办组成检查组，对全区批零市场开展安全生产专项执法检查。检查过程中，批零市场安全生产专项执法行动范围包括：辖区内建材、服装、小商品、电子等批零市场，检查主要内容为：市场经营许可情况；设置安全生产管理机构或配备安全生产管理人员情况；制定各项安全生产规章制度和操作规程情况；应急预案制定及演练情况；与相关单位安全协议签订情况及安全投入情况；安全教育和培训情况；安全出口设置情况、疏散通道及线路设置情况；应急广播设置情况等。通过此次专项检查，区安全监管局建立完善了基础台账，规范了西城区批零市场安全生产管理基础工作，消除了一批安全隐患，整顿了一批存在严重隐患的企业，督促批零市场单位落实安全生产主体责任，努力实现压减一般事故、遏制重特大事故的总体目标。

（李丽）

【废品回收站点安全专项整治工作】

7月7日，西城区政府召开关于开展废品回收站点安全专项整治工作动员部署会。西城区安委会主任、副区长苏东、副区长郭怀刚、区安全监管局、商务委、工商分局、环保局、住建委、规划分局、市政市容委、城管监察大队、消防一支队、二支队及各街道相关领导出席会议。会上，西城区安全监管局通报了《西城区废品回收站点安全专项整治工作方案》，各行业、属地、综合监管部门就此次专项整治工作的监管对象，各成员单位的责任分工及具体实施办法进行了研究部署。郭怀刚提出3点意见：一是进一步优化辖区废品回收站点布局，自下而上规划；二是督促企业落实主体责任，提升废品回收站点管理及统一配送能力；三是将废品回收站点纳入整个城市管理体系，形成网格化整治工作机制。

（李丽）

【学校加固改造工程安全监管】

7月，西城区安全监管局局长陈国红对西城区四中分校、官园小学、第一五六中学等学校加固工程进行了安全检查。本次检查共下达执法文书6份，其中整改指令书3份，检查记录3份，发现安全隐患11处。检查中发现的问题主要有从业人员安全培训档案不健全、施工现场临时用电不符合要求、施工现场临边防护不到位、未见施工方与学校签订的临时用电协议、特种作业人员无证上岗等。针对检查中发现的问题，陈国红提出6点要求：一是加大对施工现场工人的安全教育培训力度，确保教育培训达到100%。二是加强施工现场临时用电管理，严格按照《施工现场临时用电安全技术规范》要求去做。三是做好特殊作业人员持证上岗的审核、把关工作。四是针对扰民问题，要处理好与周围居民关系。五是施工单位要严格执行各项安全生产操作规程，整改措施要落实到位。六是项目负责人要提高安全生产防范意识，切实消除安全隐患。

（李丽）

【开斋节安全生产保障】

2011年，西城区安全监管局成立了开斋节安全生产保障工作领导小组，制订了专项工作方案，明确任务落实责任。工作领导小组于开斋节前联合区民宗侨、公安分局对辖区内牛街礼拜寺、后河沿清真寺、德外法源清真寺、三里河清真寺、北京市经学院礼拜寺等7个清真寺和牛街美食节活动场所进行检查，全面排查了清真寺在设备设施、安全用电、安全管理、应急疏散等方面存在的安全隐患，检查覆盖率达到100%。对个别清真寺内液化气间存在用电的安全隐患，当场督促进行整改。开斋节当日，西城区安全监管局分 9 个检查组对上述 8 个活动地点逐一进行严防死守，确保开斋节期间各项活动的顺利进行。

（李丽）

【十七届六中全会服务保障工作圆满完成】 2011 年，为加强中共十七届六中全会安全生产保障工作，按照市政府"9·30"会议精神及办公厅《北京市服务保障党的十七届六中全会工作方案》要求，10 月 11 日，西城区安全监管局牵头，联合区住建委，对人民大会堂周边 200 米范围内的施工现场进行执法检查，全力保障十七届六中全会安全。此次检查，共出动执法车辆 1 台次，执法人员 3 人次。检查总体情况较好，但仍存在问题。执法人员依法对存在问题下达责令改正指令书，要求其限期整改。

（李丽）

职业安全健康

【深入推进职业卫生专项工作开展】 2011 年，西城区安全监管局深入作业现场实地，结合联合检查、夜查，深入开展医疗机构职业危害和有限空间安全作业专项治理，实现了对重点单位职业卫生、有限空间全覆盖检查，提高了企业职业卫生、有限空间管理工作水平，消除安全隐患，杜绝事故发生。医疗机构职业危害专项治理工作中，区安全监管局制订方案，联合区卫生局和各街道对医疗机构基本情况进行了摸底，重新对基础台账进行了全面筛查，摸清了各医疗机构职业危害因素的实际情况，各单位按照方案要求积极开展工作，完成了职业危害因素的检测、申报，全年未发生职业危害事件。在有限空间专项治理中，区安全监管局充分发挥综合监

管部门职能，联合区监察局、区应急办对重点行业部门和街道进行督察，保证了行业、属地部门的监管力度，确保各项工作落实到位。结合两项专项工作治理，区安全监管局开展对职业卫生技术专项调研，走访多家职业卫生技术机构，了解技术手段及设备配备，力求使职业卫生技术力量更好地服务于工作。

（李丽）

【职业卫生技术服务机构考察】 第一季度，为全面掌握职业卫生技术服务机构的业务能力及工作水平，积极推动西城区相关用人单位作业现场职业危害管理工作，西城区安全监管局对北京市工业技术开发中心和北京市劳动保护科学研究所进行了实地考察。考察过程中，西城区安全监管局详细了解了 2 家单位作为职业卫生检测机构的发展历史、资质申报、人员组成等方面的具体情况，认真研讨了政府部门和技术机构相互配合开展职业卫生监管工作的具体方法，听取了相关负责人关于实验室建设情况的介绍，对 2 家单位职业卫生方面的技术能力有了较为全面的了解。

（李丽）

【工程建设领域诚信体系建设】 2011 年，根据北京市工程建设安全监督管理专项治理工作组及西城区治理工程建设领域突出问题工作领导小组的要求，西城区安全监管局按照《西城区工程建设领域突出问题专项治理推进诚信体系建设工作方案》安排，制定了西城区工程建设项目施工单位信用信息采集表，在执法检查中如实采集填写被检查单位基本信息、合同履约信息、项目考核信息及信誉评价信息等。此次信息采集主要针对用人单位是否存在职业病危害；用人单位在转产、停产、停业或解散、破产时是否对易燃易爆物品、有毒有害物品残留的设备、包装和容

器采取有效措施处理等情况进行了检查，从而更好地推进全区工程建设领域诚信体系建设。

（李丽）

【部署医疗机构职业危害治理专项行动】　3月，按照市安全监管局2011年职业卫生工作要求，结合辖区医疗机构多、接触职业危害医务人员数量大的实际特点，西城区安全监管局召集全区80余家医疗机构部署职业危害治理专项行动工作。会议下发了《西城区医疗机构职业危害治理专项行动工作方案》，由区安全监管局有关负责结合医疗机构作业特点详细讲解了医务人员作业过程中可能接触的各类职业危害及危害后果，向各医疗机构全面介绍了现阶段职业卫生工作的具体情况及此次专项治理行动的目的意义、总体目标、实施步骤和工作要求，并对参会人员就职业危害申报系统使用方法进行了培训。

（李丽）

【职业卫生监督抽检准备工作】　9月，西城区安全监管局就职业卫生监督抽检开展准备工作。准备过程中，西城区安全监管局制订了2011年西城区职业卫生现场监督抽检工作方案，确定了此次监督抽检的工作步骤和时间表，同时对目前北京市较大的几家职业卫生检测机构进行了走访考察，确定技术服务机构。结合走访结果，讨论通过此次被抽检的单位及将被检测的职业危害检测项目。结合准备工作，区安全监管局将严格按照工作方案的要求，监督被委托技术服务机构按国家相关标准完成采样评价工作。

（李丽）

安全生产宣传培训

【部署年度安全生产宣传工作】　2011年，西城区区委、区政府召开2011年度宣传工作会议，会议就认真抓好2011年度西城区宣传思想文化工作提出要求。区安全监管局迅速召开局党组会议，及时传达、学习会议精神，全力做好2011年度安全生产监管宣传工作。一是大力推进学习型党组织建设。加强全局理论学习，广泛开展理论宣传，围绕区域发展重大问题，加强对西城区安全发展相关问题的研究，深入拓展理论研究。二是组织开展主题教育宣传活动。按照区委政府工作部署，结合安全生产月宣传、生产经营单位培训等安全生产监管宣传培训工作，精心组织建党90周年和辛亥革命100周年宣传工作，推进群众性精神文明创建活动，全力以赴促进文明城区建设工作。三是加强宣传阵地建设。采用各种形式，积极开展安全宣传，不断扩大安全生产宣传的影响力和覆盖力，配合区委区政府"文化兴区"战略，加强基层公共安全宣传文化设施建设，广泛开展面向大众的公益文化活动。四是深入开展"十二五"规划学习宣传。2011年是"十二五"规划的开局之年，西城区安全监管局要认真学习宣传党的十七届五中全会精神，深入开展"十二五"规划学习宣传，积极创新，结合"十二五"规划指导安全监管工作，为全区稳定、经济平稳快速发展作出贡献。

（李丽）

【安全生产培训机构监督管理】　2011年，西城区安全监管局召开了关于加强西城区培训机构监管工作会，辖区内各安全培训机构单位的主要负责人及工作人员参加了会议。会议传达了北京市安全监管局关于加强安全生产培训机构监督管理工作的会议精神，通报了2月份市、区安全监管局对7处培训机构特种作业人员考试进行检查时发现的问题。会议强调，各单位一是要高度重视上海火灾事故教训，进行自查，特种作业人员安全培训考核工作要严格按照《特种作业人员安全技术培训、考核管理规定》、《北京市安全生产培训机构资质管理办法》执行；二是要结合本单位特点，进一步规范特种作业人员培训、考核、发证和管理工作；三是要加强对辖区内企业负责人、安全管理人员培训工作，加强对安全生产工作的宣传教育力度。

（李丽）

【防灾减灾日活动开展情况】 5月7—13日，西城区安全监管局按照《北京市突发事件应急委员会关于开展"防灾减灾日"活动的通知》要求，坚持"安全第一、预防为主、综合治理"的方针，紧紧围绕"减灾从社区做起"主题，结合辖区实际情况，在防灾减灾宣传周活动期间，开展了"防灾减灾"一系列宣传活动。

（李丽）

【安全生产月活动】 6月，安全生产月期间，西城区安全监管局借助举办安全生产宣传月咨询日活动、有限空间比武活动、观看安全影片、开展安全知识竞赛、"安全在我身边"主题巡回演讲等多种形式，开展贴近群众的宣传活动，普及了安全常识，强化了企业员工和辖区居民安全意识和自我保护意识，使"安全发展、国泰民安"的主题思想扎根于人民群众心中。

（李丽）

【安全生产咨询日活动】 6月12日，西城区委宣传部、区安全监管局、文明办、文化委、教委、总工会、团区委、区妇联在西单文化广场共同主办以"落实企业主体责任，建设平安和谐西城"为主题的安全生产月宣传咨询日活动。此次活动包含安全生产宣传表演及安全生产咨询、发放宣传片等活动，西城区人大副主任吴元增、西城区安委会主任、副区长苏东出席安全

生产月宣传咨询日并分别为活动致辞，区政协副主席沈桂芬、市安全监管局等领导参加了主会场活动。咨询日当天主会场共有 274 名工作人员参加活动，接待咨询 4 850 人，摆放展板 78 块，发放宣传材料 10 115 份，出动车辆 28 车次。

（李丽）

【安全生产检查员培训】 2011 年，西城区安全监管局就安全生产法律法规、安全生产检查实用技术、生产安全事故实例，辨别安全生产隐患等知识，对各街道安全生产检查员组织了 2 次培训。培训进一步丰富了安全生产检查员的业务知识，掌握了安全生产的基本业务技能，明确了工作职责，有效地推动了辖区安全生产属地监管。

（李丽）

【《北京市安全生产条例》宣贯咨询日】 8月，西城区安全监管局在宣武门外大街联合区住建委、商务委、文化委、教委等单位开展了新修订的《北京市安全生产条例》宣传咨询日活动。活动当天，各单位在主会场面向企业从业人员和社会公众发放《条例》宣传品，开展现场咨询，宣传《条例》有关内容。同时，各街道办事处均设立宣传咨询一条街、咨询站，组织发动辖区单位制作宣传专栏、悬挂宣传横幅、张贴发放安全生产宣传材料，采取形式多样的活动宣传《条例》，大力营造宣传氛围。

（李丽）

安全生产法制建设

【电梯安全监管调研】 2011 年，西城区安全监管局、区质监局、区信息办等部门主要领导到北京市质监局调研电梯运行安全监测信息平台运行状况。调研会上，市质监局介绍了电梯运行安全监测信息平

台物联网应用示范工程的基本情况及东城区 2 000 台电梯试点平台运行情况。参会人员就平台试点运行的相关问题与市质监局、科研单位进行了研讨，并实地观看了北京市丰台区城建物业管理公司使用的电梯远程监测报警管理系统运行情况。通过调研，各单位充分了解电梯目前存在的主要问题，并认真学习市质监局电梯运行安全监测信息平台物联网应用建设及发展情况。

（李丽）

【安全监管现状调研及对策研究】 2011 年，西城区安委会联合市劳动保护科学研究所，启动全区安全生产监管工作现状调研及对策研究工作。此次调研内容包括区安委会成员单位和各街道办事处安全生产监管队伍建设、执法队伍装备建设、信息化建设、安全生产教育培训体系建设等方面的情况，总结成功经验，发现存在的突出问题，研究提出下一步工作建议。调研采取问卷调查、召开座谈会和实地调研相结合的方式进行。

（李丽）

【安全生产法评估问卷调查】 9 月，为落实北京市安全生产监督管理局《关于组织填报安全生产法评估问卷调查的通知》（京安监函[2011]297 号）工作，西城区安全监管局组织召开工作部署会，副局长曲绍勃参会并强调：相关科室、企业要高度重视，提高认识，以安全生产法评估问卷调查为契机，认真学习新修订的《北京市安全生产条例》。会后，区安全监管局为企业负责人发放了《中华人民共和国安全生产法》和《北京市安全生产条例》。

（李丽）

【高处悬吊作业企业安全管理办法出台】 2011 年，西城区安全监管局就高处悬吊作业企业开展了调研，制定了《高处悬吊作业企业安全管理办法》（以下简称

《办法》）。在《办法》中，区安全监管局对高处悬吊行业的范围给予了明确的规定，凡在坠落高度基准面 2 米以上，并在有可能坠落的高处进行作业，均属高处作业。《办法》对企业应建立相应的安全管理职责、应具备基本的安全生产条件、对企业的人员、采购管理、工程安全管理、劳动防护等都做了明确的规定。同时在对企业的监督管理上，区安全监管局将联合中国职业安全健康协会高空服务业分会对从事高处悬吊作业的企业进行综合评估，对评估不合格的企业提出整改报告，整改合格后方可从事该类经营项目，合格企业每 3 年需重新申请评估。

（李丽）

安全生产科技创安

【运用信息化手段跟踪隐患】 2011 年，西城区安全监管局与北京市科委、西城区城市管理指挥中心、北京市劳保所共同完成 3G-GIS 安全生产网格化科研项目调研、实施、项目验收工作。结合全市隐患自查自报系统推广要求，西城区安全监管局于 12 月 9 日将 2 个系统进行了成功对接。截至 12 月 31 日，登录系统的生产经营单位有 5 262 家，利用系统报送隐患的生产经营单位有 1 918 家。

（李丽）

【3 篇安全生产工作调研报告】 2011 年，西城区安全监管局与市劳动保护研究所一起开展调研工作，在调研的基础上完成了综合楼宇安全监管、高处悬吊作业、全区安全生产现状 3 篇调研报告，针对调研中发现的问题起草了相关管理办法与标准。为有效掌握全区安全生产形势，指导下一步工作奠定了基础。

（李丽）

【风险管理平台执法培训部署】 11月，西城区安全监管局协同亚思顿公司共同召开了3G-GIS城市运行安全生产风险管理平台执法培训动员部署会。西城区安全监管局局长陈国红、副局长姚猛、曹长春及各有关部门负责人参加会议。会上，亚思顿公司向区安全监管局执法人员展示和培训了3G移动执法系统的使用方法，通过信息化手段，实现了安全生产执法监察工作的电子化、3G化。最后，陈国红就安全生产风险管理平台执法工作落实提出了具体要求，要求局内执法人员高度重视，积极参与，通过系统使用提高安全生产监管水平，进一步规范执法工作程序，做好试点改进相关工作。

（李丽）

安全生产标准化

【安全生产标准化重点工作研讨】
2011年，西城区安全监管局与市劳保所召开安全生产工作研讨会，会上双方研讨了3项重点内容：一是建立针对重点行业的安全生产标准化，并结合实施效果修改制定其他行业安全生产标准化。二是研究生产安全事故应急管理工作。结合区划调整，修订现有专项应急预案，引入先进科技制定符合新西城区情的生产安全事故综合应急预案。三是研究综合楼宇内安全监管体系建设工作。结合实地考察结果综合分析综合楼宇内存在的典型安全管理漏洞，寻找解决方法；研究多业主单位如何协调做好应急处置工作；以及如何对共用设备设施进行管理；西城区安全监管局将以西单大悦城为试点，依照市局下发《北京市楼宇内生产经营单位安全生产规范》，结合实际制定出符合西城区情的可操作性强的《综合楼宇安全管理办法》。

（李丽）

【4项措施加强综合楼宇安全监管】 4月，西城区安全监管局局长陈国红带队到北京市劳动保护科学研究所，就如何进一步增强《北京市楼宇内生产经营单位安全生产规范》在本地的实操作用，如何明确综合楼宇内产权单位、使用单位和物业的安全职责进行深入研讨。会上双方确定了工作目标，确定4项重点工作：一是由西城区安全监管局会同市劳保所从综合楼宇安全监管角度对西单大悦城进行调研。二是搜集综合楼宇安全监管的法律法规和标准、安全管理案例。三是研讨安全监管部门如何开展监管的有效方法和措施，形成《西城区商贸类综合楼宇的安全监管管理办法》。四是整合部门间的监管力量，落实安全生产政府监管主体责任，逐步完善联动监管、联合执法的多部门合作运行机制。

（李丽）

安全社区建设

【做好安全社区创建工作】 2011年，西城区安全监管局按照北京市安全监管局工作要求，4项措施做好西城区安全社区创建工作：一是强化组织，重新调整了西城区安全社区建设和促进委员会名单。二是建章立制，起草制定《西城区关于进一步开展安全社区建设工作的意见》。三是做好培训，西城区安全监管局分别于5月、10月组织各街道主管领导和相关工作负责人参加全国职业健康协会举办的"2011年安全社区标准和建设方法培训班"，系统学习了安全社区建设综述、全国安全社区建设标准及指标等课程。四是明确职责，制订本单位《关于进一步推进安全社区建设工作实施方案》，明确各科室职责、工作标准。截至12月31日，西城区安全社区建设工作稳步推进，3家街道申请了国际级安全社区、8 家街道申请了国家级安全社区。

（李丽）

【积极推进安全社区创建工作落实】
7 月 28 日，西城区安全监管局、社会办组织召开了 2011 年创建和促进安全社区工作会议。区安全监管局局长陈国红主持会议、区社会办主任李红兵对 2011 年安全社区工作进行了部署。副区长范宝讲话提出：一是要统一思想，深化认识，增强安全社区建设的责任感和紧迫感；二是要协调配合，探索创新，形成跨部门整体工作合力；三是要加强领导，确保安全社区创建工作各项任务落到实处。范宝同时强调：安全社区创建工作范围大、涉及面广，而且时间紧、区社会办和区安全监管局要充分发挥综合协调作用，及时指导各街道的创建工作，共同研究解决工作中遇到的各类问题；其他部门也要立足职能，推进工作项目的开展，努力构建"政府引导、部门协作、社会支持、社区主体、全员参与、共筑共建"的安全社区创建工作新格局。

（李丽）

朝阳区

概　述

2011 年，朝阳区的安全生产工作以"三深化、三推进"为抓手，进一步深化安全生产"三项行动"和"三项建设"，确立不发生重特大事故、确保文明城区创建活动中安全生产实现奋斗目标。落实综合监管、专业监管、行业监管、属地监管职能和街乡安全生产监管"机构、人员、办公场所、装备、经费"，"十二五"规划的修订，科技项目的推广使用，持续推动安全标准化建设，开展高毒、粉尘、打击非法违法行为等专项治理，加强安全生产宣传教育、培训等重点工作，最大限度地避免了安全生产事故的发生，安全生产整体水平进一步提高。区委、区政府高度重视安全生产工作，把安全生产工作列入 2011 年政府工作折子工程，由区安委会周密部署，区委、区政府督察室进行全程督办，在"两会"、"五一"、国庆节等重大节日、重大活动期间，区领导带队深入一线督促、检查、指导安全生产工作；将安全生产纳入社会治安综合治理工作，以区委、区政府名义与各单位签订任务书，并纳入区委组织部对各部门、各街乡的"千分制"考核内容；同时区委区政府将"十二五"时期的安全生产工作列入朝阳区"十二五"综合专项规划，由区安全监管局负责起草并通过审议。区安委会各成员单位以深入开展"安全生产年"工作为主线，把人员密集场所、高危行业等作为检查重点，开展了各类专项执法检查、"10+1"模式专项行动和打击非法违法经营建设行为专项行动，共检查生产经营单位 10.8 万余家次，下达执法文书 7.9 万余份，发现安全生产隐患 54 296 处，完成治理 50 850 处，消除了一大批安全生产隐患。以"安全生产月"活动为契机，强化宣传教育培训演练，全年开展各类宣传活动 500 余场，受教育人数近 150 万；组织安全生产培训班 2 150 个，培训人员 10 万余人；组织生产经营单位演练 853 次，参与人数近万人，提高了全民的安全生产意识和水平。此外，区安全监管局圆满完成春节烟花爆竹安全监管、"两会"、朝阳国际风情节、朝阳国际旅游文化节等

149 次大型会议和活动的安全生产保障工作。在区安委会各成员单位和各街乡的共同努力下，全区各类事故死亡总人数控制在市政府下达的控制考核指标以内，朝阳区荣获 2011 年度北京市安全生产工作先进区县称号，区安全监管局荣获 2011 年度北京市安全生产工作基础管理创新奖。

（冯春友）

安全生产综合监督管理

【安全生产控制考核指标完成情况】
2011 年，朝阳区共发生生产安全、火灾等非正常死亡事故 163 起、死亡 178 人，与 2010 年同期 182 起、死亡 203 人相比分别下降 10.4% 和 12.3%。具体为：生产安全事故：14 起死亡 15 人，与 2010 年同期 25 起死亡 26 人相比分别下降 44% 和 42.3%；交通事故：142 起死亡 156 人，与 2010 年同期 153 起死亡 171 人相比分别下降 7.2% 和 8.8%；火灾事故：3 起死亡 3 人，2010 年同期 2 起死亡 4 人相比起数上升 50%，死亡人数下降 25%；煤气中毒事故：4 起死亡 4 人，与 2010 年同期 2 起死亡 2 人相比分别上升 100%；未发生淹溺事故、公共卫生安全事故和食品安全死亡事故。

（冯春友）

【安全生产工作总结部署】　2011 年，朝阳区政府把安全生产工作列入政府工作折子工程，每月听取完成情况及进度，由区安委会周密部署，区委、区政府进行全程督办。每季度定期召开全区形势分析会议，制定下发"安全生产年"、创建全国文明城区安全生产服务保障工作方案等工作文件 39 份，对全区安全生产工作进行研究部署。

（余慧云）

【"安全生产年"工作部署】　1 月 21 日，朝阳区召开安全生产工作会议，部署开展创建全国文明城区，推进安全生产年"三项行动"工作。会议明确要以深入贯彻国务院《关于进一步加强企业安全生产工作的通知》为核心，以强化企业安全生产主体责任为重点，继续深入开展"安全生产年"活动，加强基础建设，加强责任落实，加强依法监督，以"三深化"和"三推进"为重要抓手，全面深化安全生产"三项行动"和"三项建设"，有效防范和坚决遏制重特大事故，促进安全生产形势的进一步稳定好转，确保实现"十二五"时期安全生产工作的良好开局。

（余慧云）

【安监系统依法行政工作会】　3 月 11 日，朝阳区安全监管局召开 2010 年度全区安监系统依法行政工作会，安全监管局全体人员及各街乡主管领导、安监队（科）长参加会议。会议总结了 2010 年度全系统依法行政工作，提出了 2011 年的工作设想，并对 2010 年度在安全生产执法工作中取得突出成绩的 4 个执法科室（队）、16 个街乡安全生产监察队及 17 名先进个人予以表彰。

（姚遥）

【创建全国文明城区动员部署会】　5 月 11 日，朝阳区安全监管局召开创建全国文明城区动员部署会。会议明确了创建全国文明城区朝阳区安全监管局 2 项重点任务。首先作为主责单位，要把各类事故死亡总人数控制在市政府下达的控制考核指标以内；同时要确保辖区不发生重特大安全事故。其次作为配合单位，要配合相关部门开展好"千名干部下基层"活动，宣传文明城区创建理念，做好入户调查，了解并反映群众的需求以及开展志愿活动。会议提出了 5 点要求：一要及时与创建办对接，找出差距，落实对策措施；二要做好主管行业领域的安全监管；三要发动基层街乡，加强对中小型生产经营单位的监管；四要下基层认真听取并反映百姓的呼声和要求；五要做好信息沟通交流。

（余慧云）

【市综合考核组对朝阳区安全生产考核】 12月28日，由市安全监管局副局长汪卫国带队，市安委会综合考核组对朝阳区2011年度安全生产工作进行综合考核。朝阳区主管安全生产的副区长汪洋向综合考核组汇报了全区安全生产工作的综合监管、责任落实、健全机构、夯实基础、隐患治理、应急处置、事故处理等工作的情况，以及安全生产年"三项行动"和各项专项治理、全年控制指标完成情况。区安全监管局、区住建委、朝阳消防支队、区文化委、区商务局、区旅游局、区民防局等15个部门的主管领导参加了汇报及现场检查。在听取汇报后，市综合考核组分成3个小组，1组全面查阅了朝阳区各职能部门安全生产工作的档案资料；另外2个组在区安委会办公室和街道主要、主管领导陪同下，分别对劲松街道和南磨房地区的安全生产工作进行实地考察。综合考核组对朝阳区安全生产工作所取得的成绩表示肯定，并要求在梳理2011年工作的基础上，总结成功经验，固化好的做法和思路，建立长效机制，以首都建设世界城市为目标，使朝阳区的安全生产工作满足首都经济建设和社会运行的需要。

（余慧云）

【处级领导包片指导街乡】 8月，朝阳区安全监管局出台处级领导包片负责指导街乡安全生产实施意见。意见要求成立局领导包片领导小组，全局设6个工作组，组长由局副职领导担任，每组9名工作人员，负责指导7～8个街乡。各工作组的主要职责：与街乡加强沟通交流；带动街乡安监科现场执法，规范执法行为；指导街乡建立安全生产协会工作站；指导街乡开展基础工作、标准化、"打非"等各项工作；听取街乡关于安全生产工作和街乡安监科队伍建设的建议和意见，为街乡做好服务等。同时做到"四个一"，即：听取一次工作汇报、召开一次预防生产安全事故专题研讨会、组织一次现场执法检查、组织一次执法案卷普查。通过处级领导包片，进一步促进安全生产监管工作"关口前移，重心下移"，实现安全生产监管工作横向到边、纵向到底，筑牢安全生产监管第一道防线。

（余慧云）

【区安全生产"十二五"规划发布】 8月，《朝阳区"十二五"时期安全生产规划》发布。《规划》依据国家安全生产方针、政策，广泛地收集了朝阳区道路交通、职业危害、工业、建筑、危险化学品、烟花爆竹、人员密集场所、地下空间、特种设备、消防等重点行业和领域的安全生产现状资料，总结"十一五"以来安全生产方面的经验教训，并多次征求相关部门、领导、专家的意见，最后修改定稿。《规划》的主要内容包括："十一五"发展回顾与总结、"十二五"趋势判断与预测、指导思想与工作目标、主要任务、保障措施5个部分。《规划》的发布，对于朝阳区在"十二五"期间坚持科学发展安全发展、构建社会主义和谐社会、推动安全生产与经济社会协调发展、促进安全生产状况根本好转具有十分重大的意义。

（余慧云）

【部署"打非治违"专项行动】 4月28日，朝阳区政府召开"全面拆除非法违法建设，防止重特大事故"视频工作会议。会议要求：全区上下务必高度重视，要通过"打非"专项行动，进一步加大违法建设拆除力度，防止重特大事故发生。重点做好以下工作：一是以农村地区宅基地范围内未经审批加盖二层以上的违法建设、存在安全隐患的出租大院等为重点，全面开展违法建设拆除行动。二是建立集预防、发现、制止、报告、拆除、查处违法建设于一体的长效管理机制，对违法建设、违反集体土地出租规定、责任不落实、管理不到位、隐患整改不及时的，区纪委严格按照有关规定追究责任。三是发动社会力量集中开展以"大排查、大整治、大宣传、大培训、大练兵"为主要内容的消防平安行动，全面排查整治火灾隐患，坚决遏制重特大火灾事故的发生。四是做到"四个一律"：对非法生产经营建设和经停产整顿仍未达到要求的，一律关闭取缔；对非法违法生产经营建设的单位和责任人，一律按规定上限予以经济处罚；对存在违法生产经营建设行为的单位，一律责令停产整顿，并严格落实监管措施；对触犯法律的单位和人员，一律依法严格追究法律责任。

（余慧云）

【开展"打非治违"专项行动】 4月28日，朝阳区开展"打非"专项行动。截至12月31日，共出动"打非"专项行动执法检查人员2.25万人次，拆除违法建设63.72万平方米，其中违法生产经营建设54 136平方米，下达执法文书5 570个，查处取缔非法违法生产经营单位4 992家，处理人员137人。特别是呼家楼、建外、八里庄、机场、十八里店、黑庄户、东坝、金盏、孙河、将台、王四营11个街乡拆除违法建设力度大，动作快，成效显著。通过开展"打非"专项行动，达到了关闭一批，取缔一批，停业一批，整改一批非法违法生产经营单位的工作目标，安全生产基础工作得到进一步加强。

（余慧云）

【开展区属单位清理整顿专项行动】 11月4日，在朝阳区所属单位开展清理整顿违规生产经营建设行为工作。清理整顿的主要内容有：是否存在各类出租行为，是否存在违规出租、转租行为；是否存在违规建设情况；是否存在自身或出租权属土地、房屋从事违规生产经营情况以及其他违规生产经营建设情况。截至12月31日，共调查摸底所属单位1 138家，其中涉及安全隐患的138家。对于存在安全生产隐患的违规生产经营建设行为，区安全监管局负责，区政府督察室、区监察局配合，立案督办，在最短时间内，予以整改；对于其他违规生产经营建设行为，依照区委、区政府印发的《关于进一步禁止和查处违法建设工作的意见》精神，由区禁止和查处违法建设联席会议办公室负责，提出分类处理意见，加强督办。

（余慧云）

危险化学品安全监管监察

【危险化学品行政许可】 2011年，朝阳区安全监管局累计完成危险化学品行政许可案件95件，第二、三类非药品类易制毒化学品经营备案9家，全部许可工作严格按照法定标准、法定程序、法定时限完成，未发生一起复议、申述。截至12月31日，朝阳区许可发证的危险化学品从业单位共454家，按照行业分布如下：危险化学品生产企业4家，危险化学品经营企业447家，危险化学品储存单位3家。危险化学品经营企业中，甲证（市发证）195家，含加油站143家（含部分取证但停业或未开业的）、成品油批发27家、剧毒品经营25家；乙证（区发证）252家，含批发单位191家、零售单位12家，建材市场20家、气体经营29家。以上企业中，持有市安全监管局颁发的第一类非药品类易制毒化学品经营许可证的 2 家，持有朝阳区安全监管局发放的二、三类非药品类易制毒化学品生产经营备案证明的 74 家，其中易制毒化学品生产企业 1 家，经营企业 73 家。

（夏旭昀）

【危险化学品安全生产应急救援演练】 6 月 30 日，朝阳区安全监管局在中石油中博旗舰加油站举行成品油零售单位大型综合演练。朝阳区副区长阎军、市安全监管局有关领导、北京市成品油协会、中石油北京销售公司、中石化北京销售公司领导及朝阳区各加油站管理公司、社会加油站负责人现场观摩演练。此次综合演练包括防盗抢演练、小型火灾自救应急演练、大型火灾应急演练、逃生及医疗救护应急演练 4 个模块。演练模拟朝阳区某成品油零售单位发生盗抢和火灾为背景，开展包括防盗抢、灭火、环境监测、医疗救护、人员疏散应急演练等科目的综合演练，重点演练企业第一时间的现场处置能力和各部门的协同作战能力，达到了检验预案、锻炼队伍、磨合机制和宣传教育的目的。

（夏旭昀）

【危险化学品安全检查】 2011 年，朝阳区安全监管局保持对非法生产经营储存危险化学品行为的高压态势，累计共对危险化学品从业单位（含烟花爆竹）完成安全检查 1 464 家次，全年发现并处理危险化学品违法案件 10 起，行政处罚违法单位 10 家、个人 1 人，罚没款金额总计 30.2 万余元。

（夏旭昀）

【重大危险源备案管理】 2011 年，对因国家标准临界量标准提高，对不再构成重大危险源的单位（主要是成品油经营单位）核实后予以注销；同时根据新出现、新掌握的重大危险源单位以及原有重大危险源单位的变化情况，对原有台账进行了修改补充。根据测算核实，朝阳区现有生产、经营、储存、使用危险化学品数量达到重大危险源临界量的单位共有 6 家。

（夏旭昀）

【新修定的危化条例宣贯落实】 3 月，国务院批准了修订后的《危险化学品安全安全管理条例》，自 12 月 1 日起正式实施。为做好宣贯落实，朝阳区安全监管局于 5 月份分 3 批对全体危化单位负责人对有关变化情况进行了集中培训；对相关危险化学品行政执法、许可业务人员开展专门培训；同时积极与市安全监管局及公安等相关部门沟通联系，做好各项准备工作，确保新条例实施后依法行政。

（夏旭昀）

烟花爆竹安全监管监察

【烟花爆竹行政许可核发】 朝阳区安全监管局累计许可烟花爆竹零售网点共 194 家，与 2010 年相比网点数量有所减少，具体分布为：二环至三环网点 29 家；三环至四环网点 45 家；四环至五环网点 74 家；五环以外网点 46 家；固定网点 4 家，临建网点 190 家。所有网点累计进货量约 9.9 万箱，累计退货量约 1.7 万箱，实际销售烟花爆竹约 8.2 万箱（根据 3 家批发单位上报数字统计），与 2010 年基本持平。2011 年春节，累计组织烟花爆竹零售网点申请单位主要负责人 130 人参加培训考核，组织烟花爆竹零售网点从业人员 1 235 人参加培训考核。

（夏旭昀）

【烟花爆竹安全监管】 2011 年，烟花爆竹安全监督管理一是逐步实行网点固化。实行对经营者、经营地点、安全条件 3 方面的固化措施，最终实现许可网点 90%

的网点都是"老点"，部分经营者从"禁改限"以来一直经营烟花爆竹，具备相应的责任意识和管理能力，在许可审核过程和监管过程中都能主动配合，极大地提高了工作效率。二是进一步提升网点安全条件。在严格执行新出台的北京市地方标准《烟花爆竹零售网点设置安全要求》的基础上，结合朝阳区实际，对网点的选址标准进行了调整。鼓励设置固定网点；对十六类禁放区域尤其是新增禁放区域的安全距离要求进一步细化；特别要求销售网点的临建销售棚一律不得占用绿地及盲道。通过提升销售网点安全条件，进一步从源头上突出重点、保证安全。三是加强视频监控管理，所有网点全部建立了与市区综合平台联网的在线视频监控系统，运行期间每天安排专人 24 小时负责，对监控发现的问题和隐患及时调集执法人员到现场处理，保证了销售网点安全，取得了良好的效果。

（夏旭昀）

【烟花爆竹执法检查】　　从 1 月 14 日烟花爆竹网点开始设置到 2 月 10 日所有临建销售棚拆除完毕，朝阳区安全监管局累计出动 579 人次，对全区 194 家烟花爆竹销售网点检查 2 051 家次（以上检查不含属地街道、公安派出所、工商所对每家网点每天 2 次的巡查），下达执法文书 521 份，发现和督促整改安全隐患 789 项，保证了春节烟花爆竹安全管理工作任务圆满完成。

（夏旭昀）

【烟花爆竹安全监管工作部署会议】
11 月 24 日，朝阳区安全监管局召开 2012 年烟花爆竹销售网点安全监管工作部署会。会议通报第 33 次区长办公会批准的《朝阳区 2012 年烟花爆竹销售网点安全监管工作方案》并对下一步工作进行安排，各职能部门主管领导依据各自职责分工，

分别就烟花爆竹销售网点布建及安全条件审查、销售期间安全检查、从业人员教育管理和销售网点的安全防火等各项工作进行部署。会议要求，各街道（地区）办事处要切实承担起烟花爆竹安全监管职责，严把网点安全条件审查关，按照统一部署对 2011 年春节期间经安监、公安、消防、交通、工商等部门联合审查合格、周边安全条件未发生变化的网点，按照经营者自愿继续经营、符合 2011 年安全条件要求、无违法违规记录、周边群众反映良好 4 项条件逐个进行审查，确保网点布建工作能够安全、快捷、高效完成，为下一阶段烟花爆竹销售网点行政许可、销售前准备、销售期间安全检查等各项工作的圆满成功创造前提条件。

（夏旭昀）

【烟花爆竹回收】　　2 月 6 日（正月十五）前，朝阳区安全监管局引导各网点采取让利促销等措施，在 2 月 6 日 23 时 30 分前尽可能将所有烟花爆竹销售完毕，关门闭店，保证 24 时燃放行为全部结束。鼓励各烟花爆竹经营（零售）网点在正月十五 24 时前，对未销售完的烟花爆竹在合法燃放区域内自行燃放。对超过时限后仍未销售、燃放完的零散烟花爆竹，要求各烟花爆竹经营（零售）网点采取浇水淋湿处理的办法保障安全。在 2 月 6 日 24 时销售结束后，要求各烟花爆竹零售单位立即停止销售行为，剩余烟花爆竹产品就地封存，及时与 3 家批发企业联系，尽快安排回收。要求北京市烟花鞭炮公司、熊猫公司、逗逗公司 3 家批发单位在 2 月 11 日前，制订详细的回收工作方案及时间表，落实回收的人员、车辆、时间、路线、进度安排，并向区安全监管局上报。回收开始后，要求 3 家公司先行回收四环内重点单位周边以及位于繁华地带、靠近人员密集场所的

烟花爆竹零售网点的剩余烟花爆竹。到 2 月 8 日下午 18 时，朝阳区顺利完成全部网点的剩余烟花爆竹回收工作，累计回收剩余烟花爆竹约 2.2 万箱。

（夏旭昀）

【烟花爆竹网点视频监控系统建设】 12 月，朝阳区安全监管局与各网点、相关技术服务单位反复协调，提前与技术服务单位研究解决烟花爆竹网点视频监控系统建设工作衔接过程中可能出现的各种问题，确保销售开始前完成 194 家网点的视频监控设备安装，在销售结束剩余货物回收完成后、销售棚拆除前顺利完成所有网点设备的撤收。在视频监控系统运行期间，每天安排专人负责，对监控发现的问题和隐患及时调集执法人员到现场处理，保证销售网点安全。视频监控系统在治安管理以及多起刑事案件调查过程中也发挥了作用。

（夏旭昀）

安全生产事故隐患排查治理

【安全生产隐患治理】 2011 年，朝阳区区安委会各成员单位按照"动态分类排查、动态评审挂账、动态整改销账"的工作机制，认真收集、汇总、上报、治理安全生产隐患。全年区安委会各成员单位共发现安全生产隐患 54 296 处，完成治理 50 850 处，整改率为 93.6%。

（余慧云）

【潘家园市级挂账隐患整改】 11 月 10 日，朝阳区安全监管局协调相关单位在潘家园街道召开沼气池安全隐患拆除工程部署会，会议决定拆除工程施工队伍于 11 月 11 日进场，11 月 14 日正式开始施工，第 1 个拆除松榆东里 10 号沼气池包，这标志着市级挂账近 2 年的潘家园沼气池隐患

已进入工程拆除阶段。此项工程被定为"政府消除隐患抢险工程"，也是列入 2011 年朝阳区政府折子工程的项目。为确保潘家园地区 11 处沼气池市级挂账隐患按时完成整改任务，市区街三级领导多次主持召开会议，协调隐患整改工作。市区财政分别投入资金 717.8 万元和 680 万元，用于隐患的整改工作。截至 12 月 31 日，沼气池消隐改造工程已开工 4 个，整个改造工程将于 2012 年 6 月底前完成。

（余慧云）

【调度京津城际铁路安全隐患】 10 月 8 日下午，朝阳区副区长阎军在区安全监管局、北京铁路局相关领导的陪同下，对京津城际铁路涉及朝阳区路段的 68 处安全隐患进行了察看。阎军要求：一是北京铁路局要先行告之相关单位，铁路部门将要进行施工，各相关使用单位尽快清理铁路桥安全范围内的物品、杂物；二是区安全监管局、区综治办等部门及十八里店乡要尽快对铁路桥安全范围内的使用单位情况进行摸排，建立台账；三是待摸清情况后，及时安排进行治理，确保安全隐患得到消除。

（余慧云）

【京津城际铁路沿线安全隐患整改】 11 月 10 日，京津城际铁路朝阳段沿线安全隐患专项整治全面铺开。根据北京市铁路局的数据，京津城际铁路朝阳段沿线安全隐患数有 68 处。经朝阳区安全监管局和有关部门、街乡的调查核实，实际朝阳段沿线安全隐患数为 65 处。整治工作从朝阳段最东端的西直河石材厂开始自东向西依次进行。朝阳区安全监管局会同北京铁路局及相关单位本着"尊重历史、面对现实、摸清底数、分段实施"的工作原则，采取拆一段、建一段、围一段，逐步推进。预计整治工作结束后，沿线安全隐患将得到

有效治理，从而全面保障京津城际铁路朝阳段的行车安全。

（余慧云）

安全生产应急救援

【应急救援预案的编制修改与管理】
6月，朝阳区安全监管局补充修订《朝阳区危险化学品事故应急预案》和《朝阳区烟花爆竹生产安全事故应急预案》。预案中落实了救援组织机构与职责，明确了指挥部领导及各成员单位分工，配备了专家组成员、专业抢险队、可救援的医疗资源、紧急安置机构等，也规定了各个救援组的组成与职责，并制定有详尽的预案程序，为应对朝阳区内的危化品事故提供了组织和制度保障。

（袁莹）

【"防灾减灾日"应急演练】 5月12日上午，朝阳区安全监管局组织北京陆军预备役防化团一营二连在朝阳公园南门开展移动指挥所集结与测试演练。演练项目主要包括：应急指挥所的搭建，计算机、投影仪等设备、应急指挥所单兵、无人站、信号天线的安装与操作方法，照明设备及破拆设备的运用，演练突出强化了处置危险化学品突发事件的应急能力。同时举办安全生产与应急救援方面的专题展览和咨询，利用展板等形式对安全生产、应急救援等方面开展宣传，发放法律法规、应急常识等宣传品，解答市民有关问题。

（袁莹）

【国家安全生产应急救援指挥中心领导到朝阳区调研】 6月10日，国家安全生产应急救援指挥中心信息管理部主任吕海燕带领调研组一行3人，在市安全监管局应急处及有关人员的陪同下到朝阳区，就如何引导和支持社会力量参与安全生产

应急救援、社会力量如何服务安全生产应急救援、在政策及舆论引导方面应采取哪些举措进行调研。调研组听取了朝阳区安全监管局关于调动社会力量参与安全生产应急情况的汇报，与有关人员进行了座谈。吕海燕对朝阳区安全生产应急管理工作及应急救援体系建设给予充分肯定，并就进一步做好应急救援、完善安全生产应急体系、合理组建区域化应急救援队伍等工作进行指导。

（余慧云）

【"安全生产月"应急救援演练周活动】
6月20—26日，"安全生产月"应急救援演练周期间，朝阳区安全监管局组织北京陆军预备役防化团一营二连开展针对危险化学品事故的应急指挥所搭建与破拆工具使用为主的专项演练，主要包括：应急指挥所的搭建，计算机、投影仪等设备、应急指挥所单兵、无人站、信号天线的安装与操作方法，照明设备及破拆设备的运用。同时完成对十八里店、常营等多个街乡和生产经营单位的安全生产应急演练点评与培训10余场，培训人员500多人次。

（袁莹）

【危险化学品实战专项演练】 11月4日，朝阳区安全监管局采取"模拟实战、指定地点、现场通知"的方式，对危险化学品专业救援队伍北京陆军预备役防化团一营二连50名官兵在北京普莱克斯气体有限公司进行快速集结，并与企业救援队联合开展演练，演练中集结人员均在1小时内到达指定地点，并顺利完成了灭火、危险化学品处置等演练科目。

（袁莹）

【危险化学品事故桌面演练】 12月14日，朝阳区安全监管局联合区应急办组织区危险化学品事故应急指挥部10个成员单位，及应急救援专家组17位成员，开展

了以液氯泄漏事故为处置对象的桌面应急演练，对应急程序、应急措施进行了实战模拟，取得了良好的演练效果，得到副区长阎军及市安全监管局应急处领导的高度评价，北京人民广播电台《城市管理广播》、《劳动保护》杂志、朝阳有线电视台、朝阳报对此次演练进行了报道。

（袁莹）

安全生产执法监察

【安全生产执法检查】　2011 年，朝阳区安委会各成员单位通过开展执法检查"10+1"工作，做到横向联动、上下互动。共检查各类生产经营单位 10.8 万余家次，超出年初计划的 11.9%；下达执法文书 7.9 万余份，超出年初计划的 10.3%。行政处罚 5 679 起，处罚金额 3 842.53 万元。

（冯春友）

【安全生产执法监察】　2011 年，朝阳区安全监管局以创建文明城区服务保障为重点，进一步规范行政执法行为，推行安全生产行政执法责任制，强化安全生产执法监督，完善各项规章制度，完成依法行政目标任务。全区安监系统共检查生产经营单位 31 233 家，查出事故隐患 41 375 项，下达整改指令书 11 093 份，立案 1 175 起，收缴罚没款 1 091.69 万元。其中，43 个街乡独立办理案件 692 起，经济处罚 294.15 万元。同比分别增长 416.42% 和 533.94%。行政办案数量前五名的街乡是：十八里店、八里庄、呼家楼、劲松、望京，行政处罚数额前五名的街乡是：望京、呼家楼、八里庄、麦子店、金盏。

（姚遥、冯春友）

【检查如家快捷连锁酒店】　5 月 11 日，朝阳区安全监管局牵头，组织 21 个街乡安监队（科）对辖区 30 家如家快捷酒店进行

安全隐患大排查。此次检查，共出动安监执法队员 55 人，下达现场检查记录 30 份，责令改正指令书 25 份，发现安全隐患 60 条，消除安全隐患 20 条。通过此次安全隐患大排查，深刻吸取"5·1"吉林通化如家快捷酒店火灾事故教训，有效规范如家快捷酒店的安全管理，提高企业自查自纠的意识和能力。

（余慧云）

【废品回收站点专项整治】　6 月 22 日—7 月 16 日，朝阳区安全监管局根据《北京市安全生产委员会关于开展本市废品回收站点安全隐患专项整治工作的通知》要求，开展废品回收站点安全专项整治工作。专项整治期间，召开各类动员部署会、协调会、调度会等 60 余次，出动检查人员 392 人次，检查废品收购站点 444 家，立案处罚 5 家，取缔无照非法经营单位 112 家，进一步规范废品回收站点安全管理工作。

（李军）

【奥林匹克公园彩钢板房专项整治】　10 月 9—10 日，朝阳区安全监管局联合区公安分局、朝阳消防支队、区城管大队、区住建委等相关职能部门，组成联合执法小组，对园区内用彩钢板搭建的临时建筑、楼顶采用彩钢板结构的建筑物进行安全执法检查，对检查出的安全隐患提出整改意见，并要求园区内建筑施工工程、装修工程、大型活动临地搭建等工程禁止使用彩钢板等易燃材料。

（李军）

【在人员密集场所专项整治】　2011 年，朝阳区安委会各成员单位广泛开展人员密集场所专项整治。区商务委围绕文明城区创建等目标扎实开展教育培训，组织执法检查，推进专项整治，全年检查企业 2 000 余家次，处罚违法商业零售及餐饮企业 15 家，共计 11.03 万元。区旅游局坚持

查中施教，以帮促管，查帮共建"的监管方法，不断创新工作模式，筑牢安全防护屏障，全年检查旅游企业 2 286 家次，排查隐患 882 处，并按照分级管理办法，通过点对点反复督改在 172 家隐患警示级企业中有 33 家降为普通级。区文化委检查各类文化娱乐场所 21 530 家次，纠正违规 184 次，取消非法窝点、摊位、游商等 3 个，行政处罚 68 件，罚款 10.3 万元，吊销许可证 1 家。区体育局、园林绿化局等单位分别依据所监管职责开展执法检查。

（冯春友）

【建筑领域安全专项整治】 2011 年，朝阳区住建委积极开展安全生产检查工作，消除安全隐患，处置违法违规行为。全年共检查施工工地 10 180 项次，责令限期整改 3 502 项次、停工整改 336 项次。进行行政处罚 954 起，罚款 360.22 万元。组织各建设工程开展内部自查活动，共自查 462 次，排查发现一般隐患 3 152 个，重大隐患 149 个，下发监理指令 706 份，下达整改通知书 1 045 份，内部处理隐患单位 445 起，内部处罚金额 50.05 万元，隐患整改率 100%。

（冯春友）

【地下空间安全专项整治】 2011 年，朝阳区民防局以全区人防工程安全管理为中心，以住人人防工程综合治理为主线，以打击违法违规行为为重点，开展安全专项整治。特别是在开展人员住宿类人防工程综合治理工作中，2011 年挂账工程全部下达责令限期改正通知书，对 119 处违法当事人进行了行政处罚，收取处罚款 46.8 万元。目前已清空 154 处，占挂账工程的 87%。其中八里庄、小红门、常营、朝外等个街乡率先完成整治任务。

（冯春友）

【消防安全专项整治】 2011 年，朝阳消防支队以亮剑行动、平安系列行动和清剿火患战役为依托，先后开展了消防产品专项整治、医疗机构、商市场、建筑工地设施、校车消防安全等 10 余次专项整治活动。共出动防火监督警力 68 927 人次，检查单位 33 718 家，发现火灾隐患 8 609 处，当场整改火灾隐患 8 245 处，下发责令改正通知书 7 142 份，"三停" 816 家，临时查封 742 家，拘留 306 人，罚款 1 900 万元，曝光 88 起，基本实现了有效消除火灾隐患 "存量"、严格控制火灾隐患 "增量" 的目标。

（冯春友）

【特种设备专项整治】 2011 年，朝阳区质监局共检查特种设备单位 502 家次。其中，监督检查重点单位 175 家次，特种设备 1 760 台套，日常监督检查单位 300 家次，特种设备 4 749 台套。

（冯春友）

【大型活动安全保障】 2011 年，朝阳区安全监管局全年出动人员 894 人次，车辆 447 台次，圆满完成了 149 次大型活动的安全生产保障工作，消除各类隐患 547 项。

（李军）

【国际风情节安全保障】 2 月 3—8 日，"2011 年北京朝阳国际风情节" 在朝阳公园举行。活动期间，朝阳区安全监管局每天派出 2 名执法人员，对园区内临时搭建物、安全用电进行安全执法检查，消除各类安全隐患 25 项，确保了活动的顺利进行。

（李军）

【中国特色世界城市论坛安全保障】 3 月 30 日，第二届中国特色世界城市论坛在朝阳区举办。为确保活动的顺利进行，朝阳区安全监管局制订了周密的安全生产保障方案，派出 8 路执法人员对会议场地、入住酒店及周边生产经营单位进行了严格安全执法检查，共检查生产经营单位 82 家次，消除安全隐患 78 项。

（李军）

【滚石 30 年北京演唱会安全保障】 5 月 1 日，"滚石 30 年——北京演唱会"在鸟巢体育场举办。4 月 28 日，朝阳区安全监管局联合区公安分局、区消防支队、区交通支队、区城管大队等相关职能部门，对场馆内部的舞台搭建、灯光架设、消防设备、疏散通道、临时用电进行全方位安全检查，对举办方的应急预案进行认真审核，确保活动的安全圆满。

（李军）

【北京国际马术大师赛安全保障】 5 月 20—21 日，北京国际马术大师赛在鸟巢体育场举行。活动前期，朝阳区安全监管局执法人员对活动场地的临时搭建物、消防设施设施、应急疏散通道、临时用电等进行安全检查。活动期间，会同公安分局、消防支队、卫生局、城管大队、交通支队等部门组成联合安全检查组，定时开展安全执法检查，确保活动的顺利进行。

（李军）

【国际沙排安全保障】 6 月 6—11 日，"2011 年国际排联沙滩排球世界大满贯北京赛"在朝阳公园沙滩主题乐园举行。活动前期，朝阳区安全监管局每天派出 2 名执法人员对活动场地的临时建筑进行安全执法检查，共消除各类安全隐患 12 项。活动期间，朝阳区安全监管局会同区公安分局、消防支队、卫生局、城管大队、交通支队等部门组成联合安全检查组，定时开展安全执法检查，确保活动的安全进行。

（李军）

【朝阳国际旅游文化节安全保障】 10 月 1—7 日，2011 年朝阳国际旅游文化节在朝阳区举行，文化节涵盖了观光、休闲、娱乐、文体、会展、美食、购物等几大类、

10 余项活动，已经成为北京市影响较大的群众活动。为确保活动期间的安全，区安全监管局制订了周密的安全生产保障方案，指派人员重点对主会场朝阳公园，分会场欢乐谷、二十二院街艺术区、798 艺术区等场所进行了安全执法检查，共消除各类安全隐患 56 项。

（李军）

【市安全监管局检查朝阳区全国"两会"保障工作】 3 月 3 日，市安全监管局局长张家明带队对朝阳区全国"两会"驻地周边单位进行了重点抽查。朝阳区安全监管局局长关伟陪同检查。从总体上看，被查单位的安全生产情况较好，针对"两会"期间的安全保障工作进行了全员部署，制定了"两会"期间领导带班制度和应急值守排班表。现场安全警示标识齐全；防火等应急物资器材配备到位；日常安全检查、应急预案及演练等记录翔实，没有发现明显安全生产隐患。但是在检查中也发现了安全教育学时不足，安全培训内容不完善等问题。针对上述问题，张家明要求一是被查单位要高度重视全国"两会"期间的安全管理工作，认真做好自查，检查要全面，整改要彻底；二是值守人员要提高警惕，加强巡视，确保在第一时间发现问题，及时排除突发事件；三是朝阳区安全监管局对存在问题的单位，要进行复查，确保全国"两会"期间驻地周边生产经营单位的生产安全。

（余慧云）

【区领导带队进行春节前安全检查】 1 月 30—31 日，区领导程连元、谢莹、简军分别带队到朝阳公园、欢乐谷和大悦城检查游乐设施等特种设备安全，并向奋战在一线的职工送去节日的祝福。区质监局长吴平陪同检查。区长程连元到朝阳公园，检查了监控室以及应对突发事件的应

急预案，对园方采取的各项措施表示肯定，并要求一定要高度重视春节、"两会"期间公共安全，确保人民群众安全欢度春节。区领导谢莹、阎军在对欢乐谷和大悦城的检查中，详细询问了大型游乐设施和电梯运行状况和应急预案的落实情况，要求各单位加强检查，确保节日安全。

（余慧云）

【区领导视察春节期间烟花爆竹安全管理工作】　1月31日，区长程连元、常务副区长吴桂英、政法委书记佟克克、副区长赵全保分2个队到建外街道北郎社区检查CBD核心区域烟花爆竹安全管理准备工作。区领导分别对CBD核心区建筑工地以及北郎社区烟花爆竹集中燃放点安全管理工作进行实地检查，详细了解春节期间集中燃放区管控人员的力量配备，听取办事处及社区关于做好CBD核心区域烟花爆竹禁限放安全管理工作，特别是烟花爆竹集中燃放点管控工作落实"四个到位"，即落实责任到位、落实人员到位、落实消防设施到位、落实工地宣传到位的汇报。区领导对节日期间值守在工作岗位上的社区工作人员表示亲切慰问，同时嘱咐大家一定要高度重视烟花爆竹安全管理工作，千万不要麻痹大意，要查疑补缺，安全工作不留死角，确保不因燃放烟花爆竹引发重大火灾事故。

（余慧云）

【区领导带队检查"十一"安全工作】　9月29—30日，朝阳区委书记陈刚、区长程连元等带队，组成8个安全生产检查组，分别对奥林匹克中心区美食嘉年华、星星国际影城、欢乐谷、朝阳公园、广渠路36地块施工工地等22家人员密集场所、建筑工地、公园、学校、铁路监护道口进行了安全检查，对发现的安全隐患，要求各相关职能部门及时督促整改，确保节日期间

安全稳定。

（余慧云）

【"两会"安全生产保障】　3月3—14日，朝阳区安全监管局举全局之力，全力保障"两会"安全，做到"四个到位"：一是组织领导到位。成立以副区长阎军为组长的"两会"安全生产保障工作领导小组，并召开安委会（扩大）会议，对"两会"期间安全生产保障工作进行全面部署。二是建立台账到位。对"两会"驻地周边200米范围内的生产经营单位进行全面摸底并建立台账，共涉及51家生产经营单位。三是"全覆盖"检查到位。成立6个专项执法检查组，与驻地所在3个街乡以及工商、卫生、消防、质监、商务等单位成立联合检查组，对驻地周围重大危险源和重点企业、重点部位进行拉网式检查。四是督察检查到位。区领导带队深入一线进行督察检查，确保安全生产保障工作落到了实处。"两会"期间，出动3 853人次，车辆766台次，对辖区2 779家生产经营单位开展安全检查，下达整改指令书273份，强制措施决定书19份，整改安全生产隐患1 079处，及时消除各类隐患。

（余慧云）

【蟹岛国际啤酒节活动安全保障】　7月15日—8月15日，蟹岛国际啤酒节在朝阳区举办，区安全监管局加强活动安全保障：一是对蟹岛国际啤酒节活动搭建工作进行全方位检查，对发现的安全生产隐患进行了立案处罚，处罚金额4万元；二是对蟹岛内及周边生产经营单位进行执法检查，全力消除安全生产隐患；三是对蟹岛国际啤酒节活动举办期间进行全程、全时、全方位安全监管，每天安排2个执法检查组，分别由处级领导带队，进行死盯死守；四是局应急抢险科实行24小时值班，确保遇有情况做到第一时间进行处置。

（余慧云）

职业安全健康

【职业卫生和有限空间执法检查】
2011 年，朝阳区安全监管局对 545 家存在职业危害的生产经营单位进行执法检查，下达各类执法文书 713 份，排查事故隐患 1 555 项，立案 19 起，处罚金额 25.7 万元。

（蒋昌启）

【市安全监管局对朝阳区工业企业专项执法检查】 11 月 9—11 日，北京市安全监管局组织对朝阳区工业企业进行专项执法检查，共检查工业企业 10 家，主要对企业标准化建设、宣传、教育、培训、隐患排查治理等情况进行检查。检查中发现了一些不足：一是修订后的《北京市安全生产条例》的宣贯有待加强；二是工业企业的安全生产管理制度化、专业化需要进一步加强。

（蒋昌启）

【交叉执法检查】 9 月 20 日，甘肃省安全监管局在北京市安全监管局的陪同下，在朝阳区交叉检查涉及职业危害的用人单位 4 家。10 月 24 日和 25 日，东城区安全监管局到朝阳区交叉检查涉及职业危害的用人单位 10 家。根据"主要行业全覆盖，大、中、小型企业相结合"的原则，主要选择家具制造、汽车修理、危险化学品生产、污水处理、电力、混凝土搅拌、石材加工等行业企业作为被检单位。交叉检查采取听取汇报、查阅资料、现场检查相结合的方式进行。

（蒋昌启）

【职业健康现状调查】 2011 年，朝阳区安全监管局配合区卫生局在全区开展职业健康现状调查，共组织 580 家用人单位进行培训，收集职业健康状况调查表 382 份。由于属于非入户调查，区卫生局进行随机抽样复查，并对不符合要求的单位进行核查。

（蒋昌启）

【有限空间作业实行分类监管】 3 月，朝阳区安全监管局对街乡和各行业管理部门台账进行汇总分析，将涉及有限空间的单位分为 3 大类，即 91 家承包单位、1 214 家发包单位和 156 家自己作业单位，确定承包单位和自己作业单位作为日常监管的重点。一是加强对重点单位的日常检查、巡查、夜查、联合检查等执法检查力度。二是向所有涉及有限空间作业承发包单位下达通知，要求发包单位严格审查承包单位的安全生产条件，并且要求在签订承发包合同时签订安全生产协议，增加一道安全防线。三是对辖区内主要发包单位和承包单位的安全负责人进行约谈，要求严格落实承发包管理，逐步推动有限空间作业专业化、规模化发展。

（蒋昌启）

【加强有限空间安全监管】 2011 年，针对有限空间作业现场安全检查中发现的承发包管理普遍存在安全责任划分不清、承包单位安全条件不符合要求、发包单位未实现有效安全监管等问题，朝阳区安全监管局采取四项措施强化有限空间作业承发包管理，坚决遏制有限空间作业安全生产事故，明确承包单位的安全生产条件和发包单位的审查义务；要求承发包单位签订《有限空间作业安全生产管理协议》，明确协议的主要内容；强化有限空间作业的现场管理，明确发包单位的现场监管责任；组织各行业管理部门、各街道（地区办事处）开展有限空间作业承发包管理专项检查，推动有限空间作业专业化、规范化发展，坚决将资质不全、不具备安全生产条件的单位拒之门外。

（蒋昌启）

【有限空间安全宣传】 4月，朝阳区安全监管局印制 1 000 套有限空间安全作业光盘和 3 000 份有限空间安全作业宣传画，通过相关行业管理部门和各街乡发放到辖区相关单位、社区和村委会。同时于 4 月份在朝阳有线进行为期 1 个月的警示宣传。

（蒋昌启）

【《职业病防治法》宣传】 4月27日，朝阳区安全监管局联合卫生部门在朝阳公园南门举办"防治职业病危害，保护劳动者健康"为主题的《职业病防治法》贯彻实施 9 周年的宣传咨询活动。宣传主要针对提高"四种意识"，即生产经营单位的"法律意识"和"责任意识"，以及广大从业人员的"防护意识"和"维权意识"进行。活动制作 15 块宣传展板在现场展出，发放 200 张职业危害告知卡和警示标识，以及 300 副职业危害宣传扑克，现场收回有奖答卷近百份，受众达 500 多人。

（蒋昌启）

【职业病危害项目申报】 2011年，朝阳区共有79家用人单位进行职业病危害项目申报并取得《职业病危害项目申报证书》，主要分布在汽车修理和石材加工行业。至此，朝阳区累计进行职业病危害项目申报达 810 家。

（蒋昌启）

【职业健康管理员岗位建设】 3月 29—31 日和 5 月 25—27 日，朝阳区安全监管局分两批组织辖区内进行职业病危害项目申报的用人单位的 149 名职业健康管理员参加市局统一设置的为期 3 天的课程培训，经考核全部取得市安全监管局颁发的培训合格证书。培训课程主要有职业健康法律法规、职业健康管理员职责、职业病危害因素的辨识、职业危害及控制、劳动防护用品的选择、使用与管理等。

（蒋昌启）

安全生产宣传培训

【安全生产月"宣传咨询日"活动】 6 月12日，朝阳区举办以"落实企业主体责任，创建全国文明城区"为主题的安全安全生产月大型宣传咨询日活动，朝阳区安全监管局、总工会、住建委、教委、消防支队、治安支队等 15 个安委会成员单位和麦子店街道共同参加。参加宣传咨询的单位精心制作了安全知识展板 50 余块，朝阳公园门前的大屏幕滚动播放着安全知识宣传片，腰鼓队和扇子舞队进行了精彩的文艺表演，吸引大批游客和过往市民踊跃参与。各职能部门工作人员纷纷向过往群众分发制作精美的安全知识手册、宣传画、彩页、购物袋、简易弹簧秤、扇子、光盘等各类宣传品，同时向群众进行安全意识宣传教育，就群众在安全生产中遇到的问题，提供现场咨询，内容涉及安全生产举报投诉、建筑施工、体育场所安全、燃气安全、特种设备、劳动防护、消防、用电安全和食品安全等知识。据统计，此次咨询活动共向群众发放宣传资料 4.5 万多份，接待咨询群众达 5 000 余人。朝阳区 43 个街乡作为宣传咨询日活动的分会场，也在当天上午举办了内容丰富、形式多样的群众性宣传活动。

（余慧云）

【"安全生产月"活动】 6月，朝阳区安委会组织开展了"安全生产月"宣传咨询日、"安康杯"安全生产知识竞赛、安全生产服务队下基层、打击非法违法生产经营建设行为、安全宣传"五进"、应急救援演练等 20 项活动。全区上下共投入经费 72 万元；制订工作方案 951 份；召开工作部署会、协调会、调度会 1 902 次；区局领导、街乡领导动员讲话 167 次；参加活动总人数达 86 万人，参加活动生产经营单位 8 600 家，受教育人数达 128 万人。全区悬挂横幅标语 672 条，张贴海报宣传画 4.3 万幅，设立专栏、板报等宣传园地 1 720 个；发放宣传材料 60 余种约 50 万份，发放购物袋、折扇、弹簧秤等宣传实物 20 余种近 3 万件；各类电子显示屏播放安全生产宣传内容 1 800 次，时长 167 小时；市区两级媒体播放安全宣传片 80 次，刊发新闻报道 245 次；编辑专题（栏）内部刊物 124 期。开展各类安全培训 498 次 35 416 人；开展各类应急救援演练 372 次，参加演练人数达 17 856 人；开展专项整治及联合检查 45 次，出动执法检查人员 7 128 人次，检查生产经营单位 3 564 家，发现隐患 6 282 处，其中 5 545 处已整改完毕，整改率达 88.27%，经济处罚 165.2 万元。

（余慧云）

【执法案卷评查】 9 月，朝阳区安全监管局组织执法科室队及各街乡法制员进行为期 2 天的培训及执法案卷互查。培训系统讲解办理案件要素、程序、文书制作，并将所有法制员分成 3 组，进行案卷互评，互相查找问题，提高案卷制作水平。

（姚遥）

【引入法制监督机制参与执法】 11 月 1 日、8 日，朝阳区安全监管局聘请区人大代表、政协委员及相关领域专家 4 人分别参加安全生产执法检查工作，对执法文书的填写、执法程序的履行等进行全程监督。此举旨在加强社会公众参与政府执法检查工作，发现执法中存在的问题，促进安全生产执法水平的提高。

（姚遥）

【新法律法规培训】 12 月 15 日，朝阳区安全监管局组织全局及街乡执法人员进行新修订的《北京市安全生产条例》《行政强制法》等安全生产法律法规的培训，通过集中授课、答疑解惑、考试等方式帮助广大执法人员尽快掌握法律的精髓，在工作中熟练加以运用。

（姚遥）

【安全生产执法人员培训】 1 月 17 日，朝阳区安全监管局召集 43 个街乡安监科法制员就执法文书书写、案卷制作、档案管理进行培训。3 月 7 日和 18 日，分别在酒仙桥街道和金盏乡举办两期街乡执法人员业务培训班，重点就人员密集场所、建筑工地、危险化学品生产经营单位和职业危害场所的检查内容、标准、方法和处罚依据进行培训，共培训街乡安监执法人员 133 人。6 月，采取"一对一"模式，对 43 个街乡安监队员的执法文书书写、案卷制作、档案管理、执法技能等进行传、帮、带，共培训街乡安监队员、安全协管人员和村（居委会）安全负责人 600 人次。

（余慧云）

【特种作业培训考核】 2011 年，朝阳区共有 3 级特种作业培训机构 12 家，培训工种包括电工作业、焊工作业、高处作业、企业厂（场）内机动车辆驾驶、制冷与空调作业、地下有限空间监护。全区共有各工种授课教师 139 人，实操考核员 124 人。全年共计培训考核特种作业人员 27 818 人，合格发证 17 954 人。

（陈宣英）

【特种作业实行理论计算机考试】 8 月，全市推广实行特种作业计算机理论考试，改变过去实行的理论考试纸质卷子模式。经过考点条件的审查，朝阳区设立北京市将台路职业技能培训学校和北京化学工业集团教育中心"一南一北"两个计算机理论考点，相对方便全区各培训学校及所有考生。

（陈宣英）

【安全生产举报投诉】 2011 年，朝阳区安全监管局受理举报投诉事项 232 件，其中"12350"受理 118 件；区县举报电话受理 87 件；网络举报受理 18 件；政民互动举报受理 9 件。按投诉类别分类：安全隐患类别的举报投诉案件 209 件，事故举报类别的举报投诉案件 18 件，属于非法生产经营建设类别的举报投诉案件 5 件。朝阳区安全监管局对投诉举报逐一进行了登记、分解和督办，保证群众举报投诉的办结率和回复率达到 100%，并根据举报投诉的情况进行分类管理，一一建立档案，做到事事有结果、件件有回复。

（余慧云）

安全生产科技创安

【朝阳区安全生产科技项目亮相北京国际科博会】 5 月 18—22 日，第十四届中国北京国际科技产业博览会在国际展览中心举行。共有来自 8 个国际组织以及 23 个国家和地区代表团、2 070 家国内外高科技企业和国内 24 个省区，展出最新科技成果和区域产业升级的重大合作项目。朝阳区安全监管局 2 项安全生产科技项目也第 1 次亮相科博会，受到与会领导及参观者的广泛关注。参展的项目之一为"基于多媒体的安全生产宣传、培训、竞赛一体机"，可以通过丰富、生动的游戏、知识竞赛，向公众宣传安全生产科普知识，实现互动式宣传。另一个项目是"安全生产智能与隐患上报、移送系统"，安全生产执法人员可以通过手持 PDA 进行安全生产隐患的上报及移送，提升安全检查水平及效率。

（陈宣英）

【《2010 年安全生产月活动》科技项目验收结题】 6 月，《2010 年安全生产月活动》历时 1 年制作完成并通过验收。该项目是经北京市科委批准，由朝阳区安全监管局开发的安全生产科技项目。该项目涵盖以消防、用电、特种设备通用常识为主的安全生产知识宣传 Flash 产品，在广大公众中普及安全生产常识，提高自我防范能力；同时涵盖职业危害安全生产知识宣传 Flash 产品，普及噪声、防毒、防尘通用知识，提高广大公众特别是务工人员自我防护意识，帮助他们增强专业知识，预防职业危害事故。

（杨毅）

【《安全生产月活动》科技项目申报研发】 5 月，朝阳区安全监管局申报《安全生产月活动》科技项目。该项目主要开发制作以特种作业为主题的安全生产知识宣传 Flash 产品，包含特种作业范围、管理要点及主要工种包括高空悬吊作业安全、有限空间作业、电工、焊工安全为主题的 Flash 宣传片。该宣传短片突出故事性和观赏性，面向广大公众普及安全生产知识，以通俗易懂的动画形式进行宣传。

（杨毅）

【《朝阳区安全生产综合监管调度系统》升级和培训】 9 月，朝阳区安全监管局完成《朝阳区安全生产综合监管调度》系统的升级更新工作。为使企业和执法人员能更好地运用本系统，利用近 1 个月的时间完成对局机关和各街乡执法人员及重点监管企业的培训工作。通过本系统的推广与应用，搭建安全生产综合监管领域及其他行业安全管理部门以及企业公众三者互动的平台，实现安全综合监管的新体系建设。

（杨毅）

【市局执法系统的试用】 9—10 月，朝阳区安全监管局完成市安全监管局执法系统的试用工作。共对 31 名执法人员进行了本系统的试用培训，并下达试用要求和工作任务。在经过为期 3 个月的试用后，截至年底，朝阳区安全监管局的检查数据在执法系统中显示上传检查数据 165 家，其中：检查合格的企业 77 家；要求当场整改的 3 家；限期整改的 83 家；采取强制措施的 1 家；立案处罚个人的 1 家。

（杨毅）

【与市安全监管局《隐患自查自报系统》对接】　10 月，朝阳区安全监管局按照市安全监管局下发的《北京市安全生产委员会办公室关于在全市推广应用顺义区安全生产事故隐患自查自报系统工作的实施意见》文件要求，认真梳理现有信息化系统情况，并通过"系统对接方式"，实现朝阳区安全生产综合监管调度系统与市局系统顺利对接。截至 12 月 31 日，共计上报隐患 44 563 条。

（杨毅）

安全生产标准化

【调研安全生产标准化工作】　8 月 18 日上午，朝阳区副区长阎军到北京天海工业有限公司调研安全生产标准化工作。区安全监管局局长张仲恺、副局长于洪涛以及区质监局和区消防支队等相关部门的领导陪同调研。北京天海工业有限公司作为朝阳区第 1 家通过国家级工业企业安全生产标准化的企业，在责任落实、人员培训、改进设备、隐患整改、资金投入等方面公司董事长简要介绍了基本情况，公司安全负责人详解了安全生产标准化工作开展情况。北京中安质环技术评价中心有限公司从第 3 方安全中介机构角度，介绍了朝阳区安全生产标准化活动的进展情况以及在安全生产标准化中所发挥的积极作用。阎军指出，安全生产标准化工作是落实国务院 23 号令和市政府 40 号文件精神的重要内容，也是落实企业主体责任，改善安全

生产条件，提高本质安全，实现安全生产形势稳定好转的一项基础性措施。虽然朝阳区已经开始在工业及其他一些行业进行了有益探索，但总体上参与和达标的企业数量还不是特别多，而且建筑施工、人员密集场所、地下管线、物业等高危行业尚未开展此项工作，因此要汇集政府管理部门、中介机构和达标企业等各方的经验，有重点地推动高危行业标准化，把标准化作为一个好的手段来推进安全生产工作，有效防范各类事故。

（余慧云）

【创建安全标准化企业】　2011 年，朝阳区工业企业安全生产标准化工作继续遵循"提倡达标、力争合格，辅助提高、消除一般"的工作思路，稳步推进复评工作的开展。即对基础较好的企业鼓励其申请达标，对有一定基础的企业力争达到合格，对基础较差的单位通过中介机构咨询等形式帮组其逐步规范制度，消除安全隐患。截至年底共复评企业 294 家，其中区级达标企业 18 家，区级合格企业 40 家。另有国家一级企业 1 家，北京市级企业 2 家，达到行业标准企业 2 家。另有国家一级企业 1 家，北京市级企业 2 家，达到行业标准企业 2 家。

（陈京）

【开展标准化工作宣传培训】　2011 年，朝阳区安委会将安全标准化宣传教育纳入全区安全生产宣传工作总体布局，充分利用网站等公共媒体资源，以及"安全生产月"等系列大型群众性活动，大力宣传推进安全生产标准化建设及其成效，努力营造"人人学习标准，人人按标准行事"的良好社会氛围。通过举办培训班、宣贯会等多种途径，加强企业主要负责人、各级安全监管系统干部的安全标准化知识系统培训，广泛普及有关安全标准知识和最

新文件精神。全年完成 200 余家企业的安全生产标准化活动培训工作。

（陈京）

【政府采购政策激励机制推动标准化】
2011 年，朝阳区安全监管局已将《关于将企业安全生产标准化等级情况作为朝阳区车辆维修政府采购优先采购条件的通知》在朝阳区政府采购汽修厂商中开始执行。19 家政府采购汽修企业大部分都已开展了标准化工作。

（陈京）

【依托街乡和安全中介机构推动标准化】 2011 年，朝阳区安全监管局发挥各方力量共同推进标准化工作。第一依托街乡监察队对辖区内有生产作业现场的工业企业再次进行摸底调查，督促企业认真开展安全生产标准化活动，并积极进行自查自改，保证自评率达到 100%。第二依托中安和安全协会 2 家中介机构，推动复评达标工作的深入开展。通过中介指导，进一步提升企业安全管理水平，完善企业各项规章制度和安全保障措施，切实做好文明城区创建工作。第三开展隐患排查工作，以街乡为单位对复评未达标和未开展标准化活动的企业进行全面检查，对存在问题不予整改或消极整改的企业采取措施促其整改，该实施行政处罚的依法进行行政处罚。

（陈京）

【危险化学品安全生产标准化工作部署】 2011 年，朝阳区安全监管局借鉴其他区县开展标准化工作的经验和教训，针对可能出现的费用、质量、进度等方面问题，结合常营实际研究确定"政府主导、整体实施、保证质量"的工作思路。从 4 月起，分 4 个阶段在所有加油站、气体、建材等涉及危险化学品实物的单位全面开展安全标准化工作。3 月 29 日、4 月 18 日、

5 月 12 日，组织召开 1 轮共 3 次的成品油经营企业、其他危险化学品生产经营企业、咨询评审机构征询意见研讨会，充分征求意见、交流想法，在合理考虑各方诉求的基础上，按照各方责权利对等的原则，共同商定朝阳区"政府主导、整体实施、保证质量"标准化工作开展方式，完成咨询评审机构任务的分片划分、与危化企业联系对接、评审标准的具体化、可操作性实施细则的制定等具体准备工作。

（夏旭昀）

【危险化学品安全生产标准化培训】
5 月 31 日、6 月 9 日、6 月 16 日、6 月 24 日，朝阳区安全监管局先后组织召开 2 轮共 4 次的成品油经营企业、其他危险化学品生产经营单位负责人会议，宣传达标工作的重要意义，确定时间节点，明确工作要求；同时请有关专家对《评审标准》及具体实施细则进行详细讲解，特别是告知清楚企业负责人需要准备的各类台账、资料、记录（据统计，整个过程最多一共要提供 300 多项各类有关的台账、记录以及技术资料），为下一步工作奠定基础。

（夏旭昀）

【危险化学品单位进入标准化体系运行】 6 月 1 日—10 月 31 日，朝阳区安全监管局将危险化学品单位标准化体系运行工作主要由咨询机构按照划分的包片区域，派出咨询工作组到企业现场，根据企业的现状以及现有的管理制度、记录、台账以及资料，对照《评审标准》实施细则，逐项查找不足以及漏项、缺项，编制问题清单，与企业一起分析原因、制订并落实整改计划，逐步建立安全生产标准化管理体系。截至 10 月底，辖区内有关危险化学品单位全部完成标准化体系建设进入标准化体系运行阶段。

（夏旭昀）

【危险化学品标准化进入全面运行阶段】 11 月 1 日起，朝阳区各危险化学品企业开始按照标准化管理体系实施日常安全管理工作。这期间，建立每月定期会商制度，每月召开一次咨询评审单位、相关危化企业会议，及时发现和协调解决工作中遇到的问题。

（夏旭昀）

海淀区

概　述

2011 年，北京市海淀区安全监管工作紧紧围绕中关村示范区核心区建设，以贯彻落实国务院 23 号文件和市政府 40 号文件精神为主线，以落实企业主体责任为重点，以"三深化"和"三推进"为抓手，继续深入开展"安全生产年"活动，夯实双基建设，深化专项治理，推进责任落实，强化执法检查，有效压减了事故总量和较大以上事故的发生，全力确保了"十二五"安全生产工作开好局、起好步，保持了全区安全生产形势的总体平稳。

综合监管，充分发挥督促指导和服务协调作用。制定了海淀区安全生产工作指导意见，全面落实了深化"安全生产年"活动的 24 项重点工作任务，在全区开展了 5 个重点时期安全生产执法保障和 9 个重点领域执法检查行动。制订了全区安全生产重点执法检查计划，完善了执法检查制度化工作机制，增强了执法检查计划性、针对性和规范性。积极开展基层安全生产监管体系建设的探索和创新，在 10 个街乡镇开展了安全生产委托执法试点，对街乡一线执法人员进行了集中培训，显著提升了基层安全监管监察能力。着力提升安全生产总体保障能力，制定了海淀区安全生产"十二五"规划，深化安全生产长效机制建设。积极推进安全文化建设，启动了学院路街道国际安全社区、万寿路、花园路街道北京市安全社区创建试点工作。通过多年的努力探索，安全生产综合监管已形成了年初有计划、过程有制度、实现有手段、年终有考核的良性循环。

综合治理，切实打好安全生产领域"打非"攻坚战。从 4 月份开始在全区开展了严厉打击非法违法生产经营建设行为专项行动。海淀区各行业主管部门联合属地街乡镇，集中对施工现场、城乡接合部、"三合一、多合一"场所、地下空间、"六小"和人员密集场所等 6 个重点领域开展了专项执法行动，快速高效整治了田村路地区 7 家废品收购站和双泉堡五金一条街等一批重大安全隐患。全区共出动执法检查人员 3.4 万人次，检查生产经营单位 2.2 万家次，关闭、取缔非法违法生产经营单位 1 056 家，停业整顿 693 家，罚款 737 万余元，行政拘留 132 人，有力地打击了各类非法违法生产经营建设行为。

突出重点，圆满完成重点时期安全保障工作。海淀区安全监管局联合相关行业主管部门，开展了安全生产大检查，圆满完成了"两节"、"两会"、"五一"、中共建党 90 周年庆典和"十一" 5 个重点时期的安全保障工作以及第十四届中国北京国际科技产业博览会、中央经济工作会、京西中央重要会议、第一届北京国际电影节、五棵松体育馆演唱会等 10 余次重大活动保障任务，确保了全区重点时期的安全稳定。

防患于未然，深入开展重点行业领域专项整治。将专项整治作为"消隐保安"的有力举措，在烟花爆竹销售、批发零售市场、人员密集场所、交通运输企业、重点建设工程、城市运行领域、危险化学品储存设施、液化石油气灌装站和工业 9 个重点领域开展了专项执法检查行动。

在海淀区工业企业开展"消防平安行动"和"粉尘爆炸事故防范工作"专项整治活动，制定了《2011 年海淀区机械电子等行业"消防平安行动"工作方案》，转发了《北京市安全生产监督管理局加强冶金等工商贸企业粉尘爆炸事故防范工作的通知》，结合工业企业安全生产工作标准，定期对企业开展活动的情况进行监督检查。

联合区卫生局，在电子和生物制药行业，开展高毒物品职业危害专项整治工作。制订了专项治理行动工作方案，通过动员部署培训、企业自查整改、检查和总结 4 个阶段，加强对作业场所的日常监管和职业危害防护设施经常性的维护、检修和保养，建立健全职业健康监护档案，提高电子和制药企业职业卫生管理工作水平。梳理了 2 个行业的基础台账共 34 家（其中电子制造企业 15 家、制药企业 19 家），对 30 家相关企业的职业健康管理员进行了为期 2 天的专项培训，对 30 家电子制造和制药企业进行了监督检查。

开展有限空间专项整治。印发了《加强有限空间安全监管工作的通知》。制作了 2 套有限空间知识宣传展板，于 4—8 月分两组在全区 29 个街道乡镇巡回展出；刻制了有限空间安全作业知识光盘 2 种共计 3 000 张，通过街道、乡镇发往社区、企业，加强有限空间安全作业知识的宣传培训；对 20 家有限空间作业（所属）单位进行了检查，并按照市安全监管局的部署开展了 2 次夜间有限空间作业的路面巡查。

组织开展全区批零市场（主要包括建材、服装、小商品、电子等）安全生产专项执法行动。研究并制定了《关于开展批零市场安全生产专项执法行动的方案》，建立了全区 120 家批零市场基础台账，开展了 2 个层面的集中执法检查：一方面，联合区工商分局、消防分局及属地街道乡镇安办对海龙电子市场、硅谷电脑市场、金五星服装综合市场等全区 30 家重点批零市场开展了联合检查，共出动执法人员 50 人次，车辆 20 车次，下达文书 30 份；另一方面，各街道乡镇安办在普查基础上，对本辖区批零市场开展"帮扶整改"，针对普查时发现的问题隐患进一步复查，有效地消除了一批问题隐患。

烟花爆竹安全管理工作。2011 年，海淀区共发放烟花爆竹经营许可证 190 家，销售烟花爆竹 87 673 箱。区安全监管局联合区质监、公安、消防、工商等部门组成联合检查组采取日常检查、夜间巡查相结合的方式对烟花爆竹零售点开展了多层次、高频次、高密度的拉网式全覆盖检查。区安全监管局成立 4 个专项检查组，由局领导带队对 190 个网点实行分片包干负责检查。春节期间，全区共出动检查人员 236 人次，车辆 108 车次，检查烟花爆竹零售网点 929 个次，查出安全问题及隐患 181 个，下达责令改正指令书 9 份。保持了对烟花爆竹销售安全的"钢性"监管，实现了"不爆炸、不燃烧、保安全、零事故"的目标。

全年共执法检查各类生产经营单位 2 917 家，查处事故隐患 1 689 处，下达执法文书 974 份，处罚生产经营单位 158 次，检查行政罚款 76.7 万元；调查处理生产安全事故 17 起，已结案 15 起，行政罚款责任单位 19 家，责任人 8 人，建议公安机关追究刑事责任21人，事故行政罚款211万元。

排查摸底，积极推进安全生产隐患动态排查治理。在全区分2批在危化、工业、建筑和5个人员密集场所试点推广应用事故隐患自查自报信息系统。制定了《海淀区推广应用安全生产隐患排查治理自查自报系统工作实施方案》，召开了全区隐患自查自报系统动员部署大会。调查摸底生产经营单位5954家，建立了6200家企业电子监管台账；对1500家企业进行了系统应用培训，为企业隐患排查治理规范化、常态化奠定了基础。加强安全生产举报投诉宣传和查处力度，强化群众参与和社会监督，受理举报投诉290件，其中：安全生产举报投诉202件，违法建设88件，已按时限全部办结。

夯实基础，全面推进企业标准化建设。制定实施了《2011年海淀区开展人员密集场所安全生产百分验收工作实施方案》，继续组织辖区内生产经营单位，尤其是未参加过百分验收活动的生产经营单位积极参与到活动中来，组织培训班12期，培训近4000人次。启动了工业企业第二批、第三批219家工业企业标准化创建工作，召开工业企业安全生产标准化活动动员部署会和经验交流现场会，对企业负责人进行了培训。在企业自查自改的基础上，对开展安全生产标准化活动的企业进行了隐患排查，共排查安全隐患486项，下达责令改正指令书81份。启动了危险化学品企业安全生产管理标准化建设活动，制定了《海淀区危险化学品企业安全生产标准化工作方案》，对辖区内危险化学品生产企业、加油站及气体经营单位的90余名主要负责人进行了培训，加强了企业标准化建设的监督检查和工作指导，聘请中介咨询公司到企业中进行了安全生产标准化咨询指导。2011年年底前，此次参加安全生产标准化的90余家危险化学品企业全部进入为期1年的试运行阶段。

周密部署，统筹做好安全生产月宣教工作。组织了以"安全责任、重在落实"为主题的第10个全国安全生产月活动，制订了《安全生产月活动方案》，开展了安全生产咨询日、大型公开课、安全警示巡演、安全影片展映、安全执法周、应急演练周、安全知识竞赛等11项宣教活动，广泛部署、明确分工，各项活动有序开展。海淀有线电视播出安全生产月相关新闻60余条，《海淀报》刊登相关稿件近百篇；印制新修订的《北京市安全生产条例》2万本，发放宣传材料24万份，组织应急演练439次，受众30余万人次；举办了29个街乡镇处级主管领导安全生产专题培训班和街乡镇安全生产委托执法培训班，启动了全区重点行业企业负责人培训工程，培训危险化学品、烟花爆竹销售、工业企业、有限空间、人员密集场所等企业负责人和安全管理人员1.5万人次，全面提高了安全监管人员和企业主要负责人的安全管理能力和素质。

海淀区安全生产工作虽然取得了明显成效，但还面临许多新情况、新问题，安全监管工作还存在一些薄弱环节，主要表现在以下几点：一是事故高发行业呈拓展之势，事故降幅减缓，压减空间变小，安全生产面临的形势依然严峻；二是企业的安全隐患还比较普遍和突出，落实企业主体责任还需要探索有效的载体和监管手段；三是一些重点行业监管责任和街乡镇属地管理责任还需进一步加强，工作协同配合机制还需进一步完善；四是监管工作还不能完全适应核心区建设的需要，随着监管范围的拓展和监管任务的加重，监管力量、监管装备和监管手段亟待加强和提升。

（张敏）

安全生产综合监督管理

【安全生产控制考核指标完成情况】

2011 年，海淀区共发生交通肇事、火灾、生产安全死亡事故 87 起，同比减少 12 起，下降 12.1%，死亡 96 人，同比减少 9 人，下降 8.6%，占市安委会下达全年控制考核指标（108 人）的 88.9%。其中：发生交通肇事死亡事故 73 起，同比减少 3 起，下降 3.9%；死亡 80 人，同比减少 1 人，下降 1.2%，占全年控制考核指标（81 人）的 98.8%；发生火灾亡人事故 2 起，同比减少 1 起，下降 33.3%；死亡 2 人，同比减少 2 人，下降 50%，占全年控制考核指标（3 人）的 66.7%；发生生产安全死亡事故 12 起，同比减少 8 起，下降 40%；死亡 14 人，同比减少 6 人，下降 30%，占全年控制考核指标（24 人）的 58.3%。全区未发生较大以上安全生产事故，安全生产继续保持了持续稳定的良好态势。

（张敏）

【元旦期间安全生产工作不放松】

元旦前，按照全市安全生产电视电话会议要求，海淀区安全监管局及时召开局长办公会和局务会，全面布置元旦、春节期间的安全生产监管工作，提出了节日放假工作不放松的要求。12 月 29 日、30 日海淀区 4 套班子主要领导分成 4 个检查组，带队对重点区域、重点企业进行了安全生产大检查，区安委会办公室向全区印发了《关于做好元旦、春节期间安全生产工作的通知》，要求各有关部门、各街道乡镇，加强节日期间安全生产工作。节日期间，区安全监管局分成 3 个检查组，深入基层和企业一线，检查安全生产工作。据统计，2011 年 1 月 1—3 日区安全监管局共出动执法检查人员 17 人次，检查生产经营单位 27 家，其中：危化企业 15 家、超市 5 家、餐饮 1 家、其他类企业 6 家，下达执法文书 3 份，查处问题和隐患 10 项，节日期间全区安全生产形势平稳。

（张敏）

【召开全区安全生产大会】

1 月 18 日，海淀区召开了全区安全生产大会，52 个安委会成员单位主管领导、29 个街道乡镇安办主任参加了会议，区安委会副主任、安全监管局局长陈国启，代表区安委会总结了 2010 年工作，从 8 个方面全面部署了海淀区 2011 年安全生产工作，副区长穆鹏对安全生产工作和第一季度工作提出了具体要求。

（张敏）

【区政府召开专项工作会议】

为全面落实 1 月 12 日国务院安全生产电视电话会议精神，海淀区政府及时召开专项工作会议，针对企业安全生产工作存在的问题，通过了《进一步加大对区属国有企业安全生产硬件建设及人员培训的相关工作方案》，决定拨付专项经费 140 万元，用于加强区属国有企业安全生产工作。其中拨付甘家口大厦 50 万元，用于对大厦消防设施和红外监控设备的更新改造；拨付中海投资管理公司 20 万元，用于完成对海淀大街一号楼进行安全设施安装修缮；拨付昊海建设总公司 20 万元，用于更换其已老化的部分消防设备；拨付超市发公司 10 万元，用于解决检查中发现的仓储消防隐患。另外 40 万元用于对区属国有企业负责人和安全生产管理人员的安全培训工作。

（于秀明）

【抽查全国"两会"安全保障工作】

3 月 9 日，市安全监管局分 2 个组对海淀区"两会"安全保障工作进行了抽查。2 个检查组分别抽查了星级宾馆、餐饮、商业零售、加油站、物业等 6 家企业，从总体情况看，人员密集场所和加油站对安全生产工作重视，未发现明显安全隐患，但物业管理公司仍然存在个别安全问题，对此区安全监管局依法下达了责令改正指令书。

（于秀明）

【全国"两会"期间安全生产保障工作会】　按照海淀区区委区政府《关于开展2011年全国"两会"安全生产保障工作的通知》，区安全监管局对开展保障性检查工作进行了研究布置，由局领导带队，抽调执法力量，成立3个检查组，对海淀区"两会"代表驻地周边开展安全生产检查；同时要求涉及代表驻地的6个街道成立"两会"安全生产保障组，对代表驻地开展保障性安全生产检查，确保"两会"期间安全生产形势的稳定。

（于秀明）

【市电视电话会议部署区安全生产工作】　3月28日，海淀区政府组织全区62个安委会成员单位主管领导及相关企业负责人，参加北京市安全生产电视电话会议后，区安委会办公室召开安委会成员单位部署会，传达了市区安全生产工作会议精神，分析了全区安全生产形势，部署了近期安全生产工作重点，区安委会主任、副区长穆鹏出席了会议，并对近期全区安全生产工作提出要求。

（于秀明）

【强化中关村西区企业制度建设】　为贯彻落实海淀区安全生产委员会《关于印发2011年海淀区安全生产工作指导意见的通知》精神，海淀街道安全生产办组织中关村西区62家规模以上企业，召开经营单位片组成员研讨会，进一步宣传贯彻国务院"23号通知"精神，以推动安全生产标准化、规范化建设为抓手，通过重点行业和专项领域整治，强化安全生产制度建设，促进企业安全生产主体责任的有

效落实。

（赵双琳）

【区住建委召开建筑施工现场督察工作会】　3月24—25日，区住建委组织召开了建筑施工现场督察工作会，29个街道、乡镇主管领导及监督检查人员参加了本次会议。会上，区住建委首先对2010年施工现场督察工作进行了总结，对各街道、乡镇的工作成绩、亮点予以了肯定，对先进单位和个人进行了表彰，并对2011年督察工作重点进行了统一部署。学院路街道、马连洼街道2个优秀街道就工作中的好经验、好做法作了典型发言。最后区住建委主任龚宗元对建筑施工现场督察工作提出了要求。

（赵双琳）

【区政府召开第179次常务会议】　4月6日，海淀区区长林抚生主持召开了第179次区政府常务会议，会议听取了区安全监管局局长陈国启关于《2011年海淀区安全生产重点执法计划》及《关于委托乡镇政府、街道办事处开展安全生产监督检查的实施意见》的请示，会议要求各相关部门要结合安全生产执法检查专项行动，进一步完善建立基础数据台账等基础性工作，积极探索物联网技术在安全生产工作中的应用。

（赵双琳）

【启动六个专项整治行动】　4月26日上午，海淀区政府召开相关部门专项工作部署会，下发了《海淀区安全生产委员会办公室关于认真吸取大兴"4·25"重大火灾事故教训，进一步加强安全生产工作的通知》，通报了大兴区"4·25"重大火灾事故情况，同时结合海淀区实际情况，制定了《海淀区安全生产六项专项整治行动方案》，全面启动6个专项整治行动，加强安全生产监管工作，遏制重特大安全生

故的发生。一是全面开展严厉打击非法违法生产经营建设行为专项行动；二是深入开展生产经营单位消防安全隐患排查专项行动；三是"三合一、多合一、村中厂、厂中厂"专项整治行动；四是切实推进北部地区和城中村专项治理行动；五是切实加强地下空间及出租房屋安全管理；六是切实强化重大施工建设工程安全监管。

（赵双琳）

【取缔永定河引水渠沿岸废品回收站整治部署会】 5月17日上午9时整，海淀区安全监管局在田村路街道组织召开"田村路街道永定河引水渠沿岸废品回收站取缔整治工作部署会"，副区长臧桂武出席并讲话，全面启动废品回收站取缔整治工作。区安全监管局、工商分局、消防支队、公安分局、城管监察大队、田村路街道办事处等单位主管领导和具体负责人出席了会议。会上臧桂武要求各单位要有大局意识，切实落实责任，不能存在侥幸心理；以本次取缔行动为契机，进一步规范回收行业；乘势而上，同时解决回收站取缔后的环境问题；总结经验，形成长效机制。

（李婧）

【安全生产监管专题会议】 8月3日，海淀区组织全体安委会成员单位，召开半年工作会，总结上半年全区安全生产工作，对下半年工作进行部署，提出了推进3项创新工作、组织实施6项安全生产执法行动、重点抓好8个专项工作。副区长穆鹏就做好当前海淀区安全监管工作提出了要求。

（李婧）

【加强地下有限空间安全监管】 2011年，海淀区安委会办公室向各成员单位印发了《关于进一步做好夏季有限空间作业安全监管工作的通知》，对夏季有限空间作业安全监管工作和落实企业主体责任进一步提出了要求，要求各部门各单位认清当前严峻形势，进一步增强做好有限空间安全监管工作的责任感和紧迫感，加强管理，严格遵守有限空间作业安全生产各项规定，加强有限空间作业安全大检查，有效防范和坚决遏制夏季有限空间事故多发、高发的势头。中关村街道组织辖区大型物业公司召开有限空间安全工作会，要求各物业单位开展一次大规模全覆盖的安全大检查，全面强化各项操作规程的落实，进一步加强对施工人员和监管人员的安全教育培训，普及安全生产知识，杜绝违规操作。上地街道及时动员部署，下发了《关于切实加强安全生产工作有效防范和坚决遏制重特大事故的紧急通知》，同时对地区各有限空间作业场所进行了安全大检查，指导和提醒作业人员严格落实有限空间作业各项要求。

（李婧）

【贯彻全市电视电话会议】 8月26日，海淀区政府按照市安委会办公室要求，组织区安委会成员单位"一把手"70余人，参加了全市安全生产电视电话会议，副区长穆鹏参加了会议。市电视电话会议后，海淀区召开了动员部署会，区安委会办公室就全区下一阶段安全生产监管工作进行了全面部署落实。区政府各有关部门、街道乡镇在会后，采取组织地区、行业企业工作部署会议、培训会议等多种形式，对监管企业进行了进一步动员部署，传达市政府安全生产管理要求。

（李婧）

【传达副市长关于安全生产工作要求】 9月5日，海淀区安委会办公室向全区62个安委会成员单位转发了《苟仲文副市长在全市安全生产工作电视电话会议上的讲话》，要求各成员单位认真组织学习讲话精神，按讲话要求研究确定本行业、本辖区安全生产工作重点。同时，将讲话精神传达到本行业、辖区重点企业，进一步督促企业加强安全生产工作。

（李婧）

【部署违法建设举报拆除工作】 针对市安全监管局批转的海淀区 88 件违法建设举报情况，9 月 30 日上午，海淀区安委会联合区查违办，组织区相关委办局及各街道乡城管、安全负责人员，召开专项工作部署会，对批转的违法建设举报情况进行了通报，并就近期拆违工作进行了全面部署。副区长穆鹏出席会议，并要求各街乡镇安办，在及时向街道"一把手"汇报此项工作，承担起专项工作的监督、汇总和上报任务，按质、按量、按时完成此项任务。

（张敏）

【部署整顿违规建设行为工作】 10 月下旬，海淀区政府接到市委、市政府《关于在市及区县所属单位清理整顿违规生产经营建设行为工作方案》的通知后，区政府主要领导批示要求"坚决贯彻好市委市政府部署，区属单位应先自查自纠各种违法经营问题，消除隐患"。根据区领导的要求，海淀区政府按照特事特办的原则简化工作程序，仅用一周时间就制定并印发了《北京市海淀区人民政府关于印发在本区所属单位开展清理整顿违规生产经营建设行为工作方案的通知》。11 月 8 日，海淀区政府召开了海淀区所属单位清理整顿违规生产经营建设行为工作部署会，区安全监管局局长陈国启，受主管区长委托全面部署了清理整顿工作。

（张敏）

【完成年度安全生产综合考核】 12 月 6—8 日，海淀区安委会组织区安全监管局组成考评委员会，分别对全区 29 个街道、镇及公安、工商、城管、商务、市政等 15

个重点行业主管部门进行了年终考核，会议首先由区安委会副主任、安全监管局局长陈国启代表区安委会，做 2011 年海淀区安全生产工作总结及 2012 年工作思路；各街道、镇从制度完善、责任制落实、机构健全、保障有力、部署落实、安全生产年、专项行动、标准化建设、宣传教育等方面进行了汇报；考核组逐一查阅考核资料。经过近 3 天的会议汇报和资料查阅，考评工作圆满结束。考评委员会将对考评结果进行全区通报。

（张敏）

危险化学品安全监管监察

【重点时段危化企业安全监管】 2011 年，"两节"、"两会"、"五一"黄金周、"十一"黄金周及安全生产月等重点时段，海淀区安全监管局专门成立领导小组，部署节日期间检查工作任务，制订检查计划，并落实到人。为做好"两会"安保工作，区安全监管局重点对理工加油站、万泉庄加油站等 8 家"两会"驻地周边单位开展了专项执法检查。"十一"、"元旦"期间，针对气体气瓶危险性较大、经营单位管理水平参差不齐的特点，区安全监管局重点检查了 8 家气体储存经营企业，重点检查日常检查记录、应急救援演练情况、动员部署情况。2011 年重点时段共检查加油站 63 家，危化品生产企业、气体经营单位达到全覆盖，下达整改指令书 21 份，发现安全隐患 32 项。

（陈晓文）

【危险化学品专项整治】 2011 年，海淀区安全监管局继续深化危险化学品专项整治工作，采取日常性执法检查、多部门联合检查、区县互查相结合的方式，联合消防支队、公安分局治安支队、质监局、工商局、交通运管处等部门，深入开展了非经营性加油站专项整治、加油站专项整治、液氨专项整治、气瓶储存专项整治、危险化学品生产企业、易制毒化学品经营单位专项整治；在此基础上，区安全监管局对上述危险化学品从业单位组织开展日常性专项检查累计共 13 次；按照市安全监管局的部署，开展了同朝阳区的执法互查行动。此次行动检查重点是加油站、气体储存单位、建材城，共检查 2 个区县危险化学品经营单位 80 家，下达整改指令书 41 份，发现问题隐患数量 50 处。全年海淀区安全监管局共开展危险化学品专项整治活动 10 次，联合检查 12 次，检查危险化学品从业单位 152 家。下达整改指令书 55 份，发现安全隐患 98 项。

（陈晓文）

【铁路道口安全监管】 2011 年，海淀区共有铁路道口 10 处，日均过往火车 80 列。海淀区安全监管局把保证铁路道口安全，作为一项重要任务紧抓不放。一方面，加强督促检查，全年共检查道口 340 余次，其中夜查 150 余次，查处事故隐患 20 余处。另一方面，加大对铁路道口监护员的培训力度，召开培训会，重点对铁路道口监护员开展了道口安全形势、日常管理工作、设备维修维护、事故案例分析及监护员业务知识等内容的培训工作。通过各项工作的开展，促进了铁路道口安全管理工作的落实，实现了道口零事故的目标。

（陈晓文）

【非经营性加油站专项检查】 3 月 17 日，海淀区安全监管局组织开展了海淀区非经营性加油站专项检查，重点检查安全检查制度、培训教育制度落实情况，共检查单位 4 家，发现安全隐患 3 项。

（席晓敏）

【重大危险源单位备案管理会议】 5 月 24 日，海淀区安全监管局召开了全区危险化学品重大危险源单位备案管理工作会议，会上部署了海淀区危险化学品重大危险源备案管理工作实施方案，明确了组织机构、工作目标、工作任务、工作内容和程序等工作要求。会上，区安全监管局副局长孙茂山提出了 4 点要求：一是要提高认识统一思想；二是要加强领导精心组织；三是要广泛宣传营造氛围；四是强化管理落实企业主体责任。

（陈刚）

【危险化学品企业安全生产标准化建设】 为进一步加强危险化学品企业安全生产管理规范化、标准化建设，海淀区安全监管局制定了《海淀区危险化学品企业安全生产标准化工作方案》，并于 5 月 26—27 日，召开为期 2 天的海淀区危险化学品企业安全生产标准化培训会，辖区内危险化学品生产企业、加油站及气体经营单位的主要负责人，共计 90 余人参加了培训。同时，聘请安全评价专家对此次标准化评审标准及安全文化建设等内容向与会人员进行了重点培训。区安全监管局为掌握标准化工作进展，制定了《海淀区危险化学品企业标准化工作进度表》，对各企业是否签订咨询评审合同、签订咨询评审合同的机构名称、咨询评审进展情况、提交达标申请材料情况、公告情况等内容进行汇总，每周一上午，与有关咨询评审机构进行电话交流，实时掌握各企业标准化工作进度，为各企业均顺利完成此项标准化工作咨询阶段相关工作打下了坚实的基础。

（陈刚）

【危险化学品企业网上许可】 从 8 月 1 日起，市安全监管局安全生产信息平台的网上许可启用。海淀区安全监管局依托这个平台严格按照规定时限完成了危险化学品的网上受理、审核、打证工作。同时严格许可程序，把好纸质材料、现场检查审核关，逐级审核，完成危险化学品许可、换证工作。2011 年，海淀区共受理 48 家申请，发证 45 家，其中新申请单位 17 家。易制毒备案证明受理 10 家。

（刘辉）

【加强危险化学品监管】　8 月 3 日，海淀区安全监管局组织全区 230 家危险化学品生产经营企业，召开了海淀区危险化学品企业安全生产工作会。部署了海淀区调整危险化学品安全生产标准化工作有关事项，对危险化学品经营企业许可审批流程进行了讲解及现场演示，同时，根据市安全监管局、区反恐办的有关要求，针对新疆和田市"7·18"暴力恐怖事件，对海淀区危险化学品企业反恐工作进行了部署。副局长孙茂山出席会议并对各企业做好安全生产工作提出几点要求，一是参加标准化工作的各危险化学品企业要统一思想、认识到位，通过标准化工作建立起本企业安全生产工作的长效机制；二是各企业要增强反恐工作的警觉性、敏感性，加强同周边公安派出所的联系；三是要加强自身安全管理，加大检查和巡视力度，加强隐患排查治理。

（刘学国）

【危险化学品企业隐患自查自报系统使用培训】　8 月 24 日，海淀区安全监管局召开海淀区危险化学品企业隐患自查自报系统使用培训会，全区 90 多家危险化学品企业的安全生产负责人参加了培训。会上，区安全监管局就北京市隐患自查自报系统平台的用户名注册及企业开展隐患自查、上报数据等内容的填写进行了现场演示和讲解，并要求各企业要高度重视隐患自查自报系统的日常使用工作，尽快熟悉和掌握该系统的各项功能，通过隐患自查自报系统的应用，以促进政府与企业之间安全生产管理工作的互动。

（刘学国）

【检查海淀区危化企业】　9 月 8 日，市安全监管局副巡视员唐明明带领相关处室执法人员及专家组有关专家，对飞驰绿能和百慕新材 2 家危险化学品企业进行了检查，海淀区安全监管局副局长孙茂山及相关科室人员陪同检查。经查，飞驰绿能公司因周边环境变化，造成民用建筑与危化品厂房安全距离不足，市安全监管局执法人员当场责令其停产停业；针对百慕新材公司存在的危险品与非危险品混放，车间个别出口门开关方向不对等问题，执法人员当场对该公司下达了责令限期整改指令书，区安全监管局将对此次检查发现的问题进行监督整改。

（刘学国）

烟花爆竹安全监管监察

【副市长夜查烟花爆竹销售安全】　1 月 30 日晚，副市长苟仲文带领检查组到海淀区检查烟花爆竹销售安全工作。在副区长穆鹏、区安全监管局局长陈国启及有关单位工作人员的陪同下，检查组对海淀区 2 个烟花爆竹零售网点进行了检查。经查，各零售网点能依法遵守市、区烟花爆竹有关法律法规，库存数量符合要求，现场人员值守到位，商品码放规范，各类商品均粘贴了监管信息标签，经抽检，标签信息准确，内容翔实。检查中，苟仲文对各零售网点的安全管理给予了肯定。同时要求各网点要切实加强安全管理，要定期在零售网点周边开展巡查并做好记录，要及时清理可燃物，确保隐患的及时消除，要在明显位置放置完备的消防器材并定期查看，确保消防器材完好、有效。

（席晓敏）

【发放烟花爆竹经营许可证】 1月，海淀区共发放烟花爆竹经营许可证190家，其中：五环内128家，五环外62家，北京市烟花鞭炮公司零售点61家，熊猫烟花公司零售点95家（其中大型超市连锁企业7家），逗逗烟花公司零售点34家（其中街乡推荐1家）。

（陈晓文）

【检查海淀区烟花爆竹销售安全工作】
2月6日上午，市安全监管局副巡视员刘岩带领检查组到海淀区检查烟花爆竹销售安全工作。检查组首先听取了区安全监管局关于落实2月3日市政府、市安全监管局紧急电视电话会议精神及近期烟花爆竹销售安全工作情况的汇报。随后，检查组对海淀区5个烟花爆竹零售网点进行了检查。检查组对各零售网点安全工作基本满意，但检查中也发现，个别烟花爆竹电子标签显示内容与内装商品及等级不符等安全问题，区安全监管局将协调相关烟花爆竹公司，对此类安全问题和隐患立即进行消除。检查中，刘岩对各网点的安全管理给予了肯定。同时要求各网点要严格遵守相关法律法规，严禁销售非法烟花爆竹产品，严禁超范围经营，要加强应急值守工作，遇突发情况，及时向相关部门上报。

（刘学国）

【夜查海淀区烟花爆竹网点】 2月16日晚，市安全监管局局长张家明等对海淀区烟花爆竹销售网点进行夜查。海淀区副区长穆鹏、区安全监管局局长陈国启、副局长孙茂山，区烟花办主任高毅等陪同。检查组一行共抽查烟花爆竹销售网点5个，没有发现违规经营问题，对海淀区的监管工作给予了肯定，同时要求确保做好元宵节期间的烟花爆竹安全监管工作。

（席晓敏）

【开展烟花爆竹安全全覆盖检查】 2月

3日晚，市安全监管局紧急视频会议后，海淀区安全监管局召开专题会议，就落实紧急视频会议精神进行了研究部署。组织力量开展烟花爆竹4个层面的全覆盖检查。一是当晚23点至次日凌晨2时，区安全监管局分别带领3个夜查检查组对辖区内北太平庄、万寿路、马连洼等地区的烟花爆竹零售点开展了检查。2月4日白天，区安全监管局在京所有人员全部停休，组成9个检查组开展检查，执法检查人员对各销售点是否销售非法烟花爆竹产品、是否超范围经营、是否超量存储烟花爆竹产品，消防设施是否完好、防火措施是否落实，视频摄像头是否正常运转等内容进行了重点检查。2月2—6日15时，区安全监管局共出动执法人员81人次，出动执法车辆34车次，检查烟花爆竹经营点307个。下达执法文书4份。共发现隐患和问题61项，整改隐患和问题61项。二是区安全监管局下发通知，要求各街道乡镇接到通知后，立即对辖区各烟花爆竹销售点开展全覆盖检查。三是通知各烟花公司立即对本公司在海淀辖区的各销售点开展全覆盖检查，公司组织重点抽查，燕龙公司配了巡视车，进行不间断的安全巡视。四是针对元宵节期间烟花燃放的又一高峰日，出动全部执法力量，对全区所有烟花爆竹销售网点进行全覆盖检查，确保节日期间烟花燃放安全。

（席晓敏）

【领导带队检查元宵节烟花爆竹安全】 2月15日上午，海淀区安全监管局召开局务会，副局长孙茂山传达了市安全监管局会议精神，部署了烟花爆竹执法检查工作，细化了任务分工，局领导班子成员分工带队，全局执法人员分为8个执法检查组，对全区190个烟花爆竹销售网点进行全覆盖检查。要求各组按照8项重点检查内容进行严格执法，为销售网点销售安全提供了可靠保障。局长陈国启强调，要求全局上下要全力以赴做到任务、检查、责任、落实4个到位。截至2月16日17时，全区190个烟花爆竹销售网点全部检查完毕，没有发现违规经营行为。

（刘辉）

【抽查烟花爆竹销售网点】　2月17日下午，确保元宵节当晚烟花爆竹安全燃放监管到位，海淀区副区长穆鹏带队，组织区安全监管局、公安分局、工商分局、消防支队等相关职能部门，在16日市安全监管局夜查基础上，再次对全区烟花爆竹销售网点进行抽查。此次抽查主要针对四季青城乡结合部地区，分别对西北四环71号楼停车场南侧空地的熊猫53零售点、常青园路与东冉北街交叉口东北角的熊猫51零售点、闵庄路北侧门头新村东侧空地的豆豆第7零售点和四季青玉泉小屯综合楼南侧空地的熊猫50零售点进行了检查。元宵节当日，区安全监管局执法人员，出动4组执法力量，在抽查之前对全区190个销售网点进行了2轮全覆盖检查的基础上，对重点地区、重要销售网点进行了巡查，没有发现违规经营情况。

（刘辉）

【完成烟花爆竹回收及撤点工作】　海淀区2011年许可烟花爆竹销售点190个，销售工作自1月29日至2月17日24时结束，共销售烟花爆竹87673箱，同比2010年增长19.4%。2月21日下午17时止，海淀区已安全顺利完成烟花爆竹退货回收入库、视频监控装置拆除和临时销售网点的撤销工作。至此，海淀区2011年春节烟花爆竹安全监管工作圆满结束。

（刘辉）

安全生产事故隐患排查治理

【隐患摸查信息采集工作】　推广顺义区安全生产事故隐患自查自报系统，扎实推进生产经营单位调查摸底信息采集经验，海淀区安全监管局成立了生产经营单位调查摸底信息采集工作领导小组。2月18日，召开了全区生产经营单位调查摸底信息采集工作动员部署会议。会后区安全监管局深入各街（乡）、镇检查督促，指导帮助调查摸底信息采集工作实际开展情况。各街（乡）、镇按要求分别召开了属地动员部署会议，抽调专门人员明确负责，具体做法是：同属地工商部门协调，获取辖区内生产经营单位基本信息，进行有效移植利用；对各生产经营单位进行统一培训、集中讲解填表有关事宜；组织专门人员发放信息采集表、上门指导；各生产经营单位填写信息采集表上交后，有专门人员审核合格后录入系统。

（郑臣）

【街乡镇开展安全隐患排查工作】　2月18日，隐患摸查信息采集工作部署会议后，海淀区羊坊店街道召开专题培训会，对社区工作者进行安全培训。约见告诫地区农贸市场安全负责人，要求农贸市场健全规章制度，立即整改安全隐患。紫竹院街道不间断地对地区重点单位进行消防安全检查，特别对地区9家在施工地进行了消防安全检查，逐一登记"建设工程施工现场检查登记表"和"建设工程施工现场消防安全隐患统计表"，确保地区安全。上地街道召开专题工作部署会，全面部署隐患排查整治专项行动。

（郑臣）

【推广隐患自查自报系统】　2月18日，隐患摸查信息采集工作部署会议后，海淀区安全监管局组织相关行业主管部门、街道乡镇，开展了第二期事故隐患自查自报系统培训班。商业零售、餐饮、宾馆饭店、文化娱乐、体育运动场所、危险化学品、工业企业、建筑施工等 8 个行业主管部门领导、主管科室负责人，各街乡镇主管安全生产工作领导、安办主任参加了培训。区安全监管局副局长孙茂山要求参加培训的各单位，要明确责任主体，在生产经营单位和管理部门（行业主管部门、街乡镇管理部门）之间，建立了一条隐患自查、自排、自报的绿色通道，各单位务必高度重视，为下一步对所属生产经营单位开展隐患自查自报系统培训打下坚实基础。

（见春友）

【高层建筑消防隐患排查工作】 海淀区房管局按照海淀区高层建筑消防隐患排查的总体要求，开展了针对全区高层建筑的消防隐患排查工作。此次排查工作主要分为自查整改和全面检查 2 个阶段，由企业按照物业服务合同约定的防火义务和责任，对在用高层建筑开展自查，全面排查火灾隐患；针对存在的问题，制订整改计划，落实整改措施和责任。海淀区房管局物业管理科将于第 2 阶段联合各房屋管理所，针对各物业服务企业的自查整改情况及区消防局确认的消防隐患情况，对本辖区的高层建筑消防情况进行全面督促检查。截至 8 月 24 日，全区共发放《关于开展高层建筑消防隐患排查整治活动的工作安排》564 份，收到物业服务企业自查整改报告 11 份，并对企业自查整改情况进行了抽查，整改效果明显、未发现消防安全隐患；全区共检查高层建筑 201 处，出动检查人员 246 人次，发现并整改处理安全隐患 11 件，排查工作按计划稳步开展。

（见春友）

【举报必查隐患必除】 为推进安全生产工作的规范化、标准化建设，进一步夯实安全生产基础工作，不断提升人员密集场所安全生产水平，避免发生安全生产事故，确保地区安全生产形势的稳定，10 月 8 日，上地安全生产办接到辖区内北京翼飞扬上网服务有限公司存在安全隐患举报，安全生产办公室根据举报及时赶赴该单位进行安全检查。

（姚晓英）

【整顿一亩园地区安全隐患】 针对一亩园社区外来人口不断涌入，居民私搭乱建挤占公共空间，堵塞消防通道等安全隐患，12 月 4 日上午，青龙桥街道会同公安、消防、工商、城管等多部门，对一亩园社区开展联合执法。现场拆除违章搭建的棚户、摊位 12 个；清理堵塞消防通道的取暖用煤、建筑材料、垃圾等 48 处；打通消防主通道 6 条，有效地改善了一亩园地区的安全状况。

（马铭）

安全生产应急救援

【安全应急柜配备实现"一区一柜"】 为进一步加强社区安全监管工作，提升社区安全自救能力，海淀区政府自 2008 年起，分 3 年在全区各社区配备了安全应急柜，截至 2011 年初，全区 612 个社区完成了应急柜的配备工作，共投资 200 余万元，全区各社区基本实现在"一区一柜"。

（任海源）

【校园开展消防应急演练】 3 月 28 日，海淀区八里庄街道以"强化安全意识，提高避险能力"为主题。组织地区各中小学校开展应急疏散演练活动，并就火灾预防和自救逃生等安全知识，对在校师生进行了现场培训。

（任海源）

【社区消防应急设备培训与演练】　3月29日上午，海淀区田村路街道组织辖区社区居委会主任和分管消防工作的干部、物业管理公司经理及安全工作负责人等120人，在采石路消防中队训练场，举行了"社区消防应急设备培训与演练"活动。针对社区消防应急柜中各种器材的使用，进行了现场讲解和演示。区安全监管局副局长孙茂山，消防支队战训科科长刘钢，街道办事处副主任田增、许梅等，出席了培训与演练活动。

（袁辉）

【街道开展消防安全演练活动】　为强化企业员工消防安全意识，提高灭火逃生能力，在2011年"安全生产月"到来之际，海淀区曙光街道牵头，地区世纪华天大酒店、世纪金源大饭店分别组织各自员工，举行了逃生疏散消防安全演习。

（袁辉）

【各街乡镇开展应急演练】　海淀区上地街道联合北京实创上地物业管理服务有限责任公司盈创动力园区物业部，组织300余名企业员工开展了紧急疏散演练。甘家口街道联合甘家口大厦，开展了人员密集场所应急演练。香山街道在开展应急演练的同时，对企业员工进行了消防器材使用方法的现场培训。

（袁辉）

【开展消防应急演练促进"4个能力建设"】　6月16日上午，永定路街道联合航天二院消防队开展消防演练。此次演练模拟突发火灾事故，实施紧急疏散，旨在提高故发生后的应急指挥能力、快速反应能力、现场处置和施救能力、协同作战能力，全面检验政府机关应急预案的科学性、有效性和实用性。

（傅军）

【人员密集场所消防应急演练活动】　12月8日上午，海淀区甘家口街道安全生产办公室联合街道防火办、甘家口大厦，在甘家口大厦组织开展了消防应急疏散演练活动。通过演练活动，进一步提升了商场全体员工的遇险处置能力，强化了员工对消防疏散预案的执行速度，增加了全体员工的实战经验。

（韩璐）

安全生产执法监察

【对海淀区批零市场进行检查】　3月24日，市安全监管局联合市消防局、市工商局及专家组成员，对海淀区批零市场（建材、电子、服装市场）进行了监督检查。市安全监管局领导及专家组对生产经营单位存在的问题提出了指导意见，并督促其及时整改。

（刘玉勇）

【对建筑工地进行安全生产检查】　3月31日上午，海淀区安委会主任、副区长穆鹏带队，组织区安全监管局、区住建委等相关部门主管领导，对八家回迁配套市政道路、回迁安置房八家嘉园项目、西北旺新村西山1号院和唐家岭回迁安置房图景嘉园等施工现场安全生产情况进行了检查。现场听取了各项目单位有关安全生产管理情况，针对施工现场检查发现的问题，穆鹏要求：在质量和安全管理上，有关部门要建立优秀企业库，将做得好的企业均纳入企业库内，在近期将要召开的建设施工现场会上，将优秀企业的新措施、好做法进行推广，树立榜样。

（刘玉勇）

【加大对非法生产经营企业查处力度】　5月12日，海淀区安全监管局会同区上庄镇安全生产办公室，对上庄镇辖区内生产经营单位进行了安全生产大检查。检查中发现 1 家生产经营企业，使用西三旗北京龙安海五金建材门市部的工商执照异地非法生产加工彩钢瓦、彩钢板。检查还发现该企业存在未建立健全安全生产制度、责任制、应急预案，车间建筑耐火等级低，车间内堆放大量泡沫板材，加工设备电气线路不规范，车间内有员工住宿等多项安全隐患，区安全监管局当即对该企业下发了责令改正指令书，暂时停产停业整顿，限期整改隐患。

（刘玉勇）

【永定河引水渠沿岸废品回收站取缔整治工作】 5 月 20 日上午，海淀区安全监管局和田村路街道会同海淀区工商分局、公安分局、城管监察大队、商务委、发改委、市河湖管理处、市电力公司等单位对计划取缔的 3 家废品回收站进行了联合检查。通过连续 3 天各行政管理部门和田村路街道的共同努力，3 家废品回收站已在政府各单位工作人员的监督下全面清理。北京京刚合盛物资回收有限责任公司和北京中原鑫荣再生物资回收中心回收场地内堆物堆料和违章搭建的棚亭阁已全部清理拆除。

（袁宝平）

【万泉河小学校舍抗震加固工程监管】 6 月 14 日，海淀区安全监管局对万泉河小学校舍抗震加固工程施工现场安全生产情况进行了检查。发现施工单位存在：安全生产教育和培训内容不全、安全生产教育和培训学时不足、特种作业人员未持证上岗、违反安全管理规定作业等问题，执法人员要求施工方现场整改，同时针对校舍抗震加固工程安全生产工作提出 3 点要求：一是加强施工人员安全生产教育和培训工作，提高施工人员安全意识，杜绝安全防护不到位、违章操作、冒险作业而引发事故；二是加强特种作业人员资格审核

工作，杜绝不具备特种作业资格的人员从事特种作业；三是加强施工现场的安全管理，做好防暑降温工作，防止天气炎热引发事故。特别是加强对校舍墙体拆除作业的管理，防止无资质、无安全防护、无拆除施工方案的作业而引发事故。

（张海燕）

【领导带队检查施工工地安全】 6 月 16 日，海淀区安全监管局书记曾子锋带队到东升乡八家嘉苑工地，对其安全情况进行指导检查。对八家嘉苑工地的安全工作给予了肯定，同时提出了几项要求。

（邵忠全）

【加大地下室安全监管力度】 自 4 月 1 日起，海淀区房管局第 1 房管所对甘家口、羊坊店、八里庄 3 个街道集中开展普通地下室的执法检查工作。共出动执法检查人员 95 人次，发现存在安全隐患 34 处，限期整改 23 处，下达执法文书 5 份，执法处罚 3 起，处罚金额 2.1 万元；关停 6 处，其中甘家口 31 号楼地下室存在问题突出，经执法人员多方协调，安全隐患已被消除。

（罗富强）

【对辖区特种设备安全监管】 7 月，海淀区上地街道组织相关部门，召开特种设备安全隐患专项排查整治工作部署会，对辖区内特种设备使用管理情况进行拉网检查，督促企业落实安全生产主体责任，彻底消除电梯安全隐患。截至 7 月 14 日，街道已检查完成 38 家电梯使用单位，共发现：电梯轿厢内报警救援电话不能正常使用；未进行电梯应急救援演练；电梯日常维护保养、检查等记录不全等 33 处问题。针对存在的安全隐患，检查人员责令隐患单位立即整改，并做好日常维护保养、巡查，消除安全隐患。

（王永强）

【对校舍加固工程中期施工现场安全生产管理】 海淀区羊坊店街道召开地区校舍加固工程中期施工现场安全生产管理会，地区 7 所校舍加固学校安全生产负责人、施工方现场负责人、监理单位现场负责人参加了会议。会议通报了六十七中校舍加固墙壁倒塌亡人事故，指出当前校舍加固施工工程中存在的问题，特别提醒校舍加固施工工程，严禁忽视安全赶工期行为。

（武海军）

【地下空间夏季防汛预防专项检查】 针对地下旅馆、地下超市、地下娱乐业等经营单位，重点检查了：地下空间安全使用情况；消防通道、疏散出口是否畅通；指示标志、应急和消防设备的设置及完好情况；地下空间经营许可等情况；防汛应急预案的建立和落实情况；安全用电情况等内容。截至 8 月份，共检查单位 102 家，发现隐患 38 处，现场整改 32 处，未整改隐患开具了限期整改通知书，将采取跟踪复查，直至整改完毕。同时，督促各单位领导把安全工作放在首要位置，加强安全管理工作，有效防范安全事故的发生。

（刘玉勇）

【拆除六郎庄村违法建筑】 8 月 1 日，海淀区海淀乡六郎庄村委会组织由保安和拆除公司等部门共 400 余人，动用 10 台机械车辆和安全设备，对位于六郎庄大街东口北侧 24 间门面房和村内正乾公寓共 8 932 平方米的建筑进行了安全拆除。

（武海军）

【广源大厦官园花鸟鱼虫市场安全检查】 8 月 13 日上午，海淀区区委常委、政法委副书记、副区长高祥阳带领区消防支队、紫竹院街道等相关部门，对广源大厦官园花鸟鱼虫市场进行安全检查，听取了专业部门、地区和市场管理人员工作汇报。高祥阳在检查现场后指出：一是要做好广源大厦物业管理公司新老交接期间的有关工作，重点做好维持稳定工作，对拒不配合做好工作的单位要依法问责。二是市场经营要以提高经营管理档次，淘汰低端产业经营为发展方向，避免由于急功近利追求短期经营效益而忽视安全管理。对存在安全隐患的地下 2 层营业场所要主动清退，并按照消防规范完善消防设备和中控室，管理要到位。同时要做好清退商户的工作。三是要针对市场经营的特殊性，要以保障人民生命财产安全、市场经营环境为重点，一方面高标准做好商户的培训；另一方面市场管理的细节要到位，进一步完善全覆盖的视频监控，实现规范的经营模式。

（王永强）

【上地街道开展安全生产大检查】 2011 年，海淀区上地街道针对辖区内的机械、建材市场、汽车维修喷漆房及危化品存储场所等 13 家汽修厂和 1 家建材市场，开展了安全生产大检查行动，对检查中汽修厂普遍存在的消防灭火器过期；危险废弃物未及时清理；烤漆房堆放易燃品。建材市场存在的无安全生产管理制度，消防栓被遮挡；个别商户电焊操作人员无证操作，用电线路老化破损；商户加工区内设床铺住人；商户灭火器过期等安全隐患，检查组立即责令整改，并现场监督落实。

（刘玉勇）

【中小学校安全工程收尾监管】 9 月 19 日，海淀区安全监管局会同区教委、区住房和城乡建设委，组织召开了海淀区 2011 年中小学校舍安全工程安全工作会，通报了北京市六十七中学校舍安全工程"7·7"一般生产安全事故的调查处理情况，要求各参建单位吸取事故教训，贯彻落实国家关于安全生产的法律法规，依法生产经营。同时，针对部分校舍安全工程已进入收尾阶段，安全管理容易松懈，学生已正式上课，易引发事故的问题，向项目管理公司、施工单位、监理公司及校方提出了具体要求，明确了重点环节。要求各参建单位强化中小学校舍安全工程收尾阶段安全生产工作，采取有效措施防止各类事故的发生。

（王永强）

【加强国庆节前安全检查】 国庆节前，海淀区紫竹院街道对北京百花集团有限公司、华澳大厦文清物业、韦伯豪小区海防物业、化工大学4号、5号宿舍楼、广源大厦花、鸟、鱼、虫市场等重点单位进行了消防安全检查。要求各单位节前立即开展安全检查及时消除安全隐患；要对本单位职工进行消防安全教育，节日期间领导带班制度，中控室和重要部门要安排好人员24小时值守；各物业公司要加大对外租房人员的安全教育和管理，对节日期间要提示水、电、气的安全管理；确保地区节日期间的安全，加强信息报送。

（刘玉勇）

【强化重点地区打非行动力度】 9月21日下午，海淀区北下关街道办事处以交大东路为"打非"工作重点区域，联合地区公安、工商、交通、卫生、城管、消防等职能部门，对交大东路进行了全面的环境治理和综合执法。共出动执法人员80余名、车辆15台，拆除各类违法建筑、亭阁7处，面积150余平方米；暂扣各类非法经营物品200余件、捣毁非法加工食品窝点1处；拆除过街天桥下私搭乱建1处；处罚道路两侧违法停车50余辆。

（袁宝平）

【部署国庆节和重要会议期间地区安全生产保障】 9月28日，为确保地区国庆节和中共十七届六中全会期间安全生产形势稳定，海淀区羊坊店街道组织召开地区安保工作部署会，200多个生产经营单位和38个社区派人参加了会议。

（袁宝平）

【国庆节前安全生产检查】 9月29日19—22时，海淀区东升乡安委会办公室，成立了13人检查小组，对辖区内重点地区人员密集场所进行了消防安全、食品安全、安全生产大检查。此次重点检查东升大厦及周边、清华园宾馆周边、商业街、东源大厦及周边、停车楼、歌舞厅、台球厅、超市、餐饮单位等，共出动检查人员13人次，检查22家经营单位，其中歌舞厅2家、台球厅2家、超市1家、餐饮单位17家，检查过程中当场整改消防疏散通道、出口堵塞3起，查出餐饮单位健康证部分不齐1起（已要求立即补办），排除安全隐患12起。

（邵忠全）

【安全生产联合执法行动】 11月初，海淀区上庄镇综治办联合安全监管、公安、城管、工商、消防等多部门深入基层，结合"秋风行动"和"打四黑除四害"专项行动，对辖区企业开展了安全生产大检查行动。联合执法行动共出动执法人员16人，车辆5台次，重点检查了辖区内学校、工厂、食品加工企业等4家单位。通过"一看二查三了解"，即看各单位安全设施配置、灭火器具配置及管理、各项规章制度；检查各单位平时开展安全教育的情况，是否建立了安全应急预案以及日常档案资料；了解各单位开展安全生产与消防工作是否落实到位，单位职工的安全生产意识，单位保安人员值班巡查及记录情况。对各项安全工作进行了全面细致的检查，并听取了各单位相关人员的汇报。针对检查中发现的安全隐患，检查组现场对相关单位下达了限期整改通知单。

（邵忠全）

职业安全健康

【稳步推进全区职业卫生监管工作】

4—11月，海淀区安全监管局以电子行业、制药行业为重点开展职业危害专项整治工作。专项治理行动分为动员部署培训阶段、企业自查整改阶段、检查和总结4个阶段，梳理了2个行业的基础台账共计43家（其中电子制造企业17家、制药企业26家）。4月份组织召开了海淀区电子行业制药行业职业危害专项治理行动动员会，对专项治理行动工作进行了部署，提出了具体要求，邀请北京市和海淀区疾控中心的专家就职业卫生知识对企业进行了培训，组织了30家相关企业的职业健康管理员到北京市经干院进行了为期2天的职业健康管理员的专项培训。在企业自查整改的基础上对43家电子制造和制药企业进行逐一排查，结合整治内容和市安全监管局印发的《职业危害防治制度和操作样例》，指导企业建立健全职业病防治制度，对于企业存在的问题和隐患给予了行政处罚。因新农村拆迁改造等原因，海淀区现有电子制造企业16家、制药企业12家。通过整治行动，现有企业全部进行了网上申报，职业危害告知率、作业场所职业危害因素检测率100%，企业职业卫生意识增强，做到了专人管理，职业卫生档案逐步完善，企业职业卫生的管理工作迈上了一个新的台阶。

（徐春兰）

【加强职业卫生的教育培训】

2011年，海淀区通过多种形式开展职业卫生宣传教育培训工作。一是深入企业为企业员工讲解职业卫生相关知识；二是在专项治理动员会上聘请北京市疾控中心专家为企业的管理人员开展培训；三是组织相关企业的30名职业健康管理员到经干院专门培训机构进行培训；四是在监督检查中发放法规读本，对企业职业卫生管理人员进行一对一的法规宣传教育。通过监督检查发现，配备了职业健康管理员的生产经营单位职业病防治工作已经逐步走向规范化和标准化。2011年共培训企业员工770人。

（王晰）

【开展职业危害网上申报数据库管理】

2011年，海淀区安全监管局开展职业危害网上申报数据库管理工作。一是认真做好沟通协调工作，加大了与街镇安办的沟通力度，在印发指导文件的同时，与各街乡镇安办主任电话联系沟通，和部分街乡镇安办人员共同到企业，开展职业卫生的监督检查，督促指导安办开展网上申报初审工作，核实辖区职业危害企业变动情况。二是清理数据库，对作业场所不在海淀区的企业，对因拆迁等原因搬离海淀区的企业，进行了清理。三是对企业网上申报内容不全的企业，督促企业完善相关数据。截至年底，网上申报企业723家，有职业危害因素的作业场所783个，从业人员5 594多人。

（崔欣）

【职业危害排查更新基本情况台账】

6—7月，甘家口街道对辖区内存在职业危害的生产经营单位进行排查，更新了基本情况台账，督促指导企业建立健全职业危害防治制度。此次排查的54家单位中，除19家已经关停并转外，对其余35家单位，检查小组深入企业传达区安全监管局文件精神，宣传"健康甘家口"理念，发放《企业制度建设自查情况表》，依据《作业场所职业健康监督管理暂行规定》对各单位的职业危害防治责任制度、职业健康宣传教育培训制度、从业人员防护用品管理制度等10项制度的建立与落实情况进行了检查。

（王海潮）

安全生产宣传培训

【处级干部安全生产专题培训班】 4月 6 日上午，由海淀区安全监管局组织的全区处级干部安全生产专题培训班在海淀党校开班，市安全监管局副局长汪卫国、海淀区副区长穆鹏、区安全监管局局长陈国启、区委党校常务副校长许云、副校长王世松等出席了开班典礼。此次培训班是继 2010 年针对 29 个街乡镇和部分行业主管部门一线安监干部进行专题脱产培训后，专门针对全区 29 个街乡镇主管安全生产的副主任开办，整个培训班为期 10 天，海淀区安全监管局专门聘请了有关专家，对当前安全生产形势分析、突发灾害处置、国际政治形势分析与安全发展、国内外安全生产管理体系研究、国民经济与安全生产"十二五"规划、国际经济形势分析与安全发展等内容进行解读。

（袁辉）

【安全生产月活动启动】 按照国家安全监管总局及北京市安全监管局部署，海淀区安全监管局联合区委宣传部、文明办、教委、公安分局、文化委、新闻中心、总工会、团区委、妇联等单位，组织海淀区安全生产月活动领导小组，自 5 月 30 日至 6 月 30 日，在全区范围内开展海淀区安全生产月活动。整个安全生产月活动紧密围绕贯彻落实国务院 23 号文件和北京市政府 40 号文件为中心工作，明确"落实企业主体责任，保障城市运行安全"的主题，旨在通过开展安全生产月活动，强化安全生产综合监管，严格落实企业主体责任，加强城市运行安全和生产安全保障，加大重点行业和领域的安全隐患排查治理力度，

坚决遏制重特大事故发生。按照区安全生产月活动领导小组制定的《2011 年海淀区安全生产月活动方案》要求，将有十一项活动，贯穿于整个安全生产月之中，其中部分活动时间将持续到年底。

（傅军）

【安全生产月咨询日】 6 月 12 日，按照海淀区安全生产月活动领导小组部署，安全生产月咨询日活动共设立主会场一个，主题会场 3 个，分会场 25 个。区安全监管局联合区住建委、市政市容委、商务委、文化委、公安分局、旅游局、消防支队、交通支队、羊坊店街道等 10 家单位，在翠微大厦门前设立全区主会场，结合海淀区安全生产工作实际，开展宣传咨询活动。副区长穆鹏、市安全监管局预防中心副主任牛捷等参加了咨询活动。田村路街道、东升乡、海淀乡分别联合区消防支队、工商分局、城管大队设立了消防安全、打击违法经营行为和打击违法非法建设行为主题会场。甘家口街道组织甘家口大厦 500 余名员工开展消防应急演练。北太平庄街道在枫蓝国际门前，开展宣传咨询活动，2 000 余人受教育。八里庄街道宣传活动共发放安全生产宣传材料 500 余份，礼品 100 余份，展出展板 30 余块，悬挂条幅 2 条。学院路街道在五道口购物中心前广场、五道口宾馆、西郊宾馆、宜文安物业和同方大厦物业等单位设立专题咨询会场，组织地区公安、工商、卫生、房管、城管、司法等 11 个单位和部门参加现场咨询活动。上地街道联合实创经营服务公司、上地中学、百度网、时代集团、联想集团、瑞萨四通、金隅嘉华、华联商场、硅谷亮城 9 家地区大型企业和社会单位在上地信息路设立宣传咨询一条街。紫竹院街道在 22 个社区居委会设立以"平安幸福靠大家，安全连着你我他"为主题的安全生产

咨询站。

（任海源）

【安全生产法规和交通安全法规培训】
2011 年，为全面落实"安全生产年"工作
要求，海淀区香山街道组织地区社会单位
进行了安全生产法规及交通安全法规培
训，地区 35 个单位的安全生产及交通安全
主管人员参加了培训。

（韩璐）

【安全生产月活动顺利完成】 6 月，
海淀区安全生产月期间共开展了咨询日宣
传活动、联合执法、应急演练、安全知识
技能竞赛、安全警示教育巡展等 11 项大型
活动，全区执法检查 5 000 余次，出动检查
执法人员 10 745 人次，发现安全隐患 4 145
处，罚款 91.94 万元；应急演练 439 次，参
加安全生产教育培训 67 038 余人，张贴、
发放各类宣传材料和宣传品 23 万份，在市、
区各级新闻媒体、网络发布安全生产月新
闻、安全生产常识 500 余条，全区近 5 000
家单位，26 余万人参加了安全月宣传活动，
安全生产宣教活动取得了良好效果。

（袁辉）

**【食品安全与营养健康知识宣传进社
区】** 6 月，海淀区羊坊店街道举办"北京
市食品安全与营养健康宣传教育进社区"
活动。此次活动的主题是倡导健康生活方
式，引导科学饮食。天坛医院主任医师、
国家二级营养师赵辉进行了宣讲，街道各
社区干部和居民代表共 100 多人参加。

（袁辉）

【举办街道乡镇委托执法培训班】 7
月 5—14 日，海淀区安全监管局报请区政
府办转发《海淀区安全监管局关于委托乡
镇政府、街道办事处开展安全生产监督检
查实施意见的通知》，在区委党校举办 2 期
"街道乡镇委托执法培训班"，邀请市安全
监管局法规处、执法队、区消防处及区安

全监管局执法人员就安全生产监管法规、
监管内容、监管程序、监管文书和监管技
巧等进行专题培训。通过培训使 10 个开展
执法委托试点的街道乡镇共计 40 余人，进
一步了解了安全生产执法工作范围，明晰
了安全生产执法工作法规，掌握了安全生
产执法工作方法，规范了街乡安全生产执
法行为，充分发挥安全生产委托执法"关
口前移"的作用。

（袁辉）

【物业服务安全生产培训】 8 月 11 日，
海淀区房管局在海淀剧院召开了"海淀区
物业服务企业安全生产工作部署暨培训大
会"。近 1 000 名物业负责人参加了培训大
会。会议针对物业行业安全生产工作及物
业行业安全生产技术知识进行了相关培
训，区住建委、区房管局、区安全监管局、
区物业协会有关领导出席了大会。

（袁辉）

【《北京市消防条例》宣传周活动】 9
月 1—7 日，永定路街道联合二院消防队共
同主办了新修订《北京市消防条例》宣传
咨询周活动。此次宣传周活动的主题是"认
真学习贯彻新《北京市消防条例》，开创依
法治火新局面"，以新《北京市消防条例》
的宣传为重点，在 16 个社区居委会宣传栏
张贴了新《北京市消防条例》宣传挂图，
制作 10 块展板在各社区巡回展出，发放《北
京市消防条例》（修订本）、《消防常识手
册》、燃气使用常识宣传资料 1 000 余份。

（袁忠满）

**【学习贯彻"安全生产"和"消防"条
例】** 9 月 2 日上午，海淀区各街道乡镇，
分别设立宣传点，学习贯彻新修订的《北
京市安全生产条例》和《北京市消防条例》，
提升市民安全素质为主题的宣传教育活
动，向地区居民发放 2 个《条例》和各种
宣传常识手册和宣传纪念品，并向过往的

群众展示了安全生产和消防安全知识展板。紫竹院街道安办等部分街道乡镇，组织地区生产经营单位进行了《北京市安全生产条例》等法规指示的培训，同时组织部分中小学和企业开展安全知识竞赛，普及安全生产知识。

（袁忠满）

【安全生产及文明交通万人签字宣传活动】 10月22日，海淀区香山街道安办组织地区单位在香山公园东门，开展安全生产及文明交通行动万人签字宣传活动。地区单位的安全领导及车管干部和中科院植物研究所研究生志愿者30余人参加了活动。此次活动制作交通安全条幅5条，大型拱门1个、气球2个，宣传展板35块。活动中发放宣传材料1.5万余份，安全宣传购物袋6 000余个，"有序乘车体验文明"卡套5 000个。

（袁忠满）

【图文并茂安全生产知识宣传】 新年前夕，紫竹院街道投资10万余元，制作了5万份《居民安全常识》宣传折页，下发到紫竹院地区每户居民以及外来人口家中，宣传折页内容涵盖：燃气安全、用电安全、消防安全、电梯安全、家庭用水安全及应急自救知识6个方面的内容。图文并茂、通俗易懂，为紫竹院地区构建平安紫竹，创建安全社区奠定了基础。

（袁忠满）

【安全生产歌曲"学、唱、传"活动】 按照北京市安全监管局"2011年全市安全生产歌曲'学、唱、传'活动"总体部署，海淀区安全监管局联合区文化委，自2011年6月起，结合全国第10个安全生产月宣教活动，在全区范围内深入开展了安全生产歌曲"学、唱、传"活动。海淀区安全监管局积极联系市安全监管局宣教中心，复制歌曲曲谱，刻录复制了30套歌曲光盘，

下发到各街道乡镇。各街道乡镇及区属群众性文艺团体参与安全生产歌曲"学、唱、传"活动，区文化委在教学辅导工作中对各文艺团体提供了大力支持。其中，紫竹院街道聘请专业教师对社区合唱团进行辅导，租借专用场地和演出服装，自行摄制合唱、独唱歌曲各1首，编辑制作成MV光盘上报参赛。区文化馆选派专业独唱演员自学歌曲，并为演员专门制作演出服装，参加比赛。学院路、万寿路等街道，也都积极组织辖区内的各级群众性文艺团体，学习传唱安全生产歌曲。海淀全区掀起安全生产歌曲"学、唱、传"高潮。

（袁忠满）

安全生产法制建设

【开展集中法制学习】 3月6日，海淀区安全监管局制订全局培训计划，把法律法规学习作为重要内容突出出来，并抓好落实。全年，区安全监管局理论学习中心组组织集体学习法律法规不少于4次，进行讨论交流；每次召开局长办公会，都先用半小时左右的时间学习国家、北京市新颁布的法律法规或研讨安全生产方面的法规制度；每月组织全体人员进行2次法制学习培训。

（张敏）

【制定和完善安全生产规章制度】 2011年，海淀区安全监管局完善了《海淀区安全监管局行政执法资格管理规定》、《海淀区安全监管局行政执法评议考核办法》、《海淀区安全监管局行政执法政务公开制度》、《海淀区安全监管局行政规范性文件管理规定》等一系列行政执法责任制，并严格遵照执行。

（赵双琳）

【行政执法效果满意度调查工作】 为

加强社会公众对行政执法检查工作的了解、监督、参与，海淀区安全监管局2011年开展了"行政执法效果评估社会满意度调查工作"，聘请包括人大代表、相关领域专家和管理相对人在内的共3位社会执法监督员，邀请他们参与现场执法，了解执法人员执法检查的状况，收集管理相对人的意见，对行政执法效果予以评估，提高了安全生产行政执法水平。

（赵双琳）

【法制宣传培训工作】 2011年，海淀区安全监管局注重全面提升领导干部、工作人员及社会各界人士的法制理念，积极展开了面对不同层面人群、全方位的法制学习、培训工作。年初海淀区安全监管局制定了局中心组和全局工作人员的法制学习计划，强化法制学习制度，分批多次组织学习，还特别邀请了市安全监管局参加《北京市安全生产条例》修订工作的领导讲解条例修订背景、初衷及结果。海淀区安全监管局在区法制办的指导下，将执法依据完完全全的重新清理，删除了废旧过时的法律依据，增补了新订修改的法律依据。

（赵双琳）

【加强对外法制宣传工作】 2011年，海淀区安全监管局注重加强对社会各界的安全生产法制宣传和培训。按照国家安全监管总局和海淀区"六五"普法规划的工作部署，海淀区安全监管局制定了《海淀区安全生产法制宣传教育第六个五年规划》，对今后五年的法制宣传工作进行了总体谋划和阶段部署；2011年，海淀区安全监管局继续组织了街乡镇处级主管领导安全生产专题培训班。对接受委托执法的10个试点街乡，进行了专门的法制培训，帮助其提高运用法律思考和解决问题的能力；启动了海淀区重点行业企业负责人培训工程，邀请北京市安全生产巡回演讲团，

深入海淀区重点行业、重点企业开展巡回演讲活动；组织重点企业一线职工参加"安康杯"安全生产知识竞赛。同时利用"警示黑名单"曝光忽视安全生产、存在安全隐患的企业，全面提高了安全监管人员和企业主要负责人的安全生产法律意识、能力和素质，营造浓厚的安全生产法制氛围。

（赵双琳）

安全生产标准化

【第2批工业企业安全生产标准化活动全面展开】 为继续深入推进海淀区工业企业安全生产标准化活动，区安全监管局会同北京中安质环技术评价中心组成联合督察组，从3月1日开始，利用3个月时间，对全区第2批开展安全生产标准化活动的126家工业企业，进行隐患排查，重点检查企业的安全生产管理制度和作业现场管理情况，消除安全隐患，指导、帮助企业深入开展安全生产标准化活动，逐步建立自我约束、持续改进的安全生产长效机制，强化安全生产基层基础工作，落实企业安全生产主体责任，提高企业本质安全水平，促进全区安全生产形势持续稳定。

（郑臣）

【推进工业企业安全生产标准化活动】 按照海淀区工业企业开展安全生产标准化活动3年工作部署，继续推进工业企业安全生产标准化活动。3月份，在东陶机器（北京）有限公司召开第一批工业企业安全生产标准化经验交流现场会。在总结第1批工业企业开展安全生产标准化活动的基础上，组织第2批、第3批219家工业企业召开安全生产标准化活动动员部署会，对这2批开展安全生产标准化活动的企业负责人进行了培训。在企业自查自改的基础上，会同北京中安质环安全评价中心对

219 家企业进行了隐患排查，共排查安全隐患 486 项，下达责令改正指令书 95 份，督促、指导、帮助企业开展标准化活动，已达标的工业企业 42 家。

（见春友）

【召开工业企业安全生产标准化活动经验交流会】 3 月 31 日上午，海淀区安全监管局组织 81 家企业安全主管负责人，在西三旗东陶机器（北京）有限公司召开工业企业安全生产标准化活动经验交流会。会上，北京金隅集团东陶机器（北京）有限公司介绍了本公司开展安全生产标准化活动的经验和做法，区安全监管局局长陈国启对东陶机器（北京）有限公司开展安全生产标准化活动的经验和做法给予了充分肯定，并结合全区工业企业开展安全生产标准化活动的进展情况，提出了 4 点要求：一是提高认识，加强领导；二是健全机构，狠抓落实；三是广泛动员，全员参与；四是总结经验，开拓创新。最后，组织参观了东陶机器（北京）有限公司的作业现场。

（孙华林）

【推广应用事故隐患自查自报系统】 根据市安委会推广应用顺义区生产经营单位事故隐患自查自报系统工作部署，海淀区安全监管局制定了《海淀区推广应用安全生产隐患排查治理自查自报系统工作实施方案》和《海淀区生产经营单位调查摸底工作实施方案》，召开了全区隐患自查自报系统动员部署大会。3 月份，组织调查摸底生产经营单位 7 427 家，7 月份，组织建筑工地、危险化学品、工业企业、商业零售、餐饮、宾馆、文化娱乐、体育运动 8 个行业（领域）生产经营单位启用事故隐患自查自报系统，组织行业部门、属地、工业企业进行隐患自查自报系统培训 13 场次，培训人员 1 500 人。

（蒋齐）

【深入推进工业企业安全生产标准化活动】 7 月 27 日，海淀区安全监管局在颐泉山庄组织召开了全区第 3 批工业企业开展安全生产标准化活动动员部署暨培训大会，全区各街道、镇（乡）安办主任和全区第 3 批开展安全生产标准化活动的 97 家工业企业安全负责人参加了会议。会上，区安全监管局部署了第 3 批工业企业开展安全生产标准化建设工作，中安质环技术评价中心的专家对与会人员开展安全生产标准化建设工作内容、标准化企业基本条款、通用考评条款等进行了培训辅导。

（孙华林）

【安全生产百分验收工作交流会】 为推进 2011 年度甘家口地区人员密集场所安全生产百分验收工作，8 月 8—12 日，海淀区甘家口街道组织辖区 35 家参验单位，分 5 批召开甘家口地区安全生产百分验收工作交流座谈会，依照标准化的验收细则，对各单位的安全生产责任制度、规章制度、应急预案、演练记录、培训记录、检查记录、劳动防护品发放记录等文字资料进行检查，对各单位百分验收工作的进一步开展提出了要求与建议。

（孙华林）

【国家安全监管总局调研标准化建设】 8 月 18 日下午，国家安全监管总局四司司长欧广、副司长马锐一行，在市安全监管局副局长陈清等人的陪同下，到海淀区调研安全生产标准化建设工作。海淀区副区长穆鹏、区安全监管局局长陈国啟、八里庄街道工委书记田桂茹等人陪同调研。穆鹏对海淀区开展安全生产标准建设的总体情况进行了介绍。调研组听取了海淀区安全监管局 3 年来在人员密集场所开展百分验收活动、工业企业和危险化学品企业推行标准化建设工作的汇报，八里庄街道和东陶机器（北京）有限公司也分别就本地区、本单位开展标准化工作的情况进行了汇报。欧广对海淀区在安全生产标准化建设工作中的 5 个方面给予了肯定：一是海淀区在工作中做到了底数清，情况明，信息化建设切实做到了从基础做起；二是百分验收工作为主题的企业规范化建设效果良好；三是不观望、不等待，主动推进，为安全生产标准化建设建立了良好的基础；四是分级分类管理和隐患自查自报管理系统促进了标准化建设；五是海淀区的安全生产工作责任明确，考核到位，成效显著。同时，欧广还对下一步的安全监管标准化建设工作提出了建议：一是要进一步创新安监体系，建立层级管理网络，紧紧抓住基层基础；二是要进一步创新监管机制，落实监管责任；三是要进一步创新监管手段，实现信息化管理的全覆盖；四是要进一步创新制度建设，走法制化的道路；五是要进一步推进安全生产标准化建设，落实企业主体责任；六是以建立安全生产示范区和创建平安社区为载体，促进综合治理，创新安全文化；七是要加大教育培训力度，创新培训机制。

（孙华林）

【百分验收工作成效显著】 海淀区紫竹院街道以深入落实政府监管责任和企业主体责任为工作主旨，按照由大到小、由重到轻、循序渐进、分步实施的方法，历时 3 年时间，全面推进百分验收工作。3 年来紫竹院街道共投入百分验收专项经费 50 余万元，取得显著成效。2009 年，紫竹院街道指定 10 家企业作为百分验收工作试点单位，探索工作模式，总结积累经验，逐步加以推广。2010 年，确定 34 家企业参加百分验收工作，工作人员利用一个月的时间深入企业指导，严格依据标准条件规范安全生产工作，建立和完善安全生产监管长效机制，建立健全安全生产工作制度、应急预案等 12 项制度。对企业的安全生产环境保障、安全出口标识、应急照明灯、灭火器材、安全用电等 30 多项内容进行检查。对存在问题的企业，工作人员耐心讲解工作流程，在检查的同时主动为企业服务，帮助企业解决和协调问题，提出整改意见和建议，受到地区单位的好评。2011 年组织地区 47 家企业人员进行为期 3 天的安全生产百分验收培训班，对企业开展百分验收工作进行系统指导。参加检查验收的 47 家企业中，已验收 33 家，其中 28 家通过验收，5 家等待复验，还有 14 家企业等待验收，预计 11 月中旬完成验收任务。经过 3 年的推进落实，紫竹院地区共有 91 家规模以上单位企业参加了安全生产百分验收工作。

（孙华林）

丰台区

概　述

2011 年，丰台区安全生产工作坚持以科学发展观和安全发展理念统领全局，进一步健全和完善安全生产责任体系、安全生产监管执法体系，强化重点行业领域监管监察，进一步提升政府部门监管能力，紧紧围绕"一轴两带四区"建设这个中心，坚持把安全发展理念贯穿于城市规划、建设、管理、运行和服务的全过程，强化综合监管，积极开展安全生产执法检查、隐患治理、宣传教育"三项行动"，扎实推进安全生产标准化、达标化、规范化"三化建设"，落实企业主体责任，提升企业安全生产保障能力，积极开展安全生产"打非"活动，初步形成了一套条块结合、上下联动、统一指挥、协调有力、运转顺畅的工作机制，形成了分工协作、齐抓共管的工作格局。开展了烟花爆竹、批零市场、交通运输、高处悬吊、人员密集场所、有限空间、建筑施工等安全生产专项整治，消除了一大批隐患。深入开展安全生产月系列活动，不断提升公众安全意识和防范能力。不断提升科技创安水平，成功实现"生产安全事故隐患自查自报系统"的应用，形成了确定隐患、落实整改、整改验收、备案存档的隐患排查治理闭环管理机制。开拓创新，团结奋进，较好地完成了全年安全生产目标任务，有效防范、坚决遏制重特大事故，更好地维护人民群众生命财产安全，为丰台经济社会建设提供良好的安全生产保障。

2011年，共发生道路交通、生产安全、铁路交通死亡事故80起、亡84人，未发生火灾、食品安全死亡事故，占全年控制指标92人的91.3%。与2010年同期相比，减少14起、15人，下降14.9%、15.2%。全年，共检查企业4 293家次，发现整改隐患5 409个，下发执法文书1 264份，罚款303.42万元。

虽然丰台区安全生产工作取得了一定成绩，但也存在一些突出问题和不足，特别是"一轴两带四区"的实施，给安全生产工作带来了很大的压力。一是安全生产形势还比较严峻。丰台区区安全生产继续保持总体稳定的态势，但稳定的基础还不够牢固，一些行业领域仍然严重，安全措施不到位，安全投入不足。二是基层基础工作还有待加强。监管力量薄弱，有限的监管力量与繁重的监管任务不成正比，安全宣传不深入，街乡镇安监人员的业务水平不高，导致安全生产监管过程当中不能管、不会管和管不好的现象还存在。三是企业主体责任落实尚未到位。企业内部责任体系还不完善，规章制度执行不到位，企业开展自查自改的主动性还不够，部分企业还存在重经济、轻安全，重速度、抢工期，违章指挥和违反劳动纪律的现象，安全生产培训流于形式，管理制度不落实，安全防护不到位，事故预防能力差。

安全生产综合监督管理

【安全生产控制考核指标完成】 2011年，丰台区共发生道路交通、火灾、生产安全、铁路交通死亡事故80起、死亡84人，占全年死亡人数控制指标92人的91.3%。未发生较大以上事故，未突破市安委会下达的各项控制指标。与2010年同期相比，死亡事故起数减少14起，下降了14.9%；死亡人数减少15人，下降了15.2%。其中：道路交通死亡事故60起、死亡63人，占全年死亡人数控制指标69人的91.3%。火灾事故331起、直接财产损失192.329 7万元，死亡事故1起、死亡1人，受伤事故1起、受伤1人，占全年控制指标2人的50%。生产安全死亡事故13起、死亡14人，占全年死亡人数控制指标15人的93.3%。铁路交通死亡事故6起、死亡6人，占全年控制指标6人的100%。全年未发生较大以上亡人事故和食品安全死亡事故，未突破控制考核进度指标，全区安全生产保持总体平稳的良好态势。

（桂腾飞）

【副市长督察"护航"行动】 12月29日，副市长苟仲文带领市安全监管局、市市政市容委、市质监局等单位对丰台区

"护航"行动进行督察。督察组听取了丰台区"护航"行动工作汇报，同时，对中石化方庄加油站、乔外婆、香辣蟹、汉丽轩餐厅的安全生产工作尤其是燃气安全工作进行了督导督察，指出被检查单位存在的安全隐患，要求被检查单位要认真整改安全隐患，加强对从业人员的安全教育和培训，防范各类安全事故的发生，完成好节日期间的应急值守工作。

（桂腾飞）

【市考核组考核丰台安全生产工作】
12月28日，由市安全监管局副局长贾太保带领考核组对丰台区2011年度安全生产工作进行考核。考核组在区政府东三层报告厅听取区安全监管局新任局长董铁铮全年安全生产工作汇报，并抽查了部分街乡镇安全生产工作，查看了全区安全生产工作资料和台账。考核组对丰台区2011年度安全生产工作给予了肯定的评价。

（桂腾飞）

【四套班子领导研究检查安全生产工作】 3月、7月、11月，区政府常务会每季度研究1次安全生产工作，区安委会每季度召开1次形势分析会，区长办公会5次研究安全生产工作，区安委会办公室每月一次联席例会。区委、区人大、区政府、区政协四套班子领导重大节日、重大活动前都要带队进行安全生产大检查。主管副区长每周带队进行安全生产检查并听取汇报，亲自约谈事故单位主要负责人。

（桂腾飞）

【清明节领导检查安全生产工作】 4月5日，丰台区区委书记李超钢、区长崔鹏在区安全监管局、消防支队、民政局、林业局等相关部门领导的陪同下，组成联合检查组对丰台区太子峪陵园消防安全工作进行了检查，检查结束后，书记李超纲对清明祭扫安全工作上提出了3项要求：

一是要提高认识，加强领导；二是各部门要抓好各项制度的落实，加大监管力度；三是要加大宣传力度，倡导文明、健康、科学的祭奠方式。

（桂腾飞）

【"打非"工作督察】 6月21—30日，丰台区"打非"工作领导小组办公室分六组对各街乡镇"打非"工作进行业务指导和工作督察。此次业务指导和督察主要采用听取工作汇报、查阅档案材料和实地抽查的形式进行。通过指导和督察，督促了部分街乡镇的"打非"工作，解决了部分街乡镇"打非"工作难点问题，全面提升了全区"打非"工作水平。6月22日，副区长高朋带队对东铁营街道、长辛店镇"打非"及废品收购站整治工作进行了督导。

（桂腾飞）

【"双打一消除"行动】 4月底至11月底，丰台区按照国务院、市安委会的统一部署，开展严厉打击非法违法生产经营建设行为。结合丰台区实际，重点突出"双打一消除"，即"打击非法建设，打击非法生产经营，消除安全隐患"，通过专项整治，依法严厉打击各类非法违法生产经营建设行为，坚决制止违法建设，坚决取缔非法违法生产经营活动，坚决遏制火灾、食品和生产安全事故发生，保持全区安全形势稳定。期间，摸排建立3批台账，共计9 784家，现已全部查处完毕（其中关停4 114处、取缔2 415处、拆除555处、整改2 700家；各相关职能部门共处罚770余万元、打击黑车3 044辆、拘留610人，传唤、约谈、警告2 825人）。另外，丰台区"打非"办共接到和处理各类举报投诉90件，其中市里转来70件，已全部办结回复。《中国安全生产报》对丰台区"打非"行动进行了专题报道。市、区领导也多次对丰台区

"打非"行动给予高度的评价。

（桂腾飞）

【京沪高铁丰台沿线安全隐患排查】
6—7 月，丰台区按照国务院有关文件和市政府会议要求，由区安委会牵头，组织安全监管、公安、国土、规划、交通、建委等部门和属地街乡，会同北京铁路安全安全监督管理办公室，对所属区域内京沪高铁沿线危害铁路运输安全的安全隐患进行排查治理，切实解决影响京沪高铁安全的突出问题，优化京沪高铁运输环境，确保京沪高铁丰台段运输安全万无一失。京沪高铁沿线环境综合整治丰台段，共关闭商户 980 个，腾退 978 个，拆除 812 处、224 896 平方米。

（桂腾飞）

【区领导检查京沪高铁丰台沿线安全生产】 6 月 21 日，丰台区区委书记李超钢、区长崔鹏带队，检查京沪高铁沿线环境整治和安全生产工作，视察了京沪高铁沿线整治工作拆除地块工作现场，巡视了北京南站周边环境，召开现场工作会，听取区市政市容委、花乡、南站管委会、右安门街道等单位工作进展情况汇报。李超钢在评价京沪高铁沿线综合整治工作时强调了 3 个方面：一是沿线环境综合整治首战告捷、开局良好；二是对腾退拆除地区的后继工作要再接再厉、更进一步；三是南站管委会在交通秩序、环境秩序和治安秩序管理方面要主动作为、精细管理。

（桂腾飞）

【废品回收站点专项整治工作】 6 月初至 7 月底，为进一步规范丰台区废品回收站点安全管理工作，全力消除安全隐患，根据市政府"6·16"专题会精神和市安全生产委员会文件要求，丰台区组织开展了废品回收站点安全隐患专项整治工作。通过开展专项整治，摸清了本区域内废品回收站点的底数和安全状况，依法对上账的非法废品回收经营站点进行了全部取缔，规范了合法经营站点，消除了一批安全隐患，强化了废品回收领域的安全管理工作。

（桂腾飞）

【道路交通客运安全专项行动】 8 月初至 9 月底，按照全市统一部署，在 4—6 月份组织开展的以隐患排查整治为重点的道路交通客运安全专项行动基础上，丰台区继续深化和拓展道路客运隐患整治工作，该项行动取得了较好的工作效果，共查扣黑车 900 辆，其中包括危险化学品运输车辆 40 辆，省际长途车 90 辆；处罚大客车 1 019 起，中型客车 919 起，大货车 22 950 起；下达执法文书 25 788 份；处罚 1 097.8 万元。

（桂腾飞）

危险化学品安全监管监察

【危险化学品行政许可】 2011 年，丰台区安全监管局共进行危险化学品经营行政许可全年受理 31 家其中首次申请 7 家、重新申请 7 家，换证 15 家，变更经营单位负责人 2 家；对 21 家甲类生产经营单位进行了安全条件现场核查并出具现场核查表、现场核查意见书及现场核查照片；非药品类易制毒化学品重新备案或变更 4 家，注销经营许可证 3 家。

（郭卫平）

【采掘施工和地质勘探企业专项整治】
4 月，丰台区成立采掘施工和地质勘探企业安全生产工作领导小组，明确专项整治单位 6 家，采取听取工作汇报、集中指导答疑和现场检查等形式开展了集中督察，督察中重点检查了采掘施工和地质勘探企业安全生产责任制和规章制度制度情况、安全生产管理机构和专职安全管理人员情况、在施工地备案情况、隐患排查治理情况、教育培训情况、企业备案情况等内容；对 2 家企业下达了责令整改通知书。

（郭卫平）

【塑料加工企业专项整治工作会】　7 月 12 日，丰台区安全监管局召开塑料加工企业和所属街乡镇主管科室负责人会议。会上传达学习了副市长苟仲文的指示精神，通报了浙江一家有机玻璃厂发生有毒气体泄漏事故情况，对在塑料加工企业开展专项检查工作进行了布置。同时，给每家企业印发了加强塑料加工企业安全生产工作通知，要求塑料加工企业立即对本单位人员通报事故情况，组织学习安全技术要求，提高安全生产意识，健全岗位责任制，完善各项工艺操作规程和安全规章制度，全面落实安全生产主体责任。

（郭卫平）

【落实塑料加工企业专项整治工作】
7 月下旬，丰台区安全监管局组成检查组采取听取工作汇报、集中指导和现场检查等形式对 9 家塑料加工企业开展了集中督察，督察中重点检查了塑料加工企业其危险化学品储存场所是否符合安全储存条件、生产设备附带的温控装置是否合格有效、生产现场是否防火防爆、安全生产责任制和规章制度制度情况、职工是否按规定在操作中佩戴防毒口罩等内容。在督察现场就危险化学品的安全管理、安全生产管理制度落实、员工教育培训、安全操作规程、事故应急救援预案等有关内容进行了进一步强调，对下一步工作提出了具体要求，同时对 2 家企业下达了责令整改通知书。

（郭卫平）

【危险化学品安全执法检查】　2011年，丰台区安全监管局共检查危险化学品从业单位 374 家，向危化单位下达现场检查记录 374 份，下达执法文书 214 份，责

令整改指令书 201 份强制措施决定书 13 份，共查处隐患 394 个，处罚 17.9637 万元，处理、解决群众举报 35 起。

（郭卫平）

烟花爆竹安全监管监察

【制订烟花爆竹安全监管方案】　11 月上旬，丰台区安全监管局成立了由新任局长董铁铮任组长、其他副局长为副组长的烟花爆竹销售（储存）安全管理工作领导小组，领导全区烟花爆竹销售（储存）安全管理工作；区公安、消防、工商、交通等部门和街乡镇也结合各自行业和属地监管职责，制定和明确了烟花爆竹安全监管、属地工作职责和责任。丰台区安全监管局与街乡镇、街乡镇和辖区内各烟花爆竹零售网点签订了烟花爆竹安全管理目标责任书，明确了各自的安全管理职责和应当采取的安全措施。同时各街乡镇为每个网点派驻安全监管员，确保了每个网点安全管理工作有专人盯、专人管、专人负责，形成了区、街乡镇、社区，一级抓一级，一级对一级负责，层层抓落实的安全监管体系，为 2011 年烟花爆竹安全管理工作起步平稳打下了组织基础。

（郭卫平）

【严把烟花爆竹准入关控】　根据市烟花办、市安全监管局关于烟花爆竹销售网点确定、审核等方面的新增 8 类禁放区域和新地标要求，丰台区安全监管局领导、负责此项工作的有关部门和人员在做好烟花爆竹工作方案制订、宣传、咨询等前期工作的基础上，与区各相关职能部门、街乡镇通报新规定新要求。对照新规定新要求，在街乡镇完成销售网点初步布设、安全条件初审的基础上，从 11 月 17 日开始利用 10 天时间，对全区 161 网点采取一点

一审核的方法，逐点依据 16 类禁放区域和新地标要求严格现场安全条件审核。经审核确定后，按方案的时间安排对 161 个符合安全条件的网点在区政府网站和安全监管局网站进行公示。公示后，在许可期间，对符合申请许可条件的 232 人通过采取申请材料审核、安全资格证书认证等办法进行筛选、淘汰，最终确定 161 人。

（郭卫平）

【烟花爆竹安全培训】 丰台区安全监管局在丰台鸿基培训中心分 4 批采取安全知识与现场操作及笔试相结合的办法，对各街乡镇主管科室负责人、烟花爆竹销售网点负责人及从业管理人员等 1 087 人从烟花爆竹安全知识，烟花爆竹零售单位安全管理，烟花爆竹安全管理规定，严禁销售违禁烟花爆竹知识等方面进行了安全技能培训。为强化动手能力，专门安排了防火应急救援演练，特别是对灭火器的使用，进行手把手现场操作。同时为更深一步巩固烟花爆竹安全管理知识，对参学人员组织了安全知识考试。

（郭卫平）

【利用群发短信监控联络网点】 把丰台区 21 个街道乡镇 161 个销售网点的代码、经营单位、法人姓名、联系方式、街道乡镇督导员、网点位置编成一个信息管理平台，通过安全监管局群发系统及时上情下达。根据烟花爆竹各时段的工作重点（包括检查、安全提示、工作开展等方面），编写短信，发送给各个烟花爆竹零售网点负责人，2011 年共发出了 26 批次 4 186 条短信，发挥了短信提示的作用。同时，对烟花爆竹安全管理宣传工作进行了部署发动，加大辖区内悬挂横幅和张贴海报宣传力度，据统计，全区共悬挂横幅 3 780 条，张贴标语 5.3 万份，发放宣传材料和宣传品近百万份，宣传教育基本达到了全覆盖。

为此，《北京日报》、《北京晚报》先后报道丰台区做好烟花爆竹销售网点安全监管工作的经验。

（郭卫平）

【多举措提升烟花爆竹安全监管】 2011 年，丰台区安全监管局制定了网点从业人员规章、安全操作规程及安全生产责任制等 9 项规章；采取了主渠道销售模式；实行了安全生产责任保险制度；推行了缴纳风险抵押金制度。每个零售网点需缴纳风险抵押金 3 万元至指定银行专户；推行了烟花爆竹安全管理承诺书制度；推行了烟花爆竹零售网点全部安装视频监控系统。区政府专门拿出 170 多万专项资金，建立丰台区烟花爆竹监控系统平台，运用物联网技术，给每个网点安装了 6 个摄像头，对网点及周围环境进行全覆盖监控，并存取监控录像 1 个月，从而实现了烟花爆竹零售网点可视化、远程化、可追溯管理；推行了人防值班巡逻看守制度。要求每个网点销售人员必须在 6 名以上，实施 24 小时看守（夜间 2 人以上）；各街乡镇、社区对每个网点选派懂业务、责任心强的督导员进行监管；公安、工商、城管等相关部门派员实行昼夜定期和不定期巡查等措施。

（郭卫平）

【烟花爆竹安全检查全覆盖】 1 月 18 日至 2 月 6 日，丰台区安全监管局对全区烟花爆竹零售网点开展专项执法检查。全局组成的 7 个专项执法检查小组，实行分片包干的办法，采取领导带队检查、突击检查、夜查、联合检查、超常规检查等有效方式，按照每一个网点检查不少于 3 次的要求，对 161 个销售网点进行了拉网式检查。期间，全局出动 468 人次，车辆 168 车次，对 161 个烟花爆竹零售网点开展安全检查 659 家次，开具现场检查记录 568

份，下达执法文书 36 份，消除安全隐患 83 条。同时重视群众举报查处工作。2011 年烟花爆竹群众举报 9 件，同比下降 43%，其中 81% 以上的群众举报反映其住所周边设置的烟花爆竹销售网点，影响居民休息，存在安全顾虑等。为此，采取"有举报必出现场，有举报必有回复"，对反映基本属实的问题，责令销售网点立即进行整改，随时向举报人反馈情况；对反映不属实的，对举报人做好解释工作。

（郭卫平）

【烟花爆竹回收】 从 2 月 6 日 24 时起，丰台区所有烟花爆竹临时网点停止销售。按照计划，3 家烟花爆竹批发企业将连夜回收零售网点的剩余花炮，按照先五环内后五环外、先重点区域后普通区域顺序进行，采取小型专用运输车集中、大型专用运输车统一运至仓库分类入库储存。所有回收工作在 2 日内已全部完成。

（郭卫平）

【烟花爆竹网点视频监控系统建设】 2011 年，丰台区政府专门拿出 170 多万元专项资金，建立丰台区烟花爆竹监控系统平台，运用物联网技术，给每个网点安装 6 个摄像头，对网点及周围环境进行全覆盖监控，并存取监控录像 1 个月，从而实现了烟花爆竹零售网点可视化、远程化、可追溯管理。

（郭卫平）

安全生产事故隐患排查治理

【隐患自查自报管理系统的建立】 3 月 16 日至 4 月底，丰台区安全监管局通过各街道、乡镇、科技园区进行本辖区内企业调查摸底，使用《生产经营单位调查摸底信息采集表》进行信息采集并报送丰台区安全监管局办公室。期间共采集企业 3.5

万家，经过整理、筛选，最终确定 2 万余家合格企业台账信息，共整理企业信息 84 万余条。5—9 月中旬，先后完成了计算机机房的基础装修、服务器招投标、采购、网络改造、服务器的搭建、企业基础台账的导入（2 万余家）、系统试运行等基础工作。

（窦爱国）

【自查自报管理办法工作培训】 2011 年，按照《丰台区推广应用安全生产事故隐患自查自报系统工作实施方案》的通知和《推广应用安全生产事故隐患自查自报系统工作实施方案》以及《丰台区安全生产监督管理局关于开展生产经营单位调查摸底工作的通知》。9 月 26—29 日，组织开展了事故隐患自查自报系统应用培训，共培训企业 700 家，包括一类汽修行业、人密场所、工业企业、危险化学品企业。

（窦爱国）

【隐患自查自报管理系统正式运行】 10 月 12 日，丰台区事故隐患自查自报系统正式上线运行。12 月底，完成了第 1 次事故隐患自查自报上报工作，共上报企业 200 余家，上报率为 30.1%。通过第 1 次上报结果反映出企业未充分认识到事故隐患自查自报工作的重要性，需继续加大宣传力度，加强培训，确实将此项工作扎实有效地推进。

（窦爱国）

安全生产执法监察

【全年执法检查情况】 2011 年，丰台区辖区内生产经营单位数量 22 134 家，监督监察生产经营单位数量 2 441 个，查处事故隐患数量 5 409 起，下达行政执法文书 1 264 份，文书下达率 51.78%，经济处罚金额 303.42 万元，其中事故罚款金额 154 万元，检查罚款金额 149.42 万元。

（陈浩）

【全国"两会"安全生产检查】　2 月，丰台区安全监管局配合市、区政府，完成对驻地宾馆的安全生产联合检查；负责对驻地周边 200 米范围内及代表行车沿线重点生产经营单位进行检查，督促属地监管责任的落实。

（陈浩）

【批发零售市场专项执法】　3 月，按照丰台区安委会印发《2011 年丰台区安全生产重点执法检查计划》的通知精神，强化安全监管责任，严厉打击市场安全生产违法行为，规范市场安全生产秩序，推动市场安全生产主体责任的落实，坚决遏制重特大生产安全事故，在区工商、消防支队、各街乡镇等部门的配合下，建立健全了全区批发零售市场的基础台账，完成了对批发零售市场的普查，发放各类宣传资料 200 余份，出动执法人员 300 余人、车辆 100 余辆，涉及的市场有建材、服装、小商品、电子、汽车配件、农副产品等，下达执法文书 100 余份，罚款合计 5 万余元。

（陈浩）

【人员密集场所专项执法检查】　为贯彻落实《北京市安全生产委员会关于印发〈北京市安全生产重点执法检查计划〉的通知》（京安发[2011] 1 号）文件精神，加大执法力度，推动企业安全生产主体责任的落实，按照《2011 年丰台区安全生产重点执法检查计划》的统一部署，于 4 月份在全区范围内组织开展了人员密集场所专项执法行动，此项专项行动共下发有关法律文书 403 多份，发现安全隐患 2 000 多处（项），整改安全隐患 2 000 多处（项），处罚违规娱乐场所 1 家，取缔非法幼儿园 8 所。

（陈浩）

【交通行业安全生产重点执法检查】　5 月，丰台区在全区范围内对重点运输企业进行了安全隐患整治专项执法检查工作，此次专项执法检查由区运管处牵头负责制订方案，组织联合检查组，区安全监管局、区交通支队、区消防支队配合联动的方式进行。专项执法检查完成了 3 个行业 34 家运输企业的安全检查，其中包括 14 家危险化学品运输单位、16 家混凝土运输单位、2 家轨道交通单位和 2 家客运企业。区安全监管局积极配合此项专项行动，共计出动人次 68 人，车辆 12 辆，下发有关法律文书 60 多份，发现安全隐患 180 多处（项），整改安全隐患 180 多处（项），处罚违规运输企业 6 家。

（陈浩）

【连锁企业专项执法检查】　7 月，丰台区在全区范围内集中开展"落实安全责任，开展安全隐患整治"连锁企业安全隐患整治专项执法检查工作，制订专项行动方案。成立连锁企业安全隐患整治专项执法检查工作领导小组。办公室设在区安全生产执法监察队。专项执法检查重点是对全区内华联、京客隆连锁企业进行全覆盖式的安全隐患大检查。专项执法检查连锁企业共计 6 家，其中华联连锁企业 1 家，京客隆连锁企业 5 家。此项专项行动共下发有关法律文书 6 份，发现安全隐患 20 多处（项），整改安全隐患 20 多处（项）。

（陈浩）

【高处悬吊作业执法检查】　8 月，丰台区安全监管局在全区范围内开展高处悬吊作业安全生产专项执法检查工作，此次专项执法检查由区安全监管局牵头负责制订方案，组织成立检查组，街乡镇落实属地监管责任开展普查的方式进行。专项执法检查重点是存在高处悬吊作业行为单位安全生产的专项执法检查。检查组执法检查存在高处悬吊作业行为单位共计 20 家，街道乡镇对全区 64 家存在高处悬吊作业行为单位进行了普查。此项专项行动共下发有关法律文书 100 多份，发现安全隐患 100 多处（项），整改安全隐患 100 多处（项）。

（陈浩）

【夏日游泳场馆安全保障】 2011 年夏日丰台区安全监管局通过延长执法时间，加大执法密度，分别组建 2 个执法检查组，坚持每日傍晚和周末时间对夏日游泳场馆进行重点专项检查，本次检查共计出动人数 40 人，车辆 20 辆，检查单位 20 家，下达执法文书 20 份，发现并消除隐患 60 处。

（陈浩）

【校舍安全工程安全生产执法检查】 按照丰台区监察局的统一部署，为做好 2011 年全区校舍安全工程建设期间的安全生产综合监管工作，丰台区安全监管局抽调执法检查人员约 134 人次，出动车辆 30 余台次，累计抽查校安工程 57 家；查处问题及隐患 108 处（项），下达执法文书 36 份，其中 4 家工地被责令暂时停工整顿。对 19 家存在明显问题的建筑施工单位实施行政处罚，罚款金额 11.6 万元。

（陈浩）

职业安全健康

【职业健康管理员设立】 4 月 22 日，丰台区首批 45 家存在职业危害并设立职业健康管员的企业发证，正式启动了企业职业健康管理员工作，做到企业职业健康管理员持证上岗。

（陈勇）

【职业卫生宣传培训教育】 2011 年，丰台区安全监管局组织编写了《丰台区用人单位职业卫生管理指导手册》，书中编写了企业职业卫生管理的规章制度、企业的

义务、企业管理台账、职业卫生和有限空间作业有关的法律法规及北京市职业卫生服务机构的名单等内容，印制 4 000 本，通过组织培训、执法检查，下发到全区各个生产经营单位负责人和职业健康管理人员手中。全年共组织 3 期职业健康管理员的培训，培训职业健康管理员 120 名。

（陈勇）

【有限空间安全管理】 4 月份，丰台区安全监管局组织区有关行业主管部门参加了市安委会办公室召开的有限空间监管工作动员大会。起草下发了《丰台区有限空间安全生产专项治理工作方案》，转发了《北京市安委会办公室关于加强有限空间作业承发包安全管理的通知》、《北京市安委会办公室关于有限空间非法违法生产经营情况的通报》、《北京市安全监管局关于扩大地下有限空间作业现场监护人员特种作业范围的通知》等文件。5 月 25—31 日，丰台区安全监管局主要领导和主管领导分别带队，对区发改委、区市政市容委（环卫中心）、区住建委、区房管局、区水务局系统所属有关生产经营单位落实有限空间作业安全生产专项治理情况进行了专项检查。各行业主管部门、各街道乡镇也通过不同的形式和方式召开了会议布置有限空间作业安全管理工作。加大对有限空间作业现场的检查。在有限空间作业旺季，丰台区安全监管局安排执法人员进行了夜查。通过街道乡镇，加强了对社会清掏作业单位的监管，督促 2 家社会清掏作业单位严格落实北京市有关有限空间作业的要求，安排监护人员参加持证的培训。2011 年，全区还没有发生有限空间作业安全生产事故。

（陈勇）

【特种作业培训考核工作】 2011 年，丰台区安全监管局制定了《丰台区 2011 年

开展特种作业考试工作方案》，3月21日召开了辖区内的各安全生产培训机构负责人参加的特种作业培训考核工作会，总结了2010年特种作业培训考核工作，部署2011年特种作业培训考核工作。全年共组织特种作业考核10期，培训考核40 159人，其中取证23 281人，复审16 878人。通过培训考核，培训机构培训更加规范有序，使得无证人员能够持证上岗作业。

（陈勇）

【职业卫生执法检查】 2011年，丰台区安全监管局共检查存在职业危害的生产经营单位380家次，下发执法文书180份，其中责令改正书163份，强制措施决定书17份，对9家违反职业卫生法律法规的企业实施行政罚款的处罚，罚款17万元。

（陈勇）

安全生产宣传培训

【安全生产月活动】 6月，丰台区以"打击非法违法，落实安全责任，保障城市运行"为主题，相继开展安全生产月咨询日活动、安全生产"大宣讲"、"安全在我身边"巡回演讲、"安全伴我在校园，我把安全带回家"主题征文、安全生产影视宣传片展映、安全生产歌曲"学、唱、传"、安全生产知识竞赛、有限空间作业"大比武"等系列活动。在安全生产知识竞赛中，区安全监管局参赛队被评为全市三等奖。在安全生产歌曲"学、唱、传"活动中，区安全监管局选送歌曲获市级优秀奖。

（桂腾飞）

【安全生产咨询日活动】 6月12日，丰台区在科技园区文化广场举办"打击非法违法，落实安全责任，保障城市运行"为主题的安全生产月咨询日活动。区公安、消防、交通、住建委、文化、国资委、发

改委、城管、工会、市政、园林等36个相关职能部门、300余家重点单位负责人举办现场宣传咨询活动，设立咨询台50个、宣传展板1 500余块，发放宣传材料和宣传品15万份，在中心会场参加此次活动群众达上千人次。各街乡镇也在繁华地带开展宣传咨询活动。丰台区副区长高朋、区总工会主席王建斌、区住建委主任刘文洪、区文化委主任王艳秋、新村街道办事处刘涛等领导参加此次活动。

（桂腾飞）

【"打非"宣传咨询日活动】 5月14日，丰台区在分钟寺华润万家超市门前广场举办以"打击违法建设、打击非法经营、打击黑车摩的、消除安全隐患"为主题的"打非"集中宣传日活动。区市政市容委（拆违办）、工商、消防、综治、城管、宣传部、公安、住建、商务、监察、民防、房管、文化、卫生等23个相关职能部门举办现场宣传咨询活动，设立咨询台45个、宣传展板1 000余块，发放宣传材料和宣传品9万份，在中心会场参加此次活动的群众达上千人次。开幕式结束后，立即展开了集中打击和现场督察督办活动，对两处违法建设进行了现场拆除，同时查封分钟寺地区存在严重消防隐患的北京恒安风尚服装商贸有限公司。丰台区区委副书记王苏维对和义街道入户宣传、出租大院清理现场进行督察。高朋副区长对南苑乡新华里一处违法建设拆除现场进行督察。区委常委、副区长李昌安对消防支队查封非法经营现场进行督察。

（桂腾飞）

【举办乡镇安全生产培训工作会】 11月1—2日，丰台区安全监管局举办农村干部安全生产工作培训会，会期2天，聘请安全生产专家进行授课，各乡镇政府及负责安全生产工作的主管领导、科长及具体

负责人；各乡镇专业公司、较大企业主管安全生产工作的领导及具体负责人；各村委会主任、主管安全生产工作的领导及具体负责人、村辖区内企业安全生产负责人及安全管理人员共计 300 余人参加此次培训，收到良好效果。

（王莹）

【新安全生产条例培训】 7 月 22 日，丰台区安全监管局组织召开了学习贯彻新修定的《北京市安全生产条例》培训会，邀请市安全监管局副局长汪卫国做专题辅导，各街乡镇、丰台科技园区主管领导以及区安全监管局全体人员参加了此次培训会。

（王莹）

安全生产标准化

【安全生产标准化企业验收】 9 月份开始，丰台区安全生产标准化工作在企业自评的基础上，组织专家进行复评，对本年度参加企业安全生产标准化活动的企业进行验收。全年共复评 43 家企业，其中有 31 家企业获得"丰台区安全生产标准化活动优秀单位"（其中有 2 家企业是 2010 年合格，2011 年又创优秀的企业），12 家企业获得"丰台区安全生产标准化活动合格单位"。

（王莹）

【安全生产标准化活动会议】 3 月 9 日，在圣地苑宾馆召开了"丰台区工业企业安全生产标准化活动总结部署工作会"。区安全监管局、区质监局、区人力社保局、区卫生局、区环保局和区消防支队主管领导；各街乡镇及丰台科技园区主管领导及科室负责人、科技园区重点企业、部分驻区中央、市属企业，以及区有一定规模的工业企业负责人，共 200 余人参加

了会议。

（王莹）

【安全生产标准化培训】 4 月 19—20 日，丰台区安全监管局举办了"丰台区 2011 年工业企业安全生产标准化培训"，全区街乡镇、科技园区和 130 余家企业的相关负责人共 250 余人参加了培训。邀请首都经济贸易大学陈蔷、侯钢教授，重点就安全生产标准考核评分标准安全管理、防火防爆、工业电气、机械设备和作业环境等专题进行了专业实务培训，阐述相关安全理论，详细解读相关法规标准。

5 月底、7 月初、组织全区 134 家参加安全生产标准化活动的工业企业主要负责人和安全生产管理人员，在鸿基培训中心举办 2 期培训班，邀请首都经济贸易大学教授朱玉田主讲了有关法律法规及安全管理知识；北京二七轨道交通装备有限责任公司安全室贾国才主任讲解了安全文化。

（王莹）

【安全生产标准化交流】 7 月 12 日，丰台区在北京二七轨道交通装备有限责任公司组织召开"2011 年丰台区工业企业安全生产标准化活动现场交流会"，长辛店街道有关领导、各街乡镇安全生产负责人和区 132 家重点工业企业负责人共 160 余人参加了现场交流会。

（王莹）

【安全生产标准化活动优秀企业】2011 年，丰台区工业企业安全生产表昏花活动优秀企业 31 个单位：华电（北京）热电有限公司、北京京桥热电有限责任公司、北京京丰燃气发电有限责任公司、北京合欣机电有限责任公司、北京市永康药业有限公司、北京丰华实机械有限公司、北京京仪椿树整流器有限责任公司、北京二七宏业机械设备制造有限公司、北京金自天正智能控制股份有限公司、北京京丰制药

有限公司、北京港创瑞博混凝土有限公司、北京隆轩橡塑有限公司、北京二七机车厂工业公司、北京锦通京南汽车销售有限公司、北京健都药业有限公司、北京科丰热力供应中心北京动力源科技股份有限公司、隆润新技术发展有限公司、北京卢南污水运营有限责任公司、北京市六一仪器厂、北京勤顺达工贸有限责任公司、北京市红海三利混凝土有限公司、北京丰台永定消毒设备厂、北京北整长欣整流器有限公司、北京嘉金福瑞汽车销售服务有限公司、北京长铁车辆有限公司、北京聚百丰汽车销售服务有限公司、北京北方西林幕墙工程有限公司、北京隆长泰工程机械有限公司、亚新科铸造（北京）有限公司、

北京海格神舟通信科技有限公司。

（王莹）

【安全生产标准化活动合格企业】
2011年，丰台区工业企业安全生产标准化活动合格企业12个单位：北京北方华德尼奥普兰客车股份有限公司、北京二七宏丰机械有限责任公司、北京中大蓝天玻璃有限公司、北京鑫隆鑫利文具用品有限公司、北京市非凡制药厂、北京京申申泰科技发展有限公司、北京华北华铜电气有限公司、北京日升印刷有限责任公司、北京一统金属结构有限责任公司、北京世纪星辰家具制造有限公司、北京市丰台锅炉厂、北京京辉混凝土有限公司。

（王莹）

石景山区

概　述

2011年，石景山区安全生产工作坚持"安全第一、预防为主、综合治理"方针，牢固树立科学发展、安全发展理念，贯彻落实国务院和北京市关于进一步加强企业安全生产工作的通知精神，围绕"安全生产年"这条主线，以实施安全生产"六安工程"为目标，大力开展宣传教育培训工作，受众人数2万余人。深入开展第十个"安全生产月"活动，大力营造全区安全生产宣传教育氛围，努力增强全社会的安全发展意识，收到良好的社会效益。突出重点行业领域的隐患排查治理，强化企业安全生产主体责任的落实，南马场市级挂账隐患得到彻底解决，通过北京市验收。全面落实安全生产政府监管监察职责，扎实做好执法检查工作，按照北京市的部署要

求，紧密结合全区实际，重点开展打击非法违法生产经营建设行为专项行动和安全生产"护航"联合行动，取得明显成效。不断加快"科技兴安"步伐，努力夯实安全生产工作基础，安全生产信息化、标准化取得长足进展。加强安全生产应急救援体系建设，安全生产保障能力得到进一步提高。以全力压减一般事故、坚决杜绝重特大事故为目标，全年安全生产各类事故死亡指标得到有效控制，死亡人数占市安委会下达年度死亡控制指标24人的75%。全区安全生产工作保持平稳有序发展的良好态势。2011年，石景山区被市安全生产委员会评为"安全生产先进区县"。

（李江宁）

安全生产综合监督管理

【召开安全生产工作大会】　为适应全

区安全生产工作的特点，落实"主要负责人亲自抓、负总责"的要求，石景山区区委、区政府在把安全生产工作纳入全区国民经济和社会发展规划、纳入区政府折子工程并做出全面部署的基础上，3月3日，区安委会组织召开了2011年石景山区安全生产工作大会。区安委会副主任、副区长吴克瑞同志通报了2010年全区安全生产情况，对2011年工作做出了具体部署；八角街道办事处、区住建委和首钢总公司分别代表属地、行业和企业进行了发言；区安委会主任、代区长夏林茂与区安委会成员单位现场签订了安全生产责任书；市安监管局副局长汪卫国到会并讲话；最后，夏林茂结合石景山区安全生产形势和具体情况，就如何在新的历史条件下做好安全生产工作作出了指示。

（李江宁）

【安全生产控制考核指标完成情况】
2011年，市安委会下达给石景山区各类事故年度控制死亡指标24人。其中，生产安全9人，道路交通12人，火灾1人，铁路交通2人。2011年，全区发生交通、消防、生产安全事故4 014起，伤1 865人，死亡18人。与2010年同期相比，事故起数减少1 882起，下降32%；伤人数减少376人，下降16%；死亡人数增加2人，上升12%。其中：发生交通事故3 905起，伤1 862人，死亡11人。与2010年同期相比，事故起数减少1 878起，下降32.35%；伤人数减少379人，下降17%；死亡人数与2010年持平。发生火灾事故103起，伤3人，死亡0人，直接经济损失31.3万元。与2010年同期相比，火灾起数减少6起，下降5.5%。发生生产安全事故6起，死亡7人。与2010年同期相比，事故起数增加2起，死亡人数增加2人。2011年，全区未发生铁路亡人事故。全年死亡人数占市安委会下达年度死亡控制指标24人的75%。

（李江宁）

【开展"打非治违"专项行动】　大兴区发生"4·25"火灾后，石景山区区委、区政府对"打非"工作高度重视，区安委会办公室建立全区"打非"台账，下发专项行动方案，各相关部门分别建立专人专管工作机制和日报告制度。期间，鼓励群众举报非法违法生产经营建设行为，4月下旬至9月底，处理非法建设举报5起。开展宣传培训活动27场次，发放宣传材料2 500余份，悬挂横幅20余条，设置宣传板报60块，张贴宣传标语300余份，回复安全咨询问题100余条，受众2万余人。发挥行政执法合力，按照标本兼治、注重实效，立足当前、着眼长远，抓住关键、统筹推进的原则和"四个一律"的具体要求，结合人员密集场所专项执法检查以及消防平安行动、"亮剑"行动，对8个重点行业（领域）开展执法检查。落实"日巡查、周检查、月督察"要求，不断加大检查频次和惩治力度，严厉查处各类违法行为。全区在"打非"专项行动中，查处非法违法生产经营单位434家；关闭、取缔生产经营单位302家；停产（业）整顿132家；拆除违法建筑4万余平方米；罚款290.1万元；治安拘留71人。

（李江宁）

【开展安全生产"护航"联合行动】　贯彻落实《北京市安全生产委员会关于开展北京市安全生产"护航"联合行动的通知》要求，石景山区制定下发了《石景山区安全生产"护航"联合行动方案》，在前期动员部署的基础上，12月29日，区安委会办公室组织24个牵头单位和责任单位召开了"护航"联合行动第1次协调会。会上，各牵头部门分别汇报了工作开展情况。从了解情况看，各牵头部门均制订了专项行动方案和执法检查计划，落实了主管领导和工作人员，并组织开展了不同形式的联合执法检查，全区"护航"行动扎实平稳推进。会议要求各单位要在现有工作基础上，继续做好 3 个方面的工作：一是要进一步提高思想认识、精心组织、周密部署，认真履行行业监管职责，确保组织、人员、任务三落实；二是各单位要密切配合，形成合力，各专业监管部门、各街道要积极配合行业主管部门开展专项行动，要加大执法力度及时发现和消除安全隐患；三是各牵头部门要按照方案要求，完成检查的数量，及时填报相应报表，及时沟通情况，通报工作进展情况。从 12 月开始，通过细致检查，严格执法，发挥属地监管、行业监管、专业监管和综合监管职责，排查治理了一批违法违规生产经营单位。截至 2012 年 2 月 14 日，6 个牵头部门共监督检查生产经营单位 1 181 家次（指标完成率达 197%，超额完成每项检查不少于 100 家次的指标），下达执法文书 786 份，出动媒体 10 次，发现隐患 266 个，整改隐患 255 个，隐患整改率达 95.9%，其余隐患正在整改当中，专项行动取得了良好成效。为换届选举、"两节"创造了良好的安全生产环境，为全国"两会"期间的安全稳定奠定了坚实基础。

（李江宁）

【重要会议和节日联合执法检查】 2011 年，发挥综合监管效能，适时进行联合检查，形成行政执法合力。针对检查中发现的难点问题，及时协调相关部门到场解决，必要时召开联席会，商讨研究解决方案。先后联合区商务、工商、公安、交通、城管、质监、消防等部门和街道，对综合楼宇、人员密集场所、地下空间和烟花爆竹销售网点等进行安全检查，联合燃气办对燃气使用单位进行检查，联合旅游局对全区重点宾馆饭店进行安全检查，联合商务委对台湾街文化艺术节进行安全检查。

（李江宁）

危险化学品安全监管监察

【危险化学品安全监管】 2011 年，根据阶段性、季节性等特点，采取多种方式，对危化从业单位加强监管。在重大节日、全国"两会"期间及汛期之前，及时召开危化单位安全工作会议，提出工作要求，确保措施到位。对加油站等重点单位，将监管责任分解到人，加大检查频次，定期收集情况，组织应急演练，确保不发生安全事故。加强液氯、液氨使用单位安全监管。对全区 3 家使用单位进行专项执法检查，重点检查罐装储存、库房通风、压力容器、作业场所、使用流程、应急措施、值班值守、视频监控、规章制度、员工上岗培训以及防静电、防渗漏等方面，建立信息互通机制，及时掌握动态情况。加强加油站安全监管，采取现场听汇报、看资料、查设施设备等形式，对 14 家加油站进行"覆盖式"隐患排查，重点检查储油区、加油区、服务区和卸油装置、加油装置、消防设施、监控设备、配电设备、应急物资等硬件设施，以及应急预案、巡检记录、培训记录、交接班手续等，消除一批安全隐患。

（李江宁）

【危险化学品检查】 2011 年，石景山区安全监管局共检查危险化学品生产经营单位近 600 家次，下达责令限期整改指令书 230 余份，实施行政处罚 11 家，累计罚款 7.4 万元；处理危化品（包括烟花爆竹）举报 11 起，均已回复解决。

（李江宁）

【危险化学品从业单位隐患排查治理】 2011年初，石景山区安全监管局对从事危险化学品经营单位开展全面普查。准确掌握全区危化品生产、经营和使用情况，进一步完善全区涉危企业基本情况台账、非药品类易制毒化学品经营备案和监督管理。对申请危险化学品从业单位严格审查，严把市场准入条件，从源头上消除隐患。

（李江宁）

【打击危险化学品非法经营、储存行为】 8月20日，石景山区安全监管局牵头组织相关单位联合查处广宁、衙门口地区非法储存危险化学品案件，消防部门对非法储存的危险化学品进行暂扣，司法部门对主要责任人进行行政拘留。8月25日，在执法检查中发现天大建材市场未经许可经营危险化学品，责令其立即进行整改并对违法单位罚款2万元。

（李江宁）

【重大危险源安全监管检查】 5月中下旬，在对全区21家（不含票据公司）危险化学品生产、经营、储存及液氯液氨使用单位进行重大危险源备案工作部署的基础上，通过各企业报表统计，对符合重大危险源条件的大唐高井热电厂和首钢总公司冷轧镀锌薄板厂积极进行了填报备案登记，对其他不构成重大危险源条件的相关单位也进行了基础数据填报。

（李江宁）

烟花爆竹安全监管监察

【烟花爆竹网点设置】 2011年，石景山区烟花爆竹零售网点规划设置由区烟花办组织公安、安监、消防、交通、城管、街道办事处6个部门进行联合审查。2010年11月29日至12月8日，区烟花办组织公安、安监、消防、交通、城管、街道办事处6个部门和单位在公平、公正、公开的原则基础上，根据申请网点具体区域的安全要求，按照各自职责对各申请销售烟花爆竹的网点进行了实地勘察，初步审定73家符合销售烟花爆竹条件的网点，高效率地完成了烟花爆竹零售网点布设规划工作。

（李江宁）

【烟花爆竹行政许可】 石景山区安全监管局认真学习《烟花爆竹安全管理条例》和《北京市烟花爆竹经营许可实施办法》等法律法规及相关烟花爆竹安全管理知识，结合石景山区实际情况，本着合理布局、统筹安排、关口前移、严格许可的原则，严格按照行政许可程序：申请、受理、公示、审核、复核、审定、告知7个程序开展许可工作。行政许可坚持公开化、透明化，将所有许可事项、许可进程、许可情况进行全程公开，并进行了网上公示。2011年度石景山区73家烟花爆竹经营零售网点许可工作于1月18日进行完毕。石景山区共设烟花爆竹零售网点73个（全部为主渠道零售网点，零售临建房屋69个，固定销售点4个，较2010年减少23个），其中五环内零售网点24个，五环外零售网点49个。按照“统一规划，保障安全，合理布局”的原则，全区按街道划分布点情况为：鲁谷社区12个，老山街道3个，八宝山街道9个，八角街道12个，古城街道9个，金顶街街道9个，苹果园街道16个，五里坨街道3个。

（李江宁）

【烟花爆竹责任落实】 石景山区区安全监管局组织召开了“2011年春节烟花爆竹销售网点安全工作部署会”。区烟花办成员单位、各销售网点负责人及上级批发单位领导参会。会上，各相关职能部门对烟花爆竹零售网点安全管理工作进行部署并提出工作要求，下发了《石景山区 2011 年春节烟花爆竹许可、销售工作实施方案》。采取统一销售临建房屋规格与材质、实施安全生产责任保险、实施风险抵押金、五环路内零售网点实行视频监控管理等 7 项措施，确保烟花爆竹销售安全。全区 73 家烟花爆竹零售网点签订《烟花爆竹零售经营安全生产承诺书》，确保安全工作任务到岗、责任到人，层层落实安全责任制。

（李江宁）

【烟花爆竹安全检查】 元旦、春节期间，区安全监管局向全区 73 家烟花爆竹销售网点负责人发送安全短信 900 余条，发放安全宣传挂图 6 000 张。在除夕、正月初一、初五、十五 4 个销售、燃放的集中时段，采取"分组包片、高频率、全覆盖"的检查方式，联合街道对烟花爆竹销售点进行全时监管。顺义、平谷发生燃放亡人事故后，按照市、区两级工作要求，对各销售网点进行"地毯式"检查，并保持高压监管直到销售结束。成立 3 支应急分队随时待命应对突发事件。全区累计检查烟花爆竹零售网点 1 110 家次，出动检查人员 3 670 人次，确保绝对安全。

（李江宁）

安全生产隐患排查治理

【重点单位（时段）隐患排查治理】 从 2011 年初开始，石景山区安全监管局加大对首钢拆除过程中隐患排查治理力度。强化信息沟通，及时掌握拆除进度，加强安全监管。顺利完成南马场水库大坝安全隐患治理，通过市安委会验收。全国"两会"和"北京国际动漫周"期间，组织相关单位及街道，对万达铂尔曼大饭店周边 200 米范围内的生产经营单位进行摸底调查和检查，确保全国"两会"和动漫周等重大活动顺利进行。

（李江宁）

【重点行业（领域）隐患排查治理】 进一步加大交通秩序管理执法力度，重点针对严重违规行为进行专项整治。深入重点单位及违法超标单位进行重点检查；抓好专业运输单位监管工作，强化安全行车动态监控，严肃查处超员、超速、超载（限）、疲劳驾驶等行为；加大对严重超标的社会单位处理力度。在建筑施工各个环节开展工程质量、施工现场安全生产检查和专项整治，重点对起重机械设备、深基坑、高支模等危险性较大的工程及设施方面存在隐患进行排查。以治理火灾安全隐患为重点，加大重大火灾隐患整改力度，开展高层建筑、地下空间、公众聚集场所专项整治活动；对非法经营和不具备消防安全条件，威胁公共消防安全的单位、场所和其他易燃易爆场所加大整治力度，重点整治消防安全管理、消防安全设施、装修装饰、疏散通道、应急管理和消防安全培训教育等方面的问题。

（李江宁）

【相关行业领域隐患排查治理】 2011年，石景山区质监、工商、旅游、教育、文化、市政、电力等部门结合自身特点，开展相关行业（领域）安全专项整治。加大对锅炉、压力容器、游乐设施等特种设备监管力度；加强景区（景点）安全管理，进一步完善旅游安全应急预案；开展对学校、幼儿园校舍安全和学生道路交通安全以及班车安全检查和专项整治，实验二小危墙隐患得到妥善解决；加强对电力企业、电网改造和水利工程改造过程中的安全监管。

（李江宁）

【"12350"举报投诉处理】 2011 年，石景山区安全监管局全年通过"12350"投诉举报电话，受理各类群众投诉举报 52 件，举报办结率达到 100%。年初进行工作部署，统筹安排人力，保证群众举报投诉及时查处。明确专门科室负责登记、受理和反馈；其他科室负责各自职责范围内举报投诉办理，对不属于安监职责范围的，及时转交相关部门办理。对每一件投诉举报事项都认真核实，对情况属实的举报严肃查处，并及时向举报人反馈情况。

（李江宁）

【市级挂账隐患治理工程通过验收】
12 月 16 日，南马场水库市级挂账隐患治理工程顺利通过了北京市安委会的检查验收。检查验收工作组由北京市安全监管局协调处吕海光处长、程立军副处长以及市水务局工程师张晓辉、曹建武等人组成，石景山区安全监管局局长杨文明、副局长李振华、区市政市容委书记裴士信、副主任吕大凯陪同检查验收。检查验收会上，南马场水库隐患治理承担单位，区市政市容委向市隐患检查验收工作组详细汇报了水库隐患治理工程的情况。工作组成员仔细查阅了相关资料，就相关技术问题与隐患治理承担单位的进行了交流。会后，验收组到水库大坝现场进行了实地查看。市验收组的领导对水库隐患治理工程给予了充分肯定。总投资 1 600 余万元的南马场水库大坝隐患治理工程于 7 月 10 日完工，并开始蓄水。此项工程不仅为水库下游群众的生命财产安全提供了坚实保障，还将为石景山区西部的经济发展发挥重要作用。

（李江宁）

安全生产应急救援

【应急救援体系建设】 2011 年年初，结合地区实际修订生产安全事故应急救援预案和危险化学品应急救援预案，增强预案的科学性和可操作性。组织成员单位开展应急演练，区安全监管局、住建委、集经办、国资委、民防局、旅游局、消防支队等行业部门和各街道分别组织开展以消防灭火、人员疏散、伤员救治、紧急逃生等为内容的各种应急演练 397 次，提高企业员工和社会公众应对各类突发事件的意识和处置能力。强化应急机制，加强能力建设，严格落实 24 小时值班和应急小分队值守制度。建立重大节假日应急小分队，及时处置突发事件。除组织重点企业每季度进行应急演练外，还督促加油站每月进行 1 次预案演练。组织相关行业、街道、企业，利用"安全生产月"、"安康杯"等群众性活动，开展应急常识进社区、进企业、进学校、进家庭活动。依法建立安全生产应急指挥机构，做到机构、职责、编制、人员、经费五落实。加强规章制度建设，定时对应急救援队伍、救援装备、技术专家等资源情况进行普查登记，建立应急资源数据库，加快专、兼职救援队伍建设。加强应急机构队伍的配合协调，增强应急救援指挥机构的指挥协调能力。

（李江宁）

【强化应急演练】 4 月 13 日下午，石景山区在首钢动力厂二加压站，组织进行了针对处置煤气泄漏的大型应急演练。副区长吴克瑞以及区安全监管局、区消防支队的领导观摩了演练。5 月 12 日上午，区安全监管局监管科组织中石化应急救援队伍在石美泉加油站开展了综合应急演练，演练模拟了加油站汽油泄漏衍生火灾及犯罪分子抢劫的场景，通过实战检验危险化学品应急预案的实用性和可操作性，锻炼各专业应急队伍，加强各部门之间的协调联动机制。

（李江宁）

安全生产执法监察

【元旦期间安全检查】 1月1—3日，石景山区安全监管局执法人员对京燕宾馆、万达铂尔曼、家乐福超市等10家大型宾馆、商场、超市的节日期间应急值守人员安排、各类应急预案是否完善、节日期间日常检查是否到位、各类安全指示标识是否符合规定及安全出口、疏散通道是否关闭或被堵占用等情况的全面检查，及时督促企业克服侥幸心理和麻痹思想，严格履职尽责，认真落实好各项安全制度，确保节日期间安全无事故，积极营造稳定、良好、和谐的社会环境。

（李江宁）

【开展自行车世界杯赛运动员住地安全检查】 1月17日下午，区安全监管局协同区旅游局先后到老山运动员公寓、京燕饭店、石景山海航大酒店，对"2010—2011年北京国际自行车世界杯赛"运动员住地进行了安全检查，及时发现整改问题隐患2起，确保了运动员住地安全。

（李江宁）

【春节前联合检查】 1月26日上午，石景山区安全监管局联合区消防支队、八角街道，对八角街道辖区内对综合楼宇、人员密集场所、地下空间和烟花爆竹销售网点等重点行业企业的节前安全生产管理情况进行了联合检查。通过检查，及时发现部分单位存在无操作规程、存放可燃物、配电箱无警示标识等安全隐患18处，现场整改12处，责令限期整改6处，消除了一批安全隐患。

（李江宁）

【开展全国"两会"驻地联合检查】 2月14日，石景山区副区长吴克瑞组织区相关行业部门对辖区内"两会"驻地宾馆——北京万达铂尔曼大饭店委员驻地内部及周边安全施工情况、供排水情况、供热设备设施运行情况、燃气设备设施运行情况及驻地内部特种设备、设施安全运行情况等内容进行了全面检查，并对在检查中所发现的问题，整改的时限以及服务保障工作提出了具体的改进意见。

（李江宁）

【人员密集场所安全检查】 4月12—30日，按照《2011年北京市安全生产重点执法检查计划》及《2011年北京市石景山区安全生产重点执法检查计划》的安排，石景山区安全监管局会同行业部门深入开展了人员密集场所专项执法检查，检查中，出动执法检查人员808人次，出动执法车辆220车次，检查人员密集场所470家次，查处安全隐患968处，均已按要求整改完毕，实施行政处罚21起，罚款7.6万元，查处举报2起（均已及时回复），临时查封8家单位，有效净化了人员密集场所的安全生产环境。

（李江宁）

【国庆节前安全生产大检查】 9月27—29日，石景山区安全监管局牵头，联合区综治办、商务委、住建委、旅游局、城管大队、卫生局、质监局、消防支队等有关部门负责人组成检查组，兵分三路陪同代区长夏林茂、区委副书记岳德顺、副区长付生柱、吴克瑞、司马红，对石景山区部分商市场、公园、建筑工地、危化企业等70余家企事业的安全生产责任制落实、突发事件应急预案的制定、消防设施配备与使用、安全通道设置等内容进行了节前安全生产检查。

（李江宁）

【全国"两会"代表驻地及沿线安全检查】 2月9—25日，石景山区安全监管局集中力量、集中人员、集中时间，通过采取调查摸排、专项检查、联合检查等方式，对"两会"委员驻地周边及行车沿线生产经营单位进行"拉网式"检查。检查中，共检查生产经营单位 51 家次，出动检查人员 39 人次，填写《现场检查记录》40 份，下达《责令限期改正通知书》31 份，询问约谈 1 次。通过检查，及时发现和治理了一批安全隐患，为"两会"的胜利召开提供良好的安全生产环境。

（李江宁）

【全力保障世界动漫大会】　10 月 20 日，为确保"第十二届世界漫画大会暨 2011 北京国际动漫周"活动在石景山区安全顺利召开，石景山区安全监管局成立 4 个安全生产专项检查小组，对 11 个活动场地进行安全检查。检查组对铂尔曼大酒店、动漫城主场检查中发现的问题提出了整改建议，同时强调：一是所有工作人员要提高安全意识，时刻牢记：安全万事为先，责任重于泰山；二是所有临建设施要牢固、稳定，确保不发生安全生产事故；三是建立健全安全生产临建责任制；四是要做好经常性的安全教育培训工作，不断强化员工的安全意识。10 月 22 日、23 日，为全力保障第十二届世界动漫大会暨 2011 北京国际动漫周顺利召开，石景山区安全监管局由领导带队，共出动执法人员 26 人次，执法车辆 10 台次。分别对动漫大会主会场、铂尔曼酒店、电子竞技馆、游乐园 CRD 剧场和区青少年活动中心等场所进行了全面、细致的安全检查，及时发现并整改隐患 5 处，确保了动漫大会安全平稳进行。

（李江宁）

【批零市场执法检查】　石景山区开展批零市场安全生产专项执法检查行动。3 月 21 日召开部署会，成立领导小组，制订下发实施方案和执法检查计划。3 月 22 日至 4 月 7 日，组织相关行业部门和街道，对全区批零市场摸底调查，按照所属行业类别进行分类，建立台账，进一步明确行业和属地管理责任。4 月 12 日、13 日，区安委会办公室先后组织消防支队、工商分局、集经办等部门，对重点批零市场进行联合执法检查，检查批零市场 30 家，查处安全隐患 18 处，全部整改完毕。

（李江宁）

【废品回收站点专项整治】　6 月 20 日至 7 月 20 日，石景山区安全监管局以"疏堵结合、标本兼治"为工作思路，以"打造清洁石景山、品质石景山、平安石景山"为工作标准，坚持摸排到位、宣传到位、检查到位、监督到位的工作原则，开展废品回收站点安全专项整治。排查整改安全隐患 186 处，取缔无照站点 4 个，终止无证废品回收行为 21 起，处罚 4 家，罚款 5 150 元，专项整治达到预期成效。

（李江宁）

【开展建筑施工工地安全检查】　10 月 15—30 日，石景山区安全监管局针对季节特点，利用半个月的时间，加大对区内建筑施工工地的监督检查力度。检查中，共出动执法人员 63 人次，车辆 21 台次，检查施工工地 31 家次，发现安全隐患 20 余处，行政处罚 3 家。提高了建筑施工单位对安全生产工作的重视程度，督促落实了各项安全生产规章制度，为确保杜绝发生重特大生产安全事故夯实了基础。

（李江宁）

【开展特种作业管理工作专项行动】　11 月 20 日至 12 月 15 日，为深刻吸取吉林省、上海市发生的重特大火灾事故教训，贯彻落实市安委会"11·16"紧急会议精神及市安全监管局《关于开展特种作业管理情况专项执法检查的通知》要求，石景山区安全监管局在全区范围内集中开展了特种作业管理情况的专项执法检查行动。检查过程中，执法人员深入建筑企业、人员密集场所、工业企业等重点行业、领域，对企业的电工作业类、金属焊接切割作业类、高处作业类、制冷作业类等特种作业证件的管理情况。及时发现特种作业管理制度规定不健全、教育培训落实不到位等方面的问题45例，下达执法文书16份，较好地规范了企业对特种作业人员的管理。

（李江宁）

【日常执法检查】 2011年，石景山区安全监管局坚持盯着问题查，每次检查前做好充分准备，熟悉相应法律法规和标准，增强执法检查针对性，检查后及时进行统计和梳理，分析倾向性问题的原因及对策，为加强安全监管提供依据。现场督导整改，执法检查人员坚持立说立行、立查立纠，能立即整改的，现场盯着整改落实，做到解决问题不离场、消除隐患不过夜；对需要时间整改的，明确责任人和整改时限，并按时复查；对不属于监管范围的及时移交有关部门加以解决。利用执法检查过程，传达上级要求，通报事故案例，宣传违法生产经营的危害，讲解安全防护常识。2011年，区安全监管局共检查生产经营单位1 718家，查处各类隐患2 082处，已全部整改完毕。下达执法文书894份，行政处罚81家，处罚金额73.9万元。

（李江宁）

职业安全健康

【下发职业安全健康管理制度的通知】 5月31日，石景山区安全监管局为进一步规范企业职业健康安全管理工作，根据北京市安全监管局的工作要求，下发《关于进一步建立健全职业健康安全管理制度的通知》。下发至各街道办事处（鲁谷社区）、

各相关企业。

（李江宁）

【开展作业场所职业危害申报单位的复核工作】 1月初，下发了《石景山区关于开展2011年度作业场所职业危害申报单位复核工作的通知》。按照通知要求，各街道在2007年普查数据的基础上，对辖区内存在职业危害因素的企业进行了重新申报和进一步核实。经复核，石景山区现有涉及职业危害企业158家，这些企业将列为职业卫生监控重点。

（李江宁）

【制订有限空间专项治理工作方案】 3月30日，制订《石景山区有限空间专项治理工作方案》。2010年，石景山区有限空间安全监管工作在各相关行业部门和各街道（鲁谷社区）的密切配合下，取得了积极进展和一定成效。为进一步加强有限空间作业安全生产工作，消除有限空间安全隐患、有效控制有限空间急性中毒窒息事故的发生，根据市安全监管局的要求，结合石景山区工作实际，特制订《石景山区有限空间专项治理工作方案》。

（李江宁）

【有限空间专项治理工作动员部署会】 4月15日，石景山区安全监管局召开有限空间专项治理工作动员部署会。对有限空间监管工作进行了动员部署，并提出4点意见：一是周密组织，及时动员部署；二是加强联动，增强打击力度；三是加大力度，提高执法效果；四是加大宣传，提高安全意识。区发改委、区住建委、区市政市容委、区环卫中心、街道办事处（鲁谷社区）的主管领导和科长参加了会议。

（李江宁）

【开展职业卫生专项检查】 4—5月，石景山区安全监管局对辖区内的部分工业、汽修和家具、印刷企业进行检查。共检查企

业 153 家，查处事故隐患 165 处，下达文书 35 份，行政处罚 3 家，罚款金额 2 万元。此类企业普遍规模不大，多为家族式企业，部分企业管理比较混乱，法人安全意识不高，法律知识匮乏，不能对企业职工进行安全知识教育，针对这些隐患，要求企业限期进行整改，通过复查均按要求完成整改。

（李江宁）

【市安全监管局到石景山区调研】　5 月 9 日，市安全监管局副局长常纪文一行到石景山区就职业安全监管工作进行调研。区安全监管局就石景山区安全生产监管工作进行了汇报。常纪文对石景山区职业安全监管工作给予了充分肯定，并提出下一步要继续加强对企业法人及管理人员的安全宣传教育和培训。随后常纪文带队对石景山万达广场和北京巴布科克·威尔科克斯有限公司的职业卫生和有限空间管理工作进行了现场检查和调研。

（李江宁）

【有限空间作业专项整治】　5—6 月，石景山区安全监管局对重点的有限空间作业单位、宾馆饭店及部分物业企业进行执法检查，督促作业单位建全责任制和安全操作规程，配备应急救援设备，制定应急救援预案并开展演练，按照规范要求开展有限空间作业。共出动检查 136 次，出动人员 216 人次对全区 91 个单位进行了检查，下达执法文书 40 份，排除隐患 90 处。分别检查了作业单位 6 家，物业公司 85 家。全区化粪池清掏和污水处理等作业全部承包给有资质的单位进行，其中 80%的单位委托区环卫中心进行作业。

（李江宁）

安全生产宣传培训

【市政府 40 号文件学习培训】　2 月 16 日、18 日，石景山区安委会办公室和区安全生产协会分别组织全区 34 个单位主管领导和科长近 100 人以及 108 家会员单位安全生产负责人，参加学习贯彻市政府 40 号文件培训工作会议。请市安全监管局专家就市政府关于进一步加强企业安全生产工作的通知，从文件出台的背景、目的、内容及重要特点等方面，采用大量事实案例和理论分析，对其中 20 多项条款及 50 余个关键词进行认真解读。

（李江宁）

【安全生产法制宣传】　8 月 31 日，石景山区安全监管局组织街道、有关行业部门及驻区大企业在万达广场开展贯彻落实新颁布的《北京市安全生产条例》及《北京市消防条例》咨询活动，公众参与 5 000 余人。

（李江宁）

【"两个新条例"学习培训】　9 月中旬，石景山区安全监管局组织街道、行业部门、驻区企业及全区所有危化从业单位 130 余人对国务院新颁布的《危险化学品安全管理条例》和新颁布的《北京市安全生产条例》进行学习培训。

（李江宁）

【特种设备作业培训】　从年初开始，石景山区每月举办 1 期特种设备作业培训班，累计受训人数达 2 万余人。

（李江宁）

【职业卫生和有限空间培训】　2011 年，石景山区安全监管局组织参加市职业卫生培训 3 次，参加人员 45 人。区安全监管局复制了《有限空间作业作业案例警示教育片》、《有限空间作业安全知识》等光盘 1 000 张，下发到社区和企业，提高了企业学习宣传的针对性。

（李江宁）

【安全生产宣传培训活动】　2011 年，

石景山区安全监管局组队参加市安全生产知识竞赛，获得优秀组织奖。在安全歌曲"学、唱、传"活动中，八角街道自创曲目《安全社区之歌》获全市二等奖。区商务委结合季度安全形势特点，在全区举办 3 场大型消防安全培训，通过聘请专家授课，采取政策宣传、案例分析、法律法规解读等形式，对企业法人和安全负责人进行培训，受众 300 余人次。区文委组织市场安全宣传日活动，向市民散发宣传册 3 000 余份，现场展示安全生产展板 40 块，接受市民咨询 50 余人次，其他行业主管部门也结合各自实际，开展安全宣传教育培训工作。

（李江宁）

【开展"安全生产月"活动】　6 月，石景山区安全监管局部署实施第十个"安全生产月"活动各项任务。活动主题为"安全——万事为先，责任——重于泰山"，分 4 个阶段进行。5 月 30 日至 6 月 5 日为安全警示教育周，6 月 6—12 日为安全知识宣传周，6 月 13—19 日，为应急预案演练周，6 月 20—26 日，为隐患排查治理周。"安全生产月"在全区各街道办事处（鲁谷社区）、各行业、各企业同时开展，部分活动贯穿全年。5 月 30 日，区主管领导发表电视动员讲话。自 6 月起到年底，每天通过区有线电视台播放安全生产宣传片。在市安委会表彰评比中，区安全监管局、八角街道、八宝山街道被评为优秀组织奖；区安全监管局、教委、苹果园街道被评为最佳实践奖；区广电中心被评为优秀报道奖。

（李江宁）

【安全生产月咨询日活动】　6 月 12 日，石景山区安全监管局在沃尔玛前广场举办以"落实企业主体责任，服务石景山区 CRD 建设，喜迎建党 90 周年"为主题的"安全生产月"宣传咨询日活动，全区 45 个单位参加集中宣传教育活动，15 个咨询台共发放各种安全生产宣传资料、挂图、手册 2 500 余份，宣传展板 190 余块，对消防器材和紧急救护进行现场讲解和演练，社会各界近 4 000 名群众参加活动。《中国安全生产报》、《石景山报》和区有线电视台分别对进行报道。

（李江宁）

安全生产标准化

【工业企业安全生产标准化建设】　6 月 3 日上午，石景山区安全监管局召开了全区"2011 年石景山区工业企业安全生产标准化建设动员部署会"。区质监局、人力社保局、卫生局、环保局、消防支队、总工会的领导及全区共计 60 余家企业的单位负责人、安全管理人员和班组长 200 余人参加了会议。会议提出了 2011 年工业企业安全生产标准化建设总体要求和目标任务，确定 43 家工业企业为首批开展标准化工作的对象，对实施进度进行跟踪督察。督促企业通过开展企业安全生产标准化建设，认真落实隐患排查治理的措施、责任、资金、时限和预案"五到位"的要求，同时，在达标建设过程中切实做到与深入开展执法行动相结合，与安全专项整治相结合，与推进落实企业安全生产主体责任相结合，与促进提高安全生产保障能力相结合，与加强职业安全健康工作相结合，与完善安全生产应急救援体系相结合的"六个结合"要求。各企业一致表示：一定要抓住机遇，以安全生产标准化建设为抓手，改进安全管理、开展技术改造和技术创新，提升企业核心竞争力，全面提高本质安全，确保全区的安全稳定，为石景山区经济社会发展作出更大的贡献。

（李江宁）

【危险化学品企业安全生产标准化工作】 依据《北京市危险化学品企业安全生产标准化工作方案》部署要求,石景山区安全监管局多次召开会议进行工作部署,并邀请相关咨询机构人员对《北京市危险化学品企业安全生产标准化三级评审标准》、安全标准化咨询评审工作的流程和要求等重点内容进行了培训。4月中旬以来,通过抓认识、抓组织、抓培训、抓流程、抓跟进等工作落实,全区16家(加油站14家,生产单位1家,储存经营单位1家)符合标准化的危险化学品企业开展了标准化工作。按照规定的时间节点,各标准化企业在咨询公司的具体指导下,已建立并启动安全标准化体系试运行系统。截至年底,16家开展标准化企业已全部签订试运行启动决定书或发布令。

(李江宁)

安全生产科技创安

【安全生产信息化建设】 2011年,石景山区安全监管局协调相关部门,广泛发动街道、社区、企业力量,安排专人专机专管,摸底调查生产经营单位相关信息,采集各项数据,建立基础台账。7月全区最初纳入自查自报系统填报企业936家,自第三季度开始首次填报工作。9月,组织全区936家规模在20人以上的生产经营单位进行"系统"填报前培训,刻制并发放"系统"使用操作光盘1 000张,指导帮助生产经营单位对42项数据逐一核实、填报。截至10月底,隐患自查自报系统首次填报工作基本完成,上报率为46%。第四季度第2次填报时,全区纳入填报企业调整为773家,实现填报380家。上报率49%。

(李江宁)

【加装HAN系统,强化加油站本质安全】 2011年,提升加油站企业危险化学品储运设备本质安全度,石景山区安全监管局督促指导全区14家加油站进行了阻隔防爆系统(HAN)改造。截至年底,全区11家加油站已经完成了改造工程,3家加油站制订了年内改造计划,从而有效地防止了火灾爆炸事故的发生,实现经济效益和社会效益的良好结合。

(李江宁)

【应用烟花爆竹视频监控系统】 按照建设"智慧石景山"的要求,石景山区安全监管局在充分考虑春节期间烟花爆竹零售网点相关因素,及长期实施烟花爆竹零售网点视频监控问题,与区经信委进行了工作协调与内容研究,将此项工作的开展与落实全部纳入石景山区物联网建设实施统一落实与管理,实现全区烟花爆竹零售网点的视频监控联网系统。

(李江宁)

【安全社区创建试点】 根据国家和北京市关于开展安全社区建设的部署和要求,积极推进安全社区创建,经区政府同意,制定下发实施意见,成立区安全社区建设促进委员会。先期选定八角街道和八宝山街道为创建安全社区试点街道,全面扎实推进安全社区创建各项工作。

(李江宁)

门头沟区

概　述

2011 年，门头沟区安全生产工作认真贯彻落实"安全生产年"各项工作任务，积极推进"安全生产月"活动，结合门头沟区城市建设运行的实际，深入开展"打击非法违法生产经营建设行为专项行动"，采取隐患排查、专项治理等有效措施，强化安全监管监察队伍建设，全力压减各类安全生产事故，安全生产形势持续稳定好转，确保了"十二五"安全生产工作的良好开局。

2011 年以来，召开全区安全生产大会 6 次，专题工作会议 23 次，制发各类文件 87 种，发布各类安全信息 156 条，有效促进了全区安全生产工作。全年检查各类生产经营单位 1 810 家次，发现并及时消除各类安全隐患 2 240 项，下达行政执法文书 801 份，立案 83 起，罚款 90.93 万元（其中：事故罚款 53 万元，执法检查罚款 37.93 万元）。在安全生产月和宣传周期间，6 月 12 日，全区设立 22 个咨询站，设置安全宣传展板 364 块，发放宣传材料 10 万余份，悬挂横幅 420 幅，张贴标语、宣传画 7 200 余张，设宣传栏、板报 1 900 余块，并组织应急演练 32 次。利用电视、报纸、网站等媒体，刊发了"致全区群众的一封信"，组织安全生产口号征集活动，采取在主要路段、过街天桥、建筑工地、人员密集场所悬挂横幅、张贴宣传标语，发放"安全生产月"活动系列宣传资料等形式，营造安全生产氛围。广泛开展安全教育培训工作，深入贯彻落实国务院《关于进一步加强企业安全生产工作的通知》要求，以宣传贯彻新修订的《北京市安全生产条例》为契机，会同各部门、镇、街举办各类安全培训班 321 期，培训重点行业主要负责人、项目经理 998 人；从业人员 4 538 人；特种作业人员 3 259 人。督促生产经营单位开展从业人员安全培训教育，并对培训情况进行了监督检查，从而提高了企业经营者、从业人员的安全素质、安全意识、责任意识和自救互救能力。充分利用电视、报纸、网站等媒体等多种形式，介绍安全生产知识、鼓励舆论监督、弘扬安全发展理念、加强安全文化建设，强化安全生产举报机制，发动全社会参与安全生产工作。以区有线电视台"直击安全现场"栏目为主，联合京西时报等新闻媒体，围绕重点行业领域安全检查和安全生产"三项行动"开展情况，进行了 36 次宣传报道，编辑下发安全生产动态 26 期、执法检查工作周报 18 期，取得了良好的社会效应。充分利用各种媒体和形式，广泛宣传本区举报投诉电话，并做好查处工作。2011 年以来，共处理举报投诉事件 31 起（其中市级批转 9 件、区举报电话 22 件），办结率为 100%，满意率为 100%。

（梁旺瑞）

安全生产综合监督管理

【安全生产控制考核指标完成情况】 2011 年，门头沟区安全生产总体控制考核指标各类事故死亡总人数控制在 20 人以内。其中，生产安全事故死亡人数控制在 4 人以内；道路交通事故死亡人数控制在 13

人以内；火灾事故死亡人数控制在 1 人以内；铁路交通事故死亡人数控制在 2 人以内。全区共发生各类安全生产事故 122 起，伤 71 人，死亡 18 人。与 2010 年同期相比，事故起数减少 16 起，下降 12%；受伤人数增加 8 人，上升 13%；死亡人数减少 1 人，下降 5%。未突破市安委会下达的年度控制指标，安全生产形势基本稳定。

（王磊）

【召开"两会"期间安全生产保障工作部署会】 1 月 13 日，门头沟区安全监管局召开了安全生产保障工作部署工作会，专门就做好"两会"期间安全生产保障工作做了安排部署，制定了《门头沟区 2011 年"两会"安全生产保障工作方案》，成立了安全检查领导小组，要求各科室、执法队要充分认识到做好"两会"期间安全生产保障工作的重要性和特殊性，立即开展安全检查。

（王磊）

【"五一"节前安全生产工作部署】 4 月 28 日，门头沟区安全监管局组织召开全区安全生产工作会。局长刘振林分析了安全生产形势，通报了近期有关事故情况，并结合第二季度重点工作和五一期间的特点，对全区安全生产工作进行部署，要求各单位要深刻汲取事故教训，加大隐患排查力度，提高警惕，加强节日期间的应急值守，妥善安排好五一期间的安全检查工作，严防事故发生。会上区安全监管局下发了《关于加强"五一"期间安全生产工作的通知》，督促全区各单位要认真落实安全生产责任，以高度的政治责任感认真抓好安全生产工作，加强节日期间应急值守。

（王磊）

【区长与相关单位签订《防汛工作责任书》】 5 月 24 日，门头沟区召开 2011 年

安全迎汛工作动员大会。区委副书记、区长王洪钟，区委常委、常务副区长罗斌，区人大常委会副主任张乐春、副区长翟云峰、李昕出席会议。区长王洪钟与相关单位签订了《防汛工作责任书》，要求全区各部门、各镇街、各单位一定要增强风险防范意识，认真做好应对极端天气、防御流域性洪水以及应对防汛应急事件的各项准备，逐级分解任务，层层落实责任，确保防汛指令迅速落实。

（王磊）

【编制完成区"十二五"安全发展规划】 2011 年，门头沟区编制完成了"十二五"时期安全发展规划。规划坚持"安全第一，预防为主，综合治理"的方针，全面落实科学监管理念，坚持依法监管、全程监管、长效监管，做到了 5 个突出，即：突出全局性。紧紧围绕区委、区政府经济社会建设的目标，将安全生产作为统筹经济社会发展的重要内容，切实促进社会管理、社会建设。突出安全责任。进一步完善指标考核体系，把指标考核作为规划实施的有力抓手。突出标准化、规范化。以企业安全生产标准化为抓手，强化企业主体责任的落实；进一步健全预案体系，强化安全监管工作的规范化建设。突出科技支撑。切实加强科技创新、安全投入、技术装备等安全基础工作。突出重点工程。加强重点工程研究，针对重大隐患治理、监管能力建设制定"十二五"期间重点工程，争取资金和政策支持，提高事故灾难防范能力。《门头沟区"十二五"时期安全发展规划》已经 2011 年 6 月 23 日区政府第十四届 85 次常务会议审议通过，并印发执行。

（王磊）

【部署第三季度安全生产工作】 7 月 12 日，门头沟区召开第三季度安全生产工作会，区委常委、副区长付兆庚和全区各

部门、各镇、街主要领导 60 余人参加了会议。会议由区应急办主任姜春山主持，区安全监管局局长刘振林通报了上半年全区安全生产工作情况，对下半年安全生产工作进行全面部署。区拆迁办、区住建委、区旅游局、区工商分局、区质监局、永定镇结合各自安全监管职责，就下一步如何抓好本地区、本行业下半年安全生产工作分别作了发言。

（王磊）

【举办镇、街安全生产监督员上岗仪式】　8 月 29 日，门头沟区安全监管局举行了 2011 年门头沟区镇、街安全生产监督员上岗仪式。区法制办、区人力社保局、区财政局主管副职领导、全区各镇、街主管领导及新任安全员共 40 余人参加了仪式。

（王磊）

【落实全市安全生产电视电话会精神暨第四季度安全生产工作会】　9 月 2 日，门头沟区安全监管局组织全区各安委会成员单位及重点企业主管领导 70 余人，召开落实全市安全生产电视电话会精神暨第四季度安全生产工作会，区委常委、副区长付兆庚出席参加会议。会上，区安全监管局传达市委常委会议和全市安全生产电视电话会精神，通报了全区 1—8 月安全生产工作情况，组织学习新修订的《北京市安全生产条例》，对"中秋、国庆"节日及下一步工作进行了部署。付兆庚强调：各单位要认真学习、深刻领会、全面贯彻市委常委会议精神，不断增强做好安全生产工作的责任感、紧迫感和使命感，进一步完善安全生产责任体系，强化管理措施；进一步强化"打非"专项行动，不断把安全生产工作推向深入，促进安全生产形势持续稳定好转；进一步发扬敢于担当、敢于碰硬、敢于创新的"三敢"精神，有效防范和坚决遏制各类事故发生。

（王磊）

【国庆前区领导检查安全生产】　9 月 28—30 日，门头沟区区委书记韩子荣、区长王洪钟等区领导分 8 路，分别带领区安全监管局、区公安分局、区住建委、区商务委、区文委、区工商分局、区质量技术监督局等部门领导，对供电、供热、燃气、危险化学品、烟花爆竹、商（市）场、宾馆、饭店、医院、学校、敬老院、地下空间、景区、工业企业、文化娱乐场等重点行业和领域进行了节前安全检查。区领导仔细检查了各单位安全责任制、管理制度、安全教育培训、检查记录以及企业现场、应急预案、节日值班安排等安全管理工作情况。检查中，区领导要求各企业主要负责人要高度重视安全生产工作，强化企业主体责任的落实，进一步修订完善应急预案，增强预案的实效性和可操作性，在节日期间要增加值班力量，加强巡查，对查出的问题要彻底整改，及时消除各类安全隐患，确保节日安全。

（王磊）

【及时办理各类安全生产举报投诉】　2011 年，门头沟区安全监管局充分发挥举报投诉在安全生产监督、实现安全发展的重要作用，深入履行区安全监管局作为"12350"安全生产举报投诉协调统筹办理部门的职责，使群众举报事故隐患和非法违法生产建设行为的积极性不断提高。对所有举报投诉事件，区安全监管局均做到了"举报有记录、记录有批示、批示有专人办理、办理必有结果，结果必有反馈"，形成了有效的举报投诉查处体系。全年共处理举报投诉事件 31 起（其中市级批转 9 件、区举报电话 22 件），涉及人员密集场所、建设施工等领域，案件办结率和群众满意率均为 100%，取得了良好效果。

（王磊）

【开展打击非法违法生产经营建设行为】 2011 年，结合门头沟区已开展的违法、违章建筑拆除整治专项行动，按照市安委会工作部署，全面开展非法违法生产、经营活动排查和整治，强化六个机制，迅速推进"打非治违"工作。全区各部门、各镇街在工作中本着"结合实际、针对重点、统筹推进"的工作要求，严格按照"属地负责、行业协同、联合检查、综合治理"的原则，集中时间、重拳出击，深入开展专项整治行动，做到了"四个结合"：即把属地为主与行业监管结合，发现一处、整治一处、巩固一处，全面深入推进打非工作；把专项行动与完善安全生产监管体系结合，注重强化基础工作；把专项行动与深入开展"安全生产年"和"安全生产月"活动相结合，注重工作实效；把专项整治与规范管理结合，各镇街和行业监管部门通过专项行动进一步健全和规范了长效管理机制。全年出动检查人员 4 万余人次，拆除违法建筑合计约 13 万平方米；关闭取缔非法生产经营场所 268 处，停产停业整顿 20 家，罚款 172 万元；累计收缴盗采煤炭 468 吨，机器设备等 246 台；刑事拘留 1 人，行政拘留 48 人，非法违法生产经营行为得到有效遏制。

（王磊）

【市考核组对门头沟区综合考核】 市安全监管局副局长汪卫国带领第四考核组对门头沟区 2011 年度安全生产工作进行综合考核，市监察局、市住建委、市体育局以及市安全监管局法制处、研究室有关人员参加了考核。门头沟区安委会就全区 2011 年安全生产工作情况向市考核小组进行了详细汇报。市考核小组检查了门头沟区相关安全生产工作档案资料，并分组对军庄镇政府、大峪办事处安全生产情况进行了实地检查。从组织领导、重点工作和基层建设等方面对门头沟区安全生产工作情况逐项进行检查考核。考核组指出门头沟区安全生产工作在有关部门的努力下，做到了认识、政策和行动上的"三到位"；通过创新安全监管方法，确保了属地、行业、企业等各级责任的落实；确保了各项整治行动、专项执法活动取得了良好效果，有效控制了各类安全生产指标。考核组提出今后要在安全生产机构建设、人员落实和资金保障上需继续加大工作力度，确保有序开展安全生产工作。

（王磊）

危险化学品安全监管监察

【召开危险化学品标准化三级达标工作部署会】 5 月 24 日，门头沟区安全监管局组织全区 32 家危险化学品从业单位主要负责人，召开全区危险化学品安全工作会议。对开展危险化学品企业安全生产标准化工作进行了详细讲解，同时对危险化学品储存专项整治、危险化学品重大危险源备案管理工作进行了动员部署。

（王磊）

【危险化学品储存仓库安全专项整治】 门头沟区安全监管局认真落实 11 月 21 日市安全监管局视频会议精神，强化对管控化学品及易制毒化学品的安全监管，迅速行动，周密部署。立即对全区危险化学品生产、经营单位进行全面梳理、摸查。摸查中，掌握门头沟区共有危险化学品经营单位 28 家，其中：16 家加油站、9 家注册批发企业、3 家其他经营单位。原 1 家危险化学品生产单位北京市门头沟区大峪化工厂许可证到期已停止生产，准备迁至外省市，做到了底数清、情况明。通过排查，全区没有生产、经营管控化学品生产经营单位，4 家注册批发易制毒化学品企业都已在区安全监管局实行备案制度，1家正常经营并建立了销售台账，通过系统按时上报区安全监管局。

（王磊）

【燃气管道的直击安全现场工作】 5月12日，门头沟区安全监管局会同区市政市容委燃气办对大峪南路、葡东小区等燃气管道入户安装及户内宣传情况进行安全检查。检查组重点检查了安装企业从业人员是否持证、入户管网管道是否完好、对群众宣传是否到位等情况。通过检查，燃气安装企业安装一线工人能够按照相关安全规定，在安装过程中对管网管道进行漏气检测，对群众安全使用、注意事项进行认真细致的宣传讲解。在检查中，检查组要求安装单位认真落实安全生产责任制，加强对安装工人教训培训，安装过程中要做到人员到位、检查到位、宣传单位。定期做好燃气管道日常检查、维护工作，加大燃气使用宣传力度，切实提高用户燃气安全常识和安全用气意识，确保人民的生命财产和人身安全。

（白璐）

【危险化学品生产经营单位的联合检查工作】 5月18日，门头沟区安全监管局与区交通局、消防支队一并对2家危险化学品经营单位进行全面安全检查，重点检查了企业资质、各项规章管理制度、驾驶员的培训教育记录，以及消防设备等方面，经检查，各项内容都齐全，单位能够按照相关规定落实工作，驾驶员也按照要求持证上岗。检查组要求该站负责人要加强对工作人员的安全培训工作，做到合理分工，责任明确，在系统内定期进行对应急情况处理的实际演习工作，把相关资料入档，定期交流学习，确保工作安全有序。

（白璐）

【对危险化学品生产经营单位 2 区互查】 9月，门头沟区安全监管局会与景山区安全监管局共检查了2个区危险化学品生产经营单位39家，其中加油站共31家，检查共发现问题8个，已责令其当场整改。检查组主要检查了各生产经营单位的安全生产规章制度的、设备设施检维修制度和岗位安全操作规程的编制及落实情况，消防应急演练情况，站区防渗漏、防上浮、防雷、防静电措施落实情况以及安全管理人员持证上岗情况日常经营记录、实时监控运行情况、事故应急处理演练以及现场作业人员操作情况等。通过检查，各站点能够认真落实安全生产操作规程，组织员工按期培训，能够熟练应对应急演练工作。

（白璐）

【液化气生产经营单位的直击安全现场】 11月10日，门头沟区安全监管局同区电视台记者到4家液化气换瓶点进行直击安全现场。主要检查了各站点的安全生产规章制度的落实情况，日常经营管理培训记录、车辆运行监控情况以及入户宣传指导情况等。通过检查，各站点整体运行情况良好。区安全监管局督促在送气过程中做好液化气使用注意事项的宣传工作，以及关键部件的定期维护工作，确保用户用气安全。

（白璐）

【加油站点的安全检查工作】 12月9日，门头沟区安全监管局对4家加油站点进行全面检查，主要检查了站点各项安全管理规章制度、设备设施检维修制度和岗位安全操作规程的编制及落实情况，HSE管理记录以及安全管理人员持证上岗情况。通过整体检查，各个站点能够认真落实安全生产管理制度与操作规程，做到定期进行应急演练及做好日常管理记录，为门头沟区安全稳定创造了良好环境。

（白璐）

【畜禽养殖企业和户用沼气使用情况摸底排查工作】 9月，各镇对辖区内的养殖企业和户用沼气使用情况进行了摸底排查，经查，全区共有45个养殖场，从业人员276人，农村沼气用户共有1 812户，农业局和各镇政府建立了监管台账。

（刘志军）

烟花爆竹安全监管监察

【市安全监管局检查烟花爆竹批发储存仓库】 2月4日，市安全监管局执法队对门头沟区生产资料日用杂品公司烟花爆竹批发储存仓库进行了专项安全检查。检查组对各项安全生产责任制、管理制度、安全教育培训、检查记录、货物码放、图像监控、消防设施的配备及应急预案演练等情况进行了认真细致的检查。通过检查，市执法检查组对门头沟区烟花爆竹批发储存仓库工作责任明确、制度健全、记录完整、烟花爆竹码放标准、图像监控系统完备有效等安全管理工作表示满意。

（王磊）

【部署春节期间烟花爆竹安全工作】 1月6日，门头沟区安全监管局召开部署春节期间烟花爆竹安全管理及燃放秩序维护工作会，会上，区安全监管局会同区公安分局、区工商分局等部门，对全区烟花爆竹批发零售单位的66名主要负责人进行了安全教育培训。区安全监管局重点对《北京市安全生产条例》、《北京市烟花爆竹安全管理规定》、《烟花爆竹经营许可实施办法》等相关法律法规进行了系统讲解，并就做好2011年春节期间烟花爆竹销售和安全管理工作进行了周密部署；区安全监管局与各烟花爆竹批发零售单位主要负责人签订了《烟花爆竹零售经营单位安全生产承诺书》、《烟花爆竹零售经营单位安全工

作目标管理责任书》，要求各烟花爆竹从业单位要层层落实责任，强化内部管理，做到人员到位、责任到位、措施到位，合法经营、守法经营，确保安全。

（王磊）

【烟花爆竹销售网点专项安全检查】 1月26—27日，门头沟区安全监管局会同区监察局、公安分局、工商分局、交通局、城管大队等部门组成联合检查组，对妙峰山镇、城子办事处、大峪办事处24家烟花爆竹零售单位进行了安全检查。检查组对烟花爆竹销售许可证、营业执照增项、各项安全生产责任制、管理制度、进出台账、消防器材的配备、销售点标牌和安全警示标识的设置等情况逐项进行了认真细致的检查。检查中，对各烟花爆竹经营单位能够按照《烟花爆竹管理条例》、《北京市烟花爆竹安全管理规定》等要求做到了专店、专柜、专人销售，配备了灭火器材，落实了各项安全责任制，醒目位置张贴了安全警示标志等情况表示满意。检查组针对个别烟花爆竹零售单位销售场所室内放有电视、电线安装不规范等问题，当即下发了整改指令书，责令立即整改。

（王磊）

【市安全监管局对烟花爆竹网点专项检查】 2月4日，市安全监管局领导到门头沟区检查烟花爆竹零售网点的安全情况，检查组分别来到了北京顺达鸿达商贸中心、门头沟3家店生产日杂商店等网点。针对烟花爆竹经营许可证等经营资质、网点购销台账的记录情况、经营场所的环境、商品商标编码是否符合安全要求、消防设施是否齐全有效、销售人员是否佩戴工作证件等情况进行全面检查。检查组督促网点负责人要加强安全管理，保证从正规渠道购买烟花爆竹，做好对禁放区域的宣传工作，确保春节期间烟花爆竹工作

的安全稳定。

（白璐）

【烟花爆竹储存场所的联合检查】 9月21日，门头沟区安全监管局会同公安分局治安处对烟花爆竹储存场所进行安全检查，针对国庆节期间自行车赛路段经过门头沟区烟花爆竹库，检查组督促库区负责人国庆节期间要加强安全管理，安排人员做好值班工作，杜绝陌生人进入库区，为门头沟区赛事创造良好的环境。

（白璐）

矿山安全生产监管

【联合巡查已关闭非煤矿山企业】 8月11日，门头沟区安全监管局局领导带队会同区监察局、公安分局、国土分局、工商分局、环保局、供电公司及各相关镇，对7家已关闭非煤矿山清理存料情况进行了督察，并与相关企业负责人进行了约谈。经查发现，上述企业均存在石料堆积较多的状况，检查组要求各企业抓紧时间清理场存料，严禁机械上山非法盗采。

（杨岳）

【废弃矿硐封堵竣工】 8月29日，门头沟废弃矿硐封堵工程4个标段181个硐口全部竣工。

（杨岳）

【打击私挖盗采联合执法】 9月22—23日，门头沟区安全监管局矿山科参加了区政府组织的打击大台地区非法盗采的联合执法行动。抓获涉嫌私挖盗采人员28人，16人被公安机关拘留；收缴柴油机、汽油机、爬坡机等涉嫌非法盗采工具40余件，查扣涉嫌盗采车辆7台。

（杨岳）

【处理非法熏口联合执法】 9月27日，门头沟区安全监管局领导带队，参加了大台地区炸毁非法煤熏口的联合执法行动。其中，炸毁熏口12个（使用炸药12箱、雷管80发）、机械填埋4个。

（杨岳）

【废弃矿硐区级验收】 9月29日，门头沟区财政局、区审计局、区经信委、区国土分局、区安全监管局、区斋堂镇、清水镇和大台办事处等门头沟区废弃矿硐封堵工程领导小组成员单位的主管领导，按照《2010年门头沟区废弃矿硐隐患治理工作方案》（门政函[2010]79号）的安排，对181个废弃矿硐的封堵情况进行了验收。

（杨岳）

【赵家台叶腊石矿复工验收】 10月21日，门头沟区安全监管局会同区公安分局、区监察局、潭柘寺镇政府对赵家台叶腊石矿进行了复工验收，经检验，赵家台叶腊石矿符合复工标准。

（杨岳）

【做好非煤矿山关闭联合验收工作】 11月3日、4日，区安全监管局联合相关部门，对7家证照到期的进行验收检查。经查，7家企业已经全部关闭，关闭情况基本符合要求。

（杨岳）

安全生产事故隐患排查治理

【举办召开安全隐患自查自报培训工作会】 2月22日，门头沟区安全监管局组织各镇、街及有关部门50余人召开了安全隐患自查自报培训工作会。

（王磊）

【挂账督办，强化隐患整改】 2011年，门头沟区共查出市区级挂账安全隐患4项。其中：市级安全隐患3项（道路安全隐患2项、消防安全隐患1项）；区级安全隐患1项，为消防安全隐患。主管区领导每月听取整改情况汇报，及时协调解决存在的问题。区安委会办公室设专人督促隐患整改，随时掌握进展情况。截至 9 月底，共投入整改资金 270 万元，完成了所有挂账隐患的整改工作，消除了安全隐患。

（王磊）

【对拆除现场加强隐患排查】 2011 年初，门头沟区安全监管局对永定镇 S1 线房屋拆除现场加强安全监管。永定镇 S1 线 11 个拆迁村共有 13 个拆除公司负责拆除房屋。1—3 月，共检查拆除现场 60 余处，发现安全隐患立即要求拆除公司整改，对存在隐患比较严重的 2 家拆除公司进行了行政处罚，共罚款 1.9 万元。8 月底对速 8 拆除现场加强安全监管，做到每日检查一次，保证了施工安全。

（刘斌）

【建设工程隐患排查专项整治】 为吸取 2011 年 11 月 2 日门头沟棚户区改造石门营 B1-4 号楼死亡 2 人事故的教训，门头沟区安全监管局联合区住建委、区棚改中心，从 11 月 2—25 日，对全区所有在建工程进行了隐患排查专项整治。期间共检查在施工地 35 个，下发责令改正指令书 30 份，查出各类安全隐患 107 项。对查出隐患逾期未改和不符合行业安全标准的北京京西建设集团有限责任公司、北京创力建筑有限责任公司、北京京冠建筑工程有限公司等 6 家生产经营单位及负责人的违法行为依法给予行政处罚，罚款 6.2 万元。

（刘斌）

【市安全监管局检查隐患排查有限空间安全】 8 月 10 日，市安全监管局到门头沟区检查有限空间安全生产情况，检查对象包括电力、排水、通信等行业，由市安全监管局副局长常纪文带队。检查组先后检查了门头沟区污水处理厂、区再生水厂、区供电公司以及区联通公司。通过检查，市领导对各单位能够认真落实工作主体责任制，严格做到安全管理工作，基本做到了管理常态化表示满意，对存在的一些问题，提出了工作要求。检查组督促各单位要加强应急演练工作，做好人员分工，演练中不急不躁，能够正确熟练操作救援设备，保证救援工作顺利有效。

（白璐）

【有限空间问题分析会议】 8 月 15 日，门头沟区安全监管局来到区水务局针对近期市局领导对有限空间的检查发现的问题进行分析与研究，区污水处理厂和区再生水资源的负责人参加会议。会上 2 家生产经营单位对自己存在的问题整理与分析，区安全监管局针对这 2 家经营单位存在的问题提出了一些意见与要求，建议单位在应急处理过程中，按照先发出警报、组织人员、检测数据、到下井施救的操作程序，做到不慌不乱、合理分工，根据不同程度的应急情况进行合理有效的有限空间作业，把正常作业检修与应急救援工作进行区别对待，保证工作效率，顺利完成任务。

（白璐）

【畜禽养殖企业安全生产专项治理】 9 月 8 日，门头沟区安全监管局会同区农业局召开了门头沟区畜禽养殖环节和沼气工程安全生产大检查工作动员会。会上通报了 8 月 31 日，北京某养殖基地在进行沼气调节池水泵维修作业时造成 5 人中毒死亡的事故经过，分析了事故原因，发放了安全知识宣传材料，要求各镇政府和相关企业开展畜禽养殖环节和沼气工程施工安全生产大检查，认真排查安全隐患，预防类似事故的发生，下发了《门头沟区关于进一步加强畜禽养殖环节和沼气工程安全生产管理的紧急通知》，各镇政府的主管领导和养殖企业负责人 60 多人参加了会议。

（刘志军）

【召开有限空间安全生产专项治理工作部署会】 3月25日，门头沟区安全监管局召开全区有限空间安全监管工作动员部署会。局长刘振林对有限空间安全生产专项治理工作进行周密部署，要求各部门、各单位要认真落实安全生产主体责任，认真执行有限空间作业安全管理制度和规范有限空间作业承发包管理工作。区发改委、市政市容委、住建委、水务局、环卫中心、歌华有线、中国联通、京煤集团等行业主管部门负责人和各镇、街以及有限空间重点企业负责人80多人参加了会议。门头沟区安全监管局督促各部门，各单位逐级落实安全责任，深入排查和治理有限空间作业安全隐患。会上下发了《2011年门头沟区有限空间安全生产专项治理工作方案》、《门头沟区关于立即开展有限空间作业安全生产专项检查的通知》、《有限空间作业安全知识》、《有限空间作业案例警示教育片》宣传光盘290余套，《有限空间作业，安全为上》、《有限空间事故案例》等书籍520余册。

（刘志军）

【有限空间安全监管工作】 2011年，门头沟区安全监管局组织力量对各部门、各单位开展有限空间安全生产专项治理工作情况进行督察，共查有限空间生产经营使用单位438家次，发现并消除安全隐患216项，行业部门和企业共组织应急演练39次，参加演练人员达753人次。通过强化检查治理，各企业按要求整改，建立健全了有限空间安全作业规章制度，应急救援预案。加大安全投入87.6万元购置了通风、检测、自动报警、通信、井口三脚架、正压式呼吸器、船载救生衣、安全绳等救援设备和个人防护用品，共设立警示标识12 670块，门头沟区有限空间作业监护人员179人取得中华人民共和国特种作业操作证书，持证上岗监护，为一线职工安全作业提供了有力保障。

（刘志军）

安全生产应急救援

【液化气站应急演练专项检查工作】 6月14日，门头沟区安全监管局联合区市政市容委、区质监局等相关部门到区液化气站检查消防应急演习工作。此次演练工作由区液化气站孟站长指挥，由发现漏气问题到启动应急预案，工作人员都按照各自的责任分工对液化气罐泄漏问题进行全方位封堵制止，最终顺利完成应急演习工作。检查组对此次演练表示肯定，督促企业在日常工作中要时刻保证以安全第一的态度，强化企业安全生产责任制，合理分工，确保生产经营安全。

（白璐）

【观摩北京市有限空间作业"大比武"活动】 6月22日，门头沟区安全监管局组织区环卫中心、区污水处理厂、区再生水厂等有限空间重点企业安全负责人和一线职工30余人观摩了在大兴区举办的北京市首届有限空间作业"大比武"活动，通过观摩参赛队伍的应急演练，为全面提高门头沟区有限空间重点企业安全管理水平，规范安全作业行为，打造一批高技能、高素质的有限空间作业队伍，保障城市安全运行，打下了良好的基础。

（刘志军）

【开展有限空间应急救援演练】 6月28日，门头沟区安全监管局会同区环卫中心开展了有限空间作业中毒窒息应急演练。演练模拟3名环卫作业人员对化粪井进行管道疏散作业，1名作业人员进入井内作业后突然晕倒井内，环卫中心立即启动应急预案。通过演练，帮助企业查找不足，进一步完善应急预案，增强部门之间相互配合能力和作业人员自救、互救能力，提高了全员安全意识，环卫中心50余名职工参加了应急演练。

（刘志军）

【应急演练周应急演练活动】 6月14日，门头沟区应急办、区安全监管局、区质量技术监督局、区市政市容委等相关部门，在区液化气站组织开展了事故应急救援演练。区液化气站设定储罐区2号罐阀门发生泄漏引起火灾，迅速启动了应急救援预案，区有关部门接到报警立即赶赴现场实施有效救援，整个演练从预案启动、报警、抢险救援、应急处置过程有条不紊，达到了预期效果。

（王磊）

【加强应急指挥管理和保障工作】 2011年，区财政共投入1769万元，用于安全生产和应急管理保障工作。区政府不断完善应急管理体系建设，在投资300余万元建设了应急指挥平台的基础上，又投入137万元，实施了应急指挥视频系统升级工程，提高了信号传输质量，有力地提高了各镇、办事处应急通讯指挥体系和应急值守系统效能。将烟花爆竹视频监控系统纳入了应急指挥系统。本着"专业处置"的原则，督促13个专项指挥部对应急救援物资储备库进行保养更新，提高应急处理突发事件能力。

（王磊）

【完善预案及救援体系】 2011年，为把应急救援和预防工作落到实处，在已有预案的基础上，结合新情况、新问题，督促23个部门对44个专项应急预案进行了修订，进一步明确了各部门职责，强化了安全生产事故应急救援的管理体制和机制。门头沟区现有矿山、消防、森林扑火3支专业救援队伍，一支140人的综合应急救援队伍，8个志愿消防队，基本形成了政府主导、专业处置、属地管理、部门联动、社会参与的应急救援体系。

（王磊）

【督促企业开展安全生产应急预案演练】 2011年，通过检查，各类生产经营单位健全完善应急预案2342个，专项预案2658个，现场处置方案8976个。重点加强对各类生产经营单位应急预案的落实，督促企业进行应急演练。特别是加强对"小门脸"的检查，使广大经营者的安全意识和责任意识得到了提高。重点督促非煤矿山、建筑、危险化学品、烟花爆竹、人员密集场所等企业进行应急演练。全年共组织开展14次综合应急演练，提高了应对突发事件的能力。

（王磊）

【开展事故应急救援演练】 6月14日、17日，门头沟区安全监管局、区应急办、区质量技术监督局、区市政市容委等相关部门，在区液化气站组织开展了事故应急演练。演练模拟储罐区2号罐阀门发生泄漏和模拟6号罐充装泵、卸车泵发生泄漏引起火灾，事故单位迅速启动了应急救援预案，在开展自救同时，第一时间向区安全监管局、区质量技术监督局、区市政管委等部门上报，区有关部门接到报警立即赶赴现场实施有效救援。整个演练从预案启动、报警、抢险救援、应急处置过程有条不紊，达到了预期效果。通过演练，提高了企业及广大职工处置突发事件能力，为确保安全生产工作奠定了坚实基础。

（王磊）

安全生产执法监察

【"五一"节前安全生产执法检查】 节日期间，门头沟区安全监管局进一步强化综合监管，组成 3 个检查组，对棚户区改造等重点工程、批发超市等人员密集场所、京西加油站等危化企业和京浪岛迷笛音乐节等大型活动现场进行了不间断的安全检查，检查生产经营单位 26 家次，下达整改指令书 3 份，发现问题 5 处，已全部责令相关单位立即进行了整改，确保了节日期间的安全。

（王磊）

【认真做好"两会"期间安全生产执法检查工作】 自 2 月 11 日起，门头沟区安全监管局由局领导带队，分为 4 个检查组，对危化单位、人员密集场所、工业企业、施工工地等重点领域开展安全检查。重点检查了各生产经营单位安全责任制制定落实、作业人员安全培训、现场临时用电、特种作业人员持证上岗、易燃易爆危险物品专库分类储存、消防器材配备等情况。累计出动检查人员 240 人次，检查车辆 76 车次，共检查危化单位 34 家、烟花爆竹储存库 1 家、烟花爆竹销售网点 62 家、非煤矿山企业 2 家、人员密集场所 57 家、工业企业 26 家、建筑工地 10 家、S1 线、棚户区改造房屋拆除现场 40 处，下达责令改正指令书 46 份，查出各类安全隐患 103 项。通过检查，各单位对安全工作都比较重视，现场安全管理比较到位。但在检查中也发现存在一些问题，如消防通道被占用、易燃物未及时清理、灭火器前有杂物遮挡等问题，检查组针对存在的问题下发了限期整改指令书，要求生产经营单位进行隐患整改。达到了检查覆盖率 100%，隐患消除率 100%。

（刘艳峰）

【开展人员密集场所安全执法检查】 2011 年，门头沟区安全监管局对全区商（市）场、宾馆、饭店等人员密集场所进行安全检查，共检查生产经营单位 423 家次，

下发限期整改指令书 213 份，查出安全隐患 1 269 项，罚款 7.63 万元。

（刘艳峰）

【人员密集场所专项执法行动】 4 月，按照《2011 年门头沟区安全生产重点执法检查计划》的工作部署，门头沟区安全监管局会同区文委、旅游局、体育局等行业主管部门落实责任，统筹安排，结合实际，按照各自分工，在全区开展了人员密集场所专项大检查，做到"全面覆盖，不留死角"。共出动执法检查人员 205 人次，检查商场、超市、宾馆、饭店、景区、景点、歌（舞）厅、网吧、台球厅等人员密集场所 86 家次，下发整改指令书 32 份，共查出安全隐患 134 项。

（刘艳峰）

【对医疗单位执法检查】 5 月，门头沟区安全监管局配合区卫生局对行业监管的医疗单位进行全覆盖安全检查，共检查医疗单位（医院、医疗点）20 家次，对并检查中发现的问题进行系统分析。区卫生局针对问题召开系统会议，督促医疗单位积极进行隐患整改，行业监管责任得到进一步落实。

（刘艳峰）

【对建筑施工工地联合执法检查】 6—8 月，门头沟区安全监管局与区建委联合对区建筑工地进行联合检查。共检查施工工地 163 个次，下发责令改正指令书 77 份，查处各类安全隐患 352 项。通过检查，各建筑施工企业和在建工程项目都建立了各级负责人、各职能机构及其工作人员和岗位作业人员的安全生产责任制，制定了安全生产规章制度和操作规程，施工现场安全管理也比较到位。检查中发现的安全隐患主要集中在施工人员未佩戴安全防护用品、护头棚顶板及脚手板铺设不严、施工现场内杂物未及时清理等方面。对于存

在的安全隐患，大部分施工单位都能够在规定期限内整改完毕，保证了施工安全，但也有少数施工单位没有在整改期限内彻底整改。对此，根据法律法规进行了行政处罚。

（刘斌）

【抗震加固装修工程执法检查】 8月起，门头沟区安全监管局联合区教委、区住建委、区工程服务中心对区14所学校的抗震加固装修工程进行安全检查。通过细致检查，各建筑施工企业建立了各级负责人和岗位作业人员的安全生产责任制，制定了安全生产规章制度，能够做到定期安全检查，并有记录。8月25日，所有学校的抗震加固工程完工，并顺利交付使用。

（刘斌）

【农运会安全生产保障工作】 8月29日起，门头沟区安全监管局联合区住建委、质监局、公安消防支队组成安全巡查组，每日对京浪岛北京农民运动会开幕式施工现场进行安全巡查。检查中对施工人员高空作业未系安全带、未佩戴安全帽、现场安全防护不到位等隐患，责令施工单位立即整改。对舞台及临时看台搭设工作进行了全程监督检查，圆满完成了活动期间的安全生产保障任务。

（刘斌）

【地下管线的专项安全检查】 8月，门头沟区安全监管局会同区市政市容委对运行中的地下管线的使用及维护作业情况进行全面检查。检查组检查了区电力公司、歌华有线门头沟分公司、网通公司、电信公司、市政环卫中心以及自来水公司共6家，在检查过程中对各类地下管线隐患进行全面排查，以及对日常运行维护记录情况检查，发现问题，限期整改。同时，要求产权部门和单位按照谁所有、谁使用、谁负责的原则，对各类地下管道及设施制定严密的安全防范措施，定期检查运行情况，及时消除安全隐患。明确各单位在开工之前进行全面的应急预案设计，做好发生管线破坏后的应急预案，要增强管线产权单位自我保护意识，与建设单位、施工单位交底后，并留有详细记录，一旦发生事故能够及时认定事故责任，及时处理，确保管线的正常使用。

（白璐）

【对畜禽养殖企业安全生产执法检查】 10月份，在各镇街检查和企业自查整改的基础上，门头沟区安全监管局会同区农业局等有关部门开展联合大检查6次，深入排查安全隐患，督促企业落实安全主体责任，预防类似事故的发生。

（刘志军）

职业安全健康

【作业场所职业病危害申报工作】 1月20日，门头沟区安全监管局举办了职业危害申报系统管理培训班。培训班结合实例就职业危害申报管理系统的应用、网上申报工作程序、操作方法等方面对各镇、街15名申报人员进行了业务培训，对门头沟区2011年作业场所职业病危害申报工作进行了周密部署，并会同区卫生局组成技术支持组深入镇、街和企业，对申报工作进行了业务指导。2011年共完成了9家新增职业病危害企业的申报工作，申报合格率达100%。

（刘志军）

【召开职业卫生工作协调会】 2月15日，门头沟区安全监管局组织召开了职业卫生工作协调会，区卫生局、区人力社保局、区总工会等部门的主管领导参加了会议。会议总结了各部门2010年职业卫生监管情况，重点就门头沟区2011年职业卫生监管工作进行了部署。

（刘志军）

【职业卫生安全大型公开课】 4月8日，门头沟区安全监管局会同区卫生局，区人力社保局在石龙工业经济开发区开展职业卫生安全大型公开课活动。石龙开发区52家企业负责人及职工400余人参加了活动。活动中，发放宣传材料1 500余份。各部门按照各自的职责，就职业卫生法律法规、职业卫生科普知识、职业病防护知识、《职业病防治法》实施以来的成就，结合典型案例进行了讲解。通过大课堂宣传教育活动，增强了企业干部职工的职业卫生安全意识。

（刘志军）

【职业病防治法宣传活动部署】 4月20日，门头沟区安全监管局组织区卫生局、区人力社保局、区总工会、各镇、街、石龙开发区管委会、京煤集团等有关部门召开了《职业病防治法》宣传活动筹备会，对2011年在全区范围内集中开展《职业病防治法》系列宣传活动进行了细致安排和部署。

（刘志军）

【职业病防治法宣传进厂矿活动】 4月26日，门头沟区安全监管局会同区卫生局、区人力社保局、区总工会和京煤集团在木城涧煤矿开展了以"防治职业病 造福劳动者——劳动者享有基本职业卫生服务"为主题的职业安全大型宣传进厂矿活动，发放职业病防治法、职业病防治知识解答、工伤保险、职业卫生知识主题宣传画等各类宣传材料3 600余份，悬挂横幅1条，摆放宣传展板12块，解答职工咨询30余人次，木城涧煤矿1 000余名矿工参加了活动，宣传收到良好的效果。

（刘志军）

【职业健康管理员培训】 5月12日，门头沟区安全监管局组织30家职业危害重点企业的职业健康负责人参加了北京市职业健康管理员培训班。经过培训和考试，参加培训的30名学员全部取得了《北京市职业健康管理员培训合格证》，提高了职业危害重点企业安全管理水平。

（刘志军）

【职业健康状况调查】 8月23日，门头沟区安全监管局会同区卫生局召开了全区职业健康状况调查工作动员大会，各镇、街和全区非煤矿山、危险化学品、汽修、印刷、琉璃制品等行业重点企业的180余位安全负责人参加了会议。区安全监管局会同有关部门按照健康状况调查各阶段工作要求，对企业落实情况进行了专项执法检查，督促申报企业按时保质完成职业健康状况调查工作，为掌握全区职业健康总体状况，做好职业卫生职能划转打下了良好基础。

（刘志军）

【职业卫生培训工作】 2011年，门头沟区安全监管局共举办职业卫生大型公开课3次、职业卫生知识、职业健康管理员、有限空间安全生产培训班23期，培训635人，其中：镇、街、行业部门主管领导97人，生产经营单位主要负责人、安全管理人员218人、从业人员320人；有限空间监护人员179人取得特种作业证书。组织976名职工开展了有限空间安全生产知识答卷活动，督促生产经营单位开展从业人员职业安全培训教育，并对培训情况进行了监督检查。

（刘志军）

【查处职业安全健康投诉举报案件】 2011年，门头沟区安全监管局按照有报必查、有报速查的原则，对职业卫生举报案件进行认真查处，协调相关部门联合执法，做到件件有落实，事事有回音。全年共接职业安全投诉举报案件 6 件，处理 6 件，群众满意率达到 100%。

（刘志军）

【推进职业卫生对外宣传】 2011 年，门头沟区安全监管局以区有线电视台"直击安全现场"栏目为主，联合《京西时报》、北京广播电台等新闻媒体，围绕职业卫生和有限空间重点行业和领域的安全检查开展情况，进行了 8 次宣传报道，对全区职业安全工作起到了积极的推动作用，取得了良好的社会效应。

（刘志军）

【粉尘与高毒物品危害专项治理】 2011 年，门头沟区安全监管局深入开展粉尘与高毒物品企业治理工作。结合全区实际情况，制订了《门头沟区粉尘与高毒物品危害专项治理工作方案》组织有关部门和各镇、街开展了非煤矿山、琉璃制品、印刷、电子设备制造等重点行业粉尘与高毒物品危害专项治理。共查粉尘与高毒物品危害企业 153 家次，发现并消除安全隐患 216 项，督促用人单位与 187 名劳动者签订了职业病危害因素告知书，完善了劳动合同。通过检查治理，各企业按要求进行了整改，企业已全部建立职业卫生规章制度，按期完成职业危害作业现场检测工作，为职工进行职业健康体检并建立了档案，加大安全投入 62.8 万元在作业现场安装了通风除尘、应急救援、现场检测和自动报警设备，改善作业环境，为职工发放合格的个体防护器具，建立职业健康档案，治理工作取得了明显效果。

（刘志军）

【作业场所设置警示标识专项治理专题部署会】 3 月 10 日，区发改委、区市政市容委、区住建委、区水务局、环卫中心、歌华有线、中国联通、京煤集团等行业主管部门负责人和各镇、街、石龙管委

主管领导 40 多人参加了会议。会议对在全区职业危害重点企业和有限空间作业现场开展警示标识设置专项治理工作进行了周密部署。

（刘志军）

【作业场所设置警示标识专项治理督察工作】 5—12 月，区安全监管局组织力量对各行业部门和企业落实情况进行了督察。通过专项整治，加强了作业现场的安全管理，对检查中发现没有及时设置警示标识的生产经营单位，依法给予了行政处罚，2011 年全区共设立警示标识 15 680 块，有效提醒、警示现场作业人员认清危险源，避免各类事故的发生。

（刘志军）

【组织参加红十字救护培训】 9 月 15 日，区安全监管局组织全区危险化学品、非煤矿山、烟花爆竹、工业企业等 200 余人参加了红十字救护培训。区红十字会讲师就现场急救原则、创伤急救 4 项技术（止血、包扎、固定、搬运）、心肺复苏、呼吸道梗塞急救法、意外伤害应急技能等对学员进行了培训。

（王磊）

安全生产宣传培训

【配合行业主管部门做好培训工作】 门头沟区安全监管局执法三队配合区商务委、区旅游局、潭柘寺镇等行业、属地监管部门做好安全生产教育培训工作。共对商（市）场、餐饮、农家乐主要负责人、安全管理人员进行安全教育培训，共 3 期 436 人次。通过培训，进一步提高了企业负责人及安全管理人员安全意识及安全管理水平。

（刘艳峰）

【利用新闻媒体宣传安全生产】 2011

年，门头沟区安全生产工作继续在区有线电视台设置"直击安全现场"栏目，全年共举办 43 期。在《京西时报》设立安全生产"三项行动"专栏，围绕重点行业和领域的安全检查和安全生产"三项行动"开展情况，进行了 29 次宣传报道；并结合工作实际，制发安全生产监察情况 32 期，发布安全生产信息 237 条，有效推动了全区安全生产工作的开展。

（王磊）

【开展安全教育培训】 深入贯彻落实国务院《关于进一步加强企业安全生产工作的通知》要求，以宣传贯彻新修订的《北京市安全生产条例》为契机，门头沟区安全监管局会同各部门、镇、街举办各类安全培训班 321 期，培训重点行业主要负责人、项目经理 998 人；从业人员 4 538 人；特种作业人员 3 259 人。督促生产经营单位开展从业人员安全培训教育，并对培训情况进行了监督检查，从而提高了企业经营者、从业人员的安全素质、安全意识、责任意识和自救互救能力。充分利用电视、报纸、网站等媒体等多种形式，介绍安全生产知识、鼓励舆论监督、弘扬安全发展理念、加强安全文化建设，强化安全生产举报机制，发动全社会参与安全生产工作。

（王磊）

【"安全生产月"活动动员部署会】 5 月 31 日，门头沟区安委会办公室组织 57 家安委会成员单位主管领导，召开了以"落实企业主体责任，保障城市运行安全"为主题的 2011 年安全生产月活动动员部署会。会上区安委会制订下发了《2011 年门头沟区"安全生产月"活动方案》，区安全监管局局长刘振林对"安全生产月"工作进行了周密部署，明确了具体要求：一是提高认识，加强领导。各部门要高度重视，创新工作方式，把"安全生产月"活动纳

入安全生产工作整体部署，使"安全生产月"活动真正落到实处。二是各部门、各镇、办事处要在本系统、本辖区及企业明显位置悬挂"安全生产月活动主题"宣传横幅，张贴宣传标语、宣传画、制作安全宣传专栏、板报等形式，营造浓厚的安全氛围。三是结合城市环境百日整治活动和打击非法违法生产经营建设行动要求，对隐患进行深入排查，加大对安全生产隐患举报投诉的宣传力度，及时消除安全隐患。四是扎实工作，务求实效。总结好做法、好经验，坚持"以月促年"的工作思路，推动安全宣传教育工作日常化，进一步提高宣传教育的针对性，力戒形式主义，务求活动取得实效。

（王磊）

【深入开展"安全生产月"活动】 6 月 12 日，门头沟区安全监管局组织全区各部门、镇、街及生产经营单位全面深入开展"安全生产月"宣传教育活动。共设立了 22 个咨询站，利用电视、报纸、网站等媒体，刊发了"致全区群众的一封信"。组织"安全生产宣传口号征集活动"。采取在主要路段、过街天桥、建筑工地、人员密集场所悬挂横幅、张贴宣传标语，发放"安全生产月"活动系列宣传资料，散发宣传资料等形式，此次活动全区共设置安全宣传展板 364 块，发放宣传材料 10 万余份，悬挂横幅 420 幅，张贴标语、宣传画 7 200 余张，设宣传栏、板报 1 900 余块。组织应急演练 32 次，营造了浓厚的安全氛围。

（王磊）

【举办安全生产题材影片放映专场】 8 月 10 日，门头沟区安全监管局组织全区各相关部门、镇、街、社区及企业主要负责人、安全管理人员观看了安全生产题材影片《金牌班长》，共有 260 余人观看了影片。

（王磊）

【安全生产演讲团到门头沟演讲】 8月10日,门头沟区安全监管局组织开展了"安全在我身边"巡回演讲活动。全区各镇、街,各部门主管领导及重点行业、重点企业主要负责人260余人聆听了演讲。6名首都安全生产演讲团成员都来自安全生产一线,用真实的案例和自己的亲身经历将安全生产法律法规、安全文化、安全知识以及"关爱生命、关注安全"的理念传递给在场每位听众,受到在场听众的热烈欢迎。

（王磊）

【"安全生产大型公开课"活动】 8月10日,门头沟区安全监管局特邀北京市安全生产专家、高级工程师俞胜章授课,对新修订的《北京市安全生产条例》修订背景、立法精神、修订内容以及制度完善和创新等方面对进行了解读。同时,紧密结合近期全市发生的安全生产事故案例,认真分析了北京市当前安全生产形势,对安全文化建设、安全生产相关法律法规、安全生产突发事件应急管理以及政府工作部门和镇、街如何依法履行安全监管职责、企业如何落实安全生产主体责任等进行了讲解。

（王磊）

【开展"12·4"法制宣传日宣传活动】12月2日,门头沟区安全监管局领导带有关科室人员参加门头沟区举办的全国法制宣传日活动。活动期间,设置安全宣传展板4块,宣传横幅1条,发放《北京市安全生产条例》读本、卡通漫画、扑克、海报、光盘等宣传材料3 000余份,为全面落实"六五"普法规划营造了良好的社会环境。

（王磊）

安全生产标准化

【召开安全生产标准化工作会】 3月

4日,门头沟区安全监管局组织召开了2011年门头沟区安全生产标准化工作大会。市局领导、中介机构专家、区有关行业主管部门、各镇、街及所有工业企业负责人等共计120人参加了会议。会上,区安全监管局领导2010年工作进行了总结,举行了授牌仪式,对达到区级标准的9家单位进行了表彰,下发了《关于2011年继续深入开展安全生产标准化活动的通知》(门安监发[2011]5号),对2011年的安全生产标准化达标创建工作进行了周密部署;市安全监管局领导传达了最新的工作精神,并指出各单位要认清形势、抓紧行动;全员参与、重在落实;加大鼓励、深入指导,带动企业安全生产工作水平的全面提升,确保健康稳定发展。

（杨岳）

【举办标准化达标创建启动大会】 7月7日,门头沟区安全监管局在石龙工业区组织召开了安全生产标准化达标创建启动大会。石龙管委、区安全监管局、中介机构安全专家及北京东方大源非织造布公司等17家企业参加了大会。会上中介机构安全专家对安全标准化相关政策进行了解读,区安全监管局领导传达了近期市、区有关工作精神,对下一步安全标准化工作进行了部署。

（杨岳）

【市级标准化评审】 12月7日,门头沟区安全监管局会同安全标准化评审专家就东方大源非织造布有限公司的安全标准化市级达标工作进行了初审。12月13日,矿山科会同中介机构的评审专家就北京精雕科技有限公司的安全标准化市级达标工作进行了评审,评审合格。

（杨岳）

【开展安全生产标准化培训】 12月16日,门头沟区安全监管局矿山科对石龙工业区的宏华电器有限公司等多家企业单位的安全标准化达标创建活动进行了培训。

（杨岳）

安全社区创建工作

【制订方案成立组织机构】 1月28日，门头沟区安全监管局为进一步推进区安全社区建设工作，切实提高全社会安全意识和防范能力，进一步促进全区安全生产工作，增强全社会的安全生产意识，结合门头沟区实际，制定了《门头沟区关于开展安全社区建设工作的实施意见》，并于2011年1月28日将此方案印发给各镇街。成立以区委常委、副区长付兆庚为组长，区安全监管局、区教委、区民政局、区卫生局、区社会建设工作办公室、区公安分局消防支队、区公安分局交通支队等部门主管领导为成员的区安全社区建设促进委员会，负责全区安全社区建设工作。区安全社区建设促进委员会下设办公室，办公室设在区安全监管局，负责组织、指导、协调安全社区建设工作的具体实施，协调相关部门全面推进门头沟区安全社区建设工作的有效开展。办公室主任由区安全监管局局长担任。要求各相关部门成立以主管领导为组长的安全社区建设工作领导小组，按照各自的职责指导、协助安全社区创建单位开展安全社区建设工作。依据《北京市市级安全社区基本条件》，结合门头沟区实际确定大峪街道办事处为安全社区创建试点单位，并建立起"政府主导、街道统筹、部门协作、居民参与、共筑共建"的工作机制。

（林劲北）

【召开安全社区建设工作会】 3月2日，门头沟区安全监管局按照市安全监管局的统一部署，进一步推进区安全社区建设工作，组织区有关部门、各镇、街主管领导20余人，召开了门头沟区安全社区建设工作会。会上，下发了《门头沟区关于开展安全社区建设工作的实施意见》，并对开展安全社区建设工作进行了全面部署，区安全监管局副局长艾宏刚指出：各镇、办事处、各部门要充分认识开展安全社区建设工作的重要性，一是切实加强组织领导，要成立专门的安全社区建设工作领导小组，制订工作方案，明确责任目标，全面组织实施；二是各单位要按照全区统一工作部署，精心组织，对照安全社区基本条件，进一步加强基层基础工作，健全各项制度，全力推进区安全社区建设，做到认识到位、责任到位、措施到位；三是加大宣传力度，广泛宣传"安全社区"建设工作意义，做到家喻户晓，不断提高广大村、（居）民和企业全员的安全意识，调动各方积极性，共同建设安全社区，确保区安全社区建设工作有序开展。

（林劲北）

【创新社会管理，推进社会建设】 2011年，门头沟区安全监管局按照区委、区政府《关于加强和创新社会管理全面推进社会建设的实施意见》和《加强和创新社会管理全面推进社会建设主要任务分工》要求，细化安全社区创建工作方案，以科学发展观为指导，坚持以人为本，贯彻"安全第一、预防为主"的方针，紧紧围绕安区委、区政府中心工作，按照"党委领导、政府负责、社会协同、公众参与"的社会管理格局要求，以加强安全生产基层基础工作为切入点，以建立健全安全生产责任体系和物质技术保障体系为目标，加快综合监管、行业监管、属地监管机制建设，以点带面，分步骤地在全区开展安全社区建设，按照"建立健全安全生产责任体系和物质技术保障体系"的要求，从"机制建设、基础建设、自身建设"入手，重点完善"督察考核机制、区安委会工作机制、基层监管机制、宣传教育培训机制、技术保障机制"为重点，创新工作措施，切实提高安全生产工作水平。

依据《北京市市级安全社区基本条件》、《北京市市级安全社区评定管理办法（试行）》标准，结合门头沟区实际，按照先重点后一般、以点带面的原则，逐步推进安全社区创建工作，增强社区群众安全意识，使社区安全环境明显改善，建立公共安全体系。此项工作已列入《门头沟区"十二五"时期安全发展规划》和《门头沟区社会建设重点任务》。

（林劲北）

房山区

概　述

2011 年，房山区安全生产工作着力于深化基层基础、创新亮点特色和突破热点难点，强化落实各项工作措施，全区上下紧紧围绕继续深入开展"安全生产年"活动，认真开展严厉打击非法违法生产经营建设行为专项行动，坚持"规定动作做到位，自选动作创特色"的原则，按照年初安全生产工作会议确定的目标任务和措施要求，突出重点，加强监管，重点做好了一个分解、两个落实、三项行动、四项建设。通过共同努力，保持了安全生产形势稳定好转态势，事故总起数、伤亡人数连续 3 年实现同比下降，为实现房山区经济转型升级提供了良好的社会环境。国家安全监管总局、北京市安全监管局领导及市安委会督察组、市联合执法检查、市打非工作督察组先后到房山区指导检查工作，对房山区安全生产工作给予了高度评价。

在取得成绩的同时，我们也深刻认识到当前及今后一个时期房山区安全生产领域面临的机遇和挑战。总的来说，"十二五"规划的逐步实施，为房山区安全发展打下了较好的基础，区委、区政府的高度重视为安全生产提供了有力保障，产业结构的逐步调整为改善安全生产内外部环境提供了机遇，社会发展和进步也为安全生产营造了良好氛围。但还面临一些困难和挑战，一是房山区中小企业量大面广，部分中小企业"重经济效益、忽视安全生产"现象还比较明显，尤其是处于资本原始积累阶段的中小企业，为了追求经济利益的最大化，千方百计降低生产成本，安全投入不足的现象还比较普遍。二是目前许多中小企业安全条件相对较差，工伤保险方面要求和成本也相应提高。事故赔偿额度方面的新规正式实施后，事故善后和赔偿工作将成为许多企业的负担，如果处理不当，不但会加重地方政府负担，更会形成一些社会问题。三是"十二五"时期房山区经济仍将处于持续高速发展期，随着经济快速增长和增长方式多元化，工业规模逐步扩大，市政设施建设高速发展，仍然是各类事故的易发期和多发期。同时，随着城市化进程加快，交通、能源、土地等资源和环境承载能力的刚性约束日趋明显，公共安全保障的难度将不断增大。四是近年来房山区各项事故指标呈现逐年下降趋势，市安委会对房山区下达的安全生产控制考核指标也在逐年减少，带来了巨大的工作压力。

安全生产综合监督管理

【安全生产控制考核指标完成】 2011年，北京市安全生产委员会下达房山区生产安全死亡人数控制指标 8 人。全年，共发生生产安全事故 3 起，死亡 4 人，同比事故起数减少 1 起，下降 25%；死亡人数减少 1 人，下降 20%。同时，继续保持 2006年以来无重大生产安全事故的工作目标。

（任国鹏）

【召开 2011 年安全生产工作会】 3月 15 日，房山区召开 2011 年安全生产工作会，区政府副区长马继业出席会议。会上，区安全监管局局长周德运作了 2010 年房山区安全生产工作报告，总结过去一年的工作并部署了 2011 年的任务。会议对2010 年度安全生产工作先进单位及先进个人进行了表彰，对生产经营单位安全生产事故隐患自查自报系统建设工作进行了动员和部署。马继业在会上强调：一是认清形势，对安全生产工作的紧迫感务必进一步增强。二是统一思想，对安全生产工作极端重要性的认识务必进一步提高。三是严格要求，安全生产各项责任措施务必进一步落实。马继业要求各单位、各部门要增强对安全生产工作极端重要性的认识，认真安排，狠抓落实。各单位要尽职尽责，切实做好安全生产工作，努力做到不发生事故，确保不发生重大事故，一定要按照科学发展观的要求，牢固树立安全发展理念，集中精力，真抓实干，狠抓落实，努力实现房山区安全生产形势的根本好转，坚决完成保增长促发展各项任务，为实现房山区经济社会又好又快发展创造良好的安全环境。

（李杰）

【区委书记调研安全监管工作】 3月11 日，房山区区委书记刘伟带队到房山区安全监管局调研，听取全区安全生产工作情况汇报，区委常委赵军陪同座谈。2010年，房山区安全生产工作取得新进展和新成效，全面完成了"十一五"规划目标，安全生产状况持续稳定好转。几年来，区安全监管局解放思想、转变思路，公正、严格、廉洁执法，以矿山、危险化学品、建筑施工等重点行业领域和园区建设为重点，狠抓源头治理，不断加大监管力度，基础工作取得实效，确保了全区安全生产形势的持续稳定好转，事故指标可控，为区域经济建设作出了积极贡献。2009 年、2010 年，房山区政府连续 2 年获得北京市安全生产综合考核先进区县称号。刘伟对区安全监管局近年来的工作成绩给予充分肯定，认为房山区安全生产工作每年都有新进步，每年都上新台阶，连续几年保持平稳，社会安全事故进入平稳期，成绩有目共睹、来之不易。刘伟指出，安全生产工作非常重要，房山区高危行业众多，目前又处于快速发展阶段，群众对安全生产工作要求很高，但同时从事高危行业的人群安全意识薄弱，所以房山区安全生产形势依然十分严峻。刘伟强调，下一步工作重点是如何继续保持平稳，安全生产关系到人民群众的生命财产问题，也是一个地区政府执政能力的体现，监管绝不能含糊，要严而又严、细而又细，绝不退让、绝不手软；要靠制度、靠法律、靠科技、靠基层，创建完善的机制，学习好经验，科技创安，增强群众和一线工人的安全意识，在全区形成安全体系，努力防范一般事故，坚决遏制重、特大安全事故，服务"三化两区"坚实，为全区"十二五"规划的顺利实施奠定坚实的基础。

（李杰）

【国家安全监管总局副局长房山区检查安全生产工作】　1月21日上午，国家安全监管总局副局长王德学一行来到房山区，首先听取了房山区安全生产工作汇报，并向区安全监管局全体职工表示节日慰问。之后前往中油燕宾油料销售有限公司检查油库安全生产工作。王德学副局长首先查看了油料储罐、输油线路的安全防护，并对场内的应急物资储备进行了检查。王德学副局长现场观看了模拟油罐起火的应急演练，并对油库的各项安全保障措施给予了肯定。

（李杰）

【市安全监管局检查房山区危险化学品企业】　春节期间，市安全监管局局长张家明带队，检查房山区化工企业安全生产管理情况，慰问燕山石化公司应急救援队伍，并沿途检查烟花爆竹销售网点。检查组一行首先来到房山区西潞街道的一家烟花爆竹零售网点，就销售点货物储存管理，24小时应急值守情况，摊点周边安全距离和消防设备配备情况进行了检查和询问。随后检查组来到了燕山集联石化公司进行检查。张家明首先来到生产区和罐区，查看了生产设备运行情况，随后来到控制室，了解工厂视频监控系统和报警装置配备运行情况。张家明指出，危化企业一直是北京市安全监管工作的重中之重，危化企业安全管理的任务十分艰巨，责任十分重大，对这一点要有明确的认识，他要求企业要在完善应急救援人力和物力的配备，员工的安全教育培训，以及设备的及时检测更新等方面进一步加大力度。最后，检查组来到燕山石化应急救援队，对春节期间仍然坚守岗位的应急救援人员进行了慰问。

（李杰）

【学习朝阳区安监执法工作】　10月19日，房山区安全监管局执法人员在副局长王桂政、李劲松带领下，到朝阳区安全监管局学习调研。此次调研与朝阳区安全监管局共同探讨了4个问题。一是执法检查中的难点问题，如：立案处罚中出现的"哭穷"、硬顶、说情等；二是安全执法处罚力度如何加强；三是局执法模式，执法如何规范；四是局内各科室如何避免重复检查执法。朝阳局领导及执法科室分别介绍了执法检查和目前安监面临的难点工作及未来工作展望。通过这次交流学习，区安全监管局执法人员增强了安全执法工作信心；深感工作责任巨大和压力；明确了执法工作弱项和不足；开阔了视野，从中得到启发，对在执法工作中的难点问题有了好的切入点，为今后工作创造一个好的机遇和平台，积累了经验。

（刘景山）

【区长带队检查违法建设和安全生产】　继北京市相继发生朝阳区"4·11"燃气爆炸、大兴区"4·25"重大火灾事故。4月27日，房山区区长祁红带领区安全监管局、区消防、区住建委等部门检查辖区违法建设和安全生产工作。区人大副主任苗宗启一同检查。祁红首先到北京牛奶公司乳品六厂实地检查了食品安全生产工作。随后来到拱辰街道府东建材市场检查了建筑建材的消防安全工作，在吴店村察看了村民私搭乱建违法建设情况。祁红要求各部门、各单位要迅速行动起来，开展安全生产自查；各乡镇实行属地负责制，进行全面普查。消除事故隐患，防止事故发生，要把各项工作落实好，绝不能抱有任何侥幸心理。坚决刹住非法违法建设以及非法违法生产经营，对于存在重大安全隐患的生产经营活动要坚决停产整顿。区委常委、副区长李江，副区长卢国懿、吴会杰、马继业分别带队检查了老旧小区、小商品批发市场的消防安全情况、村民私搭乱建现场、文化娱乐场所、餐饮休闲场所、无照商贩的经营情况。

（李杰）

【督察房山区"打非"专项行动】 6月14—16日，市联合督察组，对房山区相关行业部门、高危行业、重点领域企业进行了集中执法督察，并就督察中发现的问题与区政府交换了意见。区政府领导高度重视市安委会督察组的意见，做出重要批示，区安委会办公室组织协调各乡镇（街道）、各有关部门严格贯彻落实市安委会督察组意见，认真组织整改落实，确保督察组提出的各项意见和建议得到落实。7月7日，区政府副区长马继业在市安办督察反馈意见会后，立即做出批示，"要求各有关部门要对照市安委会督察组指出的问题，按照《督察通知单》的要求，认真整改，要举一反三，采取有力措施，确保"打非"专项行动、安全生产工作取得实效"。为确保市督察组查处问题整改到位，区安全监管局、区建设、区旅游等部门自7月11日开始，对危险化学品生产经营、建筑企业和在施工地、社会旅馆等重点行业领域开展了联合专项检查,深入25个乡镇(街道)、162家企业和单位，对各乡镇（街道）开展打击非法违法生产经营建设行为情况、各类企业隐患排查治理开展情况、安全生产责任制建立健全情况等进行重点督察检查，促进了市安委会督察组反馈问题的深入解决。今后，将按照"7·25"全市安全生产工作紧急电视电话会议精神和市安委会督察组的要求，针对7月、8月事故高发期，采取有力措施全力预防各类生产安全事故的发生。一要继续开展打击非法违法生产经营建设行为工作；二要继续深化消防、建筑施工、非煤矿山、危险化学品和烟花爆竹等重点行业领域安全专项整治，打牢安全生产工作基础；三要进一步推广和发挥隐患自查自报系统平台作用，全面加强对重大危险源的监控与管理；四要认真组织开展"回头看"，消灭工作中的死角。

（李杰）

【开展危险化学品行业"打非"行动】 4月1—30日，区安委会组织开展了对危险化学品企业非法违法行为的专项整治工作。在本次专项整治工作中，由区安全监管局牵头，房山公安分局、房山消防支队、区质监局、房山工商分局、区环保局和各乡镇（街道）组成了5个联合检查组，重点对城关、阎村、石楼、窦店等11个乡镇进行了检查。共检查27家单位，共出动车辆10车次，人员40人次，下发责令改正指令书3份，查出安全隐患5项，责令3家企业停止建设，有效遏制了生产安全事故的发生，维护了房山区危险化学品行业安全稳定。

（李杰）

【配合相关部门开展"打非"活动】 由于受利益驱动，房山区非法开采行为局部地区比较猖獗，为维护矿山开采的正常秩序，保护人民群众的生命财产安全，按照区政府的统一部署，区安全监管局配合国土、公安等有关部门，2011年初以来对南窑乡、史家营乡、青龙湖镇等非法开采严重地区联合执法6次，出动人员20余人次。

（魏绪星）

危险化学品安全监管监察

【危险化学品行政许可】 2011年，房山区安全监管局共受理申请147家，其中甲证申请57家，审查合格57家；乙类申请90家，审查合格90家，共受理非药品类易制毒化学品备案申请 25 家。

（杨忠帅）

【危险化学品安全生产工作会】 3 月 22 日，房山区安委会组织相关单位在北京石油交易所 3 楼会议室召开了房山区危险化学品和烟花爆竹安全生产工作会，各乡镇的主管领导和安全科科长，以及危险化学品和烟花爆竹单位的主要负责人，共计 300 多人参加了会议。会上，区安全监管局主管领导对房山区危险化学品和烟花爆竹 2010 年工作进行了总结，并指出存在的不足，同时对 2011 年安全生产工作做出了部署。房山公安分局、房山消防支队、房山交通支队、区交通局、区环保局、区质监局就 121 种管控化学品、环境保护、特种设备的维护、烟花爆竹管理、危险化学品运输等内容分别做出了工作部署和要求。最后，区安全监管局局长周德运就 2011 年安全生产工作提出了具体的工作要求：一是要认识房山区安全生产形势，增强安全生产工作的紧迫感；二是严格要求，安全生产各项责任措施务必进一步落实；三是严格执法检查，加大违法违规处罚力度，加强危险化学品的安全监管工作；四是加大部门合作，保持信息沟通，通力协作，确保危化行业健康发展。

（杨忠帅）

【市安全监管局调研重大危险源开展情况】 7 月 13 日，市安全监管局和国家安科院工作人员到房山区就危险化学品重大危险源的安全监管工作进行调研。区安全监管局就重大危险源安全监管工作和备案情况进行了汇报。随后，市安全监管局有关人员对燕山石化重大危险源备案工作进行了调研，并就备案标准、难点等问题进行了研讨。同时强调一要认真贯彻落实《北京市危险化学品重大危险源安全管理办法（试行）》文件要求，继续深入开展重大危险源备案工作，按时保质保量完成重大危险源备案工作；二要加大对本辖区重大危险源的监督管理力度，督促企业严格落实安全生产主体责任；三要利用物联网技术，推动重大危险源安全管理信息化建设。

（杨忠帅）

【拆除危险化学品设备设施安全管理研讨会】 7 月 14 日，房山区安全监管局召开了由区法制办、北京市危险化学品协会、危险化学品生产、储存企业参加的拆除危险化学品设备设施安全管理研讨会。会上，北京市危险化学品协会专家将起草的拆除危险化学品设备设施安全管理意见进行了解释，区法制办对规范所适用的法律进行把关，并确定初稿。

（李林坡）

【召开制药企业安全生产工作会】 7 月 20 日，房山区安全监管局召开了辖区制药企业安全生产工作会议，19 家与制药相关的生产企业安全主管领导参加会议。会上，传达并下发了市安全监管局《关于开展制药企业安全生产情况调查研究有关工作的通知》和《房山区制药企业安全检查内容明细表》。

（胡彦涛）

【召开塑料加工企业安全管理工作会】 根据市安全监管局《关于加强塑料加工企业安全管理工作的通知》（京安监发[2011]69号）要求，7 月 21 日，区安全监管局组织召开了辖区塑料加工企业第 1 次安全生产工作会，有关乡镇及塑料加工企业主要负责人共计 50 人参加会议。会议要求：企业要立即组织召开 1 次内部会议，对全体职工通报事故情况，并组织职工进行安全教育培训；开展 1 次应急演练，通过演练提升从业人员的应急救援水平；立即组织 1 次自查行动，认真排查安全隐患，发现隐患及时消除，防范此类事故的发生。通过此次会议，明确塑料加工企业安全监管职责，规范塑料加工企业安全管理体系，提高从业人员安全生产意识，全面提高塑料加工行业的安全生产管理水平。

（王晓薇）

【夏季加油站专项检查】 2011 年夏季，房山区安全监管局制定《关于做好危险化学品及烟花爆竹夏季期间生产安全监管工作的通知》以及《2011 房山区加油站夏季安全生产重点检查事项表》，对全区加油站夏季安全生产工作进行专项执法检查。7 月 26 日，由主管副局长带队，对北京房山昌盛宏海加油站、中油北京销售有限公司第 3 加油站、北京市鑫燕东加油站进行了执法检查。通过查阅相关资料、现场安全检查、询问工作人员等方式，对企业安全生产工作，特别是夏季高温、雷电等恶劣天气的各项防范措施进行了全面了解检查，区安全监管局提出了具体要求：一是要认真贯彻落实市、区 2 级政府及安监部门各项规定，做好汛期、高温高湿天气的安全生产工作；二是要加强人员培训，特别是极端天气灾害下的自救互救知识培训。要做好应急演练工作；三是要做好应急值守工作，及时上报重大隐患，把事故消灭在萌芽期。

（李杰）

【市安全监管局调研危险化学品安全生产工作】 7 月 28 日，市安全监管局到房山区对危险化学品生产企业安全生产许可证延期换证、危险化学品夏季高温安全生产工作、危险化学品安全生产标准化工作进行督导。调研组首先听取了房山区部分规划手续不齐全危化生产企业延期换证意见和有关工作汇报，对房山区制定预防拆除危险化学品设备设施的规定给予高度评价；要规划危险化学品园区建设，

引导危化生产企业进入园区。最后，针对夏季高温、雷雨、降雨等恶劣天气，要求切实做好极端天气的危险化学品安全生产工作。

（王晓薇）

【召开危险化学品安全工作会】 9 月 20 日，房山区安全监管局召开全区危险化学品安全生产工作会，危险化学品生产、经营（储存）、油库共计 60 家单位的主要负责人参加了会议。会上，就 9 月 14 日市安全监管局检查组对房山区危险化学品重点企业检查情况和 9 月 13—16 日与丰台区安全监管局交换检查的情况进行了通报。最后，针对检查中发现的问题，区安全监管局局长周德运指示：企业主要负责人必须高度重视安全生产工作，安全生产工作关系着企业的生存和发展；各企业严格按照法律法规认真开展 1 次全面的隐患排查活动，消除安全隐患，保障生产安全；要增加事故应急演练的次数，通过演练提升从业人员的应急救援水平，提高突发事件处置能力，保障人民生命财产安全。

（马振）

【对危险化学品生产经营单位专项检查】 9 月 14 日，市安全监管局局长张家明带队对房山区危险化学品生产经营单位进行了专项检查。市安全监管局执法队、危化处、宣教中心、房山区安全监管局及《新京报》、《京华时报》、北京城市服务管理广播等新闻媒体参加了检查活动。在检查中发现北京润福通商贸中心储油区存在配电室未设置应急照明设备、消防中控室违规设置床铺、值班人员未经培训上岗、值班记录不健全等问题，针对以上问题，执法人员拟对该单位实施行政处罚。张家明要求该企业必须重视安全生产工作，正视安全管理中存在的漏洞和问题，严格按照有关法律规定落实整改要求，消除安全

隐患，保障生产安全。

（李杰）

【危险化学品"两节"期间安全工作会】
10月27日，房山区安全监管局召开了辖区危险化学品2011年第四季度及"两节"期间生产安全工作会，各乡镇（街道）安全生产主管负责人，危险化学品生产、经营、储存单位和烟花爆竹批发、零售企业的主要责任人，共计500余人参加了会议。会上，主管副局长首先对北京市近期发生的生产安全事故进行了通报，并部署了第四季度要着重抓好冬季隐患排查整治、2012年烟花爆竹的安全监管、重大危险源单位备案、新修订的《危险化学品管理条例》的贯彻，上报隐患自查自报系统等工作。最后，针对房山区的安全生产状况，提出了4点工作要求：一是各乡镇（街道）、各企业要认真贯彻落实新修订的《危险化学品管理条例》，组织从业人员认真学习；二是针对冬天降雪、降温、大风、冰雹气候的特点，要做好冬季的隐患自查自排整治工作，做好应急值守工作，确保危险化学品行业的安全生产稳定；三是针对冬季恶劣天气的发生，各企业要做1次有针对性的安全教育培训、事故应急演练工作，提高操作人员在恶劣天气下的操作水平和能力，提高应对由于恶劣天气引发事故的处理能力；四是做好2012年烟花爆竹安全监管工作，烟花爆竹批发企业要采购和配送北京市允许销售、燃放的烟花爆竹，继续严格执行烟花爆竹流向登记管理，确保春节期间的安全生产稳定。

（马振）

【液氨泄漏爆炸事故通报会】　11月25日，房山区安全监管局组织召开了"10·10"液氨泄漏爆炸事故通报会。液氨使用单位和危险化学品生产单位的主要负责人，共计30人参加了会议。会上，首先听取液氨使用单位关于液氨管理工作的汇报，并下发了《〈关于转发北京市安全生产监督管理局关于北京千喜鹤食品有限公司"10·10"液氨爆竹事故通报〉的通知》和《关于做好冬季恶劣天气下危险化学品安全生产工作的紧急通知》2个文件。最后根据企业汇报情况和"10·10"液氨泄漏爆炸事故，主管副局长提出了4点工作要求：一是会后各企业要认真组织从业人员学习两个文件和本次会议的精神及工作要求，并认真贯彻落实；二是各企业要加强日常安全管理，重点设备维护和员工教育培训工作；三是各企业要立即开展1次全面的安全隐患排查治理工作，认真进行自检自查，切实消除安全隐患；四是冬天降雪、降温、大风、冰雹天气已经到来，各企业要加强本单位安全生产管理工作，确保危险化学品行业的安全生产稳定。

（杨忠帅）

【年度危险化学品监管监察】　2011年，按照执法检查工作计划，有序地开展各项检查任务，严格依法检查，深入查找隐患。共检查危险化学品含烟花爆竹生产经营单位667家，共检查（复查）单位731家次，查处违法违规行为和生产安全隐患378项，下达《责令改正指令书》148份，已整改完348项，整改率92%。并对北京人杰广发化工有限公司等20家企业进行了行政处罚，共计28.1万元。

（杨忠帅）

烟花爆竹安全监管监察

【烟花爆竹行政许可】　房山区安全监管局对烟花爆竹零售经营许可工作，在总结烟花爆竹安全监管经验的基础上，采取了早准备、早布点、早检查、早完成的工作思路。以主渠道零售网点为主，非主渠道零售网点为辅进行布点设置工作。严格按照选址规划、规划审查、办理证照、销售许可四个程序进行。共审批烟花爆竹经营（零售）许可证 182 个，其中主渠道零售网点 178 个，个人经营零售网点 4 个；临时烟花爆竹零售网点 155 个，长期烟花爆竹零售网点 27 个。

（杨忠帅）

【烟花爆竹安全工作部署会】 1 月 12 日，房山区安全监管局组织召开了房山区 2011 年烟花爆竹安全工作部署会，区公安分局、区工商分局、区城管大队、区消防支队、区交通支队、区市政市容委，25 个乡镇（街道）的主管负责人以及 210 家烟花爆竹零售单位的负责人参加了会议。会上，对 2011 年春节期间的烟花爆竹安全保障工作进行了部署，并对烟花爆竹前期安全监管工作进行了通报。区公安分局、区工商分局、区城管大队、区消防支队、区交通支队、区市政市容委等部门按照各自职责对烟花爆竹安全工作提出要求。最后区安全监管局主管领导就 2011 年房山区烟花爆竹安全工作对相关部门、乡镇、烟花爆竹批发企业和零售单位提出了要求：一是相关部门要积极配合部门联动，采取多种措施齐行，确保安全稳定；二是乡镇（街道）要认真落实属地监管责任，做好属地监管工作；三是烟花爆竹批发企业要采购和配送北京市允许销售、燃放的烟花爆竹，做好配送工作，继续严格执行烟花爆竹流向登记管理；四是烟花爆竹零售单位要诚实守信、守法经营，销售北京市允许的烟花爆竹，零售场所要配备专职安全员负责零售场所的看护和网点周边的巡查，确保零售场所和周边环境的安全。

（马振）

【分组划片开展全覆盖检查】 2011 年春节期间，房山区采取分组划片的方式，分成 4 个检查组对全区范围内的烟花爆竹批发、销售企业进行全覆盖监督检查，检查率达到 300%。每周对 3 家批发企业展开 1 次安全检查。春节期间，区安全监管局共出动执法人员 295 人次，车辆 61 台次，共检查零售网点和批发单位 557 家次，发现隐患 35 条，下达执法文书 15 份，整改率 100%。

（李林坡）

【春节期间不间断检查】 2011 年春节期间，房山区安全监管局采取白天正常检查，夜间突击检查的方式对房山区烟花爆竹批发仓库和零售网点进行了检查，同时，与区烟花办、房山工商分局等单位进行联合检查。特别是市政府"2·3"紧急会议后，区安全监管局立即落实会议精神，会同区应急办、区烟花办和有关乡镇，从 3 日晚至 4 日凌晨 5 时，对北京市熊猫烟花、北京市豆豆烟花设在房山的烟花爆竹仓库进行了突击检查；4—8 日，对 197 个烟花爆竹零售网点开展"拉网式"检查。春节期间，房山区未发生烟花爆竹引起的各类事故，实现了烟花爆竹"禁"改"限"连续 6 年"零"事故的工作目标。

（李杰）

【市安全监管局检查烟花爆竹批发企业】 1 月 27—28 日，市安全监管局执法队对房山区烟花爆竹储存批发企业进行安全检查，区安全监管局执法队、危化科工作人员陪同检查。检查组先后对北京市汇源北路工贸有限责任公司、北京市熊猫烟花爆竹有限公司、北京市逗逗烟花爆竹有限公司 3 家批发企业进行了检查。在检查中，对 3 家单位存在的安全生产隐患下达了责令改正指令书。

（张建）

【市安全监管局检查烟花爆竹零售单位】 2 月 11 日，市安全监管局执法队对房山区烟花爆竹零售单位进行安全检查，区安全监管局执法队和危化科工作人员陪同检查。此次共检查 5 家烟花爆竹零售单位，针对检查中发现的部分零售单位存在未在指定区域销售、储存区与销售区无隔离措施、零售点销售过期产品等问题，下达了 3 份责令改正指令书和一份强制措施决定书，要求这些单位立即整改。在检查北京盖尔烟花爆竹经销有限公司时，发现该销售点存在库房内有床住宿，使用电器、线路不符合要求等问题，市安全监管局责成区安全监管局下达强制措施决定书，要求暂时停产停业整顿。当天下午，区安全监管局对 4 家存在问题的销售点进行复查，经复查，均已整改完毕。

（杨志伟）

【查处 1 处采购和销售非法烟花爆竹零售网点】　根据市安全监管局要求，房山区安全监管局加大了对辖区内烟花爆竹零售店巡查执法力度，以检查是否存在采购和销售超标和非法烟花爆竹为重点，进行专项的执法检查。2 月 12 日，在检查长阳镇 1 家烟花爆竹销售网点时，发现其零售网点采购和销售非法烟花爆竹，执法人员当即查扣了非法烟花爆竹 40 余件，并下达了强制措施决定书，责令其暂时停产停业整顿，并依据《烟花爆竹安全管理条例》，吊销其烟花爆竹经营许可证。

（马志建）

矿山安全监管监察

【非煤矿山行政许可】　按照北京市政府有关文件要求，非煤矿山企业到期不再延续。2011 年，房山区固体非煤矿山整合后共有 10 家（其中型材企业 1 家、红砂岩企业 1 家、石灰岩企业 4 家、页岩企业 4 家；截至 2011 年底，取得采矿许可证企业

4 家）、砖厂 20 家、地热 11 家、矿泉水 3 家。根据安全生产许可有关文件规定，区安全监管局对取得采矿许可证的 4 家企业中的 3 家整合企业，受理了"三同时"申请，并按时限组织矿山安全专家对企业矿山开采初步设计和安全专篇情况进行了评审，对 1 家延续企业矿山开采设计和安全专篇情况进行了指导。现 4 家矿山企业正在按照开采设计要求积极整改中。

（王培铭）

【对 20 家砖厂企业进行复工验收】　3 月 24 日开始，房山区安全监管局严格按照《中华人民共和国安全生产法》等有关法律、法规和行业规范及《关于做好砖厂企业节后复工工作的通知》（房安监[2011]5 号）文件要求，对房山区 20 家砖厂企业进行复工验收。此次验收工作严格按照《安全生产事故隐患排查治理暂行规定》（国家安全监管总局第 16 号令）要求，对企业进行全面排查并对排查出的隐患进行彻底治理，并按照复工标准和要求进行逐项整治，加强了企业对所属从业人员的安全生产教育培训工作，凡在此次复工验收中存在的安全隐患未合格的企业不得恢复生产。

（宿晓彤）

【开展非煤矿山企业专项执法行动】　5 月，房山区非煤矿山专项执法行动领导小组对非煤矿山企业重组整合及安全生产情况进行联合执法检查，对整合保留的 13 家非煤矿山企业领取采矿许可证后，监督指导企业按照市安全监管局规定的标准进行整改使其达到了认领安全生产许可证的标准，推动了质量标准化建设。

（魏绪星）

【做好领取安全生产许可证前期工作】　11 月，房山区非煤矿山企业陆续取得采矿许可证，针对这一情况，区安全监管局及时受理企业申请，协助企业做好申领安全

生产许可证前期安全生产"三同时"的有关工作。聘请有资质的安全评价机构和设计单位对申领安全生产许可证的企业进行评价和设计，并积极协助企业整改。

（魏绪星）

【配合相关部门做好淘汰落后产能工作】　为实现建设世界城市、打造首都高端制造业新区和现代生态休闲新城的目标。按照房山区总体要求，统一安排部署，认真做好落后产能的关闭退出、打非取缔和规范整合工作。区安全监管局协同区查违办研究制订《打非取缔工作方案》。按照实施方案组织各乡镇（街道）认真落实，并对工作成果进行监督检查，防止反弹。

（魏绪星）

【年度非煤矿山监管监察情况】　2011年，共检查非煤矿山企业 240 家次，下达执法文书 130 份，其中责令改正指令书 66份、现场检查记录 67 份、复查指令书 60份，查出各类隐患 238 条，行政立案 9 起，罚款 5.1 万元。

（王培铭）

安全生产隐患排查治理

【市级挂账隐患收尾工作】　2010 年，房山区共上报 16 处市级挂账隐患，涉及 6个山区乡镇，由于特殊原因 2010 年年底该项目手续没有完备，2011 年房山区安全监管局协调市有关部门组织了 3 次招投标会，成功地完成了项目的设计、施工及监理的招投标工作，使项目资金顺利到位。

（魏绪星）

【做好市级挂账隐患上报工作】　按照市安委会《关于印发市级挂账生产安全隐患治理实施办法（试行）的通知》（京安发〔2010〕5 号）的要求，3 月中旬召开了隐患治理专题会，下发了有关通知和文件，对

2011 年市级挂账隐患治理工作提出了具体要求。3 月下旬，房山区安全监管局对乡镇上报的 20 余处隐患逐一排查、筛选，最后确定 15 处市级挂账隐患，涉及 7 个乡镇 14个行政自然村，并将隐患的基本情况上报市安委会办公室。按照要求，5 月中旬聘请了有资质的安全评价机构对房山区上报的15 处隐患逐一进行了安全勘察，对每处的勘察情况都写出了详细的评价报告及其结论，形成文字资料上报市安办，房山区上报的 15 处市级挂账隐患已得到市安办的批准。

（魏绪星）

【召开乡镇企业调查摸底动员会】　2011 年，为推进生产经营单位安全生产事故隐患自查自报工作，扎实有效地制订安全生产事故隐患自查自报工作实施方案，明确全区企业的现状，房山区安全监管局与工商分局协调，制作了企业明细表下发到各乡镇（街道），并结合房山区实际情况重新对"生产经营单位事故隐患自查标准分类明细表"进行修改。2 月 16 日，召开了全区乡镇企业调查摸底动员会，将 2.5万份"生产经营单位基础信息采集表"下发到各个乡镇（街道）。

（郝维）

安全生产应急救援

【模拟事故救援演练】　9 月 22 日上午10 时，房山区安委会在石楼镇燕房公司储油罐区组织了房山区 2011 年度危险化学品事故救援模拟演练，区相关部门、各乡镇、危化重点企业主要负责人共 200 人观摩了演练。演练假想燕房公司储油罐区内的 5号储罐由于雷击发生汽油泄漏，引起火灾。燕房公司立即启动本单位事故应急预案实施救援，上报石楼镇政府启动区域联防机

制，开展联动机制救援，中石油房山输油站消防队、中石油北京分公司石楼油库立即赶赴现场实施救援，并上报区安全监管局、房山消防支队等部门。房山消防支队、石楼卫生院立即派出消防车、救护车进行事故救援和救护。此次演练历时30分钟，从火警发生到石楼镇启动联防机制，中石油消防队、本区消防支队出警，卫生、环保等部门到达火灾现场开展救援用时不到5分钟，充分体现了房山区生产安全事故应急救援特别是危险化学品事故救援具有良好的统一协调和应变处置能力。演练结束后，区安全监管局局长周德运强调：要把此次演练成果认真总结，特别是石楼镇各危化企业联动机制，燕房公司应急处置机制等好的做法，在全区危化企业进行推广。同时，要求各乡镇切实做好辖区内各生产企业的安全生产事故应急演练工作，演练不能走过场，要贴近实战，要及时总结与改进，确保事故应急救援快速、准确、安全、高效。

（李杰）

安全生产执法监察

【春节前安全生产大检查】　1月27日，房山区安全监管局执法队由主管副局长带队，对危险化学品企业、人员密集场所和机加工企业进行了安全生产大检查。共检查危化企业35家、人员密集场所18处，机加工企业9家。检查出各类安全隐患176项。检查工作中，要求企业加大检查力度，排除安全隐患，保障人员安全，避免发生安全生产事故。通过检查，强化了企业主要负责人的安全意识，进一步落实了企业的主体责任，提升了企业安全生产管理水平，为春节时期的安全生产工作奠定了良好的基础。

（李杰）

【树立"三个意识"，确保"两会"期间安全稳定】　根据市安全监管局《2011年全国"两会"安全生产保障工作方案》，房山区安全监管局成立了以局长为组长的保障工作领导小组，认真研究制定并下发了《2011年全国"两会"安全生产保障工作方案》。区安全监管局按照市、区政府的指示，认真履行安全生产监管监察职责，切实树立政治意识、大局意识和责任意识的"三个意识"，充分发挥综合监管的牵头作用，联合行业主管部门，通过深入开展安全生产检查，消除事故隐患，督促生产经营单位主体责任的落实，以强有力的政府监管，为全国"两会"顺利召开创造良好的安全生产环境。

（李杰）

【派驻重点乡镇集中执法工作正式启动】　3月29日，房山区安全监管局派驻重点乡镇集中执法工作正式启动。各乡镇（街道）主管领导及检查人员参加了在区安全监管局2楼会议室召开的动员会。会上指出，各有关部门、各乡镇要高度重视这次集中执法检查工作。会议明确了工作任务，提出了工作要求。通过这次派驻执法检查，落实企业主体责任，集中解决安全生产隐患。集中执法工作计划上下半年各1次，为期1个月，共分为10个检查组，派驻13个重点乡镇，派驻人员与乡镇执法人员同检查、同执法、同负责，检查重点为派驻区域内重点企业、工程项目等。对检查中存在的问题，要及时整改，并协调各乡镇有关部门，帮助企业及时消除重大隐患，确保安全生产。会议结束后，全部派驻执法人员已到各乡镇报到，并立即开展工作。

（李杰）

【召开派驻执法工作经验交流会】　4月11日，房山区安全监管局召开派驻执法工作经验交流会，10个派驻执法组组长、执法科室科长参加了会议。为实现区安全监管局综合监管责任与乡镇政府属地监管责任的有机统一，区安全监管局自 3 月 28 日开始，按照"执法下沉、关口前移"的原则组织 10 个执法组，派驻 13 个重点乡镇开展集中执法检查。会上，10 个派驻组组长重点汇报了自派驻执法以来，与属地政府的协调、沟通情况，制订执法检查计划、开展执法检查等工作开展情况；执法科室科长提出了将本科室负责业务工作分解到派驻执法组、统一执法检查标准、4 月份开展的专项整治等工作任务中。在不到 2 个周时间内，10 个派驻执法组积极与属地政府配合，加大执法检查覆盖面，收到了明显的成效，共检查单位 182 家，196 家次，下达责令整改指令书 144 份、强制措施决定书 4 份，立案 12 起，已经收缴罚款 3.5 万元。主管副局长就下一阶段的派驻执法工作提出明确要求：一是继续加强与属地政府的协同检查工作，帮助属地政府解决一批重点难点问题，发挥综合监管的作用；二是业务科室要梳理执法检查标准，执法队、法规科审核、汇总后，下发给执法组；三是继续加大执法检查的力度，确保完成派驻执法工作任务；四是注重执法检查文书质量和立案处罚案件质量。

（李劲松）

【开展社会旅馆行业专项检查】 7 月中旬，房山区安全监管局对辖区内社会旅馆行业开展了为期 2 周的专项检查。本次共检查社会旅馆 40 家，出动人次 80 人次、车辆 30 台次，下达限期整改指令书 27 份，现场检查记录 40 份，查出各类安全隐患 180 余条。执法人员对重点单位、重点部位存在的安全隐患，及时下达整改指令书，同时加强跟踪监管，直至隐患消除。对安全违法行为严重的单位进行立案调查。

（马志建）

【开展安全生产交换执法大检查】 为认真贯彻落实《国务院安委会办公室关于全面排查整治危险化学品和烟花爆竹企业安全隐患的通知》精神，按照市安委会《2011 年北京市安全生产重点执法检查计划》的统一要求，房山区安全监管局于 9 月 5—9 日与丰台区安全监管局开展了安全生产交换执法大检查，在 5 天的交换检查中对丰台区的加油站、三级以下储存油库及乙证带储存的单位进行检查，房山区安全监管局出动检查人员 6 人，车辆 2 台，共计检查生产经营单位 50 家，其中加油站 42 家，乙证带储存单位 8 家，发现安全隐患 8 条，已责成丰台区安全监管局下达责令改正指令书 5 份，通过交换检查，大家相互学习，总结经验，借鉴交流，取长补短，达到了预期的目的。

（马振）

【开展节前综合检查】 为保障国庆节期间安全生产稳定，9 月 22 日起，房山区安全监管局与区消防支队、韩村河镇综治办、信访室、区城管驻镇支队、长沟工商所等部门对韩村河镇内 30 余家企业开展安全生产综合执法检查。区安全监管局在检查中根据职责，对不符合安全条件的企业下达了限期整改指令书，要求企业及时整改，消除安全隐患。

（刘景山）

【加强重点企业安全生产检查】 11 月 2—10 日，结合全年执法计划及工业领域专项执法检查，房山区安全监管局对区内重点企业落实新修订的《北京市安全生产条例》情况进行了检查，共检查北京百花蜂蜜有限公司、北京澳特舒尔保健品开发有限公司、北京鑫盛和利金属制品有限公司、北京崇民防伪印刷集团等涉及印刷、食品加工、冶金行业的重点企业 15 家。检查组通过现场检查，查看企业相关安全生产软件资料，询问安全管理人员等方式对各企业落实《条例》情况进行了全面的检查。通过检查，发现个别企业对新修订的《北京市安全生产条例》落实不到位，特别是各项责任制落实未达到要求。在职工培训、职业危害标示设置、劳动防护用品发放等方面还存在不少问题。针对此次检查出现的问题，检查组结合各企业实际情况提出合理可行的整改意见，下达整改指令书，责令限期整改。检查组工作人员对企业严格执法的同时，本着热情服务的原则，详细讲解新条例各项要求，并帮助企业完善各项安全生产规章制度及责任制，健全安全生产事故应急救援预案，使其符合安全生产要求。同时要求各企业加强新《条例》相关内容的学习教育并认真贯彻落实。

（陈莉莉）

【重要活动临建设施安全检查】　充分发挥房山区安全监管局综合监管职能，对房山区举办的长走大会、"红歌唱响的地方"迎接中国共产党成立90周年大型红歌主题演出、圣莲山老子文化节、中国美丽谷奠基仪式、第二届房车露营大会、长沟镇北京华嬉数字文化主题乐园启动仪式、长阳第二届音乐节、拱辰街道成立五周年庆典等重要活动举办前，对舞台搭建是否符合安全使用标准进行检查，要求活动主办方聘请有资质队伍进行搭设，确保舞台使用安全。活动进行过程中，区安全监管局工作人员对人员拥挤易发生踩踏事故、现场烟火燃放易引燃发生火灾事故等动态安全隐患进行监管。活动后，与主办方及各职能部门对此次活动的经验教训进行总结，创新思路，弥补不足，为今后活动顺利进行打下了坚实基础。

（陈莉莉）

【年度安全生产执法检查情况】　2011年，房山区安全监管局行政执法共检查企业3 938家次，查处事故隐患5 015项，完成事故隐患整改4 967项，下达责令整改指令书1 314份，强制措施决定书20份，作出行政经济处罚143件，共处罚款156万元。

（王凉爽）

职业安全健康

【危险化学品企业有限空间专项检查】针对3月份有限空间事故频发的特点，房山区安全监管局本着早检查、早督促的原则，2月9—18日对全区9家危险化学品储存企业进行了有限空间专项检查，督促企业依据《北京市有限空间作业安全生产规范》，建立有限空间作业安全生产规章制度并遵照执行，同时督促企业及时组织有关安全生产培训和配备相关作业设备。

（敖俊华）

【有限空间专项执法行动部署会】　3月31日，区安全监管局召开了房山区有限空间专项执法行动工作动员部署会。区发展改革委、区住房城乡建设委、区市政市容委、区水务局、区广电中心、燕山安全监管分局、区通信管理部门及各乡镇、街道办事处主管安全科长，共计53人参加会议。会议首先观看了《北京市有限空间安全生产典型事故案例》，其次部署了2011年房山有限空间安全生产专项执法行动工作方案，最后区安全监管局主管副局长要求：一要认真履行安全监管职责，切实负起安全监管责任；二要立即行动起来落实有限空间专项行动方案；三要继续开展有限空间安全作业教育宣传，普及有限空间安全生产知识；四要组织开展有限空间安全生产事故应急救援演练；五要严肃追究有限空间生产安全事故责任。

（李会键）

【对房山联通分公司进行有限空间安全检查】 针对 5 月份有限空间作业逐渐增多、容易造成有限空间急性中毒事故的特点,5 月 4 日,房山区安全监管局主管副局长带领有关工作人员对房山联通分公司进行了有限空间安全生产检查。一是听取了房山联通分公司主管领导有限空间安全生产工作汇报;二是对房山联通分公司所管辖企业北京市电信工程局有限公司进行实地查看,对该企业有限空间作业安全生产规章制度不完善等问题提出了具体要求。检查组在肯定房山联通分公司近年来有限安全生产工作的同时强调:一是领导要高度重视,强化安全生产组织领导;二是强化领导层、一线作业人员及监护人员培训,进一步提高有限空间安全生产意识;三是承发包工程一定要发包到有资质的作业单位,切实保证作业安全;四是要在审批、检测、通风的前提下进行有限空间作业,确保安全有保障。

(李会健)

【召开职业卫生危害防治工作会】 5月 31 日,房山区安全监管局召开了职业卫生危害防治工作会。辖区内有印刷、家具企业的 15 个乡镇和 45 家企业负责人参加了会议,共计 60 人。会上首先传达了《北京市安全生产监督管理局关于建立健全企业职业危害防治制度的通知》,并提出了具体要求。会议强调:一是乡镇(街道)要做好对职业危害企业的系统摸排,指导督促企业职业病防治工作;二是企业要仔细了解新内容,进一步规范制度建设并加强日常管理;三是区监管部门要加大检查力度,对验收不合格的企业要进行高限处罚。

(敖俊华)

【有限空间作业安全生产工作会】 7月 21 日,房山区安全监管局召开了有限空间作业安全生产工作会,区发展改革委、区住房城乡建设委、区市政市容委、区水务局等有关单位、有关乡镇、街道办事处主管安全科长及相关企业主要负责人共 65人参加了会议。会议分析了 2011 年北京市有限空间作业安全生产事故情况并通报了全区有限空间作业安全生产工作存在的问题,传达了市安委会《关于加强有限空间作业承发包安全管理的通知》及相关文件。会议强调:一是要充分认清当前形势,进一步增强做好有限空间作业安全生产工作紧迫感和责任感;二是要深入开展有限空间安全生产专项执法行动,努力将各类有限空间急性中毒窒息死亡事故消除在萌芽状态;三是要强化作业人员培训,努力提高一线职工有限空间作业安全生产意识。通过此次会议,在有限空间事故高发期再次给相关部门及企业敲响了警钟,为继续做好下半年有限空间安全生产工作奠定了坚实的基础。

(敖俊华)

【沼气站有限空间安全生产检查】 9月 1—30 日,房山区安全监管局和区农业局组成联合检查组,对全区畜禽养殖企业沼气站进行有限空间安全生产检查。检查内容:一是重点检查畜禽养殖企业和沼气工程粪污处理设施设备、水、电、气改造、防火设施和有限操作空间等安全情况;二是重点检查安全生产责任制、安全生产操作规程、事故应急救援预案、作业审批制度等管理制度建立落实情况;三是重点检查强制通风设备、气体检测设备、呼吸防护器具、安全绳、安全梯等设备设施配备情况;四是重点检查作业负责人员、作业者和监护者安全教育培训情况;五是重点检查生产经营单位发包时,是否与承包单位签订专门的安全生产管理协议,或在承发包合同中约定各自的安全生产管理职责;六是重点检查安全生产监护人员配备情况、警示标志设置情况及作业程序是否符合安全要求。由于沼气站均属村办企业，无营业执照，无法下达整改指令书，针对存在的问题，现场对村领导及相关人员提出了整改要求。

（杨雪峰）

【年度职业卫生监管监察情况】　2011年，共检查企业 473 家次，检查企业单位数 318 家，使用执法文书 615 份，当场处罚决定书 207 份，现场检查记录 249 份，责令限期整改指令书 207 份，查处事故隐患 663 条，行政当场处罚起数 207 起，经济处罚起数 10 起，罚款金额 12.6 万元。

（宿晓彤）

安全生产宣传培训

【对十渡拒马乐园进行安全生产教育培训】　2 月 21 日，房山区安全监管局综合科负责人应邀对十渡拒马乐园全体员工进行安全生产教育培训。针对当前房山区的安全生产形势、新的法律法规，并结合近年来发生的生产安全事故案例进行了安全知识讲座。要求该单位要严格落实安全生产责任制和各项安全生产规章制度，对本单位的重点项目、重点部位要加强检查和安全管理，加强安全生产教育和培训，严禁搞形式、走过场，确保不发生事故。

（邢毅）

【大石窝镇安全教育培训工作会】　2 月 28 日，房山区安全监管局在大石窝镇组织召开了"2011 年大石窝镇安全教育培训工作会"，全镇 23 个村的安全员及 8 家到期关闭的非煤矿山企业的法定代表人参加了此次会议。会上对大石窝镇 2010 年安全教育培训工作做了总结，分析了全镇安全生产的整体现状，提出了工作建议。

（郝维）

【召开安全生产宣贯会议】　为深入贯彻落实《北京市人民政府关于进一步加强企业安全生产工作通知》文件要求，房山区安全监管局于 4 月 20 日在区交通局 7 楼会议室召开了安全生产工作会。区安委会成员单位行业主管部门、乡镇（街道）负责安全生产工作的领导，以及区内重点企业主要负责人共 150 余人参加。本次会议对乡镇（街道）、重点企业安排部署了市级安全社区建设、市安全文化示范企业创建、市安全生产新闻通讯员管理等相关工作，区安全监管局及各职能单位对参会企业负责人就安全生产工作提出了具体要求。

（任国鹏）

【职业病防治法宣传周】　4 月 29 日上午，房山区安全监管局、区卫生局、区人力社保局、区总工会等部门，在房山区拱辰大街昊天广场开展了宣传咨询活动。各部门有关领导、科室负责人及工作人员向群众发放了宣传材料，并就群众关心的《职业病防治法》等问题，向群众进行了解答。自 4 月 25 日宣传周活动伊始，区安全监管局、区卫生局、区人力社保局、区总工会等部门共发放职业卫生宣传资料 3 570 份，受教育人达 3 570 人。

（孙建国）

【安全生产月咨询日】　6 月 12 日，房山区安全监管局在拱辰街道昊天广场开展了以"落实企业主体责任，保障生产安全"为主题的安全生产月"咨询日"活动，全区 25 个乡镇、28 个安委会成员单位及 130 家企业结合自身实际，分别展开了内容丰富、形式多样、特色鲜明的各项安全生产宣传活动，得到了群众的广泛好评。区委、区人大政协、区政府领导分别带队参加了 4 个主会场的"咨询日"活动，与百姓面对面交流安全生产领域的工作，在群众中引起了强烈的反响。此次"咨询日"活动共设咨询点 160 个，参加人数 28 万人，悬挂条幅 2 810 幅，设立展板 3 605 块，发放各种宣传资料 3.8 万份，形成了政府搭台，安监唱戏，部门配合，群众参与的良好的社会氛围，为房山区"三化两区"的建设营造了良好的安全生产氛围。

（郝维）

【新修定的安全生产条例宣贯工作会】 9 月 13 日，房山区安全监管局在区成人教育局组织召开了新修定的《北京市安全生产条例》宣传贯彻工作会。28 个区安委会成员单位及乡镇、街道主管领导共 100 余人参加会议。会上市安全监管局法制处副处长李刚解读了新修订的《条例》内容。进一步提升了《条例》的社会知晓度和影响力，在全区营造了强大的安全氛围。

（任国鹏）

【法律咨询服务活动】 12 月 4 日，房山区安全监管局参加了区依法治区领导小组办公室在昊天广场举办的 2011 年"12·4"大型法律咨询服务活动，活动以"弘扬法治精神，促进社会和谐"为主题，旨在全区形成自觉学法守法用法的浓厚氛围，推进房山区法制宣传教育的不断深入，营造良好的法治环境。区安全监管局 10 名执法人员参与咨询活动，共发放宣传材料 2 000 余份。

（杨茹）

【特种作业"三高危"培训情况】 2011 年，房山区安全监管局组织对全区高危行业主要负责人、安全管理人员、烟花爆竹零售单位主要负责人及特种作业人员的培训考核工作，全年共培训人员 8 035 人，其中：组织高危行业主要负责人、安全管理人员考核 4 期，考核人员 870 人；组织烟花爆竹主要负责人考试 1 期，考核人员 119 人；组织特种作业人员考核 10 期，考核人

员 7 046 人。

（任国鹏）

安全生产法制建设

【召开行政执法工作会】 2 月 22 日，房山区安全监管局召开行政执法工作会议，会上对 2010 年行政执法工作进行了总结，主要从如何正确适用实体法、执法程序、强制措施与行政处罚区别、自由裁量权的适用、执法文书规范使用等方面对提高行政执法工作作出分析。主管副局长对 2011 年行政执法工作提出几点要求：一是法律适用上，对在检查中发现的违法行为进行处罚时，上位法有规定的要适用上位法进行处罚；二是规范执法行为，根据市安全监管局制定的北京市安全监管系统行政执法监督检查依据目录（京安监办发[2010]20 号），按照职责划分制定各科室的检查内容；三是规范行政执法案卷，按照《行政执法案卷责任制》的规定严格履行立案、审批程序，严格履行告知程序以及重大处罚听证程序。

（杨茹）

安全生产标准化

【推进安全标准化和重大危险源备案工作进程】 5 月 23—31 日，房山区安全监管局分 3 期对全区 25 个乡镇安全管理人员、危险化学品从业企业的主要负责人、安全管理员进行为期 2 天的安全生产标准化专业培训。此次培训就《危险化学品从业单位安全标准化通用规范指导》和《危险化学品重大危险源备案管理工作》进行授课，重点讲解安全标准化《工作方案》、《评审标准》及《通用规范》和重大危险源《工作实施方案》、《安全管理办法》，使危

险化学品企业主要负责人、管理人员和从业人员正确理解开展标准化工作和重大危险源备案工作的重要意义、程序和方法，提高开展标准化工作的积极性和主动性，有效提高重大危险源的辨识、审查和备案工作。此次安全标准化和重大危险源培训进行 3 期，共计培训 300 余人。

（马振）

【市安全监管局调研房山区安全标准化开展情况】　6 月 13 日，市安全监管局调研组就房山区安全标准化开展情况到燕山石化进行调研，区安全监管局局长周德运，副局长高保光陪同调研。燕山石化首先就安全标准化开展情况及基础设备设施的安全运行状况进行了汇报，随后就安全标准化的评审标准和要求进行了交流和探讨。调研组对房山区安全标准化工作的开展情况给予了肯定，要求燕山石化将安全标准化工作与本企业的 HSE 管理体系相结合，按时保质保量完成标准化工作。

（马振）

【危险化学品安全标准化推进会】　8 月 11 日，区安全监管局组织召开了房山区危险化学品安全标准化工作进展推进会，危险化学品生产、经营单位主要负责人，共计 200 人参加了会议。会上传达了市安全监管局《关于调整危险化学品安全生产标准化工作有关事项的通知》（京安监发[2011]75 号）的文件要求，并对下半年工作进行了工作部署。

（杨忠帅）

通州区

概　述

2011 年，通州区安全生产工作始终坚持"安全发展"的指导原则和"安全第一、预防为主、综合治理"的工作方针，以服务通州区现代化国际新城建设为目标，以深化"安全生产年"活动为主线，细致扎实地落实各项安全工作措施，全区安全生产形势保持了总体平稳的态势。

一、细化监管责任，健全工作制度，进一步完善安全监管网络建设

一是层层签订安全生产责任书。年初区政府向各乡镇、街道下达了《安全工作任务书》，各乡镇政府、街道办事处层层分解安全生产责任，《安全生产责任书》逐级签订到村、到企业、到班组，保证了安全生产责任的全覆盖。二是以强化和落实"两个主体责任"为核心，先后制定了《区政府关于进一步加强企业安全生产工作的实施意见》和《区委、区政府关于进一步加强首都安全生产工作实施意见的通知》2 个重要的纲领性文件，对全区安全生产工作提出了更加明确的标准和要求。三是建立健全村、社区级安全管理体系。在全市范围内率先以区政府名义对村、社区级安全管理体系建设工作予以明确，并在全区 479 个行政村和 101 个社区成立了安全生产领导机构，设置村、社区专兼职安全巡查员 1 190 名，推动安全管理责任落实到社会组织的最基层。

二、突出监管重点，高效从严执法，为新城建设提供可靠的安全保障

一是加大安全生产执法检查工作力度。严格落实《通州区 2011 年安全生产执法检查工作计划》，年内相继开展了 12 项专项执法行动和 1 项重点区域集中执法督察行动。截至 12 月底，仅区安全监管局累计检查各类生产经营单位 2 766 家次，下达各类执法文书 1 277 份，发现并整改隐患 3 424 项。此外，加大了安全生产交叉执法工作力度，先后与宁夏自治区安全监管局开展了职业卫生交叉互查，与大兴、亦庄等安全监管局开展了危险化学品经营单位交叉执法，达到了发现问题、交流经验、规范执法的目的。二是强化重点行业领域安全生产专项整治。先后开展了夏季"安全生产百日攻坚行动"、秋季"安全生产隐患集中整治行动"和冬季安全生产大检查活动，全区 15 个乡镇、街道和 12 个重点行业部门，累计出动检查人员 43 231 人次，监督检查生产经营单位 37 390 家次，发现并整改安全隐患 20 291 处，依法停业整顿企业 56 家。三是深入推进打击安全生产非法违法行为专项行动。确定了"政府统一领导、部门齐抓共管、条块结合、以块为主"的打非工作思路，广泛动员 11 个乡镇、4 个街道办事处，协同规划、工商、消防、市政等部门，在全区掀起了"打非"工作高潮，全区共出动安全生产执法检查人员 12 172 人次，检查生产经营单位 7 903 家，发现非法违法行为 2 872 起，发现并整改安全生产隐患 5 092 处，停产停业整顿单位 1 355 家，关闭取缔各类非法违法生产经营场所 715 处。

三、坚持治本为上，创新监管手段，全面落实生产经营单位安全生产主体责任

一是全面推进企业安全生产标准化建设。全区共有 78 家企业通过安全生产标准化"金安企业"认证，成为各个行业领域安全生产标准化工作的标杆。同时，扎实推进危险化学品安全生产标准化三级达标工作，全区 165 家危险化学品生产和经营（有储存）单位，完成了自查整改、发布令

公告等环节，进入试运行阶段。二是深入推进企业安全生产风险预测和防控工作。区安会生产委员会制发了《关于进一步加强全区企事业单位安全生产风险预测和防控工作的通知》，广泛发动全区各类企事业单位，全面查找生产经营活动过程中各个环节和部位存在的危险因素及风险点，科学评定风险等级，有针对性地提出风险控制措施，并在厂内、车间、班组、重点岗位进行公示。三是加快推进隐患自查自报系统推广应用工作。区安会生产委员会制发了《关于在全区范围内推广应用安全生产事故隐患自查自报系统工作的实施方案》，开展了生产经营单位安全生产基本状况调查摸底，确定了承担此项任务的企业，并对其实施动态跟踪管理。2011 年年底，承担此项任务的企业 100%完成上报任务。

四、强化宣传教育，突出文化建设，着力提高全员安全素质

一是企业安全文化建设成效显著。"安全生产月"期间，举办了通州区第六届"安全文化节"、"安全生产宣传咨询日"等传统活动，营造了浓厚的安全文化氛围。同时，隆重举办企业安全文化建设论坛活动，邀请知名安全生产专家和部分企业代表，开展安全文化建设研讨，收到良好效果。二是培训工作覆盖面广。继续深入开展全区安全生产大培训，全区 11 个乡镇、4 个街道办事处近 4 000 名企业负责人和安全管理人员完成了既定的安全生产培训任务。各行业部门也开展了有针对性地专题培训，强化了各行业、各领域生产经营单位的安全生产意识。三是媒体作用全面发挥。截至 12 月底，以通州电视台和《通州时讯》为载体，共播放安全专题节目 40 期，刊发安全专刊 44 期，印发《安全监管动态》50 期，及时反映全区安全生产工作情况。另外，认真做好"12350"举报投诉平台的

值守工作，充分发挥舆论监督和群众监督作用，全年区安全隐患和违法行为举报中心共接到"12350"及各类群众举报89起，目前已办结87件，查处结案率为97.8%，社会监督作用得到有效发挥。

安全生产综合监督管理

【安全生产控制考核指标完成情况】

2011年，通州区安全生产死亡总人数控制指标为107人。通州交通支队负责交通安全事故管理工作，交通肇事死亡人数控制指标为97人。通州消防支队负责火灾事故管理工作，火灾死亡人数控制指标为1人。区安全生产监督管理局负责工商贸等生产安全事故管理工作，死亡人数控制指标为7人，铁路交通事故死亡人数控制指标为2人。2011年，通州区生产、交通、火灾事故等共造成死亡106人，占控制指标的99.1%。其中：生产安全事故死亡10人，超出控制指标3人；交通事故死亡96人，占控制指标的99%；火灾事故未造成人员死亡。

（杨镜坡）

【年度安全生产工作大会】

1月14日，通州区政府在北京市通州区教师研修中心报告厅，召开2011年安全生产工作大会。会议认真总结了2010年全区安全生产工作，并对2011年安全生产工作进行了全面动员部署；区政府向11个乡镇、4个街道办事处的行政"一把手"下达2011年安全工作任务书，区安全监管局局长朱志高在总结回顾2010年工作的基础上，全面分析了安全生产工作面临的形势、难点和问题，并围绕打基础、优机制、重监管、除隐患和强宣教提出了提升安全生产工作水平的"五个强化"。副区长肖志刚对全区今后一个时期的安全生产工作提出了明确的要求。

（杨镜坡）

【安全生产、防火工作会】

4月14日，通州区政府在区会议中心，召开通州区安全生产、防火工作大会。区政府办副主任田恩生主持会议。会议通报了第一季度全区安全生产工作情况，分析了第二季度及下一阶段安全生产形势，并对重点行业领域安全生产治理以及打击非法违法生产经营建设行为专项行动等工作进行了部署。副区长肖志刚就明确责任，抓好落实，全力压减和遏制各类事故提出工作要求。

（杨镜坡）

【"安全生产月"动员大会】

5月20日，通州区政府在会议中心，召开通州区安全生产工作暨"安全生产月"活动动员大会。区政府办副主任、区应急办主任韩向群主持会议，区安全监管局局长朱志高作动员报告，分别就严厉打击非法违法生产经营建设行为、开展重点行业领域安全专项整治、开展消防工作"亮剑"行动、推进危化行业安全生产标准化建设以及"安全生产月"活动进行了部署。企业联合会会员代表宣读"落实企业安全生产主体责任，为平安新城建设贡献力量"倡议书，副区长肖志刚参加会议并就"认清形势，警钟长鸣，全力打好夏季安全生产攻坚战"提出要求。

（杨镜坡）

【市委会督察通州区"打非"工作】

6月15日，市安全生产委员会第4督导组对通州区打击非法违法生产经营建设行为专项行动开展情况进行督察。主要采取听汇报、座谈交流以及到徐辛庄富豪村查看"打非"工作现场的方式进行。区安全监管局、通州工商分局、市规委通州分局等部门共同参加现场交流，并就"打非"工作进展情况进行汇报。通州区的"打非"工作得到了市安会生产委员会督察组的肯定。

（杨镜坡）

【安全生产"百日攻坚"行动部署会】
6月30日，通州区政府在区应急指挥中心1楼会议室，召开通州区安全生产委员会扩大会议。区政府办副主任、区应急办主任韩向群主持会议。会议要求各部门、各单位以消防安全、建筑施工、高温季节用电、道路交通运输、危险化学品、有限空间作业、人员密集场所、地下空间、天然气及液化石油气、特种设备等10个大行业领域为重点，立即开展为期100天的安全生产"百日攻坚"专项行动，全力做好夏季高温季节的事故防范工作。副区长肖志刚强调，要全面落实好安全生产"百日攻坚"行动，分"拉网、清网、收网"3个阶段把工作落到实处，确保通过"百日攻坚"行动切实消除一批安全生产隐患。

（杨镜坡）

【开展安全生产督察考核】 7月份和12月份，依据《2011年安全工作任务书》，通州区安全生产委员会分别组织开展了对11个乡镇、4个街道办事处安全生产工作的半年、全年督察考核。督察考核的重点是对各乡镇、街道办事处在明确责任、完善体系、强化基础、落实经费、强化监管、隐患排查、危险源监控、宣传教育培训、预案演练、事故查处、探索创新等11项安全生产工作。督察考核结果以《北京市通州区安全生产委员会关于通州区2011年安全生产工作督察考核情况的通报》形式，在全区范围内进行通报。

（杨镜坡）

【部署国庆安全生产工作】 9月19日，通州区政府在区应急指挥中心1楼会议室，召开通州区安全生产委员会扩大会议。区安全监管局局长朱志高主持会议。会议对国庆节前及国庆节期间全区安全生产大检查工作进行了动员部署，要求集中时间、集中人力、集中精力，深入开展各行业（领域）的安全生产大检查，全面排查整治各类事故隐患，确保国庆期间全区安全生产形势持续稳定。副区长肖志刚参加会议并对全区安全生产工作提出要求。

（杨镜坡）

【"金安企业"表彰暨安全生产工作大会】 12月13日，通州区政府在北京运河源酒店2楼会议室，召开安全生产标准化"金安企业"表彰暨安全生产工作大会。区政府办副主任、区应急办主任韩向群主持会议，区安全监管局局长朱志高作工作报告。会议对2011年度通州区安全生产标准化"金安企业"及"安全生产标准化创建标兵"进行了表彰，安全生产标准化"金安企业"代表作典型发言。副区长肖志刚参加会议并对全区安全生产标准化及下一阶段安全生产工作提出要求。

（杨镜坡）

【举报中心工作】 2011年，通州区安全隐患和安全违法行为举报中心共接到各类群众举报投诉89件。按举报途径划分，"12350"25件，区政府办1件，区便民电话1件，区信访办1件，局长信箱7件，网络4件，区安全隐患和安全违法行为举报中心50件。按行业类别划分，生产安全41件，烟花爆竹8件，危险化学品安全8件，消防安全16件，建筑安全4件，公共设施安全11件，电力安全1件。截至年底，89件举报投诉已办结87件，办结率97.8%。已办结事项中，经查属实48件，属实率为55.2%。均已将查处情况向实名举报的举报人进行回复，举报人表示满意和认可。

（杨镜坡）

【建立健全村（社区）级安全管理体系】
5月份，通州区安会生产委员会制发了《关于进一步健全村（社区）安全管理体系的通知》，在全市范围内率先以区政府名义对村、社区级安全管理体系建设工作予以明确。为了促进工作规范化，区安全生产委员会同时制发了《通州区关于加强村（社区）安全生产管理体系实施办法》和《通州区村（社区）安全巡查员工作制度》，对村（社区）安全工作领导小组和专兼职安全员的设置标准、工作规范予以明确，并在全区479个行政村和101个社区成立了安全生产领导机构，设置村、社区专兼职安全巡查员1190名。7月份，村（社区）专兼职安全巡查员经过系统培训，正式走上工作岗位。积极配合区、镇有关部门开展了安全生产宣传教育、安全隐患排查和打击安全生产非法违法行为等工作。特别是密切监控停产、半停产企业的安全状况，关注"打非"行动后死灰复燃、禁后重犯的违法行为，有效排查各种散落在村、社区且存在一定危险性的设备设施，一经发现及时报告，妥善处置，有效防范和控制了各类新生隐患和事故风险。

（荆春花）

【企业安全生产风险预测和防控工作】 11月，通州区安全生产委员会制发了《关于进一步加强全区企事业单位安全生产风险预测和防控工作的通知》，按照"分类指导、分级管理、重点突出、全面推进"的原则，广泛发动全区各类企事业单位开展安全生产风险预测和防控工作，全面查找生产经营活动过程中各个环节和部位存在的危险因素及风险点，鼓励企业聘请专家、专业技术人员或安全技术服务机构参与企业生产安全风险预测，科学评定风险等级，有针对性地提出风险控制措施，并在厂内、车间、班组、重点岗位进行公示，使企事业单位各类人员都能了解企业的安全生产风险状况，按照风险控制措施规范各自的安全生产行为。同时，在区、镇2级分别

建立安全生产风险信息数据库，对于危害程度高、防控难度大的安全生产风险因素，实施挂账督办防控，有效控制安全生产事故风险。

（荆春花）

【制定落实北京市关于落实国务院安全生产工作的部署】 11月，通州区安全监管局牵头起草了《关于贯彻落实〈中共北京市委、北京市人民政府关于贯彻落实国务院安全生产工作部署进一步加强首都安全工作的实施意见〉的通知》，从10个方面对加强全区安全生产工作提出了更加明确和具体的要求，特别是提出了"三个敢于"，即发扬敢于承担重任，敢于攻坚克难和敢于突破创新的安全生产精神。"两个领导"，即突出党委的领导和政府的领导，以及"七个强化"，即强化政府安全生产行政首长负责制、强化企业安全生产主体责任的落实、强化安全监管能力建设、强化城市运行管理领域的安全监管、强化安全隐患的排查治理、强化行政执法以及强化宣传培训和社会监督。文件作为指导全区安全生产工作的重要纲领性文件，成为今后一个时期全区各部门、各单位开展安全监管工作的重要行动指南。

（荆春花）

危险化学品安全监管监察

【全年危险化学品检查情况】 2011年，通州区安全监管局共检查危险化学品从业单位和烟花爆竹销售网点692家次，发现各类安全隐患802处，下达各类执法文书416份，实施行政处罚29起，罚款32.7万元。

（辛晋峰）

【危险化学品许可工作】 2011年，通州区安全监管局共新办理和换发《危险化

学品（乙类）经营许可证》30 家，配合市局换发《危险化学品（甲类）经营许可证》36 家，审批发放《烟花爆竹经营（零售）许可证》64 家，换发《第二、三类非药品类易制毒化学品备案证明》27 家。

（辛晋峰）

【加油站安全生产专项治理】 3—12月，通州区安全监管局对全区 109 家加油站（95 个经营性加油站，14 个非经营性加油站）的安全技术设备改造情况、应急救援预案演练和救援物资储备情况、加卸油设备设施运行情况、加油站安全管理制度和操作规程执行情况等进行了排查。根据排查结果，全区共有 20 家经营性加油站加装了阻隔防爆装置，14 家非经营加油站完成了安全评价工作，其中 10 家非经营性加油站还完成了撬装式技术改造。

（辛晋峰）

【液氨经营使用单位专项整治】 4—6月，通州区安全监管局对全区 18 家液氨单位（3 家经营单位，15 家使用单位）开展了安全检查。重点检查了企业安全评价开展情况、各项安全管理制度和操作规程落实情况、液氨报警和监测装置运行情况、应急救援预案演练情况以及从业人员安全培训情况。经查，所有涉氨单位全部完成了安全评价工作。检查中发现安全隐患 19处，下达执法文书 17 份。

（辛晋峰）

【打击非法违法生产经营危险化学品行为】 自 4 月份开始，通州区安全监管局联合区工商、公安、消防、质监、环保等部门和各乡镇、街道办事处，共查处取缔各类非法违法生产经营危险化学品活动 9 起，行政处罚 8 家，罚款 13 万元。其中查获永乐店镇 2 家非法生产经营单位涉案数量较大，共发现危险化学品原料 71.58吨（其中聚酯漆稀释剂 19.38 吨，乙二胺

52.2 吨），各类桶装容器 452 个。公安机关依法给予 2 名责任人行政拘留的处罚。

（辛晋峰）

【易爆和易制毒危化品企业检查】 按照通州区防范恐怖袭击工作部署，区安全监管局分别于 4 月份和 10 月份对全区 56家涉及易制爆和易制毒化学品的生产经营单位开展了专项检查。重点对企业落实应急值守、重要生产储存装置安全防控措施、各类监测报警装置和应急救援设备设施情况进行了监督检查，对 4 家未进行产品流向信息上报的企业进行了行政处罚。

（辛晋峰）

【危险化学品重大危险源备案】 5—11月，通州区安全监管局按照危险化学品重大危险源备案新标准，对全区危险化学品企业重大危险源进行了评估备案。经过筛查和现场核实，全区共有危险化学品重大危险源企业 11 家，其中危险化学品生产单位 4 家，经营单位 4 家，储存单位 2 家，使用单位 1 家。主要分布在张家湾镇、宋庄镇和漷县镇，涉及的危险化学品共有 14种。区安全监管局对所有重大危险源企业均建立了档案。

（辛晋峰）

【危险化学品储存单位专项整治】 7—11月，通州区安全监管局对 147 家具有危险化学品储存设施的生产经营单位进行了专项整治。主要针对储存设施的安全评价情况，储存安全管理制度落实情况，应急救援物资和器材的储备运行情况，储存设施日常安全检查记录情况进行了检查，查处各类隐患 178 处，下发责令整改通知书132 份，下发强制措施决定书 3 份，行政处罚 7 家，罚款 13 万元。

（辛晋峰）

【危险化学品使用单位专项整治】 自11 月下旬开始，通州区安全监管局重点针

对危险化学品使用单位库房、储存区、生产车间等重点部位和区域进行了执法检查，对检查中发现的导料管未做防静电连接、库房危险化学品储存不符合危险化学品储存通则要求、警示标志未悬挂或悬挂不清晰、库房码放散乱无序等问题，要求问题单位立即整改消除安全隐患。检查期间，共检查危险化学品使用单位 68 家，出动检查人员 100 人次，下发责令改正指令书 49 份，查处隐患 72 处。

（辛晋峰）

【危化企业安全生产"护航"行动】

12 月 27 日，由通州区安全监管局牵头，联合区公安、工商、交通、质监、消防、城管等部门对全区危险化学品生产经营单位进行了专项检查。重点检查企业生产经营许可证照和资质有无过期现象，是否存在超范围生产经营行为，生产经营过程中是否存在"三违反"行为，冬季防火、防冻、防泄漏措施落实情况，危险化学品生产、经营企业落实《北京市安全生产监督管理局关于做好 2012 年春节烟花爆竹燃放期间危险化学品生产经营单位安全管理工作的公告》情况。共检查危险化学品生产经营单位 10 家，发现隐患 15 处，对企业存在的员工安全培训教育未落实、安全设备设施未定期检查维护、危险化学品库房缺少警示标识、电器设备设施不防爆、应急演练记录未做总结点评、危险化学品储存罐区可燃物未及时清理等隐患及时下发责令限期整改指令书 9 份。

（辛晋峰）

烟花爆竹安全监管监察

【全面部署烟花爆竹安全监管工作】

11 月初制定下发了《通州区 2012 年烟花爆竹销售（储存）工作方案》，成立了由区安全监管局局长朱志高任组长，各分管领导任副组长，各乡镇、街道办事处安全科为组员的烟花爆竹安全监管工作领导小组。全面部署了室外网点布设、统一搭棚标准、安装监控设备、实施安全生产责任保险、开展产品流向管理、打击违法违规行为、部门联合审查、强化执法检查、签订安全承诺书 9 项工作，就烟花爆竹安全监管 10 个阶段的工作提出了要求，全面启动 2012 年节日期间烟花爆竹安全监管工作。

（辛晋峰）

【春节期间烟花爆竹经营（零售）情况】

2011 年春节前后，通州区经审核取得《烟花爆竹经营（零售）许可证》的网点共有 64 个（其中乡镇 54 个，街道 10 个）。节日期间，3 家烟花爆竹批发企业共计配送烟花爆竹产品 1.4 万箱，价值 345 万元，总体比去年下降 47%，全区网点共计销售烟花爆竹 12 550 箱，销售金额 310 万元，总体比 2010 年下降 50%。

（辛晋峰）

【加强烟花爆竹销售网点安全管理】

按照通州区政府提出的"确保绝对安全"的要求，区公安、区交通、区消防、区市政、区安监、区园林、区路政 7 部门联合对全区提出申请的烟花爆竹销售网点进行了实地勘察和现场审批，经过 7 部门联审，共确定销售网点 64 个。区安全监管局和各乡镇街道对销售人员进行了多轮培训，对不能通过全市统一资格考试的人员一律不予行政许可。同时，零售网点室外销售大棚均采取"五统一"（统一材质、规格、结构、标准、搭建）方式进行搭建和管理，城区（永顺镇、梨园镇、北苑街道、中仓街道、玉桥街道和新华街道）23 个网点全部加装了视频监控装置，并抽调专人负责实时监控，及时消除安全隐患，降低烟花爆竹事故的风险。管理燃放高峰期，各负有安全监管职责的部门提前落实了可燃物清理、浇湿阻燃等安全措施，全面加大对加油站、危化企业、烟花爆竹禁放区以及人员聚集场所的安全监管，有效预防了因燃放烟花爆竹而引发的安全事故。

（辛晋峰）

【烟花爆竹销售网点安全检查】 销售前期，通州区安全监管局成立 6 个专项执法小组，按照《通州区烟花爆竹零售网点安全考核标准》，对 64 个销售网点进行了安全状况百分考核，对配送的产品进行了检查，确保网点安全条件和配送产品储存符合要求。除夕、初五和十五等重点销售时段，区安全监管局全局出动，分上午、下午、夜间 3 个时段，对零售网点进行了不间断检查。同时，区安监、区公安、区工商、区质监、区交通等 7 个部门会同各乡镇、街道办事处安全科，对全区人员密集场所、危险化学品单位、烟花爆竹储存库、零售网点开展联合执法 5 次。整个节日期间，全区各执法部门共检查烟花爆竹零售网点 528 家次，烟花爆竹储存库检查 11 次，下达执法文书 192 份，暂扣销售许可证 1 家。

（辛晋峰）

事故隐患排查治理

【开展隐患排查整治攻坚】 按照全区统一部署，通州区安全生产委员会从 1 月中旬至 2 月底，在全区范围内开展了安全隐患排查治理工作。本次隐患排查治理工作共检查生产经营单位 6 162 家，排查出各类隐患 2 465 项。截至 2 月底，已整改完成 2 453 项，未完成整改 12 项。针对 12 项未整改隐患，区安全生产委员会办公室于 4 月 15 日在区安全监管局西办公区中会议室，召开 2011 年隐患整改治理工作会议，

督促各有关部门加大隐患整改工作力度。截至年底，12 项未整改隐患均整改控制完毕。

（杨镜坡）

【事故隐患自查自报系统建设】 按照市安全监管局统一部署，通州区安全监管局于 1 月份启动通州区事故隐患自查自报系统建设工作，将安全生产隐患自查自报系统的推广应用列为全年重点工作之一，制发了《关于在全区范围内推广应用安全生产事故隐患自查自报系统工作的实施方案》。经过生产经营单位安全生产基本状况的调查摸底、企业基本信息录入、人员培训等工作，全区共有 2 222 家生产经营单位符合标准，纳入了全市隐患自查自报系统。为进一步推进此项工作，9 月 21 日，区安全监管局组织召开全区隐患自查自报系统推广应用协调会，督促各乡镇、街道进一步加大督导及培训力度，明确自查自报的方法流程，组织开展网上核查和现场核查，进一步扩大自查自报覆盖率。11 月中旬，区安全监管局组成 6 个督察组，分赴 15 个乡镇、街道对此项工作进行了督察，确保按照规定时限 100%完成上报任务。

（杨镜坡）

【"严惩非法违法、清理盲区死角"专项行动】 3 月下旬至 5 月底，通州区安全生产委员会组织协调全区各部门和单位，对交通运输、建筑施工及拆迁、消防安全、危险化学品、地下空间、地下管线、液化石油气以及冶金等行业领域中存在的八类共性非法违法生产经营建设行为和具有行业领域特点的非法违法生产经营建设行为进行长达 2 个月的严厉打击、整治。将村中厂、厂中厂，农业（农村）基础设施建设，企业（小区）内部基础设施建设、修缮，城市公共设施的维护、保养以及改造作业，规模较小的拆迁、拆除工程，企业

及建筑工地宿舍区，以及楼宇内生产经营单位的安全管理作为安全生产的盲区和死角，进行全面清理整顿。大兴"4·25"火灾事故后，通州区安会生产委员会将打击非法违法生产经营建设行为专项行动推向深入，在全区范围内掀起了历时 4 个月的"打非"工作高潮。全区共出动安全生产执法检查人员 12 172 人次，检查生产经营单位 7 903 家，发现非法违法行为 2 872 起，发现并整改安全生产隐患 5 092 处，停产停业整顿单位 1 355 家，关闭取缔各类非法违法生产经营场所 715 处，有力地震慑了各类非法违法生产经营建设行为。

（杨镜坡）

【安全生产"百日攻坚"专项行动】 7 月初至 9 月底，通州区安全生产委员会充分调动全区各部门、各单位力量，以消防、建筑施工、用电、道路交通、危险化学品、有限空间、人员密集场所、地下空间、液化石油气、特种设备 10 个大行业领域为重点，深入开展了安全生产"百日攻坚"专项行动。全区共出动检查组 867 个、检查人员 25 327 人次，监督检查生产经营单位 19 413 家，下发行政执法文书 9 024 份，发现隐患 13 288 处，整改隐患 13 251 处（未整改完毕的隐患均采取了防控措施），处罚金额 162.34 万元，依法停业整顿企业 56 家。

（杨镜坡）

【安全隐患集中整治行动】 以防范和遏制各类事故发生为目标，9 月初至 10 中旬，通州区各部门、各单位在安全生产"百日攻坚"行动基础上，开展了为期 1 个月的安全隐患集中整治行动。重点排查了生产作业现场和工艺过程中的重点环节、部位、设备、设施、装置等方面的事故隐患。通州区 15 个乡镇（街道）和 12 个重点行业部门，共出动检查人员 17 904 人次，监督检查生产经营单位 17 977 家，发现并整改隐患数量 8 498 处。

（杨镜坡）

安全生产应急救援

【大型桌面应急演练】 6 月 23 日，通州区安全监管局与安科院通力配合，创新开展了一次大型桌面应急演练。演练采取桌面推演的形式，即以模拟事故场景的多媒体播放和专业应急救援问题的提问与解答为主要形式，区公安、区安监、区消防、区卫生、区环保、区交通等部门按照《通州区危险化学品事故应急预案》的要求，现场讨论和回答应急救援方面的程序性问题，对信息报告、预案启动、现场处置、伤员安置、信息发布等环节进行描述性推演。从而达到查找问题、磨合机制的目的，进一步理顺各部门、各单位在应急处置中的职责，提升了应急指挥部的应急处置能力，得到了市应急办及相关专家的一致肯定。

（荆春花）

【应急预案编制和备案工作】 按照"横向到边、纵向到底"的原则，通州区坚持多层次编制生产安全事故应急预案。截至年底，全区共有 522 家重点企业的 645 份预案在区安全监管局进行了备案。

（杨镜坡）

安全生产执法监察

【加大执法检查工作力度】 2011 年，通州区安全监管局共检查各类生产经营单位 900 家次，下发执法文书 488 份，处理隐患举报 30 余起，参与大型活动保障 16 次，查处各类安全生产隐患 1 816 处，罚款 485.1 万元，罚款额同比 2010 年提高 33%。

全年共制作行政处罚案卷 122 卷，行政处罚案卷制作数量同比 2010 年提高 8%。截至年底，存在隐患的企业已全部完成了整改，罚款已全部缴入国库。

（张伟）

【强化节日期间安全监管】 春节、元宵节期间，通州区安全监管局全局出动，由局领导带队，分成 6 个检查小组，每天分上午、下午和晚上 3 个时段，督察各乡镇、街道办事处落实节日期间安全工作情况。共出动检查人员 315 人次，车辆 96 车次，检查各类生产经营单位 696 家次，其中烟花爆竹临时销售网点 668 家次，危险化学品生产经营单位 18 家次，商市场等人员密集场所以及其他生产经营单位 10 家次，督促生产经营单位和烟花爆竹销售网点落实安全生产主体责任，及时消除安全隐患。"两节"期间全区未发生生产安全事故，实现了全区安全形势的平稳有序。

（张伟）

【春节后开复工安全生产专项检查】 春节后，通州区安全监管局重点对危险化学品、建筑施工、机械冶金、人员密集场所等行业领域进行了巡查和突击检查，重点检查开复工企业的安全生产条件和安全措施落实情况、安全保证体系及规章制度建立情况、安全生产责任制落实情况以及安全生产管理机构和专职安全生产管理人员配备情况，督促企业对发现的问题进行了及时整改。同时，提示各企业增强安全生产意识，防止"三合一"、"多合一"、疏散通道不畅通、乱拉电气线路等现象的发生，加强对员工的安全生产知识培训，提高一线工人的安全意识和自防自救能力。

（张伟）

【"新城建设平安拆除行动"】 为保证通州区现代化国际新城大规模拆除工程进展顺利，年初由区安全生产委员会牵头，联合区住建委、区质监局和有关乡镇，对工期紧张、拆除面积大的重点工程进行了全程监控和执法监察。特别是提前介入台湖镇两站一街工程、宋庄镇重点村整治等重大拆迁项目的安全监管，共检查项目部 22 个，发现并整改隐患 96 项，有效规范了拆除过程中的安全生产行为。

（张伟）

【建筑工地安全生产专项执法】 3—4 月，通州区安全监管局联合区住建委，对梨园镇、永顺镇、新华街道、北苑街道等新城建设重点区域的建筑施工工地以及拆迁改造区域进行了专项检查。共检查建筑施工工地 41 处，下发责令改正指令书 35 份，查处各类安全隐患 164 处，对 13 家存在严重安全隐患或违法行为的建筑施工企业进行了行政处罚，处罚额共计 59.5 万元。

（张伟）

【批零市场专项执法检查】 3—4 月，通州区安全监管局联合区公安消防支队、通州工商分局对通州区 49 家批零市场进行了地毯式摸底排查，重点检查了建材、服装、小商品、电子等批零市场安全管理制度建立执行情况，安全机构人员配备情况和特种作业人员管理情况。共查处各类安全隐患 150 余处，下发执法文书 49 份，对 4 家存在严重隐患和违法行为的批零市场立案进行了行政处罚。

（张伟）

【高温金属液体生产经营单位安全调查】 5 月，通州区安全监管局对全区 127 家涉及高温金属液体的冶金、有色、机械、铸造行业的生产经营单位安全管理情况开展了调查，对相关企业的数量、产品、主要生产工艺等情况进行了登记，对企业在安全管理方面的做法、经验进行了总结，并将调查中发现的问题和难点向市安全监管局进行反馈。

（张伟）

【人员密集场所专项执法行动】 5月，通州区安全监管局联合区商务委、旅游局、体育局、文化委等部门，对通州区商业零售单位、文化娱乐场所、体育运动场所、影院和景区景点等人员密集场所进行了安全生产执法检查。共检查生产经营单位158家次，其中旅游行业企业44家次，文化娱乐场所35家次，商业零售企业43家次，体育经营企业36家次，发现并查处各类安全隐患478处，当场整改安全隐患261处，对其中4家存在严重隐患和违法行为的企业给予了行政处罚。

（张伟）

【高处悬吊作业专项执法】 8月，通州区安全监管局联合区商务委、区旅游局、区文化委、区体育局、区教委等部门，对梨园镇、永顺镇、北苑街道和中仓街道等地区30余家存在高处悬吊作业的生产经营单位进行了严格、细致的检查。检查中共发现并查处安全隐患50余处。对于查实的各类安全隐患，检查组均督促被检查企业限期进行了整改，还对其整改情况进行跟踪监督，致使隐患得到彻底消除。

（张伟）

【八里桥市场安全专项整治】 8—9月，通州区安全生产委员会研究、起草了《关于开展八里桥市场安全专项整治行动的通知》，对八里桥地区存在的"三合一"、"多合一"，挤占消防通道以及聚苯类彩钢板建筑用于居住、生产、储存、经营等非法、违法行为进行了全面整治。共查处安全隐患50余处，涉及16家企业。检查人员要求其中2家石材加工、12家塑钢加工的企业立刻停产整改，对八里桥农产品中心批发市场有限公司、北京市通顺明珠建材市场有限公司下了责令限期整改指令

书，并持续督促指导2家单位的整改工作，直到达到安全生产标准。

（杨镜坡）

【企业安全生产标准化建设】 2011年年初，继续深入开展安全生产标准化"金安企业"创建工作，通州区"金安企业"达到78家。以"金安企业"为样板，在全区广泛推进各行业领域的安全生产标准化工作。5月份，按照全市统一部署，启动危险化学品安全生产标准化3级达标，对全区165家危险化学品生产和经营（有储存）单位进行了系统培训，遴选了4家有资质的咨询评审机构提供专业服务，并深入企业进行跟踪指导。督促企业完成了自查整改、发布令公告等环节，进入为期1年的试运行阶段，完成了2011年度标准化工作既定的工作任务。

（荆春花）

职业安全健康

【职业健康监督执法工作】 2011年年初，通州区安全监管局制发了《关于进一步做好职业健康监督管理工作的通知》，要求各乡镇、街道加大执法检查力度，每月开展职业健康监督执法不少于10家，全年实现职业健康监管全覆盖。截至12月底，全区共检查各类生产经营单位758家次，其中烟花爆竹销售网点17处、工业企业353家。共下发执法文书290份，处理职业健康举报3起，排查各类职业危害隐患943处，对16家限期未整改的企业进行了处罚，罚款21.3万元。

（王俊生）

【创建职业健康示范镇】 2011年年初，通州区安全监管局以马驹桥镇为试点，全面推进职业健康示范镇建设工作。对照《职业健康示范镇企业达标标准》，马驹桥镇组

织168家企业职业健康管理人员进行了系统培训，督促并指导企业建立机构、完善制度、自查隐患、治理职业健康隐患。特别是建立了企业负责人和职业健康管理人员约谈机制，听取企业开展隐患自查整改的信息反馈，指导企业有效开展职业健康管理工作，全年相继约谈企业40家。全镇企业职业健康建档率、职业危害检测率明显提高，职业危害申报工作得到显著加强。

（王俊生）

【完善职业健康监管档案】 2011年，通州区安全监管局建立了职业健康检查月报制度，要求各乡镇、街道根据日常检查情况分别建立检查台账。同时，区安全监管局分门别类建立了全区作业场所职业危害隐患台账，并有重点地对金属结构、石材加工行业开展了集中执法，将整改情况及时记入台账，为后续管理奠定了基础。

（张德超）

【开展职业病危害申报工作】 针对通州区现代化国际新城建设中部分生产经营单位关、并、转、迁等情况，区安全监管局采取多项措施跟踪企业职业卫生信息变化情况，以保证职业病危害申报工作的质量和效果。一是继续坚持每季度末与基层安监科进行一次数据核实，及时指导企业进行网上申报、变更和注销，客观真实记录企业职业卫生信息；二是组织开展职业危害申报培训班8次，培训企业管理人员1 190人；三是组织力量对职业危害网上申报企业填报情况进行了全面筛查，对有缺项、漏项等填报不完整的企业进行了标注并指导企业及时修正。截至年底，全区新增申报企业147家、变更申报311家，注销189家。

（张德超）

【职业健康管理员队伍建设】 2011年年初，通州区安全监管局制发了《2011年通州区职业健康管理员岗位建设工作方案》，严格职业健康管理员选用标准，积极开展专题培训。先后在区、镇两级建立完善了管理档案系统，印制了《职业健康管理员管理档案》范本，并严格人员培训档案管理。截至年底，共开展职业健康管理员脱产培训3期，培学员510人，区安全监管局对经培训考核合格的470人颁发了统一制式的职业健康管理员培训合格证。

（王俊生）

【有限空间作业场所专项整治】 4月，通州区安全生产委员会制发了《北京市通州区有限空间作业安全生产专项治理行动实施方案》，召开了动员部署会，在全区范围内启动有限空间作业安全生产专项治理行动。全年，区安监、区发改、区市政市容、区水务等部门采取联系执法的形式，对危险性大、情况复杂的176个作业单位进行了安全检查。重点检查了区供暖中心、区电力公司、小区物业等80家有限空间作业单位，对培训未落实到一线作业人员、管理制度不健全等77个隐患进行责令整改。9月，区安全监管局联合区新农办、农业局农服中心等单位对全区畜禽养殖、沼气站（秸秆气化站）的安全运行情况进行了检查，有效消除了有限空间作业生产安全隐患。

（王俊生）

【职业安全健康宣传教育活动】 自5月份开始，通州区安全生产委员会相继开展了企业职工职业健康有奖答卷、职业病防治法宣传和咨询周、职业健康防治巡回展览等活动，全面宣贯《作业场所职业健康监督管理暂行规定》、《作业场所职业危害申报管理办法》等法律法规。共印制并发放《北京市家具行业作业场所职业卫生规范》3 000册、《作业场所职业健康监督管理暂行规定》和《作业场所职业危害申报管理办法》2 000 册。

（张德超）

【职业安全健康监管工作互查】 根据国家安全监管总局的部署，北京市安全监管局和宁夏回族自治区安全监管局就木制家具、石英砂、石棉加工企业的职业健康监管工作进行了互查。9 月 21 日，宁夏安全监管局一行 4 人在市安全监管局工作人员的陪同下，对通州区 2 家木质家具企业进行检查。听取了企业职业健康管理情况汇报，检阅了职业健康档案，查看了现场作业场所。检查结束后，宁夏安全监管局工作人员对通州区职业健康监管工作予以充分肯定，并在企业如何进一步加强主体责任和落实管理责任等方面提出意见和建议。

（张德超）

安全生产宣传培训

【企业负责人和安全管理人员培训】 1 月 4 日，通州区安全监管局制定下发《关于认真做好 2011 年度企业主要负责人和安全生产管理人员培训工作的通知》（通安委办发[2011]3 号），于 3—6 月，分批对全区 11 个乡镇、4 个办事处的企业主要负责人和安全生产管理人员进行了培训。由区安全监管局外聘授课教师，各乡镇、街道具体组织，重点宣贯了《国务院关于进一步加强企业安全生产工作的通知》（国发[2010]23 号）、《北京市人民政府关于进一步加强企业安全生产工作的通知》（京政发[2010]40 号）等文件精神，并就安全生产现场检查基本程序，检查重点内容及原则方法等相关知识进行了详细讲解。整个培训期间，共组织培训班 13 场，4 000 余名企业负责人和安全管理人员参加了培训。

（崔路棋）

【安全生产月宣传咨询日活动】 5 月 25 日，通州区安全监管局制发了《关于开展全区安全生产宣传咨询日活动的通知》（通安委办发[2011]12 号），全面部署安全生产月宣传咨询日活动。6 月 12 日，全区各乡镇、街道办事处分别设立宣传会场，区安委会成员单位深入乡镇、街道进行宣传。咨询日期间，全区共有 1 000 余人参加了宣传活动，布置安全知识展板 500 余块，悬挂横幅 300 余条，发放宣传册与印有安全标语的海报、编织袋等宣传品 10 万余件，受教育人数约 20 万人。同时，区安全监管局在各宣传会场设立"12350"受理咨询台，集中受理安全生产举报投诉，并对投诉电话进行社会宣传。一些乡镇将会场设在人流量较大的集市，并安排了秧歌、快板等民众喜闻乐见的文艺节目为宣传活动营造声势，掀起了"安全生产月"活动高潮。

（崔路棋）

【通州区第六届"安全文化节"】 6 月 3 日，围绕"贯彻国务院《通知》精神，落实企业主体责任，服务现代化国际新城"这一主题，通州区安会生产委员会办公室、区安全监管局在区教研中心举办了通州区第六届"安全文化节"开幕式。部署了 7 项全区性活动，包括开展企业"安全文化"建设论坛巡讲活动、全区生产经营单位主要负责人及安全生产管理人员大培训活动、家庭安全知识竞赛活动、安全教育漫画征集大赛活动、安全生产歌曲"学、唱、传"活动、安全生产影片集中展映活动和组织召开通州区安全生产标准化"金安企业"表彰大会。开幕式上，区安委会领导向通州区企业代表赠送了安全文化建设书籍和光盘。仪式结束后，部分企业代表和北京交通大学宋守信教授分别就如何加强企业安全文化建设，提升安全管理水平进行了研讨，全面拉开了"安全文化节"活动的序幕。

（崔路棋）

【"安全生产条例"宣传咨询日】 8月31日，通州区安全监管局广泛开展新修订的《北京市安全生产条例》宣传咨询日活动。在各乡镇、街道办事处的中心大街、工业园区主街道或人群较为集中的农贸市场设立宣传会场，在重点企业设立宣传咨询站点，通过广播宣传、组织安全文艺节目演出等多种形式，向社会公众和企业从业人员广泛宣传新《北京市安全生产条例》内容，并开展现场咨询。此次咨询日活动共摆放宣传展板200余块，悬挂横幅70余条，出动宣传车15辆，发放宣传册和印有安全标语的海报、手提袋等宣传品8万余件，受教育人数约20万人。同时，区安全监管局在《通州时讯》报刊上制作专题节目1期，向广大读者解读新《北京市安全生产条例》内容，为新《条例》的贯彻落实营造良好的舆论环境。

（崔路棋）

【安全生产检查员继续教育培训班】 11月，通州区安全监管局按照市安全监管局关于乡镇、街道安全生产检查员继续教育的有关规定和通州区安全生产年度培训工作的安排，举办了通州区2011年安全生产检查员培训班，对全区63名安全生产检查员进行了安全生产法律法规及现场安全检查知识培训，培训结束后进行了考核，63名安全检查员考试成绩全部记入继续教育培训档案。

（崔路棋）

【安全生产对外宣传工作】 2011年，通州区安全监管局紧密围绕全区安全生产工作总体部署和全局工作重点，着力加强新闻报道和对外宣传工作。全年，通州电视台共播出新闻40条，报纸登载新闻稿件44条，《中国安全生产报》、《劳动保护》杂志登载稿件7篇。在通州电视台播出安全专题22期，《通州时讯》登载安全专刊41期。编辑印发通州区《安全监管动态》44期。在北京人民广播电台城市服务管理广播《安全新干线》栏目播出节目10期。编辑印发《安全监管动态》48期。

（崔路棋）

安全生产法制建设

【安全生产委托执法】 2011年年初，通州区安全监管局与各乡镇、街道签订了《通州区安全生产行政执法委托书》。4月，向各乡镇、街道下发了《通州区安全生产监督管理局2011年安全生产委托执法考评方案》（通安监发[2011]14号），对基层安全科全年检查企业数量、下达执法文书数量和移送案件数量等指标进行了量化。12月，向各乡镇、街道下发了《关于换发安全生产委托执法工作证件的通知》和《关于开展2011年度安全生产委托执法考核工作的通知》，对各单位委托执法人员情况等进行了统计，完成了2011年度委托执法人员换证和考核工作。全年，各乡镇、街道共向区安全监管局移送安全生产违法案件74起，区安全监管局共立案处罚委托执法移送案件12件，罚款总额7.1万元。

（白华）

【依法行政专题培训】 3月8日，通州区安全监管局组织召开专题会议，对局内行政执法人员、行政许可人员进行了统一培训，进一步规范局内行政执法行为，强化执法案卷制作。会上学习了《北京市人民政府关于进一步加强和改善行政执法工作的意见》及相关文件，参会人员结合培训情况，就行政执法有关问题开展了认真讨论。为进一步检验依法行政学习及培训成效，11月，区安全监管局向机关全体人员印发了《2011 年领导干部、行政执法、行政许可人员学法用法考核试卷》，组织机关全体人员开展了依法行政考试工作，进一步强化各类人员的依法行政意识。

（白华）

【制订安全生产执法检查工作考评方案】 4 月，通州区安全监管局制订了《2011 年安全生产执法检查工作考评方案》（通安监办发[2011]8 号），确定了局内 2011 年执法检查工作目标，即：全年检查单位家次不低于 2 500 家；下达整改指令书份数不低于 1 250 份；行政许可单位检查覆盖率 100%；行政处罚立案起数不低于 137 起；执法检查复查率 100%；行政执法案卷合格率 100%；行政复议维持率和行政诉讼胜诉率 100%。同时，将全局执法检查指标分解到各个执法科室，要求各执法科室将执法检查任务进行分解，具体落实到每个执法检查组，制订执法检查的年度、季度和月执法检查计划，并认真加以落实。年底，各项执法检查工作目标均顺利完成。

（白华）

【安全生产法制宣传教育】 按照通州区依法治区领导小组要求，区安全监管局制订了《2011 年法制宣传教育工作计划》，6 月 28 日至 7 月 4 日，以"做守法公民、建安全新城"为主题，结合安全生产工作实际，开展了"打击违法建设主题法制宣传周"活动，共发放《北京市人员密集场所安全生产规定问答》以及安全生产宣传挂图等各类宣传资料 2 000 余份。为进一步推进安全生产法制宣传教育工作，区安全监管局青年党员志愿服务队紧紧围绕"繁荣法制文化，服务新城发展"的主题，到马驹桥镇开展了"12·4"法制宣传日暨青年党员志愿服务队宣传活动，发放《北京市安全生产条例》以及安全生产宣传挂图等各类宣传资料 1 000 余份。

（白华）

【强化依法行政社会监督】 9 月，通州区安全监管局制发了《行政执法效果评估社会满意度调查工作实施办法》（通安监办发[2011]13 号），选取了通州区有代表性的社会执法监督员共计 4 人（包括人大代表、政协委员、相关领域专家等），每年至少 2 次邀请社会执法监督员参与执法，测评执法人员的执法情况，收集监管对象对安全生产执法工作的意见，每次活动结束后，组织社会执法监督员填写《行政执法效果评估社会满意度调查表》，召开社会执法监督员座谈会议，听取社会执法监督员对执法工作的意见和建议，查找存在的问题和不足并采取措施及时改进。

（白华）

【做好"国家行政强制法"实施前的准备工作】 《中华人民共和国行政强制法》将于 2012 年 1 月 1 日起施行。为做好法律实施前的准备工作，2011 年 10 月，通州区安全监管局按照区法制办有关要求，对行政强制实施主体进行了清理。经过清理，区安全监管局实施的行政强制措施涉及 2 项，即查封场所、设施或者财物和扣押财物。实施的行政强制执行涉及 2 项，即加处罚款或者滞纳金以及拍卖或者依法处理查封、扣押的场所、设施或者财物。同时，对区安全监管局起草的规范性文件进行了清理，经过清理，规范性文件中没有包含行政强制法所禁止的内容。

（白华）

顺义区

概　述

2011 年，顺义区安全生产工作以深化事故隐患自查自报和严厉打击非法违法生产经营建设行为专项行动为主线，固化安全生产监管长效机制，不断夯实安全生产基层基础，全区安全形势保持了总体稳定。顺义区先后获得北京市安全生产知识竞赛一等奖；"安全生产动态监管系统"荣获北京市十大应用成果奖、第二届全国安全生产电视作品一等奖，并申报国家安全监管总局第五届科技成果奖和国家安全监管总局创新工作奖，同时作为参展单位参加了北京市科博会为期 6 天的展览展示工作；协助国家安全监管总局承办了全国安全隐患排查治理现场会。

综合监管运行机制更加顺畅。一是全年安全生产工作任务基本完成。3 月份，顺义区组织召开全区安全生产大会，重点部署了 2011 年安全生产工作；逐级签订了《安全生产责任书》；制定下发了《2011 年安全生产重点工作》，确定了行业、属地、综合监管部门 17 项重点任务，明确了责任部门、工作时限；对 40 家属地下达了 9 011 份执法文书指标，包括整改指令书 3 604 份和 37 份移送案件的硬性指标。二是不断完善协调办公机制。坚持每季每月召开核心行业部门和属地科长安全例会，适时召开专项、重点工作协调会，累计召开 34 次；行业、属地间发送告知函、移送函 70 份，并依托分类分级动态管理系统，每月通报行业部门和属地政府硬性指标完成情况以及重点工作进展情况。三是完善综合目标考

核体系，建立季度指标考核制度。依照属地、核心行业、其他行业部门不同的管理职责，修订了《2011 年安全生产工作考核细则》，调整和增加了责任制、企业复评、自查自报、安全生产标准化等硬性指标，每季度定期分析和通报执法监督、专项整治、教育培训、自查自报等工作进展，并于 11 月份组织实施了年度安全生产考核工作。四是建立隐患分析制度。依托系统，梳理隐患上报、治理、挂账、销账的流程，对企业自查自报隐患和政府部门监督检查隐患进行分析，针对突出问题集中开展专项整治，研究制定了重大隐患识别标准和上报流程。

安全生产标准化建设不断推进。一是企业主体责任意识显著提高。通过开展分类分级和自查自报管理工作，进一步优化了全区安全监管的政务环境，改善企业的安全生产条件，提高生产经营单位的安全意识和行业属地的履职能力。企业上报的主动性和自觉性明显提高，全年累计上报各类隐患 99 229 项，隐患发现条数、隐患上报质量均比 2010 年有了显著提高，危化行业企业上报率达到 100%，各行业、属地累计开展对 2 085 家企业上报的 8 658 项隐患进行现场核查并逐一指导企业整改。二是制定《顺义区深入推进企业安全生产标准化建设工作方案》并通过国家安全监管总局审核，确立了顺义区创建国家级安全生产标准化示范试点城市 5 年工作计划。三是召开危险化学品、工业企业安全生产标准化推进工作现场交流会。组织 60 余家冶金、有色金属、机械制造企业和汽车制造及配套业安全管理人员参观学习北京首

钢冷轧薄板有限公司标准化建设工作。

"打非"工作取得明显成效。全区上下统一思想、态度坚决、行动一致，措施有力。共出动执法检查人员 16 580 人次，检查各类生产经营单位和场所 13 403 处，下达执法文书 2 487 份。开展了废品回收、违法建设、地下空间、燃气安全等 8 个专项整治行动，累计拆除违法建设 29.6 万平方米。其中，第 11 次挂账违法建设拆除并恢复地貌 73 宗，拆除面积 26.1 万平方米，新发现违建 56 宗，已全部拆除，拆除面积 3.5 万平方米；挂账治理非法经营 1 240 户，已销账 1 168 户，销账率 94.2%，清退鑫粤顺等市场商户 1 545 户，检查发现各类安全隐患 9 360 项，已整改消除 8 981 项，整改率 95.9%，累计罚款 726 余万元，拘留 22 人，出"打非"简报 55 期，报社专栏 12 期、刊载新闻 40 条，电台信息 115 条，电视新闻 70 条。

"打非"期间，区委、人大、政府各级领导率先垂范，区委书记张延昆 22 次作出重要批示，先后 8 次实地调研检查工作。区长王刚与各属地和相关职能部门签订责任书，属地全面负责，行业协调配合。通过电视台、电台、报纸以及农村文化墙、社区电子屏等多种手段，大力宣传政府政策和法律法规，为"打非"工作营造良好的舆论氛围。

通过此次"打非"行动，有效改善了城乡环境质量，规范了经营秩序，锻炼了主要职能部门的执法队伍，进一步提高了行业、属地责任意识和履职能力。

执法监察力度不断加强。区安全监管局全年检查生产经营单位 5 613 家次，下达执法文书 3 043 份，其中责令整改 1 728 份，查处事故隐患 6 382 项，经济处罚 170.1 万元。先后开展了建材、油漆等行业专项整治 25 次，开展对地铁 15 号线工程、批零

市场、有限空间、校园安全等联合执法 32 次，开展北京国际汽车用品展览会、中国国际服装服饰博览会等大型活动安全保障 31 次。

宣传教育紧贴中心工作。以"安全责任重在落实，严厉打击非法违法生产经营建设行为"为主题，组织开展了第 11 个安全生产月活动，组织第六届顺鑫农业书画作品摄影展、第三届安全生产文艺竞赛，组织开展以宣贯市政府 40 号通知、自查自报标准为主要内容的企业一线职工知识竞赛，组织顺鑫农业下属企业、中北华宇等 8 家企业开展了安全文化示范企业创建活动；召开《北京市安全生产条例》宣贯工作部署大会，联合区文委、区商务委、区质监局等行业部门开展全区安全生产主题宣传日活动，重点对新修订的《北京市安全生产条例》进行讲解；全年组织培训 54 期 10 873 人。

协助国家安全监管总局承办了全国安全隐患排查治理现场会。10 月 26 日、10 月 27 日一天半的时间，全国安全隐患排查治理现场会圆满完成各项会议议程，国家安全监管总局局长骆琳和北京市市长郭金龙亲自参加会议，强调要认真贯彻落实党中央、国务院关于加强安全生产工作的一系列重大决策部署和指示精神，深入推广北京市顺义区等地建立隐患排查治理体系、有效防范事故的先进经验和做法，探索创新政府和部门安全监管机制，强化和落实企业安全生产主体责任，更好地把握隐患治理、事故防范的主动权，打好安全隐患排查治理攻坚战，有效防范和坚决遏制重特大事故发生。会议时间虽短，但做到了主题明确，内容丰富，受到了与会代表和各级领导的一致好评。

顺义区安全生产工作也存在着一些薄弱环节。一是城市运行安全隐患突出。随

着全区城市化进程的不断加快，水电气热安全管理工作摆在更加突出的位置。目前，全区排查出危急和严重线下隐患 558 处，有限空间约 14 万个，市政管线共 2 617.6 公里，农村沼气站 23 家。二是行业、属地工作不平衡。部分行业、属地工作进度缓慢，监管工作落实不到位，季度监管工作指标不能按时完成。三是非法违法行为时有发生，企业主体责任意识仍需加强。部分企业安全生产主体责任不落实，抢工期、赶进度，违法施工、违规作业、违章指挥等现象屡禁不止。此外，随着周边城区拆迁工作大量开展，大量低端行业从业者涌入本区，流动性、隐蔽性更强，已成为事故发生和从事非法违法的潜在主体。

（张义刚）

安全生产综合监督管理

【安全生产控制考核指标完成情况】 2011 年，顺义区共发生交通事故 358 起，同比下降 17.9%，死亡 90 人，同比上升 1.1%；发生火灾事故 165 起，同比下降 6.3%；发生生产安全死亡事故 4 起，死亡 4 人，未突破市政府下达的生产安全事故控制指标。

（李建峰）

【年度安全生产工作会议召开】 3 月 2 日，顺义区 2011 年安全生产工作会议召开。区委常委、常务副区长李友生，区委常委、副区长林向阳出席会议。大会总结了 2010 年以及"十一五"时期全区安全生产工作完成情况，部署了 2011 年重点工作任务；交通局、张镇、首钢冷轧公司领导和负责人作了典型发言；区委常委、副区长林向阳与全区行业、属地、综合监管部门代表签订了《安全生产责任书》。

（张义刚）

【第一季度安全生产工作会召开】 4 月 11 日，顺义区召开第一季度安全生产工作会，区委常委、副区长林向阳出席并讲话。会议通报了第一季度生产安全、交通安全、消防安全指标控制情况以及安全生产隐患自查自报工作进展情况，部署了下阶段安全生产工作。顺义区住建委、大孙各庄镇作了典型发言。

（张义刚）

【上半年安全生产工作总结会召开】 7 月 14 日，顺义区安全生产委员会组织召开全体成员单位大会，总结上半年工作，并对下半年工作进行了部署。区委常委、副区长林向阳指出，上半年全区安全生产工作综合监管协调有力，安全形势总体稳定，尤其是在"打非"期间，充分发扬了干事认真的精神，取得了较好的成绩，并强调：一是要坚持"安全第一、预防为主、综合治理"的方针，落实企业主体责任，关口前移，排查并及时整改隐患；二是要加大日常巡查及执法检查力度，对非法违法行为要做到拒绝新增、减少存量；三是要重视举报，做到公众参与，并认真学习贯彻胡锦涛总书记"七一"讲话精神，实现安全生产监管精细化、科学化。

（张义刚）

【第四季度安全生产工作大会】 10 月 8 日，顺义区安全生产委员会办公室分别组织 25 家重点行业部门主管安全生产副职、40 家属地主管副职及安全科长召开季度工作部署会，会议总结了全区第三季度安全生产工作情况，对第四季度重点是事故隐患自查自报进行了安排部署，并对隐患上报质量、各单位隐患核查指标等作了明确规定。

（张义刚）

【全国安全隐患排查治理现场会在顺义召开】 10 月 26—27 日，全国安全隐患排查治理现场会在北京市顺义区召开。国家安全监管总局党组书记、局长骆琳出席会议并讲话；北京市委副书记、市长郭金龙出席会议并致辞；顺义区区长王刚作了隐患排查治理体系建设工作汇报；与会代表观看了顺义区安全隐患排查治理专题片，实地参观了江河幕墙股份公司、顺鑫农业股份公司、中石油昆仑燃气液化气分公司、中北华宇建筑工程公司等企业的安全隐患排查治理情况；北京市、山西省、天津市、辽宁省沈阳市、广东省珠海市安全监管局，安徽省煤监分局，北京市顺义区政府，中国建材集团等单位作了经验介绍。

国家安全监管总局副局长付建华，北京市副市长苟仲文，煤监局副局长王树鹤、李万疆出席会议。各省级安全监管部门、煤矿安全监察机构，副省级城市安全监管部门，部分中央企业，安全监管总局、煤监局机关司局、应急指挥中心及直属事业单位负责人，北京市各区县主管副区长、安全监管局长和北京经济功能区安全监管局局长，顺义 40 家安委会成员单位和 19 个镇、6 个街道、15 个经济功能区领导参加了会议。

（张义刚）

【组织工业企业召开约谈会】　顺义区共有工业企业 1 306 家，2011 年第三季度自查自报上报一般隐患 10 403 条，一般隐患中未处理隐患 39 家 114 条。11 月 29 日，区安全监管局组织召开约谈会，对未处理隐患的 39 家企业的主要负责人和安全管理人员进行了约谈。会议明确指出，自查自报工作是企业安全管理的抓手，企业负责人要认真履行安全监管职责，做到主要领导亲自抓、分管领导具体抓、班子成员共同抓，务必把安全生产工作抓紧、抓细、抓实。经过约谈，39 家企业的参会人员表示要遵守法律法规规定，对人员安全及企业生产经营负责，及时按要求整改隐患。

（胡建忠）

【国家安全监管总局副局长到顺义调研】　7 月 12 日，国家安全监管总局副局长孙华山及中国安科院、中国安全生产协会一行 12 人到顺义区调研安全生产分类分级和隐患自查自报工作，对顺义区安全生产工作给予了高度肯定，并提出 3 点建议：一是延伸现有成果，将分类、自查标准与全国安全生产标准化建设相结合；二是延伸隐患管理，充分体现预防为主理念，建立隐患预警机制；三是延伸标准制定，使企业检查标准更加结合实际，做到合理性、科学性。北京市安全监管局局长张家明、顺义区区委书记张延昆、区长王刚、副区长林向阳等陪同调研。

（张义刚）

【国家安全监管总局局长到顺义调研】　10 月 25 日，国家安全监管总局党组书记、局长骆琳及有关司局负责人一行到顺义调研安全生产事故隐患排查治理自查自报工作以及全国安全隐患排查治理工作现场会准备情况。骆琳一行在实地察看了企业生产车间，听取企业隐患自查自报情况汇报，了解自查自报上报流程后，对顺义区安全生产和事故隐患自查自报工作给予了充分肯定。国家煤监局副局长李万疆、北京市副市长苟仲文、市安全监管局局长张家明和顺义区委书记张延昆，区长王刚，区委常委、副区长林向阳参加了调研。

（张义刚）

【"打非治违"工作全面展开】　根据顺义区政府4 月 28 日召开的"全面展开非法违法生产经营和安全隐患整治行动"会议精神，顺义区安全监管局，立即开展"打非治违"专项行动。一是成立打击非法违法生产经营单位领导小组，制订顺义区"打非治违"专项行动工作方案，明确"打非治违"专项工作的原则、目标、具体实施方法；二是根据《北京市禁止违法建设若干规定》（市政府 228 号令），结合区内行业、属地部门职责特点，为各行业和属地部门量身制定了《顺义区坚决制止违法建设和非法生产经营消除安全隐患责任书》33 种。

（张义刚）

【消防隐患排查专题会】 5 月 2 日上午，顺义区召开消防隐患排查专题部署会，常务副区长李友生，副区长林向阳、赵贵恒参加了会议。会议要求，对违法建设的认识要提升到一个新高度：一是由安全监管部门牵头，区规划、建委、工商、公安、城管、国土等部门各负其责，立即对现有大型建材城进行彻底调查，重点检查 3 证（规划许可证、土地证、开工证）、用地合同、投资情况、商户执照、经营情况等，排查"三合一"、"多合一"、消防、用电、危险化学品使用等安全隐患。二是由仁和镇牵头，城管、规划、国土、建委等部门参与，研究建材市场整改及拆除方案。

（张义刚）

【现场指导拆迁安全】 从 5 月 23 日开始，顺义区安全监管局抽调执法人员专门成立拆迁检查指导小组，对后沙峪镇广顺峪达旧货市场拆违施工现场进行全天候安全巡查指导。

（赵一平）

【市安全监管局督导"打非治违"专项行动工作】 6 月，北京市"打非办"组长、市安全监管局副局长蔡淑敏带队，市安全监管局相关处室负责人组成专项行动检查第五督导组 2 次对顺义区进行督导检查，对顺义区"打非治违"工作给予了充分的肯定和高度评价。

（张义刚）

【开展"打非治违"专项行动考评工作】 9 月 19—21 日，顺义区按照《2011 年"打

非治违"专项整治工作拉练考评方案》开展属地"打非治违"考评工作。通过考评，反映出属地工作落实扎实，切实拆除了大批违法建设、取缔和清除了大量非法经营单位，消除了大量安全生产隐患。

（张义刚）

危险化学品安全监管监察

【危险化学品使用单位安全监管办法】 4 月 1 日，顺义区安全监管局制定了北京市首个《危险化学品使用单位安全生产监督管理办法》（以下简称《办法》）。《办法》共分 5 章 27 条，内容明确了 40 家属地、9 种行业、5 家专项及 1 家安全综合监督管理部门职责，对使用单位落实企业安全生产主体责任做出了奖惩规定，解决了危险化学品管理环节抓手问题。同时，安全监管局组织召开了宣传贯彻大会，对《办法》进行了详细的解读，并结合企业自查自报工作，就如何排查危险化学品安全隐患、如何控制事故隐患、如何上报隐患等方面进行了具体培训。全区机械、冶金、建材、轻纺 4 大行业 320 家规模企业负责人参加了会议。

（王清）

【打击危险化学品非法经营行为】 从 5 月 19 日开始，顺义区安全监管局在全区范围内开展了打击非法经营油漆、特种气体等危险化学品专项执法检查行动。此次行动，共责令 5 家存在非法经营油漆类危险化学品行为的建材城停产停业整顿；责令 81 家销售建材过程中存在搭售少量油漆非法经营行为的个体经营小门店停止销售，并将产品退回厂家处理。

（王清）

【危险化学品生产经营单位执法检查】 顺义区安全监管局于 9 月 5—16 日，对全

区 122 家储存危险化学品的经营单位进行了安全生产检查。此次大检查分为市安全监管局领导带队检查、顺义区和平谷区互查及本区自查 3 个层次同步进行。实施中成立了组织机构，制定了工作目标，规范了检查内容，明确了执法力度和责任。检查中发现主要存在气瓶防火帽缺失、防倒链未起到防倒作用、安全标识不足量、配电室用电问题等 63 项安全隐患，下达隐患整改指令 29 份。

（王清）

【市安全监管局检查危化品企业"两会"安全保障】 2 月 28 日，市安全监管局副局长丁镇宽带队，对顺义区 3 家危险化学品经营单位管控化学品和易制毒化学品的经营管理情况进行了督导，并强调要求：在"两会"期间，不得超量储存易制毒、易制爆管控化学品，凭证买卖，详细记录进出库登记和销售流向登记；要充分落实各项管理制度，各岗配齐人员，定岗定则；要做好货品储存工作，配备足够量的应急救援器材；要加强"两会"期间的应急值守工作，做到领导 24 小时带班，保持通信畅通。

（王清）

【危险化学品单位"消防平安行动"】 从 3 月 22 日开始，顺义区在危险化学品、非煤矿山、烟花爆竹批发单位范围内深入开展"消防平安行动"在身边活动。一是将"消防平安行动"宣传到全区所有危险化学品从业单位，并要求在以"日查周报"为原则的安全生产自查自报工作中，突出自查消防安全的内容；二是要求从业单位在每季度的应急演练中，必须加入消防器材使用的演练内容；三是安全监管局相关科室将消防安全检查纳入全生产重点执法检查计划中，在日常检查时，消防安全作为必查项目，及时发现并处理安全隐患，绝不姑息。

（王清）

【重大危险源备案工作】 6 月 9 日，顺义区安全监管局组织召开危险化学品重大危险源企业工作会，重点对《北京市危险化学品重大危险源安全管理办法（试行）》和北京市安全监管局关于印发《北京市危险化学品重大危险源备案管理工作实施方案的通知》（京安全监管发[2011]43 号）进行详细讲解。要求生产经营单位负责贯彻执行法律法规规定及标准要求，落实本单位重大危险源的辨识、登记建档、安全评估、监控检测、监控预警和申请备案等安全生产主体责任，建立和完善本单位重大危险源监控检测、监控预警和应急管理系统。

（王清）

【危险化学品使用单位培训交流会】 7 月 13 日，顺义区安全监管局、文化委员会、农业委员会、药品监管局 4 家危险化学品使用单位行业主管部门召开了危险化学品安全生产执法检查交流培训。会上，区安全监管局详细讲解了顺义区《危险化学品使用单位安全生产监督管理办法》的内容；对企业危险化学品安全管理制度建设，在生产作业场所、危险品储存、设备设施管理上执法检查的重点逐一进行解答；各行业主管部门安全负责人就目前所属企业危险化学品安全管理存在的一些问题和安全管理经验进行交流。

（王清）

烟花爆竹安全监管监察

【规范烟花爆竹经营网点】 1 月 5 日，顺义区安全监管局出台烟花爆竹经营网点规范要求。一是严格落实主要负责人管理责任。要加强烟花爆竹安全管理知识的学习，确保经营中充分发挥第一责任人的作用，特别是除夕、初一、初五、十五等重点时段，更要加强烟花爆竹的经营管理。二是加强网点的自查力度，落实工作责任。在经营期间增强自律意识、安全意识，提高自查隐患的责任心，每隔2小时对经营网点的经营区、储存区、销售棚周围安全情况进行检查，做好检查记录。三是加强事故应急处理能力。要在经营前、经营中进行两次应急救援演练，每个经营人员要定位定责，要有照片、有记录。同时，区安全监管局与销售网点负责人统一签署安全承诺书，要求零售网点为员工集体缴纳工伤保险，统一缴纳安全责任险。

（王清）

【烟花爆竹经营网点安全管理知识培训】　1月5日，顺义区安全监管局联合区公安分局、区工商分局、区交通局、区城管大队分3批对165家烟花爆竹经营网点的495名主要负责人和安管人员进行安全管理知识培训，重点学习了2011年烟花爆竹相关管理规定、安全管理要求和事故应急救援措施等方面的知识。通过培训后考核，参加培训人员中492人达到了目标要求。

（王清）

【烟花爆竹零售点地址核实工作】　1月25日，顺义区安全监管局对全区烟花爆竹零售点地址进行了核实检查，重点是核实实际经营地址是否与上报地址一致、经营场所是否符合安全生产经营条件。通过检查，发现3家烟花爆竹经营地址与上报地址不符，执法人员现场对其给予了警告，责令限期整改，整改不合格将不予发证。此次检查，为规范烟花爆竹经营市场，保障春节期间人民群众的生命财产安全，营造一个和谐良好的节日氛围起到了保障作用。

（王清）

【发放烟花爆竹经营行政许可证】　1月

28日，顺义区安全监管局对全区164家烟花爆竹销售网点发放了烟花爆竹经营许可证，并对492名通过考核的从业人员发放了北京市烟花爆竹零售网点从业人员上岗证，为保证节日期间烟花爆竹的销售安全打下基础。

（王清）

【烟花爆竹网点安全检查】　1月29日—2月17日，顺义区安全监管局各主管领导分别带队开展烟花爆竹专项检查工作。区安全监管局内4个前勤科室按地域进行分片负责，落实监管责任，每日共出动检查人员30名，出动执法检查车9辆，对全区所有零售网点进行高密度巡查。

（王清）

【2012年度烟花爆竹工作会】　10月10日，顺义区安全监管局组织召开2012年度烟花爆竹第1次工作会，21家设有烟花爆竹零售网点的属地部门参加会议。会议要求：一是压缩烟花爆竹销售网点设置数量；二是由烟花爆竹批发单位直营；三是城镇地区统一按装视频监控系统；四是各属地严格按照北京市烟花爆竹地方标准做好烟花爆竹销售网点地址初选工作。

（王清）

【完成烟花爆竹回收工作】　2月17日，顺义区安全监管局制定下发了《顺义区2011年烟花爆竹回收工作方案》，对回收工作的组织领导、时间、范围、地点、方式等做了具体要求，明确了批发企业及零售网点的安全责任，要求批发企业主要负责人及时督促落实各项安全管理制度、操作规程和应急措施，并派出专用车辆进行回收押运，确保回收储存环节的安全。《方案》要求零售网点在达到许可期限后，立即对剩余产品数量进行清点、整理和查验，剩余产品要分级分类存放，不得将剩余产品转移存放至其他地点。如发现违规行为，将对经营负责人进行行政处罚，并且 3 年内不再予以行政许可。回收期间，77 家经营网点剩余物品 1 713 箱（其中：烟花 1 065 箱，爆竹 648 箱）做到了安全回收。

（王清）

矿山安全监管监察

【部署非煤矿山企业复工验收工作】
3 月 21 日，顺义区安全监管局组织召开非煤矿山节后恢复生产验收部署工作会议，传达学习了《顺义区非煤矿山开复工验收方案及标准》，重点要求企业在复工前必须做到：一是召开专项安全生产工作会议，做好恢复生产前的动员工作；二是抓好从业人员的教育培训工作，分工种、分岗位对全体从业人员进行岗前业务培训，严格落实"三级"安全教育培训，并做好培训记录，凡未经培训或考核不达标的，一律不得上岗；三是认真制定恢复生产计划和落实安全防范措施，做好隐患排查和整改工作，对重点部位、场所和设施设备进行全面检查和测试，达不到安全生产要求的，严禁投入生产使用。

（王清）

【非煤矿山接受市局检查】 8 月 17 日，市安全监管局副局长贾太保等对顺义区 4 家非煤矿山企业进行指导检查。检查组在听取企业汇报后，分别进行了实地勘察。通过检查，市安全监管局领导对顺义区非煤矿山的安全监管工作给予了肯定，对非煤矿山企业负责人及安全管理人员的思想认识及安全管理能力也给予了认可。

（王清）

安全生产事故隐患排查治理

【隐患排查治理工作协调会】 5 月 19 日，顺义区安全生产委员会办公室组织召开了由区住建委、区发改委、区市政市容委、区民防局、区消防支队、区国土分局相关负责人参加的专项整治安全生产隐患排查治理工作协调会。会议要求各主责部门在 5 月 20 日—6 月 10 日期间集中开展对地下空间、民用燃气、线下安全、三合一（六小）、违法建设的专项整治，明确了专项整治的责任部门、整治时限、整治重点和相关的要求。

（张义刚）

【全国"两会"期间隐患排查治理】 2 月 15 日，顺义区部署开展"两会"期间安全生产隐患排查治理工作：一是加强全区安全生产执法检查力度，在工业、危险化学品、建筑、人员密集场所等行业领域开展检查，各行业和镇（街道）、经济功能区坚持执法检查日报。二是对重点工程、重点大型活动不间断地检查和巡查，确保无重大安全隐患，不发生安全生产事故。三是对节后复工企业加强监管，要求企业在复工前进行一次全面的安全生产大检查，积极消除隐，企业负责人加大安全生产投入，加强员工培训。四是认真核实各属地辖区企业增减状况和基础信息，发挥镇（街道）、村级安全员作用，提高工作效率，防止出现监管盲区。五是局领导班子成员、科室实行包片负责制，加强与负责行业和属地的信息沟通和现场督导，加强联合执法，及时解决工作难题。

（张义刚）

【7 项措施加强自查自报工作】 2011 年，顺义区安全监管局制定出台七项措施，加强企业自查自报工作。一是区安全监管局内部分成 5 个督导组包片负责相关行业、属地，明确职责、工作任务及奖惩规定，局长、主管副局长、科长相互签订责任书。二是组织行业、属地召开专题工作会议，

部署工作内容和完成时限。三是核实企业基本情况，保证数据信息的准确性，对新增、删除企业情况说明原因。四是加强沟通机制，及时与行业、属地沟通自查自报工作进展情况、存在问题、解决措施。五是对开展自查自报工作不力或不按时查报、上报内容不实的生产经营单位主要负责人进行约谈，对存在较大事故隐患且整改措施不落实的单位要依法给予处罚。六是督促、指导行业、属地按要求组织生产经营单位开展培训，及时解答企业填报过程中的问题。七是按照比例抽查，树立典型企业。

（张义刚）

【组织专家调研沼气站安全工作】 4月12—13日，顺义区安全监管局工作人员和北京市劳动保护研究所 2 名专家先后到龙湾屯镇、木林镇和大孙各庄镇沼气站，实地调研各站设备的使用情况、维护情况、生产工艺流程等，并对调研过程中发现的实际问题提出了整改的意见措施，责令立即或限期整改，保证沼气站的安全运行。

（王清）

安全生产应急救援

【预案编制及修改】 2011 年年初，顺义区安全监管局根据《生产经营单位生产安全事故应急预案编制导则》（AQ/T 9002—2006）及有关标准和规定，组织对《顺义区危险化学品事故应急预案》进行了修改，并对全区危险化学品生产经营单位的综合应急预案及现场处置方案进行编制指导、培训和分类进行管理。

（王绍荣）

【事故调查组成员工作会】 1 月 20 日，顺义区生产安全事故调查组成员单位安全监管局、公安分局、检察院、总工会、监察局、人力资源和社会保障局召开了工作会。总结了上年度生产安全事故调查处理情况，针对事故案例进行讨论、分析，并结合发生的事故情况和事故调查处理中存在的问题，依照《北京市生产安全事故报告和调查处理办法》（北京市人民政府令第217 号）的有关规定明确落实事故调查组各成员单位在事故处理中应尽的责任和义务；明确提出了 2011 年生产安全事故调查处理程序和完善事故调查组成员单位协调机制。

（王绍荣）

【召开属地约谈会】 5 月 6 日，顺义区安全监管局对近期发生事故的属地主管副职和安全科长进行了约谈。与会人员分析了顺义区近期发生的事故原因及属地安全监管的方式和方法上暴露出的问题，并进一步研讨了解决的办法。会议强调，安全监管要在提升劳动者的安全素质上下工夫，完善企业安全管理机制，抓好重点时期和重点时段的安全生产管理，属地政府要落实属地安全生产责任，细化和完善属地与企业间、属地政府各科室间、属地与行业主管部门间的安全生产联动机制，保证本地区的长治久安。

（王绍荣）

【集中开展应急演练活动】 6 月 22—28 日，顺义区多行业、多部门分别进行了应急演练活动。区安全监管局组织相关行业部门、属地政府和生产经营单位分别对服装行业"应急响应、初期灭火、人员疏散"、非煤矿山"汛期雨水多发，造成个别地段山体滑坡，导致矿山工人被砸伤的应急处置"、交通运输部门"油罐车车辆事故罐体油品泄漏处置"、水务部门"有限空间急性中毒、窒息的处置"的演练进行了观摩，并组织了讲评和总结，观摩总人数达到 760 人次，收到了良好的效果。

（王绍荣）

【部署开展消防宣传周活动】　11月9日是北京市第21个消防日。顺义区为全力推进全民清剿火患战役，着力提升社会单位消防安全主体责任意识和社会公众防火减灾能力，各属地部门积极动员，紧密部署，多种形式开展消防宣传周活动。活动内容包括：召开安全负责人会议，发放宣传材料，为社区居民现场讲解和演练家庭防火、家庭失火应急、报警及灭火、疏散和逃生等消防知识，火灾初起灭火器实射演练，室外消火栓操作演练，设置活动宣传站、宣传展板、张贴宣传画等，增强了居民的消防安全意识和对火灾等突发事件的处理能力。

（王绍荣）

安全生产执法监察

【加强属地安全生产执法工作】　1月11日，顺义区安全监管局组织了40家镇、街道办事处、经济功能区参加的属地安全生产执法培训会。培训内容包括：对各属地2010年执法文书中存在的共性问题进行总结，讲解了解决建议和措施；对2011年版四款执法文书在使用范围、填写注意事项等方面进行了讲解；通过培训，为属地安全生产规范执法化执法、标准化执法奠定基础。

（赵一平）

【建材行业专项执法检查行动】　4月7日，顺义区安全监管局组织召开全区建材行业专项执法检查行动部署大会。此次专项执法检查行动涉及全区21个属地的307家建材行业企业，重点检查以建筑用型材、砼制品、墙体材料、水泥生产、木材加工、家具制造等生产性企业。检查的主要内容包括：企业安全管理机构建立及各种规章制度建设情况；从业人员安全生产教育和培训状况；职工防护用品配备和使用情况；生产现场安全管理及事故隐患排查治理情况；机械设备安全管理情况；电气设施安全管理情况；防火防爆安全管理情况；作业场所职业卫生管理情况；《顺义区危险化学品使用单位安全生产监督管理办法》的贯彻落实情况；企业开展事故隐患自查自报工作情况等。

（胡建忠）

【轻纺行业专项执法检查部署会】　9月22日，顺义区安全监管局针对轻纺行业在秋冬季安全隐患相对突出，易发生群死群伤事故的特点，组织召开轻纺行业专项执法检查工作部署会，共有267家轻纺企业安全管理人员和相关24个属地政府安全科长参加。会上通报了当前全区安全生产形势，介绍了全区关于开展企业安全生产标准化建设相关工作，部署了此次轻纺行业企业专项执法检查行动工作安排，并对做好下一步工作提出了要求。

（胡建忠）

【市安全监管局领导到顺义调研】　7月15日，市安全监管局副局长汪卫国一行5人到顺义调研申报安全生产实践应用奖工作。为推动安全生产工作创新，2011年国家安全监管总局组织开展首批安全生产工作创新奖的申报、评定工作。顺义区安全监管局"安全生产综合监管动态管理系统"作为候选项目参加全国评比。市安全监管局领导专门对申报情况进行调研指导，并要求以生产经营单位自查自报为载体，推动企业安全生产标准化工作。

（柳静）

【重点项目安全生产工作检查】　8月20日上午，顺义区区委书记张延昆、区委常委宣传部长杨宝华在区住房城乡建设委员会、安全监管局等部门的陪同下，检查了地铁M15号线、金街及国家地理信息产业园施工现场安全生产工作。张延昆查看了工地现场，听取了工程情况介绍，并详细询问了安全措施及存在问题等。他强调，全区建筑安全形势严峻，建设监理、施工等单位要在严把工程质量关的同时，认真落实安全生产责任及各项制度措施，加强职工安全生产教育，坚决克服麻痹松懈思想和侥幸心理，同时要求建委、安全监管等行业部门要加大执法检查力度，对问题突出、隐患严重的施工工地加大整改力度，切实抓好安全生产工作。

（于清华）

【市安委会督察指导有限空间作业安全生产】 8月11日，由市安全监管局副局长常纪文带队，市市政市容委、市住房城乡建设委员会、市通信管理局、市广电局、物业指导中心等单位一行11人，对顺义区有限空间安全监管工作进行现场督察指导。督察组听取了工作汇报后，分为三个组对全区排水、区市政、区电力等行业10家有限空间单位安全生产情况进行了现场检查。督察组抽查资料、劳动防护用品配备、管理、使用等情况后，对顺义区有限空间安全监管工作给予了肯定。区委常委、副区长林向阳以及区安全监管局、区发展改革委、区市政市容委、区住房城乡建设委、区水务局、区广电中心、联通公司顺义分公司主管领导和执法人员参加了督察。

（汪忠德）

【检查节前安全生产工作】 9月27—29日，顺义区区委常委、常务副区长李友生，区委常委、林向阳、燕瑛、赵贵恒、张晓峰等分别带队到人员密集场所、施工工地、液化石油气储配库、学校、医院等场所，对节日期间各单位领导带班、应急救援人员值班备勤、消防安全、食品卫生等安全生产工作进行了节前检查，区安全监管局、工商分局、卫生局、消防支队、市政市容委等相关部门负责同志和执法人员参加了检查。

（赵一平）

【人员密集场所节前联合执法检查】 1月18—19日，为确保春节期间人员密集场所的安全，严防各类安全事故的发生，顺义安全监管局联合区质监局、旅游局、商务委、消防支队、民防局等多家单位，对辖区内的大型人员密集场所进行了节前的安全检查。对检查中发现的安全通道、消防器材、安全用电、安全标识、中控室、配电室及特种作业人员持证上岗等存在的问题责令其立即进行整改或限期整改。

（刘汉臣）

【联合交叉执法检查】 10月20—21日，怀柔区安全监管局副局长谢康纪带队在顺义区开展职业健康交叉执法检查，对高丽营、马坡、南彩等镇的家具制造、印刷等职业危害重点行业的16家企业进行了检查。

（周化冰）

【重点工程专项整治】 4月份，顺义区安全监管局、区住建委在全区开展了重点建设工程安全专项检查。对检查发现的安全生产教育培训不到位；现场安全管理不到位；临时用电及线路敷设不规范；施工机具未实行"一机一闸一箱一漏保"或安全装置不齐全等问题下达了责令限期整改指令书，要求施工单位组织整改。此次专项整治共检查在建重点工程31处，共下达责令限期整改指令书和整改复查意见书各26份，发现隐患145项，立案处罚5家。

（于清华）

【文化娱乐场所联合执法检查】 3月22日，由市文化委员会牵头，市广电中心、市安全监管局、区文化委员会、区安全监管局、消防支队等部门参加的联合检查组，对北京博纳顺景影院管理有限公司等企业进行了节后安全检查，重点对各岗位安全生产责任制及落实、从业人员安全生产教育培训、安全出口设立、应急救援预案的制订、演练及应急救援物质的配备等方面进行了检查。通过检查，企业层层抓落实，未发现较大的生产安全隐患，但部分企业存在一些问题，如安全巡查记录不及时等，检查组责令改正，立即消除隐患，确保企业的安全生产。

（张志坚）

【住宅电梯专项检查】 2月下旬至3月中旬，顺义区安全监管局组织开展电梯专项检查，主要针对住宅电梯的物业管理单位和电梯维保单位，计划检查物业单位56家，乘客电梯2 537台。执法人员现场测试维保单位应急救援反应时间，并与物业、维保单位一起抽查部分电梯。要求电梯轿厢内张贴安全合格标志原件和乘梯须知；物业单位电梯管理人员持特种作业人员证件上岗作业；制定专项应急救援预案并每半年进行1次应急演练；完善电梯安全技术档案；维保单位人员携带特种作业人员证件，至少每15日进行1次维保工作并及时填写维保记录。通过检查，未发现重大安全隐患。

（周化冰）

【新国展展会现场安全保障工作】 全国"两会"召开期间，5个大中型展会在新国展举办。顺义区成立由区委常委、副区长车克欣为总指挥，区商务委、安全监管局、工商分局、城管监察大队、公安分局交通支队、公安分局治安支队、消防支队等部门为成员单位的现场安全工作指挥部，重点对新国展周边生产经营单位贯彻落实各项安全生产规范、执行安全生产法律法规情况、安全生产条件和有关设备设施依法进行监督检查；协调相关单位做好布展、展览、撤展期间安全保障工作，确保不发生安全生产事故。

（赵一平）

【沙石料厂用水情况摸查】 6月2—3日，顺义区水务局、区安全监管局对全区沙石料厂用水情况进行抽查。实地抽查12家单位，其中3家停产、2家停产并正在自行拆除设备、1家正常生产洗砂选料工作。经现场询问该单位有选矿的营业执照，但洗砂选料不在其经营范围。另有6家营业，但无任何相关证照。顺义区自备井使用情况较多，相关职能部门正在研究办法，解决自备井使用过多过滥的问题。

（周化冰）

【燃气安全联合检查】 7月1日，顺义区市政市容委、区安全监管局、城管大队、区消防支队联合对马坡地区使用燃气的重点企业户内设施、燃气器具、连接软管和计量器具等进行检查，各专业职能部门按照各自职责对检查单位提出了相关建议。此次联合检查，有利于加强对马坡地区使用燃气的重点企业的监管力度，并为其他镇、街道办、经济功能区开展相应工作起到了很好的推动作用。

（杨雪原）

【人员密集场所电梯专项治理】 自7月11日开始，顺义区全面开展人员密集场所电梯专项治理工作。一是摸清情况，掌握准确数据。通过核查电梯档案、实地检查走访等方式，确认全区共有在用自动扶梯和自动人行道521部。二是召开人员密集场所电梯专项治理工作会，T3航站楼、大型商场等28家自动扶梯和人行道使用单位、15家电梯维保单位参加，会上要求电梯使用和维保单位落实好"四抓、两保证"，即抓责任落实、抓内部管理、抓应急演练、抓对外宣传，保证专项治理取得成效、保证建立完善长效机制。三是在使用和维保单位自查基础上，开展为期 2 周的自动扶梯和人行道的专项督察行动，最大限度地消除电梯安全风险。

　　　　　　　　　　　　（赵一平）

【敬老院专项安全检查】　7 月 14 日，顺义区安全监管局、区民政局、区消防支队等部门组成联合检查组，深入全区各镇 16 家敬老院进行安全检查。检查组重点对安全疏散通道、消防设施和灭火器材、应急疏散指示照明灯、安全用电等情况进行了检查，大部分敬老院的安全意识较强，值班人员职责明确，安全防范措施到位，设施配备基本齐全，能自觉开展安全自查等。但仍有个别敬老院存在消防器材维护保养不到位、应急指示照明灯不亮或安装使用不当、安全通道（出口）不畅通（堆放杂物）、电器线路私拉乱接、液化气钢瓶未年检等安全隐患，检查人员提出了具体的整改意见，并督促责任单位立即整改。

　　　　　　　　　　　　（于清华）

【"2011 国际名校赛艇挑战赛"安全保障】　"2011 国际名校赛艇挑战赛"于 8 月 5—6 日在顺义奥林匹克水上公园举行。为确保本次赛事安全、顺利、有序进行，水上公园投资发展中心于 8 月 4 日组织赛事相关负责人召开了赛事安全保障工作部署大会。会上提出了 4 点要求：一是做好赛事安全保障预案；二是做好开幕式现场布置工作，确保颁奖台、码头浮台及地毯等附着物的牢固性；三是要求赛事相关保障人员比赛期间必须全部到岗，全力做好赛事各项保障工作；四是做好运动员及裁判员的协调工作，确保此类人员在场馆内不发生任何意外事故。

　　　　　　　　　　　　（赵一平）

【开展地铁 15 号线专项执法检查】　3 月 22 日，市安全监管局执法队与顺义安全监管局会同相关专家联合对地铁 15 号线六

标段、七标段施工现场进行安全生产专项执法检查。检查组分别对安全生产组织机构、责任制落实、教育培训、用电、机械、现场防护、应急救援预案制定及演练等情况进行检查。检查组对检查过程中发现的问题提出了具体的整改意见，责令施工单位要从管理上找漏洞，从根本上消除事故隐患，要狠抓落实，确保 M15 号线年内顺利通车。

　　　　　　　　　　　　（赵一平）

职业安全健康

【职业区卫生监管工作会议】　1 月 11 日，顺义区安全监管局牵头组织卫生局、人力社保局、总工会等部门召开了职业卫生监管工作联席会议。通报 2010 年度职业卫生监管工作开展情况，并就下一步工作进行了研讨。会议重点强调：一是要坚持定期召开联席会议制度，建立部门联动机制；二是要加强信息沟通，各单位要确定联络员，及时互通信息；三是要开展联合执法检查，由区安全监管局、卫生局、人力社保局、总工会组成联合检查组，查处职业危害违法行为；四是要组织执法、检查、管理人员的职业卫生知识培训，开展专项治理行动，解决液氨制冷和啤酒灌装过程中存在的职业危害问题。

　　　　　　　　　　　　（汪忠德）

【"五项措施"强化非煤矿山职业健康管理】　2011 年，顺义区安全监管局出台"五项措施"强化非煤矿山职业健康管理工作。一是组织全区非煤矿山企业主要负责人开展职业病防治法律法规知识的培训，对 5 家非煤矿山企业共组织培训 2 次，参加人数 40 余人次，主要培训了《北京市金属非金属作业场所职业健康管理规范》及《中华人民共和国职业病防治法》，强化了

主要负责人的法律意识和责任意识；二是指导企业建立健全职业卫生管理相关制度，为企业做好职业健康管理工作奠定基础；三是督促企业定期对从业人员进行职业卫生培训，增强从业人员的自我防护意识；四是督促企业加大职业病防治经费投入，提高职业病防治技术水平，改善了作业环境和条件；五是督促企业定期为从业人员进行职业健康体检，保障劳动者的职业健康权利。

（汪忠德）

【电子制造行业职业卫生专项整治工作】 3—6 月，顺义区安全监管局开展电子行业职业卫生专项整治工作。此次专项整治要求：一是贯彻落实《电子工业防尘防毒技术规范》（AQ 4201—2008）等职业病防治法律、法规；二是有效控制电子制造企业生产过程产生的粉尘、毒物危害因素，持续改进作业场所环境条件，保护职工身体健康；三是坚持以"预防为主，防治结合，综合治理"的原则，优先选择尘毒危害小的工艺和设备，积极采用无毒或低毒原（辅）料，以无毒代替高毒、以低毒代替高毒，对尘毒危害进行综合治理，严防职业危害事故发生。

（汪忠德）

【部署开展有限空间安全生产专项治理行动】 4 月 12 日，顺义区安全监管局组织属地和 12 家行业部门对 2011 年有限空间专项治理工作进行了动员部署，下发了《2011 年顺义区有限空间安全生产专项治理工作方案》，并通知 4—8 月在全区范围内开展有限空间专项治理行动。此次专项治理，按照"谁主管谁负责，谁作业谁负责；条块结合，属地管理"的原则，按照"动员部署，排查摸底，整改治理和总结验收"的步骤，以物业管理、环卫、污水处理、市政工程建设、燃气、热力、电力、通信、广电等行业为重点，全面排查有限空间作业单位存在的安全生产隐患。在夏季高温季节，会同相关行业部门，邀请有关媒体，采用"夜查和不定期巡查"的方式，开展以落实《方案》为内容，以规范作业行为为目的的"直击安全现场"专项执法行动。对于违章作业的单位，发现一起，处罚一起，并通过媒体进行曝光。

（汪忠德）

【行业企业职业卫生知识培训】 5 月 19 日，顺义区安全监管局、区经信委、疾病预防控制中心联合组织电子行业企业职业卫生知识培训，全区 38 家电子行业企业主要负责人及 14 家属地参加了培训。

（汪忠德）

【加强职业健康管理员培训配备工作】 10 月 4 日，顺义区安全监管局为全区第 2 批 20 名职业健康管理员颁发了《北京市生产经营单位职业健康管理员培训合格证书》。全区已有 70 家企业配备了职业健康管理人员，负责企业职业安全健康的日常管理工作。

（汪忠德）

安全生产宣传培训

【组织信息系统操作培训】 3 月 3 日，顺义区安全监管局组织了"安全生产网络化动态监管系统"和"生产经营单位事故隐患自查自报管理系统"培训。此次培训班首先以区安全监管局内部科室为单位，对科室人员进行培训，重点讲解与科室工作流程相关的模块；其次将全区 40 家属地管理部门分为 8 组，每次针对 5 家属地的安全监管科科长和系统操作员进行培训，重点讲解系统使用方法，针对系统运行以来出现的问题进行细致讲解。

（柳静）

【深入企业开展安全生产全员培训】

6 月 21 日，顺义区安全监管局到北京现代海斯克钢材有限公司进行安全生产培训。这次培训，从一线工人到企业厂长（经理），做到了全员培训，共有 140 多名企业员工参加。通过培训，提高了企业员工自保互保的意识，加强了企业员工安全生产法及各项方针政策的宣传教育，强化了企业员工的安全生产意识，倡导了安全文化，受到全体员工的欢迎。

（柳静）

【手机短信构筑安全生产服务平台】

从 3 月份开始，顺义区安全监管局针对特种作业人员忽略特种作业操作资格证审验时间，致使证件过期作废的问题，为特种作业人员开展了手机短信提示的服务，即在审验到期前短信通知特种作业操作资格证持有人员审核证件的时间和地点，收到了良好的效果。

（吴丽娟）

【新任安全生产监管人员业务培训】

3 月 24 日，顺义区安全监管局组织 22 个属地的新任安全生产检查人员共计 60 人进行了初任安全生产检查人员培训。通过培训，使新任工作人员学习了安全生产相关的法律法规知识，掌握了指导检查安全生产的工作方法，较好地强化了基层安全执法力量。

（徐慧）

【"安全生产月"活动部署会】

5 月 17 日，顺义区"安全生产月"活动动员部署会召开。区安全监管局介绍了 2011 年顺义区安全生产月活动方案，并就安全生产月中全区性和区域性活动做了详细介绍。最后，区委常委、副区长林向阳强调：一是认清形势，居安思危。近年来，由于分类分级、自查自报的推行实施，行业属地部门高度重视，全区安全生产形势基本稳定，事故率呈下降趋势，但是安全生产事故隐患的发生很难控制、不容忽视，各部门要做到常抓不懈。二是精细工作，强化落实。安全工作要与当前"打非治违"工作相结合，安全生产工作不仅只强调态度，更要狠抓落实，各部门要积极稳妥地开展安全生产工作。

（柳静）

【"安全生产月"宣传咨询日活动】

6 月 15 日，由顺义区区委宣传部、区安全监管局等 10 家单位共同主办的 2011 年顺义区"安全生产月"宣传咨询日活动在北京江河幕墙股份有限公司举行。与会领导和代表在参观了企业安全文化展示区和北京江河幕墙生产线后，又参加了顺鑫农业第六届书画摄影作品展开展仪式。咨询日活动期间，还开展了向区安全生产协会会长王金良授旗、向协会成员颁发了安全生产教育培训手册、向职工发放了北京市事故隐患自查自报标准解读宣传片等活动。

（柳静）

【安全生产宣传教育志愿者服务活动】

6 月 27 日，顺义区安全监管局联合区团委、区环保局等部门，组织开展安全生产宣传教育志愿者志愿服务活动。活动中，向群众现场发放宣传画 200 余张，宣传单页 600 余份，《宣贯》单行本 100 册，新颁发的《安全生产条例》单行本 100 册，邀请妇幼保健医院为社区老人提供免费健康检查免费理发。

（柳静）

【生产安全事故案例警示教育活动】

7 月 6 日，顺义区安全监管局在空港开发区为 70 余家企业的安全生产管理人员举办了一场生产安全事故案例警示教育会，区安全监管局结合空港开发区入区企业的生产经营形式，依照生产安全事故的事故类别，重点分析讲解了发生在空港开发区入区企业的生产安全事故和近期全区发生的生产安全事故，分析了事故发生原因、企业在事故发生前存在的危险点及事故发生过程中的应急处置的失误，警示并教育与会人员应着重加强对从业人员的安全素质教育、对企业非主营业务的安全管理、对企业生产经营行为所涉及的安全生产法律、法规和规章、制度、标准的宣贯，进一步落实安全生产责任，提高企业安全管理水平。

（徐慧）

【"唱响安全发展 建设平安顺义"文艺比赛活动】 6月10日，顺义区文化委员会、区安全监管局、区社会治安综合治理委员会办公室、文学艺术界联合会共同举办了第三届"中北华宇"杯"唱响安全发展 建设平安顺义"文艺比赛。本次比赛在区文化馆举行，共37个镇、街道办和文艺表演团体参赛。经过专家和评委们的认真评审，共评出金奖2名，银奖4名，铜奖6名和优秀奖若干名，比赛活动还举办颁奖演出，对优秀节目进行展演，对获奖节目现场颁发奖杯并推荐参加市级安全生产和交通安全文艺比赛。通过文艺演出，让优秀的安全生产文艺节目在全区进行展演，以提高全区人民的安全防范意识。

（柳静）

【顺义区荣获北京市安全生产知识竞赛第1名】 11月1日，北京市安全生产知识竞赛决赛在北信数字传媒中心举行。国家安全监管总局宣教中心副主任王月云、北京市安全监管局副局长蔡淑敏、北京青年报社副社长李小兵出席本次安全生产知识竞赛。顺鑫农业代表顺义区参加本次比赛，以全场最高分获得了2011年北京市安全生产知识竞赛第1名。安全生产知识竞赛作为安全生产月活动之一，旨在深化"安全生产宣传教育行动"，重点宣传安

全生产法律法规以及新修订的《北京市安全生产条例》，普及安全科普知识，提高广大从业人员的安全素质。

（柳静）

【加强安全生产培训工作】 顺义区全年组织安全生产培训54期，其中特种作业操作人员取证班11期、复审考前辅导班32期、其他培训11期；组织考核20批次，其中特种作业人员实操及理论考试18批次、危化负责人及安管人员考试1次、烟花爆竹负责人考试1次。全年累计培训10 873人，其中特种作业8 900人，危化负责人及安管人员626人，非危化企业负责人及安管人员1 347人。为局机关各科室召开会议提供服务20次。

（吴丽娟）

安全生产法制建设

【组织安全生产执法人员培训】 3月9日，顺义区安全监管局组织辖区安全生产执法人员法制培训会议。培训围绕2010年市安全监管局法规处、区法制办案卷评查中出现的问题、规范安全生产违法行为罚款程序、《安全生产违法行为行政处罚办法》（15号令）中第44条法规的适用及执法文书法律依据的正确引用等问题进行了讲解，学习了《关于进一步加强行政处罚案卷管理规范行政执法行为的通知》、《关于规范安全生产违法行为罚款处罚程序的通知》（京安全监管发[2008]170号）、《关于总局15号令第44条适用及执法文书法律依据引用的通知》（京安全监管发[2009]146号）等文件。通过培训，规范了行政处罚案卷的管理，细化了安全生产违法行为罚款处罚的程序，解决了法律依据混用的问题，进一步提高了执法人员的业务水平。

（徐慧）

【"安全在我身边"巡回演讲走进顺义】
8月22日，由市安全监管局和市总工会联合举办的"安全在我身边"巡回演讲团走进顺义区。"安全在我身边"巡回演讲活动作为2011年安全生产月活动之一，目的在于：宣传安全生产政策法规，传播安全知识，弘扬安全文化，提高从业人员的安全素质。本次演讲活动，全区组织辖区内各生产经营单位主要负责人、安全生产负责人共计400余人。演讲团由6名成员组织，均是来自不同生产领域的一线职工，他们通过自身经历和发生在身边的真实事故案例，为到场人员上了一堂生动的安全生产警示课。

（徐慧）

【《北京市安全生产条例》宣贯】 9月14日，顺义区安全监管局组织开展了全区性安全生产主题宣传日活动和学习贯彻修订的《北京市安全生产条例》动员部署大会。现场通过发放宣传材料、开设专栏展板及现场讲解等方式，详细介绍了新《条例》修订的背景和必要性，使广大人民群众能够充分认识到安全生产的重要性。区发改委、区住建委、区商务委等18家行业部门和19个镇、6个街道、15个经济功能区以及70余家建筑企业、危化企业、人员密集企业参加了会议。

（徐慧）

【法制宣传日活动】 11月30日，顺义区安全监管局以全区法制宣传日活动为契机，在仁和镇文体广场发放了新修订的《北京市安全生产条例》、《危险化学品安全管理条例》等单行本1 000份，安全生产知识海报、安全生产常识手册等各种宣传材料500余份，普及了生产经营单位及人民群众的安全生产知识，提高了从业人员及居民的安全意识，为营造全区安全生产良好氛围打下了坚实的基础。

（徐慧）

【组织安全生产检查员取证培训考试】
7月12日，顺义区安全监管局组织全区41名安全生产检查人员进行安全生产检查员取证资格考试，其中包括31名初任安全生产检查员，10名原证件到期需复审的检查员，试卷主要围绕《中华人民共和国安全生产法》、《北京市安全生产条例》及安全生产常识等日常安全生产检查工作内容，提高了基层安全生产检查人员的业务能力。

（徐慧）

安全生产科技创安

【顺义区与市劳保所签订战略合作协议】 1月25日，顺义区安全生产委员会和北京市劳动保护科学研究所隆重举行战略合作签字仪式，区委常委、副区长林向阳，北京市科学技术研究院副院长王玲，顺义区安全生产委员会成员单位的主管副职和市劳动保护科学研究所相关部门的负责人参加了签字仪式。区安全监管局局长高士虎和市劳动保护科学研究所所长张斌共同在战略合作协议上签字。双方将通过发挥北京市劳动保护科学研究所的科研创新优势，以充分发挥安全科技在安全生产监管工作中的重要作用为切入点开展长期、全方位的合作，推动顺义区安全生产监管工作的规范化、科学化和信息化，全面提高顺义区安全生产监督管理水平。

（柳静）

【科技项目在科博会展出】 5月17—22日，第十四届"中国北京国际科技产业博览会"在北京举办，顺义区安全监管局的项目"北京市顺义区安全生产综合监管动态管理系统"在科博会上展出，市安全监管局、市科学技术委员会领导观看顺义区安全监管局项目展板，对其科技兴安做出的成绩给予肯定。中国北京国际科技产业博览会是经国务院批准，中华人民共和国科学技术部、商务部、教育部、信息产业部、中国贸促会、国家知识产权局和北京市政府共同主办，北京市贸促会承办的国家级高新技术产业国际交流与合作的盛会，是北京市每年举办的最为重要的品牌会展活动之一。

（柳静）

【物联网建设工作会】　6月3日，顺义区安全监管局组织召开物联网建设工作会，区安全监管局领导、物联网建设技术支持单位和顺义区物联网建设10家试点企业负责人参加会议。会上，区安全监管局首先就利用物联网技术提升全市安全监管水平的应用情况和下一步工作安排做了详细介绍，并传达组织申报2011年信息化基础设施提升计划的通知精神；技术支持单位对物联网概念及现有物联网项目等进行了介绍；10家试点企业分别介绍了企业现有的安全生产信息化建设情况和下一步工作计划，并表示要全力配合，做好物联网建设试点工作。

（柳静）

【"安全生产综合监管动态管理系统"被评为"2010信息北京十大应用成果"】　8月5日，由北京市委宣传部 北京市经济和信息化委员会，北京市科学技术委员会联合主办的"信息北京十大应用成果"颁奖活动举行，顺义区安全监管局报送的"北京市顺义区安全生产综合监管动态管理系统研究"项目被评为"2010信息北京十大应用成果"。这是该项目自获得中国职业安全健康协会颁发的"神华杯"科学技术奖三等奖和第一届北京市安全生产科技成果一等奖以来第3次获得荣誉。

（柳静）

安全生产标准化

【部署工业企业安全生产标准化工作】　4月14日，顺义区安全监管局组织属地及34家冶金、有色金属、汽车制造及配套企业召开了落实安全生产标准化动员部署会，会上宣讲了落实安全生产标准化工作方案，2家安全标准化达标企业作了典型发言。会议强调，落实标准化工作就是落实国家的安全生产法律法规，就是落实操作规程和规章制度，就是落实企业主体责任，就是提高防范事故的能力，就是消除安全隐患，预防事故的发生，提高工业企业的本质安全水平。

（胡建忠）

【顺义区被列为全国安全生产标准化建设示范试点】　10月28日，国家安全监管总局正式复函，顺义区继广州市、沈阳市、宁波市、诸城市后被列为全国安全生产标准化建设示范试点城市。复函指出，试点城市要大胆先行先试，创新工作思路，创新达标模式，创新监管体制机制，建立一套切实可行的激励约束机制，为全国深入开展安全生产标准化建设工作积累经验，发挥示范引领作用。

（梁顺星）

【开展安全文化建设示范企业评审活动】　7月27日，北京市安全监管局宣教中心负责人及3位专家到顺义区顺鑫农业、燃气公司进行现场评审。评审团在听取了2家企业的报告、检查了安全培训、应急预案等各类资料后，就企业情况提出几点建议，即：工作要有记录，培训要有重点，隐患要有级别。全市共46家企业申报了2011年北京市安全文化建设示范企业，专家组对上报的46家企业材料进行初审，筛选出12家企业进行现场评审，顺义区入围2家。

（胡建忠）

【推进危险化学品企业安全生产标准化工作】 4 月 30 日，顺义区安全监管局组织辖区内危险化学品生产、经营、储存企业召开标准化培训会，重点讲解了《危险化学品企业安全生产标准化三级评审标准》和《危险化学品从业单位安全生产标准化通用规范》，并要求从业单位不等不拖，节后立即成立领导小组，开展自评、咨询工作，确保全区危险化学品企业标准化工作按照市安全监管局要求按时完成。127 家应开展标准化评审工作的危险化学品企业的主要负责人参加会议。

（王清）

【国家安全监管总局宣教中心考察安全文化示范企业创建工作】 7 月 1 日，国家安全监管总局宣教中心副主任贺定超和原国家煤矿监察局煤炭部政策法规司司长马德庆以及北京市安全监管局领导到顺义区顺鑫农业考察安全文化示范企业创建工作。常务副区长李友生、副区长林向阳以及安全监管局、顺鑫农业集团公司领导陪同。考察小组领导参观了第 6 届顺鑫农业安全生产书画摄影作品展，参观了顺鑫农业创新食品有限公司并听取了顺鑫农业关于安全文化总体建设情况。

（柳静）

【推进工业企业安全生产标准化工作】 7 月 6 日，顺义区安全监管局组织召开了关于安全生产标准化推进工作交流会，传达了国务院（安委[2011]4 号）和《北京市安委会关于推进安全生产标准化工作的实施意见》2 个文件精神，通报了近期全区开展安全生产标准化工作的进展情况，北京首钢冷轧薄板有限公司、北京韩一汽车饰件有限公司就标准化达标工作作了典型发言，咨询复评机构介绍了安全生产标准化工作的申请程序。最后，与会人员对北京首钢冷轧薄板有限公司第 4 车间进行了现场观摩学习。全区 40 家属地政府安全监管科长及 34 家冶金、有色金属、机械制造企业和汽车制造及配套业共 86 人参加了会议。

（胡建忠）

【国家安全监管总局在顺义区召开安全隐患标准研讨会】 11 月 9—10 日，国家安全监管总局、中国安全生产科学研究院、中国安全生产协会和北京市劳动保护研究所联合在顺义区召开安全生产隐患自查自报标准研讨会。在借鉴顺义区工作经验的基础上，梳理出全国通用的事故隐患自查标准框架、企业分类标准和安全生产考核机制和信息化系统技术标准等，为在全国推广应用顺义区事故隐患排查治理体系奠定工作基础。国家安全监管总局监管四司罗音宇副司长以及其他工作人员参加此次会议。

（梁顺星）

大兴区

概　述

2011 年，大兴区安全生产工作以贯彻国务院 23 号文件为主线，以强化企业安全生产主体责任为重点，深入开展安全生产执法、隐患排查整治、宣传教育培训以及专项整治行动等重点工作，全面加强体制机制、保障能力和监管监察队伍建设，着力推进安全质量标准化建设，依靠科技进步提高安全水平和事故应对能力，推动安全保障型社会建设。为"十二五"时期全区安全生产工作开好局、起好步创造条件。全年共发生各类生产安全事故 5 起、死亡 5 人、重伤 1 人，与 2010 年同期相比，分别下降 44%、44%、80%。

企业分类分级管理迈出实质性步伐。 对全区企业全面普查登记的基础上，建立了基础数据库，并提出"A 级企业抓巩固、B 级企业抓提升、C 级企业抓整改、D 级企业抓督办"的工作思路，对企业进行分类分级管理。已录入的企业 15 918 家。其中：工业生产类 6 015 家，人员密集类 5 809 家，危险化学品类 176 家，工程建设类 54 家，道路交通类 263 家，其他类 3 601 家。根据企业类别和安全生产状况不同，利用监管信息平台，加大对 C、D 级企业的检查和处罚，建立复评机制，特别是对 D 级企业采取 4 项措施开展安全生产级别复评工作。促使企业及时消除隐患，提高安全生产保障水平。

行政许可办理效率明显提升。 全区受理烟花爆竹许可申请单位 120 个，批准 118 个。其中，主渠道网点 77 个，占 65.3%，非主渠道 41 个，占 34.7%，五环内网点 35 个。为方便群众，安监窗口主动压缩办事时限，深受群众好评。同时，按照受理、审核、中止审批、复核、审定、告知 6 个法定程序，2011 年共受理危险化学品经营许可证（乙类）申请单位 8 家，审核 8 家，许可 8 家；受理危险化学品经营许可证（乙类）换证申请单位 21 家，审核 21 家，许可 21 家；协助市安全监管局现场安全条件危险化学品经营许可证（甲类）新增 2 家，换证 22 家。对非药品类易制毒化学品第二类、第三类生产经营单位的备案审批申请受理了 1 项，审核 1 项，新增备案证明 1 份。换证申请受理了 13 项，审核 13 项，换发备案证明 13 份。

安全生产标准化在危化行业率先推进。 按照《北京市危险化学品企业安全生产标准化工作方案》的部署，制定了《大兴区危险化学品企业安全生产标准化工作方案》。《方案》进一步细化了工作目标、职责分工、工作安排和具体要求等内容，对全区 154 家带有储存设施的危险化学品企业的主要负责人及具体工作人员进行了培训。截至 10 月，全部完成标准化咨询并转入运行阶段。

督促企业落实安全生产主体责任。 一是建立台账，严格排查整治。建立了由 22 个属地单位和 15 个行业部门排查出的隐患台账。按照时限，督促整改。全区共排查企业 17 341 家，查出各类安全生产隐患 33 826 项，已整改 29 656 项，整改率 87.7%。其中，工业生产类企业存在隐患 18 699 项，已整改 16 758 项，整改率 89.6%；危险化学品类企业存在隐患 257 项，已整改 251 项，整改率 97.7%；人员密集类企业存在隐患 10 917 项，已整改 9 758 项，整改率 89.4%；建筑工程类企业存在隐患 531 项，已整改 486 项，整改率 91.5%；道路交通类企业存在隐患 82 项，已整改 68 项，整改率 82.9%；其他类企业存在隐患 3 223 项，已整改 2 250 项，整改率 69.8%。未整改完毕的 4 170 项隐患主要分布在：工业生产类企业 1 941 项，危险化学品类企业 6 项，人员密集类企业 1 159 项，建筑工程类企业 45 项，道路交通运输类企业 14 项，其他类企业（含地下空间）1 005 项。

抽查属地单位隐患排查整改。 对 15 家属地单位隐患排查整治落实情况进行了督察，抽查了 37 家生产经营单位存在的 125 项限期整改隐患，隐患真实率 100%，整改率为 71.5%。

深入开展"打非"和隐患排查治理工作。 为深刻吸取旧宫"4·25"火灾事故教训，按照区委、区政府的统一部署，大兴区安全监管局承担了"打击非法违法生产经营建设行为专项行动"的统筹、协调、组织工作，成立了"打非"行动总指挥部办公室，设立了举报投诉电话。行动期间，编印"打非"行动专报58期，受理举报1 231项，移交、办结1 027项。截至9月底，全区累计拆除违法建设1 478宗，85.87万平方米，分别占实有违法建设总量的95.7%和93.9%；累计强制取缔非法经营4 162家，停产停业2 308家。累计排查各类安全隐患7 333处，已经整改5 199处，整改率70.9%。累计清理流动人口9.94万人。全区各行政执法部门累计实施行政处罚1 398.43万元。

8月份，全区组织开展了隐患大排查活动，集中在全区范围内开展"拉网式、无盲区、零容忍"安全生产大检查、隐患排查大检查大整改活动。区委、区政府从63个区直单位抽调54名机关干部，组成14个工作组，进驻各镇、街道，督促、指导、协调属地单位开展好大检查、大排查活动。此次活动确定了企业安全、消防安全、交通运输、建设工程、危险化学品、有限空间作业、人员密集场所7大重点领域，强化安全生产管理与监督，标本兼治。

为配合"打非"工作，深化隐患排查治理行动。一是开展重点项目工程专项整治。对173项在建工程，全部进行了备案。全区22个属地单位的在建工程进行了专项督察。抽查生产经营单位22家，建筑施工项目12处，发现隐患35项，下发责令改正指令书7份。二是开展有限空间专项检查。大兴区安全监管局联合区住建委、区质监局、区发改委、区水务局、区市政市容委等行业监管部门对大兴宾馆、大兴供电公司、天堂河污水处理厂、龙熙清城物业、经济开发区开发经营总公司供热厂等多家有限空间作业场所，开展了为期2天的安全专项监督检查活动。通过检查，发现部分企业当中存在制度管理不规范、安全防护设备设施和劳动防护用品配备不到位、有限空间作业监护人员未持特种作业证上岗等17项隐患，下达了限期整改指令书3份。三是"安全生产月"开展"三地"领域安全生产专项整治行动。为贯彻"落实企业主体责任、保障城市运行安全"的安全月活动主题，规范地铁运营、地下空间以及地下管网领域的安全状况，深入排查治理安全生产隐患，切实保障人民群众生命财产安全，大兴区安全监管局组织开展"三地"领域安全生产专项整治行动。共检查地下空间24处，发现隐患问题57条，针对存在的各类问题，检查组现场提出了相关的要求和整改方案，要求负责人立即进行整改落实。

批零市场、人员密集场所、再生资源企业、煤气中毒、交通运输、体育运动、职业卫生等专项整治也按照有关要求，有条不紊地开展，并取得了良好的效果。

强化宣传教育，分期开展培训。全年分3期组织各镇政府、街道办事处等单位安全生产检查员450余人进行安全生产知识年度培训。着力体现了培训老师层次高、培训内容丰富、培训内容针对性强等特点。同时，组织全区19家属地单位开展了企业主要负责人和安全管理人员的培训，培训率达到了95%以上。

推进"安全社区"试点工作和志愿者队伍建设。"安全社区"试点工作全面铺开。在2010年深入调研的基础上，确定西红门镇、庞各庄镇、兴丰街道办事处为安全社区建设试点单位，《大兴区安全社区建设工作方案》在征求相关部门的意见后已基本形成，11月11日，全区安全社区建设工作动员会胜利召开，动员会的召开标志着"安全社区"试点工作全面铺开。

志愿者队伍纳入规范管理的轨道。为切实发挥安全生产宣传教育志愿者监督员、宣传员、信息员"三大员"作用，10家属地单位组织安全生产宣传教育志愿者400余人进行了培训。组织10名安全生产宣传教育志愿者到北京站开展安全生产宣传咨询活动，及时对外来务工人员进行宣传教育，发放《外来务工人员安全生产知识手册》900本，宣传折页3 000份。

自行编印《落实企业安全生产主体责任》小册子向社会发放。为落实国务院23号和北京市40号这2个文件，根据区域内企业的现状，大兴区安全监管局自行编印了《落实企业安全生产主体责任》2万余册，向企业发放，使企业真正了解安全生产主体责任。

夯实应急救援工作基础。加强应急救援物资储备库建设，提高突发事件的应对能力，达到"应而不急"的工作目标。对应急物资进行了维护和更新，同时加大日常巡查力度，按照要求对市、区2级物资储备库定期清点、检查，确保应急物资能够"会使用、用得上、不过期"。提高危险化学品应急救援队伍的应急处置能力，全面落实区委、区政府对应急救援工作的新要求。按照区安全监管局制定的折子工程，会同区政府应急办、区公安消防支队等单位在西红门消防中队联合举办了大兴区危险化学品事故应急救援培训班。全区4支危险化学品事故应急救援队和危化应急救援物资储备库的120名队员参加了此次培训。11月18日，大兴区举行2011年危险化学品生产安全事故应急演练。此次演练假定1辆液氨槽车在向储罐进行液氨灌装时，发生液氨泄漏。经过区安全监管局、区公安消防支队、区环保局、区市政园林中心、区环卫中心等单位共同处置，圆满完成了演练任务。全面开展"应急演练周"活动。根据《2011年大兴区开展"应急演练周"活动实施方案》，全年组织安全生产演练636次。其中行业部门组织17次，属地政府组织142次，企业自行组织477次。通过演练暴露出3个方面的突出问题：一是演练的形式较为单一，多以火灾救援为主；二是组织协调能力欠缺；三是有的企业缺乏实战性和严肃性。对于以上问题，要认真加以解决。

重大危险源备案工作。为贯彻落实《北京市危险化学品重大危险源安全管理办法（试行）》及《北京市危险化学品重大危险源备案管理工作实施方案》，扎实推进大兴区危险化学品重大危险源安全管理工作，6月16日，大兴区安全监管局对各属地安全科负责人和已掌控的15家危险化学品重大危险源单位开展培训，会后督促企业进行重大危险源筛查和申报工作，7月底已完成全区重大危险源申报工作。开展危险化学品重大危险源安全管理工作，掌握"九个底数"，即重大危险源底数、地理位置、危险品种类及数量、运行规律、从业人员、防范责任人、安保制度、措施落实、应急预案；做到"四清"，即基本情况清、危险物品底数清、安全隐患清、检查记录清。有效防范危险化学品重特大事故的发生。

委托执法工作成效明显。通过系统培训、随队检查和工作实践，基层安全员执法检查能力明显增强，执法检查覆盖面和检查质量明显提高，报送立案处罚案件数量明显增多。各镇政府、街道办事处共检查生产经营单位38 860家次，下达行政执法文书11 517份，发现各类安全隐患58 290处，已整改55 985处。对1 161家存在安全隐患的生产经营单位开具现场处理措施决定书，立案查处案件227起，罚款208.6万元。

安全生产综合监督管理

【"打非"专项行动】　4月27日，大兴

区"打非"行动总指挥部组织开展了为期100天的严厉打击非法违法生产经营建设行为专项行动。成立了区委书记林克庆任政委，区长李长友任总指挥，各分管副区长任副总指挥的"打非"行动总指挥部，总指挥部下设办公室和"拆违控违、打击非法经营、隐患排查整治、社会治安综合治理"4个分指挥部。按照"属地负责、行业协同、联合执法、综合治理"的原则开展工作，全区累计拆除违法建筑78.43万平方米，关闭取缔非法违法生产经营 5 586家，停产（业）整顿 3 432家；属地隐患排查累计 7 021家，发现隐患 8 644处，已整改 8 255处，整改率 95.5%；累计出动执法检查人员 14.16万人次，下达执法文书 19 287份，实施行政处罚 1 087.4万元。

（赵波）

【第一季度安全生产工作会议】 4月1日，大兴区 2011年第一季度安全生产工作会议在区政府 3 楼会议室召开，各镇政府、街道办事处、安委会成员单位的主管领导参加了会议，会议要求，第二季度的总体目标是全区联动，压减事故，确保"清明、五一"两节全区安全稳定。一是突出季节特点，把握季节规律，抓好重点行业领域安全监管，有针对性地制订工作方案；二是落实属地责任，统筹协调，整体推进，发现问题，解决问题，制止违法行为；三是加大执法力度，确定重点，量化指标，提升执法效果、效能；四是加大宣传力度，宣传部、广电中心要加强对低端产业、酒后驾车、违法建设、行人违章、违法停车等方面的宣传报道力度；五是加大督察检查力度，事故多发地区要作为督察的重点地区。各部门要围绕压减事故，做好下一步工作。

（谷学宁）

【参加国务院安委会办公室视频会议】 3月21日下午，国务院安委会办公室召开

深入贯彻落实中央领导近期重要指示精神，坚决防范和遏制重特大事故专题视频会议。区安全监管局组织区发改委、区经信委、区国土分局等 16个相关单位的主管领导在大兴区安全监管局分会场参加了视频会议。

（谷学宁）

【市安委会督察大兴有限空间监管工作】 9月10日，市安全监管局、市市政市容委、市发改委、市住建委、市水务局、市通信管理局和市广电局 7 家单位组成市安委会督察组，由市安全监管局副局长常纪文带队，就大兴区有限空间安全生产监管工作进行督察。督察组听取了区安全监管局、区发改委、区水务局、区市政市容委和区住建委等监管部门的工作汇报。会后，督察组分 3 个督察小组分别对排水、环卫、燃气、物业管理、供电等 10 家有限空间生产经营单位进行了检查，检查中发现部分生产经营单位存在管理制度和操作规程不完善，防护用品配备不全，承发包单位未签订安全生产协议等问题。对于发现的问题隐患，督察组已责令其立即整改，并督促整改到位。市督察组对大兴区有限空间安全生产监管工作给予了充分肯定，同时就存在的问题提出了 5 项建议。

（韦起鹏）

【区委书记检查安全生产工作】 8月2日下午，大兴区区委书记林克庆到清源街道兴华园小区检查了地下空间安全管理情况，实地检查了北京市兴达顺回收站收购处、西红门镇诚明物流大院。林克庆在检查时强调：一定要高度重视地下空间的安全管理，住建委、民防局、工商分局、消防支队等部门和属地政府，要依法加强地下空间的日常检查和监管，对不符合居住、经营安全条件的地下空间绝对不能用于经营和居住；废品回收大院要按照市场需求，

合理规划，减少商户、减少从业人员、减少土地占用量，收购区、仓储区、生活区要分开，要查明废品来源，健全消防设施，确保安全；黄村镇后辛庄村社区化管理工作较好，要划分消防通道，完善消防设施，加强流动人口管控；物流大院要按照地区经济发展和产业结构改造升级的要求，严格安全管理。副区长常红岩、区委办主任王宗刚、安全监管局局长李延国陪同检查。

（张士来）

【"主体责任年"工作座谈会】 11月23日，大兴区安全监管局组织旧宫、瀛海、青云店、采育、林校路街道、清源街道等部分属地主管领导和安全科长再次进行专题座谈会，为落实2012年全区企业"主体责任年"建言献策。从政府、行业、属地和企业4个层面研究落实企业主体责任年措施。一是充分利用全面推进企业标准化建设落实企业主体责任年活动；二是用宣传促落实，分行业和重点时段进行专题宣传，进一步提高责任意识；三是抓执法促落实，针对重点问题加大力度，按上限实施处罚；四是以培训促落实，分行业、按岗位细致划分，切实保证企业法人、班组长、员工3级培训达到3个100%。

（赵波）

【"护航"联合行动工作部署会】 12月13日，大兴区安全监管局组织全区22个属地单位和各相关行业部门召开大兴区安全生产"护航"联合行动工作部署会。定于2011年12月初至2012年2月底，在全区范围内开展安全生产"护航"联合行动，深入开展燃气安全、危险化学品和烟花爆竹、地下空间、轨道交通、商场超市、居民住宅电梯等6项安全专项检查，最大限度地发现和消除各类安全隐患，减少事故发生。副区长沈洁强调：一是本着切实维护百姓安全的原则，全力落实此次"护航"联合行动方案，确保检查到位；二是部门联动，齐抓共管，落实责任，确保工作落实到位；三是注重宣传，将各重点领域安全工作利用媒体充分宣传，为"元旦春节"和全国"两会"创造良好的安全生产环境。

（赵波）

【领导带队检查安全生产】 8月4日上午，大兴区区委区政府领导带队，分5组对14个镇、5个街道办事处和南郊农场地区安全生产工作工作进行了拉练检查。区长李长友在检查时强调：要高度重视安全生产工作，从8月5日开始，利用半个月的时间，落实"属地为主，部门协调配合、联合执法"的原则，按照"拉网式、全覆盖、零容忍"的总体要求，广泛开展安全生产大检查、隐患大排查大整改活动，深入推进"打非"行动，健全完善安全生产监管长效机制，最大限度地消除各类安全隐患，坚决遏制和杜绝重特大事故，全力压减一般性事故，确保全区安全生产形势的稳定好转。区委副书记王新、区政府常务副区长谈绪祥等分别带队检查。

（张士来）

【重要会议安全生产保障】 2011年，全国"两会"期间，大兴区安全监管局做好保驾护航工作。成立4个检查组，分别由局领导带队对重点地区、重点领域、重点行业等进行重点检查；重点加强单位内部应急值守工作，做到24小时值守岗位；下发了《关于吸取山东联合化工股份有限公司事故教训做好危险化学品从业单位安全管理工作的通知》，进一步督促企业落实主体责任；强化企业自查自报管理，要求各属地督促企业进行隐患排查并及时整改上报，做到隐患发现得早、控制得了、处置得好；对于隐患整改不及时、不到位的企业，依法进行高限处罚。

（赵雪辉）

【安全生产分类分级管理】 4 月，大兴区安全监管局正式出台《大兴区生产经营单位安全生产分类分级管理办法（试行）》。《办法》共 6 章 29 条，包括分类分级、日常管理、工作机制和考核奖惩等内容。自 2010 年下半年起，区安全监管局将全区 1.9 万家生产经营单位分为工业生产、危化品、人员密集、工程建设、道路交通运输和其他共六类，制定不同类别评分标准，通过评定将生产经营单位分为 A、B、C、D 4 个等级，完成不同类型、不同级别生产经营单位的差异化管理。提出"A 级抓巩固、B 级抓提升、C 级抓限期整改、D 级抓挂账督办"的管理原则，重点解决了属地、行业、综合监管各级监管部门职责交叉、监管缺位、越位等问题，形成各司其职、各负其责、权责明确、监管到位的安全生产监管机制。

（李新杰）

【"两节""两会"期间安全督察】 2011 年，大兴区安全监管局重点对"两会"和春节前安全生产工作的部署、检查等情况进行监督检查，共检查属地单位 16 家，行业监管部门 10 家，抽查重点企业 36 家，下发执法文书 19 份，发现安全生产隐患 84 处，均已整改完毕。

（崔丽雅）

【组织联合检查】 2011 年，大兴区安全监管局分别联合区消防支队、住建委、商务委、民防局组成 3 个检查组，对地下空间、人密场所、烟花爆竹等重点场所进行了联合检查，共检查生产经营单位 22 家次，发现一般事故隐患 59 项，均责令其立即整改完毕。

（崔丽雅）

【企业实行差异化动态管理】 2011 年，大兴区安全监管局制定《生产经营单位安全生产分类分级管理办法》和《安全生产监管信息系统运行管理规定》。进一步明确有关部门和行业、属地单位的职责要求。将企业按照标准划分为 A、B、C、D 4 个等级，实行动态管理，截至 2011 年年底，共录入系统 18 978 家企业。严格按照 A、B、C、D 4 个等级差异化动态要求，进行管理。三是加强对各级别企业的日常监管，加大检查力度。对不同级别的企业，严格按照《管理办法》规定的检查次数进行检查，确保检查指导到位。四是抓好企业的升级工作。通过深入扎实的工作，使 A 级企业安全生产工作得到巩固，B 级企业每 2 年提升率不低于 15%，C 级企业每年提升率不低于 10%，D 级企业每年提升率达到 30% 以上，确保分级评定工作到位。五是建立督察考核制度，对分类分级工作进行督察。由监察局、安全监管局、质监局、消防支队和相关行业部门以及专家组成的督察组，要坚持每半年对各级别企业进行全面督察，确保督察工作到位。

（赵雪辉）

【D 级企业安全生产级别复评工作】 大兴区安全监管局成立以局长李延国为组长的 D 级企业复评工作小组，对复评工作进行督促、指导。11 月 4 日下午，召开了 22 个属地单位和 3 个行业部门参加的复评工作部署会，明确了各部门工作职责，工作的实施步骤和时间安排。全区自 11 月 7 日起，利用 1 个月的时间逐一对 975 家 D 级企业进行现场复评，对企业的安全生产管理状况进行总体评定。将复评工作纳入 2011 年度年终考核。12 月 9 日前完成 D 级企业安全生产级别复评工作。

（李新杰）

【召开安全稳定工作座谈会】 12 月 29 日，副区长沈洁在魏善庄镇政府召开了安全稳定座谈会。会上魏善庄镇、安定镇围绕"两节"期间安全稳定工作部署、存在隐患、突出矛盾、危险化学品企业及烟花爆竹安全管理，下一步工作建议等内容做了汇报。沈洁对魏善庄镇、安定镇的安全稳定工作给予肯定，并指出安全稳定工作重点要向基层转移；各部门要提高责任意识，结合"4·25"火灾事故教训，采取有效措施化解安全稳定工作的防控矛盾；要把"整合、联动、创新"作为2012年的工作重点，改善安全稳定工作机制。会后，相关部门到北京市烟花鞭炮有限公司魏善庄仓库进行检查，检查了仓库的监控设备、应急管理、消防泵房、门禁管理、储存库房及配送运输等环节，对该单位的安全管理工作给予了肯定。

（张杰）

危险化学品安全监管

【全年危化监管情况】 2011年，大兴区安全监管局共检查危化企业745家次，下达执法文书68份，发现并消除隐患152项，行政处罚立案9起，共罚款人民币16.3万元。

（胡伟）

【危险化学品经营许可】 2011年，按照受理、审核、中止审批、复核、审定、告知6个法定程序，大兴区安全监管局共受理危险化学品经营许可证（乙类）申请单位8家，审核8家，许可8家；受理危险化学品经营许可证（乙类）换证申请单位21家，审核21家，许可21家；协助市安全监管局审查现场安全条件危险化学品经营许可证（甲类）新增2家，换证22家。

（杜蓓蓓）

【非药品类易制毒化学品备案】 2011年，大兴区安全监管局按照申请、受理、审核、审定、告知5个法定程序对非药品类易制毒化学品第二类、第三类生产经营单位的备案审批申请受理了2项，审核2项，发放备案证明2份。换证申请受理了10项，审核10项，换发备案证明10份。

（张杰）

【涉危的制药企业调查摸底】 6—8月，大兴区安全监管局开展涉及危险化学品使用的制药企业调查摸底，全区共有7家制药企业使用危险化学品，对进一步加强制药企业安全生产监管工作，并就制药企业危险化学品的用量、储存量、危险点、安全管理措施、人员培训状况、安全生产管理制度、应急救援措施及加强安全监管的措施提出了建议。

（胡伟）

【塑料加工企业调查】 7月21日，大兴区安全监管局制订并下发了《关于加强塑料加工企业安全管理工作的方案》，对全区塑料加工企业底数、安全管理情况进行了摸底调查。经排查：大兴区涉及使用危险化学品的塑料加工企业共6家，涉及危险化学品7种。

（张振杰）

【重大危险源备案工作】 6月16日，大兴区安全监管局对各属地安全科负责人和已掌控的15家危险化学品重大危险源单位开展培训，会后督促企业进行重大危险源筛查和申报工作，7月31日前已完成全区重大危险源申报工作。据统计，全区共有危险化学品重大危险源9家，全部按要求建立档案台账。

（胡伟）

【危险化学品经营单位互查】 9月5—9日，市安全监管局、通州区安全监管局对大兴区11家危险化学品生产企业和55家危险化学品经营单位进行了抽查，市安全监管局下发2份整改指令，大兴区安全监管局下发了整改指令书6份。所有发现的隐患已于 9 月 15 日前整改完毕。

（杜蓓蓓）

【处置危险化学品运输突发事件】 10 月 18 日，位于 104 国道瀛海路口发生小轿车与危险化学品运输车相撞事故，造成 1 人死亡。大兴区安全监管局接到报案后会同区公安、区消防、区环保、区交通、区属地政府等单位参与事故处理，协调黄村石油库等危险化学品经营储存单位，对事故车辆内剩余油品进行抽取，防止事故扩大，并调集燕山石化与昊华公司等专业队伍带齐救援设备赶赴现场参与救援，成功处置了此次突发事件。

（王建军）

【危险化学品安全生产标准化工作】 2011 年，大兴区安全监管局制订了《大兴区危险化学品企业安全生产标准化工作方案》。对全区 154 家带有储存设施的危险化学品企业的主要负责人及具体工作人员进行了培训。共有 143 家危险化学品生产经营单位进行了标准化咨询工作，其余 11 家单位已停止危险化学品生产、储存活动。10 月 31 日前已全部完成标准化咨询，转入运行阶段。

（杜蓓蓓）

【筹备危险化学品安全协会】 2011 年，大兴区安全监管局完成危险化学品安全协会筹备工作，会员代表大会选举产生会长、理事会、监事会及协会办事机构。协会成立申请材料已上报区民政均，待区民政局审批。

（张杰）

【危险化学品监控平台筹建】 2011 年，大兴区安全监管局协调中标方太极计算机公司与后勤服务中心等单位，落实了机房改造、电压增容、房屋承重检测、空调安装、消防设施改造等项工作，完成了与歌华公司对危险化学品单位传输线路的

踏勘工作。

（刘佳）

【危险化学品生产安全事故应急演练】 11 月 18 日下午，大兴区生产安全事故应急指挥部开展危险化学品生产安全事故应急演练。演练设置为 1 辆液氨槽车在向储罐进行液氨灌装即将结束时，储罐阀门内侧法兰连接处垫片破损，造成液氨泄漏。事故发生后，区应急办、区安全监管局根据现场情况迅速启动了《大兴区危险化学品事故应急救援预案》，各应急救援部门迅速赶赴事故现场处置，并组建了事故现场应急指挥部。现场指挥听取了现场情况的简要汇报，在专家组的协助下研究制订了处置方案，各部门各司其职，最终快速有效地处置了此次突发事件。此次演练检验了区生产安全事故应急指挥部应急救援的指挥、组织、协调能力以及各应急部门和人员之间的协调、配合能力，提高了处理意外事件的应急响应效率，检验了应急救援人员使用应急设备、设施、通信及保障物资等的熟练程度，强化了应急救援人员的技能操作水平，对提高大兴区危险化学品事故应急处置能力的进一步提升起到了积极促进作用。

副区长沈洁、区应急委领导，区应急办、区安全监管局主要领导和大兴区安监、区环保、区卫生、区消防、区园林、区环卫等有关单位参加了此次演练。区生物医药基地、14 个镇、5 个街道办事处主管领导、安全科长，以及 30 家重点危化企业的安全负责人观摩了此次演练。

（赵雪辉）

【危化品企业专项执法行动】 2 月中旬至 3 月中旬（正值"两会"期间），大兴区安全监管局在全区范围内，开展危险化学品生产经营单位安全生产专项整治工作。专项整治共出动执法检查车次 85 次，

执法人员 270 人次，共检查危险化学品生产经营单位 192 家，实现了全覆盖，下达责令改正指令书 43 份，强制措施决定书 10 份，发现并消除隐患 118 条。通过专项整治，规范了危险化学品生产经营单位基本的安全生产条件，打击取缔了不具备安全生产条件的生产经营单位消除了各类安全生产事故隐患。

（张福珍）

【加强危化品安全监管】　9 月 7 日，大兴区安全生产委员会办公室，下发了《大兴区安全生产委员会办公室关于转发北京市安全生产委员会办公室转发〈国务院安委会办公室关于黑龙江省伊春市华利实业有限公司"8·16"特别重大烟花爆竹爆炸事故调查处理结果通报〉的通知的通知》（京兴安办[2011]31 号），并提出了相关工作要求，加强危险化学品的生产、经营、储存各个环节的监管工作，避免此类事故发生。

（周堃）

烟花爆竹安全监管

【烟花爆竹经营许可】　2011 年，大兴区安全监管局按照申请、受理、公示、审核、复核、审定、告知 7 个法定程序共受理烟花爆竹零售经营许可申请 120 项，批准烟花爆竹临时销售许可网点 118 个。2011 年烟花爆竹安全管理工作情况　2011 年，区安全监管局在所有烟花爆竹网点中推行安全生产责任保险制度、安全承诺书制度，五环路内的 6 家烟花爆竹零售网点加装了视频监控设备，建立信誉考核机制等措施，并加大监管力度，采取重点抽查和联合检查相结合的模式对批发企业和零售网点展开全覆盖检查，保障了烟花爆竹销售安全。

（张杰）

【烟花爆竹储存销售专项执法行动】　2011 年，大兴区安全监管局共检查烟花爆竹批发零售单位 392 家次，出动执法人员 138 人次，执法车辆 56 车次，查出隐患 103 项，下达整改指令书 65 份，强制措施决定书 1 份，吊销《烟花爆竹经营（零售）许可证》1 个。

（张福珍）

安全生产事故隐患排查治理

【深化安全生产隐患排查治理】　2011 年，大兴区安全监管局为深化安全生产隐患排查治理工作，一是加强对属地和生产经营单位相关人员的培训，重点对隐患排查治理的意义、事故隐患自查标准的应用、排查治理的程序、隐患排查系统功能操作等内容进行培训。二是制定工业生产类、人员密集类、危险化学品类、其他类生产经营单位的《安全生产事故隐患排查治理自查自改标准》。进一步落实了生产经营单位的主体职责，解决了生产经营单位不会排查隐患，不知如何整改隐患、部分安全监管人员不会指导生产经营单位开展自查自改工作和到生产经营单位发现不了隐患等问题。三是坚持通报制度，区安委会办公室于每季度末将该季度全区隐患排查治理总体情况进行汇总分析，及时发现工作中存在的问题，制定有效的改进措施，同时将各行业部门、属地此项工作开展情况上报区委区政府并全区通报。2011 年，全区共 801 家生产经营单位完成了自查和网上填报工作，排查上报隐患 1 369 项，其中安全管理类隐患 321 项，设备设施及物料类隐患 512 项，从业人员类隐患 114 项，场所环境类隐患 422 项。1 285 项隐患已完成整改，整改率为 93.9%。

（宋新雷）

【推进安全生产隐患排查治理】 2011年，大兴区安全监管局在推进安全生产隐患排查治理工作中做到了，一是制订安全隐患排查治理实施方案，明确职责、措施和责任人，切实把隐患排查治理工作落到实处；二是建立了安全生产事故隐患"动态分类排查、动态评审挂账、动态整改销账"长效机制，推进生产经营单位主体责任落实，建立政企互动渠道，改进生产经营单位安全生产状况；三是创新监管手段，加强隐患排查系统的建设和推广，2011年要实现三个"全面"，即行业部门、属地单位全面组织对辖区内生产经营单位就系统操作使用情况进行培训；生产经营单位安全生产负责人全面掌握利用系统自查自报的能力；生产经营单位利用系统全面开展隐患排查治理工作；四是加强安全生产基础工作建设，建立和完善自查自报、数据汇总、检查、举报、移交、验收等台账资料。

（宋新雷）

【隐患排查自查自报工作】 2011年，大兴区安全监管局组织开展了生产经营单位隐患自查自报工作，一是组织召开各属地主管领导参加的自查自报工作专项会议，通报各属地工作进展情况，同时交流好的经验做法，促进这项工作的落实。二是属地代报。对于确实不具备填报能力的生产经营单位，要上报纸质隐患统计表至属地，并由属地暂时代其完成系统填报，提升上报率。三是组织不会填报的生产经营单位进行培训，确保生产经营单位会操作系统，能上报隐患。四是加强日常检查时将生产经营单位自查自报工作作为一项必查内容进行检查，督促生产经营单位落实主体责任。第三季度全区共有7 808家生产经营单位通过隐患排查系统开展自查自报，自查自报率为47%，与第二季度环比提高30.8个百分点。生产经营单位发现并通过系统上报的生产安全事故隐患共10 219项，已整改9 860项，隐患整改率为96.5%。

（宋新雷）

【隐患排查自查自报系统建设】 2011年，大兴区安全监管局隐患排查自查自报系统建设工作，一是召开全区动员大会，制订安全隐患排查治理实施方案，明确职责、各阶段任务及工作要求，切实把隐患排查系统工作落实到基层。二是制订培训方案，成立隐患系统培训督察小组，要求行业部门、属地单位务必将培训及宣传工作落实到实处，为下一步实施阶段打好基础。三是明确工作目标，确保工作有序开展。全区隐患排查治理实现3个"全面"，即行业部门、属地单位全面组织对辖区内生产经营单位就系统操作使用情况进行培训；生产经营单位安全生产负责人全面掌握利用系统自查自报的能力；生产经营单位利用系统全面开展隐患排查治理工作。

（宋新雷）

安全生产执法监察

【执法检查基本情况】 2011年，大兴区安全监管局共检查生产经营单位1 448家，发现各类隐患、问题3 031条，已整改完成2 672条。共下达执法文书2 043份，其中责令改正指令书932份，整改复查意见书是827份，强制措施决定书284份。共对191家生产经营单位进行了行政处罚，共处罚金178.68万元。共受理举报73起，其中已查处73起。

（张福珍）

【批零市场专项执法行动】 4月18—21日，大兴区安全监管局联合区商务委、区工商分局、区公安消防支队、各属地政府等部门开展了批零市场专项执法行动，共对北京玫瑰城商业中心有限公司、北京团河路建材批发市场有限公司、北京吉星德亿家居广场有限公司等16家大型批零市场进行了安全生产检查，发现隐患65项，检查中各执法部门对部分批零市场存在的非法经营危险化学品、电气线路老化、疏散通道不畅通等问题，依据各自职责分别要求其进行了整改，区安全监管局还对1家建材市场的安全生产违法行为进行了行政处罚，罚金1.3万元。

（张福珍）

【人员密集场所专项执法行动】 4月17日、19日，大兴区安全监管局联合区商务委、区文化委、区旅游委、区公安消防支队对商市场、网吧、文化娱乐场所、小旅馆进行了联合检查，共查处30余家人员密集场所，发现隐患109项，各部门根据各自职责要求其进行了整改。

（张福珍）

【再生资源企业专项执法行动】 3月底（清明前夕，黄村废品收购站火灾之后），大兴区安全监管局联合区商务委、区公安消防支队、黄村镇政府、天宫院街道办事处等单位对北京市兴达顺回收站收购处、北京多利洁再生资源有限公司等5家再生资源回收企业进行了联合执法检查，区安全监管局、区公安消防支队分别对再生资源回收企业存在的生产安全问题、消防问题进行了查处，并责令企业立即整改。

（张福珍）

【交通运输企业专项执法行动】 5月9—13日，大兴区安全监管局联合区交通局、区消防支队等相关部门对辖区内货运企业开展了为期1周的专项执法检查。

（张福珍）

【体育运动项目经营单位专项执法行动】 6月1—3日，大兴区安全监管局联合区体育局、区消防支队对台球厅、健身房、滑冰场等单位进行了联合安全执法检查。此次专项行动检查的重点是：各项安全生产规章制度的建立和落实情况，现场安全设备设施情况，从业人员的安全培训教育情况，应急预案制定和演练情况。此次专项执法共检查货运企业5家，下达限期整改指令书5份，发现隐患11条。

（张福珍）

【对人防工程专项整治行动】 6月9—10日，13—14日，大兴区安全监管局联合区民防局、消防支队、属地政府安全科对清源街道办事处、旧宫镇政府辖区内的人防空工程进行了执法检查。检查组重点对消防设施、疏散通道、安全出口、疏散指示标志、消防水源、应急照明、用电设备设施等内容进行了检查，共检查地下空间24处，发现隐患问题57条，存在安全出口不畅、疏散指示标识设置不正确、用电线路敷设不符合安全规范、居住房间面积不符合法律法规要求等问题。

（张福珍）

【对地铁执法检查】 6月27—28日，大兴区安全监管局联合区交通局、区质监局、区消防支队对北京地铁大兴线和亦庄线进行了执法检查。经查，各地铁站点均能够执行各项安全管理制度，应急管理到位，日常巡检记录详细，警示标志清晰明显，此次检查未发现重大安全生产隐患。

（张福珍）

【对地下管网检查】 6月29—30日，大兴区安全监管局联合区市政管委、区质监局、区消防及区属地政府开展地下管网的检查，共抽查了4家，没有发现重大安全隐患。

（张福珍）

【重大活动安全生产检查】 2011年，大兴区安全监管局执法队对同仁堂现代化产业奠基仪式、生物医药产业基地罗奇营回迁房二期奠基仪式、区委区政府新春团拜会、"三八节"庆祝活动、西瓜节开幕仪式活动、大兴新城防汛应急演练舞台搭建等多项大型活动的设施搭建过程进行安全生产检查,确保了大型活动的顺利召开。

(张福珍)

【重点建设工程专项执法检查】 8 月底至 9 月初,大兴区安全监管局开展了重点加强对建筑施工现场的安全管理和对机械设备的安全检查,加强对施工人员特别是新上岗工人的安全教育和培训,特种作业人员无证上岗、临边防护不到位等经常性问题,共检查在施重点建设工程 26 项,出动执法人员 43 人次,下达各类执法文书 18 份,消除各类问题和安全隐患 74 项,对于现场管理秩序混乱、问题突出、隐患严重的施工工地进行停工整顿。

(张福珍)

【"打非打违"专项整治活动】 4 月 26 日至 7 月 4 日,大兴区安全监管局共出动执法人员 517 人次,共检查企业 2 566 家次,下发执法文书 692 份。其中,对存在一般隐患的 442 家企业,责令其立即或限期整改;对存在较大安全隐患的 250 家企业,已责令其停产停业整顿;对 2 家非法经营储存危险化学品的企业采取了强制措施,责令 2 家企业立即停止非法经营储存危险化学品。暂扣了北京漆宝华隆商贸有限公司非法经营的 168 桶稀释剂(危险化学品 3 类易燃液体),总重 2.5 吨。对北京黄村雅聚源建材销售中心做出行政处罚,处罚金额 2 万元。

(张福珍)

【有限空间联合执法检查】 2011 年,大兴区安全监管局联合区住建委、区市政市容委到北京兴创投资有限公司开展有限空间安全检查。一是听取了该公司有限空间作业安全管理的情况介绍;二是针对有限空间作业存在的问题,进行座谈、探讨有限空间作业安全监管有效措施;三是实地检查该公司一处有限空间作业现场,对现场存在的安全隐患给予当场指正,同时就有限空间安全监管进一步交换了意见和建议;四是各行业部门推广有限空间安全监管好的经验做法,加强各行业有限空间安全监管。

(韦起鹏)

【燃气安全专项执法行动】 2011 年,大兴区安全监管局联合区市政市容委、区质监局、区公安消防支队,开展燃气安全专项整治活动,重点打击违法供气行为,深入餐饮企业、工地食堂、宾馆、学校、医院、生活区开展执法检查,并督促燃气经营企业和用户隐患自查自改,2011 年共发放"一封信、宣传页"等宣传资料 1.5 万余份。

(张士来)

职业安全健康

【职业卫生管理员培训】 4 月 19—22 日,大兴区安全监管局举办企业职业健康管理员培训班。全区存在职业危害的企业中尚未取得《北京市职业健康管理员培训合格证书》的职业健康管理人员共计 174 人参加了培训。据统计,全区已有 211 人取得职业健康管理员资格证书。

(刘佳)

【职业病宣传周活动】 4 月 27 日,大兴区安全监管局在北京华腾化工有限公司开展《职业病防治法》进企业宣传活动,100 余名一线职工参观了职业病防治知识展板,阅读了职业病防治知识手册。

(陈冰)

【对开展职业健康状况调查】 大兴区安全监管局联合区卫生局制订了大兴区职

业健康状况调查项目工作方案并联合劳动社保、工会、经信委等部门联合印发通知。8月9日，区安全监管局、区卫生局牵头召开了"大兴区职业健康状况调查项目工作启动会暨培训会"，全区各镇、街道等主管领导、安全科联络员及现场调查组成员参加了会议。区安全监管局和区卫生局在8月15—16日联合举办了4期，近500家企业相关人员参加的培训会。8月22日—9月15日完成大兴区564家企业的入厂调查任务。

（陈冰）

【健全完善职业卫生监管体系】 2011年，大兴区安全监管局完善4项措施健全职业卫生监管体系。一是在全区重点行业和规模以上企业建立一支200人的职业卫生管理员队伍，全面开展职业病危害重点企业负责人职业健康管理业务培训，提高企业主要负责人落实职业卫生管理职责的能力；二是以新修订的《职业病防治法》颁布为契机，全面建立职业危害告知制度、申报制度、防治责任制度等10项制度；三是在重点行业领域开展职业卫生专项整治，督促企业落实职业危害防治措施；四是建立职业卫生监管技术支撑体系，鼓励大企业集团建立职业安全卫生技术服务机构，逐步建立起"政府指导、社会参与、市场运作"的职业卫生技术服务运行机制。

（赵雪辉）

【建立健全职业危害防治制度】 2011年，大兴区安全监管局在全区范围内开展职业危害防治制度建立健全工作的专项治理工作。区安全监管局下发了《关于建立健全企业职业危害防治制度的通知》（京兴安监管[2011]24号）文件，通过对属地存在职业危害企业的督察，已有614家建立了企业职业危害防治制度，占全部企业

的87.6%。

（李刚）

【电力线下、地下管线作业安全监管】 2011年末，大兴区安全监管局联合区发改委、区市政市容委、区住建委、区水务局、区质监局、区电力公司等部门参加的协调会，进一步明确各属地单位、行业、企业安全监管职责；要求属地单位、行业部门根据安全生产监管信息系统备案情况，加强特种设备、特种作业人员监督管理，对施工中电力设施进行保护；制订培训方案，加强电力设施保护知识培训，相关行业监管部门、属地单位要将市政府办公厅《关于加强施工安全管理防止发生破坏地下管线事故的通知》等文件精神，传达到建设、施工方及监理单位，并监督施工方履行主体责任；建立工作联动机制，加强与相关部门的信息沟通，组织联合执法检查，严厉查处破坏地下管线等城市基础设施的行为。

（赵雪辉）

【隐患排查整改工作监督检查】 2011年，大兴区安全监管局对属地和行政部门隐患排查治理工作进行监督检查，指导各单位开展隐患排查整治，掌握工作进度，摸清工作中存在的困难或问题；检查各单位台账建立情况，对上报提出具体要求；核查各单位已排查隐患的真实性，杜绝弄虚作假、敷衍了事和走过场现象的发生；督促、检查限期整改隐患的消除，确保发现的隐患切实得到整改。截至目前，已对北臧村镇、青云店镇、礼贤镇、瀛海镇、观音寺街道办事处和清源街道办事处6家属地单位隐患排查整治落实情况进行了检查，抽查了15家生产经营单位存在的18项限期整改隐患，隐患真实率100%，整改率为40%。

（赵雪辉）

安全生产宣传培训

【完善宣传和培训工作体系】　2011年，大兴区安全监管局多举措完善宣传培训工作体系。一是做好安全培训工作。基层安全员、生产经营单位从业人员培训要达到100%。初任培训不少于24学时，继续教育不少于16学时，行业、属地要认真按照《2011年安全生产培训计划》抓好落实。二是抓好安全社区建设。组织召开安全社区建设工作部署会，制订安全社区建设工作方案，在庞各庄镇、西红门镇和兴丰街道开展安全社区创建试点工作。三是充分发挥安全生产千人志愿者队伍监督员、宣传员、信息员作用。开展送安全"进企业、进社区、进学校、进农村、进家庭"服务活动、青年志愿者服务日活动、安全月咨询日宣传活动、安全生产专项宣传教育公益等活动。四是强化"三项岗位"人员持证上岗。要求特种作业人员、高危行业主要负责人和安全生产管理人员必须参加有资质机构专门组织的安全培训，考核合格后，持证上岗。

（赵雪辉）

安全生产应急救援

【应急救援培训】　4月，大兴区安全监管局与区公安消防支队、区红十字会等单位在西红门消防中队联合举办了大兴区危险化学品事故应急救援培训班。聘请具有实际工作经验的急救专家、理论性较强的大学讲师以及长期从事危险化学品监管工作的人员进行授课。培训内容涉及应急救护知识及技能、危险化学品理化性质及应急处置方法、全区危险化学品企业分布特点及事故介绍等方面。共有4支危险化学品事故应急救援队和危化应急救援物资储备库的120名队员参加了此次培训。

（杨宗彬）

【属地应急救援培训】　4月，大兴区安全监管局分3次到各属地单位，对基层安全员进行了《生产安全事故应急处置及企业应急预案管理》的讲解和授课。

（杨宗彬）

【应急救援物资储备库建设】　5月，大兴区安全监管局对市、区2级应急物资储备库物资进行了检查和更换。维修年检了全部到期的灭火器，共计24个，投入经费1400元；74722元购买了2台注入式堵漏工具补充到区应急救援物资储备库。

（杨宗彬）

【加强应急物资管理】　2011年，大兴区安全监管局严格按照市、区两级应急物资库管理制度，每季度对库内的应急物资进行1次盘点，保障应急物资的齐备、有效。

（杨宗彬）

【应急专家队伍建设】　2011年，大兴区安全监管局经过多次遴选，在大兴区原有6名危化专家基础上，又聘任了在机械、电力、建筑领域具有高级职称的专家各2名，将大兴区应急救援专家数量扩充到12名。

（杨宗彬）

【完成应急演练周工作】　6月，大兴区安全监管局制订了《2011年大兴区开展"应急演练周"活动实施方案》下发至区生产安全事故应急指挥部各成员单位参照执行。安全生产月期间，全区共组织安全生产演练636次，其中行业部门组织17次，属地政府组织142次，企业自行组织477次。

（杨宗彬）

【进行危险化学品应急演练】　11月

18 日，大兴区举行 2011 年危险化学品生产安全事故应急演练。副区长沈洁到场指导演练活动。区委副书记王新和其他应急指挥部的主管领导在区应急指挥中心通过视频进行观摩。演练由大兴区人民政府、大兴区突发事件应急委员会主办，大兴区应急办、大兴区安全监管局、大兴区消防支队承办，区民防局、区卫生局、区环保局、区园林中心、区环卫中心、生物医药产业基地等部门参加，参演和观摩人员 300 余人，出动各种车辆 18 部。演练模拟了危险化学品（液氨）泄漏事故场景，通过企业自救、事故报告、救援队集结、初步救援、确定处置方案、实施堵漏、清理现场等应急处置程序，完成了应急救援工作。

（杨宗彬）

【完善应急管理平台】 2011 年，大兴区安全监管局编写了《应急管理模块使用实施方案》，同时充分挖掘该信息平台的作用，利用这个模块中涵盖的预案管理、专家管理、队伍管理、应急物资储备等内容，与各行业部门、属地政府、企业等单位进行沟通联系。

（杨宗彬）

【规范事故上报程序】 1 月 11 日，大兴区安全生产委员会办公室，制定下发了《大兴区安全生产委员会办公室关于进一步加强生产安全事故报告工作的通知》（京兴安办[2011]1 号），进一步规范了大兴区各属地单位和企业的事故上报程序。

（李青松）

【完善施工备案工作】 1 月 17 日，大兴区安全监管局制定下发了《大兴区安全生产监督管理局关于开展施工项目安全生产备案工作的意见》（京兴安监管[2011]5 号），加强了各类建筑施工工程安全监管工作，避免属地单位出现安全监管盲区。

（杨宗彬）

【指导夏季安全生产工作】 6 月 2 日，大兴区安全生产委员会办公室，根据 2008 年至 2010 年大兴区夏季安全生产工作重点，制定下发了《大兴区安全生产委员会办公室关于进一步做好夏季安全生产工作全力压减事故的有关意见》。指导属地政府进行 2011 年底夏季安全生产监管和事故预防工作。

（李青松）

【进行事故分析工作】 2011 年，大兴区安全监管局分别在每季度末，对区内生产安全事故情况进行汇总，同时结合 2009 年至 2010 年大兴区生产安全事故情况进行分析，形成事故情况分析和下阶段形式预测，有针对性地指导重点时期的事故预防工作。

（宋志光）

【安全警示教育】 2011 年，大兴区安全生产宣传教育工作，通过大兴电视台进行新闻宣传，突出全区整体行动，加强重点工作、动态、政策、安全知识的宣传，播放安全宣传口号和公益广告，通过大兴电视台《社会大兴》栏目，每周一、三、五播放安监、交通、消防等部门提供的警示片；通过大兴电台《安全生产直通车》栏目，突出全区安全生产月活动整体部署、安全生产月活动进展情况和企业安全生产月开展情况等内容，制作 2 期访谈节目；通过物美大卖场、大兴影剧院、大兴东西大街和兴丰南北大街交叉路口电子屏，滚动播出安全警示片和安全生产宣传口号等；通过《大兴报》设置的《安全生产快行线》栏目，突出安全生产月工作动态、安全生产知识和安全生产隐患排查整治等内容，全面宣传。

（黄述强）

【安全生产"咨询日"活动】 6 月 12 日，大兴区安全监管以"落实企业主体责任，保障城市运行安全"为主题，开展 2011 年安全生产月宣传咨询日活动，掀起安全生产月活动高潮。主会场设在观音街道办事处，区安全生产月活动领导小组组织相关行业部门，设立 18 家宣传咨询点，活动现场悬挂横幅 30 条，设立展板 40 块，发放各种海报、折页、手提袋等 6 万余份，副区长常红岩、区政协副主席刘志茹、市安全监管局等有关人员参加了此次活动。在同一时段，属地单位在本辖区繁华路段设立"宣传咨询一条街"，全区各属地单位共设置宣传展板 424 块，悬挂横幅 2 495 条，发放各类安全生产宣传品 12 万余份，受教育群众 10 万余人；全区高危行业和重点领域企业在单位正门前设立安全生产宣传站，其他生产经营单位也在各自厂区内以多种宣传形式营造宣传氛围。

（黄述强）

【安全生产"五进"活动】　大兴区总工会组织相关单位开展进工地活动，通过发放宣传资料、知识手册、现场解答等形式，提高企业安全管理水平；区妇联开展进社区、进企业活动，根据社区居民的安全需要，在新区广大女性中开展 20 余场家庭安全知识宣传活动，提高家庭安全避险知识，主动与区内企业单位联系，举办安全生产培训讲座 10 余场，受训对象 1 000 余人，提高居民的安全意识。各属地单位结合辖区实际，采取赠送安全资料、解答安全提问、帮助查找安全隐患等多种形式，开展进企业、进社区、进家庭、进学校、进工地活动，把安全知识传送到各行各业、千家万户。

（黄述强）

【安全生产月应急演练】　2011 年，安全生产月活动期间，大兴区属地单位、行业部门共组织参与安全生产应急演练 1 891 次。区民防局为构建"反应灵敏、运转高效"的人防工程应急事故体系，提高事故反应能力，开展了以人防工程火灾事故早期扑救、人员疏散、伤员救助和人防工程雨水倒灌事故排险等内容的事故应急演练，区应急办、区安全监管局、区卫生局、区消防支队等相关部门共同参与，通过演练，基本掌握了处置方法了和程序。区商务委根据所属企业特点，组织物美大卖场、王府井百货有针对性地进行应急演练，提高从业人员安全意识和应急救援能力。

（黄述强）

【安全生产宣传教育志愿者队伍建设】　2011 年，大兴区安全监管局发挥安全生产宣传教育志愿者监督员、宣传员、信息员"三大员"作用，21 家属地单位组织安全生产宣传教育志愿者进行了培训，共培训 1 000 余人次。2 月 23 日，大兴区组织 10 名安全生产宣传教育志愿者到北京站开展安全生产宣传咨询活动，对外来务工人员进行宣传教育，共发放《外来务工人员安全生产知识手册》900 本，宣传折页 3 000 份。3 月 5 日世界志愿者活动日，在全区范围内开展多种形式的宣传教育活动，北京电视台对大兴区活动情况进行了跟踪报道。安全生产月活动期间，各单位组织开展志愿者活动 54 次，共计 2 600 余人次参加。

（黄述强）

【安全生产巡回演讲活动】　7 月 27 日，北京市安全生产演讲团到大兴区巡回演讲，突出新修订的《北京市安全生产条例》、国务院 23 号文件、市政府 40 号文件以及交通安全、消防安全、施工安全等相关内容，生产经营单位 500 余名职工聆听了演讲。

（燕非）

【安全生产大型公开课】　8 月 24 日，

大兴区安全监管局围绕 9 月 1 日即将施行新修订的《北京市安全生产条例》，结合 7 月、8 月、9 月易发、多发触电、高处坠落等生产安全事故的特点，在瀛海镇组织开展了安全生产大型公开课活动，邀请市安全生产专家、高级工程师俞胜章进行了讲座，500 名企业从业人员参加了活动。

（燕非）

【安全生产宣传教育资料发放】 围绕大兴区安全生产中心工作，发挥《安全生产宣传教育资料》的作用，将安全生产工作重点、安全生产知识常识送到基层、企业和生产第一线。截至现在，已制作 6 期，共印制资料 10 万份（其中对市政府 40 号文件和新修定的《北京市安全生产条例》进行增刊、万人答卷 1 万份）。

（燕非）

【安全生产检查人员培训】 4 月 6—15 日，大兴区安全监管局分 3 期组织各镇政府、街道办事处等单位安全生产检查员 450 余人进行安全生产知识年度培训。此次培训针对大兴区实际，聘请市安全监管局和大兴区相关专家，就安全生产基础知识、安全生产执法检查要点、安全生产执法文书填写、安全生产标准化、隐患排查治理等内容进行专题讲解，旨在提高基层安全生产检查员的依法行政、分析预测和专业执法检查等能力，以期进一步提高基层安全生产检查员的政策法规水平和业务能力。在例行培训基础上，针对委托执法工作中遇到基层执法人员不懂不会、执法检查水平偏低等突出问题，区安全监管局制订下发了《大兴区安全生产监督管理局组成委托执法指导组指导基层安全生产工作方案》，从 3 月份开始至年底，由业务科室进镇、街道开展实践培训，提高培训的针对性和实效性。

（燕非）

【企业主要负责人和安全管理人员培训】 1 月至 10 月份，大兴区各属地单位发挥安全生产三、四级培训机构的作用，开展了企业主要负责人和安全管理人员的培训，组织培训班 51 期，共 10 224 人次。

（燕非）

【特种作业和高危行业的培训考核】 2011 年，全年组织特种作业培训考核 10 期，共 25 009 人次，考核合格 17 428 人，合格率为 69.6%。1—12 月，组织高危行业培训考核 5 期，共 526 人次，合格 236 人，合格率为 44.8%。

（燕非）

昌平区

概 述

2011 年，昌平区安全生产工作以落实企业安全生产主体责任为重点，继续深入开展"安全生产年"活动，有效防范和坚决遏制重特大事故，继续降低事故总量，较好地完成了各项目标任务，实现了"十二五"安全生产工作的良好开局。

生产安全事故得到有效遏制，整体工作成绩显著。2011 年，市安委会下达给昌平区的安全生产事故控制指标为 7 人，全区未发生纳入考核的生产安全事故（起数为 0 起 0 人），较 2010 年同期相比（4 起，

6 人），事故起数下降了 100%，死亡人数下降了 100%，安全生产控制考核指标圆满完成。昌平区荣获市安委会授予的"2011 年度安全生产工作先进区县"和"安全生产工作重大进步奖"。昌平区安全监管局荣获中宣部、国家安全监管总局授予的"2011 年全国安全生产月活动优秀单位"，国家安全监管总局、中华全国总工会授予的"落实企业安全生产主体责任知识竞赛优胜单位奖"，市安全监管局、市文化局授予的"2011 年北京市安全生产歌曲学、唱、传活动优秀奖"，市安全监管局、市总工会授予的"2011 年北京市安全生产知识竞赛优秀组织奖"，市安全生产月活动组委会授予的"2011 年北京市安全生产月活动优秀组织奖"，获得其他区级奖励、荣誉 6 项；金东彪、腾宾荣获"2011 年度全国安全生产监管监察先进个人"。北京福田发动机厂被审定为"北京市安全文化建设示范企业"。在昌平区政府组织的年度考核中，区安全监管局被评为"优秀"。

加强执法检查，深入开展"三重点"、拆迁工程等重点行业领域安全隐患治理，解决群众反映强烈的安全生产问题。采取"五+二"、"白+黑"、日常监管、联合执法等执法方式，先后开展了烟花爆竹专项执法行动、危险化学品、冶金有色企业、粉尘与高毒物品危害治理、有限空间等 11 项安全生产专项整治。及时查处群众反映强烈安全生产问题。共受理各类生产安全隐患举报投诉案件 111 起，所有案件均做到及时受理、及时查处、及时回复举报人。1 年来累计检查生产经营单位 6 160 家次，同比增长 26.5%；查处各类生产安全隐患 6 908 条，同比减少 9.7%，隐患整改率达 100%；下达行政执法文书共计 4 751 份，同比增长 108%。

依法严厉打击安全生产领域各类非法违法行为。制订了 2 个阶段的"打非"工作方案，先后组织召开 5 次专题会议。对鑫隆市场、水屯市场、东小口线下隐患等重点地区进行了专项整治。全区共拆除违法建筑 122.3 万平方米，检查各类生产经营场所 1.87 万处，查处各类安全生产非法、违法行为 4 385 起，关闭取缔 3 126 家，停产停业整顿 754 家，依法行政拘留 446 人。查封、关闭取缔煤炭经营企业 22 家，涉及非法经营面积 407 793 m²（合计 611.4 亩）。捣毁非法倒灌、经营液化气黑窝点 25 处，收缴液化气钢瓶 772 个。查处旅游景区及周边停车场内油罐车为客运大巴车加油非法违法行为 2 起。圆满完成了 6 次"打非"督察及多次市局领导调研任务。

严格审批程序，加强行政处罚法制监督。共换发危险化学品经营许可证（乙种证）11 个，注销过期许可证 2 家，对 18 家单位进行了现场审核，颁发烟花爆竹经营许可证 187 个。在全市率先引入烟花爆竹销售申请摇号机制，并在东小口、回龙观和北七家成功实施。

加大宣传力度，增强企业和公众安全生产意识。开展了安全宣传咨询日、文艺演出下基层、知识竞赛、安全生产知识上公交、媒体采访月、"安全在我心中"演讲比赛、巡回演讲、安全生产歌曲"学唱传"、制作专题宣传片、安全监管连线、播放《平安是福》电视节目等活动。共有 5 700 多家企业 39 万人参加了宣传活动，播放宣传片 42 次，刊发新闻报道 80 条，张贴各种宣传画数量 1.5 万张，发放宣传材料 22 万份，设置专栏、板报等宣传园地 3 500 个，印发专题（栏）的内部刊物 86 期，6 场安全生产文艺演出，全区共有 1 680 家生产经营单位、2.3 万人参加了落实安全生产主体责任知识竞赛活动。

加强教育培训，从源头消除安全生产事故隐患。共举办电工、焊工等各类安全生产培训班 118 期，培训人数 9 267 人，增长 30%；开展有限空间知识"进企业、进工地、进社区"活动，培训一线有限空间从业人员 1 300 余人。培训农村劳动力人员电工、焊工共 66 人，培训生产经营单位负责人和安全生产管理人员 6 期共 689 人。成立了昌平区安全生产协会，初步建立了安全生产协会专家库。

强化应急管理，提高应急处置能力。做好了"两会"等重点时段、未来科技城和第七届世界草莓大会等重点地区以及 31 次重大赛事、活动的安全保障。强化应急物资储备库管理，定期检查全区 4 家危险化学品应急物资储备库。与公安、消防、环保等 13 个相关职能部门密切配合，针对危险化学品、非煤矿山等 6 个领域开展了 19 次应急演练。

加快"两项工程"建设，努力提升安全保障能力。一是推广应用安全生产事故隐患排查治理自查自报系统。制定了《昌平区安全生产事故隐患排查治理自查自报工作管理办法》及《昌平区生产经营单位事故隐患自查标准分类》。对全区 34 155 家生产经营单位基础数据进行了分类整理和核查，最终核准 12 403 家生产经营单位纳入自查自报系统。开展专项培训 94 次，培训生产经营单位 6 895 家。编辑印制自查自报系统使用手册、联系名录 2 万份，制作光盘 1.5 万张，制作企业隐患自查自报系统登录卡 3 万份。二是全面推进安全生产标准化建设。制定了《昌平区工业企业安全生产标准化达标项目实施办法》及《昌平区家具制造行业安全生产标准化考评标准》，明确了工作的步骤及时间。组织开展了 93 家规模以上工业企业、2 家非煤矿山企业、97 家危化企业安全生产标准化初评、复评工作，其中 94 家危化企业通过了安全生产标准化初评，77 家工业企业和 1 家非

煤矿矿山企业已通过了安全生产标准化复评，达到了区级安全生产标准化合格单位，工业企业标准化通过率达 83%，占市安全监管局下发的昌平区规模以上工业企业的 41%，完成了规模以上工业企业通过率达到 20% 的指标。

2011 年昌平区安全生产工作虽然取得了积极进展和明显成效，但与广大人民群众的期望相比还存在较大差距。目前，昌平区正处于大投入、大拆迁、大建设、大发展的快速发展时期，处在生产安全事故易发多发的特殊时期，安全生产领域各类矛盾、问题和隐患还很多，形势依然严峻。突出表现在：一是企业安全生产意识有待提高，企业主体责任落实不到位，非法违法生产、经营、建设行为屡禁不止，安全生产保障资金投入不足，一线从业人员安全意识有待提高。二是安全生产监管执法力量及基础配备有待增强。基层安全监管力量薄弱，执法车辆、照相器材等基础装备配备不足，直接影响了执法工作的有效开展；基层执法队伍需进一步强化业务培训，全面提高执法水平。三是安全生产基础仍然薄弱，大量零散小企业技术装备和管理手段落后，安全保障能力低下，一些公共设施安全隐患严重，企业应急处置和抢险救援能力不足。

（彭胜仁）

安全生产综合监督管理

【安全生产控制考核指标完成情况】

2011 年，昌平区共发生安全生产死亡事故 101 起，死亡 107 人，事故起数同比减少 25 起，下降 24.8%，死亡人数同比减少 32 人，下降 30%。其中道路交通管界事故 100 起，死亡 106 人，同比减少 21 起 26 人，分别下降 21%、24.6%；铁路交通事故 1 起，

死亡 1 人，同比增加 1 起 1 人；生产安全未发生亡人事故，同比减少 4 起 6 人；火灾未发生亡人事故，同比减少 1 起 1 人。首次实现生产安全事故"零死亡"。

（彭胜仁）

【区政府召开第 1 次安全生产工作会】
1 月 12 日，昌平区政府召开 2011 年第 1 次安全生产工作会，会议要求各镇（街）和行业监管部门要对监管范围内的隐患细致排查，发现的隐患要迅速处理，坚决处理，不留后患；要加强对烟花爆竹、有限空间、危险化学品、轨道交通、人员密集场所、交通等重点领域、重点部位的安全监管，保障两节及两会期间安全。区长金树东强调，要高度重视春节期间的安全生产工作，深入开展安全大检查，继续强化企业主体责任的落实，全面加强安全管理和监督，坚决打击非法违法行为，严防事故发生，确保人民群众度过幸福、和谐、安康的节日。

（彭胜仁）

【贯彻落实市安全生产工作会议精神】
2 月 21 日，昌平区安全监管局局长金东彪主持召开会议，传达 2 月 19 日北京市安全生产工作会议精神，学习市安全监管局局长张家明工作报告及《2011 年北京市安全生产工作指导意见》，会议对昌平区 2011 年安全监管工作提出了新要求。

（彭胜仁）

【召开安全生产工作紧急会议】 4 月 25 日，昌平区召开安全生产工作紧急会议。会上，区长金树东通报了凌晨发生在大兴区的火灾事故，并传达了中央政治局常委、政法委书记周永康和市委书记刘淇、市长郭金龙对当前安全生产工作的重要指示。会议要求各单位工作开展情况每周一报，并责成区安全监管局和区消防支队抽调人员成立 2 个督导组，到现场进行实地检查。区委书记

侯君舒强调要深刻吸取大兴区火灾事故教训，认真落实行业监管和属地监管责任，对存在隐患的企业一律高限处置，加大打击力度，尤其是涉及违法违章建设的企业。

（彭胜仁）

【市安委会考核昌平区 2011 年安全生产工作】 12 月 28 日，市安全监管局刘岩副巡视员带领由安全监管、环保、经信、旅游等部门共同组成的市安委会安全生产考核组对昌平区 2011 年安全生产工作进行了综合考核。考核组听取了昌平区 2011 年安全生产工作情况汇报，查阅了安全生产档案资料，实地检查了城北街道和小汤山镇的安全生产工作。考核组认为：昌平区委、区政府高度重视安全生产工作，形成了区领导亲自抓安全，行业、属地抓检查的工作格局；安全生产工作有计划、有部署，"安全生产年"活动、"安全生产标准化"、"事故隐患自查自报"和"'打非'专项工作"等工作措施得力，有力地保障了全区安全生产形势的持续稳定。

（彭胜仁）

【市督察组督察昌平区畜禽养殖环节和沼气工程安全生产工作】 11 月 11 日，由市农委、市安全监管局、市农业局组成的督察组对昌平区畜禽养殖环节和沼气工程安全生产管理工作进行了专项督察。督察组首先听取了昌平区新农办关于畜禽养殖环节和沼气工程安全生产管理的落实情况汇报。随后对百善镇、兴寿镇的沼气工程进行了检查。督察组要求昌平区继续开展全区沼气工程的安全检查和改造升级，加强有限空间培训，督促相关企业完善设施和管理制度。

（彭胜仁）

【市安全监管局领导调研昌平区"打非治违"工作】 9 月 21 日，市安全监管局局长张家明带领"打非"工作调研组，对

昌平区"打非治违"工作开展情况进行了调研。调研组听取了区安全监管局关于开展"打非"、流动人口管理及出租房屋整治工作开展情况的汇报，消防支队关于回龙观"北四村"消防安全隐患整治进展情况的汇报，区政法委书记陈秋生关于全区"打非治违"工作的总结汇报。随后，市调研组在区领导及行业管理部门领导的陪同下，到回龙观"北四村"现场视察和调研流动人口聚居村安全隐患整治情况。调研组对昌平区在"打非治违"方面开展的工作和取得的成果表示肯定，强调在加强对重点镇域的各方面建设的同时，不能忽视了对非重点区域的安全建设，并对下一阶段中如何开展工作提出了 4 点意见。区长金树东，区政法委书记陈秋生，副区长王承军，区安全监管局、消防支队等 11 个行业管理部门领导出席会议。

（彭胜仁）

【市"打非治违"第四联合检查组督导昌平区"打非治违"工作】　9 月 7 日，市城管局副局长马惠民带队，市规划委、市国土分局、市住建委、市农委、市工商局领导组成北京市制止和查处违法用地违法建设联席会议工作小组第四联合检查组，对昌平区"打非治违"工作展开专项督导检查。联席会上，区安全监管局对全区"法非"整体情况做了阶段性总结，区拆违办、国土分局、工商分局分别就昌平区整治违法用地违法建设工作进展情况、耕地被占用情况、无证无照商户治理情况等方面做了详细汇报。随后，督导组对沙河镇白各庄村村民违建房进行了现场查看。市城管局副局长马惠民对昌平区"打非治违"工作所取得的成果表示肯定。

（彭胜仁）

【市安委会第四督察组督导检查昌平区"打非"工作】　7 月 14 日，市工商局

副局长崔建立率第四督察组对昌平区开展"打非"专项行动进展情况进行了督导检查，区委常委、副区长张燕友，副区长金晖，区安全监管局、区工商分局、区规划分局、区国土分局、区发改委主管领导陪同检查。区安全监管局副局长徐立荣代表区安委会详细汇报了昌平区"打非"专项行动开展情况；区工商分局、区发改委等部门作了补充汇报。随后，督察组到北七家镇鲁疃村进行实地检查。市督察组对昌平区开展"打非"工作的做法及成效予以了充分肯定，并在"打非"行动"收官"阶段，如何总结工作中的各种"良方妙药"，建立长效机制等方面提出了宝贵意见。

（彭胜仁）

【市安委会第二督察组对昌平区"打非"工作督导检查】　7 月 5 日，市公安局消防局副局长骆原带队，由市安全监管局、市消防局、住建委、规划委、城管执法局一行 7 人组成的市安委会第二督察组，对昌平区"打非"工作进行了督导检查。副区长金晖及区安全监管局、区消防支队、区住建委、区规划分局、区城管大队等部门主要领导陪同检查。市督察组首先实地检查了回龙观镇东半壁店村"打非"工作开展情况，随后听取了昌平区"打非"工作情况汇报，并查阅了"打非"工作的相关资料。市公安局消防局副局长骆原对昌平区的"打非"工作给予了充分肯定，认为昌平区"打非"工作"态度坚决、方案细密、责任明确、阶段性成果很有成效"。同时就下一阶段工作要求各部门精心组织、各尽其职，把"打非"工作提高到影响首都社会稳定的高度予以重视，将"打非"工作和综合治理相结合。

（彭胜仁）

【市督察组到昌平区督察"打非"及液化气天然气专项整治工作情况】　6 月 9

日，市安全监管局、市市政市容委、市质监局、市城管局组成联合督察组，对昌平区"打非"及液化气天然气专项整治工作进行了督察。昌平区副区长王承军、区安全监管局局长金东彪等陪同督察。督察组对四联液化气站和北京昌海液化气有限公司 2 家单位进行了检查，并听取了区各部门关于近期"打非"及液化气天然气专项整治工作的汇报。市督察组对昌平区"打非"工作的力度给予了充分肯定，并提出了具体工作要求。

（彭胜仁）

【市安委会第五督察组莅临昌平区开展"打非"专项行动检查督导】

6 月 24 日，市安全监管局副局长陈清带领市安委会第五督察组成员，对昌平区打击非法违法生产经营建设行为专项行动开展情况进行检查督导。督察组一行到北七家镇鲁疃村一处拆违现场和北七家村拆迁现场进行了实地检查；查阅了全区"打非"专项行动有关工作记录、会议纪要、实施方案、台账等资料；区安委会副主任、区安全监管局局长金东彪代表区安委会进行了全面汇报，区住建委、工商昌平分局、国土昌平分局、规划昌平分局和北七家镇政府主管领导进行了专题汇报。督察组各成员单位对昌平区工作开展情况进行了逐一点评，陈清充分肯定了昌平区"打非"工作，认为区委、区政府重视，各项工作组织周密、部署到位，"打非"工作成效显著。

（彭胜仁）

【全覆盖督察"打非"行动暨安全生产月活动】

6 月 21 日，昌平区安委会办公室牵头，会同区监察局、公安昌平分局、消防支队等 11 个部门，对全区"打非"行动暨安全生产月活动开展全面督察。采取听取汇报、查看图文资料、实地抽查等方式，重点督察各镇（街）落实"打非"专项行动部

署情况、非法建筑拆除情况、无照经营情况、"12350"投诉举报查处情况、安全月部署情况、应急演练情况、生产经营单位台账核准情况等。检查行动共分 4 个小组，将全区 18 个镇（街）分为东、南、西、北四个片区，每组负责 1 个片区督察工作。从 21—24 日，集中 4 天时间，实现督察全覆盖。

（彭胜仁）

【召开"打非"专项行动领导小组工作例会】

6 月 9 日，昌平区"打非"专项行动领导小组召开工作例会。会议通报了昌平区"打非"专项行动工作情况，安排部署了下一阶段"打非"专项行动及安全生产工作。会议由区安全监管局局长金东彪主持，副区长金晖出席会议。会上，区商务委主任云富勇和回龙观镇镇长储鑫分别汇报了再生资源回收站点安全秩序整治工作和回龙观镇部分地区的地下空间非法建设非法经营安全隐患整治工作，与会人员围绕加快和推进工作落实提出了意见和建议。听取报告后，金晖要求属地政府牵头做好入户宣传工作，避免激化矛盾；公安、住建委、工商、消防等职能部门积极配合属地政府，形成合力，共同攻克"打非"行动中的"顽症"。

（彭胜仁）

【"打非治违"工作开展情况】

制订了 2 个阶段的"打非"工作方案，先后组织召开 5 次专题会议。对鑫隆市场、水屯市场、东小口线下隐患等重点地区进行了专门整治。全区共拆除违法建筑 122.3 万平方米，检查各类生产经营场所 1.87 万处，查处各类安全生产非法违法行为 4 385 起，关闭取缔 3 126 家，停产停业整顿 754 家，依法行政拘留 446 人。查封、关闭取缔煤炭经营企业 22 家，407 793 m^2（合计 611.4 亩）。捣毁非法倒灌、经营液化气黑窝点 25 处，收缴液化气钢瓶 772 个。取缔非法经营液

化气窝点 1 处；查处旅游景区及周边停车场内油罐车为客运大巴车加油非法违法行为 2 起。圆满完成了 6 次"打非"督察及多次市安全监管局领导调研。

（彭胜仁）

【昌平区安全生产协会成立】 7 月 15 日，昌平区安全生产协会第一届会员大会暨成立大会在军都山度假村会议中心成功召开，共有单位会员及个人会员 400 余人参加，会议宣读并审议通过了《昌平区安全生产协会章程（草案）》、《昌平区安全生产协会第一届会员大会选举办法》、《昌平区安全生产协会会费缴纳办法》，选举产生了昌平区安全生产协会第一届理事会理事、常务理事、监事会监事、会长、副会长、监事长。其中，会长由昌平区安全监管局副局长赵桂生担任；副会长由区安全监管局副局长徐立荣、张大鹏及会员蒋国强等 12 人担任，监事长由风山矿矿长王化民担任，秘书长由区安全生产培训中心主任李奕担任，副秘书长由区安全监管局张卫东、李国文等 5 人担任。

（彭胜仁）

【启动"六小企业"安全生产现状工作调研】 2011 年，昌平区安全监管局在全区范围内开展"六小企业"安全生产现状工作调研。调研工作先期重点在南口、东小口、回龙观、北七家、沙河、小汤山 6 个重点镇展开。2 月 22—24 日，区安全监管局对南口地区开展为期 3 天的调研活动，拉开了 2011 年度调研活动的帷幕。此次调研活动，以听取镇（街）相关负责人关于"六小企业"总体情况汇报及实地走访的形式，主要针对"六小"企业的分布状况、行业类型、企业数量、与地区经济发展的关联性、目前存在的重点问题、下一步管理的方向等展开调研。

（彭胜仁）

【区领导带队检查春节前安全生产工作】 1 月 28 日，昌平区委书记侯君舒、区长金树东、区人大主任李福忠、区政协主席王振华带队，各分管副区长陪同，检查春节前全区安全生产工作。区领导分 2 组对商市场、餐饮等人员密集场所和建筑工地、轨道交通运营、烟花爆竹销售单位进行了安全检查，重点检查了中控室、安全疏散通道、应急职守等情况，并就春节期间安全生产工作要求各职能部门做好春节期间重点行业领域、重点部位的安全监管；各生产经营单位安排业务骨干做好应急备勤；春节期间谨慎开展大型活动，防止人员高度密集；做好春节期间烟花爆竹销售和燃放环节安全管理。

（彭胜仁）

【召开第 2 次安委会工作例会】 4 月 12 日，昌平区安委会组织全体成员单位召开年度第 2 次工作例会，会议总结了第一季度安全生产工作，部署了第二季度的安全生产工作，并与成员单位签订了本年度的安全生产责任书。与往年不同的是，此次安全生产责任书的内容在各单位自行起草的基础上，区安办对责任书签订率、重点监管单位数量、检查覆盖率、宣传教育培训次数、受教育人数以及事故指标等重要数据指标进行了量化，并要求各成员单位和属地政府汇总上报与下级单位签订的责任书，责任书中内容将列入年终安全生产综合考核目标体系。

（彭胜仁）

【区领导带队开展"护航"联合执法特别行动】 12 月 31 日，昌平区政府 7 名领导带队，分成 4 个检查组，由区政府办、区安全监管局、区住建委、区农委、区商务委、区工商分局、区消防支队等 22 个部门参与，在全区开展安全生产"护航"联合大检查行动。区长金树东要求进一步加强安全生产检查工作，各行业职能部门和属地政府要开展拉网式检查，消除隐患，不留死角，坚决遏制较大以上事故的发生；针对冬季安全生产工作特点，落实防寒潮大风、防雨雪冰冻灾害、防冻裂泄漏等各项措施。依法严厉打击无证无照生产经营和建设、不具备安全生产条件擅自生产、关闭取缔后擅自恢复生产等非法违法行为；做好"两节"期间加强应急值守工作，做好突发事件的应急处置准备，带班领导、值班人员必须坚守岗位，确保24小时联络畅通。

（彭胜仁）

危险化学品安全监管监察

【危险化学品企业安全生产部署会】
春节前夕，昌平区安全监管局召开全区危险化学品生产经营单位安全生产工作会。会上，组织危险化学品企业负责人深入学习《国家安全监管总局工业和信息化部关于危险化学品企业贯彻落实〈国务院关于进一步加强企业安全生产工作的通知〉的实施意见》；从8个方面部署了春节和全国"两会"期间危险化学品企业安全生产工作，重点要求危险化学品企业成立领导小组、加强巡视，采取有效措施保证烟花爆竹燃放期间安全生产，并加大设备设施检测力度，加强企业周边可燃物清理工作，做好应对极端天气的准备。

（彭胜仁）

【危险化学品经营许可】   2011年，昌平区安全监管局共换发危险化学品经营许可证（乙种证）12个，注销过期许可证4家，对19家单位进行了现场审核。

（彭胜仁）

【部署全国"两会"期间危险化学品安全监管工作】   2月25日，昌平区安全监

管局召开危险化学品安全工作专题会议，部署"两会"期间危险化学品安全监管工作。会议要求各镇（街）加强危险化学品生产经营单位安全生产检查工作，特别是企业安全资质的检查，督促企业做好安全生产隐患自查及整改、安全教育及"两会"期间安保工作，建立企业自查与执法检查相结合的检查机制，加强应急值守与信息报送；要求企业重视危险化学品应急管理，制定危险化学品应急预案与反恐预案，做好应急物资储备，在"两会"前开展1次反恐应急演练。

（彭胜仁）

【部署危险化学品安全生产重点工作】
3月30日，昌平区安全监管局召开全区危险化学品生产经营单位主要负责人安全生产工作会。会上进行了2011年版《危险化学品安全管理条例》的培训和解读，并对全市2011年度危险化学品企业安全生产标准化工作、危险化学品储专项整治工作、危险化学品重大危险源安全管理工作和涉及危险化学品的9项主要工作进行了部署，同时区安全监管局副局长徐立荣对做好昌平区危险化学品安全生产工作提出了要求。

（彭胜仁）

【危险化学品运输企业专项整治】   5月9—13日，昌平区安全监管局会同区交通局、交通支队组成联合专项检查组，对全区10家危险化学品运输企业进行为期1周的专项整治。检查组对运输企业的安全生产管理制度、应急救援预案、教育检查记录、应急演练记录、司机和押运员资质、安全责任书的签订、车辆状况等方面进行了检查，发现并消除了运输企业一些潜在的安全隐患。

（彭胜仁）

【打击非法从事危险化学品工作联席会】   6月3日，昌平区安委会办公室组织

召开打击非法从事危险化学品工作联席会。昌平区安全监管局、区市政市容委、区工商分局、区公安分局、区交通局、区环保局、区质监局、区消防支队、区城管大队相关负责人参加了会议。会上探讨了打击非法从事危险化学品工作长效机制，起草了《昌平区安全生产委员会办公室关于打击非法从事危险化学品工作意见（草稿）》，进一步梳理了相关单位在"打非"工作中的职责，明确了各自的职责范围。

（彭胜仁）

【危险化学品重大危险源备案工作培训会】 7月21日，昌平区安全监管局组织召开危险化学品重大危险源备案工作培训会，全区构成重大危险源的危险化学品企业主要负责人参加了会议。会上，区安全监管局解读了《北京市危险化学品重大危险源备案管理工作实施方案》，进一步强调了重大危险源备案时限及要求，要求企业落实主体责任，明确备案方法、程序，责任到人，按期完成备案工作；对危险化学品重大危险源辨识方法进行了培训。

（彭胜仁）

【市安全监管局领导检查昌平区危险化学品安全生产工作】 9月7日，市安全监管局局长张家明、市危险化学品专家库专家以及新闻媒体到昌平区检查危险化学品外围保障工作。检查组先后对北京中油华路石化投资有限公司和北京壮大真谛工贸有限公司进行检查，听取了企业近期安全生产工作开展情况的汇报；查阅企业安全生产工作开展相关资料、文件、记录，检查现场设备、设施、人员操作以及应急演练情况。副区长王承军、区安全监管局局长金东彪以及属地部门领导陪同检查。

（彭胜仁）

【危险化学品企业执法互查工作】 9月5—9日，昌平区安全监管局赴延庆县开展了危险化学品企业执法检查，完成了区县互查阶段的工作任务。9月13日起，昌平区接待并配合延庆县安全监管局对全区危化企业的执法检查工作。

（彭胜仁）

【危险化学品安全生产专题培训班】 9月27—28日，昌平区安全监管局组织开展了危险化学品安全生产专题培训班，全区危险化学品生产经营单位及重点使用单位282人参加了培训。培训内容重点是学习和解读2011年版《危险化学品安全管理条例》和《北京市安全生产条例》。

（彭胜仁）

【危险化学品生产经营及使用单位安全生产隐患自查自报培训】 11月11日，昌平区安全监管局对300余家涉及危险化学品的生产经营及使用单位开展安全生产隐患自查自报系统培训，各单位主要负责人、安全管理人员和电脑操作员进行了操作培训。培训方式和内容主要包括播放自查自报宣传片，分析讨论事故案例，工作人员讲授生产经营单位事故隐患自查标准应用，指导受训人员实际登录系统，详细讲解系统操作方法，使电脑操作员能够熟练掌握操作程序，为及时有效开展自查隐患上报奠定基础。

（彭胜仁）

烟花爆竹安全监管监察

【烟花爆竹从业人员安全培训工作完成】 1月16日，昌平区安全监管局开展烟花爆竹从业人员安全培训，全区共有496名人员参加培训。培训会上，讲课专家对烟花爆竹安全知识、常识和应急技能等内容进行了重点培训。区安全监管局、区公安分局等相关职能部门结合各部门职责明确了安全监管的要求和重点，要求各销售单位严格按照法律法规要求守法经营、安全经营。

（彭胜仁）

【市烟花办调研昌平区烟花爆竹许可工作】 7月21日，市烟花办领导到昌平区就烟花爆竹许可工作开展调研。区安全监管局、区公安昌平分局在调研工作会上分别汇报了2011年烟花爆竹行政许可和安全监管工作，重点介绍了回龙观、东小口、北七家3个重点镇通过摇号方式确定销售网点的工作情况。市烟花办充分肯定了昌平区春节烟花爆竹安全监管工作以及摇号确定网点、全员培训、统一销售大棚等新的工作模式，希望在全市重点区县、重点区域推行昌平区摇号工作模式。

（彭胜仁）

【烟花爆竹行政许可工作】 2011年，昌平区安全监管局提前在区政府及局网站发布《昌平区2011年烟花爆竹非主渠道网点经营许可申请公告》，并按照"区政府规划、职能部门实施，专营单位参与，连锁直销为主，其他渠道为辅"的原则，对初审基本符合条件的单位，由安全监管、公安、消防、交通4部门联合对销售网点进行现场审核，许可工作于1月28日全部完成，共受理烟花爆竹申请192份，发放烟花爆竹经营许可证187份。

（彭胜仁）

【烟花爆竹销售网点经营资格摇号】 12月12—13日，昌平区安全监管局组织回龙观、东小口、北七家3个重点镇街完成2012年烟花爆竹销售网点经营资格摇号工作。经过前期筛选，共有100余家符合要求的单位参与摇号，25处销售网点经营资格通过摇号产生，并进行了现场确认登记，现场秩序良好。

（彭胜仁）

【部署烟花爆竹销售存储工作】 12月22日，昌平区安全监管局召开2012年烟花爆竹销售存储工作部署会。区安全监管局主管领导、各相关职能部门、各镇街130家烟花爆竹从业单位法人参加了会议。会上传达了《2012年昌平区烟花爆竹销售存储管理工作方案》，部署了烟花爆竹零售单位销售许可工作及销售存储注意事项，明确了安全责任。会议要求各销售网点守法经营，专人看护，持证上岗。

（彭胜仁）

【烟花爆竹宣传活动】 1月27日，昌平区烟花办以昌平区阳光商厦为主会场，17个镇街的主干道为分会场，开展了以"依法、文明、安全燃放，共同建设世界城市"为主题的烟花爆竹宣传活动。活动中，区委领导及宣传人员向群众讲解了烟花爆竹安全管理的有关规定，强调燃放非法、伪劣、超标烟花爆竹的危害，提醒广大群众要到合法网点购买烟花，不要燃放伪劣、超标烟花爆竹。全区共设展板154块，悬挂横幅144条，张贴标语480条，发放宣传材料40余万份，出动宣传车82部，受教育者达50余万人次。

（彭胜仁）

【部署2012年元旦烟花爆竹安全管理工作】 12月29日，昌平区政府组织召开2012年元旦烟花爆竹安全管理工作部署会，区发改、区公安、区安全监管等25个委办局主要领导、17个镇（街）镇长（主任）及供电公司、供销社主管领导参加了会议。会上，公安昌平区分局、区安全监管局分别部署了全区2012年元旦烟花爆竹安全管理工作。区委常委、副区长孙启对2012年元旦烟花爆竹安全管理工作提出了具体要求。

（彭胜仁）

【对烟花爆竹销售网点进行全面检查】 自1月29日烟花爆竹零售正式开始以来，昌平区安全监管局领导班子按包片联系镇

（街），在相关科室、执法队的配合下，对所联系的镇（街）烟花爆竹销售网点进行了安全检查。发现有个别销售网点存在店内工作人员吸烟、销售人员未持证上岗、证件与本人不符、经营场所与许可证不符、货物存放区有纸箱等易燃物品、使用厢式货车储存烟花爆竹等问题。针对查出安全隐患，检查组责令零售网点立即进行整改。

（彭胜仁）

【市安全监管局检查昌平区元宵节前烟花爆竹安全管理工作】　2月11日，市安全监管局执法队对昌平区元宵节前烟花爆竹安全管理工作进行了检查。检查组听取了昌平区安全监管局关于春节期间烟花爆竹监管工作及执法检查情况的汇报，随后检查了批发单位烟花爆竹安全管理工作开展情况。检查组对昌平区安全监管局领导班子在重点节日带队检查烟花爆竹销售网点，节日期间无间断、高频次的执法检查力度、烟花爆竹宣传教育等几方面的工作给予了充分肯定。

（彭胜仁）

【元宵节执法夜查烟花爆竹安全情况】　2月17日夜，昌平区安全监管局联合区烟花办相关成员单位组织执法人员74人，出动车辆16辆，分16组对全区烟花爆竹零售网点和禁放单位展开全方位拉网式检查。共检查单位312家次，确保了"元宵节"当夜全区烟花爆竹销售、储存、燃放安全。

（彭胜仁）

【烟花爆竹回收】　自2月18日开始，北京昌平陶瓷杂品公司、北京熊猫烟花有限公司和北京逗逗烟花有限公司对昌平区烟花爆竹经营单位剩余烟花爆竹进行回收。截至2月22日回收工作全部结束，共回收烟花爆竹4 413箱，折合人民币157.7万元。

（彭胜仁）

【烟花爆竹禁放区域联合执法检查】　1月7日，昌平区安全监管局联合区商务委对烟花爆竹禁放重点单位进行联合执法检查。此次检查包括中国华粮物流集团北京粮食中心库、昌平水屯批发市场、城北回龙观交易市场3家粮食仓储及批发企业单位。检查发现存在安全管理制度不健全、教育记录不完整、库房及油料区区域防火、逃生等警示标识设置不足或缺失等安全隐患。执法人员已责令相关单位加强安全意识并立即着手对存在隐患进行整改。

（彭胜仁）

矿山安全监管监察

【启动非煤矿山企业安全生产标准化工作】　3月31日，昌平区非煤矿山企业安全生产标准化活动正式启动。当日，昌平区安全监管局组织全区4家非煤矿山企业召开会议，传达《北京市金属非金属矿山安全标准化考评办法》的通知，根据矿山企业规模下发了《金属非金属矿山安全标准化规范小型露天采石场实施指南》、《金属非金属矿山安全标准化规范露天矿山实施指南》、《小型露天采石场安全标准化评分办法》及《金属非金属露天矿山安全标准化评分办法》。会议要求4家非煤矿山企业采取企业自评、申请评审、考评机构考评、申请核准4步开展安全标准化活动，并于12月底之前完成安全生产标准化五级以上水平。

（彭胜仁）

【非煤矿山企业汛期联合执法检查】　7月27日，昌平区安全监管局牵头，联合公安昌平分局、区国土分局、气象局、防汛办、兴寿镇等单位对北京水泥厂有限责任公司凤山矿及北京市下庄白灰厂汛期开采作业面、抢险设备及应急物资、应急预案演练等安全生产情况进行了执法检查。检查组要求各非煤矿山企业认真落实防汛工作的各项措施及应急预案；认真组织开展安全检查，消除汛期带来的安全隐患；加强安全生产教育培训，重点加强应急设备、应急预案演练等工作。

（彭胜仁）

安全生产事故隐患排查治理

【副市长调研流动人口聚居村安全隐患整治工作】 12月31日，副市长苟仲文带领由市安全监管、规划、工商、城管、消防等部门组成的调研组到昌平区专题调研"北四村"（回龙观镇东半壁店村、西半壁店村、史各庄村、定福皇庄村）流动人口聚居村安全隐患整治工作。昌平区委书记侯君舒、区长金树东、副区长孙启、周云帆及有关部门领导陪同调研。市领导一行实地查看了"北四村"出租房屋疏散通道、安全出口和消防设施器材配备落实情况，在回龙观镇史各庄派出所查看了维护"北四村"地区消防安全的设施设备展示，了解村庄社区化管理、流动人口服务管理等情况，观看村消防队员的消防演练。苟仲文认真听取昌平区流动人口聚居村安全隐患整治工作汇报和回龙观"北四村"整治情况汇报，充分肯定了昌平区流动人口聚居村安全隐患整治工作，同时要求昌平区继续加大"北四村"安全隐患整治力度，提高房屋消防安全保障能力，加大群防群治力度，确保不出现群体性安全事故，切实做好"北四村"拆迁改造前的安全工作。

（彭胜仁）

【区领导带队检查线下隐患治理安全生产工作】 4月13日下午，昌平区安委会主任、副区长金晖带领区安全监管局、区住建委、区消防支队、区城管大队、区交通支队、区工商昌平分局、区商务委、区国资委、区发改委、区供电公司等相关部门主管领导及城北街道办事处、东小口镇政府领导对阳光鑫隆小商品市场和东小口地区线下隐患治理工作安全生产情况进行了检查。金晖现场听取了镇（街）领导安全生产工作情况汇报，针对小商品市场及线下隐患的实际情况，要求有关部门加强小商品市场的安全管理，做好隐患排查，及时制订整改方案；东小口镇政府要摸清线下企业及临时居住人员数量，并将安全生产状况、整改措施上报区政府。

（彭胜仁）

【生产经营单位事故隐患自查标准分类审查】 2月18日，昌平区安全监管局组织全区行业主管部门，对生产经营单位事故隐患自查标准分类进行审查。分类审查结合各主管部门"三定"方案逐条进行梳理，对批发市场、金融服务企业等存在监管主体确认比较困难等问题，作进一步深入调查研究，全力促进自查自报系统推广工作。

（彭胜仁）

【安全生产事故隐患自查自报工作会议】 12月7日，昌平区安全监管局主持召开了全区安全生产事故隐患自查自报工作会议，各有关职能部门及各属地政府共38个单位参加了会议。会议通报了全区隐患自查自报推广工作的总体情况，要求各单位对生产经营单位台账进行复核，剔除已注销、无实体经营行为或生产经营地址不在本辖区（行业）的生产经营单位；各单位的自查自报系统专职管理员要每月定期登录系统审查本辖区（行业）企业上报情况，每季度对上报数据进行统计分析；及时对未上报企业采取约谈、执法检查等措施，督促企业及时开展隐患自查自报工作；加强专项督察，区安委会办公室将隐患自查自报工作作为 2011 年安全生产综合考核重要内容。

（彭胜仁）

【推广应用安全生产事故隐患自查自报系统】　2011 年，昌平区安全监管局制定了《昌平区安全生产事故隐患排查治理自查自报工作管理办法》及《昌平区生产经营单位事故隐患自查标准分类》。对全区 34 155 家生产经营单位基础数据进行了分类整理和核查，最终核准 12 403 家生产经营单位纳入自查自报系统。开展专项培训 94 次，培训生产经营单位 6 895 家。编辑印制自查自报系统使用手册、联系名录 2 万份，制作光盘 1.5 万张，制作企业隐患自查自报系统登录卡 3 万份。

（彭胜仁）

【事故隐患自查自报系统二级培训工作启动】　8 月 17 日，昌平区安全监管局组织 19 个行业主管部门和 18 个属地政府及昌平科技园区的自查自报系统操作人员共 110 余人开展了自查自报系统管理和操作专项应用培训，标志着昌平区事故隐患自查自报系统二级培训工作正式启动。培训采取发放系统使用手册、播放系统宣传视频、演示系统操作等方式对自查自报系统操作和使用进行了详细讲解，各单位系统操作人员上机实际操作。

（彭胜仁）

【安全生产隐患集中排查整治专项行动】　4 月 28 日，昌平区安全监管局对辖区人员密集场所、出租房屋、"九小场所"沿街住宿经营"二合一"商铺开展专项执法检查。共检查生产经营单位 54 家，下达《责令限期整改指令书》38 份、《现场处理措施决定书》1 份、《现场检查记录》23 份，查处安全隐患 183 条。生产经营单位存在的隐患主要有车间工人未佩戴劳动防护用品，车间配电开关未装配电箱、无安全警

示标志，特种作业人员（电工、焊工）无操作证，油漆未单独存放，喷漆间未安装防爆灯和防爆开关，安全疏散标志、应急照明配备不足，各项安全生产制度、员工安全教育培训记录不健全，无生产安全事故应急救援预案。5 月 4 日，昌平区安全生产隐患集中排查整治专项行动领导小组组长、副区长金晖组织公安昌平分局、区安全监管局、区消防支队、各镇（街）、北企公司召开专项行动工作汇报会。会上，属地政府专题汇报了贯彻落实《昌平区安全生产隐患集中排查整治》（昌安通[2011]1 号）文件精神情况，区公安、区消防、区安全监管总结了全区隐患集中排查整治总体情况，并就当前彩钢结构建筑和废品回收市场领域存在的各类突出问题提出了指导建议。副区长金晖强调安全市场管理体系和责任体系必须要健全，各单位要坚决打击各类非法违法生产经营行为，将该项行动列入长效工作机制。

（彭胜仁）

【沼气工程、养殖场安全隐患大检查】　9 月 5—7 日，昌平区安全监管局会同区农委对南口镇、兴寿镇、崔村镇的新农村沼气工程、养殖场开展了联合检查。共检查涉及有限空间作业的沼气工程、养殖场 17 处，下达责令限期整改指令书 3 份，查处隐患 7 条。针对部分企业存在的未建立有限空间作业管理制度、未设置安全警示标志、未对从业人员进行有限空间作业培训等问题，检查组责令其限期整改，并提出整改建议。

（彭胜仁）

【彻查高速路周边安全隐患】　全区"两会"期间，昌平区安全监管局对八达岭高速路周边加油站等危险化学品企业进行了执法检查。执法人员对北京三元石油有限公司北清路加油站、北京美拓加油站

中化道达尔燃油有限公司北京昌平加油站等进行了细致的检查。重点检查主要负责人安全生产资格证，领导带班情况和员工安全教育培训等内容。经查，各危险化学品单位均能按照法律要求落实安全生产主体责任，开展安全生产隐患自查工作，并做好各项教育培训检查记录。执法人员要求各单位在"两会"期间严格落实领导带班制度、加大安全生产隐患自查自纠工作力度，切实消除各类生产安全隐患。

（彭胜仁）

安全生产应急救援

【油库应急技能比武和实战演练】 6月17日，昌平区安委会、区防火委员会和北京中油华路石化投资有限公司联合组织开展危险化学品技能比武及油罐火灾应急演练工作。市安全监管局副局长汪卫国、区应急办以及区安委会各成员单位的领导观摩了此次演练。此次演练分为 3 部分：第 1 部分由华路油库应急队伍针对一人两盘水带连接、原地佩戴空气呼吸器、50 米干粉灭火器灭火实操等项目进行了比武竞赛；第 2 部分由区消防支队官兵表演水带连接及综合破拆训练操项目；第 3 部分由油库和消防官兵联合模拟油罐火灾进行实战演习。共有企业员工和消防官兵 40 多人参演。市安全监管局领导对此次技能比武及演练给予高度的评价，并强调高危行业的应急救援管理工作时刻都不能放松，要进一步认识应急队伍、救援设备和预案演练的重要性。

（彭胜仁）

【建筑工地防汛应急演练】 6月15日，昌平区住建委联合区安全监管局在地铁 8 号线二期04标段霍营车站施工现场组织防汛演练。演练模拟了由于地势原因，致使积水上涨并流向 8 号线与 13 号线霍营站联络通道出入口处，导致险情发生。现场项目部立即启动防汛预案，指挥抢险救援队伍针对险情采取围堰、抽水、救援等一系列行之有效的措施，最终排除了险情。整个演练过程流畅，节奏紧张，程序齐全有序。

（彭胜仁）

【观摩安委会成员单位安全生产应急演练】 6月，安全生产月活动期间，昌平区安全监管局应邀观摩了区安委会成员单位应急演练。先后观摩了区交通局组织"6·13"北京龙辉京城气体有限公司化学危险品运输泄漏事故应急演练，"7·5"南口农场冷库氨泄漏应急演练，区公路分局组织的"6·15"道路交通防汛应急演练，区体育局组织"6·22"体育经营单位安全生产应急演练，区旅游局组织的"6·28"北京九华山庄15区企业员工消防应急演练及"6·16"小汤山农业园消防应急演练。

（彭胜仁）

安全生产执法监察

【轨道交通昌平线建设工程安全执法检查】 2011 年，昌平区安全监管局对轨道交通昌平线进行了多次安全生产执法检查和督导工作。施工期间，共开展现场执法检查 6 次，出动检查人员 24 人次，查处隐患 46 条，主要是未按规定给员工配备劳动防护用品，安全警示标志不足，从业人员安全教育培训不到位。针对发现的安全隐患问题，执法人员要求施工单位加强安全生产管理，做好安全教育宣传工作，提高施工人员的安全施工意识，确保施工期间零事故。该建设工程施工已经顺利结束，施工期间未发生生产安全事故。

（彭胜仁）

【开展节前安全专项执法检查行动】
1月15日，昌平区安全监管局联合区消防支队、北七家镇政府成立专项检查组，对北七家镇开展节前安全执法检查。检查组重点对橙天嘉业商贸有限公司、北京温都水城水空间、北京温都水城滑雪场3家人员密集场所在春节期间的安全工作部署、安全管理、员工安全教育培训、安全疏散通道及应急器材的配备使用等情况进行了检查。检查发现存在的隐患是安全管理制度内容不完善、疏散标识设置不符合要求。区安全监管局对发现隐患的个别单位提出了整改意见。

（彭胜仁）

【第1次安全生产执法监察工作例会】
1月20日，昌平区安委会办公室组织召开了安全生产执法监察工作例会。区安全监管局、区住建委、区商务委、区发改委、区消防支队、区文委、区旅游局等19个行业主管部门的主管科室、执法队负责人参加了会议。会上，区安全监管局通报了2010年安全生产执法监察工作开展情况及2011年工作计划。随后，各行业主管部门分别介绍了2010年安全生产监管工作及2011年工作计划、安全生产监管职责、执法人员配备、监管生产经营单位类别等情况。各部门结合工作实际，对安全生产监管工作中存在的困难进行了探讨，并建议建立联动机制，加强各部门联合执法，加大执法检查力度；建立安全生产工作例会制度，定期通报检查情况；加强对执法人员的业务培训，提高执法人员业务能力。

（彭胜仁）

【人员密集场所安全执法检查工作】
1月24日，昌平区安全监管局对佳莲时代广场新营业的北京东方明姜影院管理有限公司昌平国际影城、北京佳莲伟业物业管理有限公司、北京华联综合超市股份有限

公司昌平分公司和BHG（北京）百货有限公司昌平店4家生产经营单位进行了安全执法检查，下达4份现场检查记录，查处安全隐患8条。区安全监管局要求责任单位立即对现存隐患进行整改，做好安全自查工作，及时消除安全隐患。

（彭胜仁）

【规范行政执法文书制作】　2011年，昌平区安全监管局依据《中华人民共和国安全生产法》、《中华人民共和国行政处罚法》、《北京市安全生产条例》等相关法律法规的规定，编写了安全生产行政执法文书填写制作样本，样本共对立案审批表、结案审批表、行政处罚告知等17个常用行政执法文书的适用、填写制作和注意事项等重点内容进行了规范，对文书制作中可能出现的问题作出了相关解释，并列举案例以供参考。

（彭胜仁）

【全国"两会"期间专项执法检查】　全国"两会"前夕，昌平区安全监管局在全区范围内开展了"三重点"企业、建筑工地、高危行业、人员密集场所的专项执法检查。共检查各行业生产经营单位78家，查处各类隐患219条。执法人员主要检查了各生产经营单位的安全教育培训情况、负责人应急值守情况、安全巡检及相关检查记录、安全生产应急救援预案、现场安全指示标识及隐患自查自纠等几方面。执法人员对隐患单位下达《责令整改指令书》，要求隐患单位及时对存在隐患进行整改，加强"两会"期间的安全管理及应急值守工作，落实领导带班制度。

（彭胜仁）

【第2次安全生产执法监察工作例会】
3月8日，昌平区安全监管局牵头，组织区住建委、区商务委、区发改委、区消防支队、区文委、区旅游局等21个行业主管部门安

全生产执法负责人召开了第 2 次安全生产执法监察工作例会。会上，区安全监管局通报了春节期间烟花爆竹监管工作总体情况、"两会"期间安全生产执法检查情况、3 月份执法检查计划以及检查中发现的安全隐患，要求各有关部门按照工作职责对安全隐患进行专项整顿。区住建委、区文化委、区商务委、区市政市容委、区旅游局、区体育局等行业主管部门结合本部门职责，汇报了本单位春节期间安全生产检查及"两会"期间的安全生产保障工作情况。

（彭胜仁）

【人员密集场所专项执法检查】 "两会"前夕，昌平区安全监管局对人员密集场所进行了专项执法检查。检查重点对象是昌平区旅店及网吧。检查中发现个别生产经营单位存在无安全生产管理制度、无安全生产教育培训制度及记录、无生产安全事故应急救援预案、灭火器过期、安全警示标志设置和应急照明不足等隐患。针对查出隐患，执法人员要求责任单位限期整改，认真查找存在的生产安全事故隐患并及时消除，做好"两会"期间的安全保障工作。

（彭胜仁）

【重点工程安全生产专项执法检查】 3 月 15 日，昌平区安全监管局联合区住建委对区重点工程第七届世界草莓大会博览园配套工程的施工现场进行安全生产专项执法检查。检查组采取先听取工程施工情况汇报，查阅资料，进行实地检查的方法。通过检查，施工承建单位对安全生产工作都很重视，但在安全生产管理工作上尚存在隐患，主要有：一是施工现场材料码放较乱；二是施工现场邻边防护不到位；三是施工人员安全生产教育有待进一步提高。针对检查中发现的隐患，检查组要求施工承建单位立即整改，消除隐患，并进

一步要求施工单位加强安全管理工作，对施工人员要进一步加大安全生产的教育和培训，切实将安全生产工作落到实处。

（彭胜仁）

【民办高校安全管理工作联合执法检查】 3 月 24 日，昌平区安全监管局会同南口镇政府、南口工商所等部门，对北京工商管理专修学院进行了联合执法检查。检查组听取了学校负责人对本校区内安全管理的工作汇报，深入校内配电室、食堂、宿舍等对安全用电、饮食卫生、消防等环节进行了重点检查。要求学校狠抓校区内各租赁商户的安全管理，保证内外信息的畅通，及时通报、处理突发紧急情况，避免各类事故发生。

（彭胜仁）

【第3次安全生产执法监察工作例会】 4 月 7 日，昌平区安全监管局组织区住建委、区商务委、区发改委、区消防支队、区文委、区旅游局等21个行业主管部门的安全生产执法负责人召开第 3 次安全生产执法监察工作例会。会上，昌平区安全监管局通报了"两会"期间安全生产执法检查总体情况、三月份执法总结、4月份检查计划以及成立安全生产协会相关情况。昌平区住建委、区文化委、区商务委、区市政市容委、区旅游局、区体育局等行业主管部门结合本部门职责，汇报了本单位"两会"期间的安全生产保障工作及 3 月份联合执法检查情况。

（彭胜仁）

【批零市场安全生产专项执法行动】 4 月 8 日起，由昌平区安全监管局牵头，联合工商昌平分局、昌平消防支队在全区范围内开展建材、五金、服装、小商品等批零市场安全生产专项执法行动。执法人员分成 2 个检查组，重点对批零市场安全生产责任制建立和落实情况、安全生产规章

制度的建立和落实情况、安全机构及人员配备情况、特种作业人员管理、从业人员的安全培训教育、应急预案制订和演练情况、设备、设施等进行检查。

（彭胜仁）

【旅游场所联合执法检查】 4月26日，昌平区安全监管局配合市安委会联合检查组，对昌平区十三陵特区、蟒山公园安全生产工作进行了执法检查。联合检查组首先听取了被查单位近期安全生产工作开展情况的汇报；随后对重点部位进行了检查，重点检查了消防设备设施、配电控制室、工作人员的安全教育记录及各项安全生产管理制度等。检查组肯定了被查单位的安全生产工作，同时要求被查单位继续完善安全生产应急预案、在山区道路增加安全指示标识。

（彭胜仁）

【工业企业安全生产执法检查】 5月9日起，昌平区安全监管局开展为期1个月的安全生产专项执法检查工作。5月11日对小汤山镇、南口镇辖区的18家工业企业进行安全执法检查。检查中共查处安全隐患75条，下达《责令限期整改指令书》15份。主要隐患是无安全疏散指示标志，应急照明配置不足，各项安全生产管理制度不健全，未建立生产安全事故应急救援预案，对从业人员教育培训不到位。昌平区安全监管局要求各生产经营单位限期整改，并加强企业内部隐患的排查。

（彭胜仁）

【餐饮业液压天燃气专项执法检查】 5月11日，昌平区安全监管局会同区燃气办、区消防支队、区质监局、区商务委等相关部门，对昌平区餐饮业液压天然气储存情况进行联合检查。检查组对部分餐饮单位的液压天然气储存间、安全疏散通道、安全生产管理制度等情况进行了检查。检

查发现的主要隐患是安全疏散指示标志配置不足，部分安全通道内有杂物，员工安全教育不完善。针对检查中发现的隐患，昌平区安全监管局要求生产经营单位限期整改隐患，加强安全管理。

（彭胜仁）

【人员密集场所安全生产专项执法检查】 8月4—10日，昌平区安委会办公室对区体育局、区商务委、区旅游局、区文化委开展人员密集场所安全生产专项执法检查情况进行督察。8月4日，区安全监管局联合区消防支队、区质监局对区体育局监管的人员密集场所进行了督察。此次督察采取听取近期检查情况汇报和实地检查的方法。在实地检查中，共检查体育局所管单位2家，发现隐患3条：应急照明灯不能正常使用、部分安全通道内有杂物、员工安全教育不完善。针对检查中发现的隐患，区安全监管局要求各生产经营单位认真整改隐患，同时要加强夏季安全工作应急值守及信息报送工作，切实提高安全管理意识。

（彭胜仁）

【配合市安全监管局开展美廉美超市连锁店安全生产专项执法检查】 5月18日，昌平区安全监管局、区消防支队、区商务委配合市安全监管局对昌平区美廉美超市的7家连锁店进行安全生产专项执法检查行动。下发《责令限期整改指令书》5份，《强制措施决定书》1份，《现场检查记录》7份。检查中发现的主要隐患是：超市部分附属设施采用彩钢板、部分安全疏散通道宽度不够、部分安全通道内有杂物、部分配电室未设置挡鼠板。针对检查中发现的隐患，市安全监管局要求美廉美超市各分店限期整改隐患，并要求各分店加强本单位的安全管理、应急值守及信息报送工作。

（彭胜仁）

【通报昌平区安全生产集中执法督察情况】 11月4日上午，市安委会办公室对昌平区集中执法督察情况进行了通报反馈。市安全监管局副局长蔡淑敏、市安全监管局执法总队队长王保树、昌平区区委副书记王书合、区安全监管局局长金东彪及市区两级相关行业管理部门主管出席通报会。督察组总结了昌平区区委区政府及各部门的辛勤工作和取得的成绩，指出了存在的问题和不足，同时提出了加强和改进安全生产工作的建议：加强对新修订的《北京市安全生产管理条例》及消防法宣传；加大对执法队伍的建设，探索构建基层监管体系；做好第四季度安全生产大检查。

（彭胜仁）

【召开安全生产执法工作例会】 11月10日，昌平区安全监管局组织区文化委、区市政市容委、区国资委等各行业主管部门召开了安全生产执法工作例会。会上，首先由区安全监管局汇报了10月份各项工作开展情况，并将11月份工作计划向各部门进行了通报。随后，各行业部门就本部门10月份工作开展情况及11月份工作计划进行了汇报。

（彭胜仁）

【校园周边消防安全专项执法检查】 12月初以来，昌平区安全监管局开展了中小学、幼儿园周边生产经营单位消防安全专项执法检查。重点对学校周边的工业企业、危险化学品、人员密集场所等生产经营单位安全生产责任制落实情况、消防隐患排查治理情况、应急救援预案编制及演练情况、消防应急救援物资储备和维护情况等进行了检查。共出动执法人员128人次，执法车辆64车次，检查各中小学及幼儿园周边生产经营单位189家次，查处各类安全隐患586条。针对检查中发现的各类隐患，执法人员要求相关责任单位切实落实安全生产主体责任，对存在的隐患限期整改，加大自查隐患工作力度，杜绝火灾等各类事故，确保学校及企业自身冬季安全。

（彭胜仁）

职业安全健康

【有限空间安全生产专项治理联席会】 1月12日，昌平区安全监管局组织召开了2011年首次有限空间安全生产专项治理成员单位联席会。会议总结了2010年全区有限空间安全生产专项治理工作情况，分析了监管中存在的问题，并提出了相应的整改措施；部署了春节前有限空间安全生产联合执法检查工作。会议要求加大一线作业人员的培训力度，提高其对事故的认知度，保障作业人员的生命安全。

（彭胜仁）

【有限空间专项治理联合检查】 1月19日，昌平区安全监管局组织区市政市容委、区商务委、区住建委、区水务局、区旅游局、区供电公司、区联通公司对北京昆泰嘉禾酒店、北京高之苑物业管理有限公司、美廉美超市等有限空间作业单位进行了联合检查。重点检查了有限空间制度建立、应急预案编制、防护设备设施配备、警示标识设置、有限空间监护人培训等情况。检查发现个别企业存在应急预案不健全、未根据具体情况配备正确的气体检测设备、警示标识设置不合理等安全隐患。针对检查出的隐患，检查组要求隐患企业立即进行整改，及时消除安全隐患。

（彭胜仁）

【摸清有限空间施工基本数据】 2011年，昌平区安全监管局对区域内有限空间施工工程和施工队伍情况进行了摸底调查。共汇总统计施工工程 10 项，施工队伍 14 支，其中持有特种作业现场监护人证的有 95 人；粪便清掏行业共统计物业小区、旅游酒店业、大型商场 106 家，区市政市容委清掏队伍 5 支，持有特种作业现场监护人证的有 10 人。

（彭胜仁）

【有限空间知识"三进"活动】 3 月 22 日，昌平区安全监管局有限空间知识"三进"（进企业、进工地、进社区）活动在区市政市容委正式启动。有限空间作业单位一线作业人员 110 人参加了启动仪式。启动仪式后，首先针对一线作业人员进行了有限空间知识讲座，并现场以有奖知识答卷的形式对一线作业人员掌握有限空间知识情况进行了测试。"三进"活动持续到 4 月底，参与单位包括区市政市容委、区住建委、区商务委、区旅游局、区水务局、电力公司、联通公司。

（彭胜仁）

【职业健康管理员获合格证】 4 月 2 日，昌平区首批印刷业、家具制造业、非煤矿山开采业的 39 名职业健康管理员顺利拿到昌平区安全监管局颁发的职业健康管理员培训合格证。7 月 5 日，昌平区第 2 批印刷、家具制造、生物制药、机械制造等重点企业的 25 名职业健康管理员经过市安全监管局组织的培训、考核后领取了培训合格证。

（彭胜仁）

【职业健康管理员培训】 5 月 10—11 日，昌平区安全监管局组织 28 名职业危害重点企业安全员参加了市安全监管局举办的第 2 期职业健康管理员培训班。28 名安全员学习了化学毒物识别、粉尘危害防控及劳动防护用品使用等内容。

（彭胜仁）

【首届有限空间知识竞赛】 6 月 10 日，由昌平区安全监管局主办的有限空间知识竞赛在昌平京电实业公司礼堂举行。来自区市政市容委、区住建委、区商务委、区水务局、区旅游局、区供电公司、联通公司的 7 个参赛队展开激烈的角逐。各行业管理部门的 220 名一线作业人员现场观看比赛。经过必答题、观众有奖互动、抢答题环节，昌平供电公司代表队以 210 分的优异成绩名列第 1。

（彭胜仁）

【高温降雨期有限空间安全生产工作会】 7 月 7 日，昌平区安全监管局召开加强高温降雨期有限空间安全生产工作会。区住建委、区市政市容区委等 10 个行业管理部门的主管领导出席会议。会议部署了高温降雨天气有限空间安全监管工作及将要开展的有限空间"百日行动"，通报了第二季度各部门上报的有限空间检查表情况。徐立荣副局长要求各部门制定相应责任制度，开展自查自纠工作，严格排查各项隐患。

（彭胜仁）

【市安全监管局巡察昌平区有限空间作业现场】 7 月 13 日，市安全监管局副局长常纪文率职安处工作人员巡查昌平区有限空间作业现场。先后检查了金隅观澜时代、华兴佳苑、市政燃气维修工程点、昌平实验中学抗震加固工程、金隅万科工程等有限空间作业现场。常纪文指出，应加强通风措施，严防有害气体聚集引发事故；持续加强有限空间作业安全监管，强化一线作业人员安全意识。

（彭胜仁）

【媒体跟踪报道有限空间百日行动执法检查】 7 月 18 日，昌平区安全监管局副局长徐立荣带队，对昌平区有限空间作业工程进行了执法检查。昌平区广播电视台及昌平周刊对检查进行了全程跟踪报道。检查组先后对顺沙路电力管道暗挖工程、联通顺沙路管线工程及大柳树环岛管线工程、草莓大会施工工程等有限空间作业现场进行了执法检查。针对检查中存在的问题，下达责令限期整改指令书 1 份。徐立荣要求各有限空间作业单位加强现场监护人的监管力度，严格按照有限空间作业操作规程进行作业，严禁违规操作；强化有限空间作业人员的培训力度，提高作业人员安全意识。

（彭胜仁）

【建立健全职业危害防治制度专项行动】 昌平区安全监管局自 2011 年 5 月起开展为期 4 个月的建立健全企业职业危害防治制度专项行动。行动分为动员部署、宣传培训、各镇（街道）检查复查 3 个阶段，172 家企业完成本企业职业危害防治制度的建立。截至 8 月底，全区粉尘和高毒危害重点企业建立健全职业危害防治制度专项行动工作已全部完成，重点企业职业危害防治制度完成率达到 100%。

（彭胜仁）

【有限空间重点工作部署会】 9 月 2 日，昌平区安全监管局召开有限空间下一步重点工作部署会，区农委、区商务委、区市政市容委等行业管理部门和各镇、街道办事处的主管领导参加了会议。会上通报了通州区 "8·31" 沼气中毒死亡事故情况，播放了历年全市事故案例教育视频和区安全监管局在有限空间施工现场巡查过程中查处的违章案例，并对下一步重点工作进行了部署。区安全监管、区农委部门将于 9 月 5 日启动新农村沼气工程、养殖场的有限空间作业联合检查。

（彭胜仁）

【加油站职业安全管理专项检查】 10 月 9 日起，昌平区安全监管局启动加油站职业安全管理状况专项检查，对全区加油站、油库开展全面检查。检查重点包括企业职业危害防治制度建设情况、职业健康培训落实情况、职业健康检查覆盖率、职业危害因素检测评估报告等。检查过程中，区安全监管局向企业发放职业危害防治制度样例、执法检查提示单等材料，协助其完善职业安全管理。

（彭胜仁）

【职业健康交叉检查】 10 月 24 日，西城区安全监管局职业健康交叉检查组到昌平区检查职业健康监管工作，交叉检查组兵分 2 队，分别对马池口镇、南口镇、百善镇、崔村镇等辖区的粉尘与高毒重点企业进行检查，仔细检查了企业职业危害防治制度建立情况、职业危害申报情况、工程防护与个人防护情况、作业场所检测与警示标识设置情况等重点监管项目，并根据各企业实际对职业健康管理细节问题提出了指导性意见和改善建议。10 月 26 日，昌平区安全监管局对延庆县的存在职业危害的重点企业 10 家进行交叉检查，涵盖复合材料、家具制造、机械加工等行业。重点检查了企业职业危害防治制度、职业健康管理员设置、职业危害申报、工程防护与个人防护等方面，并在交叉检查过程中学习兄弟单位工作中的好经验、好做法。

（彭胜仁）

【元旦前职业安全突击检查】 12 月 29 日，昌平区安全监管局开展了元旦前职业安全突击检查，共检查汽车 4S 店 2 家，有限空间施工现场 4 处。检查发现部分企业存在未设置警示标识、未组织从业人员开展职业健康培训、无有限空间作业审批单等问题。针对存在的问题，昌平区安全监管局下达了《责令限期整改指令书》，要求各企业认真组织开展自查自纠，及时整改隐患，加强节日期间在岗职工的职业健康教育。

（彭胜仁）

【粮食粉尘作业场所安全检查】　6 月 13—20 日，昌平区安全监管局开展对南口镇粮食粉尘作业场所的执法检查和复查。共检查粮食、饲料加工企业 6 家，针对检查发现的未建立职业危害防治制度、未对从业人员进行职业健康培训、未在作业岗位醒目位置设置警示标识等安全隐患，执法人员下达《责令整改指令书》4 份、行政（当场）处罚决定书（单位）4 份，要求企业限期整改存在的隐患，并为企业提出了整改建议。经复查，企业基本按照要求进行了整改。

（彭胜仁）

【粉尘与高毒物品危害治理单位联席会】　1 月 11 日，昌平区安全监管局组织区卫生局、区人力社保局、区总工会召开了 2011 年首次粉尘与高毒物品危害治理成员单位联席会。会议总结了 2010 年粉尘与高毒物品危害治理专项行动工作，部署了春节前专项行动的执法检查，要求各单位加强职能配合，积极开展执法行动。

（彭胜仁）

【粉尘与高毒危害企抽查】　2 月 28 日—3 月 4 日，昌平区安全监管局联合区人力社保局、区卫生局、区总工会，对马池口、回龙观、沙河、城南街道、北企公司 5 个重点镇（公司）的粉尘与高毒危害企业进行抽查，共抽查 19 家企业，查出隐患 38 条，下达责令限期整改指令书 15 份、行政（当场）处罚决定书 15 份。

（彭胜仁）

【粉尘与高毒物品危害治理专项行动】　2011 年，昌平区安全监管局配合小汤山镇政府对镇域内的家具制造业、印刷业等涉及粉尘与高毒物品危害类行业进行专项治理。小汤山镇现有 43 家单位在生产经营过程中涉及粉尘与高毒物品危害作业，其中家具制造业 40 家，印刷业 3 家。重点检查

了是否建立并落实职业危害防治责任、是否建立职业健康管理机构等 13 项内容，要求上述单位在日常生产过程中要认真进行自查自改。

（彭胜仁）

【开展《职业病防治法》宣传活动】　4 月 25 日、26 日，昌平区安全监管局会同区卫生局、区人力资源和社会保障局在宏伟双华印刷有限公司、科技园区研发中心楼工地开展了《职业病防治法》系列宣传活动。围绕"关爱农民工职业健康"活动主题，向一线工人宣讲职业病防治法律、法规和标准、职业病防治科普知识、职业病案例及维权案例等重点内容。共有 200 余名一线工人参加本次活动，发放宣传品 400 余份。

（彭胜仁）

安全生产宣传培训

【"安全生产月"活动启动仪式】　5 月 26 日，昌平区"安全生产月"活动启动仪式在崔村镇文化馆举行，区安委会主任、副区长金晖参加仪式，区安委会各成员单位、各镇街及北企公司主管领导、区安全监管局政风行风监督员、安全生产标准化区级达标单位以及部分企业主要负责人和志愿者共 440 余人到场。会上，金晖要求各地区、各行业、各单位和各企业要组织开展好安全生产月的各项活动，紧密结合"打非"专项行动，增强安全生产月活动的针对性和实效性，确保安全生产月活动取得成效。

（彭胜仁）

【安全生产月媒体采访活动】　6 月 1 日起，昌平区安全监管局会同区广电中心在"安全生产月"期间组织开展媒体采访活动。采访选择重点镇街、重点行业、重

点企业，采用专访和现场检查相结合的形式，介绍本部门"安全生产月"活动开展工作情况，并深入基层，深入企业，深入生产第一线，加大对安全生产工作的宣传力度。广泛宣传安全生产工作的好典型、好做法、好措施，对安全生产工作违法、违规的反面典型公开进行揭露和曝光，形成强大的舆论监督氛围。

（彭胜仁）

【安全生产咨询日宣传活动】 6月12日，昌平区第10次"安全生产咨询日"活动在永安公园主会场举行，各镇、街道办事处、北企公司、科技园区及重点企业设活动分会场。本次活动主题为"落实企业主体责任，保障城市运行安全"，活动主要通过悬挂横幅、发放安全生产宣传材料、设置咨询台等形式宣传安全生产法律法规、现场解答群众安全生产相关问题。全区设置展板360余块，悬挂横幅104余条，发放安全生产挂图、漫画、折页、实物等宣传材料9.6万余份。区安委会24家成员单位参加了主会场的宣传活动。

（彭胜仁）

【全市安全生产条例宣传咨询日】 8月31日，以昌平区北汽福田汽车股份有限公司为主会场，各区县为分会场的北京市安全生产条例宣传咨询日活动在全市展开。市安全监管局副局长蔡淑敏、昌平区副区长赵阳、昌平区安全监管局局长金东彪、昌平区工会副主席王勇、福田公司常务副总经理张夕勇等相关领导以及群众400余人参加了主会场的宣传活动。赵阳、蔡淑敏分别讲话，并为7名《条例》基层宣讲员发放了聘书，为福田工人代表发放了宣传材料。福田工会主席张连生现场倡议"宣传贯彻《条例》精神，落实安全生产责任"。区安全监管局、区住建委、区文化委、区市政市容委、区商务委、区质监局、区消防支队、供电公司8个部门为广大群众提供专业咨询服务，发放宣传材料3 000余份，参与人员400余人。

（彭胜仁）

【安全生产文艺演出进校园活动】 6月2日，昌平区安全监管局联合区教委在前锋学校举办了安全生产文艺演出进校园活动。此次演出是昌平区安全生产月系列活动之一，来自区属各中小学校的主管领导和部分师生共计500余人观看了演出。演出针对学校安全工作的特点，采用歌曲串烧、双簧等形式，寓教于乐，动员广大学生们积极参与到"关爱生命、关注安全"活动中来。

（彭胜仁）

【慰问交通行业安全生产文艺演出】 9月25日晚8时30分，昌平区安全监管局联合区交通局在中国政法大学礼堂举办了昌平区迎国庆慰问交通行业安全生产文艺演出活动，来自交通运输行业一线的生产经营单位的企业员工共计1 000余人现场观看了演出。此次演出是昌平区安全生产月系列活动的重要组成部分。

（彭胜仁）

【"安全在我心中"演讲比赛圆满落幕】 8月17日，由昌平区安全月组委会主办、马池口镇政府承办的昌平区"安全在我心中"演讲比赛总决赛在马池口镇政府礼堂举行。市安全监管局宣教中心主任孟庆武、区安委会各成员单位、各镇街及部分企业的主管领导300余人观看了演讲比赛。"安全在我心中"演讲比赛活动共收到17个单位39件参赛作品，其中来自城北街道、未来科技城等10个代表队的10名选手进入了决赛。决赛评出一等奖2名、二等奖4名、三等奖4名。经过激烈角逐，来自未来科技城的周月莉、城北街道的吴倩倩荣获比赛一等奖。市安全监管局宣教中心主任孟庆武、区安全监管局局长金东彪及马池口镇镇长王力为获奖者颁奖。

（彭胜仁）

【安全生产培训工作情况】 2011年，昌平区安全监管局共举办电工、焊工等各类工种培训班118期，培训人数9 267人，同比增加2 150人，增长30%；培训烟花爆竹销售人员649人，村、社区的安全生产检查员570余名，一线有限空间从业人员1 300余人。

（彭胜仁）

安全生产标准化

【安全生产标准化工作培训会】 1月6—7日，昌平区安全监管局在区委党校举办了第一批工业企业开展安全生产标准化工作培训会，63家工业企业负责人及安全管理人员参加了培训。市安全监管局监管一处处长王树琦及区安全监管局副局长张大鹏到会作动员部署，要求加强监督指导，充分发挥首都经贸大学等高校的作用，充分调动工业企业的积极性，建立安全生产标准化活动推进机制。会上下发了《昌平区企业安全生产标准化考评标准》、《北京市企业安全生产违法行为警示办法》及《昌平区工业企业安全生产标准化达标项目实施办法》，并由首都经贸大学教授对参加安全生产标准化活动企业进行为期两天的辅导培训。

（彭胜仁）

【工业企业安全生产标准化初评工作】 3月初，昌平区安全监管局安全生产标准化初评组，根据昌平区安全生产标准化活动计划，按照北京市安全生产标准化考评标准，对辖区内北京富雷实业有限公司、北京昌建正通建材有限公司昌建时代建材厂、北京亮丽展铭粉末冶金厂、北京建工华创科技发展股份有限公司、北京福田环保动力股份有限公司、北京九华游乐设备制造有限公司、北京利尔高温材料股份有限公司、北京城建亚泰建设工程有限公司预拌混凝土分公司、北京昌平液压机械厂有限公司9家工业企业进行了安全生产标准化初评。初评组要求各企业对存在的安全生产隐患在3月底前整改完成，并提交安全生产标准化自评报告。

（彭胜仁）

【组织百家工贸行业企业参观区级安全生产标准化达标企业】 6月28日，昌平区安全监管局组织全区18个镇、街道办事处、北企公司的安全负责人、监督管理人员及百家工贸行业企业安全负责人、管理人员，参观区级安全生产标准化合格单位北京九华游乐设备制造有限公司，主要参观学习企业安全生产规章制度的建立、防火防爆的设备设施、机械设备安全、用电安全、厂区作业环境、职业卫生管理等安全生产标准化情况。副局长徐立荣强调，2013年底前必须促使各属地规模以上工贸行业企业全部通过昌平区安全生产标准化考评标准，达到区级合格标准；组织本企业全体员工认真学习标准化考评标准，真正将安全生产标准化落实到企业生产的每个环节；区安全监管局对各属地及企业贯彻落实安全生产生产标准化情况进行适时监督检查，对标准化达标过程中表现优秀的企业和个人给予一定的奖励。

（彭胜仁）

平谷区

概　述

2011 年，平谷区安全生产工作坚持"安全第一、预防为主、综合治理"的工作方针，深入贯彻落实《安全生产法》和新修订的《北京市安全生产条例》等法律法规，以"幸福平谷"建设为目标，以深入开展"安全生产年"活动为主线，以强化企业安全生产主体责任为重点，以事故预防为主攻方向，积极创新安全监管方式，全面推进安全标准化建设，深化安全生产"三项行动"和"三项建设"，确保了全区安全生产形势持续稳定。

创新安全监管方式，完善安全监管体系　创建"网格化"管理模式，全面落实安全监管职责。为建立"党委领导、政府监管、部门履职、企业落实、网格管理、信息共享"的安全生产工作格局，将全区企业的安全生产监管责任按照行业与属地划分成若干个责任区，构建区、部门、属地、企业 4 级安全管理体系，完善机构、严格落实各项制度，落实日常隐患排查治理，实现责任全面覆盖、监管无盲区的安全生产工作格局，推进"两个主体责任"的落实。现在区安全监管局和区文化委、马坊镇等 4 家单位正在开展"三级网格"试点工作。推进事故隐患自查自报工作，实现企业安全生产动态监管。依据《平谷区安全生产事故隐患排查治理自查自报工作实施方案》，在全区分阶段、分步骤推进安全生产事故隐患自查自报工作。通过实施自查自报工作，建立政企互动渠道，巩固和改进综合监管机制，实时掌握企业安全动态，推进企业主体责任落实，持续改进企业安全生产状况，进一步建立安全生产事故隐患"动态分类排查、动态评审挂账、动态整改销账"的长效机制。现已完成对生产经营单位的数据采集工作。

继续深入开展"安全生产年"活动，夯实安全监管工作基础　深化"三项行动"、"三项建设"的各项工作落实，根据《市安委会办公室关于贯彻落实国务院办公厅继续深化"安全生产年"活动的通知》（京安办[2011]10 号）精神，将"安全生产年"工作作为一项贯穿全年的工作，先后组织开展了平谷区安全生产"十百千"、安全生产"打非"、安全生产"专项整治"等工程，以扎实推动生产经营单位落实主体责任，突出加强重点行业领域的监管监察为切入点，夯实了安全生产工作基础。

全面推进安全生产"十百千"工程，建设安全生产标准化企业。为进一步夯实基层各企业的安全生产基础工作，形成自我查找问题和持续改进的安全生产管理模式，区安全监管局根据安全生产"十百千"工程进展要求，在全区推行安全生产标准化。4 月 20 日区安全监管局聘请了国家注册一级安全评价师胡加庆为平谷区的工业企业负责人授课，使企业的负责人理解安全生产标准化的定义、掌握安全生产标准化的内容和达到安全生产标准化的重大意义。安全生产"十百千"工程是区政府的折子工程，一年来主要对 100 家企业进行自评、复评；对安全生产"十百千"工程1 000 个模范班组（岗位）进行了评选。1 000 个模范班组（岗位）评选工作已经完成，有 6 家企业达到了市级安全生产标准化要求，15 家危化企业已进入安全生产标准化管理体系运行阶段。

全面推进安全生产"打非"工程，净化安全生产经营环境。2011 年，全区继续加大"打非"力度，按照"二查处、十打击"的行动要求，逐步、逐项落实"打非"工作，取得了显著成效。全区共出动执法人员 35 280 人次，发现隐患 1 372 项，完成整改 1 303 项，整改率为 95%；下达执法文书 519 份，罚款 63.4 万元，拆除违法建筑物 19 365.64 平方米；关闭取缔非法生产经营单位 68 家，责令 25 家生产经营单位停产停业整顿，有效地净化了平谷区生产经营建设环境。

全面推进安全生产"专项治理"，营造安全生产经营氛围 为进一步改善重点行业领域安全生产秩序，平谷区各部门、各乡镇、街道（管委会）与落实部门监管责任、与重点工作、重点工程安全保障相结合，认真部署，属地负责，部门联动，开展了地毯式安全生产大检查和专项治理行动，着力消除安全隐患死角和盲区。一是开展安全用电"亮剑"行动。此次行动坚持"一细、五严、四一律"的工作措施，进一步加大了执法检查力度。"一细"即检查过程认真细致；"五严"即严查企业隐患问题，严查防触电措施是否完好有效、配置是否符合要求，严查企业用电是否符合安全用电要求，严查特种作业人员是否持证上岗，严查是否开展安全用电宣传教育、组织培训演练；"四一律"即一律依法严肃处理，对拒不整改或整改不彻底的一律按规定上限予以处罚，对事故隐患比较严重的单位一律责令停产停业整顿，对触犯法律的有关单位和个人一律依法严格追究法律责任。共检查生产经营单位 94 家，查处各类用电安全隐患和问题 440 项，开具限期整改指令书 94 份，行政处罚 20 起，共

处罚款 17 万元，责令 5 家安全隐患比较严重的企业停业整顿，关停 2 家违法现象严重的企业。通过安全用电"亮剑"行动的开展，消除了一批中小型企业存在的用电安全隐患，防止了触电和电气火灾事故的发生。二是开展烟花爆竹专项检查工作。为强化春节期间烟花爆竹销售网点的安全监管，区安全监管局将全区划分为 4 个区域，进行全覆盖、无缝隙的烟花爆竹安全检查。2011 年春节期间，平谷区发生一起因燃放烟花爆竹炸亡事故后，区安全监管局连夜安排 20 名执法人员，组成 3 个检查组，对烟花爆竹储存仓库和全区所有烟花爆竹销售网点再开展一次拉网式的检查，并在第一时间将事故情况通报至每一个烟花爆竹销售网点，再次要求各零售网点严禁销售非法、伪劣、超标烟花爆竹。春节期间，区安全监管局共出动检查人员 365 人次，车辆 178 车次，检查生产经营单位 252 家次，开具执法文书 98 份，其中整改指令书 56 份，共查出各类隐患和问题 135 项，暂扣《烟花爆竹经营（零售）许可证》3 份。三是开展重大活动现场安全保障工作。为确保平谷区举办的中国乐谷首届欢乐节、桃花节、五一、十一等重大活动安全有序进行，区安全监管局联合区公安、文化等部门和各乡镇，制定严格的生产安全保障方案，对各项采取逐个检查、逐项目审查的方式进行活动全过程、全方位的安全检查。活动期间，区安全监管局共出动执法人员 213 人次，发现隐患 60 项，整改 60 项，整改率 100%，确保了各项活动安全举办。

深入开展安全宣传教育，营造浓厚安全生产氛围 为加强各级领导干部、企业主要负责人、从业人员等安全生产意识，区安全监管局以新定的《北京市安全生产条例》和"打非"相关政策、文件及生产

安全事故案例解析等内容为培训重点，对副处级干部、优秀青年干部、企业负责人、村干部、特种作业人员和农民工进行培训。共组织安全生产培训 72 期，培训人员 6 050人，其中领导干部培训 56 人，企业主要负责人、从业人员培训 2 794 人，特种作业人员培训 3 200 余人。通过培训，进一步提高了平谷区从业人员的安全技能和自救、互救能力。

存在的主要问题　一是属地监管和行业监管责任落实不到位。个别乡镇和单位领导对安全生产工作重视不够，安全生产属地管理责任落实不到位，安全管理工作仍然存在盲区、死角，安全检查不到位，对本辖区、本行业安全生产形势缺少必要的分析、研判和总结，导致一些普遍性的隐患和问题不能及时得到治理。二是中小型企业负责人安全意识淡薄。平谷区乡镇所辖的中小型企业普遍存在安全管理水平低下、主要负责人安全生产意识淡薄、重效益轻安全、安全生产投入不足等问题，这些问题未引起各乡镇政府的高度重视，导致平谷区中小型企业屡屡出现问题。

安全生产综合监督管理

【安全生产控制考核指标完成情况】
2011 年，市安全生产委员会下达给平谷区的安全生产死亡控制指标为 27 人（其中道路交通 23 人，生产安全 2 人，火灾 1 人，铁路交通 1 人）。目前，全区共死亡 24 人，占全年死亡控制指标的 88%。其中交通事故死亡 20 人，占全年死亡控制指标的 87%；生产安全事故死亡 1 人，占全年死亡控制指标的 50%；火灾事故死亡 3 人。安全生产指标控制情况较好，全区安全生产形势总体趋稳。

（王艳娇）

【安全社区建设动员部署大会】　1 月 5 日，区安全监管局召开全区安全生产社区建设动员部署大会，要求凡符合条件的社区一律上报，努力争创。一是要成立创建工作组织机构，形成逐级落实，有人抓有人管的工作格局；二是健全各项社区安全管理制度，促进社区安全管理规范化、制度化；三是建立健全安全社区创建档案，易于管理查阅；四是部门各尽其职，全力推进各平安社区建设；五是开展事故与伤害风险辨识、评价及其预防目标和计划；六是建立事故与伤害记录、监测和监督体制机制，确保记录有可追溯性；七是建立健全应急预案，不断查找问题，整改纠错，并在本社区全面开展宣教活动。2011 年底全区街道、乡镇有 10%社区达到市级安全社区标准。65 家委办局正副职领导、50 家企业负责人参加了会议。魏玉瑞副区长要求：一是理顺关系，明确各方责任、任务，把安全社区建设工作作为安全生产平台，提高全民安全意识和防范能力，提升社区服务水平，达到促进安全生产形势稳定好转的目标。二是采取多种方法和模式，创新开展安全社区建设，设立试点单位，以点带面，不等不靠，稳步发展。三是加强宣传教育培训，安全社区创建单位要重视发挥新闻媒体作用，宣传安全社区建设，做到家喻户晓，人人皆知，形成有利于开展安全社区建设工作的良好社会氛围。

（刘霞）

【部署春节期间安全保障工作】　1 月 20 日，贯彻市局《2011 年春节期间安全生产执法检查工作方案》，区安全监管局部署 2011 年春节期间安全生产执法工作。一是成立领导组织机构，统筹安排执法检查工作。统筹安排执法检查重点和工作任务，协调相关部门形成监察网络全面排查市民身边的隐患。二是明确工作重点。确定危化企业、烟花爆竹销售网点、重大工程在建项目、宾馆饭店、网吧、歌舞厅、商超市等人员密集场所及大拜年活动等人员密集场所为监察重点。三是坚持领导带队检查。在春节和元宵节期间，由区领导、局领导带队对危险化学品生产单位、油库、烟花爆竹储存单位进行抽查，同时将对烟花爆竹销售单位开展夜查，进一步提升政企双方对安全生产工作的重视。四是全面开展应急演练。对各重点企业节前应急演练进行指导和备案，推动各企业应急救援预案的不断完善。五是做好应急值守工作。实行领导带班制度，确保应急值守24小时不断岗，以便发生突发事故能第一时间响应。

（杜春光）

【八项重点工程】 2011年，区安全监管局进一步明确职责分工，并突出抓好8项重点工程：一是加强招商引资，形成区级财力资源共享，并全面确保新经济形式下的安全生产监管工作；二是认真完成折子工程，根据区政府折子工程要求，完成相关任务，按时完成废弃水井整治工程，为群众办实事；三是加快隐患自查自报系统建设，进一步学习顺义区隐患自查自报系统建设及应用情况，加快平谷区安全生产科技兴安工作；四是推进网格化管理，进一步落实岗位责任制，突出行业监管和属地管理职责，促进各企业的全方位监管，减少监管死角的形成，建成横向到边纵向到底的网格化监管格局；五是强化廉政建设，进一步推进廉政风险防范管理工作，健全风险点台账，促进廉洁执法；六是推动安全社区建设，进一步加强大兴庄镇和滨河社区两个试点安全社区建设步伐，并逐步将试点成果推广到全区；七是全面推进安全生产标准化建设，进一步推广"十百千"工程成果，完成全区重点企业安全生产标准化建设；八是强化危化企业监管，采取定期检查、不定期抽查、夜间检查和群众监督的方式，强化对全区涉危企业的安全监管力度，确保无较大安全生产事故发生。

（王振新）

【第二季度安全生产工作会议】 3月30日，区安委会办公室召开第二季度安全生产工作会议，总结第一季度安全生产工作，部署第二季度重点工作。会议要求，一是要不断提高认识，切实增强做好安全生产工作的责任感；二是要牢固树立责任意识和主管意识，抓好安全责任制的落实；三是要充分调动现有资源，运用到安全生产管理工作中；四是要坚持和继续完善安全生产例会制度，将区政府有关安全生产工作的要求及时传给辖区企业和居民；五是要进一步强化安全生产执法检查、隐患治理、宣传教育等工作；六是要严格执行专人值班制度、领导带班制度和生产安全事故报告制度，特别是像"2011中国乐谷·国际流行音乐季"等这样重大活动和重要时期要随时掌握安全生产动态，保持安全生产信息渠道上下畅通。

（王振新）

【安全生产工作专题部署会】 4月29日，平谷区召开安全生产工作专题部署会议。区委、区政府领导班子成员全体参加了会议，会议由区长张吉福主持。会议通报了市委市政府相关会议精神，听取了部分单位有关工作情况汇报，部署了下一步重点工作。区委书记邱水平强调：一是各部门要加大非法违法生产经营建设行为专项行动打击力度，加强协调配合，加强工作落实，综合运用行政、法律等手段，充分发挥媒体作用，切实控制沙石盗采行为，及时拆除占道违建设施，严禁新增违建设施；二是集中全力做好"2011中国乐谷·国际流行音乐季"活动安全保障，强化突发事件应急处置工作；三是全面开展安全隐患排查，确保安全生产；四是提高认识，采取有效措施，积极稳妥做好各项维稳工作。

（王艳娇）

【部署汛期安全生产工作】 随着汛期的来临，6月20日，区安委会办公室要求各乡镇、街道、安委会各成员单位进一步做好汛期安全生产工作，防范汛期各类自然灾害引发生产安全事故。一是行业监管和属地管理部门根据行业和区域特点认真制定汛期安全生产工作方案，立即开展汛期专项安全检查和隐患排查治理活动；二是各企业全面落实主体责任，完善汛期应急救援预案，各企业加强本单位应急预案防汛方面可行性方案；三是开展危险化学品企业专项检查，重点检查生产环节、存储设施、防雷设施等；四是对平谷区尾矿库坝体稳定性、防洪能力、排洪设施进行检查，确保整治效果；五是建筑施工企业要重点检查施工临时宿营区安全、现场排水、边坡基坑支护、脚手架工程、施工用电等情况；六是对受洪水、坍塌、滑坡、泥石流威胁的道路、供电、通信等加强安全检查，提升应急防范能力；七是切实加强雷电、大风、高温等灾害防范工作，各单位认真做好应急值守工作。

（杜春光）

【第三季度安全生产工作会议】 7月8日，平谷区安委会办公室召开第三季度安全生产工作会议。全区各乡镇、街道、安委会成员单位主管领导参加了会议。会议通报了平谷区上半年安全生产工作，部署了第三季度主要工作。会议要求各单位：一是要进一步增强做好安全生产工作的责任感和使命感，为全区经济发展保驾护航；二是要继续开展严厉打击非法违法生产经营建设行为专项行动，保持对非法违法生产经营建设行为的高压态势；三是要加大安全生产大检查工作力度，及时消除事故隐患；四是要深入开展有限空间作业安全监督管理工作，确保不发生安全事故；五是要加强应急预案演练，进一步增加应急处置能力；六是要进一步加大宣传教育力度，在全区营造良好的安全生产氛围。

（王艳娇）

【第四季度安全生产工作会议】 9月26日，区安委会办公室组织召开了四季度安全生产工作会暨国庆期间安全隐患排查和治理工作会议，会议对第三季度安全生产工作情况进行了总结，并对第四季度重点工作进行了部署，尤其对国庆期间安全生产工作进行安排部署。一是继续强化区委、区政府加强安全生产工作的要求，加大国庆节期间安全保障工作，对大型庆祝活动、赶进度抢工期现象、"三违"和"三超"情况进行重点检查；二是开展重点行业领域的安全隐患大排查，做到覆盖面100%，重点加强危化企业、烟花爆竹储销单位、防火单位、人员密集场所、建筑施工单位、有限空间、道路交通、供水、供气、供热、电力、通讯等公共设施和居民生活设施的安全监管，并做好极端天气预警工作；三是认真对本辖区、本行业2011年度安全生产工作进行总结，查找不足，做好2011年年终安全生产考核工作准备，考核坚持"五好乡镇"安全生产一票否决；四是建立事故和重大事故隐患的责任可追溯制度，完善安全生产责任体系。

（王艳娇）

【乡镇街道元宵节安全督察】 2月15—16日，由区委、区政府督察室、监察局、安全监管局、公安分局、消防支队等部门组成的检查组对全区18个乡镇、街道元宵节烟花爆竹安全管理和防火工作开展情况进行监督检查，深入贯彻落实属地管理职责。检查发现，各乡镇、街道深入贯彻落实 14 日召开的"元宵节期间烟花爆竹安全管理和防火工作会议"精神，在管辖区域内开展了拉网式隐患排查，并对重点部位死看死守、蹲点看护，有效确保了元宵节期间的安全。一是加强领导，层级落实岗位职责。各乡镇、街道坚持一把手亲自抓，紧急传达区委、区政府节日期间安全保障文件精神，部署烟花爆竹燃放和防火工作，层级签订安全管理责任书，采取领导带队检查、干部分干包片、部门齐抓共管的形式在本辖区内开展烟花爆竹销售、燃放安全专项检查，全面清理可燃物。二是加强宣传，提升群众安全意识。各乡镇节前通过"致群众的一封信"、宣传车、广播和召开村级会议的形式在本乡镇街道开展烟花爆竹燃放和防火安全的专项宣传教育工作。山东庄镇印制了"山东庄镇安全温馨小提示"宣传品 7 000 余份发放到各村各户。三是加强检查，全面排查安全隐患。各乡镇、街道均做到一把手亲自部署工作、亲自带队检查，确实保证户户上门告知、村村有人巡查、领导分干包片、发现隐患及时排除。南独乐河镇推行合理化管控，平原村安排了水桶、扫帚、铁锹等工具，山区村配备了灭火拽子、灭火弹、风力灭火机，还根据村级大小分配洒水车，2 000 人以上的大村多配备一台洒水车，确保对初期火情的有效控制，清理可燃物 10 吨；滨河街道开展"三实四明"工作（人员责任采取实名制、工作检查落实到实地、预防措施用实招，隐患排查工作要做到任务明确、责任明确、区域明确、时段明确），及时组织各社区对可燃物、火灾隐患进行排查清理，重点清理了楼道堆放物、平房顶部杂物、阳台外立面等易发生火灾的隐患，还针对消防部门提出的可燃性外墙装饰及高层建筑周边 60 米严禁燃放烟花爆竹的要求进行部署，对防控点派专人看守，每个社区部署了 5 名民警、2 名协警、5 名巡逻人员不间断巡查。四是加强应急值守，确保信息畅通。各乡镇、街道安排专人加强应急值守，确保值班人员 24 小时在岗到位，履行职责，做好应急处置救援准备工作，落实信息报送工作，确保通信畅通。全区各乡镇均按 14 日会议要求，进一步强化了烟花爆竹安全管理和防火工作，确保了全区元宵节期间无事故。

（王艳娇）

【年度安全生产工作考核】 按照《平谷区安全生产工作综合考核办法的通知》和《北京市安全生产委员会办公室关于印发〈2011 年各区（县）政府安全生产综合考核细则〉的通知》文件要求，平谷区安委会办公室于 10 月 25 日至 11 月 15 日对全区 18 个乡镇政府和街道办事处等 35 家单位进行 2011 年度安全生产工作考核。本次考核采取"一听二看三交流"的方式进行，重点听取各单位本年度安全生产工作开展情况，查看相关资料，并与各乡镇主要负责人沟通交流工作开展情况。重点检查安全生产责任制与目标管理，安全生产管理机构，伤亡事故及报告、结案和备案，重大事故隐患治理和危险源监控，安全生产宣传教育、检查、专项整治，专职、兼职安全管理人员培训，工作总结、信息和各种报表及其他临时工作等 10 项内容。考核采用百分制，考核结果将纳入机关党委、乡镇"五好党委"达标考核之中。区安全生产委员会办公室对安全生产综合考核评为优秀的单位将进行通报表彰，对安全生产综合考核为安全生产工作重点整改的单位进行通报批评，重点整改单位要制定安全生产工作改进措施。

（杜春光）

【区政协领导调研安全生产工作】 7 月

27 日，区政协主席王春辉、副主席景国忠一行到区安全监管局进行调研。区安全监管局局长王浩文就2011年安全生产重点工作进行了全面细致的汇报。2011年以来，全区重点开展了"打非"专项行动，出动执法人员27 128人次，查处、取缔非法违法生产经营建设行为430起；开展了拉网式隐患排查治理行动，共检查各类生产经营单位705家次，查出事故隐患1 034项；4—7月会同相关部门集中开展批发零售市场安全生产治理行动，共检查各类市场21家，查处事故隐患75项。同时，对下一步区安全监管局"四个创新"工作，即体制和机制创新、监管手段创新、科技创新、文化创新向政协领导进行了展望。最后，王春辉就区安全生产工作提出3点建议：一是继续加大安全生产宣传力度；二是强化安全生产责任落实；三是进一步加强自身队伍建设。

（郭俊）

【区委、区政府领导到区安全监管局调研】 11月14日上午，区委常委、组织部长高飞，副区长魏玉瑞等到区安全监管局调研，区安全监管局主要领导参加了座谈会。区领导一行认真听取了平谷区安全生产工作汇报，并详细了解了安全监管队伍建设、安全生产存在的问题、隐患治理等情况。

（杜春光）

【乡镇安全生产年度综合考核工作】 11月1—21日，区安委会办公室会同区政府督察室对全区21个乡镇、街道、管委会安全生产工作进行年度考核，严格履行"五好乡镇"安全生产一票否决制度。考核采取了"听、谈、查、验"方式进行。经查，大兴庄镇建立了检查、总结、反馈、跟踪、处理的安全管理制度；王辛庄镇率先成立了安全监管科，专人专办安全生产工作；

平谷镇建立了安全生产联席会议制度，安全生产工作集体讨论通过；大华山镇建立了安全生产奖惩制度，对安全生产工作突出单位和个人予以奖励。区安委会办公室对安全生产工作优秀单位给予了肯定和鼓励，有效促进了全区安全生产属地管理责任的有效落实。

（杜春光）

【市安委会考核平谷区安全生产工作】 12月27日，由市安全监管局副局长蔡淑敏任组长，市文化委、市公安局消防局、市市政市容委领导为成员组成的市安委会综合考核领导小组，对平谷区2011年度安全生产工作进行考核。副区长刘晓光、区安全监管局局长王浩文分别就平谷区2011年度安全生产工作开展情况进行了汇报。截至12月16日，平谷区共死亡24人，占全年死亡控制指标的88%；全区各部门检查各类生产经营单位45 889家次，发现各类事故隐患11 462项，整改率98%。蔡淑敏对平谷区2011年度安全生产工作开展情况给予了"持续、稳定、好转"的高度评价，并总结出以下4方面特点。一是平谷区各项安全生产控制指标总体情况良好，安全生产事故和死亡人数均控制在90%以下；二是区委、区政府高度重视全区安全生产工作，建立了区、乡镇行政一把手负总责的安全生产责任体系；三是平谷区安全生产具体工作突出一个"实"字，狠抓13项重点领域安全生产；四是对2012年安全生产及早构想、及早规划、及早部署，努力构建安全生产"八大"体系。

（杜春光）

【召开紧急会议全面开展打非专项整治工作】 4月25日下午，区安全监管局组织召开了由副区长魏玉瑞主持的安全生产紧急会议。会上首先传达了市委书记刘淇"把安全第一落实到各个环节，把安全第一的意识落实到基层群众中去"指示精神，并对各单位"打非"工作提出了具体要求。一是要提高思想认识，加强组织领导。各单位要认真组织实施、层层落实责任，主要领导要亲自组织落实。要加大惩治力度，对存在隐患整改要进行跟踪督办，并切实做到"四个一律"，即对隐患经整顿仍未达到要求的，一律关闭取缔；对有关单位和责任人，一律按规定上限予以处罚；对违法生产经营建设的单位，一律依法责令停产整顿，并严格落实监管措施；对触犯法律的有关单位和人员，一律依法严格追究法律责任。二是要严肃事故查处，严格责任追究。对因隐患排查治理工作不力而引发事故的，依法严厉查处。坚决惩处生产安全事故涉及的瞒报事故、失职、渎职以及事故背后的腐败行为，对触犯法律的行为依法追究刑事责任。三是要强化监督检查，加强信息报送。切实加强隐患排查治理的监督检查和指导，及时研究、协调解决行动中出现的突出问题。

（李君）

【部署"打非"专项行动】 4月25日下午，为深刻汲取大兴区旧宫镇火灾事故教训，区安委会部署"打非"专项行动：要求相关部门要形成合力，立即开展严厉打击非法违法生产经营建设行为专项行动和隐患排查治理工作，以道路交通、铁路交通、建筑施工、烟花爆竹、危险化学品、民爆物品、工矿商贸、人员密集场所等行业（领域）为重点，持续加大整治力度。一是从严整治超载、超限、超速和酒后、疲劳驾驶等道路交通违法违规行为；二是深入推进构筑社会消防安全"防火墙"工程，以人员密集场所、高层和地下建筑、使用易燃可燃外墙保温材料建筑、"三合一"及"多合一"生产经营场所为重点，持续开展消防安全排查、整治；三是深入

推进化工装置自动控制系统改造，健全完善危险化学品道路运输安全区域联合监控机制，加快城市地下易燃易爆品管线隐患排查治理；四是全面落实危险物品的生产、经营、运输、储存、使用等各环节安全措施；五是严密防范建筑施工、建筑拆迁、农业机械和冶金等其他各行业领域安全事故。

（杜春光）

【"打非"联络员调度会】 5月11日，区安委会办公室组织安委会各成员单位、各乡镇"打非"联络员召开第一次"打非"专项调度会。区安委会办公室要求各单位：一是要立即成立"打非"专项领导小组，切实加强对"打非"工作的组织领导；二是要共同参与联合执法机制，组织开展联合检查；三是要综合运用经济、法律和行政手段，进一步强化执法责任和措施，做到"四个一律"，切实严厉打击非法违法生产经营建设行为；四是要充分利用广播、电视、报纸、互联网等媒体，强化舆论宣传和社会监督；五是要认真贯彻落实有关法律法规的规定，严格落实"打非"工作责任，对因非法违法行为造成人员伤亡的生产经营单位和责任人，将依法从重处罚。

（王振新）

【制订"打非"专项行动方案】 为有效防范遏制各类重特大事故发生，区安委会办公室根据国务院安委会《关于开展严厉打击非法违法生产经营建设行为专项行动的通知》精神，制订并下发了《北京市平谷区关于开展严厉打击非法违法生产经营建设行为专项行动工作方案》，方案规定，各安委会成员单位将按照职责分工，本着"属地负责、行业协同、联合检查、综合治理"的原则，将违法建设，非法违法生产、经营活动，地下管线、地下空间非法违法生产经营建设，非法盗采矿产资

源和非法违法拆除建筑工程等作为重中之重，各部门相互配合，协同开展专项联合执法，专项行动的时间为4月下旬至7月上旬，分3个阶段进行。方案要求各单位一是要成立"打非"专项行动领导小组，严格落实安全生产行政首长负责制，及时研究和解决突出问题，逐级抓好工作落实；二是进一步完善和落实联合执法机制，形成"打非"工作合力；三是强化执法责任和措施，切实做到"四个一律"；四是加大舆论宣传力度，利用广播、电视、报纸、互联网等媒体大力宣传报道专项行的情况。

（郭俊）

【部署工业企业"打非"专项行动】
2011年，区安全监管局采取3项措施打击工业企业非法违法行为。一是加强组织领导。按照区安委会办公室统一部署，制订实施方案，成立领导小组，落实安全生产行政首长负责制，及时研究和解决突出问题。二是实施联合执法。加强协调配合，联合区质监分局、区国资委、区经济信息化委、区公安分局消防支队开展专项行动，形成"打非"工作合力，查清斩断非法生产经营行为和非法生产原料供应。三是依法严厉打击。结合2011年度安全生产执法计划，按照"企业自查、重点抽查、联合检查"的实施步骤，查处和曝光非法生产经营行为，增强打击实效，并认真受理投诉举报，依法从快从严办理。平谷区安全监管局已查处非法违法生产经营活动投诉举报2起，联合相关部门执法检查5次，查处事故隐患9项。

（郭明智）

【"打非"行动见实效】 自平谷区打非行动开展以来，区安全监管局重点打击危险化学品企业、重大危险源和尾矿库等方面违法违法行为，坚决取缔非法违法生

产、经营行为，有效遏制重特大事故发生。7月25日共检查危险化学品企业127家次，查处各类安全隐患和问题143项，查处非法经营单位2家。一是全面排查危化企业非法违法行为。检查涉及存储危险化学品的经营和使用单位37家，查处各类安全隐患和问题54项，对4家企业进行了通报批评。二是严格行政许可打击非法行为，依法严格禁止超范围经营，严格禁止无实物储存危险化学品经营单位储存危险化学品，严格禁止擅自变更经营地址，北京金星明商贸中心和燕东兴加油站分别被责令停业整顿，现已合法经营。三是强化自助加油机安全管理防止违章操作，要求35家配备自助式加油机的加油站做好高峰处置并加强安全管理，在车辆加油高峰期间要做好应急处置措施，停止社会人员自助加油。四是专项整治尾矿库安全隐患，金海湖镇有4座尾矿库的渗漏井有积水、个别尾矿库的渗漏井和观测井未盖井盖、3座尾矿库存在安全警示牌缺失或破损情况，相关乡镇已着手整改。五是开展联合执法形成合力共治隐患。对全区6家液化气站进行了联合检查，其中4家因二甲醚含量超标被责令停业整顿的企业不存在私自经营行为，但共查处安全隐患11项，已责令限期整改。经过一系列摸排整治工作，危险化学品领域"打非"行动取得了一定实效，但"打非"工作存在流动性和反复性，区安全监管局将把危险化学品领域打非工作纳入日常管理中，做到随时发现及时查处。

（杜春光）

【整顿违规经营行为】 8月26日，市安委会电视电话会议后，区安全监管局依法清理整顿辖区所属单位违规生产、经营、建设行为。

一是将原定7月底结束的"打非"专项行动延长至9月底，推动"打非"专项

行动向纵深开展，坚决刹住新增违法建设，拆除存在重大隐患的违法建筑；坚决打击非法违法生产经营行为，进一步巩固和扩大"打非"成果。二是落实领导责任，强化社会监督，加强联合执法，加大处罚力度。对已经打掉的非法生产经营建设单位，要加强巡检，严防死灰复燃；对发生安全生产事故的非法生产经营建设单位，要依法从严从重处罚；要狠抓工作落实，确保"打非"责任落实到基层，拆违和关闭措施落实到现场。三是研究建立"打非"长效机制，进一步加强领导、组织、协调"打非"工作，统筹开展专项整治，协调督促各项工作落实，建立并完善长效工作机制。

（杜春光）

危险化学品安全监管监察

【危险化学品行政许可】　2011 年，平谷区共有危险化学品经营单位 61 家，其中甲证 41 个，包括 40 家加油站和 1 家剧毒经营企业；乙证 20 个，无实物储存的 15 家。2011 年，共新发乙证 7 个，其中新增企业 3 家，换证企业 4 家。

（王莉莉）

【强化危险化学品企业监管】　2011 年第一季度是烟花爆竹销售旺季和危险化学品事故高发期，为加强危险化学品从业单位和烟花爆竹批发零售网点的安全管理，防范各类生产安全事故的发生，区安全监管局周密部署、严格落实，全面、深入地开展了一系列安全生产执法活动。在全面排查的基础上，重点对烟花爆竹仓库和各零售网点、龙禹油库、民爆仓库、危险化学品生产企业、加油加气站等重点监管单位进行了隐患排查。截至 3 月 15 日，共检查相关企业 147 家，消除事故隐患 206 项，出动执法人员 84 人次，检查主要以领导带

队检查、夜间突击抽查、部门联合检查、专项执法检查等方式进行。重点检查了值班值守情况、应急预案的演练情况、危险物品的销售储存情况、危险化学品设备设施的检查和维护情况、烟花爆竹流向登记情况等方面内容。

（杜春光）

【广播电台采访危化企业防震安全】　3 月 23 日，北京城市服务管理广播电台记者对平谷区开展危化企业防震安全生产工作进行采访，采访了北京龙禹石油化工有限公司（简称龙禹油库）、北京新奥燃气有限公司（简称新奥燃气）和北京德源化工有限公司（简称德源化工）3 家典型单位，重点了解了龙禹油库和新奥燃气两家重大危险源针对地震灾害及次生灾害的防范措施及应急处置情况，听取了相关负责人就管道接头、焊缝、压力仪表、震动检测、应急演练、防震救灾措施和应急处置等方面的介绍，实地参观了生产、存储现场，对区安全监管局快速响应市局精神开展防震安全生产工作和 3 家典型企业的防震措施表示肯定。本次访谈在北京城市服务管理广播和市安全监管局网站《安全新干线》栏目播出。

（杜春光）

【通报两起涉危事故】　4 月 14 日，区安全监管局向全区重点危化品经营使用单位和加油站通报近期本市 2 起涉危事故（丰台区氨气泄漏事故和房山区装载燃料油引发的火灾事故），要求各企业进一步加强责任意识，汲取事故教训，杜绝同类事故的发生。一是转发市安全监管局关于两起涉危事故的通报，突出加强涉氨单位和加油站卸油过程的安全管理，落实岗位责任；二是要求各相关企业根据通报精神立即对全体从业人员开展一次安全培训教育，重点对岗位操作规程、现场安全管理

和应急处置措施进行培训；三是要求各危化企业，尤其是加油加气站等易燃液体储存单位开展一次全面的安全隐患自查，重点检查各类安全管理制度、应急处置措施、储油区、泵房、加卸油过程等方面的安全管理。区安全监管局将于月底对自查情况验收。

（杜春光）

【危化企业雨季安全监管】 随着雨季到来，防雷、防雹、防汛等方面内容日渐纳入各危化企业日常安全防范，5月23日，区安全监管局采取4项举措强化危化企业雨季安全监管工作。一要加强管理，严格落实岗位职责。要进一步落实安全生产责任制，开展雨季安全生产隐患自查自改活动，严格落实降温、防雷、防雹、防晒和防火措施，建立定期安全检查制度，责任落实到人。二要突出预防，提高应急处理能力。要求各危化企业针对夏季气候特点，完善应急救援预案，积极开展应对高温、雷电、大风、冰雹、强降雨等极端恶劣天气条件下的应急演练活动，提高应对突发险情的应急处置能力。三要强化培训，严格落实三级培训。抓好新员工三级安全教育培训，强化全员安全技能培训特别是农民工安全培训。四要加强应急值守，确保信息渠道畅通。及时向各企业进行气象预警通知，发生险情的企业必须在采取处置措施的同时立即上报，确保人员财产损失降到最低。

（杜春光）

【危险化学品储存安全监管】 5月26日，为配合《危险化学品仓库建设及储存安全规范》地方标准的颁布实施，切实加强平谷区危险化学品安全储存，区安全监管局于危险化学品储存专项整治前对全区涉及存储的危险化学品经营使用单位进行全面摸排。一是全面开展摸底工作。对全区80余家涉危企业进行全面排查，确定涉

及存储危险化学品的经营和使用单位47家。二是开展隐患排查整改。对危险化学品的储存、使用情况，特种设备设施安全状况，生产作业场所安全用电、易燃易爆物品安全管理情况等内容进行检查，并对发现的安全隐患责令企业限期整改。三是动员企业自查自纠。根据区危险化学品储存设施专项整治方案，要求相关企业对危险化学品存储设备设施进行一次全面的安全检查，对员工进行一次专项安全教育，并进行一次防泄漏应急演练。四是严肃查处典型单位。对存在未进行防雷防静电检测、车间仓库混存、未使用防备电气设备设施、危险品无安全技术说明书和安全标签、未根据危险品特性分库储存等典型问题的进行通报批评。共检查相关企业37家，查处上述安全隐患和问题54项，对4家企业进行了通报批评。

（杜春光）

【危险化学品安全监管】 平谷区安全监管局及时传达国家安全监管总局《关于2011年以来危险化学品安全生产有关情况的通报》至全区60家危化企业，要求各企业认真吸取通报中的事故教训，切实提高本企业安全生产环境，并坚持四方严格入手抓好安全监管。一是严厉杜绝危险化学品非法、违法生产经营行为，对涉及违法生产经营的发现一例查处一例，未经许可非法从事生产经营的坚决予以取缔；二是严格落实危险化学品行政许可，严格依照相关法律、法规、标准和规范性文件规定实施行政许可，严格禁止超范围经营、严格禁止无实物储存危险化学品经营单位储存危险化学品、严格禁止擅自变更地址；三是严谨开展安全标准化工作，严格按照《北京市危险化学品企业安全标准化工作方案》要求在全区开展危险化学品企业安全生产标准化工作，年底前全面完工，注重

实际效果，严防走形式、走过场；四是严格落实夏季安全生产工作，针对夏季事故多发特点，全面排查防雷、防汛、防高温等工作落实情况，严查跑、冒、滴、漏现象，严防危险化学品泄漏、火灾、爆炸事故的发生。截至 6 月 1 日，区安全监管局已对全区 41 家企业开展了执法检查，查处各类安全隐患 77 项，并采取约谈等方式与 4 家重点企业沟通，促进其安全管理体系的建立。

（杜春光）

【加强危化、油、气企业安全监管】 结合夏季高温和雨水较多特点，区安全监管局对全区危险化学品使用单位、加油站、液化石油气站开展安全生产专项隐患排查。一是加强危化企业安全管理工作。严查安全管理机构设置和运行、专兼职安全管理人员配备、安全管理八项制度一项预案建设、现场安全管理、老旧设备淘汰和防护等内容。二是严查加油站安全环境。严查加油站各项安全管理制度、监控和报警设备设施维护、定期检查和检测情况、消防设备设施配备、防静电防爆措施等，对证件到期的加油站及时进行现场核查。三是推进石油液化气安全管理。督促全区液化石油气运营部门加快重大危险源备案管理工作，进一步完善高温和雨季应急处置预案，指定部门、专人负责，定期检测、维修，作业场所必须加装报警器并定期校验。共完成 51 家重点企业的安全生产隐患排查工作，查处上述隐患 79 项，已责令限期改正，针对问题较严重和未按期整改的企业，将给予严厉处罚并建立监管黑名单加大监管力度。

（杜春光）

【打击危化行业违法行为】 2011 年，区安全监管局重点打击 8 种危化行业非法、违法行为：一是无证、证照不全或过期从事危险化学品生产经营的；二是关闭取缔后又擅自生产经营的；三是瞒报事故的，以及重大隐患隐瞒不报或不按规定期限予以整治的；四是未依法进行安全培训、没有取得相应资格证或无证上岗的；五是拒不执行安全监管监察指令、抗拒安全执法的；六是未依法严格追究事故责任，以及责任追究不落实的；七是超出安全生产许可范围从事危险化学品生产、经营、储存的行为；八是其他违反安全生产法律法规的生产经营建设行为。此次整治行动以事故单位为主，67 家重点危化行业已检查完毕，查处各类安全隐患和问题 51 项、非法违法行为 2 项，已予以制止并责令相关单位限期整改隐患。

（杜春光）

【危险化学品应急物资安全管理】 2011 年，为推进平谷区应急物资仓库安全管理工作，确保应对突发事件时应急物资完备有效，区安全监管局进一步加强危险化学品应急物资管理工作。一是严格制度管理。建立了相关管理制度并严格落实，明确要求所有应急物资出入库须严格履行登记、借用手续，非管理员不得擅自入内取用器材；库存物资均须建立账目，严格出入账登记。二是加强维护保养。对特殊物资按其技术要求采取相应的防潮、防腐、防蛀、防震、防泄漏、防燃爆、防盗窃等防护保险措施加以重点管理；加强平时保养，每半月进行一次监测；杜绝人为因素造成的损坏和意外事故，应急物资管理中的失误由管理员承担相应责任。三是强化监督检查。区安全监管局巡查人员每周对应急物资进行检查，并做好相应的检查记录，以确保万无一失。

（杜春光）

【部署冬季加油站安全管理工作】 11 月 7 日，区安全监管局组织区内中石油、中海油、中石化、首汽和龙禹等公司片区负责人和站长召开加油站冬季安全生产工作会。对重点工作进行部署：一是根据冬季气候特点各加油站要完善各项安全生产管理制度和应急预案，切实采取有效的防风雪措施，并适时开展演练；二是各加油站要立即对站区周边枯叶杂草等可燃物进行全面清理，防止因失火而引发次生事故；三是对站内使用的供暖锅炉进行全面的安全隐患排查，排烟口要加装阻火帽，并严格按照安全操作规程进行操作；四是各加油站必须立即禁止使用液化石油气、天然气等明火进行做饭，一经查处，坚决严肃处理。同时，区安全监管局对部分加油站落实安全生产主体责任情况进行了实地执法检查，共检查加油站 18 家，查处事故隐患 41 项。

（郭俊）

【管控化学品经营环节监管】 2011 年，区安全监管局全面加强对重点监管的化学品（以下简称管控化学品）经营环节监管，要求：一是凡未取得危险化学品经营许可证的单位，不准经营管控化学品；二是应当如实记录其生产、储存的管控化学品的数量、流向，严防丢失或者被盗；三是严禁向个人销售管控化学品（属于剧毒化学品的农药和第三类非药品类易制毒化学品除外）；四是不得向不具有相关许可证件或者证明文件的单位销售管控化学品，对持剧毒化学品购买许可证购买剧毒化学品的，应当按照许可证载明的品种、数量销售；五是建立健全销售管理规章制度和销售台账；六是不得出借、转让其购买的管控化学品；七是加强从业人员安全技能的培训；八是做好向区公安分局和区安全监管局的备案工作；九是每年 3 月 31 日前，向区安全监管局书面报告本单位上年度安全生产情况。

（李君）

【非经营性加油站专项整治】 1 月 19 日，区安全监管局为确保春节、两会期间的平安和谐氛围，采取 4 项措施全面完成对全区非经营性加油站的专项整治工作。一是摸清底数。通过全面排查，确定全区北京龙禹石油化工有限公司龙禹油库、北京平谷 918 车队等 8 家企业存在非经营性加油站，总容量为 273.5 立方米。二是全面开展改造工程。成立了由副区长魏玉瑞为组长、区安全监管局及相关职能部门主管领导为副组长的专项整治工作领导小组，部署整改方案。三是执法从严服务热情。对改造过程的执法监督和检查验收中，区安全监管局做到严格执法，消除了个别非经营性加油站未做安全评价、没有避雷设施和无监测仪表等安全隐患问题，消除了企业负责人将"安全第一"仅放在口头上的现状，还多次请工程技术人员到平谷区对非经营性加油站改造情况进行检查指导，帮助企业解决在整治过程中遇到的技术难题。四是抓好动态监管。在今后对非经营性加油站的检查中，坚持动态监管、部门合作的工作机制，加大检查力度，及时消除隐患。经治理，已有 3 家非经营性加油站使用 HAN 阻隔防爆技术、4 家经安全评价符合安全条件、1 家停用。

（杜春光）

【液化石油气专项整治】 因高温天气全国液化石油气灌装和存储事故时有发生，为确保人民生命和财产安全，深入推进重大危险源备案管理工作，区安全监管局开展以消除不合格钢瓶、查处纠正违规使用液化气行为、杜绝安全事故为目标的"液化石油气安全专项整治行动"，分 3 个阶段进行。第一阶段（8 月 1—20 日），严格部署。组织召开燃气行业"液化石油气安全专项治理"动员部署会，部署专项行动工作计划，对专项整治各项工作提出具体要求，组织发动生产经营单位针对以往事故教训，认真开展自查，全面细致地查找各类事故隐患，强化防范措施，推进液化石油气单位重大危险源安全评估工作。第二阶段（8月21日—9月5日），全面排查。会同相关部门对液化石油气经营企业及餐饮企业、工地食堂等重点用户开展检查和执法工作，集中消除安全隐患。第三阶段（9月6—30日），巩固成效。巩固专项治理成果，严防死守，应急救援队伍24小时在岗备勤，发现问题及时处置，为国庆安全保障奠定基础。

（杜春光）

【涉氨使用单位联合执法检查】　国庆节，区安全监管局、区公安分局消防支队、区质监局、区环保局等部门联合对辖区内的涉氨使用单位开展安全生产执法检查。主要检查消防器材是否完好有效、特种作业操作人员是否持证上岗、用电线路是否符合国家标准以及企业是否定期开展应急预案的演练。针对检查中发现的隐患和问题，各部门分别下达了执法文书，要求企业在规定时限内整改完毕，以确保国庆节期间的安全生产。

（郭向东）

【制订危险化学品演练工作计划】　3月8日，区安全监管局制订《2011年度平谷区危险化学品应急演练工作计划》。明确了危险化学品演练工作重点：一是提高政府各职能部门、企业管理人员、应急救援人员的应急处置能力和专业技能，提高公众的自救互救能力；二是通过演练，落实岗位责任制，熟悉应急工作的指挥机制及决策、协调和处理程序；三是检验预案的可行性并修订完善应急预案。应急演练于6月8日在龙禹油库举行，主要模拟汽油储罐泄漏时各成员单位应急处置工作情况。

（李君）

【安全生产应急预案贯彻】　2011年，区安全监管局通过对全区200家企业的执法检查及跟踪调查，安全生产应急预案及应急措施建设情况达99%，其中危化企业应急预案建设及演练情况达100%。区安全监管局不断加强双基工作，确保各类突发事件应急防范措施针对性更强、可操作性更强，有效减少和降低损失。一是进一步完善全区应急预案建设，加强各部门联动，定期开展应急演练，确保各部门应急响应及时；二是不断完善子预案（子预案指各企业自身的应急预案），全区570家企业已建立了完备的安全生产应急预案，但根据气候变化、地质灾害和环境影响区安全监管局要求各企业不断完善子预案，确保应对各类突发事件的机动性更强；三是开展专项教育，共对各乡镇安全管理人员、企业负责人、企业安全管理人员共2 000人开展应急预案建设专项教育17次，并采取"五进"措施将宣传和培训教育深入到基层；四是加强应急演练，全区各重点企业开展应急演练次113次，通过桌面演练和实操演练，确保了应急演练的可操作性。

（杜春光）

【重大危险源应急演练】　6月24日，区安监、消防等部门在千喜鹤食品有限公司举办重大危险源应急演练，全厂400余人参观学习，进一步提高了氨泄漏和火灾施救措施，员工安全意识和技能得到有效提高。下午4时，在氨泄漏警报声中演练拉开帷幕，制冷机房员工迅速穿戴防毒面具和防护服装冲向消防井，接好消防水带后对准泄漏部位采取喷淋，相关班组长对班组员工进行引导疏散，区安全监管局执法人员现场指导并指出预案需要完善的地方，应急演练有效预防了氨泄漏可能造成的人体伤害和爆炸危险。演练结束后消防官兵就消防设备设施的使用和火灾逃生自救知识进行了讲解，并组织部分员工现场演练了灭火器灭火流程。通过此次演练，千喜鹤食品有限公司确保全体职工做到消防设备设施使用100%达标、岗位应急自救知识100%掌握，其制冷机房作为重大危险源，防护和应急自救措施得到有效提高，应急救援预案得以完善，企业安全负责人和员工的安全意识全面提升。

（杜春光）

【应急救援体系建设】　2011年，区安全监管局四举措坚持构建应急体系，提升应急救援响应能力和效能。一是进一步完善危险化学品应急救援队伍体系建设，不断加强应急演练，打造一支实力过硬经验丰富的应急救援队伍；二是加强安全生产应急管理（救援指挥）机构建设，健全完善安全生产应急救援工作机制；三是保障安全生产应急平台体系、安全生产应急救援装备和物资储备体系建设，推进技术进步；四是监督落实企业安全生产应急预案制定和完善，确保预案全覆盖，提高安全生产应急处置水平。

（杜春光）

烟花爆竹安全监管监察

【烟花爆竹安全管理工作会】　1月18日上午9时，区安全监管局会同区公安分局消防支队组织召开2011年烟花爆竹零售网点安全管理工作暨培训会议。全区100余名烟花爆竹销售网点负责人及安全管理人员参会。为进一步加强春节期间烟花爆竹的销售和燃放安全，确保市民度过一个平安祥和的春节，区安全监管局与申请烟花爆竹销售网点的负责人逐一签订了安全管理责任书和安全保障承诺书，明确两个主体责任；区安全监管局和消防部门对销售网点各项安全管理制度、操作规程的完善、警示标志和消防器材的配备、烟花爆竹存储量、"三合一"现象、周边安全环境等进行了严格要求和工作部署，并对以往典型案例进行了分析；组织参会人员观看了烟花爆竹销售安全管理和典型事故案例警示教育片，对参会人员安全管理知识进行了现场考核。全区已申报2011年春节烟花爆竹销售网点65家，50家销售网点通过审核。

（杜春光）

【烟花爆竹零售网点现场审核】　1月份，区安全监管局、区公安分局治安支队、消防支队、交通支队、区工商分局及各乡镇、街道政府对平谷区65家烟花爆竹零售报名网点安全条件进行现场审核，符合条件的报名网点50家。下一步区安全监管局将对符合条件的报名网点颁发《烟花爆竹经营（零售）许可证》。

（郭向东）

【烟花爆竹储存仓库安全检查】　13日，区安全监管局、区公安分局治安支队、消防支队、对北京农达丰农业生产资料有限公司烟花爆竹储存仓库进行安全检查，检查组对仓库周边环境、消防水及烟花爆竹流向登记等方面提出具体要求。

（郭向东）

【确保烟花爆竹销售安全】　2011年，为确保春节烟花爆竹销售销售期间不发生安全事故，区安全监管局采取以下措施：对零售网点负责人进行了安全知识培训并进行了考核；向售网点负责人群发短信，进一步告之要销售符合北京市要求的烟花爆竹产品；建立信誉考评制度，对违法销售烟花爆竹的零售网点，下一年不给予受理；对各零售网点进行不间断检查，检查范围覆盖全部零售网点。

（王志宝）

【联动排查烟花爆竹和火灾隐患】　为

深入落实 2 月 14 日 "元宵节期间烟花爆竹安全管理和防火工作会议" 要求，全面排除烟花爆竹和火灾隐患，区烟花办、监察局、安全监管局、公安分局、消防支队、国资委和商务局等部门形成合力，对全区重点防火单位、烟花爆竹销售点进行隐患排查工作。检查了平谷区第二直属粮库、国泰商场和 17 家在销售的烟花爆竹销售网点，重点检查了烟花爆竹销售网点周边火源情况、防火设备设施配置、配电及线路防护措施、安全警示标识、紧急疏散措施和应急预案准备情况。所排查单位以上检查内容情况良好，只有一家烟花爆竹销售网点因擅自使用炉火取暖已被安监、消防部门责令停止销售。通过为期两天的全面排查和部门合力监控，平谷区烟花爆竹安全管理和防火工作得到有效落实，全面确保了元宵节前最后一个烟花爆竹销售高峰的安全。

（杜春光）

【烟花爆竹销售网点负责人员培训】
11 月 14 日，区安全监管局对 15 名报考人员进行了培训。主要培训了《北京市烟花爆竹安全管理规定》、《北京市烟花爆竹行政许可实施办法》及《烟花爆竹零售网点设置管理安全要求》等相关内容。

（郭向东）

【强化烟花爆竹销售安全监管】　一是集中培训，提高安全意识。对已受理单位的从业人员统一组织培训，培训采取讲课和收看光盘的形式进行。二是统筹规划、合理布点、保证安全。按照方便购买、保障安全的原则，确定重点防火区域不设烟花爆竹销售网点，联合相关部门对销售点安全状况现场严格审核。三是坚持公示制度。对申请材料齐全且现场审核合格的单位，区安全监管局发证前在本局网站和办公场所对申请人的信息进行公示，接受社会监督。四是统一制作安全守则和安全警示标志。统一制作 "烟花爆竹临时销售点安全守则" 和 "烟花爆竹临时销售点安全警示标志"，下发到每一个销售网点，便于群众监督。五是严格流向登记管理。烟花爆竹批发单位通过电子标签识读器对烟花爆竹出入库信息进行读取，建立烟花爆竹仓库限制存放量预警机制，并将出入库信息及时传输到电子标签流向监控信息平台，实现烟花爆竹的可追溯管理。六是签订零售单位承诺书和安全管理责任书。在全区烟花爆竹零售单位中全面推行《烟花爆竹零售经营安全生产承诺书》制度，区安全监管局组织零售经营者签订承诺书和责任书，明确政企两个主体责任。

（杜春光）

【完成烟花爆竹回收工作】　根据《北京市烟花爆竹安全管理规定》要求，正月十五后各销售网点和个人不得存放超过 1 箱或者重量超过 30 公斤的烟花爆竹，平谷区实行各销售网点剩余烟花爆竹由北京市农达丰农业生产资料有限公司统一存储制度，区安全监管局代交存储费用。21 日，区烟花办、区安全监管局和北京农达丰农业生产资料有限公司对全区烟花爆竹销售网点剩余的烟花爆竹进行了回收和代存，回收采取严格的实名实数登记，由各销售网点于 2 月 20 日前将剩余烟花爆竹封箱并做好标识，对无标签及过期产品已责令销售点及时销毁。共回收了 6 家销售网点的烟花爆竹剩余产品 57 箱，进一步消除了剩余及私存烟花爆竹产品带来的安全隐患，为烟花爆竹销售网点提供了政府援助。

（杜春光）

矿山安全监管

【排查尾矿库安全隐患】　2011 年，区安全监管局会同区环保局和相关乡镇政府对全区 9 座尾矿库进行了汛期安全检查。重点检查相关乡镇尾矿库汛期安全管理方案是否健全、雨季应急预案是否完善、应急值守是否到位、巡查责任是否落实、尾矿库周边各警示标识是否完好、应急通道是否畅通、坝体安全现状、库顶土层及汇水情况、尾矿库周边有无违章建筑、库边排水是否畅通和各类可能造成环境污染的因素，对发现的隐患依部门职责及时进行整改，确保各尾矿库安全度汛。经查，2 处尾矿库安全警示标识有被盗和破坏现象，相关乡镇已着手整改。

（杜春光）

【尾矿库汛期安全排查】 由于近期连降暴雨，汇水量较大，刘家店尾矿库库顶护坡草皮近 20 平方米被雨水冲落，区安全监管局于 25—26 日紧急对全区 9 座尾矿库进行汛期安全检查。重点检查相关乡镇尾矿库汛期安全管理方案是否健全、雨季应急预案是否完善、应急值守是否到位、巡查责任是否落实、尾矿库周边各警示标识是否完好、应急通道是否畅通、坝体安全现状、库顶土层及汇水情况、尾矿库周边有无违章建筑、库边排水是否畅通和各类可能造成环境污染的因素。经查，两处尾矿库库顶护坡草皮有滑落现象，一处尾矿库安全警示标识被破坏，区安全监管局已要求要求施工单位即日起对护坡进行覆土工作。

（杜春光）

安全生产事故隐患排查治理

【全区安全隐患排查落实"五个严查、四个一律"】 2011 年，夏季高温时段全生产事故易发阶段，区安全监管局采取高压态势重点排除建筑工地、人员密集场所和中小生产加工企业安全隐患，严格落实"五个严查"和"四个一律"：严查单位主体责任、各项安全制度是否落实；严查防触电措施是否完好有效、配置是否符合要求；严查企业用电是否符合安全用电要求，建筑工地是否做好防坠落措施；严查特种作业人员是否持证上岗；严查是否开展安全宣传教育、组织培训演练。对检查中发现的事故隐患，一律督促整改及时复查；对拒不整改或整改不彻底的，一律按规定上限予以处罚；对事故隐患比较严重的单位，一律责令停产停业整顿；对触犯法律的有关单位和个人，一律依法严格追究法律责任。已检查相关企业 87 家，责令 1 家企业停业整顿，对 15 家企业给予行政处罚，各企业正严格落实整改工作，企业安全生产工作得到有效提升。

（杜春光）

【加大重点行业的隐患排查力度】 1 月 20—24 日春节期间，区安全监管局联合区商务委对平谷区 10 余家商超市开展了安全生产隐患排查。主要检查了安全出口是否畅通、春节应急预案是否制定、日常安全巡查是否到位、用电设施是否规范等。检查人员同时要求各场所负责人在春节期间要严格落实各级安全生产责任制，认真开展好隐患自查自纠工作。通过检查不仅有效地排查了安全隐患，更增加了各单位春节期间的安全生产意识，为全区人民春节期间营造了良好的安全环境。

（马鹏程）

【隐患治理"四个结合"】 2011 年，区安委会办公室进一步明确隐患排查治理方式，要求各部门隐患排查治理工作做到"四个结合"：一是坚持把隐患排查治理工作与各重点行业安全专项整治结合起来，狠抓薄弱环节，解决影响安全生产的突出矛盾和问题；二是坚持把隐患排查治理工作与日常安全监管监察执法结合起来，严格行政许可，加大打"三非"（非法建设、生产、经营），反"三违"（违章指挥、违章作业、违反劳动纪律），治"三超"（生产企业超能力、超强度、超定员，运输企业超载、超限、超负荷）工作力度，消除隐患滋生根源；三是坚持把隐患排查治理工作与加强企业安全管理和技术进步结合起来，强化安全标准化建设和现场管理，不断推进安全生产标准化工作和安全社区建设，加大安全投入，夯实安全管理基础；四是坚持把隐患排查治理工作与加强应急管理结合起来，完善事故应急救援预案体系，落实隐患治理责任与监控措施，严防整治期间发生事故。全区隐患排查治理工作共检查生产经营单位 1 142 家次，排除各类安全隐患 1 405 项，治理非法违法经营单位 17 家。

（杜春光）

【落实监管措施 强化隐患排查】 2011年，区安全监管局坚持落实"一细、五严、四一律"的工作措施，进一步加大重点单位安全隐患排查力度。"一细"即检查过程认真细致。检查组对设备设施隐患进行全面细致的检查，不留死角和漏洞；"五严"即严查企业隐患问题。检查组严查单位主体责任、各项安全制度是否落实；严查安全防范措施是否完好有效、配置是否符合要求；严查企业特种作业人员资质是否符合要求；严查持证上岗；严查是否开展员工安全宣传教育、组织全员培训、应急演练。"四一律"即一律依法严肃处理。检查组对检查中发现的事故隐患，一律督促整改及时复查；对拒不整改或整改不彻底的，一律按规定上限予以处罚；对事故隐患比较严重的单位，一律责令停产停业整顿；对触犯法律的有关单位和个人，一律依法严格追究法律责任。

（李君）

【紧急开展企业隐患排查行动】 平谷区安委会办公室于10月24—28日在全区21个乡镇、街道、管委会开展生产经营单位安全隐患紧急排查行动，各乡镇、街道、管委会需对所辖区域内生产经营单位开展一次全面的安全隐患摸排，形成书面报告。区安委会办公室将根据统计情况制订年前安全大检查方案，以所排查的企业为监管重点，采取企业自查、乡镇（街道、管委）检查、督察组督察的形式，坚持"四不放过"原则彻底根治隐患，防微杜渐，将各类生产安全事故消除于萌芽状态，确保平安平谷建设和全区安全生产态势安稳。

（杜春光）

【全面开展安全隐患排查工作】 区安全监管局11月7日在全区开展生产经营单位安全隐患排查行动。主要针对：一是安全生产法律法规、规章制度、规程标准的贯彻执行情况，安全生产责任制、应急预案、岗位操作规程的建立及落实情况；二是安全管理机构设置及管理人员配备情况、从业人员教育培训情况、特种作业人员持证上岗情况、安全隐患排查整改情况；三是安全生产重要设施、装备和关键设备、装置的完好状况及日常管理维护、保养情况，劳动防护用品的配备和使用情况；四是特种设备和危险物品的存储容器、运输工具的完好状况及检测检验情况，特种设备、设施和危险品备案情况；五是对存在较大危险因素的生产经营场所以及重点环节、部位、岗位进行普查建档、风险辨识、监控预警制度的建设及措施落实情况；六是应急预案的演练和应急救援物资、设备配备及维护情况。

（李君）

【隐患自查自报系统信息采集工作】 2月18日，区安全监管局在全区部署生产经营单位事故隐患自查自报系统调查摸底信息采集工作：一是高度重视调查摸底信息采集工作，全面落实市政府提出的关于生产经营单位事故隐患自查自报系统在全市推广应用的有关要求，采取有效措施，确保按期、保质、保量完成调查摸底信息采集工作；二是加强调查摸底信息采集工作相关文件的学习，准确理解工作内容，严格按照有关要求，及时、准确、全面地报送相关数据；三是提前筹划做好事故隐患自查自报系统推广应用工作，进一步建立安全生产事故隐患"动态分类排查、动态评审挂账、动态整改销账"的长效机制，做到早谋划、早部署、早实施，有力地推动全区隐患自查自报工作的持续有效开展。

（杨洪亮）

【信息采集工作取得阶段性成果】 区安全监管局按照"分级管理，逐步推进"的原则，2—3月完成了全区787家重点生产经营单位的事故隐患自查自报系统调查摸底信息采集工作，占全区重点生产经营单位总数的78%，其中21个乡镇、街道和管委会所辖企业359家，占乡镇、街道和管委会所辖10人以上企业总数的64%；12个主管部门所属企业507家，占主管部门所属企业总数的95%。通过开展此项工作，进一步健全完善了生产经营单位安全管理台账，全面掌握全区生产经营单位安全生产基本状况，推进企业主体责任落实，为全区生产经营单位安全生产隐患自查自报系统的推广应用工作奠定了坚实的基础。

（杨洪亮）

【隐患自查自报系统的推广培训会】
8月8日，区安全监管局召开安全生产隐患自查自报系统推广应用培训会，全区32个委办局、乡镇、街道、管委会安全生产负责人参加了培训会。会上首先重点讲解了

"事故隐患自查自报系统"的使用知识，并动员部署下阶段工作：一是要求各部门落实《北京市生产经营单位安全生产事故隐患自查自报管理办法》，建立安全生产事故隐患排查治理各项制度；二是组织大中型企业学习培训，确保生产经营单位负责人掌握事故隐患自查自报系统使用方法，并按期上报隐患；三是试点企业先期推广（包括旅游景区10家、文娱场所20家、商超市20家，工业企业50家，危险化学品企业20家），以120家试点企业为标准，加强隐患自查自报系统的推广使用。

（郭明智）

安全生产应急救援

【全面开展应急演练】 6月13日起，平谷区安监、消防等部门在全区31家重点企业开展突发事件应急演练专项检查，涉及危化企业、烟花爆竹仓库、加油站、人员密集场所、服装加工行业等，重点对各企业针对危险化学品泄漏、燃爆事故、踩踏事故和火灾的防范自救措施，应急演练的举行深入检查了区安全监管局现场指导、消防官兵施救及时、企业员工层级落实岗位职责的情况，雪花啤酒厂、农达丰烟花爆竹仓库、中石化多家加油站应急演练情况良好，相关部门及时到位、企业员工岗位责任有效落实、自救互救措施齐备，取得了预期效果，6月底前已完成全区100家重点企业的演练工作。通过全面开展应急演练工作，进一步促进了企业主体责任的落实，应急预案得到有效完善，针对性进一步加强，企业负责人和员工安全意识有效提高，防范措施得到强化，为全区安全提供了基础保障。

（杜春光）

安全生产执法监察

【加强事故单位监管】 2011 年，区安全监管局坚持"四不放过原则"排查治理各类安全隐患，并加大了对事故单位的监管力度。重点检查企业安全机构设置及专兼职安全管理人员的配备情况，安全管理制度的制定、执行及落实情况，事故分析和安全教育情况，企业危险源监控、安全隐患排查整改、应急预案制订及演练情况，企业设备设施的安全是管理和运行情况，企业危险化学品使用、贮存情况，作业场所安全用电、建设项目"三同时"、生产经营单位"三合一"、劳动防护用品使用情况和企业安全生产标准化活动的开展情况，并建立了安全监管局不定期巡查、重点督察、夜间突击检查、乡镇重点检查、企业自查和员工监督的层级监管机制，以确保安全隐患得到源头控制。

（杜春光）

【春季安全监管突出"五个针对、五个加强"】 随着天气逐渐转暖，各生产经营单位逐渐扩大生产规模，春季安全生产工作任务日趋紧密，区安全监管局春季安全监管工作突出"五个针对、五个加强"：针对危化企业，加强检查、备案，做好数据统计和后期管理工作。针对人员密集场所，加强与有关部门的配合、联动。针对企业和建筑工地陆续开工，加强安全培训和执法检查工作。针对安全生产标准化工程，加强对计划和组织工作严密性的校核，全面推广试点单位成果，完成"十百千"工程计划任务。针对非法违法企业，加强治理整顿意见的落实工作，强化打击力度，发现一家查处一家。

（杜春光）

【"三档一账"科学监管企业】 2011 年，区安全监管局进一步规范企业安全生产监管工作，突出两个主体责任，推行"三档一账"（为企业建立行业监管档案、属地管理档案、执法电子档案和执法监察台账）。一是行业监管档案，即对平谷区生产经营单位按行业进行划分，建立行业监管档案，突出岗位职责，根据执法检查情况及时与行业监管部门联系，强化行业监管；二是属地管理档案，即按生产经营单位所在地进行划分，建立属地管理档案，通过归档管理科学分析不同属地安全生产形势和监管重点；三是执法电子档案，将执法检查情况录入电子执法统计系统，便于局领导对安全生产现状、执法检查情况和执法人员依法行政情况及时掌握，有的放矢地进行科学监管；四是执法监察台账，将执法检查情况录入台账，有利于对全区生产经营单位执法情况的统计和监管侧重的宏观调控。

（杜春光）

【"11+1"安全生产重点执法行动】 2011 年，区安委会在全区开展"11+1"安全生产重点执法行动。即在全年完成烟花爆竹、批发零售市场、人员密集场所、交通运输企业、尾矿库、农业机械、重点建设工程、城区运行领域、危险化学品、液化石油气灌装站、工业企业共 11 个领域开展重点执法检查工作，并在年底对工作情况进行一次全面的督察考核，为来年安全生产工作提供基础资料。通过统筹安排、部门联动、齐抓共管，力争在"11+1"安全生产重点执法行动中有效提升全区安全生产基础环境，消除一批重点难点安全隐患，关停一批非法违法企业，促进安全生产工作更上新高。

（杜春光）

【"五个到位"确保安全生产形势稳定】 2011 年，区安全监管局实行"五个到位"

确保安全生产形势稳定。一是检查服务到位。制定《安全生产操作规程》、《安全生产检查手册》、《人员密集场所安全生产检查表》下发到企业，为企业进行安全生产检查提供范本。二是检查告知到位。对外资企业进行检查前，提前1～2天对其进行安全生产检查告知，明确安全执法检查的目的、意义、时间、方法和要求，充分体现人性化执法，获得外资企业一致好评。三是授课服务到位。对需要进行安全生产培训或讲课的企业，一定组织举办培训教育，目前已组织和参与的安全生产培训87次，培训人数达1.5万人次。四是文明执法到位。坚持做到双人执法、亮证执法、公开执法，坚持落实行政处罚自由裁量监督制度，坚持约请谈话，获得企业负责人认可。五是隐患整改到位。坚持安全隐患不整改不放过原则监督企业限期整改，责令各企业明确责任人、整改时限、整改方案，对未限期整改完毕的企业给予严厉处罚。通过热情服务和严格执法相结合，获得了企业对安全生产工作的认可，全年无一例行政诉讼和行政复议，有效确保了全区经济社会安全平稳向前的态势。

（杜春光）

【检查音乐季活动现场临建设施安全】
"2011年中国乐谷·国际流行音乐季"活动举办在即，为做好各项安全生产保障工作，营造安全的活动氛围。4月20日，副区长魏玉瑞带领区安全监管局、公安分局、住房城乡建设委、消防支队、供电公司等部门，对音乐季活动现场临建设施的搭建情况进行了实地安全生产检查。重点检查了施工单位资质是否齐全、安全防护措施是否到位、临时用电是否安全等方面内容，对检查中发现的临时用电线缆未按要求敷设等突出问题，检查人员当即责令施工单位进行整改。对下一步工作，魏玉瑞提出3

点要求：一是注意施工安全，遵守劳动纪律，确保搭建过程中不发生生产安全事故；二是要求承办单位、场地提供单位和施工单位进一步明确三方责任，互相监督、互相协作，确保安全责任落实到位；三是对检查组提出的问题公司负责人要立即组织人员落实整改，彻底消除各类事故隐患。

（郭俊）

【节日安全生产检查】 4月29日，副区长魏玉瑞带领区商务、市容市政、质监、旅游、安监、治安、消防、工商等部门对平谷区国泰百货商场、利民乐液化气站、中石化北京平谷京宇加油站、丫髻山景区等进行安全生产检查。检查组查看了生产经营单位的各项安全管理制度、安全生产培训教育情况、用电配电设备设施、卸油过程安全防护、消防和危险化学品泄漏应急演练等情况，对发现的安全隐患已责令立即整改。在丫髻山景区，属地政府向区检查组介绍了丫髻山活动期间安全设施设置、日常检查和应急预案等方面的各项安全保障措施。

（王艳娇）

【区长节前检查安全生产工作】 9月27日，区长张吉福、副区长魏玉瑞带领区政府相关领导一行对区内重点单位节日期间安全生产工作进行检查。检查了国泰商场、北大市场、新奥燃气公司和城西加油站等单位，重点对节日期间客流高峰期的人员疏导、安全出口畅通、安全疏散通道宽度、消防设备设施配备、燃气泄漏应急处置设施、燃气管道敷设、用户燃气泄漏报警措施、节日期间应急值守、防静电措施等进行检查。

（杨洪亮）

【部署全国"两会"安全保障工作】 区安委会办公室对全国"两会"期间全区安全保障工作进行部署：一是检查整改阶段。

即日起至 2 月 22 日，各有关单位要认真履行监管（管理）职责，对企业实施全面的安全检查，发现隐患要立即督促落实整改，尽快消除。二是督导检查阶段。2 月 23 日—3 月 1 日，各有关单位要对发现的隐患单位及重点单位，组织开展执法检查"回头看"行动，督促企业做到安全管理不松懈，问题隐患不反弹，保持安全监管的高压态势。三是应急保障阶段。3 月 2—15 日，各有关单位要继续强化对重点单位和重点部位的安全监管，防止生产经营单位安全生产工作出现管理松懈的状况；加强应急值守和领导带班制度，如遇生产安全突发事件，要做到早发现、早报告、早控制、早解决，避免造成不良影响。

（杜春光）

【推进"两会"安全保障工作】　为确保全国"两会"期间平谷区的安全生产工作，区安全监管局分三阶段加强危化企业、事故单位、人员密集场所等重点监管对象的战时监控工作，严防事故发生。一是检查整改阶段（2 月 10—18 日）。全面开展对烟花爆竹销售网点和存储库、危化企业、商市场、歌厅、网吧、滑雪场等人员密集场所的监督检查，对重点单位完成 100% 的检查覆盖率，目前已检查烟花爆竹销售网点 23 家、危化企业 53 家、人员密集场所 41 家，发现各类安全隐患 113 项，烟花爆竹剩余产品已妥善回收。二是督导复查阶段（2 月 21—28 日）。对重点单位、重点行业进行抽查、复查；对前一阶段中发现的隐患单位、重点单位组织执法检查"回头看"行动，确保其安全隐患整改 100% 达标、不反弹。三是战时保障阶段（3 月 1—15 日）。大会期间，组织开展不间断地检查，确保全区社会面安全生产形势稳定；认真做好应急值守工作，督促各单位落实领导带班制度，如遇生产安全突发事件，做到早发

现、早报告、早控制、早解决，避免造成不良影响。

（杜春光）

【加大对音乐季安全生产监管力度】　"2011 中国乐谷·国际流行音乐季"活动于 4 月 30 日开幕。为确保音乐季活动现场安全，区安全监管局对舞台搭建工作开展了专项督察，做到了"多层次、大力度、严要求"。一是多方联合督察。区安全监管局在区领导带队现场督察的基础上，又与区市政市容委、区质监分局、区消防支队联合，深入实地检查。同时，由区安全监管局局领导王浩文带队，安排相关检查人员开展专项检查，使得搭建舞台工作始终在各方参与、上下关注的状态下进行。二是加强督察密度。从音乐季活动方案出台开始，即与各有关方进行密切协作，与相关部门及时沟通，定期赴音乐季活动现场，特别是在临近开幕阶段，与相关职能部门保持紧密联系，随时抽查情况。三是查问题动真格。对搭建人员的资质、技术的论证、员工的三级教育都提出了严格要求，确保了搭建工作的科学性和可行性，为音乐季活动的顺利召开奠定了安全基础。

（郭俊）

【服装加工业专项安全检查】　针对服装加工业火灾隐患惯出，从业人员安全知识、安全意识差，防范措施不到位等情况，区安全监管局于 3 月中旬开展对全区服装加工行业开展专项检查，重点检查企业是否建立各项安全管理制度、是否建立应急预案并按时演练、对从业人员三级教育情况、是否存在"三合一"现象、消防通道是否畅通、消防设备设施配备情况和用电安全情况等，检查企业 37 家，查处隐患 53 项，消防器材定期维护和教育培训不到位两类隐患较 2010 年有所增长，区安全监管局将深入研究控制经济危机影响下企业不

同程度存在的安全生产管理工作下滑现状，并稳步开展各行业专项安全检查，及时指导企业消除隐患。

（杜春光）

【批发零售市场专项执法行动】 4月11日至4月底，区安监、消防、工商、商务等部门和各乡镇街道联合开展批发零售市场专项执法行动。旨在以开展批发零售市场专项执法检查为抓手，摸清全区建材、服装、小商品等批零市场底数，掌握市场安全管理现状及主要问题，建立全区批零市场台账；集中消除一批事故隐患，强化企业安全管理主体责任落实，确保全区安全生产形势持续稳定。重点检查：资质证照是否齐全、安全生产管理制度是否健全、安全教育培训是否到位、经营场所是否通过消防验收、消防设备设施是否完好有效、安全用电是否符合规范、场所环境是否符合安全要求、库房安全管理是否符合要求等。

（杜春光）

【有限空间专项整治】 为进一步落实"安全生产年"活动和平安平谷建设，认真贯彻落实有限空间作业标准规范，加强全区有限空间作业的安全监管，区安委会办公室在全区范围内开展有限空间专项整治。区安办要求区发改委、区住房和城乡建设委、区市政市容委、区国资委、区经信委、区水务局、区广电中心、区电信局等行业部门分别组织对本行业领域内有限空间作业专项治理工作。一是全面排查有限空间作业单位数量，建立翔实台账，及时上报到专项整治领导小组办公室；二是加强重点行业领域和重点单位的检查，重点检查物业管理企业、环卫、污水处理、市政工程建设、燃气、热力、电力、通信、广电等重点单位；三是全面排查有限空间作业单位安全生产隐患，整顿规范一批作业单位，处罚一批安全生产违法行为，关停一批不具备安全生产条件的作业单位。

（杜春光）

【道路客运隐患整治专项行动】 4—6月，区安全监管局、区交通局、区消防支队组成联合检查组，在全区开展了道路客运隐患整治专项行动。此次行动以省级客运、旅游客运、公交客运、中小学幼儿园校车以及山区道路客运等作为重点，充分利用联席会议、联合执法、集中约谈等工作机制，加强各部门间的工作配合和信息沟通，对隐患突出的企业进行联合执法检查。重点对区内4家危险品运输企业、3家客运企业和3家大型混凝土罐车企业落实检查，重点检查企业运输资质、人员安全教育、车辆检验检测和维护保养、现场安全设施、安全制度以及消防设备设施和有关安全法律法规贯彻落实情况。此次检查共出动执法检查人员35人次，检查户数10户。被检查企业都已取得运输资质；人员安全教育落实较好；车辆都能按照国家有关规定定期检验和定期维护保养，保持车辆性能良好；各项安全生产制度健全，消防设备设施比较完善。检查发现问题，个别运输企业随车携带灭火器有失效的，当时要求该企业马上进行更换，确保消防设备安全有效。

（杨洪亮）

【废品回收站点安全专项整治工作部署】 为进一步规范全区废品回收站点安全管理工作，全力消除事故隐患，区安委会决定，从4月20日起至7月下旬，在全区范围内组织开展废品回收站点安全隐患专项整治工作。区安委会各有关成员单位按照各自安全监管职责，对本辖区、本行业内的废品回收网点进行全面排查，逐项登记，依法取缔非法站点，开展对合法站点的监督检查，从严从快进行整治。同时，区各相关部门正及时抓紧研究制定相关政策，统筹规划，综合治理，加强源头控制，强化过程监管，提升本质安全水平。通过开展此次专项整治工作，将会进一步全面掌握全区废品回收站点的安全状况，依法取缔无照废品回收经营站点，规范合法经营站点，取缔一批非法经营站点，消除一批事故隐患，强化废品回收领域安全管理工作。

（郭俊）

【废品回收站点安全专项整治成效】

按照《北京市废品回收站点安全专项整治工作方案》精神和区领导指示要求，进一步规范平谷区废品回收站点安全生产管理工作，自6月底开始，区安全监管局、区工商分局、区商务委、区公安分局等部门和各相关乡镇（街道）集中时间、集中力量对全区废品回收站点全面开展了安全专项整治工作。截至7月21日，全区共出动执法检查人员768人次，出动车辆298辆次，查处事故隐患97项，处罚企业3家，收缴罚款0.3万元，取缔无照经营8户，强力推进了废品回收站点安全整治工作的顺利开展。

（郭俊）

【人员密集场所自动扶梯设备专项检查】

为加强平谷区人员密集场所安全保障，加大对自动扶梯设备设施安全监管力度，确保人民群众生命财产安全，依据上级通知精神，8月12日，区安全监管局会同区质监局，对平谷区国泰商场、和美购物中心等多家大型商超市的自动扶梯进行了专项安全检查，通过"四查"即：查出厂、查日常运行维护记录、查人员资质、查安全制度，对平谷区各大商超市自动电梯的安全隐患进行了全面清理和排查，做到了电梯无隐患、运行无障碍，群众安全有保障。

（李君）

【安全用电"亮剑"专项行动】

8月8日—9月8日，平谷区安委会办公室在全区开展安全用电"亮剑"行动。成立了以副区长魏玉瑞为组长的专项领导小组，采取包干分片的形式，宣传安全用电知识，消除用电安全隐患。一是各有关部门要针对危险物品、建设领域、人员密集场所和老旧房屋开展夏季安全生产大检查，将用电安全作为检查重点。二是各乡镇、街道、管委会要组织一次生产经营单位电气安全隐患专项执法检查行动。主要检查小型企业的配电室、用电线路、配电箱是否规范；漏电保护、接地保护、接零保护、用电设备安全防护措施是否有效；电工是否持证上岗，是否穿戴绝缘手套、绝缘鞋；用电设备操作人员是否按安全操作规程操作、是否穿戴劳动防护用品。三要加强从业人员的业务技能培训和安全意识教育，规范操作控制程序，强化责任意识和安全意识。8月4日，区安委会办公室召开全区会议，副区长魏玉瑞要求，"亮剑"行动要办实事、不走过场，各部门要通力合作，善用组合拳合力消除用电安全隐患，各乡镇政府和行业主管部门要严格落实主体责任，坚持"四不放过原则"对隐患较多单位给予严肃查处。对检查中发现的安全隐患较多、整改落实不到位的生产经营单位将区电视台予以曝光。

（郭俊）

【完成塑料行业专项检查】

8月份，区安全监管局于全区重点塑料加工行业进行专项隐患排查。经查，全区8家重点塑料加工企业所用原料为聚乙烯和聚丙烯，主要产品为编织袋和塑料泡沫箱，无甲基丙烯酸甲酯（易燃）、甲苯二异氰酸酯（毒性）等原料。普遍存在工人未按要求佩戴劳动防护用品、生产车间无强制通风设施、危险化学品未专库储存、危险化学品储存场所未使用防爆电气设备、用电设备外露可导电部位无接地保护措施、危险场所无安全警示标识等安全隐患和问题 34 项，已责令相关企业限期整改，责令 1 家隐患较重企业停业整顿。

（杜春光）

【"亮剑"行动效果】　为期一个月的安全用电"亮剑"行动于 9 月 8 日全面完成，取得了可喜成绩，用电安全隐患得到有效整治，企业负责人安全生产意识得到全面提高。区安全监管局无举措全面提升此次专项整治行动质量：一是开展"五个严查"、落实"四个一律"；二是层级检查，专家"会诊"，提升执法质量；三是分组推进，营造"比、学、赶、帮、超"浓厚执法氛围；四是执法检查突出"快、准、狠"三个特点；五是强化宣传，安全意识全面提升。共检查生产经营单位 93 家，查处各类用电安全隐患和问题 509 项，开具限期整改指令书 102 份，行政处罚 19 起，责令 4 家安全隐患比较严重的企业停业整顿。

（杜春光）

【工程领域专项整治】　3 月份，平谷区安全监管局深入开展工程领域专项整治工作，为全年工程建设领域安全生产工作奠定基础。一是抓好基础工作，摸清建设工程底数，联合区建委等相关部门开展隐患排查、举报受理；二是严格执法检查，对夏各庄新城建设工程、校舍工程、基础建设工程、厂房厂区等施工现场进行严格检查，查处特种作业人员未持证上岗、应急预案不完善等隐患和问题 31 项；三是加强群防群治，在全区公开监督举报电话，通过群众监督等方式，加大对建设工程领域隐患的排查整治力度，日前完成对夏各庄建设项目举报事件的查处，已会同区建委责令施工方限期整改；四是建立档案台账，收集各施工项目的企业法人营业执照、建筑企业资质证书、安全生产许可证等基础资料，并分别建档管理；五是确保隐患整改，责令相关企业限期整改隐患，严格坚持隐患不整改不放过原则确保隐患整改到位，对未限期整改的给予严肃处理。

（杜春光）

职业安全健康

【职业危害分析申报工作会】　为使平谷区安全监管局掌握全区职业危害情况、相关企业的职业危害因素和企业一线职工的职业健康现状。区安全监管局召于 8 月 21 日开了职业危害分析申报工作会，会上分析了平谷区职业危害情况；要求乡镇和企业做好职业危害申报工作；要求乡镇对企业申报的数据做好统计、建档和上报工作，制定详细台账，实行数据动态管理；针对加油站汽油、柴油的职业危害进行了专业知识培训。

（王志宝）

【排查职业危害隐患】　8 月 21 日起，区安全监管局对全区涉及职业危害的企业开展执法检查，坚持先沟通后执法的人性化执法，使企业有效防治职业危害，共检查了涉及职业危害的企业 32 家，查处隐患 45 项。给企业发放了《职业卫生安全手册》，为其建立了职业卫生安全档案，要求存在问题的企业建立并完善职业卫生安全制度、悬挂警示标志、佩戴安全防护用品、对职业危害场所空气质量进行评估、定期为从事相关工作的职员进行体检。

（杜春光）

【职业卫生检测　减少职业卫生事故发生】　3 月 18 日，区安全监管局邀请北京市工伤及职业危害预防中心对平谷区兴谷开发区北京大林万达汽车配件有限公司等10家企业进行了职业卫生检测工作，共检测作业场所68个，采集样品36件，现场检测样品181件，项目涉及粉尘、噪声和苯系物3类职业危害因素。通过检测，使区安全监管局进一步掌握平谷区汽车零部件生产企业的职业卫生基本情况，为下一步安全执法检查夯实基础。

（王志宝）

【"五个强化"推进职业危害监管】 为加强职业病防治工作，落实企业主体责任，规范企业职业健康管理行为，预防、控制、减少和消除职业危害，区安全监管局实施"五个强化"切实加强全区职业卫生监管工作。一是强化制度管理。督促企业制定职业危害防治责任制度、职业危害告知制度、职业危害项目申报制度、岗位职业健康操作规程等13项职业健康管理制度。二是强化源头控制。所有存在职业危害的建设项目必须依照规定进行职业危害预评价、职业病防护设施设计专篇编制、职业危害控制效果评价、职业病防护设施竣工验收。三是强化日常监管。加强对工作场所职业危害因素、职业病防护设施、警示标识、监测仪器、防护用品、职业危害事故应急预案和岗位应急处置方案等的检查巡查。四是强化培训教育。监督企业开展分工种、分岗位、分层次、分类别的职业健康知识培训，使员工了解岗位职业危害情况，掌握操作规程，正确使用防护设施、设备和个体防护用品，增强自我保护意识和防范能力。五是强化应急演练。监督企业将职业危害应急工作纳入安全生产应急工作之中，配备必要的应急装备和器材，定期开展职业危害事故应急演练，适时修订完善职业危害应急预案和岗位应急处置方案。

（杜春光）

安全生产标准化

【安全生产标准化暨"十百千"工程培训会】 3月18日，针对安全生产"十百千"工程进展缓慢的属地政府和生产经营单位，区安全监管局召开了安全生产"十百千"工程培训会，会上进一步明确了安全生产"十百千"工程指导思想和建设目标；进一步明确了安全生产"十百千"工程工作标准和工作要求；对安全生产"十百千"工程自复评报告填写规范情况进行了培训，且明确了各单位完成此项工作的时限。

（王志宝）

【安全社区创建工作培训会】 4月1日，区安全监管局组织召开全区安全社区创建工作培训会，全国安全社区北京支持中心、北京城市系统工程研究中心主任马英楠主讲。区安全社区建设领导小组成员单位成员，18个乡镇、街道主管安全的副职和科室负责人及创安工作人员60余人参加。马英楠依据创建安全社区推进工作计划与项目方案，从安全促进项目的落实、事故与伤害风险辨识、事故与伤害记录、评审与持续改进等方面进行了详细地分析和细致地讲解。通过此次培训，旨在全面推动全区安全社区建设工作，提高全区安全社区创建工作水平，使创建单位尽早的统筹规划、整合资源，推进平谷区安全社区建设工作进快步入正轨。

（刘霞）

【部署危化企业安全生产标准化工作】 4月12日，区安全监管局和区公安分局消防支队召开"平谷区危险化学品企业第二季度安全生产暨消防安全工作会"，部署第二季度安全生产、消防安全和危险化学品企业安全生产标准化工作。区安监、消防部门通过日本防震应急响应、第一季度工作通报和近期火灾事故教训要求各危化企业负责人要进一步提升安全意识，并在第二季度重点开展以下五项工作：一是全面开展危险化学品企业安全生产标准化工作，下发了《平谷区危险化学品企业安全生产标准化工作方案》，要求各企业认真执行，并将标准化三级评审标准验收；二是做好重点危险源备案工作，严格依照重大危险源辨识标准对全区重点危险源进行备案；三是完成危化企业自查自报统计工作，依据市安全监管局自查自报统计工作要求完善平谷区危化企业台账，推进科技兴安工作；四是开展危化企业专项整治；五是严格落实危险化学品建设项目安全许可实施细则，重点加强对危化企业改扩建工程"三同时"的监督管理。赵承河副局长还要求：各企业要反复强调安全生产工作，全面提升职工安全意识；要避免"工作落在口头上、责任落实口头上、隐患整改落在口头上"的推诿扯皮现象；要提高警惕，及时上报各类事故，剔除侥幸心理，全面推进"平安平谷"建设。

（杜春光）

【推进工业企业安全生产标准化】 4月22日，区安全监管局聘请了国家注册一级安全评价师为平谷区的工业企业负责人授课，通过培训使企业的负责人理解安全生产标准化的定义、掌握安全生产标准化的内容和达到安全生产标准化的重大意义。

此项活动提高了企业负责人安全管理能力、夯实工业企业安全生产基础、推动了平谷区工业企业安全生产标准化的进程。

（王志宝）

【危险化学品企业安全标准化工作】
按照2011年危险化学品企业安全生产标准化达标工作的统一部署，全市危险化学品生产单位和有储存设施的危险化学品经营单位，2011年底前要达到标准化三级水平。为保证平谷区危险化学品从业单位按期完成标准化工作，区安全监管局采取4项举措促安标工作顺利推进。一是严格部署，4月12日和5月12日分别召开会议，对标准化工作进行动员部署，并请市安全生产协会等专家专项讲解安全生产标准化工作；二是走访沟通，区安全监管局对全区43家需开展标准化工作危险化学品企业进行走访沟通，讲解安全生产标准化工作的意义和对企业自身安全生产工作持续改进的好处，促进企业负责人对安全生产标准化工作的认可；三是强化宣教，组织企业负责人进行集中宣教工作，及时传达市安全监管局下发的各类文件精神，并请咨询和评价机构专家到各危险化学品企业现场进行调研和指导，目前已完成培训工作；四是立项达标，对此安全生产标准化工作进行效能立项，提升推进速度，已有15家单位已经和咨询评审机构签订了合同，7月底全部签订合同。

（杜春光）

怀柔区

概　述

2011年，怀柔区安全生产工作坚持以

贯彻落实科学发展观为指导，坚持"安全第一、预防为主、综合治理"的方针，牢固树立以人为本、安全发展的理念，以深入贯彻落实国务院《关于进一步加强企业安全生产工作的通知》为核心，以强化企业安全生产主体责任为重点，继续深入开展"安全生产年"活动，加强基础建设，强化责任落实，坚持依法监督，全面深入开展安全生产"打非治违"工作，有效防范和坚决遏制重特大事故，全区安全生产形势稳定。怀柔区获得了2011年北京市安全生产月活动最佳实践活动奖、2011年北京市安全生产月活动优秀组织奖、全国安全生产应急知识竞赛优胜单位，被市安委会评为2011年度"安全生产工作先进区县"。

安全责任体系建设进一步完善。充分发挥区安委会办公室的组织领导、综合协调职能，全年共召开各项安全生产专题会议80余次。将重大节日和重要时期主要领导参加安全检查制度化，区领导共带队检查安全生产工作180余次。与各镇乡、街道签订安全生产目标管理责任书。强化监管部门安全生产隐患排查、联合执法的联动机制，定期开展安全生产联合专项执法检查。继续推行企业安全标准化建设，坚持重点企业沟通联系会制度。加大安全生产投入，累计投入资金5 000余万元，用于购置各类应急物资、设备；一期投资141.7万元开发建设了"怀柔区安全生产智慧监察平台"；投入资金50余万元，为一线执法人员配备防爆对讲机、无线上网本及3G现场图像传输设备等监管监察设备。

重点行业领域监管不断深化。全年组织开展了"严厉打击非法违法生产经营建设行为专项行动"、"安全生产年"、"10+1"等30余次全区性专项整治以及主要节日和重点时期的专项执法检查工作。全区各安全生产监管（管理）部门、各属地管理部门，共检查各类生产经营单位15 205家，排查整改事故隐患15 108项，行政罚款834.2万元。组织开展应急救援演练600余

次，共计2万余人参加。

隐患排查治理和隐患举报扎实开展。将安全隐患排查工作常规化、制度化，对排查出来的隐患实施有效的分类监控。在隐患自查自报系统基础上，整合现有系统，建立了"怀柔区安全生产智慧监察平台"，并完成了与市安全监管局系统对接。结合"12350"投诉举报受理，先后制定完善了《安全生产举报投诉受理制度》、《生产安全事故隐患和安全生产违法行为举报奖励办法》，2011年共受理各类投诉案件28件，所有举报投诉件均在规定时限内办结，办结率100%。

应急保障能力明显提高。强化生产安全、消防、建筑、交通等各类突发事件专项应急指挥部建设。建立应急专家库，现有各类专家100余名。2011年累计投入资金5 000余万元，用于购置各类应急物资、设备。组建各类应急救援队伍20余支，抢险人员1 000余名。制作出台了《北京市怀柔区突发公共事件处置流程手册》。全区共组织开展应急救援演练600余次，共计有2万余人参加。

安全生产标准化工作进一步推进。制定《工业企业安全生产标准化"星级"企业创建活动工作方案》，成立安全生产协会，指导企业安全标准化工作。2011年2个属地被评为安全生产标准化示范区，8家企业分别被评为一、二级安全生产标准化企业。

安全文化建设不断加强。制订了《2011年怀柔区安全生产宣传教育工作实施方案》。组织开展了各类安全知识讲座、竞赛、主题宣传等宣传教育活动共计2 200余次，30余万人参加，发放宣传资料50余万份；全年利用电视、广播、网络、报刊等大众传媒播发宣传稿件1.6万件，在电视台、广播电台制播《安全在线》48期、《安全广角》

48 期；举办生产经营单位主要负责人和安全生产管理人员安全培训，共培训 6 601 人。完成特种作业考核 10 批，考核 2 323 人。完成高危行业培训考试 487 人。其他人员安全生产培训 196 次，培训 2 万余人。

（李颖鑫）

安全生产综合监督管理

【安全生产控制考核指标完成情况】 2011 年，怀柔区安全生产死亡总人数控制指标为 37 人。怀柔区安全监管局负责工矿商贸（生产安全）事故死亡人数控制考核指标的归口管理和监管工作，死亡人数控制指标为 5 人。区住建委具体负责工矿商贸（生产安全）中建筑业事故死亡人数控制考核指标的归口管理和监管工作，建筑业死亡人数控制指标为 3 人。区公安交通支队负责道路交通事故死亡人数控制考核指标的归口管理和监管工作，道路交通死亡人数控制指标为 29 人。区公安消防支队负责火灾事故死亡人数控制考核指标的归口管理和监管工作，火灾死亡人数控制指标为 1 人。区综治办（护路办）负责铁路交通事故死亡人数控制考核指标的归口管理和监管工作，铁路交通死亡人数控制指标为 2 人。2011 年全区共发生道路交通、生产安全、火灾、铁路交通事故 288 起，同比减少 11 起下降 4.6%。其中发生死亡事故 29 起，死亡 34 人，同比死亡事故减少 4 起下降 12.12%，死亡人数减少 6 人下降 15%。道路交通事故 60 起，其中死亡事故 23 起，死亡 28 人，同比事故起数减少 7 起下降 10.44%，死亡事故起数减少 3 起下降 11.53%，死亡人数减少 1 人下降 3.44%。火灾事故 162 起，未发生火灾死亡事故，同比事故起数减少 2 起下降 1.23%。生产安全死亡事故 5 起，死亡 5 人，同比死亡事

故起数增加 1 起上升 25%，死亡人数减少 3 人下降 37.5%。铁路交通死亡事故 1 起，死亡 1 人，同比死亡事故起数减少 2 起下降 200%，死亡人数减少 2 人下降 200%。未发生农业机械死亡事故。

（李颖鑫）

【市局检查工业企业】 1 月 18 日，市安全监管局检查组到怀柔区北京古船食品有限公司、有研粉末新材料北京有限公司，进行粉尘爆炸事故防范工作专项执法检查。听取了企业主要负责人安全生产有关工作汇报，并对企业安全生产责任制、职业危害管理制度、检查记录、应急预案等软件，以及防爆电器、防爆灯具、劳动防护用品等硬件设备设施进行了检查。

（李颖鑫）

【年度安全生产工作会】 1 月 24 日，怀柔区召开 2011 年安全工作会，全面总结 2010 年安全生产工作，安排部署 2011 年及春节和"两会"期间的安全生产工作。区委副书记萧有茂主持会议。副区长吴群刚作了题为《落实责任 强化监管 全力推动安全生产形势持续稳定》的工作报告。怀柔区区长池维生讲话，并与属地安全生产管理部门签订了《怀柔区 2011 年度安全生产目标管理责任书》。区长池维生结合怀柔区 2010 年的安全生产工作，对 2011 年的安全生产提出了要求。

（李颖鑫）

【怀柔区领导带队开展节前安全生产检查】 1 月 30—31 日，怀柔区领导池维生、萧有茂、王仕龙、李树江、赵文广、祝自河、周东金、吴群刚分别带队到农发地市场、渤海森林消防中队、京北大世界、团圆假日酒店、天联供暖公司、烟花爆竹零售网点、大地燃气公司、第一医院、明珠歌厅、金蟾宫网吧、加油站、欧曼二工厂等企业开展了节前安全生产检查。重点

检查了企业安全生产规章制度建立和落实、消防设备设施、中控报警系统等安全生产设备设施的使用，询问了"春节"、"两会"期间应急值守安排情况。

（李颖鑫）

【指导属地完善安全生产监管基础台账】 2月21日，怀柔区安全监管局根据《中华人民共和国安全生产法》、《北京市安全生产条例》以及国家安全监管总局令等安全生产相关法律法规规定，编制、印发了《镇乡（街道）安全生产监管基础档案资料管理指南》，将安全生产档案资料分为基础管理、制度建设、工作计划、管理台账、文件记录、应急管理六大类，具体内容涉及有关组织机构、规章制度、工作计划、事故隐患、执法文书、应急预案等共计37项，用以指导属地建立健全安全生产监管基础台账，使属地安全生产管理工作标准化、规范化、制度化。

（李颖鑫）

【全国"两会"安全生产保障工作会】 2月28日，怀柔区安委会召开2011年全国"两会"安全生产保障工作会暨安委会第一季度例会。会议部署了怀柔区全国"两会"安全生产保障工作，会上同时下发了《北京市怀柔区安委会办公室关于切实做好全国"两会"期间安全生产工作的通知》（京怀安办[2011]13号）。

（李颖鑫）

【参加"安全新干线"广播节目】 3月19日，怀柔区安全监管局应邀参加了北京市城市广播"安全新干线"栏目，在节目中介绍了怀柔区职业健康管理员的培训、考核以及职业健康管理员的取证情况。

（李颖鑫）

【区长检查节日期间安全】 5月2日，怀柔区新任区长齐静，区委常委、常务副区长王仕龙带队检查了大地燃气、红螺寺景区、怀柔医院项目工地、杨宋演员培训基地的安全情况，听取了相关单位主要负责人安全情况汇报并详细了解了各单位安全人员配备、消防设施配备等情况。

（李颖鑫）

【市局检查非煤矿山迎汛工作】 5月19日，市安全监管局携有关专家对怀柔区前安岭铁矿尾矿库、京冀工贸尾矿库和兴发水泥等非煤矿山企业开展了汛期前的安全防汛准备工作检查。市安全监管局一行实地检查了尾矿坝、尾矿库区排洪设施、导流洞、排土场等，向企业有关人员详细询问了2011年防汛的准备工作、日常安全生产管理以及应急救援演练等情况，并要求非煤矿山企业要认真做好汛期的安全生产管理工作，开展隐患排查，针对本企业实际情况和特点，及时发现、整改和消除安全隐患和薄弱环节，确保安全度汛。

（李颖鑫）

【市安全监管局调研应急管理工作】 5月24日上午，市安全监管局到怀柔区安全监管局调研安全生产应急管理工作。怀柔区安全监管局从怀柔区安全生产应急管理机构设置、应急工作开展和突发生产安全事件应急处置3个方面进行了工作汇报，并就应急机构人员配置、承担职责、日常应急值守、应急演练、应急队伍、应急物资、重大危险源等情况与市局调研组交换了工作意见。市局调研组对怀柔区安全生产应急管理工作予以了充分肯定，并指出做好安全生产应急工作，安全监管部门要从应急救援演练、应急救援队伍建设、应急物质储备、重大危险源监控4个方面为切入点，督促、指导生产经营单位落实应急主体责任。

（李颖鑫）

【市安委会检查"打非拆违"工作】 6月9日，由市安全监管局、工商局、消防局、城管执法局一行 10 人组成的北京市安委会第五督导组对怀柔区"打非拆违"工作进行督导检查。通过实地检查镇乡政府和拆违现场、集中听取区政府及相关部门"打非"汇报、查阅文件资料，市督察组对怀柔区的打非工作给予了充分肯定，认为怀柔区打非工作"态度上非常坚决、方案非常细致、责任非常明确、阶段性成果很有成效"。

（李颖鑫）

【市安全监管局调研职业健康和有限空间工作】 6 月 29 日，北京市安全监管局对怀柔区职业健康及有限空间工作开展情况进行调研。怀柔区安全监管局首先对局内科室设置、职能、人员编制、执法设备设施投入情况等进行了介绍，现场演示了自建安全生产监管平台及现场实时传输系统各项功能，汇报了 2011 年上半年安全生产工作开展情况。随后，调研组到北京雁栖诚泰热力中心、北京安东石油机械技术有限公司分别调研了有限空间和职业健康管理工作开展情况，并在现场测试了区安全监管局执法过程中使用的实时传输系统的各项功能。调研组对怀柔区职业健康制度建立情况及职业健康管理员培训达到全覆盖给予了充分肯定，对北京雁栖诚泰热力中心在有限空间大比武活动中取得一等奖的好成绩给予祝贺，对怀柔区安全监管局自建的安全监管平台及执法过程中使用的现场实时传输系统表示了赞扬并表示怀柔区安全生产工作开展得扎实细致，非常值得其他区县进行学习和借鉴。

（李颖鑫）

【市局检查非煤矿山汛期安全】 7 月 26 日，市安全监管局一行 14 人，到怀柔区前安岭铁矿和京冀公司尾矿库开展了汛期安全生产检查。检查组先后检查了尾矿坝、尾矿库库区内、库面以及排洪设施和导流洞的安全情况，并向企业有关人员详细询问和了解了防汛工作管理情况。通过检查和了解，检查组对怀柔区非煤矿山尾矿库汛期安全生产工作给予了充分肯定，并要求认真做好矿山汛期安全生产工作，开展汛期隐患排查，有效预防因暴雨洪水、极端天气引发的矿山生产安全事故，确保安全度汛。

（李颖鑫）

【上半年安全生产工作会】 8 月 3 日，怀柔区召开 2011 年上半年安全生产工作会，会上传达了《国务院安委会办公室关于认真贯彻落实张德江副总理考察调研安全生产工作时的重要讲话精神，切实做好当前安全生产工作的通知》和《国务院安委会办公室关于认真贯彻落实中央领导同志重要指示和国务院安委会全体会议精神有效防范和坚决遏制重特大事故有关文件的通知》精神，通报了上半年全区安全生产形势，部署了隐患自查自报工作。

（田保海）

【市局督察油库安全】 11 月 3 日，市安全监管局安全生产执法监察队对怀柔区油库专项执法督察中发现的安全隐患整改落实情况进行了跟踪复查。9 月份，按照全市总体工作部署，市安全监管局督察组对怀柔区庙城油库和 218 油库的安全生产工作达标情况进行了专项督察。督察组专家在检查中发现，218 油库存在消防通道宽度不足、卸油泵房内无排风设施、防静电设施损坏等事故隐患。市安全监管局当即下达了《限期整改指令书》，责令企业限期整改。该企业累计投资 9 万余元，拓宽了消防通道，卸油泵房内加装了防爆排风设施，更换了新型防静电设施。经过当日的复查，218 油库对存在的事故隐患进行了彻底整改。

（田保海）

【市联合检查组检查工业企业专项执法工作】 11月9—11日，由市安全监管局和市质监局联合组成的检查组，对怀柔区工业企业安全生产专项执法检查工作进行了监督检查。采取查阅资料和现场检查的方式，首先查看了怀柔区"10+1"执法行动方案和督察方案、工业企业执法检查台账等资料。随后市检查组一行到辖区内有研粉末、凯利特彩印、古诺凡希家具、东方希望塑料等涉及有色、印刷、家具制造和粮食加工的10家工业企业，检查了企业安全生产各类规章制度的建立、管理机构或人员的配备、从业人员的安全培训教育、重大危险源监控、特种设备实施安全状况等情况。

（田保海）

【冬季安全生产工作会】 11月11日，怀柔区安委会办公室组织召开2011年冬季安全生产工作会，通报分析了2011年以来全区安全生产形势，部署了冬季安全生产工作；区住建委作了建筑行业安全监管工作典型发言就冬季安全生产工作进行了动员部署。

（田保海）

【市安委会对怀柔区综合考核】 12月28日，由市安全监管局、市交通委、市民防局、市农委组成的市安委会第五综合考核组，对怀柔区2011年度安全生产工作进行了综合考核。怀柔区副区长张勇陪同检查。考核主要采取听取汇报、与区县政府及其有关部门座谈、走访龙山街道和宝山镇政府的方式进行。检查组对怀柔区的安全生产工作开展总体情况给予了肯定。

（李颖鑫）

【安全工作会】 12月31日，怀柔区召开安全工作会，会上，区旅游假日办、

区安委会办公室、区食品办、区森林防火办分别部署了元旦、春节期间旅游安全、生产安全、食品安全、森林防火安全工作。

（田保海）

危险化学品安全监管监察

【危险化学品执法检查情况】 2011年，怀柔区安全监管局开展危险化学品、烟花爆竹生产经营单位监督检查564家次，下达安全生产监督执法文书829份。检查并监督企业整改事故隐患591起。行政罚款4起，罚款3万元。

（王晴）

【危险化学品使用储存场所专项执法检查】 依据法规标准及《危险化学品仓库建设及储存安全规范》（DB 11/755—2010），怀柔区安全监管局对辖区内16个镇乡、街道危险化学品使用单位储存场所安全条件规范和隐患整治专项执法检查。2011年度，怀柔区危险化学品使用单位有70余家进行了不同程度的隐患治理，总投资达100万元，专项整治收效显著。

（王晴）

【两会期间危险化学品、烟花爆竹单位检查】 两会期间，怀柔区安全监管局对危险化学品单位开展两会期间重点环节、关键岗位安全措施落实情况专项执法检查。落实各单位两会期间24小时值班及领导带班制度。共检查油站、油库、工业气体等危险化学品经营单位及烟花爆竹经营、储存单位18家；共出动执法人员38人次，车辆16辆次，下发现场检查记录18份，整改指令8份，发现并消除隐患11条。

（王晴）

【取缔私建液体储罐联合执法】 北京燕炼宏远石油化工有限公司自建地下仓储

设施 400 平方米，设置了 28 个 50 立方米的储油罐，经怀柔区安全监管局委托北京石油产品质量监督检验站检验，确认该公司储存油品均为 0 号车用柴油。5 月，怀柔区安全监管局组织各相关部门对该企业违法建设、非法经营储存油品案件多次召开联席会议和联合执法行动。经联合执法，该单位储油设施已停用。

（王晴）

【取缔非法生产、储存固体酒精窝点】
5 月 12 日，怀柔区安全监管局联合区工商、消防、质监、环保、龙山派出所和怀柔镇执法人员查处取缔了注册地在怀柔镇下元村的非法加工、储存固体酒精的"夏春梅商贸中心"。6 月 2 日，该非法加工点转移至庙城镇大杜两河村东果园内准备再次进行非法生产加工，怀柔区安监、工商、庙城镇政府、大杜两河村委会联合对该非法加工点进行了二次取缔，收缴了该非法加工点的所有加工设备、原材料、成品、半成品，共扣留封存成品固体酒精 34 箱、半成品酒精 300 公斤，扣留封存固体酒精生产设备 1 套。

（王晴）

【危险化学品经营单位安全标准化培训】 5 月 19 日，怀柔区安全监管局组织辖区内所有危险化学品经营单位的主要负责人和相关负责人，开展了三级标准化达标工作培训动员会。培训会上重点解读了《北京市怀柔区危险化学品经营单位安全生产标准化工作方案》、《北京市危险化学品企业安全生产标准化三级评审标准》、《危险化学品从业单位安全标准化通用规范》（AQ 3013—2008）、《北京市危险化学品企业安全生产标准化工作程序》。同时部署了危险化学品储存专项整治、怀柔区安全监管局隐患自查自报系统的网上填报等项工作，印发宣传资料 200

余份。

（王晴）

【危险化学品非法违法经营专项联合执法】 5 月 20 日，怀柔区安全监管局、区公安分局、区消防支队、区工商分局等相关职能部门执法人员联合开展了打击危险化学品经营领域非法违法联合行动。执法人员对建材市场、瑞特沃斯、东方腾龙、华北市场 4 个建材市场内的油漆经营区、木材经营区的经营商户进行了全覆盖执法检查。4 个市场内 32 家经营属于危险化学品油漆的商户，除 1 家已取得危险化学品经营许可证的商户外，其余 31 家商户均对本店经营的属于危险化学品的油漆进行了清理，将超出经营范围的商品全部退回到生产厂家。怀柔区安全监管局在联合执法过程中，向商户发放了《危险化学品安全管理条例》，指导商户做好危险化学品安全管理工作。

（王晴）

【"10+1"危化储存场所专项执法】 7 月份，按照全市"10+1"执法行动总体工作部署，怀柔区安全监管局开展了危险化学品经营使用单位储存场所专项执法检查。共检查经营、使用单位 107 家，查出问题和隐患 120 余项，企业投资进行了整改，隐患全部整改完毕。

（王晴）

【怀柔与密云加油站互查】 9 月 5—16 日，怀柔区安全监管局执法人员分别对怀柔区辖区内 33 家和密云县 45 家危险化学品经营单位进行了全覆盖执法检查。针对区内的加油站、工业气体、稀料、油漆等 33 家经营单位的应急救援预案、安全评价报告、检查记录，企业主要负责人和安全生产管理人员安全资格培训考核取证情况，新员工的三级安全教育培训情况，特种作业人员的持证上岗情况、消防设施、防雷、防静电措施落实情况以及储存现场的检维修作业等进行了逐项的检查。此次检查共出动执法人员 37 人次，执法车辆 9 台次，检查加油站 26 家、工业气体经营单位 5 家、稀料经营单位 1 家、油漆经营单位 1 家。检查中发现问题和隐患 43 项，由怀柔区执法人员下达了执法文书 57 份，其中整改指令书 24 份，现场检查记录 33 份。

（王晴）

【市局检查油库安全生产】 9 月 8 日，市安全监管局专项执法检查小组一行 7 人，对怀柔区庙城、218 两个油库的安全生产情况进行了检查。检查组听取了油库负责人对油库基本情况的汇报，并对油库的外部安全距离变化是否存在超储现象，安全生产责任制、安全生产管理制度、安全操作规程的建立和执行，安全监控仪表、安全附件完善、完好和投用情况及检验，特别高、低液位报警连锁仪表的完好和投用情况，罐体定期检查制度执行，液体储罐防超温超压、防串料跑料、防雷、防汛、防倒塌措施的落实情况，消防设施、应急器材的配备和管理，应急救援预案的编制和演练等情况进行了检查。市局针对隐患对油库下达了限期整改，要求企业在规定时间内整改完毕。

（王晴）

【危险化学品安全生产工作会】 12 月 23 日，怀柔区安全监管局组织召开了"2012 年危险化学品安全生产工作会"。会议总结了 2011 年怀柔区危险化学品的安全生产监督管理工作，部署了 2012 年危险化学品，特别是烟花爆竹领域的重点工作。要求各部门有计划地开展"护航"联合行动执法检查，深化危险化学品使用场所专项整治。落实春节期间烟花爆竹燃放高峰期禁放看护责任。开展辖区单位从业人员

预防煤气中毒宣传和检查工作。严格执行管控化学品实名购买和流向登记制度，做好反恐宣传教育和防范工作。建立危险化学品"两重点一重大"（重点监管的 6 类危险化学品、重点监管的 15 种危险化工工艺、重大危险源）单位安全管理台账，并强化日常监管工作。深化冬季安全生产专项检查工作，落实大风、强降雪等极端天气的应对措施，消除天干物燥等各种季节性隐患。继续推进危险化学品经营单位安全生产标准化工作。充分发挥市安全监管局监管信息平台和怀柔区安全监管局隐患自查自报系统平台监管作用，引导企业强化自主管理能力和主体责任的落实。会议同时就新修订的《北京市安全生产条例》、《危险化学品安全管理条例》，以及《国务院关于进一步加强企业安全生产工作的通知》等法律法规和规范性文件进行了讲解培训。

（田保海）

【危险化学品经营单位安全生产标准化工作】 怀柔区安全监管局制订了《北京市怀柔区危险化学品经营单位安全生产标准化工作方案》，对 35 家参加标准化的危化经营单位的主要负责人和安全管理人员开展了培训，对中介组织开展咨询情况、企业贯彻标准情况进行了跟进。10 月底前，区内 35 家开展标准化咨询评审的危化经营单位全部按要求完成了标准化体系建设，并签署了运行发布令进入运行阶段。

（王晴）

【危险化学品储存专项整治培训班】 4 月 26—28 日，怀柔区安全监管局组织开展 2011 年危险化学品储存专项整治培训班，300 余人参加了培训，培训期间发放了《危险化学品场所防火防爆》教材 300 余份，重点对危险化学品场所防火防爆基础知

识、电气防火防爆、危险物品防火防爆，特别分析了危险化学品储存仓库选址和平面布置、仓库建筑防火要求、仓库通风防爆要求、仓库常见问题及安全对策等进行了讲解。对企业 258 名参训人员进行了培训考核，248 人通过了培训，取得了怀柔区安全监管局印发的《生产经营单位主要负责人和安全管理人员培训资格证书》，培训合格率 96%。

（王晴）

【信息化平台建设】 2011 年，怀柔区安全生产监管局指导危险化学品从业单位使用"市安监局监管信息平台"和"怀柔区隐患自查自报系统"进行易制毒化学品、管控化学品网上流向信息申报、隐患自查自报，要求企业建立"安全管理信息平台使用"制度，并印发了平台登录网址、密码等宣传资料。

（王晴）

烟花爆竹安全监管监察

【烟花爆竹零售网点许可】 2011 年，怀柔区安全监管局许可烟花爆竹经营单位 70 家，其中市安全监管局许可烟花爆竹批发单位 1 家，区安全监管局许可烟花爆竹零售单位 69 家，其中长期零售网点 6 家，临时零售网点 63 家。

（王晴）

【37 家危险化学品禁放单位禁放工作会】 1 月 14 日，怀柔区安全监管局组织了由 37 家危险化学品禁放单位主要负责人参加的禁放工作会。各参会单位负责人学习了《北京市怀柔区安全生产监督管理局关于落实 2011 年春节期间危险化学品生产经营单位禁放安全管理工作的通知》（京怀安监[2011]4 号），明确了怀柔区重点危化单位春节烟花爆竹期间责任，确保了 37 家

单位禁放各项工作落到实处。

（王晴）

【危险化学品、烟花爆竹安全生产工作会】 1 月 14 日，怀柔区安全监管局组织召开怀柔区 2011 年危险化学品、烟花爆竹安全生产工作会，通报了怀柔区 2010 年安全生产形势和生产安全事故情况，对全区 2011 年春节期间危险化学品、烟花爆竹安全管理和禁放管理工作进行了强调部署。会上，怀柔区安全监管局与各属地签订了《怀柔区 2011 年烟花爆竹安全生产目标管理责任书》。下发了有关通知和《致全区生产经营单位关于特种作业安全管理的一封信》、《烟花爆竹零售点安全管理要求》和八大禁放区安全标识等宣传资料 600 余份。

（李颖鑫）

【春节烟花爆竹安全管理工作】 春节期间，各级领导带队、怀柔区安全监管局动员全局执法力量，开展对烟花爆竹网点全覆盖执法检查活动 4 次，对危险化学品经营单位全覆盖执法检查 1 次。出动执法人员 338 人次，执法车辆 120 台次，检查烟花爆竹、危险化学品经营单位 296 家次。下达执法文书 237 份，查出隐患 99 条，隐患已全部消除。

（王晴）

【烟花爆竹回收】 3 月 1 日，怀柔区全面完成了烟花爆竹产品回收工作。全区共回收 18 家经营网点烟花爆竹 1 006 箱，折合人民币 402 470 元。

（王晴）

【烟花爆竹安全监管工作会】 11 月 17 日，怀柔区安全监管局组织召开专题会议，全面动员部署 2012 年春节期间烟花爆竹行政许可和安全监管工作。会议结合"怀柔区 2012 年春节期间烟花爆竹销售（储存）安全管理工作方案"，重点对

春节期间烟花爆竹销售各时间节点进行了分析讲解，怀柔区安全监管局与各属地签订了《怀柔区2012年烟花爆竹目标管理责任书》。

（田保海）

【烟花爆竹零售网点规划工作】 12月1日，怀柔区安全监管局组织相关职能部门召开2012年春节期间烟花爆竹零售网点规划联合审查工作会。会上依据《烟花爆竹零售网点设置管理安全要求》、《烟花爆竹安全级别、类别和标识标注》2个北京市新地方标准以及各部门按照分管职能及许可条件部署了零售摊点选址的具体要求。会后区安全监管局与相关职能部门进行了现场选址工作。按照网点设置管理安全要求，经相关部门联合审查，确定2012年春节期间规划网点数61个，规划网点名单按要求进行了公示。

（王晴）

【规划烟花爆竹零售网点】 12月6日，怀柔区安监、公安、消防、工商、市政市容、园林绿化、烟花公司以及有关镇乡街道等部门和单位，依法联合对各属地上报的72个烟花爆竹零售预设网点进行了审核，最终确实规划怀柔区2012年春节期间烟花爆竹零售网60处。

（田保海）

【烟花爆竹物联网建设】 10月9日，怀柔区安全监管局会同区财政局确定2012年春节怀柔城区布建15个烟花爆竹零售网点视频监控系统，怀柔区安全监管局向区政府上报《关于2012年春节期间烟花爆竹零售网点加装视频监控系统所需专项资金的请示》，专项资金申请已批准，为怀柔区2012年春节期间烟花爆竹监管工作奠定的基础。

（王晴）

矿山安全监管监察

【非煤矿山执法检查情况】 2011年，怀柔区安全监管局执法检查非煤矿山企业生产经营单位60家次，填写《现场检查记录》42份，下达《整改指令书》18份，检查事故隐患20条。

（王佳贺）

【非煤矿山企业复产验收】 怀柔区安全监管局牵头制订了《怀柔区非煤矿山企业复产验收工作方案》，并发送相关部门、企业，分为4个步骤开展：企业自查、镇乡审核、区验收工作小组组织验收、验收合格后提请主管副区长批准方可恢复生产。3月22日，区安全监管局组织区水务局、环保局、人保局、国土分局、公安分局、怀北镇政府对北京兴发水泥有限公司进行复产验收。

（王佳贺）

【市局检查汛期的安全生产】 5月19日，市安全监管局检查组检查了北京怀柔前安岭铁矿有限公司尾矿库、北京京冀有限公司尾矿库及北京兴发水泥的安全防汛工作。在检查了尾矿坝的安全情况后，又检查了库区内库面情况及排洪设施、导流洞等，并向有关人员详细了解了防汛工作管理情况。通过检查，市局领导对怀柔区尾矿库汛期的安全生产所做的工作给予了充分肯定。

（王佳贺）

【联合执法打击非法加工砂石】 6月7—8日，怀柔区安全监管局、国土分局、政法委、工商分局、监察局、环保局、公安局、供电公司、广电中心、武警支队、有关镇（乡）政府联合对北房镇、杨宋镇、庙城镇、桥梓镇非法砂石加工厂进行联合执法，共拆除非法砂石加工厂5家，对现场的电器设备、临时建设、磁选机、料仓等有关设备设施进行拆除，共计25件。

（王佳贺）

【打击非煤矿山安全生产非法违法行为专项行动】 7月1日，怀柔区安全监管局组织工商分局、公安分局、环保局、国土局及有关镇乡政府，对辖区内京冀工贸和前安岭铁矿的采区及尾矿库开展了"打非"专项行动执法检查。检查组对非煤矿山企业是否超层、越界违章开采，是否按规定使用、维护尾矿库，是否经复工验收后生产，以及落实尾矿库安全管理责任和汛期应急值守、应急物资准备等情况进行了全面检查。

（王佳贺）

安全生产事故隐患排查治理

【事故隐患自查自报摸底工作部署】 2月23日，怀柔区安全监管局组织召开了"怀柔区事故隐患自查自报系统工作动员部署会"，会上对事故隐患自查自报摸底调查工作进行了具体部署。会后对开展调查摸底的具体工作人员进行了系统培训。怀柔区事故隐患自查自报工作具体分动员部署、调查摸底、宣传培训、全面实施、常态化管理5个阶段开展。

（李颖鑫）

【"打非"专项行动】 自5月开始，怀柔区全面开展了"严厉打击非法违法生产经营建设行为专项行动"，成立了由区长齐静任组长的"打非"专项行动领导小组，根据区领导分工成立了8位区级领导牵头的8个专项工作组。各专项工作组分管区领导分别以专题工作会、现场办公、带队检查等方式督促、指导各部门开展"打非"工作。区各职能部门联合对各属地、各企业进行了抽查和督察检查，截至"打非"

阶段工作结束，全区共出动执法检查人员23 470人次，下达执法文书2 263份，发现非法违法生产经营建设行为58 806起，查处、取缔50 282起，拆除违法建筑166 526.52平方米，停产停业整顿89起，罚款59.1万元，处理人员56人。

（李颖鑫）

【清理整顿违规生产经营建设行为工作】 11月3日，怀柔区打非办公室组织召开了清理整顿行为的专项动员部署会。部署了全区党政机关及国有企事业单位清理整顿违规生产经营建设行为工作，就有关此项工作的信息报送和数据表格填写进行了说明。此次清理整顿工作按照"谁主管，谁负责"的原则，以自查自纠与督促检查相结合的方式，分自查、整改和监督检查三个阶段，依法清理整顿全区各级党政机关（包括各镇乡、街道，区委、区政府各部委办局，各人民团体，雁栖经济开发区管委会，慕田峪长城旅游办事处）和国有企事业单位违规生产经营建设行为。

（田保海）

【安全生产"护航"联合行动部署】 12月12日，怀柔区安全监管局组织召开"怀柔区安全生产护航联合行动动员部署会"，动员部署怀柔区安全生产"护航"联合行动。此次专项行动将按照"牵头负责、属地协同、部门联动、综合执法、强化监督、务求实效"的工作原则，从2011年12月中旬至2012年2月底分动员部署、全面排查整治和成果巩固3个阶段进行。在专项行动期间，将开展燃气使用、危险化学品和烟花爆竹、地下空间、商场超市、居民住宅电梯等几个重点领域的安全专项检查，分别由区市政市容委、区安全监管局、区住建委、区商务委、区质监局牵头，区教委、区卫生局、区旅游局、区交通局、区公安分局、区工商分局、区消防支队、区城管大队、区民防局9个相关行业监管部门共同参与。

（田保海）

安全生产应急救援

【培训班应急疏散演练】　4月28日，怀柔区安全监管局在危险化学品储存专项整治培训班培训过程中，组织参加培训的300名学员开展了应急疏散演练。演练首先对参加培训学员进行分区分组，设立每组组长，清点人数，在楼梯拐角设置人员对疏散人员进行引导及行进速度流量的控制。宣布疏散演练开始后，各组人员按指定疏散出口及楼梯进行有序撤离，撤离人员的安全位置指定在广场。通过对人员疏散过程中的计时统计表明，300人的培训规模，3层楼的高度，2个安全出口、2个楼梯同时疏散，人员全部离开教室的时间为1分10秒，人员全部撤离至地面操场的时间为2分58秒。此数据为今后此种场景、此类规模人员疏散提供了参考，也为各企业有序组织疏散演练起到了指导和借鉴作用。

（李颖鑫）

【有限空间安全作业演练观摩会】　5月11日，怀柔区安全监管局、区水务局联合在北京市京怀水质净化厂召开了"怀柔区有限空间安全管理培训及安全作业演练观摩会"，共计100余人参加了本次活动。在对区内重点企业有限空间安全负责人及一线操作人员进行有限空间作业安全知识讲解培训后，由北京市京怀水质净化厂有限空间作业队伍按照首先审批进行安全交底，其次检测有限空间氧气含量数值合格，再次进行下井维修作业、最后确认作业进程及作业者安全状况的正确流程进行了污水管线维修演示。

（李颖鑫）

【矿山山体滑坡事故应急救援预案演练】　6月15日，北京兴发水泥有限公司组织"矿山山体滑坡事故应急救援预案演练"，共计80余人观摩。此次演练的主题是兴发水泥公司矿山120米平台山体发生滑坡，一名员工受伤，公司组织救援抢险。报告员通过对讲机向副总指挥报告山体滑坡险情，接到报告后，北京兴发水泥有限公司立即采取措施，副总指挥电话通知专家组成员赶到现场，查看情况，待查看完毕后，启动公司级事故应急救援预案，停止生产，组织企业应急救援队伍立即赶赴现场。保卫组拉起警戒线，抢险突击队员进行现场抢险，运输队用装载机、运输车装载运输砂石料，清理砂石，医疗救援组经过现场抢救后将伤员送往医院救治。整个演练历时50分钟，北京兴发水泥有限公司派出8个抢险组，共计57人，出动运输车辆、抢险车辆4台，使用各类应急救援器材40件。

（王佳贺）

【油库应急救援演练】　6月30日，怀柔区安全监管局组织开展"218油库、庙城油库"联合应急救援演练，共80余人参加观摩。演练模拟218油库发油亭1号鹤位发生泄漏，渗漏孔直径2厘米，渗漏为柴油。巡检员发现泄漏后，立即向在班领导报告并开启报警器，带班领导用对讲机下达命令，组织通信组、警戒组、抢修组、回收组、灭火组、救护组等按照各自职责分工迅速展开事故救援。通信组按照油库指挥的指令向区安全监管局、区消防支队、属地政府等部门上报了事故简要情况。与此同时，218油库联系应急救援协议单位庙城油库，请求应急物资及技术人员的支援，庙城油库接到求助电话后，立即派两名技术人员携带吸油毡等救援物资赶赴事故现场，协助事故救援。经过近一个小时的抢险、救援工作，渗漏得到有效控制，油污清理完毕，各应急救援组安全撤离现场，演练结束。

（王晴）

【液氨单位泄漏应急演练】　10月29日，怀柔区安全监管局组织九渡河镇政府、消防、环保、质监等部门，结合神农氏天然令品有限公司抽氨工作，开展了液氨泄漏实战演练。神农氏公司相临企业员工及二道关村民近百人参加了此次演练活动。

（王晴）

安全生产执法监察

【元旦期间安全生产检查】　1月1—3日，怀柔区开展了元旦期间安全生产大检查。节日期间，怀柔区各部门、各属地共出动执法人员555人次，出动执法车辆187车次；检查各类生产经营单位260家，其中检查危险化学品22家、烟花爆竹36家、非煤矿山企业4家、商场17家、超市13家、餐饮26家、市场7家、其他企业135家；共查出安全问题和隐患151项，下达执法文书119份。

（李颖鑫）

【印刷、家具制造业安全检查】　2月16—25日，怀柔区安全监管局联合属地镇（乡）安全科，对16家印刷、家具制造企业开展安全生产检查，其中印刷企业12家、家具制造企业4家，共查出隐患68件，当场整改隐患28件，限期整改隐患40件，下达隐患整改指令书16份，受教育企业负责人36人，出动执法人员48人次，车辆32辆次，隐患整改率100%。

（王佳贺）

【商业零售及餐饮经营单位联合执法检查】　3月8日至4月19日，5月4日至10日，怀柔区安全监管局、区商务委、区消防支队等相关部门分别对怀柔区商业零售及餐饮经营单位进行了联合执法检查。检查组重点检查了各单位的安全管理制度的落实情况、主要负责人和安全管理人员及从业人员的安全培训情况和特种作业人员的管理，营业区安全隐患排查情况。共检查生产经营单位32家，检查中发现事故隐患62项，当场下达《整改指令书》21份。

（张凤英）

【批零市场专项执法行动】　3月11—17日，怀柔区安全监管局牵头组织，区工商分局、区消防支队参加，依照各自职责对批发零售市场进行执法检查。检查人员仔细检查了各单位安全生产责任制、各项安全生产规章制度的建立和落实情况，安全机构及人员配备情况，特种作业人员的管理，从业人员的安全培训教育情况，经营现场的安全状况等。共检查生产经营单位13家，检查中发现事故隐患10项，下达《整改指令书》6份，现隐患已全部整改完毕。

（张凤英）

【地下空间经营场所联合执法】　3月16—21日，怀柔区安全监管局配合区住建委对3家地下空间经营场所进行了执法检查。检查组重点检查了地下空间经营场所的员工安全生产教育和培训情况，特种作业人员持证上岗情况，安全生产检查落实情况，地下室配电箱安全警示标志设置情况等。检查中查出事故隐患5项，下达《整改指令书》3份，隐患现已整改完毕。

（张凤英）

【旅游景区联合执法】　3月22—24日，怀柔区安全监管局与区旅游局联合对怀柔区2家景区进行检查。重点检查了安全生产责任制、安全生产教育和培训制度、生产安全事故报告和处理制度是否建立健全，特种作业人员持证上岗情况，安全生产教育培训、安全生产检查落实情况等。检查中查出事故隐患 8 项，下达《整改指令书》2 份。

（张凤英）

【星级宾馆饭店联合执法检查】 4 月 1—29 日、5 月 12—20 日，怀柔区安全监管局、旅游局、质监局、消防支队分别对 12 家旅游星级饭店进行联合执法检查。重点检查了安全生产责任制、安全生产教育和培训制度、生产安全事故报告和处理制度是否建立健全，特种作业人员持证上岗情况，安全生产教育培训、安全生产检查落实情况、液化气间设置及液化气储存情况、配电箱的使用情况、安全警示标志设置情况。查出事故隐患 52 项，下达《整改指令书》12 份，隐患现已全部整改完毕。

（张凤英）

【联合查处"三合一"违法服装厂】 5 月 31 日下午，怀柔区安全监管局、工商分局、消防支队、怀柔镇政府联合对北京雅娅思服装有限公司开展了安全生产执法检查。现场检查发现，该公司生产加工场所设在一幢二层楼房内，一层用于餐饮、住宿，二层用于生产加工服装和布料仓储，现场有 30 余名工人从事服装加工生产。检查组认定，该服装厂属于餐饮、住宿、生产一体的"三合一"场所，且现场存在重大火灾隐患。检查组依法当场责令该公司立即停产停业，立即疏散服装加工人员，并要求其书面保证停止生产经营活动。

（李颖鑫）

【工业企业联合执法检查】 6 月 9—21 日，怀柔区安全监管局、经信委、质监局、消防支队对 4 家工业企业进行了联合执法检查，重点检查了企业的各项安全生产规章制度和设备设施的安全管理制度、危险作业管理制度、特种作业操作证等"软件资料"，以及生产车间及配电室等重点部位的安全情况。针对检查中发现的 18 项事故隐患，下达《整改指令书》5 份。

（张凤英）

【建设工程检查】 6 月 13—15 日，怀柔区安全监管局对北京雁栖湖生态发展示范区对外联络通道建设工程 10 个标段进行了检查。共查出事故隐患 71 项，当场对存在着安全隐患的施工单位依法下达了《整改指令书》10 份。

（张凤英）

【燃气企业联合执法】 6 月 16 日，怀柔区安全监管局、区市政市容委、区质监局、区消防支队、区交通局、区城管大队等部门和庙城镇、桥梓镇对区内燃气供应企业进行了联合检查。重点检查了燃气供应企业的安全管理制度、安全生产责任、隐患排查整改、场站周边可燃物清理、气质检测报告、消防设备设施、压力容器使用状况、户内和户外燃气设施巡检、危险品运输车辆等内容。此次检查共出动车辆 6 辆，执法人员 15 人，排查安全生产隐患 10 余项。

（王佳贺）

【有色企业煤气专项检查】 6 月 17—21 日，怀柔区安全监管局对全区 5 家有色工业企业开展了安全生产专项执法检查。执法人员重点检查了有色企业的安全生产责任制、安全生产管理制度、安全操作规程的制定及修订、从业人员安全教训培训、特种作业持证上岗、隐患排查整改及事故应急预案制订和演练等各项企业安全生产管理情况。同时，在填写企业《冶金有色企业基本情况调查表》的基础上，对企业使用可燃气体、危险化学品储存、特种设备使用等情况进行了安全排查。针对检查发现的部分企业未按规定设置安全警示标志、防护装置等问题，区安全监管局依法下达了《整改指令书》3份，执法人员查处事故隐患20项。

（张凤英）

【公路建设项目联合执法检查】 7月19日，怀柔区安全监管局、怀柔公路分局联合对辖区高速公路、一般公路建设项目进行了安全生产执法检查，重点检查了111国道二期工程中的3个标段安全生产责任制落实、隐患排查治理等各项安全生产规章制度的建立，以及施工现场基坑临边防护、配电箱防雨防砸棚设置和安全使用，特种作业人员持有效证件上岗作业等情况。针对检查发生的13项事故隐患，执法人员当场对施工单位依法下达了整改指令书3份，责令企业限期整改，并要求企业做好整改期间的安全防护。经复查，13项事故隐患已整改。

（张凤英）

【111国道及雁栖湖示范区联络线安全检查】 8月5—17日、12月6—8日，怀柔区安全监管局会同区公路分局组成联合检查组分别对北京雁栖湖生态发展示范区对外联络线工程11个标段、北京市怀柔区供用电工程安装公司（雁西湖生态示范区线路迁改工程）进行了联合安全生产检查。检查组重点对施工单位的电工、焊工等特种作业人员持证上岗情况、施工用电情况、承台基坑安全防护情况等进行了检查。查出事故隐患97项，对查出的事故隐患下达《整改指令书》27份。

（张凤英）

【校舍加固工程监管】 怀柔区安全监管局、区住建委、区教委成立联合检查小组，对怀柔区正在施工的16个中小学校舍加固工程开展现场实地检查，重点检查施

工现场的安全管理制度建设、安全生产责任制的建立情况、特种作业人员持证上岗情况、员工安全教育培训、考核等工作，共检查施工现场7家，下达执法文书21份，查出安全事故隐患28项。对发现的隐患，责令施工单位限期整改，被检查单位在整改期限内均按时完成了隐患的整改工作，隐患整改率达100%。

（王佳贺）

【家具、建材企业联合执法检查】 8月10—12日，怀柔区安全监管局、区经信委联合对北房镇、杨宋镇的家具、建材企业进行检查。重点检查了事故隐患排查治理制度、事故隐患治理登记制度、事故隐患排查治理建档监控制度、事故隐患报告和举报奖励制度、安全操作规程、安全生产教育培训制度等规章制度的制定及执行情况。共检查生产经营单位16家，25家次，下发执法文书38份，其中现场检查记录16份、整改指令11份、复查意见书11份，排查事故隐患19项，出动执法车辆25辆次，检查人员62人次。

（王佳贺）

【"三秋"农机具联合检查】 9月5—14日，怀柔区安全监管局、区农业局对北房镇、杨宋镇、庙城镇、怀柔镇、桥梓镇、怀北镇、雁栖镇7个镇逐村逐台进行检查验收。重点对农机具操控装置、仪表板、重要部位的螺栓、螺母无松动等影响农机运行安全的部位进行排查。共检查验收大中型拖拉机123台，玉米收获机21台，小麦播种机84台，秸秆粉碎机38台，旋耕机、犁、耙等农业机械270余台，出动执法人员39人次，执法车辆8车次，悬挂横幅14条，安全手册350份，张贴政策保险海报91张。

（王佳贺）

【供暖企业安全生产执法检查】 11月

14—15 日，怀柔区安全监管局、区消防支队、区市政管委、区质监局对区供暖单位进行了执法检查。共检查供暖单位 6 家，《现场检查记录》4 份，《整改指令书》4 份，查出事故隐患 17 项，已整改 6 项。

（张凤英）

【汽车维修企业安全生产联合检查】
11 月 17—23 日，怀柔区安全监管局联合区交通局、区消防支队，对辖区内汽车修理企业开展了联合安全生产执法检查。联合检查组重点检查安全生产责任制、管理制度、操作规程的制定及修订情况，企业安全管理机构设置及管理人员配备情况、从业人员培训教育情况、特种作业持证上岗情况、隐患排查整改情况，应急预案的制订及演练情况。共检查汽车维修企业 22 家，下达《现场检查记录》21 份，《整改指令书》21 份，《现场处理措施决定书》1 份，查出事故隐患 84 项。

（张凤英）

【小旅店联合执法检查】 11 月 17—18 日，怀柔区安全监管局、区旅游局、区公安分局、区质监局、区卫生监督所、区消防支队对小旅馆开展联合执法检查。共检查小旅馆 2 家，查出事故隐患 9 项，对检查中发现的安全问题和事故隐患，怀柔区安全监管局下达《现场检查记录》2 份，《整改指令书》2 份，责令企业限期整改。

（张凤英）

【人员密集场所联合检查】 11 月 22日至 12 月 5 日，怀柔区安全监管局、区商务委、区文委、区质监局、区消防支队对 11 家人员密集场所进行了执法检查。主要检查了各项安全生产规章制度落实情况、特种作业持证上岗情况、安全警示标志设置情况、煤气房安全情况等。查出隐患 24项，怀柔区安全监管局下达《现场检查记录》10 份，《整改指令书》10 份，责令企业限期整改。

（张凤英）

【"元旦"节前执法检查】 12 月 28—29 日，怀柔区商务委、区安全监管局、区消防支队对京北大世界、北京富商项商品市场有限公司和北京世纪园服装市场有限公司和吉祥九九嘉开展了节前联合安全生产执法检查。检查组针对元旦节日期间各项安全准备工作和落实情况进行了检查，主要包括应急疏散通道和安全出口是否畅通、安全教育培训和安全生产例会是否落实、应急预案是否按规定演练等。检查中发现事故隐患 7 项，下达《整改指令书》3份，隐患现已整改完毕。

（张凤英）

【执法案卷评查】 8 月，怀柔区安全监管局安全生产行政处罚案卷参加了怀柔区政府法制办组织的行政执法案卷评查，获得优秀成绩。10 月，怀柔区安全监管局安全生产行政处罚案卷参加了市安全监管局组织的行政执法案卷评查，被评为优秀。

（田保海）

职业安全健康

【日常执法检查情况】 2011 年，怀柔区安全监管局职业安全健康共计检查生产经营单位 277 家次，出动检查人员 830 余人次，下发检查记录 277 份，整改指令书218 份，行政当场处罚决定书 135 份，发现隐患 463 条，隐患整改 454 条，行政处罚4 次，罚款 2.1 万元。

（李越）

【职业危害企业"两会"安全保障检查】
2 月 21 日，怀柔区安全监管局对存在职业危害的企业开展了"两会"前安全保障执法检查。重点检查了企业职业健康安全管理规章制度建立情况、职业危害申报管理情况、企业职业病危害因素检测情况、企业为接触职业危害因素的劳动者提供个人防护用品情况四大方面。共出动执法人员24人次，执法车辆8台次，督促检查生产经营单位8家，发现隐患16条，下发执法文书25份。

（李颖鑫）

【职业健康联合执法检查】 9月7—8日，怀柔区安全监管局与区消防支队、质监局、区经信委、区国资委对区内4家家具制造企业进行了联合执法检查，下发检查记录4份，整改指令书1份，当场处罚决定书1份，发现隐患2条。

（李越）

【有限空间突击执法检查】 8月，怀柔区安全监管局开展有限空间作业突击执法检查，分别对北京宏怀热力有限公司、北京市电信工程局有限公司2家单位在有限空间作业过程中违反有限空间作业操作规程的违法行为给予作业负责人警告，并分处5 000元、1 000元的罚款。

（李越）

【职业健康交叉执法检查】 10月20—21日，怀柔区安全监管局到顺义区开展了为期2天的职业健康交叉执法检查。执法人员对顺义区家具制造、印刷等职业危害重点行业的16家企业进行了检查。10月24—25日，密云县安全监管局到怀柔区开展职业健康交叉执法检查。怀柔区安全监管局监察人员陪同检查，共计检查生产经营单位16家。

（李越）

【家具等行业职业健康专项执法检查】 2011年，怀柔区安全监管局分别开展了家具制造企业、印刷业、有色金属企业、建材行业、存在涂装及喷涂车间企业、粮食加工企业职业健康专项执法检查及酱菜厂有限空间场所专项执法检查。共计检查生产经营单位72家，下发整改指令书66份，发现隐患155条。

（李越）

【通信行业有限空间联合检查】 11月17日，怀柔区安全监管局、区经信委组成联合检查组，对中国联通和中国移动两家怀柔分公司，开展了有限空间安全生产管理专项执法检查。此次检查采取听汇报和查资料的方式展开，在听取企业有关负责人工作汇报后，检查组主要检查了两家通信企业有限空间方面的安全生产作业管理制度、操作规程，安全检测仪器设备档案，从业人员安全教育培训记录，以及有限空间作业监护者特种作业取证、持证上岗等情况。

（田保海）

【职业健康知识培训】 4月1日，怀柔区安全监管局受邀对北京福田汽车股份有限公司北京欧曼重型汽车厂进行职业健康知识培训。这个厂各部门部长及专兼职安全员共计50人参加了培训。重点对职业健康形势进行了分析，并讲解了职业健康相关法律法规标准、职业健康相关名词、建设项目职业健康"三同时"管理、工作场所职业病危害因素检测、职业健康监护与职业病人诊断、劳动合同管理等内容，细致介绍了职业健康防护知识及防护用品的正确选择、佩戴等内容。

（李颖鑫）

【镇乡职业健康管理员培训班】 4月15日，怀柔区安全监管局开展了镇乡职业健康管理员培训班，针对"职业危害申报管理系统"及"职业健康管理员信息管理系统"的使用方法进行了培训。区内18属地职业健康管理员参加了本次培训。

（李越）

安全生产宣传培训

【**特种作业考核**】　2011年，怀柔区共完成特种作业考核10批共2 323人，其中电工类取证400人，复审526人；焊工类取证328人，复审461人；内驾类取证378人，复审230人，合格率82%。

（孟爱英）

【**高危行业人员考核**】　2011年，怀柔区安全监管局完成高危行业考试五期共209人。其中，危险化学品经营单位主要负责人20人，安全管理人员85人；非煤矿山安全管理人员1人；燃气供应企业主要负责人13人，安全管理人员46人；矿泉水地热、地勘等单位主要负责人2人，安全管理人员5人；烟花爆竹经营单位主要负责人37人。

（孟爱英）

【**安全生产检查员换证培训**】　5月中旬，怀柔区安全监管局对怀柔14个镇乡、2个街道办事处、雁栖经济开发区、慕田峪长城旅游区办事处7名新任安全生产检查员进行培训考核，并对75名安全生产检查员进行了复审培训。其中新任安全生产检查员全部通过了市安全监管局组织的执法证取证考试，合格率100%。

（孟爱英）

【**企业主要负责人安全生产培训**】　6—8月，怀柔区安全监管局开展了22期"怀柔区生产经营单位主要负责人和安全生产管理人员安全培训班"。对全区工业企业、商场超市、民俗户等各类生产经营单位主要负责人和安全生产管理人员共计6 601人参加培训，培训考核合格率为100%。

（孟爱英）

【**安全生产宣传咨询日活动**】　6月12日，怀柔区在雁栖镇光织谷小区举行怀柔区2011年"安全生产月"宣传咨询日活动。在活动现场，展出了生产安全、交通、消防、供电、卫生、地震等与企业职工生产、生活密切相关的安全法律法规知识及常识展板近40块，向企业职工发放各类安全常识小折页、安全生产宣传画、安全法律法规等各类宣传资料1万余份。

（李颖鑫）

【**安全生产知识竞赛二等奖**】　6月，市安全监管局和市总工会在全市联合举办了以"安全责任，重在落实"为主题的北京市安全生产知识竞赛。通过区级初赛和全市复赛选拔，怀柔区北房镇的北京火炬天地人造草坪有限公司被评为二等奖。

（田保海）

【**安全生产检查员培训**】　7月6日、7日，怀柔区安全监管局分别组织两期镇乡居委会、村级安全生产检查员培训，15个镇乡的600名村级检查员参加了培训。

（孟爱英）

【**《北京市安全生产条例》宣传咨询日**】　8月30日，怀柔区安全监管局联合区经信委、区商务委、区质监局、怀柔镇，在北京红星股份有限公司厂区内开展新修订的《北京市安全生产条例》宣传咨询日活动。红星公司100余名职工现场参加活动。活动现场向从业人员发放了《条例》的宣传折页和挂图共计500张。

（田保海）

【**企业安全生产标准化培训**】　10月27日，怀柔区安全监管局开展了企业安全标准化工作培训。辖区内50多家重点企业100多名安全管理人员参加培训。重点针对企业安全生产标准化工作，从安全生产标准化有关政策法规，企业安全生产标准化工作程序中的《基本规范》、《考评办法》及《评分细则》，以及企业如何进行安全标准化建设、企业自评等几个重点方面进行了详细的讲解。

（田保海）

【实操考核员培训】 11月8—15日，怀柔区11名实操考官分二期参加了特种作业实操考官继续教育及取证培训。培训的内容主要是电工、焊工类实操试题考试的要点、技巧及设备的更新进行了讲解，课后并进行了理论考试。

（孟爱英）

【水务建设企业安全生产培训】 11月17日，怀柔区安全监管局、水务局对北京金河水务建设有限公司、北京市平谷区水利工程公司等13家企业的现场负责人、安全生产管理人员，共计40余人开展安全生产教育。此次培训的主要内容是对新修订的《北京市安全生产条例》、国家安全监管总局令第16号《安全生产事故隐患排查治理暂行规定》、《北京市生产经营单位安全生产事故隐患自查自报管理办法（试行）》进行讲解，同时对安全生产事故发生的原因进行简要分析。

（王佳贺）

【特种作业理论教师公开交流课】 12月7日，怀柔区职业技术学校邀请区安全监管局及特种作业理论教师及实操考官10人开展了低压电工三相电动机单相动转电路公开交流课。授课教师主要以工作原理、线路连接、元器件及导线选择为重点，解决元器件及导线选择和一般故障处理为难点，通过讲授、实验、实操等授课方式对学员进行了细致的讲解。课后，校领导组织所有听课人员进行了分析交流。

（孟爱英）

密云县

概　述

2011年，密云县继续深入开展"安全生产年"活动，注重抓好生产经营单位主体责任落实、持续打击非法违法行为、重点行业领域专项整治"三深化"和科技进步、安全达标、长效机制建设"三推进"，进一步规范全县生产经营安全环境和秩序，安全生产形势总体持续稳定。安全生产各项指标均控制在市政府下达的控制指标内。

安全生产综合监管能力不断提高。明确安全生产工作重点，制定下发《2011年安全生产工作要点》，确定了行业部门、属地、综合监管部门"依法治安、监管促安、达标创安、消隐保安、科技兴安、保障助安"六大工程建设，即24项重点工作任务。健全综合监管协调机制，重新修订印发了《密云县安全生产职责规定》，进一步明确全县各部门安全生产职责；坚持每季度召开全县安全生产会议，并适时召开专项、重点工作部署协调会；坚持月工作汇报制度，全面掌握行业部门、属地重点工作进展情况；完善综合目标考核体系，结合本年度工作实际，依照行业部门、属地、其他部门的管理职责，及时修订了《2011年安全生产综合考核细则》，充实调整了责任制内容。整合全县安全生产执法力量，加强联合联动，强化重点行业领域执法检查。制定印发《2011年密云县安全生产重点执法检查计划》，组织实施10个行业领域的重点专项执法行动和对5个属地的执法督察行动。

重点行业领域安全监管进一步加强。危险化学品：开展危险化学品储存专项整治，按照《北京市危险化学品重大危险源备案管理工作实施方案》安排，开展辖区内重大危险源备案管理，完成了北京清源净水剂有限公司的安全评估及备案工作；做好危险化学经营许可证（乙证）审批工作 9 项和 17 家加油站换证现场审核工作。烟花爆竹：审核发放《烟花爆竹经营许可证》100 份，对销售过程进行全程监管，共检查销售和储存单位 470 家次，查处事故隐患 80 余项，吊销许可证 3 份。非煤矿山：开展金属矿山和外包队伍安全专项治理，针对矿山特点和外包队现状，从施工资质、备案管理、加强监督、落实领导带班下井制度、隐患排查整改、尾矿库监管等方面进行了严格治理，共完善制度规程 60 余项，整改隐患 226 项。有限空间：联合有关部门成立专项领导小组，开展打击有限空间领域非法违法生产经营行为专项行动，排查县内有限空间单位 166 家；培训监护人员 80 余名；制作并发放宣传片 600 份；组织开展有限空间作业承发包安全管理治理工作；开展安全执法检查，查处各类事故隐患 200 余项，责令 2 家生产经营单位暂停作业。职业卫生：编制推行《用人单位职业卫生管理台账》模本；对 99 家存在职业危害的生产经营单位进行专项执法检查，查处隐患问题 500 余项；在 5 家非煤矿山组织开展了粉尘噪声专项整治，加强了非煤矿山职业病防治工作。

安全生产宣教培训取得成效。强化安全宣传，以"安全生产月"活动为契机，紧紧围绕"落实生产经营单位主体责任，服务首都安全发展"主题，扎实开展了"安全生产知识竞赛"、"安全生产咨询日"等系列活动，宣传教育活动覆盖了生产经营单位、社区、农村和学校，10 余万职工、居民、农民和在校师生受到了教育，形成了"人人关注安全"的良好社会氛围。强化安全生产培训，各部门和镇街以安全专题培训、管理人员培训、专业培训等多种形式，结合"安全生产月"、"5·12"防灾减灾日、"12·4"法制宣传日等活动积极组织行业区域内安全生产教育培训活动，共举办各类安全培训班 146 期，培训人员 11 250 人次，其中县安全监管局组织开展特种作业考核 10 期，举办培训班 60 期，培训人数 3 597 人。组织高危行业培训考核 5 期 314 人，烟花爆竹培训考核 1 期 75 人。组织生产经营单位培训 2 期 170 人，其中发证 77 人。各生产经营单位也充分利用安全周、每周安全日、班前会、三级安全教育及知识竞赛、技能比赛等形式，不断加大安全教育力度。拓宽宣传途径：以密云电视台、各报刊、网络等主流媒体为阵地，加大安全生产宣传力度，全年县安全监管局与县广电中心联合录播"安全发展在密云"专题栏目 10 期。录播北京市《安全新干线》、县电视台《密云新闻》节目 105 期。累计播出"安全视点"专题新闻 84 条、"安全之声"节目 16 期、刊发"聚焦安全"专栏稿件 15 篇。向各类刊物投送工作信息稿件 300 余篇，编印《密云县泰山行动快报》59 期、《安全生产工作简报》24 期，及时宣传报道安全生产；县安全监管局、县开发区、县住建委等部门也分别利用飞信、邮箱与生产经营单位进行及时沟通联系，确保了安全工作情况报道、信息传递、经验交流更加及时有效。

执法监察力度进一步加大。密云县综合监管部门、行业监管部门和属地镇（街）依法开展各类安全执法监察，全年共检查生产经营单位 35 751 家次，下达执法文书 10 911 份，查处各类安全生产违法行为

4 127 起，实施行政处罚 971 起，罚款金额 155.62 万元；交通安全领域查处违法违规车辆 10 835 辆，处罚 777.3 万元；公安交通查处违章行为 12.2 万次，处罚 11.52 万起，罚款 2 255 万元。

深化隐患排查治理。全县各有关单位通过日常检查、集中排查及重点行业领域隐患治理等行动，强化事故预防工作，共排查治理一般隐患 9 586 项，隐患整改率 100%。其中工矿商贸领域排查生产经营单位 1 828 家，发现整改一般隐患 3 392 项，隐患整改率 100%。安全生产事故隐患自查自报工作有序推进。3—6 月各属地单位积极行动，进村入户，逐一进行调查摸底，经 21 个属地和 26 个行业部门确认，全县共有各类生产经营单位 16 328 家，其中生产经营单位 3 378 家，个体工商户 12 950 家。年底，完成了第一批 652 家重点生产经营单位基本信息导入全市隐患自查自报信息库工作。

"打非治违"专项行动效果显著。5—9 月，成立以县长任总指挥、县委书记为政委的"泰山"行动指挥部，在全县范围及时开展严厉打击非法违法生产经营建设行为专项行动。5 月 7 日，全县召开三级干部动员部署大会，层层签订责任制，90 名执法人员代表集体宣誓；全县制订 1 个总方案，9 个专项实施方案，确立了"六个一律"目标，明确了 19 个主责部门；建立起调度会议、会商、日报信息和快报、专项督查、举报函报制度；利用各媒体开设 5 个县级宣传专题栏目；期间拆除违法建筑 1 111 处、面积 26.18 万平方米，拆除率 97.0%，整治其他非法违法行为 17 786 起，整治率 99.9%；公开举报电话 35 部，处理举报 287 起。

2011 年，密云县荣获全国"安全生产监管监察先进单位"、"2011 年全国安全生产月活动优秀单位"、"北京市安全生产工作 2011 年度先进区县"、"2011 年北京市安全生产月活动优秀组织奖"、2011 年北京市安全生产知识竞赛二等奖和优秀组织奖、安全生产歌曲"学、唱、传"活动三等奖和优秀组织奖。

2011 年，密云县安全生产工作仍然存在一些不足：安全发展科学发展理念还不牢固；安全生产基层基础工作仍然很薄弱；部分生产经营单位安全主体责任落实不够，安全投入不足，安全管理有待加强。

安全生产综合监督管理

【安全生产控制考核指标完成情况】 密云县 2011 年安全生产死亡人数控制指标为 46 人。其中：生产安全领域 4 人，道路交通领域 39 人，火灾领域 1 人，铁路交通领域 2 人。

全县 2011 年发生道路交通、火灾和生产安全死亡事故 34 起，死亡 42 人，占总控制指标（44 人，除铁路交通）的 95.5%。其中生产安全领域死亡事故 4 起（含特种设备事故 1 起），死亡 4 人，事故起数和死亡人数与上年持平。

（柳世杰）

【召开安全工作会议】 1 月 20 日，密云县召开 2011 年安全工作大会。县安全生产委员会各成员，县直各部门、各镇街、县经济开发区行政一把手、主管领导及相关科室负责人，县公安局各派出所所长、县各工商所所长参加会议。县委常委、常务副县长王稳东主持会议并讲话。会议全面总结了 2010 年社会治安、交通、防火、烟花爆竹监管、预防煤气中毒、安全生产和食品安全等安全工作，部署了 2011 年安全工作的总体思路和重点任务，表彰了 2010 年度安全工作先进集体和个人。会上，密云县政府与教委、太师屯等安全工作责任单位代表签订了安全责任书，全县其他责任制单位也及时签订了责任书。

（柳世杰）

【贯彻落实"4·25"全市紧急会议精神】 一是印发通知，加强部署。县安委会办公室下发了《关于深刻汲取大兴区旧宫镇"4·25"火灾事故教训切实做好当前安全生产工作的通知》（密安办字[2011]4 号），要求各部门和单位立即开展安全大检查和隐患排查治理工作，严厉打击非法违法生产经营建设行为，抓好重点行业领域安全监管，强化安全生产宣传教育等工作。二是开展重点生产经营单位监督检查。县安监、县公安消防、县商务、县旅游、县文化等部门加大人员密集场所执法监督检查，重点排查消防、用电等方面事故隐患。截至 4 月 27 日，检查人员密集场所 76 家，其中检查文化娱乐场所 18 家，旅游景区 5 家，星级宾馆 13 家，较大规模商场、饭店 40 家。下达检查记录 76 份，责令整改指令书 11 份，发现安全生产事故隐患 33 项。三是结合"安全生产年"和生产经营单位调查摸底活动，组织开展严厉打击安全生产非法违法生产经营建设行为专项行动，严格执行"四个一律"。四是加强宣传，联合县广电中心开办"安全视点"栏目。每晚在"密云新闻"节目定时播出，对安全生产重大决策部署、重点工作进展进行宣传报道，加大对存在重大安全事故隐患和严重违法行为的曝光力度。五是严格落实"五一"小长假期间实施安全情况日报告制度。4 月 28 日至 5 月 3 日，各部门和单位每日报送本行业、本系统、本辖区内开展安全检查和隐患排查工作情况。

（柳世杰）

【"打非"专题务虚工作会议】 4 月 30 日，密云县县委常委、常务副县长王稳东在县政府主持召开严厉打击非法违法生产经营建设行为专题务虚工作会议。各镇、街道（地区）、县公安局、县安监局、县工商分局、县农委、县住建委、县市政市容委、县旅游局、县国土分局、县规划分局、县商务委、县开发区、县教委等单位行政主要负责人参加会议。会议传达贯彻了"4·25"大兴区重大火灾事故发生后刘淇书记重要批示和 4 月 27 日市政府常务会议上市长郭金龙重要讲话精神，学习研究市政府第 228 号令《北京市禁止违法建设若干规定》的工作要求。听取了全县贯彻落实"4·25"紧急会议工作开展情况。会议对当前安全工作存在的主要问题进行了讨论，对违法建设、违规出租房屋、居民楼一层底商违法经营使用、居民小区周边侵街占道、集贸市场安全问题、民俗村（户）安全管理问题、新农村建设安全管理问题和其他非法违法生产经营建设 8 项突出问题进行了重点研究，确定了密云县开展严厉打击非法违法生产经营建设行为暨"泰山"专项行动的组织领导、工作机制和工作目标、重点、范围、步骤、分工和保障措施，为"打非"工作的组织开展奠定了坚实基础。

（柳世杰）

【召开"泰山"专项行动部署大会】 5 月 7 日，密云县政府在县文化活动中心召开制止违法建设和非法生产经营暨"泰山"专项行动部署大会。县委副书记、县长王海臣出席会议并讲话。会议通报了大兴区"4·25"火灾事故情况，传达了市委、市政府领导关于加强安全生产工作的指示要求，部署了全县制止违法建设和非法生产经营暨"泰山"专项行动，提出了"六个一律"目标。县安全监管局、河南寨镇政府、穆家峪镇新农村党支部负责人在会上发言，表示要立足本部门、本地区实际，坚决落实县委、县政府工作部署，开展好制止违法建设和非法生产经营暨"泰山"专项行动。县、镇（街道）、村（社区）三级签订了责任制；公检法及工商、城管系统 90 名执法工作人员代表集体宣誓，代表全县所有单位和工作人员表达了服从命令，听从指挥，恪尽职守，严格执法，不辱使命，不负重托，坚决完成任务的决心。

（柳世杰）

【开展安全生产综合考核】 12 月，依据《密云县安全生产综合考核办法》，密云县安委会组织开展了对 18 个乡镇、2 个街道办事处、1 个经济开发区、23 个政府部门安全生产年度综合考核工作。考核重点包括组织领导、责任落实、监督管理、基础工作、应急管理、隐患治理、事故控制、宣传培训、重点工作、县安委会办公室交办临时性工作、探索创新 11 项内容。经考核评定，44 家责任制单位均达到合格以上档次。其中成绩优秀（95 分以上）的单位 32 个，优秀率 72.7%；成绩合格的单位 12 个，占考核单位总数的 27.3%；因机构建设、方法创新、工作突出等受到加分奖励的单位 14 个，占考核单位总数的 31.8%。考核结果以《密云县安全生产委员会关于 2011 年度安全生产综合考核工作情况的通报》的形式，及时在全县范围内进行了通报。

（柳世杰）

【部署"护航"工作】 12 月 8 日，根据市安委会有关会议精神和市安委会关于印发《北京市安全生产"护航"联合行动方案》的通知要求，县安委会及时研究、周密部署，于 12 月上旬至 2012 年 2 月下旬，在全县范围内开展燃气使用安全、危险化学品和烟花爆竹安全、地下空间安全、居民住宅电梯安全以及商场、超市安全 5

项联合专项检查，并制订印发了《密云县安全生产"护航"联合行动方案》至各镇街、有关部门。要求各牵头单位：一要加强领导，落实责任；二要加强沟通，统筹协调；三要加强信息统计和报送工作。

（柳世杰）

【市安委会考核密云县安全生产工作】 12 月 27 日，市安委会综合考核组对密云县 2011 年安全生产工作进行了考核。考核组认真听取了密云县 2011 年安全生产工作的情况汇报，现场查阅了安全生产档案资料，并分别实地检查了密云镇、鼓楼街道的安全生产工作。考核组充分肯定了密云县安全生产取得的成绩，对各项工作的开展给予了很高的评价，副县长郭鹏代表县委、县政府对考核组表示欢迎，并感谢市有关部门多年来对密云县安全生产工作的指导帮助。

（柳世杰）

【"护航"联合行动取得成效】 截至 12 月 30 日，全县监督检查生产经营单位数量 71 家次，其中：燃气使用 14 家次，危险化学品和烟花爆竹 6 家次，地下空间 11 家次，商场、超市 32 家次，居民住宅电梯 8 家次。下达执法文书 61 份，停产停业整顿 3 家。发现隐患数量 7 个，其中已整改数量 5 个，县电视台及时进行了跟踪报道。

（柳世杰）

【公开"泰山"行动投诉举报电话】 5 月底，为广泛发动社会各界积极举报各类非法违法生产经营建设行为，深化"泰山"专项行动，严厉打击非法违法生产经营建设行为，密云县"泰山"行动指挥部办公室通过《密云报》、县电视台向全社会公告县安全监管局和各镇街投诉举报电话共 35 部。

（柳世杰）

危险化学品安全监管监察

【危险化学品行政许可】 2011 年，密云县安全监管局共新办理和换发《危险化学品（乙类）经营许可证》9 家，配合市安全监管局换发《危险化学品（甲类）经营许可证》17 家，换发《第二、三类非药品类易制毒化学品备案证明》1 家。

（杨淑荣）

【危险化学品重大危险源备案】 5 月，按照《北京市危险化学品重大危险源备案管理工作实施方案》工作要求，密云县安全监管局积极开展县辖区内危险化学品重大危险源备案管理工作。确定北京清源净水剂有限公司 1 家危险化学品生产单位符合《危险化学品重大危险源》（GB 18218—2009）备案条件。该单位已上报重大危险源备案申请表及相关资料，备案工作已完成。

（杨淑荣）

【危险化学品专项整治】 5 月，密云县安全监管局召开动员部署会议，宣传贯彻《危险化学品仓库建设及储存安全规范》，要求危险化学品储存单位认真开展自查自纠，全面开展生产经营单位内隐患排查，完成改建改造工作，切实改善和提高储存场所的硬件设施和管理水平。8 月，依据规范要求，对 9 家工业气体销售单位仓库进行专项检查，查处隐患 13 项。

（杨淑荣）

【制药生产经营单位摸底调查】 6 月，按照市安全监管局工作要求，密云县安全监管局开展制药生产单位安全生产情况摸底调查工作。经查，全县共有制药生产单位 11 家，从业人员 360 余人，集中在县开发区内，其中 7 家生产，4 家暂时停产。3 家生产单位使用危险化学品从事生产，涉及品种 6 个，存储量均在 0.1 吨以下，年使用量最大 0.4 吨。11 家制药生产单位台账已建立完成。

（杨淑荣）

【生产经营单位开展急救员培训】 6 月，密云县安全监管局组织全县 54 家危险化学品从业单位安全管理人员参加红十字应急救护培训班。发放培训教材、训练包及培训教程光盘 54 套。通过认真严格的培训考核，54 家危险化学品从业单位安全管理人员均取得北京市红十字会急救员证（初级），通过率 100%。

（杨淑荣）

【危险化学品交叉执法】 9 月，密云县安全监管局与怀柔区安全监管局开展危险化学品行业交叉执法检查。怀柔区安全监管局检查密云县域内危险化学品生产经营单位 45 家，其中加油站 36 家，工业气体销售单位 8 家，危险化学品生产单位 1 家。下达责令改正指令书 38 份，发现并整改消除安全隐患 95 项。密云县安全监管局检查怀柔区危险化学品生产经营单位 40 家。

（杨淑荣）

【《危险化学品安全管理条例》专题培训】 10 月 13 日，密云县安全监管局组织开展宣传贯彻新修订的《危险化学品安全管理条例》专题培训班。县内 70 余家危险化学品生产、经营、使用单位主要负责人参加了培训。

（杨淑荣）

【危险化学品打非专项行动部署】 5 月 20 日，密云县安全监管局组织召开打击危险化学品行业领域非法违法行为专项行动部署会议。全县 60 家危险化学品生产经营单位负责人参加了会议。会议进一步明确了工作目标和重点内容，要求各危险化学品单位要加强安全生产管理工作，依法依规从事危险化学品生产经营活动，杜绝各类违法、违规和违章行为，有效防范和坚决遏制各类危险化学品安全事故的发生。会议还对危险化学品生产经营单位安全生产标准化、危险化学品存储专项整治和重大危险源备案管理工作进行了安排部署。

（杨淑荣）

烟花爆竹安全监管监察

【召开烟花爆竹零售网点安全培训】 1月20日，密云县安监、县公安、县工商、县消防等部门联合召开密云县2011年春节烟花爆竹安全生产培训工作会议，各乡镇安全生产负责人及200余名烟花爆竹销售人员参加了会议。会上共同观看学习了《北京市安全生产监督管理局烟花爆竹安全管理培训教程》，各部门对春节期间烟花爆竹销售工作分别提出工作要求和部署，并对与会烟花爆竹销售人员进行了安全生产知识培训。

（杨淑荣）

【烟花爆竹行政许可】 2011年，密云县安全监管局共依法审批发放《烟花爆竹经营（零售）许可证》100份，其中主渠道网点（烟花爆竹批发公司直接销售的网点）14个，非主渠道网点86个。主渠道网点于1月26日开始销售烟花爆竹，非主渠道网点于1月23日开始销售。

（杨淑荣）

【烟花爆竹执法检查】 春节期间，密云县安全监管局强化安全检查，共计检查烟花爆竹临时、长期销售单位和储存单位共计470家次，出动检查人次990人次，出动车次87车次，下达执法文书147份，查处事故隐患80余项，吊销许可证3份。

（杨淑荣）

【烟花爆竹销售、回收】 春节期间，密云县累计销售烟花爆竹8 700箱，其中鞭炮类产品3 900箱，烟花类产品4 800箱，销售金额360余万元。在法定销售期后，密云县安全监管局及时监督批发单位回收烟花爆竹145箱，价值6万余元。

（杨淑荣）

【召开烟花爆竹安全生产工作会议】 11月25日上午，密云县安全监管局召开2012年烟花爆竹安全生产工作会议。20个乡镇政府、街道办事处的安全生产工作科室负责人及有关工作人员参加了本次会议。会议对2012年春节期间烟花爆竹安全生产管理工作进行了动员部署，明确了各乡镇政府、街道办事处烟花爆竹安全管理职责，规定了各项工作任务的时间节点，解答了各乡镇街道提出的相关问题。会议要求各单位：一要提高认识，增强安全防范意识；二要协调配合，积极开展工作，认真落实"属地监管"责任；三要严格执行申请、审核、审批等各项许可程序，做到网点布局合理、设置安全；四要加强管理，确保2012年春节烟花爆竹销售安全。

（杨淑荣）

【烟花爆竹零售单位负责人安全资格考试】 11月20日，密云县安全监管局在密云县第一小学组织开展2012年烟花爆竹零售单位主要负责人安全资格考试。全县75名烟花爆竹零售单位主要负责人参加，其中56名通过了本次考试。

（杨淑荣）

矿山安全监管监察

【全市首支非煤矿山专业救援队伍建立】 2011年，首云矿业股份有限公司救援队取得四级资质，建立起全市首家非煤矿山专业救援队伍。18名救援队员均通过资质培训，相关管理制度制定完善，办公室、训练场、值班室、物资仓库整修完成，救援设备设施全部到位。

（马尚彬）

【春节前非煤矿山安全监管】 1 月 10—13 日，密云县安全监管局对 5 家非煤矿山生产经营单位、13 家外协施工生产经营单位开展春节前重点执法检查，共下达责令限期整改指令书 18 份，查处事故隐患 135 项。存在的隐患主要集中在用电防护、作业区域及危险区域安全防护不到位、未建立健全各项管理制度和记录、安全警示标识不足、特种作业人员未持证上岗等方面。县安全监管局对 18 家存在隐患的单位责令限期整改，要求各单位立即采取措施，明确责任人员，加大整改力度，以确保春节期间不发生事故。

（张宏伟）

【非煤矿山春节后复工安全检查】 2 月 11—22 日，密云县安全监管局对全县 5 家非煤矿山企业及其外协施工单位进行节后复工安全检查。一是督促企业制订严密的恢复生产计划，做好复工前的各项准备工作；二是要求企业分工种、分岗位对全体从业人员进行复工教育培训，凡没有经过培训的一律不得上岗作业；三是督促企业严格落实恢复生产计划和安全防范措施，并组织对各生产系统进行一次细致的隐患排查，对查出的安全隐患必须认真落实整改，以确保企业依法生产和安全生产。共计检查 5 家金属矿山企业及 6 家矿山外委外包工程单位，下达责令改正指令书 11 份，查处各类隐患 56 项。

（马尚彬）

【非煤矿山汛期部署】 5 月 30 日，市安全监管局矿山防汛视频会议后，密云县安全监管局迅速进行研究部署，及时向各非煤矿山生产经营单位传达会议精神，并提出具体工作要求：一是高度重视，认真贯彻落实市矿山防汛工作会议要求，采取

跟进措施，确保汛期矿山安全生产；二是严格落实安全主体责任，组建以主要负责人任组长的防汛工作领导小组，结合实际研究完善防汛工作计划措施，切实做到负责人安全责任、汛期安全检查、隐患排查整改、主要负责人汛期带队检查、应急演练及预案完善、地下矿山生产经营单位探放水制度"六个落实到位"；三是突出检查重点，明确检查人员、内容、时间、隐患整改和监控措施，制订落实汛期安全检查工作方案；四是在组织开展应急演练工作的基础上，进一步完善应急预案，加强应急物资、队伍、通信等各类保障工作检测检验，强化应急值守，确保各类值班带班人员 24 小时在岗在位和信息渠道畅通。

（马尚彬）

【非煤矿山专项检查】 12 月 19—23 日，密云县安全监管局对县域 5 家非煤矿山生产经营单位及矿山生产经营单位外委单位进行安全生产大检查，着重对露天、井下、采石场、排土场、选矿车间等及附属设施作业部位进行事故隐患全面排查，下达了限期责令改正指令书 10 份，查处安全生产事故隐患 60 项，同时责令各生产经营单位要举一反三，提高安全意识，为"两节"平安度过打下良好的基础。

（马尚彬）

【强化矿山行政许可】 2011 年，密云县安全监管局采取多项措施强化非煤矿山安全生产管理工作。一是广泛宣传《非煤矿矿山生产经营单位安全生产许可证实施办法》、《北京市非煤矿矿山生产经营单位安全生产许可证实施办法》，认真研究措施，对新纳入非煤矿山安全许可范围的采掘施工队实施严格的许可证备案管理，及时督促非煤生产经营单位进行安全许可证法人变更。二是组织专家严格按照北京市非煤矿山安全设施设计与竣工验收审查办

法，对北京威克冶金有限责任公司资源回收项目安全预评价进行评审，并督促协助威克公司进行资源回收工程的"三同时"上报审批工作。三是走访并检查 101 地质队，宣传国家安全监管总局《金属与非金属矿产资源地质勘探安全生产监督管理暂行规定》，进一步规范了地质勘探生产经营单位的勘探工程备案工作。

（马尚彬）

【市局调研地下示范矿山建设】 12月8日，市安全监管局到密云县首云矿业股份有限公司调研"安全•和谐"地下示范矿山建设，实地查看了地下矿山项目工程安全情况，在听取了非煤矿山负责人关于地下示范矿山建设工作汇报后，结合调研情况，对密云县矿山安全生产工作给予了充分肯定，并指出要认真总结首云矿业的安全生产先进经验，创新工作思路，不断改善，持续提高，全力打造"安全、健康、绿色、和谐"矿山，争取早日实现密云县域内非煤矿山"国内一流、国际先进"的战略目标。

（马尚彬）

【非煤矿山"打非"专项行动部署】 5月19日，密云县安全监管局召开非煤矿山打击非法违法行为专项行动部署会议。县有关部门、相关镇政府和矿山生产经营单位负责人参加会议。会议结合年初确定的密云县 2011 年非煤矿山 19 项安全生产工作要点及当前安全生产工作需要，对打击非煤矿山领域非法违法生产经营建设行为专项工作进行再部署，进一步明确各有关部门工作职责、生产经营单位自查和政府部门检查督查的重点内容和标准。要求各部门和单位重点围绕制止和减少各类违法、违规和违章行为，抓好思想发动和生产经营单位安全管理，积极排查各类安全隐患，全力压减一般事故，坚决遏制

重特大生产安全事故的发生。会议还对加强非煤矿山班组安全生产建设、采掘施工生产经营单位安全监管和非煤矿山汛期安全工作进行了部署。

（马尚彬）

安全生产事故隐患排查治理

【安全生产事故隐患自查自报工作全面启动】 3月3日，密云县政府召开安全生产事故隐患自查自报工作动员部署会，传达贯彻市政府安全生产事故隐患自查自报管理系统推广应用现场会议精神和副市长荀仲文指示要求，动员部署安全生产事故隐患自查自报系统实施工作。会议通报了《密云县安全生产事故隐患排查治理自查自报工作实施方案》，县委常委、常务副县长王稳东出席会议，并提出 3 点工作要求：一是提高认识，将隐患自查自报工作作为 2011 年一项中心任务抓紧抓好。二是切实加强组织领导，制订细化方案措施，有力保障、营造氛围、夯实基础、密切配合，确保调查摸底阶段工作圆满完成。三是统筹安排，确保通过开展事故隐患自查自报工作，全面掌握生产经营单位基本情况，理清行业、属地、综合监管职责关系，有力推进安全生产标准化、信息化工作进程，固化安全管理长效机制。

（柳世杰）

【举办自查自报工作培训班】 3月9—10日，密云县安全监管局组织举办安全生产事故隐患自查自报工作培训班。全县各镇街、地区及县经济开发区安全科室负责人和具体工作人员共 113 人参加了培训。本次培训的主要内容包括自查自报系统功能、总体实施方案、调查摸底方案以及 42项信息采集填写方法，并对相关人员进行了模拟测试。此次培训标志着事故隐患自

查自报工作正式进入生产经营单位信息采集阶段。此外，县安全监管局还分设三个指导协调组分片督促、指导自查自报的基础信息采集工作。

（柳世杰）

【自查自报工作调查摸底完成】 3—6月，密云县安全监管局对全县生产经营单位调查摸底工作完成，各属地管理部门采集生产经营单位信息 17 887 条，其中，法人单位 4 235 家，个体工商户 13 652 个，7—8 月，经过 26 个相关部门增减确认后，最终确定生产经营单位 16 328 家，其中法人单位 3 378 家，个体工商户 12 950 个，形成生产经营单位基础信息库。

（柳世杰）

【重点单位自查自报纳入数据库】 9月，按照市安全监管局统一部署，密云县安全监管局对覆盖县域内工业、非煤矿山、危险化学品、烟花爆竹、人员密集场所的总计 652 家重点生产经营单位纳入自查自报数据库。9 月 26 日至 10 月 11 日，县安全监管局在党校计算机教室开展第一批自查自报入库生产经营单位培训。各镇街和有关部门具体负责人员 37 人以及 497 家生产经营单位员工参加了培训，其余 155家生产经营单位由相关属地和部门自行组织培训。培训主要分为观看宣传片、软件工程师讲解和上机实践操作 3 个步骤。截至 10 月 31 日，有 311 家生产经营单位完成自查自报首次系统上报工作。

（柳世杰）

【燃气隐患排查"百日行动"】 6—9月，按照全市专项行动统一部署，密云县安全监管局联合市政市容委开展燃气行业隐患排查治理"百日行动"。一是完成22 552 户小区居民天然气使用安检工作，发放安全使用常识等相关资料 3 万份，排查隐患 206 处。二是对城区内调压箱、阀

门井、中低压管网、民用户楼道燃气立管、公服户燃气设施进行了全面检查维护。三是结合"打非"专项行动，县安全监管局联合县城管部门和有关街道对部分占压包裹燃气管道的违章建筑进行了强制拆除，取缔了宾阳北里小区一家非法液化石油气换瓶点，责令 3 家评价不合格的液化石油气生产经营单位进行停业整改。

（杨淑荣）

【开展隐患排查治理行动】 按照密云县安委会统一部署，1—12 月，在全县范围内普遍开展安全隐患排查整治行动。据统计，此次隐患排查治理工作共检查生产经营单位 7 409 家，排查出各类安全隐患9 586 项。针对排查出的安全隐患，县安委会办公室健全安全隐患排查治理工作机制，实时掌握隐患整改工作进度，推动整改责任落实。截至年底，各类安全隐患整改率达到 100%。

（柳世杰）

【县属单位违法行为清理整顿】 11月，密云县安委会根据《中共北京市委办公厅、北京市人民政府办公厅印发的〈关于在市及区县所属单位清理整顿违规生产经营建设行为工作方案〉的通知》要求，及时在全县范围内开展县属单位清理整顿违规生产经营建设行为工作。通过属地部门报送的清理结果显示，县经济开发区、鼓楼街道分别存在 1 家、4 家下属单位，其他属地不存在下属单位。21 个属地部门均无对外出租行为或者从事生产经营建设活动。通过政府相关部门报送的结果显示，全县有 3 个部门存在对外出租情况，分别是卫生局、经信委和文化委，出租点共 11 处。5 个部门存在下属单位，分别为卫生局 29 个、经信委 5 个、文化委 6 个、水务局 21 个、住建委 5 个，清理中未发现违规出租和违法生产经营建

设行为。

（柳世杰）

安全生产应急救援

【开展"防灾减灾日"活动】 5月12日，密云县开展"防灾减灾日"活动，成立防灾减灾领导小组，制订了方案。县安全监管局按照县应急委的统一部署，在密云县大剧院开展"防灾减灾"宣传活动。向群众发放了安全生产宣传图画和宣传册等宣传资料1 350份。

（柳世杰）

【矿山尾矿库防汛演练】 5月中下旬，密云县5家非煤矿山生产经营单位分别模拟不同类型和等级尾矿库事故险情，与所在镇政府及周边群众联动开展汛前尾矿库"一对一"联合应急救援演习活动，共计出动抢险人员600余人，抢险救援车辆50余辆，大型机械设备20余台，专业医疗救护队5支，紧急疏散尾矿库下游村民500余人，实战检验了尾矿库事故防范、应急处置和协调联动能力。

（马尚彬）

【举行商务行业应急演练】 6月17日，密云县在今天假日海鲜城组织开展商务行业领域消防应急救援预案演练观摩活动。县内各大型商场、超市及规模以上餐饮单位的负责人及安全管理负责人共60余人参加了观摩。演练假设酒楼二层雅间内发生火情，酒店员工立即拨打119报警，酒楼负责人宣布启动应急预案，现场处置组及时赶到，立即播放应急广播、组织人员疏散、抢救伤员，消防官兵接报后迅即赶到现场进行搜救抢险，及时消除险情。演练过程紧张有序，圆满成功，为各观摩单位提供了宝贵的实战演习经验。县委常委、副县长杨珊出席活动并提出工作要求：

一是人员密集场所安全工作极其重要，群体性安全事故后果不堪设想，各有关单位要高度重视、切实担负起安全生产主体责任；二是要认真组织开展应急演练工作，积累实战经验，完善应急预案，做到常备不懈、有急能应；三是坚持"安全第一、预防为主"，切实落实好各项安全责任和工作措施，确保安全稳定，力争实现无急可应。

（杨淑荣）

【加油站应急演练观摩】 6月21日，密云县安全监管局在中石化北京鑫溪凯旋加油站组织开展应急救援演练观摩活动。县内30余家加油站负责人及安全管理人员进行了现场观摩。演练模拟加油机意外起火、卸油过程发生漏油两种危险情况，采取应急处理措施。上午9时，演习正式开始，随着总指挥一声令下，站内应急救援人员，反应迅速、分工明确、配合默契、现场处置合理，迅速完成了应急处置规范动作，9点30分演习圆满结束。县安全监管局、消防大队有关负责人到现场进行了观摩指导，并对演练活动进行讲评。

（杨淑荣）

【建筑行业应急演练】 6月10日，宾阳建筑公司在密云县医院新建改建工程施工现场组织开展突发事件火灾扑救演习活动。县公安消防大队、住建委、安全监管局和密云镇有关领导出席了活动。演习中，施工现场工作人员能够正确使用干粉式灭火器扑救油火，并使用室外消防栓扑救木材火灾，做到了程序严密，过程严谨，措施得当。随后，公司还举办了消防知识竞赛和消防安全法律法规宣贯活动。县公安消防大队有关负责人现场讲解了施工现场消防安全工作要点和容易出现的薄弱环节，县住建委主要领导通报了近期建筑行业安全生产工作情况及安全工作要求。此次演练取得了提升加强施工现场消防安全检查、火灾隐患排查整改、初期火灾扑救、人员疏散逃生和自我宣传教育培训"四个能力"的预期效果。

（杨淑荣）

【文娱场所国庆前演练】 9月14日，密云县文化委在北京金科奥天拓上网服务有限公司组织开展了演习观摩活动。县域内23家互联网上网服务营业场所和8家独立设立歌舞娱乐场所的安全负责人和管理人员参加了观摩。演习活动进一步增强了文化娱乐场所经营单位的安全意识和消防安全防范的实战能力。县文化委、县消防大队有关负责人出席活动，并分别对演习情况进行点评，对进一步加强消防"四个能力"建设和国庆节期间安全生产工作进行再强调、再部署。

（杨淑荣）

【消防安全进校园】 5月31日，密云县教委和县消防大队联合在密云县第一小学、南菜园小学等学校开展消防安全进校园宣传活动，向在场师生发放消防安全宣传材料1 000余份。活动中县消防大队用生动活泼的语言向全体学生讲解了防火知识和逃生方法，并现场演示了灭火器、生命探测仪、破拆工具等消防器材的使用方法。在场学生踊跃参与互动活动，并认真观看了消防安全知识展览。

（柳世杰）

安全生产执法监察

【推出"一企两卡"服务制度】 2011年年初，密云县安全监管局提升服务理念，创新执法方式，推出"一企两卡"服务制度，印制1 000张联系卡和反馈卡发放到各生产经营单位。"一企两卡"制度即日常执法过程中向生产经营单位发放《生产经营单位服务联系卡》，注明主管片区执法人员姓名、证件号码、联系方式、监督电话和安全提示；执法服务后发放《生产经营单位意见反馈卡》，分档设置执法人员服务测评（好、一般、差），收集生产经营单位意见及建议。"一企两卡"服务制度搭建起执法部门与生产经营单位之间的沟通桥梁，生产经营单位在安全生产日常管理中遇到需要指导性帮助的疑难问题可以直接与片区执法人员取得联系；执法部门针对生产经营单位的服务测评和意见建议反馈可以及时作出合理化修正，进一步提高安全生产监管服务质量和执法水平。

（张宏伟）

【全国"两会"安全生产执法检查】 2月11日至3月15日，密云县安委会办公室采取联合执法、专项执法等形式对重点行业领域开展专项执法检查，共检查液化气站、加油站等危险化学品从业单位21家，非煤矿山及外协生产经营单位8家，从业人数300人以上工业生产经营单位26家，人员密集场所10家，累计消除事故隐患197项。

（柳世杰）

【燃气行业执法抽查】 3月2日开始，密云县安全监管局联合燃气办对县域内部分民用燃气行业进行抽查，共抽查新奥、县气站等14家生产经营单位。检查中发现3家单位存在压力表、安全阀未定期检测，重点部位巡检记录不完善等问题。县安全监管局针对存在问题的生产经营单位下发了整改通知，消除安全隐患9项。

（杨淑荣）

【批发零售市场专项检查】 密云县在册批发零售市场共计46家，其中鼓楼、果园、密云镇等城内辖区共计10家，其他乡镇36家。3月11日起，县安全监管局联合工商、消防等部门对批发零售市场进行专项执法检查，消除各类批发零售市场安全隐患 71 项，强化了安全管理，完善了密云县批发零售市场监管台账。

（杨淑荣）

【文化娱乐场所专项整治】 4 月 13—15 日，密云县在各镇街、各场所开展自查自纠工作的基础上，县文化委、县安全监管、县消防、县住建、县民防等部门对县内 20 家互联网上网服务和歌舞娱乐场所开展专项检查。重点检查安全生产制度、中英文双语广播系统、安全疏散通道、消防设备设施等安全工作落实情况。经查，大部分营业场所制度健全、措施到位，但个别场所仍存在安全指示标识不充足、消防栓设施不配套、员工教育培训不到位等问题。针对存在问题，检查组要求有关单位及时整改，进一步健全制度，完善措施，加强演练，确保安全。

（杨淑荣）

【商务行业专项整治】 4 月 13 日至 5 月 4 日，密云县商务委、县安全监管局、县消防大队组成联合检查组对县域内部分商业及餐饮经营单位进行执法检查，累计检查全县生产经营单位 60 家，其中商业单位 33 家，餐饮单位 27 家；建筑面积 500 平方米以上 40 家，以下 20 家。检查中发现个别经营单位存在中控室值班人员未持有效证件上岗作业，安全出口、疏散通道和楼梯间指示标志缺少，个别餐饮单位气瓶间设置不符合要求等问题。检查组按照各自职责对存在问题的单位采取了相应的处理措施，督促隐患整改完毕。

（杨淑荣）

【旅游行业安全检查】 4 月 18—22 日，密云县旅游、县安监、县工商、县治安、县消防、县城管、县卫生、县质监、县物价、县体育等部门联合开展安全检查，共计检查各类旅游经营单位 18 家，其中景区

5 家，星级宾馆 13 家（含 6 家体育健身场所）。对存在特种作业人员防护用品逾期未进行检测、个别应急灯破损等问题的 2 家单位下发责令改正通知书。同时要求各旅游经营单位：一是加强景区危险地段的人员看护和警示标志维护工作；二是加强宣传力度，对从业人员和游客宣传安全知识；三是加强安全巡视和隐患排查，在旅游高峰期来临前保证各项安全设备设施正常运转；四是及时修订和贯彻旅游高峰期安全生产应急预案和处置措施，发生突发事件要及时处置和上报。

（杨淑荣）

【道路施工安全检查】 4 月 25 日，密云县安全监管局联合县市政市容委对 101 国道绕城线改建工程进行安全检查。对 4 个在施项目段的安全生产规章制度和现场安全措施落实情况进行了全面检查，下达责令限期整改指令书 4 份，责令有关单位对未按规定设置安全警示标识、临边防护不到位等 17 项生产安全事故隐患进行限期整改。

（杨淑荣）

【废品回收站点专项整治】 4 月，按照《北京市废品回收站点安全专项整治工作方案》要求，密云县安全监管局与商务委联合乡镇政府组织开展县内废品回收站点专项整治。取缔无照经营站点 87 个，并对有照经营站点进行安全检查，查处和消除了一批安全隐患。

（杨淑荣）

【人员密集场所专项行动】 密云县"泰山"行动指挥部办公室制定下发《严厉打击人员密集场所非法违法生产经营建设行为暨"泰山"专项整治行动工作方案》，并及时会同各镇街及相关部门深入开展火灾隐患排查整治工作，共出动警力 782 人次，检查单位 421 家，发现问题 388 处，

督促整改 205 处，下发限期整改通知书 131 份，实施行政处罚 34 起，罚金 22.4 万元，拘留 8 人，传唤 154 人，临时查封单位 12 家，媒体曝光非法违法行为 7 次。各派出所出动警力 1 242 人次，检查单位 836 家，发现问题 240 处，督促整改 87 处，下发限期整改通知书 142 份，95 家存在非法生产经营建设行为和突出火灾隐患的单位登记上账，隐患 123 处，经进一步筛查，确定存在重大火灾隐患的单位 28 家，重大隐患 52 处，分别依法进行了严厉查处，消除了大批安全隐患，在社会上起到了强有力的震慑作用。

（柳世杰）

【打击非法违法生产经营建设行为】 5—9 月，密云县开展打击非法违法生产经营建设行为暨"泰山"专项行动。19 个主责部门分别开展了违法、违章建设，重点区域公共秩序，人员密集场所，非煤矿山，危险化学品和有限空间行业领域，建筑施工行业领域和普通地下室，交通运输行业领域，非法盗采盗运矿产资源行为，非法违法施工破坏地下管线行为，地下防空工程 9 项专项整治行动。全县共发现违法建筑 1 165 处、面积 271 605.89 平方米，其中已建 1 149 处、面积 269 065.89 平方米，在建 16 处、面积 2 540.00 平方米。累计拆除违法建筑 1 111 处、面积 261 874.17 平方米，其中自拆、助拆、强拆比例分别为 47.85%、45.49%、6.66%。已停止违法建设累计 5 处、面积 1 539.00 平方米，整治率 96.95%。累计发现其他非法违法生产经营行为 17 803 起，已整治 17 786 起，其中，关闭取缔 775 起，停产（业）整顿 26 起，责令改正 2 146 起，采取其他处理措施 14 839 起。累计处理各类安全举报 106 起。

（柳世杰）

【开展安全大检查】 11 月 1—30 日，密云县集中开展安全大检查。全县各有关部门、各镇街共成立检查组 412 个，出动检查人员 6 454 人次，监督检查生产经营单位 3 227 家，下达执法文书 988 份，发现安全隐患 1 657 项，整改完毕 1 624 项，隐患整改率 98.0%，罚款 10.5 万元，1 家生产经营单位被依法责令停业整顿。

（柳世杰）

【建筑施工、有限空间、普通地下室"打非"专项行动】 5—9 月，密云县住建委联合有关部门全面开展建筑施工、居住社区有限空间、普通地下空间领域"泰山"专项行动。一是成立安监、执法、物业、房屋市场管理 4 个专项检查小组，向施工生产经营单位、物业公司以及各镇街分别下发具体工作方案。二是集中力量开展建筑施工领域专项检查，共检查工地 30 个/次，受检面积 90 余万平方米，存在问题主要包括临边防护不到位、临电防护不符合规范等，已全部督促整改完毕。三是联合县安全监管局对县内物业生产经营单位有限空间作业情况进行安全排查，检查物业生产经营单位 9 家，对检查发现的规章制度不完善、安全责任制未落实等隐患问题已责令有关生产经营单位进行整改。四是组织各镇街对本辖区未注册的普通地下室逐一摸底登记，并联合县工商、消防和属地管理部门对其进行联合检查和登记注册。

（柳世杰）

【有限空间作业领域"打非"工作部署】 5 月 20 日，密云县安全监管局组织县市政市容、县住建、县发改、县经信、县水务等有关部门及联通、歌华、移动等相关生产经营单位负责人召开有限空间作业安全工作会议，再研究部署打击有限空间作业领域非法违法行为专项工作。会议传达了《北京市安全生产委员会办公室关于有限空间非法违法生产经营情况的通报》，明确强调"动真格，敢碰硬，坚决查处非法违法行为，切实消除一批隐患，解决一批问题，确保全县有限空间作业安全"的工作目标，并提出五点要求：一是高度重视，积极按方案内容、步骤和要求，围绕制止和减少各类违法、违规和违章行为，依法规范生产经营和安全管理；二是针对市安委会办公室通报中提出的各类问题，结合本行业实际，督促指导有限空间作业单位全面开展自查整改，切实消除各类安全隐患；三是进一步完善并推行《密云县有限空间作业安全管理台账》，帮助指导作业单位在建章立制、投入和管理等方面实施规范化管理；四是采取多种形式，加强作业单位负责人、安管人员和作业人员教育培训，提高安全意识、责任意识和自保互保能力，坚决杜绝各类违章违规行为；五是针对夏季、汛期有限空间事故高发期，提高警惕、认真研究，强化预防，督促生产经营单位制定落实好各项安全措施，坚决遏制有限空间生产安全事故发生。

（马尚彬）

【普通地下室清查整治】 5 月，密云县住建委开展普通地下室清查整治工作。一是对巨各庄、溪翁庄、石城和经济开发区等地区的普通地下室进行了全面摸底调查。共检查普通地下室 11 处（包括：库房 5 处、食堂 1 处、酒窖 2 处、阅览室 1 处、空置 2 处），约 1.2 万平方米。二是向普通地下室使用单位负责人进行宣传，发放宣传材料，告知管理程序和事项，强化管理制度落实。三是针对检查发现的问题作出详细记录，并依法提出处理意见，要求对隐患进行立即整改。截至 6 月 13 日，发现并责令整改隐患 7 处。

（柳世杰）

职业安全健康

【职业卫生专项治理】 5—8 月，依据市安全监管局《关于对存在职业危害的生产经营单位开展建立健全职业危害防治制度专项治理的通知》精神。密云县安全监管局编制推行了《用人单位职业卫生管理台账》模本，并对 99 家存在职业危害的生产经营单位依法检查，查处并整改隐患问题 500 余项。

（马尚彬）

【矿山粉尘噪声专项整治】 2011 年，结合《北京市非煤矿山职业病防治管理规范》，密云县安全监管局在 5 家非煤矿山开展了粉尘噪声专项整治，矿山生产经营单位积极采取措施降尘降噪，截至年底，5 家矿山生产经营单位制度建设、教育、告知、防护设备和防护用品等均达到国家规范要求。

（马尚彬）

【职业安全健康宣传教育】 4 月，密云县安全监管局联合县卫生监督所和疾控中心，深入生产经营单位进行职业卫生法律法规的宣传教育活动。4 月 29 日，县安全监管局在县经济开发区开展了职业卫生宣传日活动，活动期间向群众发放《职业病防治法》读本 400 册。

（马尚彬）

【职业安全健康交叉执法】 根据市安全监管局《关于开展区县间职业健康交叉检查工作的通知》（京安监发[2011]97 号）的部署安排，10 月 24—25 日，密云县安全监管局在怀柔区开展了为期 2 天的交叉执法检查，对怀柔区的北房镇、怀北镇、雁栖经济开发区、宝山镇、汤河口镇、喇叭沟门、怀柔镇 7 个属地的 16 家生产经营单位进行了检查。重点检查了生产经营单位的职业危害防治制度建立情况、职业危害申报情况、职业卫生培训情况、工程防护与个人防护情况、作业场所职业危害因素检测情况、警示标识设置情况和重点行业职业危害专项治理情况 7 项内容。在检查过程中，共发现职业危害隐患 3 项，下达现场检查记录 16 份，《责令限期整改指令书》3 份。

（马尚彬）

【有限空间专项整治】 年内，县安全监管局联合有关部门成立专项领导小组，制定下发《密云县严厉打击有限空间作业领域非法违法生产经营行为专项工作方案》。联合市政市容委、住建委、发改委、经信委、水务局等行业主管部门，对燃气、物业、供电、污水处理等行业进行有限空间作业专项执法检查，经调查，全县共有166 家单位存在有限空间作业。截至 5 月16 日，共排查重点作业单位38 家，发现各类事故隐患和问题 164 项，责令存在隐患问题的 28 家生产经营单位进行限期整改，责令 2 家不具备安全生产条件的生产经营单位暂停作业。

（马尚彬）

【有限空间宣传教育】 7 月，密云县安全监管局开办有限空间监护人员培训班，共计培训相关生产经营单位监护人员80 余名。制作有限空间安全生产教育、有限空间事故案例等宣传光盘 600 份，分发至属地政府和行业主管部门，普及有限空间作业安全知识。

（马尚彬、李红霞）

安全生产宣传培训

【"安康杯"竞赛总结表彰会】 1 月19 日，密云县总工会、县安全监管局在县总工会礼堂联合召开全县"安康杯"竞赛总结表彰会。会议表彰了 2010 年度"安康杯"竞赛优胜单位 23 家和优秀组织个人 31名，并推荐 3 个市级以上优胜生产经营单位、2 个优胜班组和 1 名优秀组织者。同时会议还部署了 2011 年全县"安康杯"竞赛工作。副县长王稳东讲话要求：一要进一步加强对安全生产工作的认识；二要充分发挥工会组织在安全生产工作中的作用；三要深化"安康杯"竞赛活动，构建安全文化建设长效机制；四要切实做好春节期间安全生产保障工作。

（柳世杰）

【"安全生产月"咨询日活动】 6 月12 日，密云县安全生产月活动组委会在县文化活动中心广场组织开展了以"落实生产经营单位主体责任，服务首都安全发展"为主题的第十个"安全生产月"咨询日活动，向过往群众发放宣传册、宣传折页、招贴画、环保袋、安全知识扑克、宣传扇、纸杯等宣传资料 1 万余份。县安全月组委会主任、县委常委、常务副县长王稳东，县委宣传部、安监局、公安局、精神文明办、教委、文化委、广电中心、总工会、团县委和县妇联等县安全月组委会成员单位负责人以及县市政市容委、县新奥燃气公司的有关领导和工作人员参加了活动。活动现场设立了气拱门、氢气球，悬挂宣传横幅 4 条，设置宣传咨询台 20 处，摆放安全生产宣传展板 40 块，广场大屏幕播放《安全责任重在落实》主题宣传片，营造了隆重热烈的安全生产宣传氛围。同日，全县各有关部门、镇街、开发区、企事业单位在各系统、辖区和单位内同步开展了宣传咨询日活动，全县共设立宣传咨询点 36处，设置安全生产宣传展板 900 余块，悬挂宣传条幅 180 余幅，张贴标语 3 600 条，发放各类宣传材料近 10 万份，受教育群众近 5 万人，把县"安全生产月"宣传教育活动推向了高潮。

（柳世杰）

【建立重点生产经营单位安全生产通讯员队伍】 为加强安全生产新闻宣传和舆论监督工作，整合安全生产新闻宣传资源，2011 年密云县在非煤、危化、建筑、旅游、餐饮、商贸、文化、交通、工业等重点行业选取 27 家重点生产经营单位作为试点，推行安全生产新闻宣传通讯员队伍建设和规范管理。8 月 4 日，县安全监管局组织 27 名重点生产经营单位通讯员召开了动员部署和业务培训会，邀请《中国安全生产报》副总编、县委宣传部和县政府信息科有关人员就安全生产新闻宣传和信息工作进行了专题辅导。此外，还通过完善组织机构、健全规章制度、理顺工作模式、完备激励机制等方面的措施，健全完善了安全生产新闻宣传和舆论监督机制，促进了新闻宣传和监督作用的有效发挥。

（柳世杰）

【举办安全生产知识竞赛】 8 月 19 日，密云县安全监管局与县总工会联合在县总工会礼堂举办"2011 年密云县安全生产知识竞赛"。17 支乡镇、开发区选送的代表队和 1 支县属生产经营单位代表队参加了比赛。县"安全生产月"组委会成员单位、与县政府签订安全生产责任书的部门以及 21 个镇街、开发区主管领导到现场观赛。比赛分为必答题、选答题、团体必答题、抢答题四个环节。经过预赛、决赛环节的激烈角逐，首云矿业股份有限公司、放马峪铁矿代表队分别荣获一等奖和二等奖。

（柳世杰）

【国庆节前安全生产宣传活动】 国庆前夕，各镇街纷纷组织开展安全宣传活动，向广大居民宣传交通、消防、食品和应急知识，提高居民安全意识。果园街道在沙河早市东口举办以"宣传安全知识、传播安全文化"为主题的宣传活动，向居民发放《交通安全小知识》、安全生产挂图、《北京市安全生产条例》、《商场（集市）火灾逃生知识》等宣传资料 1 000 份。河南寨镇在荆栗园大集设置宣传点，向路人发放安全宣传手册 200 份。古北口镇在北甸子集市开展宣传活动，摆放展板 10 块、发放宣传品 200 余份。

（柳世杰）

【参加市级安全生产知识竞赛】 11 月 1 日，市安全监管局举办安全生产知识竞赛，密云县代表队参加。经县级预赛、决赛选拔，首云铁矿和放马峪铁矿代表队强强联合选出 3 名选手，代表密云县参加市安全监管局举办的安全生产知识复赛，并取得了决赛资格。11 月 1 日，在决赛现场，经过个人必答、个人抢答、团体必答三个环节的激烈角逐，密云县选手跻身三甲，最后在风险题环节，三支代表队展开激烈交锋，密云县代表队最终以 190 分的优异成绩荣获二等奖。

（柳世杰）

【参加市级"学、唱、传"活动】 11 月 3 日，市安全监管局举办安全生产歌曲"学、唱、传"活动决赛，密云县安全监管局选手荣获第三名。经市局初步筛选，全市共 17 个参赛单位及个人进入决赛，整个决赛现场气氛热烈，台上选手激情饱满，台下观众热情洋溢，不断鼓掌喝彩，竞赛选手表现出色，其中密云县选手张京以一曲《牵手平安》获得决赛第三名的好成绩。

（柳世杰）

【安全生产影视片展映】 按照市、县"安全生产月"活动要求，密云县文化委从 6 月 1 日开始，在全县社区、村和建筑工地及重点生产经营单位放映《安全责任重于泰山》、《突发事件应急自救》、《地震应急避险和自救》、《交通安全常识》等安全生产题材影视宣传片，并组织开展以全国优秀班组长白国周为原型的电影《金牌班长》巡回放映活动，以寓教于乐、贴近基层的电影艺术形式，面向广大市民群众和建筑工人宣传安全理念和知识技能，广泛提高居民安全素质。截至目前，已放映安全题材影片 800 余场，巡回放映《金牌班长》202 场。

（柳世杰）

【安全文化建设示范生产经营单位】7 月 19 日，市安全监管局组织专家评审团到首云矿业股份有限公司进行现场评审。评审组听取了首云矿业股份有限公司负责人关于安全文化建设情况的汇报，查阅了相关档案资料，现场查看了尾矿库安全管理情况，抽查了车间、班组人员对安全生产知识和岗位安全职责的掌握情况，并对生产经营单位近年来开展安全文化建设的有关情况进行提问。评审团表示，首云矿业股份有限公司在安全生产、环境保护、资源再利用、生产经营单位文化建设等方面取得了突出成绩，达到了全市领先、国内一流的标准，为业界树立了标杆和榜样，建议首云矿业公司今后在加强网络信息化安全管理的基础上进一步总结完善有关材料。同月，首云矿业股份有限公司通过了北京市安全文化建设示范生产经营单位现场评审，并推荐为申报国家级安全文化示范生产经营单位。

（马尚彬）

【强化新闻宣传和信息工作】一是注重宣传的社会性。围绕全县重点工作，密云县安全监管局与县广电中心联合筹划拍摄"安全发展在密云"专题栏目，连续录制播出专题节目 10 期，收到了很好

的社会效果。二是强化新闻的及时性。通过北京市《安全新干线》、县电视台《密云新闻》，先后录播节目 105 期，将国家安全生产工作新精神、全县新要求、新思路及工作动态进行宣传，使群众能够及时了解、积极参与和严格监督。三是加强舆论的导向性。围绕"国务院 23 号文件"和新修订的《北京市安全生产条例》的宣贯，结合全县重要时期安全保障、安全生产月、泰山行动、安全生产专项整治等工作，通过北京市《安全新干线》、《密云新闻》、《密云报》等舆论平台，及时将安全生产工作情况进行报道，宣扬先进、鞭策落后、曝光违法，累计播出"安全视点"专题新闻 84 条、"安全之声"节目 16 期、刊发"聚焦安全"专栏稿件 15 篇，扩大了安全生产声势。四是保证信息的时效性。向《北京市安全生产简报》、《"打非"行动专刊》、市安监局网站"基层工作"、《密云情况》、《昨日县情》等刊物投送工作信息 300 多篇，编印《密云县泰山行动快报》59 期、《安全生产工作简报》21 期，及时宣传报道安全生产；县安监局、开发区、住建委等部门也分别利用飞信、邮箱与生产经营单位进行及时沟通联系，确保了安全工作报道、信息传递、经验交流更加及时有效。

（柳世杰）

【安全生产培训班】2011 年，密云县安全监管局加强了安全生产培训，组织开展特种作业考核 10 期，举办培训班 60 期，培训人数 3 597 人。组织高危行业培训考核 5 期 314 人，烟花爆竹培训考核 1 期 75 人。组织生产经营单位培训 2 期 170 人，其中 77 人取得证书。

（李红霞）

【建筑业消防和有限空间培训】9 月 7 日，密云县住建委联合县消防大队、县安

全监管局在县住建委大礼堂组织开展密云县建筑业消防和有限空间安全生产知识培训。各建筑公司安全主管经理、项目部项目经理和专职安全员 100 余人参加了培训活动。活动中，县安全监管局针对《北京市建设工程有限空间作业安全生产管理规定》，结合近年来北京地区有限空间作业伤亡事故案例分析，对有限空间安全管理和防护、事故预防和救援等方面知识进行了细致讲解；县公安消防大队结合近期全国发生的几起建筑业消防事故案例，向在场人员宣讲了《北京市消防条例》和《建筑业现场消防安全技术规范》，对建筑生产经营单位消防应急预案、消防器材配备以及施工现场消防安全检查要点和存在问题进行了重点讲解。活动期间向参训人员发放《中华人民共和国安全生产法》、《北京市安全生产条例》200 余册。

（柳世杰）

安全生产法制建设

【安全生产条例专题宣讲】 7月14日，密云县安全监管局在县委党校举办安全生产大型公开课暨《北京市安全生产条例》专题宣讲活动，邀请市安全监管局法律专家，就新修订的《北京市安全生产条例》的修订背景、立法精神、修订内容以及制度完善和创新等方面的内容进行了深度解读。县政府有关部门、各镇街（地区）、开发区安全生产工作主管领导、县安全监管局科级以上干部及执法监察人员、全县建筑施工、危化品、非煤矿山、市政、文化、体育、旅游、商业、交通、水务等重点行业生产经营单位主要负责人共 400 余人参加了活动。

（柳世杰）

【安全生产法制培训制度】 2011 年，密云县安全监管局坚持每两周一次的法制培训制度，全年共完成《安全生产法》、《北京市安全生产条例》、《危险化学品安全管理条例》、《安全生产行政处罚自由裁量适用规则》、《安全生产违法行为行政处罚办法》、《行政强制法》等各项业务培训 25 次。12 月 28—31 日，结合业务需要，及时对 7 名新招录人员进行了安全生产监管知识集中培训和考核。

（柳世杰）

【安全生产监管队伍建设】 2011 年，密云县安全监管局进一步加强县级、镇街安全生产监管队伍建设。一是结合实际工作需要，及时调整充实县、镇街两级安全生产监管人员；二是加强队伍教育培训，采取各种措施不断提高安全生产监管素质和技能；三是按市局相关要求，积极做好监察员、检查员新办和换发监察、检查资格证培训及考核工作。年内，申请办理安全生产监察员资格证 1 名，申请换发安全生产监察员资格证 3 名，申请办理安全生产检查员资格证 27 名，申请换发安全生产检查员资格证 7 名。截至年底，密云县共有县级安全生产监察员 38 名，镇街安全生产检查员 79 名。

（柳世杰）

【法律依据梳理】 2011 年，密云县安全监管局对现行安全生产相关法律、法规、规章和本部门的"三定"规定，进行梳理、归纳。经逐一审查确认，县安全监管局具有行政执法主体资格的单位共 1 个，其中法定行政机关 1 个，不存在法律法规授权的组织、依法受委托行使执法权的组织和集中行使执法权的组织。县安全监管局行政执法职权依据共 49 部（含"三定"规定），其中包含行政处罚 416 项，行政许可 3 项，行政强制 5 项，不存在行政征收、行政确认、行政给付、行政裁决以及其他具体行政执法职权。

（柳世杰）

【行政强制清理】 10月，为认真贯彻执行《行政强制法》，密云县安全监管局对本单位涉及的行政强制相关法律、法规进行清理。据统计，县安全监管局涉及行政强制项目包括责令暂时停产停业、停止使用或者停止作业，责令从危险区域内撤出作业人员，查封，扣押，责令立即排除（隐患）以及加处罚款 6 项。涉及的法律、法规主要包括《中华人民共和国安全生产法》、《中华人民共和国职业病防治法》、《中华人民共和国行政处罚法》、《中华人民共和国矿山安全法实施条例》、《使用有毒物品作业场所劳动保护条例》、《安全生产违法行为行政处罚办法》、《作业场所职业健康监督管理暂行规定》、《北京市实施〈中华人民共和国矿山安全法〉办法》、《北京市关于重大安全事故行政责任追究的规定》、《北京市安全生产条例》、《北京市人民防空工程和普通地下室安全使用管理办法》、《安全生产监管监察职责和行政执法责任追究的暂行规定》等 12 部，经清理，未发现与《行政强制法》相抵触的行政强制措施和行政强制执行项目。

（柳世杰）

【民主与法制专题广播】 2011年，密云县安全监管局联合县广电中心制作了 3 期"民主与法制"专题广播栏目。1月，针对烟花爆竹零售网点行政许可工作陆续展开，购买、储存、燃放烟花爆竹成为广大群众最为关注的话题，为此，专门录播 1 期以"烟花爆竹安全"为题材的专题栏目。5月，正值户外旅游、购物的高峰期，对此专门制作了 1 期以"旅游安全"为主题的专题栏目。9月，新修订的《北京市安全生产条例》刚刚实施，为加大《条例》宣传力度，县安全监管局以《条例》修改背景、

修改后的特点为主要内容向广大群众做了详细的解读。

（柳世杰）

【法制宣传长廊】 9 月，密云县安全监管局利用县法制公园宣传橱窗开设《北京市安全生产条例》宣传专栏。充分发挥法制公园宣传长廊作用，设计制作了 12 个宣传橱窗，加强了安全生产宣传阵地建设，进一步提升了《北京市安全生产条例》的社会认知度和影响力。

（柳世杰）

【事故案例选编】 7 月，密云县安全监管局将自 2002 年建局以来发生的 13 起典型生产安全事故以《生产安全事故案例选编》形式印制 2 000 册，发放至具有安全监管职责的部门和各镇街、各生产经营单位。该案例汇编深入地分析了每起事故发生的原因和发生机理，对事故发生的根源、责任分析和处理意见进行了点评，并在编后语中对应吸取的教训作出了提示，从而使读者更清晰地了解到一起责任事故从存在隐患的萌芽状态到事故的发生衍变的全过程，使各级管理干部清醒地认识到安全管理、技术管理、生产管理在生产经营活动中的重要作用和相互关系。

（柳世杰）

安全生产科技创安

【市局、科委调研密云县矿山科技创新工作】 11 月 17 日，市科委、市安全监管局到密云县首云矿业调研安全生产科技创新工作，调研组实地考察首云矿业尾矿库及尾砂回收利用系统，召开座谈会了解矿山安全生产科技工作。2011 年，首云矿业投资近亿元，兴建了用于尾矿砂提取加工的回收利用系统，投产后年生产建筑用砂 200 万吨，基本实现了尾矿渣零

排放的目标，极大地减轻了尾矿库重大危险源的安全生产压力。调研组对密云县矿山行业安全生产科技创新工作给予了充分肯定，表示要从新产品研发角度上大力支持密云县矿山行业安全生产领域的科技发展工作，并在全市范围内推广密云县矿山行业科技兴安的安全生产创新工作思路。

（马尚彬）

【矿山物联网建设】 2011年，为落实关于建设现代化矿山的要求，结合地下矿山"六大系统"建设相关规定，密云县安全监管局积极督促5家矿山逐步推广和使用先进安全技术。一是尾矿库预警系统已在密云县5座运行尾矿库全面推广实施，建成了尾矿库数据自动分析汇总系统，5座尾矿库的安全技术参数可随时登录查询，实现尾矿库运行实时监控。二是为加强地下矿山"六大系统"建设，首云地下开采工程已完成了自动监控系统设计，投资2000万用于该系统的建设。三是联系市局信息中心，细致全面地研讨了信息传送对接等具体问题，超前规划地下矿山和尾矿库实时在线监测等自动化监控措施，充分利用先进科技建立安全监测物联网应用系统，提高对危险源动态监管和处置突发安全事故的应变能力。

（马尚彬）

安全生产标准化

【全市交通行业安全生产标准化启动仪式】 7月4日，北京市交通行业平安工地安全生产标准化创建活动启动仪式暨送安全文化进工地活动在密云县密关路白河大桥迁建工程工地隆重举行。市交通委副书记、副主任张树森，密云副县长李光辉出席启动仪式。此次活动由市交通委和市安全监管局主办、市交通委路政局承办。活动旨在全面推进交通行业建设项目安全生产标准化创建工作，进一步加强安全生产基层基础工作，推动安全监管关口前移，重心下移，建立和完善安全生产长效管理机制，打造平安工地，建设平安工程，确保交通行业工程建设安全生产形势持续平稳趋好。张树森、李光辉共同开启了北京市交通行业平安工地安全生产标准化创建活动启动标志，并向密关路白河大桥迁建工程一线建筑工人赠送了图书。

（柳世杰）

【危险化学品标准化】 按照《北京市危险化学品生产经营单位安全生产标准化工作方案》的工作要求，密云县安全监管局组织51家危险化学品生产经营单位开展安全生产标准化工作。5月20日，县安全监管局召开专题工作会议，对危险化学品安全生产标准化工作进行全面动员和部署。截至10月底，51家生产经营单位完成安全生产标准化体系建设备案工作。

（杨淑荣）

【矿山安全生产标准化】 6月份，密云县5家非煤矿山经市安全监管局组织验收，全部通过标准化专家评审，通过了北京市三级安全生产标准化审查，达到国家三级安全生产标准化水平。

（马尚彬）

延庆县

概　述

2011 年，延庆县的安全生产工作坚持"安全第一、预防为主、综合治理"的方针，按照"严上加严、细上加细，警钟长鸣、常抓不懈"的要求，采取措施消除各类隐患，开展安全生产监管监察工作。组织开展各类专项整治工作，落实安全生产责任制和各项安全监管工作措施。组织开展了打击非法违法生产经营建设行为专项行动；牵头组织开展了石河营建材城综合整治工作。开展了塑料加工企业专项整治、制药企业专项整治、职业健康作业场所专项整治、地下空间专项整治、校舍加固专项整治、废品回收站点专项整治、在建路桥专项整治、危险化学品交叉执法等工作。

延庆县安全监管局发挥县安委会办公室及自身工作职责，做好了庆祝建党 90 周年系列活动、"2011 年北京探戈坞森林音乐节活动"、"第十六届消夏避暑狂欢夜活动"、"千人骑游百里山水画廊"、葡萄文化节、"八达岭过境线开通仪式"、"世界马球巡回赛中国站 2011 年第三届北京国际马球公开赛"、"无线电管理宣传月暨宣传咨询日"、"2011 年权品·权金城首届夏都骑士嘉年华"、"新疆和田地区墨玉县文工团演出"、"中国汽车直线公开赛（北京站）"等大型活动期间的安全生产保障工作。特别是"十一"黄金周和首届环北京职业自行车公路赛期间，延庆县组织开展安全生产执法检查，落实值守应急工作，做好节假日和活动期间的安全生产保障工作，做到

责任分工明确、临建设施安全可靠、安全措施落实到位。

按照《北京市开展严厉打击非法违法生产经营建设行为专项行动工作方案》要求，延庆县各职能部门、各乡镇按照工作方案积极落实"打非"专项行动，结合属地、行业特点，按照"四个一律"工作原则，在巩固前一阶段"打非"工作成果的基础上，落实"打非"专项行动，利用新闻媒体，在《延庆报》专栏和"妫川说法"栏目中宣传打非动态，营造良好的社会氛围，建立并完善长效工作机制。截至 2011 年，延庆县共出动检查人员 6 963 人次，发现非法违法行为 262 项，取缔关闭 84 项，停产（停业）整顿 21 家，拆除违法建筑 50 219 平方米，下达执法文书 197 份。

为做好延庆县石河营建材城综合整治工作，消除安全隐患，延庆县委、县政府高度重视，及时成立了石河营建材城综合整治工作领导小组，定期召开整治工作协调会研究部署整治工作。延庆县安全监管局对 2 家未取得《危险化学品经营许可证》的非法储存和销售危险化学品的商户进行了立案处罚，责令其停止了经营活动。对存在电气线路敷设不符合规范要求、特种作业人员未持证上岗的 10 家商户下发了《责令限期改正指令书》，要求无特种作业操作证人员必须取得相关证件后方可从事此类工作。县工商分局对无照经营商户立案 29 起，罚款 5 万元。县公安交通大队查处车辆乱停乱放等违法行为 47 起，罚款 7.1 万元。消防大队向建材城各商户下发了告知书，要求不准存在"三合一"经营现象。各职能部门联合

对建材城东西主路和木材区南北支路两侧挤占道路经营的商户进行了强行腾退，对建材城南城经营商户门前及两侧乱堆乱放物品、私搭乱建占路经营行为进行清理，拆除了私搭乱建的棚子，清理了乱堆的物品。

为做好新修订的《北京市安全生产条例》的宣传贯彻工作，按照全市统一部署，延庆县于2011年8月31日在延庆县中踏广场组织开展了《条例》宣传咨询日活动，副县长刘兵、县委宣传部、县安全监管局、县市政市容委、县住建委、县商务委、县旅游局、县交通大队、县消防大队等安委会成员单位的领导共计30余人参加了宣传活动，通过开展此项活动，提升了《条例》的社会知晓度和影响力，强化了从业人员和社会公众的安全意识，营造了强大的安全生产氛围。与此同时，延庆县各乡镇、街道办事处以及相关单位共设宣传站25个。全县在此次宣传日活动中，共发放《条例》单行本、海报、折页、挂图、环保袋等宣传资料1.2万余份，受教育人数达2万余人。

2011年，延庆县安全监管局共举办各类安全生产培训班59期，培训特种作业人员2 085人。其中：低压运行维修取证的229人、高压运行维修取证的139人、焊工取证的139人、建筑脚手架拆装取证的22人；低压运行维修复审的863人、高压运行维修复审的478人、焊工复审的176人、建筑脚手架拆装复审的39人。培训乡镇安全检查员、生产经营单位主要负责人、安全管理人员共计1 152人。

（朱静）

安全生产综合监督管理

【安全生产控制考核指标完成情况】　市安委会下达给延庆县的死亡控制指标总人数是36人。其中，交通事故31人，火灾事故1人，生产安全事故3人，铁路交通事故1人。全年，延庆县共发生火灾事故170起，同比减少53起，下降23.77%，直接经济损失65.49万元，同比增加1.84万元，上升2.89%；发生一般以上道路交通事故累计85起，同比增加4起，上升4.9%，死亡31人，同比持平，直接经济损失64.46万元，同比减少20.21万元，下降23.9%；共发生生产安全死亡事故2起，死亡2人；未发生铁路交通事故。

（王丹）

【签订安全生产责任书】　为进一步完善延庆县安全生产管理的长效机制，在第一季度安全生产工作会上，对全县安全生产工作进行了安排和部署，并与全县80家相关单位签订《2011年度安全生产责任书》。为落实安全生产综合监管、行业监管、属地监管责任，切实加强生产经营单位安全生产主体责任，建立健全安全生产体系，完善全县安全生产防范机制打下了基础。

（王丹）

【年度安全稳定暨应急工作会】　1月28日，召开延庆县2011年安全稳定暨应急委工作会，部署安全生产、维护稳定、应急委工作和春节及全国"两会期间"安全稳定工作。县委书记孙文锴、县长李先忠等领导出席会议。孙文锴作重要讲话，县委副书记、县长李先忠作县应急委工作报告，县委副书记郭振清主持会议。会上，副县长刘兵通报了安全生产情况，并就下阶段工作进行了部署。孙文锴要求，要狠抓工作落实。要进一步统一思想，全力贯彻落实中央和市委相关会议精神，认真领会县委全会的精神和"十二五"规划纲要的精神，结合实际分解、落实2011年的任务；要进一步明确责任，明确责任主体和分工，增强责任感和紧迫感，扎扎实实完成各项任务。孙文锴强调，要高标准开展工作。要进一步强化"敢于负责、敢于碰硬、敢于创新"的意识，多为群众解决实际问题，提高工作的系统性和统筹性；要结合创先争优工作，继续保持良好的精神状态，爱岗敬业，心无旁骛地抓好工作。孙文锴强调，要落实维稳责任，加大化解矛盾纠纷排查的力度，抓好社会面的防控工作。要做好春节及全国"两会"期间的安全保障工作，精心安排好群众的节日生活，维护市场秩序，营造欢乐祥和的节日氛围，确保全县群众度过一个平安、欢乐、祥和的新春佳节。

（王丹）

【年度安全生产工作会】　1月31日上午，延庆县安委会组织召开了延庆县2011年安全生产工作会，县安委会成员单位、各乡镇、街道及县重点企业的主要领导参加会议。会上对2010年安全生产工作进行了总结，对2011年工作进行了安排和部署，对2010年延庆县安全生产工作先进单位进行了表彰。

（王丹）

【"两会"期间安全保卫工作会】　3月1日，延庆县安全监管局组织辖区内危险化学品、烟花爆竹、职业安全等30余家重点生产经营单位召开了2011年第一季度安全生产工作会。会上传达并强调了《北京市安全监管局关于做好全国"两会"期间安全生产工作的通知》的工作要求和任务部署。县安全监管局副局长张鑫根据延庆县实际情况并结合"两会"期间的重点工作对县"两会"期间重点行业隐患排查、应急值守、反恐防控等各项工作进行了全面安排部署并提出具体工作要求。

（陈祥）

【二季度安全生产工作会】　4月22日，延庆县安委会召开了延庆县2011年第二季度安全生产工作会，县安委会成员单位主管领导，部分市属在延庆县单位的主要负责人共计80余人参加了此次会议。会上，延庆县安全监管局局长王忠东总结了2011年第一季度安全生产工作情况，分析了当前的安全生产形势，并对下一阶段的工作任务进行了全面的部署。县质监局局长韩少清对延庆县乡镇、街道特种设备安全管理工作进行了安排。副县长刘兵出席了此次会议并对下一阶段的工作提出了以下意见：一是要充分认识抓好当前安全生产工作的极端重要性，进一步增强责任意识、政治意识和大局意识，继续深化"安全生产年"活动；二是及早筹划，积极开展好全国第十个"安全生产月"宣传教育等工作；三是突出做好危险化学品、建筑施工、农业、人员密集场所等重点行业和领域的安全生产监管，加大检查力度和频次，严防事故的发生，同时扎实推进隐患自查自报系统在延庆县的推广和应用工作；四是进一步加强特种设备安全管理工作。

（王丹）

【安全生产月动员工作会】　5月17日，召开延庆县安全生产月活动动员会，延庆县安委会成员单位、各乡镇、街道办事处、重点企业的主管领导共计70余人参加了此次会议。会上对2011年"安全生产月"工作进行了安排和部署。

（王丹）

【三季度安全生产工作会】　7月28日，延庆县安委会召开了2011年第三季度安全生产工作会，县安委会成员单位的主管领导，部分市属在延庆县单位的主要负责人共计80余人参加了此次会议。会议由政府办副主任王云主持。会上，县安全监管局局长王忠东总结了2011年上半年安全生产工作情况，对下半年的工作任务进行了全面的部署。县安全监管局调研员贾晓义传达了近期中央及北京市重要文件精神。副县长刘兵出席了此次会议，分析了当前安全生产形势，并就下一步的安全工作强调了七点意见：一是要求各单位各部门要增强责任感、紧迫感和使命感，同时树立全员意识、警钟长鸣意识、预防为主和从零开始的意识，做好 2011 年的安全生产工作，确保不突破安全生产控制考核指标；二是要落实行业、属地、综合监管等安全生产责任，进一步完善监管机制；三是落实"安全生产年"及近期重点工作；四是结合"打非"工作，扎实推进石河营建材城综合整治工作；五是切实做好汛期安全防范工作；六是加强各级安全教育培训，增强全民安全素质和意识；七是加强对重大活动、节日的安全保障工作。

（王丹）

【年度安全生产执法证件换发工作】为加强对安全生产执法证件的管理，按照《北京市安全监管局关于办理 2010 年安全生产执法证件相关工作的通知》文件要求，延庆县安全监管局向市安全监管局报送了安全生产执法证复审申请材料，完成了2011 年延庆县安全监管局部分执法人员执法证件的换证工作。

（王丹）

【开展"打非"专项行动】延庆县各职能部门、各乡镇依照《延庆县开展严厉打击非法违法生产经营建设行为专项行动工作方案》的安排部署，严格按照"四个一律"工作原则，在巩固前一阶段"打非"工作成果的基础上，继续落实"打非"专项行动，逐步建立并完善长效工作机制。经统计，共出动检查人员 6 963 人次，发现非法违法行为 286 项，取缔关闭 113 项，停产（停业）整顿 21 家，拆除违法建筑 55 719 平方米，下达执法文书 197 份。

（王丹）

【安全生产"护航"行动】按照北京市安全生产委员会《关于开展北京市安全生产"护航"联合行动的通知》（京安发[2011]14 号）文件精神，延庆县围绕"两节"、"两会"安全生产监管工作，集中开展了"护航"联合行动，成立了由主管副县长刘兵担任组长，县政府办副主任王云、县安全监管局局长王忠东为副组长，县安委会全体成员单位为成员的安全生产"护航"联合行动领导小组，于 12 月 9 日制定下发了《延庆县安全生产"护航"联合行动实施方案》。对全县开展"护航"联合行动的工作原则、组织机构、时间安排、工作职责及分工等提出具体要求。全县各职能部门、各乡镇按照全县工作方案积极落实"护航"联合行动，分头组织属地、行业内动员部署大会，并结合属地、行业特点，开展了相关执法检查工作。经统计，在"护航"联合行动开展期间，全县各部门、各乡镇、街道办事处共检查生产经营单位 1 897 家次，发现隐患 481 项次，督促整改完毕 432 项次，下达执法文书 258 份。

（王丹）

危险化学品安全生产监管

【危险化学品行政许可】2011 年，危险化学品行政许可 4 家次，其中换证 2 家次，迁址办理"三同时"1 家次，迁址重新办证 1 家次。

（陈祥）

【危险化学品安全工作会】1 月 12 日，延庆县安全监管局组织县域内 10 家重点危险化学品生产经营单位的主要负责人参加延庆县危险化学品安全工作会。会上，延庆县安全监管局对延庆县的实际情况提出具体工作要求。

（陈祥）

【危险化学品安全生产执法检查】
全国两会期间，延庆县安全监管局每日由局领导带领检查组对危险化学品等重点行业进行逐家检查，检查覆盖率达到100%，共检查生产经营单位49家次，其中危险化学品从业单位43家次，烟花爆竹从业单位6家次，出动执法人员35人次，出动执法检查车辆17车次，共下达行政执法文书20份，其中强制措施决定书3份，责令改正指令书15份，复查意见书2份，查出隐患26项。针对各单位存在的问题分别下发了行政执法文书，并提出了切实可行的整改措施，责令整改的企业按要求进行全面整改，通过复查均按要求完成了整改。

（陈祥）

【危险化学品储存仓库专项整治】　5月，延庆县安全监管局组织辖区内相关危险化学品生产经营单位召开了危险化学品储存仓库专项整治工作动员部署工作会。会上传达并讲解了《延庆县危险化学品储存专项整治工作方案》和《危险化学品仓库建设及储存安全规范》，并对此项工作提出了具体工作要求。危险化学品生产、经营和使用单位根据新颁布实施的《危险化学品仓库建设及储存安全规范》，对本企业危险化学品储存场所进行了一次全面排查，切实促进危险化学品储存场所硬件设施的改善和提高，严格按照新地方标准的要求进行危险化学品储存场所的新建、改建和扩建工作，并对各危险化学品储存仓库进行全面检查验收。

（陈祥）

【危险化学品企业应急演练】　为切实提高延庆县危险化学品生产企业的应急处置能力，预防生产安全事故的发生，结合"安全生产月"活动，延庆县应急办、县安全监管局和县消防大队于6月23日组织延庆县的北京玻钢院复合材料有限公司开展了危险化学品事故应急救援演练。此次演练，该单位共出动50余人和1辆内部消防车，县消防大队出动3辆消防车配合了此次演练活动。演练过程中报警、疏散、伤员救护、灭火等各个环节协调有序、行动迅速、忙而不乱。通过此次危险化学品事故救援演练，切实提高了该单位广大职工处置突发事件的能力，达到了预期效果。10月21日，延庆县安全监管局联合延庆南菜园、八达岭、永宁消防中队组织康庄油库举行了大型的事故应急救援演练。此次演练共出动了14辆消防车，100余人参加了此次演练活动。

（陈祥）

【危险化学品经营单位区县交叉执法检查】　9月5—9日，昌平区安全监管局有关人员到延庆县进行交叉执法检查，由延庆县安全监管局副局长张鑫和昌平区有关领导分别带队成立两个检查组，对延庆县危险化学品从业单位进行了全覆盖检查。此次共检查危险化学品从业单位39家次，其中工业气体经营单位3家次，建材城1家次，加油站35家次，共出动执法检查人员45人次，检查车辆15车次，共下达责令限期整改指令书8份，发现问题16项。

（陈祥）

烟花爆竹安全监管监察

【烟花爆竹行政许可】　2011年，烟花爆竹行政许可审批情况：延庆县有1家烟花爆竹批发单位，25家烟花爆竹零售网点

（含 6 家烟花爆竹长期销售网点）。共提出申请并受理了 20 家，经现场审核批准并取得烟花爆竹经营许可证 19 家（其中主渠道 1 家，非主渠道 18 家，城区搭设零售棚 7 家），1 家现场不符合要求做出不予颁发烟花爆竹销售许可证的决定。

（陈祥）

【烟花爆竹大型宣传活动】 1 月 27 日，延庆县安全监管局参加了由县烟花办在妫川广场组织举行的主题为"依法文明安全燃放，保护生命财产安全"的大型宣传咨询活动。宣传活动共向过往群众发放了烟花爆竹宣传画、手册、对联等宣传材料 11 万余份，制作各类宣传展板 30 余块，设立烟花爆竹真伪鉴别咨询台 2 处，直接受教育群众达 15 万余人次。

（陈祥）

【烟花爆竹安全教育培训】 1 月 24 日，延庆县安全监管局组织县监察、公安、工商、消防、城管、日杂公司的有关领导和 25 家烟花爆竹零售网点负责人和从业人员召开了 2011 年春节期间烟花爆竹安全管理动员部署工作会。会上分别对市、县《2011 年春节烟花爆竹储存销售工作实施方案》和《北京市安全监管局关于加强春节期间烟花爆竹零售单位安全生产工作的通知》进行了传达并组织商户签订了安全承诺书、责任书。

（陈祥）

【烟花爆竹执法检查情况】 2011 年春节期间，延庆县安全监管局每日对烟花爆竹储存仓库和各零售网点进行安全检查和夜间抽查，确保了节日期间烟花爆竹储存和销售安全。烟花爆竹销售期间共检查烟花爆竹储存、经营单位 173 家次，下达责令改正指令书 21 份，发现问题 46 项，出动检查车辆 38 车次。1 月 28 日、31 日、2 月 2 日、5 日分别由县委书记、县长、主管副县长等带队，县安全监管局、公安分局、工商分局和公安消防大队等职能部门共同对延庆县烟花爆竹批发储存仓库和各零售网点进行了安全生产检查。县领导强调，各烟花爆竹从业单位要切实落实好各项安全生产责任制度，加强日常安全管理及应急值守工作，各相关职能部门要进一步加大执法检查力度，采取切实有效的安全监管措施，全力做好延庆县烟花爆竹经营单位的安全监管工作，杜绝各类事故的发生，确保节日期间的安全稳定。

（陈祥）

【烟花爆竹回收工作】 2011 年，延庆县共回收烟花类 150 箱、爆竹类 31 箱，现库存烟花类 300 箱、爆竹类 476 箱，回收工作完成，自此 2011 年烟花爆竹销售工作圆满结束。

（陈祥）

【烟花爆竹销售网点的安全监管检查】 为做好春节期间的烟花爆竹安全生产工作，延庆县安全监管局根据《延庆县安全监管局烟花爆竹安全生产检查工作计划》在延庆县范围内开展烟花爆竹销售单位专项执法检查工作，重点检查烟花爆竹经营许可内容与实际条件是否相符，专人、专店销售及安全管理情况，烟花爆竹存放情况，消防器材、安全标示配备情况，安全教育培训和检查情况，劳动防护用品配备、穿戴情况，烟花爆竹的品种、规格是否符合要求等。针对检查中发现的个别销售网点存在的问题，县安全监管局对其下达了责令限期改正通知书，责令限期整改，确保安全。

（刘晓丽）

安全生产事故隐患排查治理

【废弃矿山隐患治理竣工】 根据延庆

县《大庄科乡废弃矿山隐患治理工作方案》的整体工作安排，延庆县安全监管局与通过招投标确定的施工方签订了《隐患治理施工合同》，并进场开始隐患治理。6月18日完成了延庆县大庄科乡王庄村和松树沟村的两处废弃矿山隐患的综合治理。北京八达岭金宸建筑有限公司提交了竣工报告和相关资料。北京安华建设监理公司对此次隐患治理工程进行了全程监理，已出具了监理报告及相关资料，确认隐患治理工程符合标准。

（陈祥）

【废弃矿山隐患治理验收】　6月29日，延庆县安全监管局会同县财政局、环保局、国土资源分局、大庄科乡政府、北京安华建设监理公司和北京八达岭金宸建筑有限公司对大庄科乡两处废弃矿山隐患治理项目进行了前期检查验收，各部门和各单位均验收合格并进行了签字确认，通过县级验收。

（陈祥）

【推广事故隐患自查自报系统工作】　按照全市统一部署，延庆县于2010年12月中旬启动了推广应用事故隐患自查自报系统工作，制订下发了《延庆县安全生产委员会办公室关于在全县范围内推广应用顺义区安全生产事故隐患自查自报系统工作方案》、《延庆县安全生产委员会办公室开展生产经营单位调查摸底工作方案》，2011年1月20日召开专题会议对调查摸底工作进行了部署。经各乡镇、街道办事处、各职能部门对辖区、行业内各生产经营单位进行调查摸底后，向市安全监管局上报生产经营单位734家。经过市安全监管局的统一审核后，延庆县于9月23日，对摸底调查范围内各乡镇、街道、职能部门相关工作人员使用自查自报系统进行了培训。通过直接使用市安全监管局系统，延

庆县已完成危化、人员密集场所及建筑施工企业使用隐患自查自报系统的填报等工作。

（王丹）

安全生产应急救援

【建立应急救援队伍】　延庆县安全监管局依托北京玻钢院复合材料有限公司成立了危化应急救援队伍，人员达50人，配备了必要的应急装备。各应急救援队伍由县应急办统一调配，应对县域范围内的各类突发事件。

（王丹）

【全面开展应急演练工作】　按照《北京市安全生产条例》和《北京市生产经营单位生产安全事故应急预案演练管理办法（试行）》等法律法规的规定，结合全国安全生产月"演练周"和全国第三个"防灾减灾日"活动，延庆县安全监管局认真贯彻落实延庆县突发事件应急委员会办公室《关于做好2011年应急演练管理工作的通知》，组织并参与行业管理部门和生产经营单位举行的各种应急救援演练活动。4月21日，延庆县夏都大地燃气公司进行了站区LNG设备事故应急抢险预案演练活动。4月27日，县文委在文化中心组织了消防知识培训和消防演练。5月30日，县市政市容委在火神庙街举行供暖小室排气阀门检修有限空间作业流程演练。6月13—19日，"应急演练周"期间，全县共有87家生产经营单位开展了应急预案演练。6月15日，县公路分局在香龙路K20公里处组织了防汛应急演练。6月23日延庆县安全监管局和县消防大队组织北京玻钢院复合材料有限公司开展了事故应急救援演练。此次演练，该单位共出动50余人和1辆内部消防车。

县消防大队出动 2 辆消防车配合了演练活动。7 月 6 日，县水务局在县污水处理厂开展了有限空间作业应急救援演练。8 月 23 日，县交通局在南菜园消防中队院内开展了消防应急灭火实操演练。10 月 21 日，县安全监管局联合延庆南菜园、八达岭、永宁消防中队组织康庄油库举行了大型的事故应急救援演练。此次演练共出动了 14 辆消防车，100 余人参加了演练活动。除此之外，其他生产经营单位结合工作实际，相继开展各项应急救援演练活动，各个加油站按照《北京市汽车加油加气站安全管理规范（试行）》的规定，定期进行了演练，多达 160 次。

（王丹）

【修订应急预案工作】 为规范县级专项应急预案编制工作，提高预案质量，按照县应急办工作要求，延庆县安全监管局完成了《延庆县危险化学品事故应急预案》的修订工作。同时，指导县域内各危险化学品和烟花爆竹从业单位开展了应急预案的制定和备案工作。

（王丹）

【开展应急培训】 延庆县安全监管局贯彻县应急委《延庆县"十二五"期间应急体系发展规划》，开展应急管理培训及宣传教育工作，延庆县安全监管局工作人员多次到乡镇、生产经营单位开展应急救援等安全知识的宣传培训，全年共举办培训班 14 期，受教育人数达 1 152 人。

（王丹）

安全生产执法监察

【年度执法检查情况】 2011 年，延庆县安全监管局对延庆县辖区内生产经营单位共检查 1 021 家，完成执法工作目标 910 家的 112%。其中危险化学品生产经营单位

44 家、烟花爆竹储存经销单位 29 家、工业企业 196 家、人员密集场所 230 家、建筑施工单位 169 家、其他行业 353 家。共下达行政执法文书 467 份，完成本局下达的执法工作目标 455 份的 103%。其中责令改正指令书 465 份、强制措施决定书 2 份。查处事故隐患 1 779 项次，实际完成事故隐患整改 1 743 项次，整改率为 98%。行政处罚 46 起，罚款金额 7.9 万元，完成执法工作目标 46 起的 100%。

（刘晓丽）

【春节前安全生产大检查】 2011 年春节，延庆县安委会在全县范围内组织开展了由县领导及行业主管部门带队、相关部门参加的安全生产联合大检查工作，按照"属地管理、条块结合"的原则，根据各单位、各部门安全监管（管理）职责，共分为 11 个检查组，对全县范围内的危险化学品、烟花爆竹、人员密集场所、交通运输、娱乐场所、文化教育、建筑施工企业、职业安全、工业企业、旅游景区、宾馆饭店、民俗村、医疗机构等生产经营单位进行了安全大检查，据统计，全县共出动执法检查人员 1 400 人次，检查生产经营单位 160 家次，共查出问题隐患 245 项次。

（王丹）

【全国"两会"期间专项执法检查】 2011 年全国"两会"期间，延庆县安全监管局研究制订了《"两会"期间安全生产检查工作计划》，成立了生产安全保障工作领导小组，并结合实际依照科室职能进行了详细分工，为进一步加强安全生产各项检查，按照计划每天分两组对延庆县域内的危险化学品、烟花爆竹、旅游景区、星级宾馆饭店等人员密集场所和重点工业企业进行检查，彻底消除各类安全隐患。尤其加强对重点单位、重点部位实施全面严格

监控，制定"两会"期间安全应急措施，切实落实 24 小时值班制度和领导带班制度，加强安全值班备勤工作，随时应对突发事件。

（刘晓丽）

【人员密集场所专项执法检查】 延庆县安全监管局采取了单位自查、部门检查、联合检查的方式，开展安全生产大检查、大排查、大整改活动。据统计，共出动检查人员 200 多人次，检查各类生产经营单位 140 多家，查出各类安全隐患 225 项，下达整改责令书 45 份，行政处罚 3 起，罚款金额 1.55 万元。一是单位自查。各生产经营单位根据主管部门的要求，认真组织开展安全生产自查自改工作，在进行自查基础上，又由专门的安全管理人员对本单位的重点场所、重点环节和重点部位进行了系统排查。二是部门检查。各行业主管部门按照职责分工，对本行业领域生产经营单位开展安全生产大检查情况进行全面检查，强化监管，严格执法，对发现的安全隐患，责令立即整改，不能立即整改的下达限期整改通知书。三是联合检查。在企业自查、部门检查的基础上，同相关部门成立联合检查组，对旅游景区、商市场、宾馆饭店、文化娱乐场所等重点生产经营单位进行重点检查。通过此次检查，受检单位主要负责人对安全生产重视程度有所提高，各项安全生产制度比较健全，安全出口能按规定保持畅通。但生产经营单位还存在安全隐患，如：未进行生产安全事故应急救援预案演练；个别部位疏散通道未保持畅通；个别员工培训教育不到位；消防栓前摆放物品。

（刘晓丽）

【批发零售市场专项执法检查】 3 月 16 日，由延庆安全监管局牵头，与县商务委、县工商局、县消防大队等职能部门组成专项检查组，共同对延庆县域内的批零市场实施专项检查。通过调查摸底，延庆县共有批零市场 14 家（其中 8 家已经停业），主要从事服装、小商品、电子及建材用品的批发零售。此次执法检查，共查处各类隐患问题 15 项次，下达责令改正指令书 6 份，整改复查意见书 3 份。

（刘晓丽）

【警地道路交通联合演习】 为保障在延庆县香营乡举行的由交通运输部、北京市政府、武警交通指挥部主办，由交通运输部公路局、交通运输部救捞局、北京市交通委员会、武警交通直属工程部、延庆县人民政府承办的北京公路交通警地的联合应急救援演练，4 月 23 日，由市安全监管局执法监察队对警地道路交通联合演习观礼台及其临建设施进行安全检查，并且对观礼台的平稳性、牢固性、背景板的稳定性以及配重架的拉接等方面都提出了明确的要求。4 月 28 日，警地道路交通联合演习正式举行，延庆县安全监管局工作人员按照职责分工对警地道路交通联合演习现场进行应急值守，全力保障演习活动顺利、安全进行。

（刘晓丽）

【"五一"前安全生产大检查】 4 月 27 日，延庆县副县长刘兵带领县住建委、县商务委、县安全监管局、县工商分局、县旅游局、县质监局、县消防大队及相关乡镇、街道办事处的主管领导，对延庆县保障性住房建筑工地、温泉南区东里社区、大城堡加油站、石河营同富建材有限公司、日上市场、龙庆峡景区 6 家生产经营单位进行了节前安全生产联合检查。检查发现，各单位基本能够认真落实各项安全管理制度和责任制，为"五一"期间的安全管理工作做了充分的准备。

（王丹）

【"端午节"活动期间安全生产保障】

为切实做好延庆县第六届端午文化节、首届北京大学生龙舟锦标赛、第十六届消夏避暑节开幕式活动的安全生产保障工作,6月4—6日,延庆县安全监管局对夏都公园、体育公园、会展中心活动现场搭建的临时设施进行认真检查,并派人进行了全程值守,要求相关职能部门协调配合,为活动的顺利举行打下了坚实的基础。

（刘晓丽）

【废品回收站点安全隐患专项检查】

7月12日,延庆县安全监管局联合县商务委、县社、县工商局、县消防大队等相关部门对延庆县城乡结合处 5 家规模较大的废品回收站点进行了安全检查,检查组各成员单位根据各自职责,针对检查中各废品回收站点所存在的安全隐患分别提出了整改要求,并下发了责令改正指令书,责令各站点立即进行整改,同时要求各站点在整改期间加强安全管理及日常安全巡查,落实各项防范措施,确保安全生产。

（刘晓丽）

【地下空间专项安全检查】

7月14日、15日,根据延庆县《平安行动实施细则》的要求,由延庆县住建委牵头,县安全监管局、县工商局、县公安局、县卫生局等职能部门组成联合检查组,对延庆县的 12 家地下空间使用单位进行安全检查。此次检查的重点为普通地下室的登记备案情况、地下室突发事件应急预案的制定及演练情况、从业人员的安全生产培训教育情况、疏散通道是否畅通及其指示标志的配备情况、从业人员的健康状况等。经检查,大部分地下空间使用单位都对从业人员进行了安全生产培训教育,制定了生产安全事故应急救援预案并进行了演练,地下室的使用符合安全生产的要求,有极个别的地下室使用单位存在安全疏散指示标志不能正常使用的情况,县安全监管局责令存在问题的生产经营单位立即进行整改。

（刘晓丽）

【校舍加固工程专项检查】

2011 年,延庆县安全监管局会同县住建委对本县 21 所中小学校校舍抗震加固、12 所学校平房翻建施工工地进行安全生产专项检查。共检查建筑施工单位 50 家次,下发行政执法文书 46 份,查处问题隐患 158 项。

（刘晓丽）

【"十·一"黄金周安全生产大检查】

延庆县安全生产委员会制订并下发了《关于 2011 年中秋节及"十·一"黄金周安全生产大检查工作方案》,共分为 12 个检查组,对全县范围内的商市场、餐饮服务、危险化学品企业、烟花爆竹、交通运输、娱乐场所、文化教育、建筑施工企业、职业安全、工业企业、旅游景区、宾馆饭店、民俗户、医疗机构等生产经营单位进行全面、深入的安全生产大检查。据统计,9 月10—12 日,延庆县安全监管局共出动检查人员 15 人,检查车辆 6 车次,共检查生产经营单位 21 家次,检查中执法人员要求各单位要认真落实安全生产责任制,做好各项安全防护措施,值守人员要保持通信畅通,全面做好"中秋节"期间的安全保障工作。9 月 28 日,副县长刘兵带队,由县应急办、县住建委、县商务委、县旅游局、县质监局、县安全监管局、县消防大队主管领导组成联合检查组,对县医院改扩建施工工地、八达岭温泉度假村、北京八达岭华风温泉大城堡、京张路加油站、日上市场进行了十一节前安全生产联合检查。通过检查,各单位基本能够认真落实各项安全管理制度和责任制,但还是存在一定的问题,如未按要求设置应急疏散标识、安全警示牌数量不足、对职工的安全教育培训不到位、灭火器到期未及时更换等。

（王丹）

【**大型活动安全生产保障**】　2011 年，延庆县安全监管局做好了庆祝建党 90 周年系列活动、"2011 年北京探戈坞森林音乐节活动"、"第十六届消夏避暑狂欢夜活动"、"千人骑游百里山水画廊"、葡萄文化节、"八达岭过境线开通仪式"、"世界马球巡回赛中国站·2011 年第三届北京国际马球公开赛"、"2011 权品·权金城首届夏都骑士嘉年华"、"新疆和田地区墨玉县文工团演出"、"中国汽车直线公开赛（北京站）"等大型活动期间的安全生产保障和应急值守工作。

（刘晓丽）

职业安全健康

【**职业病防治法宣传活动**】　4 月 26 日，由延庆县卫生局牵头，县安全监管局、县人力和社保局及总工会在夏都广场联合开展《职业病防治法》宣传活动。各部门的主管领导到场向过往群众发放自行印制的各种职业病防治宣传单 3 000 份，各种宣传画 1 500 张，同时向 10 个重点危害企业的 3 000 多名职工宣传了职业病的危害以及预防知识。延庆县安全监管局还开展了职业卫生知识巡回展出、主题宣传画进企业等一系列宣传活动。至 5 月底，延庆县各部门共发放各类宣传材料 2.13万余份，深入企业宣传 17 次，张贴各类宣传画 500 余份，出动宣传人员 200 余人次。此次宣传活动得到了延庆县广电中心的大力支持。

（闫淑亮）

【**职业健康管理员培训**】　上半年，市安全监管局组织了两期职业健康管理员的培训班，延庆县安全监管局共组织了 38

家单位的职业卫生管理人员参加了培训。各单位的职业健康管理员通过学习取得了证书。11 月份，延庆县安全监管局还组织了 4 家木制家具企业的 9 名负责人和职业卫生管理人员，参加了市安全生产协会组织的木制家具企业负责人和管理人员培训班。

（闫淑亮）

【**有限空间作业现场监护人员培训**】延庆县安全监管局聘请具有三级培训机构资质的北京市劳动保护科学研究所来延庆县开展有限空间作业现场监护人员特种作业操作证的培训。5 月 30 日上午，延庆县辖区内 60 余家单位的 114 人参加的有限空间作业现场监护人员特种作业培训班在县安全生产培训中心开班，最终有 112 人通过考试并取得了特种作业资格证。

（闫淑亮）

【**有限空间专项整治工作**】　7 月 6—12 日，延庆县安全监管局对县市政系统的延庆县城北供暖中心、垃圾填埋场、粪便处理站、大地燃气公司，水务系统的污水处理厂、乡镇污水处理站，供电公司、歌华有限公司以及部分物业单位进行了专项检查。共抽查生产经营单位 11 家。被抽查单位建立了各项管理制度和应急预案，开展了人员培训和演练。同时，仍存在有限空间作业审批表填写不规范、检测设备未定期检验致使检测数据不准确 7 项隐患。检查组责令存在问题的单位立即进行整改，并要求加强对一线作业人员的教育培训，合理安排时间尽快开展应急救援演练，细化演练程序和操作规程，确保延庆县有限空间作业不发生中毒窒息等生产安全事故。

（闫淑亮）

【**有限空间两气工程检查**】　9 月 8—15 日，由县农委牵头，县能源办、新农村办、县安全监管局分别由一名主管领导参加，集中对延庆县大榆树镇、沈家营镇、延庆镇、永宁镇、张山营镇和康庄镇 6 个乡镇的 21 家"两气"工程进行了安全生产检查，其中沼气站 6 家，生物质气化站 15 家。共查出各项问题 56 项，主要问题集中在灭火器过期、过滤集水池无防护、电气线路不防爆且设置不符合规范要求、大量易燃物堆放、无安全警示标志、无有限空间检测、通风等作业和应急设备等。以上问题均由能源站下发了整改意见书，各检查组人员签字，责令主体单位限期进行整改。

（闫淑亮）

【有限空间交叉执法检查情况】 10 月下旬，按照市安全监管局有关通知精神，延庆、昌平、海淀三区县开展了职业卫生交叉互查活动，共检查了经营单位 20 家。

（闫淑亮）

安全生产宣传培训

【安全生产月活动】 6 月，按照《2011 年北京市"安全生产月"活动方案》部署，延庆县各乡镇、各行业、各部门结合实际情况，广泛深入地组织开展了以"落实企业主体责任，保障城市运行安全"为主题的"安全生产月"活动。为加强组织领导，成立了延庆县 2011 年"安全生产月"活动领导小组。副县长刘兵担任组长，县委宣传部副部长、县安全监管局、县精神文明建设委员会办公室、县教工委、县公安局、县文化委员会、县广播电视中心、县总工会副、团县委、县妇女联合会主管领导担任副组长，十部门联合制订下发了《2011 年延庆县"安全月"活动方案》，全县 15 个乡镇、街道办事处以及县政府各职能部

门也都相应制订了"安全月"活动方案，成立了由主要领导为组长的领导小组，负责协调指导本系统或本单位的"安全月"活动，确保"安全月"活动顺利有效地开展。为全面深入地开展宣传教育活动，县有关单位特为活动制作了宣传条幅、宣传展板，印制、购买了宣传挂图、折页、宣传单等宣传用品，同时，借助公共场所设置的电子显示屏发布安全生产宣传口号，播放安全生产宣传短片，充分运用报刊、广播、电视、互联网等大众媒体，大张旗鼓地宣传安全生产的各项法律、法规及人员密集场所安全生产、职业安全健康相关规定，在延庆报设立安全生产宣传专栏，定期向延庆报社投送各类安全知识和常识，并按照规定做好各类信息的上报和宣传工作，反映安全生产工作的实情，使有关部门能够尽快准确地了解安全生产方面的各项法律、法规、安全生产形势，掌握安全生产动态。

（王丹）

【安全生产月启动】 5 月 30 日，安全生产月正式启动。延庆县"安全生产月"活动领导小组于 6 月 12 日在县中踏广场开展咨询日活动，摆放各类宣传展板，悬挂横幅及各种宣传彩旗，延庆县副县长刘兵及部分县安委会成员单位主管安全的领导共计 70 余人参加了此次咨询活动。县安全监管局会同县委宣传部、县法制办、县文委、县住建委、县民防局、县卫生局、县旅游局、县交通大队、县消防大队等单位在安全生产知识、人防安全、旅游出行、特种设备使用、交通安全、消防安全、职业病防治等方面进行了宣传，并将各类宣传材料发放到过往群众手中，广泛深入地普及与人民群众生产、生活密切相关的各类安全方面的基本常识。与此同时，延庆县各乡镇、各单位共设宣传站 40 个，据统计，此次

咨询日活动中共发放宣传挂图、各类折页等宣传资料 6.5 万余份。

（王丹）

【安全知识宣传】　安全生产月期间，开展了"安全知识服务基层、安全教育进社区、进企业、进工地、进乡镇"活动，以《安全生产法》、新修订的《北京市安全生产条例》等法律法规及《国务院关于进一步加强企业安全生产工作的通知》（国发[2010]23 号）为主要内容，在珍珠泉乡政府、舜泽园社区、悦泽园建筑工地进行了宣传活动，面向基层开展了安全知识的宣教工作。在石河营建材城，县安全监管局、县消防大队、延庆镇政府工作人员将《致商户的一封公开信》等宣传材料送到了每家每户，全面普及了与人们生活密切相关的各类安全生产知识。

（王丹）

【沈家营镇安全生产知识竞赛】　7 月 14 日，延庆县沈家营镇举办了由镇域内企业、行政村参加的"沈家营镇 2011 年安全知识竞赛"，此次竞赛涉及全面，汇集了安全生产、交通、消防等各类安全知识，县安全监管局、县总工会等部门的领导参与了此次活动。

（王丹）

【复合材料公司举办知识竞赛】　7 月 27 日，北京玻钢院复合材料有限公司举办了 2011 年安全生产知识竞赛，共有 13 个单位的 16 支代表队参赛，参加、观看竞赛的人数达到 80 余人。此次竞赛的内容涵盖了国家安全生产的各项法律法规、公司安全生产管理制度及安全生产、交通安全、危化品安全、职业健康、特种设备、安全防火等方面的安全常识。

（王丹）

【开发区举办安全知识竞赛】　7 月 28 日，由延庆经济开发区主办，县安全监管

局、消防大队、交通大队共同协办的"落实企业主体责任、保障城市运行安全"知识竞赛在延庆开发区举行。此次活动共有 12 支代表队参加，竞赛内容涵盖了《安全生产法》、《有限空间作业安全管理规定》、《道路交通安全法》、新《消防法》、《中华人民共和国突发事件应对法》、《工会法》和有关生态方面的知识。8 月 10 日下午，延庆县农业局举办了局机关及隶属的 9 个基层所、动物卫生监督所、疫控中心、畜牧技术推广站共计 13 支代表队参加的 2011 年安全生产知识竞赛。

（王丹）

【强化安全意识知识竞赛】　8 月 25 日，延庆县安全监管局、县总工会联合举办了以"落实企业安全生产责任、强化从业人员安全意识"为主题的安全生产知识竞赛。此次竞赛内容涵盖了《安全生产法》、新修订的《北京市安全生产条例》等法规以及安全标准、《国务院第 23 号通知》和《北京市第 40 号通知》以及居家安全、建筑安全、危险化学品安全、消防安全、职业危害、应急救援知识等方面的安全科普知识。县安全监管局、县总工会的有关领导出席了此次活动。12 个乡镇、街道办事处、教委、市政市容委、质监局、北京玻钢院复合材料有限公司等共 22 个代表队参加了此次活动。各乡镇、各单位、各部门领导对此项活动都十分重视，经预赛、决赛激烈角逐，最终教委代表队荣获决赛第一名的优秀成绩，获得了参加市级竞赛的资格。

（王丹）

【安全生产条例宣贯工作】　8 月 31 日，在延庆县中踏广场组织开展了新修订的《北京市安全生产条例》宣传咨询日活动，主要对"国务院第 23 号文"、"市政府第 40 号文"及新修订的《北京市安全生产条例》

进行宣传，副县长刘兵、县委宣传部、县安全监管局、县市政市容委、县住建委、县商务委、县旅游局、县交通大队、县消防大队等安委会成员单位的主管领导共计 30 余人参加了宣传活动。与此同时，延庆县各乡镇、街道办事处以及相关单位共设宣传站 25 个。据统计，延庆县在此次宣传日活动中共发放单行本、海报、折页、挂图、环保袋等宣传资料 1.2 万余份，受教育人数达 2 万余人。

（王丹）

【举办各类安全生产培训班】 2011年，延庆县安全监管局共组织举办各类安全生产知识培训班 14 期，参加培训的人员包括各乡镇安全检查员、生产经营单位主要负责人、安全管理人员及从业人员共计 1 152 人。

（王丹）

【乡镇街道安全员培训班】 8 月 10日，延庆县安全监管局举办了 2011 年安全生产培训班，全县各乡镇、街道办事处主管安全生产工作的副职领导和安全检查员共计 70 余人参加了此次培训。培训内容主要包括：新修订的《北京市安全生产条例》、《国务院关于进一步加强企业安全生产工作的通知》、危化行业安全监管、建筑施工现场安全检查、职业卫生及有限空间等方面的知识。安全生产教育培训工作是提高安全生产监管水平的有效途径，此次通过对各乡镇、街道办事处安全管理人员及检查员的安全生产培训教育，进一步提高了基层安全管理整体素质，为推动全县安全生产工作的顺利开展奠定了坚实的基础。

（王丹）

【报送安全生产工作信息】 2011 年，延庆县安全监管局利用网络媒体向市安全监管局外网、县政府、报社、广电中心等有关部门报送各类信息 48 篇，刊登安全生产知识专栏 24 期。

（王丹）

【安全生产培训考核工作】 根据《北京市烟花爆竹经营许可实施办法》，结合延庆县 2012 年元旦、春节烟花爆竹销售工作安排，组织开展 2011 年烟花爆竹零售单位主要负责人安全资格考试报名工作，共计 20 人通过了资格审核，准备参加安全资格考试。

（王丹）

安全生产标准化

【制订企业安全生产标准化工作方案】 2011 年，根据市安全监管局《关于印发〈北京市危险化学品企业安全生产标准化工作方案〉的通知》的工作要求和任务部署，结合县域内危险化学品从业单位的实际情况，研究制订了《延庆县危险化学品企业安全生产标准化工作方案》，确定了县域内所有危险化学品生产经营单位全面开展标准化工作，并在翌年底前全部达到标准化三级水平的工作目标。对未达到标准化三级的危险化学品生产、经营企业，将依法暂扣其安全生产许可证或危险化学品经营许可证；许可证到期的，不予换发；对经整改逾期仍未达标的，提请县政府予以关闭。达标企业因放松管理导致发生危险化学品事故或不再具备标准化条件的，由安全生产监督管理部门取消其达标等级，并予以公告。

（陈祥）

【成立企业安全生产标准化领导小组】 2011 年，延庆县成立了由县安全监管局副局长张鑫任组长的危险化学品企业安全生产标准化工作领导小组。领导小组办公室设在县安全监管局监察科，负责组织县域内危险化学品企业开展标准化工作，并对其进行监督管理；负责对危险化学品企业相关人员进行培训；负责对标准化三级达标企业进行审核和公告。

（陈祥）

【企业安全生产标准化动员部署会】
5月18日，延庆县安全监管局组织县域内45家危险化学品生产、经营单位的80余人召开了延庆县危险化学品行业安全生产标准化动员部署会。会上详细传达并讲解了《危险化学品企业安全生产标准化工作方案》、《工作程序》和《评审标准》等相关文件和规范。

（陈祥）

【企业安全生产标准化进展】 动员部署会后，延庆县安全监管局派专人具体负责和企业积极进行联系并深入企业逐家进行现场指导和督促。截至10月31日，县域内所有危险化学品生产经营单位完成咨询工作，已进入试运行阶段。

（陈祥）

企事业单位、社会团体安全生产工作

首钢总公司

首钢拆除现场，操作人员穿戴防护装备施工。

首钢总公司安全处是首钢安全生产归口管理部门，负责贯彻落实国家、北京市安全生产法律法规及政策；负责建设项目安全设施"三同时"管理；负责制定安全技术措施，审定安措项目，落实资金安排，组织竣工验收；负责工伤事故管理和统计分析；负责首钢北京地区特种设备安全监督管理、在用特种设备定期检验，组织对特种作业人员、特种设备作业人员进行培训、考核、管理；负责组织安全检查，研究应用安全技术；负责劳保用品、保健食品、防暑降温管理；负责工业煤气安全检查防护，组织岗位环境有害物质的检测工作；负责安全生产宣传教育。

〔开展安全生产检查〕 2011年，制定下发《首钢总公司贯彻落实国务院、北京市安全生产工作部署进一步加强首钢安全生产工作实施意见》。坚持开展安全检查和隐患排查工作，开展以节前、"两会"、暑期、冬季为重点的安全生产大检查，开展了防触电、尾矿库等专项检查及电梯、起重机械等专项整治工作。全年安全检查7 715次，下发安全检查通知书406份，查处89起违反制度行为。组织检查特种设备6 771台套，

完成特种设备定期检验2 383台套。对检查发现的1 657项隐患和问题，均立即治理整改，整改率100%。对123个责任厂矿、车间，689名责任人员进行了考核处罚，罚款近80万元。

〔北京厂区设备设施安全拆除〕 组织签订《首钢北京厂区停产处置安全生产保证书》，制定下发《北京地区拆除工程安全管理规定》。重点加强焦化"五塔"（3座洗萘塔和2座洗苯塔）等危险化学品设备设施、动力厂煤气三加压站8万立方米煤气柜、高速线材厂精品棒材作业区设备设施等拆除、拆迁工作。对每项工程均严格审查施工方案、安全措施。针对施工涉及高空作业、大型设备吊装等危险作业，危险化学品设备设施，动力厂8万立方米煤气柜拱型柜顶，精品棒材作业区厂房网架结构等安全拆除难点，组织反复检查、检测、确认，对数据反复计算、核对，严格控制关键环节，加强现场检查监护，圆满完成拆除工作，杜绝了人身伤害事故。

焦化"五塔"存有苯、萘、焦油等多种易燃易爆物质，为确保安全拆除，一是分析、研究各种危险因素，严格审查、完善拆除施工方案和安全措施；二是

首钢焦化洗油罐拆除现场。

检测人员携带便携式检测仪进行有害气体检测。

切实加强高危行业管理监控。按照新版《危险化学品重大危险源辨识》关于临界量标准规定，冷轧镀锌薄板厂的2个液氨储罐构成重大危险源。依据《北京市危险化学品重大危险源安全管理办法（试行）》，安全处组织完善技术防护措施及应急救护装备，强化安全管理和监控，完成重大危险源的申报、备案工作。

[安全宣传教育培训] 安全处在首钢集团开展了主题为"安全责任，重在落实"安全生产月活动，印发各种"学习材料"4 000余册，开展了题为"为落实企业安全生产主体责任，我应该做好哪些工作？"和"牢记责任、确保安全"等全员安全生产大讨论，举办安全生产培训班，开展安全征文、安全知识竞赛等活动。首钢总公司荣获全国"落实企业安全生产主体责任知识竞赛"活动优胜单位奖。

开展参战全员安全教育，强化施工作业禁用手机等细节严格管控；三是精心施工，严格执行各项安全技术措施，在不允许动火的情况下使用防爆式往复锯对塔身分段切割、分体吊装；四是针对可能出现的突发情况，制定应急救援预案并严格演练；五是组织小分队坚持开展包括节假日在内的不间断安全检查。焦化"五塔"等危险化学品设施的安全拆除得到了国家、北京市相关部门的充分肯定。

[强化安全管理] 一是大力推进安全生产标准化工作。对镀锌薄板厂等已达标单位进行复查，对顺义冷轧公司等未达标单位予以指导。顺义冷轧公司已通过中国安全生产科学研究院安全生产标准化一级企业专家评审；钢丝厂通过了昌平区安全监管局安全标准化验收；矿业公司水厂铁矿、大石河铁矿已取得金属非金属矿山安全标准化三级企业资质；迁钢公司完成安全生产标准化一级企业申报工作。

二是开展严厉打击非法违法生产经营建设行为专项行动。下发通知并召开专项行动工作会议进行全面动员、部署；组织检查组对出租厂房较多的机电公司、首建集团等单位进行检查。机电公司二通厂原出租场地22处，按照总公司要求，二通厂对合同到期租户不再续签，进行全面清退，保证首届中国动漫游戏嘉年华等活动顺利开展。

首钢焦化洗苯塔煤气立管拆除现场。

北京汽车集团有限公司

副总经理张健陪同市安全监管局副局长陈清检查北汽集团安全生产工作。

北汽集团高度重视安全生产工作，以人为本、构建和谐社会、为企业职工创造安全健康的生产环境是北汽集团长期努力的方向。2011年是实施"十二五"规划的开局之年，北汽集团认真贯彻国家"安全第一、预防为主、综合治理"的方针，落实北京市委、市政府领导对安全生产工作指示精神，坚持"以人为本"的理念，狠抓安全生产，把安全生产当成重中之重的工作。

[制定全年安全生产工作重点] 年初，北汽集团安全生产委员对安全生产形势和企业安全生产现状进行了认真的分析和研究。2011年生产任务重、产能不足、重点建设项目陆续建设是集团公司的主要特点，这些因素对安全生产工作提出了更高的工作目标和不同的工作要求，必须抓好安全生产工作，为全年生产经营任务的完成奠定安全生产的良好环境。制定和下达了《2011年安全生产工作指导意见》，明确要求全年以落实国务院23号文件和市政府40号文件为工作主线，以落实企业主体责任为工作重点，以安全质量标准化建设为工

消防演习。

作载体，实施科技兴安战略，夯实安全生产各项基础工作。

[夯实安全生产基础工作] 定期召开安全生产例会、及时沟通企业信息是北汽集团常年坚持的安全管理制度。通过定期召开安全生产例会，对所属企业及时传达北京市安全生产工作会议精神，沟通、了解企业安全生产现状，研究和解决出现的问题，针对存在的问题提出下一步工作要求。同时，在安全例会上，一些企业对在安全管理上采取的先进管理方式和取得的经验加以介绍，集思广益，探索安全生产新的管理模式，不断加以完善和互相借鉴，并在全集团进行推广，形成了互相促进、互相提高的良好局面。

2011年，北汽集团进一步规范了安全生产事故信息的统计工作，利用北汽集团生产经营信息管理系统，及时准确地统计企业发生的各类生产安全事故，通过对上报事故的原因、种类、发生事件的分析，总结归纳事故发生的特点、规律，通过安全例会及时向企业进行通报，为企业加强事故的预先防范提供依据。

[开展安全检查排查事故隐患] 2011年，根据集团公司生产经营形势和北京市重大政治活动、特殊时期、节假日、季节等特点，北汽集团经济运行部会同安全保卫部、工会、工程管理部等有关部门组成联合检查组，全年开展不间断、有针对性的安全大检查，检查覆盖北汽集团26家重点企业，重点是企业重点部位、易燃易爆场所、化学危险品场所，通过检查查找企业安全工作中存在的漏洞，对检查出的重大隐患，集团公司及时下达隐患整改通知，要求企业限期解决。

针对北汽集团2011年在建施工项目多的特点，加强了对在建施工项目的安全检查，对北汽集团研发基地、动力总成公司、高端基地、现代三工厂等在建施工项目多次深入现场，督促检查施工项目完善项目安全协议、施工现场安全防范措施以及各项安全管理制度，杜绝建设施工中生产安全事故的发生。

[推进安全生产标准化活动] 2011年，按照集团公司总体工作部署，北京奔驰经过一年多的努力

北汽集团领导检查施工现场安全。

顺利通过了国家安全生产标准化一级企业认证，集团公司共有6家企业通过了安全质量标准化一级企业认证，通过认证的企业在北京市集团公司继续名列第一。

海纳川公司自成立以来，把开展安全生产标准化工作作为安全生产重点任务对下进行了分解，分季度检查落实安全质量标准化工作进展情况，共有4家企业通过了市级认证，安全质量标准化工作取得了显著的效果。

[坚持安全生产从源头抓起] 2011年，集团公司完成了2家企业的"安全三同时"的申报备案工作，对申报过程中出现的不能满足安全要求的设备设施以及现场环境及时提出了整改建议，在施工过程中加以完善和改进，避免了新建项目隐患的存在。

[开展安全生产宣传教育] 2011年安全生产月活动期间，集团公司制订了"安全月"活动计划下发企业，推进安全月活动的开展。集团公司连续第13年统一印发安全生产知识答卷下发企业，要求全员参与答卷，普及安全生产知识，提高企业职工的安全意识。通过企业开展的各种形式的安全生产月活动，营造了安全生产氛围，弘扬了企业安全文化。北京奔驰公司安全管理部门组织编辑制作了北京奔驰生产安全知识扑克，作为安全生产月宣传学习娱乐资料下发到公司一线班组，寓教于乐，在丰富职工业余生活的同时，提高了安全意识。

北汽集团海纳川公司安全知识竞赛获奖者合影。

2011年，集团公司组织了各单位安全生产大型公开课，对企业主要负责人进行安全培训，进一步落实《安全生产法》对企业主要负责人的安全要求。

[专群结合搞好安全生产工作] 2011年，北汽集团坚持安全生产"行政管理与工会监督相结合"的成功管理经验，配合工会继续开展"安康杯"活动，继续在全集团推广"安全四清楚卡"安全管理模式，使安全工作深入到企业每一名干部职工，逐步形成人人讲安全、人人懂安全、人人遵章守纪的理念。

海纳川所属的天纬油泵油嘴公司在"四清楚卡"的基础上，充分发挥职工参与安全管理的积极性和主动性，在全公司推行岗位作业风险辨识活动，发动职工和专业人员将每一个岗位作业全过程进行分解，针对每一个工作步骤、每一个动作（包括作业环境）进行分析，找出潜在的安全风险，评价风险等级并进行打分（LEC打分），并有针对性地制定改进措施且加以实施，极大地消除了事故隐患。

[开拓安全管理新思路，创新安全管理新方式] 2011年，北汽集团各所属企业在传统的安全管理基础上，结合企业实际情况，勇于探索创新，取得了许多成功的管理经验和管理方式。北京现代公司全面开展了安全"TOP10项目"综合评审，为许多久拖不决的安全隐患整改找到了综合解决的方案，提高了各级管理人员在安全工作中分析问题、解决问题的能力，有效地解决了许多跨部门、难落实的安全遗留问题。全年累计项907项，整改率达95%以上，取得了很好的效果。

资产公司由于出租户较多，在2011年"北京市打击非法违法生产经营建行为专项行动"中，强化对出租户的安全管理，把对出租房屋的安全检查和隐患整改纳入日常的管理范围，形成了机制。在对出租户的安全管理上以共同管理区域内安全的方式，充分运用综合治理的手段，成立综合安全管理委员会，共同协商问题的解决途径，形成了内部有效的安全联动机制。

[推进职业安全健康工作在全集团的开展] 2011年，通过开展职业安全健康专项安全检查，进一步完善了职业危害档案，各单位对有毒有害作业人员按照国家有关要求加强了职工的定期体检，积极改善作业环境，减少职业危害，并将有毒有害作业场所老旧设备设施的改造纳入企业技改项目中，全年没有发生一起职业病伤害事故。

安全生产只有起点，没有终点，北汽集团已经成为北京工业支柱型企业，对首都经济起着举足轻重的作用，北汽集团将加倍努力，在市委、市政府的领导下，在做好生产经营工作的同时，进一步加强安全生产工作，为首都经济建设和安全稳定社会环境的持续改善作出贡献。

北京电子控股股份有限责任公司

2011年，电子控股股份有限责任公司全系统认真落实科学发展观，坚持"安全第一、预防为主、综合治理"的方针，以实现企业"本质安全生产"为工作中心，充分发挥各单位安全管理组织的职能，强化落实企业安全生产"主体责任"，不断提高各类事故隐患的排查和整改能力，全面落实各项安全防范措施。电控公司全年无重大安全生产事故、无重大环境污染事故，实现了年初确定的安全管理目标，为完成电控系统各项经营工作奠定了良好的基础。

2011年，电控全系统职工紧紧围绕"一二三一"战略，团结一心，顽强拼搏，克服重重困难，大力推动产业发展和自主创新，一大批战略项目得到有效落实，大力推进结构调整和优化资源配置，解决了一批制约产业发展的突出矛盾，一批重点历史遗留问题取得突破性进展，为实现"十二五"持续、快速、健康发展开好局。电控全年实现营业收入191亿元，其中主营业务收入186亿元，同比增长34.8%，实现利润总额5.75亿元，同比扭亏增盈23.04亿元。围绕着电控公司"一二三一"战略，全系统上下认真开展安全生产工作，为保证经济目标的实现，为实现企业的和谐发展，为保护广大职工安全健康，起到了保驾护航的作用。

[**领导重视，职责明确，目标落实**] 电控公司的安全工作实现了全年安全管理目标，离不开电控系统各级领导对安全工作的重视、关心和指导。各二级单位同各下属分子公司也通过不同形式签署《安全生产责任书》，责任层层落实到位、落实到人。

[**加大安全资金投入，实现科技兴安**] 据不完全统计，电控公司全系统安全生产资金投入3 000多万元，各项安全投入中主要是安全设施、安全宣传教育、职业健康体检、安全奖励等方面的投入。

[**加强安全培训，建设安全文化**] 2011年，电控系统组织开展了全系统厂处级干部安全生产教育培训专项活动，认真组织学习了新修订的《北京市安全生产条例》，各级领导经考核合格后颁发了《安全生产培训证书》，实现各级领导的安全生产工作"持证上岗"。下属各单位加强对员工的安全教育培训工作，安全教育培训率达到100%。其中京东方集团2011年集团全年新入员工19 917人，各单位认真组织各类安全培训和教育，对新上岗员工的三级安全教育率达100%，并建立了三级安全教育卡和安全培训记录；同时组织对在职员工的安全培训，总学时达610 490学时。

倡导企业开展安全文化建设，鼓励企业创建有自身特色的安全文化。做好企业的安全文化建设是实现企业"本质安全"的重要方法和手段之一，使安全生产的理念深入人心，实现广大员工"要我安全"到"我要安全"的理念升华。

安全生产月活动现场。

[创建安全生产标准化达标活动] 通过开展"创建安全生产标准化达标企业"活动，进一步建立健全符合企业自身特点的安全生产标准化规范和操作规程，提高全员安全生产意识和技能，使安全生产常态化、制度化，使安全管理标准化、体系化，使企业的安全生产事故明显降低，最终实现企业本质安全。2011年，电控公司按计划在所属各单位推进安全生产标准化达标企业活动，已有北京兆维集团、北京宇翔公司、北京797音响公司、北京华音公司、北京茶谷、北京日端、北京半导体、北旭、成都4.5代线、合肥6代线、北京5代线、厦门京东方共12家单位通过安全生产标准化达标企业复审，其中，成都4.5代线、合肥6代线、北京5代线通过安全生产标准化二级达标企业，顺利完成年初电控下达的达标任务。

[组织应急演练、完善应急预案] 2011年，电控公司下属单位组织应急预案、消防等的演练工作，全年电控系统各单位共组织200余次演练。如，京东方光电组织了包括气体泄漏演练、电力事故演练、火灾疏散演练、液体化学品泄漏演练、人员受伤演练、应急疏散、宿舍救援和疏散演习、现场应急灭火演练等；七星集团同当地安监、消防部门共同组织消防演练等。通过演练进一步提高了员工的应急处理能力。

[做好基础工作，扎紧安全生产"篱笆"] 电控公司全系统各生产型单位充分做好各项基础工作，对"三同时"工作的开展、特种设备的年检工作、特殊工种持证上岗工作均达到100%；各涉及有毒有害作业生产的单位，对产线员工均实现100%职业病健康体检。日常工作中，除进行例行检查外，在重大节假日及敏感时期进行专项检查，实行主要领导带班检查制度，全年全系统进行各种安全检查千余次，排查各类隐患上百项，均得到100%解决。

[做好重大项目、重点地区的安全生产工作] 围绕电控公司主产业的发展，对产业发展起到重大影响的项目紧密跟踪、重点关注。其中，京东方北京8.5代线项目组精心策划，以项目安委会为平台，与管理公司、监理公司共同落实安全责任，监督总承包商及各分包商落实责任制及施工现场的各项安全管理制度、安全防护措施，2011年全年未发生业主责任的重大安全事故，6月底，项目顺利实现从施工建设期向生产运营期的转变，90K设备的大部分已安装完成，进入最后调试阶段；七星集团的平谷马坊光伏产业化基地建设项目，建设过程中做好安全生产工作，保证了项目的顺利实施、进行；电子城公司的国际电子总部基地、IT产业园等项目建设过程中，以深基坑、工地围墙、模板支撑、大型机械设备、临时用电、工地食堂为重点开展安全检查，有效地预防了事故的发生。这些重大项目的安全平稳运行有力促进了各重大项目的进展。

电控公司下属企业中的798艺术区、751时尚广场、北广集团福丽特家居建材城等地点均为人员密集、影响敏感地区，电控及下属各单位均予以高度重视，进行定期检查，重点关注，上述地区2011年均未发生安全生产事故，为企业发展提供和谐稳定的发展环境。

[认真做好安全生产月活动、"安康杯"知识竞赛活动] 充分利用每年的全国安全生产月活动这一平台，电控公司精心组织，全系统全员积极参与，各单位紧紧围绕"落实企业主体责任，保障企业运行安全"这一主题，宣传"安全发展"理念，落实企业主体责任，面向基层、面向生产一线，开展有针对性的宣传教育活动。通过提高从业人员的安全意识和防范能力，促进了电控系统安全生产形势持续平稳。同工会系统相配合，全系统开展"安康杯"知识竞赛活动，全体职工参与度极高，共发放答卷万余份。

组织应急预案、消防、液体化学品泄漏演练。

中国石化北京石油分公司

2011年，中国石化北京石油分公司HSE管理工作始终以保障生产经营为导向，秉承"全员、全过程、全方位、全天候"的管理理念，以"我要安全"主题活动为主线，与"为民服务创先争优"、"窗口形象建设、岗位形象建设"等活动紧密结合，扎实开展了丰富多彩的安全管理活动，如"查找身边十大薄弱环节"、"安全生产月"、"应急预案演练周"、"11·9消防宣传周"等活动。通过不断丰富主题活动的内容，安全环保责任得到进一步落实，标准化操作工作得到深化，隐患项目得到快速治理，环保工作得到高度重视，职业卫生工作日益强化，北京石油公司HSE工作呈现出上下联动、内外兼顾、保障有力、持续稳定的良好局面，未发生一起上报等级安全事故，为总体实现年初确立的安全环保工作目标奠定了基础，营造了企业安全稳定和谐的环境。2011年北京石油公司安全工作荣获2011年度安全生产先进单位，实现了安全生产先进单位"八连冠"的目标，以及连续三年荣获"我要安全"主题活动先进单位。

[**构建安全生产责任体系**] 公司积极贯彻落实集团公司HSE工作会精神，坚持"谁主管，谁负责"的安全管理原则，从多方位落实安全职责。完善修订安全责任制，全面修订了各岗位的安全职责，做到有岗必有

1月27日，北京市常务副市长吉林到北京站加油站检查安全。

11月18日，公司组织员工参观消防法展览。

1月25日，石景山区区长周茂非检查石景山区属地管理的石美泉加油站。

北京市副市长苟仲文到石油分公司视察。

责。坚持推行定点联系制度，各级干部定点到联系单位开展安全活动，检查安全工作的落实情况，落实领导干部工作责任。建立了严格的安全工作考核机制。将安全考核指标纳入公司绩效考核体系，将违反《禁令》及安全规章制度等违章行为列入《安全事故管理规定》、《员工奖惩管理办法》中予以奖惩。

[建立健全安全生产规章制度] 2011 年，公司根据实际情况及 HSE 管理体系运行状况，组织人员对 HSE 管理体系文件进行了修订，新增了目标（指标）、非油品管理、润滑油管理、新能源管理等程序文件，还根据制度标准化改造要求，重新细化颁布了《HSE 观察管理规定》、《未遂事故管理规定》等 15 项规章制度。此外，选派专业人员到重庆公司开展了 HSE 体系建设帮扶工作。

[开展安全教育与培训] 为丰富员工安全知识，公司组织专业人员编写了 HSE 培训教材，做到了举办培训，班班必讲 HSE，从源头提高干部员工安全意识。此外，公司还组织开展了安全技术和管理人员专业培训、高层写字楼突发灾难应对及逃生知识讲座等特色培训。

[开展多种形式的主题安全活动] 为提高员工参与安全工作的主动性，公司积极开展形式多样的主题安全活动。持久深入开展"我要安全"活动。为扎实开展"我要安全"主题活动，推动员工安全意识的转变，公司按照"突出重点，突出难点"的思路制订了详细的活动方案。经过各部门通力协作，"我要安全"主题活动取得了预期效果，员工成为安全生产的实践者、宣传者、监督者，形成了"人人讲安全、处处有安全、事事保安全"的良好局面。突出重点组织开展"安全

生产月"活动。为巩固"我要安全"主题活动创造的良好氛围，公司紧密围绕"安全责任、重在落实"的"安全生产月"活动主题，采取举办安全学习班、安全咨询、安全考试、专题讲座、图片展览等多种形式宣传国家安全生产方针、政策，培育先进的安全文化理念。此外，公司还在"安全生产月"期间组织了"应急演练周"活动，组织油库、加油站员工开展应急演练，提高防范事故、处理突发事件和自我保护能力，有效地推进了活动的深入开展。全方位组织开展"查找身边十大薄弱环节"活动。为深度挖掘事故隐患，防患于未然，公司精心组织各部门、各专业中心逐级、逐层、逐岗位全方位开展身边"十大薄弱环节"查找活动，引导员工从自己的岗位工作特点出发，从人的不安全行为、物的不安全状态和管理缺陷等方面认真查找身边 HSE 薄弱环节。

此外，公司还针对冬季生产事故易发多发的特点，组织开展了"11·9消防周"活动，并以此为契机拉开冬防序幕，落实冬季防火、防爆、防静电、防冻、防滑、防凝、防煤气中毒的各项防范措施。

安全生产应急演练。

北京市地铁运营有限公司

2011年是地铁公司实施"十二五"规划的开局之年，是以更高的标准推动"六型地铁"战略构想建设的重要之年，是创新管理、深化改革、推动企业持续健康发展的关键之年。依据年初党政工作会的安排部署，在全体员工的积极配合和努力下，各项工作有计划、有步骤地推进和落实，取得了较好的成绩。

[**提高员工业务素质**] 2011年共组织安全考试和抽考80次，实际参考人数8 673人。安全抽考成绩分析为有针对性地对各级员工进行教育培训明确了任务和目标。结合"2·9"知春路电梯冒烟事故、"7·5"动物园站电梯事故、"7·23"温甬线动车追尾事故、"9·27"上海地铁10号线列车追尾事故等案例，层层组织开展全员安全大讨论活动。2011年共组织处置突发事件703件，组织开展各类抢险演练1942次。一是及时启动相关预案，完成了2011年雪天保障任务；二是完成公司防汛预案的编制和公司防汛责任书的签订工作，组织公司防汛工作专题会2次、防汛检查4次，提前筹备确保了安全度汛；三是按计划完成4次综合消防演练，并结合防汛准备工作组织完成防汛演练对抗赛；四是汲取上海地铁追尾事故教训，组织开展重点岗位员工进行手摇道岔演练192次，电话闭塞演练132次，ATO改人工驾驶演练列车6 064列，受教育员工1.2万人次。通过实战和演练相结合进一步提高了员工的应急处突能力。

[**增强车辆及设备设施稳定性**] 加强车辆监管工作，超前研判运营车辆可能出现的趋向性故障，全面加强车辆设备的检查维修，特别加大重点设备和重点部位的维检力度。全线车辆故障比2010年同期下降5.12%。严格系统设备的运行情况检查和监督，重点检查与维护多发的、惯性的故障，落实隐患预警"记名修"制度。既有线故障率同期下降1.1%，确保了系统设备稳定运行。建立、完善车辆及设备设施维修、操作规章制度。车辆方面，组织编写了进入40万修程电动车辆的车辆维修规程，单司机情况下的故障应急处置办法，单司机值乘作业标准等；设备运行及维修方面，制定了MLC、AFC、SES等各类设备管理办法，修订既有线规程11篇，新编14篇。

[**全面进行隐患排查治理**] 全面组织开展隐患排查治理工作，并结合2011年郊区线路、高架线路增多的特点，组织专人排查高架线路周边环境隐患，并及时发现上报了机场线支座位移等重大隐患。共组织隐患排查865次，查出问题135项，在账监控212项，组织整改223项，整改率73.1%。积极整改《北京市地铁拥挤现状与安全环境调查报告》中提出的问题。落实

2011年度"安全与责任"演讲比赛决赛获奖者合影。

第6届"金手柄奖"获得者合影。

人大代表、政协委员提案，立即采取针对性防护措施，严格防范踩空、踏空等事件的发生；积极研究既有线加装安全门方案，并定期上报工作进展。对车辆、设备开展专项隐患排查整改：一是"7·5"OTIS电梯事故后，对全线路电梯开展全面检查，重点对167台OTIS品牌扶梯减速机固定地脚螺栓进行排查；二是"7·23"动车事故后，对车辆、信号系统从设计、制造、供货、安装调试各个环节进行全面安全检查；三是上海地铁追尾事故后，组织梳理调规、操规、行细等规章制度，加强行车安全组织，同时，完善应急预案并加强演练。

[提高安全管控力度] 进一步完善组织机构。印发《调度中心职责汇编》和《调度中心工作流程汇编》，进一步明确调度指挥中心各岗位的职责。提出了成立PIS管理中心的建议方案，筹备建立PIS管理中心，加强对外信息发布管理。完善各类安全规章制度和规范，提高安全管理控制标准。完成了对《北京市地铁运营有限公司运营事故处理规则》的修订完善，新增对AFC设备、票款管理和现场值守安全纪律的规定，同时对消防、劳动、交通安全事故的处理规则和考核办法进行补充。组织编制了《北京地铁公司路网限流规范（试行）》，规定了公司所辖线路、车站限流管理的基本要求、限流方式、报告制度、信息发布制度、考核制度以及限流车站、限流时间等的确定标准。严格安全监督检查。加大了对运营一线的各级安全检查力度。共组织公司级联合检查155人次，涉及15个车辆段和20个车站。检查发现问题109件，下发安全检查通报4期。加大了专业部室监管力度，并首次在公司1号文中明确规定各部室每月安全抽考任务。各单位按照"三个逐一"的原则组织安全检查，并于每周交班会上进行情况通报，全年共落实层级分公司级检查2 812次，发现问题667件。设置安全举报邮箱，加大群众舆论监督力度。2011年共收到举报信息7件，经调查核实，认定责任问题4件，各单位及时对反映问题进行了处理和反馈。

[促进安全科技创新] 开展北京地铁安装行车安全语音警示系统研究，为单司机模式保驾护航。目前1号线、2号线、5号线、10号线等车辆已加装了行车安全语音警示系统。组织完成地铁电客司机考试系统软件、地铁司机心理及疲劳程度的研究、北京地铁电动客车故障统计数据库开发三个项目的课题结题工作，并通过公司内部的验收。

[加强安全培训教育] 2010年组织了13期班组长培训班，参加人数共1 300人。邀请到国内知名的安全专家和学者讲课，同时安监室等部门领导为培训班授课，做到理论与实操相结合，规章与现场相结合。2010年组织了6场专题讲座，公司中层管理干部和500余名基层班组安全员进行了学习。针对新员工安全意识薄弱、安全经验缺乏的情况，组织3年内近1万名新员工参观安全教育基地。全年共开展各级安全培训教育2 200次，参加人数1.8万人，培训合格率达到100%。

[组织开展安全生产月活动] 以全员参与为原则，以"落实安全责任，建设平安地铁"为主题，组织开展第十个安全生产月活动。6月中旬，由12名安全演讲比赛获奖选手组成的两个演讲团队到各单位进行巡回演讲35场次，受众观众达到1.2万人。

同时，在交通委组织的安全月系列活动中，公司也取得了演讲比赛第一名的好成绩，被评为北京市2011年安全生产月优秀组织奖。

7月，公司隆重举办了北京市交通行业安全文化建设现场会暨北京市地铁运营公司荣获全国安全文化示范企业授牌仪式。国家安全监管总局、北京市交通行业主要领导参会，为公司荣获全国安全文化示范企业授牌。活动现场还组织了安全文化展览、实物展示、2011年金手柄奖颁奖、员工安全文化活动展示等，交通行业同行、公司劳模和员工代表约500人参加了现场会。此次活动将公司全员宣贯安全文化的活动推向新的阶段。

北京地铁公司被评为全国安全文化建设示范企业。

北京住总集团有限责任公司

5月30日，集团公司召开了2011年"安全生产月"活动动员大会。

2011年，住总集团坚持以科学发展观贯彻落实国务院23号文件和北京市40号通知为主线，以安全管理标准化为目标，以安全管理信息化为手段，继续深入落实"大安全"管理理念和"0123"安全管理模式，构建"五级防控"体系，落实"六个到位"工作要求，提升安全管控标准，维护企业安全发展，保持了集团安全生产形势的总体稳定。

[落实安全生产工作责任] 集团各单位进一步落实安全生产责任制，完善安全生产控制指标，按照集团公司文明施工、安全生产目标，组织开展终端岗位安全责任落实活动，把落实安全责任制的工作重点下移，在一线管理和作业岗位完善落实终端岗位责任制，细化明确各终端岗位的安全生产责任。

[推进两级班组素质教育工程] 集团严格对施工现场劳务及专业分包作业人员进行安全教育培训，全年累计开展入场安全教育培训50 743人次，对48 848人次进行了入场安全书面考试（说明：有部分人员未考试就退、转场）。为严格入场人员的安全教育培训，2011年集团推行实施了"五步法"安全流程管理。五步法是指：一是公司经营部门与专业分包单位签订专业分包合同，劳务系统与劳务单位签订劳务合同，项目部签署安全生产协议；二是项目部劳务管理人员核对劳务单位、人员资质信息进行劳务注册，落实"八统一"要求，核查特殊作业工种并造册管理；三是项目部技术系统对施工人员进行书面方案、技术交底；四是项目安全、行保管理人员对进场农民工进行"三

级安全培训"教育和考试；五是工长对施工人员做操作安全技术交底，项目部相关岗位负责人要对每步工作进行确认签字。集团对入场劳务作业人员实施"五步法"安全流程管理29 547人次，有效地保障了入场劳务作业人员安全教育工作的落实。集团组织开展班前安全讲话，并填写记录40 864次，日常班组安全活动29 411次，参加人数达到1 115 309人次。发挥农民工夜校教育功能，累计教育培训7 867课时，参加夜校培训42 865人次。开展专项培训课、公开课1 104次，29 867人次参加了专项培训活动。对特种作业人员进行了专业安全教育培训，全年培训教育特种作业人员3 360人次。组织开展了"安全生产月"、安全生产知识竞赛、演讲会、展览等各类群众性安全教育活动203次，参加人数9 432人。集团安全系统2011年编制各类安全教育、培训材料、教案等资料1 146套，印发各类安全宣传教育资料9 012份。

[开展隐患排查治理活动] 1月18日，集团公司安委会组织召开了春节、两会期间安全维稳工作会。结合集团停复工工程管理有关规定，集团公司对所属市政工程、保障房工程的安全防护、临时用电、机械设备、环境保护等方面工作进行了抽查。二级公司多部室联合验收，对办公区、停业经营场、生活区、住宅小区等都参照标准进行了严格检查，提高了检查的覆盖面，不留死角，严格遵守检查签字批准程序，停复工验收合格的现场，主管领导最终签字确认。

[绿色施工文明安全工地创建活动] 集团以创建绿色施工文明安全工地活动为抓手，调动项目部的积

6月12日，住总集团举行"安全生产月宣传咨询日"活动，集团领导在阜外医院工地发放宣传品。

极性主动落实现场实物安全标准，做好日常安全管理工作。2011年集团所属项目部创建集团级文明安全工地18个，北京市级文明安全工地12个。部分外埠工程还参加了当地的文明安全工地创建活动，并取得了良好的成绩。

[安全生产标准化达标活动] 按照北京市住建委《关于全面推行施工现场安全生产标准化和绿色施工管理的通知》要求，集团成立了领导小组。2月，下发了《安全生产标准化和绿色施工管理工作方案》，确定了工作目标和各阶段的活动内容，明确提出了对集团所属二级单位活动的具体要求和职责分工。3月，集团结合施工现场标准化达标和复工工作，对在京的23个项目部工地进行了安全管理检查，达标率100%。

["打非"专项行动治理安全隐患] 集团公司召开"打非"专项行动工作会，提出"打非"专项行动工作的要求。各系统针对"打非"专项行动进行了责任分工，按时间、分步骤扎实进行。集团生产、资产管理、人力资源、行政保卫、安全等系统按照职责分工开展排查治理。排查集团所属企业、项目部100多个，发现各类问题、隐患及非法行为500余项，责任单位均进行了整改，消除了事故隐患。

[规范企业经营行为源头管控安全生产] 9月，按照市住建委要求，集团开展了规范企业经营管理秩序活动，从源头治理各种违法违规行为。集团安全系统根据工作要求重点对项目部安全管理人员持证上岗、安全体系建设、制度建设、安全培训教育考核、隐患排查整改等工作进行了重点检查。对部分项目部存在的问题，要求责任单位及时进行整改和消除。

[大型公开课分析事故案例] 按照集团公司2011年安全生产月活动方案要求，在安全月期间组织了"安全生产大型公开课活动"。对比2010年北京市建筑施工安全生产事故情况，结合近年来有代表性的事故案例，分析事故原因，阐述了生产安全事故调查报告环节、事故调查权限和责任追究等安全生产知识。地铁顺义车站"7·14"事故案例现场录像和一些事故的现场照片给学员们很大的震撼，印象深刻，参加培训的学员更加感到安全生产责任的重大。

[安全生产宣传咨询日] 安全生产咨询日活动在总承包部阜外医院项目部和市政公司地铁14号线6标段工地，住总集团领导向参加活动的员工和群众发放了消防、交通、生产等方面的安全知识宣传材料，并与参加活动的员工和群众一同在安全宣传横幅上签名。项目经理和工人代表宣誓：一定恪尽职守，遵章守纪，

规范作业，安全生产，圆满完成施工任务。

[安全生产知识竞赛] 举办以"落实'六个到位'，维护安全稳定"为主题的安全生产知识竞赛。竞赛结合集团公司安全生产实际，以宣传国家安全生产法律法规、集团公司的规章制度和有关安全生产知识为重点，调动了职工参与安全生产工作的积极性，进一步增强了员工的安全意识和防控风险的能力。

[推进PMS系统的应用] 2011年集团推进项目综合管理信息系统(PMS)的应用，项目部施工现场安全管理人员能够及时将安全体系人员、安全策划方案、安全检查、隐患整改、安全教育考试、安全交底、安全日志、安全方案计划等内容录入到系统中。通过系统的应用进一步规范了项目部的日常安全管理工作和内业资料的管理工作。项目部在工作中更加重视事前策划，各项安全管理方案、计划、预案都能够及时编制并录入到系统中。通过信息系统的应用、集团二级企业和项目部管理人员能够及时了解当前项目部现场存在的问题隐患，督促责任单位及时进行整改。使用PMS系统能够增强安全系统人员的工作沟通，查看借鉴有关安全管理方法、技术方案等，及时了解和获得有关安全工作的资料，提高安全管理人员管理能力效率。本系统也通过了建设部专家的验收检查，获得了高度评价。

2011年集团安全生产形势总体稳定，集团公司获得了中共中央宣传部、国家安全监管总局等七部委联合授予的"全国安全生产月活动优秀单位"称号，同时还获得了北京市2011年"安全生产月活动优秀组织奖"和"最佳实践活动奖"。集团承建的通州工具厂经适房工程还获得了中建协"3A级安全文明标准化诚信工地"称号。

住总集团举办以"落实'六个到位'，维护安全稳定"为主题的安全生产知识竞赛。

北京环境卫生集团

2011年，北京环卫集团安全生产工作继续深入贯彻落实科学发展观，认真贯彻落实国务院23号文和北京市政府40号文件关于进一步加强企业安全生产工作的通知文件精神，进一步深化开展安全生产年活动，紧紧围绕环卫集团生产经营中心工作，坚持"安全第一，预防为主，综合治理"的工作方针，坚持以人为本，牢固树立安全发展理念，以"夯实基础、严格管理"为核心，强化安全文化建设，积极开展安全生产达标创安工程，深化安全生产隐患排查治理，不断提高环卫集团本质化安全水平，努力创建平安、和谐单位。2011年，环卫集团全年主业运输安全行驶4 355万公里，交通安全、生产安全、消防安全、治安安全全面实现了安全生产工作目标。

在集团公司的统一部署下，安全管理工作继续紧抓基础管理，以生产经营和设施安全运行为主线，严格落实安全生产责任制，细化安全防范工作措施，平安顺利完成了"两节"、全国及市"两会"期间以及夏季防汛和冬季融雪铲冰各项环卫作业安全保障任务，各垃圾处理设施安全稳定运行，为首都基础服务设施正常运行作出了贡献。

2011年，环卫集团积极开展各项安全生产活动，

北京环卫集团在"北京市首届有限空间作业大比武"中荣获冠军。

集团公司安全管理人员培训班。

成绩突出。安全生产月活动中开展了内容丰富、形式多样的主题活动，荣获了北京市安全生产月活动组委会评选的两个优秀组织奖和三个最佳实践活动奖；落实消防平安1号、2号行动，与亚运村消防中队联合开展应消防急疏散演练，全面提升环卫集团的"四个能力"建设；严抓有限空间作业安全管理，在"北京市首届有限空间作业大比武"活动中取得冠军；交通安全工作持续向好，连续第五年荣获"市级交通安全先进系统"荣誉称号；治安保卫工作获得了市公安局颁发的单位内部安全保卫工作集体三等功，各单位多个部门和个人荣获集体嘉奖和个人嘉奖荣誉。

集团公司组织开展消防疏散应急演练。

首届有限空间作业大比武。

北京京煤集团有限责任公司

京煤集团员工举行安全生产宣誓。

北京市副市长苟仲文到京煤集团指导安全生产检查工作。

2011年，京煤集团公司安全工作以科学发展观为统领，以贯彻落实国务院23号文件和市政府40号文件为主线，以"强大京煤理念"为指引，坚持以人为本，牢固树立安全发展的理念，把"安全可控，事在人为"的安全理念和"安全第一，生产第二"原则贯穿于安全生产全过程，不断提升安全管理水平，实现了安全生产历史最好水平，为集团公司实现"十二五"战略目标打下了坚实基础。突出成果主要有以下几个方面：

[坚持安全发展理念创历史最好水平] 2011年，京煤集团安全工作实现历史性突破，创造了历史最好成绩。全年发生工业死亡事故1起1人，煤矿百万吨死亡率为零。交通、消防、人员密集场所、森林防火、食品卫生等安全工作都取得了新成果。

[开展"京煤保障行动"安全生产保障增强] 在市安全监管局、北京煤监局、市发改委、市国资委等部门的指导和支持下，京煤集团公司开展了以科技兴安、装备强安、文化创安"三大示范工程"建设为核

心的"京煤保障行动"，取得了显著成果，仅一年时间就建成了矿井的"五大系统",矿井救援避险系统正在建设之中。机械化水平又有新进展，实现了两个薄煤层综采工作面，全年机械化采煤量占回采产量的54.0%。利用物联网技术建设了煤矿安全信息化，对瓦斯、顶板、采面、重点设备、重点系统（岗点）等进行监测监控，进一步提高了安全监控水平；建设隐患排查治理信息系统，开展工作面危险源辨识和安全评价，安全管控水平明显提高。

[安全质量标准化管理基础显著提高] 京煤集团所属各单位重视安全质量标准化工作，按照国家标准、行业标准和集团公司的部署，结合实际开展了一系列的达标竞赛活动。集团公司实施安全工作评审考核机制，有效地推进安全标准化建设。四个煤矿均申请了二级标准化矿井验收，鑫华源公司通过了市级标准化验收。各单位深入开展班组建设达标升级活动，培养了一大批具有京煤特色的"白国周式班组"和"白国

京煤集团公司外景。

安全生产月活动。

京煤集团获得北京市安全生产歌咏比赛冠军。

周式的班组长"。强化安全教育培训，创新培训方式，开展了军事化训练和拓展训练，取得实效。集团公司职能部室举办各类安全培训班，培训专业技术和管理知识，安全基础管理显著提高。

[党政工团齐抓共管推进安全生产工作] 2011年，京煤集团公司党政工团齐抓共管安全生产的格局尤其突出。党委以理念引领导，形势教育，增强各级管理人员和全体员工的责任意识和安全意识。机关总部各部室参加安全检查，指导和督促权属单位落实安全生产责任制。工会牵头组织开展"安康杯"竞赛，开展班组建设达标升级活动，组织举办班组长培训班。团青组织开展了一系列的青工技能竞赛和"青年安全生产示范岗"等一系列活动，营造了浓厚的学技术、练技能、促安全、比贡献的良好氛围。党政工团形成强大合力推进安全工作上水平。

[职业安全健康工作取得新进展] 京煤集团所属各单位重视职业卫生安全工作，认真辨识生产经营过程的各类职业危害因素，采用先进技术努力降低和消除职业危害，作业环境进一步得到改善，不断加强劳动防护，规范操作行为，培训作业人员防控知识和防范技能，职业卫生安全工作进一步增强。

[企业安全文化建设成果显著] 京煤集团公司及所属各单位重视安全文化建设，研究制订工作方案，树立安全"零"理念思想，开展多种形式的安全文化

建设活动，取得了显著成果。在安全生产月活动中，昊华能源公司、京煤化工公司、金泰集团公司分别荣获北京市安全生产月活动优胜单位，京煤化工和大台煤矿分别通过了北京市安监局组织的企业安全文化建设示范单位的验收，京煤化工公司还被推荐为全国企业安全文化建设示范单位。按照市安全监管局的统一部署，集团公司组织开展了安全歌曲大家唱活动，组织参加了全市的安全歌曲歌咏比赛，并取得一等奖和优秀组织奖。

2011年安全工作取得的成绩是集团上下坚持"强大京煤"理念的结果，是坚持"安全可控，事在人为"的必然，在今后的工作中，我们要更加坚定信心，理清安全工作思路，工作精细化，全面提升安全生产水平，再创安全新水平，为建设强大京煤保驾护航。

矿井六大监测系统。

集团公司领导到井下检查指导安全生产。

绿色矿山——大安山煤矿。

北京金隅集团有限责任公司

金隅集团安全生产大型公开课。

2011年，北京金隅的安全生产工作认真贯彻"安全第一、预防为主、综合治理"的工作方针，全面落实法律法规要求，深化各级安全责任体系建设，进一步健全规章制度，完善工作标准，深入推进"安全生产标准化"工作，实现了"十二五"良好开局和"平安金隅"的工作目标。

[构建全面覆盖的安全责任体系]　在安全管理工作中，公司始终坚持"以人为本、安全发展"的理念，着力构建"以生命安全为核心"的安全责任体系，并将责任落实放在首要环节，于年初召开了全系统的安全生产和保卫工作会，对2011年各项工作进行了全面部署，以《目标管理责任书》的形式将安全责任落实到61家单位，并与5家合资企业签订了《安全生产告知书》，明确了管理责任、考核指标、工作重点和专项任务，并要求在制度建设、工作安排等各环节要把员工的生命安全和健康放在首位。各单位按照公司要

求，分别以多种形式进行层层落实分解，确保了全员参与和全方位覆盖。部分单位在强调各级管理人员认真履行"一岗双责"的同时，以"安全生产承诺书"等形式进行责任分解，变"被动接受"为"主动承担"，强化了员工争做本岗位"第一安全责任人"的意识，为全面完成各项任务提供了坚实保障。

[确保企业新、改、扩建项目的本质安全]　随着公司快速发展，各项新、改、扩建设项目逐步增多，为确保劳动安全、职业卫生及消防安全符合"三同时"要求，建设单位坚持从源头抓起，从项目立项环节入手，分析项目特点，认真按照流程进行审查，提出专项意见，按照行政许可要求预审项目内容，并向有关行政部门出具公司意见，保证建设项目手续合法合规、设备设施达到本质安全，公司全年共对30余个项目进行了前期审查和验收。在具体管理中，各级部门积极跟踪项目进展情况，对有关手续进行监督和检查，发现问题及时进行指导。各项目单位认真按照"三同时"原则要求，积极与属地有关行政部门联系，及时开展相应的评价工作，确保项目合法合规。

[推动安全生产标准化工作向纵深发展]　2011年，公司的安全生产标准化工作在历年不断进展的基础上继续取得突破，开展面进一步扩大、达标企业进一步增加、效果进一步显现。在具体工作中，公司以落实《国务院关于进一步加强企业安全生产工作通知》精神为主线，细化安全生产标准化的措施，将在京企业达标工作作为攻坚任务组织落实，与有关单位沟通协调，明确

金隅集团安全管理人员与外籍专家交流职业健康管理工作。

金隅集团主管安全副总裁郭燕明深入现场检查安全生产工作。

金隅集团总经理姜德义带队检查一线安全生产工作。

2011 年的具体工作任务、加强监督和指导。年内，北京地区的7家单位和区域通过了安全生产标准化达标审查，2家完成周期复评申报，6家新启动达标工作，共计35家单位提交了自评报告，公司内部专家组对其中10家单位开展了抽查和复评，共计提出90余项不符合项，书面向有关单位进行反馈，督促其整改完善和提高，为企业进一步完善安全条件提出了努力的方向。

[加强动态监管和隐患排查治理]　面对公司各单位区域颁布广、业态多样化的现状，继续坚持企业自查和公司层面检查相结合的形式，根据不同季节特点和各单位的安全重点，适时开展检查工作，全年公司层面检查852家单位/次、2 700余部位，发现违章和隐患577项，各单位均按要求进行了及时整改。

春节期间，公司领导带队对在京44个单位的101个部位（区域）进行拉网式安全大检查，各单位分别于燃放高峰时段对油库、木材厂、高层大厦、物业小区等采取高等级备防措施，制订专项应急处置预案，有效防范了火灾事故的发生。

各单位坚持把隐患排查作为常态化工作，对各项生产经营活动的安全状况实施动态管理，针对排查出的隐患认真制订整改计划、完善整改措施、落实整改责任。在特种设备安全管理工作中，各单位按照有关法律法规和技术标准要求，按时开展定期检验和计划检修工作，全年北京单位的2 700余台、京外单位的700余台特种设备检验检测过程中未发现重大事故隐患。

[不断推进矿山安全管理水平上台阶]　结合公司矿山资源掌控量不断增加的新形势，积极探索矿山安全管理新模式，6月下旬组织了公司矿山安全管理培训研讨班，各单位的30余名矿山安全主管人员参加了活动，在听取安全专家授课的同时，重点就本区域安全管理要求、社会周边环境协调、安全标准化达标以及矿山内部安全管理等工作进行了交流研讨，并对提升安全管理水平、有序开展标准化达标活动、合理进行安全资金投入等项工作提出了意见和建议。

在市安全监管局的统一部署和公司安排下，北水凤山矿着手进行以"五化四体系"为主要内容的"安全、和谐"露天示范矿山创建活动；同时其他矿山企业根据国家安全监管总局矿山标准化104号文件新精神，及时与属地沟通协调，做好新旧标准对接的各项准备工作。

[全面提升安全管理人员的意识和能力]　随着公司经济快速健康发展，如何提供条件、提高能力、提升素质，使全员树立安全发展理念，更好地为经济发展大局服务这一课题现实地摆在面前。年初，从落实企业安全主体责任入手，公司分别举办了党政正职和副职共240余人参加的3期读书班，聘请国家安全监管总局政策法规司领导就加强企业安全生产工作进行授课，领导干部在丰富安全管理知识的同时进一步明确了肩负的安全责任。

通过深入分析安全管理干部队伍结构现状，剖析管理工作任务重点，公司分别组织了消防、交通、职业健康管理、特种设备管理等业务培训班，参加培训人员1350余人次，各单位结合自身工作重点，举办了多种形式的安全管理培训班。多层次、多形式的培训有效地提升了各级管理人员的管理能力和素养，提高了现场操作人员的实际技能和应急处置能力，为安全生产工作的平稳高效开展奠定了基础。

金隅员工参加安全歌曲学唱传活动。

秋季运动会增加消防水带连接和灭火器负重跑等项目。

北京金泰集团有限公司西城分公司

举办安全知识竞赛。

北京金泰集团有限公司西城分公司，下属11个基层单位和3个物业经营部，共有自营网点39个，134家出租房屋，遍布于整个西城区，所经营的业态如养老院、市场、写字楼等为人员密集场所，是消防重点单位，还有一些是"六小场所"。金泰集团西城分公司贯彻落实国务院《关于进一步加强安全生产工作的通知》精神并切合自身实际，在开展安全工作中牢固树立"以人为本、安全发展"理念，以"零事故"为目标，以"树意识、强培训、抓班组、打基础"为基线，强化安全主体责任，逐级落实安全责任制，狠抓安全基础建设，提升全员安全素质意识，从而了保证企业安全发展运行。

[逐级落实岗位安全责任制] 分公司以权属单位主要负责人为核心，自上而下逐级签订岗位安全责任书，包含了企业各层级、各部门、各岗位和全体员工，做到了层层有责、岗岗有责、人人有责；权属各单位根据自身经营业态，对单位所有工作岗位制定了相应的岗位安全职责，形成了"单位一把手负总责，安全主管领导具体抓，党政工团齐抓共管，员工全员参与安全管理"的安全责任体系。

[强化安全宣传和培训教育] 分公司开展多种渠道、多种形式、因地制宜、因人而异的安全培训教育，做到了培训有计划、有重点、有目的。

树立企业安全理念。分公司在系统内大力宣传"以人为本，安全发展"的安全理念，使企业和员工将安全理念牢记在心头，落实在行动上，为企业进一步开展企业安全文化建设夯实思想基础。

宣传安全知识。分公司充分利用OA办公系统，定期自行编印内部安全宣传资料《警钟长鸣》，广泛宣传安全知识，提高员工的安全意识；认真举办安全知识竞赛，通过竞赛的形式宣传安全知识，促使分公司安全管理人员、群众安全监督员和员工掌握相应的安全知识和安全操作技能。

强化各类安全培训。一是加强对企业安全管理人员的培训，提高安全管理人员的业务素质。把检查出的各种安全隐患制成PPT，用直观的图片形式讲解什么是安全隐患及其危害、后果等。通过培训，使安全管理人员明确自己的职责，掌握安全管理技能，提高安全管理水平，更好地做好安全管理工作；二是权属各单位做好员工的岗前安全培训和日常安全教育，保证员工不培训不上岗，保证员工知岗位作业风险、知岗位安全职责，知岗位安全操作规程，知岗位应急处置知识；三是按期组织安排特种作业人员参加继续教育，保证特种作业人员懂特种作业安全知识和安全操作技能；四是为提高基层单位安全管理人员的安全检查能力，在交叉检查活动中增加了查前强化安全检查知识培训环节。每次交叉检查前，分公司安保部都要根据被检查单位的经营业态，从专项《安全检查表》中挑选出相关的检查内容对检查人员进行强化安全培训。

[开展多种形式安全检查，提高安全检查质量和隐患整改效果] 分公司根据企业地域面积广，经营网点多，经营业态杂的特点，分公司及权属各单位认真开展了多种形式的安全检查，使安全检查做到了有计划、有检查、有整改、有效果。

安全检查制度化。分公司每月对权属单位进行抽查，各单位结合单位实际，落实安全检查制度，保证了安全检查频次和检查人员素质。按照"边检查、边整改"的原则，做到条条有跟踪，件件有整改。整改隐患做到了定人、定措施、定期限，切实消除事故隐患。

安全检查专业化。分公司开展安全检查主要从如下几方面进行。一查资料。由分公司安保部检查各单位安全管理组织、安全会议记录、安全教育培训记录、安全检查记录、应急救援预案与演练等基础资料是否健全与落实。二查现场。由各单位安全管理人员检查生产经营作业现场，是否存在不符合安全标准的现象。

采用仪器进行安全检查。

三查设备。由各单位组织电工、设备管理员、中控管理人员等专业人员，查安全设备设施等是否符合安全要求。四查人员。查各工种人员是否按安全操作规程作业，操作动作是否符合安全要求。

建立交叉检查制度。根据权属单位多的实际情况，为提高基层单位安全主管领导的安全检查能力，分公司建立了权属单位交叉互查安全制度。

一是规范交叉检查程序。分公司按照规范化管理要求，制作了统一规范的《检查人员安全检查记录单》，内容包括检查内容、检查结果、具体隐患说明、检查日期、检查人签字等。要求全体检查人员以认真负责的态度和精细的标准，按照各专项《安全检查表》的内容，从生产安全、治安防范、消防安全、交通安全等方面，对受检单位的门店（班组）或部门进行现场和基础资料进行认真检查，并填写《检查人员安全检查记录单》。记录单作为安全检查基础资料由分公司安保部留存备案。

二是规范安全检查内容。分公司针对各权属单位的经营业态，根据相关安全法规、规定、规程、规范和标准及分公司自身安全生产实际状况、设备设施操作规程和集团公司《安全技术标准》、《安全规章制度汇编》等的相关内容，按照"专项、专业、简单、明确、清晰、方便"的要求，编制了适合分公司权属各单位经营业态的《安全检查表》30项，方便检查人员使用。

三是进行查前强化培训。每次交叉检查前，分公司根据被检查单位的经营业态，从专项《安全检查表》中挑选出相关的检查内容，对检查人员进行强化安全培训。告知检查人员被检查单位的检查重点部位有哪些、应对哪些安全设备设施和哪些经营环节进行检查、被检查的安全标准是什么等内容。以反复、持续的强化培训，促使安全检查人员加深对安全检查的认识，切实提高安全检查能力。

四是落实隐患跟踪整改。每次检查，检查人员按照《检查人员安全检查记录单》的记录自己检查出安全隐患和问题，在汇总会上向被检查单位逐一指出。对检查人员所提问题符合《安全检查表》范围内的，检查组作为安全隐患向被检查单位下发《安全检查记录单》，要求限期进行整改，并将隐患整改情况进行书面回复，同时附送整改前后对比照片。

加大安全资金投入。随着企业经济的不断发展，西城分公司越来越多的写字楼、办公室、养老院、宾馆、饭店等配备了自动消防设备和燃气设备。为保证对自动烟感、温感报警器、燃气报警器和用电设施的检验检测，提高安全检查效果，保证安全检查质量，分公司加大资金投入，为分公司安保部配置了"数码验电笔"、"漏电开关检测器"、"火灾探测器试验器"、"数码照相机"等安全检查用具，借助科技手段开展安全检查，使分公司安全检查增加了科学检测力度，进一步提高了安全检查专业化水平。

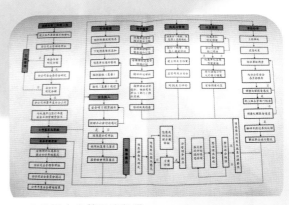

分公司安全管理流程图。

内部安全专刊《警钟长鸣》。

北京市燃气集团有限责任公司

6月12日，副市长刘敬民参加燃气安全宣传活动。

天然气作为绿色、低碳的清洁燃料，在首都能源结构调整和建设能源节约型、环境友好型城市的进程中，发挥着重要的作用。作为负责北京市燃气运营的大型国有企业，北京市燃气集团肩负着重要的政治责任、经济责任和社会责任，为全市提供安全优质服务、确保城市燃气安全运行，是集团公司的第一要务，也是北京燃气人的光荣使命。

2011年，北京市燃气集团切实履行安全生产主体责任，始终把安全生产放在首要位置，以安全促发展，从安全要效益。本着"安全是魂，预防在先"的安全理念，将风险管理引入到安全管理工作中，对《职业健康安全管理体系》进行优化与再造，建立了《安全风险管理子体系》和《监督检查考核子体系》。以安全生产责任制为主线，从风险源辨识入手，对经营管理、生产运营、服务等各个方面进行风险源辨识并进行风险评估。以燃气供应链为主线制定出10个方面的检查内容和检查标准，按月进行监督检查。强化风险管理和安全生产过程控制，管理关口前移，实现事故预防。

[推进安全管理创新，启动信息系统建设] 北京市燃气集团推动安全管理创新，将现代信息技术利用到安全管理工作中，启动了安全管理信息系统建设。该系统作为北京燃气集团信息化大平台的一部分，将危险源管理、隐患管理、事故管理、监督检查与考核等内容串联起来，使其有机结合形成一个动态管理系统，能够支撑集团公司《职业健康安全管理体系》有效运行，推动安全生产标准化工作的不断深入，强化安全风险管理，加强安全生产的过程监管，完善监督

检查机制，实现安全绩效考核客观化，变被动管理为主动管理，辅助安全决策，达到"更准确、更有效、更快速"的安全管理目标，为实现安全管理现代化打下坚实基础。

[开展全员安全教育与培训] 结合岗位实际与工作需要在员工间开展安全技能培训和技术比武，以安全生产月活动为契机，大力开展丰富多彩、形式多样的宣传教育活动，员工安全素质和技能进一步提升。开展专项安全培训，集团主要负责人、专职安全管理人员、特种作业人员全部持证上岗。开展有限空间作业专项技能培训，在北京市市政市容委举办的有限空间大比武活动中包揽前三名。

[推行班组安全管理标准化，将安全质量标准化建设工作引向深入] 燃气集团深入开展安全质量标准化，建立了包括安全管理标准及安全技术标准两大类、考核项目200余项的安全质量标准。从制度建设、安全培训等基础管理到生产运行、应急抢险的运行标准以及设备设施标准，全方位涵盖了企业的安全管理内容。为了进一步规范班组安全管理，在班组中推行安全管理标准化建设工作。将班组实际情况与标准内容充分结合，出台了班组安全管理指导性标准，就"生产责任制落实，规章制度及相关资料，台账、记录管理，硬件设施，生产作业场所管理"5个方面提出指导性要求，取得了积极成果。

[安全资金投入，为安全生产提供保障] 燃气集团加大技术改造及大修理管网改造力度，在"十二五"《北京市燃气管网改造规划》的基础上，结合实际情况，逐步加大老旧管网更新改造力度。引进先进技术用于消隐，2011年首次引进高压翻转内衬修复技术对次高压A燃气管线进行修复，完成了非开挖修复技术从中压到高压的飞跃，对老旧高压燃气管线的修复有着战略意义。填补了国内次高压、高压燃气管道非开挖修复的空白，为大、中城市及长输管线的修复提供新的手段。与此同时，集团公司加大高尖端检测设备购置力度，为生产一线配备了气体检测仪、管网检测仪、激光检测车等仪器设备，提高燃气管网、设施检测效率，为及时发现漏气隐患提供了可靠的保障。

[开展"燃气安全隐患排查治理百日行动"] 认真

查找各项管理工作和执行过程中的隐患和不足，及时采取有力措施加大安全检查力度，排查整改隐患，加强安全宣传，强化安全管理，企业燃气安全保障水平不断提高。"燃气安全隐患排查治理百日行动"取得丰硕成果，累计完成64.9万户老旧小区居民用户巡检，完成20年以上设备实施全部普查，加大技术改造及大修理管网改造力度，消除了一批隐患。深化社区服务对接机制，推进燃气安全协作网建设，开展了社区安全监督员培训。

[抓内部管理的用户需求为导向] 北京市燃气集团在狠抓内部管理，筑牢燃气安全供应防线的同时，从保护用户生命财产安全角度出发，以用户需求为导向，积极开展工作，筑牢燃气安全使用防线。为实现确保首都燃气安全稳定供应和使用的工作目标，有效承担企业的社会责任，在燃气集团供气区域内，所有通气18个月以上的居民用户和通气12个月以上的非居民用户均纳入免费巡检范围，为用户免费更换龟裂、变质、过期及非标胶管，对保障安全用气起到了积极的作用。

5月12日上午，由市市政市容委、丰台区市政市容委、市燃气集团共同主办的"燃气安全进我家"主题宣传活动在丰台区北京汽车博物馆广场举办。

[以主体化、多方位形式开展"燃气安全宣传日"] 以立体化、多方位的形式加强用户的安全宣传。利用每月7日"燃气安全宣传日"、"5·12"防灾减灾日及公休日与属地政府、社区管理部门共同开展以"做文明有礼北京人、燃气安全从我做起"、"燃气安全进万家，安全用气我做起"、"诚心诚意办实事，尽心竭力解难事"、"维护燃气安全保平安"为主题的大型街头安全宣传活动；通过北京电视台、广播电台、《北京日报》等多家媒体进行排查治理跟踪报道；利用手机短信提示用户安全用气；播放公益广告宣传用气知识；

深入街道社区、商户、工地、学校举办"燃气安全大讲堂"开展专题教育、宣传；通过所有巡检人员带上宣传材料在巡检入户中向用户发放等，让用户充分了解了燃气安全用气知识以及应急措施；针对出租房屋开展专项安全宣传工作。通过以上措施促进了广大用户安全意识的提高，提升了社会各层面对燃气安全工作重要性的认识，在社会中引起良好的反响，同时也树立了燃气集团良好的企业形象。

[打造燃气社区协作网，构建安全用气立体防控体系] 社区作为城市的基本单元，是贴近百姓的服务终端。面对用户安全管理方面"三难两多"（入户难、宣传难、整改难；小广告多、非安全燃气用具多）的问题，燃气集团积极构建"燃气社区协作网"工作，建立"政府牵头、企业出力、社区联动"的安全用气"三位一体"防控体系，实现由企业一方单一管理方式向多方协作的管理方式转变。通过燃气社区协作网的建设，进一步强化了燃气安全宣传和巡检工作。与此同时，在社区中聘请燃气安全监督员，对其围绕"燃气法规及管理要求"、"燃气设施的运行维护、检查及问题处理等方面的工作标准、规范要求"等内容开展培训，以便更好地协助燃气集团开展相关工作，为构建燃气安全立体防范体系奠定了基础。通过打造燃气社区协作网，巡检入户率提高了21%。

[调研安全隐患案例，潜心做技术攻坚] 针对近年来用户事故特点，北京市燃气集团制订了保障户内安全的技术解决方案，提出用户安全管理模式，深入研究安全隐患案例，潜心做技术攻坚，加强研发。经过对国内外相关资料和技术进行反复深入的调研，查阅和比对了国家及行业相关标准规范，从设计、选材、施工及验收、用户端安全使用宣传、安全装置等方面提出了用户安全技术应用解决方案及配套管理措施，取得了阶段性的成果。

北京市燃气集团始终秉承"气融万物，惠泽万家"的企业理念，坚持为用户奉献优质清洁能源的同时，提供安全满意的服务。凭借稳定可靠的资源保障、先进成熟的技术管理、安全优质的运营服务，北京燃气已成为北京最有影响力的品牌之一。未来的发展中，集团公司将以科学发展观为指导，积极贯彻企业发展战略，本着"安全是魂，预防在先"的安全理念，切实履行企业安全生产主体责任，始终把安全生产放在首要位置，以安全促发展，从安全要效益，进一步夯实安全基础管理工作，筑牢供用气安全防线，努力将北京燃气打造成为"世界一流的一体化清洁能源运营商"。

北京市热力集团有限责任公司

北京市热力集团有限责任公司是市政府批准组建的国有独资公司，2000年6月6日正式挂牌成立。其前身是1958年8月成立的北京市煤气热力公司，1974年1月改建成立了北京市热力公司。

北京市热力集团有限责任公司是拥有24个职能部室、3家分公司、12家二级子公司的市属大型企业集团，是首都重要基础设施行业；担负着全市8座大型热电厂、3座尖峰燃气供热厂和12座自营供热厂热能的生产、输配、运行与管理；负责党中

11月10日，北京市市长郭金龙在热力集团调度中心察看供热准备情况。

央、国务院、驻京部队、各国驻华使馆、国家部委、北京市政府机关、大型宾馆饭店等公共建筑以及居民住宅的采暖、生活热水和部分工业用热。

热力集团组建10年来，集中供热实现了跨越式发展。截至2011年年底，热力集团总供热面积达到2.01亿平方米，热力站总数为2 957座，管网1 268公里。

热力集团以"送京城温暖，还首都蓝天"为企业精神，以"抓住发展机遇，奋力开拓进取，深化内部改革，强化经营管理，提高两个效益，全面发展壮大"为工作方针，努力打造以燃煤热电联产为主，技术设备先进，服务质量优良，经济效益和社会效益俱佳的国有供热企业。

2011年12月29日，市国资委宣布京能集团与热力集团实施重组。这是市国资委按照市委、市政府加快经济发展方式转变，推动产业结构调整升级，打造"北京创造"、"北京服务"品牌主力军的产业发展要求，从全面提升企业核心竞争力、社会保障力和产业协同力的角度出发，推进国有企业改革，将有效资产向优势企业集中，打造具有国内外同行业具有竞争力和影响力的大型企业集团的重大举措。此次重组，有利于双方在热电联产上深入合作，达到节能降耗、降低成本的效果；有利于热力集团依靠京能集团资金优势提高自身竞争实力，扩大供热市场份额，实现跨越发展。

2011年在集团各级领导的指导下，紧紧围绕集

12月1日，青海玉树50名市政系统管理干部考察团到方庄供热厂考察参观。

2月1日，北京市副市长刘敬民到热力集团调度中心视察工作。

团公司2011年工作要点，以贯彻市政府《关于进一步加强安全生产工作的意见》为主线，以深入开展"安全生产年"活动为载体，以推进落实集团公司安全生产责任制为重点，进一步抓源头、强基础、重防范，安全生产工作情况总体稳定，圆满完成了各项安全保卫考核指标，确保了集团供热工作的顺利进行。

2011年2月1日，北京市副市长刘敬民、市政府副秘书长周正宇、市政市容委主任陈永等一行来到集团调度中心，慰问节日坚守岗位的热力职工。

[安全生产应急保障工作] 市热力集团公司常态化应急抢险队伍圆满完成了2011年度元旦、春节、两会、五一、十一等重要活动时期的应急保障任务，在各保障时期共安排值班人员520余人次、车辆备勤130台次，并每天安排带班领导负责应急值守工作，安排固定抢险车辆待命，确保突发情况时紧急响应、快速出动、果断处置、迅速恢复。

[热力管线高温高湿保护措施课题研究] 针对地下供热管线高温、高压运行的实际生产特点，结合地下管线作业人员身体状况和作业环境等多种因素，集团开展了"热力管线高温高湿保护措施课题研究"工作。通过认真查阅国家相关的法律法规，全面调查供热管网、小室深度和温度，结合管网作业特点和排查作业人员身体条件形成项目研究报告，并于2011年顺利通过了课题验收。

[全面开展安全生产月活动] 市热力集团公司安保部、工会、宣传部、团委在安全月活动期间，联合组织举办了一场别开生面的安全生产知识竞赛，掀起了"安全生产月"活动的新高潮。竞赛以灵活多变、新颖独特的题型考察了参赛队员的安全生产知识。参赛代表队总计18支，参赛队员72人。通过本次竞赛活动，既营造了人人关注安全、人人参与安全的良好氛围，又让全体员工在繁忙的工作之余加深了对安全工作的认识与理解，提高了安全生产意识和自我防护的能力，达到了"以月促年"的安全发展新理念。

[安全质量标准化达标复评工作] 市热力集团公司对下属的5家子公司的全部人员、设备、设施、岗位和作业场所开展了安全质量标准化达标工作。

[组织开展火灾隐患排查整改专项行动] 部署开展火灾隐患大排查大整治工作，深入推进消防平安行动和"五大"活动，坚决遏制重特大火灾事故的发生，在集团范围内组织开展火灾隐患排查整治专项行动。特别针对出租房屋、高层建筑、仓库、人员密集场所、再施工程等重点防火部位开展检查。总计出动994人，车辆141辆，总计检查1088个区域，发现例如消防通道有杂物、可燃垃圾等问题18项，全部进行整改。

[编制安全生产"十二五"规划] 市热力集团公司在"十二五"开局之年，编制了热力集团"十二五"安全生产规划，通过对"十一五"期间的安全生产问题分析总结，对"十二五"期间安全形势分析预测，制定出详细的工作目标和工作任务，并通过制定保障措施确保目标任务的实现，为"十二五"时期安全生产工作提供了指导思路和工作方向。

2011年11月10日上午，北京市市长郭金龙、副市长刘敬民到热力集团检查冬季供暖准备情况，实地考察左家庄供热厂、热力集团96069客户服务中心、热力集团调度指挥中心，随行的还有市政府秘书长孙康林、市市政市容委主任陈永、市国资委主任周毓秋等领导。

2011年热力集团安全月安全知识竞赛获奖者合影。

中国北京同仁堂（集团）有限责任公司

同仁堂安全保卫干部培训班。

2011年，同仁堂（集团）有限责任公司围绕着安全生产、交通、内保、防火、稳定与国家安全等工作不出现重大事故为管理目标，以切实提高"四个质量"，努力克服不利因素，充分夯实发展基础的要求为指示精神，结合集团公司"十二五"规划，进一步加强安全管理，全面落实各项安全责任制和事故应急机制，广泛深入开展安全教育，不断完善基础建设，确保全系统的安全和稳定，努力为集团公司"十二五"规划的实施提供有力的保障。2011年通过广大职工的共同努力，实现全年安全工作"五个零"的管理目标。

[明确职责，逐级落实安全责任制] 明确职责，落实责任是有效预防各类事故的重要手段。为切实落实安全责任制，年初公司党、政、主管领导分别与股份公司、科技公司及公司各直属单位签订了《稳定与安全工作目标责任书》。各基层单位又逐级签订了安全保证书，使安全稳定工作的职责逐级得到落实，做到了工作到岗、责任到人，为做好安全工作打下了坚实的基础。

围绕"五个零"的工作目标，狠抓了以责任制为核心的各项安全基础管理工作，把安全工作纳入各级领导班子的议事日程，安全工作同本单位的生产经营、科研质量、日常管理等工作同时计划、同时布置、同时实施、同时总结、同时奖惩。进一步增强了广大干部、职工的安全意识，确保了企业各项工作的顺利开展。

[依法治企，不断完善各项基础管理工作] 年初，集团副总经理顾海鸥、纪委书记宫勤对2011年的稳定与安全工作提出的具体要求。总经理梅群指出：同仁堂的健康发展离不开安全稳定的环境做保障，安全稳定工作要警钟长鸣，常抓不懈。为推进安全保卫工作的规范化管理，不断健全、完善各项规章制度和操作规程，以制度做保证，实行规范化、程序化、常态化的管理。安全保卫部组织所属各子公司的安全保卫干部，认真学习了国务院23号文件，补充完善了公司安全生产、交通安全、消防安全、内保安全4项管理制度。所属各子公司结合各自实际补充修订了各项安全管理制度和操作规程。

[坚持每月一次的安全例会] 集团公司及各子公司都较好地坚持了每月一次的安全例会制度，对全系统的安全保卫工作起到了很好的促进作用，收到了明显效果。2011年，在例会上把集团领导和上级单位对安全保卫工作的指示要求，文件、会议精神以及社会近期的安全生产状况、交通事故、火灾事故、治安状况、社会动态等情况及时向大家传达。部署下一步工作重点，使大家心中有数、情况明确，能及时有效地开展工作。

[应急救援体系的建设] 2010年依据有关法律法规，制定下发了《中国北京同仁堂（集团）有限责任公司安全生产事故综合应急救援预案》。2011年再次对《预案》进行了补充和完善，并要求各单位结合各自实际和周围环境，在安全生产月和"11·9"宣传日活动期间举办了应急自救、预案演练等活动，使员工熟悉各类应急处置和整个应急行动的程序，明确各自职责，提高协同作战的能力，保证应急救援工作安全、协调、有序、有效、迅速地开展。

同仁堂班组长安全培训。

同仁堂稳定安全工作会。

[全面开展安全宣传培训] 加强安全宣传教育是做好安全保卫工作的基础，是落实"安全第一，预防为主，综合治理"方针的关键环节。"安全生产月"和"11·9"活动期间，集团公司制订了周密的活动方案，召开专题会议进行部署，积极协调有关上级单位，指导各公司开展宣传教育活动。

安全保卫部结合年度安全保卫工作计划，于6月13—14日在通州培训中心，组织子公司及所属单位的安全部门负责人和保卫干部进行了培训，结合"安全月"的工作和企业的安全管理工作重点进行了培训。安全生产月期间，围绕"落实企业主体责任、保障城市运行安全"这一活动主题，组织开展多种形式的宣传教育活动。各单位3 000余名员工参加了安全生产知识答卷。同仁堂药店、崇文药店利用电子屏幕打出安全生产宣传标语，利用安全生产宣传日开展安全知识咨询活动。科技公司组织新职工安全入厂教育6次，对麦尔海公司、经营公司进行全员安全知识教育共计50人，定期完成特殊工种及消防监控人员的复审换证工作，6月份组织电工、叉铲车等22名人员进行复审考试，做到持证上岗。健康药业为确保新员工在进厂前具备相关的消防知识，组织厂区、配送中心各部门主管和骨干人员（共计90人），邀请市防火宣教中心教官进行了专项安全培训，并分别组织配送中心、厂区（共计50余人次）进行灭火演习，通过理论知识和实际操作相结合，使员工能够做到发生火灾时迅速有效扑救初期火灾，将损失降到最低点。房产管理部抓安全知识宣传培训，为确保宿舍区春节期间燃放安全，利用团拜会、居民党员会、安全提示等形式向居民宣传安全燃放规定，共张贴各类安全提示、标语300余张进行宣传教育。针对外来人员安全知识相对薄弱的实际，采取了深入到各工作场所及居住地点讲解安全防范、扑救等知识。结合宿舍安全防范的特点，编写《安全知识防范》小册子下发到服务人员手中。

"11·9"宣传日活动期间，各子公司、单位等主要生产基地分别开展了消防运动会、逃生疏散、扑灭初期火灾等多种形式的消防演练活动。在人员聚集场所和显著的位置，各单位结合各自的实际悬挂横幅、张贴标语、宣传画等，大力营造消防安全的氛围。同时，还开展了全员性的（包括劳务用工）安全知识答卷活动。2011年"11·9"消防宣传活动，员工受教育率达到了100%。

[加强安全检查，落实各项管理制度] 2011年节假日及全国两会期间，共进行了5次安全大检查、4次抽查，共检查单位58次，对于重点单位做到每次必查，采取突击方式有针对性地进行检查。股份公司在加强检查的同时，针对夏季特点对重点单位的食堂安全卫生、设备安全操作规程、环境卫生状况进行了抽查。科技公司对节日期间燃放烟花、易燃物清理工作作为重点防范进行部署，落实各项安全检查工作14次，整改安全隐患5起，对到期800个灭火器进行了安全测试，组织保安队应急预案演练5次。健康药业对所属单位进行定期安全检查20次，不定期检查10次。对于每周定期或不定期检查出的安全问题，由安全部门立即制定整改措施，以书面形式通知相关负责人进行限期整改，并实现了100%的隐患整改率。商业公司针对门店分散的特点，加大检查力度，安全检查门店85次，隐患整改17项，维修灭火器材410具。房产管理部坚持每日夜间双查岗制度，为确保其常态化，坚持上岗执勤队员与查岗人员双签字制度，做到了执勤队员与查岗人员相互监督，确保了各区域安全。全年，通过5次大检查、4次抽查，全系统共查出隐患及问题约55起，安全建议达280余条，安全工作投入资金近150万元，实现了100%的隐患整改率，为实现安全工作目标提供了有力的保障。

同仁堂制药公司消防演练。

北京一轻控股有限责任公司

一轻召开安全工作暨"安康杯"活动总结表彰会。

2011年，北京一轻控股有限责任公司深入贯彻落实科学发展观，牢固树立安全发展理念，坚持"安全第一，预防为主，综合治理"的方针，以贯彻落实《国务院关于进一步加强企业安全生产工作的通知》、《北京市人民政府关于进一步加强企业安全生产工作的通知》精神为主线，继续深入开展"安全生产年"活动，进一步夯实安全基础，规范安全管理，加强安全检查，广泛开展安全生产培训教育，促进安全文化建设，营造良好的安全氛围。

[强化目标管理，落实安全责任] 围绕控股公司

一轻举办大型公开课。

的总体目标，加强对安全工作的部署，明确全年工作重点和要求，与各直属单位签订了《安全工作目标管理责任书》，落实责任，为安全生产提供了保障。所属各单位将安全责任目标、指标层层分解，落实到部门、车间、班组和个人，制定了相应的保障措施，强化了各级人员的安全责任意识。

[开展安全培训，加强队伍建设] 一轻控股公司始终重视安全培训教育，多种形式开展工作。按照年初制订的培训计划，多层次、多方位加强安全培训：面向各直属单位安全生产管理人员，以新颁布的法律法规（如《工伤保险条例》）、安全用电管理、作业环境安全等为主要内容，坚持在每月例会上开展培训；针对年内的重点工作，面向部分企业组织开展了安全生产标准化的专题培训；面向各所属单位安全主管领导、安全管理人员全年组织了两次集中培训，培训主要内容包括安全行为观察、分析与管理，新《北京市消防条例》等；面向企业各级安全管理人员（包括从安全生产主管领导到班组长）举办了以落实责任为重点的安全生产公开课。

全年培训达到400余人次。通过多层次的培训教育进一步提高了各级人员的业务能力和水平，使安全的警钟长鸣。

[深入开展安全生产标准化活动，推行规范化管理] 控股公司推进标准化工作的开展，制订了《2011年安全生产标准化工作方案》，同时在工作中对企业给予协调协助，保证进度。2011年多家单位筹备启动了这项工作，星海钢琴集团公司于10月份通过了市级复评，成为市级安全生产标准化达标企业；4家到期复评企业（格雷斯海姆玻璃制品公司、凸版资讯公司、金鱼科技公司、宏丽源公司）3家新增企业（北京眼镜城、造纸一厂、乐金日化）于12月份通过了控股公司的复评验收，成为市行业级安全生产标准化企业；另外五星青岛、西普耐火2家企业通过区县级安全生产标准化验收，2011年共有11家单位（湖苑山庄2011年通过一轻验收）完成验收。通过标准化创建活动的开展，这些单位的安全生产工作实现整体改进，干部职工的安全生产意识得到强化，安全生产管理制度和安全措施得到切实落实，事故隐患得到全面排查和治理，安全生产水平有效提高。

[开展安全检查，消除事故隐患] 安全第一，预防为主，专业系统的安全检查是防止事故发生的有效手段，控股公司认真部署做好各阶段的安全检查工作。在安全月期间，采取分组互查与安全生产专业委员会和顾问单位的专家现场指导相结合的形式，既加强了各单位之间的交流学习，又提高了检查的专业性，改进了不足。检查中发现隐患97项，均下发了书面的隐患整改通知，为保证企业做好整改，7月底8月初控股公司又组织专家对部分企业的整改情况进行了复查，同时对各单位用气用电安全情况进行了专项隐患清查

工作，取得了一定的效果。在雷雨季节，开展防汛安全检查，落实防漏电、防触电、防雷击等各项措施；在高温季节，加强防暑降温和危险化学品使用、储存的检查；在秋冬季节，加强防火、防风、防冻、防中毒的检查，努力把事后处理落实到事前预防。6月份组织召开专题会议"打非治违"专项行动，对系统内出租土地、房屋的情况进行了统计并登记造册，12月份根据上级的工作安排又对系统内清理违法生产经营建设行为进行了再部署，各单位进行了进一步的检查和落实。

[开展系列宣传活动，营造良好的安全文化氛围] 6月，全国安全生产活动月期间，组织开展了以"落实企业主体责任，保障城市运行安全"为主题的宣传活动。控股公司成立安全生产月活动领导小组，制订了活动方案，为企业发放了彩旗、安全挂图、横幅标语等，企业在广泛开展宣传的同时，组织了丰富多彩的群众性活动，形成了良好的安全文化氛围。

11月，在所属京纸集团空港生产基地组织了应急演练观摩，系统内近百人参加了活动。这次演练由京纸集团和顺义区消防支队联合举办，进行了员工紧急疏散、企业应急队伍以及消防队的专业灭火全过程的演练，为系统内各单位应急工作的开展起到了很好的示范作用。

编写印发了《一轻安全知识手册》，从机械、特种设备、电气、危化品等多个方面简单形象地描述了员工需要掌握的安全知识，进一步推动员工向"我会安全"转变。

一轻在京纸集团组织应急演练观摩。

北京纺织控股有限责任公司

年度安全生产工作会。

2011年，北京纺织控股公司安全生产工作以创建"平安纺织"为目标，认真落实《2011年北京市安全生产工作指导意见》，围绕依法治安、监管促安、达标创安、消隐保安、科技型安、保障助安六大工程建设，全面落实企业主体责任，进一步加强安全生产长效机制建设。

[宣贯两个条例] 以深入开展安全生产标准化达标活动为主线，落实新修订的《北京市安全生产条例》、《北京市消防条例》的宣贯要求，继续安全生产基础工作。实现了年初与各单位主要领导签订的安全

责任书里，包括生产安全死亡事故、重伤事故、重大及有影响的火灾事故、交通安全肇事死亡甲方责任事故、集体食物中毒事故、煤气中毒死亡事故、重大刑事案件、被盗窃、被诈骗责任事故等各项指标均为零的成绩，全年无工伤事故。

[安全生产标准化活动] 按照市安全监管局和市国资委的要求，北京纺织控股公司所属各单位全面开展了安全生产标准化达标活动。截至12月底，各集团公司和直属企业共有8个单位完成了由控股公司组织的安全生产标准化预复评工作；方恒置业所属3家单

光华集团安全生产月活动教室。

消防安全应急演练。

安全生产标准化工作交流会。

位由中介机构进行复评，其中方拓商业已经获得"北京市安全生产标准化企业"的称号。

[建设平安纺织为主题安全生产月活动]　开展了以"落实企业主体责任，全面建设平安纺织"为活动主题的安全生产月活动。各集团公司、企事业单位按照统一部署，积极营造安全生产月活动的宣传氛围。各单位共悬挂横幅203条、安全标语1 951张、壁报472张、安全生产答题2 600人次、宣传画近2 300张，专栏板报158，观看安全宣传录像3 300人次、派发安全学习书籍1 500余册，极大地烘托出安全生产月活动的宣传氛围。经市安全月组委会评定，北京纺织控股公司和光华集团获得北京市安全月优秀组织奖，铜牛集团和光华集团获得最佳实践奖的光荣称号。

[加大隐患排查力度]　各集团公司和企事业单位加大了安全隐患排查治理的力度。通过安全生产标准化达标活动的广泛开展，各单位严格按照安全隐患排查机制的要求，做到了严格、认真、细致地查找生产现场、重点部位、重点岗位以及工作中的疏忽和存在的隐患，实现了安全隐患排查的"全方位、全视线和全覆盖"。

[加强安全生产宣传培训]　为了宣传《北京市安全生产条例》以及国务院23号文件和市政府40号文件精神，控股公司组织了为期两天的安全生产培训班，控股公司所属二、三级企事业单位的各级领导和职工117人参加了此次培训。控股公司加大《北京市消防条例》的宣贯力度，在"11·9"北京消防日，各集团

公司和企事业单位组织了形式多样的消防安全宣传活动，包括识别消防器材、抛消防水带、快速跑、使用灭火器具扑救火险等科目的应急演练，同时也通过悬挂横幅、标语、展出展板，电子大屏幕，发放宣传材料等多种形式向广大干部职工宣传消防知识。

安全生产大型公开课。

董事长带队检查安全生产工作。

北京工美集团有限责任公司

北京工美高级技校消防知识讲座。

2012年是集团公司"十二五"战略规划承上启下的重要一年，按照《2012年北京市"安全生产月"活动方案》的要求，为进一步加强集团公司安全生产宣传教育工作，在企业内部营造"科学发展，安全发展"、"关爱生命、关注安全"的舆论环境和安全氛围，努力提高员工的安全意识和自我防护能力，有效预防事故的发生，保障员工生命财产安全，促进企业经济持续稳定发展，集团公司在企业内部认真组织开展了"安全生产月"活动。

[召开了集团公司2012年"安全生产月"专题部署会议] 会上，综合管理部部长李治斌传达了国务院和北京市有关"安全生产月"的指示精神，总经理助理边广增就如何开展好"安全生产月"活动提了具体要求。

[下发《活动方案》] 结合集团公司安全生产工作实际，研究制订并下发了《2012年北京工美集团"安全生产月"活动方案》，给下属单位开展"安全生产月"活动提供了参考和依据。

[购买宣传品] 为了更好地营造安全生产氛围，集团公司出资购买了横幅、条幅和挂图等宣传制品以及警示教育光盘并下发给各单位。

[进行专业培训] 为了进一步提升各单位主管安全工作领导和保卫工作负责人的专业知识水平，由综合管理部部长李治斌进行了一次专业授课培训。

[开展检查] 按计划安排，由集团公司领导带队对各单位"安全生产月"活动开展情况进行了一次全面检查。通过检查发现，各单位能认真贯彻落实集团公司指示要求，分阶段、分步骤，有条不紊地开展好各项工作，尤其是按要求认真组织了消防演练等一系列形式多样、内容丰富的活动，干部职工普遍反映，通

北京工美集团安全工作培训班。

过"安全生产月"活动的开展，大家的安全意识明显增强，安全技能也有了提高。

总体感觉，通过"安全生产月"活动的开展，有效地遏制了企业内部安全事故隐患的发生，为企业的经营发展营造了良好的安全氛围，"安全生产月"活动取得了预期的效果。

工美集团组织员工进行消防安全演练。

北京恩布拉科雪花压缩机有限公司

厂区外景。

北京恩布拉科雪花压缩机有限公司是一家成立于1995年的中外合资企业，2005年入驻顺义空港开发区。目前，公司有4条节能环保家用商用电冰箱压缩机生产线，年生产能力860万台，员工2500人。2009年，通过OHSAS18001职业健康与安全管理体系认证。公司有5名专职安全管理人员，10名安全生产协调员，负责公司日常的安全生产工作。

[开展安全生产标准化工作] 2011年3月，公司启动了创建"安全生产标准化"活动，成立了工作推进小组，由环境健康安全科、生产部、维修部组成，环境健康安全科负责全过程的组织和协调工作。

安全标准化推进工作经历了安全培训、事故隐患排查、自评考核、事故隐患整改等阶段。根据标准化考评条款的要求，制订了具体的安全生产标准化实施方案，并对小组成员做了分工。对照考评标准，从安全管理、设备安全、员工行为3个方面会同咨询机构找差距，制订整改计划。通过从排查到整改的过程明显地提高了公司设备设施的本质安全和作业现场的有

序管理，使公司安全管理水平有了全方位的提升。

2011年11月，恩布拉科雪花压缩机通过北京市安全生产标准化考核专家组的严格考评，获得了北京市二级安全标准化企业称号。

[完善安全生产责任制和各项管理制度] 2011年，公司共建立健全了《各级安全生产责任制》、安全培训、危险源辨识、事故隐患排查、事故调查、特种设备管理、消防安全管理、职业健康等22项安全管理程序。同时，组织各部门、车间进行培训，推动这些安全管理制度的有效落实。

[开展事故隐患排查、整改工作] 根据公司的安全管理情况，借助于顺义区安全生产自查自报系统，建立了以全体员工进行自下而上的隐患排查为主、安全管理人员定期检查为辅的事故隐患排查模式，号召全体员工积极地参与到安全生产检查活动中。结合公司行为安全管理项目，对安全行为观察过程中发现的隐患进行汇总、分析，并制订安全改进计划。

[开展生产设备设施安全评估，提高设备本质安全

班组安全周会。

安全观察员进行安全观察与沟通。

安全橱窗。

行为基础安全（BBS）启动仪式。

水平] 2011年，公司聘请专业技术机构先后对63台高风险设备进行了安全评估和保护装置的改造。根据对设备的风险辨识和安全评估，确定在设备上安装相应的安全防护装置，包括安全继电器、安全光栅、安全门锁开关、双手控制按钮、气动安全阀等安全电气元件。根据有关ISO机械安全标准和国家机械安全标准对设备进行改造，使这些设备所有与控制系统有关的安全部件达到了相应的安全等级，即使在出现操作失误和设备故障的情况下仍然能够保证操作者的安全，极大地提高了设备本质安全水平。例如：通过评估发现焊接设备的安全回路存在隐患，即使有安全光栅设备在正常焊接过程中仍有可能对手造成伤害，我们根据欧洲电气安全标准的要求对安全回路重新设计并改造，增加了安全继电器、气动安全阀，确保在光栅失效的情况下设备自动停止焊接，不会对员工造成伤害。

[特种设备操作和特种作业人员的管理] 首先，公司严格执行特种设备定期检验规定，所有特种设备都在安全检验有效期内正常运行。其次，公司由安全健康科制定特种设备安全管理程序，与维修部人员共同确定特种设备所有特种设备的自检和预防性维护计划，保证特种设备运行的可靠性和安全性。再次，对新增的压力管道及起重机及时向质量技术监督局申请检验，保证新增特种设备从安装到使用都处于安全监控之下。

[开展安全培训和宣传，创建企业安全文化建设] 公司坚持以人为本，突出预防性安全文化建设，激发员工的积极性，使保证生产安全变成员工的自觉行动。通过召开班组班前会、班组安全周会、员工参与危险辨识、设立安全建议箱等多种形式把企业的安全文化逐步灌输到员工的生产和工作中，引导全体员工树立良好的安全态度，约束和规范员工的安全行为，逐步形成全体员工所认同的能够共同遵守的安全价值观，员工的安全意识和自我保护能力得到了提升。

通过行为安全管理，每周由安全观察员对员工的工作行为进行观察。根据安全行为观察结果，每周召开从总经理到车间领班的安全会议讨论汇总的信息，提出改进方案，使员工逐渐意识到工作行为的规范与否对于减少事故的发生起着重要的作用，不断强化员工的安全意识。同时，在安全观察中发现的潜在风险，制订改进计划并组织落实，解决了一批员工安全行为的问题和设备安全方面的隐患，在员工安全行为改进的同时，也改进了安全工作条件或环境。

[加大事故隐患整改资金投入，为有效消除事故隐患提供资金保障] 公司上下在资金投入方面始终将安全投入放在一个十分重要的位置，凡是安全生产、教育培训、个人防护用品、设备改造和消除隐患方面需要的资金投入都能够保证落实。2008—2011年，公司共投入安全管理费用总计2 664万元，其中专项资金118万元，安全培训346万元，安全防护费用2 200万元。

综合以上开展的这些安全工作，使我们深刻体会到安全管理是一个全方位的管理体系，从人的行为到设备的安全都要有一套适合本企业的管理方法和程序来保证，不断地总结、改进安全管理方法，创建一种所有员工都能够认可的安全文化，不断提高员工的整体安全意识，才能够有效地降低安全事故的发生率，保证企业在安全氛围内正常的生产和运行。

安全装置完善的新设备。

降低设备噪声的改造。

安全无事故班组颁奖仪式。

北京首都旅游集团有限责任公司

安全文化培训班。

2011年，首旅集团的安全生产工作认真贯彻落实国务院和市委、市政府关于生产安全的文件精神，落实企业安全生产主体责任，制定、完善各项安全防范措施和预案，进一步提高了安全管理能力、安全防范能力和应对突发事件的能力。全年，未发生责任性安全事故，实现了年初制订的安全管理工作目标。

[完成重大政治性活动的服务保障任务] 全年配合市委、市政府出色地完成了北京市"两会"、全国"两会"、科博会、国际服务贸易大会、诺贝尔论谈、京港洽谈会、第一届北京国际电影季、新疆兵团老战士进北京、国际金砖大会、十七届六中全会、国家经济工作会、全国加强和创新社会管理工作座谈会、全国公安局长会议以及全国政法工作会14项大型活动的服务保障任务，没有发生任何安全事故，受到了各级政府和有关部门的高度评价。

[继续推进安全标准化建设] 根据全市的统一部署和要求，进一步推进安全标准化建设，举办了安全标准化专题培训班，要求所属企业根据《北京市安全管理制度标准》重新修订和完善安全管理制度、对所属企业的安全管理制度依照标准进行了审核指导，帮助所属企业完善了安全管理制度。

[加强重点节假日的安全防范] 在圣诞、元旦、春节、五一和十一等各大节日前进行了多次安全检查，消除了一些安全隐患。春节和两会期间还组织进行了夜查，对各企业领导带班和主要岗位职守等情况进行落实。同时，还重点抓了交通安全工作，对个别企业制度执行不严、落实不到位、少数职工法制观念松懈等问题进行了重点管理，收到了显著的效果。

[组织"平安首旅杯"安全知识竞赛] 历时4个月组织了"平安首旅杯"安全知识竞赛活动。104支代表队、400余名员工直接参与了竞赛活动。活动中，普遍发动员工学习、普及法律法规和安全常识。通过开展安全知识竞赛活动，为普及安全知识和相关法律起到了很好的效果，达到了预期的目的。

[安全生产月丰富多彩] 开展了以"落实企业主体责任，保障城市运行安全"为主题的安全生产月活动，活动内容丰富多彩：主要组织了野生动物园载客笼网观光车火灾疏散救援和西单商场防恐防暴火灾停电综合应急演练；组织112家企业的工程、安保专业人员，成立了15个检查小组对所属企业进行了联组互查；分别进行了彩钢板建筑、出租场地安全管理状况和安保队伍现状3项工作调研，撰写了《安全保卫队伍现状专题调研报告》。

企业与消防队共同举办消防演习。

企业组织员工进行消防培训。

在北京饭店举行大型国际会议。

[学习贯彻安全生产条例] 为认真贯彻落实2011年9月重新颁布的《北京市安全生产条例》，组织举办了一期安全生产管理干部培训班，对新修订的《北京市安全生产条例》进行了专题培训。所属在北京地区的100余家企业的安全管理干部参加了培训班。通过培训，使安全管理干部对新修订的《条例》有了更深一步的理解，对全集团开展落实《条例》工作起到了很好的辅助作用。

[安全能力得到全面提升] 根据全市统一部署，组织所属企业全年开展了"消防四个能力建设"、"防火墙行动"、"交通文明行动"、"安全生产打非专项行动"、"消防火灾清剿行动"、"交通三超一疲劳和校车整治行动"、"清理整顿违规生产经营建设行为专项行动"和"安全生产护航联合行动"等阶段性专项工作，通过这些活动提高了所属企业的安全管理水平，安全能力得到了全面提升。

首旅集团将以"平安首旅"建设为载体，在安全管理工作中推广开展践行"中国服务"活动，强化"内部安全管理、待客安全服务"的工作理念，有机地把安全管理与安全服务结合起来，使安全工作在企业的经营中得到充分的体现，为企业创造一个安全稳定的经营环境，为全市的安全生产工作作出贡献。

组织《北京市安全生产条例》专题培训。

组织企业联组检查。

组织"平安首旅杯"安全知识竞赛。

北京启迪注安技术服务有限公司

北京启迪注安技术服务有限公司成立于2009年，与2001年成立的北京寰发启迪认证咨询中心同为"北京启迪中心"下属企业，是"注册安全工程师事务所性质"的专业从事安全、职业健康和环境（SH&E）管理技术咨询服务的中介机构，主要业务包括安全生产标准化咨询服务、安全战略顾问、安全文化建设、专项技术培训、SH&E体系咨询、安全项目托管、安全现状评估等。

[立足企业实际，提升安全管理水平] 随着很多企业对于安全生产的不断关注，通过聘请专业安全顾问公司提供实时服务，以满足其对安全生产管理的持续改进和安全生产技术专业支持的需求。北京启迪注安技术服务有限公司一直在实践中不断摸索"安全顾问式服务"的思路与方法。目前，启迪为北京一轻控股有限责任公司、北京首商集团有限责任公司、北京市液化石油气公司等集团公司和航天科工集团3院31所、北京百事可乐食品有限公司、北京新燕莎商业有限公司等企业提供安全顾问服务。

"安全顾问式服务"的特点就根据企业目前的安全管理状态，为其"量身定制"相适应的服务内容，并与企业阶段需求以及中长期目标相一致。例如："安全专业技术不足"需要补充专业技能和规范活动；"安全

公司董事长朱耀群、事务所所长陈蕾应邀参与丰台区安全生产"十二五"规划研讨。

公司对北京奥特莱斯购物中心进行安全管理现状评估。

公司对通州区企业主要负责人和安全管理人员进行安全培训。

公司专家参与安全生产标准化评审。

定安全生产标准化咨询方案的重要依据。然后就是进行诊断分析，分析企业现有的安全管理系统或职业健康安全管理体系运行是否有效；安全生产责任制的健全和落实情况、现场的不符合与现有安全管理系统的关系等内容，从而发现企业在安全管理方面的深层问题。最后，咨询组依据诊断分析的结果制订咨询方案，并且在咨询服务过程中协助企业逐步整改。

[满足企业需要，用心实施培训] "培训项目"一直在启迪的服务内容中占重要的地位，2011年已经实施完成各类培训项目50余次，其中既包括各类企业的专项需求和班组长安全培训，又包括行业系统内的专业系列培训，还包括地方政府组织的企业主要负责人和安全管理人员培训。另外，"注册安全工程师考前辅导培训"是启迪培训的一个品牌产品，每年实施各类注安考前辅导40余班次，培训人次超过千人。

培训过程是整个项目的核心，是将培训内容赋予生命的过程，授课人员的讲解和演示是知识转换成企业能力的过程。这就要求我们的讲师要具备必要的能

生产责任制落实不到位"需要提高各级人员的安全意识等。根据确定的目标，制定具体的方法，"补充专业技能和规范活动"需要进行专业技能培训和制定相关活动、检查标准；"需要提高各级人员安全意识"需要组织企业各级领导参与安全管理工作和明确自身职责等。通过具体的方案，制订详细的阶段性的实施计划，随着计划的实施并根据企业在安全管理工作绩效的反馈，咨询组适时调整服务方案。

"安全顾问式服务"是安全管理咨询发展的最终目标，也是企业寻求"安全咨询服务"的更高要求。

[结合相关要求，做好安标工作] 北京启迪注安技术服务有限公司自成立起就开始为企业提供安全生产标准化的咨询服务，已达300余家，其中6家为申请国家一级安全生产标准化达标企业；15家为申请国家二级（北京市级）安全生产标准化达标企业。

启迪在咨询过程中的思路就是"提升企业现有的安全管理系统，使其达到安全生产标准化考核标准的要求"。咨询活动是为企业策划一套实现"PDCA"循环的、科学有效的、符合法律法规要求的安全管理系统。首先，初始评价的结果是分析企业安全管理问题和制

公司专家对奥特莱斯购物中心进行现场隐患排查。

力，我们始终没有放松对自身的要求，认真对待每一个项目的反馈就是我们不断提升的动力。

北京启迪注安技术服务有限公司秉承了北京启迪中心"容纳百川，启迪未来"的企业文化，在不断完善自身的同时，坚持"仁、义、礼、智、信"（以客户关爱为仁、以社会责任为义、以服务真诚为礼、以技术创新为智、以执业严谨为信）的经营方针，始终以"以人为本、量体裁衣、始于教育、终于教育"的服务理念，以"超越客户的需求"为目标为广大、各行业的高要求的客户提供着优质的、专业的、精致的服务。我们坚信启迪在北京市安全生产协会的带领下，将为北京市安全生产工作作出更大的贡献。

公司专家赴企业现场进行隐患整改指导。

北京市安全生产宣传教育中心

国家安全监管总局总工程师黄毅、北京市安全监管局副局长蔡淑敏录制《城市零距离》"全国安全生产月"专题访谈。

2011年，宣教中心全体员工本着"甘于奉献、勇于担当、敢打硬仗、团结协作"的工作精神，紧紧围绕全局中心工作，以营造良好社会氛围，坚持正确舆论导向为目标，深入开展全市安全生产宣传教育工作，较好地完成了预期工作任务。一年来，宣教中心按照"提前谋划、周密部署、精心组织、突出重点"的工作思路，全面推进本市安全生产宣传教育工作，在全社会营造了浓厚的安全生产氛围，形成了较强的社会舆论声势。

[开展安全生产重点工作宣传] 2011年，紧密围绕国务院23号文件和市政府40号文件、新修订的《北京市安全生产条例》、《北京市"十二五"时期安全生产规划》和"打非"专项行动、安全生产月、"12350"投诉举报等重点工作深入开展宣传。通过在广播、电视、报刊等新闻媒体开辟专栏、安排专访、跟踪报道、发布提示等多种形式进行宣传。设计制作了《通知》、《条例》等单行本10万册，主题宣传画20余万张以及宣传折页、手册、手提袋等，印发各区县。

[开展安全生产新闻宣传] 为准确把握不同时期的新闻宣传重点，每季度在充分了解处室新闻宣传需求的基础上，制订《季度新闻宣传工作方案》。力争做到"新闻报道有声势、专题栏目有特色、媒体宣传有亮点"。一年来，在新闻报道方面，会同市安全监管局人教处召开12次新闻发布会，组织媒体参与118次执法检查，在各类媒体刊播新闻稿件1 806余篇，形成了强大的宣传声势。

在专栏策划方面，进一步巩固强化新闻宣传阵地，全力做好城管广播安全新干线栏目、《中国安全生产报》"首都安全专版"、北京电视台直击安全现场等

市安全监管局官方微博首批登录"北京微博发布厅"。

传统栏目的宣传工作。《安全新干线》刊发安全生产信息700余篇；安报刊发首都安全专版24期，北京电视台播报直击安全现场17期。另一方面，继续加大新闻宣传力度，积极与主流新闻媒体沟通。8月份，在《北京日报》开办了"安全生产视点专栏"。9月份，在《北京晚报》开设"12350百姓安全身边事专栏"。截至12月底，《北京日报》共刊发专版11期，《北京晚报》刊发稿件8期，取得了良好的宣传效果。在舆情监控方面，2011年以来刊发《安全生产每日舆情》365期，刊发《安全生产每月舆情分析》11期，《安全生产舆情专报》10期。此外，继续做好北京市安全监管局外网日常维护工作，全年共更新安全信息2 000余条。

[**组织开展安全生产月活动**]　6月是全国第十个安全生产月，结合首都城市运行安全保障工作的突出特点，确定了"落实企业主体责任，保障城市运行安全"这一具有首都特色的安全月主题。围绕这一主题，按照"标准高、形式新、内容实、效果好"的总体思路策划工作方案，组织召开动员部署会。安全月期间，集中组织开展了安全月启动仪式、宣传咨询日、大型公开课、巡回演讲、影视片巡回展映、安全生产主题征文、安全歌曲"学、唱、传"，安全生产知识竞赛等十余项市级重点活动。全市各区县、各行业、各企业以"安全月"为契机，广泛宣传"安全发展"理念，形成了较强的社会舆论声势，调动了全社会各方面力量广泛参与到安全生产工作中，增强了全民安全法制观念和安全意识，形成了安全生产齐抓共管的良好局面。安全生产月取得了实实在在的效果。

安全生产歌曲"学、唱、传"活动。

[**推进本市安全文化建设**]　推动全市安全文化建设示范企业的创建工作，制定印发了《关于开展安全文化建设示范企业创建活动的指导意见》和《北京市企业安全文化建设标准》，组织召开了北京市安全文化建设示范企业创建工作现场暨经验交流会议。各区县和各企业积极推动安全文化示范企业的创建工作，共有46家企业申报北京市安全文化示范企业，经过专家的认真筛选，12家企业被评为"2011年北京市安全文化建设示范企业"。在此基础上，推荐5家优秀企业参加全国安全文化建设示范企业评选。

以"城市.运行.安全"为主题，举办第五届北京安全文化论坛。围绕国际高端城市运行和管理，探讨特大型城市的安全生产治理之策，研究如何有效保障城市运行安全之略。邀请上海、天津、重庆安全监管局局长围绕保障城市运行安全进行高层研讨，为安全监管工作提供了一个高起点、多维度的交流平台，积极探索城市运行安全监管工作的途径和方法，为本市安全生产工作起到了积极的促进和引领作用。

[**推进本市安全社区建设**]　印发了《关于印发安全社区有关申请表的通知》，并于3月份举办安全社区培训班。采取专家授课和实地参观相结合的形式，重点解读安全社区标准、建设方法及安全促进项目策划与实施，全年共收到各区县申报的市级安全社区材料52份，评选国家级安全社区29个，国际安全社区16个。

"安全责任，重在落实"知识竞赛获奖者领奖。

北京市安全生产信息中心

北京市安全生产信息化工作会议。

2011年，信息中心围绕全市安全监管监察重点工作，以隐患自查自报、行政执法系统推广应用和重大危险源管理、行政许可等重要业务系统建设为核心，大力开展"京安"工程建设，研究探索物联网等新技术应用，全面推进应急指挥中心搬迁建设，提升运维服务质量，强化队伍建设，为全市安全生产监管监察工作提供全面技术支撑。

（一）以业务应用为核心，逐步推进"京安"工程建设

[注重顶层设计，提升优化"京安"工程框架] 依据"条块结合、突出专业、流程覆盖、宏观有序"的原则提出了"京安工程"总体框架（34712工程），即：3级网络、4级平台、7类应用、1个数据中心和2套保障体系，为市安全监管局信息化工作又好又快的发展奠定了良好基础。目前，监管信息平台共有业务系统22个，覆盖了"七类"应用中的核心业务工作，全市安全监管部门2 672人依托平台开展工作，注册企业总数15万家，总点击量308.81万次，总业务数据量达到557.41万条。

[需求主导，扩展信息化支撑监管业务的广度和深度] 在新建业务系统方面，建设完成了危险化学品生产（经营）企业监管、烟花爆竹监管、区县危化品许可、事故文书管理4个系统。扩展了对危险化学品、烟花爆竹日常监管工作及区县许可的支撑，实现了对危化企业的全过程监管；加强了事故归档管理的规范性，提升了事故调查工作水平。在业务系统升级改造方面，完成了危化品重大危险源备案、市安全监管局危化品许可、管控和易制毒管理、协同办公4个系统的升级改造。为危险化学品重大危险源备案工作提供了有效工具，优化了危化许可档案管理和综合查询等功能，实现了公文处理的全流程网上办理，提高了效率。

[多措并举，加大系统推广应用力度] 积极做好隐患自查自报系统推广应用工作。成立了领导小组和工作机构，制订并印发了系统推广应用工作实施方案。一是在企业调查摸底方面，共完成14.4万家企业调查摸底工作。二是在系统对接方面，因地制宜，采用了直接使用、系统部署和系统对接3种解决方案。目前，全市17个区县已能够通过系统开展隐患自查自报工作。三是在推广培训方面，已累计完成监管人员培训1 686人，培训企业4.2万余家。

同时，还开展了行政执法、危化许可和重大危险源备案管理系统推广工作。目前，执法系统在朝阳区、海淀区、大兴区、顺义区进行试点，累计培训200余人次，其中大兴区已经利用系统开展执法检查2 600余次，应用情况良好。共计194家企业通过登录企业门户进行危化许可注册和申报工作。已收到40个重大危险源申报信息。

（二）以资源整合共享为基础，实现信息系统纵横对接

[市、区两级对接] 对无系统、有条件的区县，大力推进区县分平台部署，昌平、房山、怀柔、丰台4个区县已经完成系统部署和对接工作。对有自建系统的区县，开展系统对接，东城、朝阳、顺义、大兴4个区县已完成系统对接。对于其他暂不具备条件的区县，做好对接准备工作，待其条件成熟时立即组织开展对接。

[与国家安全监管总局"金安"工程对接] 按照国家总局"金安"工程项目要求，组织编制了系统对接方案，多次同国家安全监管总局通信中心召开现场工作会，协调解决对接工作中遇到的问题，进行设备连通调试。目前，已初步完成与国家安全监管总局"金

全国安全隐患排查治理现场会在京召开。

顺义区安全生产事故隐患自查自报管理系统全市推广应用现场会。

安"工程的对接工作。

（三）以物联网技术应用为契机，建立完善重大危险源监管机制

[理清思路，建立工作机制] 为贯彻落实全市物联网建设部署会议精神，编制并实施了《北京市安全生产监管系统物联网应用示范工程工作方案》。明确了以重大危险源监管机制为主线的物联网建设思路，确定了工作目标，成立了以张家明同志为组长的物联网建设领导小组，设立了工作组，细化了工作职责。

[完成物联网应用试点企业现场调研工作] 利用近4个月的时间，2次组织安全生产和物联网技术专家成立调研组，对54家示范企业进行了现场调研。重点核实企业主要风险点、现有监控设施、全景监控点的设置等信息，对试点企业建设方案进行细化和论证。调研期间，深入企业实地考察200余人次，拍摄了近万张现场照片，为项目可研报告的编制和下一步建设奠定了基础。

[完成项目建议书（代可研）编制和项目审查] 组织专家、处室根据安全监管工作需求和调研情况，编制了安全监管系统物联网示范项目建议书。经过深入研讨和论证，可研报告进行了5次大的修改，完善了涵盖示范企业、传输网络、市区两级预警调度平台和标准规范体系的"5124"建设框架。

[春节期间烟花爆竹安全监管物联网应用示范建设] 春节前，组织建设了烟花爆竹销售流向、零售网点管理物联网监控系统。通过电子标签技术实现全市烟花爆竹流向的全流程监管，通过温湿度感应、红外线、视频图像等物联网技术实现对批发单位仓库的全面监控，利用无线网络和摄像头实现五环内529个零售网点图像监控。

（四）以信息化为支撑，全面提升应急处置水平

2011年6月，按照"充分利旧、节约建设、平战结合、以平为主"的原则，市安全监管局正式启动安全生产应急指挥中心搬迁建设。局长张家明先后6次主持召开专题会议，研究安全生产应急指挥中心搬迁建设工作。同时，领导带队深入农业部应急指挥中心、市交管局应急指挥中心等十几家单位进行现场调研，先后16次修改项目实施方案。制定了项目监理例会制度，共召开项目监理例会30次。

初步完成基础环境设施建设，包括市府大楼的应急指挥大厅、应急值班室、辅助会议室；完成大屏幕显示系统、会议音响系统、集中控制系统、12350呼叫系统等软硬件设备采购安装；完成中环广场网络线路和软硬件设备完成部分迁移工作。

（五）以创新运维体系为保障，确保各业务系统安全稳定运行

[注重强化日常运维管理] 确保各业务应用系统正常运行。完成业务巡检78 066次，维护154次。做好政务网站的技术保障工作。完成应用巡检7 684次，数据库巡检564次；配合各业务部门制作"2011年安全生产月活动"等10个专题；完成各类网站技术支持302次。做好办公终端管理工作。为全局办公终端维护量280次，办公终端累计巡检70次；制作数字签名200余个。

[圆满完成各时期技术保障任务] 做好日常技术保障工作。完成应急移动指挥通信车专项技术演练4次，定期系统调试52次，技术性演练62次。完成视频会议调试和技术保障90次，总计时长91.5小时。完成重点时期保障工作任务，做到提前谋划、周密部署，对系统设备进行安全检查和应急技术保障演练，累计进行24小时技术保障值守50余天。

[加强信息安全管理工作] 做好机房设备的安全防护工作，对机房内设备巡检28 535台次、技术性升级维护719台次、处理技术故障9人次。做好平台权限管理，编制了《北京市安全生产监管信息平台用户权限规则》，完成了9个系统的人员权限梳理工作。做好重要业务应用系统和政务网站数据备份工作，确保数据的可恢复性。

按照《北京市安全生产信息化规划（2009—2012年）》要求，经过3年的建设，已经完成了"京安"工程网络搭建、数据库建设、核心业务系统全覆盖等"业务数字化"工作任务，信息化发挥了较为突出的绩效，正在全面进入"整合与引领发展"阶段。2009年至今，市安全监管局先后被评为全市"信息安全与运维"优秀单位、"专项应用突出奖"和电子政务工作"绩效突出奖"。

北京市安全生产举报投诉中心

市安全监管局副局长蔡淑敏指导"12350"举办投诉电话工作。

2011年，北京市安全生产举报投诉中心围绕着服务安全、服务监管、服务基层的工作原则，不断以群众满意为导向，把"12350"办成联系群众、生产经营单位、政府部门的桥梁与纽带。

"12350"举报投诉特服热线自成立以来，备受各级领导的高度关注。2011年，副市长苟仲文在第342期、第376期、第393期、第507期、第519期等共25期《举报投诉工作日报》上做出重要批示；市安全监管局局长张家明在第348期、第406期、第410期等共6期《举报投诉工作日报》及第164期、第170期《举报投诉工作动态》上做出重要批示。举报投诉工作得到广泛认可。

[承担本市安全生产领域的举报与投诉受理工作] 2011年，共计接收举报投诉2 224件，其中举报投诉电话"12350"接收2 097件，各区县安全监管局接收127件。与2010年同期相比增加130%。已办结1 981件，办结率94.5%。 属实举报1 011件，属实率51.0%。共接收咨询、建议1 728件，已全部进行电话回复。共接到市民表扬电话近600个，对12350无投诉现象。

"12350"举办投诉电话工作人员接听市民来电。

举报投诉中心组织业务考试。

[承担安全生产举报投诉工作体系建设相关工作] 中心共制定30项制度，其中内部管理制度22项，外部工作制度8项。中心2011年启动了举报投诉信息系统的升级改造工作，截至年底已完成了系统基础需求的统计、基础模块的建设及系统模型的确立。

[承担安全生产领域的举报投诉信息的统计、分析工作] 2011年，共计完成举报投诉工作月度统计分析7期、季度统计分析3期，举报投诉工作专题统计分析6期，烟花爆竹举报投诉专刊8期。

[着力建设一支学习型团队] 利用每日半小时的学习时间先后邀请了市安全监管局有关业务处室进行了公文写作、安全生产法律法规、直接监管行业和综合监管行业业务知识两轮培训，共46期；针对举报集中的行业特点，中心内部组织《国家安全生产法》《北京市安全生产条例》《国家职业病防治法》《消防法》等相关法律法规培训，共105期；为打造一支素质过硬的团队，中心

先后组织全体干部及新入职人员业务知识考试共8期，内容涵盖安全生产方面的法律法规、接电文明用语等。

举报投诉中心组织业务知识培训。

北京市工伤及职业危害预防中心

市安全监管局召开第五期特种作业考试情况通报会。

2011年，北京市工伤及职业危害预防中心紧紧围绕"城市安全保障"主题，以加强特种作业培训考核管理、强化技术支撑基础为核心，严格管理，狠抓落实，锐意进取，开拓创新，较好地完成了各项任务，为全力压减本市生产安全事故、确保首都城市安全运行作出了应有贡献。

[全面完成特种作业和高危行业安全资格考试] 2011年，预防中心共组织完成22期特种作业人员安全技术考试；7期高危行业相关人员安全资格考试。在22期特种作业人员安全技术考试中，总报名人数235 713人，合格人数173 706人，总通过率74％。合格人数中，电工作业类106 661人，金属焊接切割作业类40 097人，企业内机动车辆驾驶类14 880人，高处作业类3 198人，制冷作业类2 125人，矿山排水作业类23人，有限空间作业类4 336人，煤矿类2 386人。共为173 706人办理了特种作业操作资格集中申请和证书制发工作。归档特种作业行政许可档案2 881卷。7期高危行业相关人员安全资格计算机考试中，报名8 397人，实考7 517人，合格4 942人，通过率为66%。合格人数中，危险化学品类2 985人，煤矿类131人，燃气类527人，非煤矿山类175人，矿泉水、地热、地堪类146人，烟花爆竹类978人。为4 942人办理了安全资格集中申请和证书制发工作。归档高危行业安全资格行政许可档案170卷。

[建立特种作业考试情况通报制度] 5月起，连续4次召开会议，定期通报特种作业考试工作情况，从考试总体情况、存在突出问题、违纪违规处理、下一步措施等方面总结每期考试工作，强调考试纪律，严格考核标准，规范考试组织。

[推行特种作业理论计算机考试] 历时3个月，完成了理论计算机考试系统完善和调试工作；制定了考点认定标准，实地考察确定了21个计算机理论考点；开展了考务工作人员业务培训，并在8月份本市第七期特种作业考试中全面推行理论计算机考试，实现从纸制笔试方式向计算机考试方式转变，极大方便了考生，提高了工作效率，考点巡视覆盖面从原来不足30%提高到100%。

[整顿特种作业考试秩序] 全年共派出113个巡视组、902人次，现场处理作弊考生127人。同时，发布《关于北京市特种作业考试违规行为的处理意见》，明确涉及违规违纪行为考试承担机构的处罚措施，2011年共对4家机构予以停考处理，对5家机构予以全市通报批评。据统计，特种作业考试通过率较2010年下降15%，高危行业相关人员安全资格考试通过率较2010年下降8%。

[加强实操考官队伍能力建设] 严格审核条件，严格培训管理，严格考勤考核，精心策划，周密部署，分6期对全市918名实操考官开展了继续教育，全面提升了考官的职业道德水平和专业素质，强化履职意识，注重实际应用，规范执考行为，提高考核标准，优化队伍年龄结构和专业层次，确保实操考试质量。

[开展教材题库修编工作] 受国家安全监管总局委托，编写完成高处作业类全国通用培训大纲、考核标准、教材题库，其中，培训大纲和考核标准纳入行业标准，教材题库通过国家安全监管总局审定；配合新修订的《北京市安全生产条例》的颁布实施，修编完成2010版有限空间作业教材，修改完善特种作业、烟花爆竹等法规题库。

[做好特种作业立法前期调研工作] 为将特种作业管理纳入2012年政府立法计划，中心多次召开会议，深入研究特种作业管理中体制机制、违章处罚、京外证件登记等方面存在的突出问题，确定了立法方向，提出了立法建议。

[改进特种作业培训考核管理工作机制] 一是制定工作方案，确定调研方法，明确调研目标内容、实施步骤、工作要求及完成时限，并经局务会审议通过；成立课题调研工作组，落实工作职责和人员分工，确

保调研工作按计划有序实施。二是开展实地调研，组织人员赴上海、重庆、四川等省市和本市公安交管局等行业部门调研，学习借鉴了外省市和本市有关单位在信息化建设、工作运行机制、培训考核收费、严格资质许可等方面的先进经验；通过调研，查找了自身工作差距，拓宽了工作思路，在专家反复论证的基础上，完成了专项调研报告。三是确定工作模式，结合本市实际，按照总体性统筹和系统性集中原则，提出了改进特种作业培训考核管理工作机制的意见和建议，制定了具体的工作实施方案，并在市安全监管局专题会和党组会上作了专题汇报，最终确立了以预防中心为主统筹负责全市特种作业培训考核管理的工作模式。

[开展京外特种作业操作证登记工作] 对持有京外特种作业操作证人员进行登记，是加强特种作业管理的重要举措。一是赴市住建委学习外地进京施工人员备案管理工作经验，进一步明确本市开展京外特种作业操作证登记工作的职责分工、登记方式、信息系统建设、动态监管等具体内容；二是确定了"生产经营单位提出申请、区县局核对登记、市局提供网上查询"的工作程序，制定了《北京市京外特种作业操作证登记管理办法》，并经局务会审议通过；三是完成京外特种作业操作证登记管理系统的开发，搭建全市统一的信息平台，实现京外特种作业操作证登记数据录入、核对、统计分析及网上查询等功能。登记工作的开展为下一步制定京外特种作业人员管理措施奠定了基础。

[启动特种作业人员违规记录登记工作] 开展特种作业违规记录登记，是强化特种作业持证后监督检查、行政执法的重要手段。一是按照市安全监管局特种作业管理范围，组织专家30余人，召开研讨会15次，研究了特种作业人员违章行为和依据标准，划分了违章行为通用项和专业项的界定范围，初步确定了特种作业8大类222条具体违章行为；二是在赴市公安交管局调研的基础上，起草了《北京市特种作业人员违规记录登记管理办法》，听取了安全监管执法人员、部分企业安全管理人员的意见建议，修改完善后经局务会审议通过；三是完成特种作业人员违规记录登记系统开发工作，实现与安全生产执法系统、特种作业考核管理系统的信息共享，为特种作业人员违章现场记录、执法处罚、证件审验、数据分析等工作提供了技术保障。

[加紧推进本市安全生产技术支撑中心建设] 一是初步提出技术支撑体系建设意见。围绕市安全监管局安全生产重点工作，结合预防中心工作职能，走访国家安全生产科学研究院、天津市安全生产技术研究中心、国家质监总局特种设备检测总院、区县安全监管局和东方石化等部门和单位，与局相关处室进行沟通，形成技术支撑体系建设初步意见，即：以履行行政辅助职能、发挥参谋助手作用为主要目标，以技术监管为主要工作方向，以组织管理为主要工作手段，充分利用首都的人才技术优势，确立了搭建一个平台，打造一支队伍，做好技术评审、检测检验、危险化学品登记、标准法规研究等方面工作的基本思路，形成行政管理、技术监管协调互促，市区两级互相补充的技术支撑体系。二是实验室顺利通过验收。"北京市职业危害检测与鉴定实验室"和"北京市非矿山安全与重大危险源监控实验室"顺利通过国家安全监管总局的竣工验收复核与认定，成为全国第一批通过审核认定的省级专业中心实验室。三是大力开展职业卫生抽检工作。组织开展了对冶金、粮食加工、非煤矿山等5个行业的职业卫生抽检工作。共抽检生产企业61家，作业点350个，样品1 039件，其中现场采集样品176件，现场检测样品863件，并对61家企业的职业卫生管理现状进行了调查，对抽检中发现的问题提出了改进意见。通过抽检工作，锻炼了队伍，提高了业务水平。四是继续开展危险化学品登记工作。截至10月31日，网上审核登记企业113家，95家材料合格的单位取得了国家登记中心颁发的登记证书，其中，生产单位22家，使用单位72家，储存单位1家。根据新颁布的《危险化学品安全管理条例》，着手准备本市危险化学品登记管理办法的修订工作。

预防中心进行现场职业卫生检测。

北京市安全生产协会

5月18日，北京市安全生产协会第二届会员大会暨换届大会召开，国家安全监局总局副局长孙华山出席会议。

2011年，北京市安全生产协会以"为政府服务、为企业服务、为社会服务"为宗旨，紧紧围绕本市安全生产中心工作，坚持发挥服务功能，创新工作思路，完成了市安全监管局委托、移交给协会的各项工作。

[安全生产协会换届选举] 5月18日，市安全生产协会召开第二届会员大会。会议总结了第一届协会的工作，选举产生了第二届理事会、会长、副会长、监事长和理事单位，并提出下一步工作要求。副市长苟仲文、国家安全监管总局副局长孙华山、中国职业安全健康协会副秘书长杨书宏、市安全监管局局长张家明出席会议并讲话。

[做好宣传培训工作] 7月，配合市安全监管局宣传贯彻新修订的《北京市安全生产条例》，组织会员单位举办新《条例》学习班，共有107个会员单位近200人参加学习。为深入贯彻《职业病防治法》和国家安全监管总局下发的《关于开展职业健康"百千万"培训工程的通知》，11月配合市安全监管局对本市木质家具制造企业的主要负责人和职业健康管理人员开展职业健康培训。共举办了5期培训班，有401个企业566人参加了培训，其中企业主要负责人258人，职业健康管理员308人。

[开展职业卫生检测活动] 10月，在市工伤及职业危害预防中心的配合下，对会员单位开展检测职业危害因素的活动。共对北京京能热电股份有限公司、华北（北京）热电有限公司、北京二商王致和食品有限公司、北京第二机床厂有限公司、北京正东电子动力集团有限公司5家企业进行了职业卫生检测，并将检测结果及时反馈给企业，为企业做好职业安全健康工作起到了推动作用。

[特种作业培训教材及资料发售工作] 根据市安全监管局2011年第7次局务会要求，北京市安全生产特种作业培训教材发行工作由北京市工伤及职业危害预防中心移交给北京市安全生产协会。5—12月，共向培训机构发售特种作业教材及培训资料24 549本。

[参加"安全生产月"咨询日活动] 6月12日，协会在"全国安全生产月"宣传咨询日活动现场，向咨询单位及个人发放《安全生产管理制度指南》200册，发放安全生产管理调研论文汇编100册。

8月16日，北京市安全生产协会会长丁镇宽为协会聘任的专家颁发聘书。

《北京市安全生产条例》宣讲班。

[开展安全社区建设基础工作] 2011年，协会与市安全生产宣传教育中心共同组织对16个区县负责安全社区创建工作的负责人进行了专业培训，并对16个区县安全社区创建工作进行了基本信息统计；建立了与各区县安全社区促进机构联系的工作网络及安全社区工作档案；协会组织专家完成了《北京市安全社区建设工作指南》编制工作。

[组织两次赴外省市学习考察] 5月中旬，组织会员单位赴西安市安全监管局和安全生产协会进行学习考察，双方就如何加强应急管理、组织应急培训与演练、重大危险源的识别与监控、如何做好从业人员的三级教育等问题进行了探讨。8月下旬，组织部分会员单位到云南省进行安全风险管理体系的学习与考察，通过与南方电网公司及云南电网公司的工作交流，了解了对风险评估与控制方法、应急与事故管理、员工安全意识及能力培训等方面的经验。

[完成年鉴编纂工作] 按照市安全监管局对编写《北京安全生产年鉴2011版》的工作要求，设在协会的年鉴编辑部按期完成了年鉴编纂任务，并于12月正式出版发行，全书共计880千字，与2010年版同比总字数增加21.4%，刊登公益彩图106页，同比增加40%，照片248幅，同比增加26.8%。

[办好信息简报] 为进一步发挥安全生产信息在安全生产工作中的作用，协会以信息简报为载体，宣传安全生产法律法规，推广探讨国内外安全生产管理新模式，全年共编发《北京市安全生产协会简报》23期。

[完成综合评估工作] 2011年，根据社团办对社团组织总体评估要求，协会按照北京市社会组织评估工作总体安排，完成了综合评估工作。评估组织依据民政部《社会组织评估管理办法》《北京市社会评估实施办法》的有关规定，对市安全生产协会进行了综合评估，评估机构通过查询协会各项制度、工作记录、档案管理、财务管理等资料，对协会基础管理、内部管理、工作业绩和社会评价等综合评定，被评为三星级单位。

举办北京市木制家具制造企业职业健康培训班。

安全生产统计资料

2011 年安全生产统计分析

2011 年，全市共发生道路交通、生产安全、火灾、铁路交通、农业机械死亡事故 977 起，死亡 1 089 人，事故总量与 2010 年相比有明显下降，减少 85 起 87 人，下降 8.5%和 7.4%（表 1）。

表 1　2011 年安全生产各类死亡事故总体情况统计表

序号	项目	事故起数			死亡人数（人）		
		实际/起	同比/起	同比/%	实际/人	同比/人	同比/%
1	生产安全	88	−31	−26.1	101	−35	−25.7
2	道路交通	843	−41	−4.6	924	−50	−5.1
3	火　灾	12	−14	−53.8	30	−2	−6.3
4	铁路交通	33	1	3.1	33	0	持平
5	农业机械	1	0	持平	1	0	持平
	合计	977	−85	−8.0	1 089	−87	−7.4

一、总体情况

（一）　绝对控制指标总体平稳

2011 年各类事故总死亡人数 1 089 人，占年度指标的 85.7%。其中：道路交通事故死亡 924 人，占年度指标的 88.1%；生产安全事故死亡 101 人，占年度指标的 63.1%；农业机械死亡 1 人，占年度指标的 50%。火灾事故和铁路交通事故死亡人数突破国务院安委会下达的控制考核指标。火灾事故死亡 30 人，占年度指标的 111.1%；铁路交通事故死亡 33 人，占年度指标的 103.1%。

（二）　相对控制指标显著下降

亿元地区生产总值生产安全事故死亡率指标为 0.085，实际为 0.068，下降 0.017；工矿商贸从业人员十万人生产安全事故死亡率指标为 1.67，实际为 1.04，下降 0.63；道路交通万车死亡率指标为 2，实际为 1.85，下降 0.15；煤矿百万吨死亡率指标为 2.6，实际为 0。

（三）　一次死亡 3 人以上较大事故下降明显

2011 年共发生一次死亡 3 人以上较大事故 20 起，与 2010 年同比减少 4 起，下降了 16.7%，未突破年度控制指标，占年度指标的 83.3%。

（四）部分地区事故多发

通州区、大兴区突破年初下达的各类安全生产事故总指标。通州区、大兴区、门头沟区、房山区和丰台区突破铁路交通事故分项指标。大兴区、平谷区突破火灾事故分项指标。大兴区突破道路交通事故分项指标。通州区突破生产安全事故分项指标（表2）。

表2　2011年度各区县安全生产事故指标落实情况统计表

单位名称	合计		生产安全		道路交通		火　灾		铁路交通		农业机械	
	指标	实际	指标	实际	指标	实际	指标	实际	指标	实际	指标	实际
东城区	21	16	8	6	11	8	1	1	1	1	—	—
西城区	26	19	9	6	15	13	1	0	1	0	—	—
朝阳区	199	175	28	15	165	156	3	3	3	1	—	—
海淀区	110	97	24	14	81	80	3	2	2	1	—	—
丰台区	92	88	15	14	69	63	2	1	6	10	—	—
石景山区	24	19	9	7	12	11	1	0	2	1	—	—
门头沟区	20	19	4	2	13	13	1	1	2	3	—	—
房山区	111	106	8	4	100	99	1	0	2	3	—	—
通州区	107	110	7	10	97	96	1	0	2	4	—	—
顺义区	119	111	8	4	109	106	1	0	1	1	—	—
大兴区	59	77	8	5	48	49	1	20	2	3	—	—
昌平区	120	108	7	0	110	106	1	0	2	2	—	—
平谷区	27	26	2	1	23	23	1	2	1	0	—	—
怀柔区	37	35	5	5	29	28	1	0	2	2	—	—
密云县	46	42	4	3	39	38	1	0	2	1	—	—
延庆县	36	33	3	2	31	31	1	0	1	0	—	—
开发区	7	5	3	3	4	2	0	0	0	0	—	—
京煤集团	4	0	4	0	—	—	0		—	—	0	
其他	105	3	4	0	93	2	6	0	0	0	2	1
总计	1 270	1 089	160	101	1 049	924	27	30	32	33	2	1

二、重点行业领域事故情况

（一）生产安全事故降幅明显

2011年全市共发生生产安全死亡事故88起，死亡101人，同比减少31起35人，分别下降26.1%和25.7%。主要特点：一是建筑业事故多发，全年共发生建筑业死亡事故57起，死亡64人，占生产安全事故死亡人数的63.4%；二是有限空间、高处悬吊等城市维护保养作业事故仍呈高发态势；三是煤矿生产事故实现"零"死亡的突破，达到历史最高水平。

（二）道路交通事故稳中有降

2011年全市共发生交通死亡事故843起、亡924人，与2010年同期相比，事故起数减少41起，下降4.6%，死亡人数减少50人，下降5.1%。

（三）火灾和铁路交通事故总量稳定

2011年，全市共发生火灾事故12起，死亡30人。与2010年相比，事故起数同比减少 14 起，下降 53.8%，死亡人数同比减少 2 人，下降 6.3%。发生重大火灾事故 1 起，死亡 18 人，死亡人数同比上升 200%。全市发生铁路交通死亡事故 32 起，死亡 33 人，同比增加 1 起，上升 3.1%，死亡人数与 2010 年持平，占全年指标的 103.1%。

（四）农机事故总体平稳

2011 年全市发生一般农机事故 1 起，死亡 1 人。事故起数、死亡人数与 2010 年持平。

表 3　2011 年安全生产各类死亡事故情况表

序号	项目	事故起数/起			死亡人数/人			较大事故					
								事故起数/起			死亡人数/人		
		2011 年	2010 年	同比/%	2011 年	2010 年	同比/%	2011 年	2010 年	同比/%	2011 年	2010 年	同比/%
1	生产安全	88	119	−26.1	101	136	−25.7	1	4	−75.0	5	12	−58.3
2	道路交通	843	884	−4.6	924	974	−5.1	18	18	持平	62	58	+6.9
3	火　灾	12	26	−53.8	30	32	−6.3	1	2	−50.0	18	6	+200.0
4	铁路交通	33	32	+3.1	33	33	持平	0	0	—	0	0	—
5	农业机械	1	1	持平	1	1	持平	0	0	—	0	0	—
	总计	977	1 062	−8.0	1 089	1176	−7.4	20	24	−16.7	85	76	+11.8

表 4　2011 年安全生产控制考核指标情况表

项目内容		指标下达情况	全年落实情况	与控制考核指标相比/%
总体控制考核指标/人	各类事故死亡总人数	1 270	1 089	−14.3
绝对控制考核指标/人	生产安全	160	101	−36.9
	其中：煤矿	13	0	−100.0
	道路交通	1049	924	−11.9
	火　灾	27	30	+11.1
	铁路交通	32	33	+3.1
	农业机械	2	1	−50.0
较大事故起数控制考核指标/起	较大事故起数	24	20	−16.7
	其中：生产安全	—	1	—
	道路交通	—	18	—
	火　灾	—	1	—
	铁路交通	—	0	—
	农业机械	—	0	—
相对控制考核指标	亿元地区 GDP 安全生产事故死亡率/（人/亿元）	0.085	0.068	—
	工矿商贸企业从业人员十万人生产安全事故死亡率/（人/10 万人）	1.67	1.04	—
	道路交通万车死亡率/（人/万车）	2	1.85	—
	煤矿百万吨煤死亡率/（人/兆吨）	2.6	0	—

注：工矿商贸企业从业人员为 2010 年二、三产业从业人数。

表5 2011年安全生产事故主要指标情况表

指标名称	全年	1月	2月	3月	4月	5月	6月	7月	8月	9月	10月	11月	12月
安全生产事故起数/起	977	78	42	80	69	84	62	79	73	77	83	117	133
生产安全	88	4	1	6	6	4	13	14	14	6	6	10	4
道路交通	843	67	39	67	58	75	48	62	56	69	74	101	127
火灾	12	2	1	4	1	0	0	0	1	0	1	2	0
铁路交通	33	4	1	3	4	5	1	3	2	2	2	4	2
农业机械	1	1	0	0	0	0	0	0	0	0	0	0	0
安全生产事故死亡人数/人	1 089	87	50	86	89	96	66	93	90	84	84	124	140
生产安全	101	4	1	7	6	5	13	16	19	7	6	13	4
道路交通	924	75	47	72	61	86	52	74	68	75	75	105	134
火灾	30	3	1	4	18	0	0	0	1	0	1	2	0
铁路交通	33	4	1	3	4	5	1	3	2	2	2	4	2
农业机械	1	1	0	0	0	0	0	0	0	0	0	0	0
安全生产事故死亡人数控制率/%	85.7	6.9	3.9	6.8	7.0	7.6	5.2	7.3	7.1	6.6	6.6	9.8	11.0
生产安全	63.1	2.5	0.6	4.4	3.8	3.1	8.1	10.0	11.9	4.4	3.8	8.1	2.5
道路交通	88.1	7.1	4.5	6.9	5.8	8.2	5.0	7.1	6.5	7.1	7.1	10.0	12.8
火灾	111.1	11.1	3.7	14.8	66.7	0.0	0.0	0.0	3.7	0.0	3.7	7.4	0.0
铁路交通	103.1	12.5	3.1	9.4	12.5	15.6	3.1	9.4	6.3	6.3	6.3	12.5	6.3
农业机械	50.0	50.0	0.0	0.0	0.0	0.0	0.0	0.0	0.0	0.0	0.0	0.0	0.0

表 6 2011 年生产安全事故区县情况表

区域	合计		1月		2月		3月		4月		5月		6月		7月		8月		9月		10月		11月		12月	
	起数	人数	起数	人数	起数	人数	起数	人数	起数	人数	起数	人数	起数	人数	起数	人数	起数	人数	起数	人数	起数	人数	起数	人数	起数	人数
首都功能核心区	12	12	1	1	0	0	0	0	0	0	0	0	5	5	0	0	1	1	1	1	0	0	1	1	3	3
东城区	6	6	1	1	0	0	0	0	0	0	0	0	3	3	0	0	1	1	0	0	0	0	0	0	1	1
西城区	6	6	0	0	0	0	0	0	0	0	0	0	2	2	0	0	0	0	1	1	0	0	1	1	2	2
城市功能拓展区	45	50	2	2	1	1	3	3	3	3	3	4	5	5	7	9	12	13	3	3	1	1	5	6	0	0
朝阳区	14	15	0	0	0	0	1	1	2	2	0	0	3	3	5	6	3	3	0	0	0	0	0	0	0	0
海淀区	12	14	2	2	0	0	1	1	1	1	1	1	0	0	1	2	2	3	2	2	1	1	1	1	0	0
丰台区	13	14	0	0	1	1	1	1	0	0	1	1	2	2	1	1	4	4	1	1	0	0	2	3	0	0
石景山区	6	7	0	0	0	0	0	0	0	0	1	2	0	0	0	0	3	3	0	0	0	0	2	2	0	0
城市发展新区	19	26	1	1	0	0	1	2	2	2	1	1	3	3	3	3	1	5	1	2	2	2	3	4	1	1
房山区	3	4	0	0	0	0	0	0	0	0	0	0	0	0	2	2	0	0	0	0	0	0	1	2	0	0
通州区	4	10	0	0	0	0	1	2	0	0	0	0	1	1	0	0	1	5	1	2	0	0	0	0	0	0
顺义区	4	4	0	0	0	0	0	0	1	1	0	0	2	2	0	0	0	0	0	0	0	0	1	1	0	0
昌平区	0	0	0	0	0	0	0	0	0	0	0	0	0	0	0	0	0	0	0	0	0	0	0	0	0	0
大兴区	5	5	1	1	0	0	0	0	0	0	1	1	0	0	1	1	0	0	0	0	1	1	1	1	0	0
开发区	3	3	0	0	0	0	0	0	1	1	0	0	0	0	0	0	0	0	0	0	1	1	0	0	1	1
生态涵养发展区	12	13	0	0	0	0	2	2	1	1	0	0	0	0	4	4	0	0	1	1	3	3	1	2	0	0
门头沟区	1	2	0	0	0	0	0	0	0	0	0	0	0	0	0	0	0	0	0	0	0	0	1	2	0	0
怀柔区	5	5	0	0	0	0	0	0	0	0	0	0	0	0	3	3	0	0	0	0	2	2	0	0	0	0
平谷区	1	1	0	0	0	0	0	0	0	0	0	0	0	0	0	0	0	0	0	0	1	1	0	0	0	0
密云县	3	3	0	0	0	0	2	2	1	1	0	0	0	0	0	0	0	0	0	0	0	0	0	0	0	0
延庆县	2	2	0	0	0	0	0	0	0	0	0	0	0	0	1	1	0	0	1	1	0	0	0	0	0	0
其他地地区和单位	0	0	0	0	0	0	0	0	0	0	0	0	0	0	0	0	0	0	0	0	0	0	0	0	0	0
京煤集团	0	0	0	0	0	0	0	0	0	0	0	0	0	0	0	0	0	0	0	0	0	0	0	0	0	0
其他	0	0	0	0	0	0	0	0	0	0	0	0	0	0	0	0	0	0	0	0	0	0	0	0	0	0
全市总计	88	101	4	4	1	1	6	7	6	6	4	5	13	13	14	16	14	19	6	7	6	6	10	13	4	4

表 7 2011 年生产安全事故类别情况表

月份	合计		物体打击		车辆伤害		机械伤害		起重伤害		触电		淹溺		灼烫		火灾		高处坠落		坍塌		冒顶片帮		透水		放炮		火药爆炸		瓦斯爆炸		锅炉爆炸		容器爆炸		其他爆炸		中毒窒息		其他伤害	
	起数	人数	起数	人数	起数	人数	起数	人数	起数	人数	起数	人数	起数	人数	起数	人数	起数	人数	起数	人数	起数	人数	起数	人数	起数	人数	起数	人数	起数	人数	起数	人数	起数	人数	起数	人数	起数	人数	起数	人数	起数	人数
1月	4	4	1	1	1	1	1	1	0	0	0	0	0	0	0	0	0	0	1	1	0	0	0	0	0	0	0	0	0	0	0	0	0	0	0	0	0	0	0	0	0	0
2月	1	1	0	0	1	1	0	0	0	0	0	0	0	0	0	0	0	0	0	0	0	0	0	0	0	0	0	0	0	0	0	0	0	0	0	0	0	0	0	0	0	0
3月	6	7	0	0	0	0	1	1	2	2	0	0	0	0	0	0	0	0	1	1	2	3	0	0	0	0	0	0	0	0	0	0	0	0	0	0	0	0	0	0	0	0
4月	6	6	3	3	0	0	0	0	1	1	0	0	0	0	0	0	0	0	1	1	0	0	0	0	0	0	0	0	0	0	0	0	0	0	0	0	0	0	1	1	0	0
5月	4	5	0	0	0	0	0	0	1	2	0	0	0	0	0	0	0	0	3	3	0	0	0	0	0	0	0	0	0	0	0	0	0	0	0	0	0	0	0	0	0	0
6月	13	13	3	3	0	0	2	2	0	0	2	2	0	0	0	0	0	0	5	5	1	1	0	0	0	0	0	0	0	0	0	0	0	0	0	0	0	0	0	0	0	0
7月	14	16	0	0	0	0	2	2	0	0	5	5	0	0	1	1	0	0	2	2	3	4	0	0	0	0	0	0	0	0	0	0	0	0	0	0	0	0	1	2	0	0
8月	14	19	2	2	0	0	0	0	1	1	5	5	0	0	0	0	0	0	3	3	1	1	0	0	0	0	0	0	0	0	0	0	0	0	0	0	0	0	2	7	0	0
9月	6	7	0	0	0	0	0	0	0	0	0	0	1	1	0	0	0	0	3	3	1	1	0	0	0	0	0	0	0	0	0	0	0	0	0	0	1	2	0	0	0	0
10月	6	6	1	1	0	0	0	0	1	1	1	1	0	0	0	0	0	0	2	2	1	1	0	0	0	0	0	0	0	0	0	0	0	0	0	0	0	0	0	0	0	0
11月	10	13	3	3	0	0	0	0	0	0	1	2	0	0	0	0	0	0	5	7	1	1	0	0	0	0	0	0	0	0	0	0	0	0	0	0	0	0	0	0	0	0
12月	4	4	1	1	1	1	0	0	0	0	0	0	0	0	0	0	0	0	2	2	0	0	0	0	0	0	0	0	0	0	0	0	0	0	0	0	0	0	0	0	0	0
总计	88	101	14	14	3	3	6	6	6	7	14	15	1	1	1	1	0	0	28	30	10	12	0	0	0	0	0	0	0	0	0	0	0	0	0	0	1	2	4	10	0	0

表 8　2011 年生产安全事故原因情况表

月份	合计		技术和设计有缺陷		设备设施工具附件有缺陷		安全设施缺少或有缺陷		生产场所环境不良		个人防护用品缺少或有缺陷		没有安全操作规程或规程不健全		违反操作规程或劳动纪律		劳动组织不合理		对现场工作缺乏检查或指挥错误		培训教育不够缺乏安全操作知识		其他	
	起数	人数	起数	人数	起数	人数	起数	人数	起数	人数	起数	人数	起数	人数	起数	人数	起数	人数	起数	人数	起数	人数	起数	人数
1月	4	4	0	0	0	0	0	0	0	0	0	0	0	0	2	2	1	1	0	0	1	1	0	0
2月	1	1	0	0	0	0	0	0	0	0	0	0	0	0	0	0	1	1	0	0	0	0	0	0
3月	6	7	0	0	1	1	1	1	0	0	0	0	0	0	3	4	0	0	1	1	0	0	0	0
4月	6	6	0	0	0	0	2	2	0	0	0	0	0	0	4	4	0	0	0	0	0	0	0	0
5月	4	5	0	0	0	0	0	0	0	0	0	0	0	0	4	5	0	0	0	0	0	0	0	0
6月	13	13	0	0	0	0	1	1	1	1	2	2	0	0	6	6	0	0	0	0	2	2	1	1
7月	14	16	0	0	1	1	1	1	0	0	2	2	0	0	6	8	1	1	3	3	0	0	0	0
8月	14	19	1	1	1	1	2	2	0	0	1	1	0	0	6	11	1	1	0	0	2	2	0	0
9月	6	7	0	0	0	0	1	1	0	0	2	2	0	0	3	4	0	0	0	0	0	0	0	0
10月	6	6	0	0	0	0	1	1	0	0	0	0	0	0	5	5	0	0	0	0	0	0	0	0
11月	10	13	0	0	0	0	2	2	1	1	1	1	0	0	4	7	1	1	0	0	0	0	1	1
12月	4	4	0	0	0	0	0	0	0	0	0	0	0	0	4	4	0	0	0	0	0	0	0	0
总计	88	101	1	1	3	3	11	11	2	2	8	8	0	0	47	60	5	5	4	4	5	5	2	2

安全生产事故案例

【案例1】

北京地铁九号线白石桥南站"1·29"事故

发生时间：2011 年 1 月 29 日 11 时 05 分
    左右
发生地点：地铁九号线白石桥南站施工现场
事故类别：物体打击
伤亡情况：死亡 1 人

一、事故简介

  2011 年 1 月 29 日，在海淀区首体南路主语国际大厦东侧，地铁九号线白石桥南站施工现场发生一起物体打击事故。南通建总建筑劳务有限公司（以下简称南通建总劳务公司）的 1 名施工人员，在配合门式起重机拆除 A4 段（17-20 轴）西侧墙体模板支架的过程中，不慎被两榀（根）模板三角支架挤压头部致伤，后因抢救无效死亡。事故造成直接经济损失人民币 69.965 万元。

  地铁九号线白石桥南站工程由北京市轨道交通建设管理有限公司（以下简称市轨道交通公司）投资建设；工程总承包由北京城建集团有限责任公司（以下简称城建集团公司）承揽；劳务分包由南通建总劳务公司承揽。

  1 月 29 日 7 时左右，南通建总劳务公司木工班班长杜××安排蒋××（未参加安全技术交底）带领尹××等 4 人及信号工徐××，配合门式起重机拆除地铁九号线白石桥南站 A4 段（17-20 轴）西侧墙体模板三角支架，该支架每榀（根）高约 6 米，重约 500 公斤。尹××负责用钢丝绳将支架穿挂在吊钩上。开始作业后，尹××用 1 根钢丝绳将 1 块模板的 3 榀（根）支架同时穿挂在龙门吊的吊钩上。为防止支架侧倒，徐××指挥龙门吊起升至钢丝绳绷紧，待尹××拆除支架与模板的所有连接点并从支架上下来后，由徐××指挥龙门吊将 3 榀（根）支架同时吊到指定位置。11 时 05 分左右，尹××将第 13、14、15 榀（根）支架用 1 根钢丝绳穿挂在吊钩上，并拆除了支架与模板所有连接点，后从支架上下来时，北侧的第 15 榀（根）支架向南发生倾倒，将尹××的头部挤压在两榀支架间，现场人员立即将其救出送到海军总医院救治，并报警。尹××后因抢救无效死亡。

  经查，2010 年 7 月 3 日，城建集团公司依据相关规定编制了《北京地铁九号线白石桥南站主体结构模板专项方案》，并于 7 月 5 日通过了总监理工程师的审定。其中，在 5.5.1 墙模拆除中明确要求使用龙门吊或汽车吊配合拆除时，要逐榀（根）拆除模板支架。在 2011 年 1 月 18 日的模板工程技术交底中也明确要求拆除三角支架时，需注意采用专用夹具，逐榀（根）拆除模板支架。南通建总劳务公司杜××作为接受交底人在技术交底记录上签了字，但在实际作业中却长时间违规指挥木工班组同时拆除多榀（根）支架。

二、事故原因

（一）直接原因

1. 尹××安全意识淡薄，违反安全技术交底中的拆除要求，违规冒险作业，导致事故发生。

2. 信号工徐××明知模板支架要求逐榀（根）拆除的规定，违章指挥吊装作业。

3. 木工班班长杜××作为模板拆除作业负责人，长时间违章指挥木工班组违规拆除模板支架，致使施工人员对模板三角支架多榀（根）同时拆除的违规行为习以为常；事故发生当天又临时安排未经安全技术交底、不知道模板拆除安全技术要求的蒋××带班。

（二）间接原因

1. 南通建总劳务公司疏于对吊装作业现场的安全监管，未能确保安全技术交底中安全措施的落实；公司该工程项目部主要负责人未督促项目部相关人员及时消除作业现场的安全事故隐患，致使作业人员违规冒险作业。

2. 城建集团公司作为该工程的总包单位，疏于对作业现场的检查，未确保模板拆除作业中安全措施的落实；公司该工程项目部主要负责人，未督促项目部相关人员对吊装作业现场进行监管，任由施工人员随意作业，为事故的发生埋下了隐患。

三、事故责任分析及处理意见

一是作业人员尹××安全意识淡薄，违反安全技术交底中的拆除要求，违规冒险作业，对事故负有直接责任。鉴于其在事故中死亡，不予追究。

二是信号工徐××明知模板支架要求逐榀（根）拆除，违章指挥吊装作业，对事故负有直接责任。由司法机关依法追究其刑事责任。

三是木工班班长杜××作为模板拆除作业负责人，违章指挥木工班组违规拆除模板支架，安排不知道安全技术要求的人员带班，对事故负有直接管理责任。由司法机关依法追究其刑事责任。

四是南通建总劳务公司疏于对吊装作业现场的安全监理，未能确保安全技术交底中安全措施的落实，以上行为违反了《安全生产法》第三十五条的规定，对事故负有主要管理责任。由安全生产监督管理部门给予其行政处罚，同时责成南通建总劳务公司对在事故中负有责任的项目部主要负责人及其他责任人进行处理，并将处理结果以书面形式报区安全监管局备案。

五是城建集团公司作为该工程的总包单位，违反《安全生产法》第三十五条的规定，未确保模板拆除安全措施的落实，对事故负有一定管理责任。由安全生产监督管理部门给予其行政处罚，由建设行政主管部门暂扣其安全生产许可证 30 日，并停止其扣证期间在北京建筑市场的招投标资格。同时责成城建集团公司对在事故中负有责任的项目部主要负责人及其他责任人进行处理，并将处理结果以书面形式报区安全监管局备案。

【案例2】

北京富源十八机械有限公司"3·21"事故

发生时间：2011 年 3 月 21 日 11 时 10 分
　　　　　左右
发生地点：密云县密云镇园林东路 1 号
事故类别：机械伤害
伤亡情况：死亡 1 人

一、事故简介

2011 年 3 月 21 日 11 时 10 分左右，北京富源十八机械有限公司在厂内修理鄂式破碎机配重轮时，发生一起机械伤害事故，造成 1 人死亡。

3 月 21 日，北京富源十八机械有限公司一车间班长高××安排王××和吕××一起修理鄂式破碎机配重轮轮孔内径。鄂式破碎机配重轮为圆形，直径 1 530 毫米，宽 370 毫米，轮孔内径 200 毫米，重约 1.2 吨。两人完成修理后开始进行安装，安装过程中由于鄂式破碎机配重轮内径不匹配，未能安装成功，吕××和王××便用千斤顶把配重轮拆下来放在车间地面上。随后，吕××控制电动单梁起重机开关，王××扶着配重轮，将配重轮用电动单梁起重机吊到修理位置地面上，由于配重轮吊装位置不合适，吕××控制电动单梁起重机开关将吊绳放松后，由吕××和王××将配重轮向北推动约 10 厘米。调整到便于修理的位置后，吕××和王××用一根螺杆倚在配重轮南侧，并将一把自制焊锤倚在配重轮北侧，配重轮东西两侧未放置任何防倾倒设施。此时，配重轮南北直立放置，并且电动单梁起重机的吊绳处于倾

斜状态。王××坐在配重轮东侧的椅子上面朝西，用手持电动磨锯打磨配重轮轮孔内径。吕××由于眼睛进了异物便走出了车间，王××进行了约 1 个小时的打磨作业，11 时 10 分许，张××听到王××喊救命。随后，张××和高××一同前往现场查看，此时，两人发现王××坐在地上面色苍白，配重轮正压在王××的小腹上。高××和张××利用电动单梁起重机将压在王××小腹上的配重轮吊走后，张××和其他两名工人将王××抬出，随即高××拨打了 120，25 分钟后 120 急救车来到现场把王××送往密云县医院进行抢救，后经抢救无效死亡。

二、事故原因

（一）直接原因

北京富源十八机械有限公司一车间维修鄂式破碎机配重轮时东西两侧未放置防倾倒设施，鄂式破碎机配重轮南北两侧未设置专用止挡等安全保险装置，致使职工王××在用电动手持磨锯进行打磨鄂式破碎机配重轮轮孔内径时，鄂式破碎机配重轮失稳倾倒。

（二）间接原因

1. 北京富源十八机械有限公司未落实安全生产检查制度，未及时消除一车间维修东西配重轮时东西两侧未放置防倾倒设施、东西配重轮南北两侧未设置专用止挡等安全保险装置的事故隐患。

2. 王××、吕××在维修东西配重轮

时采取安全措施不当。

3．刘××、伊××、高××等管理人员未履行职责及时检查、消除北京富源十八机械有限公司一车间存在的生产安全事故隐患；刘××、伊××作为公司安全管理人员未组织制定并监督实施临时维修较大工件安全措施方案。

三、事故责任分析及处理意见

一是北京富源十八机械有限公司王××、吕××在维修鄂式破碎机配重轮时采取的安全措施不当，对事故的发生负有直接责任，鉴于王××在事故中死亡，不予追究其相关责任；由北京富源十八机械有限公司对吕××内部处理，并把处理结果上报密云县安全监管局。

二是北京富源十八机械有限公司的一车间班长高××，作为车间班长，未及时发现、消除本班组在维修鄂式破碎机配重轮时东西两侧未设置防倾倒措施、鄂式破碎机配重轮南北两侧未设置专用止挡的生产安全事故隐患，对事故的发生负有领导责任。由北京富源十八机械有限公司对其内部处理，并把处理结果上报密云县安全监管局。

三是北京富源十八机械有限公司副经理伊××，负责该公司的安全生产工作，未能全面落实该公司的安全生产检查制度和生产安全事故隐患排查制度，未组织制定并监督实施临时维修较大工件安全措施方案，及时发现、消除一车间在维修鄂式破碎机配重轮时东西两侧未设置防倾倒措施、鄂式破碎机配重轮南北两侧未设置专

用止挡的生产安全事故隐患，对该起事故的发生负有重要领导责任。由北京富源十八机械有限公司内部处理，并把处理结果上报密云县安全监管局。

四是北京富源十八机械有限公司经理刘××，作为公司全面管理的负责人，未履行安全生产管理职责，未督促、检查该公司及其管理人员全面落实该公司的安全生产检查制度和生产安全事故隐患排查制度，未组织制订并监督实施临时维修较大工件安全措施方案，未及时消除一车间在鄂式破碎机配重轮时东西两侧未设置防倾倒措施、鄂式破碎机配重轮南北两侧未设置专用止挡的生产安全事故隐患，其行为违反了《安全生产法》第十七条第（四）项的规定，对该事故的发生负有重要领导责任。依据《安全生产法》第八十一条第二款和《安全生产行政处罚自由裁量标准》的规定，给予其2万元罚款的行政处罚。

五是北京富源十八机械有限公司在安全管理工作上存在缺陷，未全面落实公司的安全生产检查制度，对一车间维修鄂式破碎机配重轮东西两侧未设置防倾倒措施、鄂式破碎机配重轮南北两侧未设置专用止挡等安全保险装置的事故隐患未及时采取措施，其行为违反了《安全生产违法行为行政处罚办法》第四十四条第（七）项之规定，对事故的发生负有责任。依据《生产安全事故报告和调查处理条例》第三十七条第（一）项和《安全生产行政处罚自由裁量标准》的规定，给予该公司12万元罚款的行政处罚。

【案例3】

北汽福田汽车股份有限公司北京福田雷萨起重机 分公司"3·23"事故

发生时间：2011 年 3 月 23 日 16 时左右

发生地点：海淀区丰秀路 1 号北汽福田汽车股份有限公司

事故类别：起重伤害

伤亡情况：死亡 1 人

一、事故简介

2011 年 3 月 23 日，在海淀区丰秀路 1 号北汽福田汽车股份有限公司北京福田雷萨起重机分公司（以下简称福田雷萨分公司）发生一起起重伤害事故，造成 1 人死亡，直接经济损失人民币 79.011 万元。

3 月 23 日，按照总装车间的工作安排，组装班长李××带领本班组的巩××、梁××等 4 人，按照《总装装配工艺卡片》要求，使用 10 吨桥式起重机（地面操作式）组装 QUY 80 履带起重机的人字架等部件。作业中由李××操作桥式起重机负责各部件的挂钩和起吊，其他人员负责配合。16 时许在安装人字架后支撑架（长 2.58 米，宽 0.14 米，厚 0.08 米，重 209.45 公斤）时，李××用一条铁链穿过支撑架一端的销轴，挂在桥式起重机的吊钩上（但未在销轴端头安装止退开口销），并起吊至支撑架另一端的装配孔与人字架轴平齐，而后按照装配工艺要求用铜锤沿人字架的轴向敲击支撑架，将其装在轴上。因吊挂支撑架的销轴未安装止退开口销，在敲击振动的作用下，销轴沿轴向退出，支架从吊装铁链上脱落，沿径向方向向北侧倾倒，砸中站在北侧的李××头部。现场人员立即将其救出，并拨打了 120 和 110 报警电话。经 120 急救人员确认，李××已当场死亡。

二、事故原因

（一）直接原因

李××在装配过程中组织属于危险作业的吊装作业时，未安装吊挂支撑架销轴的止退开口销，未确保起吊支撑架吊挂牢靠，且站在支撑架脱钩可能倾倒的危险区域内，从而导致事故发生。

（二）间接原因

1. 李××不具备桥式起重机特种操作资格证，违规操作 10 吨桥式起重机作业，最终引发事故。

2. 吊装作业属于危险作业，福田雷萨分公司疏于对危险作业的管理，疏于对特种作业人员的管理，未明确装配作业中各部件的吊装部位、方法及相应安全措施，疏于对吊装作业现场的监管，致使现场人员违规作业，为事故的发生埋下了隐患。

三、事故责任分析及处理意见

一是《安全生产法》第二十三条第一款规定："生产经营单位的特种作业人员必须按照国家有关规定经专门的安全作业培训，取得特种作业操作资格证书，方可上岗作业。"李××违反上述规定，违规操作桥式起重机，并在支撑架吊挂不牢靠的情况下冒险作业，对事故负有直接责任。鉴于其在事故中死亡，不予追究。

二是《安全生产法》第二十三条第一款规定："生产经营单位的特种作业人员必须按照国家有关规定经专门的安全作业培训，取得特种作业操作资格证书，方可上岗作业。"第三十五条规定："生产经营单位进行爆破、吊装等危险作业，应当安排专门人员进行现场安全管理，确保操作规程的遵守和安全措施的落实。"福田雷萨分公司违反上述规定，疏于对吊装作业的管理，疏于对特种作业人员的管理，致使不具备桥式起重机特种操作资格的人员操作桥式起重机；未明确装配作业中相应的吊装安全措施，疏于对吊装作业现场的监管，致使现场人员违规作业，为事故的发生埋下了隐患，对事故负有相应管理责任。依据《安全生产法》、《生产安全事故报告和调查处理条例》、《北京市生产安全事故报告和调查处理办法》的相关规定，由安全生产监督管理部门给予其行政处罚。同时责成福田雷萨分公司依据相关规章制度，对在事故中负有责任的相关人员进行行政处理，并将处理结果以书面形式报区安全监管局备案。

【案例 4】

北京市京水建设工程有限责任公司"4·14"事故

发生时间：2011 年 4 月 14 日 14 时 30 分
　　　　　左右
发生地点：大兴区矿林路北侧
事故类别：中毒和窒息
伤亡情况：死亡 1 人、受伤 1 人

一、事故简介

2011 年 4 月 14 日 15 时左右，北京市京水建设施工有限公司工人刘××在大兴区矿林路北侧的滨河森林公园中水管线顶管施工工地进入基坑管道内部查看时，晕倒在管道内，被现场工人发现后，带班人员王××进入基坑内施救也晕倒在管道内。刘××经抢救无效死亡，王××经救治无生命危险。

发生事故的工程为大兴新城滨河森林公园水利工程（第六标段）中的刘王路—京开路 DN1000 引水干管约 3 400 米，由大兴新城滨河森林公园项目建设办公室投资兴建；施工总承包单位为北京市京水建设工程有限责任公司（以下简称京水公司）；监理单位为北京燕波工程管理有限公司（以下简称燕波公司），劳务承包单位为邯郸市嘉鑫建筑劳务分包工程有限公司。2010 年 2 月 28 日，大兴新城滨河森林公园项目建设办公室与京水公司签订了《工程承包合同》，计划开工日期为 2010 年 2 月 8 日，竣工日期为 2010 年 12 月 30 日。由于拆迁等原因，实际开工日期为 2010 年 11 月。

2011 年 4 月 14 日，带班班长王××安排 5 名工人到矿林路北侧的再生水管线 1+023 桩号基坑内继续进行顶管施工作业，其中 1 名工人负责操作卷扬机运土，其余 4 名工人轮流到管内进行挖土、装土工作，带班副班长刘××负责作业现场的管理。

当日 9 时 30 分左右，坑内的 4 名工人在作业时发现管内有异味就停止了施工（此时该基坑顶管已向东顶进约 48 米），并向到现场进行日常巡查的京水公司生产经理郑××、燕波公司监理工程师田××反映此情况，郑、田二人立即要求现场工人停止施工作业，对管内气体检测，排除危险后再行施工。因当时带班班长王××在另一作业点，郑、田二人找到王后向其说明了停止施工的情况。王××在得知停工情况后，为给管内补充新鲜空气，组织工人将气泵从库房搬运到已停止作业的基坑内，准备对管内进行通风。

4 月 14 日 14 时许，工人王×在工棚内向刘××请假，未获明确答复后，二人随即分开。其中王×进入作业现场对面超市购物，并看到刘××到基坑内安装调试气泵。王离开超市路过基坑旁时，未看到刘××，因担心刘的安全，王×分别到工地宿舍、超市内进行寻找，15 时许，王在给刘拨打两次电话均无法接通的情况下顺着梯子进入基坑，爬入管道内开始寻找，不久便晕倒在管道内。约 10 分钟后，王恢复了意识，立即起身向外爬，同时高声呼救。15 时 20 分左右，王爬出了基坑，向赶到现场的 4 名工友反映刘××在管内的情况，带班班长王××得知此情况后，立即进入管内开展救援，随即也晕倒在管内。现场人员发现后立即拨打了"120"、"119"求救，消防人员赶到后将刘××、王××救出。其中王×、王××被送往解放军 307 医院进行救治，无生命危险；刘××被送往大兴区人民医院，后经抢救无效死亡。

三、事故原因

（一）直接原因

作业现场负责人在京水公司生产经理郑××、燕波公司监理工程师田××明确要求停止施工作业，且未经批准的情况下，违反公司领导的指挥，擅自进入管道内调试气泵，是事故发生的直接原因。

（二）间接原因

1．未按规定给工人配备劳动防护用品。北京市大兴区环境保护监测站于 4 月 22 日上午对事故管道内气体进行了检测，结果显示管道内空气中存在甲苯、三氯甲烷等多种有害气体。《北京市有限空间作业安全生产规范》规定，在有害环境性质未知场所进行作业的人员必须配备并使用全面罩正压式等隔离式呼吸保护器具。经查，京水公司未向作业人员提供呼吸防护用具，从而导致事故的发生。

2．安全管理制度不完善。京水公司主要负责人未按照《北京市有限空间作业安全生产规范》的要求组织制定有限空间作业管理制度，致使管理人员无章可循。

3．施工方案不健全。京水公司主要负责人未针对作业现场涉及有限空间作业的实际情况组织制订施工方案，造成该公司未按照《北京市有限空间作业安全生产规范》的要求对管道进行检测，未配备相应安全设备设施，也未进行作业审批便安排工人进入管道内作业。

4．审核把关不严。工程监理方北京燕波工程管理有限公司未按照《北京市有限空间作业安全生产规范》等法律法规、规范的要求对顶管作业施工方案进行审查把关，致使施工方案在不符合相关标准规范的情况下投入使用。

5．未对工人进行有针对性的安全教育培训。京水公司未能根据安全生产法律、法规的要求，对有关作业工人进行有限空间作业方面的教育培训，导致工人安全意识淡薄，不具备必要的有限空间作业知识，作业中出现违章行为。

6. 对作业现场缺乏安全管理和监督检查。京水公司主要负责人未能及时发现和消除作业现场存在的安全隐患，也未能及时制止工人的冒险作业行为；京水公司安全管理人员缺乏有限空间作业安全防护知识，且未根据本项工程有限空间作业的特点，对作业现场进行安全检查。

三、事故责任分析及处理意见

一是带班副班长刘××违章作业。在京水公司生产经理郑××、燕波公司监理工程师田××明确要求停止施工作业的情况下，刘××未经批准擅自进入管道内调试气泵。其行为违反了《北京市建筑工程施工安全操作规程》2.0.7 的规定，对事故的发生负直接责任。鉴于其在事故中死亡，不予追究。

二是北京市京水建设工程有限责任公司未向作业人员提供符合国家标准的劳动防护用品；未对作业人员进行有针对性的安全教育培训；未对作业现场进行有毒有害气体检测；未对作业环境危害状况进行评估，也未进行作业审批，对作业现场管理不到位。该公司的以上行为违反了《安全生产法》第二十一条和第三十七条，《北京市有限空间作业安全生产规范》第五条、第六条和第十二条的规定，对事故的发生负有主要管理责任。依据《生产安全事故报告和调查处理条例》第三十七条第（一）项的规定，由安全生产监督管理部门给予其 10 万元以上 20 万元以下罚款的行政处罚。

三是北京燕波工程管理有限公司未严格按照《北京市有限空间作业安全生产规范》等标准规范对顶管作业施工方案进行审核把关。该公司的以上行为违反了《建设工程安全生产管理条例》第十四条第一款的规定，对事故的发生负有监理责任。

依据《生产安全事故报告和调查处理条例》第三十七条第（一）项的规定，由安全生产监督管理部门给予其 10 万元以上 20 万元以下罚款的行政处罚。

四是京水公司项目经理李××未根据作业现场的实际情况组织制订施工方案；且未对施工现场安全生产工作进行有效地监督检查，未能及时发现和消除作业现场存在的安全隐患。其行为违反了《安全生产法》第十七条第（二）项、第（四）项的规定，对事故的发生负有领导责任。依据《安全生产法》第八十一条第二款的规定，由安全生产监督管理部门给予其 2 万元以上 20 万元以下罚款的行政处罚。

五是京水公司带班班长王××对其所管理的劳务人员缺乏教育，未对作业现场进行监督检查，事故发生后盲目施救，导致事故伤亡扩大，对事故的发生负有直接领导责任。责成京水公司按照相关制度对王××给予严肃处理，并将处理结果报告区安全监管局。

六是京水公司总经理刘×及该公司安全环保部负责人未能根据本单位涉及有限空间作业的情况组织制定安全管理制度，且对作业现场缺乏监督检查，未能及时发现和消除作业现场存在的安全隐患。分别对事故的发生负有领导责任、管理责任，责成京水公司按照相关制度对刘×、安全环保部负责人给予严肃处理，并将处理结果报告区安全监管局。

七是京水公司安全员高××缺乏有限空间作业安全防护知识，且未根据本项工程有限空间作业的特点对作业现场进行安全检查，对事故的发生负有管理责任。责成京水公司按照相关制度对高××给予严肃处理，并将处理结果报告区安全监管局。

【案例5】

北京三立车灯有限公司"6·9"事故

发生时间：2011 年 6 月 9 日 23 时 28 分
　　　　　左右
发生地点：顺义区北京三立车灯有限公司
事故类别：机械伤害
伤亡情况：死亡 1 人

一、事故简介

2011 年 6 月 9 日 23 时 28 分左右，北京三立车灯有限公司在对 FDC R/C 生产线（尾灯生产线）的压合机热板控制柜进行插线时，发生一起机械伤害事故，造成 1 人死亡。

北京三立车灯有限公司 FDC R/C 生产线的压合机于 2009 年下半年投入生产使用，事故发生前该公司无该设备的中文使用说明书。该压合机的操作规程和公司相关资料文件中没有关于如出现机械伤害等紧急情况应如何处理的说明。

FDC R/C 生产线的压合机在北京三立车灯有限公司车间内南北向摆放，该压合机高约 2.8 米，长约 2.2 米，宽约 2.0 米。压合机分前后两门，前后门均有安全锁，在机器自动加工模式下，打开前门或后门机器均停止工作。在手动操作时，安全锁不起作用。前门（位于压合机南侧）有一玻璃透视窗，便于操作手观察机内情况，该透视窗分上下两部分，可上下拉动打开。设备控制台位于前门东侧，距地约 1.6 米高，距透视窗水平距离约 0.2 米。控制台分为手动按钮盒和触摸控制屏两部分，每部分均在显著位置设置了红色紧急制动按

钮。后门（位于压合机北侧）分东西两扇门，打开门后门内有一距地高约 1.2 米的钢制横担，横担与压合机热板夹具平台呈同一水平面，横担西侧有一钢制梯，横担与压合机热板夹具平台（平台此时在前门原点处）间有宽约 0.75 米的空间，空间下有一个集成电磁阀柜，集成电磁阀柜东侧有一个显著的红色紧急制动按钮。

2011 年 6 月 9 日 23 时 28 分左右，北京三立车灯有限公司组装二班 FDC R/C 生产线压合机操作手李××和作业员史××将一个新热板推入压合机，操作手李××在前门固定热板，史××则走向后门，准备给热板控制柜插线。在热板固定完毕后，李××启动压合机，按动热板夹具平台行程按钮，准备将热板夹具平台行至后门原点处，刚按下启动按钮便听见压合机内有人呼叫，透过压合机前门的透视窗，李××发现史××被热板夹具平台挤在了压合机内，于是李××按下了压合机触摸控制屏上回程键（此种情况下，按下回程键是无效的），热板夹具平台继续前行至后门原点，从后门原点返回到前门原点处后，李××跑到后门处，发现史××已经躺在了后门外的地上。之后，史××被送往顺义区医院，经抢救无效死亡。

二、事故原因

（一）直接原因

作业人员的违章操作是导致该起事故发生的直接原因。

1．压合机作业员史××冒险进入压合机内部对热板控制柜进行插线。

2．压合机操作手李××在未确认压合机内是否有人的情况下开启压合机，按下热板夹具平台行程按钮。

3．在发现史××被热板夹具平台挤压后，操作手李××操作不当，未能及时按下红色紧急制动按钮，使热板夹具平台停止前进，而是按下了压合机触摸控制屏上回程键，导致热板夹具平台行程至后门原点处后才返回前门原点，造成对史××的二次挤压。

（二）间接原因

1．北京三立车灯有限公司安全生产教育培训存在漏洞，史××未经安全生产教育培训考试合格即上岗作业。

2．北京三立车灯有限公司压合机操作规程存在漏洞，未能明确规定作业人员在更换热板时不应进入压合机内对热板控制柜进行插线作业。

3．北京三立车灯有限公司未针对压合机的紧急情况处置对员工进行告知和培训演练，造成一线员工未掌握紧急情况下的事故应急处置方法和措施。

4．北京三立车灯有限公司对夜班的生产作业现场缺乏安全生产检查，无夜班安全生产检查记录，未能及时发现和消除夜班生产作业现场的生产安全事故隐患。

三、事故责任分析及处理意见

一是史××冒险进入压合机内部对热板控制柜进行插线，对事故的发生负有直接责任，鉴于其在事故中死亡，不予追究相关责任。

二是李××作为压合机操作手，在启动压合机前未确认压合机内是否有人，该行为违反了北京三立车灯有限公司《FDC RC LINE 压合机操作规程》中"确认设备内及附近无人后，扳转电源钥匙开关，启动电源"的规定；同时在发现史××被热板夹具平台挤压后，操作不当，未能及时按下红色紧急制动按钮，而是按下了压合机触摸控制屏上的回程键，导致热板夹具平台行程至后门原点处后才返回前门原点，进一步造成史××被挤压致死。对事故的发生负有直接责任，移送司法机关追究其刑事责任。

三是北京三立车灯有限公司主要负责人权××未能履行其安全生产职责，在督促、检查本单位的安全生产工作中，未能发现和整改压合机操作规程存在的安全生产漏洞，未能安排人员对夜班的生产作业现场进行安全生产检查，未及时消除生产安全事故隐患，并未做好检查记录。该行为违反了《安全生产法》第十七条第（四）项的规定，对事故的发生负有领导责任。依据《生产安全事故报告和调查处理条例》第三十八条第（一）项的规定，建议安全监管部门给予其上一年度收入30%罚款的行政处罚。

四是北京三立车灯有限公司生产经理琴××、组装二班班长张××、组装二班组长赵×，未能履行其安全生产职责，及时发现和消除生产安全事故隐患，对事故的发生负有一定的管理责任，由北京三立车灯有限公司依照公司《安全生产奖惩制度》对上述3人给予处罚。

五是北京三立车灯有限公司安全生产教育培训存在漏洞，安排未经教育合格的从业人员上岗作业，该行为违反了《安全生产法》第二十一条的规定；同时未针对压合机的紧急情况处置对员工进行告知和培训演练，造成一线员工未掌握紧急情况下的事故应急处置方法和措施，对事故的发生负有主要责任。依据《生产安全事故报告和调查处理条例》第三十七条第（一）项的规定，给予其10万元罚款的行政处罚。

【案例 6】

吉祥庄 C—03 地块 1 号两限商品房等 6 项工程 "6·23" 事故

发生时间：2011 年 6 月 23 日 18 时左右

发生地点：顺义区吉祥庄 C-03 地块 1 号两限商品房等 6 项工程工地

事故类别：高处坠落

伤亡情况：死亡 1 人

一、事故简介

2011 年 6 月 23 日 18 时左右，顺义区吉祥庄 C—03 地块 1 号两限商品房等 6 项工程工地，作业人员站在塔吊吊斗上对工地 1 号楼 9 层阳台处卸灰时，发生一起高处坠落事故，造成 1 人死亡。

顺义区吉祥庄 C—03 地块 1 号两限商品房等 6 项工程项目共分为 6 个单体，1～4 号楼为普通住宅，5 号楼为底商，6 号为地下车库。其中 1 号楼地上共 14 层，标准层高为 2.70 米。该项目的建设单位为中粮地产投资（北京）有限公司；施工总包单位为中国建筑第八工程局有限公司；施工劳务分包单位为南通市丰润建安工程劳务有限公司；监理单位为北京建工京精大房工程建设监理公司。

在总包方提供的《混凝土工程专项施工方案》和《混凝土养护及施工技术交底》中均注明浇筑施工所用的混凝土应由人货电梯运送至楼层浇筑。自 6 月 17 日开始，该工地所进行的阳台混凝土浇筑施工的混凝土均由塔吊吊斗将混凝土运至施工楼层脚手架外侧，施工人员用铁丝将吊斗固定在脚手架外侧，站在吊斗或者脚手架上挂好安全带对阳台模板进行浇筑。至事故发生时，共进行了 3 次作业，每次作业历时约 4 小时，使用混凝土约 4 立方米。

6 月 21 日，总包方中国建筑第八工程局有限公司在安全检查中发现 2 号楼南侧用塔吊吊运混凝土的隐患，并对施工劳务方南通市丰润建安工程劳务有限公司下达了整改通知单，要求劳务方立即整改，混凝土必须用小推车从电梯推到作业处。当日，劳务方对上述隐患进行了整改。

6 月 23 日，鉴于当日下午将出现大雨并伴有雷电天气的原因，总包方中国建筑第八工程局有限公司上午在工地宣传栏上张贴了下雨停工的通知，并电话通知了劳务方安全员倪××。中午总包方针对恶劣天气召开了生产临时会议，部署防雨工作，同时指派专人负责通知各承建方。会后，劳务方的项目经理瞿××、施工工长曹××均接到了下雨要求停工的电话通知。下午 4 时，总包方组织对工地停工情况进行了检查，由于天已开始下雨，检查组未能及时对 1 号楼的停工情况进行检查确认。

6 月 23 日 13 时 30 分左右，陶××和司××（其妻）、陶×（其堂哥）及塔吊信号工郭××到 1 号楼 9 层南侧阳台处对阳台栏板实施混凝土浇筑工作，由塔吊信号工郭××指挥塔吊司机白××操作塔吊将混凝土吊运至 9 层阳台脚手架外侧，陶××站在塔吊吊斗上用铁锹将混凝土铲至阳台模板内，陶×、司××操作振捣棒对模板内的混凝土进行振捣搅拌。工作到 15 时左右，混凝土已用完，5 人停工至 17 时左右，将新到达的混凝土按上述的方法继续对 9 层阳台进行浇筑，工作至 18 时左右，陶×见陶××有些累了，便换下陶××，站在塔吊吊斗上进行浇筑，陶××见陶×未系安全带，提醒他系上，陶×未能听从陶××的劝告继续工作，此时，由于雷电原因使工地停电，造成塔吊失控，吊臂受风力影响向外摆动，站在吊斗上的陶×失去平衡坠至地面，后被送往朝阳区双桥医院，经抢救无效死亡。

二、事故原因

（一）直接原因

作业人员、塔吊信号工的违章作业、违章指挥是导致该起事故发生的直接原因。

1. 施工人员陶×在未系安全带的情况下，违章站在吊头上实行浇筑作业，该行为违反了《北京市建筑工程施工安全操作规程》（DBJ 01—62—2002）2.0.11 在没有可靠安全防护设施的高处[2 m 以上（含 2 m）]悬崖和陡坡施工时，必须系好安全带的规定。

2. 塔式起重机信号工郭×× 在吊物上站人的情况下违章指挥起重机作业，其行为违反了《北京市建筑工程施工安全操作规程》（DBJ 01—62—2002）30.1.7.2 吊物上站人不吊的规定。

（二）间接原因

1. 劳务分包单位南通市丰润建安工程劳务有限公司忽视总包方恶劣天气要求停工的通知，违规施工；在阳台栏板施工时未按《混凝土工程专项施工方案》和《混凝土养护及施工技术交底》注明的混凝土应由人货电梯运送至楼层浇筑施工，而是采用塔吊吊运混凝土的作业方式进行施工；未能发现和制止违反施工方案的施工

行为和施工人员的违章行为。

2. 总包单位中国建筑第八工程局有限公司对施工现场检查不到位，未能发现和制止违反施工方案的施工行为和施工人员的违章行为；编制的阳台栏板施工安全技术交底针对性不强，未对施工人员进行详细的安全交底，内容有缺项，没有将阳台栏板的浇筑方式编入交底；落实恶劣天气施工现场停工不到位，未能及时通知塔吊司机停止施工作业，未能对施工现场的停工情况进行全面检查。

3. 监理单位北京建工京精大房工程建设监理公司施工现场检查不到位，未能发现和制止违反施工方案的施工行为和施工人员的违章行为。

三、事故责任分析及处理意见

（一）施工分包单位及相关人员责任

1. 南通市丰润建安工程劳务有限公司劳务人员陶×站在吊斗上实施浇筑作业时未系安全带，该行为违反了《北京市建筑工程施工安全操作规程》的规定，对事故的发生负有直接责任，鉴于其在事故中死亡，不予追究。

2. 南通市丰润建安工程劳务有限公司起重机信号工郭××，在吊物上站人的情况下指挥起重机作业，其行为违反了《北京市建筑工程施工安全操作规程》（DBJ 01—62—2002）的规定，对事故的发生负有直接责任，由司法机关追究其刑事责任。

3. 南通市丰润建安工程劳务有限公司施工工长曹××，未能执行总包方恶劣天气要求停工的通知，违规施工；同时在阳台栏板施工时，未按《混凝土工程专项施工方案》和《混凝土养护及施工技术交底》注明的混凝土应由人货电梯运送至楼层浇筑施工，而是安排施工人员用塔吊吊运混

凝土的作业方式进行施工。该行为违反了《北京市建设工程施工现场管理办法》第六条第二款的规定，对事故的发生负有直接的领导责任，由司法机关追究其刑事责任。

4. 南通市丰润建安工程劳务有限公司现场经理瞿××，未能制止违反施工方案的施工行为和施工人员的违章行为；未能监督落实总包方恶劣天气要求停工的通知，对事故的发生负有领导责任，由南通市丰润建安工程劳务有限公司给予其撤职处分。

5. 南通市丰润建安工程劳务有限公司安全员倪××，未能发现和制止违反施工方案的施工行为和施工人员的违章行为；未能监督落实总包方恶劣天气要求停工的通知，对事故的发生负有安全管理责任，由南通市丰润建安工程劳务有限公司给予其撤职处分。

6. 南通市丰润建安工程劳务有限公司北京地区负责人瞿××，在检查阳台栏板施工过程中未能发现和制止违反施工方案的施工行为和施工人员的违章行为，其行为违反了《安全生产法》第十七条第四项的规定，对事故的发生负有领导责任。依据《生产安全事故报告和调查处理条例》第三十八条第（一）项的规定，由安全监管部门给予其上一年度收入 30%罚款的行政处罚。

7. 南通市丰润建安工程劳务有限公司在阳台栏板施工时未按《混凝土工程专项施工方案》和《混凝土养护及施工技术交底》注明的混凝土应由人货电梯运送至楼层浇筑施工，而是采用塔吊吊运混凝土的作业方式进行施工；忽视总包方恶劣天气要求停工的通知，违规施工；对事故的发生负有主要责任，依据《生产安全事故报告和调查处理条例》第三十七条第（一）项的规定，由安全监管部门给予其12万元

罚款的行政处罚。

（二）施工总包单位及相关人员责任

1. 中国建筑第八工程局有限公司技术员季××编制的阳台栏板施工安全技术交底针对性不强，未对施工人员进行详细的安全交底，内容有缺项，没有将阳台栏板的浇筑方式编入交底，对事故的发生负有重要责任，由中国建筑第八工程局有限公司给予其记大过处分。

2. 中国建筑第八工程局有限公司安全总监吕××，未能发现和制止违反施工方案的施工行为和施工人员的违章行为；在恶劣天气到来时，对施工现场停工情况检查不到位，未能制止劳务方的施工行为；对事故的发生负有安全管理责任，由中国建筑第八工程局有限公司给予其记过处分。

3. 中国建筑第八工程局有限公司执行经理卢××，未能发现和制止违反施工方案的施工行为和施工人员的违章行为；在恶劣天气到来时，对施工现场停工情况检查不到位。对事故的发生负有领导责任，由中国建筑第八工程局有限公司给予其记过处分。

4. 中国建筑第八工程局有限公司生产经理孙××，在 6 月 23 日中午总包方针对恶劣天气召开的生产临时会议中未能安排相关人员及时通知塔吊司机停止施工作业，对事故的发生负有领导责任，由中国建筑第八工程局有限公司给予其记过处分。

5. 中国建筑第八工程局有限公司阳台栏板施工安全技术交底针对性不强，未对施工人员进行详细的安全交底，内容有缺项，没有将阳台栏板的浇筑方式编入交底；未能发现和制止违反施工方案的施工行为；对事故的发生负有重要责任，依据《生产安全事故报告和调查处理条例》第三十七条第（一）项的规定，由安全监管部门

给予其 10 万元罚款的行政处罚。

（三）监理单位及相关人员责任

1. 北京建工京精大房工程建设监理公司安全监理工程师宋××在巡视检查时，未能发现和制止施工单位未按照施工方案施工的行为，该行为违反了《建设工程安全监理规程》（DB 11/382—2006）6.2.2 的规定，对事故的发生负有监理责任，由建设行政主管部门暂停其执业资格 8 个月。

2. 北京建工京精大房工程建设监理公司总监理工程师闫××，主管该工程的安全监理工作，对宋××在巡视检查时未能发现和制止施工单位未按照施工方案施工的行为失管失察，对事故的发生负有一定的监理责任，由建设行政主管部门暂停其执业资格 6 个月。

3. 北京建工京精大房工程建设监理公司未按照工程强制性标准《建设工程安全监理规程》（DB 11/382—2006）6.2.2 的规定实施监理，对事故的发生负有监理责任，由建设行政主管部门暂停其在北京市建筑市场投招标资格 30 天。

【案例 7】

北京金元永顺工程机械租赁中心"6·30"事故

发生时间：2011 年 6 月 30 日 16 时 20 分左右

发生地点：北京地铁八号线南锣鼓巷站工地基坑

事故类别：机械伤害

伤亡情况：死亡 1 人

一、事故简介

2011 年 6 月 30 日，北京金元永顺工程机械租赁中心在北京市东城区地安门东大街北京地铁八号线南锣鼓巷站工地基坑内进行挖掘机操作时，发生一起生产安全事故，造成 1 名工人死亡，直接经济损失为 83 万元。

6 月 30 日 16 时左右，因北京金元永顺工程机械租赁中心停在工地基坑内的 Z×300 型挖掘机妨碍施工，中铁十四局集团有限公司北京地铁八号线二期十标项目经理部工区经理刘××要求北京金元永顺工程机械租赁中心将该挖掘机挪动位置。16 时 20 分左右，北京金元永顺工程机械租赁中心挖掘机司机甄××来到基坑内启动挖掘机，此时挖掘机车身为东西走向，大臂向东。此前甄××注意到挖掘机南侧有 3 名工人，于是他开始操作挖掘机由东向北逆时针旋转大臂。甄××在旋转挖掘机大臂时未仔细查看北侧旋转半径内的情况，导致大臂顶端铲斗撞到北侧作业平台上的工人张××。事故发生后，项目部将张××送至医院抢救，后经抢救无效死亡。

二、事故原因

（一）直接原因

甄××无正规的挖掘机司机特种作业操作证，违章操作挖掘机，在旋转挖掘机大臂时未仔细查看旋转半径内情况，导致大臂顶端铲斗撞到现场工人。

（二）间接原因

1. 北京金元永顺工程机械租赁中心主要负责人未建立、健全本单位安全生产责任制；未督促、检查本单位的安全生产工作，未及时消除生产安全事故隐患；未组织制定并实施本单位的生产安全事故应急救援预案。

2. 中铁十四局集团有限公司北京地铁八号线二期十标项目部安全检查、安全教育、特种作业人员管理不到位，未有效监督特种作业人员持证上岗，未及时消除事故隐患。

三、事故责任分析及处理意见

一是甄××在没有正规的挖掘机司机特种作业操作证的情况下，违章操作挖掘机，在旋转挖掘机大臂时未仔细查看旋转半径内的情况，导致发生生产安全死亡事故。甄××对事故的发生负有直接责任，由公安部门依法追究其刑事责任。

二是北京金元永顺工程机械租赁中心主要负责人张×未建立、健全本单位安全生产责任制；未督促、检查本单位的安全生产工作，未及时消除生产安全事故隐患；未组织制定并实施本单位的生产安全事故应急救援预案。北京金元永顺工程机械租赁中心主要负责人张×违反了《安全生产法》第十七条第（一）、（四）、（五）项的规定，对事故的发生负有管理责任，依据《生产安全事故报告和调查处理条例》第三十八条第（一）项以及《安全生产法》第八十一条第二款的规定，由安全生产监督管理部门给予其 2 万元罚款的行政处罚。

三是中铁十四局集团有限公司北京地铁八号线二期十标项目经理部安全副经理田××未做好现场安全生产检查、安全教育、特种作业人员管理等工作，未有效监督特种作业人员持证上岗，未及时制止违章行为、消除事故隐患，对事故的发生负有管理责任，责成中铁十四局集团有限公司根据企业规定对其进行处罚。

【案例 8】

北京金罗马物业管理有限公司"7·2"事故

发生时间：2011 年 7 月 2 日上午 9 时许
发生地点：安贞医院病房楼北侧 J182 号井附近的管道沟
事故类别：灼烫
伤亡情况：死亡 1 人

一、事故简介

2011 年 7 月 2 日，首都医科大学附属北京安贞医院病房楼北侧 J182 号井附近的管道沟内，维修蒸汽管线作业过程中发生一起灼烫事故，事故造成一名工人死亡，直接经济损失 100 万元。

首都医科大学附属北京安贞医院将本单位的锅炉房外包给北京金罗马物业管理有限公司进行管理，由该公司负责医院的锅炉运行以及锅炉附属设施的日常维护保养，并为医院日常供热、供汽消毒等需求提供保障。双方签订了《北京安贞医院锅炉房运行合同》，合同要求物业公司执行医院制定的有关锅炉房规章制度和操作规程。

北京金罗马物业管理有限公司根据合同要求，在医院锅炉房安排有 8 名锅炉工倒班工作，司炉工长李××。事发时，李××、闫××当班。

事发前，首都医科大学附属北京安贞医院总务处维修班工人发现为供应室提供蒸汽的管线有漏汽现象，准备对该管道进行维修。为不影响医院消毒等工作，维修作业安排在 7 月 2 日周六进行（医院周一至周五正常供汽，周六、日停汽，如有需要，各部门另行电话通知锅炉房给汽）。

7 月 2 日 8 时许，医院总务处维修班班长夏××到锅炉房告知闫××准备对供应室的蒸汽管线进行维修，先不要给汽。随后带领苏××、孙××、袁×× 3 名工人来到医院病房楼北侧 J182 号井部位，孙××先进入井内将破损管道一端用气割切断，随后苏××进入管道沟内去拆墙，孙××在管道井口看守。夏××在了解破损管道的直径和长度后，和袁××去锅炉房找到李××领取新钢管，并说明了是用于管道维修。李××安排闫××陪夏××一起去取钢管，李××在锅炉房值守。9 时 15 分，李××接到供应室医护人员需要用蒸汽清洗医疗器械的电话后，将供应室蒸汽管线阀门打开送汽。此时，苏××正在管道沟内作业，在现场看守的孙××看到有蒸汽从井口冒出，马上电话通知锅炉房停汽，停汽降温后，孙××进入管道沟将苏××救出，发现苏××被饱和蒸汽烫伤，9 时 35 分，苏××经安贞医院抢救无效死亡。

二、事故原因

（一）直接原因

李××作为司炉工长和当日的值班人员，安全意识不强，疏忽大意，在已知有管道正在进行维修但没有确认维修管道的

具体位置的情况下打开供应室的蒸汽阀门，是事故发生的直接原因。

（二）间接原因

1. 北京金罗马物业管理有限公司规章制度不健全，没有关于在管道维修过程中，锅炉房值班人员应如何与维修工人配合、衔接的规定，也没有锅炉房值班人员应采取何种安全保障措施以避免在管道维修过程中发生安全事故的规章制度和操作规程，不具备安全生产条件。

2. 北京金罗马物业管理有限公司副总经理宋××，全面负责本单位在该项目的安全生产工作，宋××对该项目的安全生产工作督促检查不到位，没有根据该项目的实际情况建立、健全相关的规章制度和操作规程。

3. 首都医科大学附属北京安贞医院院长助理兼总务处处长崔××，全面负责本单位的安全生产工作，崔××督促、检查本单位的安全生产工作不到位，未及时发现并消除锅炉房有关规章制度不健全的生产安全事故隐患。

三、事故责任分析及处理意见

一是李××作为司炉工长和当日的值班人员，安全意识不强，疏忽大意，在没有确认蒸汽管道是否安全的前提下打开供应室的蒸汽阀门，导致事故发生，对事故负有直接责任。目前，朝阳公安分局已因涉嫌过失致人死亡对其立案侦查，并在事发后采取了刑事拘留措施。

二是首都医科大学附属北京安贞医院院长助理兼总务处处长崔××，全面负责本单位的安全生产工作，崔××督促、检查本单位的安全生产工作不到位，未及时发现并消锅炉房有关规章制度不健全的生产安全事故隐患，导致事故发生，其行为

违反了《安全生产法》第十七条第（四）项的规定，对事故负有管理责任。依据《安全生产法》第八十一条第二款的规定，由安全生产监督管理部门给予其罚款的行政处罚。

三是北京金罗马物业管理有限公司副总经理宋××，全面负责本单位在该项目的安全生产工作，宋××对该项目的安全生产工作督促检查不到位，没有根据该项目的实际情况建立、健全相关的规章制度和操作规程，导致事故的发生，其行为违反了《安全生产法》第十七条第（四）项的规定，对事故负有管理责任。依据《安全生产法》第八十一条第二款的规定，由安全生产监督管理部门给予其罚款的行政

处罚。

四是北京金罗马物业管理有限公司规章制度不健全，没有关于在管道维修过程中锅炉房值班人员应如何与维修工人配合、衔接的规定，也没有锅炉房值班人员应采取何种安全保障措施以避免在管道维修过程发生安全事故的规章制度和操作规程，不具备安全生产条件，导致事故发生，其行为违反了《北京市安全生产条例》第十五条第三项的规定，对事故负有主要管理责任。依据《生产安全事故报告和调查处理条例》第三十七条第（一）项的规定，由安全生产监督管理部门给予其罚款的行政处罚。

【案例9】

北京市礼仕建安设备安装工程技术有限公司 "7·14" 事故

发生时间：2011 年 7 月 14 日 10 时 30 分
发生地点：朝阳区秀水街 1 号外交公寓 8 号楼北侧
事故类别：中毒和窒息
伤亡情况：死亡 2 人

一、事故简介

2011 年 7 月 14 日，北京礼仕建安设备安装技术工程有限公司施工人员丁××、田××，在朝阳建外地区外交部公寓 8 号楼北侧一低压燃气闸井内进行加垫作业时，因天然气泄漏，导致 2 名作业人员缺氧窒息，经抢救无效死亡，直接经济损失 160 万元。

5 月，北京外交人员服务局为将朝阳区秀水街 1 号的建国门外交公寓内的 8、9、10 楼重新规划重建，结合院内的实际情况，将院内的燃气切改线工程发包给北京市礼仕建安设备安装工程技术有限公司，项目负责人是丁×。7 月 13 日，为保证北京外交人员服务局近期拆除 8、9、10 号楼过程中的安全，丁×安排工人丁××、田××和陈××三人对三座楼外的低压燃气井内的管道上加设盲板，7 月 13 日完成了 9、10 号楼的燃气井内阀门后的加设盲板作业。

7 月 14 日，北京市礼仕建安设备安装工程技术有限公司的项目经理丁×安排工人丁××、田××、陈××在外交公寓

楼内的低压燃气井内继续盲板加设作业，丁××、田××二人进入 8 号楼北侧的低压燃气闸井内作业，陈××在井口做配合。10 时 30 分许，丁××、田××突然晕倒在井内，陈××以及院内人员及时拨打 120，将二人送往朝阳医院救治，经抢救无效于 12 时许死亡。

经调查，北京市礼仕建安设备安装工程技术有限公司没有针对此次作业制订施工方案，没有对 3 名工人进行安全教育培训和安全技术交底，没有告知进入燃气管道井内作业的危险性；丁×只是口头告知 3 人加设盲板作业的步骤以及应注意的相关事项，没有安排或明确看护人员，3 人倒班作业；丁×在作业前曾为 3 人配发了软管面具等个人防护装备，但是丁××、田××安全意识不强，未意识到作业场所的危险性，没有使用任何呼吸保护器具。

二、事故原因

（一）直接原因

丁××、田××违章作业是事故发生的直接原因。根据《缺氧危险作业安全规程》（GB 8958—2006）第 5.3.3 规定："作业人员必须配备并使用空气呼吸器或软管面具等隔离式呼吸保护器具。严禁使用过滤式面具。"

（二）间接原因

1. 北京市礼仕建安设备安装工程技术有限公司教育和督促丁××、田××严格执行《缺氧危险作业安全规程》不够，致使丁××、田××安全意识不强，违章作业。

2. 北京市礼仕建安设备安装工程技术有限公司项目经理丁×，全面负责本单位在该项目的安全生产工作，作为项目经理，丁×明知下井作业的危险，却在没有施工方案的情况下安排工人施工，不但本人没有到场，并且也没有安排专人在现场进行有效看护，在作业过程中缺乏有效的监督检查，致使丁××、田××在作业过程中违章作业。

三、事故责任分析及处理意见

一是丁××、田××安全意识不强，违反《缺氧危险作业安全规程》的规定违章作业，导致事故发生，对事故负有直接责任，鉴于其在事故中死亡，不予追究。

二是北京市礼仕建安设备安装工程技术有限公司项目经理丁×，全面负责本单位在该项目的安全生产工作，作为项目经理，丁×明知下井作业的危险，却在没有施工方案的情况下安排工人施工，不但本人没有到场，并且也没有安排专人在现场进行有效看护，在作业过程中缺乏有效的监督检查，致使丁××、田××在作业过程中违章作业，导致事故发生。其行为违反了《安全生产法》第十七条第（四）项的规定，对事故负有直接管理责任。建议司法机关追究其刑事责任。

三是北京市礼仕建安设备安装工程技术有限公司教育和督促丁××、田××严格执行《缺氧危险作业安全规程》不够，致使丁××、田××安全意识不强，违章作业，导致事故发生，其行为违反了《安全生产法》第三十六条的规定，对事故负有主要管理责任。依据《生产安全事故报告和调查处理条例》第三十七条第（一）项的规定，由安全生产监督管理部门给予其罚款的行政处罚。

【案例 10】

北京泽利物业管理有限公司"7·16"事故

发生时间：2011 年 7 月 16 日 16 时左右
发生地点：延庆县张山营镇夏营村西
事故类别：坍塌
伤亡情况：死亡 1 人、受伤 1 人

一、事故简介

2011 年 7 月 16 日 16 时左右，北京泽利物业管理有限公司在延庆县张山营镇下营村西挖菜窖施工的过程中，回填土时，南侧墙体发生倒塌，造成 1 人死亡、1 人受伤。

年初，北京电力公司在延庆县张山营镇东门营和下营两个村租赁了 2 600 余亩的果地，租期 50 年。北京电力公司将租用的土地委托给延庆县供电公司进行管理。3 月份，延庆县供电公司责成其下属三产企业北京泽利物业管理有限公司（独立法人）对租用土地上的果树进行管理和维护。由于交通不便，北京泽利物业管理有限公司拟在其生活区的宿舍和食堂旁挖一个长 20 米、宽 4 米、高 3 米的菜窖以便储存蔬菜和水果。

7 月初，北京泽利物业管理有限公司找来当地的自然人闫××负责开挖菜窖。关于挖菜窖的工作，双方只是口头约定，按照实际用工数量和材料付给闫××人工费和材料费。闫××便找来韩××等 9 名农民工来挖菜窖。

7 月 16 日，菜窖的南墙和东墙已经砌完。下午，工人左××操作挖掘机对地窖的南墙进行回填土作业，其他工人继续砌菜窖的北墙。约 16 时，左××回填土的工作已经完工，正准备驾驶挖掘机离开，砌好的菜窖南墙突然向北侧倒塌。一名工人的脚部被砸伤，另一名工人被压在了倒塌的砖墙下。现场工友立即将被压者救出后，开车将两名伤者送至县医院进行救治。被埋压伤者经抢救无效于当日 18 时左右死亡，另一名工人脚踝骨折。

二、事故原因

（一）直接原因
北京泽利物业管理有限公司安排左××操作挖掘机对尚未养护成型的地窖南墙进行回填土作业，致使强度较低的菜窖南墙承受过大的压力而倒塌，是造成此次事故的直接原因。

（二）间接原因
北京泽利物业管理有限公司在施工现场未建立健全各项安全管理制度、责任制和操作规程，将工程交由闫××后也未对其施工现场进行安全检查和督导，未能及时消除事故隐患，是造成此次事故发生的间接原因。

三、事故责任分析及处理意见

北京泽利物业管理有限公司将工程非法发包给无相关施工资质的自然人，在施工现场未建立健全各项安全管理制度、责任制和操作规程，对施工人员的安全教育培训和考核不到位，对于此次事故的发生负有重要责任。该公司上述行为违反了《生产安全事故报告和调查处理条例》第三十七条之规定，依据《生产安全事故报告和调查处理条例》第三十七条第一项的规定，给予北京泽利物业管理有限公司 15 万元罚款的行政处罚。

【案例 11】

北京龙宇辉科贸有限公司"7·23"事故

发生时间：2011 年 7 月 23 日 14 时 10 分
发生地点：怀柔区怀柔镇北京龙宇辉科贸有限公司
事故类别：触电
伤亡情况：死亡 1 人

一、事故简介

2011 年 7 月 23 日 14 时 10 分，位于怀柔区怀柔镇大中富乐村铁路桥北 200 米的北京龙宇辉科贸有限公司（以下简称龙宇辉公司）怀柔分公司院内，施工作业人员在安装钢结构车库的围墙彩钢板时，发生一起触电坠落事故，造成 1 人死亡。

龙宇辉公司怀柔分公司院内 2 栋厂房是为存放车辆所建。该工程项目所占用土地为集体土地，未向有关部门提出建设申请，也未经有关部门审批立项，故该工程项目属于违法建设。

该工程建设单位为龙宇辉公司怀柔分公司，施工单位为北京巨龙伟业钢结构工程有限公司（以下简称巨龙伟业公司），此公司没有施工资质，不具备施工建设条件。

6 月 20 日，龙宇辉公司与巨龙伟业公司签订《彩钢钢结构工程合同书》，由巨龙伟业在龙宇辉分公司院内建设 2 栋钢结构厂房。《合同书》中包括工程内容、工程材料及施工要求、合同金额等内容，其中工程内容是：基础开挖，场地平整，地面混凝土坎墙，钢结构立柱、钢梁、檩条，顶板，墙板（含东面窗户和 2 个大门）。

《合同书》中在巨龙伟业公司签名处由其公司业务员杨××签字。龙宇辉公司在签订《合同书》中未审核巨龙伟业公司的施工资质。

经现场测量院内东侧厂房建筑占地面积为 1 926.75 平方米，西侧厂房建筑占地面积为 2 040.1 平方米，共计 3 966.85 平方米。

承包人杨××把施工工程交给王××主管，工程在 7 月初开始施工。

7 月 23 日 13 时 30 分左右，张××、张×（1）、张×（2）、温××、温×、郑×× 6 名人员在龙宇辉公司院内封钢结构建筑的彩钢板围墙，其中张×（2）在移动式脚手架的最上层，温×在第三层、郑××在第二层、张××在地面，分别用电钻将彩钢板固定在已经架设好的钢制立柱和檩条上，张×（1）和温××在地面负责抬板、递板。14 时左右，张××和温××抬来了一块 6.4 米长、0.9 米宽的彩钢板，传递给正在作业面上的郑××、温×和张×（2），当时正在地面准备固定彩钢板的张××听到张×（1）喊自己，回头看见张×（1）倒在了地面的积水里，张××意识到张×（1）是触电了，于是到西边电线杆上的电闸箱处先拉了闸，返回对张×（1）进行人工呼吸，约2分钟后张×（1）醒来，此时张××听有人说张×（2）掉到彩钢棚子里边了，张××、温××等人以及在钢结构建筑东侧封彩钢围挡板的王××先后赶到张×（2）坠落地点，当时张×（2）已经不省人事，张××立即给张×（2）做人工呼吸，王××拨打了120急救电话，约10分钟后120急救车赶到了现场，众人与医护人员一起将张×（2）抬上120救护车，送往区第一医院抢救，后经抢救无效死亡。

二、事故原因

（一）直接原因

在彩钢板固定过程中，张×（1）和温××向上传递彩钢板的过程中，彩钢板的下边缘将钢结构建筑物内东侧焊工作业班组的380伏电源线的绝缘外皮划破，导致彩钢板带电，致使当时接触彩钢板的张×（1）、温×、温××、张×（2）等人触电，在距离地面5.5米高作业面接彩钢板的张×（2）坠落至地面，是此次事故发生的直接原因。

（二）间接原因

1. 现场工程的负责人王××无施工管理岗位证书，在现场作业前未对作业工人进行必要的安全教育培训；未给从业人员配备符合国家或者行业标准的劳动防护用品，并未监督、教育工人按照使用规定佩戴、使用；未按规定配备持有有效操作资格证的电工进行设备用电的安装架设工作，而是任由各个班组无电工操作资格证书的人员随意私拉乱接电源线，是事故发生的主要原因。

2. 巨龙伟业公司业务员杨××，未向公司说明原因及用途，通过私人关系在空白合同书上加盖了公司的公章，随后用此合同书与龙宇辉公司签订了《合同书》；签订《合同书》后，随即安排不具备施工管理能力的王××等人组织现场的施工作业活动，致使现场无专业技术人员管理、监督，是事故发生的重要原因。

3. 巨龙伟业公司不具备钢结构施工资质，对公司公章管理存在严重漏洞，致使以公司名义签订合同的施工现场处于混乱、野蛮施工状态，各岗位均无有资质的人员负责管理，是事故发生的重要原因。

4. 巨龙伟业公司主要负责人靳××在龙宇辉公司施工的工程中，未建立健全本单位安全生产责任制、未组织制定本单位安全生产规章制度和操作规程，未督促、检查本单位的安全生产工作，未及时消除生产安全事故隐患，是事故发生的重要原因。

5. 龙宇辉公司法定代表人李××在明知未办理土地规划等审批手续的情况下擅自开工，并将工程发包给不具备施工资质的巨龙伟业公司，是事故发生的重要原因。

三、事故责任分析及处理意见

一是王××作为工程的现场负责人，无施工管理岗位证书，在现场作业前未对作业工人进行必要的安全教育培训；未给从业人员配备符合国家或者行业标准的劳动防护用品，并未监督、教育工人按照使用规定佩戴、使用；未按规定配备持有有效操作资格证的电工进行设备用电的安装架设工作，而是任由各个班组无电工操作资格证书的人员随意私拉乱接电源线，对事故的发生负有主要责任，移送司法机关追究其刑事责任。

二是巨龙伟业公司业务员杨××，未向公司说明原因及用途，通过私人关系在空白合同书上加盖了公司的公章，随后用此合同书与龙宇辉公司签订了《合同书》；签订《合同书》后，随即安排不具备施工管理能力的王××等人组织现场的施工作业活动，致使现场无专业技术人员管理、监督，是事故发生的重要原因，移送司法机关追究其刑事责任。

三是巨龙伟业公司不具备钢结构施工资质，对公司公章管理存在严重漏洞，致使以公司名义签订合同的施工现场处于混乱、野蛮施工状态，各岗位均无有资质的人员负责管理，是事故发生的重要原因，其行为违反了《安全生产法》第三十六条的规定，依据《生产安全事故报告和调查处理条例》第三十七条第（一）项的规定，给予巨龙伟业公司15万元罚款的行政处罚。

四是巨龙伟业公司主要负责人靳××

在龙宇辉公司施工的工程中，未建立健全本单位安全生产责任制，未组织制定本单位安全生产规章制度和操作规程，未督促、检查本单位的安全生产工作，未及时消除生产安全事故隐患，是事故发生的重要原因，其行为违反了《安全生产法》第十七条第（一）、（二）、（四）项的规定，依据《生产安全事故报告和调查处理条例》第三十八条第（一）项的规定，给予巨龙伟业公司主要负责人靳××上一年年收入30%罚款的行政处罚。

五是龙宇辉公司法定代表人李××在明知未办理土地规划等审批手续的情况下擅自开工，并将工程发包给不具备施工资质的巨龙伟业公司，是事故发生的重要原因，由怀柔区规划局按照有关规定作出处理。

【案例12】

北京圣福元水泥制品厂"7·26"事故

发生时间：2011年7月26日13时左右
发生地点：北京圣福元水泥制品厂
事故类别：触电
伤亡情况：死亡1人

一、事故简介

2011年7月26日13时左右，北京圣福元水泥制品厂在进行切割水泥板作业时发生一起触电事故，造成1人死亡，直接经济损失70余万元。

7月26日13时左右，北京圣福元水泥制品厂切板工陈××，在隔墙板车间从北向南推切割机切割水泥板时，因缠绕在切割锯推手上的电源线绝缘层破损，导致其触电。13时30分左右，北京圣福元水泥制品厂运料工秦××（死者妻子）从宿舍出去找陈××，到隔墙板车间看到陈××的头靠在切割机上，头朝南，手握拳，身子趴在地上，便将陈××抱起，平放在地上。随后，陈×和余××赶到现场，秦××、陈×和余××三人将陈××抬出车间，平放在地上，秦××拨打了120急救电话。13时40分左右，厂长季××赶到现场。14时左右，120急救车到达现场，急救人员诊断陈××已死亡。随后，季××拨打了110报警电话。

二、事故原因

（一）直接原因

切割机电源线绝缘层破损漏电，电源线缠绕在切割机的铁质推手上，漏电部位与切割机可导电部位搭接，致使切割机整体带电，是导致此起事故发生的直接原因。

（二）间接原因

1. 安全防护装置不符合安全要求。切割机未进行保护接零或接地，切割机电源线为四芯橡胶绝缘软线，切割机只接了三根电源线，未进行保护接零或接地；漏电断路器跳闸时间延缓，漏电断路器无防雨措施，没有经过有资质的电工做电气维护。

2. 北京圣福元水泥制品厂安全管理不到位。切割机操作人员未佩戴劳动防护用品，陈××在操作切割机进行切板作业时未戴绝缘手套、穿绝缘鞋；北京圣福元水泥制品厂未制定切割机操作岗位安全操作规程，对切板作业是否需要穿戴劳动防护用品和安全注意事项等未作具体规定；对作业人员的安全培训教育不到位，对员工进行的安全教育培训只是宽泛的口号式的教育，安全教育培训不够深入，未针对作业岗位的具体情况进行有针对性的安全交底；未监督、教育从业人员按照使用规则佩戴、使用劳动防护用品，经查，北京圣福元水泥制品厂虽为切割机操作人员配发了绝缘手套和绝缘鞋，但未监督、教育陈××等切割机操作人员按照使用规则佩戴、使用；对作业现场安全检查不到位，

经查，北京圣福元水泥制品厂对作业现场存在的切割机电源线破损、未进行保护接零或接地等安全隐患未及时发现并消除。

三、事故责任分析及处理意见

一是陈××安全意识淡薄，在作业前未对切割机进行安全检查，未发现切割机电源线破损，作业时未戴绝缘手套、穿绝缘鞋，对事故的发生负有直接责任。鉴于其在事故中死亡，故不追究其责任。

二是北京圣福元水泥制品厂总经理季××，作为公司的主要负责人，对公司内的安全管理监督检查不到位，没有及时督促检查本单位安全生产工作，没有及时消除生产安全隐患，其行为违反了《安全生产法》第十七条第（四）项的规定，对事故的发生负有直接管理责任。依据《生产安全事故报告和调查处理条例》第三十八条第一款的规定，由区安全监管局对其处以上一年年收入30%罚款的行政处罚。

三是北京圣福元水泥制品厂未认真履行安全生产管理职责，对作业人员安全教育培训不到位，未监督、教育从业人员按照使用规则佩戴、使用劳动防护用品，对作业现场安全检查不到位，其行为违反了《安全生产法》第二十一条、第三十七条和第三十八条的规定，对事故负有主要管理责任。依据《生产安全事故报告和调查处理条例》第三十七条第（一）项的规定，给予北京圣福元水泥制品厂10万元以上20万元以下罚款的行政处罚。

【案例 13】

汉庭星空（上海）酒店管理有限公司
"7·27" 事故

发生时间：2011 年 7 月 27 日 10 时 40 分
左右
发生地点：北京市丰台区丰葆路 19 号楼
事故类别：高处坠落
伤亡情况：死亡 1 人

一、事故简介

2011 年 7 月 27 日，在北京市丰台区丰葆路 19 号楼，汉庭星空（上海）酒店管理有限公司承租的该楼三、四层装修工程（以下称汉庭快捷北京总部基地店室内装修工程）施工过程中，发生一起高处坠落事故，造成 1 人死亡，直接经济损失约 55 万元。

该工程由汉庭星空（上海）酒店管理有限公司发包给个人田××总承包（未签订书面工程合同）。7 月 27 日 10 时 40 分左右，在汉庭快捷北京总部基地店室内装修工程施工过程中，工人康××在进行三楼南墙西侧窗户改造时坠落至楼外地面，120 医护人员赶到现场后确认其死亡。

二、事故原因

（一）直接原因
工人康××安全知识缺乏、安全意识淡薄，在窗口临边没有任何安全防护措施的情况下违章作业，是事故发生的直接原因。
（二）间接原因
1. 汉庭星空（上海）酒店管理有限公司安全生产管理不到位，将工程发包给不具备安全生产条件和相应资质的个人田××。

2. 汉庭快捷北京总部基地店室内装修工程未办理施工许可证，且总承包人田××在组织施工作业过程中，未组织施工现场作业工人安全生产教育培训及相关安全技术交底；未落实建筑工程施工相关法律、法规、国家标准及行业标准所规定的安全防护措施；施工现场管理人员李××、田×不具备相应资格，违法施工。

三、事故责任分析及处理意见

一是工人康××安全知识缺乏、安全意识淡薄，在窗口临边没有任何安全防护措施的情况下违章作业，对生产安全死亡事故的发生负有直接责任。鉴于其在事故中死亡，不予追究。

二是工程总承包人田××、施工现场负责人李××、施工现场安全主管田×三人违法从事建筑工程施工，对生产安全死亡事故的发生负有直接管理责任，由司法机关依法追究其刑事责任。

三是汉庭星空（上海）酒店管理有限公司安全生产管理不到位，将工程发包给不具备安全生产条件或者相应资质的个人，对生产安全死亡事故的发生负有主要管理责任。其行为违反了《安全生产法》第四十一条第一款规定。根据《生产安全事故报告和调查处理条例》第三十七条

（一）项规定，由安全生产监督管理部门给予其13万元罚款的行政处罚。

四是汉庭星空（上海）酒店管理有限公司执行董事张××，疏于安全管理，督促、检查本单位的安全生产工作不力，未及时消除违规发包等建筑施工工程管理方面存在的生产安全事故隐患，对生产安全死亡事故的发生负有间接领导责任。其行为违反了《安全生产法》第十七条（四）项规定。区安全监管局依据《安全生产法》第八十一条第二款规定，由安全生产监督管理部门给予其2万元罚款的行政处罚。

【案例14】

北京双信通达科技发展有限公司"7·28"事故

发生时间：2011年7月28日
发生地点：北四环望京桥西北角的中石化道达尔加油站东侧绿地
事故类别：触电
伤亡情况：死亡1人

一、事故简介

2011年7月28日，在位于北四环望京桥西北角的中石化道达尔加油站东侧绿地内发生一起工人触电事故，事故造成1人死亡，直接经济损失约33万元。

7月28日6时许，北京双信通达科技发展有限公司法定代表人刘××，安排工人刘×（1）、刘×（2）、刘×（3）到朝阳区北四环望京桥中化道达尔加油站东侧绿化地内，由东向西往4根电力线杆上架设通信光缆钢绞线。11时许，刘×（1）和刘×（2）在固定完第1、2根线杆钢绞线后，在准备固定第3根线杆上的钢绞线过程中，两人移动铝合金梯子作业时触碰到上方的220伏路灯线，两人触电倒地。刘×（3）立即拨打120，经120急救人员现场确认刘×（1）已经死亡，刘×（2）被送往292医院救治，无生命危险。

经查，北京双信通达科技发展有限公司无通信工程施工资质，违反《建筑法》第二十六条：承包建筑工程的单位应当持有依法取得的资质证书，并在其资质等级许可的业务范围内承揽工程。没有建立通信光缆架设方面的规章制度，无施工方案、安全技术交底和安全教育培训。

二、事故原因

（一）直接原因

北京双信通达科技发展有限公司法定代表人刘××违章指挥，导致工人死亡，是造成事故的直接原因。

北京双信通达科技发展有限公司法定代表人刘××，全面负责本单位及该项目的安全生产工作。在没有建立通信光缆架设方面的规章制度，无施工方案、安全技术交底、安全教育培训和通信工程施工资质的情况下，违章指挥，是造成事故的直接原因。

（二）间接原因

北京双信通达科技发展有限公司作为用人单位，在施工前没有对工人进行安全生产教育和培训，也没有告知工人作业场所存在的危险因素和防范措施，致使刘×（1）不具备必要的安全生产知识，是造成事故的间接原因。

三、事故责任分析及处理意见

一是北京双信通达科技发展有限公司法定代表人刘××没有建立健全本单位安全生产责任制，违反《安全生产法》第十七条第（一）项的规定；没有组织制定本单位安全生产规章制度和操作规程，违反《安全生产法》第十七条第（二）项的规定；督促、检查本单位的安全生产工作不到位，没有及时消除北京双信通达科技发展有限公司无通信工程施工资质、施工方案、安全技术交底和安全教育培训等生产安全隐患，违反《安全生产法》第十七条第（四）项的规定，对事故的发生负有直接责任，依据《刑法》第一百三十四条的规定，建议司法机关立案侦查。

二是北京双信通达科技发展有限公司作为用人单位，在施工前没有对工人进行安全生产教育和培训，也没有告知工人作业场所存在的危险因素和防范措施，致使工人刘×（1）不具备必要的安全生产知识，对事故的发生负有管理责任。其行为违反了《安全生产法》第二十一条、第三十六条的规定，依据《生产安全事故报告和调查处理条例》第三十七条第（一）项的规定，由安全生产监督管理部门给予其罚款的行政处罚。

【案例 15】

北京太月物业管理有限公司 "8·1" 事故

发生时间：2011 年 8 月 1 日 7 时 50 分左右
发生地点：海淀区大钟寺东路太阳园小区
　　　　　12 号楼东北侧
事故类别：触电
伤亡情况：死亡 1 人

一、事故简介

2011 年 8 月 1 日，在海淀区大钟寺东路太阳园小区 12 号楼东北侧发生一起触电事故。北京拓实中通工程技术有限公司（以下简称拓实中通公司）1 名施工人员在查看 12 号楼东北侧污水井内的水泵时不慎触电，后经抢救无效死亡，直接经济损失 15 万元。

7 月 15 日，北京太月物业管理有限责任公司太阳园分部（以下简称太月公司太阳园分部）与拓实中通公司签订太阳园小区 12 号楼的污水管线维修合同。因太阳园小区 12 号楼北侧的污水管线堵塞，太月公司太阳园分部为保证居民正常生活并配合拓实中通公司的污水工程维修施工，在太阳园小区 12 号楼东北侧的污水井内安装一台潜水泵和一个浮球液位控制器，浮球液位控制器绑扎插在污水中的金属杆上，当污水井内污水上升到一定高度时，浮球液位控制器启动潜水泵运行，将污水井内的污水排出。潜水泵由太月公司太阳园分部负责管理。拓实中通公司根据合同约定安排王××等 7 名工人在 12 号楼北侧进行污水工程改造施工作业，该处的管道连至 12 号楼东北侧的污水井。

8 月 1 日 7 时左右，拓实中通公司安排王××等工人到 12 号楼北侧进行污水工程改造维修施工作业。在施工作业过程中，因潜水泵故障，导致作业处所积污水过多，王××未通知太月公司太阳园分部，自行到 12 号楼东北侧污水井处查看潜水泵运转情况，当手握金属杆触发浮球液位控制器开关时突然倒地。现场工人立即关闭电源并拨打 999 急救电话，王××经 999 急救人员现场抢救无效死亡。北京华大方瑞司法物证鉴定中心对王××死亡原因进行鉴定，确定王××为触电死亡。

二、事故原因

（一）直接原因

用电设备存在缺陷是事故发生的直接原因。

太月公司太阳园分部安装于污水井内的潜水泵定子线圈烧毁，漆包线有多处带电体外露并与机体外壳接触，导致潜水泵金属外壳带电的同时井内污水带电，王××在未采取任何安全防护措施的情况下触发浮球液位控制器开关，手握与污水接触的金属杆时触电，导致事故发生。

（二）间接原因

安全生产管理缺失是事故发生的间接原因。

太月公司太阳园分部安装、使用潜水泵过程中安全管理缺失。根据 J10169—2002《北京市建筑工程施工安全操作规程》中 36.7.6 条规定："潜水泵必须做好保护接零并装设漏电保护装置。潜水泵工作水域 30 米内不得有人畜进入。"经委托北京市特种设备检测中心鉴定：太月公司太阳园分部安装的潜水泵无保护接零，未装设漏电保护装置，太月公司太阳园分部未在污水井周边设置相应的安全警示标志，也未安排专人看管，造成污水井用电场所存在安全隐患，最终发生事故。

三、事故责任分析及处理意见

《安全生产法》第十条第二款规定："生产经营单位必须执行依法制定的保障安全生产国家标准或者行业标准。"太月公司太阳园分部安装、使用潜水泵，未对潜水泵进行保护接零并装设漏电保护装置，导致潜水泵存在安全隐患；《安全生产法》第二十八条规定："生产经营单位应当在有较大危险因素的生产经营场所和有关设施、设备上，设置明显的安全警示标志。"太月公司太阳园分部违反上述规定，疏于对作业现场的监管，未设置明显的安全警示标志，导致不明现场情况的王××能够进入现场并接触到带电设施，对事故负有相应管理责任。由安全生产监督管理部门给予其行政处罚。

【案例 16】

西三旗建材城危改项目市政道路及雨污水工程
"8·3"事故

发生时间：2011 年 8 月 3 日 17 时许
发生地点：西三旗建材城危改项目市政道
路及雨污水工程
事故类别：中毒和窒息
伤亡情况：死亡 3 人（一人被认定为见义
勇为）

一、事故简介

2011 年 8 月 3 日 17 时许，在中铁建设集团有限公司市政工程分公司承建的西三旗建材城危改项目市政道路及雨污水工程工地，作业人员对已建成的雨污水管线第 25 号检查井实施清理作业过程中，发生一起缺氧窒息事故，造成 2 名作业人员死亡。事故发生后，临近工地 1 名作业人员在自发下井施救过程中遇难（已被海淀区民政局认定为见义勇为行为）。

2010 年 7 月 12 日，中铁建设集团市政工程分公司（中铁建设集团分支机构，负责人付××，以下简称市政分公司）使用中铁建设集团有限公司市政公用工程施工总承包一级资质，与北京西三旗高新建材城经营开发有限公司签订了施工总承包合同，承接了该工程，并使用河北天泰建筑劳务有限公司（具有劳务分包一级资质，以下简称河北天泰公司）从事施工作业。该工程由轻鑫工程建设监理有限公司（2010 年 6 月 11 日更名为北京中轻国际工程项目管理有限公司，具有市政公用工程监理甲级资质，以下简称中轻国际）负责

监理。

市政分公司组织成立了该工程项目部，孙××为项目经理、金××为项目执行经理、张××为生产副经理、李××为项目现场技术负责人、韩××为现场安全员，并于 2010 年 8 月初正式进场施工。

2011 年 6 月 5 日左右，雨污水管线顶管施工作业完成，工程基本处于停工状态，施工作业人员陆续撤离了该工地。7 月初，经市政分公司项目部初步验收，前期部分雨污水管线顶管作业土层处理不合格。河北天泰公司工长甘××接到项目部验收不合格的通知后，便安排该单位前期顶管施工人员巩××、张××、巩×和高×× 4 人（巩××任班长）实施土层注浆和管线维护、清理等工作。7 月 25 日左右，注浆作业完成后，甘××安排巩×和高×× 二人离开该工地，巩××和张×× 二人继续配合市政分公司项目部的管线验收工作。

2011 年 8 月 2 日，项目现场技术负责人李××针对 8 月 4 日北京市排水集团将对管道实施正式验收，通知河北天泰公司工长甘××安排作业人员对未清理完的管线继续实施清理作业，甘××便把此工作电话安排给巩××和张×× 二人。8 月 3 日下午，巩××和张×× 开始实施管线清理作业。17 时许，巩××的妻子和其孩子路过该项目工地，见与巩×× 一起干活的张×× 在该项目工地 25 号检查井口（井口直径为 0.64 米、井深 8.05 米），便带孩子去井口处找巩××。母子俩人得知巩××

在井下作业，向井下呼喊没人回应，于是张××下井查看，也没有了回音。巩××的妻子见此情况，向邻近西三旗居住商业金融项目工地的北京建工五公司作业人员求救，该工地作业人员辛××随即下井施救，也晕倒在井下。现场人员见状，运来气泵、安全绳、氧气瓶等设备，向井内通风送氧。市政分公司项目部张××接电话通知后，与李××、韩××、现场监理宋××等人相继赶到现场，韩××口含氧气管下井查看，见救人无果后上到井上。

8月2日18时20分左右，西三旗居住商业金融项目工地材料员刘××拨打"119"报警电话。海淀消防支队清河中队随即迅速出动一部抢险车、7名指战员于18时46分到达现场，立即支撑救援三脚架并派员背呼吸器利用绳索下井救援，约15分钟后3名被困人员被相继救出。随后，消防官兵对东侧相距200米的相通井进一步实施排查，确认无其他被困人员后于20时02分结束救援工作。3名被困人员经抢救无效死亡。

二、事故原因

（一）直接原因

新建雨污水管线检查井内氧气含量不足，作业人员在未采取必要的防护措施的情况下贸然下井作业，是造成事故的直接原因。

北京市疾病预防控制中心专业人员于当日23时25分对事故检查井进行气体检测和现场勘查。经检测，事故检查井内距离井口2.2米深处氧气含量为9.4%；距离井口2.8米以下的氧气含量为9.2%，二氧化碳浓度为20 000毫克/米^3，甲烷浓度为560毫克/米^3。井内氧气含量远低于国家标准《缺氧危险作业安全规程》规定的19.5%

的缺氧环境值；二氧化碳浓度远高于大气中6.38～19.64毫克/米^3；硫化氢、一氧化碳等有毒气体均低于快速检气管的检出浓度。据资料表明，人体在8%～10%的氧气浓度环境下，表现为精神失常、昏迷、失去知觉、呕吐、脸色灰白，长时间可致命。

（二）间接原因

1. 市政分公司项目部组织管理不到位。该工程项目经理长期未到岗履行职责；项目部管理人员职责不明确，致使工程相关管理缺失。

2. 管线清理作业现场安全管理混乱。未针对管线清理的有限空间作业人员实施有针对性的安全培训教育；未对直接作业人员实施安全技术交底；未能按照有限空间作业的相关要求督促检查现场各项作业环节，致使作业人员未按照《缺氧危险作业安全规程》（GB 8958—2006）和项目部《有限空间安全作业方案》的要求，在未对现场实施检测和强制通风等措施的情况下，盲目下井施工作业。

3. 监理工作不到位。项目总监理工程师长期未到岗履行相应职责；对于项目经理长期不到岗履行职责的情况未能实施有效的监督；未有效督促施工单位按照有限空间作业的要求组织管线清理作业。

三、事故责任分析及处理意见

一是市政分公司西三旗建材城危改项目市政道路及雨污水工程项目部安全生产领导小组副组长兼技术主管李××，作为管线清理作业现场负责人，在未按照有限空间作业相关要求组织实施安全技术交底、未采取必要的安全防护措施的情况下，指挥工人下井作业，对事故的发生负有直接管理责任。其行为涉嫌违反了《刑法》第134条的规定，涉嫌重大责任事故罪，由司法机关依法追究其刑事责任。

二是市政分公司西三旗建材城危改项目市政道路及雨污水工程项目部安全生产领导小组副组长兼生产副经理张××，作为管线清理作业期间项目部负责人，未按照有限空间作业相关要求组织实施管线清理作业、未采取必要的安全防护措施，放任作业人员违规下井作业，对事故的发生负有直接管理责任。其行为涉嫌违反了《刑法》第134条的规定，涉嫌重大责任事故罪，由司法机关依法追究其刑事责任。

三是市政分公司西三旗建材城危改项目市政道路及雨污水工程项目部经理孙××，作为本项目的主要负责人，长期未到岗履行安全生产管理职责，未对项目工程实施有效的监督管理，对项目施工中的安全隐患监督检查不到位，未及时消除事故隐患。其行为违反了《建设工程安全生产管理条例》第二十一条第二款的规定，对事故的发生负有主要管理责任。鉴于孙××本人在事故发生前尚未承担项目部的实质性管理工作，根据《建设工程安全生产管理条例》第五十八条规定，由住房和城乡建设部门依法给予其停止职业资格6个月的行政处罚。

四是市政分公司西三旗建材城危改项目市政道路及雨污水工程项目部执行经理金××，作为该工程项目部的实际负责人，不具备相应执业资格承担项目经理工作；对项目作业人员施工中的违章违规行为监督检查不到位，未及时消除事故隐患；未能及时督促项目部管理人员认真做好有限空间作业的安全教育培训及安全技术交底工作。其行为违反了《建设工程安全生产管理条例》第二十一条第二款的规定，对事故的发生负有主要管理责任。鉴于工程主体工作已基本完成且在管线清理作业期间已将项目管理工作具体交由李××和张××负责，由中铁建设集团市政工程分公司按照有关规定解除其劳动关系。

五是中铁建设集团市政工程分公司项目管理部部长李××，作为市政分公司分管该项目部的负责人，未针对该工程的安全生产情况实施有效的安全检查；对于该工程项目部组织机构不健全、污水管线清理作业现场安全管理缺失等问题失管失察，对事故的发生负有重要管理责任。责成中铁建设集团给予其撤销项目管理部部长职务的处分。

六是中铁建设集团市政工程分公司副经理王××，作为市政分公司分管项目工程的主要领导，未针对该工程的安全生产情况实施有效的安全检查；对项目经理长期不到岗履行管理职责、项目部人员职责不清、没有安全技术交底、培训教育流于形式等安全管理混乱现象失管失察，对事故的发生负有主要领导责任。责成中铁建设集团给予其记大过处分。

七是中铁建设集团市政工程分公司总经理付××，作为市政分公司的主要负责人，对该工程项目部管理混乱、相关人员职责不清、作业人员落实有限空间作业相关操作规程和管理制度等方面监督检查不到位，未能及时发现并消除管线维护清理施工现场的安全隐患，对事故的发生负有重要领导责任。责成中铁建设集团给予其记过处分。

八是中铁建设集团总经理赵××，作为工程施工单位主要负责人，未针对该工程组织有针对性的监督检查，对市政分公司项目部管理混乱、相关人员职责不清等问题失管失查，未能及时发现并消除管线维护清理施工现场的安全隐患。其行为违反了《安全生产法》第十七条第四项的规定，对事故的发生负有一定的领导责任。依据《安全生产法》第八十一条第二款的规定，由安全生产监督管理部门给予其 4 万元罚款的行政处罚。

九是西三旗建材城危改项目市政道路及雨污水工程项目总监理工程师申××，作为本项目监理工作的主要负责人，长期未到岗履行安全监理职责，对项目部管理混乱等情况未开展有效的监理工作，未能检查作业现场安全监理工作的落实情况。其行为违反了《建设工程安全生产管理条例》第十四条第三款的规定，对事故的发生负有主要监理责任。鉴于中轻国际指定总监理工程师代表翟艳生为项目监理实际负责人，申云生本人在事故发生前尚未承担实质性的监理工作，根据《建设工程安全生产管理条例》第五十八条规定，由住房和城乡建设部门给予其停止执业资格 6 个月的行政处罚。

十是西三旗建材城危改项目市政道路及雨污水工程总监理工程师代表翟××，作为该工程项目监理的实际负责人，对于现场作业人员违反有限空间作业操作规程和相关安全管理制度，下井实施管线清理作业的行为监理不到位。其行为违反了《建设工程安全生产管理条例》第十四条第三款的规定，对事故的发生负有主要监理责任。由中轻国际按照有关规定解除其劳动关系。

十一是中铁建设集团对项目工程疏于管理，导致该工程项目管理混乱。市政分公司项目部经理长期未能到岗履行职责；未能针对管线清理的有限空间作业，对从业人员进行有效的安全教育培训；未能督促从业人员严格执行国家和本单位关于有限空间作业的规章制度、安全操作规程；未向从事管线清理作业的人员进行必要的安全技术交底，告知作业场所和工作岗位存在的危险因素、防范措施以及事故应急措施。其行为违反了《安全生产法》第二十一条、第三十六条和《北京市安全生产条例》第三十一条第一款的规定，对事故的发生负有管理责任。依据《生产安全事故报告和调查处理条例》第三十七条第（一）项的规定，由安全生产监督管理部门给予其 16 万元罚款的行政处罚。同时，由住房和城乡建设部门给予其暂扣安全生产许可证 30 日的行政处罚，并停止其扣证期间在北京建筑市场的投标资格。

十二是中轻国际对现场施工监理不到位，总监理工程师长期未能到岗履行相应职责；未能发现管线清理作业人员违反有限空间作业的规章制度和《缺氧危险作业安全规程》的规定、违章作业的行为；对于项目经理长期未到岗履职、项目部针对管线清理作业现场安全管理缺失等情况未能及时予以制止。其行为违反了《建设工程安全生产管理条例》第十四条第三款的规定，对事故的发生负有安全监理责任。依据《生产安全事故报告和调查处理条例》第三十七条第（一）项的规定，由安全生产监督管理部门给予其 15 万元罚款的行政处罚。同时，由住房和城乡建设部门暂停其在北京建筑市场的投标资格 15 日。

【案例17】

河南省合立建筑工程有限公司"8·30"事故

发生时间：2011年8月30日15时许
发生地点：朝阳区东坝地区的七棵树创意
　　　　　园区内
事故类别：坍塌
伤亡情况：死亡1人、受伤1人

一、事故简介

2011年8月30日，在朝阳区东坝地区的七棵树创意园区内发生一起坍塌事故，事故造成1人死亡，1人重伤，直接经济损失约68万元。

北京巴黎婚纱摄影有限公司七棵树摄影基地修补工程项目，位于北京市朝阳区东坝乡半截塔村55号七棵树创意园区内，原建筑为单层空旷房屋，建筑面积约为2 000平方米。该房屋管理单位为北京东方信捷物流有限责任公司半截塔分公司，5月由北京巴黎婚纱摄影有限公司承租并签订《房屋租赁合同》；5月承租单位（北京巴黎婚纱摄影有限公司）委托河南省合立建筑工程有限公司进行改造工程，将其改造为二层摄影棚，并签订了《施工协议书》，其中屋面岩棉夹芯板（以下简称屋面板）由改造施工单位（河南省合立建筑工程有限公司）委托北京华龙伟业轻钢彩板有限公司提供、运输、安装，并签订了《合同书》。该项目施工单位项目经理为祖××，施工现场负责人为祖×。

8月30日下午，在七棵树摄影基地修补工程工地，北京华龙伟业轻钢彩板有限公司工人配合租用的汽车吊将屋面板吊运到屋顶。15时许，当吊完两车（共64块屋面板）后该屋顶钢架垮塌，同时垮塌的钢架将南侧墙体向内侧拉倒，并将正在二层地面上作业的工人彭××、庞××砸伤。彭××后经现场抢救无效死亡，庞××后被送往华信医院治疗，经诊断：T12、L1椎体骨折，属重伤。

经国家建筑工程质量监督检验中心鉴定，该房屋产生屋架坍塌的主要原因：屋架自身存在设计缺陷，承载力不能满足国家现行设计规范的要求，同时，在屋顶堆积的多层屋面板重量作用下，屋架上弦杆承载力不足，从而导致屋架发生坍塌破坏。

二、事故原因

（一）直接原因

屋架自身存在设计缺陷，承载力不能满足国家现行设计规范的要求，是导致事故发生的直接原因。

经调查，河南省合立建筑工程有限公司负责北京巴黎婚纱摄影有限公司七棵树摄影基地改造工程及设计工作。该项目现场负责人祖×，未安排具有专业设计资质的单位按照国家相关设计规范对库房顶部结构进行设计，在未向公司汇报的情况下，擅自安排不具备设计能力的工人杨××参照相邻房屋顶部进行设计。

（二）间接原因

1. 河南省合立建筑工程有限公司项目经理祖××，对施工现场的安全生产工作督促、检查不到位，没有及时发现并消除施工现场屋架自身存在设计缺陷的生产安全事故隐患。

2. 河南省合立建筑工程有限公司作为北京巴黎婚纱摄影有限公司七棵树摄影基地修补工程的设计单位，没有按照法律、法规和工程建设强制性标准进行设计。

三、事故责任分析及处理意见

一是河南省合立建筑工程有限公司项目现场负责人祖×，应该安排具有专业设计资质的单位按照国家相关设计规范对库房顶部进行设计，但祖×没有找有专业资质的设计单位对屋顶结构进行设计，且没有向公司汇报相关情况，而是擅自安排不具备设计能力的工人杨××参照相邻房屋顶部进行设计。致使屋架自身存在设计缺陷，承载力不能满足国家现行设计规范的要求，对事故的发生负有直接责任，由司法机关对其进行立案侦查。

二是河南省合立建筑工程有限公司项目经理祖××，对施工现场的安全生产工作督促、检查不到位，没有及时发现并消除施工现场屋架自身存在设计缺陷的生产安全事故隐患，导致事故发生，对事故的发生负有管理责任。其行为违反了《安全生产法》第十七条第（四）项的规定，依照《安全生产法》第八十一条第二款的规定，由安全生产监督管理部门给予其罚款的行政处罚。

三是河南省合立建筑工程有限公司作为北京巴黎婚纱摄影有限公司七棵树摄影基地修补工程的设计单位，没有按照法律、法规和工程建设强制性标准进行设计，致使设计存在缺陷，导致事故发生，对事故的发生负有主要管理责任。其行为违反了《建设工程安全生产管理条例》第十三条第一款的规定，依照《生产安全事故报告和调查处理条例》第三十七条第（一）项的规定，由安全生产监督管理部门给予其罚款的行政处罚。

四是北京巴黎婚纱摄影有限公司作为该库房的承租、使用单位，在没有相关手续的情况下对库房的房顶进行改建，由建设行政主管部门对其提出处理意见。

【案例18】

北京诚诚志金属结构防腐有限公司"9·24"事故

发生时间：2011年9月24日6时左右
发生地点：丰台区长青路王佐变电站东北角
事故类别：淹溺
伤亡情况：死亡1人

一、事故简介

2011年9月24日，在丰台区长青路王佐变电站东北角，由北京诚诚志金属结构防腐有限公司承包的北京市电力公司电缆公司运行工区应急排水作业过程中，发生一起淹溺事故，造成1人死亡，直接经济损失约90万元。

9月23日20时左右，在丰台区王佐镇长青路王佐变电站东北角，北京诚诚志金属结构防腐有限公司安排常××等3人进行电力井内排水作业。9 月 24 日 6 时左右，水泵突然不能上水，施工班班长常××下井查看过程中溺水，后工友将其送往 731 医院，经抢救无效死亡。

二、事故原因

（一）直接原因

带班常××安全生产知识缺乏、安全意识淡薄，在安全防护措施不足的情况下，独自下井作业，溺水死亡。违规作业是事故发生的直接原因。

（二）间接原因

北京诚诚志金属结构防腐有限公司施工现场安全管理不到位，未有效督促现场作业人员严格执行本单位的安全操作规程，是事故发生的主要原因。

北京诚诚志金属结构防腐有限公司对常××等工人进行了安全教育和答卷考试，但是常××在作业过程中存在随意性，对井下作业存在的危险性认识不足，违反本单位安全操作规程，独自下井作业。

三、事故责任分析及处理意见

一是常××安全生产知识缺乏、安全意识淡薄，在安全防护措施不足的情况下，独自下井作业而溺水死亡，对事故发生负有直接责任。鉴于其在事故中死亡，不予追究。

二是北京诚诚志金属结构防腐有限公司施工现场安全管理不到位，未有效督促现场作业人员严格执行本单位的安全操作规程，对事故的发生负有主要管理责任。其行为违反了《安全生产法》第三十六条规定。由安全生产监督管理部门依据《生产安全事故报告和调查处理条例》第三十七条第（一）项规定，给予其 10 万元罚款的行政处罚。

三是北京诚诚志金属结构防腐有限公司经理于××，疏于安全管理，督促检查本单位安全生产工作不力，未及时消除安全管理制度落实不到位的生产安全事故隐患，对事故的发生负有间接领导责任。其行为违反了《安全生产法》第十七条第（四）项规定。由安全生产监督管理部门依据《安全生产法》第八十一条第二款规定，给予其 2 万元罚款的行政处罚。

【案例 19】

门头沟城建建筑有限责任公司"11·2"事故

发生时间：2011 年 11 月 2 日 13 时许
发生地点：门头沟区棚户区改造工程石门营 B1 地块
事故类别：高处坠落
伤亡情况：死亡 2 人

一、事故简介

2011 年 11 月 2 日，门头沟区采空棚户区改造工程石门营 B1 地块定向安置房项目 4 号楼外挂卸料平台在装料过程中发生一起高处坠落事故，造成 2 人死亡。

门头沟区采空棚户区改造石门营B1地块定向安置房项目总包单位为北京京西建设集团有限责任公司（以下简称京西集团），承建单位为北京门头沟城建建筑有限责任公司（以下简称城建公司），劳务单位为四川省仪陇县兴都劳务开发有限责任公司（以下简称四川兴都劳务公司），监理单位为北京兴油工程项目管理有限公司（以下简称兴油监理公司）。

门头沟区采空棚户区改造石门营定向安置房项目分为B1、B2、B3、B4 4个地块，其中B1和B4地块的中标单位是京西集团。京西集团中标后，将B1地块7幢楼及地下车库工程交由给城建公司负责组织施工。城建公司为京西集团下属子公司，具有独立法人资格。此项工程于2010年7月28日开工建设。

京西集团成立了石门营棚改项目总项目部，项目经理刘××，技术负责人梁××；城建公司成立了B1地块分项目部，项目经理郝××，生产经理李××，技术负责人李×。死者雷××、何××为四川兴都劳务公司雇佣的施工人员。

2011年11月2日12时许，四川兴都劳务公司安全员罗××派架子工邓××到B1—4号楼13层安装外挂卸料平台。邓××安装时先将12层的卸料平台固定到塔吊上，然后将13层固定卸料平台用的穿墙螺栓拆下。随后塔吊将平台提升到13层，邓××到14层安装固定平台的穿墙螺栓，穿墙螺栓共4个，东西各2个。其中：西侧2个穿墙螺栓在正面窗台外墙右边呈水平放置，钢丝绳与穿墙螺栓顺直方向连接；东侧1个穿墙螺栓在侧面墙上呈直角方向放置，钢丝绳与穿墙螺栓垂直方向连接；另一个穿墙螺栓固定在14层窗梁上，钢丝绳与穿墙螺栓顺直方向连接，向下角度约为45°。

12时40分许，罗××让木工班班长吴××派人到4号楼倒料，吴××让班长贾××派人去倒料。贾××安排雷××、何××等8人到4号楼14层倒料。13时许，雷××、何××站在卸料平台上码放木料时（卸料平台限重1吨，当时码放2~4米长5×10厘米木方50~60根，约重300余公斤），东侧2个穿墙螺栓突然断裂，导致卸料平台倾覆，2人从13层楼直接坠落到地面。何××当场死亡，雷××经120抢救无效死亡。

二、事故原因

（一）直接原因

1. 穿墙螺栓位置安装不正确。现场勘察发现，事发时东侧断裂的两根穿墙螺栓中其中一根安装在B1—4号楼14层侧面墙上呈直角方向放置，连接卸料平台的钢丝绳与穿墙螺栓呈垂直方向连接。穿墙螺栓安装位置与城建公司项目部制定的《门头沟区采空棚户区改造石门营B1地块定向安置房工程悬调式卸料平台施工方案》（以下简称"卸料平台施工方案"）示意图所要求的不一致，钢丝绳与穿墙螺栓垂直方向连接，导致穿墙螺栓受力发生变化，由拉力变为剪切力，同时造成穿墙螺栓承载能力严重下降，且断裂的两根穿墙螺栓从4月购买后在安装B1—4号楼1~13层使用卸料平台过程中一直重复使用。

2. 水平安全网搭设不规范。现场勘察发现，一是B1—4号楼共14层，仅在2~3层之间和7~8层之间搭设了两道水平安全网，在11~12层之间未搭设安全网；二是B1—4号楼目前已搭设的两道水平安全网未密闭，外挂电梯两侧各有约6~7米的空间没有搭设水平安全网，恰好事发时卸料平台在外挂电梯的正上方，导致平台倾覆时，雷××、何××两人从水平安全网与外挂电梯的空当处直接坠落到地面。

3. 高空作业未系安全带。雷××、何××两人在距离地面30米高的卸料平台作业时，未系安全带。

（二）间接原因

1. 卸料平台施工方案有缺陷。由城建公司项目部制定、京西集团项目部审核、京西集团总工审批的《卸料平台施工方案》中，仅用卸料平台示意图和拉环节点图对穿墙螺栓的安装位置进行示意，没有用明确的文字详细说明固定卸料平台用的穿墙螺栓应该如何安装。同时，《卸料平台施工方案》没有明确要求工人是否可以根据实际情况变更穿墙螺栓安装位置，如果变更安装位置是否需要上级审批，导致工人安装的穿墙螺栓位置与方案不符，无人制止。

2. 卸料平台验收不合格。经调查，一是B1—4号楼1～12层卸料平台东侧的两个穿墙螺栓安装位置与事发时一样，项目部、监理等各方人员检查验收时均未发现问题，允许卸料平台继续使用；二是事发当日，倾覆的卸料平台在安装好后，没有任何人进行检查验收，就立即投入了使用，不符合《卸料平台施工方案》中3.3.7：平台每次安装就位后，均由安全员负责进行检查验收，确认安全可靠后方可使用的规定。

3. 交底不到位。城建公司项目部的技术负责人、安全员在向四川兴都劳务公司安全员，四川兴都劳务公司安全员在向工人交底时都没有交代清穿墙螺栓应该安装在何处。

4. 现场安全管理有漏洞。一是四川兴都劳务公司塔吊信号工罗××无证上岗；二是监理方虽在检查中发现了安全网存在的问题，并下发了工作联系单，但没有得到落实，直至事发时隐患依然没有消除；

三是B1—4号楼固定卸料平台用的穿墙螺栓1～13层安装位置都一样，在以前的验收中，各方人员都没发现穿墙螺栓安装位置与方案不符，检查验收流于形式，走过场；四是城建公司各级安全管理人员普遍存在安全知识薄弱、安全管理水平低的现象。

5. 安全教育培训不到位。城建公司项目部、四川兴都劳务公司对雷××、何××二人安全教育培训不到位，培训的内容缺乏针对性，且没有对雷××、何××二人的考试试卷进行判分，在没有确定二人是否掌握了必要的安全生产知识、安全考试是否合格的前提下，就允许二人上岗作业。

三、事故责任分析及处理意见

一是雷××、何××二人安全意识淡薄、违章作业，在卸料平台高空作业未系安全带，其行为违反了《建筑施工工具式脚手架安全技术规范》第7.0.21条的规定，对事故的发生负有直接责任。鉴于二人在事故中死亡，不予追究相关责任。

二是四川兴都劳务公司安全员罗××作为劳务公司现场实际负责人，第一是未向雷××、何××等人交待在卸料平台作业时要系安全带；第二是在事发当日卸料平台安装好后，未履行检查验收程序；第三是在组织拆除B1—4号楼水平安全网后，仍安排工人进行高空作业。其行为违反了《安全生产法》第四十九条的规定，对本起事故负有直接管理责任，移送司法机关追究其刑事责任。

三是城建公司对卸料平台施工的管理混乱，在使用卸料平台过程中，从施工方案的制订—技术交底—平台安装—使用前的检查验收等诸多环节都存在严重的缺陷和漏洞，违反了《建设工程施工现场安全防护、场容卫生、环境保护及保卫消防标准》（DBJ 01—83—2003）第 1.4.10 条、《建筑施工工具式脚手架安全技术规范》第 7.0.1 条、第 7.0.2 条和第 7.0.6 条的规定。水平安全网搭设不规范，在监理发现问题要求整改后，没有落实监理要求，没有及时消除事故隐患，违反了《建设工程施工现场安全防护、场容卫生、环境保护及保卫消防标准》第 1.7.3 条和《北京市安全生产条例》第三十七条第二款的规定。安全教育培训考核走过场，城建公司提供的安全教育培训记录中没有何××签字，何××、雷××安全知识考试卷没有判分，违反了《安全生产法》第二十一条的规定。依据《生产安全事故报告和调查处理条例》第三十七条第（一）项的规定，给予城建公司 18 万元罚款的行政处罚。

四是城建公司法定代表人王××，作为本单位的主要负责人，未能严格履行安全管理职责，及时督促检查消除本公司卸料平台施工管理混乱、水平安全网搭设不规范、安全教育培训考核走过场的隐患，对本起事故负有管理责任。其行为违反了《北京市安全生产条例》第十六条的规定，依据《生产安全事故报告和调查处理条例》第三十八条第（一）项的规定，给予其 2 万元罚款的行政处罚。

五是京西集团法定代表人李××，作为本单位的主要负责人，没有认真督促落实安全生产责任和各项安全生产规章制度，造成下属各级人员没有认真履行职责及时发现 B1—4 号楼存在的各项问题；同时忽视了对下属城建公司的管理，造成城建公司现场安全管理混乱、安全管理人员水平低的问题没有得到及时纠正，对本起事故负有领导责任。其行为违反了《北京市安全生产条例》第十六条的规定，依据《北京市安全生产条例》第八十五条第二款的规定，给予其 3 万元罚款的行政处罚。

六是四川兴都劳务公司在监理水平安全网搭设不规范要求整改后，没有落实监理要求，没有及时消除事故隐患，在安全教育培训过程中走过场，培训的内容缺乏针对性，对事故的发生负有间接责任。其行为违反了《北京市安全生产条例》第三十七条第二款和第二十三条的规定。依据《安全生产违法行为行政处罚办法》第四十四条的规定，给予其 2 万元罚款的行政处罚。

七是兴油监理公司在对卸料平台的检查验收过程中走过场，没有发现穿墙螺栓的位置安装不正确的隐患；在发现 B1—4 号楼水平安全网存在问题并下发工作联系单后，没有及时督促相关单位进行整改，对事故的发生负有监理责任。其行为违反了《建设工程安全生产管理条例》第十四条第二款的规定，依据《安全生产违法行为行政处罚办法》第四十四条的规定，给予其 2 万元罚款的行政处罚。

八是城建公司对技术负责人李××在内部给予高限经济处罚；兴油监理公司对监理员张××、京西集团对技术负责人梁××在内部给予严厉经济处罚；城建公司对副经理孙××、项目部生产经理李××、安全员郭××、刘××，京西集团对总工程师朱××、副总经理陈××、项目经理刘××进行内部经济处罚，处理结果报门头沟区安全监管局备案。

【案例20】

北京智源百泰电气设备安装工程有限公司
"11·2"事故

发生时间：2011年11月2日17时左右
发生地点：丰台区长辛店射击场北路
事故类别：物体打击
伤亡情况：死亡1人、受伤1人

一、事故简介

2011年11月2日17时左右，在丰台区长辛店射击场北路，北京智源百泰电气安装工程有限公司在10 kV线路迁移杆线工程施工过程中，发生一起物体打击事故，造成1人死亡、1人受伤，直接经济损失约90万元。

10 kV线路迁移杆线工程施工内容主要包括迁移用户内部电线杆1棵、延长10 kV电缆80米。计划2天完成，施工于11月1日开工，当日施工现场共有6名工人作业，并完成了80米电缆沟挖掘和1棵电线杆坑的挖掘。发生事故时，2名工人正在新立电线杆上进行起电缆线、拉电缆线的作业。事故伤亡人员系北京智源百泰电气安装工程有限公司的工人。

11月2日17时左右，北京智源百泰电气设备安装工程有限公司工人李××、张××在10 kV线路迁移杆线工程施工现场新立电线杆上实施拉线作业时，电线杆倒塌，致两人摔伤，工人李××因抢救无效死亡。

二、事故原因

（一）直接原因

工人李××、张××在未确认新立电线杆加固牢靠的情况下直接上杆作业（拉电缆线）是事故发生的直接原因。

（二）间接原因

北京智源百泰电气设备安装工程有限公司安全管理不到位，未落实安全生产教育和培训制度，未组织制定在施工程安全操作规程并对作业人员进行安全技术交底，是导致事故发生的间接原因。

工人李××、张××没有安全生产教育和培训记录。作业现场带班的梁××对安全操作规程不清楚，在新立电线杆未加固的情况下未制止工人李××、张××上杆作业。

三、事故责任分析及处理意见

一是北京智源百泰电气设备安装工程有限公司安全管理不到位，未认真履行从业人员需经安全生产教育和培训合格才能上岗作业的职责，对事故的发生负有主要管理责任。其行为违反了《安全生产法》第二十一条规定。由安全生产监督管理部门依据《生产安全事故报告和调查处理条例》第三十七条第（一）项规定，给予其10万元罚款的行政处罚。

二是北京智源百泰电气设备安装工程

有限公司总经理师××，疏于安全管理，督促、检查本单位安全生产工作不力，未及时消除安全生产教育和培训制度落实不到位的生产安全事故隐患，对事故的发生负有间接领导责任。其行为违反了《安全生产法》第十七条第（四）项规定。由安全生产监督管理部门依据《安全生产法》第八十一条第二款规定，给予其 2 万元罚款的行政处罚。

2011年纪检监察工作情况

【北京市安全监管监察系统党风廉政建设大会】 2月21日下午，北京市安全监管监察系统2011年党风廉政建设大会在中环办公楼新闻发布厅召开。会议的主要任务是深入学习贯彻中央纪委十七届六次全会、市纪委十届七次全会暨全市党风廉政建设工作会议的精神，研究部署2011年党风廉政建设和反腐败工作。市安全监管局机关全体干部和局属事业单位中层以上干部，市安全生产协会会长和秘书长，各区县安全监管局局长、纪检组长或负责纪检监察工作的领导，共160余人参会。蔡淑敏代表市安全监管局党组，总结回顾了2010年党风廉政建设和反腐败工作，部署了2011年8项重要工作。市安全监管局副局长杨小兵代表市纪委监察局，充分肯定了市安全监管局在党风廉政建设和反腐败工作中取得的新的明显成效，要求充分运用近年来安全生产领域廉政建设的成功经验和有效方法，从实际出发，有重点地深入推进安全生产领域反腐倡廉建设。市安全监管局党组书记、局长张家明，就充分认识安全生产领域反腐倡廉建设的新形势、新任务，坚持以人为本、执政为民的反腐倡廉理念，加强对党风廉政建设和反腐败工作的领导这三个问题进行了深刻的阐述。他强调要实现"十二五"安全生产

良好开局，必须对存在的问题足够重视，要在加强安全生产领域反腐倡廉建设工作中努力加强协作，增强团队意识；强化作风建设，克服浮躁、华而不实，体现工作合力；有胆量、有担当，对安监工作要充满热情；执法工作要上新台阶，体现安监威严。

（赵建林）

【贯彻全国安全生产监管监察系统党风廉政建设工作会议精神】 3月30—31日，全国安全监管监察系统党风廉政建设工作会在京召开。会后，驻市安全监管局纪检组监察处撰写了《全国安全监管监察系统党风廉政建设工作会议精神概要》，在市安全监管局领导之间进行传阅。4月11—21日，市安全监管局领导对此文件进行传阅并批示。党组书记、局长张家明特别强调要把治理"庸懒散"问题作为加强安全监管监察系统干部队伍作风建设的突破口，将其与深入开展"争做安全发展忠诚卫士、创建为民务实清廉安监机构"为主题的创先争优活动紧密结合，进一步营造奋发进取、比学赶超、干事创业的浓厚机关文化氛围。

（赵建林）

【部署反腐倡廉警示教育周工作会议】 7月8日上午，市安全监管局召开全局党员

大会，动员部署第二个反腐倡廉"警示教育周"工作。会议传达了国家安全监管总局关于开展第二个反腐倡廉"警示教育周"工作的通知，部署了第二个反腐倡廉"警示教育周"的重点工作。局党组书记、局长张家明对开展反腐倡廉"警示教育周"活动提出了5点要求。一是要将开展反腐倡廉"警示教育周"工作与学习贯彻胡锦涛总书记在建党90周年大会上的讲话结合起来，要关注4种考验和4种危险，切实将反腐倡廉建设摆在更加突出的位置，以更加坚定的信心、更加坚定的态度、更加有力的举措推进惩治和预防腐败体系建设，坚定不移地深化安全生产领域反腐倡廉建设。二是要充分认识反腐倡廉"警示教育周"的意义，深刻把握"牢记宗旨、执法为民"这个主题，切实开好"一查两找"组织生活会。三是要求各部门、各单位要明确责任，尤其是局级领导干部必须率先开展"一查两找"，发挥好表率作用。四是必须加强分类指导，强化宣传，在全市安全监管监察系统搞一次轰轰烈烈的反腐倡廉警示教育活动，以期反腐倡廉观念深入人心。五是要将反腐倡廉警示教育活动和正在开展的创先争优活动，与安全监管监察中心工作紧密结合，为打造"北京保障"品牌和推进首都"世界城市"建设做出应有的贡献。

（赵建林）

【贯彻国家安全监管总局纪检组座谈会精神】 8月初，全国安全生产监管监察系统纪检组长座谈会结束后，驻市安全监管局纪检组监察处将会议精神做了整理，在8月22日第26次局务会上进行了通报。市安全监管局党组书记、局长张家明要求认真学习会议精神和国家安全监管总局局长骆琳和中纪委驻总局纪检组组长周福启的讲话，并强调要继续深入学习胡锦涛总书记"七一"重要讲话精神，要坚持围绕中心、服务大局，自觉做好安全生产监管监察中心工作，同时要以人为本、执政为民，切实抓好安全生产领域反腐倡廉建设。

（赵建林）

【纪检监察信访案件工作会】 8月中旬，驻市安全监管局纪检组监察处召开信访案件工作会。纪检组长郑晓伟在会上强调，要加大信访案件查办力度，对腐败分子绝不姑息，凡是发现有苗头性、倾向性的问题，必须一查到底。同时他要求不断提高统筹谋划、组织协调、业务工作、工作创新、抓落实等能力，从而切实不断提高信访举报、查办案件以及廉洁自律等工作水平。

（赵建林）

【全市党风廉政建设责任制重点检查汇报会】 12月30日，北京市党风廉政建设责任制第七检查组到市安全监管局，检查党风廉政建设责任制和惩防体系任务完成情况。市安全监管局党组书记、局长张家明作《务实创新 践行北京精神 不断推进安全生产领域反腐倡廉建设》的工作汇报，内容涵盖安全生产监管监察和党风廉政建设的主要重点工作，剖析存在的缺点，对今后努力的方向提出了要求。第七检查组组长、市直机关工委常务副书记夏尚武对市安全监管局的党风廉政建设工作给予了充分的肯定，认为安全监管工作扎实有序，党风廉政建设工作稳步推进，工作作风值得借鉴和发扬。

（赵建林）

【纪检监察"三型"派驻机构建设】 按照市纪委监察局创建"学习型、服务型、廉洁型"派驻机构的要求，市安全监管局党组成员、市纪委驻市安全监管局纪检组组长郑晓伟明确提出，2011年为驻局纪检组监察处的"学习年"。驻局纪检组监察处严格按照市纪委监察局有关部署，开展创建"三型"派驻机构活动，主要举措为派遣一名正处级纪检监察干部到海淀区检察院交流锻炼，派遣 4 人参加中央纪委、市纪委及驻在部门举办的学习培训班，从而不断提升反腐倡廉工作的能力和水平。

【健全完善组处例会制度】 2011 年，第 3 次驻市安全监管局纪组、监察处例会上，市安全监管局党组成员纪检组组长郑晓伟要求必须健全完善纪检组监察处例会制度，规定每周召开一次组处例会，重点研讨全局党风廉政建设及纪检监察工作重点任务。这次组处例会同时调整了相关纪检监察人员的业务分工和对外联系面，确定了纪检监察日常工作格局，确定了安全生产领域反腐倡廉责任体系，并明确纪检监察工作人员的业务分工和对外联系面，健全完善了日常工作格局及反腐倡廉责任体系。

（赵建林）

【2009—2011 年度全市优秀纪检监察干部】 6 月，中共北京市纪委、市人力社保局、市监察局授予市纪委监察局驻市安全监管局纪检监察干部赵建林"2009—2011 年度全市优秀纪检监察干部"荣誉称号。

（赵建林）

【《致局（分局）全体工作人员的信》】 元旦春节前，驻市安全监管局纪检组监察处发出《致局（分局）全体工作人员的信》，要求大家在双节期间，爱惜安监名声，树立高尚的道德情操，遵守党纪政纪，遵守廉洁自律各项规定。

（赵建林）

【开展反腐倡廉宣传教育"四有"活动】 延续 2010 年开展落实反腐倡廉宣传教育"四有"要求的好做法，2011 年继续在各项工作开展中要求各部门、各单位落实"四有要求"，即布置工作的时候"有提示"；规范工作程序和标准的时候"有要求"；工作会议记录中"有记载"；落实上"有检查"。11 月 15—28 日，结合党风廉政建设重点抽查，对 8 个部门和单位落实"四有"要求活动进行了专项考核。

（赵建林）

【开展反腐倡廉警示教育周活动】 按照中央纪委监察部驻国家安全监管总局纪检组监察局的要求，7 月 11—17 日，市安全监管局开展了第二个反腐倡廉警示教育周活动。结合学习胡锦涛总书记庆祝建党 90 周年"七一讲话"精神，通过召开动员部署会、组织生活会、参观反腐倡廉法制教育展、反腐倡廉征文等活动，强化了"以人为本、执法为民"的反腐倡廉宣传教育主题，机关廉政文化氛围浓厚。

（赵建林）

【"迎七一、促清廉"反腐倡廉征文活动】 6 月 1 日—7 月 12 日，驻市安全监管局纪检组监察处开展了"迎七一、促清廉"反腐倡廉征文活动。经过投稿、遴选、点评到公示，最终确定 3 篇文章为优秀奖文章，4 篇文章为纪念奖文章。3 篇优秀奖文章分别为：局办公室康勇的《财务人员要坚守廉政准则》，局执法监察队邢小鹿的《从"阳光工资"谈反腐》，局监督管理二处刘毅的《建立工程建设领域专项治理长效机制，做好反腐倡廉工作》。4 篇纪念奖文章分别为：局预防中心王罡的《加强廉政能力建设，服务首都安全发展》，局办公室闵绍辉的《关于做好党风廉政建设和预防腐败工作的思考》，局执法监察队卢茜的《教育为基、制度保证、预防为主》，局执法监察队侯占杰的《清廉安监》。驻局纪检组监察处对以上 7 人进行了通知表彰，并颁发了奖品、纪念品。

（赵建林）

【参观北京市反腐倡廉法制教育展】
7月13日上午，驻市安全监管局纪检组监察处组织机关党支部书记20余人参观北京市反腐倡廉法制教育展。

（赵建林）

【召开"一查两找"组织生活会】 7月14日下午，按照第二个反腐倡廉"警示教育周"工作部署要求，市安全监管局（北京煤矿安全监察分局）各处室队、局属事业单位以支部为单位，召开了"一查两找"的组织生活会。此次组织生活会以"牢记宗旨、执法为民"为主题，以行使权力、落实责任、遵纪守法、安全执法为主要内容，回顾了2010年7月至2011年7月反腐倡廉各项警示教育措施的落实情况，对照《廉政准则》52个不准，排查存在的差距和不足，制定了有效的防控措施。此次组织生活会中，各部门、各单位还结合已经初步完成的廉政风险防范管理工作，结合正在开展的"创先争优"活动，结合胡锦涛总书记七一重要讲话精神，进一步强调开展反腐倡廉建设的重要性、艰巨性，增强了做好安全生产领域反腐倡廉建设的信心和决心。

（赵建林）

【党风廉政建设重点任务分工方案】
4月份，驻市安全监管局纪检组监察处协助市安全监管局党组制定了《2011年全局党风廉政建设和反腐败工作重点任务分工方案》，结合2011年由局领导牵头负责的15项重大项目工作和54项重点工作，将全局党风廉政工作细化为3大项17小项，从而将反腐倡廉建设"责任区"和"一岗双责"具体落实到每一个局领导、每个业务处室，要求局领导和部门负责人将反腐倡廉建设和业务工作同时部署、同时落实。

（赵建林）

【2011年廉政风险防范管理工作实施意见】 4月初，驻市安全监管局纪检组监察处结合安全监管监察工作实际，协助局党组制定了《2011年廉政风险防范管理实施意见》，进一步健全完善了廉政风险防范管理"534"工作格局。2011年工作重点是做好局级领导干部廉政风险识别防控、廉政承诺和防控重点环节，从而实现对既有模式的突破与创新。

（赵建林）

【选拔任用干部事先征求派驻机构的意见】 2011年12月，结合全市党风廉政建设责任制检查重点，驻市安全监管局纪检组监察处协调相关部门，制定了《选拔任用干部事先征求驻局纪检组监察处意见》，实现了对干部选拔任用的全过程监督检查。

（赵建林）

【领导班子决策"三重一大"事项风险防控实施细则】 12月，驻市安全监管局纪检组监察处协调局办公室、人事教育处等部门，制定了《领导班子决策"三重一大"事项风险防控实施细则》，实现了对重大决策、重大项目安排、重要人事任免、大额资金使用等方面的廉政风险排查及防控，有利于提高局党组决策水平，事先防控决策风险。

（赵建林）

【定期通报党风廉政建设情况制度】
2011年，结合全市安全生产领域反腐倡廉工作实际，驻市安全监管局纪检组监察处建立了定期通报党风廉政建设情况制度，即每2—3个月将党风廉政建设、推进惩防体系任务完成情况，在局务会或党组会上予以通报，从而提醒全局认真及时执行党风廉政建设责任制、推进惩防体系任务的完成。2011年共通报4次，分别为1—2月、3—5月、6—8月、9—11月党风廉政建设情况通报。通报内容涵盖廉政风险防控、"小金库"排查、《廉政准则》专项检查、效能监察、反腐倡廉警示教育周、党风廉政建设责任制检查等工作，得到主要领导的高度评价。定期通报党风廉政建设情况制度，有力地提高了机关的行政效能，推进了党风廉政建设责任制和惩防体系建设。

（赵建林）

【对贯彻落实民主集中制情况的监督检查】 经监督检查，市安全监管局全年共召开党组会 31 次、局务会议 37 次、专题会 73 次，研究重要议题 510 余项；主要决策集中正处级领导干部选用、"京安"工程立项、应急指挥大厅经费审议、局级领导干部廉政风险排查以及承诺等方面；经检查，局领导班子坚持了 5 次中心组学习，没有发现违反民主集中制、临时动议等情况。

（赵建林）

【对贯彻落实党风廉政建设责任制情况进行监督检查】 11 月 1—14 日，市安全监管局各处室队、局属事业单位对本年度开展党风廉政建设情况进行了自查，并在时间节点前全部将自查报告报送。11 月 14 日，第 27 次局党组会审议通过了 2011 年度党风廉政建设责任制检查及迎检工作方案。11 月 15—30 日，由局党组书记、局长张家明等领导带队对信息中心、预防中心、监督三处、事故处、监督二处、办公室、人教处、执法总队 8 个部门进行了重点检查工作。通过听取汇报、查看资料、走访关键岗位、个别谈话等形式，完成了 2011 年度党风廉政建设责任制检查的重点检查工作。11 月 30 日前，驻局纪检组监察处按照要求，综合自查情况及重点检查情况，撰写完成自查报告，经第 28 次党组会审议后报送市责任办。11 月 25 日—12 月 10 日，领导小组办公室根据自查及重点检查情况，撰写了《务实创新 践行北京精神

不断推进安全生产领域反腐倡廉建设》的汇报材料。12 月 30 日，张家明代表局党组向北京市党风廉政建设第七检查组做了专题汇报。

（赵建林）

【对全局重点工作完成情况的监督检查】 经过监督检查，2011 年市安全监管局 54 项重点工作，按原定计划完成和提前完成的重点工作有 50 项，占总量的 93%；完成有困难的重点工作有 4 项，占总量 7%，主要原因是全市职业卫生监管职能划转及国家安全监管总局的有关临时性要求。

（赵建林）

【对两项法规制度落实情况的监督检查】 经过监督检查，市安全监管局机关所有工作人员均认真贯彻落实《关于领导干部报告个人有关事项的规定》和《关于对配偶子女均已移居国（境）外的国家工作人员加强管理的暂行规定》两项法规制度。5 月底，驻局纪检组监察处结合党风廉政建设责任制检查，对此项工作开展的情况进行了专项检查，局机关 47 名处级干部均完成报送，驻局纪检组监察处 5 名纪检监察干部均按照要求向市纪委完成报送。

（赵建林）

【对经费支出和大额资金使用情况的监督检查】 经过监督检查，2011 年市安全监管局预算累计支出 4 448.94 万元，总进度约为 86.29%。其中：基本经费支出 741.61 万元（不含统发工资），进度约为 77.29%，分别为：机关行政 149.87 万元、机关事业 147.22 万元、预防中心 444.52 万元。项目经费支出 3 707.33 万元，进度约为 88.35%，具体为：机关行政 1 978.36 万元、机关事业 1 038.29 万元、预防中心 690.68 万元；三公经费支出 264.77 万元，其中出国（境）经费 58.82 万元（因增加出国计划），完成预算 95.5%，车辆购置及运

行费 273.55 万元（其中运行费用 209.33 万元，超年度预算 73%；购车费用 64.22 万元），公务接待费 9.97 万元，超预算 89.9%。局机关公开招标项目 1 个，为科技处执法装备配备项目，涉及资金 160 万元；信息中心有 3 个项目公开招标，分别为：综合业务管理系统三期、信息化基础设施运维、应急指挥中心搬迁，共涉及资金 2 089 万元。比选 1 次，为监督二处开展安全评估项目，涉及资金 29 万元。签署经济合同 96 件，涉及资金 4 193 万元。经多次征求意见，对本局财务制度进行修订完善，加强对车辆运行、接待费用等"三公经费"管理。

（赵建林）

【对干部选拔任用及干部培训的监督检查】 经过监督检查，2011 年市安全监管局共调整干部 24 人次，其中提拔任用干部 11 名（含 3 名正处长、1 名公选副处长、7 名科级干部晋升），转任 8 名，调任干部 1 名，交流调整 4 名。干部试用期满转正 13 名，核定干部职务 23 名，没有发现临时动议、违规操作等问题。干部培训方面：市安全监管局组织 3 名局级干部参加中组部的调训，24 名局、处级干部参加专题及任职培训，承办处级干部研讨班 3 期 126 人，科级干部培训班 2 期 69 人，执法人员执法资格培训班 2 期 120 人，128 名干部参加干部在线学习，全系统 512 人参加军训。经监督检查，没有发现资金使用方面的违规问题。

（赵建林）

【对行政许可实施情况的监督检查】 2011 年，市安全监管局具有行政许可权的处室共接到行政许可 144 368 件，受理 144 368 件，办结 144 367 件，受理办结率 100%，满意率 100%。驻局纪检组监察处经过网上监察，没有发现超时、越权和跳跃环节等办理异常问题。

（赵建林）

【对行政执法情况的监督检查】 2011 年，市安全监管局共检查生产经营单位 1 088 家，下达执法文书 366 份，对 24 家生产经营单位进行了行政处罚，罚没 10 万元人民币。安全生产事故责任追究处理 8 人。其中给予党政纪处分 4 人，移送司法机关追究刑事责任 4 人。驻局纪检组监察处经过跟踪检查，没有发现在处理这些案例中有违法违纪问题。

（赵建林）

【对政务信息及外联服务的监督检查】 2011 年，市安全监管局主动公开信息 40 件，其中法规文件类 30 件，规划计划类 6 件，业务动态类 4 件；依申请公开 32 件，其中公民申请公开 4 件，法人或其他组织 28 件；咨询 1 372 人次，其中现场咨询 177 人次，电话咨询 1 195 人次。共开展外联服务工作 70 余项，其中进行行政许可项目审批 30 项（含为总局开展的甲级资质初审），大型活动安全保障 40 余项，报送外联服务信息 5 条。经监督检查，外联服务情况良好，社会公认程度较好。

（赵建林）

【行政效能监察工作】 效能监察工作方面，驻市安全监管局纪检组监察处结合驻在部门 2011 年重点工作，对应急指挥大厅建设情况、北京煤监分局督导落实开展"京西煤矿安全保障行动"情况两项工作进行效能监察，以确保工程建设的质量、工期、资金等事项符合法定程序和工程建设要求。经过向市监察局立项、发出监察通知书、进行行政监察以及提出监察建议等阶段，2011 年 10 月底，两项效能监察重点工作已全部完成。

（赵建林）

【信访件办理情况】 2011 年，驻市安全监管局纪检组监察处共收到纪内信访举报 9 件 20 封（其中 13 封举报信为一件多投）。对此 9 件举报信，驻局纪检组监察处均按照信访举报及案件办理等有关规定进行了转办、上报和直查初核工作，已全部办结。

（赵建林）

【廉政风险防控管理工作】 按照市党风廉政建设责任制办公室要求，2011 年，驻市安全监管局纪检组监察处调整完善廉政风险防控"534"工作格局，重点做好局级领导干部廉政风险识别防控、廉政承诺和防控重点，从而以新的"534"工作架构进一步健全完善了安全生产领域廉政风险防控管理机制。4 月初，领导小组办公室印发《2011 年廉政风险防控管理实施意见》，5 月 31 日各处室队及局属事业单位完成 5 个基础文本、3 个基础表格。经统计，全局共排查廉政风险 183 个，制定风险防控措施 286 条，制定风险防范工作流程图 183 幅。其中，局级领导干部排查廉政风险 60 个，制定风险防控措施 62 条，做出廉政承诺 20 个，防控重点项目 19 个。11 月 1—28 日，结合党风廉政建设责任制重点抽查，驻局纪检组监察处对廉政风险防控情况进行了考核评价。

（赵建林）

【拒收礼金、有价证券】 2011 年，市安全监管局机关共上交礼金、有价证券 2 人次 1.5 万元，其中局级 1 人次，处级 1 人次。驻局纪检组监察处按照有关规定进行了登记与退还。

（赵建林）

【廉政准则专项检查工作】 8 月 15—31 日，市安全监管局共 19 个内设处室队、4 个直属事业单位并驻局监察处共 24 个部门或单位对贯彻执行《廉政准则》情况进行了自查自纠。10 名局级领导干部和 48 名副处级以上干部均围绕"八个严禁"和"52 个不准"进行了对照检查和自查自纠，签订了遵守《廉政准则》承诺书。驻局纪检组监察处对开展相关自查自纠工作进行了具体指导和帮助。同时，驻局纪检组监察处 1 名局级领导干部和 3 名处级干部均签订了遵守《廉政准则》承诺书，确保了此次自查自纠工作不遗留任何死角。11 月份，结合党风廉政建设责任制检查，驻局纪检组监察处抽取了 8 个部门和单位进行重点检查，没有发现违反《廉政准则》的相关问题。

（赵建林）

【工程建设领域安全监管专项治理工作】 作为成员单位，驻市安全监管局纪检组监察处组织协调和配合有关部门认真做好了工程建设领域安全监管专项治理工作第三阶段项目自查、排查和整改工作。2011 年已完成全部三批 7 569 项建设项目进行了全面自查，对排查出的问题进行了认真梳理，深刻分析原因，提出了整改意见，并及时向市治理办报送了工作总结。

（赵建林）

【"小金库"专项治理工作】 按照市"小金库"治理办公室要求，2011 年"小金库"专项治理工作先后经历全面复查、督导抽查、整改落实、机制建设和总结验收等工作阶段。经过全面复查，没有发现"小金库"；经过公示，没有接到举报；所有工作人员签署《承诺书》。除此之外，驻市安全监管局纪检组监察处还协调相关部门，组织 15 人参加"小金库"知识竞答活动，成绩均在 90 分以上。9 月初，已经完成抽查和重点检查，进一步完善了相关制度，健全完善了防治"小金库"长效机制。

（赵建林）

【基层站所队民主评议专项工作】 按照市纠风办要求，驻市安全监管局纪检组监察处协调相关部门认真制订实施方案，成立领导小组及办公室，确定局中环服务窗口办事大厅等 4 个部门和单位为民主评议对象。市督导一组先后 3 次到局检查指导工作，听取有关汇报，与服务对象进行座谈和暗访，并随同执法人员一起到区县参与执法检查。11 月底全国安全监管监察系统纪检组长座谈会上，新任国家安全监管总局纪检组长赵惠令通报，在对 9 个行政执法部门进行的行风评议工作中，市安全监管局被评为北京市第一名。

（赵建林）

【清理和规范庆典、研讨会、论坛活动工作】 按照市清理办要求，驻市安全监管局纪检组监察处协调相关部门成立了领导小组及办公室，参加了市清理办组织的领导小组办公室主任会议，按照要求已经初步完成清理和规范，并将主要精神在党组会和局务会上通报。

（赵建林）

【公务用车专项治理工作】 2011 年，市安全监管局（含局属事业单位）核定车辆编制达到 35 辆，编制内实有车辆 34 辆，由于存在专业用车及历史遗留车辆，全局总车辆使用数达到 53 辆，按照清理工作的要求，最终封存 5 辆，上缴财政 5 辆。驻局纪检组监察处协调局办公室对存量车辆进行优化配置，进一步加强对车辆、驾驶员的日常管理，制定了驾驶员和车辆管理制度。

（赵建林）

【反腐倡廉信息化系统调研】 10 月，驻市安全监管局纪检组监察处赴江苏省安监局、煤监局学习调研电子监察平台建设，正式启动了安全生产领域反腐倡廉信息平台建设，为全面推进行政监察现代化工程奠定良好的基础。

（赵建林）

机关建设

市安全监管局机关人事

【机构设置和人员编制】 8月8日，北京市编办京编办行[2011]134号文件批复，同意将市安全监管局执法监察队更名为北京市安全生产执法监察总队，并增加行政编制5名。

2011年8月23日，北京市编办京编办行[2011]153号文件批复，同意为市安全监管局机关接收首都功能核心区行政区划调整带编安置人员增加行政编制1名。

（钱山、栗晋春）

【局级干部任免】 2月15日，中共北京市委《关于丁镇宽同志免职退休的通知》（京委[2011]87号）文件决定，免去丁镇宽同志中共北京市安全生产监督管理局党组成员职务。

2月28日，北京市人民政府《关于丁镇宽同志免职的通知》（京政任[2011]43号）文件决定，免去丁镇宽的北京市安全生产监督管理局副局长职务。

11月8日，北京市人民政府《关于唐明明同志职务任免的通知》（京政任[2011]220号）文件决定，唐明明任北京市安全生产监督管理局副局长（试用期一年），免去北京市安全生产监督管理局副巡视员职务。

12月29日，北京市人民政府《关于常纪文、汪卫国同志任职的通知》（京政任[2011]264号）文件决定，常纪文、汪卫国结束试用期，任北京市安全生产监督管理局副局长，任职时间分别从2010年7月26日、2010年8月18日起计算。

（钱山、栗晋春）

【处级干部任免】 1月7日，市安全监管局第1次局党组会研究决定：李刚结束试用期，任北京市安全生产信息中心副主任职务，任职时间从2009年12月计算。

2月26日，市安全监管局第7次局党组会研究决定，蔚小芸任北京市安全生产监督管理局机关党委调研员职务。赵争春任北京市工伤及职业危害预防中心副调研员职务。吴强任北京市工伤及职业危害预防中心副调研员职务。免去崔林同志北京市安全生产监督管理局执法监察队副队长职务。

（钱山、栗晋春）

4月6日，市安全监管局第10次局党组会议研究决定，贾秋霞任北京市工伤及职业危害预防中心主任，免去其北京市安全生产监督管理局职业安全健康监督管理处处长职务。赵霜任北京市工伤及职业危害预防中心党支部书记，免去其北京市工伤及职业危害预防中心主任职务。杨拯民任北京市工伤及职业危害预防中心调研员，免去其北京市工伤及职业危害预防中心党支部书记职务。李刚任北京市安全生产监督管理局法制处副处长（试用期一年），免去其北京市安全生产信息中心副主任职务。

4月20日，市安全监管局第11次局党组会议研究决定，丁大鹏任北京市安全生产监督管理局职业安全健康监督管理处副处长，免去其安全监督管理三处副处长职务。

5月23日，市安全监管局第15次局党组会议研究决定，路韬任北京市安全生产监督管理局研究室主任（试用期一年），免去其副调研员职务。丁大鹏任北京市安全生产监督管理局职业安全健康监督管理处处长（试用期一年），免去其职业安全健康监督管理处副处长职务。曹柏成同志任北京市安全生产监督管理局事故调查处处长（试用期一年），免去其事故调查处副处长职务。赵霜任北京市工伤及职业危害预防中心党总支书记（正处级），免去其北京市工伤及职业危害预防中心党支部书记职务。贾秋霞任北京市工伤及职业危害预防中心党支部副书记。

（钱山、栗晋春）

【科级以下干部任免】 1月7日，市安全监管局第1次局党组会研究决定：靳大力、孙晶晶核定为主任科员，陈静、赵小川、王骥核定为副主任科员。

3月16日，市安全监管局第9次局党组会研究决定：赵同立核定为副主任科员。

4月20日，市安全监管局第11次局党组会研究决定：陶申傲、陆金周核定为主任科员，罗旋、刘卫坤、赵昕、封光、张聪核定为副主任科员，周燚、崔晓、张国宁核定为科员。

（钱山、孙雷）

5月23日，市安全监管局第15次局党组会研究决定：杜金颖核定为副主任科员，

胡乃涵核定为科员。

（钱山、孙雷）

8月29日，市安全监管局第23次局党组会研究决定：王晓杰、屈玥核定为主任科员职务。

（钱山、孙雷）

【接收安置军转干部】 7月份，北京市委、市政府就2011年军队转业干部安置工作做出安排。共30人报考市安全监管局并参加笔试，23人进入面试，最终确定录用任忠、李宏良2名团职转业干部分别到本局应急工作处、安全生产监管一处工作。

（钱山、陆金周）

【干部遴选】 2011年，市安全监管局按照全市公开遴选公务员工作实施方案，共20人通过资格审核，经过笔试、面试、考察、体检，最终确定杜金颖、胡乃涵两名同志分别到市安全监管局人事教育处和法制处工作。

（钱山、陆金周）

【干部转任】 2011年，市安全监管局处级干部转任1名（蔚小芸），科级以下干部2名（赵同立、何虎啸）。

（钱山、陆金周）

【干部调入、调出】 2011年，市安全监管局机关调入人员2名（李刚、何川）；举报投诉中心调入人员1名（吴强）。市安全监管局机关调出人员2名（张树森、任卫红）；工伤及职业危害预防中心调出人员2名（吴强、杨雪金）；安全生产宣教中心调出人员1名（郭隆）；安全生产信息中心调出人员1名（安婧）

（钱山、陆金周）

【干部退休】 2011年，市安全监管局机关退休人员1名（丁镇宽），预防中心退休人员1名（王毅中）。

（钱山、陆金周）

【干部交流、挂职锻炼】 2011年，市

安全监管局参加市委组织部干部交流任职人员 1 名（赵霜），挂职锻炼 1 人（李振龙）。参加市委组织部、市人力社保局乡镇街道基层锻炼干部 4 名（孙晶晶、王晓杰、王燃然、戴贺霞）。本局处级干部区县安监局挂职锻炼 4 名（方钢、冯印辉、李刚、靳玉光），科级干部区县安监局挂职锻炼 4 名（徐阳、张德武、朱伟、王文哲）。

（钱山、陆金周）

【民主推荐正处级的领导职位】 4—5 月，市安全监管局分别组织了研究室主任、事故调查处处长、职业安全健康监督管理处处长 3 个正处级领导职位的民主推荐工作。经过民主推荐、资格审查、组织考察、民主测评、党组讨论、公示，最终确定 3 名分别担任上述职务。

（钱山、栗晋春）

【公开选拔副处级职位】 2011 年 5—8 月，北京市安全生产监督管理局组织了科技处副处长职位公开选拔工作。此项工作经过报名自荐、资格审查、笔试面试、组织考察、民主测评、党组讨论、公示，最终确定 1 名担任上述职务。

（钱山、栗晋春）

【年度干部考核】 2 月，市安全监管局部署 2010 年年度考核工作，此项工作到 3 月中旬结束。综合全局各处室、队的年度考核及民主推荐情况，在局年度考核领导小组提出的初步意见的基础上，经局党组决定，评定优秀人员 18 名，行政奖励人员 22 名（其中三等功 4 名，嘉奖 18 名）。

年度考核优秀人员 18 名：吕海光、李东洲、李玉祥、李振龙、吴振宇、贾兴华、孙雷、钱山、王保树、丁大鹏、田志斌、毛宇权、王晓杰、刘阳、时会佳、李怀峰、侯占杰、高云飞。

三等功人员 4 名：王保树、田志斌、吕海光、高云飞（连续三年优秀）。

行政嘉奖人员 18 名：丁大鹏、李振龙、吴振宇、杨春雪、孙雷、李东洲、李玉祥、钱山、贾兴华、贾秋霞、曹柏成、魏丽萍、毛宇权、王晓杰、刘阳、时会佳、李怀峰、侯占杰。

同时，根据事业单位年度考核情况和领导班子民主测评情况，确定工伤及职业危害预防中心主任赵霜同志、宣教中心主任孟庆武同志、信息中心副主任张震国同志、举报投诉中心副主任段纪伟同志年度考核为优秀档次。

（钱山、陆金周）

【外事工作】 2011 年，市安全监管局共有 7 个出国团组，其中自组考察团 3 个，培训团组 1 个，双跨团组 3 个，出访人数 19 人次。4 月，赴美国"安全生产立法"考察团组（自组团），本局汪卫国同志带队、李刚、仲俊生参团。5 月，赴芬兰、瑞典"城市安全运行"考察团组（自组团），本局陈清带队、吕海光、王树琦参团。5 月，赴美国高级公共管理培训班（参团），本局张家明参团。8 月，赴瑞士"气候变化立法调研"考察（参团），本局常纪文参团。8 月，赴日本"采购设备监造和技术交流"考察（参团），本局魏丽萍参团。12 月，赴澳大利亚、新西兰职业安全健康考察（自组团），本局刘岩带队、时德轶参团。12 月，赴美国"安全生产应急预案策划与实施培训"（自组团），市安全监管局康勇、孙建军、王平、邵柏、段纪伟、吴爱枝、王永志、秦永生 8 人参团。

（钱山、陆金周）

【机关干部培训】 2011 年，市安全监管局（北京煤监分局）落实市委、市政府提出的继续大规模培训干部、大幅度提高干部素质的战略任务，经局党组决定，制定并下发了《关于认真做好 2011 年局（分局）及安全监管监察系统干部教育培训工作的通知》。市安全监管局明确提出了按照"三分之一的时间学习党的理论和时事政策、三分之一的时间学习法律法规、三分之一的时间学习业务知识"的要求，突出抓好危险化学品监管、职业卫生安全监管和执法检查的业务培训。采取"政策理论＋脱产培训＋自主选学"和"分级培训"的方法，综合运用集中授课、专题讲座、脱产培训、考察调研、在线学习、自学等方式组织开展培训。

（钱山、孙建军）

【形势政策专题学习】 3月31日上午，市安全监管局召开理论学习中心组学习（扩大）第1次会议，邀请国家发展和改革委员会宏观经济研究院副院长、研究员、中国人民大学中国经济改革与发展研究院常务副院长、中国人民大学兼职教授、博士生导师马晓河，就"十二五时期的结构调整与优化发展思路"的有关内容，为局党组中心组成员、机关干部和局属事业单位的处级领导进行了专题辅导。局党组副书记、副局长蔡淑敏主持。

（钱山、孙建军）

【依法行政专题学习】 4月29日，市安全监管局召开理论学习中心组学习（扩大）第2次会议。邀请北京市高级人民法院党组副书记、副院长，一级高级法官，北京市法学会副会长，北京市政府专家顾问团顾问王振清作依法行政的专题辅导。局党组成员、局机关干部和局属事业单位的部分人员参加了会议。局党组副书记、副局长蔡淑敏主持。

（钱山、孙建军）

【中共党史专题学习】 6月30日上午，市安全监管局理论学习中心组学习（扩大）第3次会议，邀请国防大学科学社会主义教研室副主任、北京市科学社会主义学会理事、国防大学战略学博士、研究生导师

郭凤海教授，围绕"为官风范的伟人——周恩来"主题进行了中共党史专题辅导课。局党组副书记、副局长蔡淑敏主持。局领导、局（分局）机关干部、直属事业单位的领导等，约100人参加。

7月6日上午，市安全监管局召开理论学习中心组学习（扩大）第4次会议，为及时学习和理解胡锦涛总书记在庆祝中国共产党成立90周年大会上发表的重要讲话。组织收看了中央政策研究室副主任施芝鸿在北京市委、市政府理论学习中心组学习（扩大）会上所做专题辅导报告的录像片。

（钱山、孙建军）

【中共十七届六中全会专题辅导】 11月3日上午，市安全监管局召开理论学习中心组学习（扩大）第5次会议，邀请人民出版社政治编辑室主任、副编审张振明对中共十七届六中全会进行了专题辅导。局党组副书记、副局长蔡淑敏主持，局领导、局（分局）机关干部和局直属事业单位处级干部参加了学习。

（钱山、孙建军）

【行政强制法专题辅导】 12月14日，市安全监管局召开理论学习中心组学习（扩大）第6次会议，邀请市政府法制办处长鲁安东作专题辅导。局党组书记、局长张家明，副局长陈清、贾太保、常纪文出席会议，局机关全体干部和直属事业单位处级干部共100余人参加学习。会议由局党组副书记、副局长蔡淑敏主持。

鲁安东在讲课中结合具体案例讲解了《行政强制法》确立的行政强制的基本原则、行政强制的种类和设定、行政强制措施实施程序、行政机关强制执行程序、申请人民法院强制执行、实施行政强制的法律责任等重要内容。

（钱山、孙建军）

【市、区县处级干部培训班】 7 月 12—14 日、7 月 26—28 日、8 月 9—11 日分三期三天，市安全监管局（北京煤监分局）组织处级干部、局直属事业单位处级领导干部和各区县及北京经济技术开发区安全监管局，培训依法行政、协调沟通、媒体应对、信息化管理等内容。

（钱山、孙建军）

【处级以下干部培训班】 6 月 14—17 日、6 月 21—24 日分两期四天，市安全监管局（北京煤监分局）组织机关处级以下干部和直属事业单位中层干部，培训政策解读、执行能力、依法行政能力、信息化管理、团队建设和拓展训练等内容。

（钱山、孙建军）

【干部在线学习】 2011 年，市安全监管局（北京煤监分局）组织机关全体干部和局属事业单位处级干部网上在线学习，每人完成 40 学时。

（钱山、孙建军）

【视频专业知识讲座】 根据国家安全监管总局要求，市安全监管局组织有关处室参加国家安全监管总局举办的专业知识视频讲座，全年共 12 期。

（钱山、孙建军）

【局、处级干部调训】 按照市委组织部和市人力社保局的培训计划，市安全监管局组织落实局、处级干部的调训：中组部局级干部高级培训班（2 期）、局级领导干部进修一班（3 期）、局领导专题班（13 期）、局级后备干部培训班（1 期）、年轻处长班培训（1 期）、正（副）处级干部任职培训（6 期）、国家安全监管总局执法资格培训班（2 期）。

（钱山、孙建军）

市安全监管局机关党委、公会

【党的思想建设】 2011 年，市安全监管局在机关党委认真学习贯彻党的十七届五中、六中和市委十届八次全会精神，紧密围绕党员干部队伍建设和安全生产监管监察工作，以"争做安全发展忠诚卫士，创建为民务实清廉安监机构"为主题，以"三进两促"活动为载体，以深入推进创先争优活动为重要抓手，全面贯彻《中国共产党和国家机关基层组织工作条例》，大力加强机关党的思想、组织、作风、制度、反腐倡廉和干部队伍建设，取得明显成效，为促进全市安全生产形势持续稳定好转、加快实现"人文北京、科技北京、绿色北京"战略发展目标提供坚强的思想和组织保证。

（耿双）

【经常性思想教育】 2011 年，市安全监管局机关党委采取专题辅导、学习研讨、知识竞赛、座谈交流等形式，先后 9 次组织局党组中心组理论学习、12 次邀请专家专题讲座。学习了党的十七届五中、六中全会，胡锦涛同志"七一"重要讲话精神和"十二五"规划建议的主要内容，系统学习了《中国共产党历史》第一卷和第二卷、《中国共产党简史》、《中国共产党新时期简史》等书籍，全年累计向各支部发放各种学习书籍 700 余本。

（耿双）

【开展窗口单位创先争优活动】 2011 年，市安全监管局机关党委以深入开展"为民服务创先争优"活动为契机，带头在改进作风、提高效能、服务群众方面进行公开承诺；局机关、窗口单位人员带头在建设群众满意窗口、创造优质服务品牌、提高服务水平等方面进行公开承诺形成了基层党组织履职尽责创先进、党员立足岗位争优秀的生动局面。

（耿双）

【开展争创标准大讨论】 2011 年，市安全监管局机关党委围绕"争做安全发展忠诚卫士，创建为民务实清廉安监机构"主题实践活动，宣传安监系统先进典型事迹，开展"安全发展忠诚卫士"、"为民务实清廉安监机构"争创标准大讨论。

（耿双）

【"参加'三进两促'活动的思考"征文活动】 2011 年，市安全监管局机关党委通过征文活动，各支部党员干部和群众从履职尽责、实践锻炼、作风改进、加强基层组织建设、创新廉政风险防范管理等方面进行深入思考，实现由感性认识到理性思考的升华，取得了一大批好的经验和做法。其中，副局长贾太保和宣教中心党支部的征文在《北京机关党建》上刊发。

（耿双）

【党员公开承诺】 2011 年，市安全监管局党员在支部范围内进行公开承诺，并以支部为单位将每名党员的公开承诺书进行公示。

（耿双）

【开展"共产党员献爱心"活动】 市安全监管局机关党委在纪念中国共产党成立90 周年暨表彰大会前夕，召开全局各党总支（支部）书记会议，对"共产党员献爱心"活动进行动员部署，并于纪念中国共产党成立90 周年暨表彰大会前举行了捐款仪式。全局194 名党员群众共计捐款 14 400 元整。

（耿双）

【先进党支部、优秀党员和优秀党务工作者】 6 月，市安全监管局执法监察总队

党支部被评为市直机关系统先进基层党组织，高云飞被评为优秀共产党员，段纪伟被评为优秀党务工作者。

（耿双）

【深入开展"三进两促"活动】 2011年，市安全监管局机关党委总结前两年开展"三进两促"活动的经验与不足，制定了持续深化"三进两促"活动的具体措施，建立健全了机关结对、领导联系点、领导干部下基层调研等联系群众制度。

（耿双）

【开展"读书、思考、创新"主题读书活动】 2011 年，着眼提高党员群众的学习、研究、创新、服务能力，市安全监管局党组鼓励全局多读书、读好收，以读书更新知识结构、促进思想解放、推动改革创新，提升专业知识水平和履职尽责能力。

（耿双）

【成立机关团委】 4 月，市安全监管局召开了全局团员大会，成立了机关团委，并选举产生了新一届机关团委委员会。

（耿双）

【入党积极分子考察和发展党员工作】 2011 年，市安全监管局加强了对入党积极分子的培养、教育和考察工作，按照"坚持标准、保证质量、改善结构、慎重发展"的方针，发展了 5 名新党员，选送 12 名年轻团员参加了市直机关工委组织的入党积极分子培训。

（耿双）

【推行党务公开】 2011 年，根据市委的统一部署，市安全监管局机关党委认真开展了党务公开工作。成立了党务公开领导小组和办公室，由党组书记张家明任组长，具体负责全局的党务公开工作。按照《北京市关于党的基层组织实行党务公开的意见》的有关要求，在充分征求广大党员干部意见建议的基础上，形成了局《党

务公开实施办法》。

（耿双）

【党风廉政建设】 2011 年，市安全监管局机关党委采取听报告、观看电教光盘、举办廉政讲座、印发先进人物事迹材料等形式，组织党员干部认真学习和实践《中国共产党党员领导干部廉洁从政行为若干准则》。认真贯彻落实《廉政风险防范管理工作实施办法》，积极总结推广廉政风险防范管理工作的好经验、好典型，大力推动机关反腐倡廉工作制度化、规范化。同时，配合驻局监察处积极推进党风廉政建设工作，不断增强各级领导抓党风廉政建设的责任感、使命感。

（耿双）

【职工权益】 2011 年，市安全监管局机关党委密切联系职工，听取和反映职工的意见和诉求，维护职工的合法权益，全心全意为职工服务，努力增强职工凝聚力的有效途径。为此，突出抓好 3 个方面的工作。一是切实维护职工的合法权益。通过各种途径和形式，及时向职工通报局机关的重要工作情况，对各项重大决策及重要制度进行审议，并提出意见和建议，积极维护广大职工的参与权、知情权和监督权。二是开展合理化建议活动。为配合机关内部建设，鼓励职工积极参与机关内部管理，不断强化民主参与意识，开展合理化建议活动，采取问卷、座谈走访、个别谈话等形式，倾听职工的意见，收集合理化建议。据统计，2011 年机关广大职工就机关内部管理、办事效率、改进作风等方面提出合理化建议 30 余条。三是积极建立服务职工的长效机制。通过问卷调查、座谈会、个别访谈等形式，深入了解职工的意愿和需求，进一步明确工会工作的方向，确定工作的重点，找准工作的难点，实现了工会工作的计划性、针对性和

有效性。

（吴振宇）

【机关文化建设】 2011 年，市安全监管局机关工会紧密围绕和谐机关建设，积极开展丰富多彩、富有特色、寓教于乐的文体活动，努力营造团结和谐氛围。先后举办了迎春登山健身活动和春节职工联欢活动和金秋健身赛，组织参加了市直机关工会工委举办的"和谐杯"乒乓球赛。严格落实《北京市直属机关干部职工健康行动实施意见》，起草下发了《开展文明健康行动的倡议书》积极落实以工间操、快步走为主的群众性健身活动，坚持每天锻炼一小时；健全了机关乒乓球、羽毛球、篮球、足球、读书、书画、音乐、瑜伽、棋、牌 10 个文体兴趣小组的组织建设，完善了活动章程，健全了活动机制，切实做到"组织健全，制度完善，活动经常"

（吴振宇）

【送温暖活动】 2011 年，市安全监管局机关工会认真落实中共北京市委组织部和市直机关工会工委关于做好送温暖活动的文件要求，以元旦、春节传统节日为契机，积极开展送温暖、献爱心活动，大力加强和谐机关建设。一是及时了解和反映职工需求。通过个别谈话、家庭走访、召开座谈会等形式，加强与职工的沟通，广泛听取职工的意见和建议，做职工的知心朋友、贴心人。2011 年，市安全监管局机关党委工会先后组织全局 180 余名职工进行了疗养和体检，并适时举办了"三八妇女节座谈会"、"纪念建军八十一周年座谈会"、"迎中秋青年干部座谈会"，组织女职工参加了"女工健康知识讲座"。二是努力为职工排忧解难。积极拓宽送温暖渠道，从注重解决经济困难向帮助解决具体问题和精神抚慰方面拓展，及时帮助职工解决工作、生活和学习中遇到的困难和问题。

据统计，2011 年机关工会先后走访慰问职工 36 人次，发放慰问金 1.8 万元；为在职职工办理了重大疾病和特殊疾病互助保障计划，实现了保险投保率 100%，京卡·互助卡会员持卡率 100%；三是深入开展"献爱心"活动。机关工会配合机关党委组织全局职工共为灾区和困难群众捐款 1.45 万元。

（吴振宇）

【文体活动】 2011 年，市安全监管局机关工会根据市直机关工会工委的工作部署，紧密围绕和谐机关建设，积极开展丰富多彩、富有特色、寓教于乐的文体活动，努力营造团结和谐氛围。先后举办了迎春登山健身活动和春节职工联欢活动和金秋健身赛，组织参加了市直机关工会工委举办的"和谐杯"乒乓球赛。严格落实《北京市直属机关干部职工健康行动实施意见》，起草下发了《开展文明健康行动的倡议书》，积极落实以工间操、快步走为主的群众性健身活动，坚持每天锻炼 1 小时；健全了机关乒乓球、羽毛球、篮球、足球、读书、书画、音乐、瑜伽、棋、牌 10 个文体兴趣小组的组织建设，完善了活动章程，健全了活动机制，切实做到"组织健全，制度完善，活动经常"。

（吴振宇）

【自身建设】 2011 年，市安全监管局机关工会始终把自身建设作为工会工作的一项重要内容，着力在健全工会组织、完善规章制度、提高能力水平上下工夫，促进工会工作逐步走向制度化、规范化。一是根据机关内部机构和人员构成的变化，及时成立和调整了部分工会小组，做到了组织健全，活动经常。二是制定完善了《机关工会委员会及其成员的工作职责》、《工会小组长工作职责》和《机关工会财务管理办法》。三是严格管好用好工会经费。认真贯彻工会财务工作"三服务"方针，坚持"量入为出，略有结余"的原则，严格经费预算支出的审批程序，将有限工会经费用于为职工服务和为职工群体办实事上。认真填报了 2011 年度工会统计，并结合工作实际，对年报进行了认真分析，找出了工作中存在的不足与差距，明确了今后的工作重点和努力方向。

（吴振宇）

人　物

北京市安全生产监督管理局领导成员

局　　长　　张家明（局党组书记）
副局长　　蔡淑敏（局党组副书记）
副局长　　陈　清（党组成员）
　　　　　贾太保（兼）（党组成员）
　　　　　汪卫国（党组成员）
　　　　　唐明明（党组成员）
　　　　　常纪文
纪检组组长　　郑晓伟（党组成员）（因病休息）
副巡视员　　刘　岩

北京煤矿安全监察局领导成员

局　　长　　张家明（局党组书记）
副局长　　蔡淑敏（局党组副书记）
副局长　　陈　清（党组成员）
　　　　　贾太保（党组成员）
　　　　　汪卫国（党组成员）
纪检组组长　　郑晓伟（党组成员）（因病休息）

北京市安全生产监督管理局处室（队）领导名单

办公室（财务处）	主　任	贾兴华
	副主任	康　勇
		段辉建
法制处	处　长	杨春雪
	副处长	李　刚
研究室	主　任	路　韬
科技处	处　长	李玉祥
安全生产协调处	处　长	吕海光
应急工作处	处　长	薛国强

事故调查处	处　长	曹柏成
	副处长	高云飞
安全监督管理一处	处　长	王树琦
安全监督管理二处	处　长	魏丽萍
	副处长	毛宇权
安全监督管理三处	处　长	李东洲
		刘　丽
职业安全监督管理处	处　长	丁大鹏
矿山安全监督管理处	处　长	贾克成
人事教育处	处　长	钱　山
	副处长	孙　雷
机关党委	专职副书记	李振龙
执法监察队	队　长	王保树
	副队长	王俊玲
驻局纪检组、监察处	处　长	张志永（兼）

北京煤矿安全监察局处室领导名单

综合办公室	主　任	何多云
监察一室	主　任	杨庆三
监察二室	主　任	马存金
监察三室	主　任	董文同

局属事业单位和协会领导名单

北京市工伤及职业危害预防中心	主　任	贾秋霞
北京市工伤及职业危害预防中心	党总支书记	赵　霜
	副主任	安宏伟　牛　捷
北京市安全生产宣传教育中心	主　任	孟庆武
北京市安全生产信息中心	副主任	张震国（主持工作）
北京市安全生产举报投诉中心	副主任	段纪伟（主持工作）
北京市北京市安全生产协会	会　长	丁镇宽

区县安全生产监督管理局领导成员

东城区

局　　长	韩卫国		
副局长	李　明	何建明	王寿永
调研员	韩德谋	刘建平	
副调研员	石建军	王俊峰	左效福

西城区

局　　长	陈国红			
副 局 长	姚　猛	曲绍勃	毕军东	曹长春
纪检组长	陈礼玉			
副调研员	张庆地	张　蕊		

朝阳区

局　　长	张仲凯		
党组书记、纪检组长	赵新跃		
副 局 长	于洪涛	刘　洪	刘　伟

海淀区

局　　长	陈国啟		
党组书记	曾小峰		
副 局 长	贾　宁	孙茂山	张有涛
副调研员	张　华		

丰台区

局　　长	董铁铮		
党组书记	沈瑞平		
副 局 长	战　军	崔　林	张建平
副调研员	张林祥		

石景山区

局　　长	杨文明	
副 局 长	李振华	董新理

门头沟区

党组副书记、局长	刘振林		
党组书记	梁光学		
副 局 长	辛瑞生	郭黎明	于　彤

房山区

党组书记、局长	周德运				
副 局 长	王桂政	刘继承	李劲松	李彦山	高保亮
纪检组长	霍和平				

通州区

党组书记、局长	朱志高
副　局　长	纪福民　杨文庆　吴宝祥
纪检组长	雷雨雯

顺义区

局　　长	高士虎
副　局　长	孟家祝　王桂金　申志永
工会主席	邱国庆
调　研　员	王明金
副调研员	张建明

大兴区

局　　长	李延国
党组书记	张义祥
副　局　长	李建军　丁开明
纪检组长	杨玲荣
副调研员	李长龙　卫志强　胡桂平　陈春来

昌平区

局　　长	金东彪
副　局　长	赵振业　许立荣　彭士杰

平谷区

局　　长	王浩文
副　局　长	赵承河　于会民
纪检书记	高永钢

怀柔区

党组副书记、局长	李振林
副　局　长	姚怀峰　谢康纪
纪检组长	边振泉
副调研员	曹永军

密云县

党组书记、局长	于庭满
副　局　长	梁乃顺　龚显文

副调研员　　刘海生　赵德民

专职副书记　　马延春

延庆县

党组书记、局长　　王忠东

副　局　长　　王吉兴　张　鑫

纪检组长　　王菊英

北京市安全生产监督管理局聘任安全生产专家

北京市安全生产监督管理局、北京煤矿安全监察局
关于聘任马骏等 70 名同志为北京市第四届安全生产专家的通知

京安监发[2011]115 号

各区县、北京经济技术开发区安全监管局：

多年来，市委、市政府高度重视专家在安全生产中的重要作用。在我市，国家机关、高等院校、科研院所、社会中介机构众多，科技、智力、技术、人才资源密集、丰富，长期为全市安全生产工作提供支撑。第三届专家聘任以来，首都安全生产形势与任务不断变化，各专家从不同行业领域积极为安全生产献计献策，参与安全生产监管监察工作，极大地促进了全市安全生产形势稳定发展。

为了更好地实施"科技兴安"战略，充分利用北京的科技和人才优势，提高全市安全生产监督管理水平，为建设"人文北京、科技北京、绿色北京"提供良好的安全生产环境，依据《北京市安全生产专家管理办法（试行）》规定，经广泛推荐，北京市安全生产监督管理局北京煤矿安全监察局研究决定，聘任马俊等 70 名同志为北京市第四届安全生产专家，分法制，矿山，规划科技，危险化学品和民用爆炸品，职业卫生，有限空间，机械冶金建材、轻纺、烟草，建筑，交通，消防，特种设备，应急管理，安全培训安全文化和安全社区，安全生产政策理论、综合类 13 个专业组。具体名单如下：

马　骏　国家安全生产监督管理总局职业安全卫生研究所所长、主任医师

石少华　原国家安全生产监督管理总局政策法规司副司长、矿业大学（北京）兼职教授

张　引　北京市人大法制委员会副主任委员

王雨本　首都经济贸易大学法学院教授

莫纪宏　中国社会科学院法学所所长助理、教授

吕淑然　首都经济贸易大学安全与环境工程学院教授

余　斌　北京矿冶研究总院矿山工程研究所所长、研究员

胡加庆　北京中安质环技术评价中心有限公司非煤矿山评价室主任、高级工程师

徐洪达　中冶建筑研究总院有限公司尾矿坝研究室主任、高级工程师

孙世国　北方工业大学建筑工程实验中心主任、教授

李建伟　原北京市安全生产监督管理局巡视员、高级经济师

于福国　北京昊华能源有限公司总工程师、高级工程师

王宇航　中国粮油控股有限公司安全环保部总经理、教授级高工

常宝才　北京昊华能源有限公司副总经理

何孔翔　北京京煤集团有限责任公司总工程师、教授级高级工程师

古庆如　北京京煤集团有限责任公司安全监察部部长、高级工程师

马植胜　北京昊华能源有限公司副总工程师、高级工程师

胡燕祝　北京邮电大学网络安全监控研究中心主任、教授级高级工程师

刘铁民　原中国安全生产科学研究院院长、研究员

闪淳昌　国务院参事室参事、教授级高级工程师

吴宗之　中国安全生产科学研究院院长、研究员

杨文芬　国家安全生产北京劳动防护用品质量监督检验中心主任、研究员

张兴凯　中国安全生产科学研究院副院长、教授

丁　辉　北京科学技术研究院院长、研究员

张　斌　北京市劳动保护科学研究所所长、研究员

汪　彤　北京市劳动保护科学研究所副所长、研究员

付　林　北京化学工业协会、高级工程师

钱新明　北京理工大学机电学院安全与能源工程系主任、教授

杨　仓　北京市电力公司输电公司检修工区副主任

李增义　北京市烟花爆竹质量监督检验站副站长、高级工程师

赵家玉　北京理工大学教授

白春光　兵器工业安全技术研究所总工程师、教授级高级工程师

周学勤　中国石化集团公司职业病防治中心主任、主任医师

王如刚　北京市疾病预防控制中心职业卫生所所长、主任医师

张岩松　国家安全生产监督管理总局职业安全卫生研究所职业病诊断中心主任、副主任医师

姚　红　3M中国有限公司北京技术分公司工程师

费学威　北京松下彩色显像管有限公司工程师

吴景元　原北京市安全生产监督管理局经济师

付培元　北京汽车工业控股有限责任公司高级工程师

韩占生　北京石油化工学院副院长、教授

潘晓军　北京市地铁运营公司副总工程师客运营销部部长、高级工程师

高晓斌　北京市公安局消防局高级工程师

赵克伟　北京市公安局消防局高级工程师

金　淮　北京城建设计研究总院有限责任公司副院长、教授级高级工程师

鲁　屹　北京市轨道交通建设管理有限公司副总工程师、高级工程师

邓云峰　中国安全生产科学研究院公共安全研究所所长、高级工程师

王　良　北京城建集团有限责任公司二部副总经理、教授级高级工程师

马文耀　中国石油化工股份有限公司北京燕山分公司消防支队支队长、高级工程师

陈志刚　中粮集团有限公司安全管理部副总监、高级工程师

李春青　北京市燃气集团有限责任公司安全管理部副经理、高级工程师

宋守信　北京交通大学校务委员会副主任、教授

欧阳梅　中国职业安全健康协会安全社区办公室主任、教授级高级工程师

罗　云　中国地质大学（北京）安全研究中心主任、教授

樊会文　中国电子信息产业发展研究院研究中心主任、副教授

石宇良　北京工业大学信息与服务工程系主任、教授

王明兰　市政府研究室副主任、副研究员

周　慧　中央党校《党政干部文摘》杂志社副主编、教授

邬燕云　国家安全生产监督管理总局政策法规司副司长、教授级高级工程师

魏利军　中国安全生产科学研究院副院长、教授级高级工程师

丁传波　北京建工集团有限责任公司副总经理、高级工程师

唐　伟　北京建工集团有限责任公司副总工程师兼安全监管部部长、高级工程师

孙宗辅　北京建工集团有限责任公司安全监管部副部长、高级工程师

李志强　北京市政建设集团有限责任公司总经理助理、高级工程师

王　军　北京市电力公司安全监督部高级工程师

常晓旗　北京市电力公司试验研究院总工程师、高级工程师

闫慧芳　中国疾病预防控制中心职业卫生与中毒控制所研究室主任、研究员

杜欢永　中国安全生产科学研究院检测中心副主任、副研究员

李传贵　国家安全生产监督管理总局研究中心主任、教授级高级工程师

韦巨远　北人集团公司安全生产办公室主任、高级工程师

关　磊　中国安全生产科学研究院重大危险源研究所所长、高级工程师

北京市安全生产监督管理局、北京煤矿安全监察局各部门、各区县安全监管局和有关单位，要按照《北京市安全生产专家管理办法（试行）》规定，加强与专家沟通联系，创新工作机制，积极为专家开展工作创造条件，更好地发挥专家在全市安全生产中的重要作用。

北京市安全生产监督管理局先进集体、先进个人

1. 2011 年 3 月，监管二处戴贺霞同志被市春运工作协调小组办公室、市人力社保局评为 2011 年北京市春运工作先进个人。

2. 2011 年 11 月，张玉奇被市委信访办、市政府信访办评为"四优优秀信访工作者"，段纪伟被评为"十佳优秀信访工作者"。

3. 2011 年 11 月，监管二处被评为首都铁路护路联防工作先进集体，靳玉光、毛宇权被评为先进个人。

4. 2011 年 12 月，顺义区安监局被国家人力资源和社会保障部评为"全国安全生产监

管监察系统先进集体"，吕海光被评为"全国安全生产监管监察系统先进工作者"。

5．2011 年 12 月，事故调查处、密云县安监局、延庆县安监局被国家安全监管总局、国家煤矿安监局评为"安全生产监管监察先进单位"，贾兴华等 29 名同志被评为"安全生产监管监察先进个人"。

6．2011 年 12 月，陈震西被市防汛抗旱指挥部评为"市防汛抗旱先进个人"。

7．2011 年 12 月，赵泽民被首都绿化委员会办公室评为"首都绿化美化积极分子"。

区县安全生产监督管理局先进集体、先进个人

东城区

先进集体

1．东城区安全监管局被北京市安全监管局评为 2011 年安全生产月活动优秀组织奖。

2．东城区安全监管局被国家安全监管总局和全国总工会评为 2011 年落实企业安全生产主体责任知识竞赛优胜单位奖。

先进个人

1．冯岩被北京市政府烟花爆竹安全管理工作领导小组办公室评为 2011 年元旦春节烟花爆竹安全管理工作先进个人。

2．关宏建被国家安全监管总局评为 2011 年全国安全生产先进个人。

西城区

先进个人

1．陈国红被国家安全监管总局授予 2011 年度全国安全社区建设先进工作者称号。

2．张文被国家安全监管总局授予 2011 年度安全生产监管监察先进个人称号。

朝阳区

先进集体

1．朝阳区安全监管局被国家安全监管总局、中华全国总工会评为全国安全生产应急知识竞赛优胜单位。

2．朝阳区安全监管局被全国普法办公室评为第八届全国法制动漫作品征集活动三等奖、优秀奖、优秀组织奖。

3．朝阳区安全监管局被市安全监管局、市文委评为安全生产歌曲"学、唱、传"活动优秀组织奖。

4．朝阳区安全监管局被市安全监管局评为 2011 年度北京市安全生产工作先进区县奖。

5．朝阳区安全监管局被市安全监管局评为 2011 年度北京市安全生产工作基础管理创新奖。

海淀区

先进集体

海淀区安全监管局被北京市人力社保局评为 2011 年元旦、春节烟花爆竹安全管理工作先进集体。

先进个人

陈刚被北京市人力社保局评为 2011 年元旦、春节烟花爆竹安全管理工作先进个人。

丰台区

先进集体

1. 丰台区被北京市安全生产委员会评为北京市安全生产工作 2011 年度先进区县。

2. 丰台区安全监管局被北京市安全生产月活动组织委员会评为 2011 年北京市安全生产月活动优秀组织奖。

3. 丰台区安全监管局被国家安全监管总局、中华全国总工会评为落实企业安全生产主体责任知识竞赛优胜单位奖。

先进个人

1. 沈瑞平被国家安全监管总局评为安全生产监管监察先进个人。

2. 刘凤英被国家安全监管总局评为安全生产监管监察先进个人。

3. 桂腾飞被"全国安全生产应急知识竞赛"活动组委会评为 2011 年全国安全生产应急知识竞赛中获得优秀组织者奖。

4. 王金泉被北京市防火安全委员会评为北京市 2011 年度消防工作先进个人。

门头沟区

先进个人

马宏文被国家安全监管总局评为安全生产监管监察先进个人。

房山区

先进个人

1. 周德运被国家安全监管总局、国家煤矿安全监察局评为全国安全生产监管监察先进个人。

2. 董立宝被国家安全监管总局、国家煤矿安全监察局评为全国安全生产监管监察先进个人。

通州区

先进集体

1. 通州区安全监管局被国家安全监管总局评为"2011 年度全国'安全生产月'活动优秀单位"。

2. 通州区安全监管局被通州区政府评为"绩效突出政府工作部门"。

3．通州区安全监管局被通州区依法治区领导小组评为"通州区 2006—2010 年法制宣传教育先进单位"。

4．通州区被市安委会评为"北京市安全生产工作 2011 年度先进区县"。

5．通州区安全监管局的行政执法案卷被市安全监管局和区法制办评为优秀。

先进个人

1．朱志高被国家安全监管总局评为"2011 年度北京市安全生产监管监察先进个人"。

2．邹秉志被国家安全监管总局评为"2011 年度北京市安全生产监管监察先进个人"。

顺义区

先进集体

1．顺义区被市安委会评为北京市"2010 年度安全生产工作先进区县"。

2．顺义区安全监管局被人力社保部和国家安全监管总局评为"全国安全生产监管监察系统先进集体"。

3．顺义区安全监管局被国家安全监管总局和国家煤矿安全监察局评为"安全生产监管监察先进单位"。

先进个人

高士虎被北京市市委、市政府评为北京市"人民满意的公务员"。

昌平区

先进集体

1．昌平区安全监管局被中共中央宣传部、国家安全监管总局评为 2011 年全国安全生产月活动优秀单位。

2．昌平区安全监管局被市安全监管局、北京市总工会评为 2011 年北京市安全生产知识竞赛优秀组织奖。

3．昌平区安全监管局被国家安全监管总局、中华全国总工会评为落实企业安全生产主体责任知识竞赛优胜单位奖。

4．昌平区安全监管局被市安全监管局、市文化局评为 2011 年北京市安全生产歌曲学、唱、传活动优秀奖。

5．昌平区安全监管局被市安全生产月活动组委会评为 2011 年北京市安全生产月活动优秀组织奖。

6．昌平区被市安委会评为 2011 年度安全生产工作先进区县。

7．昌平区安全监管局被市安委会评为 2011 年度安全生产工作重大进步奖。

先进个人

1．金东彪被国家安全监管总局评为 2011 年度全国安全生产监管监察先进个人。

2．腾宾被国家安全监管总局评为 2011 年度全国安全生产监管监察先进个人。

怀柔区

先进个人

李振林被国家安全监管总局评为 2011 年度全国安全生产监管监察先进个人。

密云县

先进集体

1. 密云县安全监管局被国家安全监管总局、国家煤矿安全监察局评为"安全生产监管监察先进单位"。

2. 密云县安全监管局被中共中央宣传部、国家安全监管总局、公安部、国家广播电影电视总局、中华全国总工会、共青团中央、中华全国妇女联合会评为 2011 年全国安全生产月活动优秀单位。

3. 密云县被北京市安全生产委员会评为"北京市安全生产工作 2011 年度先进区县"。

4. 密云县安全监管局被北京市安全生产月活动组委会评为 2011 年北京市安全生产月活动优秀组织奖。

5. 密云县安全监管局被北京市安全监管局、北京市总工会评为 2011 北京市安全生产知识竞赛二等奖和优秀组织奖。

6. 密云县安全监管局被北京市安全监管局、北京市文化局评为安全生产歌曲"学、唱、传"活动三等奖和优秀组织奖。

先进个人

冯波被国家安全监管总局、国家煤矿安全监察局评为"安全生产监管监察先进个人"。

延庆县

先进集体

1. 延庆县安全监管局被国家安全监管总局、国家煤矿安全监察局评为"2011 年安全生产监管监察先进单位"。

2. 延庆县被市安委会评为"2011 年度安全生产工作先进区县"。

3. 延庆县安全监管局被市安全监管局、市总工会评为"2011 年北京市安全生产知识竞赛优秀组织奖"。

附 录

【附录 1】

本市所属三、四级安全生产培训机构名单

序	培训机构名称	区县	证书编号	有效期	电话、通信地址
1	北京市精安职业技能培训学校	西城	AQPX-三级-2009-1	2012-8-18	83111061 西城区西便门西里 18 号 100054
2	北京自来水集团有限责任公司	西城	AQPX-三级-2009-2	2012-8-12	64630484 西城区宣武门大街甲 121 号 100035
3	北京市丰台区鸿基培训中心	丰台	AQPX-三级-2009-3	2012-7-28	63845455 丰台区小井村 395 号 100073
4	北京电建职业技能培训学校	朝阳	AQPX-三级-2009-4	2012-8-18	65793321、51962383 朝阳区定福庄西里 1 号 100024
5	北京市顺义区安全生产服务中心	顺义	AQPX-三级-2009-5	2012-8-30	81484146 顺义区仓上街 3 号 101300
6	延庆县安全生产培训中心	延庆	AQPX-三级-2009-6	2012-8-12	69141705 延庆县延庆镇西街 1 号 102100
7	北京金通远建筑工程公司	平谷	AQPX-三级-2009-7	2012-8-11	69982437 平谷区平谷镇新平北路 75 号 101200
8	北京一轻特种作业技术培训公司	丰台	AQPX-三级-2009-8	2012-8-25	67578641 丰台区马家堡路 63 号 100068
9	北京公共交通控股（集团）有限公司	西城	AQPX-三级-2009-9	2012-8-12	62032582 西城区德外新风街 3 号
10	北京市东城区职业技术学校	东城	AQPX-三级-2009-10	2012-8-25	64177274 东城区东直门外新中街 19 号 100027
11	北京铁路局北京职工培训基地	海淀	AQPX-三级-2009-11	2012-8-23	88450670 海淀区岗庄南里 31 号 100195
12	北京金隅科技学校	房山	AQPX-三级-2009-12	2012-8-30	69320371 房山区琉璃河车站东街 22 号 102403
13	北京市大兴区立业培训学校	大兴	AQPX-三级-2009-13	2012-7-7	13901089425、69226957 大兴区旧宫西路 17 号 100076
14	北京市鑫华源机械制造有限公司	门头沟	AQPX-三级-2009-14	2012-7-28	6814331-32838 门头沟区门头沟路 47 号 102300

序	培训机构名称	区县	证书编号	有效期	电话、通信地址
15	北京怀柔鑫世纪职业技能培训学校	怀柔	AQPX-三级-2009-15	2012-8-23	89685095 怀柔区大中富乐 758 号 101400
16	北京市机械工业局技术开发研究所	东城	AQPX-三级-2009-17	2012-8-18	67174588 东城区东四块玉南街 28 号 100061
17	北京市技术交流中心	西城	AQPX-三级-2009-18	2012-7-29	83916702 西城区虎坊路 13 号 100052
18	北京市将合路职业技能培训学校	朝阳	AQPX-三级-2009-19	2012-8-16	64384223 朝阳区将台路 4 号 100016
19	北京容安特机电工程有限公司	朝阳	AQPX-三级-2009-20	2012-7-29	67383866-3330 朝阳区化工路东口北京炼焦化学厂 100023
20	北京凯通商贸有限公司	朝阳	AQPX-三级-2009-21	2012-8-18	65712404 朝阳区周家井大院 100024
21	北京水利水电学校	朝阳	AQPX-三级-2009-23	2012-8-18	65472097 朝阳区定福庄 1 号 100024
22	北京市叉车总厂	丰台	AQPX-三级-2009-24	2012-8-23	63573404 丰台区右安门外大街 158 号 100069
23	北京丰台区恒力职业技能培训公司	丰台	AQPX-三级-2009-25	2012-8-24	82012524 丰台区花乡郑王坟 97 号院 100073
24	北京市兴南电气工程有限公司	大兴	AQPX-三级-2009-26	2012-7-19	87961297 大兴区旧宫镇红门营甲 6 号 100076
25	北京市平谷区再就业园区培训中心	平谷	AQPX-三级-2009-27	2012-8-11	89995598 平谷区再就业园区培训中心 101200
26	北京市丰台区职业技术学校	丰台	AQPX-三级-2009-28	2012-8-11	63851656 丰台区东安街三条 1 号 100071
27	首钢总公司	石景山	AQPX-三级-2009-30	2012-8-27	88292844 石景山区石景山路 68 号 100041
28	北京市昌平区安全生产培训中心	昌平	AQPX-三级-2009-31	2012-7-29	80110235 昌平区水屯村环球印刷厂 102200
29	密云县工伤及职业危害预防中心	密云	AQPX-三级-2009-32	2012-8-24	69081574 密云县鼓楼东大街 8 号 101500
30	北京市地铁运营有限公司职工学校	石景山	AQPX-三级-2009-33	2012-8-12	62293911 石景山区福寿岭地铁技术学校 100041
31	北京东城区文天职业技能培训学校	东城	AQPX-三级-2009-34	2012-8-24	64078012 东城区交道口北三条 57 号 100007
32	北京化工集团有限公司教育培训中心	朝阳	AQPX-三级-2009-35	2012-8-18	67384729 朝阳区化工路甲 1 号 100023
33	北京市通州区安全职业技能培训学校	通州	AQPX-三级-2009-36	2012-8-25	13681258590 通州区新华北路 117 号 101100
34	北京市海淀区职业学校	海淀	AQPX-三级-2009-37	2012-6-28	82374877 海淀区北四环中路 275 号 100083
35	北京市朝阳区电梯职业技能培训学校	朝阳	AQPX-三级-2009-38	2012-8-18	67743626 朝阳区广渠门外甘和里八巷 2 号 100021
36	北京市崇文区技术交流站	东城	AQPX-三级-2009-39	2012-8-17	67123354 东城区幸福大街 44 号 100061
37	北京科技高级技术学校	门头沟	AQPX-三级-2009-41	2012-8-18	86175172 门头沟区永定镇石龙工业区（注册）/门头沟路 47 号（实际办公）102300
38	北京市门头沟区职业技术学校	门头沟	AQPX-三级-2009-42	2012-8-18	69843216 门头沟新桥南大街 13 号 102300

序	培训机构名称	区县	证书编号	有效期	电话、通信地址
39	北京朝阳区职业技能培训管理中心	朝阳	AQPX-三级-2010-43	2013-3-19	85837062 朝阳区八里庄南里 21 号 100025
40	北京市宣武区职业技术培训中心	西城	AQPX-三级-2009-44	2012-8-9	63170101 西城区腊竹胡同 23 号 100050
41	北京建工培训中心	东城	AQPX-三级-2009-45	2012-7-6	13901054485,6417808 东城区东直门外新中街 11 号 100027
42	北京城建集团培训中心	朝阳	AQPX-三级-2009-47	2012-8-16	84256702 朝阳区东土城路 5 号 100013
43	北京城建集团职业技能培训学校	东城	AQPX-三级-2009-50	2012-8-17	67231935 东城永定门外东滨河路 11 号（西院）100075
44	北京市劳动和社会保障局培训中心	西城	AQPX-三级-2009-51	2012-9-1	68350662 西直门外南路二号 100044
45	北京市西城区职业技术学校	西城	AQPX-三级-2009-52	2012-8-27	66111861 西城区西四北三条 26 号 100035
46	北京市大兴区职业技术学校	大兴	AQPX-三级-2009-54	2012-12-8	69235866 大兴黄村镇兴业路北口清源路东口南 102600
47	北京市丰台启明职业技能培训学校	丰台	AQPX-三级-2009-55	2012-8-24	63752811 花乡育芳园东里 22 号 100070
48	北京市房山区职业技术学校	房山	AQPX-三级-2009-57	2012-8-30	89368930 房山区良乡西路 5 号 102488
49	中国中建一局（集团）有限公司	丰台	AQPX-三级-2009-59	2012-7-28	60261957 西四环南路 52 号 100073
50	北京市生产实习指导教师培训中心	朝阳	AQPX-三级-2009-63	2012-8-18	64920957 朝阳惠新东街 5 号 100029
51	北京市纺织工业劳动保护教育馆	朝阳	AQPX-三级-2009-64	2012-8-18	65570089 朝阳区十里堡 2 号（综合楼）100025
52	北京市思德国职业技能培训学校	大兴	AQPX-三级-2009-66	2012-10-11	60209985 大兴区西红门镇京开路 25 号
53	北京市路政局高技工学校	通州	AQPX-三级-2009-67	2012-11-11	13801008519,8118885 通州区梨园镇云景东路 90 号 101100
54	北京昊华能源股份有限公司	门头沟	AQPX-三级-2010-68	2013-9-14	13910807404、86886923 门头沟区木城涧矿大台北大地 102304
55	北京供电培训学校	西城	AQPX-三级-2010-72	2013-11-14	13501220162、66069899 西城区前门西大街 71 号 100031
56	中石化北京燕山石油化工有限公司	房山	AQPX-三级-2010-73	2013-9-12	13901205724、69347229 房山区燕山区凤凰亭路 13 号 102500
57	北京育华成教育咨询有限公司	海淀	AQPX-三级-2011-74	2014-5-22	88453485 海淀区西大街 36 号吴海楼 424 房间 100080
58	中国一德国北京电器模具技术培训中心	西城	AQPX-三级-2009-75	2012-7-27	66151614 西城区西什库大街 31 号 100034
59	北京纪元绿港技术服务中心	朝阳	AQPX-三级-2009-76	2012-7-9	87102025 东城区东花市南里东三 8 号楼
60	北京阳光城物业管理有限公司	朝阳	AQPX-三级-2009-77	2012-10-11	64961622 朝阳区安立路 68 号 100101
61	北京怀柔职业技能培训学校	怀柔	AQPX-三级-2009-78	2012-9-16	89684232 怀柔区开放路 119 号 101400
62	北京排水集团职业技能培训学校	朝阳	AQPX-三级-2010-79	2013-6-6	51352100 朝阳区高碑店甲 1 号

序	培训机构名称	区县	证书编号	有效期	电话、通信地址
63	北京市市政工程管理处（养护）	西城	AQPX-三级-2010-80	2013-6-6	13910849054 石景山区八大处西侧便门南侧
64	北京市市政管理委员会培训中心	大兴	AQPX-三级-2010-81	2013-6-28	69240274 大兴区黄村镇康庄路 38 号
65	北京市劳动保护科学研究所	西城	AQPX-三级-2010-82	2013-7-18	63536974 西城区陶然亭路 55 号
66	北京二轻培训中心	西城	AQPX-三级-2010-83	2013-7-20	66013928 西城区缸瓦市大酱坊胡同 3 号
67	北京新世纪科宇电脑技术培训有限公司	大兴	AQPX-三级-2011-84	2014-6-6	15901304515 大兴区黄村东大街 56 号 102600
68	北京石油化工学院	大兴	AQPX-四级-2009-1	2012-8-11	81292124 大兴区清源北路 19 号 102617
69	北京职安健业科技中心	通州	AQPX-四级-2009-2	2012-7-6	84921903 通州区嘉创四路 2 号 1 幢
70	北京通州区成人教育中心	通州	AQPX-四级-2010-3	2013-5-5	69551297 通州区玉带河东街 358 号
71	北京市大兴区青云店镇成人学校	大兴	AQPX-四级-20104	2013-8-9	80221818 大兴区青云店镇霍州营村南
72	北京市大兴区西红门镇成人学校	大兴	AQPX-四级-2010-5	2013-8-9	60208300 大兴区西红门镇同兴园小区
73	北京市大兴区礼贤镇成人学校	大兴	AQPX-四级-2010-6	2013-8-9	89272456 大兴区礼贤镇礼宫路 68 号
74	北京市大兴区北臧村镇成人学校	大兴	AQPX-四级-2010-7	2013-8-9	60279227 大兴区北臧村镇北臧中学（东侧院）
75	北京市大兴区榆垡镇成人学校	大兴	AQPX-四级-2010-8	2013-8-9	89218238 大兴区榆垡镇榆垡村福顺街 11 号
76	北京市大兴区魏善庄镇成人学校	大兴	AQPX-四级-2010-9	2013-8-9	89236186 大兴区魏善庄镇魏善村北
77	北京市大兴区安定镇成人学校	大兴	AQPX-四级-2010-10	2013-8-9	89236186 大兴区安定镇定康路 1 号
78	北京市大兴区黄村镇成人学校	大兴	AQPX-四级-2010-11	2013-8-9	61232009 大兴区黄村镇西芦城村
79	北京市大兴区庞各庄镇成人学校	大兴	AQPX-四级-2010-12	2013-8-9	89282198 大兴区庞各庄镇繁荣村
80	北京市大兴区瀛海镇成人学校	大兴	AQPX-四级-2010-13	2013-8-9	69274380 大兴区红星中学五楼及东配楼
81	北京市大兴区亦庄镇成人学校	大兴	AQPX-四级-2011-2	2014-3-8	67877057 北京市大兴区亦庄镇贵园北路 6 号
82	北京市大兴区长子营镇成人学校	大兴	AQPX-四级-2011-3	2014-3-8	80262028 北京市大兴区长子营镇河洋村
83	北京市大兴区旧宫镇成人学校	大兴	AQPX-四级-2011-4	2014-3-8	87968414 北京市大兴区旧宫镇成和园小区内南侧
84	北京市大兴区职业教育集团办事处	大兴	AQPX-四级-2011-5	2014-3-8	61201244 北京市大兴区黄村镇后辛庄
85	北京新世纪科宇电脑技术培训有限公司	大兴	AQPX-三级-2011-84	2014-6-6	北京市大兴区黄村东大街 56 号

【附录2】

北京市安全评价机构与业务范围（见附录3）

（甲级）

序号	机构名称	办公地址	资质编号	业务范围（一类）	业务范围（二类）	联系人	联系电话
1	中国安全生产科学研究院	北京市朝阳区惠新西街17号	APJ-（国）-001	2a, b, c; 3; 4a, b, c, d	6; 7; 8; 9; 10a, b; 11a, b; 12a, b, c; 13; 14a, b; 15a, b; 16; 17; 18a, b; 19a, b, c	谢英辉	64893297
2	北京交运安全生产技术咨询中心	北京市海淀区西土城路8号交通部水运科研究院	APJ-（国）-004	3; 4a, b, c, d	7; 8; 9; 10a, b; 11a, b; 15a, b; 16; 17; 19a, b, c	孙国庆	62079624
3	北京中油建设项目劳动安全卫生预评价有限公司	北京市海淀区志新西路3号938信箱	APJ-（国）-005	3; 4a, b, c, d	8	王成良	82379917
4	首都经济贸易大学	北京市朝阳区金台里2号首都经济贸易大学1号楼314房间	APJ-（国）-007	2a, b, c; 4a, b, c, d	6; 7; 9; 14a, b, c; 18a, b; 19a, b, c	柴建设、郑丽	65976434
5	兵器工业安全技术研究所	北京市宣武区西便门内大街85号（广安门院北300米）	APJ-（国）-020	军工武器弹药制造业; 5a, 5b		刘英	83196731
6	北京安华油海工程技术有限公司	朝阳区安慧北里安园21号	APJ-（国）-028	3; 4a, b, c, d	8	高恩黎	84876989
7	北京市劳动保护科学研究所	北京市宣武区陶然亭路55号	APJ-（国）-037	4a, b, c, d	9; 14a, b, c; 15a, b; 18a, b; 19a, b, c	张宇	83519125
8	中国航天建筑设计研究院（集团）	丰台区西四环南路83号	APJ-（国）-064	军工武器弹药制造业（限：固体火箭发动机及其推进剂）	7; 9; 18a, b; 19a, b, c	吕喜祥	68749928
9	北京达飞安评管理顾问有限公司	朝阳区小营路9号亚运豪庭C座07A	APJ-（国）-074	2a, b, c; 3; 4a, b, c, d	6; 7; 8; 9; 10a, b; 11a, b; 12a, b, c; 14a, b; 15a, b; 16; 17; 18a, b; 19a, b, c	茉丽娜	64950473

（甲级）

序号	机构名称	办公地址	资质编号	业务范围（一类）	业务范围（二类）	联系人	联系电话
10	中国水利水电建设工程咨询公司	西城区六铺坑一区北小街2号	APJ-（国）-176		7; 9; 10a, b; 12a, b, c	肖长礼	51973260
11	北京中交华安科技有限公司	北京市海淀区西土城路8号	APJ-（国）-216	4a, b, c, d	16	郭艳	82026258
12	北京安联国科科技咨询有限公司	海淀区北沙沟108号景熙国际803室	APJ-（国）-278	5a, b		顾健	88380278
13	北京维科尔安全技术咨询有限责任公司	朝阳区慧忠北里311号天创缘大厦B1座1704室	APJ-（国）-292	2a, b, c; 3; 4a, b, c, d	6; 7; 8; 9; 10a, b; 11a, b; 14a, b, c; 18a, b; 19a, b, c	仲翠霞	64800086转2066
14	世纪万安科技（北京）有限公司	朝阳区和平街13区煤炭大厦1701	APJ-（国）-294	1a, b; 2a, b, c; 4a, b, c, d	6; 7; 9; 11a, b; 14a, b, c; 19a, b, c	陈楠	84264019
15	北京大方安科技咨询有限公司	北京市朝阳区惠新南里2号院天建大厦3层	APJ-（国）-318	2a, b, c; 4a, b, c, d	6; 7; 9; 10a; 11a, b; 14a, b, c; 15a, b; 16; 17; 18a, b; 19a, b, c	贾立杰	80128276
16	中智国际工程技术（北京）有限公司	朝阳区安定路33号化信大厦A座1106室	APJ-（国）-353	2a, b, c; 4a, b, c, d	6; 7; 8; 9; 10a, b; 11a, b; 12a, b, c; 14a, b, c; 15a, b; 16; 17; 18a, b; 19a, b, c	陈利华	64451955
17	北京华海安科技发展有限公司	北京市海淀区上地十街1号院辉煌国际5号楼1517室	APJ-（国）-369	3; 4a, b, c, d	8; 11a, b; 17; 19a, b, c	李恩波	59704550转8015
18	北京国泰民康安全技术中心	朝阳区朝阳路69号财满街1-4-604	APJ-（国）-395	2a, b, c; 3; 4a, b, c, d; 5a, 5b	6; 8; 9; 11a, b; 12a, b, c; 14a, b, c; 18a, b; 19a, b, c	吕娟	52078605
19	北京百灵天地环保科技有限公司	北京市西城区三里河路5号中商大厦6层	APJ-（国）-396	4a, b, c, d	6; 10a, b; 11a, b; 12a, b, c; 19a, b, c	蔡玥	68535918
20	中环冶金总公司	东城区安外大街56号	APJ-（国）-409	2a, b, c; 3; 4a, b, c, d	6; 8; 14a, b, c	张禹	6452-2053/2036
21	北京中安质环技术评价中心有限公司	北京市朝阳区东三环南路58号富顿中心A座22层	APJ-（国）-461	2a, b, c; 3; 4a, b, c, d	7; 8; 10a, b; 11a, b; 12a, b; 15a, b; 16; 17; 18a, b; 19c	门哲清	58673490

（甲级）

序号	机构名称	办公地址	资质编号	业务范围（一类）	业务范围（二类）	联系人	联系电话
22	北京国信安科技术有限公司	北京西城区西直门外文兴街1号22幢301室	APJ-（国）-493	2a, b, c; 4a, b, c, d	6; 7; 8; 9; 11a, b; 14a, b, c; 18a, b; 19a, b, c	褚志勇	88399233
23	北京华夏诚智安全环境技术有限公司	北京市朝阳区拂林路9号景龙国际B单元1002室	APJ-（国）-495	2a, b, c; 3; 4a, b, c, d	6; 8; 9; 11a, b; 12a, b, c; 14a, b, c; 17; 18a, b; 19a, b, c	曹敬平	84932953
24	北京国石安康科技有限公司	朝阳区安慧里4区16号楼512室	APJ-（国）-506	3; 4a, b, c, d	7; 8; 9; 10a, b; 11a, b; 14a, b, c; 17; 18a, b; 19a, b, c	王海鹰	84885576
25	北京中矿基业安全防范技术有限公司	朝阳区和平西桥1号院C号楼首钢地产大厦316室	APJ-（国）-508	1a, b; 2a, b, c; 3; 4a, b, c, d	6; 7; 8; 9; 10a, b; 11a, b; 12a, b, c; 14a, b, c; 18a, b; 19a, c	武剑锋	82031339
26	煤炭科学研究总院	朝阳区和平里青年沟东路5号	APJ-（国）-087	1a, b; 2a, b, c; 5a, b		郭立秋	84264858
27	国家安全生产监督管理总局研究中心	东城区和平里北街21号	APJ-（国）-206	1a, b; 2a, b, c; 4a, b, c, d;		王劲鹏	64463490
28	中国职业安全健康协会	东城区和平里9区甲4号	APJ-（国）-258	1a, b; 2a, b, c; 4a, b, c, d;	6; 7; 8; 9; 11a, b; 12a, b, c; 14a, b, c; 15b; 17; 18a, b; 19a, c	周志良	64464716
29	北京安信兴业管理咨询有限公司	东城区和平里九区甲4号	APJ-（国）-428	1a, b; 2a, b, c; 4a, b, c, d;	6; 7; 9; 12c; 19	李振平	64464855
30	北京神龙安科技术发展中心	西城区教场口街1号	APJ-（国）-509	1a, b; 2a, b, c; 4a, c	6; 7; 9; 19	黄艳	62382040
31	核工业北京化工冶金研究院	通州区九棵树145号	APJ-（国）-512	核工业设施（核电站除外）		邓文辉	51674291

（乙级）

序号	机构名称	办公地址	资质编号	业务范围（一类）	业务范围（二类）	联系人	联系电话
1	北京市工业技术开发中心	东城区朝阳门北小街71号	APJ-（京）-301	4	7, 9, 11, 14, 18, 19	何同心	64018468
2	北京龙安康华安全生产研究中心	东城区兴化东里甲9号	APJ-（京）-302	4		王志	64464483

【附录3】

安全评价业务范围分类

依据《安全评价机构管理规定》（安全监管总局令第22号）附件一划分安全评价业务范围。

第一类：

1. a 煤炭开采业

　　b 煤炭洗选业

2. a 金属矿采选业

　　b 非金属矿采选业

　　c 其他矿采选业

3. 石油和天然气开采业

4. a 石油加工业

　　b 化学原料、化学品及医药制造业

　　c 燃气生产及供应业

　　d 炼焦业

5. a 烟花爆竹制造业

　　b 民用爆破器材制造业

第二类：

6. 尾矿库

7. 房屋和土木工程建筑业

8. 管道运输业

9. 仓储业

10. a 水利业

　　 b 水电工程业

11. a 火力发电业

　　 b 热力生产和供应业

12. a 风力发电业

　　 b 太阳能发电业

　　 c 再生能源发电业

13. 核工业设施

14. a 黑色、有色金属冶炼及压延加工业

　　 b 金属制品业

　　 c 非金属矿物制品业

15. a 铁路运输业

　　 b 城市轨道交通及辅助设施

16. 公路

17．港口码头

18．a 机械设备制造业

　　b 电器制造业

19．a 轻工业

　　b 纺织业

　　c 烟草加工制造业

索 引

说明：

★本索引为全书条目索引，按汉语拼音顺序排列。

★条目后面的数字，表示内容所在的页码。